高 等 学 校 教 材

高聚物合成工艺学

第三版

赵 进 修订　　赵德仁　张慰盛 编

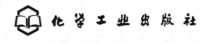

化学工业出版社

·北京·

本教材分三篇 20 章。第 1 章为绪论，介绍了高分子材料的发展简史及应用。第一篇（第 2～8 章）为聚合方法与工艺过程，介绍了高分子化合物的生产过程、单体的原料路线、自由基聚合生产工艺、离子聚合与配位聚合生产工艺、缩合聚合生产工艺、逐步加成聚合物的生产工艺、高聚物的改性工艺。第二篇（第 9～18 章）为合成树脂与塑料，介绍了合成树脂与塑料概论、通用塑料、工程塑料、高性能聚合物与特种聚合物、生物基与生物降解高聚物、固态离子聚合物、水溶性聚合物、热塑性橡胶、高分子材料在控制释放技术中的应用、合成纤维。第三篇（第 19、20 章）为合成橡胶，介绍了合成橡胶概论以及通用橡胶、特种橡胶与胶乳等。本书以聚合方法（工艺）为主，既介绍了有关合成高聚物在生产工艺方面的共同知识，又兼顾了各主要品种的生产方法、结构、性能与特点，内容全面。使读者可以全面地了解高分子材料的有关知识。

本书可作为高分子化工技术、高分子材料应用技术和高聚物生产技术专业以及相关专业的教材，也可供从事高分子合成生产和应用的技术人员参阅。

图书在版编目(CIP)数据

高聚物合成工艺学/赵进修订；赵德仁，张慰盛编．
—3 版．—北京：化学工业出版社，2013.5 （2024.11重印）
高等学校教材
ISBN 978-7-122-16697-5

Ⅰ.①高… Ⅱ.①赵…②赵…③张… Ⅲ.①高聚物-合成-生产工艺-高等学校-教材 Ⅳ.①TQ316

中国版本图书馆 CIP 数据核字（2013）第 048802 号

责任编辑：杨 菁　　　　　　　　　　　文字编辑：刘莉珺
责任校对：战河红　　　　　　　　　　　装帧设计：关 飞

出版发行：化学工业出版社（北京市东城区青年湖南街 13 号　邮政编码 100011）
印　　装：河北延风印务有限公司
787mm×1092mm　1/16　印张 31¼　字数 837 千字　2024 年 11 月北京第 3 版第 13 次印刷

购书咨询：010-64518888　　　　　　　售后服务：010-64518899
网　　址：http://www.cip.com.cn
凡购买本书，如有缺损质量问题，本社销售中心负责调换。

定　价：78.00 元

前 言

第一版《高聚物合成工艺学》出版至今已有 30 余年，当时的全国高分子专业教材编审组确定由原华东化工学院高分子材料系赵德仁教授主编，原河北工学院、原华南工学院和原华东化工学院有关专业教师参与编写。1997 年发行了第二版，第二版仍由赵德仁教授主编，并请张慰盛教授共同编著，对第一版部分内容进行了修改，分为"聚合方法与工艺过程"、"合成树脂与塑料"和"合成橡胶"三篇。第二版出版至今已近十五年，在此期间，高分子科学与工艺学得到很大发展，出现了大批新工艺和新材料，第二版中的有些内容已落后于现实，因此有必要对原书进行修订。为此，赵德仁教授制定了修订大纲，全书由赵进修订，最后经赵德仁教授审阅。修订后增加了四章新内容，包括生物基高聚物与生物降解高聚物、离子型聚合物、热塑性橡胶、高聚物在控制释放技术中的应用。此外，修订者对原有各章内容也做了更新，添加了部分高分子科学与工业的新技术、新理论和新工艺等内容。修订后的内容符合高分子材料理论与工业的发展新趋势。

本书除供高分子化工专业作教材外，也可供有关从事高分子材料工业的科技人员参考。本书修订时参考了国内外许多专业书籍和期刊等资料，在书末列出所参考的文献，限于时间，如有遗漏，敬请谅解。书中还存有一些疏漏之处，敬请读者批评指正。

赵德仁

2013 年 3 月

关于修订者赵进：

赵进，1989 年毕业于华东理工大学高分子材料系，获工学学士学位。后获美国克莱门森大学（Clemenslon University）硕士学位。毕业后担任美国 Phillips 石化公司最大的乙烯厂工程师。2004～2010 年担任中美合资金菲石化公司生产经理。现任雪佛莱菲利普斯石化公司（Chervon Phillips Chemical Co.）22 乙烯分厂负责人。

目　录

第一篇　聚合方法与工艺过程

绪 论

1.1 高分子合成材料

在日常生活中，我们接触到蚕丝、羊毛、皮革、棉花、木材以及天然橡胶等在内的很多天然有机材料，它们的化学结构有很多的共同点，都是由天然高分子化合物所组成，因此它们统称为天然高分子物或天然高聚物材料。

随着生产的发展和科学技术的进步，天然高聚物材料已经远远不能满足人们的需要。科技的发展帮助人们合成了大量品种繁多、性能优良的高分子化合物。合成的高分子化合物可以是黏稠的流体、坚韧的固体（如合成树脂），也可像合成橡胶一样为弹性体。

通过适当方法可将高分子化合物制成合成纤维、塑料制品、橡胶制品等；也可用作涂料、黏合剂、离子交换树脂等材料。以合成的高分子化合物或合成的高聚物为基础制造的有机材料统称为合成材料；其中以塑料、合成纤维、合成橡胶的产量最大、应用最广，称之为三大合成材料。

随着科技的突飞猛进，塑料已经可以代替钢材、有色金属和木材出现在我们的日常生活中；合成纤维比天然纤维棉花、羊毛、蚕丝等更为牢固耐久，而且不被虫蛀蚀；合成橡胶不仅是工业和生活用料，也是战略物资。

1.1.1 共聚物合成工业发展简史

在古代，人们利用天然桐油和天然漆经过适当方法处理制成油漆，经涂布、固化后制成坚韧皮膜，该过程实质上就是低分子化合物经聚合反应转变为高分子化合物的过程。现代合成材料工业的发展，起源于天然高聚物的化学加工工业。天然高聚物和合成高聚物的主要用途见图1-1。

19世纪40年代发明了由天然橡胶经过硫化制成橡胶制品的工艺；随后又以天然高聚物为原料生产了自然界前所未有的人造材料；19世纪60年代末期以纤维素为原料制得了赛璐珞塑料；19世纪80年代末期用蛋白质-乳酪素为原料制得了乳酪素塑料，这些材料也称做半合成材料。

20世纪初，由于电机、电器及仪器设备制造工业的发展，对绝缘材料提出了更高的要求，化学工业市场开始出现纯粹合成的第一种合成树脂——酚醛树脂，由于合成树脂的性能在有些方面超过了天然有机材料，合成树脂与塑料的发展得到了人们的重视与发展。

1925～1935年期间逐渐明确了有关高分子化合物及其分子量的概念；人们对聚合同系物以及化合物的缩聚反应和聚合反应等概念和原理有了进一步的理解，在此基础上诞生了"高分子化学"这一新兴学科，它的产生，有力地促进了高分子化合物的工业生产。

20世纪30年代以后，聚合机理得到了进一步的阐明，工业生产中掌握了分子量控制方

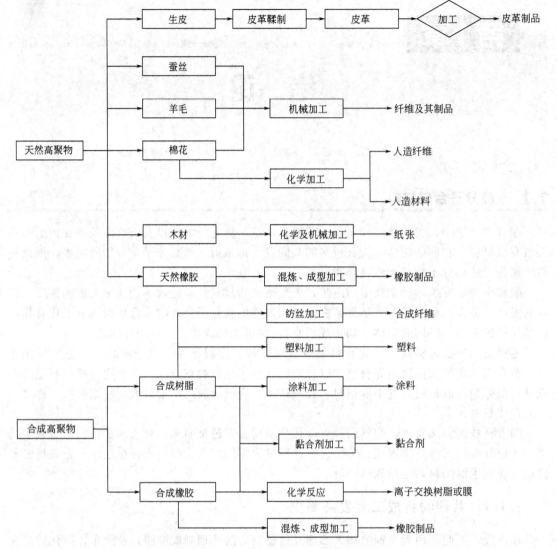

图 1-1　天然高聚物和合成高聚物的主要用途

法，高分子合成材料在产量和品种上都得到了迅速发展，制造出了聚酰胺（尼龙 6）、丁苯橡胶、氯丁橡胶、聚氯乙烯塑料等，大批新型聚合物不断投入工业生产。

20 世纪 40 年代初由于第二次世界大战需要大量橡胶作为战略性物资，合成橡胶工业得到大力发展，发达国家开始着眼于石油化学工业来解决原料资源问题，由此发展了用石油裂解生产丁二烯、乙烯与苯乙烯的生产方法，奠定了石油化学工业的基础。

20 世纪 50 年代以后，新型的催化剂体系使烯烃、二烯烃聚合为性能优良的高聚物，因而对原料烯烃、二烯烃的需求量急剧增加，石油化学工业迅速扩大增长。许多以煤和粮食为原料的化工产品纷纷转用石油路线进行生产，例如氯乙烯单体原来用煤产品乙炔为原料，后来逐渐转向石油路线用乙烯为原料。原料路线转向石油和天然气以后，高分子合成材料的产量激增，生产技术水平和产品性能都达到了新的高度。

20 世纪 60 年代，出现了现在广泛使用的 ABS（丙烯腈-丁二烯-苯乙烯共聚物）工程塑料、聚醚醚酮（PEEK）、离子聚合物、聚丁烯、聚砜等；到了 20 世纪 80 年代，出现了液晶高聚物，由于其极为优异的强度和高温性质而用于尖端的工程项目。

进入 21 世纪后，高分子化合物在人类生活中的作用越来越大，不但有作为期货流通的聚乙烯和聚丙烯等通用塑料，也出现了很多具有特殊作用、价格昂贵的功能性特殊高聚物。很多特殊功能的高聚物已经广泛地用于航空航天和军事工业中。全世界合成树脂及塑料、合成橡胶、合成纤维三大合成材料的年产量已超过有色金属的年产量，按体积计算甚至超过钢铁的生产。

目前，石油化工原料路线仍是高分子合成工业最主要的原料来源，但面对石油与天然气资源的减少，可持续发展的原料来源得到越来越多的重视，以生物产品作为高分子合成工业原料的生物原料路线得到了发展。

近年来全世界与我国三大合成材料产量见表 1-1，我国大陆合成橡胶与合成纤维的年产量已居各国的首位。

表 1-1 世界与我国三大合成材料产量 单位：万吨

合成材料	2000 年		2005 年		2010 年	
	世界产量	中国产量	世界产量	中国产量	世界产量	中国产量
合成树脂	17800	1097	23600	2009	24500(2008)	5830
合成橡胶	1057	69	1196	151	1478	310
合成纤维	3199	630	3171	1446	3777(2009)	2853
合 计	22556	1796	27967	3606	＞30000	8993

1.1.2 高分子合成工业和成型加工工业

从基本的石油、天然气、煤炭等原料制造高分子合成材料的过程见图 1-2。

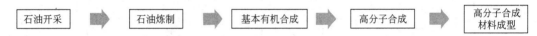

图 1-2 由天然气和石油为原料到制成高分子合成材料制品

高分子合成工业的任务是将基本有机合成工业生产的单体（小分子化合物），经过聚合反应（包括加聚反应、缩聚反应等）合成高分子化合物。能够发生聚合反应的单体分子应当含有两个或两个以上的能够发生聚合反应的活性官能团或原子，总称为官能度。根据单体分子结构和官能度的不同，合成的产品分子量与用途也有所不同。含有两个聚合活性官能度（包括双键）的单体可以生产线型结构高分子化合物；分子中含有两个以上聚合反应活性官能团的单体则生产分子量较低、具有反应活性的低聚物，作为高分子合成材料成型加工业的基本原料。高分子合成工业生产的产品按其形态分为合成树脂和合成橡胶两类，合成树脂为坚韧或脆性的固态高聚物；合成橡胶为弹性体，它们不仅用作塑料，合成纤维，合成橡胶三大合成材料的原料，而且还可以用来生产涂料、黏合剂、离子交换树脂等。

高分子合成工业生产的合成树脂或合成橡胶必须经过成型加工才能够制成有用的产品，合成树脂或合成橡胶通常需要添加适当添加剂，经过混合或混炼后才能成型为经久耐用的高分子材料产品。

成型加工后得到的塑料产品中，如果高聚物的分子结构是线型的，产品为热塑性塑料；如果是体型（交联）的，产品则为热固性塑料。合成纤维基本上都是由线型高聚物所构成的。橡胶制品中的高聚物结构则是松散的交联高聚物。

为使塑料制品经久耐用，塑料树脂中加入添加剂包括稳定剂、润滑剂、着色剂、增塑剂、填料以及根据不同用途而加入的防静电剂、防霉剂、紫外线吸收剂等。为解决塑料难以自然降解的问题，生产一次性塑料制品时需添加降解催化剂如光降解催化剂等以促进老化和降解。

多种合成橡胶的大分子中含有不饱和双键，易被空气中的氧氧化或老化而失去弹性，所以合成橡胶的添加剂种类较合成树脂复杂，将在"合成橡胶"一章内阐述。

1.1.3　单体官能团数目与高分子合成材料的关系

各种高分子合成材料都是以单体为基本原料，通过聚合反应转变成合成树脂或合成橡胶，最后经成型加工得到热塑性塑料、热固性塑料或橡胶制品；还可制成涂料、黏合剂、离子交换树脂等。高分子合成材料的用途取决于单体的化学性质，产品的类别与单体活性官能团的数目和性质有关。单体官能团数目与高分子合成材料的关系以及高聚物合成与成型加工介绍见图1-3。

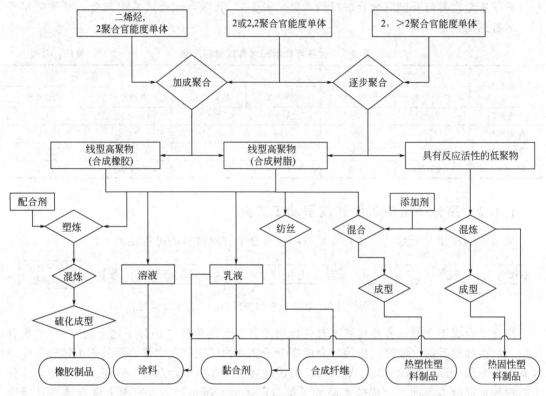

图 1-3　单体的官能团数目与合成材料的关系

1.2　高分子合成材料的应用

塑料、合成橡胶、合成纤维是重要的三大合成材料。合成材料的主要特点是原料来源丰富；用化学合成方法进行生产得到的品种繁多、性能多样；某些性能远优于天然材料；可适应现代科学技术、工农业生产以及国防和军事工业的特殊要求。因此，合成材料已成为各领域不可缺少的材料。

1.2.1　塑料

合成树脂经过成型加工可制成形状保持不变的塑料产品，它具有质轻、绝缘、耐腐蚀、美观、产品形式多样化等特点。

塑料可分为热塑性塑料和热固性塑料两大类。热塑性塑料可反复受热软化或熔化；热固性塑料固化成型后受热不能熔化，受强热则分解。

塑料品种繁多，根据产量与使用情况可以分为量大面广的通用塑料和作为工程材料使用的工程塑料。通用塑料产量大，生产成本低，性能多样化，主要用来生产日用品或一般工农业产品，例如聚氯乙烯塑料可制成人造革、塑料薄膜、泡沫塑料、耐化学腐蚀用板材、电缆绝缘层等。工程塑料成本较高，但具有优良的机械强度和耐摩擦、耐热、耐化学腐蚀等特性，可作为工程材料制成轴承、齿轮等机械零件以代替金属、陶瓷等。

此外，近年来还发展了具有优异性能的耐高温塑料和液晶塑料等。

塑料是有机材料，其主要缺点是绝大多数产品都可燃烧，在长期使用过程中受光线、氧、环境及热的影响会使其制品的性能逐渐变差甚至损坏，即发生老化现象。

1.2.2 合成橡胶

合成橡胶是用化学合成方法生产的高弹性体，经硫化加工后可制成各种橡胶制品，通常与天然橡胶混合使用。某些种类的合成橡胶具有比天然橡胶更为优良的耐热、耐磨、耐老化、耐腐蚀或耐油等性能。

根据产量和使用情况，合成橡胶可分为通用合成橡胶与特种合成橡胶两大类。

通用合成橡胶主要代替部分天然橡胶生产轮胎、胶鞋、橡皮管、胶带等橡胶制品。通用合成橡胶包括丁苯橡胶、顺丁橡胶（顺式聚丁二烯橡胶）、乙丙橡胶、异戊橡胶、丁基橡胶、丁腈橡胶、氯丁橡胶等品种。

特种合成橡胶主要制造耐热、耐老化、耐油或耐腐蚀等特殊用途的橡胶制品，包括氟橡胶、有机硅橡胶、聚氨酯橡胶、氯醇橡胶等。

合成橡胶用来生产橡胶制品时需要添加多种助剂，也称为配合剂，具体内容将在合成橡胶一章阐述。

1.2.3 合成纤维

线型结构的高分子量合成树脂经过纺丝得到的纤维称为合成纤维。理论上生产热塑性塑料的各种线型高分子合成树脂都可制成合成纤维，但有些品种的合成纤维因强度和软化温度太低，或者由于分子量范围不适于加工成纤维而不具备实用价值。因此工业生产的合成纤维品种远少于热塑性塑料品种。

工业生产的合成纤维品种有聚酯纤维（涤纶纤维）、聚丙烯腈纤维（腈纶纤维）、聚酰胺纤维（锦纶纤维或尼龙纤维）、聚氨酯纤维（氨纶纤维）、聚乙烯醇缩甲醛纤维（维纶纤维）、聚丙烯纤维（丙纶纤维）、聚氯乙烯纤维（氯纶纤维）等。全世界范围以前面三种合成纤维产量最大。

此外，尚有耐高温、耐腐蚀或耐辐射的合成纤维如聚芳酰胺纤维、聚酰亚胺纤维、碳纤维等。

合成纤维与天然纤维相比具有强度高、耐摩擦、不被虫蛀、耐化学腐蚀等优点；缺点是不易着色，未经处理时易产生静电，多数合成纤维的吸湿性差等；因此合成纤维制成的衣物易污染，不吸汗，夏天穿着时易感到闷热。近年来通过改进纺丝工艺，发展了空芯纤维等新型合成纤维，使其性能得到很大改善。

1.3 高分子合成工业的工艺安全管理（PSM）以及对环境、健康和安全（EHS）的影响

高分子合成工业所用的单体和有机溶剂多为易燃、易爆、有毒甚至是剧毒物质；很多生产设备也往往是在压力条件下进行操作的，因此生产过程中存在着爆炸、燃烧和泄漏的风险；

生产过程中产生的废水中可能混有催化剂残渣、有机物质以及悬浮的固体微粒，因此高分子合成工业对环境、健康和安全的潜在影响较大。高分子合成工业的工艺安全管理成为了一项极其重要的新兴课题。

现代化工生产通过工程技术控制和行政管理控制两种手段，最大限度地减少高分子合成工业的风险。工程技术控制是在装置的设计和安装过程中，通过安装高性能的安全设备和重复性的控制系统和检测系统，使整个装置从设计和安装上最大限度地减少人为因素带来的潜在风险，工程技术控制包括报警和联锁等设施。行政管理控制是通过对制度和生产步骤的严格管理达到安全生产的目的。行政管理控制包括安全制度、生产制度，以及对个人劳动保护用品（PPE）的要求等。在化工生产工业中，应该首先通过工程技术控制手段来减少风险，其次才是使用行政管理控制手段来减少风险。

在生产高分子产品同时，也会产生有害和有毒的废水、废气和固体，也就是通常说的"三废"。现代化工生产中，"三废"统称为有害物质。这些有害物质不仅对环境和动植物的生长有不良影响，对工厂员工和工厂周围居民的身体健康也会产生不良影响。因此，如何有效控制有害物质以减少和消除其对环境、健康和安全的影响，是现代高分子合成工业的一项重大任务。

1.4   高分子合成材料的回收利用

高分子合成材料中以塑料的产量最大，应用最广。它作为工业材料使用时要求经久耐用；作为包装材料、塑料地膜，以及一些一次性使用的餐具、容器如饭盒、塑料刀、叉、匙、饮料容器时，往往在使用一次后即作为废料和垃圾被抛弃。目前生产的塑料大多不能自然降解或生物降解，因而难以使其回归自然界生物循环圈，对环境造成了污染。据统计，发达国家产生的废旧塑料量几乎相当于塑料年产量的 $30\%\sim50\%$，废旧塑料的回收利用问题已成为解决环境污染和充分利用自然资源的问题之一。

由于塑料产量中热塑性塑料占绝大部分，而且废旧塑料也以热塑性塑料为主，塑料的回收主要是以热塑性塑料为主。随着科学和新型工艺的发展，具有生物降解功能的高分子合成材料越来越受到人们的重视。

第一篇

聚合方法与工艺过程

第2章

高分子化合物的生产过程

高分子合成工业的任务是将简单的有机化合物单体经聚合反应使之合成为高分子化合物。根据单体分子化学结构和官能度的不同，合成的高聚物分子量和用途也有所不同，线型结构高分子化合物可以进一步加工为热塑性塑料和合成纤维，分子量较低的具有反应活性的聚合物可以加工为热固性塑料产品，双烯烃单体则主要用来生产合成橡胶。

随着科学技术的发展和生活水平的提高，合成树脂和合成橡胶的需求量日益扩大，生产装置的规模也从早期年产数千吨，发展到当今年产量达数十万吨甚至数百万吨以上。现代生产装置不仅规模大，而且自动化程度极高。高分子合成生产主要包括以下过程。

① 原料准备与精制：包括单体、溶剂、去离子水等原料的贮存、洗涤、精制、干燥、浓度调整等过程。

② 催化剂或引发剂的准备和配制：包括聚合用催化剂、引发剂和助剂的制造、溶解、贮存、浓度调整等过程。

③ 聚合反应：包括聚合釜为中心的有关热交换设备及反应物料的输送等过程。

④ 分离过程：包括未反应单体的回收、溶剂和催化剂的脱除、低聚物的脱除等过程。

⑤ 聚合物后处理：包括聚合物的输送、干燥、造粒、均匀化、贮存、包装等过程。

⑥ 回收：主要是未反应单体和溶剂的回收与精制。

此外尚有与生产有关的公用工程如供电、供气、供水和三废处理等设施。

2.1　原料准备与精制过程

高分子合成工业最主要的原料是单体，其次是生产过程中需要加入的有机溶剂或反应介质等。由于杂质会影响聚合反应的进行或使催化剂失效，聚合反应所需的单体、溶剂和反应介质的纯度必须达到 99% 以上的聚合纯度。工业上常用的精制方法是用分子筛或其他活性体把原料中的水分和杂质吸附去除。表 2-1 列出了杂质对聚合反应的一些典型影响。

表 2-1 杂质对聚合反应的一些典型影响

杂质对催化剂的潜在影响	杂质对聚合反应的潜在影响
1. 降低催化作用	1. 阻聚
2. 使催化剂失效	2. 产生链转移
3. 分解催化剂	3. 产品色泽异常

2.2 催化剂（或引发剂）的准备

在乙烯基单体或二烯烃单体的聚合过程中，需要使用引发剂或催化剂，常用的引发剂或催化剂见表 2-2。

表 2-2 常用的引发剂或催化剂

引发剂	催化剂
1. 过氧化物	1. 烷基金属化合物——烷基铝、烷基锌等
2. 偶氮（氧）化合物	2. 金属卤化物——$TiCl_4$、$TiCl_3$ 等
3. 过硫酸盐	3. 路易斯酸——BF_3、$SnCl_4$ 等

多数引发剂受热后有分解爆炸的危险，因此过氧化物常采用小包装及低温贮存，并要防火、防撞。例如过氧化二苯甲酰为了防止贮存过程中产生意外，常加适量水使其保持潮湿状态。作为催化剂的烷基铝等金属有机化合物都是易燃易爆的危险品，不能接触水和空气，它们的活性因烷基的碳原子数目的增大而减弱，低级烷基的铝化合物应当溶解于惰性溶剂如加氢石油、苯和甲苯的溶液中以便贮存和运输。

淤浆法生产聚乙烯所需的铬催化剂，使用前要将原料催化剂三价铬在高温下用空气氧化至六价铬后，才能投入反应器中起到催化剂的作用。

2.3 聚合过程及设备

2.3.1 聚合过程

聚合过程是高分子合成工业中最主要的化学反应过程，反应产物的化学成分虽然可用简单的通式表示，但实际上是由分子量大小不等、结构也不完全相同的同系物所组成的混合物；其形态可以是坚硬的固体物、高黏度流体或高黏度溶液。高聚物不能用传统的产品精制方法如蒸馏、结晶、萃取等方法进行精制提纯。

由于高分子化合物是混合物，其结构、平均分子量、分子量分布对其物理机械性能影响很大。生产高分子量合成树脂与合成橡胶时，对聚合反应工艺条件和设备的要求很严格，主要有以下几方面：

① 单体，所有分散介质和助剂不能含有影响聚合反应或影响聚合物色泽的杂质。

② 反应条件应当非常稳定以使平均分子量和分子量分布在要求范围之内，聚合反应必须有重复性。目前，先进的分散控制系统（DCS）已可控制聚合反应在很小的范围内波动。

③ 合成树脂与合成橡胶的聚合生产设备不能污染聚合物，多数情况下应当采用不锈钢、搪玻璃或不锈钢碳钢复合材料等制成。

在高分子合成工业中，可以通过反应条件或其他控制手段来改变平均分子量从而生产出不同牌号的同类型产品。以高密度聚乙烯为例，通过反应条件、催化剂活化配方、添加剂配方的改变和分子量调节剂的使用，可以生产出很多种不同牌号和用途的高密度聚乙烯产品。

2.3.2　聚合反应机理

根据反应机理的不同，聚合反应分为加成聚合反应和逐步聚合反应。加聚反应又分为自由基聚合、离子聚合和配位聚合反应。自由基聚合实施方法主要有本体聚合、乳液聚合、悬浮聚合、溶液聚合等四种方法；离子聚合和配位聚合实施方法主要有本体聚合、溶液聚合两种方法。聚合物在反应温度下不溶于反应介质的聚合反应称为淤浆聚合。随着高分子科学技术的发展与进步，在实现加聚反应的聚合方法中衍生出许多聚合方法，如气-固相聚合等，聚合反应机理与聚合方法关系详见图 2-1。

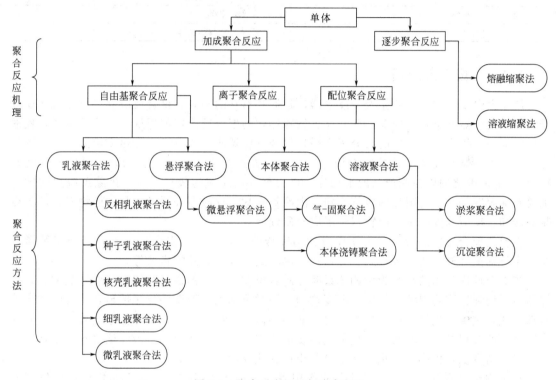

图 2-1　聚合反应机理与聚合方法

绝大多数情况下，聚合反应所用催化剂不能接触水。在溶液聚合方法中，必须使用有机溶剂。不同的聚合反应机理对于单体、反应介质、引发剂、催化剂等都有不同的要求，实现这些聚合反应的实施方法和原材料不同，产品的形态也不相同。自由基聚合的方法和产品形状见表 2-3。

表 2-3　自由基聚合的方法和产品形状

聚合方法	原料				反应条件	产品形状
	单体	引发剂	反应介质	助剂		
本体聚合	√	√			少量或无引发剂,无反应介质,热引发	粒状或粉状树脂,板,管,棒状材料
乳液聚合	√	√	H_2O	乳化剂等	水溶性引发剂引发	高分散性粉状树脂,合成橡胶胶粒
悬浮聚合	√	√	H_2O	分散剂等	机械搅拌形成油珠状单体悬浮于水中引发	粉状树脂
溶液聚合	√	√	有机溶剂	分子量调节剂	单体溶于溶剂中引发	聚合物溶液,粉状树脂

2.3.3　聚合反应方式

聚合反应可以按操作方式的不同分为间歇式聚合与连续式聚合。在间歇式聚合中，聚合反应是分批进行的，当反应达到要求的转化率时，聚合物从聚合反应器中排出；在连续聚合中，单体、引发剂、催化剂和其他反应物料连续进入聚合反应器，反应得到的聚合物连续排出聚合反器。间歇式聚合和连续式聚合比较见表 2-4。随着反应控制硬件和软件的不断改善和提高，高分子合成生产大多实现了连续聚合操作。

表 2-4　间歇式聚合和连续式聚合比较

间歇式聚合	连续式聚合
聚合反应分批进行	聚合反应连续进行
反应条件易控制	生产效率高
适合小规模生产	不易经常改产品牌号

2.3.4　聚合反应器

用于聚合反应的设备叫做聚合反应器，根据其形状的不同，聚合反应器可分为管式反应器、塔式反应器和釜式反应器；此外尚有特殊形式的聚合反应器如螺旋挤出式反应器，板框式反应器等。为了生产合格的高分子产品，聚合反应器应当具有良好的热交换能力和精密的温度、压力控制和安全联锁控制系统等。例如环管式淤浆法生产聚乙烯时，要求温度波动在 ±0.1℃ 范围之内以控制产品的平均分子量。聚合反应多为放热反应，排除反应热的方法主要有夹套冷却、夹套附加内冷管冷却、内冷管冷却、反应器外循环冷却反应物料、回流冷凝器冷却、反应器外闪蒸反应物料、反应介质预冷等。

以釜式聚合反应器为例，为使反应均匀和传热正常进行，聚合反应釜中必须安装搅拌器，常见的搅拌器形式有平桨式、旋桨式、涡轮式、锚式以及螺带式等。

当聚合反应釜内的物料为均相体系时，随着单体转化率的提高物料的黏度明显增大，搅拌器可以增强反应物料流动使物料温度均匀，同时可加大对器壁的传热使聚合热及时传导给冷却介质，避免产生局部过热现象。对于非均相体系，搅拌器的作用除上述之外，还具有使反应物料始终保持分散状态，避免发生结块的作用。在熔融缩聚和溶液缩聚过程，搅拌器可以不断更新界面，使小分子化合物及时蒸出以加速反应的进行。

对于均相反应体系而言，搅拌器的作用主要是加速传热过程；对于非均相反应体系而言，搅拌器则有加速传热和传质过程的双重作用。

随着聚合反应的进行，反应器中的单体逐渐转变为聚合物。如果聚合物溶于反应介质中，则反应物料转变为高黏度流体；如果聚合物不溶于反应介质而溶于单体中，则在低转化率时形成聚合物和单体的黏稠溶液，在高转化率时如果反应温度低于聚合物软化温度，则转变为分散状固体物质。聚合反应器中的物料形态的归纳见表 2-5。

表 2-5　聚合反应器中物料形态

聚合方式	反应器中物料形态
熔融缩聚、本体聚合	均相高黏度熔体
自由基溶液聚合、离子及配位溶液聚合、溶液缩聚	均相高黏度溶液
自由基悬浮聚合、离子及配位溶液聚合、溶液缩聚	非均相固体微粒-液体分散体系
自由基乳液聚合	非均相胶体分散液
自由基本体聚合、离子及配位本体聚合	非均相粉状固体
本体浇铸聚合	固体产品

涡轮式和旋桨式搅拌器适于低黏度流体的搅拌；平桨式和锚式搅拌器适于高黏度流体的搅拌；螺带式搅拌器具有刮反应器壁的作用，特别适合搅拌黏度很高流动性差的合成橡胶溶液。

还有一些聚合反应不是在反应器中生产的，而是在一定形状的模型中直接聚合为一定形状的塑料产品，这种聚合方式叫做本体浇铸聚合，有机玻璃就是使用本体浇铸生产的。

2.3.5　聚合反应的终止

聚合反应中，为了终止反应或避免突发事故使反应失控，可在反应器中加入终止剂。自由基聚合过程中常用有机硫化物或醛类化合物作为终止剂，而在离子聚合过程则主要用醇破坏催化剂的活性。

2.4　分离过程

聚合反应得到的物料多数不是单纯的聚合物，而是含有未反应的单体、残留催化剂及反应介质（水或有机溶剂）等的混合物。为了得到高纯度的聚合物，必须将聚合物与未反应单体、反应介质等进行分离，分离方法与物料的形态有关。

有些单体例如氯乙烯、丙烯腈等是剧毒性物质，聚合物中残存量应当极低。有些国家规定聚氯乙烯中的氯乙烯含量要求在 1×10^{-6} 以下。从聚合物中分离未反应的单体具有保护人类健康和消除环境污染的双重意义。

根据不同聚合反应机理和不同的聚合方法不同，聚合产物与原料的分离主要有下列方法。

① 无需经过分离过程而直接制成高分子材料的原料、成型用原料或直接成型为产品，如：

a. 自由基本体聚合所得聚合物为高黏度熔体或浇铸产品，单体几乎全部转化为聚合物，无需经过分离过程可直接进行聚合物后处理。

b. 自由基溶液聚合和乳液聚合的部分产品中含有少量未反应的单体和大量的反应介质（溶剂或水），难以充分脱除残留单体。如果单体无害时，可以直接用作涂料、黏合剂等而无需经过分离处理；也可按需要浓缩或适当地脱除部分未反应的单体以调整产品浓度或减少产品中单体的不适气味。

c. 配位聚合气-固聚合法生产聚乙烯或聚丙烯时，聚合物中仅含有杂质催化剂，由于使用高效催化剂，含量极低，可以不脱除。

d. 逐步聚合熔融缩聚所得的聚合物可能含有极少量单体，难以充分脱除，达到允许含量以后可以直接用作合成纤维或热塑性塑料原材料。

② 机械法分离反应介质。

a. 自由基悬浮聚合法产品为珠粒状，含有分散剂和大量反应介质水。离心脱水后再洗涤脱除分散剂，必要时加酸液或碱液进一步洗涤，最后干燥获得高分子产品。

b. 自由基乳液聚合生产的某些产品，例如种子乳液聚合法生产的聚氯乙烯胶乳液，含有大量水分和聚氯乙烯胶体微粒、乳化剂等，可直接将聚氯乙烯胶乳送入具有高速离心装置的干燥塔中制得含有乳化剂的聚氯乙烯糊用树脂，其粒径为数十微米。

c. 配位聚合和离子聚合原理中的淤浆聚合产品经离心过滤与有机溶剂分离后，聚合物中还含有少量溶剂和催化剂，催化剂对聚合物的颜色和性能无影响时，不需要分离除去。

③ 必须经过闪蒸脱除未反应单体和反应介质。

a. 自由基乳液聚合法生产合成橡胶时，在反应达到要求的转化率后必须终止反应，此时反应物料中仍含有较多未反应的单体需要进行回收。回收方法是向反应物料中通入过热的水蒸气，使残留单体迅速蒸出，此过程称为"闪蒸"，回收的单体精制后回收再利用。

b. 配位聚合和离子聚合溶液法生产的产品为聚合物溶液；用于合成橡胶生产时，工业上使用闪蒸方式脱除未反应单体和有机溶剂。

④ 高真空脱除残留单体。某些本体聚合和熔融缩聚得到的产品含有少量未反应单体或低聚物，如果要求生产高质量聚合物时则须将这些杂质出去。在熔融状态脱除单体时，聚合物熔体的黏度增加非常迅速，要求更高的温度才能脱除完全，而高温可能会导致聚合物分解。最佳的方法是在较低温度下用高真空脱除单体，真空压力最好在133Pa以下，采用薄膜蒸发器使聚合物熔体呈薄层或线状流动，以加大其表面积并减少单体扩散出表面的距离，有利于脱除未反应单体和可挥发的低聚物。其他聚合方法生产的高聚物也可采用高真空法脱除残留单体。

2.5　聚合物后处理过程

经分离得到的聚合物必须经干燥、添加添加剂、造粒、均匀化、包装等后处理工序才能以正式产品形式出厂。合成树脂与合成橡胶物理的性质不同，所以其后处理过程也有所差别，现叙述如下。

2.5.1　合成树脂的后处理过程

2.5.1.1　干燥

经分离得到的合成树脂必须经干燥处理以脱除含有的少量水或有机溶剂。

（1）脱水

某些悬浮聚合法生产的合成树脂以水为反应介质，经离心分离得到的粒状树脂表面仍附着少量水分，须经干燥处理将其除去。干燥设备通常为转筒式、沸腾床式或气流干燥装置。在气流干燥中，潮湿的合成树脂用螺旋输送机送入气流干燥管的底部，在干燥管内被热气流夹带着上升；干燥好的物料被吹入旋风分离器，粒状树脂沉降于旋风分离器底部，气体夹带不能沉降的物料从旋风分离器进入袋式过滤器，袋式过滤器收集气流中带出的粉料。气流干燥通常采用加热的空气作为载热体。为了提高干燥效果，可以将潮湿的合成树脂先送入转筒式或沸腾床式干燥器，适当干燥后再送入气流干燥装置进行干燥操作。干燥后的树脂含水量在0.1%左右。

（2）脱有机溶剂

某些淤浆聚合法生产的合成树脂以有机溶剂为反应介质，经离心分离或过滤后得到的粒状树脂表面仍附着有机溶剂，干燥用的热载体通常选用惰性气体氮气以避免产生易爆混合物。用氮气作为载体时，氮气必须回收使用以减少成本，通常附加闭路循环的氮气回收和溶剂脱除的装置。

干燥后的合成树脂可直接出厂。种子乳液聚合法生产的聚氯乙烯糊用树脂仅经过干燥即可包装出厂；甲基丙烯酸甲酯经本体浇铸法生产的有机玻璃可以不经后处理过程直接出厂。

2.5.1.2　混炼后造粒出厂

混炼是指合成树脂在近于熔化的温度条件下，在强力剪切作用下使添加剂与树脂充分混合的操作。在大规模生产装置中，必须在合成树脂中加入各种添加剂如填料、润滑剂、着色剂、稳定剂等组分，经过混炼制得可直接用来成型的粉、粒状料后才能作为商品包装出厂。

混炼通常在密炼机或混炼机中进行的。混炼好的热物料直接送入挤出机中，在螺杆的强力作用下将熔化的物料挤压通过金属网过滤，再进入多孔模板使物料呈条状物进入冷却水中凝固为条状固体物，经切粒机上高速运转的切粒刀切成一定形状和大小的粒状塑料后，被冷却水夹带进入振动筛使粒料与水分离，表面附着有水分的粒料进入离心干燥器中被热气流提升到离心干燥器出口进入粒料分离筛装置，分去不合格产品，合格成品用压缩空气送往容积 $100 \sim 400 m^3$ 的大型料仓进行均匀化混合，然后经自动包装线包装后作为商品出厂。

2.5.2 合成橡胶的后处理过程

合成橡胶具有很低的玻璃化温度，常温下为柔性固体物，易黏结成团，后处理过程与合成树脂差别较大，具体内容将在合成橡胶一章阐述。

2.6 回收过程

回收过程主要是回收和精制未反应单体及溶剂。离子聚合与配位聚合中的溶液聚合法是高分子合成工业中使用有机溶剂最多的反应。分离出聚合物后的溶剂通常含有其他杂质，回收过程大致可以分为以下两种情况。

（1）合成树脂生产中溶剂的回收

通常经离心机过滤使溶剂与聚合物分离，溶剂中可能有少量单体、终止反应和破坏催化剂所用的醇类化合物，还可能溶解有聚合物（例如聚丙烯生产中得到的无规聚合物）等。聚丙烯生产中的溶剂回收操作最为复杂，在以后的相关章节中将加以详细介绍。

（2）合成橡胶生产中溶剂的回收

溶剂通常是在橡胶凝聚釜中同水蒸气一起蒸出，通常不含有不挥发物，但含有可挥发的单体和终止剂如甲醇等。冷凝后，水与溶剂通常形成两层液相，溶剂层中则可能含有未反应的单体、防老剂、填充剂等。用精馏的方法可使单体与溶剂分离，防老剂等高沸点物则作为废料处理。

第3章 聚合物单体的原料路线

3.1 概述

工业生产的高分子化合物按其化学组成分类如下。

① 加聚型高聚物　包括 α-聚烯烃、乙烯基聚合物、二烯烃类聚合物等。

② 逐步聚合型高聚物　包括聚酯、聚酰胺、聚醚、聚氨酯、有机硅聚合物、酚醛树脂、脲醛树脂、环氧树脂等。

用来合成高分子聚合物的原料叫做单体，大多数单体是脂肪族化合物，少数是芳香族化合物。特殊性能的耐高温聚合物、导电聚合物、光敏聚合物主要采用芳香族化合物，尤其是杂环化合物作为原料。工业上重要的单体见表 3-1。

表 3-1　重要单体一览表

单体名称	分子式	常温下状态	熔点/℃	沸点/℃
乙烯	$CH_2{=}CH_2$	气体	−169.15	−103.77
丙烯	$CH_3CH{=}CH_2$	气体	−187.63	−42.1
1-丁烯	$CH_3CH_2CH{=}CH_2$	气体	−185.34	−6.26
1,3-丁二烯	$CH_2{=}CH{-}CH{=}CH_2$	气体	−108.91	−4.41
异戊二烯	$CH_2{=}C(CH_3){-}CH{=}CH_2$	低沸点液体	−145.9	34.0
氯丁二烯	$CH_2{=}CCl{-}CH{=}CH_2$	液体	−130	59.4
苯乙烯	$C_6H_5{-}CH{=}CH$	液体	−30.6	145.15
氯乙烯	$Cl{-}CH{=}CH_2$	气体	−153.8	−13.4
偏二氯乙烯	$Cl_2C{=}CH_2$	低沸点液体	−122.6	31.6
四氟乙烯	$F_2C{=}CF_2$	气体	−142.5	−76.3
乙酸乙烯酯	$CH_3COO{-}CH{=}CH_2$	液体	−93	71.8
丙烯酸	$CH_2{=}CH{-}COOH$	液体	12.5	141
甲基丙烯酸	$CH_2{=}C(CH_3){-}COOH$	液体	16	162.5
甲基丙烯酸甲酯	$CH_2{=}C(CH_3){-}COOCH_3$	液体	−47.55	100.5
丙烯腈	$CH_2{=}CH{-}CN$	液体	−83.48	77.3
丙烯酰胺	$CH_2{=}CH{-}CONH_2$	固体	84.6	192.6
甲醛	$HCHO$	气体	−92	−19.1
己二酸	$HOOC(CH_2)_4COOH$	固体	152.5	337.5
己二胺	$H_2N(CH_2)_6NH_2$	固体	39.13	205
己内酰胺		固体	69.3	270

单体名称	分子式	常温下状态	熔点/℃	沸点/℃
环氧乙烷	△O	低沸点液体	−112.2	10.4
环氧丙烷	(环氧)—CH₃	低沸点液体	−112	34
环氧氯丙烷	O△—Cl	液体	−25.6	117.9
尿素(脲)	$H_2N-\overset{O}{\overset{\|}{C}}-NH_2$	固体	133.3	分解
苯酚	C_6H_5OH	固体	40.89	181.87
对苯二甲酸二甲酯	$H_3COOC-C_6H_4-COOCH_3$	固体	141	288

高分子合成材料广泛应用于各个领域,当前最重要的原料来源是石油和天然气路线。

自然界最丰富的有机原料是石油。从油田开采出来未经加工的石油称为原油,原油一般是褐红色至黑色的黏稠液体,比水的密度小,不溶于水。石油的主要成分是碳氢化合物,还存在少量含氧、硫或含氮的有机化合物,在开采过程中可能混入一些水、泥沙和盐分等。不同地区生产的原油组成和性质有所不同,根据所含碳氢化合物的类别,原油可分为石蜡基石油、环烷基石油、芳香基石油以及混合基石油。中国所产石油大多数属于石蜡基石油。

原油炼制主要是在300～400℃之间通过常压蒸馏将石油分为石油气、石油醚、汽油(石脑油)、煤油、轻柴油、重柴油等馏分;高沸点部分再经减压蒸馏制得柴油、变压器油、含蜡油等馏分;不能蒸出的部分称做渣油。各类油品的沸点范围、大致组成及用途见表3-2。

表3-2 各类油品的沸点范围、大致组成及用途

油品名称	馏程/℃	碳原子数		分子量[①]范围	主要用途
		范围	平均数		
石油气及液化石油气	气体	$C_1 \sim C_4$			裂解原料、燃料等
汽油	<200	$C_5 \sim C_{11}$	约8	100～120	内燃机燃料、溶剂等
煤油	150～280	$C_8 \sim C_{15}$	约12	180～200	喷气式飞机燃料、燃料等
轻柴油	200～350	$C_{11} \sim C_{20}$	约16	220～240	柴油机燃料、船用燃料、锅炉燃料、化工原料等
减压馏分	300～500	$C_{20} \sim C_{35}$	约30	370～400	防腐绝缘材料、铺路及建筑材料等
减压渣油	>500	$>C_{35}$	约70	900～1100	铺路及建筑材料等
作为裂解原料的石脑油	<220				
轻质石脑油	<150				
中质石脑油	105～160				
重质石脑油	160～200				

① 指相对分子质量,余同。

原油经炼制可得到汽油、石脑油、煤油、柴油等馏分和炼厂气等。石脑油、炼厂气以及天然气中的乙烷、丙烷、丁烷可以作为原料通过高温裂解制备乙烯、丙烯、丁二烯和苯等,裂解产生的液体重组分经加氢、催化重整后可以生产苯、甲苯、二甲苯等重要的芳烃化合物。通常要求裂解用原料中烷烃、环烷烃的含量应>70%(体积)。

3.2 石油原料路线

3.2.1 裂解法生产烯烃

乙烯和丙烯是塑料生产中最重要的烯烃单体，单套乙烯生产装置的年产量已从 20 世纪六七十年代的 15 万吨发展到当今的 100 多万吨。裂解装置使用管式裂解炉，裂解温度接近 1000℃。为了避免裂解管内过快结焦（炭），通常裂解沸点较低的轻组分液体油品或气体，例如轻柴油、石脑油以及乙烷、丙烷和丁烷等。裂解液体和裂解气体的装置所用设备基本相同，裂解石脑油等液体装置由于产生大量液体重组分，需要多加一个水洗塔。

裂解是将液态（石脑油、轻柴油等）或气态烃（乙烷、丙烷、丁烷）在稀释水蒸气存在下，在接近 1000℃ 高温下热裂解为烯烃和二烯烃的过程。为了减少副反应，提高烯烃的收率，原料烃类在高温裂解区的停留时间低于 1s，有时仅为 0.2～0.5s。用蒸气稀释的目的在于减少烃类的分压，提高得率，同时抑制副反应并减轻结焦的速度。乙烯装置高温裂解生成的裂解气成分是非常复杂的，主要包括乙烯、丙烯、氢气、甲烷、乙烷、丙烷、丁二烯、苯、裂解汽油、芳烃和少量乙炔等。裂解气经过深冷分离后可制得聚合级高纯度的乙烯和丙烯，副产品包括丁二烯、混合芳烃和作为裂解炉燃料的尾气等。

乙烯生产主要有热裂解，压缩和深冷分离三大部分组成，每一部分所需要的设备是非常复杂的。以年产百万吨的现代化装置为例，裂解炉一般不多于十个。裂解气中分离出的含有氢气和甲烷的尾气可以作为裂解炉的燃料气使用，裂解炉的余热可以生产驱动压缩机透平所需的高压蒸汽，高压蒸汽消耗减压后，可以供再沸器和其他设备使用，所以设计合理的现代化乙烯装置，在燃料气和蒸汽方面可以做到自给自足。由于裂解气的组分在常温下多为气体，不易分离，因而裂解气是通过深度冷却（−100℃）和加压（2800kPa）后，以液态方式经蒸馏进行分离提纯。裂解气的冷冻是通过乙烯和丙烯冷冻系统来完成的。

图 3-1 为裂解与分离过程的主要工序，实际生产要复杂得多，因为各精馏塔都是在压力和低温下操作。乙烯生产是现代化工生产最重要的工序。生产所用设备除裂解炉外，主要还有为了回收利用能量和停止裂解反应而设置的急冷锅炉；水洗装置；用于在装置内输送裂解气所需的裂解气压缩机和冷冻系统所用的乙烯压缩机和丙烯压缩机；碱洗装置；干燥装置；炔烃氢化装置；热交换器；一系列用来分离各种产品的精馏塔；以及膨胀动力机等装置。

裂解气从裂解炉离开后，快速经过急冷锅炉。急冷锅炉（Transfer Line Exchanger，简称 TLE）实际上是一种热交换器，其作用是将温度高达 800～900℃ 的裂解气急速冷却中止裂解反应，以防止急冷锅炉结焦而影响其热交换能力。急冷锅炉的另一作用是利用裂解气的热量将锅炉水加热为高压蒸汽，作为驱动三大压缩机透平的动力。

急冷锅炉冷却后的裂解气通过水洗塔进一步冷却。裂解气中的水蒸气，重组分和部分芳烃经水洗冷却后以液体状态进入油水分离器后被回收利用。油水分离器中的水可被加热作为裂解炉的稀释蒸汽重复使用。水洗后的裂解气在 40℃ 下经过裂解气压缩机压缩后，通过碱洗塔除去裂解气中少量的二氧化碳（CO_2）和硫化氢（H_2S）等酸性气体。碱洗后的裂解气通过再压缩后经干燥器干燥，去除裂解气中的水分，以避免任何水分在后续的低温分离过程结冰造成设备的堵塞。干燥后的裂解气通过低温冷却后，经脱甲烷塔、脱乙烷塔、脱丙烷塔、脱丁烷塔、乙烯乙烷分离塔和丙烯丙烷分离塔分离精制后，制得聚合级高纯度乙烯和丙烯，可用作燃料气的尾气（氢气和甲烷）、粗丁二烯、混合芳烃，以及可作为裂解炉原料的乙烷和丙烷。裂解气中的乙炔和甲基乙炔经过催化加氢转化为产品乙烯和丙烯。尾气含有的少量乙烯再膨胀动力机膨胀后可进一步回收，膨胀做的功可以带动发电机进行发电，进一步对能源回收利用。

乙烯生产中一个很重要的换热装置是冷箱。冷箱是用绝热材料封闭的换热系统，其中包括节流膨胀阀、高效板式热交换器、气液分离器等设备。

乙烯压缩机和丙烯压缩机为乙烯和丙烯冷却系统提供动力，生产的乙烯和丙烯可以用来作为冷却系统的介质。裂解气压缩机、乙烯压缩机和丙烯压缩机是乙烯生产中非常重要的三大压缩机。

按照生产工艺的不同，乙烯装置第一个分离塔可以是脱乙烷塔也可以是脱甲烷塔，其余步骤和设备基本相同。脱乙烷塔为第一分离塔的乙烯、丙烯生产方块流程见图3-1。

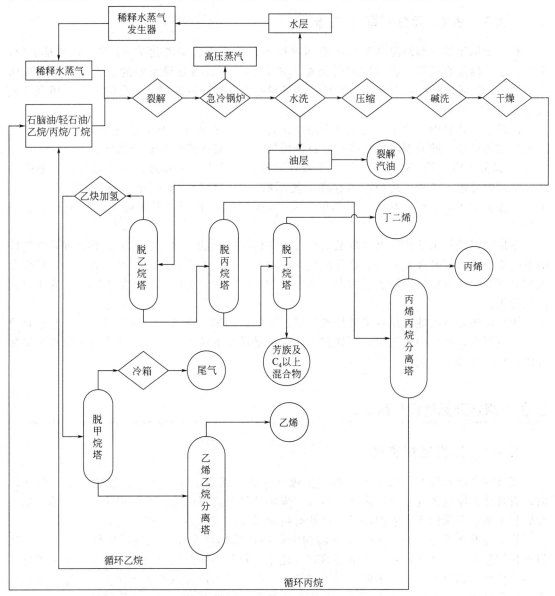

图 3-1 轻柴油裂解法生产乙烯、丙烯等的方块流程

3.2.2 石油裂解生产芳烃

苯、甲苯、二甲苯等芳烃是重要的有机化工原料，也是合成单体的重要原料，过去主要

通过煤焦油制备芳烃。由于苯是原油的组成之一，现在开发了以石油为原料制取芳烃的路线。工业上苯的生产主要有四种方式：蒸汽裂解、催化重整、甲苯加氢脱烷基、甲苯歧化与烷基转移。

在裂解法生产乙烯的过程中，裂解气水洗冷凝后获得裂解汽油，其中苯的比例占了50％，同时，脱丁烷塔底部产品中含有大量的苯和甲苯，这些产品中的苯和甲苯经蒸馏分离后就可以制得苯和甲苯等芳烃。

裂解石油和脱丁烷塔底部的芳烃混合物也可以在氢化装置中通过催化加氢、脱硫和分离而制得苯、环戊二烯等高价值的芳烃和环烷烃。

3.2.3 由 C_4 馏分制取丁二烯

在石油炼制过程和高温裂解生产乙烯过程中都会产生容易液化的 C_4 馏分，它是丁烷、丁烯、丁二烯及它们所有异构体的混合物。其中 1,3-丁二烯是最重要的合成橡胶和合成树脂原料；1-丁烯是塑料聚 1-丁烯的原料；异丁烯是丁基橡胶的原料；其余的组分可用来合成其他有机化工原料。

乙烯生产装置中，脱丁烷塔顶部产品中含有 50％ 左右的丁二烯，这是由 C_4 馏分制取丁二烯的主要途径。随着裂解原料中碳数目的增加，丁二烯的产量也相应增加。

C_4 馏分中所含的丁烷、丁二烯、丁烯各异构体的沸点非常相近，不能直接用一般的精馏方法进行分离，必须在适当溶剂存在下先萃取，然后精馏分离而得到高纯度的 1,3-丁二烯。工业上应用的溶剂主要有二甲基甲酰胺（DMF）、乙腈、二甲基亚砜、N-甲基吡咯烷酮等。

萃取精馏是用来分离沸点或挥发度相近的液体混合物的特殊精馏方法。其原理是在液体的混合物中加入较难挥发的第三组分溶剂以增大液体混合物中各组分挥发度的差异，使挥发度相对变大的组分由精馏塔顶部馏出，挥发度相对变小的组分则与加入的溶剂在塔底流出而实现分离。

综前所述，以石油为原料可以得到烯烃、丁二烯和苯、甲苯、二甲苯等芳烃。它们是重要的有机原料；烯烃中的乙烯、丙烯和丁二烯则是重要的单体。从这些基本有机原料和单体可以制得各种合成树脂与合成橡胶。

3.3 煤炭及其他原料路线

3.3.1 煤炭原料路线

煤炭在高温和隔绝空气下干馏则产生煤气、氨、煤焦油和焦炭。石油化学工业发展以前，有机化工原料主要来自煤焦油和焦炭。煤焦油经分离可以得到苯、甲苯、二甲苯、萘等芳烃和苯酚、甲苯酚等。它们都是重要的有机化工原料和单体的生产原料。

焦炭与石灰石在 2500～3000℃ 高温的电炉中经强热可生成碳化钙，俗称电石。碳化钙与水作用生成乙炔气体，乙炔是重要的有机化工原料和单体的生产原料。以前我国大部分氯乙烯单体和一部分醋酸乙烯单体、氯丁二烯单体都是以乙炔为原料生产的。由于生产电石消耗大量的电能，因此以乙炔为原料大规模生产高分子单体在经济上是无优势的。

3.3.2 其他原料路线

除了石油、天然气和煤炭以外，自然界存在的植物和农副产品也可作为高分子单体的原料。随着石油资源的减少，利用天然高分子化合物如植物、农副产品、海洋贝壳生物等为原料已引起越来越多的关注，具体内容在以后的相关章节阐述。

以天然气、石油、煤炭和自然界存在的植物和农副产品为原料合成单体和溶剂的流程见图 3-2。

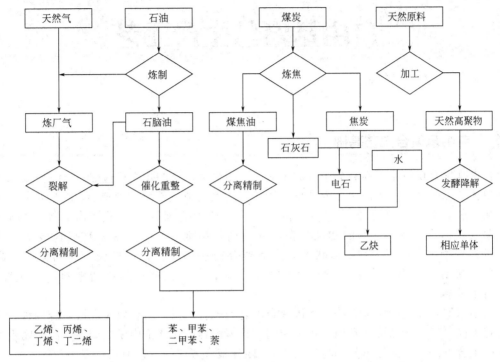

图 3-2　以天然气、石油、煤炭和自然界存在的产品等为原料合成单体和溶剂的流程

3.4　世界资源情况展望

目前的数据显示，中东的石油储备占了全世界的 40%，其余的石油储备分布在北美、委内瑞拉、伊朗和俄罗斯等地，中国也有一定的石油资源。随着科技的发展，石油的开采已经从陆地向海洋发展。2010 年以来，北美页岩气（主要是乙烷）的成功开采，极大地丰富了天然气的资源。

中国是世界上煤储藏量多的国家之一，高分子工业发展初期是以煤炭为基本原料，后来由于石油化学工业的发展，原料路线由煤转向石油。从长远观点看来，煤炭的综合利用还是大有可为的。

中国近年来与世界上大型石化公司合作，已经先后建立并投产了多家大型乙烯装置和其他一些现代化的高分子合成工业装置，标志着中国高分子合成工业达到了一个新的水平。随着高科技的发展，高分子合成工业将为人类提供更多的新材料品种。

第4章

自由基聚合生产工艺

4.1 自由基聚合工艺基础

　　自由基聚合反应是当前高分子合成工业中应用最为广泛的化学反应之一。它主要用于乙烯基单体和二烯烃类单体的聚合或共聚，所得的均聚物或共聚物都是碳-碳主链的线型高分子量聚合物，它们在常态下是固体。自由基聚合所得高聚物，分子结构的规整性较差，多数是无定形聚合物。它们的物理状态与其玻璃化温度（T_g）有关，玻璃化温度远低于室温的高聚物在常温下为弹性体状态，这类聚合物主要用作合成橡胶；玻璃化温度高于室温的高聚物在常温下为坚硬的塑性体，即合成树脂，主要用作制造塑料、合成纤维、涂料等的原料。

　　自由基聚合反应的实施方法有本体聚合、乳液聚合、悬浮聚合以及乳液聚合四种。它们的特点不同，所得产品形态及用途也不相同，具体内容已在绪论内予以阐述。高聚物生产中采用的聚合方法和产品形态与用途见表 4-1。四种聚合方法的工艺特点见表 4-2。

表 4-1　高聚物生产中采用的聚合方法

聚合方法	高聚物品种	操作方式	产品形态	产品用途
本体聚合	合成树脂 高压聚乙烯 聚苯乙烯 聚氯乙烯 聚甲基丙烯酸甲酯	 连续化 连续化 间歇法 浇铸成型	 颗粒状 颗粒状 粉状 板、棒、管等	 注塑、挤塑、吹塑、成型用 注塑成型用 混炼后用于成型 第二次加工
乳液聚合	合成树脂 聚氯乙烯 聚醋酸乙烯或共聚物 聚丙烯酸酯或共聚物 合成橡胶 丁苯橡胶 丁腈橡胶 氯丁橡胶	 间歇法 间歇法 间歇法 连续化 连续化 连续化 （间歇法）	 粉状 胶乳液 胶乳液 胶粒或胶乳液 胶粒或胶乳液 胶粒或胶乳液	 搪塑、浸塑、制人造革 黏合剂或涂料等 表面处理剂、涂料等 胶粒用于制造橡胶制品 胶乳液用作黏合剂原料或橡胶制品 电缆绝缘层
悬浮聚合	合成树脂 聚苯乙烯 聚氯乙烯 聚甲基丙烯酸甲酯	 间歇法 间歇法 间歇法	 粉状 珠粒状 珠粒状	 注塑成型用 混炼后用于成型 汽车灯罩、假牙齿、牙托等
溶液聚合	合成树脂 聚丙烯腈 聚醋酸乙烯	 连续化 连续化	 聚合物溶液或颗粒 聚合物溶液	 直接用于纺丝或溶解后纺丝 直接用来转化为聚乙烯醇

表 4-2　四种聚合方法的工艺特点

聚合方法		本体聚合	乳液聚合	悬浮聚合	溶液聚合
聚合过程	主要操作方式 反应温度控制 单体转化率	连续 困难 高(低)	连续 容易 可高,可低	间歇 容易 高	连续 容易 不高
分离回收 及后处理	工序复杂程度 动力消耗	单纯 少	复杂 稍大	单纯 稍大	溶液不处理则单纯 溶液不处理则少
产品纯度		高	有少量乳化剂混入	有少量分散剂混入	低
废水废气		很少	乳胶废水	废水	溶剂废水

在工业生产中,除个别自由基聚合反应是单体受热引发聚合外,其余都是在引发剂作用下进行聚合反应的。原则上各种乙烯基单体和二烯烃单体都可以用四种聚合方法进行工业生产。由于合成橡胶在室温下为弹性体状态,容易黏结成块,因此一般不能用本体聚合和悬浮聚合方法进行生产,如果用溶液聚合则必须增加溶剂回收工序,提高了生产成本。所以,用自由基反应生产合成橡胶时,乳液聚合是目前唯一的工业生产方法。合成树脂则可用四种聚合方法进行生产。从生产工艺观点考虑,各种聚合方法各有其不同的特点。

合成树脂生产中,聚合方法的选择主要取决于产品用途、产品形态和生产成本。例如,经气流干燥得到的氯乙烯悬浮聚合产品颗粒粒径约 $100\mu m$;乳液聚合产品喷雾干燥后的粒径则在数十微米范围。加入增塑剂调和以后,乳液聚合喷雾干燥产品生成的糊状分散体系静置后不沉降,悬浮聚合产品则不能生成糊状物,这是因为乳液聚合得到的聚氯乙烯原始微粒粒径多数在 $1\mu m$ 左右,喷雾干燥后所得的颗粒是这种微粒的聚集物,亦称为次级粒子,它在增塑剂中可以崩解为原始乳液微粒的状态;而悬浮聚合产品颗粒的粒径则在 $100\mu m$ 左右,比乳液聚合所得微粒直径约大 100 倍,体积则大 10^6 倍。所以用聚氯乙烯糊进行成型加工制造人造革等时,必须用乳液聚合法生产的聚氯乙烯树脂;这就是当前聚氯乙烯树脂绝大多数用悬浮法生产,但乳液法并未被淘汰的原因。

但是随着高分子科学技术的进步与生产工艺的完善,各类产品的聚合方法也可发生改变。过去认为合成橡胶难以用本体聚合方法进行生产,但是改进生产工艺后,目前已经出现了用本体聚合法生产合成橡胶(聚丁二烯橡胶)的专利报道。

4.1.1　自由基聚合引发剂

除苯乙烯本体聚合和悬浮聚合可以受热引发聚合外,其他单体的聚合反应都是在引发剂的存在下进行的。引发剂是自由基聚合反应中的重要试剂,但其用量很少,一般仅为单体量的千分之几。

为了使活性液态低分子量合成树脂或合成橡胶转变为体型结构,需要加入引发剂或催化剂使其发生加聚或缩聚反应,将其形态转变为固体物,工业上称此过程为"固化",固化所用引发剂或催化剂称为"固化剂"。

4.1.1.1　引发剂种类

许多有机化合物在一定的条件下可以生成自由基,但工业上可用作自由基聚合反应引发剂的化合物是非常有限的。可用作引发剂的化合物主要是过氧化物,尤其是有机过氧化物;其次为偶氮化合物和氧化-还原引发体系。引发剂在聚合温度范围内必须有适当的分解速度常数,产生的自由基必须有适当的稳定性,这样才能够有效地引发乙烯基或二烯烃单体发生链式聚合反应。根据引发剂的溶解性能,可分为油溶性与水溶性引发剂。水溶性引发剂用于乳液聚合和水溶液聚合,油溶性引发剂则用于本体、悬浮与有机溶剂中的溶液聚合。

工业生产中采用的自由基聚合引发剂主要有三大类。

（1）过氧化物类

过氧化物通式为 R—O—O—H 或 R—O—O—R，可看作过氧化氢 H—O—O—H 的衍生物，R—可为烷基、芳基、酰基、碳酸酰基、磺酰基等；由于一元取代基或二元取代基的不同而得到一系列不同类别的有机过氧化物。

烷基（或芳基）过氧化氢：R—O—O—H

过酸： $R-\overset{\overset{O}{\parallel}}{C}-O-O-H$

过氧化二烷基（或芳基）：R—O—O—R

过氧化二酰基： $R-\overset{\overset{O}{\parallel}}{C}-O-O-\overset{\overset{O}{\parallel}}{C}-R$

过酸酯： $R-\overset{\overset{O}{\parallel}}{C}-O-O-R$

过氧化碳酸二酯： $R-O-\overset{\overset{O}{\parallel}}{C}-O-O-\overset{\overset{O}{\parallel}}{C}-O-R$

过氧化磺酰酯：$R-SO_2-O-O-R$

有机过氧化物的共同特点是分子中均含有—O—O—键，受热后—O—O—键均相断裂而生成相应的两个自由基。例如：

$$H_3C-\overset{\overset{CH_3}{|}}{\underset{\underset{CH_3}{|}}{C}}-OOH \xrightarrow{\triangle} H_3C-\overset{\overset{CH_3}{|}}{\underset{\underset{CH_3}{|}}{C}}-O\cdot + \cdot OH$$

$$C_6H_5-\overset{\overset{O}{\parallel}}{C}-O-O-\overset{\overset{O}{\parallel}}{C}-C_6H_5 \xrightarrow{\triangle} 2C_6H_5-\overset{\overset{O}{\parallel}}{C}-O\cdot \xrightarrow{\triangle} 2C_6H_5\cdot + 2CO_2\uparrow$$

$$H_3C-\overset{\overset{CH_3}{|}}{\underset{\underset{H}{|}}{C}}-\overset{\overset{O}{\parallel}}{C}-O-O-\overset{\overset{O}{\parallel}}{C}-\overset{\overset{CH_3}{|}}{\underset{\underset{H}{|}}{C}}-CH_3 \xrightarrow{\triangle} 2H_3C-\overset{\overset{CH_3}{|}}{C}-\overset{\overset{O}{\parallel}}{C}-O\cdot \xrightarrow{\triangle} 2H_3C-\overset{\overset{CH_3}{|}}{C}-O\cdot + 2CO_2\uparrow$$

由以上反应可知，过氧化二酰基和过氧化碳酸酯等化合物在分解时除产生自由基外，还放出 CO_2 气体。苯基自由基的活性一般大于苯甲酰基自由基。

与一般有机化合物不同，有机过氧化物不稳定，其稳定程度因化学结构的不同而有很大差别，有些过氧化物可以进行常压蒸馏，有些在受热、受摩擦或受碰击时会分解而爆炸。

过氧化二烷基化合物的烷基为直链结构时不稳定；低级烷基易爆炸；烷基含有较多支链时（如过氧化二叔丁基）则在常压下可以蒸馏而不分解。

过酸化合物不怕震击，受热时易爆炸，常温放置可分解产生 O_2。

过氧化二酰基化合物常态下受热或受碰击时可引起爆炸，因此过氧化二苯甲酰商品常含有适量的水分以保持湿润状态；也可溶于邻苯二甲酸二丁酯等适当溶剂中，以避免出现分解爆炸的危险。

过氧化碳酸酯（如过氧化碳酸二异丙酯等）对热、摩擦、碰击都很敏感，不能进行蒸馏，在室温条件下会产生诱导分解反应而爆炸，必须在 10℃ 以下的低温中储存，最好加有多元酚、多元硝基化合物等稳定剂以降低其分解倾向。胺类化合物和某些金属则可使过氧化碳酸酯催化分解。金属对于其分解速度影响顺序为：

$$Pt\approx Cu>Hg>Al\approx Fe>Ni\approx Ag$$

过氧化碳酸酯中的异丙基改换为叔丁基或环己基时，稳定性提高，可在常温下储存。

在自由基聚合过程中，引发剂分解所得的初级自由基主要与单体作用产生单体自由基以引发聚合反应；除此之外，还可能发生夺取溶剂分子或聚合物分子中的氢原子、两个初级自由基偶合、本分子歧化或与未分解的引发剂作用产生诱导分解作用等副反应。

主反应：

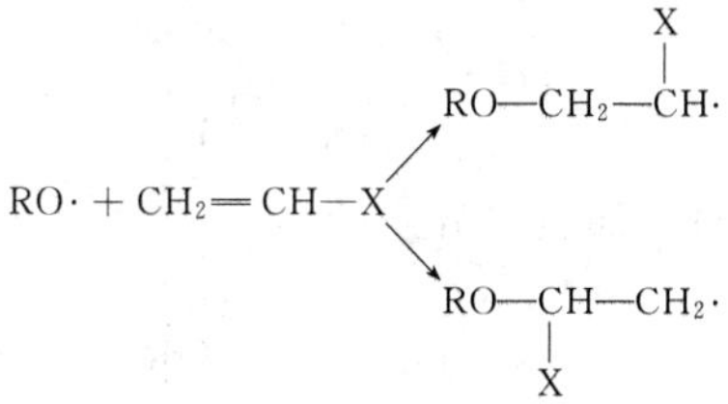

副反应：

① 夺取溶剂或已生成的聚合物分子中的氢原子而产生新的自由基，其活性未消失，甚至可能增大，自由基数目无变化：

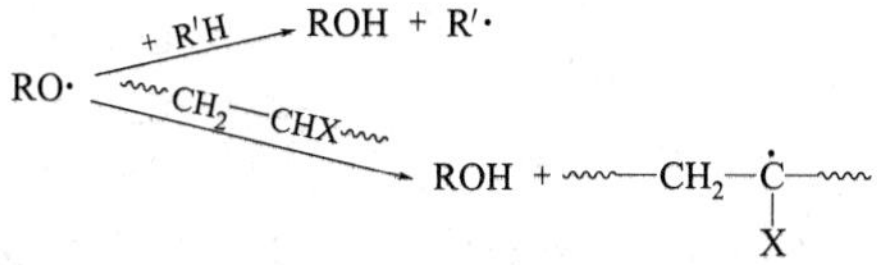

夺取聚合物分子中的氢原子生成聚合物自由基，进一步发生聚合反应则产生支链；夺取溶剂或小分子化合物中的氢原子则发生链转移反应。

② 两个初级自由基发生偶合反应。有些过氧化二酰基化合物受热分解产生的自由基 $R—COO·$ 容易脱除 CO_2 产生 $R·$ 自由基，$R·$ 自由基活性大，偶合后则不能再分解产生自由基。

$$2R· \longrightarrow R—R$$

此反应消耗了自由基而未能引发聚合反应。初级自由基的偶合反应受周围介质的影响较大。如果两个初级自由基被溶剂分子所包围未能扩散分离而偶合终止，称为"笼形效应"，这是引发剂效率降低，特别是溶液聚合引发效率降低的原因之一。

③ 本分子歧化反应。过氧化二叔丁基分解的自由基可能发生本分子歧化反应：

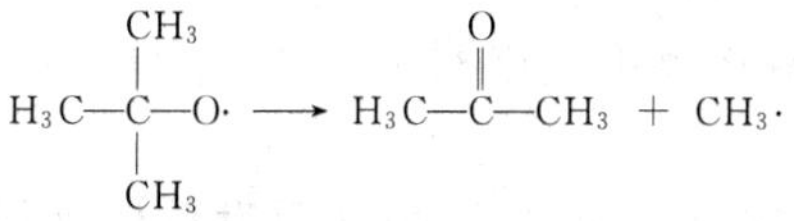

此反应不影响自由基数目，但是却产生了不能参加聚合反应的小分子化合物。

④ 与未分解的引发剂作用使之发生诱导分解反应。过氧化二酰基化合物可被初级自由基诱导分解；此反应无谓地消耗了引发剂，降低了引发剂的效率。

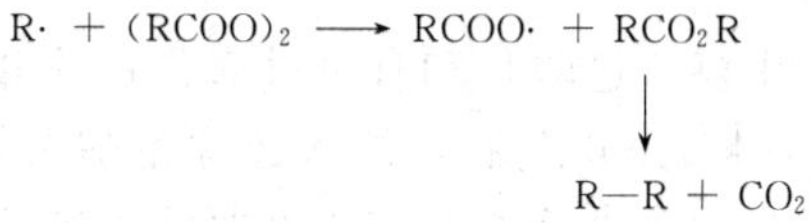

（2）偶氮化合物
用作自由基引发剂的偶氮化合物一般具有通式：

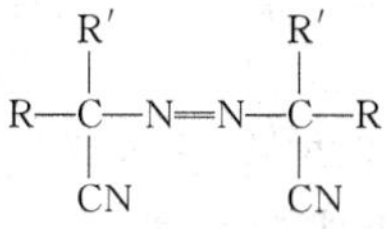

与 N 原子相连的 α 碳原子上结合的 —CN 基团有助于偶氮化合物的稳定。
常用的偶氮化合物为偶氮二异丁腈（AIBN）：

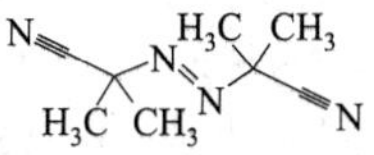

偶氮二（2-异丙基）丁腈：

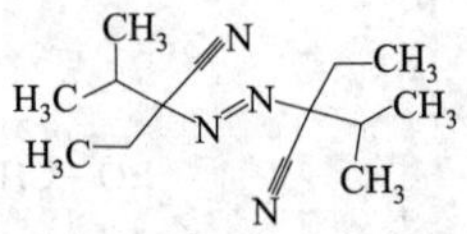

偶氮二（2,4-二甲基）戊腈（偶氮二异庚腈）：

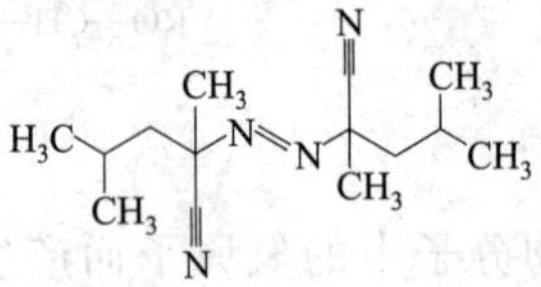

偶氮引发剂受热后分解生成自由基的反应如下（以偶氮二异丁腈为例）：

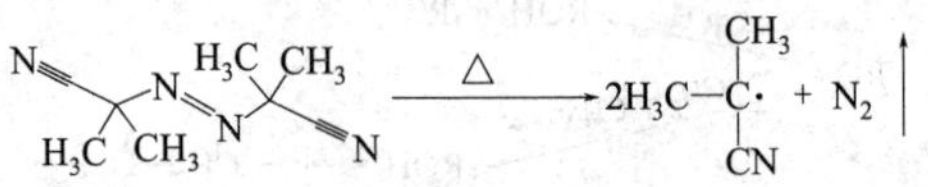

与有机过氧化物相似，分解所产生的初级自由基除引发乙烯基单体进行链式聚合反应外，还有其他副反应：

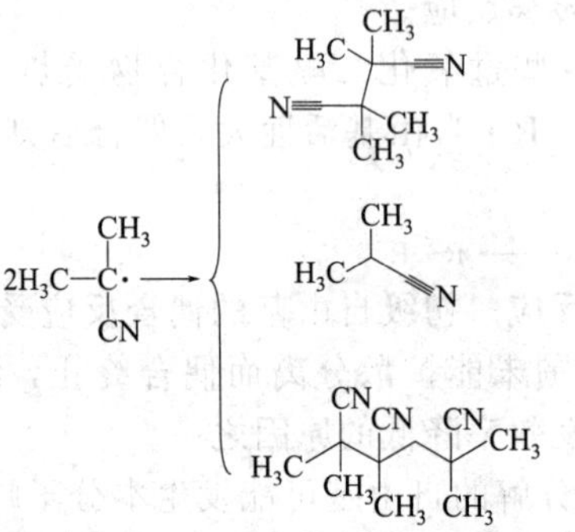

四甲基丁二腈

异丁腈

2,3,5-三氰基-2,3,5-三甲基己烷

偶氮异丁腈在甲苯的分解产物中四甲基丁二腈 占 84%；异丁腈占 3.5%；2,3,5-三氰基-2,3,5-三甲基己烷占 9%。

在乙烯基单体存在下，初级自由基主要用来引发单体进行聚合，但仍有上述副反应发生。偶氮化合物的"笼形效应"比过氧化物严重，所以偶氮化合物的引发聚合效率低于过氧化物。偶氮化合物分解可产生氮气，所以被广泛用作制造泡沫塑料用的发泡剂。

（3）氧化还原引发体系

在还原剂存在下，过氧化氢、过酸盐和有机过氧化物的分解活化能显著降低。一般有机过氧化物的分解活化能为 126kJ/mol 左右，加入还原剂后分解活化能降为 42kJ/mol 左右；加有还原剂时，过氧化物分解为自由基的反应温度要低于单独受热分解的温度。高分子合成工业中要求低温或常温条件下进行自由基聚合时，常采用过氧化物-还原剂的混合物作为引发体系，这种体系称为氧化-还原引发体系。氧化-还原引发剂多数是水溶性，主要用于乳液聚合或以水为溶剂的溶液聚合。

氧化-还原体系产生自由基的过程是单电子转移过程，即一个电子由一个离子或由一个分子转移到另一个离子或分子上去而生成自由基。

常用的氧化-还原体系的化学反应举例如下。

① 过氧化氢-亚铁盐氧化-还原体系的反应：

$$Fe^{2+} + H_2O_2 \longrightarrow Fe^{3+} + OH^- + \cdot OH$$

H_2O_2 还可将 Fe^{3+} 还原为 Fe^{2+}，同时生成 $H—O—O\cdot$ 自由基：

$$H_2O_2 \rightleftharpoons H^+ + HO_2^-$$
$$Fe^{3+} + HO_2^- \longrightarrow Fe^{2+} + H-O-O\cdot$$

② 过硫酸盐-亚硫酸盐氧化-还原体系的反应：

$$S_2O_8^{2-} + HSO_3^- \longrightarrow SO_4^{2-} + \overset{\cdot}{S}O_4^- + \overset{\cdot}{H}SO_3$$

反应中生成了硫酸，所以过硫酸盐-亚硫酸盐引发体系使反应系统的 pH 值显著降低。

③ 过硫酸盐-硫代硫酸盐、偏亚硫酸盐氧化-还原体系的反应：

$$S_2O_8^{2-} + S_2O_3^{2-} \longrightarrow SO_4^{2-} + SO_4^-\cdot + S_2O_3^-\cdot$$
$$S_2O_8^{2-} + S_2O_5^{2-} \longrightarrow SO_4^{2-} + SO_4^-\cdot + S_2O_5^-\cdot$$

上述两反应中各生成了两个负离子游离基，由于游离基同为负电性而相斥，所以不会产生笼形效应，但同样使反应系统的 pH 值显著降低。

④ 过硫酸盐-Fe^{2+} 氧化-还原体系的反应：

$$S_2O_8^{2-} + Fe^{2+} \longrightarrow SO_4^{2-} + Fe^{3+} + \overset{\cdot}{S}O_4^-$$

该体系同样会使反应体系的 pH 值降低。

⑤ 金属离子催化下的氧化-还原引发体系：

氧化还原引发剂体系中，加入少量过渡金属离子可以促进引发剂分解，例如：

$$Co^{3+} + OH^- \longrightarrow Co^{2+} + \cdot OH$$

⑥ 过氧化二苯甲酰-二甲苯胺引发体系的反应：

此氧化还原引发剂体系主要用于油性介质，如不饱和聚酯树脂与苯乙烯的共聚体系。

反应首先生成了极性络合物，然后分解产生自由基。这一氧化-还原体系的引发效率较差，而且二甲苯胺的存在会使聚合物泛黄，通常不能用来生产线型高分子量聚合物；可用于分子中含有若干双键的线型低聚物（如不饱和聚酯树脂）的室温固化过程，使液态的不饱和聚酯树脂（通常加有苯乙烯单体）经自由基共聚反应转变为固态的体型结构高聚物。

4.1.1.2 引发剂的分解速度

大多数引发剂的分解反应属于一级反应，即分解速度与其浓度成正比。假设引发剂浓度为 $[I]$，分解速度常数为 K_d，则引发剂分解速度：

$$-\frac{d[I]}{dt} = K_d[I] \tag{4-1}$$

移项得：

$$-\frac{d[I]}{[I]} = K_d dt$$

积分得：

$$\ln[I] = -K_d + B \tag{4-2}$$

设 $t=0$ 时的浓度为 $[I_0]$，则：　　　　$\ln[I_0] = B$ \qquad (4-3)

式(4-2) 减式(4-3)：

$$\ln\frac{[I]}{[I_0]} = -K_d t$$

如用 $[I_0]-[I]$ 表示在时间为 t 时，引发剂浓度的降低量，则上式可写为：

$$\ln \frac{[I_0] - [I]}{[I_0]} = -K_d t$$

则：

$$K_d = \frac{1}{t} \ln \frac{[I_0]}{[I_0] - [I]} \tag{4-4}$$

上式说明，如果已知引发剂开始时的浓度和经过时间 t 以后分解掉的数量，即可求得引发剂的分解速度常数 K_d。实际应用中，时常用引发剂的半衰期 τ 来衡量引发剂的分解速度，引发剂半衰期 $t_{0.5}$ 和分解速度常数 K_d 的关系如下。

当引发剂分解掉 1/2 时：

$$[I] = \frac{[I_0]}{2}$$

代入式(4-4)：

$$\ln \frac{1}{2} = -K_d t_{0.5}$$

$$K_d = \frac{\ln 2}{t_{0.5}} = \frac{0.6932}{t_{0.5}} \tag{4-5}$$

由式(4-5) 可知，当半衰期为已知值时，可以求得分解速度常数，反之可求得半衰期。以上讨论了在温度恒定的条件下分解速度常数与浓度和时间的关系。

事实上，所有的化学反应速度都随温度而变比，引发剂的分解速度也随温度的变化而变化。引发剂在不同温度下具有不同的分解速度常数，引发剂分解速度常数与温度的关系可用阿累尼乌斯经验式表示：

$$K_d = A_d e^{-E_d / RT} \tag{4-6}$$

式中　A_d——频率因子；

　　　E_d——分解活化能，kJ/mol；

　　　R——气体常数 $[8.31 \times 10^{-3} \text{kJ}/(\text{mol} \cdot \text{K})]$；

　　　T——热力学温度，K。

从阿累尼乌斯经验式可得：

$$\ln K_d = \ln A_d - \frac{E_d}{RT}$$

如已知在温度 T_1、T_2 的分解速度常数分别为 K_1、K_2，则：

$$\ln \frac{K_2}{K_1} = \frac{E_d}{R} \left(\frac{T_2 - T_1}{T_1 T_2} \right)$$

$$\lg \frac{K_2}{K_1} = \frac{E_d}{2.303R} \left(\frac{T_2 - T_1}{T_1 T_2} \right) \tag{4-7}$$

如已知 T_1 温度的分解速度常数 K_1 $[\text{mol}/(\text{L} \cdot \text{s})]$ 和分解活化能 E_d，则任一温度 T_2 的分解速度常数 K_2 就可由式(4-7) 求得。

根据实际测定的结果，一些引发剂的分解速度常数 K_d 和半衰期（$t_{0.5}$）与温度（T）的关系还可用经验公式表示。由经验得知，当温度升高 10℃，引发剂的半衰期缩短 1/4～1/3。

需要指出的是引发剂的分解速度不仅与温度有关，而且受反应介质的影响。因此在手册或文献中查得的引发剂分解速度常数都是在某种溶剂中测得的数据。工业上常用的引发剂分解活化能和半衰期数值见表 4-3。

表 4-3　常用引发剂的半衰期与分解活化能

引发剂种类	半衰期温度/℃				分解活化能 /(kJ/mol)
	10h	1h	6min	1min	
烷基过氧化氢					
叔丁基过氧化氢	169	196	223	260	138
异丙苯过氧化氢	158				
烷基过氧化物					
过氧化二叔丁基	127	148	160	191	142.3
过氧化二异丙苯	115			175	170
酰基过氧化物					
过氧化乙酰环己基磺酰	37	51	66		147
过氧化二辛酰	61	79	100	127	129
过氧化二癸酰	60	79	99		127.2
过氧化二(十二烷酰)	62	80	99		127.2
过氧化二苯甲酰	73				130
过氧化二碳酸酯					
过氧化二碳酸二(2-二乙基环己酯)	44	61	80		105
过氧化二碳酸二环己酯	44	59	76		116
过氧化二碳酸二(十六烷酯)	45	61	79		
过氧化二碳酸二(4-叔丁基环己酯)	43	60	78		
过氧化酸酯					
过氧化新癸酸叔丁酯	42	62	84	113	103
过氧化新癸酸叔戊酯	30	69	83	124	102
过氧化新癸酸-α-异丙酯	51	71	94		
过氧化新戊酸叔丁酯	51	71	94		119
过氧化苯甲酸叔丁酯	105			170	170
偶氮化合物					
偶氮二异丁腈	59	79	101		127.6
偶氮二异庚腈	52	65(1.6h)			133.5

4.1.1.3　引发剂的选择

在高分子合成工业中正确、合理地选择和使用引发剂，对于提高聚合反应速度、缩短聚合反应时间和提高生产率，具有重要意义。

首先，根据聚合操作方式和反应温度条件，选择适当分解速度的引发剂。不同的聚合操作对反应物料在反应区停留时间的要求不同，对引发剂的选择就有所不同。

第二，由于引发剂的分解速度随温度的不同而变化，要根据反应温度选择合适的引发剂。

第三，根据分解速度常数选择引发剂。在相同的反应介质和相同的分解温度下，分解速度常数大者半衰期短，分解速度快，引发活性高；反之则引发活性低。

第四，根据分解活化能（E_d）选择引发剂。由式（4-7）可知，高活化能的引发剂比低活化能的引发剂分解温度范围狭窄，说明高活化能的引发剂在一定的温度下产生的自由基数目比低活化能者多。如果要求引发剂的分解温度狭窄，则选用高活化能的引发剂；如果要求引发剂缓慢分解，则选用低活化能的引发剂。

第五，根据引发剂的半衰期选择引发剂。工业生产中不希望在聚合物中残存有未分解的引发剂，因为残存的过氧化物引发剂可使聚合物发生氧化作用而颜色变黄。另外，连续聚合中反应物料在反应区停留的时间较短，物料离开反应区后若残存有未分解的引发剂，聚合反应仍然继续，从而造成非控制性反应，影响正常生产。所以，在间歇法聚合过程中反应时间应当是引发剂半衰期的 2 倍以上，其倍数因单体种类不同而不同。例如，间歇法悬浮聚合过程中，氯乙烯聚合反应时间通常为所用引发剂在同一温度下半衰期的 3 倍，而苯乙烯聚合反应时间则应当是 6～8 倍。因此，当需要在一定温度下于一定时间内完成聚合反应，可根据引发剂的半衰期来选择适当的引发剂。如果要求 8h 内完成氯乙烯的聚合反应，就应当选择在给定聚合温度下半衰期为 8/3≈3h 的引发剂；如果要求 5h 完成聚合反应，则应选用半衰期为 5/3≈1.7h 的引发剂；如果无恰当的引发剂则可用复合引发剂，即两种不同半衰期的引发剂混合物，复合引发剂的半衰期可按下式进行计算：

$$t_{0.5m}[I_m]^{\frac{1}{2}} = t_{0.5A}[I_A]^{\frac{1}{2}} + t_{0.5B}[I_B]^{\frac{1}{2}} \tag{4-8}$$

式(4-8) 中 $t_{0.5m}$、$t_{0.5A}$、$t_{0.5B}$ 分别代表复合引发剂 m 和引发剂 A 与 B 的半衰期；$[I_m]$、$[I_A]$、$[I_B]$ 分别代表上述引发剂的浓度（mol/L）。采用复合引发剂可以使聚合反应的全部过程保持在一定的速度下进行。

连续聚合过程中，引发剂的半衰期意义也非常重要。如果引发剂的半衰期远小于单体物料在反应器中的平均停留时间，则引发剂在反应器内近于完全分解。若引发剂的半衰期接近于平均停留时间，相当多的引发剂会由于未分解而随同反应物料流出反应器，这样不仅在反应器外仍有聚合的可能，而且单体的转化率会降低，影响正常生产。所以应当避免引发剂的半衰期接近于物料在反应器中的平均停留时间。在搅拌非常均匀的反应器中，未分解的引发剂量与停留时间的关系可用经验公式计算：

$$V = \frac{\ln 2}{t/\tau + \ln 2} \tag{4-9}$$

式中　V——残存的引发剂量 ,%；

$\quad\quad t$——物料在反应器中的平均停留时间；

$\quad\quad \tau$——引发剂半衰期。

如果 $\tau = t$，则有 40% 未分解的引发剂带出反应器；$\tau = t/6$ 时，有 10% 未分解的引发剂带出反应器，这是最经济合理的数值。

4.1.2　分子量控制与分子量调节剂

自由基聚合中，影响所得聚合物平均分子量的主要因素有聚合反应温度、引发剂浓度、单体浓度、链转移剂的种类和用量等。

随着聚合反应温度的升高，所得聚合物的平均分子量降低。

自由基聚合反应所得聚合链的动力学链长 v 与单体浓度和引发剂浓度的关系为：

$$v = K\frac{[M]}{[I]^{\frac{1}{2}}} \tag{4-10}$$

式中　K——常数；

$\quad$ $[M]$——单体浓度；

$\quad\ \ [I]$——引发剂浓度。

即动力学链长与单体浓度成正比，与引发剂浓度的平方根成反比。

不考虑发生其他反应时，从理论上可以得出平均聚合度 X_n 与动力学链长 v 之间的关系：链终止反应为偶合终止时 $X_n = 2v$；为歧化终止时 $X_n = v$。由此可知，引发剂用量对聚合物平均分子量有显著的影响。在自由基聚合反应中，链转移反应导致所得聚合物的分子量显著降低。链转移反应在需要获得高分子量聚合物的时候是不利因素，但同时也起到了控制产品分子量的作用。

自由基聚合反应中可能发生向单体、溶剂、杂质以及聚合物分子进行链转移的反应。在聚合过程中加入适当数量易发生链转移反应的物质可以控制产品的平均分子量，甚至还可用来控制产品的分子构型，消除那些不希望产生的支链和交联结构而得到便于成型加工的聚合物。例如，在高压法生产低密度聚乙烯过程中用丙烷、丙烯或氢气作为链转移剂控制聚乙烯平均分子量；生产丁苯橡胶时加入硫醇作为链转移剂以控制丁苯橡胶的平均分子量；由于这些链转移剂起了控制和调节分子量大小的作用，习惯上称为分子量调节剂、分子量控制剂或改性剂。

链转移反应与所得聚合物平均聚合度（或平均分子量）的关系可用下式表示：

$$\frac{1}{\overline{DP}}=\frac{1}{\overline{DP_0}}+C_s\frac{[S]}{[M]} \tag{4-11}$$

式中　$\overline{DP}$——加入分子量调节剂以后，所得聚合物平均聚合度；

　　　$\overline{DP_0}$——未加分子量调节剂时，所得聚合物平均聚合度；

　　　C_s——链转移常数；

　　　$[S]$——链转移剂浓度，mol/L；

　　　$[M]$——单体浓度，mol/L。

由式（4-11）可知，$\overline{DP_0}$ 值很大时，$\frac{1}{\overline{DP_0}}$ 值就很小，此时 $C_s\frac{[S]}{[M]}$ 值对 $\overline{DP}$ 值的影响十分显著，即对产品的平均分子量起决定性影响。例如，未加分子量调节剂时，所得产品平均聚合度为 10000，如果要求加入分子量调节剂使其平均聚合度调整为 1000 左右，则 $C_s\frac{[S]}{[M]}$ 值应为 0.001。根据定义，C_s 值是链转移反应速度常数（K_{tr}）与链增长反应速度常数（K_p）的比值。如果 C_s 远小于 1，则说明链增长反应速度比链转移反应速度快得多；这种情况下，达不到调节分子量的目的。所以工业上应当选用 K_{tr} 比 K_p 大的化合物作为分子量调节剂。苯乙烯与丁二烯共聚生产丁苯橡胶时，常用链转移常数为 19 的正十二硫醇为链转移剂。

分子量调节剂的链转移常数越大，其用量越低，理论上 $C_s\frac{[S]}{[M]}$ 值在 10^{-3} 左右才有可能获得平均聚合度在 1000 左右的聚合物。当 C_s 值一定时，产品的平均聚合度则取决于 $[S]/[M]$ 值。在间歇聚合操作中，随着聚合反应的进行，$[S]$ 与 $[M]$ 的比值将发生变化；这是因为聚合反应初期链转移剂消耗量较多，所以链转移剂的浓度明显降低。如果在聚合过程中不继续添加链转移剂，聚合反应初期所得聚合物分子量低于聚合后期所得的分子量，造成聚合物的分子量分布较宽。如果要求生产分子量分布狭窄的聚合物，间歇法聚合过程中应当不断的添加链转移剂。

与引发剂的"半衰期"概念相似，有人引用链转移剂的"50％转化率"概念，用 $U_{\frac{1}{2}}$ 表示，其意义是链转移剂消耗 50％时的单体转化率。$U_{\frac{1}{2}}$ 与链转移常数 C_s 的关系如下式所示：

$$U_{\frac{1}{2}}=100(1-0.5^{\frac{1}{C_s}})$$

"50％转化率（$U_{\frac{1}{2}}$）"随链转移常数增加而降低，不同链转移常数的"50％转化率"见表 4-4。由表 4-4 可知，随链转移常数增加，链转移剂的消耗速度明显加大。如果在聚合过程中不添加链转移剂，则聚合反应应当在低转化率时终止，这样链转移剂才可以发挥分子量调节剂的作用。

链转移常数因自由基种类的不同而不同，随单体种类不同而变化。作为分子量调节剂的某些硫醇的链转移常数见表 4-5。

自由基溶液聚合所用溶剂的链转移常数通常远小于 1，但是其浓度大于单体浓度，因此 $C_s\frac{[S]}{[M]}$ 值对于产物分子量还是有影响的，所以自由基型溶液聚合所得产品的分子量通常小于其他聚合方法。同一种溶剂对于不同单体的链转移常数也不相同，具体参见表 4-6。

表 4-4   不同链转移常数的 "50%转化率"

C_s 值	$U\frac{1}{2}/\%$	C_s 值	$U\frac{1}{2}/\%$	C_s 值	$U\frac{1}{2}/\%$
0.1	99.2	2	29.3	50	1.4
0.2	96.8	5	13.0	100	0.7
0.5	75.0	10	6.7		
1	50.0	20	3.4		

表 4-5   硫醇链转移常数（60℃）

单体	硫醇	C_s	单体	硫醇	C_s
苯乙烯	正丁硫醇	22	甲基丙烯酸甲酯	正丁硫醇	0.67
苯乙烯	叔丁硫醇	3.6	丙烯酸甲酯	正丁硫醇	1.7
苯乙烯	正-12 硫醇	19	醋酸乙烯酯	正丁硫醇	48

表 4-6   溶剂对不同单体的链转移常数

溶剂	链转移常数（C_s）×10⁴				
	苯乙烯 （80℃）	甲基丙烯酸甲酯 （80℃）	丙烯酸甲酯 （80℃）	醋酸乙烯 （60℃）	丙烯腈 （60℃）
苯	0.059	0.075	0.32	2.9	2.46
环己烷	0.066	0.10	0.027	6.6	2.06
甲苯	0.125	0.20	2.7	20.9	5.83
四氯化碳	130	2.39	1.3	非常高	0.85
三乙胺	7.1	8.3	400	370	5900
三氯甲烷	0.5	1.4	2.1	12.5	5.64
氯苯		0.2	0.98	8.35	0.79

在高分子化合物的自由基聚合生产中，为了控制产品平均分子量和保证质量，必须严格控制引发剂用量；保持反应温度在一定范围内波动；选择适当的分子量调节剂并严格控制其用量。

在实际生产中，由于聚合物品种的不同，采用的控制手段可能各有侧重。例如聚氯乙烯生产中主要是向单体进行链转移，而链转移速度与温度有关，所以主要依靠控制反应温度的高低来控制产品平均分子量的大小。在高聚物生产中，通过反应条件的改变可生产出不同平均分子量的产品，得到不同牌号的产品。

4.2   本体聚合生产工艺

本体聚合是单体中加有少量引发剂或不加引发剂以热引发，在无其他反应介质存在下实施聚合的方法。本体聚合的主要特点是聚合过程中无其他反应介质，工艺过程较为简单，省去了回收工序；当单体转化率很高时还可省去单体分离工序，直接造粒得粒状树脂。甲基丙烯酸甲酯经本体聚合直接浇铸成有机玻璃就是本体聚合的一个典型例子。本体聚合所得高聚物产品纯度很高。

工业中采用本体聚合法生产高聚物的有高压法聚乙烯、聚苯乙烯、聚甲基丙烯酸甲酯等，详见表 4-7。少数聚氯乙烯生产也可用本体聚合法，但所占比重较小，还在发展之中。

表 4-7　本体聚合法生产的合成树脂主要品种和聚合条件

主要品种	聚合条件			
	温度/℃	压力/Pa	反应时间/h	转化率/%
聚甲基丙烯酸甲酯(PMMA)	30~100		8~24	>95
丙烯腈-丁二烯-苯乙烯共聚物(ABS)	170~180	常压	1~5	50~80
聚苯乙烯	80~200	负压 1.33×10^{3}~9.33×10^{3}	12~18(间歇)	>95
			2~8(连续)	
抗冲聚苯乙烯	80~200	负压 1.33×10^{3}~9.33×10^{3}	6~8	>95
聚乙烯(LDPE)	150~350	6.9×10^{6}~3.4×10^{8}	20 s~2min	
聚醋酸乙烯	70~80			
聚氯乙烯	40~70		8~12	80~90
苯乙烯-丙烯腈共聚物(SAN)	100~200		1	40~70

　　本体聚合法仅用于合成树脂的生产。具有代表性的是甲基丙烯酸甲酯（MMA）、苯乙烯（ST）、氯乙烯（VC）和乙烯四种单体的本体聚合生产工艺，其流程见图 4-1。MMA 和 ST 两种单体室温下为液体，氯乙烯和乙烯两种单体室温下为气体。氯乙烯气体须压缩为液态后才能进行本体聚合，所以在工业生产中前三种单体都是在液态下进行聚合。为了脱除一部分反应热，三者都经过预聚合步骤，但聚合工序和后处理则不相同，MMA 在模型中聚合以生产 PMMA 的板、棒、管等制品；ST 经预聚合后送入塔式聚合釜进行连续聚合，然后挤出造粒制得粒状 PS 树脂用来生产塑料制品。此两种聚合物生产中要求单体尽可能转化完全，无单体回收工序。

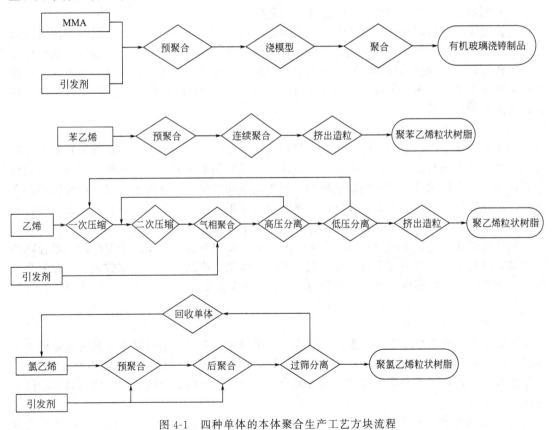

图 4-1　四种单体的本体聚合生产工艺方块流程

4.2.1 本体聚合工艺特点

聚合反应是放热反应，本体聚合时无其他介质存在，相对放出的热量大，单体和聚合物的比热容小，传热系数低，所以聚合反应热的散发困难，反应物料温度容易升高，甚至失去控制造成事故。为了解决本体聚合的散热问题，在设计反应器的形状、大小时，应考虑传热面积对聚合反应的影响；此外还可采用分段聚合和预聚合或在单体中添加聚合物以降低单体含量，从而降低单位质量反应物料放出的热量。由于本体聚合过程中反应温度难以控制恒定，产品的分子量分布较宽。

多数单体在未聚合前是液态，易流动、黏度低；少数为气态。聚合反应发生以后，生成的聚合物多可溶于单体，形成黏稠溶液。聚合程度越深入，即转化率越高，物料越黏稠；当转化率超过一定数值时，聚合物黏度呈线性急速上升，产生凝胶效应。凝胶效应使单体反应不易进行完全，残存的单体应进行后处理除去。

4.2.2 聚合反应器

自由基本体聚合所用反应器大致有以下几种类型。

（1）形状一定的模具

模具式反应器适用于本体浇铸聚合，如甲基丙烯酸甲酯经浇铸聚合生产有机玻璃板、管、棒材等。模具的形状与尺寸根据产品要求而定，但这种反应装置无搅拌器，其聚合条件应根据聚合时热传导条件而定。如以水作为散热介质，可将模具放在水箱中进行聚合；良好的散热条件可缩短聚合时间，但反应末期必须加热使反应完全；水箱中聚合的缺点是加热最高温度只能达到100℃，如果在空气烘箱中进行聚合则散热条件较差，聚合时间较在水箱中长，但末期加热可超过100℃使单体反应较为完全。

浇铸用模型反应器厚度一般不超过2.5cm，过厚的话反应热不易散发，内部单体可能因过热而沸腾，造成塑料浇铸制品内产生气泡而影响产品质量。由于单体转变为聚合物后体积收缩，作为模具反应器的板形反应器两层模板之间应具有适当弹性，避免聚合后产品表面脱离模版而不平整；如模具不能收缩则应采取不断地向已收缩的空间补充液状单体和聚合物料，使之不产生空隙。

（2）釜式反应器（聚合釜）

本体聚合法生产聚醋酸乙烯、聚氯乙烯以及聚苯乙烯等合成树脂时采用有搅拌装置的聚合釜。由于后期物料黏度高，多采用旋桨式或大直径的斜桨式搅拌器，操作方式可为间歇操作或连续操作，产量较少时可用间歇操作。由于反应初期物料黏度较低，反应后期物料黏度较高，因此按后期物料状态设计搅拌器功率时会造成很大浪费，所以工业上采用数个聚合釜串联、分段聚合的半连续操作或连续操作方式进行本体聚合。

间歇式操作时，反应初期单体浓度高，随着聚合反应的进行，单体浓度降低，聚合物浓度增高，散热困难，有时还会有凝胶效应，所以本体聚合产品分子量分布较宽。工业上为了出料方便和缩短反应周期，通常在尚存有1%左右未反应单体时将物料送往后处理装置进行处理。

（3）连续聚合反应器

工业上大规模生产聚乙烯、聚苯乙烯等合成树脂时，多采用连续操作，其优点是可采用管式反应器，反应热易导出，反应容易控制。如采用釜式反应器则可用数釜串联分段聚合，各釜操作条件稳定，不会造成搅拌功率的浪费。还可以采用塔式反应装置分段提高温度使反应进行完全。

① 管式反应器　一般的管式反应器为空管，但有的管内加有固定式混合器。物料通常

在管式反应器中呈层流状态流动，管道轴心部位流速较快，主要是未反应单体；靠近管壁的物料流速较慢、聚合物含量较高；沿管壁逐渐有聚合物沉淀析出。为了克服此缺点，在乙烯高压管式反应器中用脉冲使物料产生湍流。

在大口径管式反应器中，自轴心到管壁会产生轴向温度梯度，使反应热难于传导；单体转化率很高时，反应温度可能会失控而产生爆聚，因此管式反应器的单程转化率通常仅为10%～20%。

为了提高生产能力，可以采取多管并联的方式组成列管式反应器。

② 塔式反应器　塔式反应器相当于放大的管式反应器，其特点是无搅拌装置。物料在塔式反应器中呈柱塞状流动。进入反应塔的物料是转化率已达50%左右的预聚液。反应塔自上而下分数层加热区，温度逐渐提高以增加物料的流动性并提高单体的转化率。塔底出料口与挤出切粒机相连直接进行造粒。这种反应器的缺点是聚合物中仍含有微量单体及低聚物。

4.2.3　后处理

本体聚合法除单体和部分引发剂外无其他介质存在。与其他聚合方法比较，其后处理过程比较简单。从本体聚合反应器中流出的物料可能含有单体，因此必须进行后处理以脱除残存单体、提高产品质量。

本体聚合法生产聚乙烯和聚氯乙烯使用的单体是气体，消除压力即可使气态单体与聚合物进行分离。由于乙烯在高压条件下进行本体聚合，处于熔融状态的含乙烯的聚乙烯须经过二次适当减压以回收乙烯。聚氯乙烯是粉状物，聚合反应结束后消除压力可使氯乙烯单体转变为气态与聚氯乙烯分离。

常温下为液态的单体不易气化，如果包含在聚合物中则难以扩散排除，其后处理的方法是将熔融的聚合物在真空中脱除单体和易挥发物。所用设备为螺杆或真空脱气机，即附有减压装置的挤出机、真空滚筒脱气器，它可使物料呈熔融薄膜状而使单体易于扩散和减压逸出；也可用泡沫脱气法将聚合物在压力下加热使之熔融呈黏流态，然后突然减压使挥发性单体逸出。

4.3　悬浮聚合生产工艺

单体作为分散相悬浮于连续相中，在引发剂作用下进行自由基聚合的方法叫做悬浮聚合法。多数单体不溶于水，所以通常用水作为连续相。水具有较高的热容量和热导率，是良好的聚合反应热传导介质。将水溶性单体的水溶液作为分散相悬浮于油类连续相中进行聚合的方法叫做反相悬浮聚合法，其应用范围较小。

不溶于水的油状单体在过量水中经剧烈搅拌可生成油滴状分散相，它是不稳定的动态平衡体系；随着聚合反应的进行，油珠逐渐变黏稠而有凝结成块的倾向，为了防止黏结，水相中必须加有分散剂，又称悬浮剂。

悬浮聚合所得产品为规则的圆球颗粒或不规则颗粒，其形状、大小以及颗粒内部结构取决于所用分散剂种类、搅拌速度、搅拌器设计和反应器设计。

悬浮聚合法主要用来生产聚氯乙烯树脂、聚苯乙烯树脂、可发性聚苯乙烯珠体、苯乙烯-丙烯腈共聚物、离子交换树脂用交联聚苯乙烯白球、甲基丙烯酸甲酯均聚物及其共聚物、聚偏二氯乙烯、聚四氟乙烯、聚三氟氯乙烯等。

悬浮聚合法生产的聚合物颗粒直径一般在0.05～0.2mm，有些产品可达0.4mm，甚至超过1mm，聚合物颗粒大小因产品种类和用途的不同而有变化。例如，悬浮聚合所得聚氯乙烯颗粒直径约为 0.10~0.18mm；用作牙托粉原料的聚甲基丙烯酸甲酯珠状树脂颗粒直径要求小于 0.1mm；用作模塑料的甲基丙烯酸甲酯共聚物珠体颗粒直径在 0.2~0.5mm；用来制造泡沫塑料的可发性聚苯乙烯珠体颗粒直径和用来生产离子交换树脂的交联聚苯乙烯白球颗粒直径则高达 1mm 以上。

悬浮聚合生成的聚合物颗粒会自动沉降，可用离心法或过滤法使之与水分离后经干燥而得商品树脂。工业上悬浮聚合过程多采用间歇法生产。

4.3.1 悬浮聚合法生产合成树脂

合成橡胶的玻璃化温度低于室温，常温下有黏性，所以悬浮聚合法仅用于合成树脂的生产。合成树脂主要品种和聚合条件见表 4-8，悬浮聚合生产过程见图 4-2。

表 4-8　悬浮聚合法生产的合成树脂主要品种和聚合条件

主要品种	分散剂类别	聚合条件			
		温度/℃	压力/Pa	反应时间/h	转化率/%
聚氯乙烯	保护胶	45~55		6~9	85~90
ABS	保护胶	100~120	350	8~16	99
聚苯乙烯	无机分散剂	110~170	约304	5~9	>95
交联聚苯乙烯白球	保护胶	30~98	常压	3~6	>95
聚甲基丙烯酸甲酯	保护胶	75~95	常压	6~8	>95
聚醋酸乙烯酯	保护胶	70	常压	2	>95
苯乙烯-丙烯腈共聚物	无机分散剂	60~150	约304	5	
聚偏二氯乙烯	保护胶	60	常压	30~60	85~90

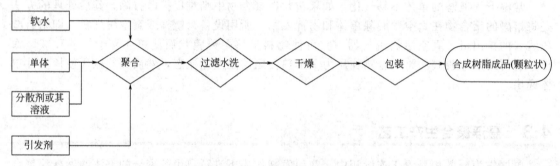

图 4-2　悬浮聚合生产过程流程

在典型的悬浮过程中，将单体、水、引发剂、分散剂等一起在反应器中加热使之发生聚合反应，通过冷却保持一定的反应温度，反应结束后回收未反应单体，然后离心脱水，干燥后得到产品。悬浮聚合的分散剂主要有保护胶类分散剂和无机粉状分散剂两类。

4.3.2 成粒机理

悬浮聚合过程中，反应釜中的单体受到搅拌器剪切力的作用被打碎成带条状，再在表面张力作用下形成球状小液滴，小液滴在搅拌作用下碰撞而凝结为大液滴，大液滴重新又被打碎为小液滴。因而反应在短时间后处于动态平衡状态，形成能够存在的最小液滴的分散体系（见图 4-3）。

图 4-3 中，上半部（Ⅰ）表示无分散剂存在时处于动态平衡的状态；下半部（Ⅱ）表示在分散剂存在下达到平衡状态后聚合为初级粒子、次级粒子以及聚集的大粒子的过程。

悬浮聚合的引发剂溶解于单体中，自由基聚合反应发生在单体小液滴中，相似于孤立的

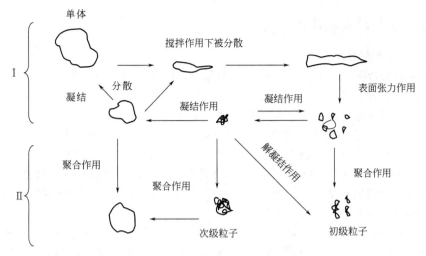

图 4-3　悬浮聚合过程中单体液滴的分散与聚合作用

本体聚合。聚合反应结束后，液滴状单体转变为聚合物固体颗粒。颗粒的形态为透明圆滑的坚硬小圆珠；或为不透明的、形状不规整的小颗粒。当生成的聚合物可溶于单体时则形成黏稠流体，黏度随单体转化率的提高而增加。此时，如果由于碰撞而合并的大液滴不能重新分散，液滴将逐渐增大，最后凝结为大块而使聚合热难以导出，导致聚合反应加速使反应失去控制。这种情况还可能使搅拌器失效，造成生产事故。

单体转化率升高到一定范围时，聚合物占优势后逐渐转变为固态颗粒，此情况为均相成粒，生成透明的圆球状颗粒。甲基丙烯酸甲酯、苯乙烯等单体的悬浮聚合就属于这种情况。如果生成的聚合物不溶于单体中，链增长到一定长度后聚合物沉淀析出，生成初级粒子，然后聚集为次级粒子，此情况下为非均相成核，产生的颗粒不透明而且不规整。非均相成核过程中同样有黏结成大块的危险。

悬浮聚合过程中，单体转化率在 20％～70％ 范围时为黏稠流体状态，是结块危险阶段。分散剂的作用在于防止黏稠的液滴黏结成大粒子，进而防止结块。

悬浮聚合过程中影响颗粒大小及其分布的因素有以下几点。

① 反应器几何形状　如反应器长径比、搅拌器形式与叶片数目、搅拌器直径与釜径比、搅拌器与釜底距离等。

② 操作条件　如搅拌器转速、搅拌时间与聚合时间的长短、两相体积比、加料高度、温度等。

③ 物料的物理性质　如两相液体的动力黏度、密度以及表面张力等。

此外，随水相中分散剂浓度的增加和表面张力的下降，聚合物颗粒粒径下降；分散相黏度增加会使凝结的粒子难以打碎，因而增加平均粒径。

悬浮聚合生产的聚合物化学性质与用本体聚合或乳液聚合生产的聚合物化学性质不完全相同，因为悬浮聚合所得颗粒表面上结合了分散剂，影响聚合物加工时的熔融性能。如果用水作为聚合反应介质，水中含有的微量金属离子将影响聚合物的热稳定性。另外，由于单体不可能完全不溶于水，水相中可能生成聚合物核心，进而增长为颗粒，它的性质可能与正常途径生成的聚合物颗粒不完全相同。

聚合物颗粒的孔隙率会影响塑料加工时合成树脂颗粒吸收增塑剂和其他液体添加剂的速度；粒径分布则可影响聚合物物料的堆积密度以及塑料加工时的熔融过程。当颗粒粒径分布较宽时，大颗粒与大颗粒之间的孔隙被小粒子填充，视比重增大。这种聚合物在加热熔融时，小粒子先于大粒子融化，因而使熔程加宽、加工时间延长，对于热敏感的聚合物是非常不利的。

4.3.3 分散剂及其作用原理

4.3.3.1 分散剂种类

工业采用的分散剂主要有保护胶类分散剂和无机粉状分散剂两大类。

（1）保护胶类分散剂

保护胶类分散剂都是水溶性高分子化合物，主要有以下两类。

① 天然高分子化合物及其衍生物　明胶、淀粉、纤维素衍生物（如羟丙基甲基纤维素、甲基纤维素、羟乙基纤维素、羧甲基纤维素）等都是天然高分子化合物。

② 合成高分子化合物　可用作分散剂的合成高分子化合物包括部分水解度的聚乙烯醇、聚丙烯酸及其盐、磺化聚苯乙烯、顺丁烯二酸酐-苯乙烯共聚物、聚乙烯吡咯烷酮等。

（2）无机粉状分散剂

此类分散剂主要有高分散性碱土金属的磷酸盐、碳酸盐以及硅酸盐等。如碳酸镁、硅酸镁、硫酸钡、磷酸钙、氢氧化铝等。作为分散剂的无机盐不溶于水，应当就地合成；即使用不经脱水干燥、新制备的无机盐分散液。脱水后的粉状无机盐是聚集体，将失去作为分散剂的效能。

4.3.3.2 分散剂作用原理

有机分散相液滴在连续相水中稳定分散时应具备下列条件。

① 在有机分散相与水连续相的界面之间应当存在保护膜或粉状保护层以防止液滴凝结。

② 反应器的搅拌装置应具有足够的剪切速率以使凝结的液滴重新分散。应根据反应器大小、形状和物料的特性设计反应器的搅拌装置和搅拌速度，只有这样才能得到稳定的平均粒径范围，因为大于或小于此范围的液滴处于不稳定状态。

③ 搅拌装置的剪切力应当能够防止两相由于密度的不同而分层。

（1）保护胶的分散稳定作用

能够作为保护胶的水溶性高分子化合物应具有两性特性，即分子的一部分可溶于有机相，另一部分可溶于水相，是具有适当亲水-亲油平衡值（HLB）的高分子化合物。它们与表面活性剂的主要区别在于表面活性剂都是小分子化合物，溶于水后明显降低水的表面张力；而作为保护胶的都是高分子化合物，溶于水后表面张力降低很少。

两液滴相互接近到可能产生凝结的距离时，保护胶使两液滴之间的水分子被排出而形成高分子薄膜层，阻止了两液滴凝结；保护胶不仅用于悬浮聚合防止黏稠液滴凝结，还广泛用于防止微细固体颗粒悬浮体系的凝聚。

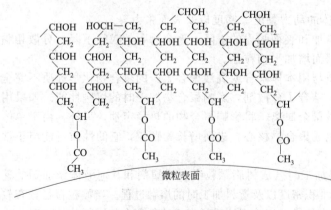

图 4-4　部分水解的聚乙烯醇被吸附在微粒表面的示意

作为保护胶的高分子化合物被液滴表面吸附而产生定向排列，大分子中亲油链段与单体液滴表面结合，而亲水链段则伸展在水中，因而产生空间位阻作用。保护胶分子与液滴表面有良好的亲和力，又与水相有良好的作用力。均聚物作为分散剂时其空间位阻作用不如嵌段共聚物和接枝共聚物优良，部分水解的聚乙烯醇是氯乙烯悬浮聚合的优良分散剂。图 4-4 是聚乙烯醇与氯乙烯液滴表面结合的示意图。已经证明保护胶分散剂可与单体反应产生接枝共聚物，形成聚合物颗粒的外壳层。

（2）无机粉状分散剂的分散稳定作用

作为分散剂的无机盐应为高分散性粉状物或胶体，能够被互不混溶的单体和水所湿润，并且相互之间存在一定的附着力。少量的低分子量表面活性剂可以提高液体对固体表面的湿润能力。

无机粉状分散剂的优点是适用于聚合温度超过100℃的反应，在此条件下，水溶性高分子的分散稳定作用明显降低。此外，悬浮聚合反应结束后，无机粉状分散剂易用稀酸洗脱而使所得聚合物杂质减少。

无机粉状分散剂制备后应立即在悬浮聚合过程中使用。无机粉状分散剂产生分散稳定作用是由于水相中的粉状物在两液滴相互靠近时，水分子被挤出，粉末在单体液滴表面形成隔离层而防止了液滴的凝结。

4.3.4 生产工艺

用悬浮聚合法生产的合成树脂有聚苯乙烯、可挥发性聚苯乙烯、用来生产离子交换树脂的交联聚苯乙烯白球、苯乙烯-丙烯腈共聚物、ABS、抗冲聚苯乙烯、聚氯乙烯、聚甲基丙烯酸甲酯-苯乙烯共聚物、聚醋酸乙烯酯、聚偏二氯乙烯等；品种虽然很多，但生产工艺过程相似，主要为原料准备、聚合、脱单体、过滤分离、水洗、干燥等工序。

4.3.4.1 配方

（1）单体相

悬浮聚合使用的单体或单体混合物应当为液体。常压下为气体的单体（如氯乙烯）应在压力下液化后进行反应。溶有阻聚剂的单体则应去除阻聚剂后加入反应釜，酚类阻聚剂可用离子交换法除去。单体纯度通常要达到99.98%以上的聚合级要求。反应釜中除单体外，通常还加入引发剂、分子量调节剂，必要时还加有润滑剂、防粘釜剂和抗鱼眼剂等辅助用料。

工业生产中常采用复合引发剂，即两种引发剂的混合物；通常要求一种引发剂在聚合前期分解速度快，引发效率高，而另一种则在聚合后期引发效率高，从而使聚合反应速率能够保持稳定并缩短聚合时间，得到较高的单体转化率。竞聚率相差较大的单体共聚时，复合引发剂的作用对合成稳定的共聚物非常重要，可在反应后期补加引发剂来控制共聚物的组成。引发剂用量通常为单体量的0.1%～1%。大规模生产聚氯乙烯树脂时，反应釜体积在100m³以上，最大者达200m³，每釜处理的单体量很大，所以引发剂相对用量显著减少，仅在单体量0.02%～0.1%范围内或更少。

（2）水相

水相由去离子水、分散剂、助分散剂、pH调节剂等组成。

水中的金属离子会污染合成树脂，甚至影响热稳定性和聚合反应速率，聚合时必须用经离子交换树脂处理过的去离子水或经软化处理的软水，pH值要求在6～8范围，硬度≤5，氯离子<10×10^{-6}，水相与单体相质量比一般在（75：25）～（50：50）范围内。

当聚合温度低于100℃时，通常使用保护胶作为分散剂。为了达到更好的分散效果，可同时使用两种分散剂。例如氯乙烯悬浮聚合过程中采用聚乙烯醇和羟丙基甲基纤维素作为分散剂，水相中的含量为0.03%～5%。分散剂具体用量视产品与生产条件而定，多数低于1%。

采用无机粉状分散剂时，由于固体粉末为微粒聚集体，难以达到高分散度要求，所以用在反应釜中就地制备的无机盐为最佳选择。例如，用碳酸镁作苯乙烯悬浮聚合分散剂时，在水相中先后加入适量的碳酸钠溶液和硫酸镁溶液使之生成碳酸镁；也可用事先制得高分散性碳酸镁悬浮液作为分散剂，但不可使用固体物。无机粉状物作为分散剂时，其用量在水相中的含量约在0.1%～2%。

为了使粉状物易于被水润湿，可加少量表面活性剂作为助分散剂；其用量很少，约为分散剂用量的 0.5%~1%。用水溶性高分子化合物作为分散剂时，也可加入少量助分散剂以增加单体液滴的分散性，提高其分散稳定性，用于氯乙烯悬浮聚合时还可改进所得聚氯乙烯颗粒表面的粗糙性。如果聚合过程中有酸性物质析出，如氯乙烯悬浮聚合过程中可能释放出 HCl，则应添加 pH 调节剂以中和酸性。

4.3.4.2 聚合工艺

各种单体的悬浮聚合都采用间歇法操作，产量最大的品种是聚氯乙烯和聚苯乙烯。用于聚氯乙烯生产的聚合反应釜最大容积为 $200m^3$，由于聚合反应釜容积大，处理的单体量多，为弥补夹套传热面积的不足，反应釜需安装回流冷凝器。

悬浮聚合加料时先向反应釜中加入去离子水，开动搅拌然后依次加入分散剂、pH 调节剂、必要的助剂（如清釜剂、分子量调节剂等）。小规模生产中固体物料可直接投入釜中，大规模生产则应配制成溶液后计量加入。分子量调节剂应分阶段加入以发挥其功效。以上物料加完后，再投加单体，加热到反应温度后投加引发剂以避免产品分子量分布过宽。氯乙烯悬浮聚合是要求反应温度波动不超过 $\pm 0.2 \sim \pm 0.5\,^{\circ}C$，所以聚合反应开始后应迅速进行冷却使之恒温。苯乙烯、甲基丙烯酸甲酯等的悬浮聚合对于温度要求不是非常严格。有的工厂在压力釜内采用 $110 \sim 170\,^{\circ}C$ 的温度范围进行悬浮聚合。

聚合反应达到要求的转化率后停止反应。氯乙烯液体相消失时釜内压力明显下降，所以工业上在反应釜内压力下降 $0.5 \sim 0.65MPa$ 时停止反应；苯乙烯、甲基丙烯酸甲酯则根据反应时间予以控制，一般转化率为 80%~90% 时停止反应。大釜生产聚氯乙烯在反应结束时要添加链终止剂以防止残余的引发剂影响产品质量。

现代化生产中，聚合釜加料、反应控制、出料等都由计算机自动控制。

由于聚氯乙烯树脂不溶于单体中，聚合反应生成的聚氯乙烯可能黏结在反应釜的釜壁和搅拌器上，如不及时清除则在下批操作时会脱落，影响产品质量，因此必须进行清釜处理。清釜通常使用高压水枪冲洗。反应物料中也可以加入防粘釜剂以减少粘釜现象。

4.3.4.3 后处理

聚合反应结束后，首先回收未反应单体。如果聚合是在压力下进行的，则逐渐降低压力以达到回收单体的目的。常压下为液体的单体需加热较长时间使单体与水共沸脱出。

脱除单体后的聚合物直接送往脱水工序。以氯乙烯为例，由于氯乙烯单体是致癌物质，根据卫生标准聚合物中含量应低于 5×10^{-6}（优级品）或 10×10^{-6}（一级品），如果经单体回收工序后仍达不到要求，则必须在专门设备中进行单体剥离，也就是汽提。详细步骤见聚氯乙烯章节。

经单体回收或汽提的聚合物悬浮浆料送往离心分离工段，经离心机脱水、洗涤后得到含水量约 25% 的湿树脂颗粒。用粉状无机物作为分散剂时，在分离过程中应当用稀酸洗涤，以去除产品表面附着的无机盐。

悬浮聚合过程的最后工序是干燥。对于表面光洁易于干燥的聚苯乙烯、聚甲基丙烯酸甲酯等产品采用气流式干燥塔即可达到干燥目的；由于聚氯乙烯树脂表面粗糙且有空隙，气流干燥仅可脱除表面吸附的水分，气流干燥后的聚氯乙烯树脂必须立即进入沸腾床干燥器或转筒式干燥器进一步干燥，以去除树脂内部的水分；也可先进入沸腾床干燥器或转筒式干燥器再送入气流干燥器干燥。

4.3.5 反相悬浮聚合与微悬浮聚合

4.3.5.1 反相悬浮聚合

由于水溶性聚合物和高吸水性树脂的应用日益扩大，反相悬浮聚合（inverse suspension

polymerization，或称为反悬浮聚合生产）工艺得到了发展和应用。它是以水溶性单体的水溶液作为分散相，油性介质脂肪烃、芳烃、环烷烃等作为连续相，分散剂可用高分散性无机盐、非离子表面活性剂和 HLB 值较大的阴离子表面活性剂，引发剂为水溶性化合物。聚合结束后，得到聚合物水溶液微球或被水溶胀的聚合物微粒在油相中的分散体系，用共沸法脱水后得到聚合物固体微粒。

水溶性单体通常采用水溶液聚合法进行生产。聚合结束后得到的高黏度水溶液虽可直接作为商品供应市场，但运输费用提高了生产成本；如果进一步加工为固体，则需要专门设备，还要消耗大量热量；因此大规模生产水溶性聚合物或生产高吸水性交联聚合物时应采用反相悬浮聚合法。

4.3.5.2 微悬浮聚合

微悬浮聚合（microsuspension polymerization）所用物料与传统悬浮聚合基本相同，主要差别在于悬浮液要经过均化器处理，使单体液珠粒径小至 $10\mu m$ 或为数十微米，聚合后的产品粒径低于数十微米。分散剂的选择及用量对于防止微小粒子合并很重要。经过均化器处理的悬浮液，在适当转速（100r/min 左右）的搅拌器作用下，可保持微粒之间的动态平衡。为了提高分散效果，分散剂中可加入少量乳化剂或脂肪醇，或使用复合分散剂。聚合结束后，所得聚合物微粒的平均粒径稍有增大，少量反应单体液滴会合并。

4.4 溶液聚合生产工艺

单体溶解在适当溶剂中，在自由基引发剂作用下进行聚合的方法称为溶液聚合。反应生成的聚合物如果溶解于所用溶剂中则为均相溶液聚合，不溶于所用溶剂中沉淀析出则为非均相溶液聚合，也称为沉淀聚合或淤浆聚合。

溶液聚合所用的溶剂为水或有机溶剂。以水为溶剂得到的聚合物水溶液具有广泛的用途，根据聚合物的不同可以用作洗涤剂、分散剂、增稠剂、皮革处理剂、絮凝剂及水质处理剂等。用有机溶剂得到的聚合物溶液主要用作黏合剂和涂料。由于溶液中聚合物的组成、分子量以及其分子量分布对聚合物使用性能和应用范围影响很大，聚合物的组成和分子量范围是生产过程考虑的主要参数。聚合物的组成主要由所用共聚单体的分子结构与数目来确定。

溶液聚合过程中使用的溶剂可作为传热介质，也可抑制凝胶效应而使反应易于控制，同时也易于调节产品的分子量及其分布。如果用溶液聚合生产固体聚合物，反应器的体积-时间收率降低，需要的冷凝器冷却面积增加，所得产品的分子量分布较本体聚合狭窄。溶液聚合生产过程见图 4-5。

溶液聚合所得聚合物溶液如直接用作黏合剂、涂料、分散剂、增稠剂等用途时，通常须经浓缩或稀释达到商品所要求的浓度后再包装，必要时还须经过滤去除不溶物后再包装；如果要求从聚合物溶液中分离得到固体聚合物，可在溶液中加入与溶剂互溶而与聚合物不溶的第二种溶剂使聚合物沉淀析出，再经分离、干燥而得固体聚合物；如果要求从聚合物水溶液中分离聚合物时，可直接进行干燥。聚合物提浓后非常黏稠，必须用挤出机干燥、捏和机干燥、转鼓干燥器等专用设备进行干燥。具体步骤将在"聚丙烯酰胺"一节中介绍。

4.4.1 溶剂的选择与作用

溶液聚合所用溶剂主要是有机溶剂或水。生产中应根据单体的溶解性质以及生产的聚合物溶液用途选择适当的溶剂，常用的有机溶剂主要有醇、酯、酮以及芳烃中的苯和甲苯等；有时也可用脂肪烃、卤代烃、环烷烃等。溶液聚合生产聚合物的各种单体及其所用溶剂类别见表 4-9。

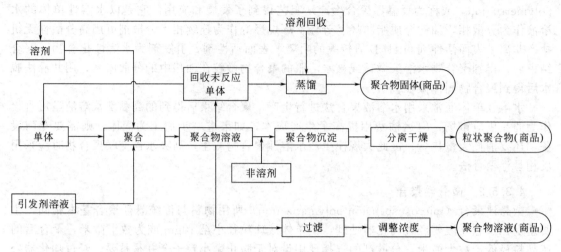

图 4-5 溶液聚合生产流程

表 4-9 用于自由基溶液聚合的各种单体及其所用溶剂类别

单体种类	溶剂		单体种类	溶剂	
	有机溶剂	水		有机溶剂	水
丙烯醇	+	+	丙烯腈	+	+
甲基丙烯酸	+	+	苯乙烯	+	−
丙烯酰胺	−	+	醋酸乙烯酯	+	−
甲基丙烯酰胺		+	甲基乙烯基醚	+	+
甲基丙烯酸甲酯	+	−	丁二烯	+	−
丙烯酸甲酯	+	−	α-甲基苯乙烯	+	−
丙烯酸乙酯	+	−	乙烯基吡咯烷酮	+	+
丙烯酸丁酯	+	−	氯乙烯	+	−
顺丁烯二酸	+	+	偏二氯乙烯	+	−
衣康酸	+	+			

注："+"表示溶解，"−"表示不溶解。

自由基引发剂的分解速度与周围介质的性质有关，溶液聚合如用水作为溶剂，对引发剂的分解速度基本无影响。如用有机溶剂则因溶剂种类和引发剂种类的不同而有不同程度的影响。在有机溶剂中进行溶液聚合时，采用可溶于有机溶剂的过氧化物引发剂或偶氮化合物引发剂。极性溶剂和可极化的溶剂对过氧化物的分解有促进作用，因而可加快聚合反应速度。偶氮二异丁腈则不显现诱导分解作用。

溶液聚合过程中可能发生自由基向溶剂分子进行链转移的反应，溶剂的链转移常数可以定量表明溶剂对链转移反应的效应，链转移常数（C_s）是链转移反应速度（K_{tr}）对链增长速度（K_p）的比值，即：

$$C_s = \frac{K_{tr}}{K_p}$$

例如，$C_s = 0.5$ 表示链转移反应速度为链增长速度的 1/2。作为溶剂时，C_s 值应远低于 0.5，如 C_s 接近 0.5 或更高时，则可作为分子量调节剂。链转移常数取决于溶剂的分子结构，并且因单体的不同而变化。一般说来链转移常数随温度的升高而加大。各种溶剂对苯乙烯、甲基丙烯酸甲酯、醋酸乙烯酯的链转移常数见表 4-10。

表 4-10 溶剂的链转移常数（$\times 10^{-5}$，60℃）

溶剂	单体		
	苯乙烯	甲基丙烯酸甲酯	醋酸乙烯酯
环己烷	0.24	1.0	65.9
甲苯	1.25	5.2	178
异丙苯	10.4	19.2	1000
乙苯	6.7	13.5	
二氯甲烷	1.5		
四氯化碳	1000	2.4	10000
丙酮	41.0	1.95	117
乙醇	16.1	4.0	250
异丙醇	30.5	5.8	446(70℃)
甲醇	3.0	2.0	22.6

溶剂的链转移常数可由链转移反应与所得聚合物平均分子量的关系式求得：

$$\frac{1}{\overline{DP}} = \frac{1}{\overline{DP_0}} + C_s \frac{[S]}{[M]}$$

$\overline{DP}$ 为已知溶剂浓度 [S] 时的平均聚合度；$\overline{DP_0}$ 为 [S]＝0 时的平均聚合度。用实验测定 $\overline{DP_0}$ 和对应 $\frac{[S]}{[M]}$ 的 $\overline{DP}$，以 $\frac{[S]}{[M]}$ 对 $\frac{1}{\overline{DP}}$ 作图，斜率即为 C_s 值。

溶液聚合选择溶剂时应考虑溶剂的 C_s 值。要求得到高分子量产品时应选择 C_s 值很小的溶剂；要求获得较低分子量产品则应选择 C_s 值高的溶剂；如果所选溶剂仍达不到降低分子量的要求，则应添加链转移剂。

4.4.2 聚合工艺

溶液聚合所用溶剂为有机溶剂时，引发剂必须为可溶于有机溶剂的过氧化物或偶氮化合物；应根据反应温度和引发剂的半衰期选择适当的引发剂。偶氮化合物引发剂的分解不受溶剂的影响，所以应用较为广泛。过氧化物的分解速度不仅可受极性溶剂的影响，而且分解产生的氧化物可能进一步参加反应生成交联结构而可能产生凝胶；过氧化氢一类引发剂也易于发生链转移反应，只有在希望产生链转移反应的场合使用它。引发剂的用量通常为单体量 0.01%～2%。用水作为溶剂时，采用水溶性引发剂如过硫酸盐及其氧化还原体系。

由于聚合反应是放热反应，为了便于导出反应热，应使用低沸点溶剂使聚合反应在回流温度下进行。如果使用的溶剂沸点高或反应温度要求较低时，反应热较难排出，加料时采用半连续操作较为合适。

为了便于控制聚合反应速度，溶液聚合通常在釜式反应器中采取半连续操作，即一部分溶剂或全部溶剂先加于反应釜中加热至反应温度，再将溶有引发剂的单体按一定速度连续加入反应釜中。也可将一部分单体与一部分溶剂和少量引发剂先加于反应釜中，加热使聚合反应开始后，继续将剩余的单体和剩余的溶剂在1～4h内连续加于反应釜中。单体全都加完后继续反应 2h 以上再补加适量引发剂溶液以使聚合反应均匀进行。如果所得聚合物溶液不经处理直接应用时，在聚合过程结束前应补加引发剂减少产品中残存单体含量，或用化学办法将未反应单体除去；如果单体沸点低于溶剂也可采用蒸馏的办法脱除残存单体或减压蒸出残存单体。工业上自由基溶液聚合的主要单体和聚合条件见表 4-11。溶液聚合过程中改变产品平均分子量的方法主要有改变引发剂用量、改变单体/溶剂的用量比、添加分子量调节剂等。

表 4-11　采用溶液聚合法的主要单体和聚合条件

单体种类	溶剂	聚合条件		
		温度/℃	反应时间/h	转化率/%
丙烯酸酯	苯,甲苯等	50～70	6～8	>95
丙烯酰胺类	水	30～70	3～6	>95
丙烯腈	水,DMF 等	40～70	6～8	>90
苯乙烯	乙苯等	90	6～8	>95
醋酸乙烯酯	甲醇等	70～80	4～8	>90
聚氯乙烯	氯苯等	40～50	4～8	90～95

4.4.3　后处理

　　脱除单体后的聚合物溶液通常要进行浓缩或稀释才能达到产品要求的固含量,过滤除去可能存在的不溶物和凝胶以后即得到商品聚合物溶液。有机溶剂形成的聚合物溶液应避免与空气中的水分接触而使聚合物沉淀析出。产品储存场所的温度应当适中,避免温度过高使溶剂挥发或温度过低使溶液黏度过高。

　　由聚合物溶液制备固体聚合物时,通常有以下两种情况。

　　① 聚合物热稳定性高、具有明显的熔融温度,溶剂为有机溶剂。此情况下残存单体和溶剂可同时脱除。由于聚合物溶液黏度较高,应采取高温、大表面积和短扩散行程的设备与措施脱除溶剂和残存单体。这种情况下得到聚合物熔融体,经挤出、冷却、造粒得到聚合物粒料,可能采用的装置见图 4-6。

　　a. 线型脱气装置　聚合物自上而下喷淋,快速真空蒸发。

　　b. 管型蒸发器　经管状蒸发器真空蒸发。

　　c. 螺杆挤出脱气器　用脱气螺杆挤出机处理。

　　d. 薄膜蒸发器　用薄膜蒸发器快速真空蒸发。

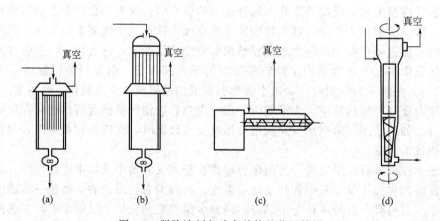

图 4-6　脱除溶剂与残存单体的装置简图
(a) 线型脱气装置；(b) 管型蒸发器；(c) 螺杆挤出脱气器；(d) 薄膜蒸发器

　　送入以上装置的聚合物溶液应事先进行加热,也可采用具有数个真空脱气孔的双螺杆挤出机脱除单体和溶剂。采用以上设备进行连续化大规模溶液聚合时,在单体转化率不太高时即可送入脱溶剂设备脱除未反应单体和溶剂。

　　② 聚合物热稳定性差、用水作为溶剂。例如丙烯酰胺水溶液聚合时产品黏度很高,甚至为冻胶状,难以流动,不能用上述设备进行脱水。这种情况下可以采用强力捏和机干燥脱

水、挤出机干燥脱水或挤出机挤出制成颗粒后再干燥脱水；如果溶液黏度不太高可以流动时，也可用转鼓式干燥机脱水或用两个热滚筒轧片脱水。以上方法所得颗粒须经粉碎、过筛后得到粉状聚合物产品。

4.5　乳液聚合生产工艺

　　液态的乙烯基或二烯烃单体在乳化剂存在下分散于水中形成液-液乳化体系，在引发剂分解生成的自由基作用下，液态单体逐渐发生聚合反应，得到固态高聚物分散在水中的乳状液，这一聚合过程称为乳液聚合。乳液聚合反应得到的固-液乳化体系中，固体微粒的粒径一般在 $1\mu m$ 以下，静置时不会沉降析出。为了便于区别，液-液乳化液称为乳液（Emulsion）；固-液乳化液则称为"胶乳"（Latex）。

　　乳液聚合法的主要优点是以水作为分散介质，对聚合反应热的清除十分有利；聚合反应生成的高聚物呈高度分散状态，反应体系的黏度始终很低；分散体系的稳定性优良，可以进行连续操作。乳液产品可以直接用作涂料、黏合剂、表面处理剂等。胶乳涂料为水分散性涂料，不使用有机溶剂，干燥过程中无火灾的危险、无毒（如果不含有残存的有毒单体和助剂）、不会污染大气，是涂料工业发展方向。

　　乳液聚合法的主要缺点是聚合物分离析出时需要加破乳剂，如食盐溶液、盐酸或硫酸溶液等电解质，分离过程较复杂，并且产生大量的废水；直接进行喷雾干燥生产固体合成树脂（粉状）时则需要大量热能，而且所得聚合物的杂质含量较高。

　　乳液聚合法不仅用于合成树脂的生产，也用于合成橡胶的生产。合成橡胶中产量最大的丁苯橡胶绝大部分是用乳液聚合法进行生产的，因此乳液聚合方法在高分子合成工业中具有重要意义。

　　用乳液聚合方法生产的合成树脂有聚氯乙烯及其共聚物、聚醋酸乙烯及其共聚物、聚丙烯酸酯类共聚物等。合成橡胶生产中采用乳液聚合方法的有丁苯橡胶、丁腈橡胶、氯丁橡胶等。

　　采用种子乳液聚合的方法可以提高聚合物固体微粒的粒径。种子乳液聚合是在聚合物的胶乳粒子存在前提下，使乙烯基单体进行乳液聚合的方法。如果条件控制适当时，聚合过程中不生成新的胶乳粒子，而是在原有粒子上增长，原有粒子好似"种子"，因此称为种子乳液聚合方法。另外一种生产微粒粒径大于 $1\mu m$ 乳液的方法是微悬浮法。乳液聚合法生产的高聚物主要品种和聚合条件见表4-12。

表 4-12　乳液聚合法生产的高聚物主要品种和聚合条件

主要品种	乳化剂种类	聚合条件		
		温度/℃	反应时间/h	转化率/%
丙烯酸酯类	非离子型	25～90	＞2.5	＞95
ABS		55～75（常压）	1～6	99
聚醋酸乙烯	非离子型	80～90	4～5	
聚氯乙烯	阴离子型	45～60	与温度有关	＞90
聚偏二氯乙烯	阴离子型	30	7～8	95～98
SAN	阴离子型	70～100	1～3	＞97
丁苯橡胶	阴离子型	5 或 50	连续	约60
丁腈橡胶	阴离子型	5 或 50	连续	
氯丁橡胶	阴离子型	约40	连续	60～90

4.5.1 表面现象、表面活性剂与乳化剂

液态单体能在引发剂作用下经乳液聚合转变为呈胶体分散状态的高聚物，其关键是水相中存在有乳化剂，乳化剂所起的作用在很大程度上与表面现象有关。为了深入了解乳液聚合的机理，应首先探讨与表面现象有关的基本知识。

4.5.1.1 表面现象与表面活性剂

当 $1cm^3$ 的液态单体呈圆球形状排列时，其表面积为 $4.84cm^2$。如果将 $1cm^3$ 液态单体分散成直径为 $1\mu m$ 的圆球时，圆球的总数高达 1.9×10^{12} 个；其总表面积为 $6\times10^4 cm^2$，比一个圆球的总表面积增大 12000 多倍；如果分散成直径为 $0.1\mu m$ 的圆球，则其总表面积为 $6\times10^5 cm^2$，增大了 120000 倍以上。在此情况下，由于物质表面积大大增加，与表面现象有关的一些性质如表面活性大为增加。所以高分散性的粉状金属，例如骨架镍、活性金属铝等暴露于空气中都会产生自燃现象。

气-液两相和液-液两相之间存在着分界面，位于界面上的分子受到内层同种分子的作用力大于所受外层异种分子的作用力，所以在两相的界面上表现有表面张力（气-液界面）或界面张力（液-液界面）。表面张力通常指液体与空气之间的界面张力。液体的表面张力或界面张力与其所接触的气体种类或第二相液体种类的不同而不同，而且随温度的升高而降低。表面张力和界面张力是可以测定的，其物理意义是增加单位表面积所需的功，单位是 N/m 或 mN/m。某些液体的表面张力数值见表 4-13。某些液体对水的界面张力见表 4-14。

表 4-13 某些液体的表面张力数值（20℃）

液体种类	表面张力/(mN/m)	液体种类	表面张力/(mN/m)
水银	485.0	癸酸	28.82
水	72.80	油酸	32.5
苯	28.86	正辛醇	27.53
液态烃	35.4	棉籽油	35.4
乙醚	17.1	酒精	22.03

表 4-14 某些液体对水的界面张力（20℃）

液体种类	表面张力/(mN/m)	液体种类	表面张力/(mN/m)
水银	375.0	油酸	15.59
苯	35.0	正辛醇	8.52
乙醚	10.7	癸酸	8.22

将溶质溶解于水中，所得水溶液的表面张力与纯水的表面张力不同，大致可分为三种情况，详见图 4-7。

① 表面张力增加，当 $NaCl$、Na_2SO_4 等无机盐类以及蔗糖、甘露醇等多羟基化合物溶于水后，水溶液的表面张力随溶质浓度的增加而稍有增加。

② 表面张力随溶质浓度的增加而逐渐降低，当醇、醛、酮等可溶于水的有机化合物溶于水后，其水溶液的表面张力表现出此情况。

③ 水溶液的表面张力随溶质浓度的增加而急剧降低，但达一定值后，溶液浓度再增加表面张力变化很小。属于这种情况的化合物叫做表面活性剂，例如硬脂酸钠（肥皂）、十二醇硫酸钠、烷基磺酸钠等。

表面活性剂对液体界面张力的影响也极为明显。例如，石蜡油/水的界面张力为

40.6mN/m，水相中加入 0.001mol 浓度的油酸后，界面张力降为 31.05mN/m；如果水相中的油酸与等物质的量的 NaOH 反应，则得到更好的表面活性剂油酸钠，界面张力进一步降为7.2mN/m。表面活性剂在工业上可作为乳化剂、浸润剂、匀染剂等。

4.5.1.2 乳化剂

可以使不溶于水的液体与水形成稳定的胶体分散体系-乳化液的物质叫做乳化剂。这类物质的种类很多，大致可分为以下几种。

① 表面活性剂。

② 某些天然产物或其加工产品，例如海藻酸钠、松香皂、蛋白质、糖及纤维素衍生物等。这类乳化剂实质上也是表面活性剂，但它来源于天然原料。

从广义上说，乳液聚合工业所采用的乳化剂全部是表面活性剂。

表面活性剂在化学结构上有它的共同性，它们的分子中都含有亲水基团和亲油基团两部分。

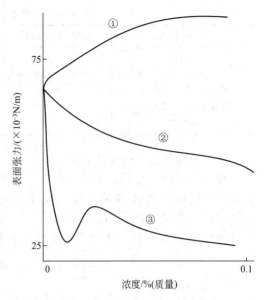

图 4-7　表面张力-浓度曲线示意

（1）表面活性剂水溶液的性质

少量表面活性剂溶解于水中可使水的表面张力明显降低，达到某一极限值后，继续增加表面活性剂浓度则表面张力变化很小。实践中还发现这种突变不仅表现在表面张力上，在溶液的其他性质如界面张力、渗透压、电导性等方面都有相似表现。表面活性剂溶液性质发生突变的浓度范围称为表面活性剂的"临界浓度"。十二醇硫酸钠溶液性质随临界浓度而变化的情况见图 4-8。

表面活性剂溶液性质发生突变的原因是表面活性剂分子在临界浓度以下，呈单分子状态溶解或分散于水中；达到临界浓度时，若干个表面活性剂分子聚集形成胶体粒子，此时每个分子规则排列，亲水基团向着水分子排列。如果水是分散介质（或称外相），则亲水基团向外，组成带有电荷的粒子，形成离子型表面活性剂，这种粒子称为"胶束"。每个胶束由 50～100 个表面活性剂分子组成。表面活性剂分子形成胶束时的最低浓度称为"临界胶束浓度（CMC）"。一些表面活性剂的临界胶束浓度见表 4-15。

表面活性剂溶解于水后，其表面张力和界面张力的降低不是立即显示的，需要经过一段时间才达到最大值。

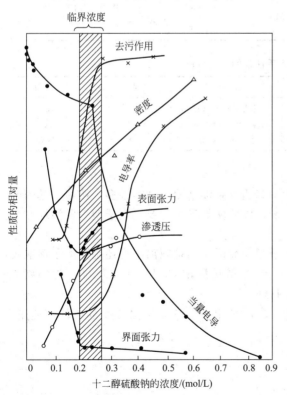

图 4-8　十二醇硫酸钠溶液性质与临界浓度关系

表 4-15　一些表面活性剂的临界胶束浓度

表面活性剂	CMC 值/(mol/L)	表面活性剂	CMC 值/(mol/L)
己酸钾	0.105	癸磺酸钠	0.04
月桂酸(十二烷酸)钾	0.026	十二烷基磺酸钠	0.0098
棕榈酸(十六烷酸)钾	0.003	十二醇磺酸钠	0.0057
硬脂酸(十八烷酸)钾	0.0008	松香酸钠	<0.01
油酸钾	0.001		

（2）表面活性剂的乳化效率

每一个表面活性剂分子都含有亲水基团和亲油基团，这些基团的大小和性质影响其乳化效果。可以用"亲水-亲油平衡（HLB）值"来衡量表面活性剂的乳化效率。完全亲水的 HLB 为 1，完全亲油的 HLB 为 20。适合用于乳液聚合的乳化剂 HLB 值应为 11～18。不同 HLB 的表面活性剂加入水中后，其性质见表 4-16。一些表面活性剂的 HLB 值见表 4-17。

表 4-16　各种 HLB 值的表面活性剂在水中的性质

表面活性剂在水中溶解情况	HLB 值	应用范围
不能够分散在水中	0 / 2 / 4 / 6	作为水/油乳化剂
分散性较差		
不稳定乳状分散液	8	湿润剂
稳定的乳状分散液	10	
半透明分散液	12	洗涤剂
透明溶液	14 / 16 / 18	增溶剂 / 作为水/油乳化剂

表 4-17　一些表面活性剂的 HLB 值

表面活性剂	类型	HLB 值	表面活性剂	类型	HLB 值
脂肪酸乙二醇酯	非离子	2.7	烷基芳基磺酸钠	阴离子	11.7
甘油单硬脂酸酯	非离子	3.8	油酸钾	阴离子	2.0
甘油单十二烷酸酯	非离子	8.6	十二醇硫酸钠	阴离子	约20

（3）表面活性剂的类别

用作乳化剂的表面活性剂分子中都含有亲水基团和亲油基团，种类很多。按亲水基团的性质又分为离子型、非离子型和两性表面活性剂，以前两类最为重要。离子型表面活性剂又分为阴离子型和阳离子型两类。

任何化合物的阴、阳离子总是伴生的，离子型表面活性剂是阳离子型还是阴离子型取决于和亲油基团相结合的亲水基团的电荷。例如，十二醇硫酸钠 $C_{12}H_{25}\text{-}OSO_3^- Na^+$ 为阴离子型；十八胺盐酸盐 $C_{18}H_{37}\text{-}NH_3^+ Cl^-$ 则为阳离子型。

阴离子表面活性剂是乳液聚合中应用最为广泛的乳化剂，通常在 pH>7 的条件下使用。重要的阴离子表面活性剂有：

脂肪酸盐 R-COOM，例如肥皂（硬脂酸钠）；

松香酸盐 $C_{19}H_{29}COOM$，例如歧化松香酸钠；

烷基磺酸盐 $R\text{-}SO_3M$，例如十六烷基磺酸钠；

烷基硫酸盐 $ROSO_3M$，例如十二醇硫酸钠；

烷基芳基磺酸盐，例如 R—⟨benzene ring⟩—SO₃M。

以上 $R=C_nH_{2n+1}$，当 $n<9$ 时，在水中不能形成胶束；$n=10$ 时可生成胶束，但乳化能力较差；$n=12\sim18$ 时，乳化效果最好；$n>22$ 时，由于亲油基团过大，不能分散于水中，所以不能够形成胶束。因此工业上采用的乳化剂多为含 $12\sim18$ 个碳原子的烷基硫酸盐、磺酸盐或脂肪酸盐。

阳离子表面活性剂主要是胺类化合物的盐。

脂肪胺盐：$RNH_3^+X^-$

季铵盐：

$$R_1—\overset{\displaystyle R_2}{\underset{\displaystyle R_3}{N^+}}—R_4 X^-$$

例如：$C_{16}H_{33}N^+(CH_3)_3Br^-$。

与阴离子表面活性剂相似，脂肪基团 R 中的碳原子数以 $12\sim18$ 最好，通常在 pH$<$7 的条件下使用，最好 pH$<$5.5。

乳液聚合工业中阳离子乳化剂应用较少，原因在于胺类化合物具有阻聚作用，易于发生其他副反应，可被过氧化物引发剂所氧化等。工业上制取正电荷的胶乳时，通常先用阴离子或非离子型表面活性剂作为乳化剂进行聚合反应，聚合完成后，在搅拌下缓慢地加入阳离子表面活性剂溶液使之转化为微粒外层具有正电荷的胶乳。

用离子型表面活化剂生产的胶乳粒子外层具有静电荷，能够阻止粒子聚集，所以胶乳的机械稳定性高；但遇到酸、碱、盐等电解质时则易产生破乳现象，因此胶乳的化学稳定性较差。

非离子型表面活性剂可分为两类。

a. 聚氧化乙烯的烷基或芳基单基酯或醚，通式为：

$$R—O{\left(\overset{H_2}{C}—\overset{H_2}{C}—O\right)}_n H$$

$$R—COO{\left(\overset{H_2}{C}—\overset{H_2}{C}—O\right)}_n H$$

$$R—⟨benzene ring⟩—O{\left(\overset{H_2}{C}—\overset{H_2}{C}—O\right)}_n H$$

R—基团的碳原子数大约为 $8\sim9$；n 值为 $2\sim100$；一般为 $5\sim50$。

b. 环氧乙烷和环氧丙烷的共聚物：

$$HO{\left(\overset{H_2}{C}—\overset{H_2}{C}—O\right)}_x{\left(CH_2\underset{\displaystyle CH_3}{CH}—O\right)}_y H$$

共聚物的分子量通常为 $2000\sim8000$，其中环氧乙烷组分占 $40\%\sim80\%$；用非离子型表面活性剂所得胶乳粒子较大。要求降低胶乳微粒粒径时，聚合配方中可加少量阴离子表面活性剂。

4.5.2 乳化现象、乳状液的稳定性和乳状液的变型与破乳

4.5.2.1 乳化现象和乳状液的稳定性

两种不互溶的液体，例如油-水混合物，当油的体积小于水的体积时在容器中经激烈搅拌后，可以得到非常细小的油珠分散在水中的乳状液。但停止搅拌后又恢复为两层液体，即此时的乳状液不稳定。如果在水相中加入超过其临界胶束浓度所需的少量乳化剂后，经搅拌生成的乳状液在停止搅拌后不再分层，即获得了稳定的乳状液。

稳定的乳状液由互不相溶的分散相和分散介质所组成。在乳液聚合过程的起始阶段，单体是分散相，水是分散介质，反应体系属于油/水型乳状液。稳定的乳状液放置后不分层，

分散相液滴的直径在 $0.1\sim1\mu m$ 左右。聚合反应结束后，单体液滴转变为聚合物固体微粒，微粒表面仍附有乳化剂，防止微粒聚集，但粒径则有所增加。

乳状液的稳定性是有条件的，分散相有聚集在一起的倾向，而乳化剂的存在则抑制或阻碍了分散相的聚集，使乳状液在相当长的时间内表现出稳定不分层的现象。乳化剂所起的作用因乳化剂种类的不同而不同。

某些不是表面活性剂的可溶性天然高分子化合物如蛋白质、糖类等作为乳化剂时，它们的主要作用是在分散相液滴表面形成了坚韧的薄膜，因而阻止了液滴聚集。

表面活性剂作为乳化剂时，它的作用主要有以下三点。

（1）使分散相和分散介质的界面张力降低

界面张力降低也就是降低了界面自由能，从而使液滴自然聚集的能力大为降低。例如，将鱼肝油分散在浓度为 2% 的肥皂水溶液中，其界面自由能比在纯水中降低 90% 以上，因而使体系的稳定性提高。但这样仅使液滴聚集倾向降低，而不能防止液滴的聚集。

（2）表面活性剂分子在分散相液滴表面形成规则排列的表面层

在乳状液体系中，表面活性剂分子主要存在于两种液体的界面上，亲水基团与水分子接触，亲油基团与油相分子接触，定向排列在液滴表面层，好似形成了薄膜从而防止了液滴聚集。乳化剂分子在表面层中排列的紧密程度显著地影响乳状液的稳定性以及乳状液的性质。在此基础上有人证明除水溶性表面活性剂外，再加入适量的油溶性表面活性剂，如高级脂肪醇，可提高乳状液的稳定性，因为两种表面活性剂分子共同形成了液滴的表面层。选择适当的水溶性与油溶性表面活性剂，可使其形成紧密的复合表面层，提高乳状液的稳定性，因而两种表面活性剂组成的混合乳化剂效果高于任一单个表面活性剂的乳化效果。

（3）液滴表面带有相同的电荷而相斥，阻止了液滴聚集

乳状液的液滴表面都带有电荷。用离子型表面活性剂作乳化剂时，油/水型乳化液的液滴表面吸附了乳化剂分子，乳化剂的亲水基团即离子基团向着水分子排列。由于正负离子是相伴存在的，理论上每个液滴的表面存在着双离子层，又称双电子层。内层离子与亲油基团直接结合，相对来说是固定的；外层离子是伴生存在的。乳状液的液滴不是静止的，而是产生布朗运动。在不停的运动过程中，内层离子与液滴是结合在一起的，外层离子运动的速度落后于内层离子的运动速度，因此液滴的表面层电荷不是中性的，而产生了"动电位"，又称为 ξ 电位。动电位的存在阻止了液滴聚集，动电位越高，液滴之间斥力越大，乳状液稳定性就越高。油/水界面双电子层示意见图4-9。

用离子型表面活性剂作为乳化剂形成油/水型乳状液时，液滴的表面带有电荷；而用非离子型表面活性剂或天然高分子化合物为乳化剂，液滴的表面同样带有电荷。产生电荷的原因是液滴吸附了水相中的离子，或是液滴与分散介质相摩擦而产生静电荷，在此情况下可以用经验规则预测液滴表面电荷正负性。

当两物体接触时，介电常数较高的物质带正电荷。由于水的介电常数一般高于其他液体，所以油/水型乳状液的液滴通常带有负电荷，而水/油型乳状液的液滴则通常带有正电荷。

乳液聚合过程中，如果其他组分可以提供对胶乳粒子产生稳定作用的基团时，有时可以不用乳化剂进行乳液聚合。以下两种情况的乳液聚合可以不用乳化剂，称为无皂乳液聚合。

a. 依靠引发剂生成的低聚物端基离子基团作为乳化剂，例如，过硫酸盐引发剂分解生成的低聚物，其—SO_4^- 基团处于微液滴表面水相中而形成了胶体保护层，生成稳定的液乳。

b. 水溶性单体在无表面活性剂胶束存在的条件下，也可生成稳定的胶乳。这是由于增长的聚合物自由基发生了成核作用而形成了非常微小的胶体态聚合物颗粒。

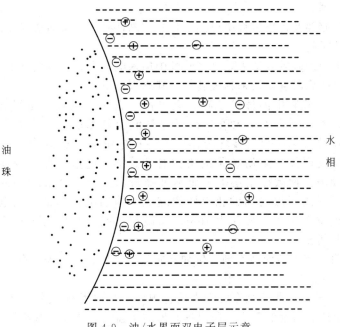

图 4-9　油/水界面双电子层示意

以上讨论了液-液乳化体系的稳定问题。在乳液聚合过程中反应体系的早期是液-液乳化体系，而在后期则是固-液乳化体系。固-液乳化体系的稳定原因基本上与液-液乳化体系相同。

4.5.2.2　乳状液的变型与破乳

（1）乳状液的变型

乳液聚合的初期反应物是油/水乳化体系，后期转变为固/水乳化体系。在外界条件影响下，后期的固/水乳化体系可能发生变型现象，即由固/水乳化体系转变为水/固乳化体系，此时物料呈现黏稠的雪花膏状态，不能够进一步处理而造成生产事故。乳状液发生变型的原因如下所述。

① 两相体积比的影响　如果将相同半径的圆球堆集在一起使其具有最紧密的结构，此情况下圆球占据的空间为总体积的 74.02%，其余的 25.98% 是空隙。实践证明，如果乳状液的分散相体积超过总体积的 74%，乳状液就要被破坏或变型。两相体积比应保持在一定范围内，当分散相的体积为总体积的 26%～74% 时，可以形成油/水或水/油乳化体系；若低于 26% 或超过 74% 时，则仅有一种类型的乳化体系存在。

② 乳化剂的影响　改变乳化剂的类型会引起乳状液变型。乳化剂浓度不同则发生变形的两相体积比也不同。例如，乳化剂由一价金属皂转化为多价金属皂，可使乳状液由油/水型转变为水/油型。

③ 其他条件的影响　除以上条件外，加入适当的电解质、温度的变化、pH 的变化，甚至搅拌情况以及单体脱除过快，都可能使乳状液发生变型。

（2）破乳

乳液聚合生产的合成橡胶胶乳或合成树脂胶乳是固/水体系乳状液，直接用作涂料、黏合剂、表面处理剂或其他产品的原料时，胶乳必须具有良好的稳定性。由胶乳制备固体的合成树脂或合成橡胶时，应当采取适当的后处理方法。例如，生产聚氯乙烯糊用树脂要求产品为高分散性粉状物，应采用喷雾干燥的后处理方法；生产丁苯橡胶、丁腈橡胶等产品则采用"破乳"的方法，使胶乳中的固体微粒聚集凝结成团粒而沉降析出，然后进行分离、洗涤、脱除乳化剂等后处理。

胶乳在生产、储存及运输过程中可能发生非控制性破乳现象而造成生产事故，因此对于破乳的原理应有所了解。

工业生产中采用的破乳方法主要是在胶乳中加入电解质并且改变 pH 值；其他的破乳法有机械破乳、低温冷冻破乳以及稀释破乳等，其原理如下所述。

① 加入电解质　胶乳中固体粒子存在动电位，它对于电解质是很敏感的。乳液聚合体系中加入少量的电解质，可增大胶乳粒径并降低胶乳黏度；如果电解质用量超过临界值，则引起胶乳微粒凝结而起到破乳的作用。各种电解质使胶乳凝结的临界值与胶乳的固含量、电解质浓度以及电解质离子的价数有关。加入电解质前，胶体微粒在水相中不断运动而产生的动电位使微粒相互排斥而不沉降析出。当胶乳液中加入电解质后，液相中离子浓度增加，双离子层之间的相对距离缩短，即动电位降低；当电解质达到足够浓度时，微粒的动电位等于零，相斥力消失，而微粒之间的吸引力占据主导地位，胶体微粒大量凝聚而沉降析出。

② 改变 pH 值　有些表面活性剂，例如脂肪酸皂、松香酸皂等，在 pH 值降至 6.9 以下时，会转化为脂肪酸而失去乳化作用。

③ 冷冻破乳　多数胶乳经冷冻后产生破乳现象。其原因在于冷冻至冰点以后，水相首先析出冰晶，由于冰的密度低于水，所以逐渐形成覆盖层；冰晶的继续增长使封闭在覆盖层下面的胶乳液受到机械压力的作用，而且相对而言胶乳体系的电解质浓度加大，因而产生破乳现象。

④ 机械破乳　胶乳液遭受强烈搅拌时，由于粒子的碰撞速度加快，可能使乳化剂的动电位不足以克服碰撞时的结合力而使其效率降低而破乳。

4.5.3　乳液聚合机理和动力学

经过乳液聚合，高分散性的单体/水乳化体系转变为高分散性高聚物/水乳化体系，乳液聚合机理将讨论它是如何实现这一转变的。

4.5.3.1　乳液聚合过程中反应体系的变化

在乳液聚合过程中，聚合反应体系从聚合引发以前到聚合反应结束之后，反应体系经历了如下的变化。

（1）聚合反应引发以前

表面活性剂分子溶解于水中，当其浓度超过临界胶束浓度以后，若干个分子聚集形成胶束，一般认为每个胶束由 50～100 个表面活性剂分子组成，胶束中表面活性剂分子呈规则性排列。当水为分散介质时，表面活性剂亲水性基团向外朝向水分子，亲油基团向内。胶束的形状有的认为是平板状；有的认为是圆球状或圆棒形状。

单体、水、乳化剂、引发剂等物料加入反应器中经搅拌后形成稳定的乳状液。此时反应体系中水为连续相，其中溶解有少量的单体分子、单分子状态存在的表面活性剂分子、引发剂分子和呈聚集态存在的胶束、溶解有单体分子的胶束和单体液滴；后三种聚集态微粒的大小是不同的，胶束直径约 4～5nm；溶有单体分子的胶束则膨胀为 6～10nm；单体液滴直径则高达 1000nm。溶解有单体的胶束又称为单体增溶胶束，因为胶束与单体液滴的体积相差极为悬殊，所以两者的数目相差很大。据计算，当单体与水的比例约为 40∶60、乳化剂分子量为 100 左右时，如果乳化剂含量为 1%～2%，则反应体系中胶束的数目约为 10^{18} 个/mL，而单体液滴数目约为 10^{11} 个/mL，数目之比为 $10^7∶1$。

（2）聚合反应开始以后

可分为三阶段，即：

① 聚合反应引发开始不久，当单体转化率在 $10\%\sim20\%$ 范围时，水相中除存在有上述所有分子及粒子外，还增加了引发剂分解后产生的自由基和被单体所溶胀的聚合物胶乳粒子。

② 聚合反应继续进行，所有乳化剂胶束都已消耗，此时单体转化率约为 $20\%\sim60\%$。反应体系中除水分子外，只有少量以单分子状态存在的单体、少量微小的单体液滴、引发剂分解生成的自由基和大量增长中的胶乳粒子。此时水相的表面张力明显增加，聚合速度稳定，聚合反应主要在此阶段进行。

③ 单体液滴全部消失，转化率约在 $60\%\sim70\%$。反应体系中除水分子外，只有以高聚物为主要成分的胶乳粒子，其中所含单体浓度逐渐下降。此外还有引发剂自由基。此时聚合速度逐步下降。

实际情况中每阶段是难以划分清楚的，因为一些链引发、链增长反应可能同时发生在水相中、增溶胶束中和单体液滴中，成核机理见图 4-11 和图 4-12。

（3）聚合反应基本结束以后

反应体系中除水分子和少量未反应的单体分子外，主要是表面层为乳化剂所覆盖的高聚物胶乳粒子，一般乳液聚合所得胶乳粒子的粒径在 $40\sim100nm$ 范围内。据此计算，胶乳粒子数目约为 $10^{14}\sim10^{15}$ 个/mL，远小于原来胶束数目。

聚合反应速率、表面张力与转化率的关系见图 4-10。

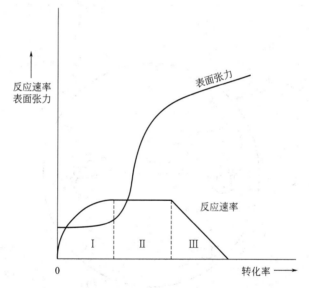

图 4-10　聚合反应速率、表面张力与转化率关系

4.5.3.2　乳液聚合机理和动力学

乳液聚合反应开始以前，单体主要以直径在 $6\sim10nm$ 左右的单体增溶胶束和直径在 1000nm 左右的单体液滴两种微粒形式存在于单体/水乳化体系之中。聚合反应完成后，生成的高聚物以 $40\sim100nm$ 左右直径的微粒形成胶乳的分散相。经过乳液聚合，不仅单体转化为高聚物，而且微粒也发生了消失和重新组合的过程。乳液聚合与其他自由基聚合方法相比具有反应速度快、产物平均分子量高的特点。

（1）乳液聚合机理

胶乳颗粒的生成过程可分为胶乳颗粒成核和颗粒增长两阶段。实际上这两阶段可同时发生，即在第一个颗粒成核后立即增长，同时有新的核心生成。但为了便于理论解释，划分为成核阶段与增长阶段。成核阶段生成的颗粒数目 N 取决于乳化剂种类和浓度、自由基产生的速度、体系中存在的电解质种类与浓度、温度、搅拌器类型与搅拌强度等参数。

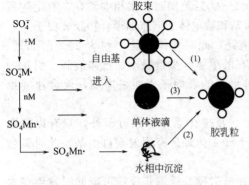

图 4-11　三种成核机理示意

乳液聚合过程是在水相中存在的引发剂分解生成的自由基，或离子自由基引发单体聚合生成胶乳颗粒的过程，水相中的自由基可能通过以下路线增长为聚合物胶乳颗粒。

a. 进入胶束成核生成胶乳粒子；

b. 在水相中增长，达到一定聚合度后析出吸附水相中的乳化剂而稳定，增长为胶乳粒子；

c. 进入单体液滴中聚合为胶乳粒子；

d. 进入已存在的胶乳粒子中继续进行增长。

以上现象可用图 4-11 与图 4-12 表示。

图 4-11 描绘离子自由基在水相中引发单体 M 生成自由基并生成链增长自由基，这些自由基然后进入胶束、单体液滴或增长后不溶于水而沉淀析出，它们都可生成胶乳微粒，但生成顺序为（1）＞（2）＞（3）。

图 4-12 描绘在乳液聚合粒子增长过程中可能发生的物理与化学变化，即单体自由基可能自微粒中解吸逸出进入水相中，在水相中链增长生成低聚物或重新进入另一微粒中继续进行链增长生成聚合物。

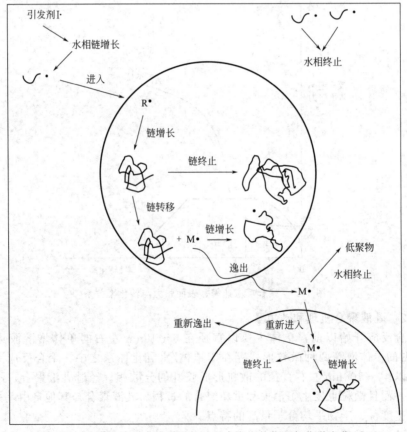

图 4-12　乳液聚合粒子增长过程中发生的物理与化学变化

以上两图可以反映增溶胶束、水相中以及单体液滴三方面成核的过程，以及自由基解吸和水相中存在低聚物的事实。

在乳液聚合过程中，水相、单体液滴、胶束、聚合物乳胶粒子都发生一些化学的或物理的过程，它们对反应动力学和胶乳粒子性能的影响分述如下。

① 在水相中发生的现象

a. 产生自由基：水溶性引发剂首先在水相中分解产生自由基。

b. 自由基增长：在水相中产生的自由基是带有电荷的亲水基团、很容易与溶解在水中的单体作用而增长。

c. 成核：在水相中增长的聚合物自由基达到一定聚合度后，沉淀析出成为胶乳颗粒核心。

d. 自由基终止：水溶性较大的单体可能在水相中发生链终止，甚至生成水溶性聚合物。

② 在胶束中发生的现象　被单体溶胀的胶束是成核中心。自由基进入单体溶胀的胶束后，开始引发聚合反应，增长后形成核心，直至第二个自由基进入后而结束反应。无单体在内的胶束向增长的颗粒提供乳化利，以保护新生成的聚合物表面。也有理论认为胶束成了水相中成核颗粒所需表面活性剂的储存器。

③ 在单体液滴中发生的现象　单体液滴是为胶乳颗粒增长提供单体的储存器。液滴中还可能溶解有油溶性成分，如链转移剂和溶解的聚合物等。在单体液滴中可能发生以下反应。

a. 链增长和链终止　按标准配方生成的胶乳颗粒数目较单体液滴数目大 5～7 个数量级，因此通常对在单体液滴中进行的成粒过程不予考虑。但液滴很小时，在单体液滴中进行的聚合成粒过程就不能完全忽视。

b. 链引发　使用油溶性引发剂时，聚合反应主要在单件液滴中进行。当单体液滴很小时，例如用阴离子乳化剂和脂肪醇的混合乳化剂，氯乙烯单体液滴直径可降低至 0.1～1.0μm；如果使用油溶性引发剂，可获得 0.4～2.0μm 的胶乳颗粒，这种聚合法又叫做微悬浮聚合方法。

c. 转变为胶乳粒子　在典型的乳液聚合过程中，即使液滴中存在有溶解的聚合物和其他与水不溶的组分，单体液滴作为单体储存器仍会向正在聚合的胶束颗粒提供单体。但此情况下单体分子可能继续扩散，液滴的体积大大缩小，但不会完全消失，最后聚合成为胶乳颗粒。

④ 聚合物胶乳颗粒中发生的现象　乳液聚合产生了大量的聚合物胶乳颗粒，它还可能发生以下现象：

a. 吸附自由基和其他试剂。

b. 自由基链增长　在胶乳颗粒中的自由基与扩散来的单体聚合增长直至发生链转移，或无单体供给，或与另一个自由基进行终止反应。

c. 自由基链转移　在胶乳颗粒中可能发生向单体、聚合物、链转移剂进行链转移的反应。向聚合物进行链转移的反应最为重要，因为胶乳颗粒中聚合物浓度很高。

d. 自由基解吸　存在于胶乳颗粒中的自由基可能产生解吸现象，随即发生链转移反应或自由基通过胶乳颗粒和水的界面而进入水相中。

e. 自由基链终止　当一个自由基进入已存在一个自由基的胶乳颗粒后会产生链终止反应。当胶乳颗粒已足够大或自由基的活动性降低后，凝胶效应使链终止反应速率降低。

（2）乳液聚合动力学

当前认为成核过程可发生在增溶胶束中或发生在水相中，还有理论提出在单体液滴中成核。不同的成核过程有不同的动力学，因此难以用统一的动力学公式予以表达。现仅介绍乳液聚合发生在增溶胶束中的聚合动力学，其链增长反应速率可由下式表示：

$$R_p = k_p [M]_p [R \cdot]_p = k_p ([M]_p \bar{n}) N / N_A \qquad (4\text{-}12)$$

式中　R_p——单位体积连续相中的聚合速度；

$[M]_p$——聚合物胶乳颗粒中发生反应时的单体浓度；

$[R \cdot]_p$——每升连续相中的自由基浓度；

N——颗粒数浓度；每升水相中的颗粒数；

N_A——阿伏伽德罗常数；

$\overline{n}$——每个相同大小胶乳颗粒中存在的自由基平均数目；

$[M]_p\overline{n}$——$[M]_p n$ 除以粒径分布的平均值，如是单分散体系则为 $[M]_p\overline{n}$ 值。

由式(4-12)可知，许多参数影响乳液聚合的反应速率。重要的参数包括 N 值和成粒阶段自由基链引发速度。N 值大小与所用乳化剂的用量有关。

工业生产中，聚合反应速率时常受聚合热传递速度的限制。为了控制反应速率通常采用连续加单体或引发剂的方式，也就是控制 $[M]_p$ 或 $[R\cdot]_p$。当在聚合物胶乳颗粒中的单体转化率增高以后，链终止反应速率减慢，导致 $\overline{n}$ 值增高，产生凝胶效应。有些情况下随着聚合反应的进行，$[M]_p$ 降低，但聚合速度明显升高。例如甲基丙烯酸甲酯和氯乙烯的乳液聚合过程都有自加速现象产生。甲基丙烯酸甲酯溶于单体形成均相物，是典型的凝胶效应。而聚氯乙烯仅可被单体溶胀，约含 25% 单体氯乙烯；当单体转化率达到 75%～80% 时会产生自加速现象。

对苯乙烯、甲基丙烯酸甲酯、醋酸乙烯酯和氯乙烯的乳液聚合研究表明，表面活性剂浓度 $[S]$ 和引发剂浓度 $[I]$ 与胶乳颗粒的关系为：

$$N=k[S]^z[I]^{1-z} \tag{4-13}$$

$[S]$ 与 $[I]$ 的级数之和为 1.0。产生无解吸的自由基时 $Z=0.6$。

平均聚合度与聚合物胶乳颗粒数目的关系为：

$$\overline{X_n}=(k_p[M]N)/\rho \tag{4-14}$$

式中 ρ——自由基生成速度。

由上式可知乳液聚合所得聚合物的平均聚合度与单体浓度和胶乳颗粒数成正比，而与自由基生成速度成反比，其前提是聚合反应仅发生在增溶胶束中。

乳液聚合所得聚合物平均分子量高于其他聚合方法，这是因为聚合反应主要是在单体增溶胶束中和已生成的胶乳颗粒中进行，它们的数目非常大；按标准配方得到的引发剂分解成自由基后，几乎每个胶束和微粒中平均只可能含有一个自由基。有学者计算过苯乙烯乳液聚合时，平均 10～100s 就有一个自由基进入特定的聚合物胶乳颗粒中，而链终止速度一般小于 10^{-3} s，如果终止反应为偶合反应，链终止反应前自由基有较长的增长时间，乳液聚合所得聚合物分子量很高。如果向单体进行链转移是主要的链终止反应时，以上理论就不成立，因此氯乙烯乳液聚合所得聚氯乙烯平均分子量与悬浮聚合所得的聚氯乙烯平均分子量相似。

上述是乳液聚合理论之一，各式表示聚合反应发生于胶束内的动力学关系，这一理论的偏差是：

① 较大的聚合物微粒（直径>0.15μm）在某一瞬间不只含有一个增长链。

② 有些单体在水中的溶解度很大，这些单体包括甲基丙烯酸甲酯、乙酸乙烯酯等。此时，相当一部分聚合物是在水相中引发聚合的，生成的聚合物在水相中沉淀析出，然后表面吸附乳化剂，以上动力学关系式中没有反映这一事实。

③ 向乳化剂进行链转移的事实没有考虑在内。

针对以上缺点，有学者提出另外的乳液聚合理论。如果聚合物溶于单体中，聚合物微粒前期是黏稠流体，聚合物增长链（指第二个自由基）不容易深入聚合物颗粒内部，聚合反应仅发生在颗粒的表面。在乳液聚合中，水溶性引发剂与乳化剂分子在水相中反应，活化的乳化剂分子进入微粒所吸附的表面层，引发单体进行聚合反应。

4.5.4 乳液聚合生产工艺

乳液聚合是高分子合成工业重要的生产方法之一，主要用来生产丁苯橡胶、丁腈橡胶、氯丁橡胶等合成橡胶及其胶乳；生产高分散性聚氯乙烯糊用树脂和生产某些黏合剂、表面处理剂和涂料用胶乳。除用种子乳液聚合方法生产聚氯乙烯胶乳的微粒粒径在 $1\mu m$ 左右外，其他胶乳液的固体微粒粒径都在 $0.2\mu m$ 以下。

工业上用乳液聚合方法生产的产品大致分为三种类型：固体块状物、固体粉状物和流体态胶乳。它们的典型代表为丁苯橡胶、聚氯乙烯糊用树脂和丙烯酸酯类胶乳。其生产工艺流程见图 4-13。

由图 4-13 可知，固体块状丁苯橡胶是用破乳方法使胶乳中固体微粒凝聚而得，固体粉状物聚氯乙烯糊用树脂是由胶乳经喷雾干燥而得；流体状胶乳则由乳液聚合产品脱除单体而得。其中以加破乳剂进行破乳生产固体块状物的生产过程最为复杂。

4.5.4.1 原料配方

乳液聚合配方中除了单体、乳化剂和反应介质水以外，还需要引发剂、分子量调节剂、电解质、终止剂等。在合成橡胶生产中还需要加入防老剂、填充油等许多辅助用剂。

（1）单体

乳液聚合单体主要是：

乙烯基单体，如氯乙烯、苯乙烯、丙烯腈、丙烯酸酯等；

二烯烃单体，如丁二烯、氯丁二烯等。

单体纯度要求＞99％，应当不含有阻聚剂。

（2）反应介质水

水中的 Ca^{2+}、Mg^{2+} 等离子可能与乳化剂生成不溶于水的盐，而 Cu^{2+}、Fe^{2+} 则可能加速引发剂的分解，所以水中应尽可能地降低这些离子的含量，反应介质用水必须是去离子的软水。由于水在乳液聚合中作为分散介质，为了保证胶乳有良好的稳定性，其用量以体积计应该超过单体的体积。如果以质量计量的话，一般为单体量的 150％～200％。水量减少时，胶乳的黏度增大，不利于生产操作。

水中溶解的氧可能起阻聚作用。丁苯橡胶生产中采用低温聚合时，氧的阻聚作用更为明显。为了去除氧的影响，可加入适量还原剂如连二亚硫酸钠（$Na_2S_2O_4 \cdot 2H_2O$），俗名为保险粉，用量为单体量的 0.04％左右，过多的话则可能与引发剂组成氧化还原体系，影响引发体系的效能。

（3）乳化剂选择

在乳液聚合过程中乳化剂的作用是多方面的，主要作用是使单体在乳状液中稳定；使单体在胶束中增溶；使聚合生成的聚合物胶乳粒子稳定；增加聚合物的溶解性；对引发聚合反应起催化作用；产生链转移反应或起阻聚作用。乳化剂由于参与化学反应而可能存在于所得聚合物中。

商品乳化剂多数是同系物的混合物而不是纯粹的单一化合物，例如商品十二烷基硫酸钠，其烷基链主要是十二烷基，但仍含有高于 C_{12} 和低于 C_{12} 的烷基。由于原料难以精制提纯，因此由不同工厂生产的同一种乳化剂可能具有不同的乳化效果。

乳化剂用量对于聚合反应速率产生很重要的影响。对于水溶性差的单体如苯乙烯，聚合反应主要是通过在胶束中成核，因此乳化剂用量超过 CMC 后，随着乳化剂用量的增加，聚合速度可能提高 100 倍左右。

由于 HLB 值无法确定所需乳化剂的浓度和乳液的稳定性，因此 HLB 值只能作为选择乳化剂的参考。从实验数据得知，甲基丙烯酸甲酯的乳液聚合选择 HLB 值为 12.1～13.7 的乳化剂可以得到最稳定的乳化液。HLB 值为 11.8～12.4 的乳化剂适用于丙烯酸乙酯的乳液聚合。甲基丙烯酸甲酯和丙烯酸乙酯 50∶50 共聚时，选择 HLB 值在 11.95～13.05 的乳化剂最为合适。

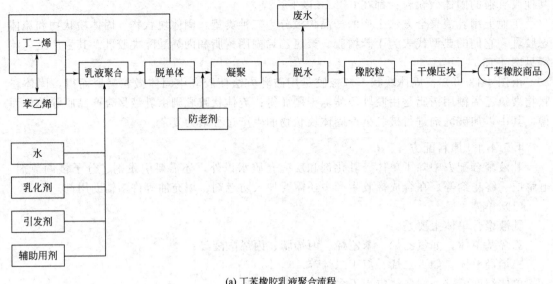

(a) 丁苯橡胶乳液聚合流程

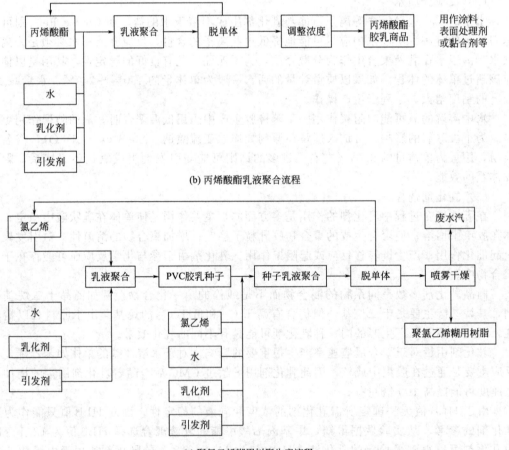

(b) 丙烯酸酯乳液聚合流程

(c) 聚氯乙烯糊用树脂生产流程

图 4-13　乳液聚合代表性产品生产工艺流程

(a) 产品为块状合成橡胶；(b) 产品为合成胶乳液；(c) 产品为粉状合成树脂

阴离子表面活性剂生成的胶乳微粒的粒度较小，胶乳机械稳定性好，聚合过程中不太容易产生凝聚块，因此使用阴离子表面活性剂时容易得到含固量高并且稳定的胶乳。阴离子表面活性剂对电解质的化学稳定性较差，非离子表面活性剂对电解质的化学稳定性良好，但聚合反应速率较慢，所得微粒粒径较大，聚合过程中容易产生凝聚块。由于以上特点，乳液聚合生产主要使用阴离子乳化剂或阴离子乳化剂和非离子乳化剂的混合乳化剂，很少单独使用非离子乳化剂。混合乳化剂中增加非离子乳化剂的比例可提高胶乳对电解质的化学稳定性，同时也会增大胶乳微粒的平均粒径。混合乳化剂形成的胶束，其分子数小于阴离子或非离子乳化剂两者单独形成的胶束，因而产品胶乳微粒的粒径分布加宽。

在一般聚合过程中，乳化剂的用量应超过 CMC 量，还与其分子量、单体用量、要求生产的胶乳粒子的粒径大小等因素有关，一般为单体量的 2%～10%。增加乳化剂用量，反应速率加快。但回收未反应单体时容易产生大量泡沫而使操作发生困难。乳化剂用量在单体量的 5%以下较为合适，有时甚至少于百分之一。

（4）引发剂体系

典型的乳液聚合过程使用水溶性引发剂，仅在用微悬浮聚合法生产聚氯乙烯胶乳时使用油溶性引发剂。

工业上常用于乳液聚合的引发剂有以下几种。

① 热分解引发剂　热分解引发剂主要有过硫酸钾和过硫酸铵等。引发剂受热分解生成自由基的速度随温度的升高而加快，即在不同的温度有不同的半衰期。用于乳液聚合的过硫酸盐引发剂须加热到 50℃以上才可达到适当的分解速度，丙烯酸酯类胶乳的生产多采用此类引发剂。

② 氧化-还原引发剂体系　为了加快反应速率或降低聚合反应温度，工业上常采用氧化-还原引发剂体系。根据所用氧化剂种类的不同可分成下面两类。

a. 有机过氧化物-还原剂体系　生产丁苯橡胶胶乳时多在 5℃的低温条件下进行，所用的有机过氧化物，如蓋烷过氧化氢

$$H_3C-\underset{H}{\bigcirc}-\underset{CH_3}{\overset{CH_3}{\underset{|}{\overset{|}{C}}}}-OOH \quad 、异丙苯过氧化氢 \quad \bigcirc-\underset{CH_3}{\overset{CH_3}{\underset{|}{\overset{|}{C}}}}-OOH \quad 等，$$

这些有机过氧化物在水中的溶解度较低；还原剂主要为亚铁盐，如硫酸亚铁、葡萄糖、抗坏血酸、甲醛合亚硫酸氢钠等。实际生产中，常用两种以上还原剂。还原剂的作用在于使过氧化物在低温下分解生成自由基，工业上把这类自由基称作活化剂，反应如下：

$$H_3C-\underset{H}{\bigcirc}-\underset{CH_3}{\overset{CH_3}{\underset{|}{\overset{|}{C}}}}-OOH \;+\; Fe^{2+} \longrightarrow H_3C-\underset{H}{\bigcirc}-\underset{CH_3}{\overset{CH_3}{\underset{|}{\overset{|}{C}}}}O\cdot \;+\; Fe^{3+} \;+\; OH^-$$

关于蓋烷的说明：

通常有机化合物英文常用名仅一个，但中文译名则可能有数个。

为了说明问题，现将几个有关名词列于下：

menthane 译：薄荷烷；蓋烷；化学结构式：

$$\underset{CH_3}{\overset{CH_3}{\underset{|}{\overset{|}{}}}}CH-CH\underset{CH_2-CH_2}{\overset{CH_2-CH_2}{\underset{}{}}}CH-CH_3 \quad 可简化$$

为：$\triangleright-\bigcirc-$

menthol 译：薄荷；化学结构式：

$$\underset{CH_3}{\overset{CH_3}{\underset{|}{\overset{|}{}}}}CH-CH\underset{CH_2-CH_2}{\overset{CH_2-CH_2}{\underset{OH}{}}}CH-CH_3 \quad 可简化为：$$

cumol 译：枯烯；异丙基苯；化学结构式：（结构式）可简化为：（结构式）

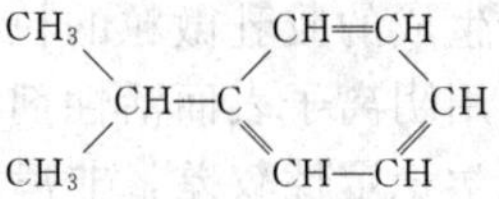

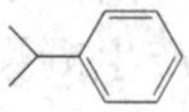

异丙基苯过氧化氢（cumol hydrogen peroxide）；化学结构式：（结构式）可

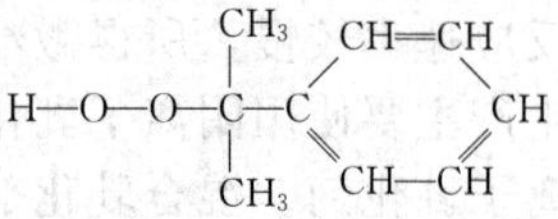

简化为：HOO—（苯环结构）

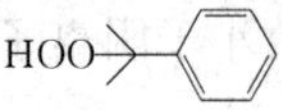

蓋烷过氧化氢（menthane hydrogen peroxide）；化学结构式：（结构式）

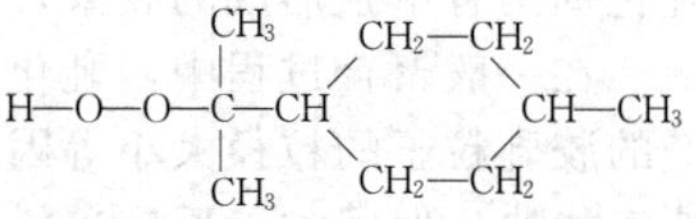

可简化为：HOO—（环己烷结构，含 H）—

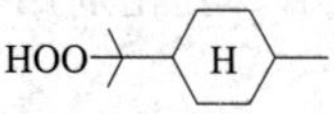

明显的异丙基苯过氧化氢与蓋烷过氧化氢是两种不同的化合物。

由上式可知，随着反应的进行，pH 值将升高。为了不使亚铁离子在碱性介质中生成氢氧化亚铁沉淀而析出，并且使之缓慢释放，工业上采用加络合剂使之与 Fe^{2+} 生成络合物或螯合物。为了减少铁离子在最终产品中造成颜色污染，还需要降低亚铁盐的用量，工业上通过添加第二种还原剂使 Fe^{2+} 起了近似催化剂的作用来达到这一目的。

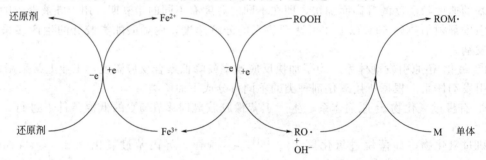

常用的络合剂有焦磷酸钠（$Na_4P_2O_7 \cdot 12H_2O$）和乙二胺四乙酸钠盐（EDTA-Na），它们可与 Fe^{2+} 生成水溶性络合物或螯合物，从而均匀释放 Fe^{2+}，提高过氧化物的分解效率。

b. 无机过硫酸盐-亚硫酸盐体系　无机过硫酸盐-亚硫酸盐体系常用于氯乙烯乳液聚合和丙烯酸酯乳液聚合。过硫酸盐主要是过硫酸钾或过硫酸铵，还原剂是亚硫酸氢钠和亚硫酸钠等。

过硫酸盐与亚硫酸盐反应生成 SO_4^-·负离子自由基和 HSO_3·自由基后引发聚合，因此生成了端基为两种基团的聚合物，这些端基水解则生成羟基端基。

在氧化-还原引发剂体系中加入微量 Cu^{2+} 如 $CuSO_4 \cdot 5H_2O$，可大大提高乳液聚合反应速度；其用量为氧化剂的百分之一左右时，可减少氧化剂用量近 90%。这种方法已用于氯乙烯乳液聚合生产糊用聚氯乙烯树脂之中。

乳液聚合中引发剂的用量一般为单体量的 0.01%～0.2%。

油溶性引发剂如过氧化二苯甲酰和偶氮异丁腈虽可用于乳液聚合，但它们不溶于水而溶于单体中，可能在单体溶胀的胶乳粒子中分解，分解生成的两个自由基存在于一个微粒中，相互结合的机会较大，因此聚合速度较慢而且动力学处理方式也不同。

（5）其他添加剂

乳液聚合过程中除了以上组分外，尚须添加缓冲剂、分子量调节剂、电解质、链终止剂等；合成橡胶生产中尚须加入防老剂、填充油等。

① 缓冲剂　乳液聚合过程中，引发剂的分解往往会使反应物料的 pH 值降低。添加缓冲剂的目的是为了调节 pH 值使反应体系稳定，应当根据 pH 变化情况合理选择缓冲剂。常

用的缓冲剂有磷酸二氢钠、碳酸氢钠等。

② 分子量调节剂　乳液聚合反应特点之一是所得聚合物分子量高。为了控制产品的分子量，有些高聚物的乳液聚合配方中需加有分子量调节剂。例如，丁苯橡胶生产中用正十二烷基硫醇或叔十二烷基硫醇作为链转移剂来控制产品的分子量，同时也可以抑制支化反应和交联反应；氯乙烯乳液聚合过程中，向单体进行链转移占主导地位，所以在其乳液过程中不需加任何分子量调节剂。

③ 电解质　乳液聚合过程中一般应避免存在电解质，所以使用去离子水作为反应介质。但使用无机过氧化物为引发剂时，分解产物是电解质，而且缓冲剂多数也是电解质，所以对电解质在乳液聚合过程中的影响应有所了解。

如果反应体系中存在微量电解质（$<10^{-3} mol/L$），此微量电解质可被胶乳微粒吸附于表面上，由于电荷相斥增高了胶乳的稳定性；如果电解质浓度为 $3 \times 10^{-3} \sim 10^{-2} mol/L$，则可使粒子合并而增大粒径，但仍可在较长时间内保持稳定；如果进一步提高电解质浓度则胶乳微粒将相互结合产生"絮凝"以至"凝聚"，即发生破乳现象。如果相互结合的微粒之间仍存在一层液膜，降低电解质浓度后微粒重新分散，这种现象称做"絮凝"。如果相互结合的微粒形成坚实的颗粒，不能重新分散时，则称作"凝聚"。使不同大小粒径的微粒絮凝或凝聚的电解质用量不同，粒径越小，所需电解质的量越少。用乳液聚合方法制取合成橡胶的配方中，有时加有适量电解质以增大胶乳粒径。

④ 链终止剂　为了避免聚合反应结束后残存的自由基和引发剂继续作用，通常在乳液聚合过程结束后加入链终止剂终止反应，这对于聚合物中含有双键的二烯类合成橡胶的生产尤为重要，同时还可防止生成菜花状爆聚物。常用的链终止剂为二甲基二硫代氨基甲酸钠、亚硝酸钠以及多硫化钠等。

⑤ 防老剂　二烯类合成橡胶分子中含有许多双键，长期与空气接触易老化，因此需要添加防老剂以防止储存过程中老化。常用的有胺类防老剂，如 N-苯基-β-萘胺、芳基化对苯二胺等，但这类防老剂的颜色较深，只适用于深色橡胶制品；酚类防老剂则可用于浅色橡胶制品。防老剂用量一般为单体进料量的 1.5% 左右。聚合过程结束后，脱除单体后将防老剂加于胶乳中即可。

此外，生产合成橡胶时，为了提高其柔韧性，可用液态芳烃或环烷烃进行填充，其原理和过程相似于聚氯乙烯树脂用增塑剂进行增塑。

4.5.4.2　聚合工艺

4.5.4.2.1　操作方式

乳液聚合根据聚合反应器加料的方式分为间歇操作、半连续操作和连续操作三种，所用聚合反应器几乎都是附有搅拌装置的釜式聚合反应器，或称为聚合反应釜。

聚合反应釜转移聚合热的方法有多种，最简便的方法是用夹套冷却。但大型聚合釜中或低温操作时，夹套的传热面积不够，此时可在釜内安装冷却用蛇管或管式挡板增加传热面积；反应温度较高时则在釜的上方装有回流冷凝器，使单体沸腾回流以移去反应热。聚合釜通常用不锈钢或搪玻璃制成。不锈钢反应釜表面易"结垢"而需要经常清洗，如果釜内装有附加设备的话，则增加了清洗时的难度。

间歇操作和半连续操作在单釜中进行聚合反应，连续操作则采用多釜串联的方式进行聚合反应，一般由 4~12 个聚合釜组成一条生产线。聚合釜容积一般为 $10 \sim 30 m^3$，最大的已经超过了 $100 m^3$。

间歇操作是在聚合反应开始前将配方中的所有物料全部加于聚合釜中，然后开始反应，由于引发剂需受热才能分解（低温聚合除外），而聚合为放热反应，所以反应开始阶段需加热，达到反应温度后须进行冷却，使之恒温。待单体转化率达到规定目标后，停止反应，必要时要加链终止剂，反应结束后一次出料。

半连续操作是将配方中的一部分物料在聚合反应开始前加于聚合釜中，聚合反应开始后陆续将剩余的物料分批连续加入聚合釜中，反应结束后一次出料，目的在于控制反应速率。后加的物料主要是单体，为了使乳化剂与单体量匹配，一部分乳化剂溶液与单体同时后加入。对于引发效率较高的复合氧化还原体系也可采取单体一次加入，而氧化剂、催化剂和一部分乳化剂连续定量地后加入以控制聚合反应的进行。此方法还适用于共聚合反应，用来调节共聚物组成。

连续操作是将配方中的所有物料定量的连续加入聚合釜中，反应物料从最后一个聚合釜中连续流出。

间歇操作的不足之处在于冷却系统的热负荷很不均匀，达到放热峰值时产量受冷却效果的限制。其次，生产共聚物时，其组成会发生变化；与本体聚合、悬浮聚合和溶液聚合相同的是活性高的单体先聚合，活性低的单体后聚合。但乳液共聚还表现有其特殊性，因为单体在水中的溶解性影响共聚反应的过程，水溶性高的单体在水相中聚合生成低聚物或水溶性聚合物，其成分以水溶性大的单体为主，即使此单体的竞聚率较低，仍然如此。另外，通过乳液聚合得到高分散性胶乳颗粒中含有共聚物成分，所以其相域小于其他聚合方法。

不溶于水的单体经间歇操作生产的胶乳颗粒大小分布较狭窄，原因是在聚合反应第二阶段生成的微粒一直增长到反应结束，它们具有相同的增长时间和相同的大小，所以粒径分布狭窄。但是它还受别的因素制约，如果引发速度过慢，使第一阶段时间延长，则成粒有先后，粒径分布加宽；如果后来又产生新生粒子，同样可加宽粒径分布。水溶性引发剂会生成有表面活性的低聚物，它也能使颗粒稳定；物料体系有限度的絮凝，会降低表面积而释放出使新生粒子稳定的表面活性剂；另外，由于聚合物的密度高于单体密度，在聚合反应第三阶段总的界面积降低而释放出表面活性剂；以上因素都会引起产生新生粒子，加宽粒径分布。

半连续操作可以用加料速度控制聚合速度，也就是控制聚合放热速度。后加单体的加料方式使釜内物料体系中缺乏单体，容易产生向聚合物进行链转移的反应而导致产生支链。同时，由于胶乳粒子中聚合物浓度高，链终止反应受扩散速度的支配，聚合物自由基不太容易终止，因而聚合速度加快。如果反应热可以及时转移，则可提高反应器的生产能力。后添加单体的半连续操作还可控制共聚物组成和所得胶粒颗粒形状；通过调节活性高的单体的浓度和加料速度，可以调整共聚物组成；这种操作方式还可使颗粒形态均一化。后加单体的加料方式可以使反应过程迅速通过易凝聚的阶段，因而可以提高固含量，但有时需增加乳化剂用量。

半连续操作中控制粒径的方法是：

① 如果要求粒径分布狭窄，则乳化剂和引发剂的加料方式应使成核时间在很短的范围内；

② 使用种子乳液聚合的方式。

如果配方中的引发剂和乳化剂加料方式延长成核时间，所得胶乳粒径分布则加宽；如果延缓添加乳化剂则导致多次成核，也会加宽粒径分布，但此法适合于生产高含固量和低透光性产品。

单体中存在的阻聚剂对间歇操作和半连续操作的影响不同，阻聚剂会延缓间歇操作聚合反应开始的时间，但聚合反应开始后按正常速度进行；半连续操作中，后加物料中含有的阻聚剂会降低引发效率，因而须加大引发剂用量，当物料添加结束后，由于引发剂用量大而导致聚合速度急剧上升。

目前，合成橡胶，如丁苯橡胶、丁腈橡胶以及氯丁橡胶等的工业生产都使用多釜串联的连续乳液聚合方式。生产中将全都物料用泵连续加入第一个反应釜，反应达到要求的转化率后，物料从最后一个反应釜流出进入后处理工段。也可在中间某一个位置加入一部分物料。除操作方式与间歇法或半连续法不同外，连续操作的聚合釜可满釜操作，即物料填满反应釜的全部空间，其他操作方式的充料空间只占反应釜空间的60%～80%。

用单釜进行连续操作，其特点与半连续操作相似，无很大的优越性。多釜串联连续操作过程中各釜放热量稳定不变，单位体积反应釜的生产能力高于间歇法或半连续法；连续操作反应条件处于稳定状态，生产的产品性能均一；间歇操作每釜都有反应开始阶段和反应结束阶段，产品分子量分布较宽。多釜串联连续乳液聚合法所用的聚合釜多数情况下体积相同，由于所有胶乳粒子都在第一个聚合釜中生成，因此第一个聚合釜的体积影响所生成的胶乳颗粒数目。如果要求颗粒数目获得最大值，则应当缩短物料在第一个聚合釜中的停留时间，为达到此目的，第一个聚合釜的体积应小于其他聚合釜。

改变聚合釜的体积还可改变聚合速度和转化率。一般乳液法连续聚合单体最终转化率为50%～70%，例如丁苯橡胶生产中单体转化率为55%～65%；反应结束后要回收未反应单体。由于高转化率时聚合速度很慢，如果要求提高单体转化率就必须延长反应时间；如果要求转化率接近100%，最后一个聚合釜应当非常大。

反应釜串联的连续乳液聚合操作中，除第一个聚合釜进单体外，部分单体也可在其他反应釜进料。这种方式的优点是：

① 如果第一个反应釜的单体转化率较低，单体全部在第一个反应釜进料时，第一釜的部分体积是无效的。如果取出一部分单体在后面的聚合釜进行，可提高生产线的生产能力，并减少"结垢"。

② 可以控制共聚物的组成。

③ 提高产品的含固量。

除单体外，配方中其他组分的进料部位对乳液聚合也会产生影响。引发剂是电解质溶液，它能使乳液凝聚。为了防止产生凝聚作用，引发剂溶液浓度应尽可能低，其加料点应处于可发生快速混合的部位。乳化剂以水溶液形式进料时会引起局部成核，所以乳化剂送入聚合釜后应立即充分混合。链转移剂可以防止乳液聚合时产生支链，对于含有丁二烯单体的乳液聚合尤为重要，特别是在高转化率时。通常在后几个聚合釜中添加链转移剂，有利于防止产生支链聚合物。

4.5.4.2.2　聚合反应条件的影响与控制

（1）反应温度

反应温度不仅对聚合反应速率产生影响，还会对有些产品的性能产生重要影响。例如，氯乙烯聚合过程中向单体进行链转移是决定产品分子量范围的重要因素，而链转移速度又取决于温度，所以氯乙烯乳液聚合的反应温度决定了所得聚氯乙烯产品的分子量。工业上根据反应温度的不同，生产不同牌号的糊用聚氯乙烯树脂，反应温度的波动控制在±0.1℃范围内。

丁苯橡胶分子中含有可聚合的双键，如参与反应则生成支链或交链。当聚合温度增高、转化率提高后更容易发生这类反应，所以苯乙烯-丁二烯乳液聚合在5℃低温条件下进行。引发剂必须采用氧化-还原引发剂体系。低温聚合必须使用冷冻剂系统脱除反应热，工艺比较复杂。

乳液聚合法生产的丙烯酸酯类乳液均聚物、共聚物主要用作涂料、黏合剂、表面处理剂等，用途很广；聚合过程中对于反应温度无特殊要求，通常在回流温度下反应。接近聚合终点时，反应温度一般升到90～95℃，应尽可能减少未反应的单体量。

（2）反应压力

反应器内的压力取决于单体种类和反应温度。含有丁二烯和氯乙烯的反应物须在密闭系统内在压力条件下反应。

当反应物料中游离的单体相消失时，反应系统的压力会降低，胶乳粒子中聚合转化率提高后终止速度降低，聚合速度增加而使放出的热量增加，温度升高，应对反应温度控制及时做出调整。

（3）反应条件的控制

反应条件的控制包括以下两方面。

① 反应温度的控制　乳液聚合各产品对反应温度的要求不同，生产聚氯乙烯树脂时对温度的要求最为严格，反应温度波动应在±0.1℃范围内，严格控制反应温度是氯乙烯乳液

聚合生产的关键。生产聚氯乙烯树脂通常采用氧化-还原引发剂体系，氧化剂连续加入反应釜中，其加入速度根据聚合反应放出的热量由电脑进行控制。反应放出的热量由冷却水根据进出口温差和流量反馈给电脑后计算而得，计算结果及时用于调整加料速度。

冷法丁苯橡胶生产要求反应温度在 5～7℃ 之内，因此对反应釜的冷却效率要求很高，主要采用在聚合釜内部安装垂直管式液氨蒸发器，用液氨气化的办法进行冷却。

② 反应终点的控制　工业上主要通过控制单体转化率来控制反应终点。氯乙烯乳液聚合要求转化率达到 85%～90%，聚合釜内游离氯乙烯消失时转化率已超过 70%，可根据压力下降情况确定反应停止时间。

早期测定丁苯橡胶和丙烯酸酯转化率的方法是用反应胶乳的试样经凝聚、干燥、称量而计算转化率。这种方法手续复杂，需要一定的时间才能得出结果，但结果较为准确。新的方式是利用胶乳密度随转化率上升而增加的性质，用安装在生产线上的 X 射线密度计来快速测定转化率。此法适合用于大规模连续乳液聚合生产线。丁苯橡胶生产中，单体转化率达到 60%±2% 时停止反应，以避免产生支化和交联。丙烯酸酯类的乳液聚合则要求转化率达到 95% 以上。

4.5.4.3　后处理

（1）脱除未反应单体

乳液聚合过程结束后，首先要回收未反应的单体，通常分为下面两种情况。

① 高转化率条件下少量单体的脱除　通常在聚合釜中脱除未反应的少量单体。对于常温下为气体的单体如氯乙烯，减压至常压即可脱除单体。

对于沸点较高的单体如丙烯酸酯类则采用以下方法脱除单体：

a. 在加热乳液的同时吹入热空气或氮气以驱除残存单体；

b. 聚合反应结束前补加少量引发剂使聚合完全；添加可与丙烯酸酯单体反应的物质，如肼的水溶液等。

② 转化率为 60% 左右的未反应单体的脱除　丁苯橡胶生产过程中单体聚合转化率仅为 60% 左右，胶乳中含有较多的丁二烯和苯乙烯，处理过程比较复杂，需在专用设备中进行。首先将加热至 40℃ 的胶乳送入卧式压力闪蒸槽，将压力从 0.25MPa 降为 0.02MPa 后，蒸出丁二烯回收使用；然后将胶乳送入操作压力为 26.6kPa 的真空闪蒸槽，再次脱除残存的丁二烯进行回收使用。脱除了丁二烯的胶乳送往脱苯乙烯塔，用水蒸气带出苯乙烯，塔底流出的胶乳中苯乙烯含量少于 0.1%。由于胶乳中含有乳化剂，在加热脱除单体时产生的水蒸气和单体气体都可能产生大量泡沫而造成液泛，胶乳粒子也可能凝聚成团或黏附在器壁上；应控制单体气化蒸发的速度以防止产生泡沫、增加泡沫捕集装置、必要时加消泡剂如硅油和聚乙二醇等以减少泡沫的产生。

（2）后处理

脱除了单体的聚合物胶乳根据用途的不同，大致可分为三种处理方法：

① 用作涂料、黏合剂、表面处理剂等的胶乳通常不进行后处理，必要时浓缩或稀释至商品要求的含固量即可。

② 采用喷雾干燥的方式生产高分散粉状合成树脂的胶乳　产品胶乳从储槽中连续送入喷雾干燥塔进行干燥。喷雾干燥塔为大型中空容器，过滤后的热空气从顶部进入干燥塔，雾化的胶乳与热空气接触后立即干燥为粒径为 50μm 左右的粉状颗粒，粉状颗粒经过袋式捕集器收集后即为成品，尾气则排空。喷雾干燥塔的关键部件是雾化器，分为喷嘴式和高速离心式两种结构。喷嘴式雾化器是在干燥塔上部沿周边安装若干个喷嘴，胶乳液经喷嘴喷出后被压缩空气雾化；高速离心式雾化器是在干燥塔顶中心位置安装一个高速离心雾化圆盘，胶乳液经中心管流经圆盘的分配管被高速离心雾化，离心圆盘转速在 17000r/min 以上，所以雾化效果良好。喷嘴式雾化器需要大功率压缩机供应压缩空气，能耗高于高速离心式，喷嘴

易堵塞，所以已被渐渐淘汰。

③ 用凝聚法进行后处理　破乳凝聚法是从聚合物胶乳中分离聚合物的最简便方法，得到的聚合物还可进行清洗以去除大部分乳化剂，纯度高于喷雾干燥所得的产品，但不能得到高分散性产品，仅可得到粗粒或胶块（合成橡胶）产品。

丁苯橡胶胶乳就是通过凝聚法分离丁苯橡胶的，其处理方法是首先向胶乳中加入电解质食盐溶液，使胶乳粒子凝聚增大，此时胶乳变成浓厚的浆状物；然后加稀硫酸，使阴离子乳化剂钠盐转变为酸，游离析出而失去乳化作用。在搅拌下，增大的胶乳粒子聚集为多孔性颗粒，与清浆分离后，用水洗去可溶性杂质，经干燥脱除吸附的水分，得到产品。

4.5.5　种子乳液聚合、核-壳乳液聚合与反相乳液聚合

4.5.5.1　种子乳液聚合

一般乳液聚合得到的聚合物微粒粒径在 $0.2\mu m$ 以下，改变乳化剂种类、用量或改变工艺条件可使微粒粒径有所增加，但无法使微粒粒径超过 $1\mu m$ 或接近 $1\mu m$。为了提高聚合物粒径，发展了种子乳液聚合的方法。种子乳液聚合是使单体在已生成的高聚物胶乳微粒上进行聚合，而不再生成新的微粒的聚合过程。种子乳液聚合仅增大原来微粒的体积，而不增加反应体系中微粒的数目，原来的微粒好像种子一样，因此称作"种子乳液聚合法"，此法主要用于聚氯乙烯糊用树脂的生产。

理想状态下，如果种子乳液聚合过程中无新生粒子产生，则质量增长比为：

$$(X+\alpha)/\alpha$$

式中　α——种子胶乳中所含固体质量，g；

　　　X——聚合加入的单体质量，g。

假设种子胶乳粒子的粒径为 d_1，增加 X 质量以后的粒子直径为 d，则两种粒子体积增长比为 $(d/d_1)^3$，因此

$$(d/d_1)^3=(X+\alpha)/\alpha$$

$$d=d_1\left[(X+\alpha)/\alpha\right]^{\frac{1}{3}}$$

如果胶乳种子用量为单体量的 3%，则：

$$d=d_1\sqrt[3]{\left(\frac{103}{3}\right)}$$

$$d=3.25d_1$$

即种子用量为单体量的 3% 时，粒径增长不可能超过 3.25 倍。

4.5.5.2　核-壳乳液聚合

两种单体进行共聚合时，一种单体可先进行乳液聚合，然后加入第二种单体再次进行乳液聚合，前一种单体聚合形成胶乳粒子的核心，好似种子，后一种单体则形成胶乳粒子的外壳，这就是核-壳乳液聚合。核-壳乳液聚合类似于种子乳液聚合，不同的是种子乳液聚合的产品是均聚物，目的在于增大微粒粒径，所以种子的用量很少；核-壳乳液聚合目的在于合成具有适当性能的共聚物，核、壳两种组分的用量相差不大甚至相等，核-壳共聚物可直接用作涂料和黏合剂。

根据用途和成膜后性质的要求，可以调整核、壳两部分聚合物的化学组成、玻璃化温度和分子量。作为核心的胶乳合成以后，加入第二种单体进行乳液聚合的方法有三种方式。

① 间歇操作，第二种单体一次加入后立即反应。

② 第二种单体加入后，经过一段时间使第二种单体浸泡胶乳微粒达到平衡后，再进行间歇操作使第二种单体进行聚合。

③ 第二种单体连续加于聚合釜中进行半连续聚合。

制定配方是反应的关键，选择聚合条件等参数时要防止第二种单体生成新的粒子。两种单体可获得核-壳结构共聚物胶乳、一般共聚物胶乳、两种胶乳的共混胶乳三种不同性质的胶乳。用作涂料时，核-壳结构胶乳的成膜温度最低，漆膜的冲击强度和弹性最好，特别是当硬单体如丙烯酸甲酯为核，软单体丙烯酸丁酯为壳所得的胶乳。

4.5.5.3 反相乳液聚合

可溶于水的单体水溶液，在油溶性表面活性剂作用下与有机相形成油包水型乳状液，再经油溶性引发剂或水溶性引发剂引发聚合形成油包水（水/油）型聚合物胶乳的反应称之为"反相乳液聚合"。

采用反相乳液聚合有两个目的：一是利用乳液聚合反应的特点，以较高的聚合速度生产高分子量水溶性聚合物，其次是利用胶乳微粒小的特点，使反相胶乳生产的含水聚合物微粒迅速溶于水中制取聚合物水溶液。反相乳液聚合物主要用于各种水溶性聚合物的工业生产，其中以聚丙烯酰胺的生产最重要。

反相乳液聚合所用的表面活性剂主要是 HLB 值为 4～6 的水/油表面活性剂，如硬脂酸单山梨醇酯、油酸单山梨醇酯、聚乙二醇-聚丙二醇-二元胺加成物等；所用有机相为高沸点脂肪烃和芳烃如甲苯、二甲苯等，应当不含有可发生阻聚作用或链转移反应的杂质；所用油溶性引发剂为过氧化二苯甲酰、过氧化二月桂酰以及偶氮引发剂等，水溶性引发剂为过硫酸钾、过硫酸铵等，有时同时采用油溶性引发剂和水溶性引发剂。

单体水溶液相和有机相体积比可接近 1:1。乳化剂用量以油相为基准占 2.5%～12.5%。在聚丙烯酰胺生产配方中水相有时需加入螯合剂 EDTA，因为单体丙烯酰胺在生产中所用的铜催化剂可能产生阻聚作用，EDTA 的作用在于和铜离子螯合以消除其影响。必要时水相中须加缓冲剂。

反相乳液聚合过程成核位置的研究表明，胶束中成核与单体液滴中成核两种情况同时发生。丙烯酰胺反相乳液聚合所用水溶液浓度通常为 40% 左右，可以生产分子量超过 1000 万的高分子量产品。因为存在多相乳液液滴（油/水/油），反相乳液聚合动力学关系较为复杂。凝胶效应使产品分子量与乳化剂浓度成反比，产品分子量对引发剂和盐的浓度也很灵敏。

4.5.6 细乳液聚合与微乳液聚合

4.5.6.1 细乳液聚合 (miniemulsion polymerization)

细乳液聚合与传统乳液聚合最主要的差别在于单体直接进行聚合而不需要自单体液滴中经水相扩散至胶束中进行聚合，因此不溶于水的单体也可进行细乳液聚合，聚合后所得的乳液中聚合物固体微粒平均直径约为 0.01～0.5μm。

4.5.6.1.1 生产工艺

（1）配方

细乳液聚合所需物料为单体、乳化剂、助稳定剂（又称助乳化剂）、水、引发剂等。

单体应具憎水性，即不溶于水，如果单体可溶于水则应采用反细乳液聚合法生产。

乳化剂可与传统乳液聚合法相同，主要采用阴离子表面活性剂，如十二烷基硫酸钠等。原子交换活性自由基细乳液聚合时不能使用阴离子表面活性剂，应采用非离子表面活性剂。乳化剂的用量应低于临界胶束浓度，即在细乳液聚合过程中不存在胶束。

助稳定剂在单体中的溶解度要高，在水中的溶解性要低，分子量要低。助稳定剂主要是长链脂肪醇或脂肪烃，如十六烷醇或十六烷烃等。这些化合物具有亲油憎水的性质，经过细乳化处理后，乳化剂与助稳定剂都吸附在单体微滴表面。乳化剂的作用是阻止微滴或微粒相互凝结，而助稳定剂的主要作用是防止 Ostwald 熟化作用，即防止憎水单体分子或更小的微滴由水相进入较大微滴或微粒的倾向。助稳定剂分子量低，其分子数目与单体数目之比在单体液滴中较高，有助于防止单体的扩散。此外，助稳定剂种类较多，包括聚合物、单体以及链转移剂等。

引发剂主要用水溶性引发剂，与一般乳液聚合法相同；也可用油溶性引发剂，如过氧化二（十二）酰、过氧化二苯甲酰、偶氮异丁腈等。

（2）细乳化过程

聚合以前要经过预乳化、乳化和细乳化三个处理过程。

加料方式关系到乳化剂与助稳定剂之间的作用。用十六醇为助稳定剂时，首先将乳化剂分散于去离子水中并使其乳化，然后加入助稳定剂，最后加入单体进行细乳化处理。这种加料方式有利于乳化剂与助稳定剂形成有序结构。十六醇是极性分子，乳化剂与助稳定剂形成的有序结构存在于单体液滴表面，防止了液滴之间的凝结。

引发剂可为水溶性或油溶性。工业上细乳化处理采用高速均化装置，在乳化剂与助稳定剂存在下，将液状单体粉碎至 $0.01\sim0.5\mu m$，在细乳化状态下加热至引发剂分解温度，开始聚合反应。细乳液聚合后生成的固体微粒粒径与聚合前单体微珠的粒径几乎无差别，传统乳液聚合由于成核机理不同而导致聚合前后微粒粒径的不同。

（3）聚合机理

细乳液聚合配方中乳化剂的用量应当低于形成胶束所需的最低用量，也就是说细乳液聚合体系中不存在胶束，所以其聚合机理不同于传统的乳液聚合过程。此外，细乳液聚合体系中，单体液滴粒径＜$0.5\mu m$，表面积较大，数目庞大，还加有以长链脂肪醇为主的助稳定剂，不论使用水溶性引发剂还是油溶性引发剂生成的链引发自由基，都进入单体微滴内，即使存在极少量胶束，也可忽略不计。细乳液聚合后生成的固体微粒粒径，与聚合前单体微珠的粒径几乎没有差别（见图4-14）。有些情况下，不是所有单体微滴都转变为聚合物微粒，仅一部分（＜20%）单体被引发聚合。

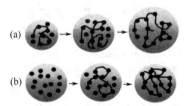

图4-14 传统乳液聚合与
细乳液聚合初期与结束时
所得微粒粒径变化
（a）传统乳液聚合；（b）细乳液聚合

细乳液聚合配方中助稳定剂的作用十分重要，它起了阻止发生 Ostwald 熟化的作用。助稳定剂必须在高剪切力作用下形成的细乳液体系中发挥作用。选用脂肪醇为助稳定剂时，乳化剂与助稳定剂的分子数目之比以 1:3 最为恰当，此时可在微粒表面形成有序的结构，羟基在外层有利于微粒的稳定；如果用长链脂肪烃为助稳定剂，其用量分子比与脂肪醇相同，在微粒外层形成了富有弹性的膜而使其稳定。

细乳液聚合机理不同于传统乳液聚合，有些不能用传统乳液聚合的单体可以用细乳液聚合制取其水胶乳液，例如具有强憎水性的单体甲基丙烯酸十二醇酯就是一个很好的例子。

细乳液聚合所得聚合物细乳液热力学不稳定，稳定时间仅以小时和天（24h）计。

4.5.6.1.2　细乳液聚合技术的用途与展望

（1）用途

细乳液聚合技术是高分子科学领域新兴技术之一，有的项目已得到实际应用，其发展和应用正得到人们越来越多的重视，近年来发表的有关论文与专利很多。

① 细乳液聚合技术可制取接枝共聚物或聚合物杂化胶乳　将已合成的聚合物或低聚物 A 溶解于单体 B 中进行细乳液聚合反应，反应结束后，得到接枝共聚物 A-B 胶乳或两种聚合物的杂化胶乳。由于聚合物单体溶液黏度高，应当施强力使其保持分散；聚合物有助稳定剂的作用，可减少甚至不加助稳定剂。采用传统乳液聚合法进行接枝反应时，溶于单体 B 液滴中的聚合物 A 分子不能够通过水相扩散进入胶束中发生接枝反应，所以传统乳液聚合法不能得到接枝共聚物。

用作涂料的油性醇酸树脂、聚氨酯树脂等可以形成光亮坚硬的漆膜，受到消费者的欢迎，但使用时必须用有机溶剂制成溶液后涂布，因此对环境造成了污染。将这些聚合物溶于丙烯酸酯或甲基丙烯酸甲酯中进行细乳液接枝聚合，可制得分散于水中的接枝共聚物细胶乳，使用时消除了有机溶剂带来的危害。

② 将聚合物制成人工细乳液　将已合成的聚合物溶解于适当溶剂中制成分散于水中的细乳液，然后将溶剂蒸发脱除，得到聚合物的细乳液胶乳以用作涂料、黏合剂等。此方法的优点是适用于所有不溶于水而溶于有机溶剂的聚合物；同时也适用于聚合过程中不可接触水或不可用水作为反应介质的产品。离子聚合、配位聚合、缩合聚合等产品都可经上述过程制得分散于水中的细乳液聚合物胶乳。许多聚合物细乳液胶乳已实现商品化生产。

③ 制造纳米级胶囊材料　将纳米级无机或有机粒子分散于适当单体中进行细乳液聚合，聚合结束后即可获得纳米级聚合物包埋微粒形成的胶乳，相似于聚合物胶囊包埋无机或有机微粒，此方法可用来生产纳米级材料。传统乳液聚合法无法达到此目的，因为单体分子在聚合过程中通过水相进入胶束中发生聚合反应，分散在单体液滴中的纳米级微粒不可能穿越水相进入胶束中。

（2）展望

细乳液聚合的独特之处使其近年来得到越来越多的重视，研究的重点主要在活性自由基聚合、离子聚合与缩合聚合方面的应用。细乳液聚合技术在制造聚合物 A-聚合物 B 杂化材料、聚合物-无机物杂化材料、纳米级催化剂、纳米级半导体微球、纳米级分子印迹用微球等多方面有着广阔前途。

4.5.6.2　微乳液聚合

微乳液是一种透明的液体，其物料体系至少含有油、水和乳化剂三种成分。为了获得热力学稳定的微乳液，体系中还要加有助乳化剂。由液态单体、水和乳化剂组成的透明微乳液聚合后得到的聚合物、水和乳化剂形成的微胶乳，仍是透明液体状，此过程称为微乳液聚合（microemulsion polymerization）过程。传统的乳液和细乳液外观为乳白色的非均相体系；而微乳液为外观透明的均相体系。传统乳液聚合法所用乳化剂量约为单体量的 $1\%\sim5\%$；而微乳液聚合法所用乳化剂量则高达 $15\%\sim30\%$，微乳液体系中存在的微粒直径小于可见光波长，所以外观为透明体。

由液态单体、水和乳化剂组成的透明微乳液，单体含量通常小于 10%（以乳液总质量为基准），以液态微球状存在于水相中，微液球直径约为 $5\sim10nm$，其数目约为 $10^{15}\sim10^{17}$ 个/mL，单体聚合后形成的固体微球直径多数小于 $50nm$。

（1）聚合机理

油溶性单体微乳液聚合油/水体系中，油溶性引发剂存在于单体微液球中，引发剂分解生成的自由基直接引发周围的单体发生连锁聚合反应；水溶性引发剂存在于水相中，分解产生的初始引发剂很容易被数目众多、总表面积巨大的单体微液球所捕获，因此聚合反应同样发生在单体微球中。聚合前微液球的数目大于引发剂分解生成的原始自由基数目，即有一部分微液球不会产生聚合物，随后这些微球中的单体分子逐渐经水相扩散入发生聚合的微球中参与聚合反应，微液球还可能因碰撞而凝结，所以最后生成的聚合物微胶乳（Microlatex）粒较大。微乳液聚合过程中成核与增长都发生在单体微液球中，传统的乳液聚合则发生在增溶胶束中。

水溶性单体进行微乳液聚合时，应采用水/油体系，体系同样为透明微乳液。微液球直径约为 $5\sim10nm$，单体聚合后形成的固体微球直径约为 $20\sim40nm$。

平均每个原始自由基仅可能存在于一个单体微液球中，所以所得聚合物的分子量较高。反相微乳液聚合的机理与正相微乳液聚合相同。采用反相微乳液聚合法聚合丙烯酰胺、丙烯酸、甲基丙烯酸羟乙基酯等水溶性单体，可以得到高分子量产品。

非离子表面活性剂混合物制成的高 HLB 值（$8\sim11$）乳化剂用于水溶性单体丙烯酰胺与丙烯酸钠的反相微乳液共聚时，有利于形成双连续相微乳液和微胶乳体系，此情况下水相与油相各为连续相而相互纠结，此方法可以得到高分子量、较大粒径（$d<100nm$）和高含固量（约30%）的微胶乳，双连续相微乳液和微胶乳体系仍然是透明液体。

（2）用途与展望

微乳液非连续相液滴粒径$<10nm$，如果利用它为微反应器，即可获得纳米级材料，特别适用于水/油反相微乳液体系。许多无机化合物的合成反应发生于水相中，用双连续相微乳液技术有可能获得纳米级膜材料，因此微乳液与微乳液聚合技术的用途得到人们的重视与发展。

在反相微乳液中合成无机纳米级颗粒的步骤如下。

① 将反应试剂A、B分别溶于水中，制成反相微乳液。然后将两种微乳液混合，由于液滴碰撞，A、B合并于同一液滴中而发生化学反应，生成沉淀或结晶。由于反应产物存在于微乳液液滴中，所以它的大小为纳米级。

② 反相微乳液液滴中，仅含有一种反应试剂，但在光线作用或受热时发生化学反应而转变为沉淀或结晶。

③ 反相微乳液液滴中，含有一种反应试剂，它可被气体氧化、还原或产生盐类化合物而转变为沉淀或结晶。将反应气体通入溶有无机物的反相微乳液体系中，即可获得相应的沉淀或结晶。

微乳液技术制造的纳米级微粒和膜材料可用作高端材料，如催化剂、半导体、超导体、磁性材料、超滤材料、燃料电池、医药等，具有重大的应用前景。但由于乳化剂用量大并且难以脱除，不适于制备普通用途的材料。

（3）制取聚合物包埋的纳米级材料

首先制造分别含有两种化合物和单体的两种水/油反相微乳液，然后进行混合使之发生化学反应。在生成纳米级微粒的同时，单体就地聚合制得聚合物包埋的纳米级微粒。例如，粒径为10～20nm的聚苯胺/$BaSO_4$纳米复合材料的制备，就是由溶有$BaCl_2$和苯胺微乳液水相与另一种溶有$K_2S_2O_8$和H_2SO_4微乳液水相混合使其反应，水相微粒中生成纳米级$BaSO_4$沉淀，同时苯胺在过硫酸钾作用下生成聚苯胺，得到的粒径为10～20nm的聚苯胺/$BaSO_4$纳米复合材料，其电导率由0.017S/cm上升至5S/cm，提高了近30倍。采用类似的方法，还可较方便地合成聚合物/无机物纳米复合材料，因此具有广阔的应用前景。传统乳液聚合、细乳液聚合、微乳液聚合的性能与比较见表4-18。

表4-18　传统乳液聚合、细乳液聚合、微乳液聚合的重要性能与比较

乳液聚合类型	传统乳液聚合	细乳液聚合	微乳液聚合
液滴粒径范围	$>1000nm$	50～500nm	10～100nm
稳定期限	数秒至数小时	数小时至数月	无限期
扩散稳定性	动力学	动力学	热力学
成核机理	胶束中，均相	液滴中	液滴中
乳化剂浓度	中等	中等	高
助稳定剂	无	十六烷烃，十六烷醇	己醇，戊醇
均化方法	无	机械法或超声波	无
聚合物微粒粒径范围	50～500nm	50～500nm	10～100nm
每升水中固体微粒数目	10^{16}～10^{19}	10^{16}～10^{19}	10^{18}～10^{21}

4.6　分散聚合

分散聚合（Dispersion Polymerization）是另一种生产固体微粒的非均相聚合方法。与传统乳液聚合不同之处在于单体、引发剂和有空间位阻作用的分散剂都溶解于连续相中，聚合生成的聚合物不溶而呈微粒状沉淀析出，形成被有空间位阻作用的分散剂包围的稳定微

粒。分散聚合可制取微米级微粒，特别是单分散性微粒；即粒径非常均一、分散度趋于 1 的微粒；可作为仪表校正标准物、色谱吸收柱填料等用于生物医学和生物化学分析等。

4.6.1 分散聚合配方

（1）单体

单体主要是各种乙烯基单体，合成的大单体等。

（2）连续相

连续相主要由水和醇的水溶液、醇类、烃类溶剂等组成。单体应溶于连续相中而聚合物则不溶。与悬浮聚合和乳液聚合不同的是连续相中除溶解的单体、引发剂之外，仅有少量有空间位阻作用的聚合物分散剂，无其他分散剂和表面活性剂。

（3）分散剂

分散剂主要为能够附着于微粒表面而发生空间位阻作用的聚合物，例如聚乙烯吡咯烷酮、聚丙烯酸等，它们应当溶解于连续相中，并根据单体性质与微粒的用途进行选择。常用的分散剂有线型或嵌段聚合物、具有反应活性的聚合物、具有反应活性的大单体或单体等；分散剂必须经过就地聚合、接枝共聚或其他途径生成具有空间位阻作用的聚合物。

（4）引发剂

根据单体与连续相的性质，选择水溶性引发剂或油溶性引发剂。

4.6.2 聚合过程

分散聚合过程大致经过以下步骤：

① 聚合反应发生以前，反应物料全部完全溶解于连续相中。

② 加热反应物料使引发剂分解产生自由基，引发单体使之发生聚合反应。初期生成线型聚合物或接枝共聚物，由于分子量低，通常可溶于连续相中；随着分子量增高，达到临界值后，沉淀析出并开始凝结形成不稳定的颗粒。

③ 随后形成的微小颗粒由于相互碰撞而凝集为更大的粒子，直至吸附了已存在的空间位阻聚合物而形成稳定的粒子为止。

④ 当所有粒子都有足够使之稳定的空间位阻的聚合物时，它们被吸附在粒子表面，形成了稳定的胶体体系，此时达到了一个临界点。

⑤ 超过上述临界点以后不再产生新粒子，已存在的粒子通过两种途径进行增大，一是捕捉新生成的低聚物；二是与已存在的非常微小的粒子合并，直至单体全部参与聚合反应而消失为止。聚合过程中胶体颗粒总数是不变，颗粒尺寸随产生聚合物重量的增加而变大。

根据上述分散聚合过程可知，产生的聚合物微粒表面覆盖了一层产生有空间位阻作用的聚合物，其形象如微粒表面长了一层"头发"，阻止了微粒凝聚；超过临界点以后，产生的微粒数目不再变化，如果单体转化率继续提高，仅是增大微粒粒径，所以分散聚合容易得到单分散性微粒，其粒径范围通常为 $0.1 \sim 15 \mu m$，介于乳液聚合与微悬浮聚合所得微粒粒径之间，而其单一性则为其他聚合方法所不及。

4.6.3 分散聚合用途

分散聚合主要用来制取单一性、粒径在 $0.1 \sim 15 \mu m$ 范围的聚合物微粒，根据单体性质和分散剂的不同可以合成各种用途的微粒。

① 用线型或嵌段共聚物作分散剂可以合成功能性微粒、杂化微粒与交联结构的微粒。合成功能性微粒应当使用具有功能性基团的单体，例如甲基丙烯酸羟乙酯等；合成两种聚合物杂化微粒时则应当加入相应数量的两种单体。

② 用连续相溶剂为己烷、聚苯乙烯-丁二烯嵌段共聚物为分散剂，经活性阴离子聚合反应进行分散聚合过程可以获得粒径单一而且分子量分布狭窄的微粒；如果利用活性自由基聚合反应进行分散聚合则可用醇/水溶液作为连续相。

③ 利用非乙烯基单体如苯胺或苯酚等作为单体进行分散聚合以合成其他聚合方法不能制备的微球。

④ 用具有反应活性的大单体或可以参加聚合反应的引发剂、表面活性剂作分散剂，使它们与单体共聚生成有空间位阻的聚合物，制得具有反应活性或功能性的微球。

4.7　可控/活性自由基聚合反应

4.7.1　基本原理

M. Szwarc 发现的活性阴离子聚合反应不仅对高分子化学理论做出了重大贡献，而且对高聚物工业也产生了重要推动作用，尤其是对热塑性橡胶 SBS 等的生产起了关键性指导作用。

市场供应的高聚物多数依赖自由基聚合反应机理生产。但自由基聚合反应存在链转移反应、容易产生两个自由基之间的偶合终止或歧化终止反应、产品分子量分布宽、会存在支链、大分子结构和准确的分子量难以控制等缺点。人们希望自由基聚合反应能与阴离子聚合反应一样具有活性而且可控。

活性自由基聚合反应应具备的理想条件是：

① 聚合引发反应极为迅速，而且各活性种几乎同时生成；

② 增长链自由基不发生链转移反应；

③ 增长链自由基不发生双基终止反应。

事实上自由基不可能达到上述状态，如果能设法接近上述状态，基本上可达到可控/活性自由基聚合反应（Controlled/living radical polymerization）目的。

目前，较为成功的实现活性自由基聚合反应的途径有四种：

① 稳定自由基控制聚合反应（stable free radical polymerization，SFRP）；

② 原子转移自由基聚合反应（atom transfer radical polymerization，ATRP）；

③ 可逆加成-裂解-链转移聚合反应（reversible addition and fragmentation chain transfer polymerization，RAFT）；

④ 退化交换过程（degenerative transfer process，DT）。

以稳定自由基控制聚合反应为例，若聚合反应体系中加入一种化合物 X 能与增长链活性自由基迅速结合，使之处于可逆的"休眠"状态，不能与单体反应，但不是链终止反应，此过程称为减活或脱活（deactive）。该过程生成了"休眠种"，它可受热、光或催化剂等的作用而活化，活化后解离出来的增长链可继续与单体加成聚合，活化后产生的 X· 自由基不会自己结合而终止，而是捕捉增长链自由基继续生成"休眠种"。减活反应速率（K_{deact}）远大于活化反应速率（K_{act}）时，在活性种浓度很低的情况下，聚合物的分子量不决定于 [M·]，而取决于"休眠种"（〜〜〜P_n—X）的浓度。X-化合物产生了使自由基稳定的作用，发挥了"持续自由基效应"（persistent radical effect，PRE），所以本途径的关键是寻找 X-化合物，已发现氧化氮类化合物和卟啉等具有此性能。

"休眠种"在适当条件下，如受热、光线催化剂等作用会活化，产生可进一步聚合的自由基，反应见图 4-15。

"休眠种"还可发生"可逆链交换反应"，又称为"退化交换过程"（degenerative exchange process），反应见图 4-16。

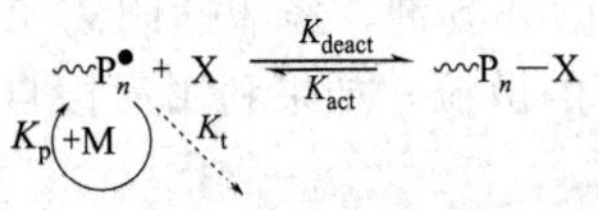

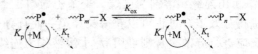

图 4-15 "休眠种"产生自由基的反应   图 4-16 "休眠种"的退化交换过程

稳定自由基聚合反应（SFRP）和原子转移自由基聚合反应（ATRP）的机理如图 4-18 所示；可逆加成-裂解-链转移聚合反应（RAFT）与退化交换过程（DT）的反应机理如图 4-19 所示。

4.7.2 一般自由基聚合反应与可控/活性自由基聚合反应的比较

一般自由基聚合与可控/活性自由基聚合同是自由基反应机理，具有同样的化学选择性和空间选择性，发生聚合反应的单体也是相同的，但是两种反应有明显的差别：

① 一般自由基聚合的增长链活性期不超过 1s，而可控/活性自由基聚合反应的增长链由于可形成休眠种，活性可逆，它的活性期可超过 1h。

② 一般自由基聚合的引发剂分解速度很慢，聚合反应结束时引发剂还未耗尽；多数可控/活性自由基聚合反应体系（SFRP，ATRP）的引发速度很快，所有增长链差不多同时增长，因此有可能控制链段的结构。

③ 一般自由基聚合生成的增长链几乎全部立即终止而消失，可控/活性自由基聚合反应生成的增长链只有少于 10% 的消失率。

④ 可控/活性自由基聚合反应的聚合速度通常较慢，但生产较低分子量产物时与一般自由基聚合反应速度相当。

⑤ 一般自由基聚合自由基浓度处于静态时，链引发速率与链终止速率是相同的，而可控/活性自由基聚合反应体系只有减活速率与活化速率处于平衡时，自由基浓度才处于静态。

⑥ 一般自由基聚合链终止反应生成了长链聚合物，可控/活性自由基聚合反应的机理为持续自由基效应时（SFRP 与 ATRP），早期生成的增长链较短，逐渐增长；随时间的延长，链终止速率明显降低。在退化交换过程（DT）中，加入少量一般引发剂即可不断地产生新活性链，所以链终止反应可能始终存在。

4.7.3 可控/活性自由基聚合反应

4.7.3.1 SFRP 反应

用过氧化二苯甲酰（BPO）为引发剂，进行苯乙烯活性自由基聚合（见图 4-17）时，加入适量氧氮化合物 2,2,6,6-四甲基-1-哌啶-N-氧（TEMPO），在 120℃下反应，可以得到分子量分散度低于 1.3 的聚苯乙烯，反应历程如下所述。

首先，TEMPO 将 BPO 的分解活化能由 120kcal/mol 降为 40kcal/mol，使 BPO 易于分解为自由基引发苯乙烯发生聚合反应。产生的增长链自由基与 TEMPO 自由基结合生成休眠种，设 K_d 为休眠种的解离常数；K_c 为增长链自由基与 TEMPO 自由基结合的反应常数，则下列反应的 $K_{eq}=K_d/K_c$。在 120℃时，其数值约为 1.5×10^{-11} M，所以 SFRP 的平衡常

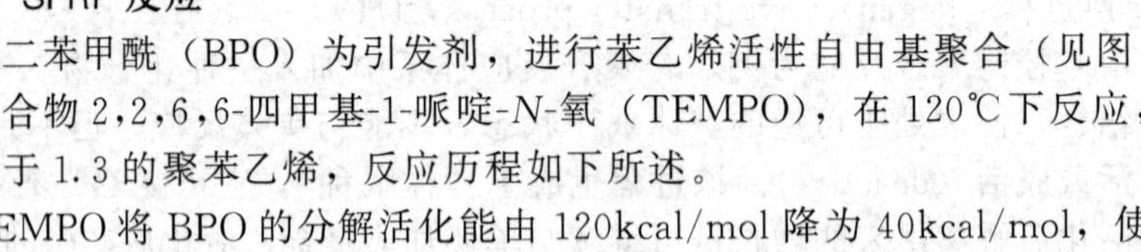

图 4-17 苯乙烯活性自由基聚合（R 为苯基）

数 K_{eq} 非常小。

当 TEMPO 过量时，反应平衡向形成休眠种方向移动，聚合速度显著降低。休眠种的链长相近，可以控制分子量分散度。在可控/活性自由基聚合反应过程中，休眠种的活性期较解离后恢复活性的增长链活性期长约一千倍，进一步发生其他反应的机会增加，可扩链，形成星型、多臂型等聚合物，以及合成一定组成结构的共聚物等。

当 TEMPO 用量很少时，氮氧化合物可能被杂质或自由基破坏，苯乙烯单体由于温度提高而热引发自聚，无法进行多数可控/活性自由基聚合反应。

TEMPO 对于苯乙烯的可控/活性自由基聚合有较好的效果，但对其他单体效果则不理想，因此必须合成或寻找其他氮氧化物取代 TEMPO。目前已知有许多化合物可取代 TEMPO，重要的有下列三种：

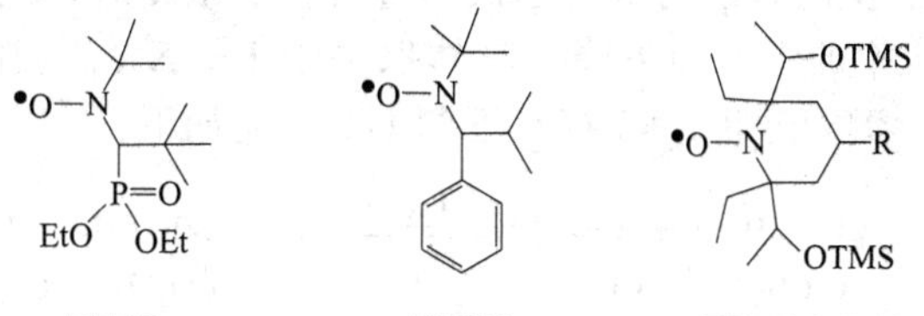

| DEPN | TIPNO | TEMPO-TMS |

4.7.3.2　ATRP 反应

目前可控/活性自由基聚合反应中应用最广泛的反应是 ATRP。ATRP 的原料包括过渡金属化合物（M）；作为催化剂的配位体（L）；作为引发剂的卤烷以及可聚合的单体。反应历程见图 4-18。

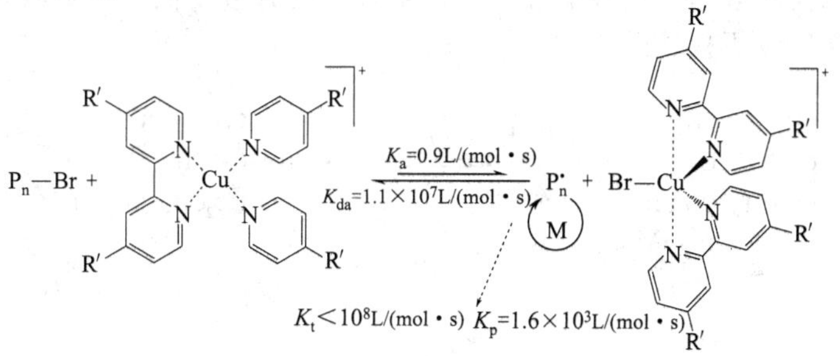

图 4-18　原子转移自由基聚合反应

为了便于了解以上反应过程，卤烷用 α-溴-α-甲基丙酸乙酯；M 用 Cu；配位体用 L 代表；反应可简化为下式：

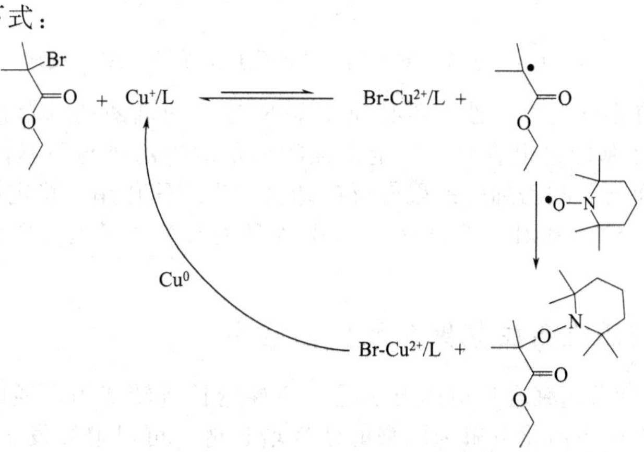

C—Br 键在 Cu^+/L 作用下，均相裂解生成自由基，Cu^+ 被氧化为 Cu^{2+}；产生的 α-甲基丙酸乙酯自由基作为引发剂引发不饱和单体进行自由基聚合，但立即被已存在的 TEMPO

自由基捕获，生成"休眠种"，以后的反应与 SFRP 相同。此反应由于 Br 原子转移而产生引发剂，所以称为"原子转移自由基聚合反应"（ATRP）。

4.7.3.3　退化转移过程（DT Processes）

此过程使用一般自由基聚合的引发剂，如过氧化物和偶氮化合物等，但还加有链转移剂（RX）。X 在所有增长链中与一原子或基团进行交换，与 SFRP 和 ATRP 不同的是它不依赖"持续自由基效应"（PRE），而是依赖热力学、中性的交换反应。休眠种经过双分子转移，自由基在数分钟内发生退化交换反应，所以，交换速率（K_{exch}）远大于链增长速率（$K_{exch} > K_p$）。在任何情况下，休眠种的浓度远大于活性增长链（$P_n\cdot$）的浓度，发生交换反应的可以是原子或基团，如 I、R-Te、R_2-Sb 等。

当链转移很快，而引发剂分解的浓度远低于链转移剂浓度时，此聚合反应即为可控。其分散度（M/M_n）随转化率的上升而下降，具体取决于 K_p/K_{exch} 的比值（链增长速率常数/链交换速率常数）。聚丙烯酸甲酯在 RI 存在下的 DT 反应如下：

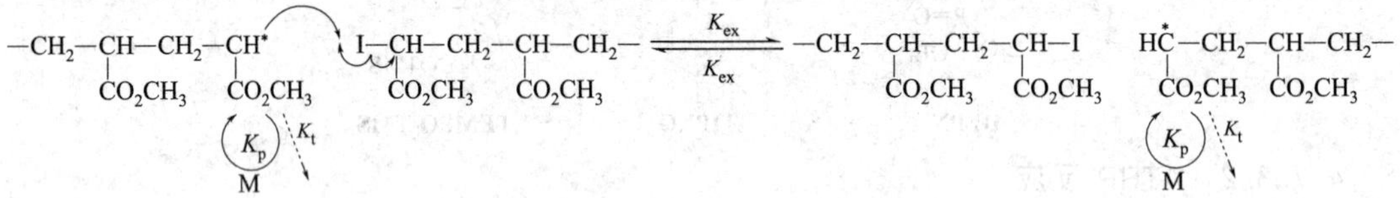

$$-CH_2-CH-CH_2-CH^\cdot \quad I-CH-CH_2-CH-CH_2- \underset{K_{ex}}{\overset{K_{ex}}{\rightleftharpoons}} -CH_2-CH-CH_2-CH-I \quad H\overset{\cdot}{C}-CH_2-CH-CH_2-$$

4.7.3.4　可逆加成-裂解-链转移聚合反应（RAFT）

此反应是 DT 反应的一种类型，其特别之处在于所用链转移剂是二硫代羧酸酯、二硫代氨基甲酸酯、三硫代碳酸酯、黄酸酯等，所得聚合物的分散度低。甲基丙烯酸甲酯聚合过程中与二硫代羧酸酯反应历程见图 4-19。

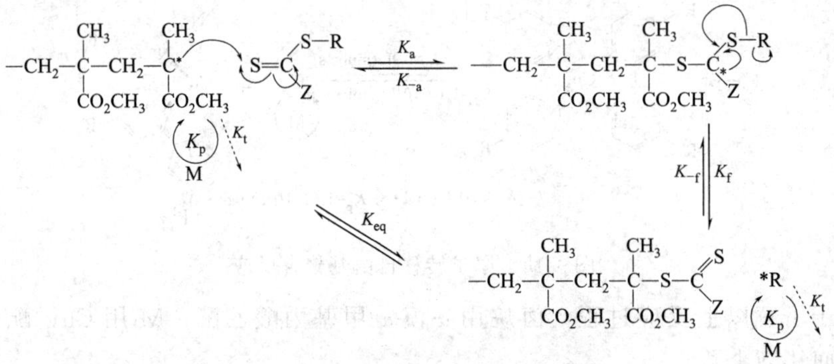

图 4-19　甲基丙烯酸甲酯与二硫代羧酸酯的 RAFT 反应

硫代羧酸酯具有很强的可控性，但必须注意 R 与 Z 两基团的选择，通常 R·应比生成的 Pn·更为稳定；Z 基团也很重要，稳定性强的苯基对苯乙烯与甲基丙烯酸甲酯的聚合很有效，但对丙烯酸酯与羧酸乙烯酯的聚合反应却会产生阻聚作用。稳定性较弱的基团，如二硫代氨基甲酸酯的—NR_2 基团，磺酸酯的—OR 基团对羧酸乙烯酯的聚合反应有效，对苯乙烯聚合的作用很差。

4.7.4　可控/活性自由基聚合反应的应用

实现可控/活性自由基聚合反应的方法是将活性增长链转变为可逆的休眠种，此休眠种在热、光或催化剂作用下活化分解为原来的活性增长链，可以继续发生自由基反应（聚合、转移、终止）或再生成休眠种，SFRP 与 ATRP 两类反应即属此类。自由基引发剂也可以不断地提供活性自由基，活性增长链与某些链转移剂则不断产生休眠种，休眠种不断地退化生成新活性键，继续发生自由基反应（聚合、转移、终止）或再生成休眠种，RAFT 反应即属此类，它属于一种 DT 反应。

可控/活性自由基聚合反应或合成技术主要分为 SFRP、ATRP、RAFT 三类。对于三类方法难以进行优劣评价，选择的原则首先应是效果好，其次是对单体适合性，并且要从总的经济价值与成本进行考虑。

利用可控/活性自由基聚合反应不仅可获得线型、星形、多臂形、树枝状、梳形以及网状等均聚物、共聚物；还可获得以上各种形态的支链以及端基为某些活性基团的功能材料，如大分子引发剂等，详情见图 4-20。与活性阴离子聚合反应相比较，可控/活性自由基聚合反应不仅可用于烯烃类单体，还可用于丙烯酸酯、甲基丙烯酸甲酯、醋酸乙烯酯、氯乙烯等含极性基团的单体聚合；并且可用水作为反应介质。

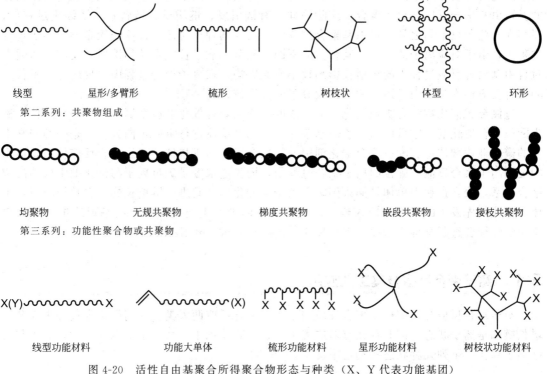

图 4-20　活性自由基聚合所得聚合物形态与种类（X、Y 代表功能基团）

第5章

离子聚合与配位聚合生产工艺

共价键均相断裂产生两个自由基，非均相断裂则产生离子。乙烯基单体、二烯烃单体以及一些杂环化合物在某些离子的作用下进行的聚合反应称之为离子聚合反应，根据增长链端离子的电荷性质分为阳离子聚合反应或阴离子聚合反应，阴阳离子不能单独存在，总是共存的。自由基聚合反应与离子聚合反应除同样具有链引发、链增长、链转移、链终止过程外，还存在一些明显不同之处。自由基聚合过程中，引发剂种类对链增长反应无影响；离子聚合过程中，由于对应离子的存在，其种类的不同会显著影响增长链末端的性质。反应介质通常对自由基聚合反应过程中的链增长影响较小或无影响；在离子聚合过程中，反应介质不仅影响聚合反应动力学，而且还影响所得大分子的分子链结构。

过渡金属卤化物与有机金属化合物组成的络合型聚合催化剂体系属于配位络合结构，称为配位聚合催化剂，它可以引发乙烯基单体、二烯烃单体进行空间定向聚合，是一类非常重要的聚合催化剂体系。配位聚合催化剂引发的聚合反应属于特殊的离子聚合反应体系，称为配位阴离子聚合反应。配位阴离子聚合过程中，增长链末端是碳负离子与催化剂组成的配位络合体系，聚合过程中单体是插入到碳负离子与催化剂之间进行链增长的。多数情况下，单体与催化剂先发生配位然后插入聚合，但有时单体未发生配位而以自由基形式进行插入聚合，配位聚合过程又称之为插入聚合反应（insertion polymerization）。

5.1 离子聚合反应及其工业应用

离子聚合反应分为阴离子聚合反应与阳离子聚合反应两大类。在离子聚合过程中大分子增长链端是离子状态，同时存在有对应离子。在实际体系中，特别是溶剂存在时，离子与对应离子存在着下列几种状态的动态平衡：

$$R-X \rightleftharpoons R^{\delta+}-X^{\delta-} \rightleftharpoons R^+X^- \rightleftharpoons R^+ \quad X^- \rightleftharpoons R^+ + X^-$$

极化作用　　　接触的离子对　溶剂分离的离子对　　　自由离子

离子化作用　　　　　离解作用

接触的离子对又称为结合离子对，溶剂分离的离子对又称为溶剂化离子对或松散离子对。不同解离程度的离子对，对于离子聚合速度有不同的影响，其顺序为：

自由离子对＞松散离子对＞结合离子对

此外，它们还可缔合，形成缔合体而处于平衡状态：

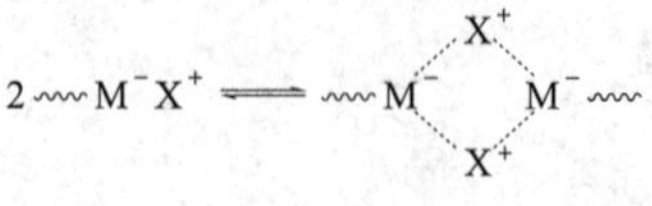

$$2 \sim\!\!\sim M^-X^+ \rightleftharpoons \sim\!\!\sim M \begin{matrix} X^+ \\ \diamond \\ X^+ \end{matrix} M^- \sim\!\!\sim$$

离子聚合过程中增长链末端离子性质会影响链增长速度与分子结构，这是离子聚合不同于自由基聚合的一个主要因素。

20 世纪初，有科学家发现金属钠可使丁二烯聚合为合成橡胶，对其机理的研究得知这是阴离子聚合过程。阴离子聚合过程中增长链可不终止而保持长效活性，即进行活性阴离子聚合反应。活性阴离子聚合反应广泛用于热塑性橡胶的生产，可设计合成二嵌段共聚物、三嵌段共聚物、多嵌段共聚物、星型嵌段聚合物、梳形共聚物以及大单体等。

高聚物合成工业中利用阳离子聚合反应生产丁基橡胶、聚甲醛和某些杂环单体的开环聚合。丁基橡胶是异丁烯与少量二烯烃单体的共聚物；聚甲醛是三聚甲醛与少量二氧五环的共聚物。近年来，发现阳离子聚合反应也可以获得活性聚合物增长链，即进行活性阳离子聚合反应，其研究发展也获得了人们的重视。

5.1.1　阴离子聚合反应及其工业应用

5.1.1.1　阴离子聚合反应

可以发生阴离子聚合的单体主要有两类：一类是带有可使负电荷稳定的吸电子取代基的乙烯基和二烯烃单体；另一类是环状单体如内酰胺、内酯、环氧杂烷、异氰酸酯等。

阴离子聚合引发剂为碱、路易斯碱和碱金属、金属羰基化合物、胺、磷化氢以及格氏试剂等。多数情况下，加入的引发剂本身含有聚合的引发种（中心）；但有些情况下实际聚合引发种和加入的引发剂是不同的，聚合引发种是引发剂与溶剂的作用产物，例如使用 t-C_4H_9OK 在二甲基亚砜溶剂中进行阴离子聚合时，首先与亚砜反应形成作为聚合引发种的阴离子：

$$C_4H_9OK + (CH_3)_2SO \longrightarrow H_3C\text{—}SO\overset{-}{\text{—}}CH_2\overset{+}{K} + C_4H_9OH$$

为减少对应阳离子的影响，阴离子聚合通常在极性溶剂中进行。四氢呋喃、乙二醇甲醚、吡啶等醚和含氮的有机碱特别适合作为阴离子聚合的溶剂。阴离子聚合反应历程包括链引发与链增长，根据需要，可以不进行链终止。在链引发和链增长过程中，引发种和单体可发生下列两种反应。

① 引发剂和单体分子之间有两个电子转移而生成一个键，例如：

$$\overset{-}{C_5H_{11}} + CH_2\text{=}CH \longrightarrow C_5H_{11}\text{—}CH_2\text{—}\overset{-}{CH}$$
$$\underset{C_6H_5}{|} \qquad\qquad \underset{C_6H_5}{|}$$

② 单电子转移而不生成键，首先生成自由基离子，然后二聚成为双离子，例如萘基钠引发苯乙烯阴离子聚合时，萘在钠作用下在四氢呋喃（THF）中生成负离子自由基，此自由基与苯乙烯作用生成苯乙烯负离子，进一步二聚化生成双负离子，然后进行链增长，反应如下：

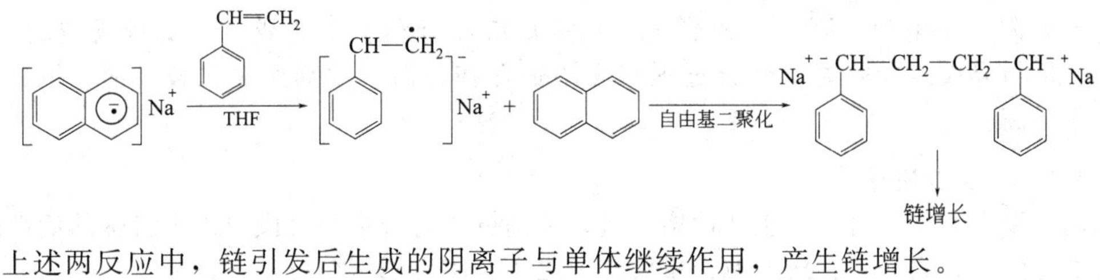

上述两反应中，链引发后生成的阴离子与单体继续作用，产生链增长。

由于阴离子聚合反应可以生成稳定的增长链，所以必须加入含有亲电基团的链终止剂终止反应，此时亲电基团结合于端基上。根据链终止剂的官能数可分为单分子终止、双分子终止或引入第二种单体进行嵌段共聚。

5.1.1.2　阴离子聚合反应引发剂

阴离子聚合反应所用的引发剂也称为催化剂，主要有以下类别。

（1）碱金属 Li、K、Na

这些金属元素最外层仅有一个电子，容易转移给其他原子和基团使其生成阴离子，而该原子则转变为阳离子与阴离子伴存。例如，烯烃或二烯烃转变为阴离子后，可引发产生连锁聚合反应。

（2）有机金属化合物

主要是碱金属氨化物和碱金属烷基化合物，如 KNH_2、R-Li 等。负电性较大的 Mg、Al 等的烷基化物不能引发阴离子聚合反应，但 Mg 转化为格氏试剂后可作为引发剂使用。

（3）中性亲核试剂

包括 R_3N、R_3P、ROH 等，它们具有未共享电子对，与较活泼的单体可生成结合电子对，引发烯烃单体进行阴离子聚合。例如：

$$R_3N: + CH_2{=}\underset{X}{C}H \longrightarrow R_3\overset{+}{N}{-}CH_2{-}\underset{X}{\overset{-}{C}}H$$

电荷分离的两性离子

$$\longrightarrow R_3\overset{+}{N}{\leftarrow}CH_2{-}\underset{X}{C}H{\rightarrow}_n CH_2{-}\underset{X}{\overset{-}{C}}H$$ 只能引发非常活泼的单体

5.1.1.3 阴离子聚合反应主要特点

① 增长链端基都是负电荷，不存在双基链终止过程；

② 生成的增长链端基是稳定的状态，但稳定程度与单体的活泼性有关。例如，烷氧基金属引发的环氧乙烯阴离子聚合反应过程中生成不稳定的—CH_2—CH_2—O^- Me^+ 端基，而萘基钠引发的苯乙烯阴离子聚合反应过程中则生成了稳定的 $\overset{+}{\diagup}CHNa$ 端基，即活泼单体生成的阴离子端基较稳定，而不活泼单体生成的阴离子端基较不稳定。稳定的端基活性期较长，分子量随单体用量的增多而增加，并且分子量分布狭窄。

与自由基聚合反应不同，阴离子引发剂中对应离子对主链结构会产生影响。例如，有机金属化合物引发二烯烃进行阴离子聚合过程中，主链中顺式-1,4、反式-1,4 结构的比例以及 1,2-加成受对应离子-金属离子的支配；碱金属离子的正电性增加，1,4-加成比例降低；所以用锂引发剂进行异戊二烯聚合时，1,4-加成比例最高；而用铋引发剂时 3,4-加成含量较高。

与自由基聚合反应不同，只要溶剂中不含有对引发剂有害的杂质，阴离子聚合所用溶剂及溶剂中含有的少量杂质不会影响链增长过程，但会影响反应速度和链增长的模式，因为溶剂的极性对离子引发剂的解离程度会产生影响。例如，有机锂引发丁二烯和异戊二烯阴离子聚合过程中，如在烃类溶剂中加入接近有机锂计算量的强溶剂四氢呋喃，使其与锂阳离子配位络合导致阳离子电荷加强，会减少 1,4-加成反应而有利于 1,2-或 3,4-加成反应的进行。如果丁二烯与异戊二烯阴离子聚合过程中无溶剂存在，而引发剂用量又较低时，顺式-1,4 产品产量最高。

5.1.1.4 工业应用

阴离子聚合过程中可以产生活性增长链，为高分子化合物的合成提供了特殊的活性阴离子聚合的方法，是高分子合成工业的重要支柱之一。阴离子聚合可用来：

① 合成分子量较为狭窄的聚合物；

② 利用活性阴离子聚合反应合成 AB 形、ABA 形以及多嵌段、星形、梳形等不同形式的嵌段共聚物。不同嵌段共聚物的合成路线见图 5-1。

③ 利用在聚合反应结束时需加入终止剂这一特点，可以合成某些具有适当功能团端基的聚合物。

单体:

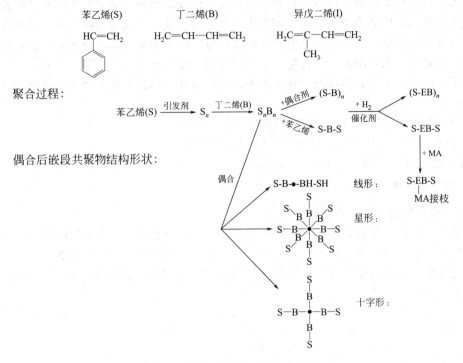

苯乙烯(S)　　　丁二烯(B)　　　　　异戊二烯(I)

$HC=CH_2$　　$H_2C=CH—CH=CH_2$　　$H_2C=CH—CH=CH_2$
　　　　　　　　　　　　　　　　　　　　　　　　　CH_3

聚合过程:

偶合后嵌段共聚物结构形状:

图 5-1　数种嵌段共聚物合成路线

EB—氢化聚丁二烯链段；B—聚丁二烯链段，最终产品则为 EB；S—聚苯乙烯链段；MA—甲基丙烯酸

5.1.2　阳离子聚合反应及其工业应用

5.1.2.1　阳离子聚合反应

阳离子聚合反应生成的碳正离子十分活泼，容易发生链转移、链终止等反应，而且受温度影响明显，所以烯烃类单体的阳离子聚合反应在常温下不易得到高聚物，必须在低温条件下才行。杂环单体如环醚、环缩醛、环亚胺、环硫醚、内酰胺、内酯等在阳离子引发剂作用下生成的阳离子较稳定，可在数十摄氏度进行聚合反应。

乙烯基单体在阳离子引发剂作用下进行的阳离子聚合反应如下。

链引发:

$$A^+X^- + H_2C=CH \longrightarrow A—C—CH\cdots\cdots X^-$$
　　　　　　　　　　　|　　　　　　　　　　|
　　　　　　　　　　　R　　　　　　　　　　R

链增长:

$$A—C—CH\cdots\cdots X^- + nH_2C=CH \longrightarrow \sim\sim\sim C—CH\cdots\cdots X^-$$

链转移与终止:

向单体链转移

反应同样可以向溶剂进行链转移。

链终止反应可能发生于氢负离子转移、引发剂中烷基基团转移以及引发剂脱活等情况下。

由于阳离子增长链末端带正电荷，具有亲核性的单体或碱性单体易于发生阳离子聚合反应，但它们也容易从单体分子中夺取质子而发生向单体进行链转移或与亲核杂质反应而使聚合终止；即使在很低的温度下也很容易发生链转移反应，因而不易得到高分子量产品，所以用异丁烯和少量异戊二烯经阳离子聚合生产丁基橡胶时，聚合温度必须低至－100℃。

氧正离子、硫正离子等的活性低于碳正离子，所以杂环单体经阳离子聚合反应生产高分子量聚合物可在 65℃ 以上进行。

阳离子聚合常用的催化剂（引发剂）有如下种类。

① 质子酸：$HClO_4$、H_2SO_4、H_3PO_4、CF_3COOH 等。

② 路易斯酸：BF_3、$AlCl_3$、$TiCl_4$、$SnCl_4$ 等。

③ 有机金属化合物：$RAlCl_2$、R_2AlCl、R_3Al 等。

5.1.2.2 活性阳离子聚合反应

碳正离子较为活泼，长期以来无法靠阳离子聚合反应控制乙烯基聚合物的结构。随着科技的发展，发现在适当引发剂作用下，阳离子增长链可以表现为"活性"增长链，从而可设计合成具有适当分子量及分子量分布、具有一定悬挂基团 R 和功能团端基（X、Y）以及主链空间规整的高聚物：

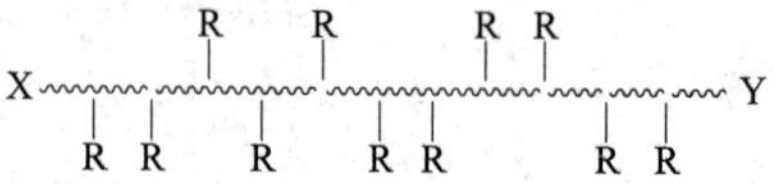

链引发与链增长反应发生于单体向阳离子活性种进行亲电子加成，因此适合的单体应当具有给电子基团。给电子基团的给电子能力越强，生成的自由基稳定性越高，更适合形成活性阳离子。几种单体给电子强弱顺序为：

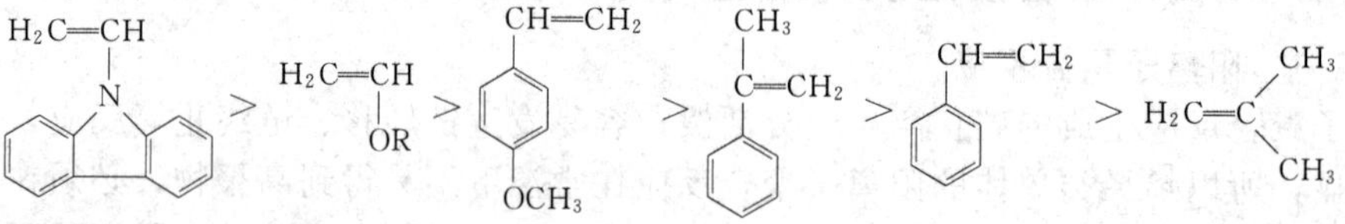

活性阳离子聚合没有可通用的引发剂，所用引发剂因单体而异，这是与活性阴离子聚合的不同之处。例如，乙烯基醚进行活性阳离子聚合时要用弱路易斯酸 $ZnCl_2$ 作为助引发剂，但此引发剂体系对给电子能力较弱的单体如异丁烯、苯乙烯则无效。活性阳离子聚合过程中，偶尔存在的微量湿气不会使链增长终止。

活性阳离子聚合时常需要添加一些助剂，助剂主要是以下三类化合物：

① 弱亲核试剂路易斯碱，又称作给电子剂（EDs）；

② 质子捕捉剂；

③ 离子盐。

有的理论认为路易斯碱是弱亲核试剂，它与碳阳离子加成而使其稳定；也有理论认为路易斯碱提高了氧正离子生成的活性种与休眠体的动态平衡；质子捕捉剂的作用是清除反应体系中可能存在的质子杂质的作用；反应体系中加入离子盐后，体系中存在的路易斯酸的聚集态或其配位络合物发生变化，使对应离子的亲核能力发生改变。

例如，乙烯基叔丁基醚在路易斯碱四氢呋喃（THF）存在下，单体可 100% 经活性阳离子聚合，反应如下式所示：

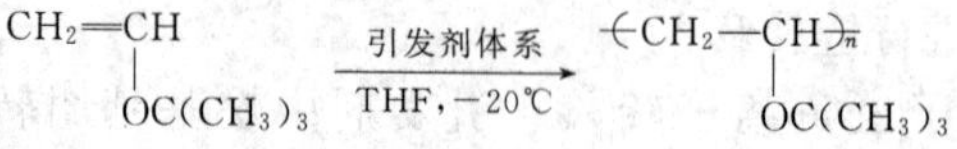

5.1.2.3 工业应用

高分子合成工业中，用阳离子聚合生产的聚合物主要有下列产品。

(1) 聚异丁烯

异丁烯在阳离子引发剂 $AlCl_3$、BF_3 等作用下，根据聚合反应温度、单体浓度、是否加有链转移剂等条件可制得不同分子量和不同用途的产品。在 $0 \sim 60℃$ 聚合可制得分子量小于 5×10^4 的低分子量聚异丁烯，产品为高黏度流体，主要用作机油添加剂、黏合剂等；高分子量聚异丁烯为弹性体，可用作密封材料、蜡的添加剂或制造屋面油毡等；异丁烯与少量异戊二烯的共聚物称作丁基橡胶，其聚合度为 $5 \times 10^4 \sim 5 \times 10^5$，所用引发剂为 $AlCl_3$，溶剂为二氯甲烷，在 $-100℃$ 聚合而得。

(2) 聚甲醛

由三聚甲醛与少量二氧五环经阳离子引发剂 BF_3、$AlEt_3$ 等引发聚合而得。

(3) α-蒎烯和 β-蒎烯的均聚物或共聚物

也是经阳离子聚合反应制得，主要用作压敏黏合剂、热熔黏合剂、橡胶配合剂等。

(4) 聚乙烯亚胺

环状胺如环乙胺、环丙胺等经阳离子聚合可制得聚乙烯亚胺均聚物或共聚物，它是高度分支的聚合物，主要用作絮凝剂、纸张湿强剂、黏合剂、涂料以及表面活性剂等。

活性阳离子聚合反应的发展使我们可以控制聚合物的分子量以及分子量分布，制得各种形状的嵌段共聚物、大单体以及功能材料，但其工业化范围不及活性阴离子聚合重要。可以进行活性阳离子聚合反应的单体有乙烯基醚类单体、异丁烯、苯乙烯及其衍生物、N-乙烯基咔唑等；其中以乙烯基醚类单体最为重要，因为这类单体不适于阴离子聚合，例如：

$$H_2C=CH-O-CH_2CH_2-OCOCH_3$$

$$H_2C=CH-O-CH_2CH_2-OH$$

5.2 配位聚合反应及其工业应用

5.2.1 乙烯和 α-烯烃的配位聚合反应

5.2.1.1 α-烯烃聚合物的空间结构

乙烯无取代基团，所以聚乙烯无异构体。丙烯与 α-烯烃的分子中含有不对称碳原子，聚合后生成的聚合物立体结构较为复杂。以聚丙烯为例，如果聚丙烯分子中每个单体单元的构型排列全部相同，则得到等规聚丙烯 (isotactic PP)，又称全同立构聚丙烯；如果单体单元的构型有规律的交替排列，则得到间规聚丙烯 (syndiotactic PP)，又称作间同立构聚丙烯；如果单体单元的构型无规则的杂乱排列，则得到无规聚丙烯 (atactic PP)。

等规聚丙烯的空间结构模型见图 5-2。如果将分子链拉伸使 ~~~C—C~~~ 链处于同一平面，则等规聚丙烯的所有甲基都处于平面的一侧；间规聚丙烯的所有甲基有规律的交替排列在平面的两侧；而无规聚丙烯分子中的甲基排列则杂乱无章。

由于大分子主链立体结构的不同，影响到所得高分子材料的物理机械性能。结构规整的等规聚丙烯和间规聚丙烯，分子链间容易整齐排列，能够形成结晶度很高的结晶性高聚物；无规聚丙烯不会结晶，形成无定形聚合物。等规聚丙烯的高结晶性使其具有熔点高、硬度和机械强度高等特性，无规聚丙烯是蜡状物不能用作塑料材料的原料，所以工业生产的聚丙烯都是等规聚丙烯。等规聚丙烯不溶于沸腾的庚烷中，无规聚丙烯则可溶，聚丙烯不溶于沸腾

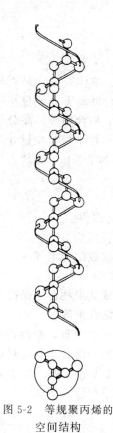

图 5-2　等规聚丙烯的
空间结构

庚烷中的百分含量称作等规指数。催化剂体系的选择是获得空间结构规整聚丙烯的关键。

5.2.1.2　配位聚合催化剂（引发剂）

元素周期表第 Ⅳ～Ⅷ 族过渡金属元素钛、钒、铬、锗等的卤化物与第 Ⅰ～Ⅳ 族元素的烷基化合物、芳基化合物以及氢化物等反应，可以形成使乙烯和 α-烯烃在低压和较低温度下聚合的活性催化剂体系，此催化剂体系由德国化学家齐格勒（Ziegler）和意大利化学家纳塔（Natta）在 20 世纪 50 年代中期发现，所以称之为 Ziegler-Natta 催化剂。Ziegler-Natta 催化剂由两种化合物配位络合而成，属于配位聚合催化剂体系。在此前，乙烯仅可在高压（276MPa）和高温（约 250℃）条件下发生聚合反应。Ziegler 和 Natta 的发现使高分子科学与工业获得革命性进展，他们也因此获得 1963 年诺贝尔化学奖。

在配位聚合中，由钛化物与烷基化物组成的配位聚合催化剂形成了活性种空位，乙烯类单体分子插入此空位中配位生成活性络合物，然后单体持续不断地迅速插入进行链增长。

乙烯无取代基团，对其聚合催化剂的要求是提高催化效率；丙烯与 α-烯烃则不同，其聚合催化剂不仅要提高催化效率，还要尽可能提高等规（isotactic）体的含量。为此，科学家们研究和开发了大量的用于丙烯与 α-烯烃聚合反应使用的催化剂体系。配位聚合催化剂主要有下面几类。

（1）Ziegler-Natta 催化剂

适用于 α-烯烃、二烯烃以及环烯烃等单体的定向聚合。Ziegler-Natta 催化剂引发乙烯和 α-烯烃聚合的反应机理是配位阴离子聚合过程，它还适用于共轭二烯烃的聚合反应，在此基础上建立了配位聚合反应机理。

最初 Ziegler 发现 $TiCl_4 + Al(C_2H_5)_3$ 在烃类溶剂中形成的催化剂可使乙烯在低压下聚合生成聚乙烯，其有效催化剂是棕色的 $TiCl_3$ β 结晶沉淀。Natta 将此催化剂用于丙烯聚合时，发现所得聚丙烯只有 20%～40% 不溶于沸腾正庚烷，即等规聚丙烯只占 20%～40%。Natta 用氢气或铝事先还原 $TiCl_3$ 使之生成紫色的 $TiCl_3$ α、γ 或 δ 结晶后与三烷基铝或二烷基氯化铝反应形成催化剂，将这种催化剂用于丙烯聚合时，等规聚丙烯含量可高达 80%～95%，此类催化剂体系称之为第一代 Ziegler-Natta 催化剂。

第一代 Ziegler-Natta 催化剂是用 Al 还原 $TiCl_4$，其组成为 $3TiCl_3\text{-}AlCl_3/Al(C_2H_5)_2Cl$，催化效率为 1g 钛可产生聚丙烯 1000～5000g，等规指数为 88%～91%。第二代催化剂是用 $TiCl_3$ 取代 $3TiCl_3\text{-}AlCl_3$ 与 $Al(C_2H_5)_2Cl$ 组成的催化剂，其催化效率提高到 1g 钛可得聚丙烯 20kg，等规指数高达 95%。第二代催化剂虽提高了效率，但残留的金属物含量仍较高，所以在用第一代和第二代催化剂生产聚合物时必须进行催化剂和金属离子的脱除。第一代催化剂所得的聚丙烯还要增加脱除无规聚丙烯的工序。为了改进上述缺点，发展了以 $MgCl_2$ 或 $Mg(OH)Cl$ 为载体，加有第三组分给电子体（ED）的第三代高活性和超高活性催化剂，其组成为 $TiCl_4 \cdot ED \cdot MgCl_2/AlR_3$。第三代催化剂效率为 1g 钛可得聚丙烯 300kg，等规指数为 92%；而超高活性催化剂效率为 1g 钛可得聚丙烯 600～2000kg，等规指数高达 98%，可称之为第四代催化剂。使用第三、四代催化剂可以省去脱除催化剂和脱除无规聚丙烯的工序。

目前，高活性 Ziegler-Natta 催化剂所用镁化合物已不只是氯化镁和碱式氯化镁，其他镁的化合物也得到了广泛使用。某些高活性含镁催化剂组成见表 5-1。

表 5-1　高活性 Ziegler-Natta 催化剂

Ti/Mg 组分	烷基金属化合物	生产的聚合物
$TiCl_4/MgC_8H_{17}$	$(C_2H_5)_3Al$	聚乙烯
$TiCl_4/Mg(OC_2H_5)_2$	$(C_2H_5)_3Al$	聚乙烯
$TiCl_4/MgCl_2$（活化）	$(C_2H_5)_3Al$	聚乙烯
$TiCl_4/MgCl_2/$给电子体	$(C_2H_5)_3Al$	聚乙烯
$\beta\text{-}TiCl_3/AlCl_3/$乙醚	$(C_2H_5)_2AlCl$	等规聚丙烯
$TiCl_4/MgCl_2/$对苯甲酸乙酯	$(C_2H_5)_3Al$	等规聚丙烯

制备以 $MgCl_2$ 为载体的高活性催化剂的方法主要有下列三种：

① 无水氯化镁给电子体和钛化合物进行研磨；

② 无水氯化镁与给电子体进行研磨并用钛化合物 $TiCl_4$ 在 80℃ 以上进行处理，然后用烃进行洗涤；

③ 用给电子体和钛化合物 $TiCl_4$ 于 80℃ 以上处理事先活化过的 $MgCl_2$，然后用烃进行洗涤。

给电子体主要是芳香羧酸酯如苯甲酸乙酯、对甲苯甲酸乙酯、茴香酸酯、邻苯二甲酸酯以及胺类化合物等。

镁离子在高活性催化剂中起的作用有以下几点：

① 稀释钛活性中心，从而增加了活性中心的数目，比早先的 Ziegler-Natta 催化剂至少增加一个数量级；

② 提高了活性钛中心的稳定性，减少了溶液系统对活性钛中心的脱活作用；

③ 加速了链转移反应，因为当 Mg/Ti 比例提高后，所得聚合物的数均分子量降低；

④ 使所得聚乙烯分子量分布变狭窄，$\overline{M_w}/\overline{M_n}$ 约为 3~5。

（2）镍系、钛系、钴系及稀土元素催化剂

适用于二烯烃主要是由丁二烯合成顺式-1,4 合成橡胶的生产。

（3）铬系催化剂

与 Ziegler 研究发现催化剂的同时，美国两家石油公司发现 Ⅴ～Ⅶ 族过渡金属氧化物载于高表面积的硅胶、铝胶、陶土等载体上可催化烯烃聚合。其中最有效的是 Phillips 石油公司的 CrO_3/SiO_2 催化剂体系，它可在 4MPa 中等压力下使乙烯聚合生成聚乙烯。

（4）茂金属催化剂

1980 年，Kaminsky 发现茂金属络合物与 MAO（甲基铝氧烷）组成的催化剂体系是烯烃类单体的高效催化剂，从而开拓了烯烃类聚合催化剂的新途径。金属茂催化剂是一种新型的均相定向聚合催化剂体系，典型的金属茂催化剂由两个环戊二烯与过渡金属离子（Zr、Ti 或 Hf）形成三层夹心结构，可适用于乙烯、α-烯烃、苯乙烯以及甲基丙烯酸甲酯等单体的配位聚合。过渡金属离子的活性顺序为 Zr＞Hf＞Ti。其特点是可获得性能均一、分子量分布狭窄的聚合物。与 Zigler-Natta 催化剂相比，金属茂催化剂价格昂贵，但单位质量的催化剂生产的聚合物数量大，而且所得聚合物具有透明性优越、杂质少、低温柔韧性佳等优点。用于丙烯和苯乙烯聚合时可得 100% 间同立构体。

5.2.1.3　α-烯烃聚合催化剂体系的化学反应及反应机理

目前，工业上使用的 α-烯烃聚合催化剂体系主要是 Ziegler-Natta 催化剂和金属茂催化剂两类，而以前者应用最为广泛。

（1）Ziegler-Natta 催化剂体系

① Ziegler-Natta 催化剂体系的化学反应　钛化合物与烷基铝所形成的配位催化剂的活

性中心是钛原子，两化合物之间的化学反应较复杂，以三烷基铝与四氯化钛的反应为例说明如下。

三烷基铝与四氯化钛在烃类溶剂中于室温下立即反应，生成棕色的低价氯化钛 β 结晶沉淀，同时释放出气体，反应如下：

$$R_3Al + TiCl_4 \longrightarrow RTiCl_3 + R_2AlCl$$
$$RTiCl_3 \longrightarrow TiCl_3 + [R\cdot]$$

钛化合物还可继续与烷基铝下列反应：

$$RTiCl_3 + R_3Al \longrightarrow R_2TiCl_2 + R_2AlCl$$
$$R_2TiCl_2 \longrightarrow RTiCl_2 + [R\cdot]$$
$$\beta\text{-}TiCl_3 + R_3Al \longrightarrow RTiCl_2 + R_2AlCl$$
$$RTiCl_2 \longrightarrow TiCl_2 + [R\cdot]$$

以上反应生成的中间体烷基氯化钛、次氯化钛与有机铝化合物形成的络合物中，只有少数具有催化聚合活性，第一代催化剂中具有催化活性的钛原子含量少于 1%。

近代高效催化剂以氯化镁为载体，与作为给电子体的芳香羧酸酯作用，实质是固体表面离子与酯发生两种形式的络合（Ⅰ和Ⅱ）：

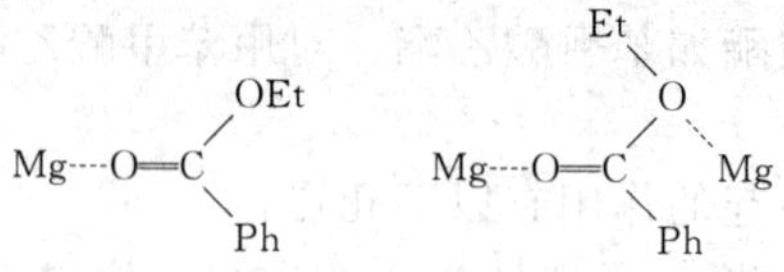

（Ⅰ）　　　　　　　（Ⅱ）

制备高效催化剂的第一步是氯化镁与给电子体进行研磨发生上述反应，然后在 80～130℃用 $TiCl_4$ 进行处理，此时一部分给电子体被 $TiCl_4$ 所萃取，所以典型的高效催化剂中给电子体的含量仅占 5%～20%。镁与钛离子有多种络合形式，如：

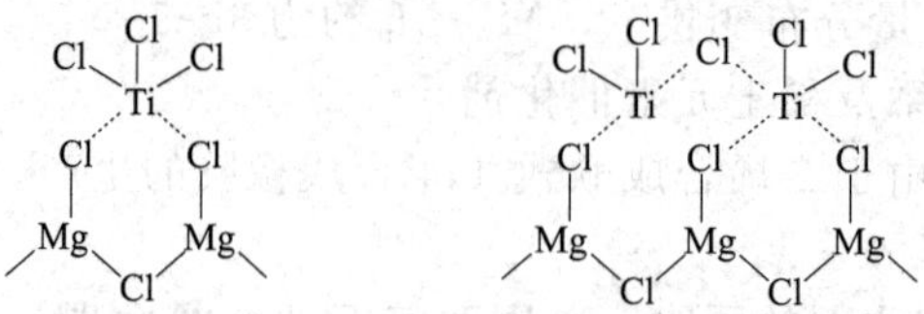

② 乙烯和 α-烯烃配位聚合反应机理　　配位聚合催化剂虽然多由两种金属离子组成，但单独使用钛化合物也可催化烯烃进行聚合反应。在有固相的催化剂体系中，α-烯烃定向聚合发生在卤化钛结晶表面，链增长反应发生在过渡金属-碳键上。由于乙烯无取代基团，其聚合反应机理不涉及空间结构，即乙烯无定向聚合。其他 α-烯烃如丙烯的聚合物空间结构有等规、间规和无规之分，其中以等规体性能最为优良。工业生产中要求催化剂能够使丙烯生成 95% 甚至 98% 以上的等规聚丙烯。下面以等规聚丙烯的生产过程来解释配位聚合反应机理。

单金属催化 α-烯烃聚合反应时，存在于结晶表面的每个 Ti^{3+} 有 5 个配位键；钛原子周围的 5 个氯原子占有结晶八面体六个角中的五个，另外有一个空穴配位点；其中三个氯原子较深地埋在结晶内，另外两个氯原子中的一个与第二个钛原子相联结；Ti^{3+} 与烷基铝作用，产生的烷基化产物形成了链引发活性中心。

单体首先与过渡金属 Ti 原子配位形成 π-络合物，随后 Ti—C 键变弱，配位的单体插入到 Ti—C 键之间；由于增长链位置与空穴配位点在催化剂晶格中的位置不相当，所以增长链与空穴配位点发生交换，然后与另一单体继续配位，重复以上反应而生成了聚合物。由于空间位阻的关系，丙烯的 CH_2—与 Ti 配位所插入的丙烯—CH_2—端基都曾先后与钛联结，生成头-尾结构有序的聚丙烯。如果丙烯单体在催化剂活性中心的烷基与空穴配位点发生交换移位后进行配位聚合，则生成等规结构；如果丙烯单体在交换移位前进行配位聚合，则生成间规结构。在正常条件下，聚合增长链在下一个单体插入前总是移到最有利的位置，所以生成等规聚合物。只有在低温（低于−40℃）的条件下得到高间规的聚丙烯。上述反应的描述如下：

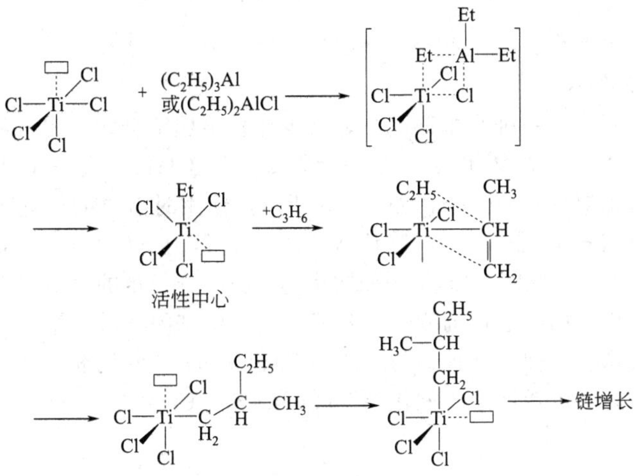

□为八面体空穴配位点

凡具有 0～3d 电子的金属离子如 Ti、V、Cr 都可以发生上述反应，如果电子数大于此数值则金属-碳键难以减弱，所以 Ti、V、Cr 适合制成配位催化剂。

进一步研究发现，*α*-烯烃经 Ziegler-Natta 催化剂聚合生成等规结构和间规结构与活性中心和配位单体的“手性”结构有关：

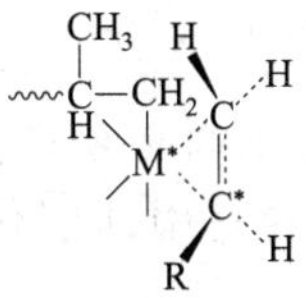

金属原子可与—CH_2 基团反应，称为一级反应，也可以与—CH 基团反应，称为二级反应。

一级反应：

$$M{-}C_2H_5 + H_2C{=}\underset{\displaystyle CH_3}{\underset{|}{CH}} \longrightarrow M{-}CH_2{-}\underset{\displaystyle CH_3}{\underset{|}{CH}}{-}C_2H_5$$

二级反应：

$$M{-}C_2H_5 + \underset{\displaystyle CH_3}{\underset{|}{HC}}{=}CH_2 \longrightarrow M{-}\underset{\displaystyle CH_3}{\underset{|}{CH}}{-}CH_2{-}C_2H_5$$

生成等规结构与间规结构的原因在于存在空间支配结构。不同单体插入时，与过渡金属离子结合的碳原子位置不一定相同，这一现象已经通过端基分析证实，归纳见表 5-2。

表 5-2　等规链增长与间规链增长区别

项目	等规链增长	间规链增长
空间定向结构	催化剂活性中心	增长链最后一个单体单元
双键打开形式	顺式	顺式
单体插入形式	一级反应	二级反应

如果配位聚合增长链的活性被破坏或发生链转移反应，则生成无聚合活性的聚合物大分子；活性增长链的过渡金属原子遇毒物则发生反应失活，生成聚合物分子。链转移反应主要

是向 H_2 转移、向单体转移和向烷基铝链转移，此情况下都产生了新的增长链，也可能发生分子自身重排而链终止。

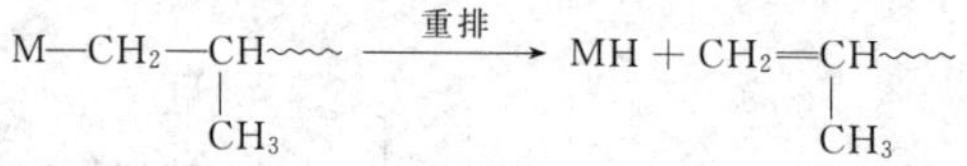

$$M—CH_2—\underset{\underset{CH_3}{|}}{CH}\sim\sim \xrightarrow{\text{重排}} MH + CH_2=\underset{\underset{CH_3}{|}}{CH}\sim\sim$$

（2）金属茂催化剂体系

此催化剂主要有两种，一种为单环戊二烯（茂环）金属络合物，另一种为双环戊二烯金属络合物。双茂基团可通过二元基团（以 A 表示）如—Si(CH₃)₂—、—CH₂CH₂—等形成桥键进行连接，其几何形状似打开的蛤壳，如图 5-3 所示，使用时需要助催化剂。最重要的助催化剂是甲基铝氧烷（Methylaluminoxane，简称 MAO），它是由 (CH₃)₃Al 部分水解生成通式为 [MeAlO]ₙ 的低聚物（n＝5～20）。催化剂的效率与 MAO 分子量的高低呈正比。此外，还可用路易斯酸作为助催化剂，如助催化剂硼酸四苯酯可用于甲基丙烯酸甲酯的配位聚合。金属茂催化剂体系的特点是仅具有一种活性种，与一般的 Ziegler-Natta 催化剂不同，所得聚合物结构与性能均一，因此又称为"单活性中心催化剂"（Single Site Catalysts，SSCs）。

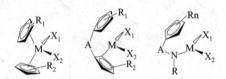

图 5-3　典型金属茂催化剂

双茂基主要用于 α-烯烃配位聚合；单茂基用于苯乙烯合成间同立构聚苯乙烯；

M—过渡元素金属：Zr、Ti、Hf；A—形成桥键的原子，主要是 C、Si；

R—氢、烷基或其他烃基；X—卤原子（多数为 Cl）或烷基

① 金属茂催化剂的活化　金属茂催化剂必须进行活化处理后才能引发乙烯聚合，虽然有多种活化途径，但最有效、使用最多的是用助催化剂甲基铝氧烷（MAO）使其活化，反应（图 5-4）如下：

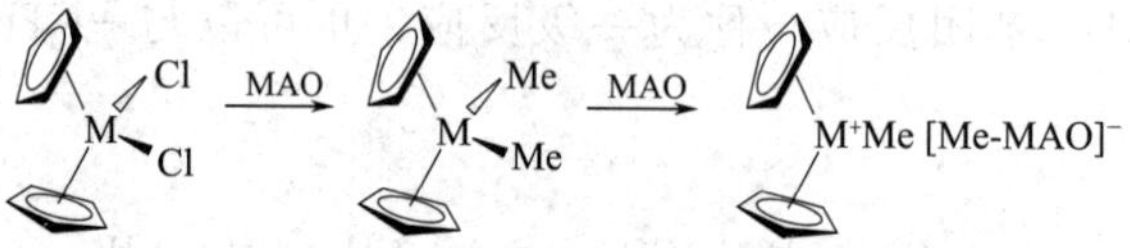

图 5-4　金属茂催化剂与助催化剂 MAO 反应

Cp₂MCl₂（Cp 为茂环）首先被 MAO 甲基化，生成 Cp₂MMe₂。因为一些 MAO 的 Al 原子有夺取 Me 基的倾向，因而产生了 [Cp₂MMe]⁺ 活性种，但它被对应离子 [MeMAO]⁻ 所稳定化，虽然可使乙烯进行配位聚合，但对丙烯和高级 α 烯烃无效。

② 金属茂催化剂用于乙烯聚合的反应机理　最初发现金属茂催化剂 Cp₂TiCl₂/EtAlCl₂ 可使乙烯进行配位聚合，但对丙烯和其他 α 烯烃则无效，因此对乙烯的聚合机理（图 5-5）提出了下列设想：

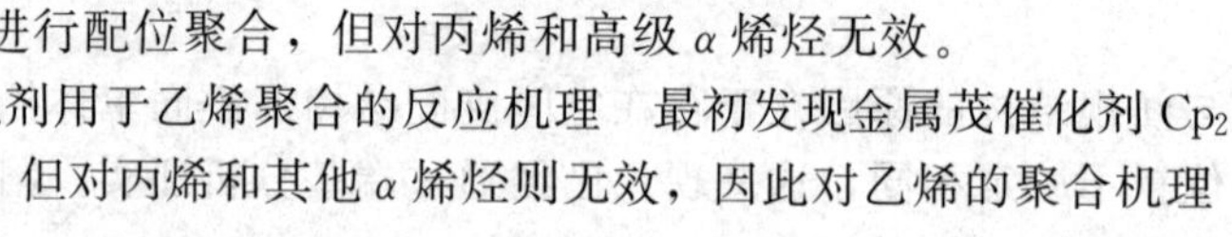

图 5-5　金属茂催化剂进行乙烯聚合反应机理

Cp₂TiCl₂ 与 RAlCl₂ 配位后生成了 Ti—R 键，Ti—Cl 键被弱路易斯酸 AlRCl₂ 所极化生成了 Ti^{δ+}—Cl^{δ-} 键，这样就产生了有缺位的 Cp₂Ti^{δ+} R 络合物，此时乙烯很容易插入 Ti^{δ+} R

键之间进行链增长。此机理的重点在于处于中心位置的金属原子与弱路易斯酸结合后，乙烯以顺位（cis-）插入。

　　用金属茂催化剂进行烯烃类配位聚合反应时，在链终止过程中主要发生 β-H 向单体或金属原子转移两种反应。如果向单体转移占优势，提高单体浓度时，链终止速度增加，对插入反应无影响，此情况下产物分子量与单体浓度无关；如果向金属原子转移占优势，链终止速度与单体浓度有关，产物分子量将随单体浓度提高而增加。

　　③ 金属茂催化剂用于 α-烯烃聚合的反应机理　金属茂催化剂的针对性很强，没有对乙烯和 α-烯烃聚合通用的催化剂。

　　$Cp_2ZrCl_2/Ph_3C \cdot B(C_6F_5)_4$ 金属茂催化剂体系可用于丙烯和 α-烯烃的聚合，催化剂的活化反应（图 5-6）如下：

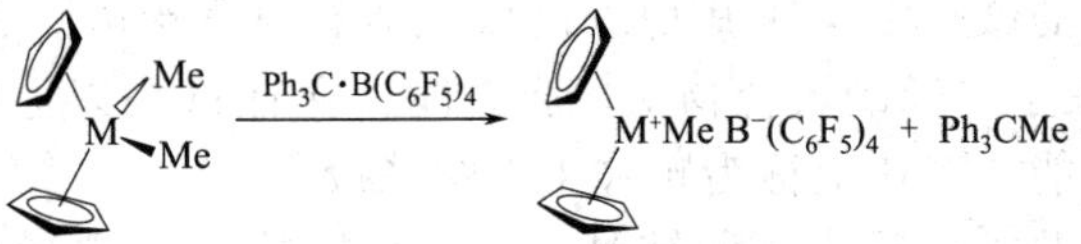

图 5-6　α-烯烃聚合反应机理

　　由茚基与四氢茚基形成的金属茂催化剂［金属 M 为 Ti、Zr；X 为—CH_2CH_2—或—$Si(CH_3)_2$—］可使丙烯形成椅式形状进行聚合，得到等同立构聚丙烯。

　　④ 新型（后）金属茂催化剂　自从金属茂催化剂问世以来，由于其效率高、适用的单体面广，得到广泛的重视。近年来又发展了新型金属茂催化剂（Post Metallocene Catalyst，也可称为"后金属茂催化剂"）。以前的金属茂催化剂所含金属为 Zr、Ti、Hf；新型金属茂催化剂所含金属则为 Ni、Pd，茂环为更大的环所取代，例如：

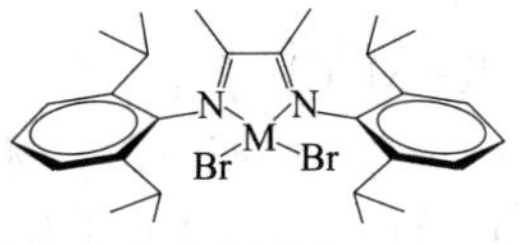

M=Ni,Pd

　　这些催化剂体系种类繁多，其特点是可用来生产烯烃与极性单体的共聚物和油状低聚物，还可利用其链迁移（chain walking）的特点，生产多支链以及树枝状聚合物等。

5.2.2　1,3-二烯烃配位聚合反应

5.2.2.1　1,3-二烯烃聚合物空间结构
　　二烯烃单体种类很多，但用配位聚合催化剂进行聚合的单体主要是 1,3-丁二烯和 1,3-异戊二烯。二烯烃可发生 1,4 加成聚合、1,2 加成聚合或 3,4 加成聚合。1,4 加成聚合后，分子链节中存在有双键而产生顺式或反式结构异构体；1,2 加成或 3,4 加成聚合中，分子链段中生成不对称叔碳原子而产生等规、间规或无规结构聚合物。丁二烯的 1,2 加成和 3,4 加成产物相同，具有取代基团的异戊二烯的产物结构则更为复杂。

　　丁二烯聚合可获得顺式-1,4、反式-1,4、等规-1,2 和间规-1,2 四种结构的聚丁二烯。

　　顺式-1,4-聚丁二烯：

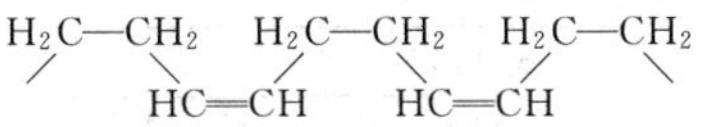

　　反式-1,4-聚丁二烯：

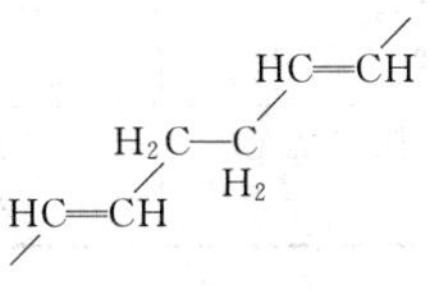

等规-1,2-聚丁二烯：

$$\begin{array}{ccc} & CH_2 & \quad\quad CH_2 \\ & \| & \quad\quad \| \\ & CH & \quad\quad CH \\ \sim CH_2-CH-CH_2-CH_2-CH\sim & & \end{array}$$

间规-1,2-聚丁二烯：

$$\begin{array}{c} CH_2 \\ \| \\ CH \\ \sim CH_2-CH-CH_2-CH_2-CH\sim \\ \| \\ CH_2 \end{array}$$

聚丁二烯分子不同的微观结构对其物理机械性能有显著影响。含有 80% 以上 1,2-聚丁二烯或 80% 反式-1,4-聚丁二烯的聚合物呈树脂性能；含有 90% 以上顺式-1,4-聚丁二烯在室温下具有良好的橡胶性能，工业上称为顺式丁二烯橡胶。

从异戊二烯可制得顺式和反式两种结晶聚合物。顺式-1,4-聚异戊二烯性能与结构都与天然橡胶相似，仅顺式-1,4 含量稍低于天然橡胶，因此称之为合成天然橡胶；反式-1,4-聚异戊二烯则与天然产的古塔（Gutta）和巴拉塔（Balata）胶乳成分相似。

5.2.2.2　1,3-二烯烃配位聚合催化剂

用于二烯烃配位聚合的 Ziegler-Natta 催化剂种类很多，根据过渡金属或活性中心金属元素的不同可分为下列几种催化剂体系。

钛系：AlR_3-$TiCl_4$、AlR_3-TiI_3、AlR_3-$TiCl_3$、AlR_3-$Ti(OH)_4$ 等。

钒系：AlR_3-VCl_3、AlR_3-VCl_4 等。

铬钼系：AlR_3-$Cr(CO)_5Py$、AlR_3-$MoCl_5$ 等。

钴系：$AlR_2ClCo(acac)_2 \cdot H_2O$、$AlR_3$-$CoCl_2$-$2Py$ 等。

镍系：AlR_3-$Ni(OCOR)$-$BF_3(OC_2H_5)_2$、$AlEt_3$-$Ni(acac)_2$ 等。

稀土系（镧系）：$Al(C_2H_5)_2Cl$-$Nd(OCOR)_3$-AlR_3、$Al(i$-$C_4H_9)_3$-$NdCl_3$-THF 等。

其中，Py 为吡啶；acac 为乙酰基丙酮；i-C_4H_9 为异丁基；THF 为四氢呋喃。

溶于反应介质的催化剂体系称为可溶性催化剂体系，是均相体系；不溶于反应介质的催化剂体系为非均相体系。

根据二烯烃配位聚合催化剂组分、种类、用量以及聚合条件的不同，可以制得微观结构不同的聚合物。表 5-3 列出了用过渡金属催化剂制得不同结构的聚丁二烯、聚异戊二烯和聚戊二烯。表 5-4 为催化剂类型对所得顺丁橡胶微观结构的影响。

表 5-3　用过渡金属催化剂制得不同结构的丁二烯、异戊二烯和戊二烯聚合物

催化剂体系	聚丁二烯结构	聚异戊二烯	聚戊二烯
AlR_3-$TiCl_4$ （Al/Ti=1）	65%～70%顺式-1,4 25%～30%反式-1,4 5% 1,2-聚丁二烯	97%顺式-1,4	65%～70%反式-1,4
AlR_3-$TiCl_4$ 或 $TiCl_2I_2$	95%顺式-1,4		
AlR_3-$TiCl_3$	反式-1,4＋无定形产品	反式-1,4＋无定形产品	反式-1,4-等规＋无定形
AlR_3-VCl_3 AlR_3-$TiCl_4$ 或 $VOCl_3$	反式-1,4 反式-1,4	反式-1,4 反式-1,4	反式-1,4-等规
AlR_3-$Ti(OR)_4$ （Al/Ti=7）	1,2-间规（低结晶度）	主要3,4 和 少量顺式-1,4	60%顺式-1,4-等规

催化剂体系	聚丁二烯结构	聚异戊二烯	聚戊二烯
Al(C₂H₅)₃-V(acac)₃	1,2-间规		
Al(C₂H₅)₃-Cr(acac)₃ (Al/Cr=6)	1,2-间规		
Al(C₂H₅)₃-Cr(CNC₆H₅)₆ (Al/Cr=6)	等规-1,2+无定形产品		
AlR₂Cl-Co(acac)₂·H₂O	98%顺式-1,4	74%顺式-1,4+26%-3,4	顺式-1,4-间规+无定形
AlR₃-CoCl₂·2Py	1,2-间规		
(R₂Al)₂O-CoCl₂·2Py	1,2-间规		
Al(C₂H₅)₃-Co(acac)₃-CS₂	1,2-间规		
AlEt₂Cl-Ni(acac)₂	85%～90%顺式-1,4		
AlR₃-Ni(OCOR)-BF₃(OC₂H₅)₂	97%顺式-1,4		顺式-1,4-间规
Al(C₂H₅)₂Cl-Nd(OCOR)₃-AlR₃	98%～99%顺式-1,4	95%顺式-1,4	顺式-1,4-等规

注：acac 为乙酰丙酮；Py 为吡啶。

表 5-4　1,3-丁二烯所用催化剂选择性

催化剂	选择性/%		
	顺式-1,4	反式-1,4	1,2 加成
TiI₄/Al(i-Bu)₃	92～93	2～3	4～6
CoCl₂/AlEtCl₂/H₂O	98	1	1
[(p-allyl)Ni(OCOCF₃)]₂	97～99		
NdCl₃/EtOH/AlEt₃	98	0	2
VOCl₃/AlEt₂Cl		97～98	2～3
Ti(OBu)₄/AlEtCl₂		93～94	
RhCl₃·3H₂O	<1	99	0.2
(acac)₃/AlEt₃			80～86(syndio)
Co(acac)₃AlR₃/CS₂			>99(syndio)
Cr(acac)₃AlR₃			80～85(iso)

5.2.2.3　1,3-二烯烃定向聚合反应机理

工业生产中，烯烃与二烯烃的配位聚合都用 Ziegler-Natta 催化剂。但不同的 Ziegler-Natta 催化剂对不同的反应存在不同的影响。例如，AlEt₂Cl-Ni(acac)₂ 可催化丁二烯生成顺式聚丁二烯，但它用于乙烯或丙烯聚合时只能得到二聚物或三聚物；AlEt₂Cl-H₂O-Co(acac)₂ 可使丁二烯和其他二烯烃聚合得到高顺式含量的聚合物，但在聚合体系中引入乙烯则使链增长终止；ZnEt₂ 和 H₂ 是乙烯和丙烯聚合的有效链转移剂，生产中常用其来控制聚合物分子量，但在相同条件下对二烯烃聚合的链转移影响非常小。这是因为 α-烯烃与二烯烃的配位聚合都是向过渡金属-碳键之间的插入反应，α-烯烃是向 σ 键中插入，二烯烃则是向过渡金属 η-丁烯基键之间插入。

有的催化剂可使丁二烯聚合为顺式聚丁二烯，但有给电子体存在则得到反式-1,4-聚丁二烯。例如，Al(C₂H₅)₂Cl-CoCl₂Py 体系可使丁二烯高度定向聚合得到顺式聚丁二烯，但如有 N(C₂H₅)₃、P(OC₆H₅)₃ 或 C₂H₅OH 存在则得到反式-1,4 聚丁二烯。这是因为给电子体占据了配位点，强迫新的单体与仅有的一对双键配位。顺式-1,4 加成、反式-1,4 加成以及 1,2 加成的反应经过如图 5-7 所示。

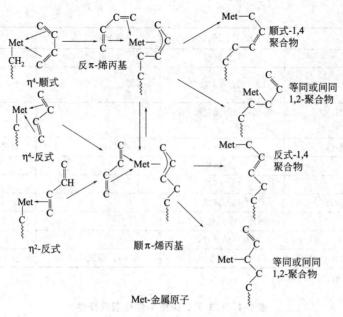

Met-金属原子

图 5-7　Ziegler-Natta 催化剂用于丁二烯配位聚合反应机理

参与配位聚合的丁二烯单体可能存在三种配位类型：η^4-顺式、η^4-反式与 η^2 反式。当 η^4-顺式丁二烯插入增长链金属原子-碳键之间后，形成了端基为反（anti）π-烯丙基的聚合物，另一个 η^4-顺式丁二烯插入后就生成顺式-1,4 聚合物；如果 η^4-反式与 η^2 丁二烯插入增长链金属原子-碳键之间后，则形成了端基为顺 π-烯丙基的聚合物，另一个 η^4-反式丁二烯插入后就生成了反式-1,4 聚合物。上述两种反应中，如果最后插入的丁二烯进入金属-碳键，而碳原子为烯丙基中的单键原子时，则生成 1,2-加成聚合物。反 π-烯丙基与顺 π-烯丙基之间容易异构，如果反 π-烯丙基生成的速度快于 η^4-顺式丁二烯插入速度，则主要生成反式-1,4-聚合物。

可使丁二烯进行配位聚合的催化剂种类很多，也有不同的反应机理。选择催化剂时须经多方面考虑，除产品构型应当符合要求外，还要考虑经济成本、聚合条件、后处理条件等因素。实际应用于丁二烯聚合的催化剂体系只有几种，包括钛系、镍系、钴系、稀土元素系配位聚合催化剂以及烷基锂阴离子催化剂。

1,4-二烯烃的配位聚合反应，特别是顺式-1,4 定向聚合的链终止反应研究比较深入。链终止反应取决于所用催化剂和聚合条件，链终止反应包括向单体、向烷基铝、向其他物质进行链转移以及单分子终止或双分子终止等。具体的链终止反应描述如下。

（1）向单体进行链转移

用 $Al(C_2H_5)_2Cl\text{-}Co(acac)_2\text{-}H_2O$ 催化丁二烯进行顺式-1,4 加成聚合时，不会向 $Al(C_2H_5)_2Cl$ 进行链转移，主要是向单体进行链转移。用 $AlR_3/TiCl_4$ 催化异戊二烯进行顺式-1,4-加成聚合时也是向单体进行链转移。

（2）向烷基铝进行链转移

使用某些催化剂体系对二烯烃进行聚合时，增长链向烷基铝进行链转移。例如，用 $Al(C_2H_5)_2Cl/(C_7H_{15}COO)_3Nd/Al(i\text{-}C_4H_9)$ 体系合成顺丁橡胶时，分子量随 $Al(i\text{-}C_4H_9)/Nd$ 摩尔比增高而降低，反应为：

$$Cat\text{-}CH_2\text{-}CH\text{-}HC\text{-}CH_2\text{-}CH_2 + AlR_3 \longrightarrow Cat\text{-}R + R_2Al\text{-}CH_2\text{-}CH=CH\text{-}CH_2\sim\sim$$

生产中采用 Nd 系催化剂时，可用烷基铝控制分子量。

（3）向链转移剂进行链转移

乙烯、丙烯、丙二烯、氢气等可作为钴化合物/烷基氯化铝催化剂体系的链转移剂，其中以乙烯最为有效，反应如下：

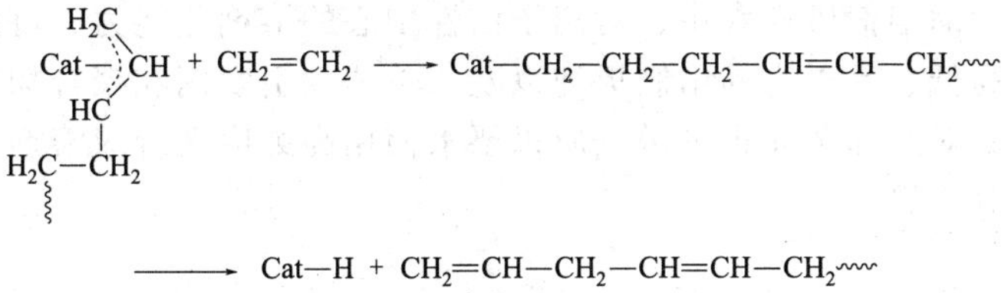

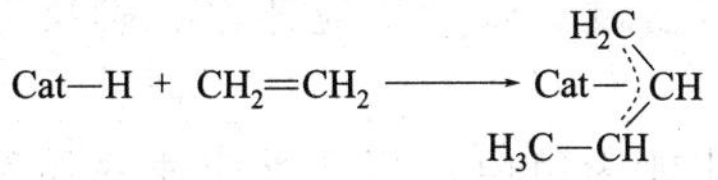

$$\text{Cat} \underset{HC}{\overset{H_2C}{\rangle}}CH + CH_2{=}CH_2 \longrightarrow Cat{-}CH_2{-}CH_2{-}CH_2{-}CH{=}CH{-}CH_2\sim\sim$$

$$\longrightarrow Cat{-}H + CH_2{=}CH{-}CH_2{-}CH{=}CH{-}CH_2\sim\sim$$

$$Cat{-}H + CH_2{=}CH_2 \longrightarrow Cat\underset{H_3C}{\overset{H_2C}{\rangle}}CH$$

氢气与金属-烯丙基键反应形成终止链和 Cat—H 残片，它与丁二烯反应则形成活性中心。

（4）单分子链终止与双分子链终止

单分子链终止生成 M—H 键，反应如下：

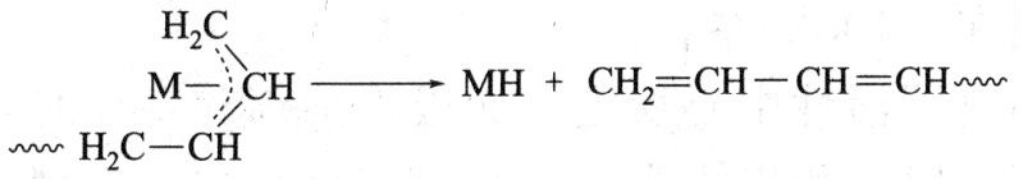

$$M\underset{H_2C-CH}{\overset{H_2C}{\rangle}}CH \longrightarrow MH + CH_2{=}CH{-}CH{=}CH\sim\sim$$

还可能发生金属-烯丙基键均相断裂而产生游离基，然后经歧化或偶合而链终止；也可能夺取溶剂中的 H-原子而链终止。钒系催化剂容易发生此类反应，金属离子因处于低价氧化状态，在室温下活性迅速降低。

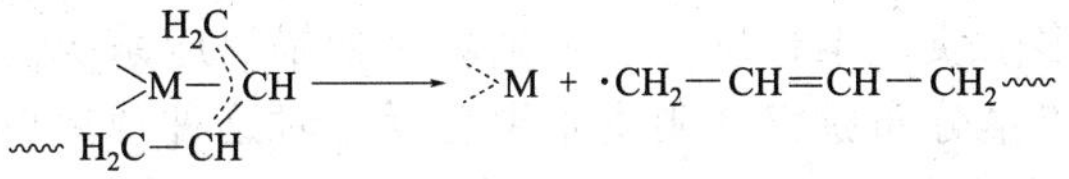

$$>M\underset{H_2C-CH}{\overset{H_2C}{\rangle}}CH \longrightarrow M + \cdot CH_2{-}CH{=}CH{-}CH_2\sim\sim$$

用 $AlR_3\text{-}TiI\text{-}O(i\text{-}C_3H_7)$ 催化剂体系进行丁二烯聚合时可发生双分子链终止反应。

5.2.3 配位聚合的工业应用

配位聚合可用于生产合成树脂中的高密度聚乙烯（HDPE）、聚丙烯以及其共聚物以及合成橡胶中的顺式聚丁二烯（顺丁橡胶）、顺式聚异戊二烯（合成天然橡胶）和乙烯-丙烯-二烯烃三元共聚物（乙丙橡胶）等。

5.3 离子聚合与配位聚合生产工艺

5.3.1 离子聚合与配位聚合生产工艺特点

离子聚合与配位聚合都使用相应的催化剂（也称为引发剂）进行催化聚合反应。由于有些催化剂对水的作用很灵敏，反应过程中生成的碳正离子增长链～C^+X^-、碳负离子增长链～C^-M^+、阴离子配位键对水的作用也都很灵敏，所以不能用水作为反应介质进行自由基悬浮聚合和乳液聚合；只能采用无反应介质的本体聚合方法，包括气相法、液相法、有反应介质存在的溶液聚合方法（淤浆法和溶液法）进行工业生产。

5.3.1.1 离子聚合生产工艺特点

（1）溶剂要求

离子聚合需使中性分子生成离子对，需要较高的能量，所以生成的离子不稳定，必须在聚合前用溶剂在低温下使之稳定；但不能使用强极性溶剂，因为它可使引发剂过度活泼或被破坏。聚合反应多于低温下在弱极性溶剂中进行，弱极性溶剂生成的离子对也是自由离子。在离子聚合过程中，增长链端基可能被对应离子包围或发生配位，因此引发剂类型和溶剂种类会影响离子聚合链增长速度。

选择溶剂时应考虑溶剂极性大小、对离子活性中心的溶剂化能力、可能与引发剂产生的作用、熔点和沸点高低、是否容易精制提纯以及与单体、引发剂和聚合物的相容性等因素。

引发剂和增长链对水和杂质很灵敏，所以要求使用高纯度聚合级溶剂。反应器及辅助设备和溶剂要经过充分干燥。

（2）反应温度

聚合反应温度影响收率、聚合度、聚合反应速率、副反应、聚合物空间结构规整度以及共聚反应的竞聚率等。

许多阳离子聚合反应的活化能为负值，聚合反应速率随反应温度的降低而升高，平均聚合链长随温度的升高而降低。阳离子聚合生产高分子量产品时应在低温下反应。根据实验得知，阳离子聚合反应所得聚合物平均链长在 −100℃ 附近有一转折点，这是由于在 −100℃ 以上时，反应主要向溶剂进行链转移，而 −100℃ 以下则主要是向单体进行链转移。工业生产丁基橡胶时反应温度控制在 −100℃ 左右。

阴离子活性中心较阳离子活性中心稳定。无极性溶剂和杂质时，阴离子活性中心可长时间保持活性，对温度也不敏感，所以阴离子聚合反应可在室温或稍高的温度下进行。

（3）产品分子量及分布

离子聚合反应与自由基聚合反应不同，不可能发生双分子链终止，只可能发生单分子链终止，或活性中心转移而生成"死"分子。聚合反应引发反应很快，引发剂在聚合反应初期大量消耗，如果存在较多杂质，聚合反应将被破坏。如果反应系统为高纯度体系，聚合物分子量增长差异不大，分子量分布狭窄，阴离子聚合反应时这种现象更为突出，甚至可以合成分散指数为 1.01 的单分散产品。

5.3.1.2　配位聚合生产工艺特点

（1）催化剂种类及组分

配位聚合催化剂广泛应用于乙烯、α-烯烃以及二烯烃的配位聚合生产中，因此得到各国化工企业的重视，发表的专利很多，一些大型化工企业拥有自己开发的催化剂体系。目前，工业应用的配位聚合催化剂都是过渡元素的配位络合物，大致可分为 Ziegler-Natta 催化剂、氧化铬-载体催化剂（称为 phillips 催化剂）、过渡金属有机化合物-载体催化剂和金属茂催化剂四大系列。其中以 Ziegler-Natta 催化剂系列应用最为广泛，可用于乙烯、α-烯烃、二烯烃聚合物或共聚物的生产；新开发的金属茂催化剂可用于乙烯、苯乙烯和甲基丙烯酸甲酯等单体的配位聚合。下面讨论 Ziegler-Natta 催化剂的种类及其组分影响。

① 活性中心　Ziegler-Natta 催化剂和（超）高活性催化剂组分较多，如 $TiCl_4/MgCl_2/ED-Et_3Al$（ED-给电子体）等，它们的反应产物相当复杂。普遍认为 Ziegler-Natta 催化剂存在多种活性中心，Ti^{2+} 活性中心可催化乙烯进行聚合，但不能使丙烯进行聚合；Ti^{3+} 活性中心则可催化乙烯和丙烯进行聚合。用于丙烯定向聚合的催化剂也存在两种活性中心，一种催化产生等规聚丙烯，另一种则产生无规聚丙烯。经过给电子配位后可以减少产生无规物的活性中心，提高等规聚丙烯含量。

乙烯、丙烯共聚链增长时，由于丙烯端基存在位阻效应，乙烯插入的速度比丙烯快 14 倍；丙烯与 1-丁烯共聚时，增长链端基都有空间位阻，两种单体插入速度差别不大。

可溶性 Ziegler-Natta 催化剂可用于乙烯和间规聚丙烯的生产，生产等规聚丙烯则必须采用非均相催化剂。

② 助催化剂的影响 如果将 AlEt₃ 的活性定为 100，则助催化剂活性次序为：

$Be(C_2H_5)_2(250) > AlR_3 (100 \sim 130; R = —C_2H_5, —C_3H_7, i-C_4H_9, n-C_{10}H_{21}$ 等$) >$
$AlR_2X(5 \sim 12; R = —C_2H_5, i-C_4H_9; X = Cl, Br, I) > ZnC_2H_5(1) > AlC_2H_5Cl_2(0)$。

$Be(C_2H_5)_2$ 毒性较大，未能在工业上应用。

$MgCl_2$ 载体催化剂 $TiCl_4/MgCl_2$-苯甲酸乙酯$/Al(C_2H_5)_3$ 中，当 $Al(C_2H_5)_3$ 浓度为 $1 \sim 5mmol/L$ 时，乙烯聚合反应速率迅速增加，超过此值后又降低；丙烯聚合时表现出相同规律，只是 $Al(C_2H_5)_3$ 浓度范围不同，浓度为 $0.5mmol/L$ 时反应速率最高。

③ Ti 含量的影响 高活性载体催化剂中，随着钛单位质量的增加，钛的催化活性降低。实验表明钛浓度在 2%（质量）以下时，活性中心的浓度与钛浓度呈直线正比关系。

$TiCl_4$-苯甲酸乙酯与 $MgCl_2$ 共同研磨制备的催化剂中，当钛含量由 0.5% 增为 3% 时，钛的活性无变化；如果钛含量进一步增高，则钛的活性降低。这是因为一部分钛与苯甲酸乙酯形成络合物而没有形成活性中心，催化效率随 Ti/Mg 比值的增加而降低。

④ 给电子体的影响 催化剂中加入路易斯碱后会对烯烃聚合的定向度和聚合动力学产生影响。一般情况下，加入的路易斯碱量增加，定向度增高，聚合活性则降低。另外，对催化活性和定向度数据的分析显示，多数情况下无规聚合物活性中心产率的降低程度高于等规聚合物活性中心的产率。

给电子体分为内给电子体（internal donor）和外给电子体（external donor）。内给电子体与 $MgCl_2$ 和 $TiCl_4$ 形成的三元络合物可显著提高催化剂的催化活性、定向度和稳定性。外给电子体则吸附在催化剂表面，选择性的消除了非定向聚合的活性中心，即消除了无规聚合物催化中心，所以内给电子体效果优于外给电子体。

（2）聚合反应参数的影响

对 $TiCl_4/MgO$-$Al(C_2H_5)_3$ 体系和 $TiCl_4/EB/MgCl_2$-$Al(C_2H_5)_3/EB$（EB-苯甲酸乙酯）体系催化剂的研究表明，不同烯烃聚合的活性中心数是相同的，即单体类型不影响活性中心的数目，但链增长速度常数按以下顺序降低：

乙烯＞丙烯＞1-丁烯＞4-甲基-1-戊烯＞苯乙烯

此顺序与取代基团空间位阻大小是一致的。

对于载体催化剂与非均相催化剂体系来说，单体在颗粒内的扩散阻力将影响催化剂颗粒的效能和聚合速度曲线的形状，浓度与速度呈非线形关系。

（3）聚合反应温度的影响

聚合反应温度影响聚合反应速率和所得聚合物的等规度。由于乙烯无取代基团，聚乙烯无等规度，由于各工厂使用的催化剂和生产工艺的不同而有不同的反应温度，聚合反应温度通常在 80~150℃。聚丙烯聚合时涉及等规度，所以生产时温度较低，以前为 65~70℃，目前采用高效催化剂进行气相本体聚合时，反应温度已提高到 80℃。温度过高会导致催化剂失活，催化剂失活是不可逆反应。何种温度下催化活性最高，取决于催化剂组成和结构对温度的稳定性。聚合反应速率和等规度随温度变化的原因可归结为：

① 催化剂大小和形态发生变化；

② 形成活性中心或破坏了活性中心；

③ 给电子体与活性中心以及给电子体与助催化剂之间发生了新的络合反应；

④ 扩散因素的影响。

（4）氢对链增长速度的影响

在 $MgCl_2/TiCl_4$-$Al(C_2H_5)_3$ 催化剂体系作用下，氢压力增加则聚合速度加快，最后达到极限值。在 50~80℃ 范围内，氢压力不变，聚合速度随温度的升高而加快，70℃ 时出现最高值。但随氢分压的升高，催化剂活性降低，这是因为氢对催化活性有双重作用；原子氢可阻缓聚合反应速率；而分子氢在单体和氢浓度较高的条件下则可创造新的活性中心，提高聚合反应速率。

（5）产品分子量分布

配位聚合所得聚合物分子量分布宽，分布指数通常大于 10。共聚反应所得共聚物的非均一性也很大，这是因为活性中心的活性度不一致，扩散效应限制了单体向活性中心的传递。

5.3.2　离子聚合与配位聚合生产工艺

离子聚合与配位聚合生产过程包括原料准备、催化剂制备、聚合、分离，有的过程中还有溶剂回收与后处理等工序。

5.3.2.1　原料准备

（1）单体纯度

离子聚合与配位聚合对单体纯度的要求很高，至少为 99％以上，有的要求高达99.95％。必须严格控制对催化剂有害的杂质如 H_2O、O_2、CO、CO_2、硫化物等的含量，每种杂质的最高含量取决于催化剂体系和聚合物。例如，用三氯化铝催化剂生产丁基橡胶时，要求单体中水含量低于 50×10^{-6}；用 Ziegler-Natta 催化剂生产高密度聚乙烯时，有些工厂要求水含量低于 10×10^{-6}，而有些工厂则要求低于 2×10^{-6}，甚至低于 1×10^{-6}。

为了保证单体的纯度，原料单体必须精制。工业上一般采用精馏的方法提纯，提纯后的单体再通过净化剂活性炭、硅胶、活性氧化铝或分子筛等脱除微量杂质及水分。

（2）溶剂选择及精制

离子聚合与配位聚合多在溶剂中进行。离子聚合适用的溶剂种类较多，可以是弱极性溶剂和非极性溶剂如仲胺、芳醚、芳烃、卤化烃等。

配位聚合所用溶剂主要是脂肪烃。乙烯和丙烯聚合所用的脂肪烃主要是丁烷、异丁烷、己烷或庚烷。溶剂中芳烃含量要低于 0.1％。丁二烯聚合时可用脂肪烃或芳烃为溶剂；异戊二烯聚合则用脂肪烃溶剂。

选择溶剂时应考虑以下因素：

① 溶剂对聚合增长链活性中心不发生链终止或链转移反应；

② 不含有使催化剂中毒的杂质；

③ 溶剂种类对聚合反应速率、聚合物结构可能发生的影响；

④ 有适当的熔点和沸点，要求在聚合温度下保持流动状态；

⑤ 在溶液聚合过程中要考虑溶剂对单体和聚合物的溶解能力；

⑥ 要考虑溶剂的来源、成本、毒性等因素。

聚合所用溶剂必须进行精制以脱除水分和有害杂质。工业上通常采用精馏截取一定范围的馏分，然后通过净化剂，如活性炭、硅胶、活性氧化铝或分子筛除去微量杂质和水分。通常要求硫化合物含量低于 2×10^{-6}；水含量低于 10×10^{-6}。聚合后，溶剂中微量有害杂质可能在聚合中除去，所以回收溶剂中的有害物质含量可能低于新鲜溶剂。

5.3.2.2　催化剂制备

催化剂种类很多，根据离子性质可分为阳离子型、阴离子型和配位络合催化剂等。根据催化剂的组分可以分为一元、二元、三元及多元催化剂体系。一元催化剂比较简单，二元、三元和多元催化剂的组分越来越复杂。催化剂的种类、用量、配制条件、加料次序、温度以及放置（又称老化或陈化）时间等对催化剂体系的活性都有影响。为保证活性均一，每批催化剂的配制条件必须严格一致。

固相载体催化体系 CrO_3-Al_2O_3-SiO_2 是载于铝胶和硅胶上的氧化铬固相催化剂（Phillips 催化剂），需在 800℃下用干燥空气中进行活化，使铬原子从 Cr^{3+} 氧化到 Cr^{6+} 状态才能用于中等压力下的乙烯聚合。

除固相载体催化剂外，通常须将催化剂分散在适当的溶剂中进行加料，必要时需经陈化处理。陈化处理是使二元以上催化剂中的各组分相互反应而转变为具有活性的催化剂。陈化温度、时间和各组分的加料顺序对催化剂的活性均有影响。

5.3.2.3 聚合工艺过程

工业上应用离子聚合生产的合成树脂有聚甲醛、氯化聚醚等；生产的合成橡胶有热塑性丁苯橡胶、丁基橡胶等。应用配位聚合生产的合成树脂有高密度聚乙烯、聚丙烯、乙烯与 α-烯烃的共聚物等；生产的合成橡胶有顺丁橡胶、异戊二烯橡胶、乙丙橡胶等。

（1）聚合操作方式

聚合操作方式分为间歇操作和连续操作两种，上述各种合成树脂与合成橡胶都是采用连续聚合方式进行生产。

间歇操作与连续操作的主要优缺点已在"自由基聚合工艺"一章内介绍。离子聚合与自由基聚合的差异不大，不同的是离子聚合与配位聚合不能用水作为反应介质，而且催化剂和活性聚合物对 H_2O、O_2、CO、CO_2、ROH、硫化物等杂质极为敏感，空气中的水分，甚至反应器壁上附着的水分都会严重影响催化剂以及生成的活性聚合物的活性。所以离子聚合与配位聚合生产过程中，聚合反应器、聚合前单体与溶剂所接触的容器都要进行充分干燥，并且采用单位体积表面积小的反应器，即以矮胖型反应器较为合适。连续操作时，反应器器壁表面水分会延缓反应的开始，反应开始以后则影响甚微。间歇操作由于经常性的进料-出料-清釜，所以反应器器壁的干燥与否对聚合反应影响很大。

（2）聚合方法与工艺流程

如何使聚合物具有合适的分子量和分子量分布，如何提高聚合速度、催化剂活性和设备的生产能力是离子聚合与配位聚合的关键。例如，聚乙烯产品要控制产品的密度在要求范围内；聚丙烯的生产则要求高等规含量以满足产品性能上的要求。

在有反应介质存在时，可采用淤浆法或溶液法进行离子聚合或配位聚合；无反应介质存在时则采用本体气相法或本体液相法。

聚合过程中对分子量的控制主要通过加入适量的分子量调节剂或改变加入的催化剂用量。氢气是常用的分子量调节剂。调整聚乙烯密度的方法主要是加入少量 α-烯烃如丙烯、1-丁烯、己烯等进行共聚，与丁烯共聚可得到分子量分布较宽的共聚物，与丙烯共聚则得到分子量分布狭窄的共聚物。

① 淤浆法工艺流程　淤浆法主要用于高密度聚乙烯和聚丙烯的生产。乙烯聚合反应温度低于聚乙烯在反应介质中的溶解温度，所以生成的聚乙烯呈粉状悬浮于溶剂中，固体浓度通常为 25%～50%，物料呈淤浆状。生产聚丙烯时，反应温度必须控制在 80℃以下以免影响等规度，反应物料同样呈淤浆状。聚合反应中，浆状物是逐渐生成淤积的，所以称之为淤浆法。

生产聚乙烯和聚丙烯的第一代催化剂活性较低，生产过程结束时必须加入甲醇破坏催化剂活性，因此增加了用水萃取甲醇和催化剂残留物的工序。该工序实际上含脱除了聚合物中含有的一部分催化剂灰分，工业上称之为"脱灰"。聚丙烯生产中，生成的无规聚丙烯含量较高，回收溶剂工序中可分离出无规聚丙烯。

第二代催化剂的催化效率明显提高，由第一代 1g 钛生产 1000～5000g 聚丙烯提高到生产 20kg 聚丙烯；等规指数由第一代的 88%～91% 提高到 95%，但残存的金属残渣仍较高，所以工业生产中仍有脱灰工序和脱无规物工序。

第三代高效催化剂出现后，催化效率提高到 1g 钛生产 3×10^5g 聚丙烯；超高活性催化剂中，1g 钛可得 6×10^5～2×10^6g 聚丙烯，等规指数达到 98%，因此第三代以后的催化剂在淤浆法生产中无需再有脱灰和脱无规物工序。淤浆法工艺流程见图 5-8。

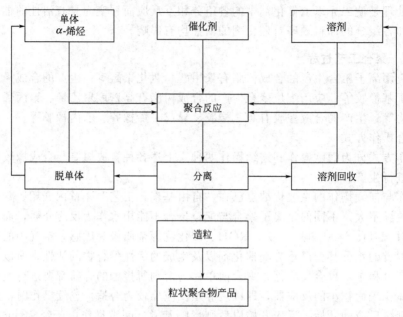

图 5-8　淤浆法工艺流程

② 溶液法工艺流程　某些工厂生产聚乙烯的反应温度为 130～150℃，反应生成的聚乙烯溶于所用烃类溶剂中，体系呈溶液状态，因此称为溶液法。反应结束后聚乙烯析出，后续流程与淤浆法相似。

使用配位聚合生产顺丁橡胶、顺式异戊二烯橡胶以及乙丙橡胶等合成橡胶时都采用溶液法，反应产物是高黏度橡胶溶液，脱除溶剂后的物料为有韧性的弹性胶粒，后处理方法不同于合成树脂。脱除单体后的胶液需加入终止剂和防老剂，然后送入凝聚釜。在凝聚釜中沸腾水和强力搅拌下，溶剂被水汽蒸出，形成含水的胶粒，经挤压脱水、挤压干燥后得到商品合成橡胶。上述几种合成橡胶的生产工艺过程大致相同，顺丁橡胶的生产中有时需调节其门尼黏度，须将不同门尼黏度的胶液掺合为要求值。由于凝聚时橡胶溶液与大量水分接触，所以可省去催化剂脱活和洗涤工序。具体生产工艺流程见图 5-9。

③ 本体法工艺流程　本体法仅适用于聚乙烯和聚丙烯及其共聚物的生产。丙烯的临界温度和临界压力较低，临界温度为 92℃，临界压力为 4.65MPa，易液化，所以又有本体气相法和本体液相法之分。本体气相法适用于乙烯、丙烯及其共聚物的生产；本体液相法仅用于丙烯均聚或共聚。

随着高效催化剂的开发，本体气相聚合无需再经过脱灰工序，工艺流程更为简单。生产中，固相催化剂通常用惰性气体送入沸腾床反应器。反应生成的聚合物自反应器底部排出，喷入少量异丙醇使催化剂脱活后得到粉状聚合物，添加助剂后造粒即得产品。

（3）聚合装置与反应热的排除

乙烯、丙烯、丁二烯等单体在常压下是气体，但丙烯与丁二烯的临界压力和临界温度都较低，易液化。在聚合反应条件下，乙烯以气体形式进料，而丙烯、丁二烯和异戊二烯则在

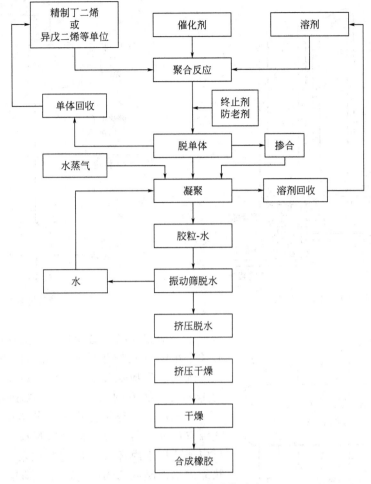

图 5-9　溶液法生产合成橡胶流程

压力下以液体形式进料。

配位聚合所用反应器有用于淤浆法和溶液法的环式反应器；用于气相法的沸腾床反应器；装有搅拌装置的釜式反应器，装有搅拌装置的流动床反应器和装有搅拌装置和隔板的卧式反应器等。釜式反应器和流动床反应器与一般釜式反应器相似，一些反应器的示意图如图 5-10～图 5-12 所示。

早期生产聚乙烯的环式反应器通常为双环，现在已发展到四环甚至六环。聚乙烯环管的年产量也从早期的 15 万吨发展到现在的 50 万吨。乙烯淤浆法聚合时反应压力为 3～4MPa；反应温度取决于最终产品，通常在 85～110℃ 之间。反应物料在反应器内停留时间约为 1.5h；出料的淤浆中固含量为 25％～50％。为防止聚合物在管中沉降堵塞，反应器装有对反应物进行强制循环的循环泵，循环线速度大于 6m/s，乙烯转化率为 78％左右。双环反应器还可用于丙烯本体聚合，其反应压力为 2.5MPa，反应温度为 80℃，停留时间低于 6h。环式反应器的长径比很大，冷却夹套的冷却面积足够带走聚合反应热。

釜式反应器用于配位聚合时通常采用 2～4 釜串联的方式进行连续操作。单体、催化剂与溶剂分别进入第一个聚合釜，然后依次流经各聚合釜。聚合热主要靠夹套冷却排除。为了提高冷却效果，有时需用冷冻食盐水或液氨进行冷却。丙烯聚合时，50％～60％聚合热借丙烯气化、冷凝移去，此情况下聚合反应器附加回流冷凝器即可。淤浆法聚合丙烯时，反应温度为 54～77℃，反应压力为 1.05～2.14MPa，转化率在 97％左右，淤浆浓度为 20％～45％。

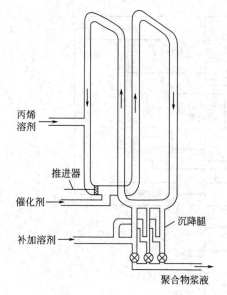

图 5-10　环式反应器

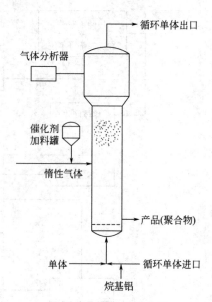

图 5-11　沸腾床反应器

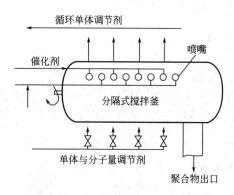

图 5-12　装有隔板的卧式反应器

丁二烯和异戊二烯聚合时，反应物为黏稠溶液，必须采用贴壁式螺带搅拌器增加传热和传质效率。丁二烯聚合反应温度为 $0\sim80℃$；戊二烯聚合温度为 $1\sim2℃$，也有的工厂在 $5\sim40℃$ 进行聚合。

釜式反应器连续操作时，各釜应满釜操作。立式沸腾床反应器、釜式流动床反应器以及隔板卧式反应器适用于丙烯或乙烯的气相聚合，它们的反应热靠丙烯冷凝或乙烯高速循环冷却排除。

控制聚合物分子量及分子量分布的方法有加入分子量调节剂（通常为氢气）、调整反应温度、改变催化剂组成等，聚乙烯的密度主要靠共聚单体种类与数量进行控制。

聚合物在反应釜壁上的黏结问题是生产中经常遇到的工程问题。粘壁物将造成传热效率降低、产品分子量分布加宽甚至产生凝胶等问题。为防止粘壁，制造反应器时尽可能提高内壁的光洁度，使用过程中防止内壁表面造成伤痕，连续操作时各聚合釜应满釜操作以减少液体界面，也可在反应物料中加防粘釜剂等。

5.3.2.4　后处理

（1）脱单体

配位聚合生成的反应物中含有未反应的单体，这些单体通常为气态或受压易液化的气体。通常通过减压或闪蒸使未反应单体与液态物料进行分离，分离后的单体应回收使用。合成橡胶生产的后处理见"19.2.4"一节。

（2）脱灰

配位聚合催化剂都含有金属化合物，当催化剂效率低于 $2×10^4$ g 聚合物/1g 钛时，须进行脱灰处理，以免聚合物中灰分过高而影响其电性能、耐老化性、染色性等。

随着高效催化剂的开发，已不再需要脱灰工序，仅用少量极性物质如异丙醇使催化剂脱活后，进入下道后处理工序即可。

（3）分离干燥

经脱灰处理的淤浆液首先用离心机进行液-固分离。分离出来的溶剂送往溶剂回收工段进行精馏回收。离心分离得到的聚合物滤饼尚含有 30%～50% 有机溶剂，因此必须进行干燥。

干燥装置通常采用沸腾床干燥器、气流干燥器和回转式圆筒干燥器。由于挥发物是有机溶剂，所以热载体采用氮气以防爆炸，通常在封闭系统中用加热后的氮气进行闭路循环干燥。

配位聚合生产合成橡胶时，高黏度胶液喷入沸水中使溶剂蒸出，形成胶粒，催化剂被水分解溶出，所得胶粒含有水分，须进行挤压脱水、挤压干燥。脱除大量水分后，残余在胶粒内部的水分则经热空气干燥。

（4）溶剂回收

聚乙烯和合成橡胶生产中，分离后得到的溶剂中含有醇、水及催化剂残渣等物质，须经精馏分离，回收溶剂。

聚丙烯生产过程中，若等规聚丙烯达不到 95% 以上，则分离得到的溶剂中含有少量无规物，这时应将分离得到的母液送入预浓缩器，经薄膜蒸发器将无规物与溶剂分离。无规物可作为副产品或作为燃料燃烧。

（5）造粒

干燥后的聚乙烯和聚丙烯为粉状物，与必要的添加剂混合后经造粒装置熔融挤出造粒。挤出机模口通常浸在水中，由切粒刀直接切粒。粒料与水分离后，用空气吹干后进行包装，即得到商品聚乙烯或聚丙烯。

合成橡胶胶粒经干燥后具有弹性，通常将其压榨为一定质量的大块，然后包装为商品。

第6章

缩合聚合生产工艺

6.1　概述

含有反应官能团的单体经缩合反应析出小分子化合物，生成聚合物的反应称为缩合聚合反应，简称为缩聚反应。只有当单体分子中所含有的反应官能团数目等于或大于 2 时，才可能进行缩聚反应。

多数情况下，缩聚反应在两种单体所含不同性质的反应官能团之间进行。例如，—COOH 基团与—OH 或—NH$_2$ 基团、—ArONa 基团与 Cl—ArSO$_2$—基团反应等；少数情况下也可在相同性质的反应性官能团之间，即在同一种单体的两个分子之间进行。例如

$$—\overset{|}{\underset{|}{Si}}—OH \quad 与 \quad OH—\overset{|}{\underset{|}{Si}}— \quad 或—CH_2OH \quad 与 \quad HOCH_2—基团的反应等。$$

与有机化学中官能团概念不同的是，酚类化合物中酚羟基的邻、对位 H 原子与氨基化合物中氨基的 H 原子都可为聚合反应官能团，因为它们可与醛类化合物反应生成相应的聚合物。

参加缩聚反应的单体反应性官能团数目全都为 2 时，反应生成的最终产物为线型高分子量聚合物，为了与加成聚合所得线型高分子量聚合物有所区别，简称为线型缩聚物。如果一部分单体含有的反应性官能团数目大于 2，则缩聚反应生成的最终产物为体型聚合物，简称为体型缩聚物。在高分子合成材料工业中，线型缩聚物主要用作热塑性塑料、合成纤维、涂料与黏合剂等；体型缩聚物则用作热固性塑料、热固性涂料以及热固性黏合剂的主要成分；少数具有松散交联结构、玻璃化温度低于室温的产品，则可用作合成橡胶，如聚硫橡胶、硅橡胶等。

高聚物合成工业中，线型高分子量缩聚物是一次合成的，即可直接生产高分子合成树脂；体型缩聚物是不熔不溶的大分子，仅可在应用过程中形成最终产品，即在热固性塑料成型过程、涂料涂装以及黏合剂黏结以后，通过交联反应而形成。高聚物合成工业仅生产初级阶段具有反应活性的合成树脂，它是含有若干活性官能团的线型或支链型低聚物，分子量为数百至数千不等；这类合成树脂具有可熔可溶性。不饱和聚酯树脂、环氧树脂以及有些树脂品种生产后可直接作为商品出厂，然后由加工应用工厂进行后加工与应用。另外，一些品种如酚醛树脂、氨基树脂等由合成树脂工厂生产以后，在一定条件下添加填料、着色剂、固化剂等必要助剂进一步加工为仍具有可塑性和可溶性的粉状物料，称为压塑粉，然后在加工应用工厂成型为热固性塑料制品。工业上将这类合成树脂的变化区分为 A、B、C 三个阶段，合成树脂工厂生产 A 阶段树脂，加工为压塑粉后，合成树脂转变为 B 阶段，成型固化以后则转变为 C 阶段。

线型高分子量缩聚物的用途取决于产品种类。聚酯中的聚对苯二甲酸乙二酯主要用作合成涤纶纤维，其次用来生产薄膜、制造感光胶片、录音带、录像带以及用来生产饮料瓶等；聚对苯二甲酸丁二酯与双酚 A 型聚碳酸酯主要用作工程塑料；聚酰胺中的聚酰胺 66 和聚酰胺 6 主要用作合成纤维，聚酰胺 6 还可用浇铸成型的方法制造大型耐磨产品如滚筒等；聚酰

胺1010则主要用作热塑性塑料，生产卫生洁具的配件等；聚砜、聚酰亚胺以及芳族杂环聚合物主要用作耐高温塑料、耐高温合成纤维以及耐高温涂料、黏合剂等。

6.2 线型高分子量缩聚物的生产工艺

6.2.1 线型缩聚物的主要类别及其合成反应

工业生产中，利用缩聚反应生产的线型高分子量缩聚物主要有以下几种。

聚酯类：包括聚对苯二甲酸乙二酯（PET）、聚对苯二甲酸丁二酯（PBT）、双酚A型聚碳酸酯（PC）等。

聚酰胺类：包括聚酰胺66（尼龙66）、聚酰胺610、聚酰胺1010、聚酰胺6等。

聚砜类：产量最大的是双酚A与4,4-二氯二苯基砜缩聚生成的聚砜，此外还发展了耐高温的聚醚砜等。

芳香族聚酰亚胺类：以均苯四酸二酐与4,4'-二氨基二苯醚缩聚生成的聚酰亚胺最为主要。此外，还发展了其他芳香族四元酸与芳二胺合成的聚酰亚胺以及芳香族三元酸与二元胺合成的聚酰胺-酰亚胺等。

芳香族聚杂环类：包括经缩聚反应合成芳杂环而得到的各种聚合物产品，例如聚苯并咪唑、聚苯并噻唑、聚苯并噁唑、聚苯并咪唑吡咯酮、聚苯硫醚等。

上述各种线型缩聚物的合成方法有以下几种。

① 由两种可发生缩聚反应的单体在适当条件下进行缩聚，此反应为可逆平衡反应，可用以下通式代表：

$$na—A—a + nb—B—b \rightleftharpoons a\text{—}A—B\text{—}_n b + 2(n-1)ab$$

绝大多数线型缩聚物可以通过以上反应合成。

② 少数品种如聚酰胺6（尼龙6）、有机硅橡胶等，首先由相应的单体合成环状小分子化合物，然后经催化开环得到线型高分子量缩聚物，例如：

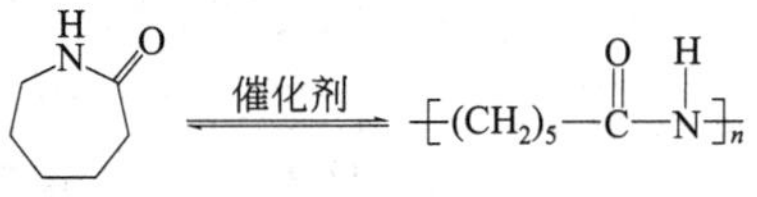

表6-1列出含有a、b官能团的二元单体经缩聚反应后，析出的小分子化合物以及制得的线型高分子缩聚物种类。

表6-1 二元缩聚单体所含官能团类型及反应产物

官能团		生成的低分子化合物	特征基团	缩聚物种类
a	b			
—OH	HOOC—	H_2O	—O—C—(O)	聚酯
—OH	ROOC—	ROH	—O—C—(O)	聚酯
—OH	Cl—C—(O)	HCl	—O—C—(O)	聚酯
—OH	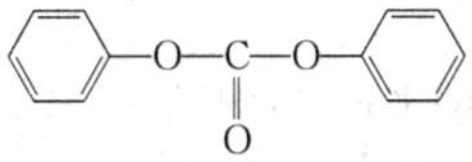 (苯)—O—C(O)—O—(苯)	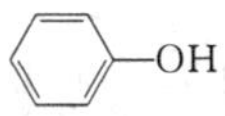 (苯)—OH	—O—C—(O)—O—	聚碳酸酯

官能团		生成的低分子化合物	特征基团	缩聚物种类
a	b			
—NH$_2$	HOOC—	H$_2$O		聚酰胺
—NH$_2$	Cl—C—	HCl		聚酰胺
—Na	(Cl-Ar)$_2$-SO$_2$	NaCl	—O—Ar—S—Ar—O—	聚砜
—NH$_2$	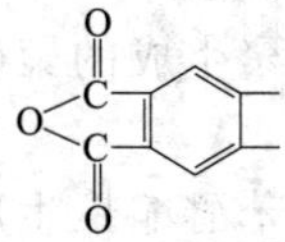	H$_2$O	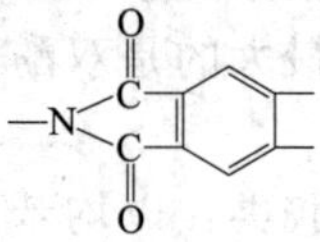	聚酰亚胺
—NH$_2$	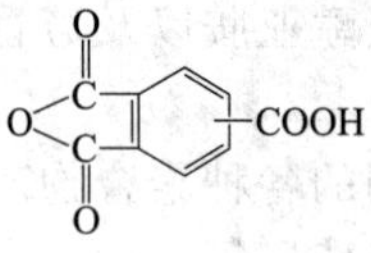 —COOH	H$_2$O	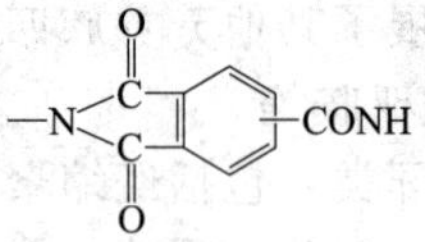 —CONH	聚酰胺-聚酰亚胺
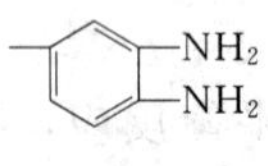	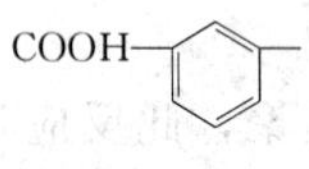 COOH—	H$_2$O	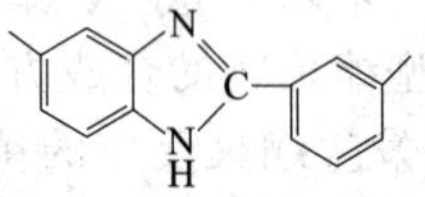	聚苯并咪唑
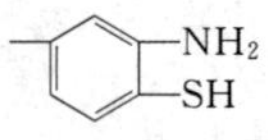	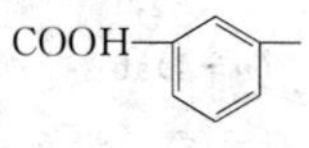 COOH—	H$_2$O	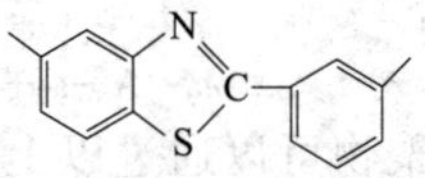	聚苯并噻唑
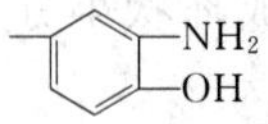	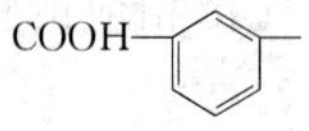 COOH—	H$_2$O	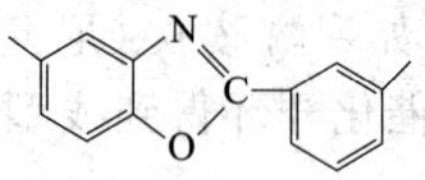	聚苯并噁唑
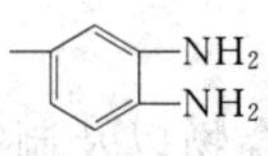	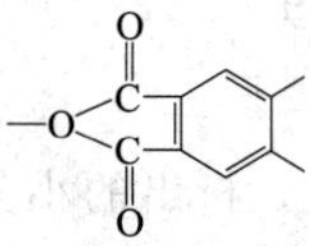	H$_2$O	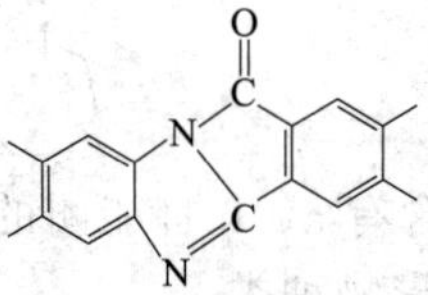	聚苯并咪唑吡咯烷酮
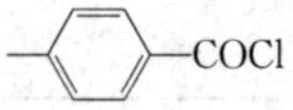 —COCl	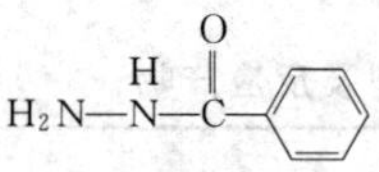	H$_2$O HCl	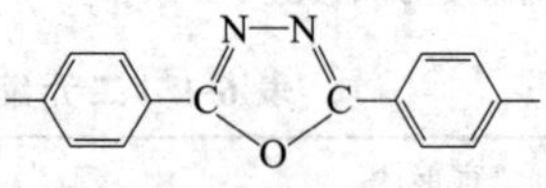	聚噁二唑

如果同一种单体的分子中含有两种可互相发生缩聚反应的官能团，其缩聚产物称为均聚物；具有两种官能团的单体经缩聚反应得到的产物则称为混聚物。两种不同的单体共同进行均缩聚或由三种以上单体进行混聚得到的产物属于共缩聚物。其反应如下。

均缩聚反应：

$$n\text{NH}_2-\text{R}-\text{COOH} \rightleftharpoons \text{H}-[\text{N}-\text{R}-\text{OC}]_n\text{OH} + (n-1)\text{H}_2\text{O}$$
$$\quad\quad\quad\quad\quad\quad\quad\quad\quad\quad \text{H}$$

混缩聚反应：

$$n\text{NH}_2-\text{R}-\text{NH}_2 + \text{HOOCR}'-\text{COOH} \rightleftharpoons \text{H}-[\text{N}-\text{R}-\text{NHOCR}'-\text{OC}]_n\text{OH} + 2(n-1)\text{H}_2\text{O}$$
$$\quad\quad\quad\quad\quad\quad\quad\quad\quad\quad\quad\quad\quad\quad\quad\quad \text{H}$$

共缩聚反应：

$$\text{NH}_2-\text{R}-\text{NH}_2 + \text{HOOCR}'-\text{COOH} + \text{HOOCR}''\text{COOH} \longrightarrow$$
$$\sim\sim\sim\text{NH}-\text{R}-\text{NHOCR}'-\text{CONHR}-\text{NH}-\text{OCR}''-\text{CO}\sim\sim\sim$$

6.2.2 线型缩聚物生产工艺特点及理论基础

线型缩聚物主要由两种原料经缩聚反应而得。以对苯二甲酸与乙二醇的缩聚反应为例：

$$n\text{HOOC} \longrightarrow \text{COOH} + n\text{HOCH}_2\text{—CH}_2\text{—OH} \Longrightarrow \text{HO} \underset{\text{结构单元}}{\underbrace{\text{C}}} \underset{\text{结构单元}}{\underbrace{}} \text{H} + n\text{H}_2\text{O}$$

该反应的最终产品为聚对苯二甲酸乙二酯（PET），n 为重复单元的数目，通常用 $\overline{DP}$（平均聚合度）代表。$\overline{Xn}$ 为聚合物分子键中平均结构单元数，其值为 DP 的两倍，即 $\overline{DP} = \overline{Xn}/2$。

事实上，缩聚反应历程比上述所示更为复杂，因为已生成的聚合物分子可以相互反应生成更大的聚合物分子。

除生成线型结构聚合物外，缩聚反应还可能产生环合副反应。环合反应可能发生在两种可缩合基团之间，也可能产生于同种基团之间。十二元环以下的低级环状化合物不稳定，易开环，而且环合反应发生在本分子内。工业生产的线型缩聚物要求具有高分子量，聚合度应大于 100。

6.2.2.1 缩聚反应为逐步进行的平衡反应

随着反应的深入，缩聚物由二聚物、三聚物……逐步发展为高聚物。工业生产中，要获得高分子量线型缩聚物，必须使缩聚反应的单体转化率接近于 100%。但随着转化率的提高，反应速率明显变慢，完成最后几个百分数所需的反应时间甚至与转化率达到 97%～98% 时相接近，因而大大地增加了反应时间和难度。为了促进缩聚反应速率，通常须加入催化剂。

6.2.2.2 原料配比对产品分子量的影响

当二官能团单体的摩尔比完全相等时，如果缩聚反应充分进行，理论上可以得到分子量无限大的产品。事实上即使两者原始配比相等，受称量精度限制、系统中杂质影响、反应过程中少量官能团受热分解或部分单体挥发逸出等因素的制约，无法使两者配比真正相同。从经济上考虑也不可能过分延长反应时间，因而反应不能进行完全。工业生产中得到的产品分子量是有限的，要人为地在生产技术上予以控制。

6.2.2.3 缩聚物端基的活性基团将影响成型时的熔融黏度

当两种单体的物质的量相等时，理论上平均每一大分子两端各存在一个可以互相发生缩合反应的活性基团。例如，聚酯分子的端基为—OH 和—COOH 基团；聚酰胺分子的端基为—NH$_2$ 基和—COOH 基团。相对而言，活性基团的浓度很低。当这些缩聚物进行塑料成型加工或熔融纺丝时，由于受热受压，两种活性基团之间可能进一步发生缩合反应而使缩聚物分子量成倍提高，造成熔体的黏度急剧增加，使成型过程难以顺利进行。

为了使具有活性端基的高分子缩聚物在熔融成型时黏度稳定，在原料配方中应加入黏度稳定剂，使它与端基中的一个活性基团发生化学反应，从而使缩聚物在熔融成型时分子量不再发生变化。例如，生产聚酰胺树脂时，原料中加入少量一元酸醋酸，使之与聚酰胺树脂一端基发生乙酰化反应而失去活性，生成的聚酰胺树脂结构式为：

$$\text{CH}_3\text{—CO} \big[\text{NH (CH}_2)_y\text{—NHOC (CH}_2)_x\text{—CO} \big]_n \text{OH}$$

缩聚物生产过程中加入的一元化合物称之为黏度稳定剂，但它的作用不仅使黏度稳定，同时还有控制产品分子量的作用。

6.2.2.4 反应析出的小分子化合物必须及时脱除

为了使缩聚反应向生成高聚物的方向顺利进行，生产过程中必须将生成的小分子化合物及时排出反应区。工业生产中多采用薄膜蒸发、溶剂共沸、高温加热、真空脱除或通惰性气体带出等措施排除小分子化合物。由于反应后期物料处于高黏度熔融状态，而且小分子化合物浓度较低，真空脱除时须施以高真空才有效果。

6.2.2.5 缩聚过程理论基础

（1）缩聚过程原料配比与产品分子量控制的理论基础

当 AB 两种二官能团单体进行缩聚反应时，假设两种官能团的总数分别为 N_A 和 N_B，则两种基团的数量比值 r 为：

$$r = N_A/N_B$$

参加反应的单体分子总数为 $(N_A + N_B)/2$，假设 P 为单体 A 在某一时间的反应程度，即单体 A 的转化率，则单体 B 的反应分率为 rP；此时未反应的 A、B 两单体百分比分别为 $(1-P)$ 和 $(1-rP)$，未反应的基团数分别为 $N_A(1-P)$ 和 $N_B(1-rP)$。

由于数均结构单元数 $\overline{Xn}$ 为起始存在的 A、B 两单体分子总数与未反应分子总数的比值，即：

$$\overline{Xn} = \frac{\dfrac{N_A + N_B}{2}}{\dfrac{N_A(1-P) + N_B(1-rP)}{2}} = \frac{1+r}{1+r-2rP} \tag{6-1}$$

此式反映了单体原始配比与反应分率、产品数均结构单元数的关系。由于缩聚物平均聚合度 $\overline{DP} = \overline{Xn}/2$，所以此式同样反映出与 $\overline{DP}$ 的关系。由以上关系式可知，当 A、B 两单体配比相等 $r = 1$ 时，则：

$$\overline{Xn} = 1/(1-P) \tag{6-2}$$

这就是 Carothers 公式。当转化率 $P = 99\%$ 时，$\overline{Xn} = 100$，$\overline{DP} = 50$，刚达到工业上对线型缩聚物平均聚合度应大于 50 的要求。当转化率 $P = 100\%$ 时，式(6-1) 为

$$\overline{Xn} = \frac{1+r}{1-r} \tag{6-3}$$

此时，如果 B 单体用量超过 A 单体用量的 0.1%（摩尔分数）和 1%（摩尔分数），则 r 值分别为 1000/1001 和 100/101，根据式(6-3) 计算，$\overline{Xn}$ 分别为 2001 和 201；如果转化率 $P = 99\%$，则 $\overline{Xn}$ 分别为 95 和 67；如果在线型缩聚过程二官能团单体 A、B 用量相等，另外加入一元官能团单体 C，则：

$$r = \frac{N_A}{N_B + 2N_C} \tag{6-4}$$

设单体 C 的基团总数 N_C 为 0.1%（摩尔分数），转化率为 100% 时，代入式(6-4) 和式(6-3) 得到 $\overline{Xn} = 1001$；如转化率为 99%，则 $\overline{Xn}$ 仅为 91，以上为理论计算值。实际生产中，由于各种原因达不到理论数值，实际的 Xn 值更低。

（2）缩聚反应平衡常数对分子量的影响

有机酸与醇或胺进行的酯化反应、酰胺化反应都是可逆平衡反应，以聚酯的合成反应为例，反应速度常数 K 值为：

$$K = \frac{[COO][H_2O]}{[COOH][OH]} = \frac{(P[M]_0)^2}{([M]_0 - P[H]_0)^2} \tag{6-5}$$

在非封闭系统中，通过真空减压、升温蒸发等措施使反应生成的小分子化合物不断排除

以减少逆反应时，聚酯的平衡常数表达式可改写为：

$$K = \frac{P[H_2O]}{[M]_0(1-P)^2}$$

其中 $[H_2O]/[M]_0$ 为生成的小分子 H_2O 的转化率，用 n_w 表示，则上式改写为：

$$K = \frac{Pn_w}{(1-P)^2}$$

也就是：

$$\overline{Xn} = 2\overline{DP} = \sqrt{\frac{K}{n_w}} \qquad (6-6)$$

由上式可知，缩聚物的聚合度与平衡常数的平方根成正比，而与小分子副产物浓度的平方根成反比，而 K 值对于不同的缩聚反应在不同温度下为恒定值。由此可知，n_w 值对于聚合度产生重大影响，特别是对于 K 值较小的酯化反应更是如此。对于 $K=1$ 的缩聚反应，当 $P=100\%$ 时，如要求产品的 $\overline{Xn}$ 值为 100，则水的分率 $n_w < 1 \times 10^{-4}$；$K=400$，$\overline{Xn}$ 为 100 时，$n_w < 4 \times 10^{-2}$。聚酯合成反应的 K 值在 0.1~1 之间，聚酰胺合成反应的 K 值则大于 100。所以合成聚酯时，残存的水对产品的聚合度影响很大，要求产品经过严格的脱水过程；聚酰胺的合成则允许稍高的含水量。

根据上述分析，可以得出下列结论。

① 线型高分子缩聚物生产过程中，单体转化率的高低对产品的平均分子量产生重要影响。

② 缩聚过程中，两种二元官能团单体的摩尔比应严格相等。加入适量的一元官能团单体可以控制产品的平均分子量，并可根据其用量调整产品分子量范围和稳定黏度。一元官能团单体价格便宜，经济上优势明显。

③ 如果两种原料之一易挥发，则起始原料比可以不相等，易挥发的单体可以过量，过量的单体应在反应过程中逐渐脱除，反应接近结束时仍应达到相近的摩尔比。

④ 缩聚反应生成的小分子化合物须及时排除，其残存量对聚合度产生明显影响。

6.2.3 线型缩聚物生产工艺

工业生产中，用缩聚反应生产线型高分子量缩聚物的方法主要有以下几种。

（1）熔融缩聚法

在无溶剂情况下，使反应温度高于原料和生成的缩聚物熔融温度，即反应器中的物料始终保持在熔融态下进行缩聚反应。

（2）溶液缩聚法

将单体溶解在适当溶剂中进行缩聚反应。

（3）界面缩聚法

将可发生缩聚反应的两种有高度反应活性的单体分别溶于两种互不相溶的溶剂中，在两相界面发生缩聚反应。

（4）固相缩聚法

反应温度在单体或预聚物熔融温度以下进行缩聚反应。

6.2.3.1 缩聚物生产工艺流程比较

不同的缩聚方法各有优缺点与适用范围，熔融缩聚不需要外加溶剂，原料也不需要预处理，因此较为优越。各种缩聚方法的优缺点及适用范围见表 6-2。

表 6-2　缩聚方法比较

特点	熔融聚合	溶液聚合	界面聚合	固相聚合
优点	生产工艺过程简单,生产成本较低。可用连续法直接纺丝。聚合设备的生产能力高	溶剂存在下可降低反应温度,避免单体和产物分解,反应平稳容易控制,可与产生的小分子共沸或与之反应而使其脱除,聚合物溶液可直接用作产品	反应条件缓和,反应是不可逆的,对两种单体的配比要求不严格	反应温度低于熔融缩聚温度,反应条件缓和
缺点	反应温度高,要求单体和缩聚物在反应温度下不分解,单体配比要求严格,反应物料黏度高,小分子不易脱除,可能会局部过热而产生副反应,对聚合设备密封性要求高	溶剂可能有毒,易燃,提高了成本,增加了缩聚物分离、精制、溶剂回收等工序,生产高分子量产品时须将溶剂蒸出后进行熔融缩聚	必须使用高活性单体,如酰氯等,需要大量溶剂,产品不易精制	原料需充分混合以达到要求的细度,反应速度低,小分子不易扩散脱除
适用范围	广泛用于大品种缩聚物,如聚酯、聚酰胺的生产	适用于单体或缩聚物熔融后易分解的产品生产,主要用于芳香族聚合物、芳杂环聚合物等的生产	适用于气-液相、液-液相界面缩聚和用芳香族酰氯生产芳香酰胺等特种性能聚合物	适用于提高已生产的缩聚物如聚酯、聚酰胺等的分子量,可用于难溶的芳香族聚合物的生产

6.2.3.2　熔融缩聚生产工艺

熔融缩聚是生产线型缩聚物的主要方法,其反应温度须高于单体和所得缩聚物的熔融温度,一般在 150～350℃ 范围内进行聚合,全芳环聚合物的缩聚温度较高。工业生产的主要品种聚酯和聚酰胺的反应温度在 200～300℃ 范围内。工程塑料之一的聚碳酸酯也是用熔融缩聚法进行生产的。

缩聚物生产工艺主要分为原料配制、缩聚、后处理等工序。产量最大的聚酯和聚酰胺采用连续法生产。由于这两类树脂主要用来生产合成纤维,有些小规模生产装置将缩聚后熔融的缩聚物直接由聚合釜进入纺丝装置,制得长纤维产品或经切断得到短纤维产品;大规模生产装置则将熔融缩聚物以条状物形式送入冷水槽中冷却后经切粒、干燥得到粒料产品,然后由加工厂再经熔融纺丝制得合成纤维,或制造薄膜、饮料瓶等制品。产量较小的缩聚物可采用间歇法生产。

（1）原料配方

熔融缩聚原料配方中除单体外,还需加入催化剂、分子量调节剂、稳定剂等,制造合成纤维时还需要添加消光剂、着色剂等。由于线型缩聚物的熔融黏度较高,通常不再通过熔融混炼添加其他组分,而是将所需的各种物料在原料配制过程中一次加入到聚合系统中。

① 单体　缩聚反应通常在含有两种不同官能团的单体之间进行。少数单体分子含有两种官能团,例如 ω-氨基己酸、乳酸等,这类单体的两种官能团摩尔比总是相等的,不存在配料问题,但需加入一元官能团的分子量调节剂。

2-2 官能团单体配料时,理论上两种单体的摩尔比应当严格相等。实际生产中,挥发性单体可以过量。缩聚过程中,通过逐渐脱除易挥发单体而使两种原料的摩尔比接近,可以提高产品的分子量。如果两种单体都不能挥发除去时,其摩尔比应相等。

聚酯生产中可以用二元酸与二元醇进行直接酯化反应,也可使二元酸转化为低级一元醇的酯再与二元醇进行酯交换反应。

聚酰胺生产中可以使二元酸与二元胺生成相应的盐,用它作为原料,羧酸基团与氨基基团的摩尔比将完全相等，不会产生一种原料过量的问题。

② 催化剂　为了加速缩聚平衡反应的进行，缩聚物生产中有时须加入适当的催化剂。催化剂的选择取决于缩聚反应的类型和反应条件等因素。

聚酯生产中，如果用二元酸与二元醇直接缩合，可用质子酸或路易斯酸作催化剂，也可用醋酸钙、三氧化二锑、四烷氧基钛等碱性化合物作为催化剂。碱性催化剂主要用于高温酯化反应，可减少副反应。如果用酯交换反应合成聚酯，则用弱碱盐作为催化剂，例如醋酸锰、醋酸钴等，用量约为醇或酯原料量的 $0.01\% \sim 0.05\%$。

合成聚酰胺时，酰胺化反应速率较快，通常不需要加入催化剂。

③ 分子量调节剂与黏度稳定剂　线型缩聚物主要用作合成纤维和热塑性塑料。由于缩聚物的用途不同，对产品平均分子量的要求也就不同，这就需要生产多种牌号的产品。产品分子量的控制主要通过加入适量的一元酸进行调节。由于酰胺化反应比酯化反应速率高 2～3 个数量级，残存的端基如不进行稳定处理，会在以后的熔融加工过程中进一步反应造成黏度增加，所以分子量调节剂还起到黏度稳定剂的作用，这一点对聚酰胺的生产特别重要。

④ 热和光稳定剂　线型缩聚物在熔融加工过程中受热温度较高，为了防止热分解须加入热稳定剂。为了防止使用过程中受日光中紫外线的作用而降解，还需要加入紫外线吸收剂或光稳定剂。聚酯树脂常用的热稳定剂为亚磷酸酯，如亚磷酸的二油醇酯、三丁醇酯、三辛醇酯等，它们也具有光稳定作用。聚酰胺树脂所用热稳定剂除亚磷酸酯外，还有酸类和胺类化合物，如癸二酸四甲基哌啶酯可作为抗氧剂和紫外线吸收剂，2-羟基苯并三唑则可用作聚碳酸酯的紫外线吸收剂。

⑤ 消光剂　纯粹的聚酯树脂、聚酰胺树脂等经熔融纺丝得到的合成纤维织物具有强烈的光泽，不受消费者的欢迎。为了消除其光泽，可在缩聚原料中加入与合成纤维具有不同折射率的微量助剂作为消光剂，如白色颜料钛白粉、锌白粉和硫酸钡等。

(2) 缩聚工艺

熔融缩聚生产工艺可分为间歇操作与连续操作两种方式。缩聚物产量较少时多采用间歇操作，大规模生产则使用连续法。工业生产中，熔融缩聚反应分为两类。

① 直接缩聚　二元酸与二元醇或二元胺直接反应进行缩聚制得聚酯或聚酰胺，此时生成的小分子化合物为水。

② 酯交换法生产聚酯　用二元酸的低级醇或酚的酯与二元醇进行酯交换和缩聚反应生产聚酯，此时生成的小分子化合物为 ROH，主要是甲醇或苯酚。

缩聚反应开始前和结束后，反应物料的状态发生明显变化。反应开始前，反应物料受热熔化为黏度很低的液体，反应结束时则转变为高黏度流体；反应前期有较多量的小分子化合物逸出，而反应后期小分子化合物脱除困难，特别是聚酯生产平衡常数小，必须采用高真空排除小分子。缩聚反应接近结束时，转化率对产品分子量产生重要影响，应采取以下措施：

a. 为了充分利用聚合设备，稳定操作条件，可以使用多个缩聚釜，通常是 2～3 个缩聚釜进行串联，这样还可减少对真空条件要求严格的最后一个聚合釜的体积，从而降低投资。

b. 采用酯交换法大规模生产聚酯，如工业上用酯交换法大规模生产对苯二甲酸乙二酯。

c. 连续操作生产的最后一个缩聚釜，不仅要求保持高真空，而且高黏度物料必须在缩聚釜中呈活塞式流动而避免返混，也不能有局部死角，所以对此缩聚釜的结构形式要求严格。工业上多使用卧式分室缩聚釜，内装多个圆环式搅拌器以保证不断形成的新鲜薄膜表面与下半部流体充分混合。其简图见图6-1。

搅拌轴分为两段的卧式缩聚釜，物料出口段的搅拌速度慢于进口段，详见图6-2。现在工业上已采用高黏度自清式搅拌装置，详见图6-3。

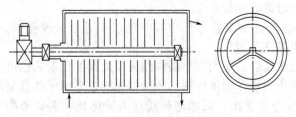

图 6-1 卧式分室缩聚反应釜示意图

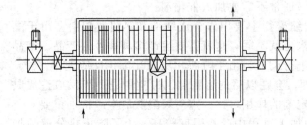

图 6-2 卧式两段搅拌分室缩聚反应釜示意图

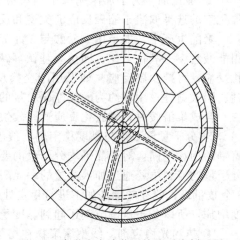

图 6-3 高黏度自清装置缩聚反应剖面图

d. 缩聚物的平均分子量可通过一元单体的加入量来调节。缩聚反应的转化率对分子量产生重要影响，产品平均分子量高低与缩聚物的用途有关。通常，用于生产合成纤维的缩聚树脂的分子量最低，用来生产薄膜的则分子量较高，生产注塑、吹塑制品时要求分子量更高。例如，聚酯树脂用于生产帘子线时，要求其分子量与生产塑料制品时相近。各种不同用途的聚酯分子量范围（以聚对苯二甲酸乙二酯树脂在 60：40 的苯酚-二氯苯溶液中在 25℃ 测定的特性黏数为代表）见表 6-3。

表 6-3 聚对苯二甲酸乙二酯特性黏数与其用途关系

用途	特性黏数/(dL/g)	用途	特性黏数/(dL/g)
短绒纤维	0.40～0.50	工业纱线	0.72～0.90
羊毛型纤维	0.58～0.63	帘子线	0.85～0.98
棉花型纤维	0.60～0.64	薄膜	0.60～0.70
高强度高模量纤维	0.63～0.70	注塑用、制瓶用	0.90～1.00
纺织纱线	0.65～0.72		

熔融缩聚过程不加入任何溶剂，大规模生产采用多釜串联连续法生产，实际流程比较复杂；反应条件随串联釜的顺序而逐渐提高，例如温度逐渐升高，压力逐渐降低等，最后一个缩聚釜条件最苛刻。连续法生产 PET 树脂的操作条件见图 6-4。

聚酰胺 66 熔融缩聚过程中，己二胺与己二酸在水溶液中成盐、脱水、处理后依次送入预缩聚釜、前缩聚釜和后缩聚釜完成缩聚过程。

采用间歇法操作时，缩聚全过程可在同一个缩聚釜中完成。反应温度应逐渐提高，釜内压力则逐渐降低。

为了便于出料，间歇法生产用的釜式反应器底部采用锥形；反应器内的搅拌器形状根据所处理的物料黏度不同而不同，有板框式、锚式等。为了加强传热效率，反应器壁可焊接半圆形管，使载热体在其中快速流动以提高传热效果。

实际生产中，间歇法缩聚反应的终点可根据熔融树脂的黏度进行确定，当搅拌电机的功率值达到预定值时，说明树脂熔融黏度也达到了预定值，缩聚反应也就达到了预定的终点。

（3）后处理

根据线型高分子缩聚树脂的种类和用途，有不同的后处理方法。

① 直接纺丝制造合成纤维　熔融的缩聚树脂直接制造合成纤维时，可从最后一个缩聚釜底部安装的螺旋出料器出料，然后通过齿轮泵将树脂送往熔融树脂贮槽以备熔融纺丝之用，也可直接送往纺丝设备进行熔融纺丝。这种后处理方法适合于小规模的生产装置。

② 进行造粒生产粒料　大规模生产合成纤维、薄膜或注塑用缩聚树脂时，通常经过挤出切粒工序。切粒时熔融树脂须经过切粒机冷水槽进行冷却和切粒，得到的粒料必须进行干燥处理，脱除表面的水分。干燥过程中，还可进行缩聚反应以提高产品的特性黏数和树脂的结晶度。

以聚苯二甲酸乙二酯粒料的干燥与后处理为例，粒料在 120～150℃的流动床中加热 20～30min 以后，将温度升高到 175～185℃处理 6～8h，把挥发出来的水蒸气排出；然后送入干燥空气中结束干燥与结晶过程，干燥后的 PET 树脂含水量≤0.04%。将粒料在 2h 内冷却到 80℃左右，可用紫外线检测粒料是否已形成结晶，如呈浅蓝色则已结晶，否则为灰色。如果进行后缩聚处理，则应将粒料在冷却前继续升温到 185～240℃范围内，加热时间与粒料大小与要求的特性黏数有关，处理温度越高则时间越短，最终分子量随处理时间的延长而出现最大值，超过 48h 后分子量反而降低。热处理结束后，迅速进行冷却，以避免产生不良后果。除在干燥空气中进行热处理外，还可在 0.005Pa 高真空条件下进行后缩聚处理。如果缩聚过程产生 NaCl 等无机盐小分子，缩聚树脂粒料须经水煮排除无机盐后再干燥脱水。

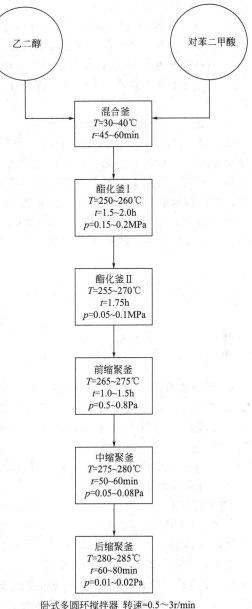

卧式多圆环搅拌器 转速=0.5～3r/min

图 6-4　PET 树脂生产简图

6.2.3.3 溶液缩聚生产工艺

溶液缩聚适用于熔点高、易分解的单体缩聚。溶液缩聚过程中，单体与缩聚产物均为溶解状态时称为均相溶液缩聚；如产生的缩聚物沉淀析出，则称为非均相缩聚。均相溶液缩聚后期常将溶剂蒸出后继续进行熔融缩聚。

溶液缩聚主要用于生产一些产量小，具有特殊结构或性能的缩聚物，例如聚芳杂环树脂、聚芳砜、聚芳酯胺等。

溶液缩聚原料配方与熔融缩聚基本相同，只是增加了溶剂。溶剂对缩聚反应会产生一些影响。此外，常用活性较高的二元酰氯或二元羧酸酯取代二元羧酸进行缩聚反应。

（1）溶剂的作用

① 溶剂可以降低反应温度，稳定反应条件。由于有大量溶剂存在，最高的反应温度就是溶剂的沸点，因此可根据反应温度选择溶剂，使反应易于控制。

② 有些原料单体熔点过高或受热易分解而不能进行熔融缩聚，选择适当溶剂使单体溶解后反应可避免单体分解，同时又可促进化学反应，还可使生成的缩聚物溶解或溶胀以便于继续增长。

③ 溶剂可以降低反应物料体系的黏度，吸收反应热量，有利于热交换。

④ 溶剂可与反应生成的小分子副产物形成共沸物带出反应体系，或与小分子化合物发生化学反应以消除小分子副产物。选用的有机溶剂通常可与缩聚反应生成的水形成共沸物而及时将水蒸出，有利于缩聚平衡反应向生成缩聚物的方向进行。如果缩聚反应生成氯化氢副产物，则可选择胺类碱性溶剂使之与氯化氢反应而除去氯化氢。

⑤ 溶剂可起缩合剂的作用。多聚磷酸、浓硫酸等化合物用作芳杂环聚合物或梯形结构聚合物的合成溶剂时，既可用作溶剂，又可发挥缩合剂的作用，例如：

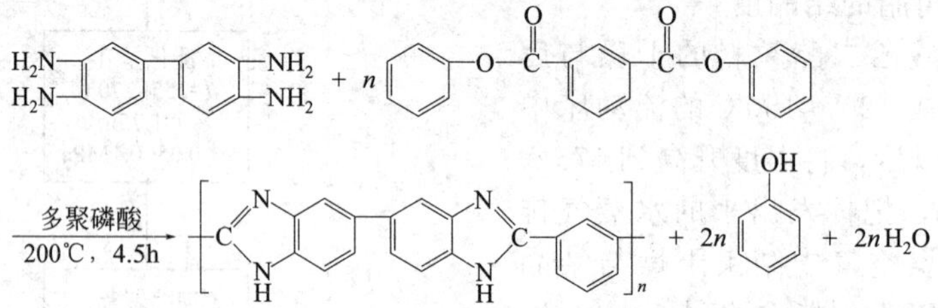

⑥ 溶剂还可产生催化剂的作用。在二元酰氯与二元胺溶液缩聚过程中，副产物 HCl 如不及时排除，会与二元胺反应生成稳定的盐，最终会导致生成低分子量聚合物。加入有机碱叔胺后，可与 HCl 作用，并可起催化剂的作用，从而在较低温度下缩聚生成高分量聚合物。

⑦ 直接合成缩聚物溶液用作黏合剂或涂料。

（2）溶液缩聚工艺与后处理

① 均相溶液缩聚工艺与后处理　均相溶液缩聚工艺及后处理流程见图6-5。

上述流程中的溶液缩聚、脱溶剂以及熔融缩聚可在同一个反应釜中完成。有的树脂如聚酰亚胺难以熔融成型，可利用其中间产品可溶解的特点，分阶段完成缩聚。聚酰亚胺缩聚的第一阶段，由原料四元芳酸或其酸酐与二元芳胺 4,4'-二氨基二苯醚在溶剂二甲基甲酰胺（DMF）中生成可溶的聚酰胺酸，使溶剂蒸发后制成薄膜或绝缘漆，溶剂完全挥发后，进一步在 270～380℃进行高温处理使之生成耐高温的聚酰亚胺。反应如下：

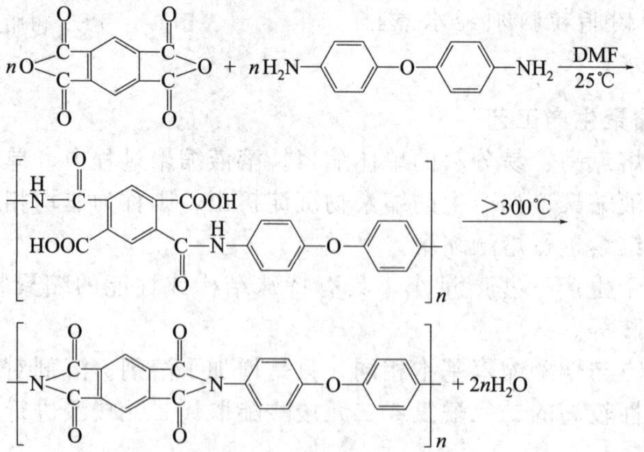

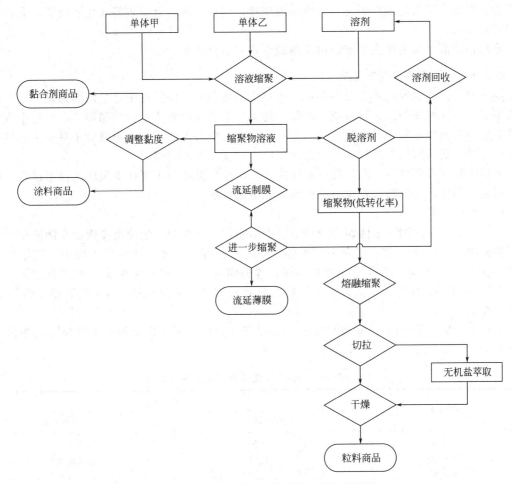

图 6-5　均相溶液缩聚工艺及后处理方框流程

溶液缩聚过程中，溶剂的存在使单体浓度下降，缩聚反应速率随产品的平均分子量升高而下降，而且还可能产生副反应。如果单体能生成环状物时，则环化反应速率上升。如果单体浓度过高，反应后期反应釜中物料的黏度会太高，不利于继续反应，所以溶剂的用量存在一个最佳范围。

②非均相溶液缩聚工艺与后处理　溶液缩聚过程中，如果生成的缩聚物不溶解于溶剂而沉淀析出，称为沉淀缩聚，系统为非均相体系。非均相溶液缩聚工艺较简单，反应结束后过滤、干燥即可得到缩聚树脂。缩聚物沉淀析出后，在固相中大分子的端基易被屏蔽，难以继续产生缩聚反应，所以其分子量受到限制，不能得到分子量很高的缩聚树脂，只能用于少数无适当溶剂可溶解的缩聚树脂的生产，也可用来生产分子量较低的缩聚物作为进一步缩聚的中间产物。

非均相溶液缩聚过程中，产品的分子量取决于链增长与沉淀之间的竞争。沉淀速率大于链增长速率时，产品分子量小；若沉析速率小于链增长速率，则大分子链有较长的增长时间，产品分子量较高。

当析出的缩聚物呈结晶状态时，其分子结构的有序程度高、密度大，因而链增长基本停止；如果缩聚物以无定形状态析出，在溶剂中则可能溶胀，大分子链仍可能进一步增长。这就是在聚芳酯合成过程中，加入沉淀剂反而使分子量提高的原因。

综上所述，在进行非均相缩聚时，可通过改变单体浓度、反应温度、溶剂的性质或加入适当盐类以提高缩聚物的溶解度；也可用改变搅拌速度，加入沉淀剂等来控制反应，获得最佳的缩聚结果。

非均相溶液缩聚主要用来制备耐高温的芳香族缩聚树脂。

6.2.3.4 界面缩聚生产工艺

界面缩聚反应主要适用于分别存在于两相中的两种高反应活性单体之间的缩聚反应，典型的例子有二元酰氯与二元胺合成聚酰胺、光气与二元酚盐合成聚碳酸酯等。苯酚与甲醛水溶液合成酚醛树脂过程中，生成的酚醛低聚物从水相中析出后，需用甲醛分子进一步通过界面或扩散进入酚醛树脂相进行反应，这种反应也可视作界面缩聚。

界面缩聚反应的主要特点是反应条件缓和，可在室温或数十摄氏度温度条件下进行，反应不可逆，即使一种原料过量也可生产高分子量缩聚物。

（1）界面缩聚的类型

参与界面缩聚的两种单体通常分别溶解于水相和有机相中，缩聚反应发生在两液相的界面，是液-液界面缩聚。如一种单体为气体，另一单体存在于水相中或有机相中，缩聚反应发生在气-液相的界面，则为气-液界面缩聚。界面缩聚反应也可发生在液-固相界面之间。工业上以液-液相界面反应为主。光气与双酚 A 钠盐反应合成聚碳酸酯的方法则为典型的气-液相界面缩聚法。

工业上，应用液-液界面缩聚和气-液界面缩聚生产的主要树脂品种和参加反应的单体种类见表 6-4 和表 6-5。

表 6-4　液-液界面缩聚反应体系

树脂品种	反应单体	
	溶于水相的单体	溶于有机相的单体
聚酰胺	二元胺	二元酰氯
聚磺酰胺	二元胺	二元磺酰氯
聚氨酯	二元胺	双氯甲酸酯
含磷缩聚物	二元胺	磷酰氯
聚苯并咪唑	芳香四元胺	芳羧酰氯

表 6-5　气-液界面缩聚反应体系

树脂品种	反应单体	
	气相	液相
聚碳酸酯	光气	双酚 A
聚脲	光气	二元胺
聚酰胺	二元酰氯	二元胺
聚硅氧烷	苯基三氯硅烷	水

含有可发生缩聚反应单体的水相与有机相静置分为两层液体时，其界面可以发生缩聚反应，称为静态界面缩聚，由于其接触的界面极为有限，所以无实际工业意义。工业生产中采用的是动态界面缩聚，即在搅拌力的作用下使两相中的一相作为分散相，另一相为连续相进行反应。搅拌作用大幅度增加了两相的接触面积，不断地更新界面层，促进了缩聚反应的进行。为了改进分散性，有时还可加入某些表面活性剂。在界面缩聚中，水相通常作为分散相。

（2）界面缩聚的基本原理

工业上有实际意义的界面缩聚是水相-有机相之间的液-液界面缩聚，其典型代表是溶于水相中的二元胺与溶于有机相中的二元酰氯的界面缩聚，反应如下：

水相中加入 NaOH 的目的在于中和反应生成的 HCl，减少副反应。反应生成的酰胺亲有机相，所以界面缩聚反应发生在界面的有机相一侧。反应物料在搅拌下的分散状态类似于自由基悬浮聚合。

界面缩聚过程中，形成缩聚物的机理与一般的逐步反应有所不同，许多亲水性较差的聚合物在界面上或在接近界面的有机相一侧中形成；水相所起的作用是作为一种单体的储存器和酸的接受剂，并萃取在聚合反应区生成的副产物。界面缩聚制备聚酰胺时，二元胺具有溶解在有机相的倾向，进入有机相后遇到高浓度的二元酰氯，其端基立即与二元酰氯中的一个酰氯基团反应生成端基为酰氯基的低聚物，以后进入有机相的二元胺则与上述低聚物或二元酰氯反应。随着反应的深入，产品分子量逐渐增大，而且此反应不可逆。同时，生成的低聚物逐渐从界面扩散入有机相中，分子量达到一定程度后生成凝胶或沉淀析出。此时链增长反应并未停止，仅是减慢，所以界面缩聚易于得到高分子量产品，两相内的反应物不要求等当量，副产物 HCl 或它与二元胺生成的盐酸盐则通过界面扩散入水相中。

由酚盐和芳香族二元酰氯缩合或聚酯时，酚盐在有机相中的溶解度很低，聚合物薄膜虽在有机相中形成，但在溶剂-水界面上增厚，加有相转移催化剂时有利于生成聚合物。

为了使界面缩聚反应顺利进行，水相中必须存在能够中和副产物 HCl 的无机碱类化合物。如果不进行中和，HCl 将与氨基端基生成不活泼的盐，大大降低反应速率。当无机碱浓度过高或在低聚合速度条件下，酰氯还可水解为不能参加反应的羧酸基团。酰氯水解不仅降低了聚合速度，还生成了单官能团酰氯，显著地限制了产品平均分子量的增长，得到分子量分布较宽的缩聚物。聚合速度越慢，酰氯通过界面扩散入水相的机会越大，其水解的速度越快，所以界面缩聚不适合用二元醇合成聚酯，因为它的反应速率太慢。二元酰氯与二元胺的反应速率较快，通常不存在酰氯水解的问题。

有机溶剂的选择对界面缩聚很重要，它会影响产品的分子量。多数情况下缩聚反应发生在有机相一侧，即二元胺扩散入有机相的倾向远大于二元酰氯通过界面扩散入水相的倾向，所以要求溶剂可以使高分子量缩聚物沉淀析出，使低分子量组分溶解，便于聚合产物继续增长而得到高分子量产品。界面缩聚产品的分子量分布不同于一般的 Flory 分布，根据溶剂种类和缩聚物溶解性的不同，产品既可为宽分子量分布也可为窄分子量分布。

搅拌情况下，水与有机溶剂组成的界面缩聚物料体系在细小液滴表面形成聚合物沉淀，当其中单体耗尽后，聚合反应停止。在大的液滴中情况则有所不同，在界面上形成的聚合物沉淀会被清除或重新分散，从而在新出现的界面上继续聚合。如果聚合物存在于溶液中，则与悬浮聚合相似，形成动态平衡直至聚合反应进行完全。界面缩聚制备聚酰胺过程中，二元胺在有机相的平衡溶解度和单体的浓度会影响产品的平均分子量，搅拌速度、聚合物沉淀速度也会产生影响。

改变溶剂的种类，可使生成的聚合物沉淀成为亚稳定态溶液或稳定的溶液，亚稳定态溶液所得产品分子量最高，而且收率也最高。杂质、副反应、反应速率过低以及产品不易溶胀等因素，都会对产品分子量产生不利影响。

界面缩聚反应也可采用与 H_2O 完全相溶或部分相溶的有机溶剂，此情况下二元酰氯应当具有很高的水解稳定性，还可应用弱碱性缚酸剂如碳酸钠等来降低酰氯的水解反应，此法可用来生产高分子量聚酰胺610，聚间苯二甲酸间苯二酰胺等。水溶液中加入盐、碱、单体等后，会降低水与溶剂的溶解度。采用与水相溶的溶剂有利于促进反应速率，提高聚合物的溶胀性并且便于回收产品。对于界面不十分明显的缩聚反应，又可称作乳液缩聚或分散缩聚。

气-液界面缩聚的气相组分为活性酰氯，如常温下酰氯的气体、光气、草酰氯等，通常需用惰性气体送入反应区。液相组分可为二元胺的水溶液或加有有机溶剂的混合液。加入有机溶剂有利于提高产品的收率和平均分子量。提高反应温度将降低气体在液相中的溶解度，因而对反应不利。两相配比、反应温度、搅拌速度、聚合物沉淀速度、气体的加料速度对于缩聚反应过程都会产生影响。

搅拌情况下，界面缩聚反应物料体系处于高度分散状态。如加有相转移剂（Phase Transfer Agent），可提高水相中反应物在有机相中的分配系数，从而提高聚合物的形成速度，提高产品分子量以及收率。常用的相转移剂有聚乙二醇、脂肪族叔胺、季铵盐、砷盐、钾盐以及硫盐、冠醚等。界面缩聚合成聚酯中，相转移剂四丁基铵的作用机理如下：

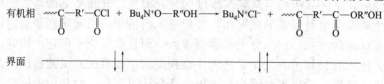

双酚 A 的酚基阴离子在水相中与季铵盐正离子反应生成络合物，它易溶于有机相而与酰氯反应，产生的季铵盐转移至水相中继续发挥相转移剂的作用。

（3）界面缩聚生产工艺

工业上，界面缩聚生产主要采用搅拌作用下间歇操作的液-液界面缩聚，现在已发展为无液-液界面，即在与水可混溶的有机溶剂中进行缩聚；其次为气-液相界面缩聚，主要用来生产聚碳酸酯、芳香族聚酰胺以及芳香族聚酯等。界面缩聚工艺条件及特点见表 6-6。

表 6-6　界面缩聚主要工艺条件及特点

工艺条件		
	反应时间	5min 至数小时
	反应温度	0～100℃
	反应压力	101.3kPa
	设备要求	较简单，可开口，但用于气-液相反应时应密闭
	搅拌要求	低速至高速
所得聚合物特征		
	结构	变化范围小
	分子量范围	低至高
	共聚物	稍受限制
产品回收操作		
	聚合物分离	需加入沉淀剂，经过滤洗涤、干燥等处理过程
	聚合物收率	低至高收率
	副产物与溶剂	需要进行回收或处理

影响界面缩聚产物分子量与收率的因素包括原料的纯度、反应速率是否容易产生副反应、混合效果、聚合物的溶胀性与溶解度、溶剂的性质与纯度、两相体积比、反应物的浓度、加入的盐和碱的种类与用量、是否存在相转移剂等。

静态界面缩聚主要用于包埋酶、催化剂、离子交换树脂、染料以及杀虫剂等。

6.2.3.5　固相缩聚生产工艺

在缩聚原料和生成的聚合物熔点以下进行的缩聚反应称为固相缩聚。在高聚物合成工业中，固相缩聚法主要用于由结晶性单体进行固相缩聚和由某些预聚物进行固相缩聚两种情况。

（1）结晶性单体的固相缩聚法

结晶性单体符合下述情况时，通常需采用固相缩聚法制备线型缩聚物。

① 只有通过固相缩聚可以得到分子结构高度规整的聚合物；

② 某些聚合物虽可用熔融缩聚或溶液缩聚法进行制备，但反应温度过高、所得聚合物难溶、单体的空间位阻使反应难以进行、易于发生环化反应等。

有些缩聚物虽可用熔融缩聚法生产，但由于易产生支链或分子链在反应中会产生某些缺陷，也可用固相缩聚法进行制备。固相缩聚反应温度低，可以避免一些副反应。例如，由对卤代苯硫醇盐制备聚苯硫醚时，采用固相缩聚法可得线型结构聚合物，如用熔融缩聚法则易产生支链甚至交链结构。

$$nX \!-\!\!\!\bigcirc\!\!\!-\! SMe \longrightarrow \left[\!-\!\bigcirc\!\!-\! S\!-\!\right]_n + nMeX$$

$$Me=Li、K、Na；X=F、Cl、Br、I$$

固相缩聚反应温度通常低于结晶单体熔点约 5～40℃。熔点低的单体不适宜用固相缩聚法制备缩聚物，因为此情况下反应温度过低，反应不易进行，所以固相缩聚法适合于熔点高的结晶性单体。

固相缩聚的反应时间与单体种类和反应温度有关，可为数小时，数天甚至更长。反应时间过久，则失去实际应用意义。为了促进反应，可加入催化剂，聚酰胺化时常用 H_3BO_3 为催化剂。固相缩聚制得的聚合物可为单晶或多晶聚集态。

固相缩聚过程中产生的小分子副产物应及时脱除，使平衡反应向生成聚合物的方向进行。脱除小分子副产物的方法有真空脱除、通惰性气体、共沸脱除等。为了使固相缩聚反应物料受热均匀，可将原料粉碎后悬浮于惰性液体中进行反应，颗粒粒径通常小于 20～25 目筛孔或更小。

适于固相缩聚的单体有 α,ω-氨基酸、环状二元酰胺等。由 ω-氨基十一酸单晶（熔点188℃）于 160℃在真空下合成尼龙 11 就是一典型反应。由 p-苯氧羟基氨基苯甲酸经固相缩聚合成高分子量全芳香族聚酰胺的反应如下所示：

$$n \!-\!\!\bigcirc\!\!-\! OCONH \!-\!\!\bigcirc\!\!-\! COOH \longrightarrow \left[\!-\! N \!-\!\!\bigcirc\!\!-\! CO \!-\!\right] + nCO_2 + n \!-\!\!\bigcirc\!\!-\! OH$$

聚肽也可由 α-氨基酸甲酯经固相缩聚、脱除甲醇后予以合成。线型结构的聚苯硫醚可由对卤代苯硫醇盐合成。两种结晶单体的混合物经固相缩聚可以得到相应的共聚物。

（2）预聚物的固相缩聚法

该方法以半结晶预聚物为起始原料，在其熔点以下进行固相缩聚以提高其分子量。预聚物的固相缩聚主要用来生产分子量非常高的高质量 PET（涤纶）、PBT（聚对苯二甲酸丁二酯）、尼龙 6 和尼龙 66 树脂等。由于上述聚酰胺树脂和聚酯树脂用作工程塑料，它们的分子量非常重要。在成型加工过程中，特别是吹塑成型和挤塑成型时，要求聚合物具有很高的熔融黏度以避免在软化阶段造成坍陷、褶皱等缺陷。如此高黏度所要求的产品分子量用一般的熔融缩聚方法难以制得，因为高黏度物料在聚合设备中难以处理。为降低熔融黏度，必须提高反应温度，但增加了产生副反应的机会。如果将一般熔融缩聚法得到的产品出料后再进行固相缩聚，也就是后缩聚，则可以避免上述缺点，而且所用的反应设备简单，附加费用低。

预聚物固相缩聚的工艺条件是将具有适当分子量范围的预聚物粒料或粉料，在反应设备中于真空或惰性气流中加热到缩聚物的玻璃化温度以上、熔点以下的温度，使预聚物的活性官能团发生反应，同时析出小分子副产物。由于此固相反应必须脱除小分子副产物才能够生成高分子链，所以小分子副产物从颗粒中扩散至表面再发生解吸的速度，对固相缩聚反应速率产生很

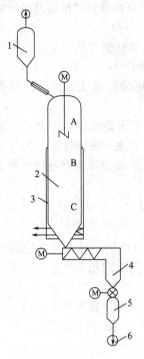

图 6-6 聚酯固相结晶、干燥、
后缩聚示意

1—粒料贮槽；2—结晶、干燥、后缩聚釜
（A—结晶段；B—干燥段；C—后缩聚段）；
3—夹套；4—螺旋输送器；
5—接收器；6—贮槽

大影响。因此，影响固相缩聚反应的参数包括颗粒大小、起始的分子量、分子链端活性基团种类和数量、是否有催化剂、结晶度、反应温度与反应时间、脱除副产物的方法等，这些因素还相互产生影响并与所用设备有关。

工业采用的固相缩聚反应器主要为转鼓式干燥器，固定床反应器或流动床反应器等。应当根据产量和反应条件选择与设计最佳反应器。

在大规模工业生产装置中，聚酯树脂的固相缩聚过程包括聚酯的结晶、干燥和后缩聚三阶段，这三阶段可在同一反应釜中完成，具体见图 6-6。

图 6-6 所示反应釜分为三段：上段（A）为慢速搅拌下的结晶段，受热温度较低，约为 120～150℃；中段（B）为干燥段，温度为 175～185℃；下段（C）为后缩聚段，温度最高，达到 185～240℃。

固相缩聚的粒料体积一般为 0.03cm³。受热温度因树脂种类不同而有差异，聚酯树脂约为 150～170℃，聚酰胺树脂约为 90～120℃，温度低则反应时间长。连续操作时，为缩短物料停留时间，可采用更高的反应温度，但应低于树脂熔点 10～40℃以避免树脂颗粒产生黏结现象，必要时还可加入适量玻璃微球防止粘壁。

采用通入惰性气体脱除小分子副产物时，可用 N_2、H_2、He、CO_2 或空气，应用最广的是 N_2。提高气流速度有利于分子量的提高，但还与设备的几何形状、反应温度和粒料的直径大小等因素有关。经固相缩聚后，产品的分子量分布稍有加宽，但不十分明显。

6.2.3.6 缩聚工艺方法比较

生产高分子量线型缩聚物的方法主要为熔融缩聚、溶液缩聚、界面缩聚和固相缩聚。前三种方法是由单体合成缩聚物的生产方法，固相缩聚主要用来提高缩聚物产品分子量。表6-2 对各种方法的优缺点及适用范围进行了比较，现就熔融缩聚、溶液缩聚、界面缩聚的工艺条件进行总结比较，详见表6-7。

表 6-7　缩聚方法比较

要求及条件	熔融缩聚	溶液缩聚	界面缩聚
对反应物要求			
纯度	高纯度	不严格	不严格
热稳定性	要求高	不严格	不严格
摩尔比	等摩尔	可以不等摩尔	无要求
反应条件			
反应温度	高	与溶剂沸点有关	室温～100℃
反应时间	1h～数天	数分钟～数小时	数分钟～1h
反应压力	高真空	常压	常压
反应设备	特殊结构、密封性高	简单	简单
产品转化率	很高	低至高	低至高
后处理	冷却、造粒	必须回收溶剂	必须回收溶剂

6.3 具有反应活性的低分子量缩聚物生产工艺

6.3.1 概述

如果发生缩聚反应的单体含有的反应性官能团数目大于 2，或含有潜在的可发生加聚反应的双键以及发生逐步聚合反应的官能团，经进一步缩聚反应或加聚反应后，得到的最终产物是体型结构聚合物。体型结构聚合物构成的高分子材料，包括热固性塑料制品、固化后的涂层以及固化后的黏合剂等，受热后不再融化。

在高分子合成工业中，体型结构的高分子材料分两阶段进行生产。

第一阶段生产具有反应活性的低分子量合成树脂。这一类合成树脂的分子量仅为数百至数千，分子结构为线型或有若干支链，其外观为黏稠流体或脆性固体，具有可熔性与可溶性。工业生产中，利用这类合成树脂的可熔可溶性，浸渍粉状填料加工为粉状可塑性物料压塑粉；浸渍纤维状填料、片状填料以生产增强塑料与层压板；或用作涂料、黏合剂等。上述合成树脂以及压塑粉通常由合成树脂生产工厂进行生产。

少数情况下，合成的具有反应活性的低聚物可用来生产聚硫橡胶和有机硅橡胶等合成橡胶。

第二阶段为应用与成型阶段。利用第一阶段生产的合成树脂，经固化过程制得保护膜或产生黏结，可用作涂料或黏合剂；也可经固化成型制成塑料制品、增强塑料制品等。固化过程是具有反应活性的合成树脂在外界加热、催化剂等作用下发生化学交联，转变为体型高聚物的过程。应用与成型阶段通常在高分子材料应用或塑料制品生产工厂中进行。

6.3.2 具有反应活性低聚物的种类

根据合成树脂所含反应性官能团的性质，大致可分为两类。

（1）含有可发生缩聚反应官能团的合成树脂

合成这类树脂的单体含有可发生缩聚反应的官能团数目为 2,3 或 2,4。重要的产品有二官能团醛类与三官能团酚缩聚制得的酚醛树脂，与多官能团氨基化合物如脲、三聚氰胺等缩聚制得的氨基树脂；二元酸与多元醇缩聚制得的醇酸树脂以及由二元硅醇与三元硅醇经缩聚反应制得的有机硅树脂等。

这类合成树脂除个别情况外（酸性催化下得到的酚醛树脂），有些分子中含有可发生缩合反应的—CH_2OH、活性氢、—CH_2OCH_2—等基团；有的则含有可发生缔合反应的—$COOH$ 与—OH 基团。这类合成树脂单独受热或在催化剂的作用下可进一步发生缩聚反应转变为体型高聚物。酸法酚醛树脂则应外加固化剂才能转变为体型高聚物。

由于这类合成树脂含有可发生缩聚反应的官能团，在合成过程中应当控制原料配比和反应条件，使反应深度在未达到凝胶点以前结束。如果产生凝胶，产品则失去了可熔可溶性而导致生产事故。

（2）含有不发生缩聚反应官能团的合成树脂

合成这类树脂的单体含有可发生缩聚反应的官能团数目为 2,2。重要的有不饱和聚酯树脂、环氧树脂、端羟基聚醚或端羟基聚酯等。

这类合成树脂的特点是所用原料基本是两种可发生缩聚反应的二官能单体，即使加有三官能团，因其用量很少，仅可使缩聚物产生支链而不会产生凝胶。合成过程中，必须根据两种原料的配比和反应转化率控制产品的平均分子量。

这类合成树脂所含有的反应性官能团是不会参加缩聚反应的双键或环氧基团，因此可称为潜在的活性基团；或者是虽含可参加缩聚反应的羟基，但它是由环氧化合物开环反应而得，不存在羧基。即使原料中含有二元羧酸，但其当量小于羟基，所以合成的聚酯端基几乎全都为羟基，受热后不会发生缩聚反应。

这类树脂的固化过程因反应性官能团性质的不同而不同。不饱和聚酯所含双键发生加聚反应而固化；环氧树脂则由于环氧基团发生化学反应而固化；端基为羟基的聚醚或聚酯则主要靠羟基与多元异氰酸酯发生反应而交联。

具有反应活性的合成树脂经固化转变为体型结构高聚物后，其耐热性、耐腐蚀、耐溶剂性和尺寸稳定性都较优良，可以广泛用作涂料、黏合剂或成型加工为热固性塑料制品，包括模塑制品、层压板、增强塑料等。

有些品种的合成树脂单独受热时会发生化学交联而固化，但反应速率太慢，必须加入催化剂和引发剂。环氧树脂则必须加入参与化学交联反应的固化剂进行固化。

这类合成树脂无论用作涂料、黏合剂还是用来生产塑料制品，在其使用配方中都必须加入相应的催化剂或固化剂。与催化剂或固化剂混合后，如不及时应用，在室温下储存时会逐渐反应生成凝胶，甚至全部反应为体型结构的聚合物而不能作为涂料、黏合剂或进行塑料成型。物料呈流体状态或溶液时，凝胶化时间更为短促，只有几分钟。

树脂与催化剂、固化剂混合后至开始生成凝胶前的一段时间称为"活性期"。"活性期"是高分子工业中对于用作涂料、黏合剂或增强塑料等流体状物料进行评估的一个重要参数。配制好的物料必须在活性期结束前使用完毕。活性期长短与所用催化剂或固化剂的种类、用量以及环境温度有关。粉状固体物料的活性期较长，通常以月计，也称之为储存期。以酚醛压塑粉为例，包装在铁桶内的产品储存期为两年，其他包装则为一年。

各品种合成树脂的应用将在后面有关章节中介绍。

6.3.3　具有反应活性的合成树脂生产工艺

6.3.3.1　可发生缩聚反应的合成树脂

重要的缩聚合成树脂有酚醛树脂、氨基树脂、醇酸树脂以及有机硅树脂等。它们的原料虽有差异，但都是由二官能原料与三官能原料或至少含有一部分三官能的原料经缩聚反应而得。它们的合成过程有共同的特点，最重要的是如果反应程度过深，达到凝胶点时，将产生凝胶而生成体型结构高聚物，丧失可塑性。高分子材料生产中应掌握如何测算凝胶点的知识，从而避免产生凝胶而造成生产事故。

（1）凝胶点的预测与计算

如果缩聚反应的原料中含有部分≥3官能团的物料，可以根据两种基团的摩尔比、≥3官能团的原料所占比例等参数，计算和预测缩聚反应的凝胶点。

根据"高分子化学"有关理论，凝胶点的预测计算主要有两种方法。

① Carothers方程法　该方法又分为两种情况。

a. 当两种反应基团的物质的量（mol）相等时，假设聚合度 $\overline{X} = \alpha$，则：

$$P_c = \frac{\alpha}{f_{平均}} \tag{6-7}$$

式中　P_c——到达凝胶点时的反应程度；

$f_{平均}$——1mol反应原料中所含官能团平均数。

b. 当两种反应基团的物质的量（mol）不相等时：

$$P_c = \frac{1-\rho}{2} + \frac{1}{2r} + \frac{\rho}{f_c} \tag{6-8}$$

式中　r——两种官能团摩尔比；

　　　ρ——反应组分 A 中，官能团$\geqslant 2$的组分所占 A 组分的分率；

　　　f_c——官能团>2的反应组分官能团数目。

② 统计法　根据统计法，达到凝胶点时 A 功能团的反应程度：

$$P_c = \frac{1}{\{r[1+\rho(f-2)]\}^n} \tag{6-9}$$

式中，f 为官能团>2的反应组分官能团数目。

以上两种计算值与实测结果都有偏差。例如甘油（三元醇）与等当量二元酸反应时，发生凝胶时的反应程度 P_c 实测值为 0.765，即转化率达到 76.5％时出现凝胶。根据式(6-8)计算得到 $P_c=0.833$；根据式(6-9)计算得到 $P_c=0.707$。实验数据显示，Carothers 方法计算的 P_c 值高于实测值，而实测值又高于统计值。产生误差的原因主要是发生了分子内环合反应以及两种官能团的活性不同。实测值和统计值的误差相对较小。

由于统计值低于实测值，实际应用中通常选用统计法预测凝胶点 P_c。如果用 Carothers 方法的话，在达到计算值前可能已产生凝胶。

从上述计算可知，当两种可发生缩聚反应的单体含有$\geqslant 3$的官能团时，反应必须在达到凝胶点以前结束，这样就造成了反应体系中含有未反应的单体残留物。

根据反应程度 P，可把树脂分为 A、B 和 C 三阶段。$P<P_c$ 时为 A 阶段树脂；P 接近 P_c 时为 B 阶段树脂；P 超过 P_c 时为 C 阶段树脂。A 阶段树脂处于可熔可溶状态；B 阶段树脂可熔化但近乎不溶解，C 阶段树脂则高度交联，处于不熔不溶状态。

（2）生产工艺

酚醛树脂与氨基树脂都是以甲醛作为二官能原料，工业用甲醛为浓度 37％左右的水溶液，含有少量甲醇与甲酸，因而酚醛树脂与氨基树脂的缩聚反应是在水溶液中进行的。有机硅树脂是以二官能团氯硅烷如二甲基二氯硅烷、二苯基二氯硅烷与三官能团氯硅烷如苯基三氯硅烷、甲基三氯硅烷等通过水解、缩聚而得，它们主要用作涂料，需用干性油或半干性油改性。由于工业上不用有机硅树脂作为塑料原料，所以本章不详述。

下面讨论以甲醛水溶液为原料的树脂生产工艺。

酚醛树脂是甲醛与酚类经缩聚反应得到的树脂。酚类化合物中，处于酚羟基邻、对位的氢原子较活泼，可与甲醛发生反应，邻、对位无取代基团的苯酚为三官能。如果苯酚有一个取代基者则为二官能，有 2 个取代基者为一官能。脲、三聚氰胺、双氰双胺等所含氨基上的氢原子都可与甲醛反应，而脲可看作为四官能单体。

酚醛树脂与氨基树脂合成工艺具有以下共同特点：

① 由于原料甲醛为 37％水溶液，所以树脂合成过程的起始阶段是在水溶液中进行的。

② 合成反应在酸性或碱性条件下进行。碱性条件下，首先发生加成反应生成—CH_2OH 衍生物，随着反应的深入，—CH_2OH 与活性 H—发生缩合反应生成含有—CH_2—键或含有数量较少但不稳定的—$CH_2O—CH_2$—键的低聚物。由于碱性条件下甲醛摩尔比过量，所以产品中含有未反应的—CH_2OH 基团。酸性条件下，生成的—CH_2OH 立即发生缩合反应转变为含—CH_2—基团的低聚物，酸性条件下甲醛摩尔比低于苯酚，所以得到的酚醛树脂受热不会固化，即具有热塑性。

③ 酚醛树脂主要用于生产塑料粉（又称压塑粉或电木粉），脲醛树脂的主要用途也是生产塑料粉（俗称电玉粉）。酚醛树脂为不溶于水的脆性固体物，脲醛树脂为水溶液，所以它们的后加工方式不完全相同。

酚醛树脂与脲醛树脂生产工艺与塑料粉生产工艺比较见表 6-8 和表 6-9。

表 6-8　酚醛树脂与脲醛树脂生产工艺比较

项目		酚醛树脂		脲醛树脂
		碱法	酸法	
原料	种类	甲醛水溶液 苯酚	甲醛水溶液 苯酚	甲醛水溶液 脲
	摩尔比	1:(1~3)	1:(0.7~0.85)	1:(1.2~2.2)
缩聚条件	催化剂 反应温度 反应时间	无机碱 <100℃ 数小时	无机酸 <100℃ 数小时	微碱或微酸 <100℃ 1h 左右
后处理方法		减压脱水	减压脱水	不处理
产品形态		脆性固体不溶于水	脆性固体不溶于水	水溶液

表 6-9　酚醛塑料粉与脲醛塑料粉生产工艺比较

项目		酚醛树脂		脲醛树脂
		碱法	酸法	
原料	树脂形态 固化剂 填料 颜料 润滑剂等	脆性固体 无 木粉 黑或棕 有	脆性固体 六亚甲基四胺 	水溶液 草酸 纸 颜料 有
加工方法	设备 与填料混合方法 干燥	辊轧机或挤塑机 熔融树脂浸渍填料、缩聚 无		捏和机 溶液浸渍填料、缩聚
产品形态		粉状		粉状或粒状

6.3.3.2　成型时不能发生缩聚反应的合成树脂

这一类合成树脂基本上由缩聚反应合成，但进一步形成体型高聚物则不靠缩聚反应，而是通过分子中存在的双键发生加成聚合或环氧基团开环聚合等制得体型高聚物。这类树脂主要有不饱和聚酯树脂和环氧树脂等。

不饱和聚酯树脂是由二元醇与二元酸反应制得。部分二元酸如顺丁烯二酸酐等含有不饱和双键，因此所得聚酯分子主链上含有双键，其数量与不饱和二元酸的用量有关。不饱和聚酯树脂的分子量通常在 800~2500 的范围。

环氧树脂是含有环氧基团 —C—C— 的合成树脂，平均每个分子含有两个或更多环氧基团。多数情况下环氧基团存在于端基。环氧树脂的合成有两种方法。

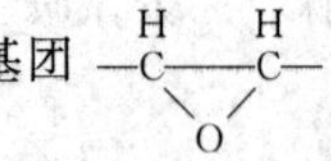

① 环氧氯丙烷与至少含有两个活性氢原子的化合物如二元酚、二元醇、氨基酚、一元和二元胺等反应而得。

② 由分子内含有双键的烃、环脂烃等经环氧化反应而得。前一种合成方法所得环氧基团存在于端基；后一种合成方法所得环氧基团存在于主链原来的双键位置上。据统计，世界范围内 75% 的环氧树脂由环氧氯丙烷与双酚 A 所合成：

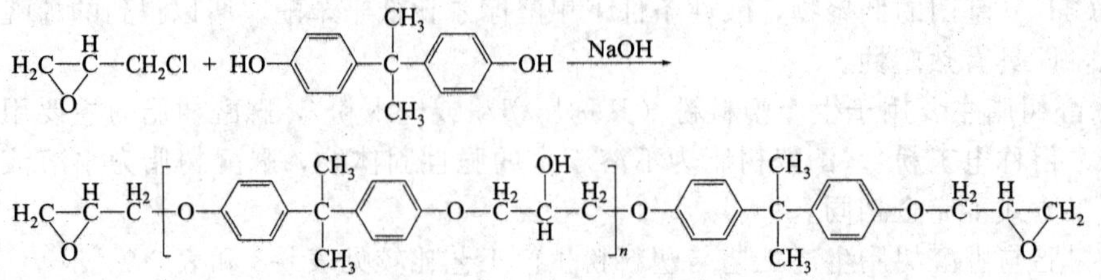

(6-10)

上述环氧树脂的合成反应不是简单的缩聚反应，它包括开环加成、缩合成环等反应，属于逐步聚合反应。

　　不饱和聚酯树脂与环氧树脂生产工艺共同之处是两者都采用间歇法生产，产品都是低聚物，而且合成过程中不易产生凝胶。由于原料性质相差较大，反应历程各不相同，具体内容将在后面的有关章节进一步阐述。

第7章

逐步加成聚合物的生产工艺

7.1　概述

某些单体分子的官能团可按逐步反应的机理相互加成而获得聚合物，反应不析出小分子，这种反应称为逐步加成聚合反应（Step-Growth Addition Polymerization），相应的产物称为逐步加成聚合物。重要的逐步加成聚合物有聚氨酯、聚脲、环氧树脂、梯形高聚物等。

多元异氰酸酯与多元醇反应可生成线型结构、松散交链或体型结构的聚氨酯，聚氨酯产品的用途非常广泛，二异氰酸酯与二元醇经逐步加成聚合反应合成线型聚氨酯的反应如下所示：

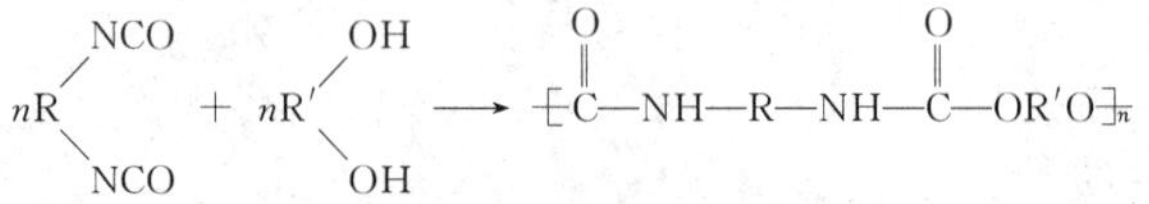

$$nR(NCO)_2 + nR'(OH)_2 \longrightarrow \left[\begin{array}{c} O \\ \| \\ C-NH-R-NH-C-OR'O \end{array} \right]_n$$

多元异氰酸酯与多元胺反应生成聚脲，二异氰酸酯与二元胺经逐步加成聚合反应合成线型聚脲的反应如下所示：

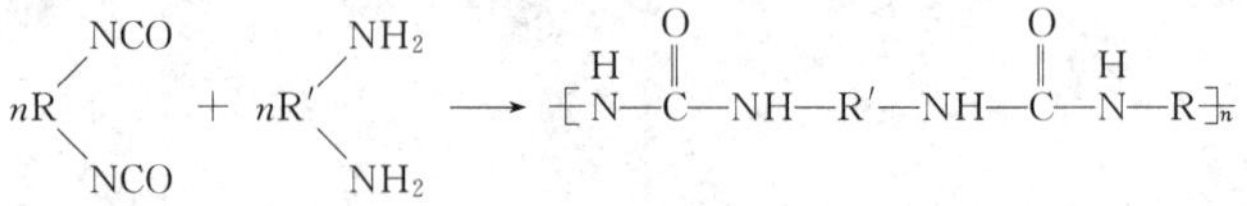

$$nR(NCO)_2 + nR'(NH_2)_2 \longrightarrow \left[N-C-NH-R'-NH-C-N-R \right]_n$$

二元环氧化合物与双酚 A 反应合成环氧树脂的反应如下所示：

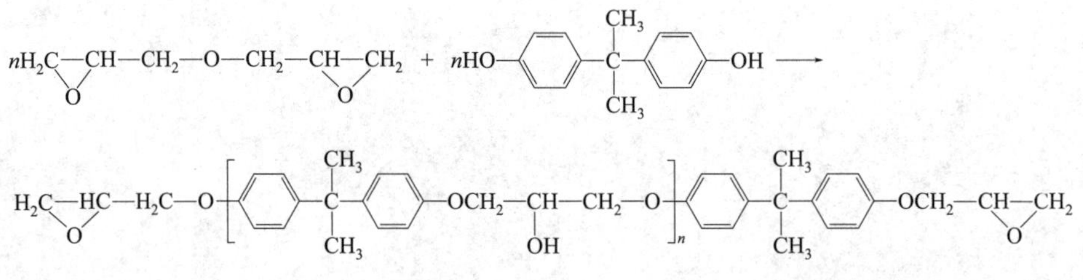

$$nH_2C-CH-CH_2-O-CH_2-CH-CH_2 + nHO-\!\!\!\bigcirc\!\!\!-C(CH_3)_2-\!\!\!\bigcirc\!\!\!-OH \longrightarrow$$

具有双共轭双键的烯烃与双亲二烯体（dienophile）经逐步加成聚合反应可合成梯形高聚物。双亲二烯体是易与共轭二烯键发生 Diels-Alder 成环反应的含有两个亲二烯的双键化合物。由 1,2,4,5-四亚甲基环己烷与苯醌可合成以下结构的梯形高聚物：

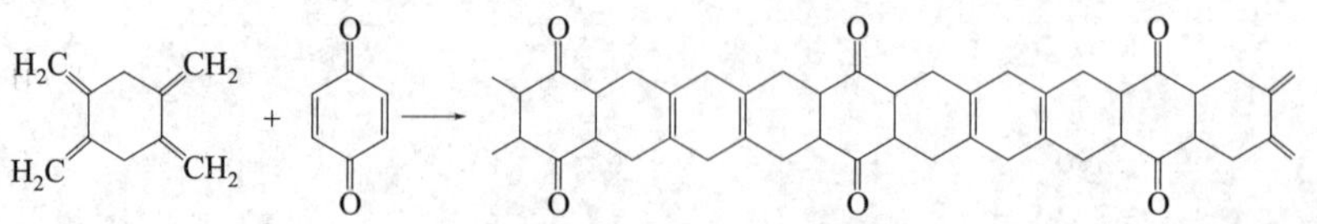

以上产物可结晶，在适当溶剂中可溶解，是一类耐高温、耐化学腐蚀的高聚物。

逐步加成聚合反应还可合成多硫聚合物及其他一些聚合物。丙烯酰胺在催化剂作用下，发生氢原子转移加成反应生成聚丙酰胺3（尼龙3）的反应也是逐步加成聚合。

7.2　逐步加成聚合反应

逐步加成聚合反应是重要的高聚物合成化学反应之一，其中最主要的代表是异氰酸基团的化学反应。异氰酸基团（—N＝C＝O）是一种杂累积键（Heterocumulene Bond），是非常活泼的反应性基团。以 R—N＝C＝O 为代表的异氰酸酯，其外层电子密度与电荷分布如下：

$$R-N=C=\overset{..}{\overset{..}{O}}$$

$$R-\overset{-}{\underset{..}{N}}=\overset{+}{C}=\overset{..}{\overset{..}{O}} \qquad R-N=\overset{+}{C}-\overset{-}{\overset{..}{O}}:$$

由此共振结构式可知，碳原子处于正离子的机会很大，因而异氰酸酯基团易与亲核基团反应，亲核基团所带的氢原子可与强负电荷氮原子加成。例如，异氰酸酯与醇反应可生成氨基甲酸酯基团—NH—COO—R。

$$R-N=C=O + R'-OH \longrightarrow R-\overset{H}{\underset{}{N}}-\overset{O}{\overset{\parallel}{C}}-OR'$$

以异氰酸酯的化学反应为例介绍如下。

7.2.1　异氰酸酯基团与含活泼氢化合物间的反应

异氰酸酯基团非常活泼，十分容易与含活泼氢的化合物醇、胺（R—NH$_2$）、水、酚、酸（R—COOH）、脲（NH$_2$—CO—NH$_2$）、硫醇（R—SH）、硫脲（NH$_2$—CS—NH$_2$）、氨基甲酸酯化合物（R—NHCOO—R'）等发生加成反应，反应可在室温下进行。这些化合物与异氰酸酯的加成反应无小分子化合物析出，但有些加成物最后会析出 CO_2 气体而生成酰胺。例如，异氰酸酯与各种羧酸的反应首先生成酸酐基团，受热达 160℃ 后脱除 CO_2 气体生成酰胺。

$$R-N=C=O + R'COOH \longrightarrow R-\overset{H}{\underset{}{N}}-\overset{O}{\overset{\parallel}{C}}-O-\overset{O}{\overset{\parallel}{C}}-R' \longrightarrow R-\overset{H}{\underset{}{N}}-\overset{O}{\overset{\parallel}{C}}-R' + CO_2\uparrow$$

含活泼氢的化合物，反应活性与其化学结构有关，主要受亲核基团的强弱和有机基团给电子能力高低两大因素的影响。活泼氢化合物与异氰酸酯基团的反应活性顺序为：

R_2NH＞RNH_2＞NH_3＞$C_6H_5NH_2$＞ROH（醇）＞H_2O＞C_6H_5OH（酚）＞RSH＞$RCOOH$

不同结构的醇类活性顺序为：伯醇＞仲醇＞叔醇

含活泼氢化合物与异氰酸酯活性官能团数目皆为 2 或大于 2 时，它们相互反应后生成相应的线型、支链型、交联型等复杂结构的聚合物。

7.2.2　异氰酸酯基团的自聚反应

异氰酸酯基团可用作合成聚氨酯的原料，在某些催化剂作用下，可以发生自聚反应形成线型长链、二聚环、三聚环化合物。

（1）一元异氰酸酯自聚合成线型聚酰胺 1（尼龙 1）和梯形聚合物

① 自聚合成线型结构高分子量聚酰胺 1 在 −50℃ 下和催化剂 NaCN 作用下，一元异氰酸酯在二甲基甲酰胺溶液中经阴离子聚合自聚生成 N 取代聚酰胺 1：

$$n\text{R}-\text{N}=\text{C}=\text{O} \longrightarrow \left[\text{OC}-\underset{\overset{|}{\text{R}}}{\text{N}}\right]_n$$

② 自聚生成的 N-乙烯基聚酰胺在偶氮二异丁腈与紫外线作用下，在室温发生加成聚合反应生成梯形聚合物：

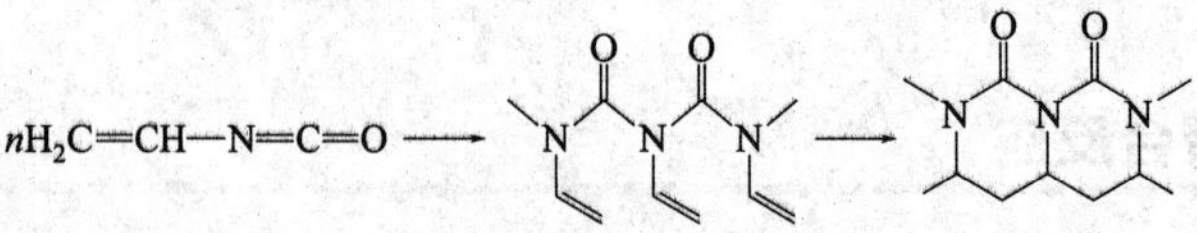

$$nH_2C=CH-N=C=O \longrightarrow \text{[结构式]} \longrightarrow \text{[结构式]}$$

此反应表面看来无小分子析出，为逐步加成聚合反应，但从反应机理来看是阴离子加成聚合反应。

（2）异氰酸酯自聚生成环状化合物

① 芳香族异氰酸酯可发生二聚化反应生成四元环状化合物：

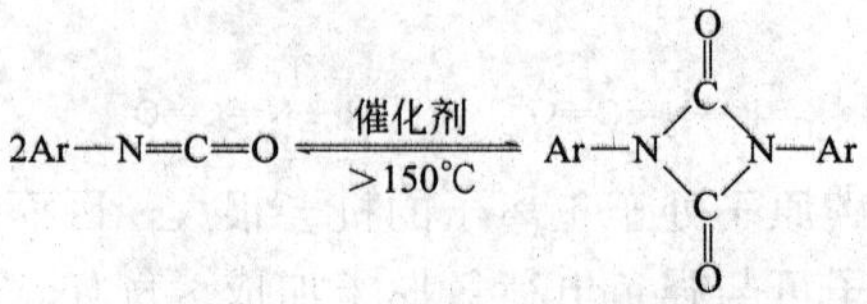

$$2Ar-N=C=O \xrightarrow[>150℃]{催化剂} \text{[结构式]} Ar$$

聚脲二酮

此自聚反应在室温下进行缓慢，在储存期间可发生二聚化反应。在催化剂叔胺、磷化物存在下反应加速，受热 150℃ 以上则分解。脂肪族异氰酸酯不会发生二聚成环反应。

② 异氰酸酯经三聚化反应生成六元环状化合物（异氰脲酸酯）：

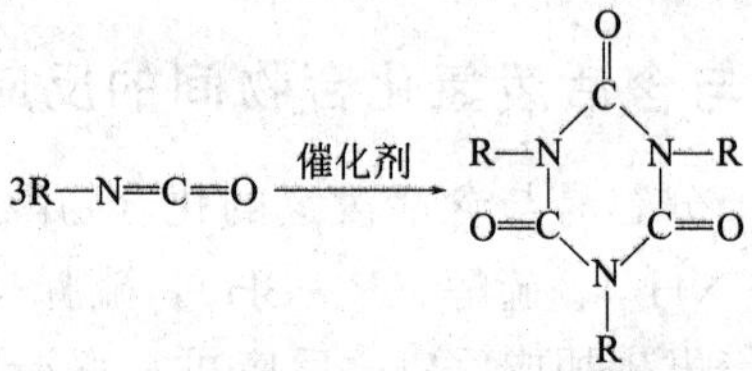

$$3R-N=C=O \xrightarrow{催化剂} \text{[结构式]}$$

异氰脲酸酯

脂肪族和芳香族异氰酸酯均可发生三聚反应，采用的催化剂有胺及钠、钾、钙等金属的可溶性化合物。三聚体在 150～200℃ 仍很稳定。

在用多元异氰酸酯生产聚氨酯过程中，一部分异氰酸酯可能发生三聚化反应形成交联点，有利于生成体型结构并改进聚氨酯的性能。

7.2.3 异氰酸酯基团的其他重要反应

异氰酸酯基团除可发生上述重要反应外，还可以发生许多有应用价值的反应，现选择两例予以介绍。

（1）二元异氰酸酯脱 CO_2 生成聚碳二亚胺

$$2R-N=C=O \longrightarrow R-N=C=N-R + CO_2\uparrow$$

液态二异氰酸酯单体在室温下可发生此反应，此反应可应用于交联聚氨酯泡沫塑料的生产；产品聚碳二亚胺作为交联剂，二氧化碳则作为发泡剂。

（2）二元异氰酸酯与 HCN 反应，生成含亚氨基咪唑二酮环的聚合物，进一步水解脱除亚氨基，反应如下：

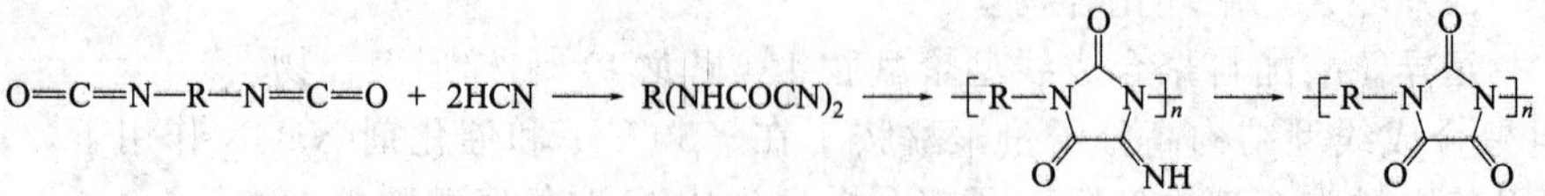

$$O=C=N-R-N=C=O + 2HCN \longrightarrow R(NHCOCN)_2 \longrightarrow \text{[结构式]}_n \longrightarrow \text{[结构式]}_n$$

7.3　逐步加成聚合物——聚氨酯

聚氨酯是工业生产的最主要的逐步加成聚合物，聚氨酯所含特性基团为"氨基甲酸酯"

（—NHCOO—），全名为"聚氨基甲酸酯"（Polyurethane），简称"聚氨酯"。

7.3.1 聚氨酯原料

聚氨酯由两类原料经逐步加成聚合反应合成，一类是异氰酸酯类，主要是二元或二元以上芳香族异氰酸酯或脂肪族异氰酸酯，以前者更为重要；另一类是含活性氢的二元或二元以上化合物，主要是多元醇。近来发展了以多元胺为原料生产"聚脲"的工艺，但仍归纳于聚氨酯。

异氰酸酯基团非常活泼，与含活性氢基团在常温条件下即可发生加成反应，在适当催化剂作用下反应速率可大为提高。异氰酸酯合成过程中催化剂用量虽少，但却是必不可少的原料。

7.3.1.1 异氰酸酯
（1）异氰酸酯的合成

工业上主要采用光气法合成异氰酸酯，以伯胺为原料与光气反应的反应如下：

$$R—NH_2 + COCl_2 \longrightarrow R—NCO + 2HCl \xrightarrow{-2HCl} R—NCO$$

伯胺与光气的第一步反应为放热反应，第二步需脱 HCl，反应温度要提高到 80～100℃，可能有生成脲衍生物、异脲酸酯等的副反应。为了减少副反应，光气应当过量。

光气法合成异氰酸酯时，伯胺用光气处理使之生成盐酸盐，然后与光气反应可防止副反应的发生。

为了避免使用剧毒的光气，开发了许多非光气路线，但由于经济成本的关系，还不能取代光气路线。较成功的非光气路线是以甲基甲酰胺为原料，用钯催化剂催化脱氢生成甲基异氰酸酯。

（2）合成聚氨酯所用异氰酸酯种类

异氰酸酯的种类很多，但使用时要考虑原料的生产成本，所以工业使用的异氰酸酯种类有限。

① 二元异氰酸酯　最主要的二元异氰酸酯是甲苯二异氰酸酯（TDI）。不同的合成过程可制得三种不同成分的商品，2,4/2,6-TDI（80/20）、2,4/2,6-TDI（65/35）和 2,4-TDI（100）。

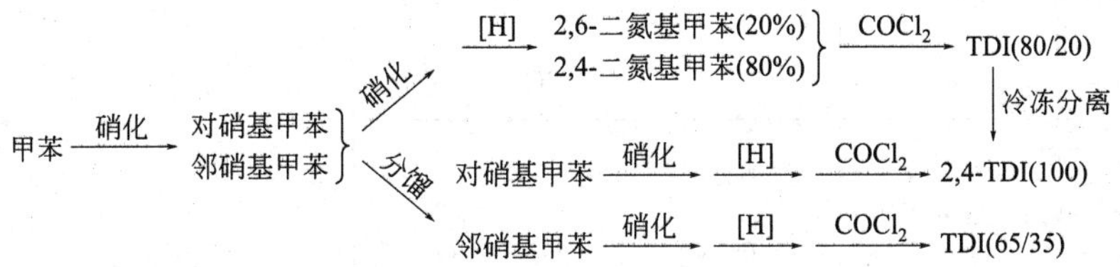

② 以苯胺与甲醛反应得到的亚甲基二苯胺为原料，经光气化反应得到二异氰酸酯 4,4'-亚甲基二苯基二异氰酸酯（MDI）和 2,4'-亚甲基二苯基二异氰酸酯。

③ 三元异氰酸酯和多元异氰酸酯　最主要的是：

a. 苯胺与甲醛反应得到的低聚物经分离后，在光气化作用下得到的三元异氰酸酯或多元异氰酸酯，总称"PMDI"，工业品中约含有 40%～60% MDI，其余为三元和多元异氰酸酯。

b. 二元异氰酸酯进行三聚化反应形成三元异氰酸酯。

c. 可能存在的聚碳二亚胺与异氰酸酯基团反应，形成具有三活性官能团的四环，反应如下：

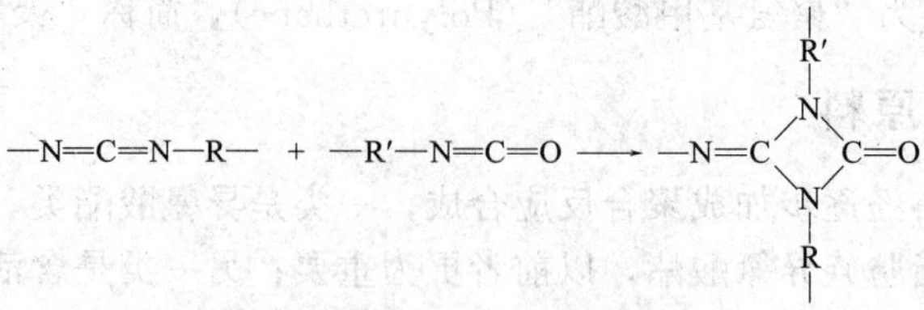

$$-N{=}C{=}N{-}R{-} \;+\; {-}R'{-}N{=}C{=}O \longrightarrow {-}N{=}C \underset{\displaystyle \underset{R}{|}}{\overset{\displaystyle \overset{R'}{|}}{\boxed{}}} C{=}O$$

d. 将端基为异氰酸酯基团的聚氨酯低聚物与三官能扩链剂反应等。

工业上常用的异氰酸酯见表 7-1。由表 7-1 可知，常用的多元异氰酸酯中，只有聚亚甲基聚苯基异氰酸酯（PMDI）是三元以上的多元异氰酸酯，其余都是二元异氰酸酯。

表 7-1　工业上常用的异氰酸酯

名称（简称）	结构式	沸点/（℃/kPa）	熔点/℃
对苯二异氰酸酯（PPDI）	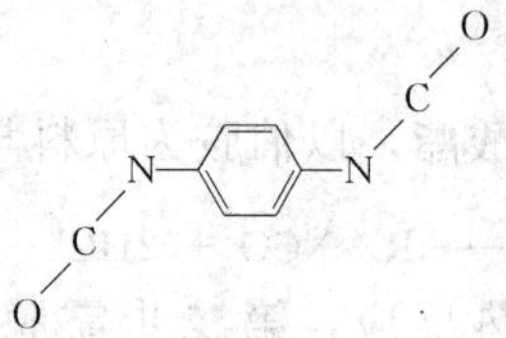	110～112/1.6	94～96
甲苯二异氰酸酯（TDI）	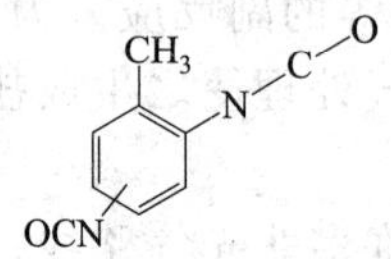	121/1.33	14
4,4′-二异氰酸酯基二苯甲烷（MDI）	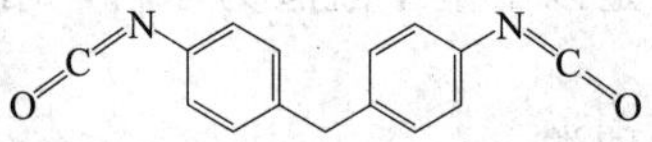	171/0.13	39.5
聚亚甲基聚苯基异氰酸酯（PMDI）	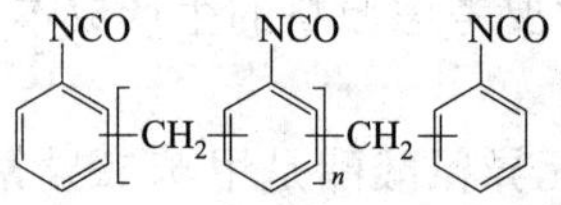		
1,5-萘基二异氰酸酯	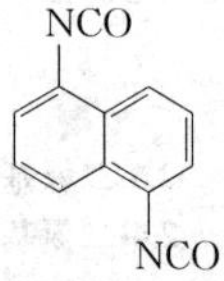	244	130～132
双甲苯二异氰酸酯（TODI）	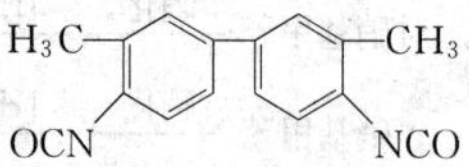	160～170/0.066	71～72
间二甲基苯二异氰酸酯（XDI）	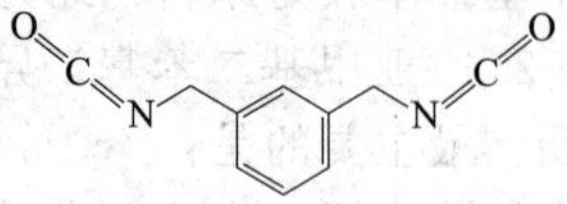	159～162/1.6	
间四甲基二异氰酸酯基二甲苯（TMXDI）	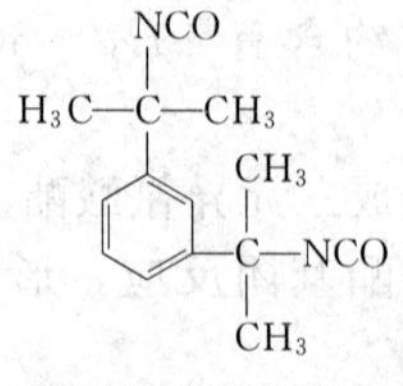	150/0.4	

名称(简称)	结构式	沸点/(℃/kPa)	熔点/℃
1,6-六亚甲基二异氰酸酯(HDI)	$OCN(CH_2)_6NCO$	130/1.73	
反式-环己烷-1,4-二异氰酸酯(CHDI)	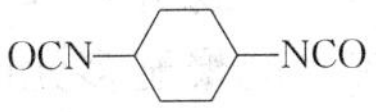 OCN—⬡—NCO	122~124/1.6	
1,3-双异氰酸酯基-甲基环己烷(HXDI)	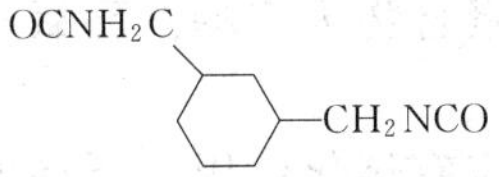 $OCNH_2C$ ⬡ CH_2NCO	98/0.053	
3-异氰酸酯基-甲基-3,5,5-三甲基环己烷异氰酸酯(IPDI)(工业名:异佛尔酮二异氰酸酯)	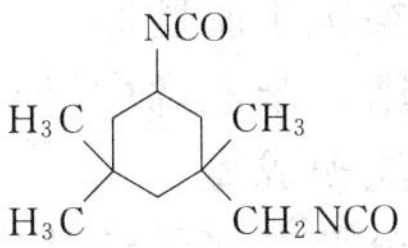 NCO / H_3C ⬡ CH_3 / H_3C CH_2NCO		
4,4'-二异氰酸酯-二环己基甲烷(HMDI)	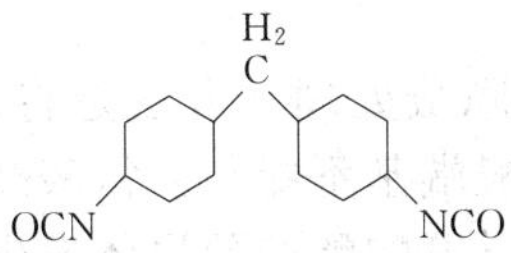 OCN—⬡—$C H_2$—⬡—NCO	179/0.12	

异氰酸酯基团的活性受空间结构的影响十分明显,例如,2,4/2,6-甲苯二异氰酸酯中的2-、6-位异氰酸酯基团受到相邻的甲基空间位阻影响,其活性低于4-位者。

分子链段、大分子间的作用力对聚氨酯的物理性能,如刚硬性、柔韧性、成纤性等影响较大。异氰酸酯的选择对聚氨酯的物理性能起决定性影响;另一组分多元羟基化合物的选择对聚氨酯的物理性能影响较小。

④ 异氰酸酯的隐蔽 异氰酸酯基团活性大,不宜储存。用作涂料时,适于使用隐蔽型异氰酸酯,其优点是不挥发、储存稳定性好,并且容易用作粉末涂料。制备方法是将异氰酸酯与隐蔽剂反应,得到隐蔽型异氰酸酯。使用时加热到120~160℃,使隐蔽型异氰酸酯解离而释放出异氰酸酯基团,它与多元羟基化物反应生成高分子量聚氨酯。常用的隐蔽剂包括己内酰胺、3,5-二甲基吡唑、酚类、肟、乙酰乙酸乙酯、丙二酸酯等,最后两种化合物与异氰酸酯基团结合后不能使异氰酸酯基团释出,但受热后可与多元醇进行酯交换反应。

氨基甲酸苯酯与甲醛反应生成苯酚隐蔽的亚甲基二异氰酸酯:

$$2C_6H_5OCONH_2 + CH_2O \longrightarrow C_6H_5OCONH—CH_2—NHCOOC_6H_5 + H_2O$$

用苯酚隐蔽的亚甲基二异氰酸酯可用于3,5-苄醇二异氰酸酯与多元醇制取超分支聚氨酯的原料,释放出的苯酚最后可作为封链剂。脂肪族长链二异氰酸酯自聚生成的二聚物和大环脲可以作为脂肪族二异氰酸酯的隐蔽剂。

7.3.1.2 含活泼氢的化合物

此类化合物主要是二元羟基化合物,但有时为了改进某些性能可加入适量伯胺,产物可为聚脲或聚氨酯-聚脲共聚物。

(1) 聚醚多元醇(羟端基聚醚)

用作聚氨酯原料的羟端基聚醚,平均分子量为250~8000,羟端基数为2~6;主要由环氧乙烷(EO)、环氧丙烷为原料,经催化开环均聚或共聚而得,也可由四氢呋喃开环制取。羟端基数目取决于开环反应所用引发剂。开环反应所用催化剂主要是碱类化合物如KOH等,KOH的催化效果较好。用甘油作为引发剂可进行环氧乙烷开环反应,产物具有三个羟端基,平均分子量则取决于甘油的用量,反应式如下:

如用六元羟基化合物山梨醇为引发剂，产物为六羟端基聚醚。

环氧丙烷均聚物或其共聚物是使用较多的聚醚多元醇，其中羟基的数目、活性、当量以及与其他成分的相容性决定了聚醚多元醇的性质。由于伯羟基的活性大于仲羟基，生产嵌段共聚羟基化合物时，应采用环氧乙烷聚合物为末端。环氧乙烷与环氧丙烷共聚可降低环氧乙烷均聚物的水溶性。

胺类作为引发剂时，对于开环反应有催化作用，所得聚醚可用于喷涂发泡，制造刚硬性良好的泡沫塑料。作为引发剂时，芳胺类优于脂肪胺。

将多元醇分散于乙烯基单体如丙烯腈、苯乙烯中进行自由基接枝共聚，所得多元醇可用来制造高回弹性软泡沫塑料或用于反应注塑成型。

某些胺与异氰酸酯反应可生成聚脲分散在多元醇基质中的产品，可用于制造刚性与负载力量好的软泡沫塑料。

与异氰酸酯相同，多元醇也可进隐蔽处理。方法是将多元醇与乙烯基醚或异丙烯醚反应，生成端基为缩醛基的产物。此缩醛端基不能与异氰酸酯发生反应，但与空气中的湿气接触后水解释放出羟端基，可与端基为异氰酸酯的预聚体发生反应生成聚氨酯。酮亚胺交联剂可以用于聚氨酯单组分汽车涂料的配方中，因为酮亚胺水解后生成的二胺迅速与端基为异氰酸酯的预聚体发生反应生成聚氨酯涂层。常见的聚醚多元醇见表 7-2。

表 7-2 常见的聚醚多元醇

聚醚多元醇	功能端基数	起始剂	原料
聚乙二醇（PEG）	2	H_2O 或 EG	环氧乙烷（EO）
聚丙二醇（PPG/PEG）	2	H_2O 或 PG	环氧丙烷（PO）
PPG/PEG	2	H_2O 或 PG	PO/EO
聚四甲基二醇	2	H_2O	四氢呋喃（THF）
丙三醇加成物	3	丙三醇	环氧丙烷（PO）
三甲醇丙烷加成物	3	三甲醇丙烷	环氧丙烷（PO）
季戊四醇加成物	4	季戊四醇	环氧丙烷（PO）
乙二胺加成物	4	乙二胺	环氧丙烷（PO）
苯酚树脂加成物	4	苯酚树脂	环氧丙烷（PO）
二乙三胺加成物	5	二乙三胺	环氧丙烷（PO）
山梨醇加成物	6	山梨醇	PO/EO
蔗糖加成物	8	蔗糖	环氧丙烷（PO）

（2）聚酯多元醇（羟端基聚酯）

聚酯多元醇市场价格稍高于聚醚多元醇，所以聚氨酯原料由以前的聚酯多元醇转向聚醚多元醇。随着人类环保意识的增强，通过回收生产涤纶的聚酯废弃物和饮料瓶来制造聚酯多元醇将会越来越普遍。

生产聚酯多元醇的原料为二元酸和二元醇或其混合物，常用的酸为脂肪族或芳香族酸，如廉价的己二酸等。生产弹性体的聚酯多元醇分子量以 2000 左右为最佳。生产多端基产品时主要原料中要加入多元醇。

聚酯可以水解，所以聚酯型聚氨酯的耐水性不如聚醚型聚氨酯，但耐氧化性与热稳定性则优于聚醚型聚氨酯。

己内酯与多元醇反应所得的聚酯多元醇耐水性较好，可用于热塑性聚氨酯橡胶的生产。

7.3.1.3 催化剂

聚氨酯树脂生产中，基本上都需要催化剂。催化剂可改善聚氨酯加工性并提高制品性能。最重要的催化剂有叔胺类和有机锡类化合物两大类。

（1）叔胺类

用于聚氨酯软泡沫塑料的叔胺类催化剂商品见表7-3。这些胺类化合物皆为碱性。异氰酸酯基团经电子共振离子化后与叔胺形成了络合物，因碳正离子受到亲核基团叔胺作用，氮负离子稳定性提高，与质子的作用机会大增，促进了醇的RO—基团与碳原子的结合，生成了氨基甲酸酯基团，叔胺则被释出，所以叔胺发生了催化作用。此反应与亲核能力有关，叔胺化合物的碱性越强，在相同的主体位阻效应下，其催化能力也越强。

强碱性盐如醋酸钾、2-乙基己酸钾等适用于催化异氰酸酯基团的二聚化；而某些叔胺如2,4,6-三（N,N-二甲氨基甲基）苯酚、1,3,5-三（3-N,N-二甲氨基丙基）-S-三唑与叔胺的铵盐等则适于用作三聚化催化剂。

含有羟基的叔胺用作催化剂时可结合入聚氨酯中，还可消除泡沫塑料的气味。热活化催化剂用于常温发泡时，反应速率过慢，升高温度后则活性大增，适用于加热成型。在聚氨酯软泡沫塑料生产中，应当使用叔胺-有机锡混合催化剂，平衡生成氨基甲酸酯与发泡的反应。

胺类催化剂，特别是液态物具有毒性，可引起皮炎并刺激眼睛，要防止吸入其蒸气。

聚氨酯软泡沫塑料所用叔胺催化剂表7-3。

表7-3 聚氨酯软泡沫塑料所用叔胺催化剂

名称	结构式	性能	适用情况
α,ω-三乙基二胺	$N(CH_2-CH_2)_3N$	促进凝胶催化剂	软泡沫塑料
五甲基二丙基三胺	$(CH_3)_2N(C_3H_6)N(C_3H_6)N(CH_3)_2$ $\|$ CH_3	发泡与凝胶均衡催化剂	室温固化HR泡沫塑料
五甲基二乙基三胺	$(CH_3)_2N(C_2H_4)N(C_2H_4)N(CH_3)_2$ $\|$ CH_3	发泡催化剂	半硬泡沫塑料
双(二甲氨基乙基)醚	$[(CH_3)_2NC_2H_4]_2O$	发泡催化剂	平板泡沫塑料
DBU(商品名)苯酚盐		热活化发泡催化剂	模塑泡沫塑料
二甲基环己胺	—$N(CH_3)_2$	凝胶与发泡均衡催化剂	平板泡沫塑料

（2）有机锡类化合物

此类化合物有二丁基二月桂酸锡、二丁基双（月桂酰硫基）锡酸盐、二丁基双（异辛基硫基醋酸酯）锡、二丁基双（异辛基马来酸）锡等。

（3）其他催化剂与助催化剂

可用铋或铅化物作为TDI与三元聚醚醇加成聚合反应的催化剂，但通常仍以锡催化剂为主，因为锡催化剂气味小、用量少。

羧酸盐如钙、铅、钴、锰、锌、锗等金属的羧酸盐都可用作叔胺、有机锡或两者混合物的助催化剂。羧酸盐助催化剂可缩短聚氨酯硬泡沫塑料的固化时间。

有机汞化合物可用作浇铸聚氨酯橡胶与RIM成型时的催化剂。

选择催化剂时，要考虑异氰酸酯基团的性质与空间位置。IPDI与正丁醇在50℃反应时，仲异氰酸酯基团的活性较伯异氰酸酯基团的活性要高1.6倍；如用二丁基二月桂酸锡为催化剂,仲异氰酸酯基团的活性较伯异氰酸酯基团的活性高 12 倍;如用叔胺催化剂,伯异氰酸酯基团的活性反较仲异氰酸酯基团的活性高 1.2 倍。

7.3.1.4 其他助剂

(1) 扩链剂

扩链剂是聚氨酯树脂生产中仅次于异氰酸酯和聚多元醇的重要原料。它们与预聚体反应使分子链扩展并增大,在聚氨酯大分子链中形成硬段。常见的扩链剂是一些含活泼氢的化合物,可分为二元醇和二元胺两大类。

① 二元醇 二元醇类扩链剂一般为低分子量的脂肪族和芳香族的二元醇,如乙二醇、1,4-丁二醇、三羟甲基丙烷和对苯二酚二羟乙基醚等;还有一些含叔氮原子的芳香二醇,如 N,N-双羟乙基苯胺等。

② 二元胺类 二元胺类扩链剂主要有芳香族胺类,如联苯胺、3,3'-二氯联苯二胺和 3,3'-二氯-4,4'-二苯基甲烷二胺(MOCA)等。MOCA 是合成聚氨酯橡胶时最重要的扩链剂,但可能致癌,现在使用了许多新型无毒的二胺类扩链剂。也可使用混合胺类作为扩链剂,如间苯二胺和异丙基苯二胺混合物等。

(2) 阻燃剂

聚氨酯为可燃物,特别是其泡沫塑料更易燃烧,着火后会产生大量有害气体,所以在配方中要使用可阻燃的原料或添加阻燃剂,阻止聚氨酯燃烧。

环氧三氯丁烷开环聚合所得多元醇、N,N-双(2-羟乙基)氨基甲基磷酸酯、含卤元素和磷元素的聚醚或聚酯等可用作阻燃型原料。但这些原料合成成本过高,因此添加阻燃剂是生产阻燃型聚氨酯的主要途径。

阻燃剂包括非活性的磷酸盐或酯、三水合铝胶以及三聚氰胺等。三水合铝胶受热产生水,可冷却火焰并在火焰区形成不燃保护渣;三聚氰胺受热熔化后产生不可燃气氛与不燃屏蔽层,可隔离聚氨酯与火焰;磷酸类阻燃剂在硬聚氨酯泡沫塑料燃烧时可产生黏结性良好的残渣,附着在表面上,隔绝火焰。

此外,还可添加具有防火性的纤维、织物等。

(3) 表面活性剂

生产细小孔聚氨酯泡沫塑料时,配方中需加入表面活性剂,其作用是形成微小气泡。常用的表面活性剂是聚氧乙烯-聚硅氧烷的共聚物,聚醚链段中 EO/PO 配比影响表面活性剂的乳化效果和稳定性。生产聚氨酯软泡沫塑料时,要求表面活性剂适于产生开孔气泡。以 TDI 和 MDI 为原料用模塑法生产高回弹性聚氨酯泡沫塑料时,要求使用别的表面活性剂。

(4) 发泡剂

聚氨酯泡沫塑料广泛用于隔热材料,发泡剂的选择与使用是聚氨酯泡沫塑料生产企业的重要课题之一。以前主要使用卤-碳化物,特别是含氟化合物,但由于其对臭氧层的破坏,国际上已禁止使用。现在使用新发泡剂取代氟烃发泡剂。

(5) 其他助剂

芳香族异氰酸酯生产的聚氨酯材料易受氧气和光线的作用而变色,必要时应当加稳定剂和抗氧剂等助剂。

此外,应根据聚氨酯材料的具体用途而添加专用助剂。

7.3.2 异氰酸酯预聚、改性与扩链

7.3.2.1 异氰酸酯预聚与改性

(1) 异氰酸酯的预聚

原料异氰酸酯具有毒性和不适气味,为了解决此问题,工业上将原料异氰酸酯制成聚氨

酯预聚物或通过改性制成衍生物。

① 制成聚氨酯预聚物　主要是制成端基为异氰酸酯基团的低聚物，端基如为羟基则无实际意义。预聚物主要由二异氰酸酯与少量大分子二元醇合成：

$$OCN-R-NCO + HO\sim\sim OH \longrightarrow OCN-R-NH-\overset{\overset{O}{\|}}{C}-O\sim\sim O-\overset{\overset{O}{\|}}{C}-NH-R-NCO$$

预聚物中—NCO/—OH 比值通常为 2/1，应尽可能地减少游离的异氰酸酯，如果超过此数值则称为"准预聚物"，此时含有游离的异氰酸酯。

预聚物合成过程中可移去反应热，因此使用预聚物生产聚氨酯材料时反应热可忽略不计。

如果要求生产具有支链或交联的聚氨酯时，预聚物二元醇原料应采用多元醇。

② 通过改性制成衍生物　主要是使异氰酸酯转化为脲基甲酸酯（allophanate）、缩二脲（biuret）、使二元异氰酸酯的一个端基二聚化生成二聚物或三聚化生成三聚物等。

（2）异氰酸酯的改性

改性的目的是降低异氰酸酯的挥发性和毒性，提供交联点与自聚物，生成脲基甲酸酯基团、缩二脲基团、碳二亚胺基团、二聚物以及三聚物等。

例如，六亚甲基二异氰酸酯（HDI）与 H_2O 反应转变为缩二脲：

$$3 O=C=N-(CH_2)_6-N=C=O + H_2O \longrightarrow O=C=N-(CH_2)_6-NH-\overset{\overset{O}{\|}}{C}-\underset{\underset{(CH_2)_6-N=C=O}{|}}{N}-\overset{\overset{O}{\|}}{C}-NH-(CH_2)_6-N=C=O$$

反应中的 H_2O 可用含活泼氢的化合物取代。缩二脲在存放期间会逐渐释放 HDI 单体，如果将缩二脲转变为脲基甲酸酯，则可防止此变化。甘油、多元醇、一元醇都可引发生成脲基甲酸酯的反应：

$$OCN-R-NCO + R'OH \longrightarrow OCN-R-NH-\overset{\overset{O}{\|}}{C}-O-R' \xrightarrow{OCN-R-NCO} OCN-R-NH-\overset{\overset{O}{\|}}{\underset{\underset{OCN-R-NH-C=O}{|}}{C}}-O-R'$$

三聚化反应生成的异氰脲酸酯为稳定的六元环，将存在于以后合成的聚氨酯材料中，可以增加聚氨酯的刚硬性，所以这种聚氨酯又称为"异氰脲酸酯改性聚氨酯"（聚氨酯 IR）。改性异氰酸酯商品见表 7-4。

表 7-4　某些改性异氰酸酯商品

改性异氰酸酯类别	组成	未反应异氰酸酯[①]/%	黏度(25℃)/mPa·s	—NCO 含量/%（质量分数）	应用范围与商品名称
氨基甲酸酯	MDI＋低分子量聚醚醇	60	800	22	聚氨酯 RIM 弹性体 Lupranate MP102(BASF) Mondur PF(Bayer) Isonate 181(Dow)
	TDI＋低分子量三元醇[②]	<0.5	2000	12.5	涂料 Mondur CB(Bayer)
	MDI＋聚醚醇	13	2000	6.5	弹性体 Baytec(Bayer)

改性异氰酸酯类别	组成	未反应异氰酸酯①/%	黏度(25℃)/mPa·s	—NCO含量/%(质量分数)	应用范围与商品名称
脲基甲酸酯	TDI+低分子量二醇	70	20	4.0	聚氨酯软泡沫塑料 Mondur HR(Bayer)
缩二脲	HDI③	<0.7	10000	22	涂料 Mondur N(Bayer)
二聚体	TDI	<0.7	固体	13(48)④	DesmudurTT(Bayer)
三聚体	IPDI⑤	<0.7	2000	12	涂料(Huels)
碳二亚胺	MDI,部分反应	70	40	29	弹性体 Lupranate MM103(BASF) Mondur CD(Bayer) Isonate 143L(Dow)

① 以混合物总量为基准；② 真空减压脱除过剩的异氰酸酯；③ 部分反应后脱除过剩的异氰酸酯；④ 括号内数字为二聚体热分解以后可利用异氰酸酯量；⑤ 30%溶液改性。

7.3.2.2 异氰酸酯扩链

聚氨酯预聚物是端基为异氰酸酯基团的低聚物，目的是消除原料异氰酸酯的挥发性以减少其毒性与不适气味，同时还消除了大部分反应热。它是聚氨酯材料生产的中间体，经过扩链反应后才能得到高分子量聚氨酯材料。扩链剂主要是二元醇与二元胺，也可为多元醇或多元胺。反应如下：

$$n\text{O}=\text{C}=\text{N}-\text{R}-\text{NH}-\text{COO}\sim\!\!\sim \quad \text{OCO}-\text{NH}-\text{R}-\text{N}=\text{C}=\text{O} + n\text{HO}-\text{R}'-\text{OH} \longrightarrow 高分子量聚氨酯$$
$$\downarrow + n\text{H}_2\text{N}-\text{R}'-\text{NH}_2$$
$$\sim\!\!\sim\text{OCO}-\text{NH}-\text{R}-\text{NH}-\text{CO}-\text{NH}-\text{R}'-\text{NH}-\text{CO}-\text{NH}-\text{R}-\text{NH}-\text{CO}-\text{O}\sim\!\!\sim$$

扩链剂为二元醇时，产物为高分子量聚氨酯；扩链剂为二元胺时，产物为含有聚脲基（—NH—CO—NH—）的高分子量聚氨酯-脲。二元胺扩链剂可促进反应速率。

如果要求生产高交联度的聚氨酯材料，可用三元及以上的多元醇或多元胺，它们不仅用作扩链剂还兼具交联剂的作用。

7.3.3 聚氨酯合成工艺

7.3.3.1 影响聚氨酯性能的结构因素

工业生产的聚氨酯基本都是由多元异氰酸酯与多元醇经逐步加成聚合而得。原料结构、形成的大分子是线型、松散交联还是紧密交联、极性基团的间距以及分子间氢键力等因素决定了聚氨酯是否可结晶、大分子链的柔韧性及坚硬性等性能。

（1）聚氨酯弹性体

聚氨酯聚合物可以是硬段与软段构成的嵌段结构，也可以是松散交联结构，利用这些特点可以制备以下聚氨酯弹性材料。

① 热塑性聚氨酯弹性体　热塑性聚氨酯弹性体是由硬段与软段构成的嵌段结构聚合物，软段由长链聚醚多元醇或聚酯多元醇与MDI合成制得；硬段由短链二元醇（1,2-二元醇～1,10-二元醇）如1,4-丁二醇与MDI合成。室温条件下软段与硬段不相容，产生微相分离，聚集形成结晶相域，具有弹性。受热以后，结晶相域被破坏，成为热塑性弹性体，可以成型加工。对称的MDI最适合生产性能优良的热塑性聚氨酯弹性体。

② **热固性聚氨酯弹性体** 热固性聚氨酯弹性体是交联结构的聚合物，由浇铸成型或反应注射成型（RIM）而得。浇铸聚氨酯橡胶原料主要是 TDI 与 3,3'-二氯-4,4'二苯基甲烷二胺。

反应注射成型（reaction injection molding，简称 RIM）是重要的聚氨酯成型方法。原料在专用挤出机的压力下加热混合后，注入模型中快速成型为聚氨酯制品。常用的异氰酸酯为液态 MDI 预聚物或其碳二亚胺加成物，还可用氨端基取代多元醇的羟端基得到聚脲。用二元胺为扩链剂可加快反应速率，得到的产品为聚氨酯-脲。

③ **聚氨酯弹性纤维** 聚氨酯弹性纤维的化学组成与热塑性聚氨酯弹性体相似，由分子量为 1000～4000 的聚醚二元醇或聚酯二元醇与分子比为 (1:1.4)～(1:2.5) 的异氰酸酯反应，生成端基为异氰酸酯基团的预聚物，然后用二元胺进行扩链，得到硬段相域分散于无定形软段中的弹性体，纺丝后即得到聚氨酯弹性纤维（见"合成纤维"一章）。

(2) 成膜与黏结

不同结构的异氰酸酯与聚醚多元醇或聚酯多元醇可以合成具有优良成膜性和黏结性材料，用作涂料、黏合剂以及密封材料等。

① **涂料** 脂肪族异氰酸酯与聚醚多元醇可以合成耐气候性优良的聚氨酯涂料。用 HMDI 和 IPDI 与聚酯多元醇合成性能柔软具有弹性的聚氨酯涂料；用 HDI 和 IPDI 与丙烯酸酯多元醇可合成聚氨酯硬质涂料。改变异氰酸酯与多元醇的化学结构与类别，可以合成不同性能和用途的聚氨酯涂料。聚氨酯涂料施工方法简便，可涂布、喷涂或制成粉末涂料。根据用途可分为塑料用涂料、汽车用涂料、织物用涂料、人造革用涂层等。用二元胺扩链的异氰酸酯预聚物，可涂于织物上用作防雨用具，这种聚氨酯涂料在织物上生成的微孔可以透过空气与水汽，但不透液体水。

② **黏合剂与密封剂** 聚氨酯用作黏合剂时，固化速度快，在室温下可与空气中的湿气、棉纱类织物和木材中纤维素的羟基反应而固化，黏结强度高。根据原料的选择可以得到柔韧或刚硬的黏结层。

聚氨酯添加填料等助剂后可用密封剂，还可与环氧树脂、有机硅树脂和聚硫橡胶等制成混合物使用。

用作涂料、黏合剂与密封剂时，聚氨酯可为双组分，催化剂置于多元醇中；也可将游离的—NCO 基团或—OH 基团进行隐蔽后制成单组分物料。

(3) 聚氨酯泡沫塑料

合成聚氨酯聚合物的同时，可利用反应产生的气体或低沸点发泡剂生产聚氨酯泡沫塑料。改变原料的化学结构和组成可以得到不同结构和性能的聚氨酯材料，可生产聚氨酯软质泡沫塑料、半软质泡沫塑料、硬质泡沫塑料以及高回弹性泡沫塑料（HR-Foam）等。

① **软质泡沫塑料** 聚氨酯软质泡沫塑料密度为 $0.024g/cm^3$。配方中包括分子量约 3000 的聚醚三元醇、TDI、H_2O、催化剂（叔胺与辛酸锡混合物）以及表面活性剂等，需要注意的是需添加阻燃剂；有时还需添加助发泡剂二氯甲烷、氯仿以及丙酮等。以前可用氟里昂类发泡剂，现已淘汰。

高回弹性软质泡沫塑料密度为 $0.045g/cm^3$，合成方法相同，但所用聚醚三元醇的分子量高达 6000，可提高产品的抗负荷能力。

② **半硬质泡沫塑料** 半硬质泡沫塑料主要由碳二亚胺改性的液态 MDI 与羟乙基为端基的多元醇反应而得，适合用作汽车保险杠等吸收能量的材料。

③ **硬质泡沫塑料** 硬质泡沫塑料密度为 $0.021～0.048g/cm^3$，主要用作隔热材料。低密度产品则用于墙壁夹层填充物等无负荷场合；高密度产品可制成复合材料的夹芯层，例如纸板、铝膜、钢板、纤维板以及煤焦油纸板的夹芯层等，还可用作冰箱、冷库的绝

热材料。

用于聚氨酯硬质泡沫塑料的异氰酸酯原料主要是 PMDI。用于冰箱绝热层时，多使用 TDI 或其预聚物；多元醇主要用多元羟基化合物与环氧丙烷的加成物，也可用多元羟端基的多元胺衍生物。含有氨基的多元醇原料固化速度快，适用于喷涂成型。

（4）合成紧密交联的聚氨酯材料

使用聚合官能度三或三以上的两种原料合成聚氨酯时，反应后生成交联度较紧密的聚氨酯聚合物，交联点之间的链段长短可影响其物理性能。

（5）合成互穿网络聚合物（IPN）

聚氨酯容易合成，不会干扰另一聚合物，所以近来制取 IPN 材料的范围与用途日益扩大。互穿网络聚合物的另一聚合物为聚苯乙烯、聚丙烯酸酯、聚甲基丙烯酸酯、聚丙烯酰胺、聚氯乙烯、尼龙 6、不饱和聚酯树脂和环氧树脂等。

聚氨酯原料预聚物、扩链剂等与第二单体、引发剂、交联剂可进行溶液聚合或本体聚合反应。以 50：50 的聚氨酯-苯乙烯 IPN 的制备为例，MDI 与聚四亚甲基二醇（PTMG）用 1,4-丁二醇和三甲醇基丙烷作扩链剂和交联剂制得聚氨酯；加入单体苯乙烯，以二乙烯苯为交联剂，在 $20000kgf/cm^2$ 压力下反应制得 IPN。升高压力有利于物料充分混合，提高交联度。

（6）制备离子聚合物（Ionomer）

在一部分原料中引入离子，用非极性链段将这些离子分开，从结构上得到离子聚合物（Ionomer）。与水接触后，离子聚合物可离子化形成水合物，在水中生成稳定的分散液，可用作水性聚氨酯涂料。

（7）TDI 与芳族二元醇

如 $4,4'$-双（ω-羟烷氧基）联苯反应可以合成具有液晶性质的聚氨酯聚合物。

7.3.3.2 聚氨酯的成型与性能

聚氨酯是逐步加成聚合反应产品，在室温下即反应。有些原料在常温下为液态，易于成型加工，可用涂布、喷涂和填充等方法施工；固体产品可在专用设备中加热，使它熔化后成型加工。聚氨酯的应用与成型方法多种多样，详见图 7-1、图 7-2 和图 7-3。聚氨酯软质泡沫塑料生产装置见图 7-4；聚氨酯硬质泡沫塑料复合板生产装置见图 7-5。

为了适应聚氨酯合成过程的特点，发展了"反应注射成型"（reaction injection molding，简称 RIM）技术和其他很多方法，如用 PMDI 为异氰酸酯原料制备结构性制品（称为 SRIM），用玻璃纤维增强等（制品称为 RRIM）；还可将物料混合后连续挤出，固化后切粒，得到粒状聚氨酯材料作为商品供应市场。

RIM 技术的特点是原料在注射机的压力下，进行快速混合并反应。物料以液态状注入模具中，所需压力仅为 350kPa，而锁模压力则需 28～70MPa。

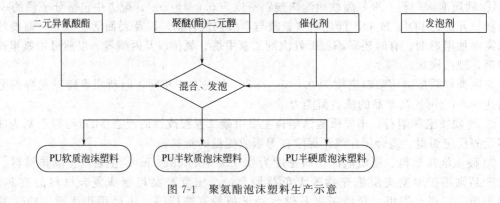

图 7-1　聚氨酯泡沫塑料生产示意

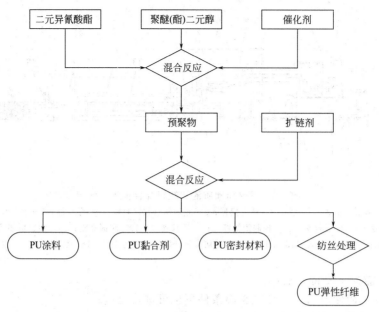

图 7-2　聚氨酯弹性纤维、涂料、黏合剂和密封材料生产示意

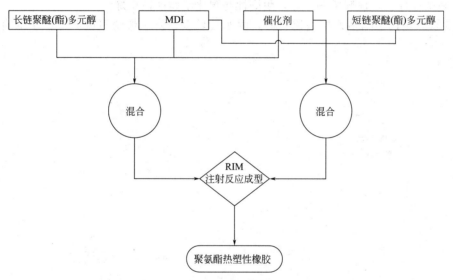

图 7-3　聚氨酯热塑性橡胶生产示意

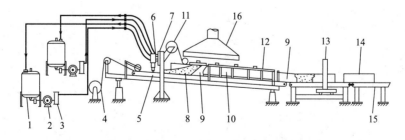

图 7-4　聚氨酯软质泡沫塑料生产装置

1—储槽（附搅拌器）；2—计量泵；3—热交换器；4—底部送（收）纸辊；5—传送带；6—混合头；
7—控制用横杆；8—发泡；9—边框纸；10—用于调整的边板；11—顶部收（送）纸辊；
12—高度控制板；13—切割器；14—泡沫塑料成品；15—输送器；16—排气罩

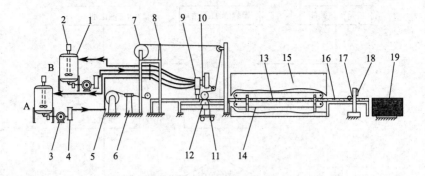

图 7-5 聚氨酯硬质泡沫塑料复合板生产装置

1—贮槽；2—搅拌器；3—计量泵；4—热交换器；5—底面送（收）料辊；6—贴片器；7—顶部收（送）料辊；
8—顶部贴片器；9—混合头；10—控制用横杆；11—顶部夹辊；12—底部夹辊；13—锁紧顶部输送带装置；
14—锁紧底部输送带装置；15—固化加热炉；16—复合板；17—切边器；18—切割器；19—复合板成品

聚氨酯性能的主要特点是：

① 合成反应简便易行，即使在常温条件下也可进行反应；

② 制品多样化，用途十分广泛；

③ 黏结性优良，皮膜柔韧性好，耐磨性与耐化学腐蚀性良好。

主要缺点是以聚酯多元醇为原料时，耐水性较差；发生燃烧事故时，放出的有害气体较多。

第8章

高聚物改性工艺

改进高聚物性能的工艺方法叫做高聚物改性工艺。为了改进高聚物的性能，发展了两种或两种以上单体共聚改性、两种聚合物共混改性、合成互穿网络聚合物以及聚合物化学反应改性等方法。此外，还发展了以聚合物为基材的复合材料。广义上说，两种不同组分聚合物形成一种材料也属复合材料范畴，但通常所说的复合材料主要是指高聚物与非高聚物无机材料构成的物料体系。

通过高聚物改性，可以获得性能优良或具有特殊性能的新材料。例如，嵌段工艺提供了热塑性橡胶、化学改性工艺合成了高分子催化剂、高分子试剂、高分子医药等高分子功能材料。随着科技的进步，高聚物改性工艺得到了越来越多的重视与发展。

图 8-1 提供了由两种单体 A、B 制得双组分聚合物体系的途径。

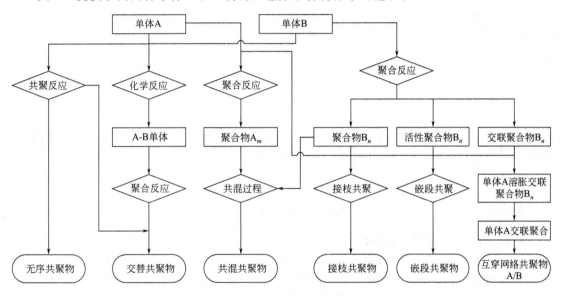

图 8-1　双组分的聚合物体系

（活性聚合物与嵌段共聚物主要经阴离子聚合反应合成；其余主要经自由基聚合反应合成）

8.1　共聚改性工艺

8.1.1　共聚物体系

两种单体 A、B 或两种以上单体形成的聚合物体系可分为以下类型。

（1）无序共聚物

$$A+B \longrightarrow \sim\sim\sim ABAABBBA\sim\sim$$

（2）交替共聚物

$$A+B \longrightarrow \sim\!\!\!\sim ABABABAB \sim\!\!\!\sim$$

（3）接枝共聚物

（4）嵌段共聚物

二嵌段：

$$\boxed{A_m \; B_n}$$

三嵌段：

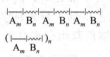

$$\boxed{A_m \; B_n \; A_m}$$

多嵌段：

$$A_m \; B_n \; A_m \; B_n \; A_m \; B_n$$

$$(\boxed{A_m \; B_n})_n$$

星型嵌段：

此外，还有其他形状的共聚物，如多臂支链共聚物、梳形共聚物以及树枝状共聚物等。嵌段共聚物发展迅速，应用范围广泛，将专节介绍。

8.1.2 合成工艺

共聚物的分子化学结构不同，合成方法也各有不同。

8.1.2.1 无序共聚物的合成

当聚合反应体系中存在两种或两种以上单体的混合物时，通过一般的聚合反应所得的共聚物通常是无序共聚物，它们的生产过程基本与均聚物相同。由于两种单体的竞聚率不同，一次性投料会使聚合反应初期得到的共聚物中活性高的单体含量较高。随着聚合反应的深入，活性高的单体大部分已结合入共聚物中，共聚物中低活性单体的含量逐渐增加。因此，一次性投料会使共聚物的组成随反应的深入而发生变化。在自由基乳液聚合中，单体的水溶性存在差异，水溶性高的单体在制得的胶乳粒子核心部位所占比例较高，因而造成胶乳粒子核心部位与外层的成分不同。为使工业生产中共聚物的组成稳定，通常采取以下措施。

（1）确定单体投料比

如果从聚合物手册中查到两种单体的竞聚率（r_1，r_2），可以根据共聚物组成方程式（8-1）绘出共聚物组成曲线。然后由共聚组成曲线确定生产某一组成的共聚物时所需的两单体配比。

$$\frac{\mathrm{d}[M_1]}{\mathrm{d}[M_2]} = \left(\frac{r_1[M_1]+[M_2]}{r_2[M_2]+[M_1]} \right) \left(\frac{[M_1]}{[M_2]} \right) \tag{8-1}$$

（2）控制共聚物的组成：

① 随着聚合反应的进行，逐步增加较活泼的单体数量以维持共聚物组成基本不变，这样可制得组成一定的共聚物。

② 使共聚反应在较低的转化率下结束。

8.1.2.2 交替共聚物的合成

可以通过下列途径合成交替共聚物：

① 通过两种单体形成的中间体单体对进行聚合，此中间体单体对可为电荷转移络合物、两性络合物或环状化合物。

② 两种单体反应向一高度选择性的增长链末端加成，此增长链末端由于空间配位或与单体交叉配位而具有选择性。

③ 当竞聚率 $r_1 = r_2 = 0$ 时，所得共聚物是两种单体的交替共聚物，但此情况仅限于极少数的共聚过程。用两种单体合成加成化合物或由酸性单体与碱性单体反应生成小分子盐后，再进行聚合反应，可以保证获得交替共聚物。

交替共聚物的合成以第一种途径最为主要。

顺丁烯二酸酐、二氧化硫等单体不易或不能进行均聚反应，但它们与某些单体在较大的配比范围内可以经自由基聚合反应生成交替共聚物。这些单体是较强的电子接受体，可与给电子单体苯乙烯及其取代衍生物等生成电荷转移络合物后进行自由基聚合反应：

$$M_1 + M_2 \longrightarrow (M_1M_2)\text{络合物} \xrightarrow{\text{自由基聚合反应}} (M_1M_2)_n$$

顺丁烯二酸酐与烯烃类单体苯乙烯、甲基乙烯基醚或乙烯合成的交替共聚物最为重要，也可与其他烯烃类单体 2-顺丁烯、α-甲基苯乙烯、呋喃等进行交替共聚。共聚反应通常用 BPO 或 AIBN 作为引发剂，在 $60 \sim 80 \,^\circ\!C$ 的溶液中进行，所得共聚物经水解生成相应的酸，经醇解则生成相应的醇，它们可用作分散剂、黏合剂、表面处理剂等。

二氧化硫不能发生均聚反应，但可与苯乙烯、丙烯、α-丁烯、丁二烯、二甲基二烯丙基氯化铵、对烯丁基吡啶盐酸盐等单体经自由基聚合反应合成 1:1 交替共聚物，和苯乙烯还可生成 1:2 交替共聚物。二氧化硫在二甲基亚砜溶液中与二甲基二烯丙基氯化铵生成的交替共聚物为聚电解质，可用作废水处理的絮凝剂。

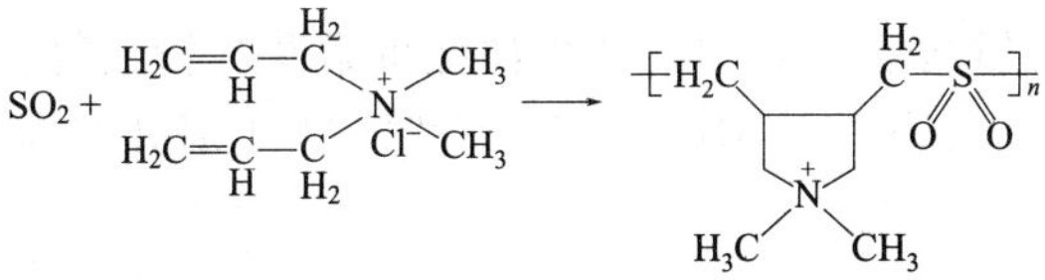

交替共聚物多由自由基溶液聚合制得的，生产方式与一般自由基聚合相似。

8.1.2.3 接枝共聚物的合成

接枝共聚物的表示方法通常为：被接枝聚合物-g-接枝聚合物，例如 PS-g-PMMA 代表"聚甲基丙烯酸甲酯（PMMA）接枝（graft）于聚苯乙烯（PS）上"。

接枝共聚物的合成途径主要有下列三种。

（1）向聚合物主链进行无规接枝

接枝共聚物主要是单体向聚合物主链进行链转移或加成聚合反应。接枝共聚反应是在单体、引发剂、聚合物共同存在下进行的。以乙烯基单体向丁二烯-苯乙烯共聚物主链上接枝为例进行介绍。

引发剂分解生成的自由基引发单体进行均聚反应：

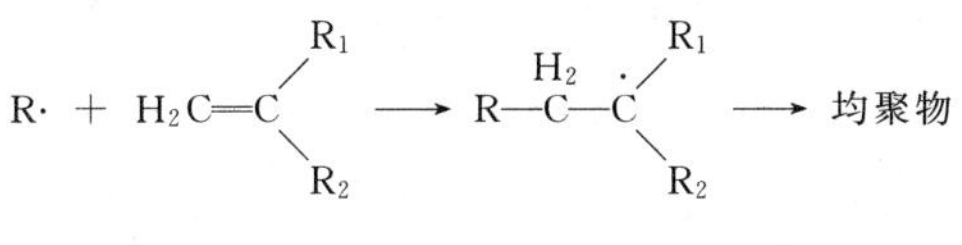

自由基与聚合物支链上的乙烯基作用引发、增长生成接枝共聚物：

$$R\cdot + \sim\!\!\text{H}_2\text{C}\overset{\text{H}}{\underset{\text{HC=CH}_2}{\text{C}}}\text{CH}_2\!\!\sim \xrightarrow{k_1} \sim\!\!\text{CH}_2\overset{\text{H}}{\underset{\overset{\cdot}{\text{HC-CH}_2\text{R}}}{\text{C}}}\text{CH}_2\!\!\sim \xrightarrow{n\text{H}_2\text{C=C}\overset{R_1}{\underset{R_2}{}}} \sim\!\!\text{CH}_2\overset{\text{H}}{\underset{\overset{\text{HC-CH}_2\text{R}}{(\text{H}_2\text{C-CR}_1\text{R}_2)_n}}{\text{C}}}\text{CH}_2\!\!\sim$$

自由基与主链中的双键作用使单体聚合生成接枝共聚物：

$$R\cdot + \sim\!\!\text{H}_2\text{C-C=C-CH}_2\!\!\sim \xrightarrow{k_2} \sim\!\!\text{H}_2\text{C}\overset{\text{H H}}{\underset{\overset{\cdot}{R}}{\text{C-C}}}\text{CH}_2\!\!\sim \xrightarrow{n\text{H}_2\text{C=C}\overset{R_1}{\underset{R_2}{}}} \sim\!\!\text{CH}_2\overset{\text{H H}}{\underset{\overset{R}{(\text{H}_2\text{C-CR}_1\text{R}_2)_n}}{\text{C-C}}}\text{CH}_2\!\!\sim$$

自由基还可与烯丙基位置上的氢原子发生链转移反应，生成含有双键的接枝共聚物：

$$R\cdot + \sim\!\!\text{H}_2\text{C-C=C-CH}_2\!\!\sim \xrightarrow{k_3} RH + \sim\!\!\text{HC-C=C-CH}_2\!\!\sim \xrightarrow{n\text{H}_2\text{C=C}\overset{R_1}{\underset{R_2}{}}} \sim\!\!\underset{(\text{H}_2\text{C-CR}_1\text{R}_2)_n}{\text{CH}}\cdot\text{C=C-CH}_2\!\!\sim$$

以上反应速率常数 $k_1 > k_2$、k_3，所以双烯分子 1,2 加成较多的聚二烯烃易于接枝。

由以上反应可知，无规接枝共聚反应的产物可能含有由单体生成的均聚物、未反应的原有聚合物以及不同结构的接枝共聚物，还可能含有凝胶物。

（2）在主链上选择性的产生引发点，然后接枝

① 在主链一定位置上产生自由基，进一步合成接枝共聚物。

含有卤原子的聚合物与金属羰基化合物反应，在主链上产生自由基，引发单体接枝聚合而不会产生均聚物，如果发生偶合终止则产生交联接枝共聚物。

$$\underset{\text{X}}{\sim\!\!\wedge\!\!\sim} \xrightarrow[\text{UV或加热}]{\text{Mo(CO)}_6} \underset{\cdot}{\sim\!\!\wedge\!\!\sim} \xrightarrow{n\text{H}_2\text{C=C}\overset{R}{\underset{Y}{}}} \underset{(\text{H}_2\text{C-CRY})_n}{\sim\!\!\wedge\!\!\sim}$$

如果乙烯基单体向主链含有羟基的聚合物如纤维素及其衍生物、淀粉、聚乙烯醇等进行接枝，可用金属离子 Co^{3+}、Ce^{4+}、Mn^{3+}、V^{5+} 和 Fe^{3+} 等氧化羟基使其产生自由基而进行接枝。

$$\sim\!\!\overset{\text{OH}}{\underset{\text{H}}{\wedge}}\!\!\sim + Ce^{4+} \longrightarrow Ce^{3+} + H^+ + \sim\!\!\overset{\text{OH}}{\underset{\cdot}{\wedge}}\!\!\sim \xrightarrow{n\text{HC=CH}_2} \sim\!\!(\text{H}_2\text{C}\overset{\text{OH}}{\text{C}}-\text{CH})_n\!\!\sim$$

② 将预先合成的聚合物与被接枝聚合物主链进行偶合反应生成接枝共聚物。

此法是在聚合物主链上引进适当的反应活性基团，再与被接枝的聚合物活性端基反应而得到接枝共聚物，此方法适合于阴离子聚合反应，如：

$$\left(\text{CH}_2-\overset{}{\underset{}{\text{CH=CH-CH}_2}}\right)_m\left(\text{CH}_2\overset{\text{CH}}{\underset{\overset{}{\text{CH}_2}}{}}\right)_n \xrightarrow[\text{Pd,甲苯,110℃}]{\text{HSi(CH}_3)_2\text{Cl}} \left(\text{C}\overset{\text{H}_2}{}\text{-C=C-C}\overset{\text{H}_2}{}\right)_m\left(\text{C}\overset{\text{H}}{\underset{\overset{\text{CH}_2}{\underset{\overset{\text{CH}_2}{\underset{\overset{\text{H}_3\text{C-Si-CH}_3}{\text{Cl}}}{}}}}}{\text{C}}}\right)_n$$

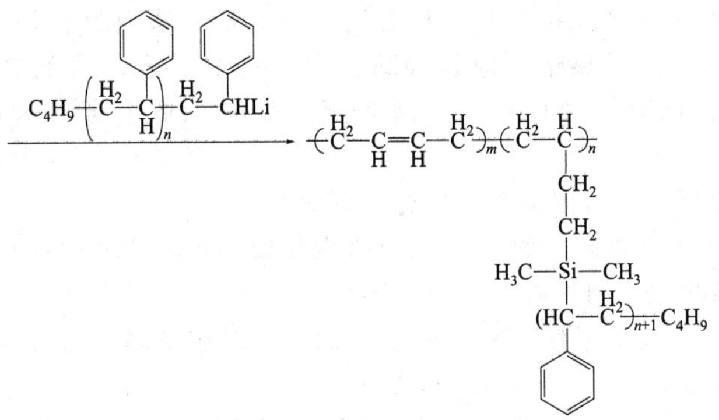

$$C_4H_9 + \begin{pmatrix} H_2 \\ C-C \\ H \end{pmatrix}_n C-CHLi \longrightarrow + \begin{pmatrix} H_2 \\ C-C=C-C \\ H \end{pmatrix}_m \begin{pmatrix} H_2 \\ C-C \\ CH_2 \end{pmatrix}_n$$

$$H_3C-Si-CH_3$$
$$(HC-C)_{n+1}C_4H_9$$

（3）大单体与单体共聚合成"梳形"接枝共聚物

大单体是含有一个可参与聚合反应的活性端基的低聚物，它与单体共聚则形成"梳形"接枝共聚物。大单体可通过离子聚合或自由基聚合制得。由于活性离子聚合反应可以控制平均链长、链长分布以及端基的活性，所以实际操作中多用离子聚合反应制备大单体，如：

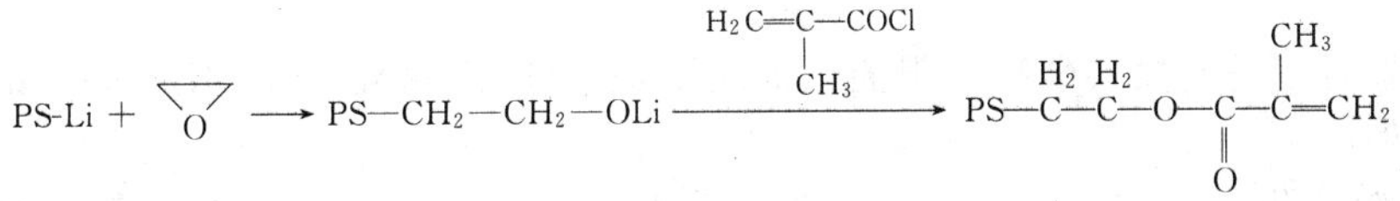

$$PS\text{-}Li + \triangle O \longrightarrow PS\text{-}CH_2\text{-}CH_2\text{-}OLi \xrightarrow{H_2C=C-COCl,\ CH_3} PS\text{-}C\text{-}C\text{-}O\text{-}C=CH_2$$

上式中 PS 代表聚苯乙烯链。

以甲基丙烯酸甲酯为端基的聚苯乙烯大单体与乙烯基单体在自由基引发剂作用下共聚制得"梳形"共聚物：

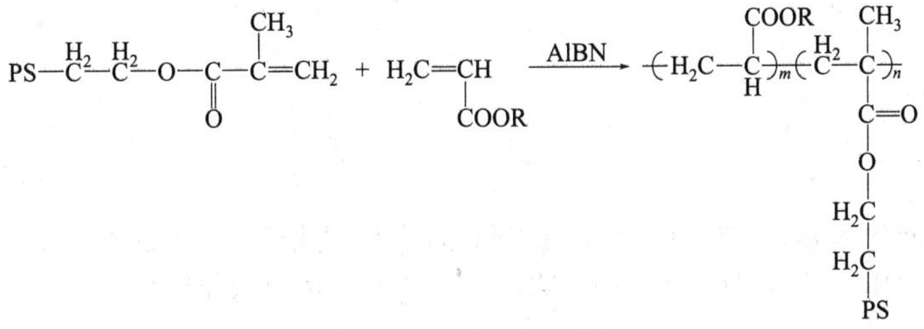

$$PS\text{-}C\text{-}C\text{-}O\text{-}C\text{-}C=CH_2 + H_2C=CH\text{-}COOR \xrightarrow{AIBN} +(H_2C\text{-}C)_m(C\text{-}C)_n$$

大单体还可通过阳离子聚合反应或阳离子开环聚合进行制备。

8.2 嵌段共聚物

利用嵌段聚合反应合成嵌段共聚物（Block Copolymer）已成为高分子合成工业制取新型材料的重要手段。嵌段聚合不仅可以合成各种嵌段工业材料，还可合成功能性材料和广泛应用的表面活性剂等。

8.2.1 嵌段共聚物的合成

嵌段共聚物的合成主要有两种途径。

① 使大分子终端具有活性，引发单体发生聚合反应。根据活性中心的性质，聚合反应可为自由基聚合、阴离子聚合、配位聚合或阳离子聚合等。

② 通过两种聚合物端基基团的缩合反应而制得。

8.2.1.1 通过阴离子聚合制备嵌段共聚物

阴离子聚合反应与其他聚合反应不同，在特定条件下可以不发生链终止和链转移而形成活性聚合物，可以利用此特点制备具有适当分子量、适当组成和结构的嵌段共聚物。工业上利用这种方法生产了热塑性橡胶等新材料。它主要适合用于二烯烃单体、非极性乙烯基单体苯乙烯、环醚以及硫化物单体的聚合，是工业上合成嵌段共聚物最重要的方法。

应用阴离子聚合反应制备嵌段共聚物有以下优点：

① 用第一种单体的活性聚合物与第二种单体共聚得到嵌段共聚物后，还可继续反复进行共聚制得多嵌段共聚物，可以控制嵌段的进行；

② 通过适当的偶合反应或用二官能团引发剂，可以制备具有低分散性和一定非均相性的三嵌段或多嵌段共聚物；

③ 用适当的引发剂或特殊脱活剂，可以获得具有功能团的嵌段共聚物。

但用阴离子聚合制备嵌段共聚物也有以下缺点：

① 要求使用高纯度的单体、试剂和溶剂；

② 生产条件要求严格，如高真空或高纯度惰性气体和低温操作，不可接触水分；

③ 可使用的单体种类有限，主要是二烯烃、苯乙烯及其衍生物，以及一些环醚或环状硫化物等。

阴离子聚合制备嵌段共聚物所用催化剂主要是含碳-碱金属（Li、K、Na）键的有机金属化合物，例如：

a. 单官能催化剂 包括丁基锂化合物 *n*-BuLi、*sec*-BuLi、*tert*-BuLi、萘基锂（NpLi）、萘基钠（NpNa）、苯基异丙基钾等。

b. 二官能催化剂

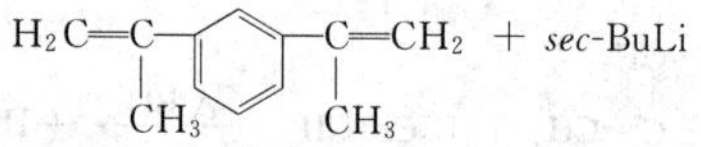

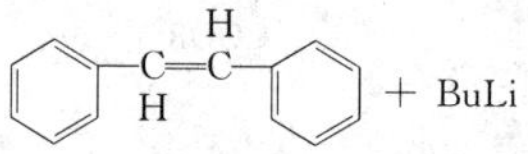

应用单官能催化剂经两步法可合成 A-B 型两嵌段共聚物，合成 A-B-A 三嵌段共聚物则需经三个步骤；应用二官能单体经两步法即可合成三嵌段共聚物。

利用阴离子聚合可制得端基有活性的聚合物这一特点，可以选择适当的脱活剂，使它结合于嵌段聚合物的端基而得相应的—OH、—CH＝CH$_2$、—O—、—COOR、—NH$_2$、—COCl 等官能性端基和功能材料，然后利用这些端基引发合成第二个嵌段，例如：

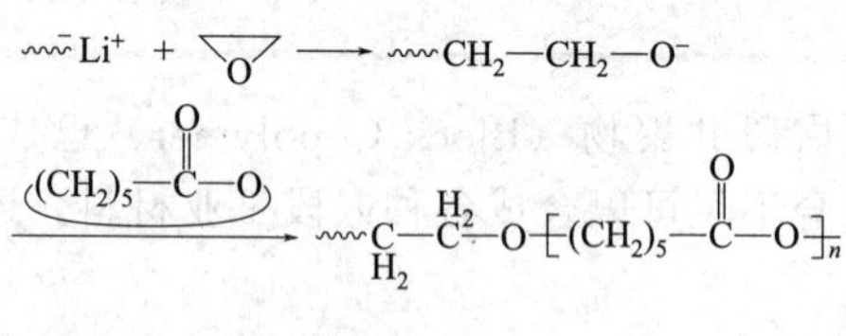

还可采用多官能团脱活剂合成星型聚合物，如将聚苯乙烯-聚丁二烯（PS-PBD）活性二嵌段聚合物与二乙烯苯反应：

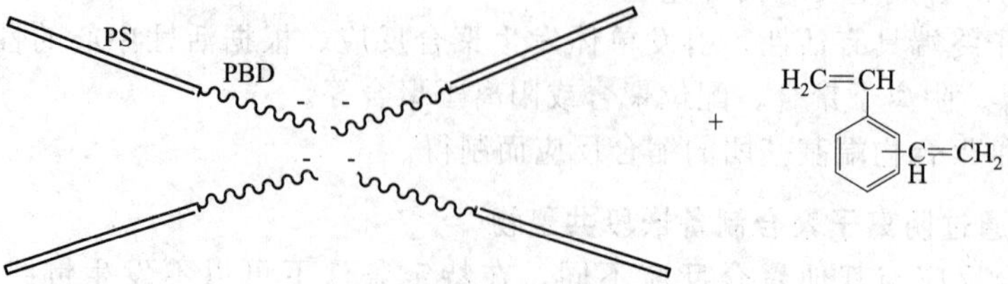

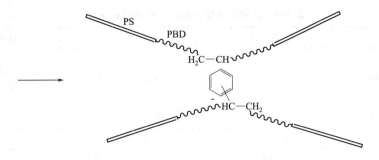

8.2.1.2 通过自由基聚合制备嵌段共聚物

通过自由基聚合过程制备二嵌段共聚物、三嵌段共聚物以及多嵌段共聚物的具体方法列举如下。

（1）利用活性自由基聚合反应

利用活性自由基聚合可以合成极性单体丙烯酸酯类、氯乙烯、醋酸乙烯酯等的嵌段聚合物，而活性阴离子聚合对于这类单体则无效。以聚甲基苯基硅烷-g-聚苯乙烯为例：

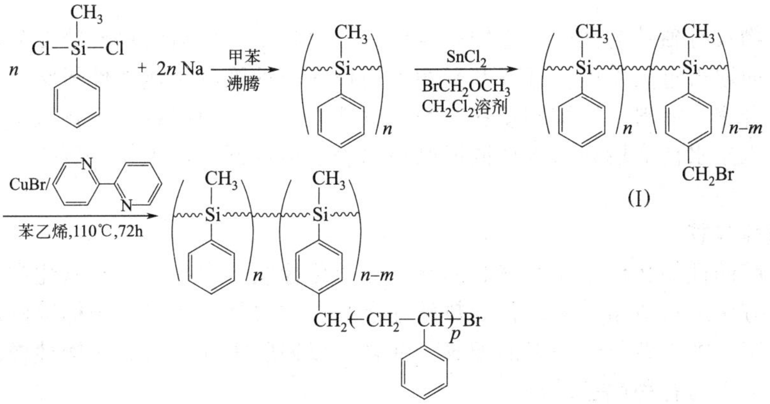

将—CH_2Br 基团引入苯环后得到中间产物（Ⅰ），然后在铜离子存在下与苯乙烯发生原子转移自由基聚合反应（ATRP），将苯乙烯接枝于主链上。

活性自由基聚合反应还在发展之中，所以其应用尚不普遍。

（2）采用多元引发剂

多元引发剂主要为多元偶氮化合物，它与第一种单体反应后仍保留有偶氮基团，然后引发第二种单体聚合而制得嵌段共聚物。

（3）聚合物端基活化为可产生自由基的基团

将聚乙二醇的羟端基转变为过碳酸酯基团，然后引发苯乙烯自由基聚合可得聚苯乙烯-聚乙二醇-聚苯乙烯嵌段共聚物。

（4）用高能射线辐射或机械方法使两种聚合物断裂为自由基后再结合为多嵌段共聚物。

以上各方法中，活性自由基聚合反应是合成嵌段聚合物的新方法，在工业上有很大的应用价值。高能射线辐射或机械方法在工业上也有应用，此方法将在共混改性一节中讨论。

8.2.1.3 经缩合或偶合反应合成嵌段共聚物

如果两种不同化学结构的聚合物都有可参与缩合反应的端基，可以利用缩合反应合成嵌段共聚物。但此法会造成缩合后聚合物分子量增高和端基浓度降低，会使反应速率降低、反应不易进行完全；还可能因分子量增高使聚合物相容性下降而分相，影响反应速率和链段分布。改进此缺点的方法是采用界面缩聚法或用活性大的偶合剂使两聚合物结合为嵌段共聚物，表8-1列举了一些此类反应。

表 8-1　经缩合或偶合反应合成嵌段共聚物

A_n	偶合剂	B_m	嵌段共聚物结构
HO-PBD-OH	![NCO / NCO–苯环–CH₃]	HO-PEO-OH	PBD-PEO-PBD PEO-PBD-PEO
HO-PEO-OH	$OCN(CH_2)_6NCO$	$H_2N\text{-}PA\text{-}NH_2$	$(PEO\text{-}PA)_n$
PS-COCl	$BPA+COCl_2$	反应中合成 PC	PS-PC
HO-PS-OH	$COCl_2$	$PA+ClC_6H_4OC_6H_4Cl$	PS-PSO

注：PEO—聚环氧乙烷链段；BPA—双酚 A 链段；PA—聚酰胺链段；PBD—聚丁二烯链段；PS—聚苯乙烯链段；PSO—聚硫砜链段。

除以上所述反应可合成嵌段共聚物外，配位聚合、阳离子聚合、活性中心置换等反应也可合成嵌段共聚物。

8.2.2　重要的嵌段共聚物及其应用

嵌段聚合物具有独特的性能，它们是从已有的原料中合成新的聚合物系列，因而在高分子材料工业方面取得重大发展。嵌段共聚物可用作热塑性橡胶、热塑性树脂、黏合剂和密封材料、共混聚合物、涂料、纤维和填料表面的改性剂、渗透膜材料、生物医学材料等；在嵌段共聚物中引入亲水性嵌段和憎水性嵌段制得的表面活性剂，可用作分散剂、乳化剂、湿润剂等。

（1）热塑性橡胶

热塑性橡胶的性能相似于化学交联的弹性体硫化橡胶，在高温下可软化和流动，可用热塑性塑料成型方法进行成型，所以称为热塑性橡胶。主要优点是容易用标准的热塑性塑料成型设备成型加工，加工费低于一般的橡胶，并且可以回收重新加工。热塑性橡胶力学性能优良，无色，可加工为各种颜色的制品。

热塑性橡胶的大分子具有软性链段和硬性链段。硬性链段与软性链段保持不相容状态而形成一些独立的微相域，在使用温度条件下起了物理交联的作用；升高温度后这些相域解体，在热塑性塑料加工条件下呈现流动状态。

工业生产的热塑性橡胶主要有苯乙烯-二烯烃嵌段共聚物、聚氨酯嵌段共聚物、聚醚-聚酯嵌段共聚物、聚醚-聚酰胺嵌段共聚物、聚烯烃共混聚合物等。

（2）热塑性树脂

在热塑性树脂中，软性嵌段分散在玻璃态或结晶态基质中，商品 K 树脂（K-resin）即属此类。K 树脂是苯乙烯含量高达 75％的苯乙烯-丁二烯星形嵌段共聚物，是透明、刚硬、可延展的材料，多用于包装材料。其他嵌段共聚物有聚硅氧烷-聚酰胺、聚酯-聚碳酸酯等。

（3）黏合剂和密封材料

SBS 或 SIS 型苯乙烯-二烯烃嵌段共聚物的重要用途之一是用作黏合剂和密封材料，可根据配方制成热熔胶或溶液型黏合剂，它们同油类、蜡类填料以及其他聚合物可以混合得到黏性材料，不需固化即可用其高强度黏合许多材料，还可制成压敏胶。

（4）填料与纤维表面改性处理

嵌段共聚还可用来处理碳酸钙、炭黑、硅胶和纤维等填料，可以对填料与纤维表面作改性处理。填料表面接枝嵌段共聚物后，与介质产生了亲和或排斥作用，可以提高填料在水性和非水性介质中的湿润性和分散性。嵌段共聚物（A-B）改性填料表面示意见图 8-2，嵌段共聚物改性碳纤维表面示意见图 8-3。

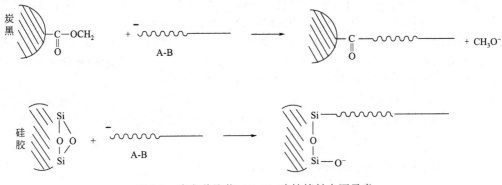

图 8-2 嵌段共聚物（A-B）改性填料表面示意

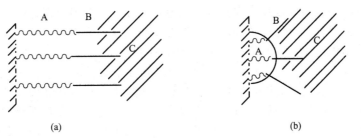

(a)   (b)

图 8-3 嵌段共聚物改性碳纤维表面示意

（a）嵌段共聚物的连续相；（b）胶束结构

A—弹性体链段；B—相容段；C—复合材料的聚合物基质

嵌段共聚物接枝到纺织纤维表面可以起抗静电作用。聚对苯二甲酸乙二酯-聚乙二醇嵌段共聚物接枝于纤维表面后，聚酯链段锚结于纤维表面，使其具有耐洗涤性。亲水链段则可防止静电积累，并发生抗灰尘作用。嵌段共聚物靠共价键或偶极力固定在纤维表面后制得的纤维增强塑料，增强了界面黏结力，提高了模量。例如，用聚异戊二烯（A）/聚苯乙烯顺丁烯二酸酐交替共聚物（B）的嵌段共聚物处理碳纤维制成环氧增强塑料就是一典型例子。橡胶链段（A）在碳纤维表面可形成连续相或结合，形成胶束结构；链段（B）锚结于树脂相（C）中，提高了其柔韧性和抗冲强度，提高了抗压性。

（5）表面活性剂

EO 与 PO 嵌段共聚物是一种重要的表面活性剂，可为二嵌段或三嵌段。这一类嵌段共聚物亲水性强。如用憎水性强的丁氧基或适当链长的嵌段封端，则获得亲水-憎水两性嵌段聚合物；调整两部分的比例可得到不同物理性质（如 HLB 值、黏度、雾点、液态或固态）的嵌段共聚物，它们可用作表面活性剂、乳化剂、分散剂、清洁剂、化妆品助剂、金属表面清洁剂和防锈剂、废纸脱墨剂、原油与煤焦油的脱乳剂、医药输送与稳定助剂等，具有广泛的使用价值。

8.3 共混聚合物

化学结构不同的均聚物或共聚物的物理混合物叫做共混聚合物（Polymer Blend）或聚合物合金（Polymer alloy）。共混聚合物与接枝共聚物、嵌段共聚物的主要差别在于两种聚合物组分间的作用力不同，接枝共聚物和嵌段共聚物是靠共价键相结合，共混聚合物的不同组分靠范德华力、偶极力或氢键等各种分子间力相结合，也可依靠主链的相互缠绕而结合。

在共混过程中，高聚物在受热熔化、强机械力或高能射线作用下，也有可能发生接枝共聚或嵌段共聚，所以共混聚合物中也可能含有接枝共聚物或嵌段共聚物。

将两种或两种以上聚合物进行共混，目的在于取长补短，用较方便和较经济的方法获得新性能的共混聚合物。共混主要用于改进高聚物成型加工时的熔融流动性和物理机械性能，加强抗冲性能、刚性、耐火焰性、热变形温度以及耐热性等。

工业上常用线型高聚物生产共混聚合物，它们可以由两种热塑性塑料或两种弹性体组成，也可用弹性体作为分散相填充塑料或塑料作为分散相填充橡胶（聚合物填充橡胶）等。

8.3.1 共混聚合物的制备方法

最常用的制备方法是熔融混合、溶液浇铸或胶乳混合后共同凝聚。将聚合物溶解或分散于另一种单体进行聚合（即接枝共聚）的方法也可视作生产共混聚合物的一种方法。

熔融混合是将两种聚合物加热到熔融状态并使它们在强力作用下进行混合的方法，混合可在捏和机或挤出机中进行，现在多采用双螺杆挤出机。两种不混容的聚合物经熔融混合后，可以使之相容并形成宏观上单一的材料，但实际上它是两相或多相物料体系，呈现出原来两种聚合物的两个玻璃化温度，它们的化学成分未发生变化。在这种机械混容体系中添加第三组分特别是双嵌段聚合物后，可进一步提高其相容性。此双嵌段聚合物两种组分与共混聚合物两种组分的化学成分相同时效果最好，如果不完全相同但与两种聚合物分别具有良好的相容性也可。双嵌段聚合物在两相界面上起了"锚"或"钩子"的作用，叫做"油-油乳化剂"或"相容剂"，接枝聚合物也可产生相同作用。

溶液浇铸混合是将两种聚合物的溶液进行混合，经浇铸成型脱除溶剂后得到共混物薄膜，可用于不适合加热熔融的聚合物的共混。

分别合成两种聚合物胶乳后进行混合的方法称为胶乳混合法，得到的混合胶乳称为杂化胶乳，经凝聚、分离、干燥制得共混聚合物。与熔融混合法相比，胶乳混合法可在较低温度和较低剪切力下进行，凝聚后两种胶乳颗粒可以有良好的混合性。

不同的混合方法对所得共混聚合物的抗冲性能效果不同，以顺丁橡胶改性聚苯乙烯抗冲性能为例，不同共混方法得到的抗冲性能结果见图 8-4。

由图 8-4 可知，接枝共聚物改进抗冲性效果最好，熔融混合效果次之，胶乳共混物最差。

决定共混聚合物性能的主要因素是两种聚合物之间的混容性。与低分子化合物不同，任何两种聚合物都是可以混合的，混容性好则形成均相体系，混容性不良则形成非均相体系。两种聚合物形成的均相体系仅有单一的玻璃化温度；两相体系则具有两个玻璃化温度。透明与否不能说明混合物是均相还是非均相体系，只有当两相物质的折射率相差足够大或分散相域尺寸大于可见光波长 1/2 以后，才呈现出不透明状态。用电子显微镜经特殊染色技术观察某些透明的试样时，可以发现其中存在有两相。

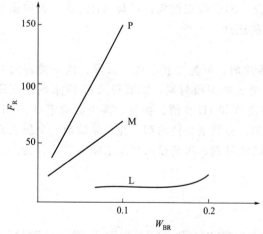

图 8-4 顺丁橡胶与聚苯乙烯共混物中，
聚丁二烯组分的质量分数（W_{BR}）
对缺口抗冲 F_R 的函数关系
L—胶乳混合法制备的共混物；M—熔融
混合法；P—接枝混合法

8.3.2 共混聚合物的性能与类型

8.3.2.1 共混聚合物的性能

两种不相容的聚合物共混物不能改善其物理机械性，所以无实际意义。通过添加共聚物使其相容后则可改善共混物的物理机械性，添加的共聚物主要是接枝共聚物或嵌段共聚物。嵌段共聚物的作用上节已有描述。接枝共聚物与共混聚合物化学成分相同时，其作用类似嵌段共聚物。一般情况下，二嵌段共聚物用量仅 0.5%～2.0% 即可发挥明显的作用。

对于含有一种缩聚物的共混物，可以利用即时产生（In-situ）的活性缩聚物作为相容剂。例如，橡胶增韧聚酰胺时，可以利用存在于聚酰胺大分子端基的氨基，与马来酸酐改性的乙丙橡胶在熔融过程中发生反应，生成界面相容剂后，明显地降低了橡胶分散相的尺寸。

当温度发生变化或溶剂蒸发脱除以后，两种聚合物共混形成的均相体系会发生分相现象。共混聚合物的形态是否稳定与两种聚合物的化学组成、界面相容剂效能有关。例如，橡胶增韧聚酰胺时，用即时生成的聚酰胺为相容剂时，体系的稳定性优良。

相容剂对于橡胶分散于塑料或塑料分散于橡胶中的分相体系的物理性能产生重要影响，是重要的助剂。

可以充分混合的共混聚合物性能单一，与无规共聚物类似，玻璃化温度以及相关的软化点随组成而变化。

嵌段共聚物作为相容剂的描述见图 8-5。

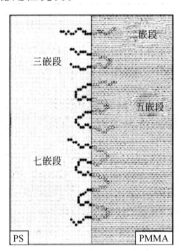

图 8-5 嵌段共聚物作为相容剂
处于界面的描绘
（图中嵌段共聚物分别为
2-,3-,5-,7-嵌段共聚物）

8.3.2.2 共混聚合物的类型

（1）共混橡胶

大约 75% 的橡胶制品是共混物，主要是天然橡胶-丁苯橡胶共混物或顺丁橡胶-丁苯橡胶的共混物，它们可降低汽车轮胎的磨耗。

（2）共混塑料

两种塑料进行共混时，符合下述条件者可以形成均相物，否则为非均相体系：

① 化学结构相似的聚合物，例如聚苯乙烯-聚邻氯苯乙烯；

② 不同组分之间可以发生特殊作用的体系，例如聚苯乙烯-聚乙烯甲基醚；

③ 由低聚物组成的体系，例如聚氧乙烯低聚物和聚氧丙烯低聚物；

④ 两种不混容的缩聚物在熔融混合过程中发生交换反应而形成共聚物，因而形成均相体系。

（3）增韧塑料

有些塑料如聚苯乙烯为脆性材料，抗冲击性能较低，为了增加韧性提高其抗冲强度，采用橡胶与之共混或共聚的改性方法。橡胶改性塑料是橡胶相域分散在塑料基体中的物料体系，橡胶相域的大小与混合方法有关。熔融混合所得的聚氯乙烯-丙烯酸酯橡胶共混聚合物的相域约为 $0.1\mu m$；聚苯乙烯-聚丁二烯共混聚合物的相域尺寸为 $1\mu m$ 左右。相域时常是多相的，微小的塑料相域包埋在橡胶相域内，其形态与混合方法有很大关系。

橡胶增韧塑料受到冲击后，在靠近橡胶颗粒赤道附近形成许多银纹。银纹增长时，遇到障碍物橡胶颗粒时停止进一步增长，并使应力均匀分散而达到提高抗冲性能的目的。因此，橡胶增韧塑料的抗冲性能非常优良。

需要增韧的聚合物基质分为脆性和韧性基质两类，它们对增韧聚合物的要求不同，详见表 8-2。某些可混容的共聚混合物见表 8-3，不能混容的共聚混合物见表 8-4。

表 8-2　橡胶增韧塑料

脆性基质	韧性基质
PS,SAN,PMMA,Epoxy	PC,PA,PP,PVC,PBT,PPO
要求：	要求：
界面黏结	不一定需要黏结
最佳颗粒尺寸：$0.1 \sim 3\mu m$（取决于基质聚合物种类）	最佳颗粒尺寸 $< 0.5\mu m$
橡胶应产生化学或物理交联	不要求交联，但交联可改进共混物的稳定性
所用体积分数应有最小值	有时极少量橡胶可产生很大效应（如 PVC）
增韧机理：	增韧机理：
主要是产生银纹，有时是剪切屈服点和空穴效应	主要是剪切屈服点，有时是空穴和银纹效应

表 8-3　可混容的共聚混合物

物料体系	优点	应用范围
PVC-丁腈橡胶	永久增塑 PVC	绝缘材料
	改进加工性能	食品包装
PVC-MeSAN	提高热变形温度	制硬板
	改进加工性能	
PVC-氯化聚乙烯（含氯>40%）	永久增塑 PVC	绝缘材料、食品包装、鞋等
PPO-HIPS	改进加工性能增韧 PPO	机械零件、日用品
ABS-MeSAN	提高 ABS 热变形温度	机械零件
ABS-SMA	提高热变形温度	汽车零件
PMMA-PVF$_2$	提高 PMMA 耐紫外线能力，透明性高于 PVF$_2$	室外用薄膜
PBT-PET	降低成本，改善光洁度，改善 PET 柔韧性	电子元件
PP-1-聚丁烯	改进聚丁烯结晶速度	薄膜

表 8-4　不能混容的共聚混合物

物料体系	优点	应用范围
PVC-ABS	改进 PVC 加工性和韧性	
	改进 ABS 阻燃性	管道衬里、日用品等
PVC-聚丙烯酸酯	改进抗冲性能	管道衬里、日用品等
PVC-氯化聚乙烯（含氯<40%）	改进 PVC 抗冲性能	管道、板材等
PC-ABS	改进 ABS 韧性和热变形温度	家用电器、汽车零件等
	改进 PC 加工性，降低成本	
PC-PE	改进 PC 流动性和抗冲性	汽车零件等
PC-PET	提高 PC 耐化学性和加工性，降低 PC 成本	管道、家用器械等
PET-PMMA	降低 PMMA 价格，收缩率和挠曲性低于 PET	绝缘材料
PC-SMA	降低 PC 成本，改进老化性，提高 SMA 抗冲性	汽车零件、厨房用具等
PP-EPDM	提高 PP 抗冲性和韧性	绝缘材料、汽车减震器等
尼龙-乙烯共聚物	改进韧性和抗冲性	容器、运动器械等

8.4 互穿网络聚合物 (IPN)

互穿网络聚合物 IPN（Interpenetrating Polymer Network）是两种交联结构的聚合物相互紧密结合，但两者之间不存在化学键的聚合物体系。在典型的 IPN 中，一种聚合物是在另一种聚合物存在下合成或交联的，理想的 IPN 结构见图 8-6。

聚合物Ⅰ

聚合物Ⅱ

图 8-6　互穿网络聚合物 IPN 的理想结构

根据两种聚合物合成方法、顺序以及结构的不同，互穿网络聚合物分为全互穿网络聚合物（Full IPNs）、顺序（先后）互穿网络聚合物 SIPN（Sequential IPNs）、同步（同时）互穿网络聚合物 SIN（Simultaneous IPNs）、乳胶互穿网络聚合物 LIPN（Latex IPNs）、热塑性互穿网络聚合物（Thermoplastics IPNs）、梯度互穿网络聚合物（Gradient IPNs）、半-Ⅰ-互穿网络聚合物（Semi-Ⅰ-IPNs）、半-Ⅱ-互穿网络聚合物（Semi-Ⅱ-IPNs）、假互穿网络聚合物（Pseudo-IPNs）、均相 IPNs（Homo-IPNs）等。它们的分类和定义见表 8-5。

表 8-5　互穿网络聚合物 IPN 分类和定义

分类	定义
全 IPN	含有两种或两种以上交联聚合物的材料，聚合物之间无交联键存在
SIPN	单体 B 溶胀聚合物 A 后，在交联剂和引发剂作用下聚合，生成交联聚合物 B
SIN	单体 A 和 B 在各自的交联剂和引发剂作用下，各自同时进行交联聚合，而聚合物 A、B 间未反应
乳胶 IPN	经乳液聚合合成的 IPN，每个乳胶粒子为微型 IPN，可为核壳结构
热塑性 IPN	组成 IPN 的两种聚合物为热塑性塑料，但含有物理交联结构，如离子聚合物，它连接两个或两个以上的主链，或存在一种聚合物组成的分离相
梯度 IPN	宏观上交链密度与组成随区域而变化，合成方法似 SIPN，但单体 B 未充分溶胀入聚合物 A 即快速聚合产生梯度
半-Ⅰ-IPN	先后合成的 IPN，其中聚合物Ⅰ为交联结构，聚合物Ⅱ为线型结构
半-Ⅱ-IPN	先后合成的 IPN，其中聚合物Ⅱ为交联结构，聚合物Ⅰ为线型结构
假-IPN	同时合成的 IPN，其中一个聚合物为交联结构，另一个聚合物为线型结构
均相-IPNs	同一种交联剂合成的两种交联聚合物形成的 IPN

互穿网络聚合物体系为我们提供了根据需要，合成具有适当性能的新型聚合物体系的途径。互穿网络聚合物可以改进柔韧性、抗张强度、抗冲强度、耐化学性、耐气候性、耐火焰性等性能。互穿网络聚合物与简单的共混聚合物、接枝聚合物和嵌段聚合物的不同之处在于它不溶于溶剂中，仅可溶胀并且可抑制蠕变和流动。由于以上特点，互穿网络聚合物得到了很多的实际应用与发展。

8.4.1 合成工艺

互穿网络聚合物种类虽然很多，但按合成方法可分为先后合成IPN、同时合成IPN、热塑性IPN的合成三种方式。其合成方法示意见图8-7。

（1）先后合成IPN，产品又称作"顺序IPN"

该方法先合成交联聚合物Ⅰ，然后由单体Ⅱ溶胀聚合物Ⅰ，使单体Ⅱ充分扩散到聚合物Ⅰ的网络结构中进行聚合交联，生成交联聚合物Ⅱ而形成IPN结构体系。具体过程详见图8-7（a）。

由于聚合物Ⅰ须经单体Ⅱ溶胀，所以聚合物Ⅰ的玻璃化温度应较低，以二烯弹性体或软性单体的聚合物为最佳，可以避免溶胀过程中产生应力破裂。常用的二烯弹性体主要是苯乙烯-丁二烯共聚物和聚丁二烯等；软性弹性体聚合物主要为聚丙烯酸丁酯、聚丙烯酸乙酯以及丙烯酸酯共聚物或含端羟基的低聚物等。二烯弹性体的交联剂主要是过氧化物如过氧化异丙苯等。

第二种单体生成的聚合物常温下为玻璃态较为合适，这样可以得到综合性能良好的IPN。单体Ⅱ主要是苯乙烯、甲基丙烯酸甲酯等，交联剂为二乙烯苯、二甲基丙烯酸四乙二醇酯等。

聚合物Ⅰ主要经自由基聚合制得，可采用悬浮聚合、乳液聚合或本体聚合方法进行合成。悬浮聚合适于生产不溶的珠体，可用作离子交换树脂、高分子载体、高分子催化剂等的IPN分散体系。乳液聚合制得的聚合物Ⅰ实际是用作种子，进行第二种单体的乳液聚合时，形成核-壳分别交联的胶乳IPN体系。交联程度较低时，这种交联可以形成薄膜而不溶于有机溶剂，因此可以作为胶乳涂料的基质。本体聚合所得聚合物Ⅰ多采用浇铸成型。除用引发剂引发自由基聚合外，还可用紫外线引发自由基聚合。少数情况下也可经离子聚合，主要是阴离子聚合合成聚合物Ⅰ，此时可以利用阴离子的长期活性催化第二种单体进行聚合，此情况相似于嵌段聚合。值得注意的是在第二种单体聚合时可能产生接枝共聚物。

根据两种聚合物配比的不同，用软性单体（如丙烯酸乙酯）合成的聚合物Ⅰ与硬性单体（如苯乙烯-甲基丙烯酸甲酯）合成的共聚物-Ⅱ组成的IPN体系可制得弹性体（聚丙烯酸乙酯含量70%～76%）、皮革状物（聚丙烯酸乙酯含量47%～52%）和塑性体（聚丙烯酸乙酯含量23%～26%）。

利用含羟端基的单体合成聚合物时，常用二异氰酸酯作为交联剂。

（2）同时合成IPN，产品又称作"同步IPN"

此方法是将两种单体（或预聚物-线型聚合物）、交联剂、引发剂（催化剂）等充分混合后，使两种单体直接同时进行互不干扰的聚合反应，生成IPN体系。例如一种单体发生自由基聚合反应，另一种单体发生环氧开环聚合反应，或异氰酸酯加成聚合反应等。这种合成方法的优点是在聚合反应的同时进行成型加工。例如，用反应注射成型方法在环氧化合物开环和聚氨酯合成的同时进行成型，直接获得IPN制品。同时合成IPN的合成示意见图8-7（b）。

（3）热塑性IPN与半-IPN

互穿网络聚合物体系的两种聚合物有各自独立的化学交联结构。热塑性IPN体系中的聚合物则是物理交联，包括结晶相和离子键。无定形聚合物中的结晶链段构成的结晶相是一

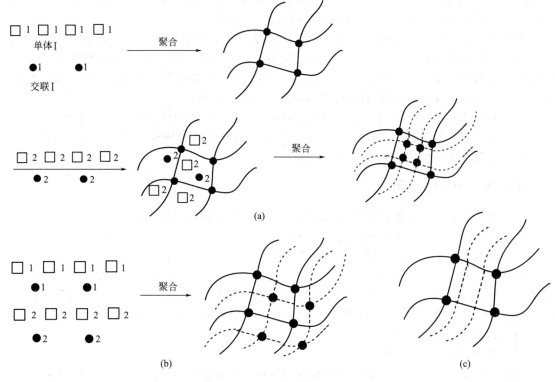

图 8-7 IPN 合成方法示意

（a）先后合成 IPN；（b）同时合成 IPN；（c）热塑性 IPN（半-IPN）

种物理交联。聚合物中含有 5% 的离子基团即可形成离子聚合物，这些离子基团构成了集中的相域结构。热塑性 IPN 受热后可以熔化，进行熔融成型加工。

如果 IPN 两种聚合物之一为线型结构，另一种为交联结构时，称为半-IPN。例如，线型高聚物与含官能团的有机硅低聚物在挤出机中混炼时，如果有机硅含有—H 或—CH=CH$_2$ 等活性基团，则在熔融混合过程中可在催化剂作用下生成有机硅交联聚合物，成型即得到半-IPN 制品，也可得到化学交联的有机硅聚合物和物理交联的有机聚合物形成的 IPN 体系。这种结构的半-IPN 和全-IPN 中含有交联有机硅聚合物，它形成了不会迁移、不能被有机溶剂所萃取的润滑剂，具有优良的综合性能。

8.4.2 IPN 体系性能

IPN 体系存在不同程度的分相，其形态与两种聚合物的化学相容性、界面张力、交联密度、聚合模式以及动力学和其组成等因素有关。由于在产生相分离之前形成了交联结构，所以 IPN 的两种聚合物相容性增加。相容性好的两种聚合物形成的 IPN 具有统一的玻璃化温度，其数值与两聚合物原来的玻璃化温度和其含量有关。不相容聚合物形成的 IPN 可产生分相作用，所以表现出两相的玻璃化温度。有的 IPN 体系具有最高临界溶解温度（upper critical solution temperature，UCST），而有的 IPN 体系则有最低临界溶解温度（lower critical solution temperature，LCST）。可以利用 IPN 此性能制造玻璃隔光涂膜，当温度低于最低临界溶解温度时，两相互溶呈透明状，超过此温度后，产生分相形成雾状膜，达到遮蔽日光的作用。

IPN 体系的物理机械性能与两种聚合物的化学组成、配比等参数有关。IPN 体系的密度比两种聚合物加和计算的密度高，说明互穿网络结构更为紧密。热量分析结果表明，IPN 的耐热性能优于相应的均聚物。例如，由易解聚的聚甲基丙烯酸甲酯与聚氨酯形成的 IPN 体系受热时，产生的自由基可被聚氨酯捕集而提高了其耐热性。

聚氨酯/聚丙烯酸酯组成的全-IPN、假 IPN 以及线型共混物的性能比较显示，全-IPN 的拉伸强度和断裂伸长率在 80/20 时出现最大值，而且高于均聚物，其他类型的 IPN 及共混物则无此现象，而且低于均聚物。拉伸强度与断裂伸长率的提高可能是由于两种聚合物高度混合以及 IPN 体系中分散相和连续相间的黏结力提高所致。

高聚物用作涂料和黏合剂时，黏结强度和剥离强度是重要的性能指标。剥离强度用来测量聚合物与基材之间的黏合强度。聚氨酯-环氧树脂 SIN 体系的研究表明，互穿网络结构的形成使剥离强度的最大值高于均聚物。

8.4.3　IPN 的应用

许多种互穿网络聚合物已经得到实际应用，主要的应用领域如下。

（1）制造用于消除噪声和减震的阻尼材料

一般聚合物或共聚物在其玻璃化温度附近有阻尼作用；不相容的共混聚合物和接枝共聚物在两种聚合物各自的玻璃化温度附近有阻尼作用；半相容的 IPN 在较大温度范围内有阻尼作用。胶乳 IPN 可在材料表面形成阻尼材料层。聚氨酯（弹性体或泡沫层）/环氧树脂的 SIN 体系不论有无填料，增塑与否都是优良的消声和减震阻尼材料，可在很广的温度范围和频率范围内使用。

（2）反应注射热塑性 IPN

含官能团的活性液体有机硅低聚物与热塑性塑料熔融混合后，经反应注射成型可得到热塑性半-IPN，其结构被化学交联的有机硅聚合物和物理交联的树脂结晶相所稳定，具有优异的隔离性质、表面润滑性、介电强度、低蠕变性、高温稳定性、耐化学腐蚀性以及与生物材料相容等特点。交联有机硅聚合物是长效润滑剂，作为脱模剂时不会迁移也不会被萃取，还可控制产品的收缩率、挠曲率等。

20 世纪末还发展了用聚四氟乙烯润滑的尼龙 66-IPN、尼龙 6-IPN 等。

（3）医用材料

用聚四氟乙烯与聚二甲基硅氧烷制成的 IPN 渗透膜可用作烧伤疮面的敷料，它可顺利地排除体液，不影响伤口治疗，而且此材料透明，便于医生观察和治疗。IPN 材料还用于药物缓释、骨科材料、假牙材料等。用交联亲水聚合物制成的 IPN 水凝胶，在生物医学材料方面有良好的发展前景。

（4）机械零件等工业材料

交联结构的 IPN 材料可制成坚韧材料或弹性材料。用 IPN 制成的机械零件耐热性、耐磨损性等性能优于单一材料。IPN 材料制造的机械零件，如齿轮、汽车部件、保险杠等得到了实际应用。

某些 IPNs 工业品名称、组成与应用领域见表 8-6。

表 8-6　某些 IPNs 工业品名称、组成与应用领域

名称	组成	应用
Kraton IPN	SEBS-聚酯	汽车零部件
Rimplast	有机硅橡胶-尼龙（或 PU）	齿轮或医用材料
Kelburon	PP-EP（或橡胶-PE）	汽车零部件
TPR	EPDM-PP	汽车保险杠部件
Rohm & Haas（生产厂）	阴离子-阳离子	离子交换树脂

名称	组成	应用
Santoprene	EPDM-PP	轮胎、胶管、输送带、垫圈
Telcar	EPDM-PP(或 PE)	管道、设备衬里、电缆绝缘层
Vistalon	EPDM-PP	可涂漆膜的汽车零部件
Acpol	丙烯酸酯-PU-PS	板材
Trubyte	丙烯酸酯-IPNs	牙科材料
Hitachi Chemical(生产厂)	乙烯基-酚醛	阻尼材料
Silon	PDMS①-PTFE	烧伤包扎、降低伤痕

① PDMS 为聚二甲基硅氧烷。

8.5 共聚物化学改性

高聚物化学改性是将已合成的高聚物经化学反应使之转变为新品种或新性能材料的方法，高聚物化学改性是开发高分子新材料的途径之一。工业上，很早就采用化学改性方法生产高分子材料，例如，由聚醋酸乙烯酯水解可制得水溶性高分子化合物聚乙烯醇；根据水解度的不同，可制得各种不同用途的聚乙烯醇；还可由聚乙烯醇合成聚乙烯醇缩醛等。高聚物化学改性不仅可用来生产工业材料，还可生产功能性高分子材料，即有特殊功能的高分子材料，例如高分子试剂、高分子催化剂、高分子医药、水处理剂等。本节主要讨论用化学改性方法合成功能高分子材料。

与一般的化学反应相似，高聚物作为化学反应中的一种反应试剂参加化学改性反应。体型结构的高聚物不溶于任何溶剂中，只能以固相状态参加反应；线型结构高聚物则可溶解在适当溶剂中，以液态参加反应。但时常由于无合适溶剂或受反应条件的限制，高聚物仍然只能以固态参加化学反应，即使以溶液形式参加反应，由于它是高聚物溶液，通常呈现出高黏度状态。

聚合物多以固态或高黏度状态参与反应，以聚苯乙烯合成多种不同官能团的衍生物为例：

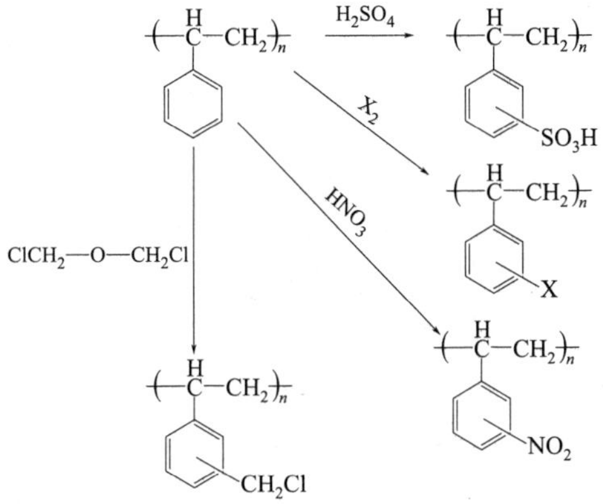

聚苯乙烯的苯环发生取代时，取代基应处于 2 或 4 位上，为了简化表示，用不确定的位置代表。

从聚苯乙烯还可合成出结构更为复杂的衍生物。由于苄基氯的氯原子活泼，易发生取代反应，用聚苯乙烯氯甲基衍生物为原料可以合成一系列新的衍生物：

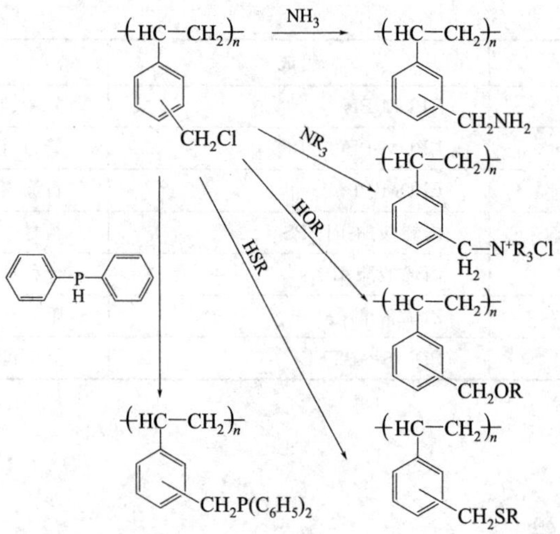

聚苯乙烯可为线型结构或体型结构，多数情况下为体型结构的圆珠状珠粒，通常由苯乙烯与交联剂二乙烯苯经自由基悬浮聚合而制得。含有可离子化基团—$SO_3^- H^+$ 的交联聚苯乙烯衍生物可作为阳离子交换树脂，将其中 H^+ 与其他阳离子交换，也可作为催化剂。含—$CH_2^- N^+(CH_2)_3Cl^-$ 基团的交联聚苯乙烯衍生物可用作阴离子交换树脂，将 Cl^- 与其他阴离子交换。二烯烃类聚合物为含双键结构的弹性体（合成橡胶），分子中的双键可进行加氢、氯化、环氧化、硝化等一系列反应而得到氢化橡胶、氯化橡胶等产品。氯化橡胶主要用作防腐蚀涂料，环氧化衍生物则可用作黏合剂。

聚烯烃和聚氯乙烯等都可经化学改性转变为各种含相应功能团的产品。高聚物化学改性为通用型高聚物的功能化提供了广泛的原料来源和应用前景。

第二篇

合成树脂与塑料

第9章

合成树脂与塑料概论

随着科技和工业的发展，高分子化合物的种类不断扩大，性能不断得到改进和提高，在人类生活中的应用也越来越广。除了作为工业材料之外，还发展了具有特殊用途和特殊功能的特种高分子化合物，例如耐高温聚合物、液晶聚合物、特种工程塑料、具有特种功能的高分子导体与半导体、感光聚合物、高分子催化剂、高分子试剂、医用高分子材料和高分子医药、离子聚合物、螯合型聚合物、水溶性聚合物、高分子絮凝剂、元素有机高聚物以及无机聚合物等，它们可以统称为特种高分子化合物。

目前，聚合物生产中合成树脂产量最大，用途最为广泛。以合成树脂为原料生产的塑料、合成纤维、涂料、黏合剂以及离子交换树脂等已广泛应用于日常生活之中。

不同性能和规格的合成树脂可以用来生产不同的高分子材料。线型高聚物合成树脂和具有反应活性的低聚物合成树脂可以用来生产塑料、涂料、黏合剂。生产塑料用的线型高聚物要求有适当高的分子量，既可熔融成型又要有足够的机械强度；活性低聚物固化后应具有足够的机械强度；生产热塑性塑料的线型高聚物原则上都可用来生产合成纤维。图9-1显示了纤维、塑料和橡胶的应力-应变曲线。

弹性体在较低的应力下表现出很高但可恢复的伸长率（高达500%～1000%），这就要求生产弹性体的聚合物无定形并有很低的玻璃化温度、轻度交联（硫化）后的伸长率有所降低

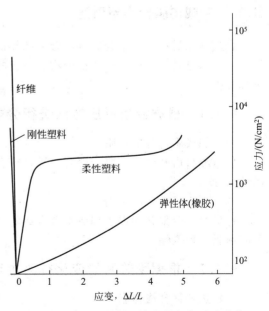

图9-1 纤维、塑料和橡胶的应力-应变曲线

但可迅速回弹、起始模量（<100N/cm²）较低但随伸长率的增加而增加。例如，典型的聚异戊二烯（天然橡胶）玻璃化温度为−73℃，硫化后起始模量低于70N/cm²，伸长率达400%时强度提高到1500N/cm²，伸长率达500%时强度则达到2000N/cm²，并可回弹到原状。

纤维具有很高的抗形变力，伸长率低（<10%～50%），并且有很高的模量（>35000N/cm²）和很高的拉伸强度（>3500N/cm²）。制造合成纤维的合成树脂多数具有高结晶性并含有极性键，从而增加了大分子之间的作用力，其熔融温度应高于200℃。为便于纺丝，一般民用合成纤维的熔融温度不超过300℃。以聚酰胺66为例，其熔融温度为265℃，拉伸强度高达7000N/cm²，模量高达500000N/cm²，而伸长率则<20%。

塑料的机械强度介于橡胶与合或纤维之间，分为柔性和刚性两种类型。柔性塑料具有中至高的结晶性，熔融温度和玻璃化温度较宽，具有中至高的模量（15000～350000N/cm²），拉伸强度为1500～7000N/cm²，极限伸长率为20%～80%。以典型的柔性塑料聚乙烯为例，其拉伸强度为2500N/cm²，模量为20000N/cm²，极限伸长率为500%，其极限伸长率虽接近橡胶，但柔性塑料经拉伸后的恢复性小于20%，所以当应力消除后塑料保留被拉伸时的形状。

刚性塑料具有很高的刚性和抗形变力，模量达70000～350000N/cm²，拉伸强度为3000～8500N/cm²，破裂前的伸长率<0.5%～3%，它们可以是交联聚合物如酚醛塑料、脲醛塑料等，也可以是线型聚合物如聚苯乙烯、聚甲基丙烯酸甲酯等。

黏合剂包括的原料种类很广，很多天然高分子化合物如淀粉、骨胶、明胶等都可用作黏合剂。各种合成树脂原则上都可用作黏合剂，但要求大分子之间的内聚力不能太高，与被黏结材料的表面要有良好的湿润力（可以借助适当溶剂）和良好的作用力，要求合成树脂的分子量较低。

涂料是以干性油或合成树脂改性的干性油为主，以某些合成树脂为成膜物质的材料。与黏合剂的要求相似，要求原料合成树脂分子量低于热塑性塑料，要求涂料与被涂饰的材料表面有良好的作用力。涂料成膜物质为活性低聚物，涂料中还含有大量辅助剂。

离子交换树脂与上述的高分子化合物不同，它们是利用大分子中所含有的功能基团进行离子交换以净化水质，提纯、分离化学物质等。

9.1　合成树脂分类与用途

合成树脂泛指用化学合成方法合成的类似天然树脂的聚合物，其形态可为液态或脆性固体，也可以是具有反应活性的低聚物或坚韧的固态高聚物。合成树脂种类繁多，分类方法有下列几种。

9.1.1　根据合成反应方法进行分类

（1）加成聚合合成树脂

包括经自由基聚合、离子聚合、配位聚合等反应合成的聚合物，如聚乙烯、聚丙烯、聚氯乙烯等。

（2）逐步聚合合成树脂

包括经缩合聚合和逐步加成聚合合成的聚合物，如酚醛树脂、脲醛树脂、聚酯树脂、聚酰胺树脂、聚氨酯等。

9.1.2　根据受热后的变化行为进行分类

（1）热塑性合成树脂

如聚乙烯、聚酯、聚酰胺等。

（2）热固性合成树脂

如酚醛树脂、脲醛树脂、环氧树脂等。

9.1.3 按聚合物主链结构和聚合物化学结构进行分类

（1）碳链合成树脂

① 聚烯烃：如聚乙烯、聚丙烯、聚丁烯、聚苯乙烯等。

② 聚乙烯基化合物、聚醋酸乙烯及其衍生物：如聚醋酸乙烯酯、聚乙烯醇、聚乙烯醇缩醛等。

③ 聚丙烯酸及其衍生物

a. 酸类聚合物：聚丙烯酸、聚甲基丙烯酸等。

b. 酯类聚合物：聚甲基丙烯酸甲酯、聚丙烯酸甲酯、聚丙烯酸丁酯等。

c. 腈及酰胺衍生物：聚丙烯腈、聚丙烯酰胺等。

④ 聚卤代烃

a. 聚氯代烃：聚氯乙烯、聚偏二氯乙烯等。

b. 聚氟代烃：聚氟乙烯、聚偏二氟乙烯、聚三氟氯乙烯、聚四氟乙烯等。

⑤ 聚烯丙基化合物：聚二甲基二烯丙基氯化铵、聚氰脲酸三烯丙酯等。

（2）碳-氧链合成树脂

① 聚缩醛：聚甲醛。

② 聚醚：聚环氧乙烷、聚环氧丙烷、环氧树脂、氯代聚醚、聚苯醚等。

③ 酚醛树脂：苯酚-甲醛树脂。

④ 聚酯：聚对苯二甲酸乙二酯、聚对苯二甲酸丁二酯、聚碳酸酯、不饱和聚酯、芳香族聚酯、醇酸树脂等。

（3）碳-硫链合成树脂

① 聚硫化合物：聚苯硫醚。

② 聚砜：聚芳砜。

（4）碳-氮链合成树脂

① 聚亚胺

② 氨基树脂

③ 聚酰胺：聚酰胺 6、聚酰胺 66、聚酰胺 1010、聚芳酰胺等。

④ 聚酰亚胺

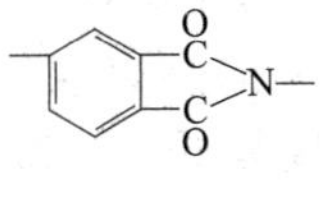

⑤ 聚氨酯

$$\left(R-NH-O-\overset{\overset{\displaystyle O}{\|}}{C}-O-R'-NH \right)_n$$

⑥ 聚脲

$$\left(R-NH-\overset{\overset{\displaystyle O}{\|}}{C}-NH \right)_n$$

⑦ 聚芳杂环：聚苯并咪唑、聚苯并噻唑、聚苯并噁唑等。

此外，还有下列分类方法。

根据聚合物性质进行分类，如水溶性聚合物、离子聚合物、导电聚合物、耐高温聚合物、液晶聚合物等。

根据聚合物的用途进行分类，如高分子催化剂、高分子试剂、高分子絮凝剂、高分子医药等。

根据高分子材料的应用领域进行分类，如塑料、合成纤维、黏合剂、涂料、离子交换树脂等。塑料和合成纤维又可分为通用型材料、工程材料、特种高分子材料等。

合成树脂作为高分子合成材料，在日常生活和科技领域得到广泛应用与发展。例如，高分子烧蚀材料可应用于火箭、导弹的生产；高分子光致抗蚀剂可应用于大规模集成电路和超大规模集成电路的生产；高分子反渗透膜的应用使分离工程得到重大发展，使海水淡化变为可能。总之，随着科技的发展，高分子材料会得到越来越多的发展和应用。

9.2 塑料

塑料是以合成树脂为原料，通过添加稳定剂、着色剂、润滑剂以及增塑剂等组分得到的合成材料。各种添加剂的种类和用量因合成树脂种类的不同而有很大差别。例如，用聚乙烯、聚丙烯、聚苯乙烯、聚酰胺等合成树脂时，仅添加少量稳定剂、润滑剂以及必要的着色剂即可得到相应的塑料；而用聚氯乙烯树脂制造软质聚氯乙烯塑料、用硝酸纤维素制造赛璐珞塑料时，则需要加百分之几十的增塑剂等添加剂。表 9-1 列出了评估塑料性能的参数。

表 9-1　塑料的性能与性能参数

性能	性能参数
力学性能	强度、坚韧性、刚性、抗蠕变性和抗疲劳性能、耐磨性、硬度、摩擦系数等
热性能	长时间连续使用条件下的最低和最高温度极限、热膨胀系数、热导率等
电性能	介电性或绝缘性能
耐化学腐蚀	对酸、碱、油及其他化学品的耐腐蚀能力
老化行为	耐气候、耐紫外线、耐日光性能、耐环境条件的能力
其他	透明性、透气性、燃烧性及根据特殊要求进行评价的其他性能

9.2.1 塑料的性能

9.2.1.1 塑料的基本性能

（1）密度

塑料的实体相对密度在 0.83～2.2 范围内，多数介于 1～1.5 之间。塑料的密度与其中填料的种类和数量有关。相对密度<1 的为无填料的聚烯烃类塑料，密度最小的是聚 4-甲基-1-丁烯，其相对密度为 0.831；密度最大的是聚四氟乙烯，其相对密度为 2.22。泡沫塑料内部含有无数微小的气孔，所以相对密度较低，一般在 0.01～0.5 之间，其密度取决于气孔的大小和单位体积内气孔数目的多少。

（2）吸水性

塑料是有机材料，其吸水性高于金属、陶瓷、玻璃等材料，但低于木材。吸水性的测试方法是将一定大小的试样置于水中浸 24h 后，测定其重量增加的百分数。塑料的吸水性一般为 0.01%～0.03%，亲水性较大的醋酸纤维素吸水性可高达 7%。吸水性高低与高聚物的化学结构和填料种类有关，主链为—C—C—键，侧链含亲水基团，或主链含亲水基团的酯基、酰胺基和醚基的吸水性较高。

水对某些塑料如聚酰胺、聚氨酯的作用类似于增塑剂，能够使相邻大分子之间的氢键断裂而降低塑料中无定形区域的玻璃化温度，使在正常使用温度和干燥条件下的脆性材料变得柔软，并使其密度增加。水分子可扩散入主链含有可水解基团的聚酯、聚酰胺等形成自由基供体，造成主链和氢键断裂而使聚合物结构松弛，有利于氧和自由基的扩散，促进了光化学老化过程。

（3）透气性

透气性是对塑料薄膜性能评价的一个重要因素。透气性是一定厚度的薄膜在规定时间（如 24h）和规定压力下，单位面积所透过的气体体积；透水（汽）性则通过测试透过的水（汽）质量得到数据。

塑料薄膜的透气性与高分子化合物的化学结构和气体的种类有关。例如，作为人工肺的氧气和二氧化碳透析的高分子薄膜必须有优良的透气性；根据所包装商品性质的不同，对用作包装材料的塑料薄膜透气性有不同要求，食品包装用薄膜要有低透气性和透水性，包装易吸湿性物品也要求透水性低。为了评价塑料薄膜用于包装食品和香料的优劣性，使用了"屏蔽性"的新概念。屏蔽性与透气性相反，塑料薄膜对某气体的透气性大则对此气体的屏蔽性小，反之屏蔽性则高。用于食品包装的塑料薄膜应当具有良好的气体屏蔽性。

高聚物的极性与否导致其对气体和水有相反的屏蔽性，对气体有良好屏蔽性的高聚物对水的屏蔽性通常很差。含有许多羟基的极性高聚物如聚乙烯醇和纤维素制品，对气体有优良的屏蔽性，但是对水的屏蔽性很差。相反，非极性的烃类聚合物聚乙烯对水的屏蔽性优良，但是对气体的屏蔽性较差。为了获得屏蔽性优良的材料，高聚物沿主链应有适当分布的极性基团，如氰基、氧基、氟基、羧基或酯基；主链应具有较高的刚性，不为溶剂所作用；大分子与大分子之间的结合较紧密。这就要求高聚物的结晶度高，规整性大，或者大分子之间存在化学键，其玻璃化温度高。乙烯基单体的 X-取代基团对聚合物氧气透气率的影响见表 9-2。工业上重要聚合物的透气率见表 9-3。

表 9-2　乙烯基单体 X-取代基团对氧气透气率的影响

聚合物结构	X-取代基团	透气率	聚合物结构	X-取代基团	透气率
$+CH_2-CH\frac{}{}_{\overline{n}}$ 　X	—OH	0.02	$+CH_2-CH\frac{}{}_{\overline{n}}$ 　X	—COOH	34
	—CN	0.08		—CH$_3$	300
	—Cl	16		苯环	840
	—F	30		—H	960

表 9-3　重要聚合物的透气率

聚合物	透气率		
	O$_2$[1]	CO$_2$[1]	H$_2$O[2]
聚乙烯醇（干燥）	0.02	0.06	506
再生纤维素（干燥，无涂层）	0.26	0.6	92.4
尼龙 6，尼龙 66	10.0	18.0	4.56
聚氯乙烯（与配方有关）	11～13	40～80	0.5～0.76
聚甲醛	24.0	70.0	3.29
氯化聚醚	24.0	60.0	0.13
聚甲基丙烯酸甲酯	34.0	80.0	3.04
聚醋酸乙烯酯	112.0	230.0	26.8
苯乙烯-丙烯腈共聚物（<3％丙烯腈）	140	560	4.05
硝酸纤维素	200	600	20.3
醋酸纤维素	240	800	30.4
高密度聚乙烯	220	600	0.13
聚丙烯	300	900	0.13

聚合物	透气率		
	O_2[①]	CO_2[①]	H_2O[②]
聚四氟乙烯	440	1000	0.07
聚碳酸酯	450	1100	3.5
聚苯乙烯	832	2500	3.3
低密度聚乙烯	960	3000	0.38
氯丁橡胶	1300	4000	1.3
聚丁二烯橡胶	7600	>10000	4.3
天然橡胶	9600	16000	5.06
有机硅橡胶	30000	90000	12.66

① 透气性单位：$mol/(m \cdot s \cdot GPa)$，23℃，相对湿度0%。
② 透气性单位：$mol/(m \cdot s)$，35℃，相对湿度100%。

为了达到既屏蔽水汽又屏蔽氧气的目的，工业上发展了复合薄膜，用于食品、日用品、和化妆品的包装。复合薄膜由屏蔽水汽良好的薄膜如聚乙烯、聚丙烯和屏蔽氧气良好的材料如再生纤维素、聚乙烯醇等薄膜复合而成，还发展了三层以上的多层复合包装材料。为了提高屏蔽性和强度，又生产了塑料薄膜与铝箔构成的复合材料。

9.2.1.2 力学性能

不同品种的塑料，其力学性能差别可能很大。例如，聚苯乙烯、酚醛塑料等品种是刚性材料；低密度聚乙烯，软聚氯乙烯等品种则是柔性材料。同一品种的塑料可能由于分子结构的不同或是否加有增塑剂，既可制得刚性材料也可制得柔性材料。柔性材料的弯曲强度和冲击强度目前无法测定。

塑料的机械强度与是否加有填料、填料的形态以及线型大分子是否有结晶取向等因素有关。无填料或加有粉状填料的模塑塑料的机械强度因品种的不同而有所不同，但差别不大，详见表9-4。具有气孔的泡沫塑料强度低于模塑塑料，其强度与密度高低有关。线型高聚物经拉伸取向后，其拉伸强度大为提高，所以在制造过程中经过拉伸取向处理的纤维、薄膜等产品，其拉伸强度远高于模塑塑料。薄膜与纤维的力学性能可通过拉伸强度、弹性模量和伸长率等方面进行测定。以聚酰胺为例，其模塑塑料、纤维、薄膜的拉伸强度见表9-5。

表9-4　一般模塑塑料的力学性能

性能	一般模塑塑料	尼龙66(好)	低密度聚乙烯(差)
相对密度	0.9～1.70	1.09～1.24	0.92
拉伸强度/MPa	约49	约78.5	9.8～14.7
弯曲强度/MPa	49～78.5	78.5～88.3	—
压缩强度/MPa	49～68.7	68.7～88.3	3.9～4.9
缺口冲击强度/(J/m)	10.6～19.2	45.4～112.1	不断

表9-5　聚酰胺模塑塑料、纤维、薄膜的力学性能

性能	模塑塑料	普通纤维	高强度纤维	普通薄膜	高强度薄膜
拉伸强度/MPa	49～78.5	294～588	686～785	47～78.5	245～794
伸长率/%	100～300	20～40	10～15	200～600	100～500

用片状填料或纤维状填料增强的塑料，其强度大为提高，强度的高低与增强材料的种类和形式有关，这部分内容将在增强塑料一节内介绍。

某些木材、硅酸盐材料以及金属材料的主要力学性能见表9-6。

表 9-6 某些木材、硅酸盐材料、金属材料的主要力学性能

材料种类		相对密度	拉伸强度/MPa	弯曲强度/MPa	压缩强度/MPa	缺口冲击强度/(kJ/m)	弹性模量/MPa
木材	杉木	0.29	(顺纹)58	37.0	(顺纹)23		
	楠木	0.56	(顺纹)153	67.9	(顺纹)153		
硅酸盐	绝缘陶瓷	2.37~2.53	17.2~48.4	37.3~82.9	341~484		68600
	玻璃	2.52	6.9	245			68600
金属	铸铁	7.80	308.7	583.5	1098		121520
	中碳钢	7.85	558.6	735.5		约6.86	205800
	轻金属合金(Al-Cu-Mg)	2.8	372.4	421.7		约3.92	70560

由表 9-4 与表 9-6 的比较可知,模塑塑料的强度高于非金属材料(玻璃与陶瓷的弯曲强度为例外),但低于金属材料。增强塑料的力学性能与金属接近,因为增强塑料密度远小于金属,所以比强度(强度/密度)高于金属或接近金属。塑料的弹性模量和硬度低于金属,与玻璃、陶瓷等硅酸盐材料相比,塑料的硬度较差。塑料是韧性材料,玻璃与陶瓷的脆性较大。

9.2.1.3 热性能

多数塑料是多组分材料,使用温度远低于其软化点或熔点。尽管可以测定合成树脂的软化点(无定形高聚物)或熔点(晶态高聚物),塑料的热性能主要从它的耐热性、热导率、热膨胀系数、比热容、耐寒性等方面进行评估。塑料的耐热性定义为在一定负荷下受热后形状变化达到规定范围时的温度。国际上通用的有马丁耐热温度,维卡耐热温度,以及热扭变温度三种测定方法。三种方法的试样负荷不同,而且塑料变形标准也不同,所以三种结果不能换算。

以热扭变温度为例,其测定方法是将试样置于每分钟升温 2℃ 的油浴中,试样中部承受的负荷为 1.875MPa 或 469kPa,负荷悬挂在一横杠上,横杠下降 0.254mm 时的温度就是该负荷的热扭变温度。

塑料耐热温度数据仅反映在一定条件下,塑料受热变形达到规定值时的温度,不能反映长期使用的最高温度。测定长期使用的最高温度时,必须进行热老化实验,即在一定温度下使塑料长时间受热后,测定并评价其机械强度变化情况。热塑性塑料的长期使用最高温度一般在 60~100℃ 之间,聚酰胺、聚碳酸酯、聚砜等工程塑料可在 120℃ 连续使用,一些热塑性耐高温聚合物的连续使用温度则可达 260~300℃。

热固性塑料的长期连续使用温度一般在 100℃ 以上,加有无机填料的可在 150℃ 长期使用。一些热固性耐高温聚合物的连续使用温度达到 300℃ 左右。

塑料在长期受热条件下使用会发生热老化现象,造成颜色发生变化、机械强度降低、重量损失等,所以在高温下使用聚合物是有时间限制的。

塑料的导热性较差,无定形热塑性塑料在 0~200℃ 范围内热导率在 0.12~0.2W/(m·K)之间。部分结晶聚合物的热导率稍高些,因为结晶区内大分子链段的接触比无定形区紧密。有分支的聚合物导热性较高。分子量与分子量分布对导热性的影响不大。

另外,还可用线型聚合物的玻璃化温度(又称为软化温度)T_g 和结晶熔点 T_m 来评估热塑性塑料的热性能。线型聚合物的种类虽多,但按其物理形态可分为无定形聚合物和半结晶聚合物两类。无定形聚合物受热达到一定温度后模量降低显著,并软化至液化状态,此温度即为 T_g。聚合物的结晶度通常为 50%~95%,所以称为半结晶聚合物,这一类聚合物表现出较明显的液化温度,即熔点 T_m。以无定形聚合物为主要成分的热塑性塑料,成型温度必须高于 T_g;以半结晶聚合物为主要成分的热塑性塑料成型温度必须高于 T_m,成型后冷却时应在数秒钟内迅速结晶，必要时需加入成核剂促进结晶。

一些无定形合成树脂的玻璃化温度 T_g 见表 9-7，一些半结晶合成树脂的熔化温度 T_m 见表 9-8。

表 9-7　某些无定形合成树脂的玻璃化温度 T_g

无定形合成树脂名称（缩写）	$T_g/℃$	无定形合成树脂名称（缩写）	$T_g/℃$
聚酰胺-亚酰胺（PAI）	295	苯乙烯-顺丁烯二酸酐共聚物（SMA）	122
聚醚砜（PES）	230	氯化聚氯乙烯（CPVC）	107
聚芳砜（PAS）	220	聚甲基丙烯酸甲酯（PMMA）	105
聚醚亚酰胺（PEI）	218	苯乙烯-丙烯腈共聚物（SAN）	104
聚芳酯（PAR）	198	聚苯乙烯（PS）	100
聚砜（PSU）	190	丙烯腈-丁二烯-苯乙烯共聚物（ABS）	100
聚酰胺，无定形（PA）	155	聚氯乙烯（PVC）	65
聚碳酸酯（PC）	145		

表 9-8　某些半结晶合成树脂的熔化温度 T_m

半结晶合成树脂名称（缩写）	$T_m/℃$	半结晶合成树脂名称（缩写）	$T_m/℃$
聚醚酮（PEK）	365	尼龙 6,12	212
聚醚醚酮（PEEK）	334	尼龙 11	185
聚四氟乙烯（PTFE）	327	尼龙 12	178
聚苯硫醚（PPS）	285	聚甲醛	175
液晶聚合物（LCP）	280	聚丙烯（PP）	170
尼龙 66	265	高密度聚乙烯（HDPE）	135
聚对苯二甲酸乙二酯（PET）	260	低密度聚乙烯（LDPE）	112
尼龙 6	220		

塑料的热膨胀系数大于其他材料，在使用温度范围内，热塑性塑料的线膨胀系数约在 $6×10^{-5}$～$2.5×10^{-4}$ K^{-1} 范围内；热固性塑料的线膨胀系数稍小些，约在 $2×10^{-5}$～$6×10^{-5}$ K^{-1} 范围内。设计塑料成型模具或在受热条件下使用塑料时，应考虑其热膨胀系数。塑料与其他材料的热性能数据见表 9-9。

表 9-9　塑料与其他材料的热性能数据

材料	相对密度	线膨胀系数/K^{-1}	热导率 /[W/(m·K)]	比热容（10～15℃） /(kJ/kg)
模塑塑料	1～1.5	$2×10^{-5}$～$2.5×10^{-4}$	0.12～0.81	0.84～2.09
泡沫塑料	0.01～0.5		0.032～0.102	
玻璃	2.42	$8.65×10^{-6}$～$9.18×10^{-6}$	0.907	0.84
陶瓷	2.37～2.53	$3.6×10^{-6}$	1.500～2.721	0.92
钢	7.8	$11.3×10^{-6}$	52.34	0.46
铝	2.7	$23×10^{-6}$	203.5	0.88
铜	8.9	$17×10^{-6}$	395.4	0.38

9.2.1.4　电性能

一般的塑料是不良导体，因此其重要用途之一是用作绝缘材料。绝缘材料的主要电性能有体积电阻（Ω·cm）、表面电阻（Ω）、介质损耗（损失角正切值）、介电强度（击穿电压，kV/mm）以及介电常数等。体积电阻小于 10^{10} Ω·cm 时较为安全，不会产生具危险性的电荷积累。塑料的体积电阻在 10^{10}～10^{19} Ω·cm 之间，如果以炭黑、石墨、碳纤维和金属粉等作为填料，塑料的体积电阻会更低，同时还可以降低由高阻抗引起的静电荷，降低静电荷积累而产生的安全隐患。体积电阻与温度有关，温度升高则体积电阻降低。

塑料与其他绝缘材料玻璃、陶瓷相比，具有质轻、柔软、脆性低、易加工、可以制成电缆包层和薄膜等优良的工艺性能。在电性能方面，塑料的介电常数较低、介电损耗较小，作为绝缘材料时减少了电能损耗。有些品种如聚乙烯、聚苯乙烯、聚四氟乙烯等在高频条件下介电损耗仍很低，适合用作高频或超高频绝缘材料。几种绝缘材料的电性能见表9-10，一些塑料的介电性能见表9-11。

表 9-10 塑料与其他绝缘材料的电性能

电性能	塑料	绝缘陶瓷	钠玻璃
体积电阻/$\Omega \cdot cm$	$10^{10} \sim 10^{19}$	$10^{13} \sim 10^{15}$	4×10^9
介质损耗（损失角正切值）	$10^{-4} \sim 3 \times 10^{-1}$	$0.9 \times 10^{-2} \sim 1.12 \times 10^{-2}$	1×10^{-2}
介电常数	$2.1 \sim 8.0$	$5.4 \sim 7.0$	$6.5 \sim 7.2$
击穿电压/(kV/mm)	$50 \sim 600$	$21.6 \sim 118$	$1000 \sim 3000$

表 9-11 塑料的介电性能（20℃，50Hz测定）

塑　　料	介电常数	介质损耗（损失角正切值）
酚醛	$6 \sim 8$	0.4
不饱和聚酯树脂	$3 \sim 3.8$	$0.003 \sim 0.01$
环氧树脂	$3.2 \sim 4.8$	$0.002 \sim 0.006$
聚乙烯	$2.28 \sim 2.34$	0.0005
聚丙烯	2.27	0.0005
聚氯乙烯，硬质（乳液法）	$3.8 \sim 4.3$	0.03
聚氯乙烯，硬质（悬浮法）	$3.4 \sim 3.7$	0.02
聚氯乙烯，软质	$7.5 \sim 8.0$	0.08
尼龙6	4.3	0.03
聚苯乙烯	2.5	0.0003
聚四氟乙烯	2.1	0.0001

氟化乙烯-丙烯共聚物、聚碳酸酯、聚四氟乙烯、聚丙烯、聚对苯二甲酸乙二酯和聚苯醚等可作为驻极体（永久极化的电介质）用于电声转换器、放射性剂量仪、空气过滤器等方面，聚偏二氟乙烯还具有压电和焦电效应。

20世纪后期还发现聚乙炔、聚吡咯、聚苯胺及其他许多聚合物的掺杂物具有半导体特性，进一步开拓了高分子材料在电子技术方面的应用。

9.2.1.5 稳定性

塑料是有机高分子材料，为了正确合理地使用塑料，应当了解塑料的稳定性、耐化学腐蚀性能、老化性能、耐气候性与耐火焰性等。

塑料的耐化学腐蚀性能可使其耐无机酸、碱、无机盐水溶液以及耐有机溶剂、油脂等。塑料的耐腐蚀性优于金属和木材。

一般的有机高分子化合物具有碳-碳主链，所以有机溶剂、油脂对塑料容易产生腐蚀或溶解作用。非极性塑料易受非极性溶剂的作用，极性塑料易受极性溶剂作用而被溶胀或溶解。

高聚物的化学结构、所含官能团的性质、填料的种类以及是否含有增塑剂等因素对于塑料耐化学腐蚀性能产生重要影响。主链周围全都为氟原子的聚四氟乙烯具有最强的耐无机酸、碱、无机盐水溶液的化学腐蚀与耐有机溶剂性能；沿主链上有极性原子或极性原子基团的聚氯乙烯、氯化聚醚、聚丙烯腈等也有优良的耐无机酸、碱、无机盐水溶液的腐蚀作用。

塑料对某些溶剂在无应力状态下稳定，但在应力下接触溶剂时则产生破裂，此现象叫做"应力破裂"（Stress Cracking），其原因是在成型的材料中存在着细微裂痕或薄弱点，经溶剂湿润、溶胀以后增大了细微缺口应力，溶剂扩散进入细微缺口或裂痕中逐渐引起塑料的破裂。

高分子化合物受日光中紫外线以及环境中热、水汽和空气中含杂质的影响，在长时间使用过程中会产生氧化降解、交联等变化，使塑料性能降低以至损坏，即发生老化现象。老化速度与塑料的品种和化学结构有关。不适当的添加剂也可能促进老化作用。由于热塑性塑料易老化，需要加入适当的添加剂如抗氧化剂和紫外线吸收剂等，防止或延缓老化过程。塑料在室外场合使用时，自然气候条件会加速老化过程。为了解决塑料造成的白色污染，对于一次性塑料用品等易废弃的制品，应当在生产配方中添加老化促进剂加速它的分解过程。

测定塑料老化的方法主要有室外曝晒法和人工老化法。室外曝晒法是将多个塑料试样置于室外，在不受遮盖的环境中使其经受日晒、雨淋、风蚀等自然条件使其老化，经一定时间后测定颜色变化与力学性能的变化。此法最接近自然条件，但试样放置地区的不同、日光强度与光照时间、温度等气候条件会发生变化，因此所得数据与测试地点有关。

人工老化法是在人工气候箱内用高压汞灯，碳弧灯或氙灯作为光源模拟太阳光，并定时喷水模拟雨淋测得老化结果的方法。适当的滤光片滤出的氙灯波长与太阳光波长很接近，此法需与天然气候条件进行折算，其相对值可供参考。

塑料是含碳的有机高分子材料，绝大多数可燃。热塑性塑料在火焰中软化、熔融、燃烧并释放出烟雾。其易燃程度和释放烟雾的多少与其化学结构有关。例如，聚苯乙烯燃烧时放出大量黑烟；聚氯乙烯燃烧时放出令人窒息的有害气体；聚乙烯燃烧时火焰小、烟雾少。热固性塑料由于具有交联结构，燃烧时不会软化或熔融，释放的分解气体少于热塑性塑料，有的不易燃烧或脱离火焰后会自熄。

塑料用作建筑材料、电子设备、运输用器材、家具等时，应当使用阻燃高分子材料。阻燃方法分为反应性阻燃和添加剂阻燃。反应性阻燃主要应用于不饱和聚酯、环氧树脂或聚氨酯等品种，其方法是把原料卤化，引入氯原子、溴原子或引入含磷基团，使其在燃烧时与适当填料作用以产生阻燃气体。添加剂阻燃是在塑料中添加氧化锑等以达到阻燃目的。某些热塑性塑料的分解温度（T_d）、燃烧起始温度（FIT）、自燃温度（SIT）与燃烧热（ΔH）见表 9-12。

表 9-12　热塑性塑料分解温度（T_d）、燃烧起始温度（FIT）、自燃温度（SIT）与燃烧热（ΔH）

塑料品种	T_d/℃	FIT/℃	SIT/℃	ΔH/(kJ/kg)
聚乙烯	340～440	340	350	46500
聚丙烯	320～400	320	350	46000
聚苯乙烯	300～400	350	490	42000
聚氯乙烯	200～300	390	450	20000
ABS		390	480	36000
聚甲基丙烯酸甲酯	180～280	300	430	26000
尼龙 6	300～350	420	450	32000
尼龙 66	320～400	490	530	32000
聚四氟乙烯	500～550	560	580	
聚丙烯腈	250～300	480	560	
纤维素	280～380			17500
棉花		210	400	17000

综上所述，塑料与金属材料相比较具有耐腐蚀、质轻、绝缘、易成型为多样化产品、美观等优点；与硅酸盐材料相比较，则具有质轻、坚韧、不易碎、易成型为多样化产品等优点；与木材比较，具有强度高、易成型为多样化产品、美观的优点。塑料的主要缺点是大多数可燃烧，耐热性低于无机材料，成本有时较贵，会发生老化等。

9.2.2 塑料的分类、缩写代号与命名

9.2.2.1 塑料的分类

按照分类角度的不同，塑料有多种分类方法：

① 根据受热后的行为可分为热塑性塑料和热固性塑料；

② 根据化学组成分类，例如聚乙烯塑料、聚氯乙烯塑料、酚醛塑料、不饱和聚酯塑料等；

③ 根据塑料制品分为模塑塑料、增强塑料、泡沫塑料、薄膜、人造革等；

④ 按照应用领域分为通用塑料、工程塑料与高性能塑料、特种塑料（功能塑料）。通用塑料中产量大、应用面广的品种主要有聚乙烯、聚丙烯、聚氯乙烯、聚苯乙烯等。工程塑料与高性能塑料通常指在 $100℃$ 以上和 $0℃$ 以下仍保持尺寸稳定和具有良好机械强度的塑料。特种塑料通常指具有特种功能的塑料。

9.2.2.2 树脂与塑料缩写代号

由于合成树脂与塑料名称比较复杂，我国参照国际标准（ISO）编制了《塑料及树脂缩写代号》（GB/T 1844—1995）[现修订为《塑料　符号和缩略语》（GB/T 1844—2008）]，现举例如下：

ABS　　丙烯腈-丁二烯-苯乙烯共聚物（acrylonitrile-butadiene-styrene copolymer）；

EP　　　环氧树脂（epoxide resin）；

EPC　　乙烯-丙烯共聚物（ethylene-propylene copolymer）；

HDPE　高密度聚乙烯（high density polyethylene）；

HIPS　　高冲击强度聚苯乙烯（high impact polystyrene）；

PVC　　聚氯乙烯（polyvinylchloride）。

9.2.2.3 各品种塑料、树脂分类型号与命名

在工业生产中，各品种的合成树脂与塑料都有许多牌号或型号，它们具有不同的特征与不同的使用范围，世界上各国部都制订了统一的分类、型号与命名标准。我国目前已有一系列国家标准对合成树脂和塑料产品的命名进行规范。

9.3　纤维

9.3.1　概述

纤维是衣着材料和工业材料之一，分为天然纤维和化学纤维两大类。天然纤维包括棉花、羊毛、蚕丝和麻等。化学纤维又分为两类，一类是由非纤维状天然高分子化合物经化学加工制得的人造纤维，另一类则是由单体合成的合成纤维。

目前，工业生产的人造纤维都是以天然纤维素（木质纤维素或棉纤维短绒）为原料，经化学加工制成的再生纤维素纤维。从前曾有以蛋白质为原料的乳酪素纤维，但现已被淘汰。人造纤维由于性能方面不及合成纤维优良，所以产量增长缓慢，在世界范围内还有所下降，合成纤维的产量则每年增长。

人造纤维又称黏胶纤维，是以黏胶纤维专用纸浆或棉短绒为原料（α-纤维素含量在 $87\%\sim98\%$ 之间），首先用 $14\%\sim20\%$ 的 NaOH 溶液处理形成碱性纤维素，然后与 CS_2 反应

转变为纤维素黄酸钠。纤维素黄酸钠溶解于 NaOH 水溶液中生成黏胶液，用酸性浴进行湿法纺丝后，纤维素黄酸钠重新恢复为纤维素结构，同时形成纤维，这种纤维称为黏胶纤维。人造纤维还有铜氨纤维和醋酸纤维等。

人造纤维在 20℃、相对湿度为 65％的空气中平衡湿含量为 10％～14％，适于作为服饰用纤维，缺点是浸水后体积膨胀率达 45％～62％，湿强度降低约 50％。

合成纤维是某些线型高聚物合成树脂的加工产物。生产合成纤维所用的高聚物，在宏观结构上应具有适当结晶度、经拉伸取向后具有高结晶不可逆状态，同时还需要具备以下条件：

① 聚合物主链是线型结构，具有高分子量。分子量的下限因单位链节的分子量不同而有不同，缺乏统一标准。但是聚合物的链长度要求超过 100nm 才能有实用价值，所得纤维强度与平均分子量有关，随分子量增高而增加；但分子量达到一定范围后，强度不再增加。

② 聚合物分子结构具有线型对称性，这样可以使分子与分子间结合紧密。如果存在不规则的长支链则妨碍分子与分子的紧密结合，因而不能用来生产合成纤维。

③ 聚合物大分子与大分子之间存在着相当强的作用力，如离子键、色散力、范德瓦耳斯力等。

同一品种的合成树脂，生产合成纤维和生产热塑性塑料时的规格不同，生产合成纤维时的平均分子量一般要低于热塑性塑料，而且分子量分布要求狭窄，以便于纺丝。

合成纤维与天然纤维和人造纤维相比，具有强度高、密度低、弹性高、吸水性低、保暖性好、耐磨性好、耐酸碱、不会虫蛀等特点。

9.3.2　合成纤维的性能

（1）细度

细度是表示纤维粗细程度的指标，一般用支数和纤度来表示。

① 支数　支数是表示纤维和纱线粗细程度的一种参数，以单位质量的纤维或纱线在公定回潮率时的长度表示。公制支数以 1g 重的纤维或纱线所具有的长度（m）表示。例如，1g 纤维长 50m，则为 50 支。纤维或纱线越细支数越高。

② 纤度　纤度是纤维粗细程度的一种量度，以一定长度的纤维所具有的质量来表示。常用的纤度单位为"特"（tex），全称"特克斯"，是中国选定的纤维和纱线纤度的法定单位。1tex 表示在公定回潮率时 1000m 长的纤维或纱线重 1g。

（2）长度

经纺丝得到的合成纤维是连续状长丝，可直接用来针织或纺织，但多数情况需切断，根据纤维长度与用途分为：

① 棉型短纤维　以黏胶纤维为主，纤度为 10.8～13.5tex，长度为 33～38mm，同棉纤维相仿。

② 毛型短纤维　纤度为 27～45tex，长度为 64～114mm，同羊毛相仿。

③ 中长纤维　纤度为 18～27tex，长度为 51～76mm，主要用于混纺。

（3）卷曲度

合成纤维表面较光滑，纤维之间的抱合力很弱，因此在纤维成形时加以卷曲，以便进一步进行纺织加工。1cm 长度纤维上所具有的卷曲数叫做卷曲度，卷曲度在 12～14 之间较为适宜。

（4）吸湿性

棉纤维的吸湿性约在 7％，合成纤维中聚乙烯醇缩甲醛纤维（俗称维尼纶或"维纶"纤维）的吸湿性与棉纤维相近，其他合成纤维的吸湿都较差，所以制成的服装不吸汗，有闷热感。干燥条件下，摩擦后容易积累静电荷。

（5）断裂强度

纤维的断裂强度用 cN（厘牛）/分特（1tex 的 1/10）表示。合成纤维的断裂强度多高于天然纤维和人造纤维。

（6）回弹性与弹性模量

① 回弹性　纺织材料在外力作用时产生形变，去除外力后恢复原来状态的能力称为"回弹性"。纤维拉伸到一定的延伸度（一般为 $2\%\sim5\%$）以后，除去外力后在 1min 内形变恢复的百分数称做"回弹率"。高回弹率纤维（$>90\%$）制成的纺织物尺寸稳定性好，穿着过程不易起皱。用有优良回弹性的涤纶制成的服装具有挺括等特性。

② 弹性模量　弹性模量即杨氏模量，是使纤维单位横断面积产生单位形变时所需的负荷，用 kg/mm^2 表示，多指产生 1% 伸长时所需的力，又叫做初始模量。弹性模量高则纤维的刚性大。

（7）耐磨性

耐磨性是衡量纤维表面的耐摩擦性质，指材料抵抗磨损的性能。合成纤维中以聚酰胺纤维的耐磨性最为突出。耐磨性与含湿率有关，湿态时的耐磨性较干态时差。

（8）光照牢度

光照牢度相当于塑料的耐气候性，是指纺织材料在日光照射下所能维持原有性质不变的能力。纺织材料受到日光长期照射后会发黄、变脆、强度降低，变化程度因合成纤维的品种不同而不同，腈纶的光照牢度较好，锦纶较差。

（9）染色性

合成纤维不同于天然纤维，其分子结构中基本没有可与染料结合的官能团。另外，由于分子结构紧密，吸水性小，染料分子难以渗透入纤维内部，所以不易染色。聚酰胺纤维和聚乙烯醇缩甲醛纤维较易染色。

（10）耐霉蛀性

合成纤维具有优良的耐霉变和耐虫蛀性能。其他性能如密度、耐化学腐蚀性则取决于原料合成树脂。

9.4　黏合剂

通过表面黏结力和内聚力把各种材料黏合在一起，并且在结合处有足够强度的物质叫黏合剂，它是一种非金属材料。

黏合剂由基本原料和必需的辅助物料组成，通常是由高分子量合成树脂或具有反应活性的低分子量合成树脂组成。

黏合剂必须能够湿润被黏结物体的表面，并在适当条件下转变为固态的高聚物，从而牢固的黏结物体。具有反应活性的低聚物都可用作黏合剂，它们通常为液态，可以方便的湿润被黏结物体的表面，然后经固化过程转变为固态的体型高聚物而产生黏结作用。液态单体或低聚物如不饱和聚酯，可以通过加聚反应生成固态高聚物，所以也可用作黏合剂。线型高聚物用作黏合剂时，必须制成溶液、分散液或乳液，以便于湿润被黏结物体的表面；当溶剂或水分蒸发后，线型高聚物才能产生黏结作用；也可使线型高聚物受热熔化后湿润被黏结物体表面，冷却后转变为固体物而产生黏结作用。

以上所述为固体黏结，另一种黏结是高黏度流体黏结，黏合剂的主要成分是橡胶态弹性体或低熔点、无挥发性溶剂的高聚物黏稠溶液或聚合物高黏度流体，它们也可湿润被黏结物体并产生强黏结力，因此可直接用作黏合剂，但它们不会转变为坚硬的固体物，只是呈现高黏度流体黏结状态。市场上的不干胶、压敏胶、黏结胶带等都属此类情况。

黏合剂广泛用于黏结各种材料，与其他的材料连接方法如铆接、焊接、锡焊、螺钉连接等相比，黏合剂使用方便、迅速、而且价廉。黏合剂黏结的材料，受力时应力均匀分布，不像铆接或螺钉连接那样会产生应力集中现象。黏合剂可黏结很薄、很轻的材料；可以黏结塑料与金属等不同的材料。黏合剂还可以黏结各种凹凸形状的材料。黏合剂有阻尼和绝缘作用，黏结不同电位的金属材料时，可以阻止电位腐蚀作用。黏结操作可在室温下进行，温度较低也不会影响材料原有性能。新型材料如蜂窝夹层材料只可用黏结方法制造。黏合剂为宇航、航空、汽车制造等行业提供了新材料。

9.4.1 黏合剂分类

黏合剂种类繁多，有多种分类方法。

① 黏合剂主要分为无机黏合剂和有机黏合剂两大类。无机黏合剂有磷酸盐型、硅酸盐型、硼酸盐型等；有机黏合剂又分为天然黏合剂和合成黏合剂，再按组分区分为各类型黏合剂。

② 黏合剂按黏结强度特性分为结构型、非结构型和次结构型三大类。结构型黏合剂用于黏结结构部件如飞机、金属材料等，有很高的强度要求。非结构型黏合剂用于黏结强度要求不太高的非结构部件。次结构黏合剂用于黏结强度介于结构型黏合剂与非结构型之间的部件。

③ 黏合剂按外观形态可分为溶液型、乳液型、膏糊型、粉末型、薄膜型（胶带型）等。

④ 黏合剂按用途可分为通用胶与特种胶，如高温胶、厌氧胶、热熔胶、光敏胶、导电胶等。

⑤ 按固化机理分类，可系统地了解黏合剂的固化过程。但黏合剂的固化过程不仅是发生化学变化的聚合过程和固化交联过程，还包括由溶液、分散液、乳液经过溶剂和分散介质挥发以及熔融物冷凝转变为固体的物理变化过程。

9.4.2 黏合剂主要品种与用途

9.4.2.1 不发生化学变化而固化的黏合剂

不发生化学变化而固化的黏合剂是指在黏结前已是高分子量黏合剂的材料，通常可分为以下几种情况。

（1）无可挥发溶剂的黏合剂

这一类黏合剂在黏结过程或黏结前需进行加热才可产生黏结作用，主要有两种产品。

① 热熔胶 如乙烯-醋酸乙烯共聚物、聚酰胺、聚酯等黏合剂，以乙烯-醋酸乙烯共聚物的应用最为广泛。

② 增塑糊黏合剂 在分散于增塑剂中的糊用 PVC 树脂粉中，加入低分子量热活性反应化合物作为黏结促进剂，与环氧化合物、聚乙二醇双甲基丙烯酸酯或酚醛树脂、PVC 树脂稳定剂等组成的黏合剂。此黏合剂的固化温度为 $120 \sim 250 ℃$。

③ 压敏胶 压敏胶为不干胶，即在无溶剂或分散剂存在下仍具有很高的黏性，而且不会转变为坚硬的固体。压敏胶原料为天然橡胶或合成橡胶加改性松香、酚醛树脂或石油树脂而得。有时也可使用聚丙烯酸酯、聚甲基丙烯酸甲酯、聚乙烯基醚以及聚异丁烯；特殊条件下还可使用有机硅树脂。压敏胶通常涂于纸张、布匹、塑料薄膜或金属薄膜上作为黏合剂使用。如果制成卷材，则压敏胶的反面应涂抗黏结剂如硅油、硅树脂等。

（2）溶剂必须在黏结前脱除的溶液型黏合剂

这类黏合剂包括热封胶、高频焊接用热封胶、接触胶等。

① 热封胶 将高聚物溶液或乳液涂布于被黏结材料表面，脱除溶剂或水后形成无黏性的可热封胶层，受热后发挥黏结作用。许多聚合物都可以制成热封胶。重要的热封胶有氯乙烯-偏二氯乙烯共聚物、醋酸乙烯和甲基丙烯酸甲酯共聚物、聚酯、聚酰胺等。

② 高频焊接用热封胶 其应用与热封胶相同，不同的是用高频加热焊接，所用聚合物应当具有高介质损耗值。

③ 接触胶 由橡胶、树脂、添加剂及适当溶剂所组成，含固量为 $20\% \sim 30\%$。使用时

涂布于被黏结材料表面，待溶剂完全挥发后，叠合加压而发生黏结。接触胶溶液由合成橡胶与合成树脂溶液或高分子量聚氨酯溶液组成。

（3）黏结时使溶剂挥发除去的溶液型黏合剂

该类黏合剂分为高聚物在有机溶剂中形成的溶液型黏合剂，以及和水形成的水溶液型黏合剂两个体系。

有机溶剂的溶液型黏合剂是应用较为广泛的黏合剂。使用这种黏合剂时，事先不脱除溶剂，在两材料黏结后，溶剂逐渐扩散入被黏结的材料内而消失。这种黏合剂主要用于塑料的黏结。

以水为溶剂的黏合剂所使用的高分子化合物主要是天然高分子或其产物，如淀粉、骨胶、牛皮胶、羧甲基纤维素等，也可用合成高聚物聚乙烯醇等；它们主要用于纸张、木材、硅酸盐等材料的黏结。

（4）聚合物水乳液型黏合剂

聚合物水乳液型黏合剂、合成树脂乳液、橡胶胶乳液、合成橡胶胶乳（latex）黏合剂是产量最大的黏合剂品种，其含固量一般为 40%～60%。通过水分挥发，聚合物微粒和乳化剂形成薄膜而产生黏结作用。羧基丁苯乳胶具有优良的黏结性能，近年来作为高性能黏合剂得到广泛应用。

乳液中加入增塑剂、溶剂和树脂后可以改进乳液型黏合剂的黏结力，同时还可降低成膜温度，增加乳液的黏性；加入聚乙烯醇、纤维素醚和其他水溶胶可以延长黏合剂的使用有效期。橡胶胶乳中时常加入合成树脂乳液以改进其性能。

9.4.2.2 通过化学反应固化的黏合剂

此类黏合剂也叫做反应型黏合剂，主要成分是具有聚合活性的低分子量单体或低聚物，固化时多数转变为体型高聚物而产生黏结作用。

市场上的反应型黏合剂分为单包装、双包装以及不混合三种产品。单包装反应型黏合剂容易操作，使用方便，其固化机理为受热固化、被黏结基材催化或受大气中水汽的作用而固化。双包装反应型黏合剂是将固化剂、催化剂与活性单体、低聚物分别包装，在使用前按规定的比例进行充分混合，使其发生化学反应后涂布于被黏结的材料表面，混合物有一定的使用期限，即"活性期"。为了防止双包装黏合剂混合时产生误差，发展了"不混合"配方，使用时被黏结的一面用黏合剂树脂处理，另一面用黏合剂的固化剂进行处理，然后使两面接触，产生化学反应而起黏结作用。

反应型黏合剂的固化条件主要是固化温度。固化温度分为室温固化（冷固化）、低温固化和高温固化三种情况。室温固化须经数小时或数天方可固化完全，低温固化温度为 80～100℃，高温固化温度为 100～250℃，低温固化和高温固化所得黏结件质量最好。

（1）通过聚合反应而固化的黏合剂

这一类黏合剂通过自由基聚合反应或离子聚合反应，使单体或低聚物聚合为线型高聚物或体型高聚物而固化。

① 双包装聚合型黏合剂　这类黏合剂主要是不饱和聚酯黏合剂，主要组分是不饱和聚酯与乙烯基单体苯乙烯或甲基丙烯酸甲酯形成的溶液；另一组分是过氧化物固化剂和固化促进剂如胺类、二甲基苯胺、环烷酸钴、环烷酸镍等。其次是丙烯酸酯类黏合剂，由甲基丙烯酸酯、丙烯酸酯组成，有时加有苯乙烯和甲基丙烯酸单体和各种聚合物；另一组分为固化剂，通常是过氧化二苯甲酰在增塑剂中的糊状物或与填料混合的干粉，通常使用胺类作为固化促进剂。

② 单包装聚合型黏合剂　这类黏合剂包括氰基丙烯酸酯黏合剂和厌氧黏合剂。

氰基丙烯酸酯类黏合剂包括氰基丙烯酸甲酯、乙酯、丁酯等黏合剂。这些单体中，有时溶有聚合物和增塑剂以调整其黏度和柔软性。液态的氰基丙烯酸酯单体在催化剂如胺、醇或水汽的作用下，经阴离子聚合反应在常温下迅速聚合为线型高聚物。空气中的水分以及被黏结材料表面吸附的水分子都可以引发聚合反应，所以此类黏合剂的包装必须严格密闭，多采用聚乙烯瓶包装。这类黏合剂已用于手术后伤口的黏结。

厌氧黏合剂主要由某些二元醇的双甲基丙烯酸酯，少量过氧化物和少量促进剂组成。有氧气存在时，它可长时间不发生变化；若无氧存在或与活性金属表面接触后，数小时内可聚合为柔韧的聚合物。为了保证贮存时不发生聚合反应，应保证产品不被微量金属污染。产品通常使用聚乙烯瓶进行包装，而且瓶内上半部留有较大充满空气的空间以阻止聚合。第一代厌氧胶由二元醇双甲基丙烯酸酯和分解速度很慢的异丙苯过氧化氢混合物组成，分解生成的自由基与单体加成后与 O_2 生成不活泼的加成物，因此不能发生聚合反应，当 O_2 耗尽以后才可发生聚合反应。但遇到过渡金属后，异丙苯过氧化氢迅速分解生成自由基，由于没有足够的 O_2，不能继续产生阻聚作用，因而发生自由基聚合反应而固化。

第一代厌氧胶在活性金属铁、铜表面上聚合速度很快，室温下聚合 $2\sim12h$，强度即可达 50%。在不活泼金属锌、镉表面以及某些不锈钢表面上，由于过渡金属离子过少而不能迅速聚合或不聚合。为了改进此缺点，发展了第二代、第三代厌氧胶，其主要组分是螯合的过渡金属离子、促进剂、助促进剂（二甲基苯胺、糖精等），可以保证在任何材料的表面都有足够的聚合速度。为了改进固化后黏结层的韧性，用二元醇与定量二异氰酸酯反应生成羟端基氨酯化合物，然后与甲基丙烯酸衍生物酰氯反应，得到双端基为甲基丙烯酸酯的低聚物，再加入一元或二元甲基丙烯酸酯共聚后，可以形成刚柔结合的主链。

（2）通过加成聚合反应固化的黏合剂

加成聚合反应属于逐步聚合，在聚合过程中无小分子化合物析出，此类黏合剂有环氧树脂黏合剂和反应性聚氨酯黏合剂。

① 环氧树脂黏合剂　环氧树脂黏合剂由可固化的多元环氧树脂和固化剂组成，固化机理将在环氧树脂一节中讨论。如果使用"潜固化剂"，即在高温下才可释放出使环氧树脂固化的固化剂，可使其与环氧树脂混合进行单包装。如果固化剂在常温下可使环氧树脂固化，则必须采用双包装。环氧树脂或固化剂中可加入增稠剂、填料、增塑剂、某些树脂以及金属粉等。环氧树脂有时可用脂肪酸进行部分酯化或与聚氨酯中间体（低聚物）反应以增加其柔软性。

环氧树脂黏合剂的固化分为热固化和冷固化两种，热固化的温度一般为 $150\sim200℃$，加入促进剂后可降低热固化温度。热固化剂为二元酸酐、双氰双胺以及某些芳胺。冷固化剂为脂肪胺、环脂胺、多元胺、多元胺与环氧树脂的加成物，以及多元胺和脂肪酸二聚物的缩合物。胺固化剂用量应根据活性环氧基团进行计算。

环氧树脂黏合剂中还可加入适量合成橡胶以增加其弹性。可添加的合成橡胶主要有氯丁橡胶、丁腈橡胶、聚硫橡胶等。液态环氧树脂黏合剂中可加入固体粉状物作为填料。高分子量多元环氧树脂与聚酰胺可制成黏结用薄膜；它们还可与酚醛树脂结合，用作黏合剂。

② 反应性聚氨酯黏合剂　这类黏合剂的特点是对各种材料都具有良好的黏结性。与其他黏合剂比较，黏结层具有高弹性，即使在低温下仍然如此。商品分为无溶剂型与溶剂型两类，可以是单包装或双包装。

聚氨酯由端羟基聚醚或端羟基聚酯与多元异氰酸酯反应制得。两种原料都为 2,2-官能团时，可制得线型高聚物。如果一种或两种原料官能团大于 2，则制得体型高聚物。一般的活性聚氨酯黏合剂为分子量稍高、端基具有反应活性的预聚物，活性端基可为羟基或异氰酸酯基（—N═C═O）。含有羟端基的预聚物用多元异氰酸酯作为固化剂，含有异氰酸酯端基的预聚物则用多元胺或多元醇作为固化剂，多元胺固化速度远快于多元羟基固化剂。固化时，产生交联结构的同时也可能发生扩链反应。水和被黏结材料表面吸附的水分子可作为端基为异氰酸酯基团黏合剂的固化剂，用水固化聚氨酯黏合剂时，产品可为单包装。

端基为异氰酸酯的聚氨酯预聚物可用适当化合物如苯酚等将异氰酸酯进行保护或"隐

蔽"，使其与固化剂多元羟基化合物混合后进行单包装；使用时加热释放出异氰酸酯基团进行固化。端基被保护的聚氨酯预聚物也可用作端羟基聚氨酯黏合剂的潜固化剂。叔胺或有机锡化合物可作为固化促进剂。聚氨酯黏合剂应严格密闭包装，以免接触空气中的水分。

（3）通过缩聚反应固化的黏合剂

① 具有多元羟甲基基团化合物形成的黏合剂　此类黏合剂包括酚醛树脂和间苯二酚-甲醛树脂、脲-甲醛树脂、三聚氰胺-甲醛树脂。这些树脂含有易发生脱水反应的羟甲基，在固化剂作用下或受热时产生脱水缩合反应，使树脂转变为体型结构。由于有水蒸气析出，使用这类黏合剂时应当对被黏结物施压，避免产生气泡。此类黏合剂可为水溶液或有机溶剂状态，固化剂主要为可催化脱水反应的酸性化合物。

酚醛树脂与聚乙烯醇缩醛、丁腈橡胶或环氧树脂配合后可得高性能黏合剂，还可制成黏结用薄膜。

② 有机硅黏合剂　此类黏合剂广泛用于建筑工业，例如合金钢玻璃窗的密封材料和嵌缝材料等。有机硅黏合剂由端羟基线型二甲基硅氧烷聚合物 $HO\!-\!\!\left(\!Si\!-\!O\!\right)_n\!H$（其中Si连接两个 CH_3）、填料（主要由活性二氧化硅、碳酸钙、炭黑等）、活性硅烷交联剂、催化剂等四种基本组分构成。活性二氧化硅具有补强作用。纯粹的有机硅聚合物固化后强度低，抗张强度仅为 $350\sim525kPa$，加入补强剂活性二氧化硅固化后，抗张强度可提高到 $2800\sim5600kPa$，增加近 10 倍。交联剂是 $R\text{-}SiX_3$ 或 SiX_4 化合物，X 为易水解的有机基团如醋酸根（$CH_3COO\!-$）、烷氧基（$R\!-\!O\!-$）、氨基（$R\!-\!NH\!-$）、辛酸根（$C_7H_{15}COO\!-$）等，催化剂为二丁基二月桂酸锡或辛酸锡等。

单组分有机硅黏合剂中含有羟端基聚二甲基硅氧烷、填料与交联剂。使用时，与空气中的水分接触后，交联剂水解生成 $Si(OH)_4$，它与聚二甲基硅氧烷的端羟基发生脱水反应，产生交联结构聚合物。

双组分有机硅黏合剂是将羟端基聚二甲基硅氧烷与填料、交联剂、烷氧基硅烷、定量的水分混合为一种组分，另一组分为催化剂二丁基二月桂酸锡或辛酸锡。两组分混合后，水分与烷氧基硅烷反应生成硅醇，然后发生缩合反应产生交联。当端羟基聚二甲基硅氧烷分子量较大时，产生的交联产物像硫化的橡胶，黏结层有弹性，称为硅橡胶，此黏合剂又称作室温硫化有机硅黏合剂（RTV silicone adhesives）。

③ 聚酰亚胺和聚苯并咪唑黏合剂　聚酰亚胺和聚苯并咪唑是新型的耐高温芳香族聚合物黏合剂。这类黏合剂由上述聚合物的预聚物溶液组成，也可将预聚物制成薄膜型黏合剂。固化反应为脱水缩合反应，固化温度为 $230\sim250℃$，压力为 $0.8\sim1.0MPa$。预聚物室温下仅在数小时内稳定，应当在 $-18℃$ 条件下贮存。

④ 硫化用黏合剂　用橡胶作为金属设备衬里时，通常将未硫化的橡胶片黏结于金属表面，然后进行硫化，使橡胶牢固的黏结于金属表面上。黏合剂由成膜聚合物、交联剂、稳定剂等化合物溶于有机溶剂中制成，含固量约为 $15\%\sim25\%$；成膜物质主要为卤代聚合物氯化橡胶，交联剂为亚硝基化合物、异氰酸酯、肟等与一种氧化剂组成。有时需在金属表面上涂一层底漆以提高耐腐蚀能力。

9.4.3　黏结机理

使用天然高分子产物作为黏合剂已有很长历史。科学家对黏合剂的作用机理也提出了多种理论，包括简单的机械结合机理、静电作用机理、吸附机理、扩散机理以及其他机理等。现对一些黏结机理做简要介绍。

（1）机械结合机理

无论材料的表面看上去多光滑平整，经放大观察后表面仍然是粗糙不平的。有些材料如纸张、木材、泡沫材料等是多孔性材料，表面更不平整。各种材料在黏结时，由于黏合剂湿润材料表面而渗透入孔隙或凹凸槽中，固化后黏合剂的高分子材料锚着于孔隙和沟槽中，因而起到了黏结作用，这是较早提出的黏结机理。

（2）静电作用机理

此理论认为黏合剂涂布于被黏结材料表面后产生了电荷转移，在黏合剂与被黏物界面上产生了双电子层，由于静电作用使两者之间产生吸引力。实际上，电荷转移现象确有发生，但吸引力到底有多大还无法确定。

（3）吸附机理

吸附理论认为黏结力是由于界面上分子间次价力，即范德瓦耳斯力和氢键作用的结果。范德瓦耳斯力包括偶极力、诱导力和色散力。当黏合剂分子与被黏物分子之间的距离达到分子水平时，才能表现出范德瓦耳斯力，因此要求黏合剂湿润被黏物体的表面。根据吸附理论，黏合剂中极性基团的极性越强、数量越多，对极性被黏物的黏结强度就越高。非极性黏合剂与非极性被黏物之间，色散力起主要作用，其黏结强度较低。极性黏合剂与非极性被黏物或非极性黏合剂与极性被黏物之间，分子间作用力小，所以黏结力差。

吸附理论将黏合剂的黏结作用归结为分子间力的作用，但它不能解释为何有的黏合剂可以在强极性材料表面和非极性材料表面之间产生强力的黏结作用。例如，氰基丙烯酸酯黏合剂可以将聚苯乙烯塑料黏结于金属表面上。

（4）扩散机理

黏合剂的扩散机理主要适用于高聚物材料的黏结。此机理认为黏结作用是由于被黏结的基材与黏合剂相互渗透扩散的结果。此机理建立于聚合物链段具有布朗运动，黏合剂和被黏结物质之间具有相溶性的理论。当所用黏合剂为溶液型黏合剂，而被黏结的塑料可溶于所用溶剂时，被黏物的分子可能扩散入黏合剂层。扩散的结果使被黏结材料的界面不再明显而生成过渡层。扩散情况取决于压力、温度、时间、分子大小尺寸以及相溶性等参数。扩散机理仅适用于高聚物的黏结，金属和玻璃等的黏结不能用此理论进行解释。

除上述理论外，还有人认为黏结作用依靠主价键力，这种键能超过次价键力，称之为化学键机理。

事实上，没有一种理论可以完善地解释所有黏结现象。黏结作为物理化学现象，与用物理方法实测的结果还有明显距离，因此黏结理论仅供参考。其他一些因素如表面粗糙程度、界面污染程度、连接件的设计以及应力类型都对黏结强度产生重要影响。

9.5 涂料

涂料以前叫做油漆。油漆都是用植物油和天然树脂熬炼后涂布于物体表面，经空气中氧的作用而形成坚韧的漆膜，实际上转化为交联结构的体型聚合物。随着高分子材料合成工业的发展，以合成树脂为主要成膜物质的涂料得到了很大发展。

涂料是指具有流动状态或粉末状态的有机物质，把它涂布于物体表面上经干燥、固化或熔融固化形成一层薄膜，均匀并良好地覆盖在物质表面上，不论其中是否含有颜料，通称为涂料。涂料固化与黏合剂的固化相似，包括化学反应产生的固化、物理的溶剂挥发、熔融体凝固等固化过程。涂料的固化又称为"干燥"。

9.5.1 涂料的组成及其作用

9.5.1.1 涂料的组成

涂料虽有很多种类，但都由成膜物质、颜料、溶剂和助剂四种基本物质构成。

成膜物质是形成涂膜的物质，是具有聚合活性的天然油脂加工物或具有反应活性的合成树脂或线型高聚物。成膜物质在涂料贮存期间必须相当稳定，不能发生明显的物理或化学变化。在规定条件下成膜后，要求迅速形成干燥的漆膜层。

颜料可使漆膜呈现颜色并具有遮盖力，也可增强力学性能，提高漆膜的耐久性、防腐蚀性、防污染性等。

溶剂使成膜物质均匀溶解，干燥后形成具有光泽的漆膜，正确选择溶剂可提高漆膜的物理性质，如光泽度和致密性等。

助剂包括增塑剂、催干剂、乳化剂、分散剂、固化剂等。它们的用量很少，但对涂料的贮存稳定性、干燥固化速度以及漆膜的物理性质如柔韧性等产生很大影响。

9.5.1.2 涂料各组分的作用

（1）成膜物质

根据成膜物质的来源可分为两类：一类是来自植物的漆料、油料及天然树脂；另一类是化学合成的合成树脂。

① 生漆、油料和天然树脂　生漆的主要成分是漆酚，其含量的 $40\%\sim70\%$ 为邻苯二酚衍生物的混合物，涂刷于物体表面后，在空气中能干燥结成黑色硬膜，干燥需在一定的温度和湿度环境中进行。由生漆经搅拌氧化、日晒或经低温烘烤得到熟漆，漆膜比生漆光亮。

油料主要是植物油，是涂料工业的原料之一。植物油来自植物种子，其组成是脂肪酸三甘油酯：

$$
\begin{array}{c}
R\text{—}\overset{\displaystyle O}{\overset{\|}{C}}\text{—}O\text{—}CH_2 \\[4pt]
R'\text{—}\overset{\displaystyle O}{\overset{\|}{C}}\text{—}O\text{—}CH \\[4pt]
R''\text{—}\overset{\displaystyle O}{\overset{\|}{C}}\text{—}O\text{—}CH_2
\end{array}
$$

三甘油酯中的三个脂肪酸可以是相同的或是一种、两种或三种不同的脂肪酸。按其分子式结构是否含有双键，可分为饱和与不饱和脂肪酸两大类。硬脂酸（$C_{17}H_{35}COOH$）不含双键，属于饱和脂肪酸。油酸 $[CH_3\text{—}(CH_2)_7\text{—}CH\text{=}CH\text{—}(CH_2)_7\text{—}COOH]$ 含有一个双键，亚油酸 $[CH_3(CH_2)_4\text{—}CH\text{=}CH\text{—}CH_2\text{—}CH\text{=}CH\text{—}(CH_2)_7\text{—}COOH]$ 含有两个双键，亚麻酸 $[CH_3CH_2\text{—}CH\text{=}CH\text{—}CH_2\text{—}CH\text{=}CHCH_2\text{—}CH\text{=}CH\text{—}(CH_2)_7\text{—}COOH]$ 则含有三个双键。从桐油中得到的桐油酸 $[CH_3(CH_2)_3\text{—}(CH\text{=}CH)_3(CH_2)_7COOH]$ 同样也有三个双键，但为共轭体系。

以饱和脂肪酸硬脂酸为主形成的油脂，常温下为固体；以不饱和脂肪酸为主形成的油脂常温下为液体。不饱和脂肪酸所含双键数目与位置，决定了油脂的薄膜在空气中是否易于聚合，即是否容易变"干"。

涂料工业使用的油分为干性油、半干性油和不干性油三类，它们分别具有不同的用途。甘油三酸酯分子中，平均双键数在六个以上为干性油，其涂层暴露于空气中能很快结膜；平均双键数 $4\sim6$ 个的为半干性油，结膜速度很慢；平均双键数在四个以下为不干性油，不能结膜。干性油，尤其是桐油和亚麻油在涂料工业中用量很大；半干性油如豆油、糠油、向日葵油用量次之；不干性油如蓖麻油等在涂料工业中也有应用，蓖麻油经脱水反应后，增加了一个双键而转变为干性油。

天然树脂主要是虫胶与松香。虫胶是热带一种寄生昆虫的分泌物，加工精制得到的虫胶为紫色至棕色片状物，溶于醇、酮及碱溶液中。松香是一种外观为透明玻璃状的脆性物质，能溶于各种有机溶剂并能与油混溶，其主要成分是松香酸，易与碱性颜料作用。

② 人造树脂与合成树脂　由天然高分子化合物经化学改性得到的产品称为人造树脂。

涂料工业中广泛应用的人造树脂有硝酸（基）纤维素、纤维素酯（醋酸纤维素、醋酸丁酸纤维素）和纤维素醚（苄基纤维素、乙基纤维素）等。

各类合成树脂都可用作涂料的成膜物质，但由于涂料必须为流体状态以便于涂布，成膜以后要求漆膜不仅具有光洁坚硬的表面性能，而且要有一定的柔韧性，所以一般用作塑料原料的合成树脂不能直接用作成膜物质，必须根据涂料要求进行专门生产。一般说来，用于涂料的合成树脂具有以下特点。

a. 具有反应活性的低聚物用作成膜物质固化后，如果生成的高聚物交联密度过高，柔韧性差，则必须进行改性处理。例如，用作涂料的酚醛树脂需用松香改性；氨基树脂用丁醇醚化改性；醇酸树脂用不干性油或干性油改性等。有些品种如环氧树脂、不饱和聚酯树脂、聚氨酯等固化后交联密度较低，可以不进行改性直接用作成膜物质。

b. 线型高聚物用作成膜物质时，大致分为两种情况。

Ⅰ. 用共聚物生产溶液型涂料时，可以增加塑性和在有机溶剂中的溶解性，但平均分子量应适当，不能过高，以免溶液黏度过高。近年来，乳液型涂料得到重大发展，可将醋酸乙烯、丙烯酸酯等经乳液聚合制得的乳液直接用作成膜物质。为了降低成膜温度和获得综合性能良好的漆膜，也可采用两种或更多种的单体进行乳液共聚，合成共聚物乳液。

Ⅱ. 对于在常温下难以制成溶液状态的聚合物如聚乙烯等，可制成高分散粉末状态，用粉末喷涂或流态化涂布的方法进行使用。

（2）颜料

颜料是不溶于介质（如油、水等）的有色或白色的高分散性物质。颜料需有适当的遮盖力、着色力、高分散度、鲜明的颜色和对光线的稳定性。除少数无色涂料外，绝大多数涂料中须加入不同数量的颜料。颜料可使形成的漆膜具有某种色彩和遮盖力、增加漆膜的机械强度、提高耐磨性、阻止紫外线在漆膜中的穿透力、延缓漆膜的老化进程、提高耐气候性、延长使用期限等。

颜料的基本性能包括分散度、吸油量、遮盖力、着色力以及耐光性等。颜料对涂料流变性以及所形成的漆膜性能有重要影响。下面对颜料的基本性能做必要说明。

分散度是颜料颗粒的大小及其分布，分散度越高颗粒越细。为了提高颜料在涂料中的分散能力，通常用表面活性剂或高分子化合物对颜料进行表面处理，其作用原理已在悬浮聚合和乳液聚合两节中予以叙述。在有机溶剂型涂料中，应使用油溶性表面活性剂；在水性涂料包括水乳液涂料中，则应当使用水溶性表面活性剂。选择高分子化合物作为分散剂时，此高分子化合物的一部分链段伸展于介质中，产生位阻作用，被颜料颗粒表面吸附而锚着于物体表面上。经表面处理过的颜料不易在涂料中沉降，即使沉降也仅生成絮凝聚集体，经搅拌后可恢复原状。颜料颗粒大小、颗粒大小的分布和表面处理效果对涂料的流变性能产生重要影响。颗粒越细，形成的漆膜光洁度越高，颜料的吸油量与遮盖力也越高。

颜料的遮盖力是指涂料形成的漆膜遮盖基底不使其透过漆膜而显露出来的能力。着色力是一种颜料与另一种颜料混合后所显示颜色深浅的能力。颜料的颗粒越细，其着色力越强。

不同的颜料对光线的稳定性（即耐光性）不同。耐光性差的颜料在光线的作用下，颜色和性能都会变差，会降低制品的表面装饰质量。有的颜料会催化聚合物漆膜老化降解。室外使用的建筑涂料应充分注意颜料的耐光性。

颜料的品种很多，但按其在涂料中的作用可分为着色颜料与体质颜料两类。着色颜料是有色和白色的颜料，主要是红、黄、蓝、白和黑色颜料五大类。体质颜料又称填料，是没有遮盖力的白色粉末状颜料，调在涂料中基本上是无色透明的，不能阻止光线透过漆膜；其作用是增加涂料中的固含量和增加漆膜的厚度，减少颜料的消耗。有些填料能够提高漆膜的耐久性和耐磨性，它们价格便宜，可降低涂料成本。体质颜料主要是硫酸钡-碳酸钙、滑石粉、云母粉、硅藻土等。

（3）溶剂和稀释剂

溶液型涂料中必须加有溶剂和稀释剂。能够独立溶解成膜物质的称为溶剂；不能单独溶解成膜物质，但能稀释成膜物质而不使其沉降析出的试剂称为稀释剂。

溶剂和稀释剂涂布后必须在空气中挥发除去，挥发速度对漆膜的形成产生很大影响。挥发太快，漆膜干燥时间短，但在涂装过程中涂料会逐渐变稠，不便施工；还会造成涂层平整性不好，漆膜上会凝结水汽而发白，表面先成膜的区域会产生皱皮等缺点。如果挥发太慢，则涂料会流挂，涂层厚薄不均，延长了干燥时间。由于溶剂的挥发速度与溶剂沸点基本上成正比，因此溶剂的沸点可反映其挥发速度的快慢。沸点在 100℃ 以下的溶剂挥发快，称作低沸点溶剂；沸点在 100～150℃ 的称作中沸点溶剂，它们挥发适中；沸点在 150℃ 以上的称作高沸点溶剂，挥发慢。溶剂可燃，多数有毒，在空气中会形成爆炸混合物，因此使用溶液型涂料时应注意安全。

常用的溶剂有松香水（沸点为 145～200℃ 的石油产品）、甲苯、二甲苯、香蕉水（醋酸酯、酮、醚、甲苯等的混合溶剂）、醋酸乙酯、醋酸丁酯、丙酮、甲乙酮、环己酮、乙二醇乙醚、乙醇、丁醇等。

（4）助剂

助剂是涂料中不可缺少的组分。助剂的种类很多，但用量很少，主要有催干剂、固化剂、增塑剂、消光剂、紫外线吸收剂等。

催干剂的作用是催化油性漆在氧的作用下聚合、交联以及发生氧化反应，加快干燥成膜速度。催干剂主要是金属离子钴、锰、铅、锌、钙等的氧化物、亚油酸盐、环烷酸盐等。

固化剂主要用于活性低聚物的交联固化。应根据合成树脂种类与反应的不同选择适当的固化剂。

增塑剂的作用是增加漆膜的柔韧性，主要用于硝基纤维素涂料、过氯乙烯涂料等以线型高聚物为成膜物质的涂料中。增塑剂主要是邻苯二甲酸二丁酯、邻苯二甲酸二辛酯以及磷酸酯类如磷酸三甲酚酯、磷酸三丁酯、磷酸三苯酯等。

其他助剂如消泡剂、紫外线吸收剂等可以根据需要适当加入。

9.5.2　涂料的分类

涂料有多种分类方法，主要有如下几种。

① 根据组成形态分类

a. 按成膜物质的分散形态，分为无溶剂型涂料、溶液型涂料、分散性涂料、乳胶型涂料、粉末涂料等。

b. 按是否含有颜料分为厚漆（含颜料、无溶剂）、磁漆（含颜料、溶液型涂料）、清漆（不含颜料、溶液型涂料）等。

② 根据成膜物质的类别分为火漆、天然树脂清漆、沥青涂料、环氧树脂涂料等。

③ 根据干燥成膜机理分为挥发干燥型涂料、固化干燥型涂料。

④ 根据涂料作用分为底漆、中间涂料、面漆、防腐蚀漆、防火漆、头度漆、二度漆等。

⑤ 按干燥后漆膜的外观分为大红漆、有光漆、无光漆、皱纹漆、锤纹漆等。

此外还可按应用领域分为建筑用漆、船舶用漆、汽车用漆等。

9.5.3　涂料性能与涂料成膜后漆膜的性能

涂料中悬浮有颜料和填料，除固态的粉末涂料外，不论是否含有溶剂都呈现液体状态。涂料的作用在于干燥成膜后形成的漆膜可以保护或装饰被涂装的材料表面，这就要求漆膜具有经久耐用、耐气候老化等特殊性能。对漆膜性能的评价对于正确使用与选择涂料具有重要意义。

9.5.3.1　涂料性能

（1）颜色及外观

清漆可用比色计测定其颜色深度。同一批号的有色漆要求涂料颜色一致，不允许有深浅。

（2）黏度

一般用涂 4 黏度计（杯形，有出料孔）测定在 20℃时，100mL 涂料液从直径 4mm 孔径中流出的秒数。测定清漆黏度则用气泡黏度计。

（3）细度

细度是测定涂料中颜料颗粒的分散程度，通常在专用的刮板细度计上测定。

（4）密度

通常在规定容量的金属密度杯中测定。

（5）结皮性

化学固化型涂料在容器中贮存时，表面可能产生结皮现象，因此应在开口容器中长时间观察发生结皮的时间。

（6）触变性

流体状态的涂料应有触变性，即在涂料受到搅拌或涂刷应力作用时呈易流动状态，应力消除后则呈现胶凝不易流动状态，以避免未干燥固化前产生流挂、滴漆等问题。

（7）含固量

各种溶液型涂料的含固量不同，多数在 $50\% \sim 65\%$ 的范围内，必要时在使用时可以稀释。为了减少涂料对大气的污染和对人体的危害，发展了不含溶剂的粉末涂料和乳胶涂料、水溶性涂料等。

（8）挥发速度

溶剂型涂料的挥发速度与成膜速度相匹配时，可以得到均匀性良好的涂层。

（9）酸值

一般用来测定清漆和稀释剂中游离酸的含量。

（10）贮存稳定性

涂料多数是固液胶体分散体系，长期贮存后固体颗粒可能絮凝结块。如果颜料颗粒经过表面处理，絮凝后经搅拌会恢复原状，从而保持良好的贮存稳定性。如果固体颗粒经长期贮存后的凝聚物在搅拌下不能恢复原状，则丧失了稳定性。涂料的贮存稳定期应超过一年。

（11）活化期

对于分开包装的化学固化型涂料如环氧树脂等，与固化剂混合均匀后应立即使用，并在规定的时间内使用完毕，此规定时间即为活化期。

以上对涂料的性能做一些简单的介绍，有些涂料应根据具体情况适当增加测试项目以便正确掌握其性能。

9.5.3.2　涂料成膜后的性能

使涂料在规定的镀锌铁皮上或石棉板上成膜，然后进行下列性能测试。

（1）柔韧性

将试样板在规定的不同直径圆棒周围 90°挠曲，观察开裂情况，涂层不开裂者为合格。

（2）冲击强度

此性能评价涂料在高速度的负荷冲击下快速变形的性能。此性能与涂料的延伸率、附着力和静态硬度有关。测定方法是将 1kg 的重锤在规定的高度自由落下，冲击规定厚度的涂层试样，被冲击的凹槽涂层不破裂为合格品，单位以 kgf/cm² 表示。

（3）硬度

在专用设备上测定涂料成膜后的硬度。

（4）附着力

涂层与被涂表面之间的黏结力对涂料的保护与装饰作用的好坏产生重要影响，常用的测定方法有划格或划痕法、画圈法等。

（5）耐水性

有些漆膜如船舶用漆、潜水电机涂料、水闸用涂料、外墙涂料等经常与水接触或被雨淋，因此其耐水性非常重要。测定方法是将试样放置于水中浸泡，一定时间后观察有无起泡、脱落、泛白等现象。

（6）耐磨性

地板、甲板、马路标志涂料以及高速运行的飞机、火车、汽车的涂层等易受到空气和灰尘摩擦而发生机械磨损，因而对涂层的耐磨性有一定的要求。其测定方法是在磨耗试验器上用细砂或金刚砂磨损涂层以观察其磨损程度。

此外，有些涂层还要进行耐热性、耐温变性、保光性、保色性等试验，以评价其使用性能。

9.6　离子交换树脂

离子交换树脂是含有可与溶液中同性电荷离子进行交换的离子官能团、具有交联结构的合成树脂，通常是圆球状颗粒。这种树脂制成的膜片称为离子交换膜。含有酸性基团的离子交换树脂可与水溶液中的阳离子进行交换，所以称为阳离子交换树脂；含有季铵基团或氨基的离子交换树脂称为阴离子交换树脂；含有可与多价金属离子反应的螯合基团的离子交换树脂称为螯合性离子交换树脂；同一种既含有酸性又含有碱性基团的离子交换树脂称为两性离子交换树脂。此外，还有具有氧化-还原功能的氧化还原树脂等。

9.6.1　离子交换树脂的分类

离子交换树脂品种繁多，分类方法不统一，除按交换离子的特性分为阳离子交换树脂和阴离子交换树脂外，还可按功能团酸或碱的强弱分为强酸、中酸、弱酸和强碱、弱碱离子交换树脂，例如强酸—SO_3H、中酸—$PO(OH)_2$、弱酸—$COOH$ 离子交换树脂等。碱性离子交换树脂还分为伯胺、仲胺、叔胺、季铵离子交换树脂。前三种胺的离子变换树脂属于弱碱性，季铵离子交换树脂属于强碱性。在季铵型强碱离子交换树脂中，带三甲基氯化铵—$N^+(CH_3)_3Cl$ 基团的称为Ⅰ型；带二甲基羟乙基氯化铵基团的称为Ⅱ型。

带有一种官能团的离子交换树脂属单官能离子交换树脂。如果带有数种不同酸度或不同碱度官能团的则属于多官能离子交换树脂。根据离子交换树脂颗粒的宏观结构又分为凝胶型与大孔型两大类。

9.6.2　离子交换树脂的合成

离子交换树脂都由高分子骨架和官能团两部分组成。合成时先合成高分子骨架（也称为高分子基体），然后再通过化学反应引入可进行离子交换的离子基团，少数情况下也可利用带有可进行离子交换基团的单体直接合成离子交换树脂。

9.6.2.1　高分子基本骨架的合成

离子交换树脂骨架有苯乙烯系、丙烯酸系、酚醛系、环氧系、乙烯吡啶系、脲醛系、氯乙烯系七种，但以前三种为主，尤以苯乙烯与丙烯酸系最为重要，产量也最大。

（1）苯乙烯系骨架的合成

单体苯乙烯与适量二乙烯苯（通常用量低于 12%，根据所需交联度规定用量）在自由基引发剂作用下进行悬浮聚合。悬浮剂为水解度 88% 的聚乙烯醇、用量为 0.1%～0.5%、0.5%～1.0% 的高纯度明胶；可用无机固体粉状物碳酸镁、磷酸镁等作为分散剂。水相与单体相的比例为 (2～4)∶1。引发剂为过氧化二苯甲酰或偶氮二异丁腈，用量为 0.5%～1%。产品为交联结构圆球状苯乙烯-二乙烯苯共聚物，颗粒直径在 0.3～1.2mm 范围，工业上称之为白球，为凝胶型离子交换树脂的原料。

大孔型白球的合成方法是在凝胶型白球配方基础上适当增加交联剂二乙烯苯的用量，同时加入不参加聚合反应的石蜡、溶剂汽油（庚烷为主）、饱和脂肪酸、C_4～C_{10} 高级醇、多元醇或线型低分子量聚苯乙烯等作为致孔剂进行悬浮聚合，它们的用量约为单体量的 30%。产品为含有致孔剂的白球，然后用溶剂苯将致孔剂萃取出来，干燥后即得大孔型白球。

（2）丙烯酸骨架的合成

单体丙烯酸酯（丙烯酸甲酯、甲基丙烯酸甲酯或丙烯腈）与交联剂（二乙烯苯或二甲基丙烯酸乙二酯等）进行悬浮聚合则得到圆球状白球，其成分为交联丙烯酸酯，是凝胶型离子交换树脂原料。

不饱和酸单体如甲基丙烯酸与交联剂二乙烯苯等进行自由基悬浮聚合，可直接合成弱酸性丙烯酸系阳离子交换树脂，也可用丙烯酸为原料制得不同牌号的阳离子交换树脂。

9.6.2.2 离子交换树脂骨架上引入官能团的化学反应

（1）苯乙烯骨架上引入官能团

① 阳离子交换树脂的合成反应　由交联苯乙烯白球合成阳离子交换树脂的反应如下：

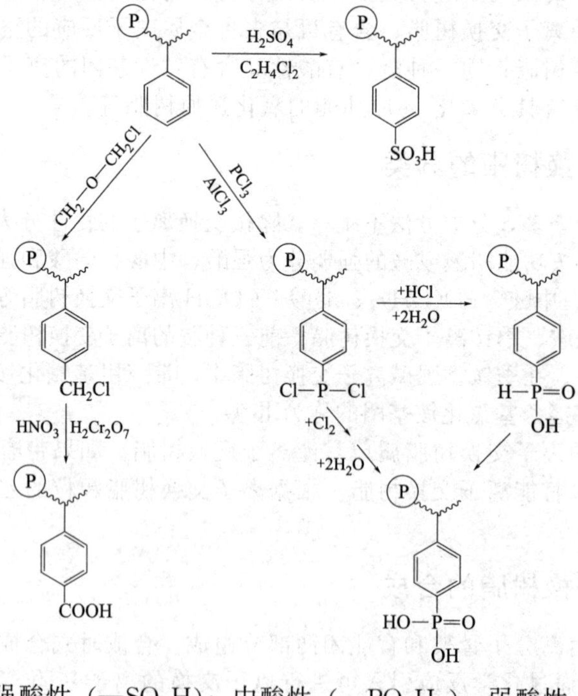

以上反应合成了强酸性（—SO_3H）；中酸性（—PO_3H_2）；弱酸性（—COOH）苯乙烯系阳离子交换树脂。

② 阴离子交换树脂的合成反应　将交联聚苯乙烯白球与氯甲醚反应合成氯甲基衍生物，然后再合成各种阴离子交换树脂，反应如下：

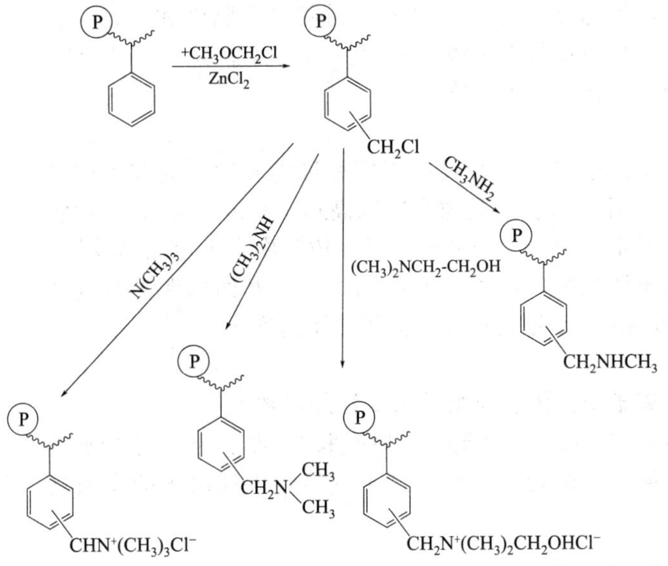

（Ⅰ型）　　　　　　　　　　　　　　（Ⅱ型）

以上反应合成了强碱性（Ⅰ型、Ⅱ型）以及弱碱性仲胺，叔胺苯乙烯系阴离子交换树脂。

③ 阴离子交换树脂合成过程中的副反应　苯乙烯白球（苯乙烯-二乙烯苯共聚物）进行氯甲基化反应时，苯环上的氯甲基基团与未反应的苯环可能发生进一步交联，称之为二次交联。

这种交联反应可通过改变反应条件如催化剂用量、反应温度等予以控制。多数强碱性或弱碱性苯乙烯系阴离子交换树脂都会发生不同程度的二次交联。

另外，合成弱碱性树脂时，还可能发生叔胺与氯甲基交联反应而生成季铵型强碱性基团。

（2）丙烯酸系骨架上引入官能团的化学反应

① 弱酸性阳离子交换树脂的合成反应　交联聚丙烯酸可直接用作弱酸性阳离子交换树脂。工业上多用交联聚丙烯酸甲酯白球或聚丙烯腈白球经水解反应，合成弱酸性阳离子交换树脂。

② 阴离子交换树脂的合成反应　工业上用聚丙烯酸甲酯白球为原料与多元胺进行胺解反应，所用的多元胺至少含有一个伯胺、一个仲胺或叔胺基团或者多个仲胺、叔胺基团。伯胺基团与酯基反应生成酰胺基，制得弱碱性阴离子交换树脂。如将叔胺基团进行甲基化反应则可合成强碱性阴离子交换树脂。

聚丙烯酸甲酯白球还可与多元胺如四乙烯五胺或五乙烯六胺进行胺解反应，生成多胺型弱碱性阴离子交换树脂。以它为原料，用甲醛和甲酸使仲胺基团甲基化还可制得叔胺树脂，在碱性条件下与氯乙醇反应可制得多羟基季铵阴离子交换树脂，还可合成含可螯合基团的螯合性阴离子交换树脂。

③ 大孔型离子交换树脂　它是在大孔白球上引入官能团，其反应与上述反应相同。

9.6.3　离子交换树脂性能

离子交换树脂是以交联结构高分子为骨架，与其他离子可进行离子交换的高分子化学药剂。离子交换树脂的基本性能如下。

（1）交联度

交联度是生产白球时所用二乙烯苯的质量百分数。交联度高则产品坚硬，弹性减少，抗氧化性能提高。交联度超过 $10\% \sim 12\%$ 时，树脂过于坚硬和紧密，官能团引入困难且不易渗透入内部，渗透应力也不易被吸收，因而使用过程中易于破碎。此外，结构过于紧密时，离子移动速度下降，因而交换量下降。

（2）孔隙率

凝胶型与大孔型离子交换树脂具有不同程度的孔隙。凝胶型的孔隙直径约为 $1nm$，孔隙率约为 $0 \sim 6\%$。大孔型树脂的孔隙直径则高达 $100nm$，孔隙率约为 $5\% \sim 50\%$，大孔树脂的孔隙通道中充满了水分子，大的分子可以在树脂中自由运动到珠体中心。离子一旦进入树脂内，活性基团的距离缩短，在大孔型树脂中活性基团的距离约为 $100nm$，凝胶型中活性基团的距离则为 $500nm$，因此大孔型树脂的交换速度快。

（3）交换量

交换量是衡量离子交换树脂质量的重要性能参数。

总交换量：树脂在 $100℃$ 干燥至恒重后，取 $1g$ 置于 $1mL$ 水中所能交换离子的总量。

工作或实用交换量：树脂在应用条件下，实际表现出来的交换量，其值通常低于总交换量。

（4）稳定性和使用寿命

由于离子交换树脂须在较长时间内反复使用，所以它的稳定性具有重要意义。稳定性包括化学稳定性、热稳定性、机械稳定性、渗透应力稳定性、抗干燥性、密度、颗粒大小、溶胀性和污染性。

离子变换树脂再生时需要逆流反冲，因此树脂的密度对于树脂分层非常重要。正常条件下，凝胶型离子交换树脂相对密度范围如下所述。

强酸性阳离子交换树脂：$1.18 \sim 1.38$，平均 1.28。

弱酸性阳离子交换树脂：$1.13 \sim 1.20$，平均 1.18。

强碱性阴离子交换树脂：$1.07 \sim 1.12$，平均 1.10。

弱碱性阴离子交换树脂：$1.02 \sim 1.10$，平均 1.05。

在同一离子交换柱中，可以使用适当颗粒大小、几种不同类型的树脂，必要时靠水的逆流可使它们分层。

离子交换树脂颗粒的标准大小为 $0.3 \sim 1.2mm$。有些应用中，要求选用大颗粒的离子交换树脂，例如湿法冶金萃取金属、从矿浆中提铀等。用于分析操作、医药应用等方面的离子交换、吸附、过滤时，要求使用直径在 $0.01 \sim 0.42mm$ 的细小粉状树脂。

离子交换树脂在使用过程中，其离子经常由一种形式转变为另一种形式。在这过程中，树脂体积会发生变化，有时很明显，所以设计离子交换柱时应考虑树脂体积的变化和溶胀性。

离子交换树脂在使用过程中可能被水中的沉淀物、不可逆吸附物等污染。

9.6.4 离子交换树脂的选择性及其应用

9.6.4.1 选择性

离子交换树脂可进行离子可逆性交换，即可再生反复使用。但它对于不同离子的亲和能力有差别，对不同离子的选择性系数 (K_a) 不同。

（1）强酸性阳离子交换树脂

强酸性阳离子交换树脂广泛用于脱除水溶液中的阳离子，但不改变溶液中的总离子浓度和 pH 值。由于钠离子同磺酸基的亲和力较弱，磺酸型阳离子交换树脂在应用中多以钠盐的形式存在，有利于同其他阳离子进行交换。

（2）弱酸性阳离子交换树脂

这一类树脂含有羧酸基—COOH，表观电离常数为 $5 \sim 6$，形成的盐水解后呈碱性。它对多价金属离子有很高的选择性，能够同过渡金属离子形成螯合物。弱酸性阳离子交换树脂在中性条件下使用更为有效。

（3）强碱性阴离子交换树脂

强碱Ⅰ型与Ⅱ型对阴离子的选择顺序不完全相同，其递减顺序分别为：

强碱Ⅰ型：$ClO_4^- > CNS^- > I^- > HSO_4^- > Br^- > CN^- > HSO_3^- > NO_2^- > BrO_3^- > Cl^- > HCO_2^- > CH_3COO^- > F^- \approx OH^-$

强碱Ⅱ型：$H_2SO_4 > HOOC—COOH > I^- > NO_3^- > Cr_2O_4^{2-} > Br^- > SCN^- > Cl^- > HCOOH > CH_3COOH > F^-$

有的文献与以上顺序不一致。

（4）弱碱性阴离子交换树脂

含有伯胺、仲胺、叔胺基团的阴离子交换树脂都属于弱碱性，其盐水解后形成游离酸，这一类树脂在低于 pH＝8 条件下使用更为有效。

氯型树脂的选择性为：

$OH^- > SO_4^{2-} > CrO_4^{2-} >$ 柠檬酸 > 酒石酸 $> NO_3^- > AsO_4^{3-} > PO_4^{3-} > MoO_4^{2-} > CH_3COO^- > I^- > Br^- > Cl^- > F^-$

游离碱（—NH_2）型的选择性为：

苯磺酸 > 柠檬酸 $> H_2CrO_4 >$ 酒石酸 > 草酸 $> H_3PO_4 > H_3AsO_4 > HNO_3 > HI > HBr > HSCN > HCl > HF > HCOOH > CH_3COOH > H_2CO_3$

9.6.4.2　应用

离子交换树脂在电解质溶液中可以完成离子转换、离子脱除、离子浓缩和离子分级。

实现离子交换必须使用离子交换柱。根据操作情况和树脂装柱情况，分为固定床与流动床两种操作方式。固定床又分为单柱系统和混合系统。单柱系统是将阳、阴离子树脂分别装于双层床或三层床系统，可将弱碱、强碱树脂分为上下层装入同一交换柱中，也可将阳离子树脂、阴离子树脂或弱酸、强酸同装一柱中，中间加装一层不带功能基的惰性树脂（三层床）。混合床是将阳、阴离子树脂按一定比例混合均匀后装入同一交换柱中。

离子交换树脂操作周期分为四个阶段，即交换→反洗→再生→正洗。以水处理为例，各步骤的说明如下：

（1）交换

水自交换柱上端经分配器流下，通过各交换柱树脂层，出水为净化水。

（2）反洗

当树脂交换量下降到规定的终点时，用水反向冲洗树脂，除去杂质和破碎的树脂，同时松动树脂层。

（3）再生

自上而下（同流）或自下而上（逆流）通入浓度为百分之几的再生药剂，使离子交换树脂恢复交换能力。

（4）正洗

通入清水对树脂进行淋洗，洗去剩余再生药剂后，即可重新投入下一循环操作。

离子交换树脂再生条件对树脂循环使用周期及工作中的稳定性有很大影响，再生药剂的种类、浓度、用量、流速、温度以及操作方式等都会影响离子交换树脂的使用。

第10章

通用塑料

工业上产量大并且使用广泛的塑料统称为通用塑料。属于热塑性通用塑料的有聚乙烯、聚丙烯、聚苯乙烯、聚氯乙烯和 ABS 共五个大品种；属于热固性通用塑料的有酚醛、脲醛及蜜胺、环氧以及不饱和聚酯增强塑料等品种。据统计热塑性塑料的产量约占世界塑料总产量的 85%。

10.1 热塑性通用塑料

10.1.1 聚乙烯

10.1.1.1 概述

聚乙烯分子结构通式为$\text{+CH}_2\text{—CH}_2\text{+}_n$，实际上沿—C—C—主链还有长度为 1～8 个碳原子的短支链，n 值通常大于 400 甚至高达 50000 以上。聚乙烯是稍具柔软性的部分结晶固体物，其结晶相区与无定形相区的比例不同导致其密度有差异，因而对其物理力学性能产生影响；此外，对平均分子量以及分子量分布也产生影响。

根据计算，纯结晶聚乙烯密度约为 1.0g/cm³，纯无定形聚乙烯的密度约为 0.855g/cm³，工业生产的聚乙烯树脂相对密度通常在 0.915～0.970g/cm³ 范围之间。

目前工业生产的聚乙烯可分为以下几类产品。

（1）低密度聚乙烯（LDPE）

低密度聚乙烯包括密度为 0.915～0.930g/cm³ 的均聚物和含有少量极性基团的乙烯与醋酸乙烯酯、丙烯酸乙酯共聚得到的共聚物。均聚物分子中有 1～8 个碳原子（多数为 4 个碳原子）或更长的支链。低密度聚乙烯由乙烯在高压（>250MPa）条件下经自由基聚合机理制得，所以又称高压聚乙烯。20 世纪 30 年代就开始生产低密度聚乙烯，为最早生产的聚乙烯。

（2）线型低密度和中等密度聚乙烯（LLDPE）

此类聚乙烯为乙烯和 α-烯烃的共聚物，其密度为 0.915～0.940g/cm³，所用的 α-烯烃主要为 1-丁烯、1-己烯或 1-辛烯。除有些密度为 0.938～0.940g/cm³ 的产品用以硅胶为载件的三氧化铬催化剂（Pillips 催化剂）合成外，多数用 Ziegler 催化剂进行乙烯配位聚合或共聚合生产。

（3）高密度聚乙烯（HDPE）

高密度聚乙烯可用 Phillips 催化剂或 Ziegler 催化剂合成，通常制得密度为 0.960～0.970g/cm³ 的均聚物或密度为 0.940～0.958g/cm³ 的乙烯与 1-丁烯或 1-己烯的共聚物。

（4）超高分子量聚乙烯（UHMWPE）

超高分子量聚乙烯分子量比高分子量 HDPE 高约 10 倍，支链很少，要求用特殊方法进行合成与加工。

（5）改性聚乙烯

改性聚乙烯包括交联聚乙烯、硅烷接枝水解聚乙烯、含离子化羧基的聚乙烯、氯化聚乙烯、氯磺化聚乙烯以及接枝聚乙烯等。

10.1.1.2 生产工艺

10.1.1.2.1 低密度聚乙烯

10.1.1.2.1.1 高压低密度聚乙烯

乙烯在高压条件下由过氧化物或微量氧引发自由基聚合反应，生成密度为 $0.910\sim0.930\mathrm{g/cm^3}$ 左右的低密度聚乙烯。工业生产的低密度聚乙烯树脂数均分子量约在 $2.5\times10^4\sim5\times10^4$ 范围内，重均分子量则达 10^5 以上。工业上为了简化测定聚乙烯分子量的方法，采用熔融指数 MI 来表示相应的分子量及流动性。

熔融指数的测定是在标准的塑性计中，将聚乙烯样品加热到一定温度（一般为190℃）使其熔融并承受一定的负荷（一般为2160g），在10min内测定同过规定孔径（2.09mm）挤压出来的树脂质量克数即为熔融指数。在相同的条件下，熔融黏度越大，被挤压出来的树脂质量越少。因此聚乙烯熔融指数越小，其分子量越高。

熔融指数仅表示了相应的熔融黏度和相对的平均分子量，但不能表示聚乙烯的分子量分布，而分子量分布对聚乙烯的性能有显著的影响。因此，只要生产条件不同，即使聚乙烯的密度和熔融指数相同，其性能和用途可能有所不同。

乙烯高压聚合生产流程见图10-1，该流程图可用于釜式聚合反应器或管式聚合反应器进行生产，虚线部分为管式聚合反应器。

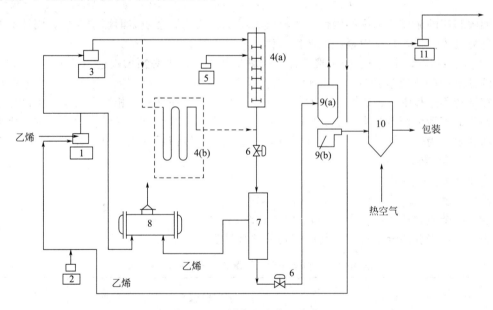

图 10-1　乙烯高压聚合生产流程

1——一次压缩机；2—分子量调节剂泵；3—二次高压压缩机；4（a）—釜式聚合反应器；
4（b）—管式聚合反应器；5—催化剂泵；6—减压阀；7—高压分离器；8—废热锅炉；
9（a）—低压分离器；9（b）—挤出切粒机；10—干燥器；11—回收泵

聚合级原料乙烯来自乙烯工厂或储罐，其压力通常为 $3.0\sim3.3\mathrm{MPa}$，经压缩机压缩至25MPa左右与未反应的循环乙烯和分子量调节剂混合后第二次压缩，二次压缩的最高压力因聚合设备的不同而不同。管式反应器最高压力可达300MPa或更高，釜式反应器最高压力为250MPa。二次压缩后达到反应压力的乙烯经冷却后进入聚合反应器，引发剂用高压泵送入乙烯进料口或直接注入聚合设备。聚合后的反应物料经适当冷却后进入高压分离器减压至25MPa，未反应的乙烯与聚乙烯分离、冷却，脱去蜡状低聚物后回收循环使用。聚乙烯则进入低压分离器，减压到0.1MPa以下使残存的乙烯进一步分离后循环使用。聚乙烯树脂与抗氧化剂等添加剂混合后，经挤出切粒得到粒状聚乙烯。粒状聚乙烯在挤出机中被水流送往脱水振动筛与大都分水分离后，进入离心干燥器脱除表面附着的水分，然后经振动筛分去不合格的粒料后，成品由气流输送至贮槽与其他粒料混合后，由气流输送到包装车间计量包装后成为商品聚乙烯。

（1）原料准备

① 乙烯　高压聚合过程中，乙烯的单程转化率仅为 15%～30%，所以 70%～80% 的单体乙烯要循环使用。参加聚合反应的乙烯是新鲜乙烯和循环乙烯的混合物，要求其纯度超过99.95%。新鲜乙烯的杂质含量应低于下列数值（体积百分比）：

甲烷、乙烷：$<500\times10^{-6}$　　　　　　CO_2：$<5\times10^{-6}$

乙炔：$<5\times10^{-6}$　　　　　　　　　　H_2：$<5\times10^{-6}$

氧：$<1\times10^{-6}$　　　　　　　　　　　S（按 H_2S 计）：$<1\times10^{-6}$

CO：$<5\times10^{-6}$　　　　　　　　　　H_2O：$<1\times10^{-6}$

C_3 以上重馏分：$<10\times10^{-6}$

常压下乙烯为气体，临界压力为 5.12MPa；临界温度为 9.90℃；爆炸极限为 2.75%～28.6%。纯乙烯在 350℃ 以下稳定，温度太高则分解为 C、CH_4 和 H_2。

$$CH_2{=\!=}CH_2 \longrightarrow CH_4 + C + 127kJ/mol$$
$$CH_2{=\!=}CH_2 \longrightarrow 2C + 2H_2 + 48kJ/mol$$

回收利用的循环乙烯中的惰性气体氮气、甲烷、乙烷等会积累而影响反应，因此有时会放空部分气体以排除系统中累积的惰性气体。

② 分子量调节剂　为了控制聚乙烯的熔融指数，生产中必须加入适当的分子量调节剂。常用的分子量调节剂包括烷烃、烯烃、氢、丙酮和丙醛等，以丙烯、丙烷、乙烷等使用最多。在链转移过程中，叔碳原子上的氢最活泼，其次为与仲碳原子相结合的氢，伯碳原子上的氢原子最不活泼，但是当与伯碳原子相结合的碳原子含双键时，其活性大为增加。因此链转移活性表现为：丙烯≫丙烷＞乙烷。对它们的规格（体积百分比）要求为：

丙烯纯度 ＞99.0%

丙烷纯度 ＞97.0%

乙烷纯度 ＞95.0%

它们的杂质含量为：炔烃$<400\times10^{-6}$；S$<30\times10^{-6}$；$O_2<20\times10^{-6}$。

用于乙烯聚合的分子量调节剂的链转移常数见表 10-1。

表 10-1　乙烯聚合用分子量调节剂的链转移常数

分子量调节剂	温度/℃	链转移常数 $C_s\times10^4$	分子量调节剂	温度/℃	链转移常数 $C_s\times10^4$
丙烯	130	150	氢气	130	160
丙烷	130	27	丙酮	130	165
乙烷	130	6	丙醛	130	3300

分子量调节剂的种类和用量取决于聚乙烯的牌号，一般为乙烯体积的 1%～6.5%。

③ 添加剂　聚乙烯树脂在与氧隔绝的条件下时受热是稳定的，在空气中受热则易被氧化。聚乙烯在使用过程中长期受日光中紫外线照射也会老化，性能逐渐变坏。

为了防止聚乙烯在成型和使用过程中受热氧化和老化，聚乙烯树脂中应添加抗氧化剂和防紫外线剂等；为了防止成型过程中黏结模具还需要加入润滑剂；生产薄膜的聚乙烯还需要添加开口剂，使吹塑制成的聚乙烯塑料袋易于开口；为了防止表面积累静电，有时还需要添加防静电剂。

综上所述，聚乙烯添加剂主要有以下几种。

a. 抗氧剂。

b. 润滑剂：通常使用的润滑剂有硬脂酸钙、硬脂酸锌等。

c. 开口剂：通常为高分散性的硅胶（SiO_2）、铝胶（Al_2O_3）或其混合物。

d. 抗静电剂：主要是含有氨基或羟基等极性基团、又溶于聚乙烯的不挥发聚合物，如环氧乙烷与长链脂肪族或脂肪醇的聚合物等。

e. 防紫外线剂。

添加剂的种类和用量根据生产的聚乙烯牌号和用途而定，制备好的添加剂通常与聚乙烯充分混合后送入挤出机挤出造粒。

（2）催化剂配制

乙烯高压聚合时需加入自由基引发剂（催化剂）来引发聚合反应，所用的引发剂主要是氧和过氧化物。早期工业生产中主要用氧作为引发剂，其优点是价格低，可直接加入乙烯中；而且在 200℃ 以下时，氧是乙烯聚合阻聚剂，因而氧不会在压缩或回收系统中引发聚合；其缺点是氧的引发温度在 230℃ 以上，因此反应温度必须高于 200℃，而且氧的反应活性受温度的影响很大。目前除管式反应器中还用氧作引发剂以外，釜式反应器已全部改为过氧化物引发剂。

工业上常用的过氧化物引发剂为过氧化二叔丁基、过氧化十二烷酰、过氧化苯甲酸叔丁酯、过氧化 3,5,5-三甲基己酰等。此外，也可用过氧化碳酸二丁酯、过氧化辛酰等。

乙烯高压聚合引发剂通常配制成白油溶液或直接用计量泵注入聚合釜的乙烯进料管中或聚合釜中。釜式聚合反应器操作中依靠引发剂的加入量控制反应温度。

（3）聚合过程

乙烯在高压条件下虽是气体状态，但其密度达 $0.5g/cm^3$，已接近液态烃的密度，近似于不能再被压缩的液体，称为气密相状态。此时，乙烯分子间的距离显著缩短，增加了自由基与乙烯分子的碰撞概率，故容易发生聚合反应。每千克乙烯聚合时可产生 3350～3765kJ 热量，在 140MPa 压力和 150～300℃ 范围，乙烯的比热容为 2.51～2.85J/(g·℃)，乙烯聚合转化率升高 1%，反应物料将升温 12～13℃。如果热量不能及时移去，温度上升到 350℃ 上会发生爆炸性分解，因此在乙烯高压聚合过程中应防止局部过热，避免聚合反应器内产生过热点。

① 聚合反应条件　反应温度一般控制在 130～350℃ 范围内，反应压力一般为 81～276MPa 或更高些。聚合反应的停留时间较短，一般为 15s～20min，具体时间取决于反应器的类型。生产牌号不同的产品时反应条件略有不同。

聚合反应器内未反应的乙烯和聚合生成的聚乙烯熔融物保持均相状态时，反应进行顺利；两者是否分相与聚乙烯的含量、反应压力和反应温度有关。

反应条件的变化不仅影响聚合反应速度，也影响聚乙烯产品的分子量。反应压力提高时，聚合反应速度加大，但聚乙烯的分子量降低，而且支链较多，所以其密度稍有降低。

② 聚合反应设备　高压条件下生产低密度聚乙烯时，反应压力和反应热都很大，所以聚合反应设备必须为厚壁器具并有很好的传热能力。目前，乙烯高压聚合反应器可分两种类型。

a. 管式反应器　其主要特点是物料在管内呈柱塞状流动，没有返混现象；反应温度沿反应管的长度而变化，因此反应温度有最大值，所得聚乙烯的分子量分布较宽。

管式聚合反应器是内径为 2.5～7.5cm 的细长形高压合金钢管，直径与长度之比为 (1∶250)～(1∶4000)。目前最长的管式反应器长达 1500m 以上。

管式反应器一般分为两段，第一段为聚合引发段，需加热达到引发剂引发聚合的温度；第二段为冷却段，但温度不应低于 130℃ 以免聚乙烯凝固。新型管式反应器单线年产量已达 350000t。

b. 釜式反应器　其特点是物料可以充分混合，反应温度均匀，还可以分区操作使各反应区有不同的温度而获得分子量分布较宽的聚乙烯。釜式反应器聚合与管式反应器聚合的主要区别见表 10-2。

表 10-2　聚乙烯釜式聚合与管式聚合比较

比较项目	釜式法	管式法
压力	110～253MPa，压力稳定	约 333MPa，管内有压降
温度	可控制在 130～280℃	可高达 330℃，管内温差较大
反应器冷却带走的热量	<10%	<30%
平均停留时间	10～120s	约 60～300s，与反应管尺寸有关
生产能力	可在较大范围变化	取决于反应管参数
物料流动状况	在每一反应区充分混合	接近呈柱塞状流动，中心至管壁为层流
反应器表面清洗方法	不需要特别清洗	可用高压水脉冲法清洁管壁表面
共聚条件	可在广范围内共聚	只可与少量第二单体共聚
能否防止乙烯分解	反应易于控制，可防止乙烯分解	难以防止偶然的乙烯分解
产品聚乙烯分子量分布	窄	宽
长链分支	多	少
微粒凝胶	少	多

釜式反应器的形状有细长型和矮胖型两种规格。细长型聚合釜的内径与长度比为 (1∶4)～(1∶20)，矮胖型内径与长度之比为 (1∶2)～(1∶3)，目前最大的釜式反应器容积超过 1000L，单线年产量超过 150000t。

釜式反应器装有 1000～2000r/min 的高速搅拌器以保证釜内的物料与引发剂充分混合，并使反应釜内无局部过热现象。为了解决高压设备的密封问题，驱动搅拌器的电动机装于釜内顶部。一部分乙烯气体从顶部进入高压釜以冷却电动机。为了防止聚乙烯沉积在电动机内，大部分乙烯气体连同引发剂分两处或三处进入反应釜。进行分区操作时，在搅拌轴上装有分区挡板，将反应釜分为两室，此法适用于单釜操作的生产线。

为了提高乙烯的单程转化率，有的生产装置采用双釜串联的方式进行生产。反应物料自第一釜流出，冷却至 130℃ 后进入第二釜，仅第二釜顶部通入少量乙烯以冷却电动机，同时补加引发剂以提高转化率，两个釜的引发剂输入量根据反应温度进行自动控制。

(4) 单体回收与聚乙烯后处理

从聚合反应器中流出的物料经减压装置进入高压分离器，高压分离器内的压力为 20～25MPa。大部分未反应的乙烯与聚乙烯分离、冷却、脱除蜡状低聚物后回收循环使用。聚乙烯则进入压力低于 0.1MPa（表压）的低压分离器，使残存的乙烯进一步分离后回收循环使用。聚乙烯则与添加剂充分混合后送入挤出机造粒。为了使产品规格均一，产品应当在大型料仓中进行混批以保证得到大批量熔融指数合格的产品。

(5) 高压法聚乙烯生产中的链转移

乙烯在高压条件下进行自由基聚合时，有时会得到密度较低的产品，这是由于聚合反应中发生了向本分子链的转移，产生了支链所致。支链的长短与数量、产品分子量分布影响所得低密度聚乙烯的物理性能。反应压力、温度以及链转移剂是对产品分子量和分子量分布产生影响的三大主要因素，也是工业生产中控制分子量分布的主要手段。高压法聚乙烯在聚合过程中向本分子链转移以及增长链自由基 β-位断裂反应如下所述。

① 向本分子链转移

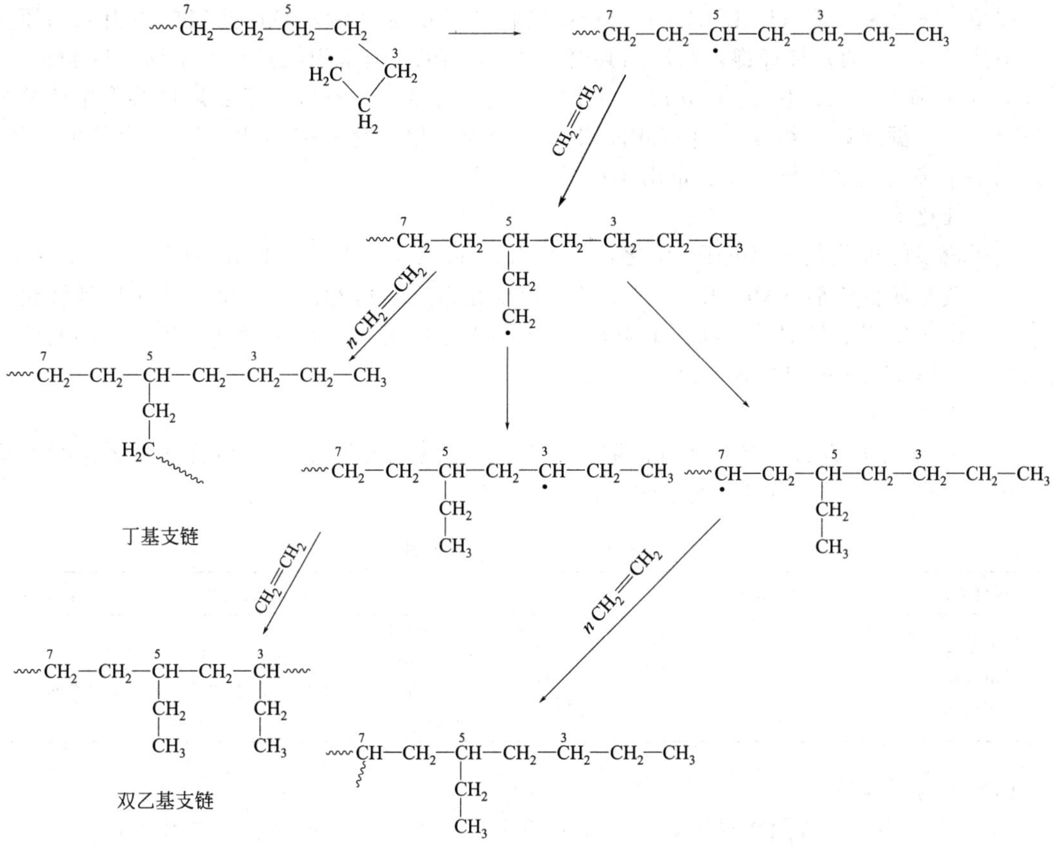

丁基支链

双乙基支链

β-乙基己基支链

② 自由基的 β-位键断裂

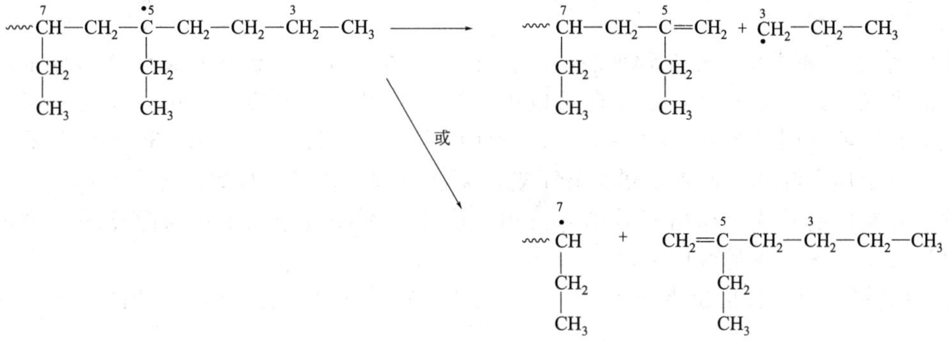

或

碳原子上方数字为自端基碳原子开始的碳原子数

10.1.1.2.1.2 乙烯与极性单体的共聚物

乙烯与醋酸乙烯酯、丙烯酸甲酯、丙烯酸乙酯、丙烯酸以及甲基丙烯酸单体在高压条件下进行共聚可获得含有极性基团的乙烯共聚物。

由于乙烯与醋酸乙烯酯的竞聚率都是 1 左右，而且醋酸乙烯酯有较小的链转移常数，所以可制得醋酸乙烯酯含量较高的共聚物。在共聚压力为 182MPa，温度为 130~250℃时用釜式反应器可得含醋酸乙烯酯 30%左右的共聚物；管式反应器可得含量 14%~18%的共聚物。

10.1.1.2.2 线型低密度聚乙烯 (LLDPE)

(1) 共聚单体

线型低密度聚乙烯 (LLDPE) 分子结构的特点是仅含有由 α-烯烃共聚单体引入的短支链。虽然 $C_3 \sim C_{20}$ 的 α-烯烃都可与乙烯共聚生产 LLDPE，但常用的只有 1-丁烯、1-己烯、4-甲基-1-戊烯和 1-辛烯四种。LLDPE 分子中短支链的长度与数目取决于 α-烯烃共聚单体的分子量及用量。据统计，约 40% LLDPE 用 1-己烯为共聚单体、35%用 1-丁烯为共聚单体、25%用 1-辛烯为共聚单体，极少量用 4-甲基-1-戊烯。

(2) 催化剂

使用较多的催化剂为 Ziegler 催化剂 ($TiCl_4 + R_3Al$)；其次为 Phillips 催化剂 (CrO_3/SiO_2) 和茂金属催化剂 (Metallocene)。乙烯以配位聚合反应和阴离子聚合反应机理转化为聚乙烯，由于所用催化剂效率高，不需要与 LLDPE 进行分离。低密度聚乙烯装置的基建投资较低，所以 LLDPE 的发展较快。

(3) 生产工艺

LLDPE 的生产方式主要有在有机溶剂中进行的淤浆聚合法、溶液聚合法或无溶剂的低压气相聚合法。表 10-3 列出了典型的聚合反应条件。

表 10-3　LLDPE 生产条件

聚合方法	反应温度	反应压力	反应时间
淤浆法	70~110℃	3~5MPa	1~2h
溶液法	170~250℃	4~14MPa	1h 之内
气相法	85~90℃	2MPa	数小时,单程转化率低,须多次循环以达到要求转化率

(4) 聚合反应器

① 环式反应器　乙烯在异丁烷或己烷介质中，与少量共聚单体己烯连续通过环式反应器进行聚合，生成的聚乙烯共聚物悬浮于介质中。早期的环式反应器为双环，现在已发展到四环或六环。

② 釜式反应器　反应在具有搅拌器的釜式反应器中进行，反应介质通常为己烷。

(5) 工艺流程

① 淤浆法　环式反应器流程见图 10-2。干燥与精制后的乙烯和共聚单体与异丁烷和催化剂浆液进入环式反应器，乙烯聚合后以细小颗粒状悬浮于反应介质中，在反应器底部沉降。沉降的浆液含固量约为 30%~60%，以间歇方式或连续方式排出后进入闪蒸器。在闪蒸器中，由于压力骤降而使聚乙烯和异丁烷及未反应的单体进行分离。分离后的异丁烷和未反应的乙烯经回收系统分离精制后循环使用。聚乙烯则经过净化干燥器净化后与添加剂混合，经造粒得到聚乙烯塑料粒子。

② 溶液聚合法　反应温度通常高于乙烯在烃类溶剂的熔融温度，溶液法分为下列三种类型。

a. 中压法　乙烯在受压下绝热聚合，聚合热通过溶剂蒸发排出。由于温度和压力都较高，物料保持液相状态。

b. 低压法　乙烯在较低温度和较低压力下聚合，一部分聚合热由溶剂汽化带走，反应物料可经冷却后加入反应器。

c. 低压冷却法　反应压力和温度与低压法相似，但所进物料不经过冷却，反应热通过

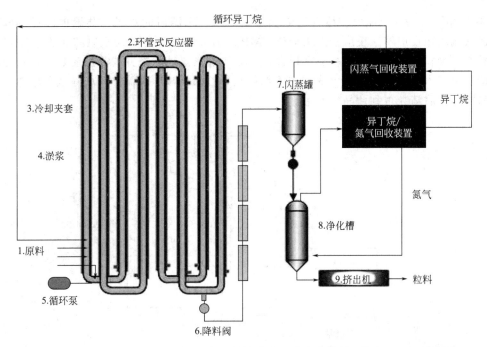

图 10-2　Chevron Phillips Chemical 的环管淤浆法工艺流程简图（摘自 CPChem 资料）

冷却回流带走。

　　中压法流程见图 10-3。精制后的乙烯和共聚单体溶解于环己烷中，加压、加热到 10MPa 和约 200℃后送入一级反应器聚合，催化剂溶液加热到与进料温度相同后送入聚合釜。聚乙烯溶液由第一级反应器进入管式反应器进一步聚合。聚合物浓度达到约为 10% 后，在反应器出口处注入螯合剂以络合未反应的催化剂，并进一步加热使催化剂脱活。残存的催化剂经吸附脱除。

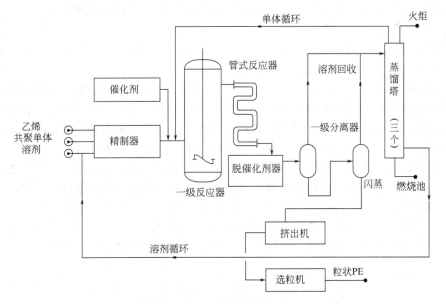

图 10-3　乙烯中压法流程

　　热的聚乙烯溶液降压到 0.655MPa 后进行闪蒸以脱除未反应的单体和 90% 的溶剂，含有 65% 聚乙烯的浓溶液进一步在 0.207MPa 再次闪蒸，熔融的聚合物进入挤出机进行造粒。

③ 气相聚合法　低压气相聚合法流程见图 10-4。精制后的乙烯、共聚单体以及催化剂连续送入流动床反应器。反应器压力低于 2MPa，反应温度低于 100℃以防止生成的聚乙烯颗粒黏结，物料通过压缩机进行循环以保证其处于沸腾流动状态并脱除反应热。物料经冷却器冷却后再进入反应器，反应生成的固体颗粒状聚乙烯经减压阀流出，脱除残存单体后，加入所需添加剂后造粒得到商品聚乙烯。

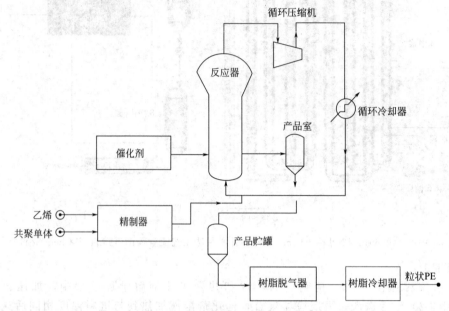

图 10-4　乙烯低压气相聚合法流程

10.1.1.2.3　高密度聚乙烯（HDPE）

高密度聚乙烯（HDPE）包括相对密度为 0.940 以上的乙烯均聚物和乙烯与 α-烯烃的共聚物。高密度聚乙烯分子中由共聚单体引入的短支链不多，因而结晶度较高。

（1）催化剂

生产高密度聚乙烯的催化剂目前主要有三类：Phillips 催化剂、Ziegler-Natta 催化剂和茂金属催化剂。它们都属于过渡金属化合物。

① Phillips 催化剂　Phillips 催化剂的有效成分是六价铬的氧化物，主要载体是硅胶或含铝量较低的硅酸铝，其他还包括 Ti、Zr、Ge、Th 等的氧化物以及 $AlPO_4$。催化剂载体的机械强度较低，以便在聚合过程中破碎为有效的微粒。催化剂的空隙率高达 $300m^2/g$ 以上，空隙体积超过 $1m^3/g$。用铬酸水溶液或三氧化铬的有机溶液浸渍载体硅胶，脱除溶剂以后即制得三价铬原料催化剂。使用前，将三价铬原料催化剂用热空气在 $500\sim900℃$ 之间使三价铬氧化为六价铬，同时脱除催化剂表面的水分和氧，使催化剂产生活性点。活化后的催化剂在惰性气体保护下备用。Phillips 催化剂活化反应见图 10-5。

活化以后生成了结合于载体表面的六价铬酸盐、酯或二铬酸结合物（如图 10-5 所示），六价铬原子独立的与载体相结合，所以载体对催化剂的活性与聚合产生影响。

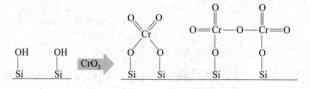

图 10-5　活化的 Phillips 催化剂

在反应器中，乙烯将六价铬还原为二价铬生成了活性前体。六价铬是四面体配位，新生成的二价铬为八面体，因此产物配位面增加，导致可配位的不饱和水平增大，引发乙烯聚合。

使用 Phillips 催化剂时，乙烯聚合通常在 100℃ 和 4MPa 压力下进行，反应介质为异丁烷、丁烷或己烷等烃类化合物。

② Ziegler-Natta 催化剂　自 1950 年问世以来，Ziegler-Natta 催化剂的催化效率和种类得到不断的更新和发展。用于高密度聚乙烯生产的主要是载体非均相体系催化剂。活性催化剂主要为 $TiCl_4$、$Ti(OR)_3$、VCl_4、$VOCl_3$ 及 $VO(OR)_3$ 等；所用载体包括无机和有机材料如聚乙烯、聚丙烯、石墨、炭黑、聚苯乙烯、$MgCl_2$ 等，也可是有活性化学基团的物质如硅胶、铝胶、氧化镁、氧化钛、$Mg(OH)Cl$ 和具有活性—OH、—NH_2、—COOH 等基团的聚合物等。Ziegler-Natta 催化剂的制造方法是将有催化活性的过渡金属元素化合物分散在载体上，然后用金属有机化合物进行还原，形成了过渡金属-碳链而得到活性增长。

③ 茂金属催化剂　茂金属催化剂是 20 世纪 90 年代以来新开发出的一种催化剂。它是由一个处于氧化态的金属被两个环戊二烯阴离子夹在中间而形成的一种化合物。茂金属催化剂中的金属主要以 Zr 和 Ti 为主。虽然只有极少量的茂金属催化剂可以用于聚乙烯的工业生产，但它是自 Ziegler-Natta 催化剂发明以来最受关注的催化剂，因为茂金属催化剂制得的聚乙烯分子量可超过 6000000，极大地提高了聚乙烯的强度，远远超过其他催化剂所制得的聚乙烯。茂金属催化剂制得的聚乙烯可以用来做防弹衣，也可用来制造全同立构和间规立构体的聚丙烯。茂金属催化剂在烯烃聚合，尤其是在乙烯的聚合上有着非常广阔的前景。

茂金属催化剂与 Ziegler-Natta 催化剂的主要差别在于活性种的分布。Ziegler-Natta 催化剂是非均相的，含有许多活性种，一部分具有空间定向聚合作用，另外一些仅发生与单体配位作用而催化聚合反应。茂金属催化剂是均相体系，每一个催化剂分子具有相同的催化活性，所以又称为"单活性中心催化剂"。

(2) 生产工艺

生产高密度聚乙烯的方法与 LLDPE 相似，主要采用淤浆法、溶液法和气相聚合法。气相法不需要反应介质。典型的聚合反应条件见表 10-4。

表 10-4　高密度聚乙烯典型的聚合反应条件

聚合方法	反应温度/℃	反应压力/MPa	反应时间
淤浆法	70~110	0.5~4	0.5~4h
溶液法	150~250	2~4	数分钟
气相法	70~110	2~3	须多次循环以达到要求转化率

生产 HDPE 的流程与 LLDPE 相同，只是所用催化剂与生产条件略有不同。不同生产企业的专利来源也可能不同。由于使用催化效率达百万以上的高效催化剂，聚乙烯中含有的微量催化剂可以不进行处理而存留于产品中。为了控制产品分子量，通常用氢作为链转移剂。此外，在挤出造粒前必须按要求加入抗氧剂、紫外线吸收剂、开口剂、润滑剂等添加剂。

目前，Chevron Phillips Chemical (CPChem) 的环管淤浆法是 HDPE 生产工艺中比较具有代表性的方法，其流程见图 10-2。全世界有 18 个国家、80 多家企业都是使用这种工艺。反应器已从早期双环、年产数万吨发展到现在 6 环、年产 50 万吨的产量。

图 10-2 是一四环管式反应器的简图。反应原料乙烯和共聚单体与稀释剂（反应介质）异丁烷、铬催化剂等加入反应器后，在循环泵的作用下绕环管流动。生成的聚乙烯粉末料沉降在反应器底部，通过排料阀排入闪蒸罐。未反应的单体和异丁烷在闪蒸罐内与聚乙烯粉料分离后进入回收装置，处理后送入反应器循环使用。聚乙烯粉料则进入净化槽，在热氮气作

用下一步与残留的异丁烷分离，氮气和异丁烷经回收后循环使用，聚乙烯粉料则送入料仓，与添加剂混合后，经挤出机造粒得到产品聚乙烯粒料。

上述生产方法还可用来生产特殊性能的 HDPE，如分子量达 200000～500000 的高分子量 HDPE（HMW-HDPE）和分子量达数百万的超高分子量 HDPE（UHMW-HDPE）。

10.1.1.3 性能与应用

聚乙烯具有简单的通式$+CH_2-CH_2+_n$，按生产条件的不同以及是否与 α-烯烃共聚可制的不同密度的产品，具体分类见表 10-5。由于乙烯与共聚单体数量不同，LLDPE 产品的结晶度与密度也不同，乙烯共聚单体数量对 LLDPE 结晶度与密度的影响见表 10-6。

表 10-5　商品聚乙烯密度

聚乙烯类型	密度/(g/cm³)
低密度聚乙烯（LDPE）	0.910～0.925
中密度聚乙烯（MDPE）	0.926～0.940
高密度聚乙烯（HDPE）	0.941～0.959
高密度均聚物	＞0.960

表 10-6　共聚单体数量对所得 LLDPE 结晶度与密度的影响

LLDPE 类型	共聚单体含量/%（摩尔分数）	结晶度/%	密度/(g/cm³)
中密度聚乙烯（MDPE）	1～2	55～45	0.940～0.926
低密度聚乙烯（LDPE）	2.5～3.5	45～30	0.925～0.915
很低/超低密度聚乙烯（VLDPE/ULDPE）	＞4	＜30	＜0.915
很低密度聚乙烯（单边催化所得"Plastomer"）	≤25	0～30	≤0.912

中密度聚乙烯可直接生产，也可由低密度聚乙烯和高密度聚乙烯共混而得。

聚乙烯分子仅含有碳和氢两种元素，是非极性聚合物，具有优良的耐酸、耐碱以及耐极性化学物质腐蚀的性能。聚乙烯绝缘性能优良，可耐高频，但易产生静电，因而表面易于吸附灰尘，须加入抗静电剂予以改进。纯粹的聚乙烯树脂外观为白色半透明状，低密度产品较柔软，高密度产品则刚性增加。聚乙烯具有优良的耐低温性能，脆折温度可达−75℃，但随熔融指数的增高而提高。

乙烯的聚合方法中只有气相法可制得密度和熔融指数范围很广的聚乙烯。这是因为气相法不需要溶剂和稀释剂，可以避免它们对分子结构和分子量的影响。

由于分子结构的不同，造成聚乙烯密度的不同。低密度聚乙烯分子中，每 1000 个碳原子约有 8～40 个支链，主要是在自由基聚合过程中发生分子内链转移而产生。高密度聚乙烯的支链主要由乙烯与共聚物 α-烯烃形成。

乙烯高压聚合过程中，随着反应温度的升高和压力的降低，所得聚乙烯分子中长支链数目增加。不同反应器生产的聚乙烯即使密度和熔融指数相同，产品所含支链数也不相同。

随着密度的增加，聚乙烯对气体的屏蔽性、硬度、耐磨性、拉伸强度、刚性、耐热性、耐化学腐蚀性以及表面光亮度等性能都会提高。随着密度的降低，聚乙烯的柔韧性、耐应力破裂性、透明性以及伸长性有所改善，冷流性和收缩率也降低。

除密度高低对聚乙烯性能产生影响外，聚乙烯的分子量和分子量分布对其性能也有重要影响。熔融指数提高，则透明性、表面光亮度和收缩率有所改进，此类产品适用于制造吹塑薄膜。熔融指数降低则改进了冷流性、耐热性、柔韧性、熔融强度、耐应力破裂等性能。

不同聚合方法生产的聚乙烯密度和熔融指数范围见图 10-6；LLDPE 与 LDPE 的分子结构见图 10-7；聚乙烯密度与熔融指数和成型应用范围的关系见图 10-8。

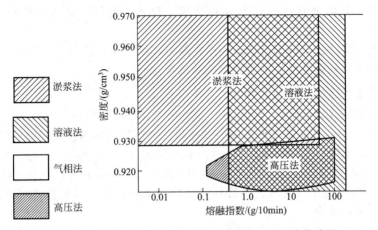

图 10-6　不同聚合方法生产的聚乙烯密度和熔融指数范围

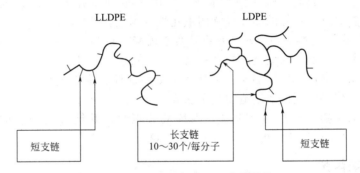

图 10-7　LLDPE 与 LDPE 分子结构

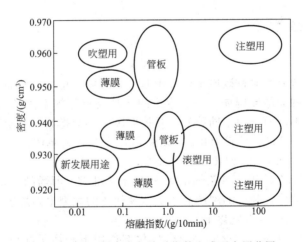

图 10-8　聚乙烯密度与熔融指数和成型应用范围

　　具有相同熔融指数但分子量分布不同两种聚乙烯树脂，分子量分布窄者具有较好的冲击强度和较好的耐低温性能，但加工性较差；分子量分布宽者具有较高的剪切灵敏性，即在高剪切条件下如挤塑成型时，树脂熔体的黏度较低，易于成型加工。

　　聚乙烯用作塑料时，通常仅加入少量抗氧化剂。抗氧化剂主要有两个作用：一是防止成型加工时聚乙烯受热氧化降解；二是防止长期使用过程中氧化老化。聚乙烯塑料中可还添加抗紫外线稳定剂、阻燃剂、着色剂、抗静电剂等，加入发泡剂可制造泡沫塑料。为了提高耐热性，特别是提高电缆包层的耐热性，可加入交联剂进行化学交联或用高能射线辐照进行交联。聚乙烯塑料主要用来制造包装与农用薄膜、容器、电缆、高频绝缘材料、注塑日用品等。

用作包装或一次性使用的聚乙烯废弃后，易对环境产生白色污染，因此应添加促进聚乙烯降解的助剂如光降解剂和可使细菌分解的助剂等。

10.1.1.4　聚乙烯衍生物与共聚物

聚乙烯可在本体（流化床）、乳液（CCl_4 中）或悬浮液中用氯气进行氯化制得氯化聚乙烯。含氯量为 25%～40% 的氯化聚乙烯为弹性体，可用作改性剂提高聚氯乙烯的抗冲强度。

聚乙烯经氯磺化（$Cl_2 + SO_2$）反应得到氯磺化聚乙烯，每 100 个乙烯基团含 $\text{─CH}_2\text{─CHCl─}$ 基团 25～42 个，$\text{─CH}_2\text{─CH─SO}_2\text{Cl─}$ 基团 1～1.22 个，可以用金属氧化物 MgO、ZnO、PbO 等进行交联。产品具有良好的柔软性和耐气候性，可以用作涂层和电缆外层等，是一种特种橡胶。

除乙烯与 α-烯烃共聚得到不同密度的聚乙烯外，重要的共聚物还有乙丙橡胶。乙丙橡胶是由乙烯与丙烯及少量具有二烯结构的第三单体用 Ziegler 催化剂（VCl_3/R_2AlCl）进行共聚而制得，乙丙橡胶具有良好的耐光性和耐氧化性（耐老化性）。

乙烯-醋酸乙烯酯共聚物（EVA）中的醋酸乙烯酯含量为 5%～50%，分子中引入醋酸乙烯酯链段后结晶度降低，因而硬度降低；柔韧性、透明性、冲击强度、耐应力破裂等性能则得到提高；但熔点降低。增加醋酸乙烯酯含量则耐油性、耐气候性提高。EVA 主要用来生产薄膜、用作热熔黏结剂以及制造注塑制品等。

此外，乙烯共聚物还有乙烯（甲基）丙烯酸共聚物，其钠盐或锌盐称为离子聚合物（Ionomer）；它的透明性优良，可用作食品包装薄膜。

10.1.2　聚丙烯

10.1.2.1　概述

聚丙烯分子结构通式为：

$$\text{─H}_2\text{C─CH─}_n$$
$$\quad\quad\quad | $$
$$\quad\quad\text{CH}_3$$

由于单体链段中含有不对称碳原子，按甲基空间结构的排列不同而有等规（等同立构）、间规和无规聚丙烯三种立体异构体。工业生产的产品要求等规聚丙烯含量在 95% 以上。聚丙烯按其应用范围的不同而分为不同牌号，具体取决于熔融指数（与聚乙烯熔融指数测定方法相同，但受热温度为 230℃ 而非 190℃）以及是否含有共聚单体乙烯、1-丁烯等。商品聚丙烯的熔融指数范围为 0.3～50g/10min（230℃，2160g 压力）。

聚丙烯是仅次于聚乙烯和聚氯乙烯的第三大合成树脂。丙烯的来源主要是炼油厂副产品、炼厂气和乙烯裂解装置制得的副产品丙烯。现代化的大型聚丙烯装置多采用环管式聚合反应器，单线年产量可达 20 万吨以上。

等规聚丙烯是单体丙烯在 Ziegler-Natta 催化剂作用下经离子配位聚合而制得。第一代和第二代催化剂由于残存的金属物含量较高，制得的聚丙烯必须进行催化剂脱活和脱除金属离子的操作工序。现在使用第三代、第四代甚至第五代高活性和超高活性催化剂，其主要成分是以 $MgCl_2$ 或 $Mg(OH)Cl$ 为载体，加有第三组分给电子体（ED）而制得，其代表为 $TiCl \cdot ED \cdot MgCl_2/AlR_3$。第三代催化剂制得的聚丙烯等规指数可达 98%，每克钛可制得聚丙烯 600～2000kg，生产中可以免去脱除催化剂的工序，大大简化了生产过程。

商品聚丙烯中有大量共聚物产品。聚丙烯共聚物大致可分为两类。一类是一般的结构杂乱的无规共聚物,由丙烯与其他 α-烯烃、乙烯等共聚而得,通常含乙烯 2％～6％（质量),可用以改进聚丙烯的透明性、降低其熔点并且使其易于成型。此类共聚物可用均聚物生产装置进行生产,进料改为丙烯与乙烯或其他 α-烯烃的混合物即可。另一类共聚物是含有乙烯 10％～20％（质量）的乙烯-丙烯共聚弹性体,其作用是改进聚丙烯的刚性,提高其柔韧性（即抗冲聚丙烯共聚物),该类共聚物需分两步合成,首先合成丙烯的均聚物,第二步用乙烯-丙烯混合进料,在原有的均聚物颗粒上形成无定形的弹性体共聚物,从而得到抗冲聚丙烯。

10.1.2.2 生产工艺

10.1.2.2.1 原材料

（1）丙烯

由于 Ziegler-Natta 催化剂对杂质的反应灵敏,必须使用高纯度聚合级单体丙烯以保证得到高等规度的产品。

丙烯来源主要有两条路线,一是乙烯生产装置制得的丙烯,另一来源是分离炼油厂的副产品丙烷-丙烯混合气体制得丙烯。聚合级丙烯的纯度一般要达到 99％以上,其中的杂质含量要低于要求值。

（2）稀释剂

聚丙烯的生产工艺有些是采取淤浆聚合法,因此需要烃类稀释剂使丙烯与悬浮在稀释剂中的催化剂作用而聚合为聚丙烯。稀释剂还可将聚合热传导至反应器夹套冷却水中。聚丙烯通常不溶于稀释剂中,所以反应物料呈淤浆状。石油精炼制品自丁烷到十二烷都可用作稀释剂,但以 $C_6 \sim C_8$ 饱和烃为主。通常要求稀释剂中的醇、羰基化合物、水和硫化物等极性杂质含量低于 5×10^{-6},芳香族化合物含量低于 0.1％～0.5％（体积)。稀释剂用量一般为生产的聚丙烯量的两倍,可用紫外光谱、红外光谱和折射率等参数监测稀释剂的质量。生产食品包装用聚丙烯时,所用稀释剂应符合食品卫生要求。

丙烯气相法或本体液相法聚合时,仅用很少量的稀释剂作为催化剂载体,此时对稀释剂质量要求可稍低些。

（3）催化剂体系

工业生产聚丙烯主要采用 Ziegler-Natta 催化剂体系,金属茂催化剂自从开发以来在丙烯聚合生产中也得到了应用与发展。

① Ziegler-Natta 催化剂体系 高等规度聚丙烯的装置都采用非均相 Ziegler-Natta 催化剂体系,它是由固态的过渡金属卤化物（通常是 $TiCl_4$）和烷基铝化物如二乙基氯化铝组成。此催化剂体系自 1957 年应用于工业生产以来,已经过三个发展阶段,目前已发展到第三代高效和第四、五代超高效催化剂体系,聚丙烯产品已经不需要进行催化剂脱除处理。有关聚丙烯催化剂的组成与参数见表 10-7。

表 10-7 聚丙烯各代催化剂的组成与参数[①]

催化剂	组　成	生产能力[②] /(PPkg/g 催化剂)	等规指数	形态控制	后处理要求
第一代	δ-$TiCl_3$ · 0.33$AlCl_3$ + $AlEt_2Cl$	0.8～1.2	90～94	不可能	脱灰及脱无规
第二代	δ-$TiCl_3$ + $AlEt_2Cl$	3～5(10～15)	94～97	可能	脱灰
第三代	$TiCl_4$/酯/$MgCl_2$ + AlR_3/酯	5～10(15～30)	90～95	可能	脱无规
第四代	$TiCl_4$/二元酯/$MgCl_2$ + AlR_3/硅烷	10～15(30～50)	95～99	可能	不需要
第五代	$TiCl_4$/二元(醚)/$MgCl_2$ + $AlEt_3$	25～35(70～120)	94～99	可能	不需要

①聚合条件:淤浆法,以己烷为溶剂在 70℃,0.7MPa 下反应 4h,H_2 为分子量调节剂;括号内数值为在液态丙烯中于 70℃聚合 2h 的数据。

②生产能力以催化剂总量为基准计算,而不是以纯 Ti 为基准。

第三代高效载体催化剂或超高效载体催化剂体系（第四、五代）的化学组成是 $TiCl_3 \cdot ED \cdot MgCl_2/AlR_3$，其中 ED 为给电子体，氯化镁为载体。载体的物理与化学结构影响活性中心的类型、数目、结晶错位情况、是否容易接受单体以及在活性中心上发生聚合反应的选择性等，它还决定催化剂颗粒的形态以及机械强度。因此对载体催化剂的了解有助于控制其性能，对于开发此类催化剂有很重要的价值。

第三代催化剂制造路线有数种，较好的方法是将无水 $MgCl_2$ 和给电子体苯甲酸乙酯置于球磨机中研磨 20~100h，摩尔比为 1：(2~15)。经此处理后 $MgCl_2$ 活化，其结晶由有序排列转变为无序的 δ-晶体，晶格变小；然后用过量的 $TiCl_4$ 在 80~130℃ 处理两次，再用烃类溶剂反复洗涤后进行干燥。在以上 $TiCl_4$ 处理过程中，一部分碱性物质被萃取，$TiCl_4$ 进入载体。此催化剂的组成中，Ti 含量为 0.5%~3%（质量）；ED 含量为 5%~15%（质量）；其余为载体 $MgCl_2$ 含量，表面积超过 $100m^2/g$，δ-$MgCl_2$ 的形态近似 δ-$TiCl_3$。

给电子体（ED）包括路易斯碱和路易斯酸各类化合物，分为外给电子体与内给电子体，对于载体催化剂的活性与空间定向能力产生重要影响。$TiCl_4$ 催化剂的给电子体可为胺、酯、醚、醇等。在制备或活化催化剂时，它们起到了改进催化剂活性位置和 $TiCl_3$ 结构的作用。制备 $MgCl_2$ 载体催化剂时，$TiCl_4$ 向活性载体 $MgCl_2$ 加成称为内给电子体，其他给电子体向活性载体 AlR_3 加成称为外给电子体。

第三代 $MgCl_2$ 载体催化剂内给电子体为邻苯二甲酸酯，外给电子体为烷基烷氧基硅烷；第五代 $MgCl_2$ 载体催化剂内给电子体为二元醚，可不加入外给电子体或仍用烷基烷氧基硅烷作为外给电子体。给电子体多数情况下用来提高催化剂体系的活性和空间定向的能力。

$MgCl_2$ 用球磨机研磨活化时通常加有路易斯碱，然后用 $TiCl_4$ 处理已活化的 $MgCl_2$/内给电子体并加热，目的是脱除一部分内给电子体；也可将活化的 $MgCl_2$ 同时用 $TiCl_4$ 和路易斯碱进行处理，然后再进行热处理。内给电子体有助于稳定活化的 $MgCl_2$ 结构、制取 $TiCl_4$ 活性点、并可能堵塞一些 $TiCl_4$ 不能利用的 $MgCl_2$ 表面部位。

第三代 Ziegler-Natta 载体催化剂也可用苯甲酸乙酯作内给电子体，用对甲基苯甲酸甲酯作外给电子体；第四代 Ziegler-Natta 载体催化剂用邻苯二甲酸酯或邻苯二甲酸二异丁酸作内给电子体，外给电子体为烷基烷氧基硅烷（苯基三乙氧基硅烷）。以上两种情况中，内给电子体和外给电子体的作用相似，内给电子体使 $MgCl_2$ 载体稳定并建立 $TiCl_4$ 络合物的位置。第三、四代载体催化剂使用（或无）外给电子体的目的是使催化剂进行空间定位，但对丙烯的作用较小，因为烷基铝萃取了一部分内给电子体，而活化催化剂时所加入的外给电子体占有了内给电子体空出的位置。

内给电子体和外给电子体对于制备高活性与高空间定位性能的 $MgCl_2$ 载体催化剂都是必需的。这两种给电子体之间存在内部反应，生成了具有最佳效果的特殊给电子体。第五代催化剂使用二元醚后，不需要再用硅烷作为外给电子体。$MgCl_2/TiCl_4$/二元醚催化剂在用烷基铝活化时，不会造成内给电子体损失，仍保留了良好的空间定向能力和优异的活性，活性比一般的 $MgCl_2$ 载体催化剂高 2~3 倍。二元醚在许多传统的 $MgCl_2$-载体/邻苯二甲酸酯/$TiCl_4$催化剂体系中作为外给电子体，产生类型相同的均聚物，因为邻苯二甲酸酯/外给电子体在活化时发生变化，外给电子体二元醚占有了邻苯二甲酸酯的空位，与邻苯二甲酸酯/烷氧基硅烷的变化十分相似。

活性中心在载体上的物理与化学结构具有三维特性，它能够被增长的聚合物颗粒所膨胀，而接收单体的活性与聚合活性都无变化。当单体分子到达催化剂颗粒后，它开始在最易接受它的活性位置上开始聚合，聚合物分子开始增长，即聚合物增长链不仅在催化剂表面上向外增长，还在催化剂颗粒内部增长，因而使催化剂颗粒逐渐膨胀。

为了达到使催化剂颗粒真正膨胀的目的，催化剂颗粒的机械强度必须与聚合反应体系的活性处于平衡状态。如果聚合活性太高，反应不易控制，聚合物增长链产生的机械力会使催化剂颗粒破碎为细小粉末；如果催化剂颗粒的机械强度过高，内部活性中心缺乏使聚合物增长的空间，使聚合活性降低。只有当载体催化剂的聚合活性与颗粒强度保持很好的平衡时，催化剂颗粒随着聚合反应的进行而膨胀增大，不进一步破碎，又不降低活性。高效催化剂应满足以下要求：

  a. 具有很高的表面积；

  b. 具有均匀分布于颗粒内外的高孔隙率和大量裂纹；

  c. 机械强度能够抵抗聚合过程中内部聚合物增长链产生的机械应力，又不影响聚合物增长链的增长，保持均匀分散在增大膨胀的聚合物中；

  d. 活性中心均匀分布；

  e. 单体可自由进入催化剂颗粒的最内层。

  事实上，在聚合过程中不可避免的会产生载体破裂的现象，破裂的载体相当于增加了催化剂的表面积。在丙烯聚合过程中，生成的聚丙烯颗粒的直径约为载体颗粒的 $20\sim100$ 倍。

  高效载体催化剂所用的助催化剂或活化剂 R_3Al 主要是三乙基铝，其作用是与主催化剂反应，即向过渡金属原子转移烷基，生成烷基化物而产生活性中心；其次是清除有害杂质水、氧气、醇等。其合成方法是在氢气存在下使乙烯与铝反应，或使乙烯与氧化铝反应：

$$Al \xrightarrow{H_2} AlH_3 \xrightarrow{CH_2=CH_2} Al(C_2H_5)_3$$

  ② 金属茂催化剂 最简单的有效金属茂催化剂是金属原子上下各配位结合一个环戊二烯形成的夹心结构。如果中间通过 $-CH_2-$、$-CH_2-CH_2-$ 或 $-Si(R_2)-$ 等基团生成的"桥键"将上下两个环戊二烯连接，催化丙烯聚合的效果更为明显。有关金属茂催化剂的活化、助催化剂及聚合催化机理已在"离子聚合与配位聚合生产工艺"一章中介绍。

  金属茂催化剂用于丙烯聚合反应时具有以下优点：

  a. 所得聚丙烯的空间结构（等规、间规、无规、空间嵌段等）可以大幅度变化；

  b. 产品分子量狭窄；

  c. 可以不产生低聚物和可萃取物；

  d. 改进聚丙烯熔点与可萃取物之间的平衡；

  e. 生产共聚物时，不同组成的链段分布狭窄；

  f. 生产的聚丙烯具有乙烯基端基；

  g. 扩展了可共聚单体的范围，可与二烯烃与环烃等单体共聚。

  因为这一类催化剂的活性中心都是相同的，即只有一种活性中心，所以叫做"单活性中心催化剂"（Single Site Catalysts，SSCs）。随着高分子科学的发展，这一类催化剂已可具有两种活性中心，但目前仍称为"单活性中心催化剂"。

  ③ 分子量调节剂 生产上通常使用高纯度氢来调节聚丙烯的分子量，即调节产品的熔融指数。氢气不能含有极性化合物和不饱和化合物等杂质，用量通常为丙烯量的 $0.05\%\sim1\%$（体积），其反应为：

$$Cat\!\sim\!\sim + H_2 \longrightarrow Cat-H + H\!\sim\!\sim$$

  此外，商品聚丙烯中有大量共聚物，乙烯和 1-丁烯也是生产原料之一，其纯度要求都应达到 99% 以上的聚合级。

  10.1.2.2.2 聚合工艺

  生产聚丙烯的方法主要有淤浆法和气相法。

  ① 淤浆法聚合工艺 早期的淤浆法所采用的催化剂效率不高，生产工艺较落后，须经过催化剂分解脱活、脱灰以及分离无规聚丙烯等工序。随着第三代高效催化剂尤其是第四代、第五代催化剂的工业化使用，去除了脱灰与脱无规物两道工序，大大简化了

生产。

使用第四代催化剂的淤浆法又称为本体淤浆法，与早期的淤浆法相比，本体淤浆法用液态丙烯取代了烷烃溶剂。近二十年建造的淤浆法聚丙烯工厂几乎都使用本体淤浆法制造聚丙烯，本体淤浆法制造聚丙烯的简图见图 10-9。

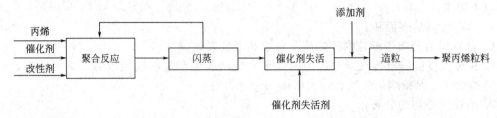

图 10-9　聚丙烯淤浆法生产简图

本体淤浆法为连续操作，丙烯、催化剂和改性剂悬浮于反应介质液态丙烯中。丙烯聚合生成的聚丙烯颗粒分散于反应介质中呈淤浆状，反应器为附搅拌装置的环式反应器。早期的环式反应器通常为双环，现代化的大型聚丙烯反应器已发展到四环或多环，极大地提高了生产效率。由聚合反应器流出的物料进入压力较低的闪蒸釜以脱除未反应的丙烯和易挥发物，反应物料经催化剂失活处理后，与添加剂混合后经挤出机挤出造粒，制得最终产品聚丙烯粒料。

LyondellBasell 公司的 Spheripol 工艺是聚丙烯本体淤浆法的典型代表，其流程见图 10-10。为了提高催化剂的活性和效能，进入反应系统的催化剂须经过预聚合处理。其方法是将催化剂各组分在预聚合反应器中于较低温度下与较低浓度的单体进行反应，生成少量聚丙烯，此过程可间歇操作也可连续操作。经过预聚合处理过的催化剂再连续送入环式聚合反应器与液态的丙烯和调节剂氢气进行反应。通常是两个环式反应器串联反应，反应物在每

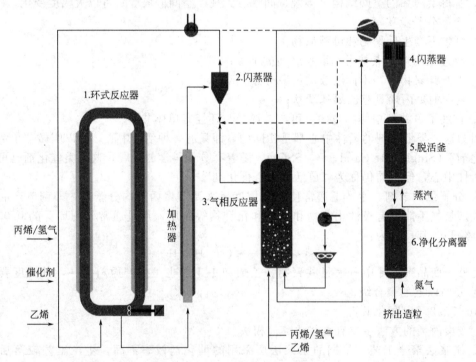

图 10-10　Spheripol 工艺生产聚丙烯简图
（摘自 LyondellBasell 公司资料）

一个环式聚合反应器中的平均停留时间为1~2h，两反应器串联操作可缩短反应时间和提高产量。反应温度为70℃左右，反应压力为4MPa。生成的聚丙烯固体浓度约为40%。反应器底部装有轴流搅拌装置以使物料高速流动并加强向夹套中的冷却水传热，同时防止聚丙烯颗粒沉降。

连续流出的聚丙烯浆液经加热器加热后送入第一个闪蒸器2，如生产均聚物则物料直接进入第二闪蒸器4以脱除未反应的丙烯单体。由第一闪蒸器逸出的丙烯经冷水冷却后返回反应系统。第二闪蒸器逸出的丙烯气体则经压缩机压缩液化后返回反应系统。聚丙烯粉末从第二闪蒸器进入催化剂脱活釜5，用少量蒸气和其他添加剂使催化剂脱活。在分离器6中用热的氮气脱除残存的湿气和易挥发物，干燥后的聚丙烯粉末送往储料仓，添加必要的添加剂后通过挤出机进行挤出造粒。

生产抗冲性能优良的共聚物时，从第一闪蒸器流出的含有催化剂的聚丙烯进入气相反应器3，反应器3由一个或两个串联的流化床组成。具有活性的聚丙烯在此反应器中与加入的乙烯、丙烯以及分子量调节剂氢气进行嵌段共聚，共聚物进入第二闪蒸器脱除未反应单体后，处理方法与均聚物相同。

Spheripol生产装置的投资可比传统的淤浆法节约50%。由于原料和公用工程的消耗低、人工费用和三废处理费用少，所以生产成本较低。

三井石化公司开发的Hypol工艺同样为本体淤浆聚合工艺，与Spheripol法不同的是采用带搅拌装置的两个串联釜式反应器。未反应的丙烯不经过加热闪蒸而是在第三个聚合釜中气化，气化的丙烯再进入气相聚合釜中进行聚合；第四个聚合釜为乙烯共聚釜，必要时进行嵌段共聚，方法与Spheripol法相同。

② 气相本体聚合方法　聚丙烯气相本体聚合无需任何介质，也不需要任何后处理工序来分离反应介质和溶剂，极大地简化了生产工艺。从气相聚合反应器得到的聚丙烯基本是干燥的，与本体淤浆法相比，省去了闪蒸工序，只需对反应物料进行简单的催化剂失活处理即可。典型的生产工艺有Dow Chemical的Unipol工艺，具体见图10-11。

此法的反应器为立式流化床反应器。立式流化床反应器上端直径大于下部，以降低气体流速并减少带走的粉末量。高效催化剂各组分、单体丙烯、必要时加有共聚单体乙烯、氢气连续送入第一个流化床反应器，大量未反应的丙烯经压缩泵压缩后冷却，气化后循环加入反应器。反应生成的粉状聚丙烯连同催化剂和少量丙烯定时从反应器的排料阀排入旋风分离器，分离后的聚丙烯进入净化槽由氮气进一步脱除残留的丙烯后送往储仓，与添加剂混合后送挤出机挤出造粒。生产抗冲聚丙烯时，则将脱除一部分丙烯的聚丙烯送入第二个流化床反应器与乙烯、丙烯和分子量调节剂进行嵌段共聚。

a. 共聚与共混工艺　生产均聚聚丙烯的各种装置都可生产含有少量共聚单体乙烯的共聚聚丙烯，共聚物中乙烯单体质量分数在7%以下，其商品仍属聚丙烯范畴，这一类共聚物为无规共聚物。参与共聚的乙烯破坏了聚丙烯分子链的规整性，从而降低了共聚物的结晶度和熔点。

均聚聚丙烯可与乙烯-丙烯弹性体在挤出机中混

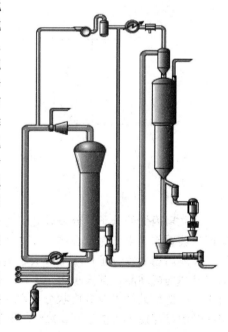

图10-11　Unipol工艺生产聚丙烯简图
（摘自Dow Chemical公司资料）

合，也可在一个双反应器系统中反应制得。在双反应器系统中，由第一个反应器制得的含有活性催化剂的均聚聚丙烯进入第二个反应器，与乙烯和丙烯单体聚合生成嵌段共聚物。

b. 后处理工艺　大规模聚丙烯装置都配有挤出造粒设备。将粉料聚丙烯与抗氧剂、必要的添加剂混合后经挤出机熔融混合、造粒即得聚丙烯粒料产品。

10.1.2.3　聚丙烯性能与用途

10.1.2.3.1　聚丙烯分子结构与结晶度

聚丙烯分子的单元链段含有不对称碳原子，因此具有两种相反的空间构型。如果聚丙烯分子由相同构型的单体头尾相连则为等规聚丙烯；如果由两种构型单元有规律的交替连接则为间规聚丙烯；如果无规律的任意排列则为无规聚丙烯。由于甲基之间的相互作用，等规聚丙烯分子链可设想为螺旋形构型，其等同周期长度为 0.65nm，C—C 间键角为 109°28′，C—C 原子间键距为 0.154nm，因此等规聚丙烯分子为三个单体单元重复排列的螺旋状构型，具体构象参见第 5 章图 5-2。

等规聚丙烯的生成是由于定向聚合的催化剂发生了模板作用所致。如果将具有螺旋构型的聚丙烯分子拉伸为直线形式，等规、间规以及无规聚丙烯分子中的甲基排列形式如图 10-12 所示。个别单体偶然进行插入聚合时，位置发生错误，则产生如图 10-12 中（d）所示结果。在合格的聚合物产品中，每 100 个单体单元存在有 0.3～1.5 个错位单元。

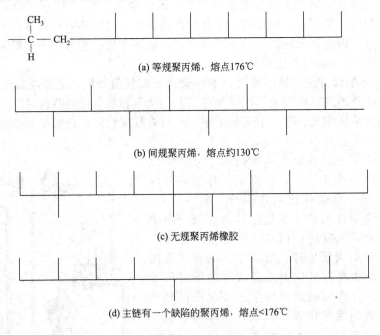

(a) 等规聚丙烯，熔点176℃

(b) 间规聚丙烯，熔点约130℃

(c) 无规聚丙烯橡胶

(d) 主链有一个缺陷的聚丙烯，熔点<176℃

图 10-12　聚丙烯链结构

商品聚丙烯的分子量分布较宽，等规聚丙烯和间规聚丙烯分子构型规整，可部分结晶，聚丙烯被看作为半结晶聚合物。工业生产聚丙烯都是等规聚丙烯，间规聚丙烯无实际价值。等规聚丙烯螺旋状分子可堆集成大小为 10～50nm 的平板状微晶，平板状微晶再集合为更大的三维结构的球晶，其大小为 $10^3 \sim 10^5$ nm，具体取决于结晶条件。当熔融的聚丙烯冷却时，由于分子链的缠绕以及螺旋状分子必须折叠形成平板，对微晶的形成产生了阻力，因此等规聚丙烯的结晶度不可能达到 100%。聚丙烯成品结晶度最低的品种为快速冷却的薄膜，结晶度仅为 30%；注塑制品结晶度可达 50%～60%；经强力双向拉伸的聚丙烯薄膜和熔融纺丝生产的聚丙烯纤维结晶取向度可大为提高。

10.1.2.3.2 聚丙烯的共聚物与共混物

聚丙烯的物理机械性能多数优于聚乙烯，但脆性较大，柔韧性较差。为了改进其性能，工业上采用共聚改性与共混改性的办法制取聚丙烯的共聚物与共混物。共聚单体主要是乙烯或1-丁烯；共混的聚合物主要是聚乙烯或不同含量的乙烯与丙烯或其他1-烯烃的共聚物，重要的聚丙烯共聚物与共混物见表10-8。

表10-8　重要的聚丙烯共聚物与共混物

名称		乙烯含量	丙烯含量	聚乙烯	聚丙烯	乙丙橡胶
共聚物	乙烯无规改性聚丙烯	少	多			
	丙烯无规改性聚乙烯	多	少			
	乙丙橡胶弹性体	30%~60%				
共混物	抗冲聚丙烯			√	√	√
	抗冲聚丙烯				√	√

10.1.2.3.3 聚丙烯的性能

商品聚丙烯包括聚丙烯均聚物、共聚物和共混物等，根据熔融指数和添加剂的不同而有不同牌号。

聚丙烯均聚物商品的相对密度为0.90~0.91，熔点为60~170℃，纯等规聚丙烯的熔点可达176℃。根据所受应力大小，安全使用温度上限通常为100~120℃，短时间受热温度可高达140℃。工业生产的聚丙烯熔融指数在0.5~50范围（230℃/2160g，10min），重均分子量与数均分子量之比为5~10。与高密度聚乙烯相比，聚丙烯的热扭变温度、刚性和硬度高于聚乙烯，而密度则较低。分子量与结晶度对聚丙烯性能的影响见表10-9。聚丙烯的光学和力学性能与其球晶的数目和大小有关，球晶大则其数目减少，聚丙烯柔韧性降低，脆性增加，抗冲性能变差。工业上可采用加入成核剂作为聚丙烯的结晶中心，使其易于结晶而改进其性能。

表10-9　聚丙烯分子量及结晶度对其性能的影响

性能	分子量增加	结晶度增加	性能	分子量增加	结晶度增加
弯曲模量	下降	增加	硬度	下降	增加
拉伸断裂强度	下降	增加	流动性	下降	—
断裂伸长率	增加	下降	溶胀性	增加	—
悬臂梁冲击强度	增加	下降	熔体强度	增加	—
蠕变性	增加	增加	热扭变温度	下降	增加

聚丙烯与聚乙烯相似，是非极性聚合物，具有良好的耐酸、耐碱以及耐极性化学物质腐蚀的性能；但高温下溶于高沸点脂肪烃和芳烃，可破浓硫酸和硝酸等氧化剂作用。聚丙烯分子所含的叔碳原子和与之相结合的氢原子易被氧气氧化导致链断裂而变脆；温度、光线和机械应力可促进氧化作用的发展，因此聚丙烯中必须加入稳定剂。

丙烯共聚物与共混物可分为无规共聚物、抗冲共聚物和聚丙烯弹性体共混物三种类型。聚丙烯主链中结合2%~7%（质量）乙烯则生成无规共聚物，结晶度较低，软化温度较宽，熔点降低，透明性和表面光洁度增加，其性能的变化程度与共聚单体的含量以及在主链中的链段分布有关。抗冲聚丙烯为含有乙烯-丙烯弹性体的嵌段共聚物，由于柔性的橡胶相分散于刚性聚丙烯基质中，所以具有较高的耐热温度，但透明性较差。

聚丙烯易氧化，用作塑料时需要加抗氧剂，同时还要添加其他助剂如紫外线吸收剂、润滑剂、抗静电剂、着色剂等。聚丙烯用于生产不透明制品时，可加入碳酸钙、滑石粉等填料。

　　10.1.2.3.4　聚丙烯用途

　　聚丙烯的用途广泛，可制造纤维、薄膜、中空器皿、注塑制品及增强塑料等，其用途与品种和熔融指数有关见表10-10。

表10-10　聚丙烯的用途与品种和熔融指数的关系

均聚物或共聚物	熔融指数	用途（主要成型方法）
PP 均聚物	0.4 左右	板、管等挤出制品
	4	通用型注塑制品
	12	通用型注塑制品
	22	通用型注塑制品；薄壁制品
	35	纤维
PP 共聚物	2 左右	高透明性吹塑制品、热成型用板制品
	6.5	高透明性浇铸膜片
	11	高透明性注塑制品；高透明性吹塑拉伸制品
	35	流变性可控高透明性注塑制品
PP 高抗冲共聚物	0.45 左右	挤塑制品
	2～4	中等抗冲注塑制品
	35～50	高流动性注塑制品和中等抗冲薄壁制品
	4	挤塑与注塑高抗冲制品
	8	不易变色的中等抗冲注塑制品
	22	不易变色的流变性可控中等抗冲注塑制品
	12	不易变色的高抗冲注塑制品

　　聚丙烯塑料用于注塑成型时，生产的产品包括汽车配件、电器设备配件、空气过滤机外壳、仪表外壳、器皿等；聚丙烯用于挤塑成型时可生产管道、薄板、薄膜等；经熔融纺丝可生产单丝和丙纶纤维；聚丙烯用于吹塑成型时可生产吹塑薄膜、中空容器等。为了利用聚丙烯耐腐蚀性和耐热温度高于聚乙烯的特点，发展了以玻璃钢为外层、聚丙烯管为内层的复合管道，用于腐蚀介质的输送。挤塑法生产的薄膜经拉伸取向提高强度后，可与吹塑薄膜经切割制得扁丝，可用来生产编织袋和捆扎绳等。挤塑生产的薄板可用热成型法制成淋水板、盖板、外壳等制品。聚丙烯纤维可用来生产丙纶地毯。由于聚丙烯无毒，用它生产的薄膜、容器可用作食品包装材料以及日用化学品的包装材料。

10.1.3　聚苯乙烯及苯乙烯共聚物

10.1.3.1　聚苯乙烯及苯乙烯二元共聚物

　　10.1.3.1.1　概述

　　聚苯乙烯分子结构通式为：

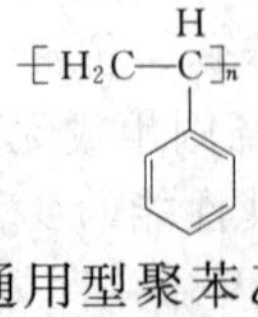

$$\left[H_2C{-}C\overset{\displaystyle H}{\underset{\displaystyle \bigcirc}{\vphantom{|}}} \right]_n$$

　　聚苯乙烯是五大通用塑料之一。除通用型聚苯乙烯（GPPS）以外，还有高抗冲聚苯乙烯（HIPS）、可发性聚苯乙烯（EPS）、苯乙烯-丙烯腈共聚树脂（SAN）、丙烯腈-丁二烯-苯乙烯共聚树脂（ABS）、苯乙烯-马来酸酐共聚树脂（SMA）、聚苯乙烯与其他聚合物的共混物如聚苯乙烯-聚苯醚共混树脂、聚苯乙烯-聚碳酸酯共混树脂等。由这些树脂进行改性或掺混制成的塑料已达百余种，苯乙烯系列树脂广泛应用于家电、汽车制造、建筑材料、包装材料、日用工业品等工业领域。

通用型聚苯乙烯刚性大、透明性好、电绝缘性优良、吸湿性低、表面光洁度高、易成型，但脆性较大，所以发展了高抗冲聚苯乙烯和 ABS 等产品。随着包装材料和绝热材料的发展，又开发了可发性聚苯乙烯，它具有生产过程简便、成本低的优点；用它制成的聚苯乙烯泡沫塑料具有质轻、价廉等特点，广泛用于冰箱与冷气管道隔热材料和仪表、电子设备等的包装材料。聚苯乙烯系列树脂优良的性能和丰富的原料来源，已使其成为五大通用塑料之一。

用作塑料制品的聚苯乙烯重均分子量要大于 150000，否则太脆不能使用。聚苯乙烯商品的重均分子量大于 180000，其分布指数（M_w/M_n）在 2～4 之间，主要采取自由基连续本体法或加有少量溶剂的溶液法进行聚合生产；也可通过悬浮法和乳液聚合法制得。悬浮法可用于可发性聚苯乙烯（EPS）和某些共聚物的生产。乳液聚合法可用于 ABS 的生产和苯乙烯-丁二烯橡胶与胶乳的生产。

近年来，还发展了作为工程塑料的间规聚苯乙烯（syndiotactic polystyrene，sPS）。

10.1.3.1.2　苯乙烯聚合原理

苯乙烯可以通过自由基聚合、阴离子或阳离子聚合以及配位聚合等机理制得聚苯乙烯及其共聚物。目前工业上主要采用自由基聚合反应进行聚苯乙烯和苯乙烯共聚物的生产。

（1）自由基聚合反应

苯乙烯单体受热大于 100℃ 后生成的自由基足以引发聚合反应，所以热引发是苯乙烯本体聚合的主要引发方式。热引发可节约引发剂费用，而且产品质量高。

苯乙烯的热聚合反应主要用于本体聚合。乳液聚合、悬浮聚合和溶液聚合反应温度多数低于 100℃，不适合使用热引发，需要在引发剂作用下进行聚合。

（2）阴离子聚合反应

苯乙烯在催化剂烷基锂的作用下，可发生活性阴离子聚合反应，开拓了具有很大应用价值的阴离子嵌段聚合物的生产途径，为高分子科学的发展做出了重大贡献。

苯乙烯阴离子聚合反应得到的产品分子量分布狭窄，可以用来合成各种形状和不同组成的嵌段共聚物；用含有适当功能基团的终止剂进行链终止，还可制得功能材料。

阴离子聚合反应过程与原理见"离子聚合与配位聚合生产工艺"一章。

（3）阳离子聚合反应

苯乙烯可以被过氯酸、BF_3、$AlCl_3$ 等催化剂引发进行阳离子聚合反应。由于苯乙烯碳阳离子十分活泼，易发生链终止或链转移而不能得到高分子量产品，仅有少量低聚物产品通过阳离子聚合生产。近年来，发现苯乙烯阳离子聚合反应可以活性化，合成不能用活性阴离子聚合得到的嵌段聚合物，从而使苯乙烯阳离子聚合反应的发展得到了重视。

（4）配位聚合反应

苯乙烯在 Ziegler-Natta 催化剂作用下，可以定向聚合得到空间规整的聚苯乙烯。根据苯环所处位置和催化剂结构，可制得等规聚苯乙烯（iPS）或间规聚苯乙烯（sPS）。

苯乙烯本体聚合反应器中物料高度黏稠，传热与传质较为困难。其次，sPS 的熔点为270℃，其热分解温度为 300℃，两者非常接近。为解决成型过程中 sPS 热分解的问题，可通过与少量单体 p-甲基苯乙烯进行共聚，以降低结晶度，从而降低熔点。近年来，已有两家公司推出了本体聚合法生产的 sPS 结晶聚合物。

（5）聚苯乙烯分子量分布

不同聚合机理和聚合方法所得聚苯乙烯的分子量分布不同，具体见图 10-13。

由图 10-13 可知，阴离子聚合所得聚苯乙烯分子量分布最狭窄，自由基聚合产品的分子

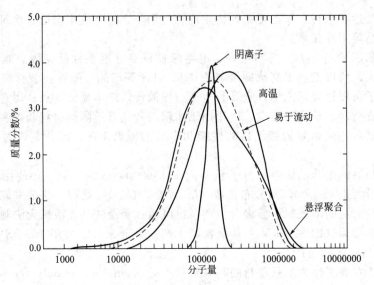

图 10-13　聚苯乙烯分子量分布

量分布最较宽，热聚合产品的平均分子量高于悬浮聚合产品。

10.1.3.1.3　生产工艺

（1）原材料

① 单体苯乙烯　合成苯乙烯的化学反应分为两步，首先是苯与乙烯发生烷基化反应合成乙苯，然后乙苯脱氢合成苯乙烯。

苯与乙烯的反应条件取决于催化剂。过去常用无水三氯化铝为催化剂，它可与芳烃形成液态络合物，乙烯与苯在液相反应器中于 120℃ 左右进行反应。由于反应产物中有二乙基苯、三乙基苯等副产物，反应物料须经多塔分离提纯才能得到高纯度乙苯。除二乙基苯可用来生产二乙烯苯外，其余多乙基苯副产物返回反应器继续与苯反应生成乙苯。

另一类催化剂为分子筛或沸石催化剂，乙烯与苯在 370℃、1.4～2.1MPa 条件下进行气相反应，副产物为甲苯和多乙基苯。纯乙基苯经多塔分离精制而得，多乙基苯则循环使用，甲苯作为副产品回收。高温气相法虽然能耗大，但热量可回收利用，所以净能耗与液相法相近。

乙苯脱氢时，主催化剂为氧化铁，氧化钾（实际为 K_2CO_3）和氧化铬为助催化剂。将水蒸气/乙苯比例为 8∶1 的混合物加热到 620℃ 左右，通过催化剂固定床反应器可制得苯、甲苯、乙苯、苯乙烯及焦油等，分离提纯后制得的苯乙烯纯度可达 99％ 以上。

由乙苯生产苯乙烯的另一种工业方法是氧化法。此法将乙苯氧化为乙苯过氧化氢后，再与丙烯反应生成环氧丙烷和 2-苯基乙醇，2-苯基乙醇脱水后生成苯乙烯。

由于苯乙烯在蒸馏或储存过程中会受热发生自聚，因此苯乙烯中须加入阻聚剂。蒸馏时采用硫作为阻聚剂，也可用芳胺或酚类阻聚剂。精制后的苯乙烯单体中常加有 $(10\sim50)\times10^{-6}$ 的对叔丁基邻苯二酚（TBC）作为阻聚剂。由于 TBC 的毒性较大，现在已开始使用其他毒性较小、更为环保的阻聚剂。

苯乙烯的主要物理性质见表10-11。聚合级苯乙烯的纯度要求大于99.6%。工业生产的聚合级苯乙烯纯度已可达99.7%～99.9%，所含杂质主要有乙基苯、α-甲基苯乙烯、异丙苯等。

表 10-11　苯乙烯主要物理性质

物理性质	数值	物理性质	数值
沸点/℃	145.15	溶解度:苯乙烯在水中,25℃	3.2×10^{-4}
凝固点/℃	−30.6	水在苯乙烯中,25℃	6.5×10^{-4}
密度/(g/mL)	0.297	折射率(25℃)	1.54395
聚合热(25℃)/(kcal/g)	−0.6702		
聚合时体积收缩率/%	17.0		

② 引发剂　苯乙烯单体受热可以产生足够的自由基而生成高分子量聚苯乙烯，所以苯乙烯本体聚合可不加引发剂而进行热聚合。为了控制产品分子量、分子量分布与转化率，可使用各种偶氮引发剂和过氧化物引发剂，以温度在100～140℃时半衰期为1h的引发剂最为适当。为了生产分子量分布为双峰的产品，可以分次加入引发剂或使用半衰期不同的两种复合引发剂体系。例如，苯乙烯悬浮聚合过程中采用过氧化二苯甲酰与过氧化苯甲酸叔丁酯复合引发剂就是一个很好的例子。

近年来发展了双功能自由基引发剂如过氧化壬二酸二叔丁酯等，可缩短聚合反应时间和提高苯乙烯分子量。这种引发剂分解后生成四个自由基，其中两个自由基存在于同一分子中，可同时进行链增长，因此生成的聚合物分子量增加了一倍：

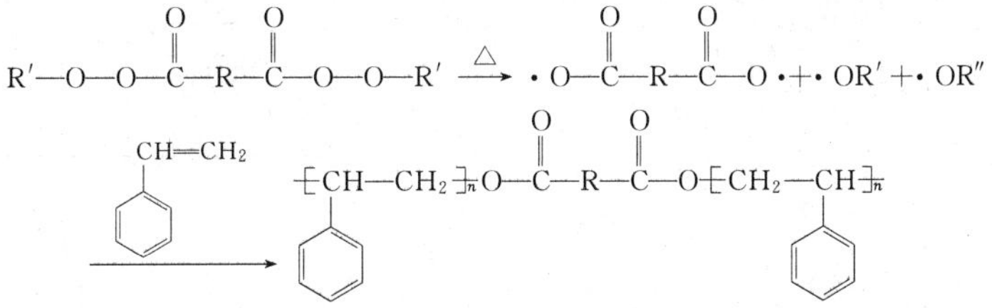

③ 阻聚剂　苯乙烯容易受热引发聚合，所以在运输和储存过程中必须添加阻聚剂，常用的阻聚剂为有取代基的酚或胺，如叔丁基邻苯二酚（TBC）等，并要求有微量氧存在。叔丁基邻苯二酚（TBC）在室温下半衰期为6～12周，用量为10×10^{-6}～50×10^{-6}，有氧存在时更为有效；但可使单体和聚合物呈淡黄色；含有N—O基团的阻聚剂在无氧条件下仍可有效，这一类阻聚剂包括硝基苯、羟胺、氧化氮等。

微量金属离子铁、铜以及微量硫化物和有机酸或碱可对苯乙烯聚合产生阻滞作用，会降低聚合速度而影响生产。

④ 溶剂　工业生产中，主要采用自由基本体聚合方法生产聚苯乙烯。为了便于排除聚合热和控制反应物料的黏度，反应时加有少量溶剂与未反应的苯乙烯单体共同发挥溶剂作用。常用的溶剂有甲苯、乙苯等芳烃，溶剂不能含有影响聚合反应的杂质。

(2) 聚合工艺与后处理

苯乙烯的聚合物包括均聚物和共聚物，种类很多，用途广泛。苯乙烯聚合反应机理涉及自由基聚合、离子聚合以及配位聚合；可通过本体聚合、溶液聚合、悬浮聚合与乳液聚合四种方法进行聚合。表10-12列出了苯乙烯聚合方法、使用场合与聚合机理的关系。

① 本体聚合与溶液本体聚合　聚苯乙烯树脂最主要的生产方法是本体聚合法，可用于生产通用型聚苯乙烯与抗冲型聚苯乙烯（HIPS）注塑料的生产。为了便于排除聚合热、控制反应速度、降低熔融物的黏度和防止生产HIPS时橡胶分子的交联，通常加有少量溶剂甲苯或乙苯。此情况不同于加有大量溶剂的溶液聚合法，称之为溶液本体法，具体流程见图10-14。

表 10-12　苯乙烯聚合方法、使用场合与聚合机理的关系

聚合方法	聚合反应机理			
	自由基聚合反应	阴离子聚合反应	阳离子聚合反应	配位聚合反应
本体聚合	用于各种聚苯乙烯塑料	√[①]	√	
溶液聚合	用于各种聚苯乙烯塑料	多种嵌段共聚物	√	√
悬浮聚合	用于各种聚苯乙烯塑料			
沉淀聚合	√			
乳液聚合	用于丁苯橡胶、胶乳及 ABS			

① √表示此聚合方法有应用，但规模及范围较小。

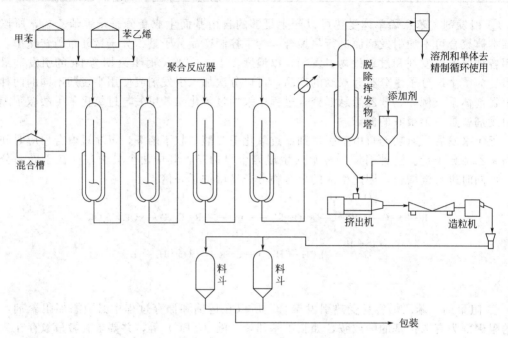

图 10-14　苯乙烯溶液本体聚合生产流程

苯乙烯本体聚合法是自由基聚合反应，不添加引发剂，主要采用热自聚反应。该方法的主要优点是节省了引发剂费用，无杂质，产品纯度高；缺点是热聚合过程中可能产生少量二聚物与三聚物等低聚物。

生产过程中，单体苯乙烯（生产聚苯乙烯注塑料）或苯乙烯-橡胶溶液（生产 HIPS）以及少量溶剂（必要时还加有引发剂）连续送入第一个反应器中，反应器组由 3～5 个反应釜组成，反应器形状与结构取决于聚合热排除方式和熔融物料的混合方式。

常用的反应器为带有搅拌装置的釜式反应器，每个反应器装有推进式、锚式或螺旋式搅拌器。随着聚合反应的进行，转化率、黏度以及反应温度逐步提高，搅拌器的形式也随物料黏度的增高而改变。每釜的充料系数为 50%～70%，物料处于沸腾状态，借助夹套和单体与溶剂冷凝回流排出反应热。有的生产工厂采用反应物料釜外循环冷却的方式排除聚合热，也可采用强制循环的环管式反应器。

另一种聚合反应器为瘦长形层流式反应器。反应器内装有热交换用的列管和搅拌叶片，两者空隙较小，物料即有返混流动又有活塞式流动，但更接近活塞式流动。

第三种聚合反应器是卧式轴流分隔式反应器。物料在反应器内保持沸腾状态，即可进行充分的径向混合又有轴向分隔，温度从进口至出口逐渐升高，釜内压力保持一致。这种形式

的反应器可减少聚合釜组的数量，提高生产效率。

苯乙烯聚合反应条件取决于聚苯乙烯的分子量要求和物料在反应器中的停留时间。溶剂数量一定时，提高反应温度和生产速度会使分子量降低。在反应器中，反应温度随转化率的提高而提高，热聚合时反应温度一般在 120～180℃ 的范围内，如果加有引发剂，反应温度下限可为 90℃。所用引发剂应根据其半衰期进行选择，以温度在 100～140℃ 时半衰期为 1h 的为最佳。所用溶剂通常为乙苯，用量在 2%～30% 范围之间，乙苯可降低反应体系的黏度；还可产生链转移，调整反应速度与分子量的关系，使反应处于反应器热负荷能力之内。如果要求减少后处理的溶剂数量，可以加入更为有效的链转移剂。

单釜聚合生产的聚苯乙烯树脂分子量分布一般在 1.9～2.2 之间。如要生产分子量分布更宽的聚苯乙烯，则应在不同的聚合温度条件下于组合式反应器或多区式反应器中进行生产。

生产共聚物，特别是苯乙烯-丙烯腈共聚物（SAN）和苯乙烯-马来酸酐共聚物（SMA）时，容易得到高度交替共聚物。这两种共聚物的组成稍有变动，混溶性就会降低，产品透明性变坏，性能变差。

生产橡胶改性的高抗冲聚苯乙烯（HIPS）时，通常是将橡胶溶液和苯乙烯共同送入带搅拌装置的塔式聚合釜中反应，所得聚苯乙烯产品中橡胶微粒小，分布均匀，抗冲性能优良。采用多釜串联聚合体系时，由于固体含量逐釜增高，橡胶微粒分布不均匀而影响产品性能。

从聚合釜排出的物料中，聚苯乙烯含量，通常为 70%～90%，其余为未反应的苯乙烯、溶剂和易挥发物，须送入闪蒸器以脱除可挥发的组分。工业上使用的闪蒸器有三种形式：闪蒸罐、转膜蒸发器和脱挥发物挤出机，其结构见图 10-15。

闪蒸罐是应用广泛的挥发物脱除设备。聚合釜排出的物料，首先流入加热器，将温度从 150～180℃ 提高到 220～260℃，然后进入附有夹套的闪蒸罐。闪蒸罐操作压力低于 4kPa，未反应单体、溶剂等挥发逸出。残存于聚苯乙烯中的单体苯乙烯量与闪蒸罐内的压力和温度有关，可用 Flory Huggins 公式进行估算。在 230℃，压力为 1.3kPa 时聚苯乙烯中残存的苯乙烯计算值为 430×10^{-6}，实际数值则高 3～4 倍，原因可能是在黏稠的聚苯乙烯熔融液中单体扩散困难，也可能由于在闪蒸器内二聚体、三聚体解聚产生苯乙烯所致。热聚合的聚苯乙烯树脂商品中约有质量分数为 0.1% 二聚体和 1.0% 三聚体。

转膜蒸发器［见图 10-15（b）］具有加热夹套，单体等易挥发物从顶部逸出，底部可通入水蒸气或氮气与物料逆向流动，有利于脱除挥发物。由于物料呈薄膜状，单体易扩散，还可脱除扩散速度很慢的二聚体和三聚体。此设备价格和维修费用都较高，所以推广受到限制。

脱挥发物挤出机是三种设备中投资费用和操作费用最大的设备，但它具有可加入其他添加剂如稳定剂、颜料等的功能，脱除可挥发组分后的熔融聚苯乙烯可以直接进行造粒。

脱挥发物过程中加入适当的助剂可以降低单体残存量，助剂必须易挥发，并且在熔融聚苯乙烯中稍可溶解，常用的助剂为水和甲醇等。

② 悬浮聚合法　悬浮聚合主要用于苯乙烯共聚物如 SAN、SMMA 以及可发性聚苯乙烯（EPS）

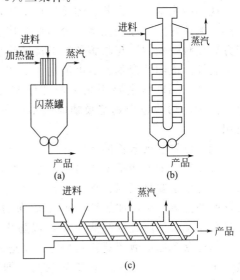

图 10-15　苯乙烯脱单体闪蒸器简图

等的生产。

苯乙烯悬浮聚合法中，油相为苯乙烯和共聚单体，生产可发性聚苯乙烯时还加有低沸点脂肪烃和自由基引发剂，油相中有时还加有链转移剂；水相为去离子水和分散剂。常用的自由基引发剂为过氧化二苯甲酰、过氧化苯甲酸叔丁酯等。苯乙烯悬浮聚合温度超过100℃，所以不能使用一般的有机类分散剂，而需要用反应时新鲜制备（in situ）的高分散性不溶于水的无机盐粉料作为分散剂，常用的有碳酸钙、碳酸镁等。

油相与水相的比例通常在（0.8∶1）～（2∶1）范围内，苯乙烯悬浮聚合在釜式反应器中间歇进行。反应起始温度为80℃，逐渐提高到140℃。反应时间为5～24h，反应结束后用酸洗溶解分散剂，经离心分离机脱水后干燥，加入必需的添加剂后挤出造粒制得成品粒料，具体流程见图10-16。

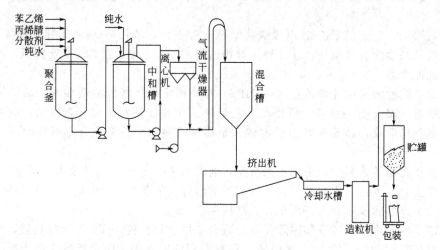

图10-16　苯乙烯悬浮聚合流程

10.1.3.1.4　性能与应用

聚苯乙烯树脂种类很多，包括均聚物、两元共聚物、三元共聚物以及一些共混物，重要的品种有以下几种。

（1）苯乙烯无规均聚物（PS）

通用型聚苯乙烯为苯乙烯无规均聚物，具有无色透明、易成型加工、热稳定性良好、密度小、刚性好、绝缘性优良、价格低等特点；能够耐无机溶剂和一些脂肪族试剂的作用；但与芳烃接触则变软，与脂肪和油类接触后易产生应力破裂，长时间受光线作用可老化变黄并产生裂纹。透明性聚苯乙烯可透过90%的光线，缺点是抗冲性能低，为脆性材料。

聚苯乙烯塑料主要用来生产注塑制品，可作为仪表透明罩板、外壳、日用品和玩具等。聚苯乙烯薄板经真空吸塑成型生产的薄壁杯子、器皿作为一次性使用物品得到广泛应用。

（2）可发性聚苯乙烯（EPS）

可发性聚苯乙烯是苯乙烯经悬浮聚合后被低沸点脂肪烃溶胀为含有大量孔隙的珠粒，低沸点脂肪烃主要是碳四、碳五或石油醚。产品脱水后在空气中使低沸点烃逐渐挥发形成被空气置换的孔隙，也可加热到90℃使低沸物挥发制得可发性聚苯乙烯。聚合温度比一般聚苯乙烯悬浮聚合反应温度约低50℃，以防止生成泡沫产品。

制造聚苯乙烯泡沫塑料制品时，将适量含有空气的可发性聚苯乙烯珠粒置于模具中，加热到110～120℃，使其发泡充满模具，即得到一定形状的聚苯乙烯泡沫塑料制品。聚苯乙烯泡沫塑料具有质轻、价廉、成型方便等特点，广泛用作防震包装材料、隔热保温材料等。

（3）高抗冲聚苯乙烯（HIPS）

高抗冲聚苯乙烯是橡胶聚丁二烯改性的聚苯乙烯。苯乙烯本体聚合时加入适量合成橡胶，聚合后生成的橡胶微域分散于刚性的聚苯乙烯基体中，提高了聚苯乙烯的抗冲性能。此方法制得的高抗冲聚苯乙烯为不透明材料。如果将少量橡胶（5%以下）溶解在甲基丙烯酸甲酯中与苯乙烯的混合溶液中进行本体共聚，则可制得高透明度的高抗冲聚苯乙烯。

上述方法制得的高抗冲性能聚苯乙烯的模量与抗冲性能远高于橡胶和聚苯乙烯共混得到的产品。其原因是一部分橡胶分子与苯乙烯产生接枝聚合反应和化学交联反应，橡胶相颗粒包埋了少量聚苯乙烯分子，增加了橡胶相的有效体积，因而橡胶增强的效果明显；不仅提高了抗冲性能，还改进了伸长率、延长性、抗环境应力破裂性能。与未用橡胶改性的聚苯乙烯相比，抗张强度与模量降低，透明性降低。

采用溶液-本体法生产的高抗冲聚苯乙烯中，橡胶含量在14%（质量分数）以下。由于橡胶颗粒中包埋了聚苯乙烯，橡胶的体积分数可达10%～40%。当橡胶量一定时，增大橡胶颗粒或增加橡胶颗粒中包埋的聚苯乙烯量，可以提高产品的柔韧性。橡胶相颗粒直径超过5～10μm时柔韧性反而降低，制品表面光洁度也降低。高抗冲聚苯乙烯各种性能与橡胶之间的关系见图10-17。

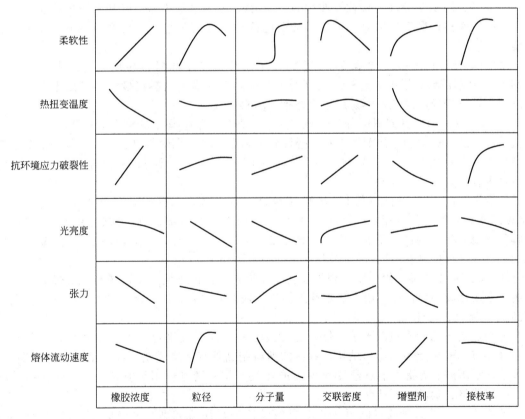

图 10-17　高抗冲聚苯乙烯性能与橡胶的影响关系

抗冲聚苯乙烯主要用作电器仪表外壳、汽车用塑料部件、医疗器械、玩具、照明灯具、灯罩等。

（4）苯乙烯二元共聚物

许多场合要求塑料在透光性、刚性、耐化学药品性、耐热性、高强度与易加工性等性能方面具有良好的均衡性，苯乙烯共聚物是热塑性塑料中可达到此要求的品种之一。苯乙烯共聚物中，苯乙烯-丙烯腈共聚物（SAN）、苯乙烯-甲基丙烯酸甲酯共聚物、苯乙烯-马来酸酐共聚物（SMA）、苯乙烯-丁二烯等二元共聚物最为重要。

① 苯乙烯-丙烯腈共聚物（SAN） SAN 是无规、无定形共聚物，具有聚苯乙烯的光洁度和透光性，其耐化学药品性、热扭变温度、柔韧性以及负载量等性能都优于聚苯乙烯。SAN 是坚硬的热塑性塑料，易成型加工，具有良好的尺寸稳定性，制品多数为透明或半透明，少数为不透明。丙烯腈质量分数在 60%～85%、具有低气体透过率的 SAN 适用于食品与饮料的包装。丙烯腈质量分数在 20%～35% 的 SAN 为透明性塑料，主要用来生产注塑制品；其力学性能与耐化学药品性能优于聚苯乙烯，刚性和抗冲击性特别优良，表面不易刮伤，耐热性也高于聚苯乙烯。玻璃纤维增强后的 SAN 可制得高刚性、不易破裂和高抗冲性塑料制品。由于丙烯腈形成环状色团，SAN 制品呈微黄色。通过降低丙烯腈用量、控制聚合过程和消除污染等方法，目前已经生产出了高度透明的 SAN 共聚物。SAN 塑料制品主要用作餐具、汽车灯罩和仪表板、冰箱中的塑料部件、电器产品的箱壳、观察镜、门窗、医疗手术用具、包装用瓶、桶等。

② 苯乙烯-甲基丙烯酸甲酯共聚物（SMMA） SMMA 性能介于两种单体均聚物之间，所以其耐气候性和耐溶剂性优于聚苯乙烯。商品 SMMA 中的甲基丙烯酸甲酯质量分数为 20%～60%。用 10% 聚丁二烯橡胶改性的 SMMA，在调整苯乙烯与甲基丙烯酸甲酯配比使共聚物折射率接近聚丁二烯时，可制得透明的抗冲共聚物，这一类共聚物还可与聚氯乙烯共混。

③ 苯乙烯和马来酸酐共聚物（SMA） 苯乙烯和马来酸酐容易反应生成交替共聚物（SMA）。聚苯乙烯分子中引入马来酸酐的主要优点是提高了耐热温度，而且成本低，塑料的刚性大，可用橡胶改性，容易用玻璃纤维等填料增强。

苯乙烯-马来酸酐共聚树脂分为两类：一类为高分子量但马来酸酐含量低于 25%（质量分数）的产品，通常用作热塑性塑料，经注塑或挤塑成型得到塑料制品；另一类为低分子量但马来酸酐含量在 25%～50%（质量分数）之间的产品，通常用作碱溶性涂料、黏合剂、分散剂等。

工业生产的 SMA 树脂可用于热塑性塑料、泡沫塑料和聚碳酸酯共混。橡胶改性的 SMA 用玻璃纤维增强（用量 40% 以下）后，可用作汽车内部装饰。SMA 高温时不稳定，分解释放出 CO_2，因此成型加工温度应低于 260℃，并需加入 1% 具有取代基团的酚作为抗氧剂；加入硫代酯具有协同抗氧作用。

④ 苯乙烯-丁二烯共聚树脂 根据配料比和聚合条件的不同，苯乙烯与丁二烯共聚可制得用于合成橡胶的弹性体、用于热塑性弹性体的嵌段共聚物，以及高抗冲性能的热塑性塑料商品 K-树脂（K-resin）。

K-树脂的苯乙烯含量高于丁二烯，是有机锂催化剂引发聚合的多嵌段共聚物，分子量为多峰分布。K-树脂为无定形结构，制得的塑料制品具有高度透明、高光洁度、低收缩率、不吸水、不水解、无毒、能够经受 γ 射线或环氧乙烷的清毒作用等特性，主要用作包装材料、医用器材、玩具、工具等。

苯乙烯-丁二烯共聚物可以用一般的成型设备进行注塑成型、挤塑成型、挤塑制薄膜、片、板或吹塑制薄膜，还可与通用型 PS、SAN、SMMA 等树脂进行共混得到透明制品。

10.1.3.2 间规聚苯乙烯

间规聚苯乙烯（Syndiotactic Polystyrene，sPS）是近来出现的一种新型高分子材料，它是高熔点半结晶聚合物，结晶速度迅速，可通过注塑成型生产塑料制品。自从 20 世纪中期出现 Ziegler-Natta 催化剂以来，配位聚合催化剂的研究得到了重视与发展，其重要成就之一就是利用价廉的苯乙烯单体合成了性能优良、可作为工程塑料的间规聚乙烯。

10.1.3.2.1 生产工艺

(1) 生产 sPS 所用的催化剂体系

① 主催化剂 钛络合物生产 sPS 最为有效，但其效果取决于与钛结合的配位体。钛与单环戊二烯组成的络合物聚合催化效果最好，钛-戊二烯络合物催化剂统称为金属茂催化剂，是合成 sPS 的优良催化剂体系。具有取代基团的双环戊二烯络合物的催化活性受取代基团的影响非常明显，配位体环戊二烯的取代基团为给电子基团时催化活性提高，因为给电子基团使活性种更为稳定；但有些给电子基团如氨烷基、甲氧乙基或苯乙基等与环戊二烯连接则聚合催化活性下降，因为这些给电子基的存在阻碍了配位或苯乙烯分子的插入。钛-双戊二烯络合物和桥键金属茂络合物的催化活性低于单戊二烯络合物。

② 助催化剂 三甲基铝（TMA）水解生成的甲基铝氧烷（MAO）是必要的助催化剂，MAO 的活性与分子量和残存的三甲基铝含量有关，分子量达 500 时为高活性。残存三甲基铝通常降低催化活性，例如以（C_5H_5）$TiCl_3$ 和 $Ti(OC_2H_5)_4$ 为催化剂，TMA/MAO 摩尔比在 0.5～2.0 范围时，催化活性随 TMA 量增加而下降。MAO/Ti 配比影响 sPS 收率，例如以[$(CH_3)_5C_5$]$Ti(OR)_3$ 为催化剂，当 MAO/Ti 摩尔比升高时收率增高，达到（300～500）：1 时出现最大值。

③ 添加剂 一些添加剂如三乙基铝（TEA）、三异丁基铝（TIBA）等可以提高催化剂的活性。对于[$(CH_3)_5C_5$]$TiCl_3$/MAO 催化剂体系，烷基铝的影响顺序为 TIBA＞无烷基铝＞TEA＞TMA，具体数据见表 10-13。烷基铝对于 Ti 催化剂体系具有双重作用，既是还原剂又是烷基化剂，所以具强还原作用的 TEA、TMA 使催化剂活性降低。

表 10-13 烷基铝对于[$(CH_3)_5C_5$]$TiCl_3$/MAO 催化剂体系活性影响

烷基铝	相对活性	产品分子量, M_w
无	100	750000
TMA	13	64000
TEA	23	84000
TIBA	560	580000

在典型的 Zigler-Natta 催化剂催化烯烃聚合过程中，通常用氢作链转移剂，但在 sPS 合成过程中，氢起到活化剂的作用，这是由于氢使休眠种重新活化所致；但用量不当时，氢仍表现出链转移剂的作用而使 sPS 分子量降低。

(2) 聚合原理

金属茂配位聚合催化剂的应用是发现 Ziegler-Natta 催化剂以来的一个重要发展，特别是使用甲基铝氧烷（MAO）作为助催化剂时，催化效率大为增加。

钛-金属茂催化剂以 MAO 为助催化剂时，苯乙烯聚合可以得到近 100% 的 sPS，其他强亲电子基活化剂如硼酸四（五氟苯基）酯也可用作生产 sPS 的助催化剂。

均相配位催化剂聚合苯乙烯生产 sPS 时，苯乙烯分子在过渡金属钛形成的配位催化剂空位上络合，并插入在 Ti—C 键或 Ti—H 键之间，第二个苯乙烯单体通过顺式（cis-）加成插入，使 Ti 原子与连接苯环的碳原子结合，反应连续进行就生成了 sPS。

链终止反应主要靠链转移，增长链上发生的 β-氢消除反应是产生链转移的主要原因。增长链终止的同时，形成了新的活性种 [Ti-H]$^+$ A$^-$。增长链也可与烷基铝反应，形成新的活性种 [Ti-R]$^+$ A$^-$。苯乙烯单体开始插入两种活性种其中任一个，即可重新产生链增长反应。反应历程如图 10-18 所示。

(3) 共聚反应

sPS 的熔点与其分解温度仅相差 30℃，成型加工时温度难以控制，需要与少量其他单

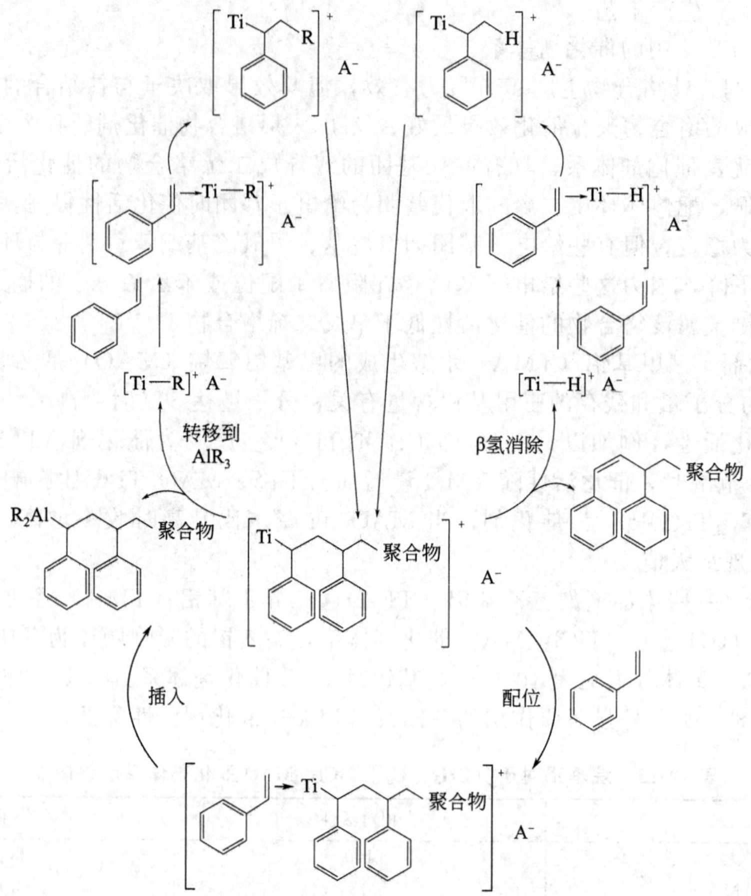

图 10-18　苯乙烯聚合生成 sPS 机理

图中 Ti 的配位体略去，A 代表对应离子、MAO 或硼酸盐型

体共聚以适当降低其熔点。与具有给电子取代基团的单体共聚时，聚合反应速度提高；与具有吸电子取代基团的单体共聚时，聚合反应速度降低。用烷基取代的苯乙烯单体如对甲基苯乙烯作为共聚单体时，共聚物的熔点随对甲基苯乙烯用量的增加而有规律的降低，加宽了熔点范围，有利于成型操作。共聚单体在共聚物中的分布通常是无规的，所以用量不能过多以免影响 sPS 结晶性。

为了改进 sPS 的成型加工性能和合成新材料，将金属茂催化剂用于苯乙烯与乙烯或丁二烯等单体的共聚、将已制备的 sPS 再经自由基聚合、离子聚合或配位聚合等过程制取 sPS 嵌段共聚物、接枝共聚物的研究得到了广泛发展。一些新型嵌段共聚物如 sPS-b-PBD、sPS-b-aPP、sPS-b-PEO、sPS-b-PCl、sPS-b-aPS 等已见报道，sPS-b-PEO 具有亲油和亲水链段，适合用作相容剂，其他嵌段共聚物可用作共混聚合物中的增强剂。

sPS 的接枝共聚不但可以合成一般的接枝聚合物，还可合成某些功能性 sPS 材料。在合成 sPS 的单体苯乙烯中加入适量含有功能基团的对氯甲基苯乙烯，使氯甲基苯乙烯首先与烯丙基氯化镁反应生成对-(ω-烯丁基) 苯乙烯，然后与 9-BBN [9-硼双环 (3,3,1) 壬烷] 发生 ω-烯丁基加成反应，此单体与苯乙烯在金属茂催化剂作用下聚合得到 sPS 共聚物。所含 9-BBN 壬烷基团易水解而被功能团取代，从而得到相应功能性材料。C—B 键易均相裂解生成碳自由基而进一步引发乙烯基单体如 MMA 产生自由基聚合反应，合成了 sPS 接枝的 PMMA 共聚物。反应见下式：

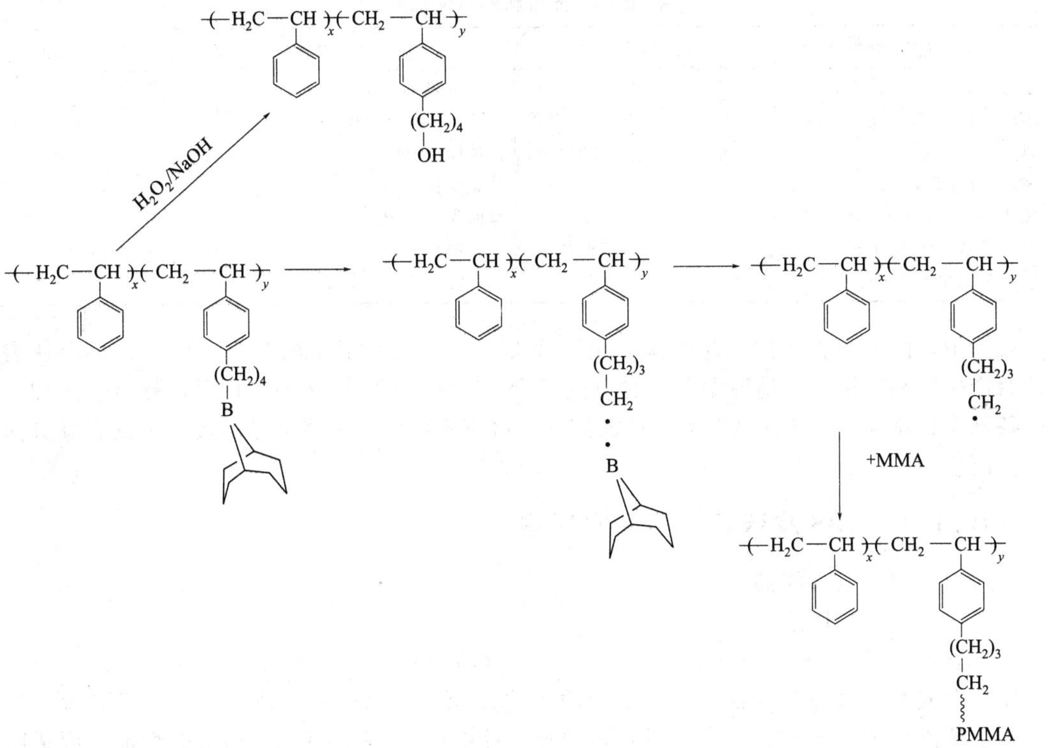

$$+[H_2C-CH]_x[CH_2-CH]_y+$$

(主链结构，侧基含苯环及 $(CH_2)_4OH$)

反应试剂标注：$H_2O_2/NaOH$ ，$+MMA$ ，B，PMMA

（4）sPS 合成工艺

目前只有少数工厂生产 sPS，生产技术尚未公开。但从已公开的专利来看，生产过程分为催化剂预制备、单体提纯处理、聚合工艺、未反应单体回收和挤出造粒等工序。

反应物料应充分干燥，脱除可能含有的氧与极性杂质。单体苯乙烯应经蒸馏和分子筛干燥处理，贮存过程中须用惰性气体隔绝氧气。

sPS 的聚合可采用本体连续聚合法、加有非溶剂的本体聚合法以及惰性溶剂分散聚合法。

本体连续聚合法采用专门设计的聚合反应釜，搅拌轴上装有捏合装置，以防止器壁和搅拌轴上黏结聚合物。为了提高催化剂分配效果，催化剂从轴心位置加入。还可以增加一个反应釜以延长反应时间。反应热由夹套或单体气化排除。加入 sPS 非溶剂可使生成的 sPS 沉淀析出，通过非溶剂或单体气化排除反应热。

单体苯乙烯也可在溶剂中以一种丁二烯嵌段共聚物为分散剂进行分散聚合，反应与淤浆法类似，可用普通搅拌式反应釜，物料黏度低，不会产生锅垢，还可以提高收率。

将金属茂催化剂制成载体催化剂体系后，可在流动床反应器中使苯乙烯单体部分聚合为 sPS，从反应器流出的物料脱除单体后，sPS 经熔融挤出造粒得到商品。

10.1.3.2.2 性能与应用

（1）性能

间规聚苯乙烯（sPS）与一般的无规聚苯乙烯（PS）不同，它是半结晶聚合物，结晶速度快，熔点约 270℃，可以用一般热塑性塑料成型方法制造制品，是一种原料成本低廉的工程塑料。间规聚苯乙烯（sPS）具有优异的力学性能、电性能、耐化学腐蚀性以及尺寸稳定性等，用玻璃纤维（30%）增强后力学性能可增强 2~3 倍，无填料的 sPS 基本性能见表 10-14。

（2）应用

除无填料的 sPS 商品外，还有以短玻璃纤维增强的品种，包括含玻璃纤维 30%、40%、50%抗冲改性，30%阻燃型以及 40%阻燃抗冲型等。

表 10-14 无填料的 sPS 基本性能

物理机械性能	数　值	物理机械性能	数　值
熔点/℃	270	体积电阻率/Ω·cm	1.0×10^{17}
玻璃化温度/℃	100	拉伸屈服强度/MPa	41
外观	白色不透明	拉伸模量/MPa	3450
密度/(g/cm³)	1.05	断裂伸长率/%	1.3
吸水性(24h,相对湿度50%)/%	0.01	弯曲强度/MPa	71
介电常数(1~1000Hz)/(F/m)	2.6	弯曲模量/MPa	3950
介质损耗角正切值(100Hz)	0.0002	Izod 切口抗冲强度(23℃)/(J/m)	10

无填料的 sPS 是半结晶聚合物,虽可注塑成型为各种形状的制品,但冷却后会从表面开始产生结晶,因此制造厚壁制品时应注意冷却速度。sPS 可挤塑为板材,然后经热加工制成各种形状制品;sPS 优良的力学性能使其在汽车零部件、电器绝缘以及电子仪表等方面得到广泛应用。

10.1.4 ABS 及苯乙烯多元共聚物

10.1.4.1 ABS 树脂

10.1.4.1.1 概述

ABS 是由丙烯腈(Acrylonitrile)、丁二烯(Butadiene)与苯乙烯(Styrene)三种单体为原料合成的一系列聚合物,三种组分的大致分配为:丙烯腈 15%~35%、丁二烯 5%~30%、苯乙烯 40%~60%,每一种单体的独特性能使 ABS 具有优良的综合性能。丙烯腈具有良好的耐化学药品性、热稳定性和老化稳定性;丁二烯具有柔韧性,高抗冲性和耐低温性;苯乙烯具有刚性、表面光洁性和易加工性;ABS 塑料的具体性能取决于三种单体的比例和其形态结构。ABS 塑料存在有两相,连续相也称为基体,主要由苯乙烯或其烷基衍生物和丙烯腈的共聚树脂所组成,也可以是 α-甲基苯乙烯的共聚物等;分散相是以丁二烯为基础形成的弹性体。作为分散相的弹性体除聚丁二烯以外,还可以是丁苯橡胶(SBR)或丁腈橡胶(NBR)等。由于 ABS 用途日益广泛,产量增长迅速,已成为五大通用塑料之一。

ABS 塑料与苯乙烯多元共聚物可以看作为"弹性体改性的热塑性塑料"。ABS 基体的主要性能详见表 10-15。以丙烯酸酯(A)弹性体为分散相,SAN 树脂为基体的物料体系称之为 ASA(或 AAS);以乙丙橡胶(EPDM)为分散相,SAN 树脂为基体的物料体系称之为 AES;以氯化聚乙烯为分散相,SAN 树脂为基体的物料体系称之为 ACS,它们的组成和弹性体的 T_g 见表 10-16。

表 10-15 ABS 基体树脂性能

基本成分	化学组成	T_g/℃	ABS 中所占质量/%	维卡耐热温度/℃	其他性能
SAN	无规共聚物 S:AN 为(80:20)~(65:35)	115	95~50	104	高 AN 含量时耐热温度下降
AMS-AN-S 共聚物	无规共聚物 AMS:S:AN 为 45:35:20		95~50	108~110	
AMS-AN 共聚物	无规共聚物 AMS:AN 约为 70:30	128	95~50	117	280℃开始解聚
AMS-AN 序列共聚物	AMS:AN 约为 70:30 AMS 为高含量	140	95~50	约 130	柔软性低于无规聚合物
S-AN-MA 三元共聚物					由于存在酸酐,反应活性高,耐热性低

表 10-16　ASA、AES、ACS 塑料的组成

名称缩写	基体	弹性体	弹性体的玻璃化温度/℃
ASA 或 AAS	SAN	丙烯酸酯橡胶	约 -48
AES	SAN	乙丙橡胶	$-50\sim-60$
ACS	SAN	氯化聚乙烯	$-20\sim-30$

10.1.4.1.2　ABS 树脂的组成

ABS 树脂和 AAS、ACS、AES 等树脂都是弹性体微粒分散于树脂基体中的物料体系，即由弹性体微粒分散相和合成树脂基体组成。

（1）弹性体

为了达到对树脂基体良好的增韧效果，弹性体必须满足以下条件：

① 弹性体分散相必须形成足够大的颗粒稳定地分散在基体中，在熔融成型加工中也不产生相凝聚现象；

② 弹性体颗粒与树脂基体之间必须有足够的偶合，保证所受应力能够通过界面进行传递。弹性体与树脂基体之间最佳的偶合方式接枝聚合，其示意图见图 10-19。

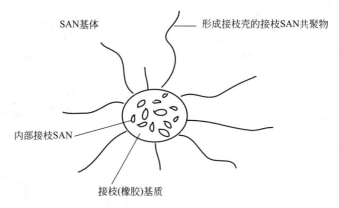

图 10-19　弹性体与树脂基体之间接枝聚合

树脂基体单体与橡胶分子接枝共聚物形成的外壳包围了弹性体颗粒，外壳也可由橡胶分散相与基体树脂或其他共聚物进行混溶所构成。

橡胶接枝反应可以使用氧化还原引发体系或热引发，但不能使用偶氮二异丁腈，因为偶氮二异丁腈产生的自由基不活泼。接枝度取决于被接枝橡胶与单体的比例、转化率、引发剂体系的活性、是否存在调节剂以及聚合反应条件等因素。

高硬度与高柔韧性 ABS 要求橡胶分散相适当交联。如果交联度不够，分散在 SAN 基体中的橡胶颗粒在成型加工时可能被剪切应力破坏；而且橡胶不交联则无弹性。在生产弹性体颗粒过程中，提高转化率或引发剂浓度时，可以使主链中的双键或悬挂的乙烯键发生聚合反应，链增长自由基发生偶合反应或与主链所含的双键反应时则生成交联结构。

橡胶相颗粒的大小与分布受合成方法影响较大，乳液聚合所得颗粒直径为 $200\sim400nm$，本体聚合为 $1000\sim2000nm$；其大小分布可以很宽，也可狭窄为单峰或为双峰。抗冲性能最好的 ABS 中，乳液聚合所得橡胶粒径为 300nm，基体为含 AN 25% 的 SAN。

（2）基体树脂

ABS 常用的基体树脂为 SAN。为了提高耐热性等性能，又发展了 α-甲基苯乙烯（AMS）与丙烯腈、马来酸酐等共聚物为基体的特殊性能的 ABS，详见表 10-16。

ABS 中的弹性体颗粒大小及其分布、接枝参数等固定后，SAN 基体树脂的组成与分子量将对 ABS 的力学性能产生重要影响，ABS 的力学性能随分子量的增高而提高。数均分子

量达 60000 时力学性能稳定，数均分子量降至 25000 以下后，ABS 受冲击后不能产生足够的银纹，即添加的橡胶颗粒没有改进其抗冲性能。SAN 中丙烯腈的含量对 ABS 的环绕应力破裂有显著影响，丙烯腈的含量通常为 20%～30%，提高 AN 含量，抗应力破裂力增加；为了耐化学腐蚀，可将丙烯腈含量提高至 35%。界面接枝的 SAN 与基体 SAN 中的丙烯腈含量差不能超过 5%，否则会产生不混溶现象，熔融加工时橡胶相会产生凝聚，使 ABS 性能变坏。

AMS-AN 基体树脂中丙烯腈含量为 20%～35%，重均分子量为 50000～150000。所得 ABS 塑料的维卡耐热温度可达 130℃，可用乳液法、溶液法或本体聚合法进行生产。乳液聚合产品的分散性≥3，本体与悬浮聚合产品的分散性为 2～3。

除表 10-15 所列几种共聚物基体外，苯乙烯-甲基丙烯酸甲酯基体可用于生产透明性 ABS。

10.1.4.1.3　ABS 树脂生产工艺

ABS 树脂含有分散相和基体相，分散相需要接枝。ABS 树脂至少含有三种单体，合成方法较为复杂，合成路线也有多种。工业生产中采用的合成方法主要为乳液聚合法、本体聚合法以及本体悬浮法。

在橡胶颗粒存在下，苯乙烯与丙烯腈共聚合成 SAN 基体树脂的同时也对橡胶颗粒进行了接枝反应，形成了包覆橡胶颗粒的接枝外壳，颗粒内也有接枝分子，具体描述见图10-19。以丁二烯、苯乙烯、丙烯腈为原料合成 ABS 的路线见图 10-20～图 10-22。

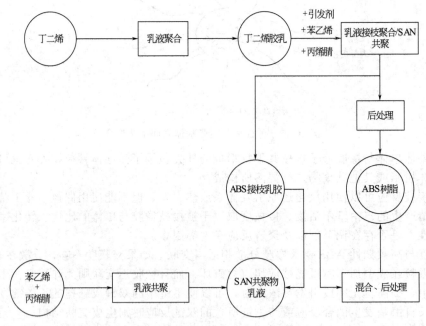

图 10-20　乳液聚合法生产 ABS 示意图

ABS 树脂的生产方法很多，首先是合成橡胶相；然后使它分散于单体苯乙烯与丙烯腈混合溶液中进行共聚，生成 SAN 基体与接枝的橡胶颗粒，同时使橡胶颗粒内生成必要的交联。

ABS 的橡胶相由聚丁二烯或丁二烯与乙烯基单体共聚而成。分散相的生产主要采用乳液聚合或本体聚合（包括加有少量溶剂的溶液聚合法），合成线型弹性体；连续相基体树脂的生产主要采用乳液聚合法、本体聚合法和悬浮聚合法。合成的分散相接枝乳液与基体树脂

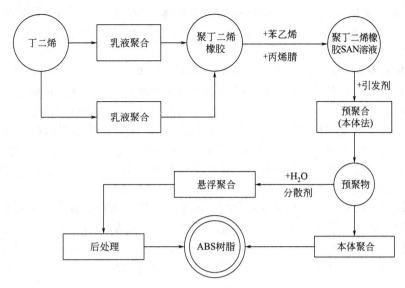

图 10-21　本体聚合法与悬浮聚合法（本体-悬浮聚合法）生产 ABS 示意图

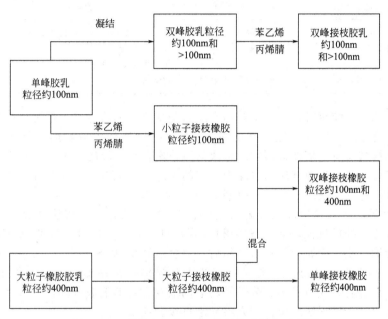

图 10-22　单峰与双峰 ABS 接枝橡胶生产示意图

乳液混合后再进行后处理。

（1）乳液聚合法生产工艺

乳液聚合法生产 ABS 树脂分为直接合成与胶乳共混两种方法。

① 直接合成法　直接合成法通常分为三步，首先生产聚丁二烯橡胶或丁二烯共聚物胶乳，所得胶乳微粒应有适当的粒径大小与分布。如果粒径太小，则需加入适量凝聚剂使粒径符合要求。第二步使苯乙烯与丙烯腈的混合单体、引发剂、链转移剂等制成的乳液与所得橡胶胶乳混合，然后引发单体共聚生成 SAN 基体，同时在橡胶粒子上接枝并交联。最后一步是将接枝后的胶乳进行后处理。

接枝橡胶的性能取决于橡胶胶乳粒子的大小及分布、交联密度、接枝度、橡胶相所占体积百分数、接枝的 SAN 链的分子量等因素。粒径大小分布为双峰的 ABS 具有最佳的表面性能和柔韧协同性。ABS 接枝橡胶胶乳的粒径在 $50\sim600nm$ 范围内，以 $100\sim400nm$ 为主。乳液聚合法生产 ABS 流程示意见图 10-20，单峰与双峰接枝橡胶生产流程见图 10-22。

生产分散相橡胶胶乳时，单体与水的质量比在 $(1:0.6)\sim(1:2)$ 范围内。乳化剂为阴离子表面活性剂，主要是歧化松香酸或脂肪酸的碱金属盐、$C_{12}\sim C_{18}$ 正烷基或正烷基芳基磺酸盐等，用量为单体用量的 $1\%\sim5\%$。乳化剂的加入量应使所得胶乳的表面张力小于 $0.065N/m$，保证粒子表面全部为表面活性剂所覆盖，乳化剂还用于以后的接枝反应。引发剂采用过硫酸盐或氧化-还原引发剂体系；有机过氧化物或过氧化氢与还原剂组成的氧化-还原引发体系可在低温下聚合并改进聚丁二烯的显微结构。生产分散相橡胶胶乳的反应温度为 $5\sim75℃$，压力为 10^5Pa。

改变单体与水的配比、分次加入乳化剂、调整反应温度可控制胶乳粒子的粒径，增大粒径的有效方法是采用种子乳液聚合法和用化学或物理方法使胶乳凝结，用化学或物理方法使胶乳小粒子凝结为大粒子的方法比直接生产大粒径胶乳更迅速方便，一部分胶乳粒子凝结为大颗粒时即产生了双峰分布。生产双峰 ABS 接枝橡胶的凝结方法见表 10-17。

表 10-17　生产双峰 ABS 接枝橡胶的凝结方法

起始胶乳	乳化剂	凝结方法	平均粒径/nm
聚丁二烯胶乳(100nm)	烷基磺酸盐	加入含亲水基团的胶乳化学凝结	$200\sim500$
丁二烯-丙烯腈共聚胶乳(100nm)	硬脂酸钠	加入羧酸化学凝结	$200\sim400$
聚丁二烯胶乳(100nm)	油酸钠	用均化器使之物理凝结	$200\sim800$
丁二烯-苯乙烯共聚胶乳(50nm)	松香酸和硬脂酸盐	化学法凝结	200

生产聚丁二烯橡胶相时，分子量靠加入的分子量调节剂硫醇进行控制。单体转化率超过 80% 后终止聚合反应，以保证橡胶有足够的交联，否则应加入交联剂。聚合时不宜加终止剂，以免影响接枝反应。接枝共聚物的组成与原料聚合物的配比有关。

反应结束后，通蒸汽或减压以脱除未反应的单体。脱除单体后的胶乳，经破乳凝聚、脱水干燥等后处理过程，最后挤出切粒得到 ABS 成品。

② 胶乳共混法　分散相橡胶胶乳与基体相 SAN 胶乳分别合成后共混，然后经破乳凝聚、脱水干燥等后处理过程，最后挤出切粒得到 ABS 成品；也可将分散相与基体相胶乳分别脱单体、凝聚、脱水干燥制得粉状产品后，混合后制得 ABS。

a. 分散相橡胶胶乳的处理　将已合成的丁二烯橡胶胶乳或丁二烯共聚胶乳与苯乙烯、丙烯腈按比例混合后加入引发剂、分子量调节剂以及必要助剂进行混合，然后进行乳液接枝聚合和交联反应，此过程所用单体配方不同于直接合成法。

橡胶胶乳粒子的粒径大小、大小分布和交联密度直接与接枝度、接枝密度、被接枝橡胶在橡胶相中所占体积有关，其内部接枝百分数随胶乳粒子粒径的增加和交联度的降低而增高。当颗粒大小和交联密度都为定值时，接枝度和接枝密度便成为影响 ABS 产品性能的决定因素。引发剂的种类不但影响苯乙烯和丙烯腈两种单体参与共聚和接枝反应的比例，还影响外部接枝与内部接枝的比例。与溶于单体的引发剂相比，水溶性引发剂将减少内部接枝的比例而提高游离的 SAN 共聚物比例。

接枝橡胶后处理过程中，接枝后的橡胶胶乳可与另外生产的 SAN 基体树脂乳液进行混合，再经凝聚、分离、干燥、造粒等过程制得 ABS 粒料，也可将接枝橡胶经先后处理得到粉状接枝橡胶料，再进一步生产 ABS。

在粉状接枝橡胶的后处理过程中，必须在接枝结束后的胶乳液中加入适当的还原剂如羟甲基亚磺酸钠等，以破坏残留的过氧化物引发剂；同时还应加入稳定剂以防止在干燥、混炼等后处理过程中发生氧化作用。常用的稳定剂为酚类抗氧化剂和热稳定剂，包括硫代二丙酸长链烷基酯、亚磷酸长链烷基酯以及含有 R—S 终端的低分子量 SAN 共聚物等。为了使物料混合均匀，加入的抗氧剂、稳定剂等应制成悬浮液，其用量为聚合物的 0.2%～1.5%。为了使聚合物沉淀析出，还必须进行破乳。如果使用羧酸钠为乳化剂时，可用稀酸溶液调整使 pH 值低于 3；如使用烷基磺酸盐为乳化剂时，应加入无机电解质（如氯化钠、硫酸镁等）稀溶液进行破乳。只有严格控制破乳条件才能获得颗粒结构与粒径分布均一的粉料，从这样的粉料中容易洗脱水溶性聚合助剂和凝聚剂；如果粉料太细，会造成过滤困难而且会使粉料排入废水中；如果粉料中有过粗的粒子则难以洗涤干净，影响以后的加工。

影响粉料粒子结构、粒径大小和大小分布的因素包括连续添加两种或两种以上接枝橡胶乳和破乳剂、胶乳与破乳剂的比例、破乳剂与胶乳的温度、混合装置所用搅拌器类型、混合器内的温度以及停留时间等。

破乳以后的物料经过滤洗涤后，将滤饼重新分散在水中洗涤后再次过滤，所得滤饼含水量为 15%～40%，最后经干燥得到含水量低于 1% 的接枝橡胶产品。

接枝反应所用的乳化剂应与生产橡胶胶乳所用的乳化剂相同，要求在聚合反应过程中稳定性好，在后处理过程中易于凝聚。

b. SAN 基体树脂的合成与处理　SAN 树脂是最重要的 ABS 基体树脂。SAN 共聚物中丙烯腈含量为 20%～35%（质量分数），平均分子量在 50000～150000 范围内，除用乳液聚合法生产外，还可用本体聚合和本体-悬浮聚合生产。共聚物的组成取决于竞聚率和配料比。乳液聚合法产生的"恒组分"共聚物组成为 71.5%（质量分数）苯乙烯和 28.5%（质量分数）丙烯腈；间歇本体聚合法产生的"恒组分"共聚物组成为 75%（质量分数）苯乙烯和 25%（质量分数）丙烯腈。

苯乙烯、丙烯腈混合溶液加入引发剂、分子量调节剂和必要助剂，在乳化剂阴离子表面活性剂存在下制成水乳液后进行乳液聚合。达到要求转化率以后，加入链终止剂与剩余的引发剂反应，闪蒸脱除未反应单体后即得 SAN 基体树脂胶乳。

连续式本体聚合法制得的 SAN 共聚物化学与物理性质均一性好，因其黏度太高，不能生产分子量很高的产品。本体-悬浮聚合法在苯乙烯-丙烯腈恒组分范围内也可生产性能均一的 SAN 共聚物，其方法是通过本体聚合制得达到一定转化率的共聚物后，再加水和分散剂进行悬浮聚合。反应结束后，通水蒸气蒸出未反应单体，与水分离后，经挤塑再次脱除未反应单体后制得 SAN 共聚物。

c. ABS 树脂的生产　将制得的接枝橡胶与 SAN 基体树脂胶乳按要求比例混合后，加入稳定剂和必要的助剂后进行破乳凝聚、脱水干燥等后处理过程，最后经挤塑造粒得到 ABS 商品。

半连续式乳液聚合所得产品的分子量分散性为 1.5～2，连续式乳液聚合所得产品的分子量分散性则为 1.5～5，具体数值取决于串联的反应器数目和平均停留时间。乳液聚合制得的 SAN 共聚物制造出的 ABS，其流动性、柔韧性和抗应力裂解性优于本体聚合 SAN 型 ABS。

其他基体树脂如 α-苯乙烯-丙烯腈（AMS-AN）共聚物主要用乳液聚合法进行生产，由于它们的反应速度慢，升高聚合温度又易于降解，所以须加入苯乙烯取代一部分 AMS 生产三元共聚物，制得的 ABS 耐热温度有所降低，但仍高于 SAN 型 ABS。

乳液聚合法生产 ABS 树脂流程示意见图 10-20。

（2）本体聚合生产工艺

本体聚合法生产 ABS 树脂时，采用本体聚合法或乳液聚合法生产分散相线型橡胶弹性体。本体聚合法制得的线型弹性体为单体溶液，乳液聚合法制得的线型弹性体须脱水干燥。

第一步：将本体聚合法所得线型弹性体的单体配制成适当比例的苯乙烯与丙烯腈的混合溶液；如用乳液聚合法所得的固体产品，则首先应将无水的线型弹性体溶解于单体苯乙烯与丙烯腈的混合溶液中，制成相应配比的溶液。

第二步：在以上溶液中添加引发剂、分子量调节剂以及必要的助剂。由于碳自由基的接枝反应活性远低于氧自由基，所以不能用偶氮类引发剂，需用过氧化物、过硫酸盐以及氧化还原引发体系。

第三步：加热使引发剂分解，引发单体聚合、接枝并产生交联橡胶颗粒，然后冷却恒温至要求转化率为止。聚合反应开始前，橡胶粒子溶解于单体混合液中；随着共聚反应的进行，生成的 SAN 量逐渐增多，橡胶弹性体产生交联结构后呈颗粒状析出。

本体聚合法结束后，反应器中的物料为未反应单体、橡胶颗粒和共聚物 SAN，物料为黏稠流体，通过闪蒸、薄膜蒸发或挤出挥发脱除单体后，SAN 共聚物与橡胶粒子经挤出切粒制得 ABS 树脂成品。

（3）悬浮聚合生产工艺

悬浮聚合法生产 ABS 树脂的步骤与本体聚合法生产工艺基本相同，区别在于第三步加热聚合。当单体转化率达到 15%～30%时，加入含有适量分散剂的水中，通过强力搅拌使橡胶、共聚物与未反应的单体形成分散于水中的珠粒状悬浮液体系，继续反应至要求转化率为止。反应结束后，脱除未反应的单体，经离心分离脱水得到潮湿珠粒，最后经干燥得到成品 ABS 树脂。由于生产方法前段为本体聚合，所以又称为本体-悬浮聚合法。

本体聚合法与悬浮聚合法生产 ABS 树脂流程示意图见图 10-21。

10.1.4.1.4　ABS 性能

组成 ABS 塑料的两相具有不同的折射指数，因此多数为不透明材料。不透明程度取决于接枝橡胶相颗粒的大小和两相折射指数的差值，当颗粒直径小于可见光波长时，两相呈现光学均一性，得到半透明材料；当两相的折射系数完全相同时得到透明材料。通过调整两相材料的折射指数可以获得透明的 ABS。例如用丁苯橡胶作橡胶相时可提高折射指数，基体树脂增加甲基丙烯酸甲酯为第三单体时可降低折射指数，适当调整两相配方即可制得透明的 ABS 材料。在成型加工过程中如果分散相产生聚集或分散相为双峰分布，则将影响其透明性。

ABS 塑料具有高柔韧性、高刚性和良好的耐热性、耐化学性和耐环境应力破裂性。模塑制品具有尺寸稳定性良好和表面光洁度高等特点，其综合工艺性能优于其他热塑性塑料。

ABS 塑料的性能与其分子量范围和形态等参数有关。此外，基体树脂的成分、分子量、橡胶分散相的类型、所占体积比、分散相颗粒的大小、接枝橡胶的结构以及添加剂的含量等因素也对其性能产生重要影响，橡胶相含量对 ABS 性能影响见图 10-23。

ABS 塑料的连续相基体树脂对其耐化学性产生决定性影响。由于不含有可水解的基团，ABS 能够耐酸、耐碱以及耐各种盐的水溶液作用。由于存在着—CN 基团和可能存在的残存乳化剂，长时间在水中浸泡可能吸收 1.5%（质量分数）的水分。ABS 塑料可耐脂肪烃的作用，但长时间浸泡后可能增加质量，增加的质量与分散相的性质和数量有关；ABS 塑料能够耐动植物油以及化妆膏的作用。

卤代烃、芳烃、酯和酮等液体可溶解 SAN 基体

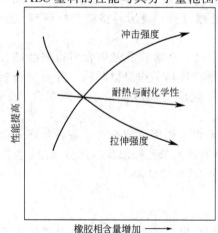

图 10-23　橡胶相含量对 ABS 性能影响

相。氧化剂特别是有氧化作用的无机酸可使聚合物主链降解。

由于 ABS 塑料的橡胶相中存在着双键,长时间受光线、热和气候环境的作用后表面会逐渐发黄甚至泛灰色,柔韧性也随之降低。酚类、硫代二丙酸酯以及亚磷酸酯等抗氧化剂可以在 ABS 成型受热条件下发挥保护作用,但在长期使用过程中,特别是紫外线作用下难以奏效。因此,室外使用 ABS 时应当加入深灰色或黑色颜料以阻挡紫外线的作用,也可以在表面用不易透过氧气的涂层进行保护,或用双键很少或无双键的橡胶进行接枝作为分散相界面层。各种 ABS 塑料的物理机械性能见表 10-18。

表 10-18 各种 ABS 塑料的物理机械性能

物理机械性能	测试方法 ASTM	中等抗冲	高抗冲	耐热型	阻燃型	高模量
Izod 切口冲击(室温)/(J/m)	D256	160~270	270~530	75~200	140~220	50~150
抗拉屈服强度/MPa	D638	35~50	30~45	35~60	35~45	65~95
断裂伸长率/%	D638	20~40	25~80	10~60	10~30	2~5
弯曲屈服强度/MPa	D790	55~75	50~75	55~90	55~75	95~160
弯曲模量/GPa	D790	2~3	1.5~2.5	2~3	2~2.5	4~9
热扭变温度/℃(1825kPa)	D648	75~90	75~80	90~110	70~80	95~105
维卡耐热温度/℃	D1525	100~110	95~105	110~125	85~100	100~110
罗氏硬度	D785	100~115	80~110	105~115	95~105	110~115

10.1.4.1.5 特种 ABS 塑料

(1) 阻燃型 ABS

一般的 ABS 可燃,但加入含卤素的添加剂或与聚氯乙烯共混后可制得阻燃型 ABS,所用添加剂主要是含氯或含溴的化合物,添加三氧化二锑可提高其阻燃效果。

(2) 耐热 ABS 塑料

为了提高 ABS 的耐热性,工业上采用 α-甲基苯乙烯-丙烯腈共聚物为基体树脂取代 SAN,但所得 ABS 的柔韧性、流动性以及表面质量有所降低。为了改进此缺点,发展了用苯乙烯-丙烯腈-N-苯基马来酰亚胺三元共聚物作为基体树脂或用耐热温度高的聚碳酸酯、聚对苯二甲酸丁二酯与 ABS 共混以提高 ABS 耐热温度。

商品级耐热 ABS 具有较好的柔韧性,但维卡耐热温度的提高有限,详见表 10-18。

(3) 玻璃纤维增强 ABS 塑料

加入 15%~20%(质量分数)玻璃纤维,可增强 ABS 塑料的弹性模量 2~2.5 倍,产品具有较低的热膨胀系数和较高的刚性,并且可提高硬度和耐热性。所用玻璃纤维的长度、玻璃纤维表面处理剂的种类等将影响所得制品表面的光滑性。

10.1.4.1.6 ABS 塑料的添加剂、混炼和成型条件

(1) 添加剂

ABS 树脂为热塑性线型高聚物,可直接成型为制品。橡胶相在成型温度下易发生热氧化降解,制品在空气中受光线的作用也会降解使表面泛黄、材料变脆、力学性能下降。用作塑料时应加入抗氧剂(热稳定剂)、光稳定剂、抗静电剂以及成型过程中必需的润滑剂等添加剂。

① 抗氧剂 抗氧剂的主要作用是防止 ABS 树脂在成型过程中受热而氧化降解。由于此反应属于自由基反应,所用抗氧剂应为易与自由基作用或与过氧化物作用的化合物,包括具有取代基团的酚类化合物、硫醚、亚磷酸酯等,其用量为 0.1%~1.5%(质量分数)。

② 紫外线吸收剂 ABS 树脂在波长 250～320nm 的紫外线作用下易发生光降解作用，所以产品中应加入紫外线吸收剂。紫外线吸收剂主要为 2-羟基苯基苯并三唑、2-羟基二苯酮以及肉桂酸酯等，具有位阻基团的胺类化合物可对一般光线的作用发生保护作用，其总用量为树脂的 0.2%～1.5%。炭黑也具有屏蔽紫外线的作用。

③ 抗静电剂 ABS 树脂极性低，表面易产生静电荷，容易吸附灰尘等物质，所以应添加抗静电剂。常用的抗静电剂为季铵盐型阳离子抗静电剂、含有脂肪酸酯的阳离子型抗静电剂以及多元醇衍生物（非离子型）等，用量为树脂的 0.5%～3%（质量分数）。

④ 润滑剂 为了改进 ABS 塑料的流动性使其易于脱模，须加入润滑剂。常用的润滑剂为脂肪酸酯、脂肪酸酰胺、硬脂酸盐等，也可将它们混合使用以提高润滑效果。润滑剂用量为树脂量的 0.5%～2%。

此外，还可根据需要添加着色剂等。

（2）混炼

ABS 塑料经常用来生产有颜色的制品，所以无色的 ABS 树脂必须添加着色剂和各种添加剂，必要时还要加入增强用的玻璃纤维和共混树脂等进行混炼。为了获得性能特殊的 ABS 塑料，可将不同牌号的 ABS 树脂进行混合。例如，将乳液聚合产品与本体聚合或悬浮聚合产品混合后用挤出机进行混炼，混炼后挤出切粒，得到粒状商品。

（3）成型条件

ABS 为热塑性塑料，可以用热塑性塑料的成型方法制造相应的制品。ABS 塑料稍有吸湿性，尤其是乳液聚合法生产的树脂吸湿性稍大，因此在成型之前须在 82～93℃ 范围内干燥 4h。注塑成型时含湿量应小于 0.1%；制造板材时应小于 0.05%；吹塑和挤塑时要求不超过 0.02%。注塑成型时，物料温度应在 193～274℃ 范围内，模具应当用高铬钢材料制造以提高成型制品的光洁度和模具强度。ABS 塑料可制成管、板材料，也可吹塑为空心容器。ABS 成型后的边角料以及废料经重新造粒后可回收利用，与新料配比为 80：20（回收料）时，对产品性能无明显影响。

10.1.4.1.7 ABS 的用途

ABS 塑料已发展为通用型工程塑料。由于 ABS 具有优良的综合性能，在家用电器、汽车、工业以及电子仪表零件等各领域得到广泛的应用。经电镀或真空镀金属膜等工艺处理制得表面为金属的 ABS 制品得到了日益广泛的应用。

10.1.4.2 苯乙烯其他多元共聚物

用其他种类的弹性体特别是分子中不含双键的弹性体取代聚丁二烯橡胶作为分散相，可以得到形态与性能都相似于 ABS，但老化性能优良的苯乙烯多元共聚物。重要的苯乙烯多元共聚品种约有以下几种。

（1）ACS

ACS 是丙烯腈（Acrylonitrile）、氯化聚乙烯（Chlorinated Polyethylene）、苯乙烯（Styrene）三元共聚物的英文缩写。其分散相弹性体由氯化聚乙烯构成，相当于特种性能的 ABS。其物理性能虽与 ABS 相似，但具有阻燃性、耐气候性、可防止静电吸附灰尘、耐热性好等特点。

ACS 的制造方法主要分为物理混合法与化学接枝法。物理混合法是将氯化聚乙烯与基体树脂苯乙烯-丙烯腈（SAN）共聚物用机械方法进行混炼，但所得产品抗冲性能差。化学接枝主要采用水相悬浮法，也可使用溶液法和辐射本体法。水相悬浮法是以加有悬浮剂的水为分散介质，分散相为适量氯化聚乙烯（CPE）溶解在丙烯腈（AN）和苯乙烯中的混合溶液，在自由基引发剂作用下通过悬浮聚合制得 CPE 的 SAN 接枝共聚物、SAN 共聚物以及未接枝 CPE 的混合物。脱除未反应单体、分离、脱水、干燥后即得 ACS 树脂。

ACS 可用 ABS 成型方法成型为相应的塑料制品。注塑时，ACS 受热温度应在 190～210℃范围内，不可超过 220℃，也不可长时间受热以免分解；挤出温度应在 180～200℃范围内。

ACS 可用作办公用自控设备的塑料部件、家用电器部件、电器开关、仪表、阻燃材料等。

（2）ASA 或 AAS

ASA 或 AAS 是丙烯腈（Acrylonitrile）、苯乙烯（Styrene）和丙烯酸酯橡胶（A）组成的三元共聚物体系。丙烯酸酯的 SAN 接枝物可保证丙烯酸酯能很好地分散在 SAN 基体树脂中，达到提高抗冲性能的目的。

ASA 与 ABS 比较，其耐气候性优良，能够耐油、脂与盐溶液的作用；但不能耐某些酮、芳香族化合物、含氯溶剂以及醇的作用。ASA 成型条件与 ABS 相似，还可与 ABS、硬质聚氯乙烯和聚碳酸酯进行共挤塑制造复合材料。由于 ASA 具有吸湿性，成型前应进行适当干燥。

ASA 主要用作室外耐老化塑料制品，如汽车的外部装饰品、家用电器外壳、农用机具的罩具、板材等。

（3）AES

AES 是丙烯腈（A）、乙丙橡胶（E）和苯乙烯（S）组成的三元共聚物体系。乙丙橡胶属于烯烃类聚合物。生产 AES 所用的乙丙橡胶，每 1000 个碳原子通常含有 7～12 个带双键的乙烯-丙烯-二烯烃共聚物（EPDM），橡胶含量为 10%～50%，其生产方法相似于 ABS 的本体溶液聚合法，分散相乙丙橡胶应当进行部分接枝。

加有紫外线吸收剂和耐光颜料的 AES 塑料在室外长时间使用后颜色变化很少，AES 可长时间耐酸、碱和盐的水溶液作用，但不能耐芳烃、酮、酯和氯代烃的作用。

AES 稍有吸湿性，成型前应进行干燥，通常在 85℃干燥 3h。AES 可挤出制造板材或吹塑制得一定形状的制品；也可与 ABS 共同挤出，生产保护表面为 AES 的耐光复合板材；作为保护面时，AES 的厚度应超过 5.9mm。ASA、AES 与 ABS 的耐老化性比较见图 10-24。

由图 10-24 可知，ASA 耐老化性的最好，其次为 AES。AES 和 ASA 的缺点是低温柔韧性与耐热性都低于 ABS。AES 塑料的主要用途为室外用塑料制品或 ABS 塑料保护层、雨棚、农用器具等。

（4）MBS 与 MABS

MBS 为甲基丙烯酸甲酯（M）、丁二烯（B）和苯乙烯（S）的三元共聚物体系，聚丁二烯橡胶或丁二烯-苯乙烯共聚物橡胶为分散相，甲基丙烯酸甲酯与苯乙烯共聚物为基体树脂，界面上为接枝橡胶。

MABS 为苯乙烯四元共聚物，接枝层与基体树脂都增加了丙烯腈（A）单体。MBS 与 MABS 聚合物的特点是当分散相接枝橡胶的颗粒直径小于可见光波长的 1/2（即小于 200nm）时，可使基体树脂、接枝橡胶外壳以及橡胶核心的折射率相同而制得透明性材料。MBS 与 MABS 在工业上通常不单独应用，而用作其他热塑注塑料的改性剂，主要用来改造硬质聚氯乙烯的加工性、抗冲性与耐热性。硬质聚氯乙烯塑料通常由悬

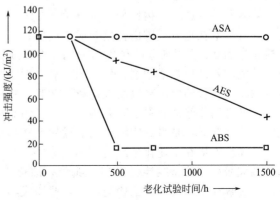

图 10-24　ASA、AES 与 ABS 的耐老化性比较

浮法生产的粉状聚氯乙烯树脂加工而成，所以 MBS 与 MABS 主要用乳液聚合法或微悬浮聚合法进行生产。

如果用丁二烯-苯乙烯共聚橡胶为分散相，其配比应选用 75∶25，这样可使生产的共聚物折射率 $n_D^{20}=1.54$，与聚氯乙烯相匹配。进行接枝反应时，由于甲基丙烯酸甲酯在碱性介质中易水解，所以应在中性或微酸性条件下进行乳液接枝聚合。基体树脂乳液聚合后与分散相接枝乳液进行混合，处理后得到 MBS 或相应的 MABS 粉状树脂。

由于 MBS 与 MABS 聚合物中含有的双键可被空气中氧气氧化，所以必须添加抗氧剂。

（5）ABS 共混物

共混改性是开发新性能高分子材料的重要途径，具有实际应用意义的 ABS 共混物有以下品种。

① ABS-聚碳酸酯（PC）共混物　这一类 ABS 的基体树脂中，苯乙烯（S）与丙烯腈（AN）质量比为（0.9～0.6）∶（0.1～0.4）；接枝橡胶分散相与基体树脂 SAN 和 PC 用量比为（0.05～0.8）∶（0.95～0.2）。该共混物的特点是耐热性与柔韧性都优于 ABS，而且加工性与耐环境应力破裂性优于 PC；主要用作汽车内部配件和电子仪器仪表外壳等。用 α-甲基苯乙烯-丙烯腈为基体树脂制得的 ABS 与 PC 的共混物性能与上述相似，但耐热性更为优良。

② ABS-PBT（聚对苯二甲酸二丁酯）共混物和 ABS-PBT-PC 共混物　这一类共混物的分散相与两种基体树脂用量之比为（0.25～0.45）∶（0.75～0.55）。ABS-PBT-PC 三元共混物中 PBT 与 PC 之比是（0.9～0.3）∶（0.1～0.7）。它们的特点是柔韧性高，低温柔韧性优于 PBT 或 PBT-PC 共混物，主要用作汽车保险杠和家用塑料制品。

③ ABS-聚氯乙烯共混物　此类共混物所用聚氯乙烯为硬质聚氯乙烯，分散相与两种基体树脂用量比为（0.05～0.5）∶（0.95～0.45）。其特点是高柔韧性和高耐热性，加工性优于聚氯乙烯，耐火焰性则优于 ABS，主要用来制造容器和家用塑料制品。

④ ABS-PUR（热塑性聚氨酯橡胶）共混物　此类共混物分散相用量为 0.05～0.25。产品的低温柔韧性优良，刚性优于 PUR，主要用于制造滑雪用具如滑雪靴以及其他注塑制品。

⑤ ABS-PA-6（尼龙 6）共混物　此类共聚物分散相用量为 0.05～0.4。为了使 ABS 树脂中的分散相能够很好地与 PA-6 结合，ABS 应进行改性，使分散相的接枝外壳与某些功能团结合后与 PA-6 中的酰胺基团反应，提高其性能。产品的特点是高柔韧性，尺寸稳定性优于聚酰胺塑料，主要用作汽车部件。

10.1.5　聚氯乙烯

10.1.5.1　概述

聚氯乙烯（PVC）树脂分子通式为 $\text{CH}_2-\text{CHCl}\text{)}_{\overline{n}}$，是乙烯基聚合物中最主要的品种之一，其产量在世界范围内曾居合成树脂的首位，现仅次于各种聚乙烯的总产量。聚氯乙烯受热超过 100℃ 会逐渐分解释放出 HCl、在光线作用下会逐渐老化降解变黄，软化点较低，力学性能较差；但与增塑剂、稳定剂、润滑剂以及其他一些聚合物混溶性良好，可加工为硬质或软质的各种塑料制品以及人造革、薄膜、板材、管材、泡沫塑料等。聚氯乙烯产品种类很多，既可用作绝缘材料、防腐蚀材料、日用品材料，又可用作建筑材料，而且其原料来源充沛、价格低廉，是得到广泛应用的通用型塑料品种之一。

单体氯乙烯在工业化生产初期主要来源于电石路线，由电石水解产生的乙炔与 HCl 经催化加成而得，此路线能耗很高。随着石油化工工业的兴起，聚氯乙烯生产已改为石油路线，以裂解气分离出来的乙烯为原料，此路线经济合理，得到了广泛发展。

聚氯乙烯塑脂的生产方法主要为自由基悬浮聚合，其次为自由基本体聚合、自由基乳液聚合和微悬浮聚合。

自由基悬浮聚合法生产的产品为直径在 $100\sim150\mu m$ 的多孔性颗粒，称为 S-聚氯乙烯。

自由基本体聚合法生产的产品形态和用途与 S-聚氯乙烯相似，但透明性优于 S-聚氯乙烯，适合于注塑成型。

在自由基乳液聚合和微悬浮聚合生产中，从聚合釜得到的是直径为 $0.2\sim3\mu m$ 的初级聚氯乙烯粒子胶乳，经喷雾干燥后得到直径为 $1\sim100\mu m$ 的产品，主要是 $20\sim40\mu m$ 的聚氯乙烯次级粒子，称为 E-聚氯乙烯，它是初级粒子聚集体，在增塑剂中可生成糊状悬浮液，因此又称为聚氯乙烯糊用树脂。

聚氯乙烯树脂添加增塑剂和必要的助剂后，可加工为软质聚氯乙烯塑料制品，早期主要用作电缆绝缘层、薄膜、人造革等；随着加工助剂的改进和加工设备与加工技术的提高，聚氯乙烯硬质制品如管道、塑料门窗、板材等在建筑与包装行业的应用日益广泛。在世界范围内，聚氯乙烯硬质产品的比重已大大超过 50%。

10.1.5.2 生产工艺

10.1.5.2.1 氯乙烯单体

（1）性质

氯乙烯在室温和常压下为无色气体，具有微甜味，易燃，与空气混合后可形成爆炸混合物。工业生产中，使氯乙烯受压液化后进行精制、输送与贮存。氯乙烯微溶于水，25℃溶解度为 $0.11g/100gH_2O$；易溶于烃、油、醇、氯代烃溶剂以及多数有机液体，其主要物理性质见表 10-19。

表 10-19 氯乙烯物理性质

性质	数值	性质	数值
分子量	62.5	折射率(15℃)	1.398
熔点/℃	−153.8	闪点(开口杯)/℃	−77.75
沸点/℃	−13.4	自燃温度/℃	472
临界压力/kPa	5600	空气中爆炸极限/%(体积分数)	4~22
临界温度/℃	156.6	液体密度(−14.2℃)/(g/cm³)	0.969

无空气和水分的纯氯乙烯很稳定，对碳钢无腐蚀作用；有氧存在时，可生成氯乙烯过氧化物，它可水解生成盐酸而腐蚀设备，过氧化物还可使氯乙烯产生自聚作用，长距离输送时应加入阻聚剂氢醌。

（2）生产方法

氯乙烯的工业生产分为乙炔路线与乙烯路线两种方法。

① 乙炔路线 原料为来自电石水解产生的乙炔和氯化氢气体，在催化剂氯化汞的作用下反应生成氯乙烯：

$$HC\equiv CH + HCl \xrightarrow{HgCl_2} H_2C=CHCl$$

② 乙烯路线 生产氯乙烯的工业方法又叫做乙烯氧氯化法，其化学反应分为以下三个步骤。

a. 直接氯化反应：

$$H_2C=CH_2 + Cl_2 \longrightarrow ClCH_2-CH_2Cl$$

b. 氧氯化反应：

$$H_2C=CH_2 + 2HCl + \frac{1}{2}O_2 \longrightarrow ClCH_2-CH_2Cl + H_2O$$

c. 二氯乙烷裂解反应：

$$ClCH_2-CH_2Cl \longrightarrow CH{=}CHCl + HCl$$

总反应：

$$2H_2C{=}CH_2 + Cl_2 + \frac{1}{2}O_2 \longrightarrow 2CH{=}CHCl + H_2O$$

10.1.5.2.2 聚合工艺

聚氯乙烯树脂都是由氯乙烯单体经自由基聚合反应合成的，聚合方法有悬浮聚合法、乳液聚合法和微悬浮聚合法；本体聚合法也有少量实际应用。

（1）悬浮聚合法

悬浮聚合使用的分散剂为有适当水解度的聚乙烯醇和水溶性纤维素醚，所得 S-聚氯乙烯树脂为多孔性不规整颗粒，称为"疏松型"树脂。

① 原料　原料主要包括单体、去离子水和分散剂。

a. 单体　氯乙烯在我国主要用乙炔法和乙烯氧氯化法生产。单体纯度通常要求大于99.98%，先进的工厂则要求纯度大于99.99%，如果所含杂质对聚合无害，则纯度可适当降低。

b. 去离子水　反应介质用水需经离子交换树脂处理，处理后水的 pH 值应在 5~8.5 范围内，硅胶含量≤0.2mg/L。

c. 分散剂　悬浮聚合生产的聚氯乙烯颗粒大小与形态主要取决于分散剂。分散剂应当具有亲油-亲水性质，能使氯乙烯单体液珠在聚合前和聚合后稳定。分散剂分为主分散剂与辅助分散剂两类，主分散剂的主要作用是控制所得颗粒大小，但也会影响聚氯乙烯颗粒的孔隙率和形态；辅助分散剂的作用是提高颗粒中的孔隙率，并使之均匀以改进聚氯乙烯树脂吸收增塑剂的性能。

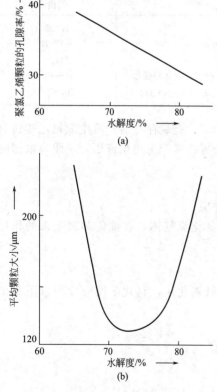

图 10-25　聚乙烯醇水解度对聚氯乙烯颗粒大小和孔隙率的影响

主分散剂主要是纤维素醚和部分水解的聚乙烯醇。纤维素醚应为水溶性衍生物，主要为羟丙基甲基纤维素，也可使用甲基纤维素（MC）、羟乙基纤维素（HEC）、羟丙基纤维素（HPC）、羟丙基甲基纤维素（HPMC）等。作为主分散剂的聚乙烯醇应由聚醋酸乙烯酯经碱水解而得，其聚合度和水解度影响其分散效果，—OH 基团为嵌段分布时分散效果最好；随着聚乙烯醇水解度的降低，所得聚氯乙烯颗粒的孔隙率增高，水解度对孔隙率和颗粒大小的影响见图 10-25。分散剂与搅拌速度配合适当可以得到最佳的粒径和孔隙率。聚乙烯醇的水解度应在 70%~88% 的范围内，水解度低于 70% 时不溶于水，丧失稳定颗粒的能力，通常使用的水解度为 80%±1.5% 的产品。

辅助分散剂主要是小分子表面活性剂和低水解度聚乙烯醇。辅助分散剂又称成粒剂，其作用是使每个聚氯乙烯颗粒内的孔隙均匀一致，有利于吸收增塑剂。可以用作辅助分散剂的表面活性剂很多，但不能对聚合反应产生不良影响。工业上常用非离子型的脱水山梨醇单月桂酸酯作为辅助分散剂。用作辅助分散剂的聚乙烯醇通常是低分子量、低水解度的聚乙烯醇，水解度通常在 40%~55% 之间，羟基分布为无规型。如果低水解度聚乙烯醇不溶于水，则配制成甲醇溶液使用。现在已有可溶于水的低水解度聚乙烯醇供应。如果分散剂配方中加有辅助分散剂，则应调整主分散剂的用量。分散剂的总用量取决于反应器尺寸和形状、搅拌器形状、搅拌速度等参数，应根据实际情况制订配方。

d. 引发剂　氯乙烯悬浮聚合温度在 50～60℃，应根据反应温度选择合适的引发剂，在反应温度下半衰期约为 2h 的引发剂最为合适。由于反应后期单体浓度降低，为了使反应继续进行，反应前期与反应后期应当使用不同半衰期的引发剂，因此聚氯乙烯树脂生产中常使用复合引发剂，即两种引发剂的混合物。两种引发剂的配比取决于生产的树脂牌号和产品的平均分子量。活性较大的引发剂半衰期较短，主要在反应前期发生作用，半衰期较长、活性较差的引发剂则维持反应至结束。生产平均分子量较低的聚氯乙烯树脂时，使用一种引发剂即可。例如，生产平均聚合度超过 1200，即 K 值在 70 以上的聚氯乙烯树脂时，聚合反应温度要求在 52℃ 以下，此时使用过碳酸酯如过碳酸二（2-乙基己酯）、过碳酸二环己酯、过碳酸二辛酯等为主引发剂，而用活性较高的过氧化乙酰环己烷硫酰进行辅助，可使其在较低的反应温度下有足够的聚合反应速度；也可使用过氧化二（2-乙基己酯）与偶氮 2,4-二甲基戊腈复合引发剂，后者的活性则低于前者。生产平均分子量为中间范围（即 K 值为 63～68）的聚氯乙烯树脂时可单独使用过碳酸酯引发剂。生产 K 值为 60 或 60 以下的聚氯乙烯树脂时，聚合反应温度通常高于 62℃，为了防止引发剂消耗过快，除了使用过碳酸酯主引发剂，还应当加入活性较低的过氧化二酰基引发剂如过氧化二月桂酰作为辅助引发剂。氯乙烯悬浮聚合与本体聚合常用引发剂见表 10-20。

表 10-20　氯乙烯悬浮聚合与本体聚合引发剂品种

种类	贮存温度/℃	形状	半衰期/℃		
			10h	1h	6min
过氧化乙酰环己烷硫酰	−15	溶液	37	51	66
过氧化二月桂酰	30	固体	62	80	99
过碳酸二(2-乙基己酯)	−15	乳液或溶液	44	61	80
过碳酸二环己酯	10	固体	44	59	76
过碳酸二(十六酯)	25	固体或分散液	45	61	79
偶氮 2,4-二甲基戊腈	10	固体	52	—	—

选择引发剂的条件除其半衰期外，还要考虑引发剂在水中的溶解度、贮存与操作条件、在反应器壁产生沉积物多少等因素。引发剂如果易于水解，则在水中的溶解度高，将影响其引发效率，还会使氯乙烯单体液滴粒子的粒径大小分布较为集中。

常温下为固体的引发剂易于贮存与运输，但使用时须配制成溶液以便于加料。先进的高分散乳液状引发剂易于贮存与加料，分散液的含量一般为 25％～40％，可使引发剂充分均匀分散。

② 其他助剂　除了必须使用分散剂和引发剂外，氯乙烯悬浮聚合过程还要加入其他助剂以保证产品的使用质量，重要的助剂有以下几种。

a. 链终止剂　使用链终止剂的目的是为了保证聚氯乙烯树脂质量，使聚合反应在规定的转化率终止。发生意外事故时也要使用链终止剂终止反应。常用的链终止剂为聚合级双酚 A、叔丁基邻苯二酚、α-甲基苯乙烯等。

b. 链转移剂　为了控制聚氯乙烯树脂平均分子量，除控制反应温度外，还可添加链转移剂。常用的链转移剂为硫醇，如硫基乙醇等。

c. 抗鱼眼剂　为了减少聚氯乙烯树脂中结实的圆球状树脂数量，可加入抗鱼眼剂。抗鱼眼剂主要是苯甲醚的叔丁基、羟基衍生物。

d. 防粘釜剂　聚氯乙烯树脂生产过程中，树脂会黏结于反应釜釜壁上形成釜垢，这是悬浮法生产聚氯乙烯树脂常见工艺问题之一。先进的处理方法是在反应釜内喷涂防粘釜剂。防粘釜剂的种类很多，应具有可消除自由基的能力，使自由基增长链不能在涂膜表面黏结而终止；防粘釜剂与釜壁和釜内器件表面应有良好的结合力，不能被氯乙烯液体溶解；为了便于喷涂，防粘釜剂必须溶解或可高度分散于水中。较好的防粘釜剂包括含酚基团、含胺基团的活性低聚物，主要是萘酚、醛类缩聚物或胺类缩聚物等。使用时将防粘釜剂配制成水溶液，喷涂于釜壁后干燥和催化固化。为了增加防粘釜剂黏度，可添加水溶性聚合物如聚乙烯醇、海藻酸钠等，它们也可参与固化反应。

③ 聚合工艺　氯乙烯悬浮聚合工艺流程见图 10-26。氯乙烯悬浮聚合采用间歇法生产，反应釜为压力釜。小型反应釜容积大多数为 $7\sim14m^3$，大型的反应釜超过 $200m^3$。小型反应釜仅装有强力搅拌装置和冷却水用夹套。大型反应釜为了增强分散效果，釜壁上还装有挡板；为了及时移走反应热，除加强夹套的冷却效率以外，釜的上部装有回流冷凝装置。

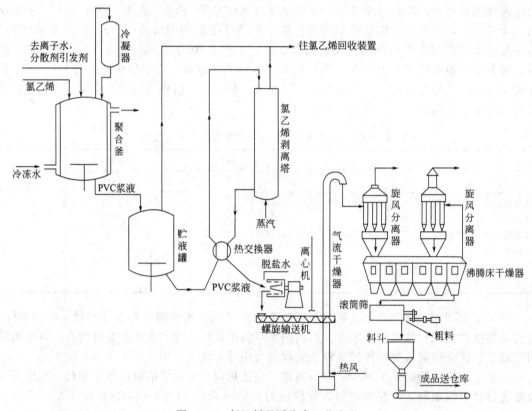

图 10-26　氯乙烯悬浮聚合工艺流程

氯乙烯悬浮聚合主要物料的投料范围为（质量）：

氯乙烯：100 份；

分散剂：0.05～0.15 份；

去离子水：90～150 份；

引发剂：0.03～0.08 份。

具体投料量取决于生产的树脂牌号、所用分散剂和引发剂的种类以及反应釜的容积等因素。

氯乙烯自由基聚合反应中易于发生向单体进行链转移，链转移随温度的升高而加速。工业生产中，通过调整聚合温度的高低来控制聚氯乙烯树脂的平均分子量，不同分子量的产品可以生产出不同牌号的树脂。聚合反应温度升高则平均分子量降低，反应温度还影响树脂颗粒的孔隙率。聚合反应温度对聚氯乙烯树脂性能的影响见表 10-21。

表 10-21　聚合反应温度对聚氯乙烯树脂性能影响

聚合反应温度/℃	K 值	数均分子量	颗粒孔隙率[①]/%
50	73	67000	29
57	67	54000	24
64	61	44000	13
71	57	33000	7

① 室温下对增塑剂的吸收量。

生产聚氯乙烯时，首先将去离子水和各种助剂经计量后加于聚合反应釜中，然后加入计量的氯乙烯单体。升温至规定的温度后，加入引发剂溶液或分散液，聚合反应随即开始。反应时，在夹套内通水进行冷却，在聚合反应激烈阶段应通 5℃ 以下的低温水。反应温度取决于生产的树脂牌号，必须严格控制反应温度波动使其不超过 ±0.2℃ 的范围。

小型反应釜中的聚合反应热全部依赖夹套中的冷却水排出，大、中型反应釜除夹套冷却外，还借助单体回流移走反应热。反应釜的加料系数为其容积的 80%～95%。加料与温度控制可由计算机按预定的程序自动控制。

聚合反应生成的聚氯乙烯树脂不溶于单体氯乙烯中，但可吸收 27% 的单体（质量）形成具有黏性的凝胶。当单体转化率达到 70% 以上时，游离的液态单体数量急骤减少，反应釜内的压力开始下降。游离的液态单体消失时，压力下降明显，聚合反应开始在凝胶内进行；由于凝胶相内增长链的活动性降低，链终止速度减缓。当转化率达到 80%～85% 范围时，单体数量明显减少，聚合反应速度再次下降。氯乙烯悬浮聚合过程中反应釜内压力、温度与夹套温度变化曲线见图 10-27。

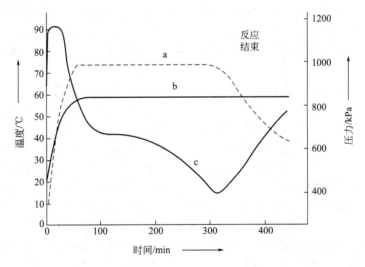

图 10-27　氯乙烯悬浮聚合温度压力曲线图
a—压力曲线；b—物料温度；c—夹套内温度

工业生产中，当反应釜压力下降到 0.50～0.65MPa 或规定值后结束反应，具体压力因树脂牌号而异。终止反应的方法是加入链终止剂或迅速减压脱除未反应的单体，脱除的单体进入单体回收系统。排出单体后，聚合物浆液中未反应单体含量仍达 2%～3%。由于单体氯乙烯是致癌物质，产品聚氯乙烯中的单体含量要求低于 10×10^{-6}，甚至低于 1×10^{-6}，因此物料必须进行"汽提"进一步脱除单体。汽提是将聚氯乙烯树脂浆料从反应釜送入附有搅拌装置的贮槽中，然后从汽提塔塔顶送入塔内，与塔底通入的蒸汽逆向流动，氯乙烯与蒸汽从塔顶逸出后进行回收。脱除单体后的浆料经热交换器冷却后，送往离心分离工段脱水。脱水后的滤饼含水量约为 $20\%\sim30\%$，此滤饼可直接送入卧式沸腾干燥器进行干燥，也可经气流干燥器和卧式沸腾干燥器串联干燥。干燥后的聚氯乙烯树脂含挥发物量为 $0.3\%\sim0.4\%$。经筛选除去大颗粒树脂后，包装得到悬浮聚氯乙烯树脂成品。

④ 生产工艺条件与控制

a. 反应釜材质与传热　早期的小型反应釜主要为搪玻璃压力釜，内壁表面光洁，不易黏结釜垢，容易清釜。但由于玻璃的热导率低，所以仅可制造小型反应釜。大型的反应釜由不锈钢制成，其热导率远高于搪玻璃釜，缺点是粘釜现象较严重。随着生产配方与防粘釜技术的进步，粘釜问题基本上已解决，当前最大的聚合反应釜容积已达 $200m^3$。

氯乙烯聚合时，反应热量较大，达到 $1540kJ/kg$。为了控制树脂型号，反应过程中必须严格控制反应温度，使其波动低于 $\pm0.2℃$。为及时排出反应热，釜体通常设计为瘦高型，以提高夹套冷却面积；大型反应釜还可通过在顶部安装回流冷凝器、内壁增加可水冷的挡板来提高传热效率；但大量单体回流会使冷凝器器壁上产生聚氯乙烯粘壁物，从而降低换热效率。此外，为了提高传热效率，可采用经冷冻剂冷却的低温水（$9\sim12℃$或更低）进行冷却，以加大反应物料与冷却水之间的温差。采用温度恒定的低温水进行冷却可避免因季节变化引起的水温波动，有利于反应温度的自动控制。

反应釜的搅拌装置不仅对传热效果有很大影响，对悬浮聚氯乙烯颗粒的形态、大小及其分布也产生重要影响。搅拌器叶片形状、叶片层数、转速等的科学设计非常重要。

b. 意外事故处理　由于聚合过程中放热量大，发生突发性事故如停电或冷却水系统故障时，会造成不能及时冷却而使反应釜内物料温度上升，进而导致釜内压力升高，甚至超过安全极限而爆炸的危险。为避免反应失控，反应釜盖上装有与大口径排气管联结的爆破片，万一釜内压力急骤升高时，爆破片首先爆破，氯乙烯单体与物料从排气管中迅速排出而避免反应釜超压而爆炸。另外，也可以在反应釜上安装自动注射阻聚剂的装置，当温度急骤升高时，自动装置向釜内注射阻聚剂叔丁基邻苯二酚、α-甲基苯乙烯或双酚A等，以防止反应的进一步进行。

c. 粘釜及其防止方法　氯乙烯悬浮聚合过程中，在反应釜内壁和搅拌器表面经常沉积一薄层聚氯乙烯树脂而形成"锅垢"，工业上对此现象称之为"粘釜"。粘釜物的存在将降低传热效率，增加搅拌装置负荷，更严重的是粘釜物跌落在反应系统中会形成"鱼眼"颗粒而污染成品。以前通过人工清釜铲除粘釜物，劳动强度非常大，而且严重影响清釜工人的健康。目前采用反应釜内壁喷涂防粘釜剂的方法，避免了人工清釜。防粘釜剂主要是酚醛类树脂和多元胺缩聚物制得的有阻聚作用的涂料，将其制成水溶液后喷涂与釜内，经加热脱水、热处理后使釜壁及釜内器件表面形成固化的防粘釜剂涂膜，避免了产生釜垢粘釜现象。涂布一次通常可生产200釜以上，而且仅用高压水枪即可完成清釜工作。

一般认为粘釜物的形成是由于氯乙烯单体首先被釜壁吸附，然后聚合而形成粘釜物；最初形成的聚氯乙烯粘釜物被氯乙烯单体溶胀后继续聚合，从而形成较厚的粘釜物。防粘釜剂可以消除自由基，使生成的聚氯乙烯不能黏结于涂膜上。涂膜为交联结构，不溶于液态氯乙烯中，防粘釜剂使用次数取决于涂膜与釜壁结合的牢固性。

⑤ 反应动力学　氯乙烯悬浮聚合要求生产直径为 $100\sim150\mu m$ 的多孔性颗粒状树脂，要求颗粒大小分布狭窄。氯乙烯悬浮聚合的动力学如下所述。

根据转化率，反应可分为三阶段。

a. 转化率＜5%阶段　聚合反应发生在单体相中，由于所产生的聚合物数量较少，反应速度服从典型的动力学方程，即：

$$\frac{-\mathrm{d}[M]}{\mathrm{d}t}=\frac{k_{\mathrm{p}}[M]k_{\mathrm{d}}[I]^{\frac{1}{2}}}{k_{\mathrm{t}}}$$

聚合反应速度与引发剂用量的平方根成正比，当聚合物的生成量增加后，聚合速度由于 k_{t} 降低而发生偏差。

b. 转化率 5%～65%阶段　聚合反应在单体相和聚氯乙烯-单体凝胶相中同时进行，并且产生自加速现象。链终止反应主要在两个增长的大分子自由基之间发生，而它们在黏稠的聚合物-单体凝胶相的扩散速度显著降低，因而链终止速度减慢，聚合速度加快，呈现自加速现象。

c. 转化率＞65%阶段　转化率超过 65%以后，游离的氯乙烯基本上消失，釜内压力开始下降，此时聚合反应发生在聚合物凝胶相中。由于残存的氯乙烯逐渐消耗，凝胶相的黏度迅速增高，聚合反应速度继续上升，达到最大值后逐渐降低。当聚合反应速率低于总反应速率以后，反应终止。

氯乙烯单体的转化率选定在 70%～95%的范围，具体数值取决于生产的树脂牌号。过高的转化率需要更长的反应时间，经济上不合算。工业上生产软质聚氯乙烯时，转化率达到 85%时停止反应。生产硬质聚氯乙烯树脂时转化率为 90%。

⑥ 成粒机理与颗粒形态　悬浮法聚氯乙烯树脂颗粒的形态、平均粒径、粒径分布与其性能有直接关系，必须控制颗粒的形态与粒径才能生产性能优良的悬浮聚氯乙烯树脂颗粒。

聚氯乙烯成粒过程分为两部分。首先是单体在水相中的分散和在氯乙烯-水相界面发生的反应，此过程主要控制聚氯乙烯颗粒的大小及其分布；另一过程是在单体液滴内和聚氯乙烯凝胶相内发生的化学与物理过程，此过程主要控制所得聚氯乙烯颗粒的形态。

在聚合反应釜中，液态氯乙烯单体在强力搅拌和分散剂的作用下破碎为平均直径为30～40μm的液珠分散于水相中，单体液珠与水相的界面上吸附了分散剂。聚合反应发生后，界面层上的分散剂发生氯乙烯接枝聚合反应，使分散剂的活性和分散保护作用降低，液珠开始由于碰击而合并为较大的粒子，并处于动态平衡状态，此时单体转化率约为 4%～5%。转化率进一步提高到 20%左右后，由于分散剂接枝反应的深入进行，阻止粒子碰击合并，所以所得聚氯乙烯颗粒数目开始处于稳定不变的状态，此后的搅拌速度对于产品的平均粒径不再发生影响，最终产品的粒径在 100～180μm 范围。不同牌号的树脂粒径范围，取决于生产的聚氯乙烯树脂用途、分散剂类型和用量、反应起始阶段的搅拌速度等参数。使用的分散剂浓度高，易得孔隙率低（≤10%）的圆球状树脂颗粒，尤其是使用明胶作为分散剂时，其影响最为明显。低孔隙率树脂在反应结束后较难脱除残存的单体，而且吸收增塑剂速度慢，难以塑化而逐渐被淘汰。产品的平均粒径因用途不同而有差异，生产软质制品的聚氯乙烯树脂平均粒径要求在 100～130μm 左右，生产硬质制品则要求粒径在 150～180μm 范围；分子量较低的牌号要求粒径在 130～160μm 范围，具体要求取决于生产条件。

影响聚氯乙烯颗粒形态的化学与物理变化主要发生在单体相和聚氯乙烯凝胶相中。聚氯乙烯不溶于液态的单体氯乙烯中，聚合反应以后，链增长至 10 个单体链节以上即从单体相沉淀析出，形成直径约为 15～20nm 的微域结构，也可称为基本粒子，它含有 20 个以上的增长链自由基，可能来源于相同的引发剂自由基。产生此现象时的单体转化率很低，可仅为0.01%。形成的基本粒子不稳定，立即聚集为区域结构，即初级粒子核心，其直径约为0.1μm。单体液珠中一旦有初级粒子核心存在，则不再形成新的核心，即初级粒子的数目不再增加。单体相中进一步生成的聚氯乙烯自由基都沉淀于已生成的初级粒子核心上，然后发生链终止或链转移反应生成聚氯乙烯大分子。由于粒子表面吸附了水中的 Cl^{-} 而带负电荷，初级粒子核心在进一步聚集前有一段时间是稳定的，随后聚集为初级粒子，此时单体转化率可达 0.02%～0.1%。随着聚合反应的深入进行，逐渐形成了被单体溶胀为凝胶的聚氯乙烯相。这样的初级粒子可以变形，并且聚集为直径增长为 1～2μm 的初级粒子聚集体。当单体转化率达到 90% 左右时，聚合反应结束，聚集体中的初级粒子直径增长到 1μm 左右，而此聚集体则增长到 2~10μm。与次级粒子相似，聚合反应进行过程中处于凝胶状态的初级粒子聚集体在搅拌作用下相互黏结堆集，最终形成直径为 100~180μm 的悬浮法聚氯乙烯颗粒。初级粒子聚集体堆集时会产生孔隙，如果这些孔隙在聚合过程中不被后来生成的聚氯乙烯分子所填充，最终得到的产品为多孔性、形状不规整的颗粒，即疏松型树脂；否则为孔隙较少，形状近于圆球的紧密型树脂。由聚合反应开始时生成聚氯乙烯大分子沉淀，到生成聚氯乙烯初级粒子聚集体的全过程描绘见图 10-28（不包括最终产品颗粒）。

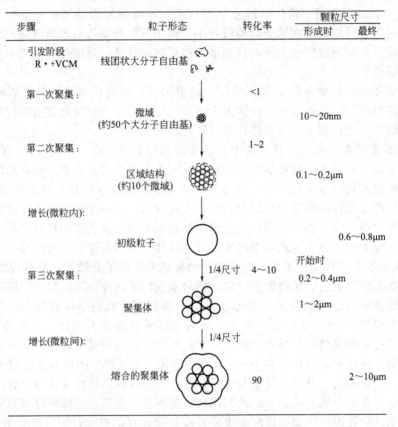

图 10-28　氯乙烯悬浮聚合成粒过程描绘

聚氯乙烯初级粒子聚集体的排列与最终颗粒的孔隙率有很大关系。已知聚氯乙烯树脂的实体密度为 $1.4g/cm^3$，而孔隙率较大的悬浮法树脂密度仅为 $0.85g/cm^3$，孔隙的存在使密度降低了近 40%。

聚氯乙烯平均粒径和粒径分布对产品影响很大，通常要求粒径分布狭窄，因为大于 250μm 的粒子容易产生鱼眼粒，而小于 60μm 的粒子容易在水中或干燥时流失，影响产率。

在上述成粒过程中，单体氯乙烯向分散剂进行接枝反应产生的接枝共聚物形成了粒子的外膜，首先生成液滴/水界面的渗透膜，厚度为 0.01~0.02μm；随着粒子的扩大，聚氯乙烯逐渐沉积在渗透膜上，形成了颗粒的表面膜，厚度增加为 0.5~5μm。

（2）本体聚合法

氯乙烯经本体聚合时无反应介质存在，反应生成的聚氯乙烯不溶于单体氯乙烯中，最终产品的形态与悬浮法所得产品相似。本体聚合动力学和成粒机理与氯乙烯悬浮聚合法相似，不同的是没有水相存在。

本体聚合生产工艺最早由法国 Pechiney St. Gobain 公司开发，其生产工艺分两阶段，所以又称为两步本体聚合法。

第一阶段聚合反应在预聚釜中进行，预聚釜为立式不锈钢压力釜，大型预聚釜的容积可为 8~25m³。预聚釜装有冷却夹套和冷凝器，搅拌装置一般为四叶片涡轮式搅拌器，釜壁装有挡板。溶解有引发剂的液态氯乙烯加入预聚釜后，经搅拌、加热后在 62~75℃迅速聚合。第一阶段的单体转化率控制在 7%~12%，反应时间为 30min。应使用半衰期较短的油溶性引发剂，使其在第一阶段结束时接近于全部消耗，通常选用过氧化乙酰基环己烷硫酰和过碳酸酯作为引发剂。与悬浮聚合成粒机理相同，聚合反应开始后生成的聚氯乙烯迅速沉淀析出，由最初的微域结构逐渐增长为直径约为 $0.7\mu m$ 的初级粒子。所有初级粒子在同一时间内生成，其直径随转化率的提高而增大。初级粒子的数目取决于聚合温度和引发剂用量。当转化率达到 1%左右时，搅拌作用使初级粒子聚集为更大的球形絮凝物，絮凝物的强度随聚合温度的降低而下降。为了使絮凝物在转移到第二阶段聚合釜中时形状不遭破坏，聚合反应温度应不低于 62℃。初级粒子的聚集体在第二阶段反应釜中作为种子增长为最终颗粒状产品。

第二阶段聚合反应釜的容积大于预聚釜，釜内也有搅拌装置、冷却夹套和冷凝器。早期为卧式压力釜，现已改用立式聚合釜，体积为 12~50m³。第二阶段聚合时间超过 3h，所以一个预聚釜可配备 5 个聚合釜以匹配生产能力，而且各釜容积大于预聚釜 1 倍以上。预聚釜内转化率仅为 10%左右的浆料，经重力作用流入第二阶段聚合釜，补充适量溶有引发剂的新鲜单体后加热使之聚合。所用引发剂主要是过碳酸酯、过氧化二月桂酸酯等。聚合过程中，生成的聚氯乙烯沉积在第一阶段生产的初级粒子聚集体种子上，使粒子逐渐增大，最终形成直径为 $130~160\mu m$ 的产品颗粒。当单体转化率达到 20%左右时，形成的颗粒与液态单体并存，呈潮湿状态。当转化率提高到 40%左右时，由于液态单体数量减少而转变为无液态的干粉状态。反应时间通常为 3~9h，具体时间取决于产品分子量（K 值）。聚合反应达到要求的转化率后，在真空条件下加热到 90~100℃，然后通入氮气或水蒸气排除残存的氯乙烯单体以供回收利用。最后，加入适量的抗静电剂使粉料顺利排出。粉料经过滤筛除去大颗粒和不规则颗粒后得到产品。大颗粒树脂约占总量的 10%，经研磨粉碎后重新过筛，合格的颗粒与产品合并。本体聚合流程见图 10-29，第二阶段聚合釜见图 10-30。

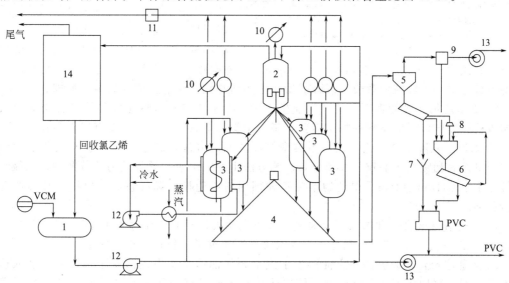

图 10-29　聚氯乙烯本体聚合生产流程
1—氯乙烯贮槽；2—预聚釜；3—聚合反应釜；4—聚氯乙烯贮槽；5—旋风分离器；6—过滤筛；7—研磨器；
8—粉碎器；9—过滤器；10—冷凝器；11—真空泵；12—泵；13—风机；14—氯乙烯回收装置

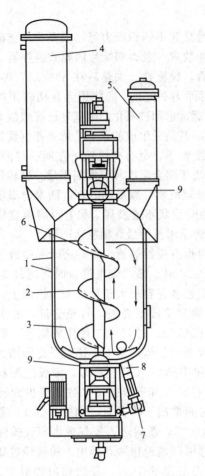

图 10-30　氯乙烯本体聚合立式聚合釜

1—壳体与夹套；2—上部螺旋搅拌器；3—底部锚式搅拌器；
4—回流冷凝器；5—脱气用过滤器；6—PVC 树脂上界面；
7—出料阀；8—人孔；9—密封装置

氯乙烯本体聚合产品与悬浮聚合产品性能相似，优点是无需干燥工序，而且所用聚合设备生产能力大，生产成本低于悬浮聚合法；缺点是需经过两个阶段的聚合，未反应的单体难以充分脱除并有约 10% 的大颗粒，须经筛分后研磨为合格品。

氯乙烯本体聚合产品的分子量同样取决于聚合温度。由于聚合反应主要在第二阶段聚合釜中进行，此时的反应温度决定了产品的分子量范围。第二阶段反应温度和转化率越高，颗粒孔隙率越低，脱除单体的量越少。最终产品的粒径大小取决于预聚釜中生产的种子大小和数量。预聚釜搅拌叶片边缘的线速度和单体转化率对产品的粒径也有影响。

(3) 乳液聚合法

氯乙烯乳液聚合法的最终产品是制造聚氯乙烯增塑糊所用的聚氯乙烯糊树脂（E-聚氯乙烯），工业生产分为两阶段进行。第一阶段，氯乙烯单体经乳液聚合反应生成聚氯乙烯胶乳，它是直径为 $0.1 \sim 3\mu m$ 的聚氯乙烯初级粒子在水中的悬浮乳状液。第二阶段生产中，将上述聚氯乙烯胶乳的一部分作为种子与氯乙烯单体进行乳液聚合反应，所得聚氯乙烯胶乳经喷雾干燥得到聚氯乙烯糊用树脂。聚氯乙烯糊用树脂是由初级粒子聚集而得到的次级

粒子，直径为 $1 \sim 100\mu m$，多数在 $20 \sim 40\mu m$。这种次级粒子与增塑剂混合后，经剪切作用崩解为直径更小的颗粒而形成不沉降的聚氯乙烯增塑糊，工业上称为聚氯乙烯糊。

① 聚氯乙烯胶乳的生产方法　工业生产中，要求生产具有规定粒径及其分布的聚氯乙烯初级粒子胶乳以适应不同的加工需要，制备聚氯乙烯胶乳的方法主要有以下几种。

a. 无种子乳液聚合　此方法采用典型的乳液聚合方法，利用水溶性引发剂和表面活性剂的用量控制初级粒子的粒径及其分布。此方法生产的聚氯乙烯胶乳为单分散性，初级粒子的粒径小于 $0.1\mu m$，干燥后得到的聚氯乙烯糊用树脂造糊后黏度较高，仅用于特殊场合或直接涂饰。

b. 种子乳液聚合　此方法所得聚氯乙烯胶乳初级粒子的粒径远大于无种子乳液聚合法，通常为 $0.2 \sim 1.2\mu m$，其大小和分布主要取决于所用种子的粒径大小和数量。

c. 微悬浮聚合　此方法使用油溶性引发剂。将油溶性引发剂溶解于单体后，加入适量表面活性剂，用均化器通过机械方法使单体在水中形成直径为 $1\mu m$ 左右的液珠，然后聚合生成聚氯乙烯胶乳。初级粒子粒径约在 $0.2 \sim 1.2\mu m$ 范围内，粒径大小呈高斯分布状态。

d. 乳液聚合与微悬浮聚合相结合　此方法使用阴离子表面活性剂与长链脂肪醇为分散剂，用水溶性引发剂或油溶性引发剂引发聚合反应，所得聚氯乙烯胶乳初级粒子粒径及其分

布与微悬浮法相似。

上述聚合方法的操作方式分为间歇法、半连续法和连续法三种。间歇法中，单体与去离子水、乳化剂、引发剂等物料一次投加于反应釜中。半连续法中，全部的单体和部分含有乳化剂的去离子水首先加入聚合釜中，其余的乳化剂溶液和引发剂随反应过程的深入而连续加入，反应结束后一次性出料，也可将单体在反应过程中陆续加入反应釜中。连续法是将单体、去离子水以及必要的助剂连续加入聚合釜中，同时从聚合釜底部连续出料。

实际生产中，种子乳液聚合法和微悬浮法最为重要。下面就此两种方法做详细介绍。

② 种子乳液聚合法　为了获得初级粒子直径为 $1.0\mu m$ 左右的胶乳，最常用的生产方法是种子乳液聚合法。

a. 氯乙烯种子乳液聚合理论基础　有种子存在的条件下，如果乳化剂用量及加料量控制适当，单体聚合生成的新聚合物都在种子上增长，不再生成新的粒子，因而所得胶乳初级粒子粒径加大，但数目没有增加。在理想状态下，根据已知种子粒径的平均值、所得初级粒子平均粒径以及聚合转化率，可以计算需要的种子用量。

Ⅰ. 粒径增长与种子用量计算　假设 a 为种子胶乳中所含固体质量（g 或 kg），G 为聚合后增加的聚合物质量（g 或 kg），则质量增长比为 $(G+a)/a$。

在无新生粒子条件下，设种子胶乳粒子的粒径为 d_i，增加 G 质量后的粒径为 d，由于体积增长比应与质量增长比相等，因此：

$$(d/d_i)^3=(G+a)/a$$
$$(d/d_i)^3=G/a+1$$

如果要求产品粒径比种子粒径大 4 倍，则：$63a=G$；$a=1.58\%G$；以上为转化率 100% 情况下计算的结果。

如果设单体投加量为 X，转化率 94%，由于

$$G=0.94X$$

所以种子的用量 a 为：

$$a=1.58\%\times0.94X=1.49\%X$$

即当单体转化率为 94%，要求产品胶乳的粒径为种子胶乳粒径的 4 倍时，种子的用量应为单体投加量的 1.49%。

Ⅱ. 产品粒径的统计方法　胶乳中粒子的粒径不是均一的，而是多分散性的，因此应当用统计方法来表示其粒径。可用 d_{50} 表示累积含量为 50% 的粒径、用某一质量百分数范围内的粒径进行比较或用平均粒径进行比较。

由于统计方法的不同，而有数均、面（积）均、体（积）均、质（量）均和光散射平均等粒径值，具体见表10-22。

表 10-22　多分散性粒子的各种粒径平均值

粒径平均值	表示方法	举例计算值[①]，n
数均粒径	$D_n=\sum n_id_i/\sum n_i$	1
体均粒径	$D_v=(\sum n_id_i^3/\sum n_i)^{1/3}$	1.14
面均粒径	$D_s=\sum n_id_i^3/\sum n_id_i^2$	1.28
重均粒径	$D_w=(\sum n_id_i^6/\sum n_id_i^3)^{1/3}$	1.36
光散射平均粒径	$D_{ls}=(\sum n_id_i^8/\sum n_id_i^6)^{1/2}$	1.46

① 假设由三种数目相等而直径分别为 $0.5\mu m$、$1.0\mu m$ 和 $1.5\mu m$ 的微粒组成的体系。

b. 聚氯乙烯乳液粒子粒径的控制方法　理论上认为在种子乳液聚合过程中可控制反应而不生成新粒子，但事实上不可避免的有新粒子产生，因而造成产品的粒径分布比种子粒径分布更宽，所以选用作为种子的粒径分布应狭窄。如要求最终产品的粒径呈现双峰分布时，

应当采用平均粒径相差较大的两种胶乳作为种子。通常将无种子存在直接进行乳液聚合得到的胶乳粒子称为第一代种子，在此基础进行种子乳液聚合得到的胶乳粒子称为第二代种子。工业上将第一代种子与第二代种子以适当比例混合后用作最终产品的种子。

生产中严格控制聚合条件可减少生成新粒子的概率，有助于增大平均粒径并使粒径分布狭窄。例如，通过控制乳化剂的加料速度使其难以生成新的胶束；添加适量油溶性表面活性剂如十二醇硫酸钠与十二醇形成的复合乳化剂体系有助于提高初级粒子的平均粒径。

c. 聚合生产工艺　氯乙烯乳液聚合所用乳化剂主要为十二醇硫酸钠，引发剂为过硫酸铵（或钾）与亚硫酸盐组成的氧化-还原引发剂体系，微量的过渡金属离子如 Ag^+、Cu^{2+}、Fe^{3+} 等可使之活化。铁离子通常在酸性条件下使用，铜离子则适用于碱性条件下的氯乙烯乳液聚合。铜盐主要为硫酸铜，用量很少，以铜离子计仅为单体总量的 $(0.1\sim1.0)\times10^{-6}$。引发剂亚硫酸钠将 Cu^{2+} 还原为 Cu^+，生成亚硫酸根自由基，过硫酸盐将亚铜离子氧化为 Cu^{2+} 后生成硫酸根自由基，过硫酸盐和亚硫酸盐两者都产生了自由基，铜离子产生了使电子在亚硫酸根和过硫酸根之间发生转移的催化作用：

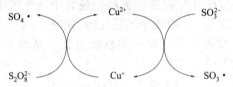

间歇法生产聚氯乙烯过程中，按照配方将全部单体和一部分乳化剂水溶液、种子胶乳、缓冲剂和还原剂以及硫酸铜加入聚合反应釜中，加热到接近反应温度后，开始自动加入溶有过硫酸盐的乳化剂水溶液。反应开始后夹套内通冷水进行冷却，自动控制系统按照冷却水进出口温差和流量控制乳化剂和氧化剂的加入量，使反应温度保持稳定。反应温度与悬浮聚合法相似，根据生产的产品分子量范围进行设定，波动范围控制在 $\pm0.5℃$。物料全都加完后，继续反应至釜内压力下降到 0.5MPa 时停止反应，回收未反应单体。待反应釜内无压力以后，开动真空泵将残留单体抽出，未抽出的残存单体将在喷雾干燥过程中脱除。

为了提高胶乳的稳定性和改进干燥后糊用树脂的流变性，出料前应加适量非离子表面活性剂环氧乙烷蓖麻油，搅拌均匀后，将胶乳送往贮槽。氯乙烯种子乳液聚合生产流程见图 10-31。

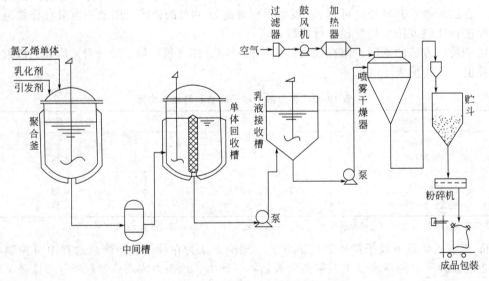

图 10-31　氯乙烯种子乳液聚合生产流程

③ 微悬浮聚合 微悬浮聚合使用油溶性引发剂，将单体在水中分散为 $0.1\sim2\mu m$ 的微小液滴进行聚合，以获得稳定的聚合物胶乳。微悬浮聚合的关键是制得稳定的高分散单体水乳液体系，常用的方法是在复合乳化剂存在下，将溶有油溶性引发剂的单体和水用机械方法均化为乳状液体系。均化机械主要有高速泵、高压均化器和胶体磨。使用均化设备增加了设备投资和生产能耗，所以开发了使用种子和部分单体进行均化的微悬浮聚合工艺；也可以使用大量十六醇，不使用均化机械直接在聚合釜中搅拌均化。

微悬浮聚合所用的复合乳化剂为阴离子表面活性剂十二醇硫酸钠和辅助表面活性剂长链脂肪醇或长链烷烃。脂肪醇以十六醇最为适合，优于更长或更短碳链的各种脂肪醇。十二醇硫酸钠与十六醇用量的摩尔比为（1∶1）～（1∶3）。复合乳化剂十二醇硫酸钠与十六醇在溶液中形成了具有液晶特征的络合物，具有良好的分散效果。微悬浮聚合采用一次投料的间歇法生产工艺，其工艺流程除加有混合罐和均化器外，其余部分与种子乳液法基本相同。

均化装置的使用使微悬浮法比种子乳液法设备投资高，生产过程能耗大；但制得的胶乳含固量可达 50%，种子乳液聚合所得胶乳含固量通常低于 40%；微悬浮法分散体系的稳定性高，生产过程中不会产生破乳，制得的胶乳中阴离子乳化剂含量较低，但脂肪醇的含量较高。

④ 干燥 一般的聚合物胶乳可用冷冻干燥、转鼓脱水、凝聚后离心分离等多种技术使聚合物与水分离，但对聚氯乙烯胶乳则不适合。聚氯乙烯胶乳干燥后必须制成高分散性、直径为数十微米、可调制成聚氯乙烯增塑糊的粉状树脂，工业采用的唯一干燥方法是喷雾干燥法。

喷雾干燥是将聚氯乙烯胶乳喷入体积较大的干燥塔中雾化为微小雾滴，经热空气干燥为次级粒子。它基本上是圆球状的初级粒子聚集体，粒径主要集中在 $20\sim40\mu m$。干燥的关键是使聚氯乙烯胶乳雾化。早期采用的喷嘴式雾化器靠喷嘴喷出的压缩空气将胶乳吸出进行气-液相混合而雾化，此法需在干燥塔塔壁安装多个喷嘴，而且需要空气压缩机供应大量压缩空气，能耗大，效果差，技术落后。先进的方法是将胶乳送入高速旋转的雾化器圆盘上，在高速离心作用下，胶乳在离开圆盘边沿时雾化进入热空气中。圆盘转速为 $15000\sim20000r/min$，圆盘周边的线速度可达 $90\sim100m/s$。雾化器圆盘装在干燥塔顶中心位置，热空气从雾化器周围吹入干燥塔中。热空气进口处温度通常为 $120\sim160℃$，出口温度为 $55\sim80℃$，具体温度取决于生产的树脂类型和性能。干燥后的粉状聚氯乙烯糊树脂与降温后的热空气从塔底出口进入袋式分离器分离空气和粉料。吸附于袋子周围的粉料经定期自动反吹与脉冲振动落入分离器底部，输送入研磨机将直径大于 $65\mu m$ 的大颗粒研磨后得到商品糊用树脂，其平均粒径约为 $5\sim15\mu m$。

加入增塑剂调糊后所得聚氯乙烯糊的流变行为主要取决于聚氯乙烯糊用树脂次级粒子的性能，包括在增塑剂中是否容易崩解、崩解后所得残片的大小及其分布等。次级粒子的性能取决于聚合中所得初级粒子的粒径大小及其分布、乳化剂的种类与用量、干燥参数如雾化后雾滴大小、在干燥塔中的停留时间、干燥塔中热空气进出口温度的高低以及热空气量等。

10.1.5.3 结构与性能

从聚氯乙烯分子结构得知，氯乙烯单体聚合时主要是头尾相连接，平均每一个大分子由 1000 个单体组成。如果单体排列错位或结合有少量杂质则将形成缺陷，影响所得树脂的颜色、热稳定性、结晶度、加工性以及最终制品的力学性能等。聚氯乙烯分子中存在的不规则结构、缺陷类型以及平均数量见表 10-23。

表 10-23　聚氯乙烯分子不规则结构与缺陷类型及其数量

不规则结构与缺陷	数量	不规则结构与缺陷	数量
$\sim\sim CH_2—CHCl—CH_2Cl$	$0.8\sim0.9$/个大分子	氯甲基支链	4/1000 单体链段
$\sim\sim CH_2—CH=CH—CH_2Cl$	约 0.7/个大分子	2-氯乙基支链	<0.5/1000 单体链段
引发剂残基	约 0.2/个大分子	2,4-二氯丁基支链	1/1000 单体链段
总不饱和键	约 1/个大分子	长支链	<0.5/1000 单体链段
分子内双键	$(0.1\sim0.2)$/1000 单体链段	叔氯	$(0.5\sim1.5)$/1000 单体链段
多烯序列	$<5\times10^{-4}$/1000 单体链段	头-头结构	<0.2/1000 单体链段

聚合过程中，下列反应造成了表 10-23 所列端基与缺陷：

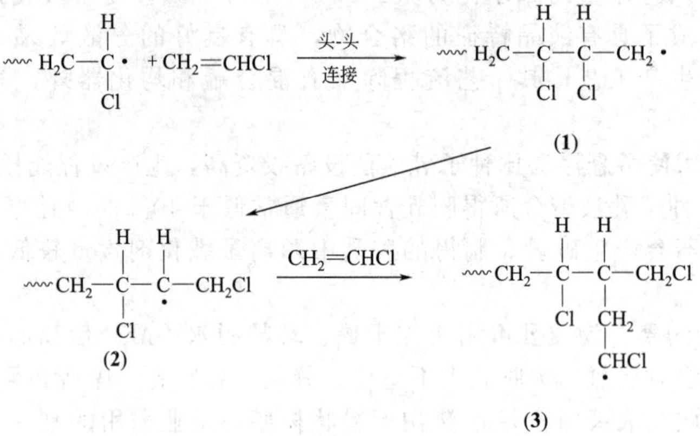

（此处为化学反应式 (1)，(2)，(3)）

如果（**2**）未与单体反应而脱去 Cl·，则生成：

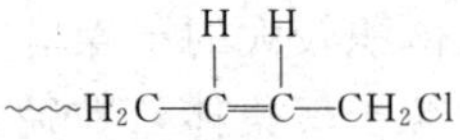

（此处为化学结构式 (4)）

Cl· 可以引发新的大分子：

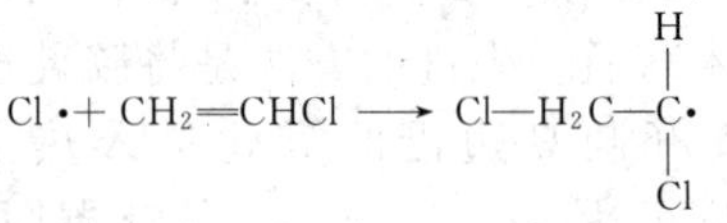

（此处为化学反应式 (5)）

如果 Cl· 与已存在的大分子反应可生成大分子游离基，它进一步引发单体聚合可生成长支链。分子内的双键还可能被聚合时存在的微量氧气或脱除单体和加工时存在的氧所氧化，生成酮基烯丙基结构：

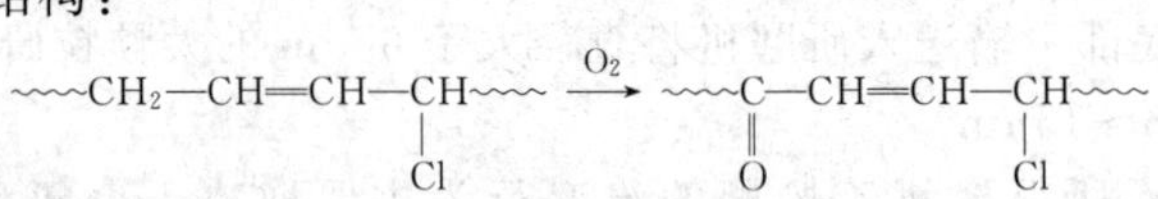

（此处为化学反应式）

聚氯乙烯分子中氧原子的其他来源是由过氧化物引发剂的分解残片或分解生成的 CO 所引入。上述聚合物中，（**4**）、（**5**）为聚氯乙烯分解所得端基的结构及其生成过程；（**3**）为氯甲基支链结构。

上述聚氯乙烯树脂的分子结构决定了它们的基本性能。如果沿主链存在有许多 H—C—Cl 极性键，则大分子与大分子间的结合力强，可以耐酸、碱和非极性溶剂的作用，耐化学腐蚀性能优良。如果分子结构中存在双键和羰基-烯丙基等缺陷，在它们的影响下相邻的 Cl—活性增加，受热易分解生成 HCl。聚氯乙烯树脂受热后无明显的软化点，受热到 $80\sim85℃$ 时软化，130℃ 呈现弹性，逐渐有 HCl 分解逸出。随着温度的升高，树脂分子中双键数量增多，产生"拉链"效应而生成多烯结构，颜色由白色变成淡黄色、深黄色、棕色、黑色。

悬浮法与本体法生产的聚氯乙烯树脂为直径 $100\sim180\mu m$ 的颗粒状物，因为平均聚合度的不同而有各种牌号。悬浮法聚氯乙烯树脂平均聚合度可以用"黏数"来表示。根据国标 GB/T 5761 规定，悬浮法聚氯乙烯树脂按黏数分为 SG0～SG9 十个型号，也可用 K 值、平均聚合度表示。K 值由溶液黏度、溶剂黏度等参数按相关公式计算而得。悬浮法聚氯乙烯树脂黏数、平均聚合度与 K 值的关系见表 10-24。

表 10-24　悬浮法聚氯乙烯树脂黏数、平均聚合度与 K 值

型号	SG0	SG1	SG2	SG3	SG4	SG5	SG6	SG7	SG8	SG9
黏数/(mL/g)	>156	156～144	143～136	135～127	126～119	118～107	106～96	95～87	86～73	<73
K 值	>77	74～73	74～73	72～71	70～69	68～66	65～63	62～60	59～55	<55
平均聚合度	>1785	1785～1536	1535～1371	1370～1251	1250～1136	1250～1136	980～846	845～741	740～650	<650

用悬浮法与本体法生产的聚氯乙烯树脂制造塑料时，必须将树脂与各种添加剂进行熔融、塑化、混炼后造粒或直接成型。根据所用添加剂的种类与用量的不同可生产硬质或软质制品。

乳液法生产的聚氯乙烯树脂为 $20～40\mu m$ 的次级粒子，主要用来生产软质制品。加入增塑剂调糊后，形成不沉降的浆状悬浮液，成型、热塑化后得到软质制品。

10.1.5.4　配料与应用

10.1.5.4.1　配料

聚氯乙烯分子间结合力较强，受热后易分解放出 HCl，因此纯粹的树脂不能直接加工为塑料制品，需添加数量较多的添加剂，包括稳定剂、增塑剂、润滑剂、加工助剂，必要时还需加填料、着色剂等。用于特殊用途时可添加杀菌剂、阻燃剂、发泡剂等。

（1）稳定剂

稳定剂的作用主要是在聚氯乙烯树脂热加工过程吸收分解产生的 HCl，以避免 HCl 进一步催化树脂分解，同时消除反应生成的自由基与生成的双键发生加成得到共轭双键体系。另外，稳定剂可以防止或延缓产品使用使的老化过程。

在热加工过程中发生稳定作用的稳定剂称为热稳定剂，主要有以下几种。

① 铅盐稳定剂　包括盐基性铅盐三碱式硫酸铅和硬脂酸铅（铅皂）等。其优点是耐热性好、电绝缘性高、耐气候性优良、价格低；缺点是制品不透明、有毒、易受硫化物污染、分散性差、密度大。

② 有机锡羧酸盐　包括硫醇盐如十二硫醇二丁基锡，其耐热性和透明性非常优良，缺点是耐气候性较差、易受金属污染。羧酸锡盐二月桂酸二丁基锡是应用较广的一种有机锡稳定剂，具有优良的润滑性、耐气候性和抗硫化污染性；但单独使用时，易发红变色。为了改进此缺点，可与镉皂、硫醇锡等并用。此类稳定剂适合用于生产透明制品，但光稳定性较差。

③ 金属皂类及其复配物　高级脂肪酸、硬脂酸、月桂酸及蓖麻酸的钡、镉、铅、镁、锌、铝等金属盐类都可用作聚氯乙烯热稳定剂，它们同时还具有润滑性。数种金属皂复配后，可发挥协同作用。镉、锌皂初期耐热性好，钡、镉、镁皂的长期耐热性好，铅皂介于两者之间。

④ 有机辅助热稳定剂　这类化合物单独使用时不能发挥热稳定作用，但与金属皂类和有机锡等主稳定剂并用时可发挥协同作用。例如，环氧大豆油和环氧化酯可与钙、锌皂、钡-锌皂发挥协同作用；硫脲衍生物、二酮化合物、亚磷酸酯、抗氧化剂等则可与环氧增塑剂和钙-锌皂、钡-锌皂发挥协同作用。

在聚氯乙烯塑料使用过程中，发挥防老化作用的助剂主要是紫外线吸收剂和抗氧剂，常

用的有 2-(3′-叔丁基-2′-羟基-5′-甲基苯基) 5-氯苯并三唑、2-羟基-4-甲氧基二苯甲酮等。炭黑、氧化锌等可屏蔽紫外线；烷基酚类、烷基硫酚衍生物以及亚磷酸有机酯等可用作聚氯乙烯的抗氧化剂。

（2）增塑剂

增塑剂是难以挥发的小分子化合物，用于聚氯乙烯塑料的增塑剂必须能够扩散进入聚氯乙烯大分子之间，并且可与聚氯乙烯混溶。聚氯乙烯增塑剂的分子结构应含有极性基团，但极性不能过强；要含有可极化的基团如苯基等，还要含有适当链长的非极性基团。增塑剂渗透入聚氯乙烯树脂后，经加热熔化形成均相溶液。增塑剂是软质聚氯乙烯塑料和调制聚氯乙烯糊的必要助剂。

聚氯乙烯增塑剂主要有邻苯二甲酸酯类、磷酸苯酯类、己二酸酯类等。各种增塑剂有不同的特性和不同的使用场合。制备聚氯乙烯糊时，100 份聚氯乙烯树脂一般使用增塑剂 40～130 份。各种增塑剂对聚氯乙烯糊性能的影响见表 10-25，各种增塑剂对聚氯乙烯塑料制品性能影响见表 10-26。

表 10-25　增塑剂对聚氯乙烯糊性能影响

聚氯乙烯糊性能	增塑剂[①]
低熔化温度	DBP、BBP、TCP
低黏度	DOA、DOS、DIDA
高黏度	BBP，TCP，聚合物增塑剂
高熔化温度	DIDA、DOZ、DTDP、DOS、聚合物增塑剂

① DBP 代表邻苯二甲酸二丁酯；BBP 代表邻苯二甲酸苄丁酯；TCP 代表苯二甲酸三甲酚酯；DOA 代表己二酸二辛酯；DOS 代表癸二酸二辛酯；DIDA 代表己二酸二异癸酯；DOZ 代表壬二酸二辛酯；DTDP 代表邻苯二甲酸二(三癸酯)。

表 10-26　增塑剂对聚氯乙烯塑料制品性能影响

聚氯乙烯塑料制品性能	增塑剂
阻燃制品	邻苯二甲酸类、氯化石蜡
耐光、耐热制品	环氧类增塑剂
低温制品	己二酸酯、癸二酸酯、壬二酸酯、苯二甲酸直链醇酯
低挥发性	聚合物增塑剂、苯三甲酸酯类、邻苯二甲酸线型酯类、环氧类增塑剂
耐污染性	邻苯二甲酸苄丁酯
低迁移性	聚合物增塑剂、苯三甲酸酯类

（3）润滑剂

常用的润滑剂为硬脂酸皂、硬脂酸酯、硬脂酸以及石蜡等，其作用是减少受热加工过程中树脂颗粒之间或大分子之间摩擦产生的热量，防止塑料黏附于加工机械的金属表面，增加塑料成型时的流动性。塑料成型后润滑剂被排除至制品表面。

（4）加工助剂与抗冲改性剂

硬质聚氯乙烯塑料配方中基本无增塑剂，为了改善热加工过程中热伸长和热撕裂强度以及成型后硬质制品的抗冲击强度，必须加入加工助剂和抗冲改性剂。重要的加工助剂有苯乙烯-丙烯腈共聚物、丙烯酸酯聚合物等。重要的抗冲改性剂有丙烯酸酯类聚合物（ACR）、含氯量为 25%～40%的氯化聚乙烯（CPE）、甲基丙烯酸甲酯-丁二烯-苯乙烯共聚物（MBS）、乙烯-醋酸乙烯酯共聚物（EVA）以及 ABS 等，每百份树脂用量为 15 份以下。

聚氯乙烯树脂与必需的添加剂配制后必须经过热加工捏和，此过程可在捏和机或挤出机中完成。添加剂的种类与用量取决于塑料制品用途。

生产硬质聚氯乙烯塑料制品时，加热塑化流动性差，应选用平均聚合度较低的牌号如SG7 和 SG8 等。生产软质聚氯乙烯塑料制品时加有较多的增塑剂，应选用平均聚合度较高的牌号如 SG3 和 SG4 等。

实际生产中，由于生产厂家的配方不同，造成塑料制品的性能，特别是力学性能与耐老化性能有较大的不同。

10.1.5.4.2　应用

聚氯乙烯树脂分为两大类：一类是悬浮法与本体法生产的颗粒状树脂，平均粒径在 $100\sim180\mu m$；另一类是种子乳液法与微悬浮法生产的粉状糊用树脂，平均粒径为 $5\sim15\mu m$。世界范围内，第一类产量约占聚氯乙烯总产量的 $85\%\sim90\%$，第二类占 $10\%\sim15\%$。悬浮法与本体法树脂产量大、用途广，现将其用途和性能力总结如下。

① 软质聚氯乙烯塑料制品：K 值约为 70；孔隙率 $\geqslant30\%$；表观密度 $\geqslant500g/L$。

② 硬质挤塑聚氯乙烯塑料制品：K 值为 $66\sim68$；孔隙率为 20%；表观密度约为 $580g/L$。

③ 制造聚氯乙烯塑料瓶：K 值为 $57\sim60$；孔隙率为 $18\%\sim20\%$；表观密度约为 $560g/L$。

聚氯乙烯糊用树脂是加入较多增塑剂后，调制成聚氯乙烯微粒在增塑剂中的胶体分散液，然后成型并加热成为聚氯乙烯软质塑料制品。

聚氯乙烯塑料性能多样，可制成硬质、半硬质和软质制品，易加工为多种色彩的产品。除可加工为注塑制品、挤塑制品外，还可加工为人造革、薄膜、泡沫塑料、搪塑制品等，产品价格低廉，是当前得到广泛应用的重要热塑性塑料品种之一。其主要应用领域见表 10-27。

表 10-27　聚氯乙烯塑料制品主要应用领域

应用领域	硬质制品	软质制品
结构材料	门窗、管材、板材、异形材等	电线绝缘包层、防水层、塑料地板等
包装材料	塑料瓶、透明包装用片材、框等	血浆袋、管材等
日用品材料	玩具、电气绝缘材料等	人造革、薄膜、防水涂层、泡沫塑料、玩具等

10.1.6　其他热塑性塑料

热塑性塑料中除聚乙烯、聚丙烯、聚氯乙烯、聚苯乙烯和 ABS 五大通用塑料外，丙烯酸酯类塑料中的聚甲基丙烯酸甲酯、纤维素塑料中的赛璐珞塑料和醋酸纤维素等也十分重要。

10.1.6.1　丙烯酸酯类塑料

这一类聚合物包括丙烯酸酯和甲基丙烯酸酯的均聚物和共聚物。根据聚合物性质特点可将其用作涂料、黏合剂以及塑料等，少部分还可用作耐老化橡胶。

重要的丙烯酸酯类单体为丙烯酸的甲酯、乙酯、己酯、2-乙基己酯等。酯基的碳原子数目越大，所得聚合物的玻璃化温度越低，最低的甚至低于室温，呈现黏流状态，适合用作黏合剂。调节各种单体的用量或与苯乙烯、甲基丙烯酸甲酯等"硬性"单体共聚，可制得玻璃化温度适当的共聚物。丙烯酸甲酯、丁酯主要用来生产乳胶涂料，丙烯酸丁酯与苯乙烯经乳液聚合得到的共聚乳液可用作苯丙乳胶漆的基料。

聚甲基丙烯酸甲酯是甲基丙烯酸酯类聚合物中最重要的一种，其制品具有优良的透光性和耐老化性，其板状制品俗称为有机玻璃。

10.1.6.1.1　甲基丙烯酸甲酯（MMA）

甲基丙烯酸甲酯单体 $H_2C\!=\!\underset{\underset{COOCH_3}{|}}{\overset{\overset{CH_3}{|}}{C}}$ 的生产路线以丙酮为原料的丙酮氰醇路线为主，

其次为以异丁烯为原料的直接氧化法，以及甲基丙烯腈路线和乙烯路线。

（1）丙酮氰醇路线

丙酮首先与 HCN 进行加成反应生成丙酮氰醇，然后经硫酸水解为甲基丙烯酰胺，最后经酯化反应生成甲基丙烯酸甲酯，反应如下：

$$H_3C-\overset{O}{\overset{\|}{C}}-CH_3 + HCN \longrightarrow H_3C-\underset{CH_3}{\overset{OH}{\underset{|}{\overset{|}{C}}}}-CN \xrightarrow{H_2SO_4} CH_2=\overset{CH_3}{\underset{}{\overset{|}{C}}}-CONH_2 \cdot H_2SO_4$$

$$\xrightarrow{CH_3OH} CH_2=\overset{CH_3}{\underset{}{\overset{|}{C}}}-COOCH_3 + NH_4HSO_4$$

（2）异丁烯直接氧化路线

异丁烯首先经催化水合生成叔丁醇，然后经二段氧化，先氧化为 2-甲基丙烯醛，再氧化为甲基丙烯酸，最后经酯化反应生成甲基丙烯酸甲酯，反应如下：

$$H_3C-\underset{CH_3}{\overset{CH_2}{\overset{\|}{C}}} + H_2O \longrightarrow H_3C-\underset{CH_3}{\overset{OH}{\underset{|}{\overset{|}{C}}}}-CH_3 \xrightarrow{O_2} O=\overset{CH_3}{\underset{}{\overset{|}{C}}}\diagup CH_2 + 2H_2O$$

$$O=\overset{CH_3}{\underset{}{C}}\diagdown CH_2 + \frac{1}{2}O_2 \longrightarrow \underset{H_3C}{\overset{H_2C}{}}\diagup\overset{O}{\underset{OH}{\overset{\|}{C}}} \xrightarrow{CH_3OH} CH_2=\overset{CH_3}{\underset{}{\overset{|}{C}}}-COOCH_3 + H_2O$$

甲基丙烯酸甲酯为无色易流动液体，沸点 $100\sim101℃$，熔点 $-48.2℃$，微溶于水，易挥发，具有不适气味。

10.1.6.1.2　聚合工艺

甲基丙烯酸甲酯单体经自由基聚合反应转变为聚甲基丙烯酸甲酯（PMMA）。工业生产中主要采用本体浇铸聚合法生产板状、管状和棒状制品，悬浮聚合法用于生产注塑成型和挤塑成型的粒料。

（1）本体浇铸聚合法-有机玻璃制品的生产工艺

甲基丙烯酸甲酯经本体浇铸聚合生产有机玻璃制品的过程分为预聚合和模型中聚合两阶段。预聚合所用引发剂是半衰期较长的偶氮二异丁腈或过氧化二苯甲酰等。使用过氧化二苯甲酰时应当首先脱除为安全而加入的水分。预聚反应在釜式反应器中进行，在引发剂存在下加热到 80℃ 左右开始引发聚合，由于聚合反应放热，应立即进行冷却以控制聚合反应。根据黏度要求使反应进行到所需转化率（通常为 20%～50%）后停止反应。为了便于脱模，单体中应加入适量润滑剂硬脂酸。为了增加有机玻璃的柔韧性，还可加入少量增塑剂邻苯二甲酸二丁酯或二辛酯等。达到要求黏度的预聚液浇入模型中进行第二阶段模型中聚合。

第二阶段聚合所用模具形状根据产品要求而定。生产有机玻璃板时采用两块表面经过抛光的硅酸盐玻璃，两板之间沿周边用不与单体发生作用的材料如聚氯乙烯软带或软管隔开，使两块玻璃板之间具有一定的间隙，间隙大小取决于有机玻璃板厚度。由于甲基丙烯酸甲酯在 25℃ 时聚合后体积收缩率为 21%，生产板材时，作为模板的硅酸盐玻璃板之间的间隙应当可以随聚合反应的进行而收缩。生产棒材和管材时，应当将单体不断补充于收缩造成的间隙之中。

预聚液浇入模具中后，应将浇口封闭。然后将模具置于热水浴或热空气烘房中进行加热使之聚合。热水和热空气不仅作为加热介质，还可作为冷却介质冷却甲基丙烯酸甲酯自加速反应时的升温。为了提高传热效率，应强制循环加热介质而不使模具局部过热。热水和热空气的温度应随单体转化率的提高而逐渐升高。聚合开始时温度一般为 45℃ 左右，聚合后期升到 90℃ 左右，热空气加热时可超过 100℃。由于甲基丙烯酸甲酯的沸点为 $100\sim101℃$，聚合过程中应严格控制物料的温度，不能达到单体的沸点，以避免制品中单体气化而形成气泡。

（2）悬浮聚合法

甲基丙烯酸甲酯均聚或与苯乙烯共聚时可采用悬浮聚合法生产相应的粒料，产品可用于注塑成型、挤塑成型以及牙托粉的生产。

甲基丙烯酸甲酯悬浮聚合所用悬浮剂是粉状无机盐，主要是碳酸镁、碱式碳酸镁等，粉状碳酸盐易用酸洗净，不会污染所得的粒料。聚合反应温度在常压下可提高到接近 100℃。如果聚合反应在压力下进行，反应温度可以超过 100℃，此时聚合反应可以进行的更为完全。

10.1.6.1.3　性能与应用

（1）性能

聚甲基丙烯酸甲酯透光性能优良，透光率为 92％，紫外线的透过率为 73.5％。由于凝胶效应，本体浇铸的有机玻璃分子量分布很宽，分子量最高可达数十万甚至超过 100 万。有机玻璃产品具有不碎、耐气候性优良的特点，具有良好的绝缘性能和耐老化性，但表面硬度低、易磨损。

有机玻璃可耐非氧化性酸、碱、脂肪烃、海水等的作用，但可被芳烃、卤代烃、酯和酮等溶胀或溶解。

（2）应用

有机玻璃板除可用本体浇铸法进行生产外，还可用挤塑法生产。本体浇铸法仅可生产无色透明以及单一颜色的产品；挤塑法可用共挤塑的方法生产复合板材，而且尺寸不受限制，所用原料为悬浮聚合所得的粒状料。挤塑法生产的板材经热加工二次成型后广泛用作汽车灯罩。

聚甲基丙烯酸甲酯具有优良的光学性能，不碎、轻于无机玻璃，无色透明的板材广泛用作飞机的窗用玻璃和座舱罩、模型材料、仪表透明罩板等；各种鲜艳颜色的板材则用作汽车尾灯罩、指示灯罩、家庭与娱乐场所的装饰材料等。

近年来，聚甲基丙烯酸甲酯广泛用于汽车工业，产量增长迅速，已属一种"工程塑料"。

10.1.6.2　纤维素塑料

纤维素是天然产的高分子化合物，造纸用的纸浆是从木材或其他植物中经化学处理得到的较为纯粹的纤维素，自然界以棉花纤维的纤维素含量最高，达 90％以上。脱除了纺织用棉纤维后，棉籽上的棉短绒也是重要的纤维素原料。纤维素分子可以看作纤维双糖组成的线型高聚物，其结构单元为下图所示：

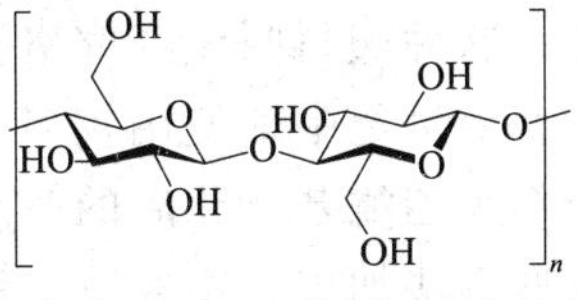

纤维素沿大分子主链上分布有许多—OH 基团，它是极性基团，因此纤维素分子之间存在很强的氢键。纤维素受热不熔化，即无热塑性；受强热则分解脱水炭化。纤维素经化学处理后，可使大分子中—OH 基上的 H—原子被 R—基或 R—CO—基取代，转变为相应的纤维素醚或纤维素酯；采用适当方法解除氢键作用使其转变为可塑或可溶的状态后，可用于制造人造纤维（人造棉）、薄膜（玻璃纸）、热塑性塑料、涂料、表面处理剂、分散剂、黏合剂等。

纤维素最基本的结构单元是由葡萄糖形成的吡喃环，每个链段含有三个羟基；三个羟基可全部或部分的进行醚化、酯化或发生其他化学反应，发生化学反应的羟基数目称为取代度（D. S.）。

纤维素经化学处理后，得到的纤维素衍生物性能取决于纤维素原料的分子量、取代基团的性质以及取代度等因素。甲基纤维素、羟乙基纤维素和羧甲基纤维素含有一个碳原子形成的甲基和亲水性的—OH 和—COOH 基，所以它们可溶于水，主要用作纺织品表面处理剂、分散剂、增稠剂和黏合剂等。乙基纤维素可用作塑料原料。

重要的纤维素衍生物有下列三种。

（1）再生纤维素

用氢氧化钠处理纤维素得到碱纤维素，再与 CS_2 反应即得到溶于水的纤维素黄酸盐。纤维素黄酸钠溶液呈高黏度胶液状，在酸性溶液中纤维素沉淀析出，化学结构仍回复为纤维素分子，所以称为再生纤维素。

纤维素黄酸钠黏胶液经过滤、脱气以后，在压力下呈纤维状喷入沉淀浴中（由 7％～12％H_2SO_4、16％～23％Na_2SO_4 和 1％～6％Zn-Mg-NH 硫酸盐组成）形成丝状再生纤维素，也称为人造丝或黏胶丝。将黏胶丝洗涤除去酸后，用热 Na_2S、NaOH 溶液除去产生的硫，然后用 NaOCl 或 H_2O_2 漂白、干燥，所得长纤维产品称为人造丝；经卷曲、切断后成为人造棉。黏胶液经宽形模口挤出流延到沉淀浴中则形成薄膜，经洗涤、脱硫、漂白等处理后，在潮湿状态下经过甘油溶液进行增塑处理，再经干燥得到的再生纤维素薄膜俗称玻璃纸。

（2）纤维素醚

碱纤维素与卤烷或卤烷衍生物反应得到相应的纤维素醚，与环氧化合物如环氧乙烷、环氧丙烷等反应则得到羟基烷基醚，多为水溶性，将在水溶性聚合物一章中介绍。

用作塑料的纤维素衍生物主要是由碱纤维素与氯乙烷反应得到的乙基纤维素。工业生产的乙基纤维素取代度为 2.1～2.6，即每个葡萄糖链段中三个—OH 基中被取代 2.1～2.6 个。

（3）纤维素酯

重要的纤维素酯有硝酸纤维素、三醋酸纤维素、醋酸纤维素、醋酸丙酸纤维素、醋酸丁酸纤维素等，它们由纤维素与相应的酸或酸酐反应而得，多数情况下用硫酸作脱水剂或催化剂。

硝酸纤维素由纤维素用混酸（$HNO_3 + H_2SO_4$）硝化制得。根据硝化所用酸浓度的不同，可得到不同取代度即不同含氮量的产品，它们的用途也有所不同；含氮量为 11％的用来生产塑料，含氮 12％的用于生产硝基漆，含氮 13％的用作火药棉等。

硝酸纤维素非常易燃，不能直接进行热加工，制造塑料时需加增塑剂樟脑使其具有可塑性，但是不能用一般热塑性塑料成型方法加工，只可压制成大块后切割、压光、干燥制得光亮的板材后再成型为各种形状制品，这种塑料叫做赛璐珞塑料，主要用来制造乒乓球，玩具等。赛璐珞的缺点是易燃，成本高。上世纪中期使用较多，现已使用不多。

纤维素吡喃环上的三个羟基全部用乙酰基酯化后的产品称为三醋酸纤维素，它的软化点过高，也不能用一般热塑性塑料成型方法加工，主要以二氯甲烷与甲醇混合液为溶剂进行浇铸或挤塑制得薄膜或片材。为了改进三醋酸纤维素的加工性，可部分水解使乙酰基含量保留 44.5％～48％、取代度为 2.2～2.8 而制得醋酸纤维素。醋酸纤维素可用来生产人造纤维或电影胶片片基，绝缘材料及录音带等。随着数码科技的发展，醋酸纤维素的使用也逐步减少。

醋酸丙酸纤维素中的酰基含量为 39％～47％，乙酰基含量为 2％～9％；醋酸丁酸纤维素中丁酰基含量为 17％～48％，乙酰基含量为 6％～25％；它们具有较好的刚性和硬度，加入增塑剂后可加工为板材、棒材、片材等，可作为汽车、木材家具的粉末涂料，也可制成油墨、药物胶囊包装材料、渗透膜材料等。

10.2 热固性通用塑料

热固性塑料的主要成分是体型结构的合成树脂，所以热固性塑料都是刚性材料，多数情况下含有填料。应用较为广泛的热固性塑料有酚醛塑料、氨基塑料、不饱和聚酯塑料、环氧塑料和有机硅塑料。热固性聚酰亚胺塑料、双马来酰亚胺塑料等应用较少，但性能优良。

热固性塑料的生产与成型过程有共同的特点，所用的合成树脂原料是分子量较低（数百至数千）的液态、黏稠流体或脆性固体，分子中含有活性反应基团（包括可发生聚合反应的双键），为线型或线型支链结构，在成型为塑料制品过程中发生固化反应，由线型低聚物（或具有支链结构的低聚物）转变为体型高聚物。

制造热固性塑料的合成树脂原料还可用作涂料和黏合剂，但要经过固化过程才能生成坚韧的涂层和发挥黏结作用，其用途示意见图 10-32。

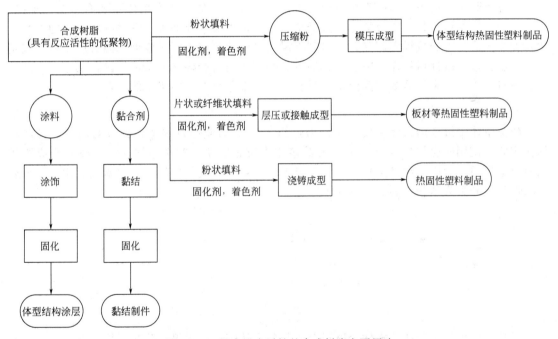

图 10-32　具有反应活性的合成树脂主要用途

具有反应活性的低聚物经固化反应后转变为体型高聚物，树脂的形态也由黏稠流体转变为坚硬的固体物，此固化过程通常是在成型过程中完成的。固化反应大致分为下列几种情况。

（1）固化过程中有小分子化合物 H_2O 或 NH_3 析出，该过程又有两种不同情况。

① 树脂分子中含有活泼的—CH_2OH、 $\overset{|}{-}Si-OH$ 基团，单独受热即可发生脱水反应而成为体型高聚物。为了促进反应的进行，有时需要加入适当的催化剂如酸性物质作为固化剂，催化剂不参加反应，但可以降低反应温度。固化时有小分子化合物析出，应在高压条件下进行成型，使小分子化合物扩散逸出而不聚集为气泡，以免造成产品缺陷。低温、常压条件下的固化需较长时间，此时小分子化合物可缓慢扩散蒸发而不形成气孔。

② 树脂分子中基本上不含有可发生缩合反应的基团。例如，在酸法酚醛树脂中加入固

第 10 章　通用塑料　**243**

化剂六亚甲基四胺可供给—CH_2—基团而形成体型高聚物，此情况下固化剂参加化学反应，同时有小分子 NH_3 析出，成型条件同上。

（2）固化过程中无小分子化合物析出

根据固化剂种类和性能，固化过程可在常压甚至常温条件下进行。如果采用注塑成型方法，则在压力和加热条件下固化，它又分为两种情况。

① 发生双键加聚反应　此情况下仅需加入少量自由基引发剂作为固化剂。为了调整交联的高分子化合物的韧性，要加乙烯基单体进行共聚，乙烯基单体又称为交联剂，还起到稀释剂的作用。工业上常采用价廉的苯乙烯，也可使用其他乙烯基单体。

② 发生环氧加成聚合反应　此情况下固化剂参加交联反应，固化剂的用量应当与活性基团的当量相适应。因此，固化剂用量可多达 10%～20%，具体用量根据环氧树脂的环氧当量和参与固化反应的固化剂基团当量进行计算。

10.2.1　酚醛树脂与塑料

酚醛树脂是酚类单体与醛类单体经缩聚反应生成的树脂。酚类单体主要有苯酚、甲酚、苯酚的一元烷基衍生物、混合酚等；醛类单体主要是甲醛、糠醛等。酚醛树脂制得的酚醛模塑粉经模压成型可制成模塑制品；也可制得浸渍片状填料用于层压成型，制成层压板；或用酚醛树脂直接或改性后用作涂料、黏合剂等。酚醛树脂与酚醛涂料是最早进行工业化生产的合成材料之一，近来发展为耐高温烧蚀材料、碳纤维原料等应用于宇航工业。

10.2.1.1　原料

酚类单体中以苯酚最为主要，它是熔点为 40.9℃ 的低熔点固体，具有腐蚀性，可严重灼伤皮肤。使用时应加热至 50～60℃ 使其熔化为液态以便于输送与加料。苯酚的合成路线主要以苯与丙烯为原料经烷基化反应合成异丙苯，再经空气氧化生成异丙苯过氧化氢，最后经酸性催化分解为苯酚与丙酮，反应如下：

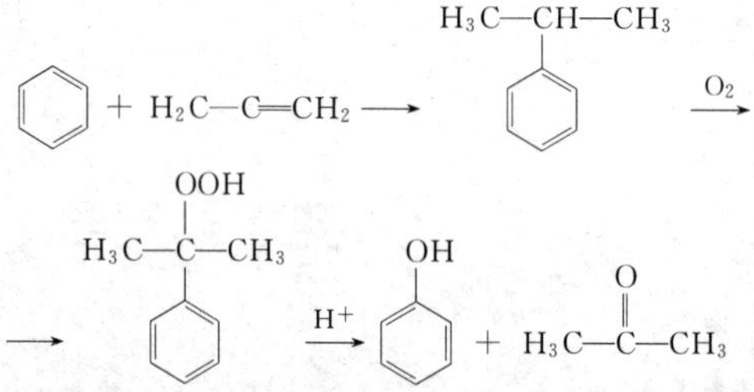

另外，也可用氯苯或苯磺酸为原料合成苯酚或从煤焦油中提取分离制得苯酚。

苯酚分子中羟基的两个邻位与对位的三个活泼氢原子可与甲醛发生缩聚反应，最终将生成体型结构聚合物。如果三个氢原子之一为其他基团所取代，则仅能生成线型结构聚合物。工业生产中，为了调整酚醛树脂性能或生产特殊性能的酚醛树脂，常使用具有取代基团的酚类单体如甲酚（包括邻、间、对甲酚）、对叔丁基苯酚、间苯二酚、对苯基苯酚、双酚 A 等取代一部分苯酚。

醛类单体中以甲醛最为主要。甲醛常温下为强刺激性气体，商品为甲醛水溶液。甲醛在水中形成二聚物或三聚物的水合物，长期放置后则生成固体的多聚甲醛。此外，甲醛与氨反应生成的六亚甲基四胺可作为提供亚甲基键的原料。

除甲醛外，应用较多的另一醛类产品是糠醛，但它仅可用于碱性催化缩合，因为酸性条件下糠醛易发生自缩聚反应而生成糠醛树脂。

工业生产中还用苯胺、三聚氰胺等可与甲醛发生缩聚反应的单体取代部分苯酚生产改性酚醛树脂，或用天然产物松香或含有不饱和双键的植物油进行改性制得涂料用酚醛树脂。

10.2.1.2 缩聚反应

苯酚与甲醛的缩聚反应可在强酸性、弱酸性、近于中性或碱性条件下进行，生成的树脂结构取决于聚合条件。酸性条件下合成的酚醛树脂称为酸法树脂，碱性条件合成的树脂则称为碱法树脂。

10.2.1.2.1 酸法树脂的合成反应

甲醛在水溶液中生成次甲基二醇或其低聚物，在酸性催化下它们与质子加成后再与苯酚的邻、对位氢发生脱水反应而生成羟甲基衍生物：

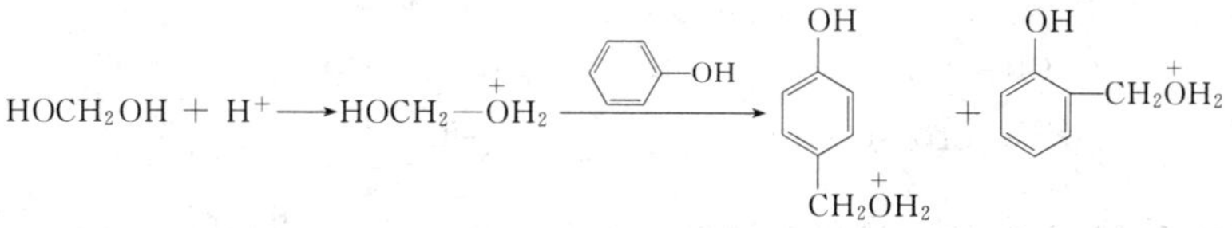

由于羟甲基在酸性介质中不稳定，上述反应产物迅速与苯酚分子中邻、对位氢原子进一步缩合生成次甲基连接的双酚：

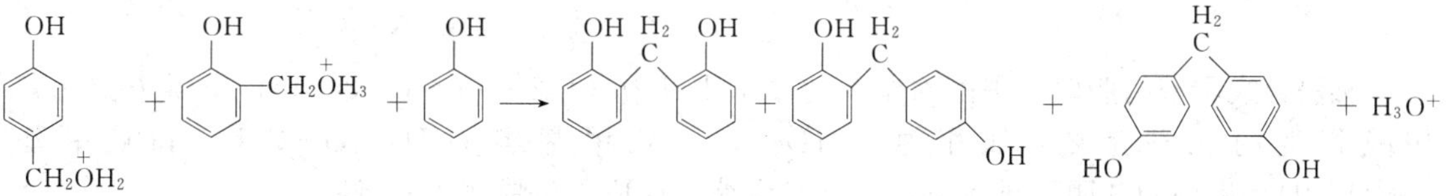

继续发生以上两步反应后生成酸法酚醛树脂。为了防止在树脂合成过程中生成交联结构，生产中甲醛与苯酚用量摩尔比通常为 $(0.5:1) \sim (0.8:1)$，产品的分子量约在 $500 \sim 5000$ 的范围内，玻璃化温度为 $40 \sim 70℃$，$2,4'$-双酚结构约占 $50\% \sim 75\%$。分子量小于 1000 时，产品主要是线型结构，大于 1000 时则产生支链。由于不含有可发生缩聚反应的活性基团，产品呈热塑性，可反复受热熔化。

酸法树脂合成所用的催化剂主要是盐酸、草酸等，反应速度与催化剂浓度、甲醛浓度和苯酚浓度成正比，而与水的浓度成反比。

10.2.1.2.2 碱法树脂的合成反应

碱性催化剂主要是 $NaOH$、$Ca(OH)_2$、$Ba(OH)_2$、氨以及 Na_2CO_3 等。以 $NaOH$ 为例，反应首先生成酚钠，由于酚氧负离子的离域化作用而使邻位、对位离子化，然后与甲醛反应：

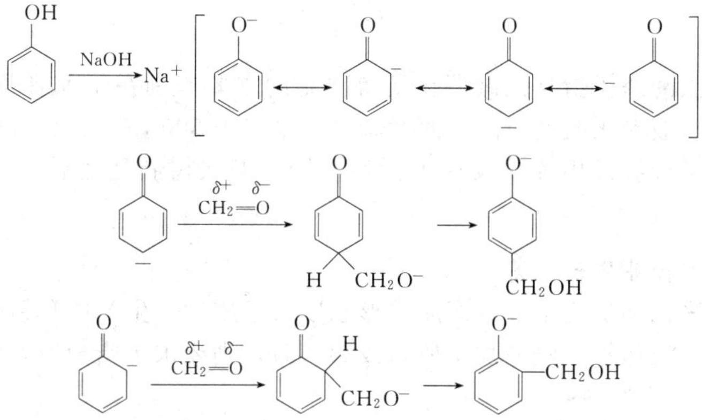

邻位与对位取代反应的比例取决于阳离子的性质和 pH 值，K^+、Na^+ 与高 pH 值有利于产生对位取代反应，而两价的阳离子 Ba^{2+}、Ca^{2+}、Mg^{2+} 和低 pH 值则有利于邻位取代反应。苯酚在碱性条件下与甲醛反应生成一取代的羟甲基衍生物后，可继续与甲醛反应生成二羟甲基、三羟甲基衍生物。除对羟甲基苯酚与甲醛反应生成2,4-二羟甲基苯酚的反应速度较低以外，2,2-二羟甲基苯酚、2,4,6-三羟甲基苯酚的生成速度以及由邻羟甲基苯酚生成 2,4-

二羟甲基苯酚的速度都高于一羟甲基苯酚的生成速度。二羟甲基苯酚与甲醛的反应速度为苯酚与甲醛反应速度的 2～4 倍，所以在碱法树脂合成过程中，即使甲醛与苯酚摩尔比为 3：1，所得碱法树脂中仍含有游离的苯酚。

当温度超过 40℃后，羟甲基相互反应，缩水生成亚甲基醚基团，此基团进一步脱除甲醛而生成稳定的亚甲基基团：

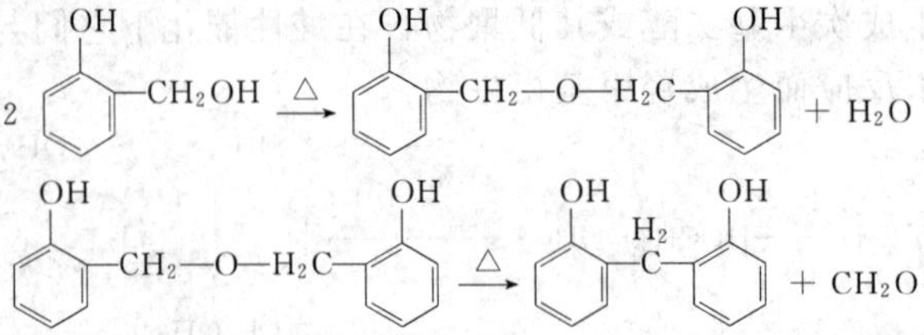

羟甲基基团还可与苯酚的活泼氢直接发生缩合反应：

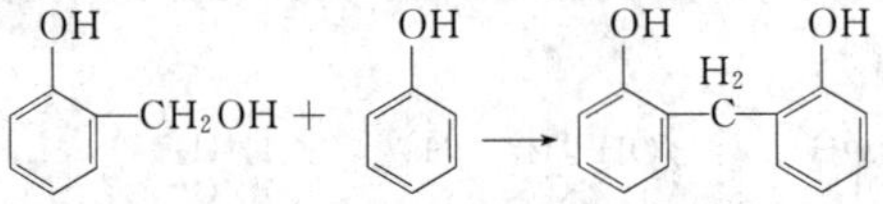

碱法合成酚醛树脂时，甲醛对苯酚的摩尔比可为（1.2：1）～（3.0：1），所得树脂含有甲醛衍生的三种基团：亚甲基 $—CH_2—$，二亚甲基醚 $—CH_2—O—CH_2—$ 和羟甲基 $—CH_2OH$，后两种基团受热后可进一步发生缩合反应，生成亚甲基键。

如果用胺化合物或氨催化，则在所得的碱法树脂中结合有氨原子。三甲胺可与苯酚、甲醛发生下述反应：

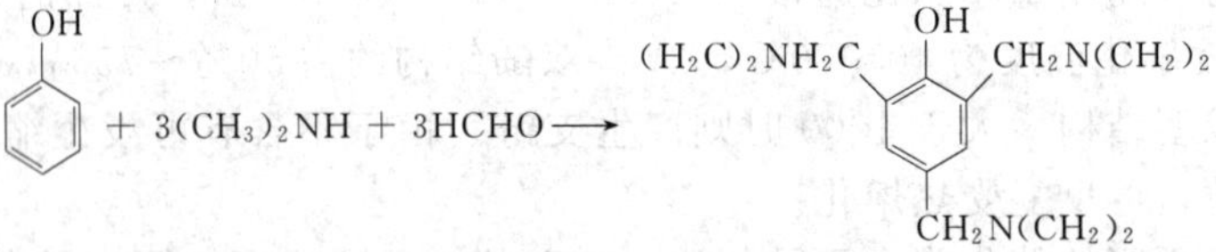

当受热到 150℃以上时，则产生以下结构的聚合物：

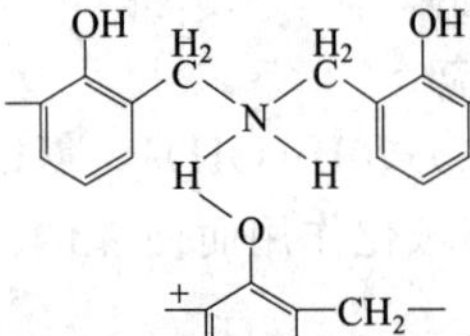

氨催化所得碱法酚醛树脂与强碱催化所得树脂的主要差别在于前者分子量可高达 3000 左右，水溶性较差，玻璃化温度较高；而后者分子量仅为 500 左右、水溶性较好，玻璃化温度较低。由于含有可继续发生缩聚反应的活性基团，碱法树脂受热后可固化为体型结构聚合物。

10.2.1.3 酚醛树脂生产工艺

酚醛树脂主要采用间歇法生产，产品的形态取决于用途。生产压塑粉时要求树脂为脆性固体状态；用来生产层压板、浸渍加工原料或涂料时，则要求树脂为液态的酒精溶液、水溶液或水分散液。

反应器主要由不锈钢材料制成，容积因生产能力要求而定。生产碱法树脂时需控制反应不能生成凝胶，所以反应器体积较小，大的在 $10m^3$ 左右。生产树脂溶液时则要求大型反应釜，体积可达数十立方米以上。酚醛树脂间歇法生产流程见图 10-33。

生产压塑粉的固态酚醛树脂生产工艺如下所述。

苯酚、甲醛水溶液分别计量后加入反应釜中，开动搅拌后测 pH 值，然后加入催化剂。

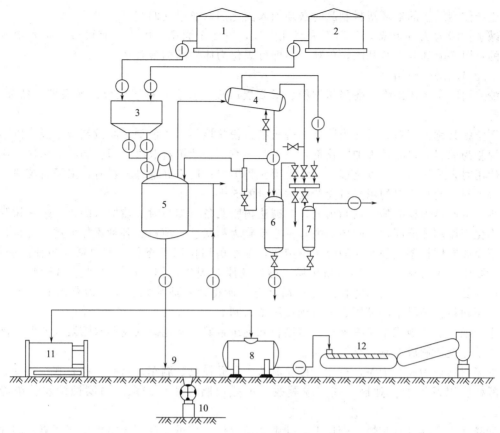

图 10-33 酚醛树脂间歇法生产流程

1—苯酚贮罐；2—甲醛贮罐；3—计量槽；4—冷凝器；5—反应釜；6—冷凝液贮罐；

7—真空罐；8—树脂接受罐；9—树脂接受器；10—碾碎机；

11—冷却用移动盘；12—冷却输送带

生产酸法树脂时，用 HCl 将 pH 值调节在 1.9～2.3 范围，逐渐加热到 85℃后停止加热。由于反应放热，自动升温至 95～100℃后开始回流。取样分析达到要求的缩聚度以后，减压脱水并脱除未反应的苯酚。当所得树脂熔点达到要求以后，将熔融的树脂送入保温贮槽中，再送往冷却输送带冷却后粉碎包装；也可以直接送往冷却输送带冷却。生产规模较小时，可将熔融树脂分装于金属浅盘中进行冷却。

生产碱法树脂时，甲醛用量摩尔比可超过苯酚。为便于控制反应，甲醛摩尔比稍低于苯酚。催化剂 NaOH 用量为 1%～5%，Ba(OH)$_2$ 为 3%～6%，六亚甲基四胺则为 6%～12%，反应温度在 80～95℃范围。生产固体树脂时，应迅速真空脱水。为防止产生凝胶或反应失控，通常取样测定其热固化时间来判断反应终点。产品树脂应处于 A 阶段状态。

为了便于进一步加工应用，发展了分散状态酚醛树脂的工艺。碱法树脂生产过程中，当浓缩到含固量为 50%左右时，加入聚乙烯醇或阿拉伯胶作为保护胶，搅拌下使酚醛树脂形成直径为 20～80μm 的颗粒，经过滤、干燥得到粉状树脂；也可将已完成缩聚反应的酸法树脂加入水中，必要时加入助溶剂乙醇、乙二醇醚等和适量分散剂，加热使树脂熔化后强力搅拌为分散状态，冷却后分离干燥。

10.2.1.4 酚醛树脂性能与应用

10.2.1.4.1 性能

酸法树脂常温下为脆性固体，不含有可进一步发生缩聚反应的基团，因而为热塑性树脂。生产体型结构的酚醛塑料制品时必须加入固化剂六亚甲基四胺等。

碱法树脂为 A 阶状态，常温下为脆性固体，可溶于酒精。由于含有可进一步发生缩聚反应的亚甲基醚和羟甲基基团，单独受热即可固化为体型结构聚合物。

10.2.1.4.2　应用

酚醛树脂主要用来生产酚醛压塑粉、纸质层压板、多层木材层压板、绝缘带、黏合剂、涂料等。

压塑粉又称模塑粉，通常由固体酚醛树脂、粉状填料、着色剂、润滑剂等组成。以酸法酚醛树脂为原料时，必须添加固化剂六亚甲基四胺。粉状填料取决于塑料制品的用途。用于一般使用时，采用木粉、氧化镁、高岭土等作为填料；用于高绝缘材料时，采用石英粉、云母粉等填料。粉状填料的用量可为酚醛树脂量的 50%～80%。

用于生产压塑粉的酚醛树脂为固体，碱法树脂制备压缩粉时加热即可固化，酸法树脂则需与固化剂作用才能固化。固体的酚醛树脂粉碎为粉状后与填料、各种添加剂进行混合，然后用滚筒或专用挤塑机加热使酚醛树脂熔化，并在剪切作用下充分浸润填料和各种添加剂。在此阶段中，A 阶树脂转变为 B 阶树脂，酸法树脂与固化剂作用后同样处于 B 阶状态，应严格控制受热温度与时间以防止进入 C 阶状态。所得片状或粒状物料经冷却粉碎后制得压塑粉，压塑粉在模具中经模压成型得到模压塑料制品。

生产纸质层压板或木材三夹板、多层板和绝缘带时，常用碱法树脂水溶液或乙醇溶液经浸渍、干燥、压制成型制得最终产品。

酚醛树脂作为黏合剂时，可用于砂轮制造、翻砂模具、刹车片材等。松香和植物油改性的酚醛树脂以及甲酚、对叔丁基苯酚等改性酚醛树脂可用作耐酸、防腐蚀涂料、绝缘涂料等。

酚醛空心微球具有难燃、密度低、孔隙率高等优点，可作为填充材料生产环氧、泡沫塑料、不饱和聚酯泡沫塑料等。这一类型泡沫塑料具有高压缩强度，可作为结构材料的芯材而用于汽车工业、宇航工业、造船工业、飞机制造业等。

酚醛纤维由高分子量酸法树脂制成。酸法树脂经熔融纺丝得到未固化的纤维，将此纤维经含有酸性催化剂的甲醛水溶液浸渍后受热交联，但交联密度应较低，必须含有约 5% 未反应的羟甲基以便于进一步加工为复合材料，然后在 180℃ 受热使其反应。纤维直径小于 25μm 时机械强度最佳，因为此时甲醛和催化剂可充分渗透入纤维内。酚醛纤维的特点是难燃，在火焰中逐渐焦化以至完全炭化，燃烧产生的废气烟少，毒性可忽略，可代替石棉制造防火织物、消防器材、室内家具防火层等。

10.2.2　氨基树脂与塑料

醛类（主要是甲醛）与含有多个氨基的化合物反应，得到含有多个羟甲基—CH_2OH 活性基团的衍生物或低聚物，称之为氨基树脂（Amino Resins）。最重要的氨基树脂是脲甲醛树脂、三聚氰胺-甲醛树脂。这类树脂经加工可制得粉状产品、玻璃纤维增强产品等，在酸性催化剂和热的作用下转化为体型结构聚合物，得到氨基塑料制品。此外，氨基树脂可用作黏合剂，经丁醇改性后可用作涂料。

氨基塑料的特点是无色、难燃、耐电弧作用、不熔不溶、无毒。根据所用着色剂的不同可加工为各种鲜艳颜色的制品、装饰板、餐具、耐电弧电器用品等。

10.2.2.1　原料

氨基树脂的氨基化合物原料主要是脲、三聚氰胺、双氰双胺、硫脲等，其中以脲最为重要，其次为三聚氰胺。

脲（H_2N—CO—NH_2）为白色结晶或小球状颗粒，工业上作为化学肥料大量生产。但工业产品中可能含有杂质铵盐，铵盐会作为固化剂使氨基树脂过早的固化。颗粒状脲作为原料与甲醛接触后，会在颗粒表面形成不溶解的缩聚物，因而影响氨基树脂溶液的透明性。

三聚氰胺：

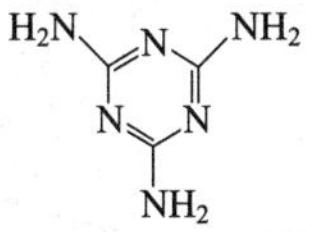

为白色粉状物，受热时可升华，在水中的溶解速度与颗粒大小有关。与甲醛反应生成的氨基树脂要求无色透明，所以原料中应不含任何有色杂质。

醛类原料以甲醛水溶液最重要，很少使用其他醛类化合物。氨基树脂作为涂料时，必须加入改性剂丁醇等。

10.2.2.2 缩聚反应

甲醛与氨基化合物合成氨基树脂的过程分两步完成，即羟甲基化反应与缩合反应。由于反应条件的关系，第一步羟甲基化反应过程中也会或多或少地发生缩合反应。以甲醛与脲为原料合成氨基树脂的反应如下。

羟甲基化反应：

$$NH_2CONH_2 + 2HCHO \rightleftharpoons HOCH_2NHCONHCH_2OH$$

缩合反应：

$$HOCH_2NHCONHCH_2OH + NH_2CONH_2 \longrightarrow HOCH_2NHCONHCH_2NHCONH_2 + H_2O$$

进一步发生缩合反应则生成长链结构，如果与—NH—发生反应则生成支链或交联结构。

（1）羟甲基化反应

羟甲基化反应可在碱性或酸性催化条件下进行，但碱性条件下反应更为迅速，其反应机理不完全相同。在酸性条件下同时有缩合反应发生，因而工业生产中羟甲基反应控制在碱性或弱酸性条件下进行。羟甲基化反应是可逆反应，脲与甲醛在水溶液中反应可以生成一羟甲基、二羟甲基以至三羟甲基衍生物，但不存在四羟甲基衍生物；三聚氰胺可与甲醛反应生成六羟甲基衍生物。

（2）缩合反应

缩合反应仅在酸性催化条件下进行。脲、醛缩合主要发生如下反应：

$$RNHCH_2OH + H^+ \rightleftharpoons RNHCH_2\overset{+}{O}H_2$$

$$RNHCH_2\overset{+}{O}H_2 \rightleftharpoons RN\overset{+}{H}CH_2 + H_2O$$

$$RN\overset{+}{H}CH_2 + H_2NR' \rightleftharpoons RNHCH_2\overset{+}{H}_2NR'$$

$$RNHCH_2\overset{+}{H}_2NR' \rightleftharpoons RNHCH_2HNR' + H^+$$

此外，由于甲醛在水溶液可能以聚合度（n）为 5 左右的 $HO(CH_2O)_nOH$ 水合物存在，所以在脲醛缩合产物中还可能存在着羟甲基甲醚结构：

$$—N—CO—N—CH_2OCH_2OH$$

以上羟甲基化反应与缩合反应都是放热反应，但放热量较低，羟甲基化反应与缩合反应的反应速度与 pH 值的关系见图 10-34。

工业生产的氨基树脂是可溶可熔的低聚物，其聚合度的高低与 pH 值、反应温度以及反应时间有关。工业生产的脲醛树脂由聚合度 2～5 或更高一些的低聚物组成。三聚氰胺-甲醛树脂含有多羟甲基衍生物，缩聚度比脲醛树脂更低些。

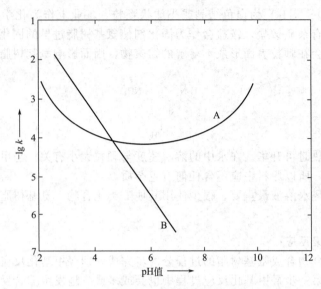

图 10-34 脲醛树脂合成过程中羟甲基化反应和缩合反应与 pH 值的关系
A—羟甲基化反应；B—缩合反应

10.2.2.3 氨基树脂生产工艺

工业生产的氨基树脂形态取决于产品的用途与原料，主要以水溶液为主，用来生产模塑粉（电玉粉）、模压玻璃纤维增强塑料、层压装饰板以及黏合剂等；少数情况下可将其水溶液经喷雾干燥制得具有可熔性的粉状树脂。用作涂料时，氨基树脂须经丁醇改性制得有机溶液，溶剂为苯、二甲苯或汽油等。

工业上主要采用间歇法生产氨基树脂，用于黏结木材等用途的氨基黏合胶水商品为水溶液；其他的氨基树脂水溶液可直接浸渍短纤维填料（纸浆），然后加工为模塑粉，也可浸渍玻璃纤维填料加工为纤维模压塑料，或浸渍片状材料加工为装饰板。树脂生产与后加工工序流程见图 10-35。

间歇法生产脲醛电玉粉的过程如下所述。

在装有回流冷凝管和搅拌器的反应器中依次加入计量过的甲醛水溶液、催化剂六亚甲基四胺和脲。脲与甲醛的摩尔比为 1∶1.4 左右，加热使物料逐渐升温，反应温度控制在 55～60℃左右，pH 值应在 8 以上。反应进行到游离甲醛含量达到规定值以后加入固化剂草酸，停止反应后将所得树脂水溶液放料至捏和机中，加入纸浆、着色剂、润滑剂、增白剂等组分，在 55～60℃之间进行捏和并进一步发生缩聚反应。捏和均匀后在 90℃左右进行干燥，干燥至含水量为 2%～3% 时结束，然后进行粉碎、过筛，得到粉状电玉粉。

生产黏合剂时，脲与甲醛摩尔比可高达 1∶2 左右，反应温度为 90～100℃，pH 值控制在 4.8～5.2 的弱酸性范围。

生产涂料用丁醇改性脲醛树脂时，甲醛所用物质的量为脲的 2～3 倍以上，丁醇所用物质的量与甲醛所用物质的量相近。反应后游离的羟甲基转变为丁基醚，过量的丁醇与水蒸出后得到丁醇改性脲醛树脂的丁醇溶液，也可加入二甲苯使之转变为二甲苯溶液。

10.2.2.4 氨基树脂与塑料的性能与应用

脲醛电玉粉、三聚氰胺-甲醛树脂的玻璃纤维增强模压料所含的氨基树脂处于可熔可溶状态，相似于酚醛树脂的 B 阶，经模压受热后，在已含有的催化剂作用下转变为体型结构聚合物，在成型的同时发生固化作用。

纯粹的氨基树脂无色透明，不同的着色剂可将固化后的氨基塑料制成各种颜色鲜艳的塑

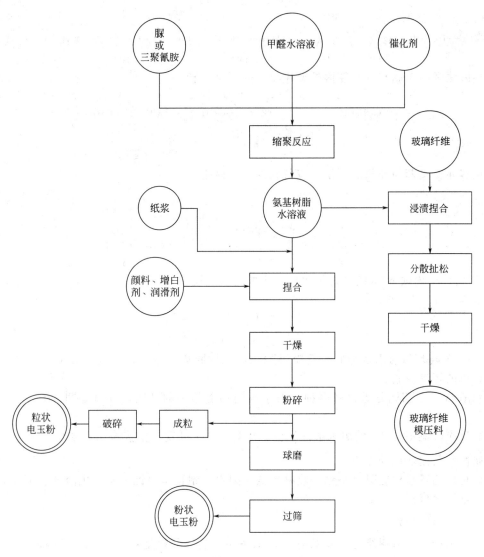

图 10-35 氨基树脂生产及其后加工流程

料制品。氨基塑料制品具有耐热性优良、难燃，自熄等特性；塑料制品表面光洁、硬度高、耐化学药品腐蚀、绝缘性优良、耐电弧；放电时可以分解产生不燃气体以熄灭电弧。

脲醛塑料主要用于制造各种颜色鲜艳的日用品、民用电器配件、餐具等。三聚氰胺-甲醛塑料的性能优于脲醛塑料，可用来制造耐电弧、防爆电器设备、电动工具的绝缘配件、耐沸水餐具（俗称蜜胺塑料餐具）；表面有各种花纹或图案的氨基塑料薄层压板可用作装饰板。

10.2.3 环氧树脂与塑料

环氧树脂是分子中含有两个以上环氧基团 CH_2-CH- 的合成树脂。这类树脂单独受热不

会发生固化反应，但在某些催化剂或固化剂的作用下，环氧基团发生交联反应形成体型结构的高聚物。

环氧树脂种类很多，根据合成路线可分为两类。

① 由多元酚或多元氨基苯与环氧氯丙烷反应而得。例如由双酚 A 与环氧氯丙烷反应得到的双酚 A 环氧树脂：

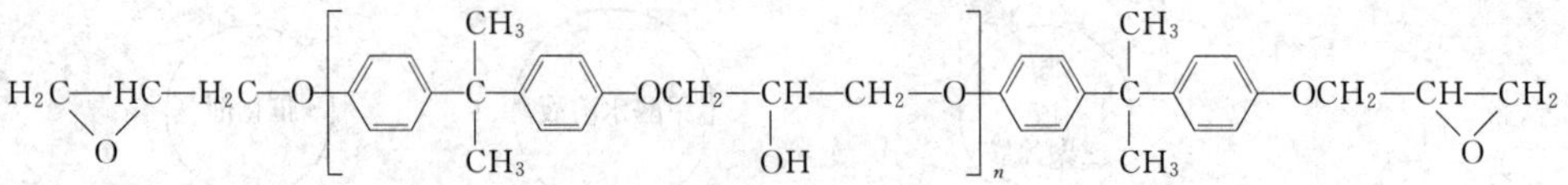

由酸法酚醛树脂与环氧氯丙烷反应得到的环氧树脂：

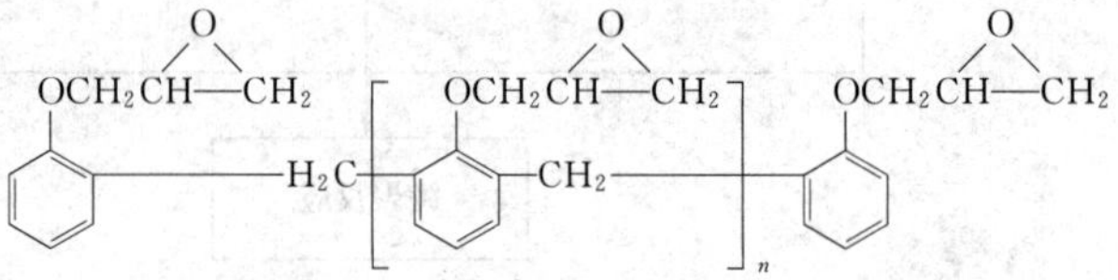

由多元氨基苯与环氧氯丙烷反应得到的环氧树脂：

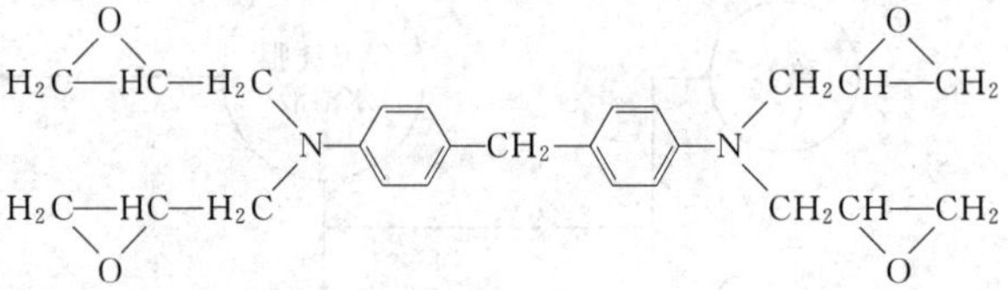

② 由分子内碳-碳双键经过氧化反应生成的环氧树脂，如：

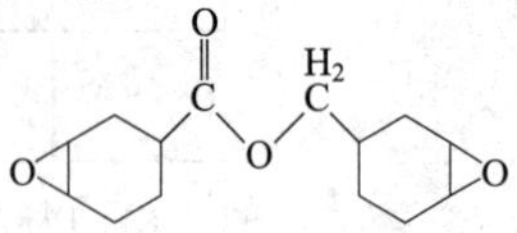

双酚 A 与环氧氯丙烷为原料反应得到的环氧树脂最为重要，其次为以酸法酚醛树脂为原料合成的环氧树脂。

双酚 A 环氧树脂分子含有多种可发生不同功能作用的基团，环氧基团 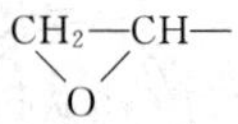 可发生交联反应；醚键—O—的耐水解性优良；羟基—OH 可发挥粘接作用；苯环 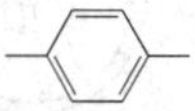 可发挥耐腐蚀性与耐热性的作用。

固化后的环氧树脂具有坚韧、收缩率低、耐水、耐化学腐蚀、耐有机溶剂、可与许多材料牢固黏结等优点。

10.2.3.1 原料

工业生产的环氧树脂主要是双酚 A 环氧树脂，它的原料是双酚 A 与环氧氯丙烷。

双酚 A 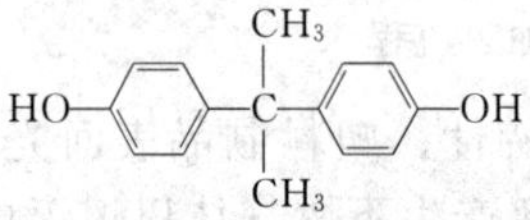 是熔点为 153℃ 的结晶，高纯度者无色，但一般工业品为淡黄色，由苯酚与丙酮经缩合反应合成：

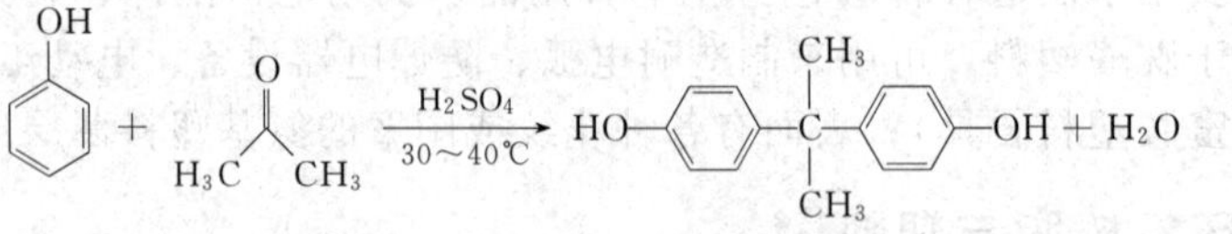

环氧氯丙烷 CH_2—$CHCH_2Cl$ 是沸点为 115℃ 的无色液体。工业上以丙烯为原料，经高温氯化合成氯丙烯，然后与次氯酸反应生成二氯丙醇，再用氢氧化钙或氢氧化钠处理脱除 HCl 而得环氧氯丙烷，反应加下：

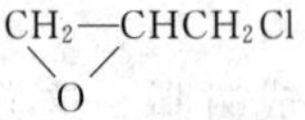

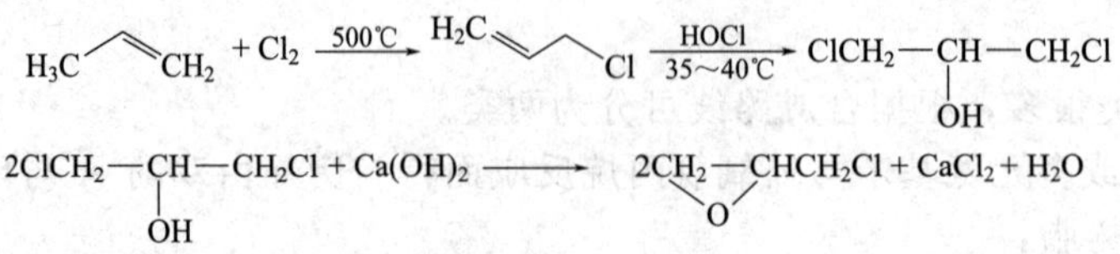

$$H_3C—CH=CH_2 + Cl_2 \xrightarrow{500℃} H_2C=CH—CH_2Cl \xrightarrow[35\sim40℃]{HOCl} ClCH_2—CH—CH_2Cl$$
$$\underset{OH}{}$$

$$2ClCH_2—CH—CH_2Cl + Ca(OH)_2 \longrightarrow 2CH_2—CHCH_2Cl + CaCl_2 + H_2O$$

在氢氧化钠存在下用双酚 A 与环氧氯丙烷合成环氧树脂的反应分两步进行。首先是在氢氧化钠作用下，具有亲核性质的环氧基团在伯碳位置开环，然后与酚基发生加成反应；第二步是氢氧化钠作为反应试剂脱除 HCl 而形成新的环氧基团，反应如下：

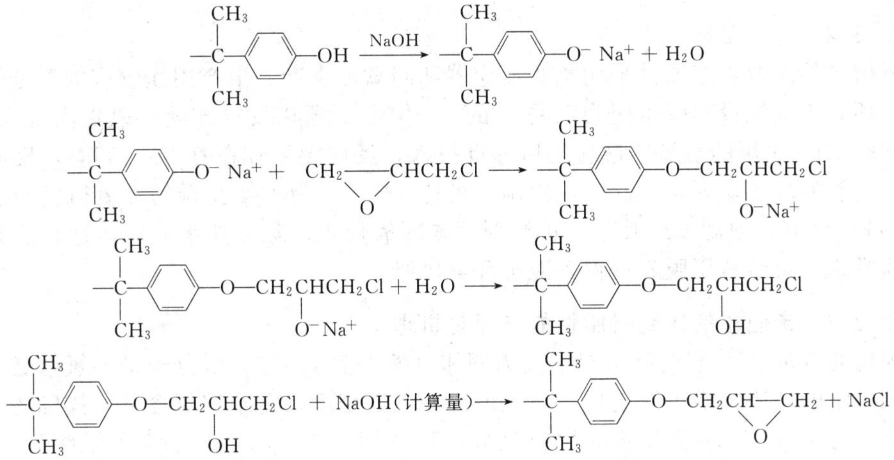

双酚 A 环氧树脂的分子结构式为：

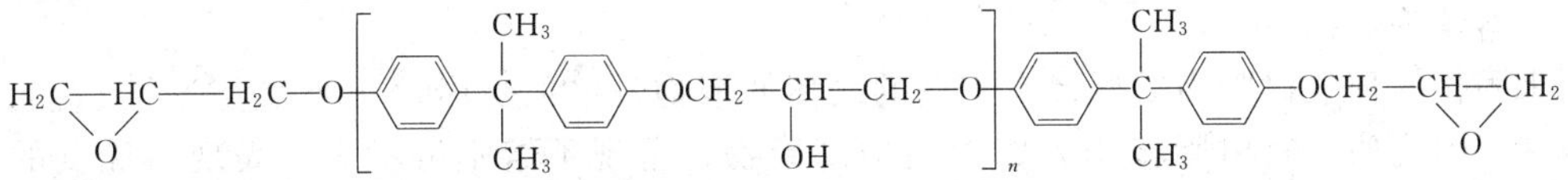

分子量最低的双酚 A 环氧树脂 $n=0$，分子量高的 $n>10$。工业生产的液态环氧树脂分子量最低的平均 $n=0.2$。当 $n>2$ 时，环氧树脂熔点大于 $65℃$，在常温下为脆性固体。工业生产中根据环氧氯丙烷对双酚 A 的投料比高低来控制环氧树脂的平均分子量。

环氧基团比较活泼，在树脂合成过程中可能发生以下副反应从而使环氧基团的数量减少。

① 环氧基团发生水解反应

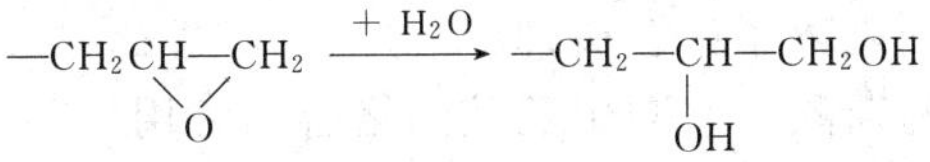

② 酚基与环氧氯丙烷中的仲碳原子相结合，因而不能再形成环氧基团

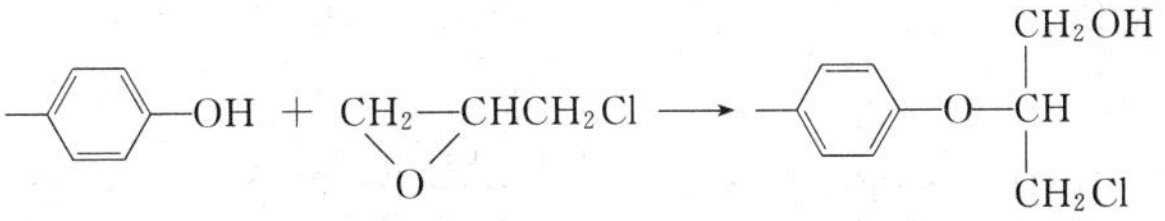

③ 环氧氯丙烷与已生成的—OH 基相结合，虽可再形成环氧基，但另一氯原子不能消除

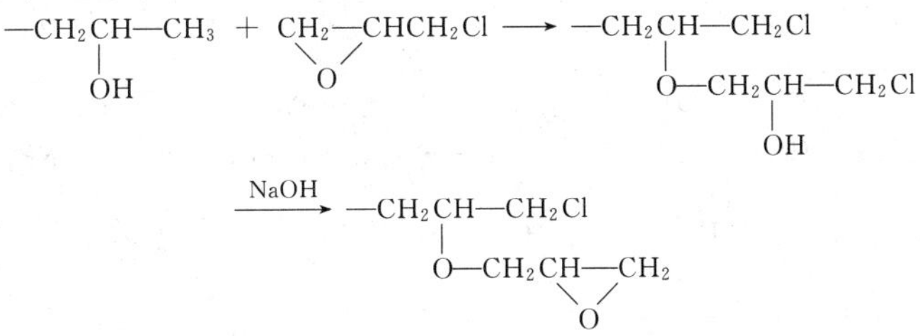

④ 仲羟基与环氧基团反应形成支链，增高了环氧树脂的黏度。

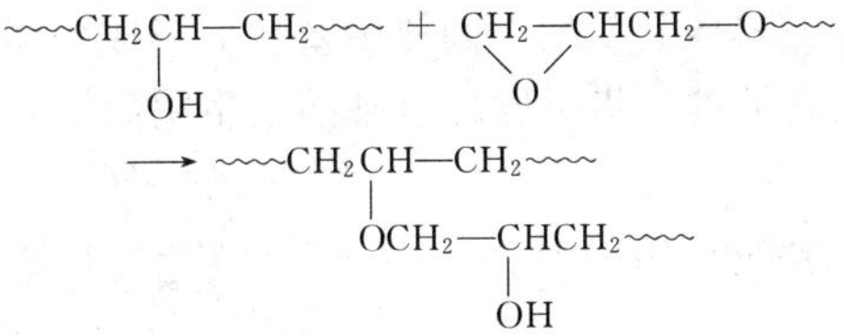

⑤ 脱氯化氢反应未进行完全，因而使环氧树脂中含有可水解的氯原子 —CH₂CH—CH₂Cl ，

影响环氧树脂的绝缘性和其他性能。

10.2.3.2 生产工艺

环氧树脂的工业生产通常采用釜式反应器和间歇法生产。生产用途较广的低分子量环氧树脂时，环氧氯丙烷投料摩尔比为双酚 A 的 7～10 倍，所以反应初期环氧氯丙烷大量过剩。催化剂和脱 HCl 所用的氢氧化钠应先后分批投入，反应温度控制在 50～55℃，反应结束后减压脱除过量的环氧氯丙烷，此时釜内温度可达 130℃。为了使黏稠的环氧树脂与反应生成的 NaCl 进行分离，须用苯或其他有机溶剂萃取环氧树脂，除去盐水或固体盐粒后首先进行常压蒸馏脱苯，再经减压脱苯后得到液态环氧树脂。

10.2.3.3 未固化的环氧树脂性能与固化机理

未固化的双酚 A 环氧树脂常温下应为固体（熔点为 43℃），低分子量环氧树脂为黏稠流体。环氧树脂的性质包括环氧当量、环氧值、颜色、密度、可水解氯含量、挥发物量等。环氧当量是含有 1mol/L 环氧基团的树脂克数；环氧值是 100g 环氧树脂含有的环氧当量数。根据环氧当量和环氧值可以计算固化剂的理论用量。常温下为固体的环氧树脂还应测其溶液黏度、熔点等数据。

未固化的环氧树脂为线型或有支链的线型低聚物，单独受热时不会发生交联反应，具有热塑性。固化后环氧树脂转变为体型结构高聚物，呈现不熔不溶状态，表现出优良的黏结性、绝缘性、耐化学腐蚀性以及良好的力学性能。环氧树脂的固化剂分为两类，仅发生催化作用的固化剂称为催化型固化剂；参与固化反应的固化剂称为结合型固化剂。

10.2.3.3.1 催化固化机理

环氧树脂在路易斯酸（如三氟化硼）或路易斯碱（如叔胺）的作用下发生固化作用，环氧基团经离子开环均聚合反应形成交联结构。

（1）路易斯酸作用下的阳离子聚合机理

三氟化硼为典型的路易斯酸，它与甲乙胺的络合物常用作环氧树脂固化剂，此络合物与环氧树脂混合后在 80℃ 以下是稳定的，加热到 80～100℃ 以后则分解出活性组分使环氧树脂经阳离子开环聚合而固化。

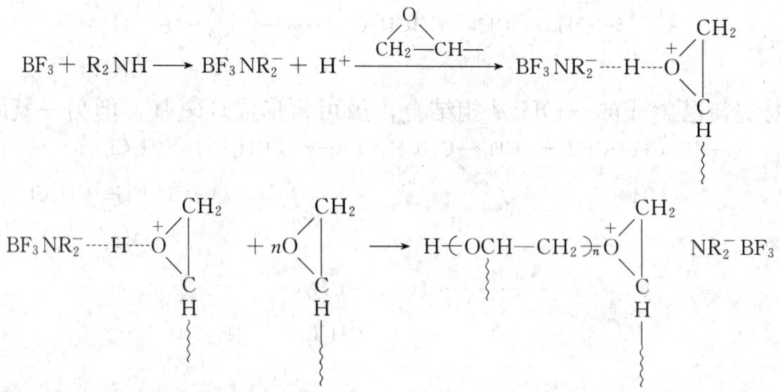

（2）路易斯碱作用下的阴离子聚合机理

叔胺为路易斯碱，它首先与环氧基团中的亚甲基反应形成中间体两性离子，然后与羟基反应生成烷氧基负离子，此负离子进一步引发环氧基团发生阴离子开环聚合使环氧树脂固化。

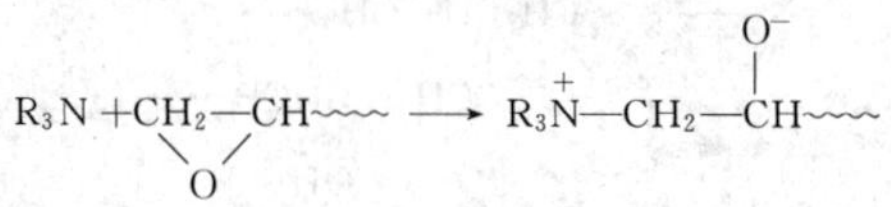

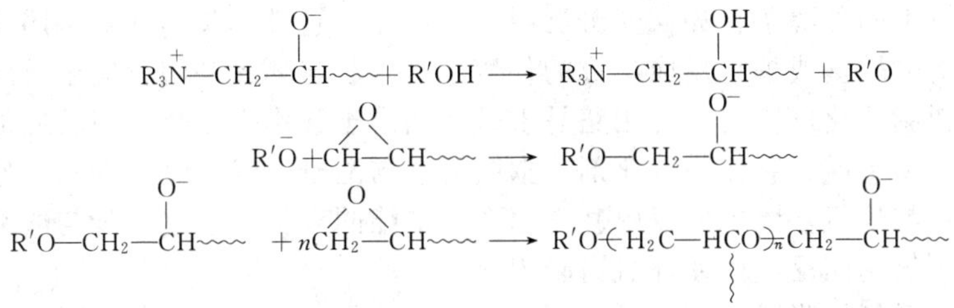

$$R_3\overset{+}{N}-CH_2-\overset{O^-}{\underset{|}{CH}}\sim + R'OH \longrightarrow R_3\overset{+}{N}-CH_2-\overset{OH}{\underset{|}{CH}}\sim + R'\overset{-}{O}$$

$$R'\overset{-}{O} + CH_2-\overset{}{CH}\sim \longrightarrow R'O-CH_2-\overset{O^-}{\underset{|}{CH}}\sim$$

$$R'O-CH_2-\overset{O^-}{\underset{|}{CH}}\sim + nCH_2-\overset{}{CH}\sim \longrightarrow R'O(H_2C-HCO)_n CH_2-\overset{O^-}{\underset{|}{CH}}\sim$$

实际应用中，环氧树脂固化时很少单独使用催化型固化剂。催化型固化剂通常作为结合型固化剂多元胺或聚酰胺的辅助固化剂，或作为酸酐固化剂的促进剂。

10.2.3.3.2　固化剂参与固化反应的固化机理

许多化合物如多元胺、多元羧酸、聚酰胺、羧酸酐、多元异氰酸酯、酚醛树脂、氨基树脂等都可与环氧树脂生成交联结构而使其固化，其中以多元胺、聚酰胺、多元酸酐最为重要。

（1）胺类与环氧树脂的固化反应

伯胺与仲胺是应用最为广泛的环氧树脂固化剂。固化时，伯胺首先与环氧基团发生反应生成仲胺与仲胺基团，此仲胺进一步与环氧基团反应形成叔胺和仲醇基，反应如下：

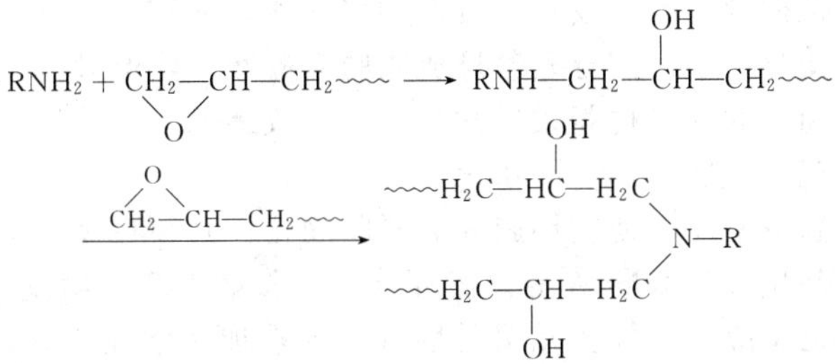

$$RNH_2 + CH_2-CH-CH_2\sim \longrightarrow RNH-CH_2-\overset{OH}{\underset{|}{CH}}-CH_2\sim$$

伯胺作为固化剂时，每一个伯胺氢原子可与两个环氧基反应生成一个叔胺基团和两个羟基。如果环氧基团过剩，则生成的仲醇基可逐渐与环氧基团反应：

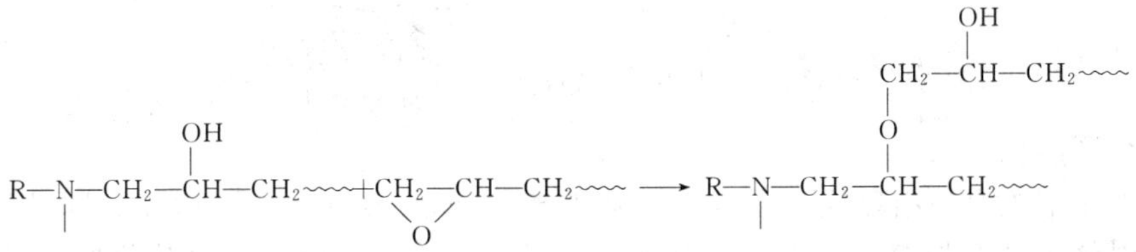

由于伯胺基团含有两个活性氢，所以与环氧基团的反应速度两倍于仲胺基团。羟基化合物可促进氨基的固化速度。

（2）酸酐与环氧树脂的固化反应

酸酐可与环氧基团发生酯化反应，但无催化剂存在时即使加热到 200℃ 反应仍很慢。酸酐与环氧基团的反应速度不仅与两者的浓度有关，而且与羟基化合物的浓度有关，所以有科学家认为三者形成了中间过渡产物使反应加速进行：

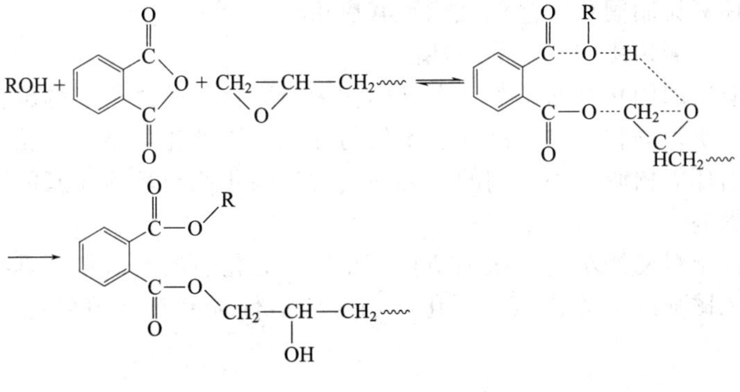

环氧树脂主链上的仲醇基首先与酸酐反应生成半酯，它进一步与环氧基团反应形成二元酯，主链上存在的仲醇基或酯化反应生成的仲醇基进一步与环氧基团反应生成醚键。

酸酐与环氧树脂固化反应时，可用路易士碱或路易士酸作为催化剂使反应加速进行，实际生产中主要用路易士碱叔胺作为催化剂。叔胺首先与酸酐生成两性化合物，然后通过羧基负离子的亲核作用与环氧基团中的亚甲基作用产生单酯阴离子，它进一步与酸酐反应生成羧基负离子，再与环氧基团反应而使环氧树脂固化。

10.2.3.3.3　环氧树脂固化剂

环氧树脂固化剂主要是多元胺及其衍生物、多元酸酐、加有催化剂的多元酸酐，其次为氨基树脂、酚醛树脂等。

（1）胺类固化剂

胺类固化剂主要是脂肪族多元胺，包括乙二胺及其缩聚物、二乙烯三胺、三乙烯四胺、四乙烯五胺等。它们的特点是常温下为液态，可与液态环氧树脂以任意比例混合，活性高、室温下即可发生固化反应，同时释放较大的热量；缺点是蒸气压高，有不适气味，影响工作人员健康。

为了改善胺类固化剂的缺点，发展了改性的多元胺，又称为活性多元酰胺，由高级脂肪酸与上述多元胺反应使分子中一部分氨基形成脂肪酸酰胺，降低其挥发性；用作固化剂时仍有高活性，并可提高固化的环氧树脂柔软性。另一种改进的方法是用过量的胺先与少量环氧树脂反应以降低其蒸气压，然后用作固化剂。

脂肪族多元胺室温下不能够使脂环族环氧树脂固化，必须在高温下使其固化，固化时还需加促进剂叔胺或羟基化合物双酚A等。脂环族二元胺如1,2-二氨基环己烷为低黏度液体，易与环氧树脂发生固化反应。芳族多元胺活性低，要求加热才能固化，而且固化时间较长；但固化产品的玻璃化温度高，耐化学腐蚀性优良。多元胺中的活性氢可与环氧基团全部反应，用作固化剂时可根据下式计算其用量：

$$每百份环氧树脂使用的多元胺量=\frac{\dfrac{多元胺分子量}{活性氢数目}}{环氧当量}\times100\%$$

（2）酸酐固化剂

酸酐固化剂主要是脂环族二元酸酐，但邻苯二甲酸酐价廉、易得，所以应用也较广泛。使用酸酐固化剂时需要加热，还需加叔胺如二甲基苄胺、二甲基氨甲基苯酚、三氟化硼-胺络合物等催化剂。催化剂可减少固化时间，用量为树脂量的 $0.5\%\sim2.5\%$。由于须加热固化，物料体系的黏度低，适用期较长，反应放热量低，受热固化后的收缩率低。固化后所得产品的力学性能和电性能优良，耐热性优于多元胺固化剂制得的产品。多元酸酐固化剂常用于脂环族环氧树脂和由烯烃氧化得到的环氧树脂的固化。与多元胺固化剂相似，可根据环氧摩尔数量计算多元酸酐固化剂的用量。

10.2.3.4　环氧树脂固化产品的性能及其应用

10.2.3.4.1　环氧树脂固化产品的性能

工业上实际应用的固化剂通常是结合型固化剂。固化后的体型结构聚合物由固化剂与环氧树脂共同组成，所以固化后的产品性能不仅与环氧树脂的化学结构有关，与固化剂的种类也有很大关系。当环氧树脂与固化剂的种类一定时，固化剂与环氧树脂的比例同样对固化后产品的性能产生影响。

与其他热固性塑料酚醛塑料、氨基塑料等相比，固化后的环氧树脂具有收缩率低、黏结性优良、坚韧、机械强度高等优点。固化前加入的活性稀释剂和填料也可改变固化产品的性能。

活性稀释剂为分子中仅含有一个环氧基团的化合物，如丁基缩水甘油醚和苯基缩水甘油醚等，固化时它们参与了环氧开环聚合反应，但由于仅含有一个环氧基团而不能产生交联，只是延长了环氧开环链段，增加了固化产品的柔韧性。

固化配方中加入无机填料可改进环氧树脂力学性能、耐磨性、电性能等性质，还可降低产品成本。

10.2.3.4.2　应用

环氧树脂主要用作黏合剂、涂料和结构材料。在结构材料的应用方面又可分为玻璃纤维增强复合材料；电气层压板、浇铸、密封和一般器具；黏合剂三个领域。

液态双酚 A 环氧树脂用作涂料时黏结性好、涂膜坚硬、耐化学腐蚀；但成本高，装饰性差，光照射后易变黄，所以仅用作防腐蚀底漆。

环氧粉末涂料分为三种类型。

① 由环氧当量为 800～2000 的固体双酚 A 环氧树脂与双氰双胺、二元羧酸酐等固体固化剂制成的粉末涂料，可用于汽车、火车等金属制件的装饰与保护。

② 由固体双酚 A 环氧树脂和端基为羧基的聚酯树脂制成的环氧-聚酯粉末涂料，其特点是价格低于纯环氧树脂，不易发黄，但日光直照下仍会降解。

③ 由聚酯树脂与异氰脲酸三缩水甘油酯所组成，能抗紫外线，广泛用作室外金属防护涂料。

环氧树脂用作结构材料时，需要用玻璃纤维、硼纤维、碳纤维、芳纶纤维等进行增强，所得复合材料中增强纤维的用量可达 65％。高模量的碳纤维环氧复合材料可用于军工和宇航业，计算机和电子工业所用集成线路底板是由玻璃布与环氧树脂和铜箔经层压固化而制成。

低分子量环氧树脂除需加入固化剂外，必要时还可加入适当填料，在模具中浇铸后固化得到浇铸产品。如果模具中事先嵌入绝缘零件，则可通过浇铸固化得到各种电气元件，广泛应用于电器与电子工业；还可用于模压成型、注塑成型以制造密封用绝缘器件等。

环氧树脂对各种表面极性的材料有优良的黏结力，并且可在室温固化。固化后黏结强度高，广泛用于金属材料的黏结。由热固化环氧树脂配方制成的糊料、带状料以及薄膜料等可用于汽车制造业和宇航工业。

10.2.4　不饱和聚酯树脂与塑料

不饱和聚酯树脂是由二元不饱和酸、二元饱和酸的混合物与接近等摩尔的二元醇或环氧化合物经缩聚反应制得的线型低分子量聚合物。二元不饱和酸主要是顺丁烯二酸或其酸酐。由于不饱和聚酯树脂分子中含有不饱和双键，在自由基引发剂的作用下可以发生自由基聚合反应而形成体型结构聚合物，但所得体型聚合物的交联密度过高，性能不良。在实际应用中，通常将已合成的不饱和聚酯树脂溶解在乙烯基单体如苯乙烯中，形成具有聚合活性的溶液，浸渍玻璃纤维或其织物后成型，并在自由基引发剂或光线作用下固化为玻璃纤维增强塑料制品，俗称玻璃钢。

10.2.4.1　原料

通用型不饱和聚酯树脂原料为二元羧酸和二元醇。二元羧酸包括不饱和酸顺丁烯二酸和其酸酐，二元饱和酸邻苯二甲酸酐等；二元醇主要是丙二醇。这类不饱和聚酯树脂固化后的产品有耐热性较差、可燃烧、耐化学腐蚀性能差等缺点。为制取更好的产品，发展了具有特殊性能的不饱和聚酯树脂，如用间苯二甲酸和对苯二甲酸取代邻苯二甲酸酐、用双酚 A 取代丙二醇可提高固化产品的硬度、刚性和耐热性；用脂肪族二元酸癸二酸、己二酸取代邻苯二甲酸酐、用二乙二醇或 1,4-丁二醇等长链二元醇取代丙二醇可获得较为柔韧的产品。如果要求产品具有阻燃性，则可引入含氯或溴的二元醇或二元羧酸。不饱和二元酸也可用反丁烯二酸，但所得不饱和聚酯树脂的分子结构稍有差别；还可用亚甲基丁二酸（衣康酸）、甲基丙烯酸、丙烯酸等不饱和酸，一元不饱和酸（甲基丙烯酸、丙烯酸）仅可存在于端基，所制得的不饱和聚酯树脂与单体甲基丙烯酸甲酯共混后，可得到透明性较好的玻璃钢。

10.2.4.2 树脂生产工艺

通用型不饱和聚酯树脂采用熔融缩聚法进行生产，反应器为装有锚式搅拌器和回流冷凝器的不锈钢釜式反应器，回流冷凝器应具有分水装置。大型生产装置的反应器中分馏与冷凝装置相连接以便蒸出水分，挥发的丙二醇则回流至反应釜中重复利用。

反应投料配方因产品用途的不同而稍有差异，生产玻璃纤维增强板材与浇铸用不饱和聚酯树脂配方见表 10-28。

表 10-28　通用型不饱和聚酯树脂配方

原料	组成/mol	
	玻璃纤维增强板材用	浇铸用
熔融缩聚：		
丙二醇	1.0	1.0
邻苯二甲酸酐	0.5	0.66
顺丁烯二酸酐	0.5	0.33
单体混合：		
苯乙烯(含阻聚剂氢醌 150×10^{-6})	1.0	0.7

生产中，反应釜夹套通热油循环加热，大型聚合釜内还装有加热用蛇管。反应物料加热到 150℃后开始有水蒸出，反应温度可逐渐升高到 190℃。反应生成的水应及时蒸出，使可逆反应向正方向进行。此时会蒸出部分丙二醇，与水分馏后回流。为了弥补可能损失的二元醇，可在配方中使丙二醇过量约 5%。为了防止空气中的氧使树脂变色和产生凝胶，应通入 N_2 或 CO_2 置换空气，使物料与氧气隔绝。在 160℃生成的顺丁烯二酸酯为顺式构型，当温度超过 180℃时则转变为平面性更强的反式富马酸酯构型。如果使用乙二醇取代丙二醇，由于乙二醇易与邻苯二甲酸酐生成低分子量环型聚酯，会影响固化产品的耐水性和耐热性。反应终点根据树脂的黏度、酸值和羟基值来确定。酸值与羟基值通常控制在 20~30 范围。

反应物料达到要求的酸值和羟值后，冷却至 150℃以下，逐渐放料至贮有苯乙烯（约 30℃）的混合罐。趁热放料可使不饱和聚酯树脂易溶于苯乙烯中。单体苯乙烯中应加有阻聚剂氢醌，防止混合时产生凝胶。混合好的不饱和聚酯-苯乙烯溶液应迅速冷却至室温，避免长时间受热而发生聚合反应。不饱和聚酯树脂的平均分子量不可过高，否则将难溶于苯乙烯中。

10.2.4.3 不饱和聚酯树脂的固化过程

不饱和聚酯树脂与苯乙烯形成的溶液，在工业上仍称为不饱和聚酯树脂。在自由基引发剂或紫外线作用下，不饱和聚酯分子中的反丁烯二酸酯（由顺丁烯二酸转位生成）双键与苯乙烯双键发生自由基共聚反应，由液态转变为固体物，即经固化形成了体型结构聚合物。固化过程中，不饱和聚酯分子中每个双键大致与两个苯乙烯的双键发生共聚反应。

不饱和聚酯树脂的固化不析出小分子化合物，可根据选用的固化剂体系在室温或高于 100℃的温度范围进行常压下的固化成型，操作方便。所以，用玻璃纤维及其制品为增强材料的不饱和聚酯玻璃钢得到广泛应用与发展。

10.2.4.3.1　固化剂

不饱和聚酯树脂用作涂料或生产透明度较高的浇铸制品时，可在加有适量光敏剂的条件下用光线（主要是紫外线）照射使其固化，但多数情况下加入自由基引发剂使之在适当温度进行固化。应用最多的引发剂是过氧化物，它的品种很多，可以根据固化温度与时间选择适当的引发剂。例如，连续法制造玻璃纤维增强的片材或挤拉成型法制造玻璃纤维增强的棒材、管材时，固化时间较短，应选用适于 $105 \sim 150 ℃$ 范围的过苯甲酸叔丁酯为引发剂；而一般玻璃纤维增强制品，特别是大型玻璃钢制品要求在室温下操作与固化，这时应采用加有活化剂的过氧化物引发剂体系，活化剂的作用是促进过氧化物的分解速度，使之在较低的室温下产生大量的自由基。活化剂主要是可溶于苯乙烯单体的芳叔胺如二甲基苯胺和多价金属的环烷酸盐或辛酸盐等，多价金属离子主要是钴离子、锰离子等。过氧化物与活化剂组成的氧化-还原引发剂体系加速了自由基的产生，但在室温条件下活化剂金属盐仅对含有过氧化氢（—O—O—H）基团的过氧化物有效，对二元过酸酯、二元过氧化酰基等无效，其反应如下：

$$Co^{3+} + ROOH \longrightarrow RO + [O] + H^+ + Co^{2+}$$

$$Co^{2+} + ROOH \longrightarrow RO + OH^- + Co^{3+}$$

过氧化二苯甲酰则可用二甲基苯胺为活化剂，工业常用的固化剂体系见表 10-29。

表 10-29　不饱和聚酯树脂用固化剂

引发剂	活化剂	最佳使用温度范围/℃
过氧化二苯甲酰	二甲基苯胺	$0 \sim 25$
甲乙酮过氧化氢	辛酸盐	$25 \sim 35$
异丙苯过氧化氢	环烷酸锰	$25 \sim 50$
过氧化二月桂酰	热	$50 \sim 80$
过氧化二苯甲酰	热	$80 \sim 140$
过苯甲酸叔丁酯	热	$105 \sim 150$
过氧化二叔丁基	热	$110 \sim 160$

溶解的盐对于 Co-过氧化氢引发剂体系具有明显的抑制作用，其浓度即使低至 100×10^{-6} 也对交联反应产生影响，高至 500×10^{-6} 时影响更为显著，甚至不会产生凝胶化反应。

10.2.4.3.2　凝胶与固化

为了便于获得不饱和聚酯树脂的苯乙烯溶液，应在较高温度进行混合，所以必须在苯乙烯中加入较多的阻聚剂以防止混合时受热而发生聚合反应。混合好的不饱和聚酯树脂-苯乙烯溶液中常含有阻聚剂。

加入引发剂进行固化时，最初生成的自由基必须首先与阻聚剂发生作用，因此产生了诱导期。诱导期过后才能引发不饱和双键产生自由基聚合而形成交联结构。

从加入引发剂开始算起至液态溶液转变为软性胶体物的时间称为凝胶化时间，此时已生成 $1\% \sim 2\%$ 的交联聚合物，然后由于凝胶效应而使其转变为橡胶状物的速度加快，放出的反应热进一步促使交联反应加速进行，最终得到交联结构的坚硬固体物。

制造大型玻璃钢制件时，放出的大量热量不易散失，温度峰值可达 $150 \sim 200 ℃$，树脂会受热变色甚至开裂。为了避免此情况，可用 α-甲基苯乙烯取代苯乙烯或加入适量环烷酸铜盐以延缓交联反应。使用铜盐时应有氧存在，否则固化过程进行不完全，仅得到橡胶状产品。

不饱和聚酯树脂固化过程为自由基聚合反应，易被空气中的氧阻聚。生产玻璃钢时，其表面如不隔绝空气则不能充分固化而发粘，邻苯二甲酸酐为原料时比间苯二甲酸更为严重。

为解决这一问题，可在树脂中溶入少量石蜡，使它在固化过程中在制件表面形成单分子表面层而隔绝空气。但石蜡表面层应在进一步涂装和黏结时去除。用二乙二醇和四氢化邻苯二甲酸为原料时，空气可促进固化而不需加入石蜡隔绝空气。

10.2.4.4 不饱和聚酯树脂性能与应用

10.2.4.4.1 性能

工业生产的不饱和聚酯树脂商品是线型不饱和聚酯树脂的苯乙烯溶液，其性能指标主要是外观、黏度、酸值、固含量、凝胶时间等。不饱和聚酯经固化制成适当材料后才有使用价值，所以制定配方时应以其浇铸体的物理机械性能为准。

不饱和聚酯树脂虽可用来生产涂料、浇铸制品，但最主要的用途是生产纤维增强塑料。所用增强材料包括玻璃纤维及其织物、碳纤维以及芳纶纤维等。玻璃纤维及其织物-玻璃纤维布的应用最为广泛。不饱和聚酯增强塑料的物理机械性能与增强材料的种类、用量、形态以及其原始机械强度等有关。

在浇铸制品与模压制品中加入粒径为 $2 \sim 8 \mu m$ 的无机粉状填料，可降低收缩率和克服脆性。固化后生成的交联结构使其热扭变温度超过 $100 ℃$，但耐热老化性能较差，降低了长时间使用的温度，受热到近 $300 ℃$ 时急剧分解，其分解速度大于酚醛树脂与环氧树脂。

通用型不饱和聚酯玻璃钢含有苯乙烯，燃烧后产生大量黑烟和窒息性气体，所以要求生产阻燃型玻璃钢，其方法是采用含有氯或溴取代基的二元酸（酸酐）和二元醇，溴的效果优于氯，但价格较贵。为了更好地达到阻燃目的并减少燃烧生成的卤代氢所产生的污染，在配方中应添加三氧化二锑填料以生成难挥发的锑卤化物，添加氧化亚铁填料也可达到此目的。

固化后的不饱和聚酯树脂可耐弱碱、强酸和非极性溶剂的腐蚀作用。强碱可腐蚀玻璃纤维，聚酯结构的链段也可以水解，所以玻璃钢制品不宜与强碱介质接触，如果对其表面用耐碱的玻璃纤维或有机纤维增强进行保护，则可改进其耐碱性。

10.2.4.4.2 应用

不饱和聚酯树脂最主要的用途是作为玻璃纤维增强塑料的基质树脂，其次是用作涂料。也可利用其黏度低、固化时无挥发物、固化温度宽广（可从室温至 $100 ℃$ 以上）的特点，用来生产小型浇铸制品。为了克服开裂现象，须加有适当填料。

生产玻璃纤维增强塑料时，必须对玻璃纤维进行表面处理，提高不饱和聚酯树脂与玻璃纤维表面的结合能力，并防止水分沿玻璃纤维表面进行渗透而造成损害。玻璃纤维生产过程中，为了防止产生静电和脆折，表面涂有浆料淀粉、油类以及表面活性剂。浆料的存在将影响树脂与玻璃纤维的黏结，必须事先将含有浆料的玻璃纤维进行高温处理（$250 \sim 350 ℃$）使浆料分解破坏，然后用可与玻璃纤维表面结合又可与树脂的双键发生共聚反应的偶联剂如甲基丙烯酸三甲氧基硅盐 $\underset{\displaystyle \overset{\textstyle CH_3}{|}}{H_2C=C}—COOSi(OCH_3)_3$ 进行处理。生产制造玻璃钢的专用玻璃纤维时，可不用一般浆料处理，而直接用浓度为 $0.1\% \sim 0.5\%$ 的甲基丙烯酸三甲氧基硅盐偶联剂溶液进行处理。

不饱和聚酯树脂玻璃钢主要用来制造小型船舶、浴缸、容器、瓦楞板、槽车等。生产上述产品时，使用的模具表面应涂饰脱模剂或用再生纤维素薄膜覆盖以便固化后易于分离，通常使用聚乙烯醇等不与苯乙烯发生作用的脱模剂。

生产大型玻璃钢制品时，可采用手工涂饰或机械喷涂的方法。生产形状一定的小型制品如泵体、绝缘部件时，可先制成料团形式，在模具中进行加热模压成型，通常采用玻璃纤维短绒为填料。

将预浸不饱和聚酯树脂的玻璃纤维、碳纤维或芳纶纤维通过热模具挤出成型，制得连续状增强塑料制品的方法称为挤拉成型法，可用来生产直径为 $6mm \sim 10cm$ 的管材与棒材。

第 11 章

工程塑料

11.1 概述

工程塑料，通常是指用作工程材料或结构材料的塑料，绝大多数为热塑性塑料。这类塑料在承受一定的外力下仍具有良好的力学性能、尺寸稳定性和较好的电性能，在高温下仍能保持其优良的特性。它们可用来代替金属制作机械结构的零部件，也可用作电绝缘材料等。

高性能塑料是指具有耐高温、较好力学性能、优良的尺寸稳定性和较好电性能的塑料。高性能塑料与工程塑料没有精确的分界线。一般而言，工程塑料的某些性能低于高性能塑料，但产量较大。近 20 年来，液晶聚合物和聚芳醚酮类发展较快，高性能塑料特别是耐高温塑料的品种扩大迅速。工程塑料与高性能塑料已经作为优质材料进入市场，在军事工业、电子工业、宇航等高端领域得到应用与发展。

11.1.1 工程塑料与高性能塑料的重要类别

近年来，工程塑料与高性能塑料发展迅速，涉及的化学类别面广，分类方法难以统一，现参照文献以及聚合物中所含特征元素将其列入表 11-1。表中所列聚合物都已工业生产，而且产量可观。另有少数品种虽已有商品生产，但产量少，应用范围有限，未列入此表，例如耐高温塑料聚噁二唑啉、聚喹噁啉等。

表 11-1 工程塑料与高性能塑料的重要类别

化学类别与名称	分类	形态	产品名称
含碳聚合物			
环烯烃共聚物	工程塑料	无定形聚合物	COC
乙烯-四环癸烯			
乙烯-降冰片烯			
间规聚苯乙烯	工程塑料	结晶聚合物	sPS
含氧聚合物			
聚甲醛	工程塑料	结晶聚合物	POM
聚酯,热塑性	工程塑料	结晶聚合物	
聚对苯二甲酸乙二酸			PET
聚对苯二甲酸丁二酯			PBT
聚萘酸乙二酯			PEN
聚芳酯			
	工程塑料	无定形聚合物	PAR
液晶聚合物	高性能塑料	结晶聚合物	LCP
聚苯醚	工程塑料	无定形聚合物	PPE

化学类别与名称	分类	形态	产品名称
聚碳酸酯	工程塑料	无定形聚合物/晶体聚合物	PC
脂肪族聚酮	工程塑料	结晶聚合物	PK
聚醚酮	高性能塑料	结晶聚合物	PEEK
			PEK
			PEKK
			PEPEK
聚甲基丙烯酸甲酯	工程塑料	无定形聚合物	PMMA
含硫聚合物			
聚苯硫醚	高性能塑料	结晶聚合物	PPS
聚砜	工程塑料	无定形聚合物	PSU
聚醚砜	高性能塑料	无定形聚合物	PES
聚芳砜	高性能塑料	无定形聚合物	PAS
含氮聚合物			
苯乙烯共聚物	工程塑料	无定形聚合物	ABS
			SAN
			SMA
聚酰胺,塑料	工程塑料	结晶聚合物/无定形聚合物	聚酰胺66
			聚酰胺610
			聚酰胺612
			聚酰胺46
			聚酰胺1010
			聚酰胺6
			聚酰胺11
			聚酰胺12
			聚酰胺1212
聚芳酰胺	高性能塑料	工程塑料/结晶聚合物	ArPA
聚酰亚胺	高性能塑料		PI
聚酰胺-酰亚胺	高性能塑料	无定形聚合物	PAI
聚间苯二甲酰胺	高性能塑料	结晶聚合物	PPA
聚醚酰亚胺	高性能塑料	无定形聚合物	PEI
含氟聚合物			
聚四氟乙烯		结晶聚合物	聚四氟乙烯
乙烯-四氟乙烯共聚物			ETFE
氟化乙烯-丙烯共聚物			FEP
过氟乙烯基醚-四氟乙烯共聚物			PFA

　　某些工程塑料与高性能塑料机械强度虽不及钢铁,但质轻,比强度超过金属,用玻璃纤维或碳纤维等适当材料增强后,机械强度明显提高;而且易加工,具有耐腐蚀、耐摩擦、减震和润滑性好等特点,可加工为各种颜色制品,已取代了部分金属材料。工程塑料与高性能塑料已广泛用于电子器件、通信事业以及汽车工业的发展。

　　2002 年和 2007 年世界消耗的重要工程塑料与高性能塑料量见表 11-2。在 2002～2007 年的五年时间内,工程塑料与高性能塑料增长率为 4.5%,而聚醚酰亚胺、聚砜/聚醚砜、液晶聚合物、聚醚醚酮四类则各超过 10%,增长率可观。据估计,2015 年全球工程塑料的需求量将达到 2000 万吨。

11.1.2　工程塑料与高性能塑料的主要性能

（1）玻璃纤维增强效果

表 11-2　2002 年和 2007 年世界消耗的重要工程塑料与高性能塑料

品种[①]	2002 年/kt	2007 年/kt	2002~2007 年增长率/%
聚酰胺	1950	2430	4.5
ABS	4667	5280	2.5
PBT	477	623	8
POM	609	717	3.5
PMMA	989	1174	3.5
聚碳酸酯	1714	2637	9.0
PPS	50	77	9.0
聚醚酰亚胺	15	24	10.5
PSU/PES	353	46.1	5.5
PPO/PPE	23	37	10.5
LCP	18	34	13.5
PEEK	1.3	2.4	13.5

① 各品种简称的原名见表 11-1。

　　工程塑料与高性能塑料的力学性能高于普通塑料，用玻璃纤维增强后，不仅强度提高，而且成本也可降低。玻璃纤维增强后，一些工程塑料与高性能塑料的弯曲模量与增长量比较见图 11-1。

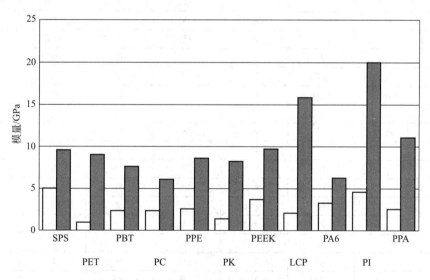

图 11-1　用玻璃纤维增强后热塑性基质模量增长比较图
玻璃纤维含量为 30%（质量），PC 与 PK 玻璃纤维含量为 20%（质量），
PPE 数据参考 PPE-PS 共混物

　　（2）使用温度

　　塑料的耐热性有多种测试方法，如维卡耐热温度、热扭变温度等，但不反映长时间可使用的最高温度。工程塑料与高性能塑料连续使用最高温度见表 11-3。

　　（3）耐化学腐蚀性

　　耐化学腐蚀性包括耐酸、耐碱、耐有机溶剂（如醇、酮）、芳烃以及耐矿物油、耐油脂的性能等。这些性能对于塑料的使用环境与条件关系密切，工程塑料与高性能塑料的耐化学腐蚀性见表 11-4。

表 11-3　工程塑料与高性能塑料连续使用最高温度

品种	连续使用最高温度/℃	品种	连续使用最高温度/℃
PEEK	260	PBT	120
LCP	240	PC	115
PAI	210	POM	85
PPSU	205	聚酰胺 6	80
PPS	200	聚酰胺 66	80
PES	180	PPO	80
PEI	170	ABS	70

表 11-4　工程塑料与高性能塑料的耐化学腐蚀性

名称	酮	稀酸	浓酸	碱	醇	芳香族	油脂
sPS	好	好	好	好	一般	好	好
POM		差	差	好	好	好	一般/好
PET		好	差	好	一般	好	好
PBT		好	一般	好	好	好	好
PEN		好	一般	好	好	好	好
PAR				一般	一般	一般	一般
LCP	好	一般	好	一般	好	好	好
PPE		一般/好	好	一般	差	一般	一般
PC		一般/好	差	好	差	好	差
PK	好	差	好	一般	好	好	好
PEEK	好	一般	好	好	好	好	好
PMMA	好	一般	好	一般	差	差	差
PPS	好	一般	好	好	好	好	好
PSU		好	好	好	一般	好	一般
PES		好	好	好	一般	好	一般
PAS		好	好	好	差	好	一般
ABS		好	一般		好	好	差
SAN		差	差	一般	一般	好	一般
PA66	差	差	好	好	好	好	好
PA6	差	差	好	好	好	好	好
PA11	差/一般	差	好	一般	好	好	好
PA12	差/一般	差	好	一般	好	好	好
ArPA		一般	一般/好	好	好	好	好
PI	好	好	差	好	好	好	好
PAI	好	好	差	好	好	好	好
PPA	好	一般	好	一般	好	好	好
PEI		好	一般/好		好	好	好
氟聚合物	好	好	好	好	好	好	好

11.2 含碳聚合物

近年来，开发了数种乙烯与环烯烃共聚物（ethylene cyclic-olefin copolymer）和间规聚苯乙烯（sPS）类工程塑料。

11.2.1 环烯烃共聚物（COC 或 COP）

乙烯与多种 α-烯烃的共聚物可用作塑料或合成橡胶，已有数十年的生产历史。这些共聚物都是无定形聚合物，性能达不到工程塑料要求。近年来，乙烯与某些环烯烃共聚后，可使环烯烃直接进入主链，得到性能优良的共聚物，其透明性与力学性能甚至达到或超过聚碳酸酯，已成为工程塑料新品种。乙烯与降冰片烯共聚所得 COC 的分子式见下图：

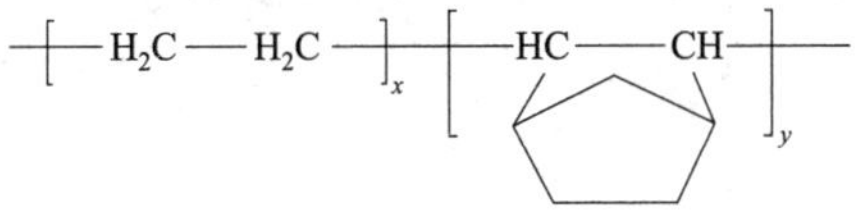

11.2.1.1 性能

（1）玻璃化温度高

这些共聚物的主链含有若干环状结构，限制了主链的自由转动能力，所以玻璃化温度远高于聚乙烯，并且随环状单体含量增高而上升。聚乙烯的玻璃化温度为 $-40.0℃$，而乙烯-四环十二烯（TD）共聚物中，TD 含量为 48％时，其玻璃化温度提高至 170℃，是一类可以通过控制环状单体含量来调整玻璃化温度的聚合物。

（2）介电性能优良

共聚物仅由碳氢两种元素组成，介电性能优良，介电常数仅为 2.5。

（3）高度透明

这类共聚物高度透明，透光率＞92％，与聚甲基丙烯酸甲酯（PMMA）相似。

（4）耐热性优良

由于大分子结构中不含易被氧化的双键，耐热性与耐氧化性优良，分解温度超过 400℃。

（5）耐化学腐蚀性

此类产品不耐烃类溶剂，对无机酸、碱及各种溶剂都有良好的耐受性，吸湿性低，对水汽的屏蔽性良好。

（6）机械强度与聚碳酸酯相仿，尺寸稳定性优良。

（7）生物相容性良好。

乙烯与降冰片烯共聚制得的环烯烃共聚物商品性能见表 11-5。

表 11-5 环烯烃共聚物性能

性能	数据	性能	数据
密度/(g/cm³)	1.02	抗冲强度 无切口/(J/cm²) 切口/(J/cm)	2 0.26
吸水性(23℃)/%	0.01	热扭变温度(1.8MPa)/℃	68
透水汽性/[g/(m²·d)]	0.023		
拉伸极限强度/MPa	63	玻璃化温度/℃	80
断裂伸长率/%	4.5	折射率	1.53
拉伸模量/GPa	2.6	透光率/%	91

11.2.1.2　重要的乙烯-环烯烃共聚物

乙烯可以和许多环烯烃如环丁烯、环戊烯等进行共聚，但用作工程塑料的乙烯-环烯烃共聚物仅有乙烯-四环十二烯共聚物和乙烯-降冰片烯共聚物两种，统称为乙烯-环烯烃共聚物（COC）或环烯烃聚合物（cyclic olefin polymer，COP），它们都是两种单体无序排列的无定形聚合物，高度透明，根据环烯烃含量不同而有不同的牌号，主要经配位聚合反应合成。聚合所用催化剂为 Ziegler-Natta 或金属茂-MAO 催化剂。

（1）乙烯-四环十二烯共聚物（ETD）

乙烯与四环十二烯经 Ziegle-Nattar 催化剂引发共聚，制得两种单体无序排列的无定形聚合物，具有优良的透光性与力学性能，其分子式见下图。近来还发展了用金属茂配位催化剂合成 ETD 共聚物的方法。

（2）乙烯-降冰片烯共聚物（ENB）

乙烯与环状降冰片烯在金属茂配位催化剂或 Ziegle-Nattar 催化剂作用下共聚，可得到玻璃化温度为 140℃的乙烯-降冰片烯共聚物（ENB），其分子式见 11.2.1。单体降冰片烯可由乙烯与二环戊二烯合成，来源充沛，所以此共聚物的生产和开发得到了越来越多的重视。

11.2.1.3　用途

（1）光学材料

乙烯-环烯烃共聚物可用来生产光盘、光纤、透镜等。

（2）包装材料

乙烯-环烯烃共聚物可成型为薄膜和纤维，用作包装材料；可利用其强度高的特点，作为增强材料制成聚乙烯、聚丙烯复合薄膜。

（3）可用作电子器件的绝缘材料、板材等，也可用于汽车材料。

由于乙烯-环烯烃共聚物生物相容性好，无毒、吸水性低、无刺激、不会诱导有机体突变，可制成注射器、药水瓶等用于医疗行业。环烯烃共聚物（COC）与数种透明聚合物性能比较见表 11-6。

表 11-6　环烯烃共聚物（COC）与数种透明聚合物性能比较

性能	COC	PS	PC	PMMA
密度/(g/cm³)	1.02	1.05	1.2	1.2
弯曲模量/MPa	3.45	3.01~3.45	2.35	3.01
拉伸强度/kPa	62.06	44.13~56.54	62.06	68.95
伸长率/%	3~10	2~4	80	5
Izod 切口抗冲/(ft-lb/in①)	0.4	0.4	5~16	0.3
热扭变温度/℃	75~170	75~94	142	92
邵氏硬度 D	89	75~84	85	100
吸水性/%	0.01	0.1~0.3	0.04	0.1
透光性	92	91	88	92
折射率	1.53	1.59	1.586	1.491
色散系数	56	31	34	61
双折射	低	可变	可变	低
应力-光学系数/(10¹²Pa/s)	4.0	4.8	68	−4.6

① Izod 切口抗冲，1ft-lb/in/53.38＝1Izod 切口抗冲 J/m。

11.2.2　间规聚苯乙烯（sPS）

间规聚苯乙烯是工程塑料新品种之一，其合成原理及有关基本知识已在"10.1.3.2 间规聚苯乙烯"中予以介绍。间规聚苯乙烯可通过玻璃纤维增强改性、聚合物共混改性、共聚改性、接枝共聚改性和化学改性等方法降低熔点，防止成型时受热熔融分解。

改性产物是否能够工业化生产取决于其性价比和市场需求。将 sPS 磺化制取磺酸衍生物透析膜是很有前途的发展方向。

11.3 含氧聚合物

11.3.1　聚甲醛

聚甲醛大分子链中含有$\\leftarrow CH_2O\\rightarrow$链节，学名为聚氧化亚甲基（英文为 polyoxymethylene，简称 POM），其主要原料是甲醛，故称为聚甲醛。聚甲醛主要有两种工业产品，一种是均聚甲醛，由甲醛或三聚甲醛均聚而得；另一种是共聚甲醛，由三聚甲醛和少量共聚单体（常为二氧五环）共聚而成。均聚物受热后易从端基开始分解，所以均聚甲醛生产后立即与乙酸酐反应，生成乙酰酯端基进行封链处理。聚甲醛有优良的综合性能，发展很快，目前在工程塑料中产量在前五名之内。聚甲醛原料来自甲醇氧化产品甲醛，来源充沛易得。

11.3.1.1　聚甲醛的合成化学

（1）甲醛的聚合

甲醛分子中没有 C═C 键，但含有不饱和的羰基 $-\overset{\overset{\displaystyle O}{\|}}{C}-$ ，在一定反应条件下，此碳氧双键打开、相互加成而获得聚合物。

根据不同性质的引发剂，高纯度无水甲醛可进行阴离子或阳离子聚合。阳离子聚合反应时必须用强酸作为引发剂（催化剂）；阴离子聚合反应则可用胺、铵盐等弱碱作为引发剂（催化剂）。阴离子聚合反应如下：

$$R_3N + H_2O \rightleftharpoons (R_3NH)^+ OH^-$$
$$(R_3NH)^+ OH^- + CH_2{=}O \longrightarrow HO-CH_2-O^- (R_3NH)^+$$
$$\sim\sim CH_2-O^- (R_3NH)^+ + CH_2{=}O \longrightarrow \sim\sim CH_2OCH_2O^- (R_3NH)^+$$

若采用硫酸、磷酸或三氟化硼乙醚络合物，则可引发阳离子聚合反应。以 HA 代表酸，反应如下：

$$HA + CH_2{=}O \longrightarrow HO-\overset{\overset{\displaystyle H}{|}}{\underset{\underset{\displaystyle H}{|}}{C}}{}^+A^-$$

$$H\leftarrow OCH_2\rightarrow_{\overline{n}}O-\overset{\overset{\displaystyle H}{|}}{\underset{\underset{\displaystyle H}{|}}{C}}{}^+A^- + CH_2{=}O \longrightarrow H\leftarrow OCH_2\rightarrow_{\overline{n+1}}O-\overset{\overset{\displaystyle H}{|}}{\underset{\underset{\displaystyle H}{|}}{C}}{}^+A^-$$

工业生产中，以无水甲醛为原料时皆采用阴离子聚合，因为制得的聚甲醛分子量较高。此法的缺点是对单体甲醛纯度的要求很严格，必须配备提纯设备，而且提纯过程较复杂，不易控制。

（2）三聚甲醛的聚合

三聚甲醛是碳氧原子构成的六元杂环，由甲醛在酸催化下制得。它在阳离子型引发剂引发下可进行开环聚合，其反应如下：

① 引发：

$$\text{(六元环)} \xrightarrow{BF_3 \cdot H_2O} \text{(六元环-H)}^+ (BF_3 \cdot OH)^- \longrightarrow \underset{(BF_3 \cdot OH)^-}{HOCH_2OCH_2O\overset{+}{C}H_2}$$

② 增长：

$$\underset{(BF_3 \cdot OH)^-}{HOCH_2OCH_2O\overset{+}{C}H_2} \xrightarrow{\text{单体}} \underset{(BF_3 \cdot OH)^-}{HOCH_2OCH_2OCH_2\text{—}O\overset{+}{=}\text{(环)}} \longrightarrow$$

$$\underset{(BF_3 \cdot OH)^-}{HOCH_2OCH_2OCH_2OCH_2OCH_2O\overset{+}{C}H_2} \longrightarrow \underset{(BF_3 \cdot OH)^-}{(OCH_2)_3OCH_2OCH_2O\overset{+}{C}H_2}$$

③ 终止：

$$\underset{(BF_3 \cdot OH)^-}{\sim\sim\sim OCH_2OCH_2O\overset{+}{C}H_2\text{—}O\overset{+}{=}\text{(环)}} \longrightarrow \sim\sim\sim(OCH_2)_3OCH_2OCH_2OCH_2OH + BF_3$$

终止反应较复杂，还可能发生分子内氢转移反应以及与助引发剂之间的转移反应等。

三聚甲醛由甲醛制得，易于精制。利用开环聚合反应，可方便地使甲醛与其他单体如环氧乙烷、二氧五环共聚，制取热稳定性较高的共聚甲醛。共聚甲醛中引入的共聚单体较少，目的是防止端基的降解反应，工业上仍称为聚甲醛。

11.3.1.2 生产工艺

（1）均聚物生产工艺

精制后的无水甲醛气体连续通入置有烃类溶剂、引发剂和链转移剂的反应釜中。甲醛聚合反应热较大，需借助溶剂挥发和夹套冷却排除反应热，反应温度控制在 70℃ 以下，以 40℃ 为最佳。反应生成的聚甲醛不溶于溶剂，以粉状物沉淀析出。

离心分离脱除母液的沉淀物需经乙酰化反应封闭端基。乙酰反应在酯化釜中进行，反应物料为乙酐和作为催化剂的乙酸钠，反应温度为 140℃。反应结束后，用丙酮洗涤分离得到的封端聚甲醛，然后水洗、干燥得到聚甲醛产品。

（2）共聚物生产工艺

环状单体三聚甲醛和少量其他环状含氧单体如二氧五环，经阳离子催化开环聚合可制得聚甲醛。催化剂主要为三氟化硼络合物，真正引发开环聚合的是三氟化硼与微量水反应生成的 H^+。此反应不能直接生成高分子量聚甲醛，而需经过一系列平衡反应；甲醛浓度提高，反应向生成聚甲醛方向移动（见下式），达到不溶解的分子量后，聚甲醛沉淀析出；继续聚合，聚甲醛则在已生成的微粒上沉降，使粒径扩大。

$$I^+ + \underbrace{(O\text{—}CH_2)_3} \rightleftharpoons I\text{—}OCH_2\text{—}OCH_2\text{—}O\overset{+}{\cdots}CH_2 \rightleftharpoons I\text{—}OCH_2\text{—}O\overset{+}{\cdots}CH_2 + CH_2O$$

式中，I^+ 为阳离子。制得的聚甲醛需要经过热处理、加热熔融或在悬浮液中受热以脱除残留单体甲醛，同时使不稳定的—O—CH₂—OH 端基分解，直至端基为二氧五环引入的—OCH₂—CH₂OH 时停止分解；洗涤脱除酸性催化剂等杂质后，干燥得到产品。

11.3.1.3 聚甲醛的性能、成型加工及应用

（1）聚甲醛的性能

聚甲醛是一种无支链的高结晶线型高分子化合物，结晶度为 $60\% \sim 77\%$，结晶度大小受共聚物的影响。产品外观呈白色，有光泽，极似白色象牙。如有离子杂质存在，加工时在熔融温度下可能使链断裂分解。聚甲醛在温和的碱性环境中稳定。碱性条件下，乙酰化封端

的聚甲醛可能发生酯基水解反应而降低热稳定性。

聚甲醛亚甲基键的—C—H—键容易受到氧化自由基的攻击，所以制品表面容易光氧化降解。聚甲醛商品的数均分子量在20000～90000范围，刚性与力学性能优良，详见表11-7。

表 11-7　聚甲醛物理机械性能

性　　能	均聚物	共聚物
密度/(g/cm³)	1.42	1.41
熔点/℃	175	165
空气中吸湿性(24h)/%	0.05	0.20
湿度50%的空气中达到平衡/%	0.02	0.16
热扭变温度(1.8MPa)/℃	136	110
拉伸屈服强度/MPa	68.9	60.6
伸长率/%	25～75	40～75
拉伸模量(23℃)/MPa	3100	2825
弯曲模量(23℃)/MPa	2830	2584
Izod 切口(3.175mm)抗冲强度/(J/m)	69～122	53～80
洛氏硬度(R级)	94	80
摩擦系数	0.1～0.3	0.15

（2）聚甲醛的成型加工

纯粹的聚甲醛受热后，容易产生"拉链式"热降解。由于商品端基已封链，所以可进行熔融成型。为了防止熔融成型过程中发生热分解和光氧化降解，商品中应加有热稳定剂、酚类抗氧剂和紫外线吸收剂等。另外，还可加入胺、酰胺和环氧化合物作为甲醛捕捉剂，防止可能析出的甲醛对产品造成影响。

聚甲醛商品多数无填料，仅加有一些必要助剂和着色剂，按熔融指数区分牌号。最常用的熔融指数为2.5、9.0、27.0和45.0，其次为玻璃纤维增强或加有填料的商品。

聚甲醛吸湿性小，水分对成型加工性能的影响不大，一般不必进行预干燥。

聚甲醛主要通过注塑成型制造产品，也可通过挤塑法制造棒、管、板材、异型材等。

（3）聚甲醛的应用

聚甲醛主要用来代替有色金属铜、铝、锌等作为各种零部件。最大的应用领域是汽车工业，在电气、化工、仪表、机床及家用器具中也有一定的用途；特别适用于耐摩擦、耐磨耗及承受高负荷的零件，如齿轮、轴承、辊子、阀杆和螺母等，也可用于精密仪表、石油工业管道等。

11.3.2　聚苯醚（PPE 或 PPO）

1956年市场上首次出现了2,6-二甲基苯氧基聚合物，由2,6-二甲基苯酚在铜盐催化下经空气氧化而得，商品名为PPO，又称为DMPPO，按照化学类别应属于2,6-二甲基苯基醚。后来又合成了许多结构相似的聚合物，主要是将Cl—、C_6H_5—、$C_6H_5CH_2$—等基团取代CH_3—基团，它们都可看作是PPO的衍生物，所以这类结构的聚合物统称为聚苯醚，简称PPE。

11.3.2.1　合成反应

（1）氧化偶合反应

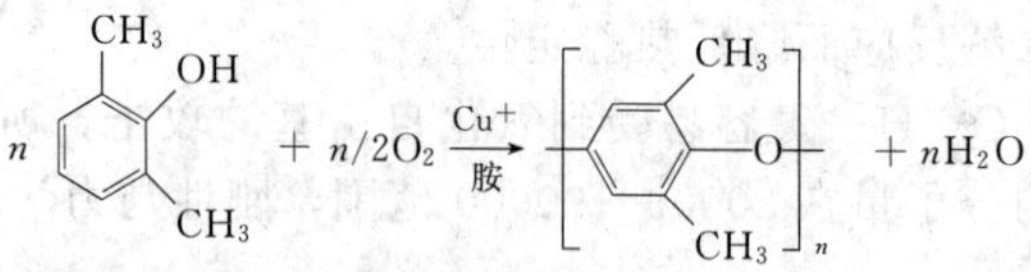

最早的商品 PPO 以二甲基苯酚为原料，溶解于烃类溶剂后加入反应釜，并加入铜盐催化剂。在搅拌下通入氧气进行氧化偶合反应。催化剂由铜盐如卤化铜与一种或数种脂肪胺或吡啶组成。如果催化剂易于水解，则需用无水硫酸镁脱除水分，使用二丁基胺可不必干燥。反应温度为 25～50℃，以 40℃ 为最佳。反应放热必须冷却，低反应温度所得产品的平均分子量高。反应介质可为芳烃如苯、甲苯等或二氯甲烷、三氯乙烷等氯代脂肪烃。用 2,4,6-三甲基苯酚为分子量控制剂。

氧化偶合反应除用铜盐作催化剂外，还可用碱金属溴化物或碱土金属溴化物作为促进剂，反应结束后应当用酸性水萃取并破坏催化剂。

（2）氧化偶合反应机理

与 2,6-二甲基苯酚相似，2,3,6-三取代苯酚也可以经氧化偶合反应得到高分子量聚合物。如果邻位取代基团为叔丁基等大基团时，仅可得到 3,3′,5,5′-四取代 4,4′-二苯醌：

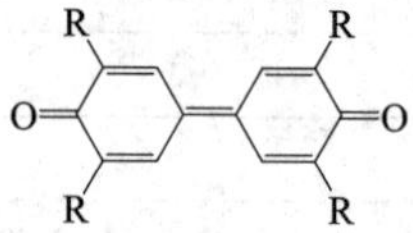

如邻位取代基团为甲氧基，则产物仍以二苯醌为主；如果邻位无取代基团，则在邻位产生支链，而且产品有颜色，不能得到高分子量产物。

2,6-二取代苯酚经氧化偶合反应合成 PPO 的反应中，苯酚基首先被铜-胺络合物催化氧化为苯氧自由基，产生的两个自由基偶合生成环己二烯酮衍生物（**1**），然后经烯醇化反应和分子重建而得到苯醚（**2**）。

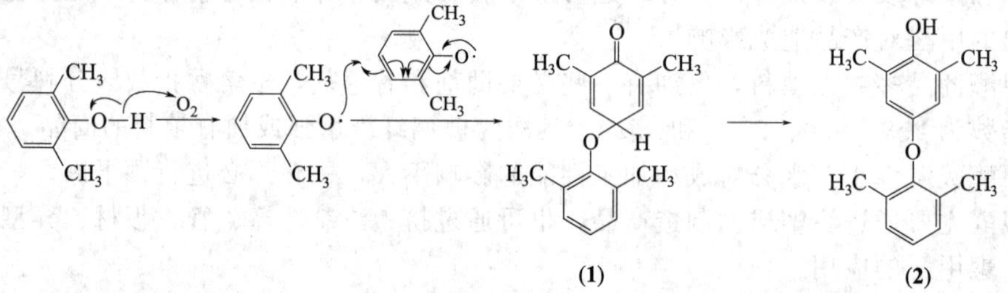

(1)　　　　　　　　**(2)**

反应生成的产物（**2**）再经氧化后生成自由基，重复发生反应则得到高分子量聚芳醚，但还存在副反应：

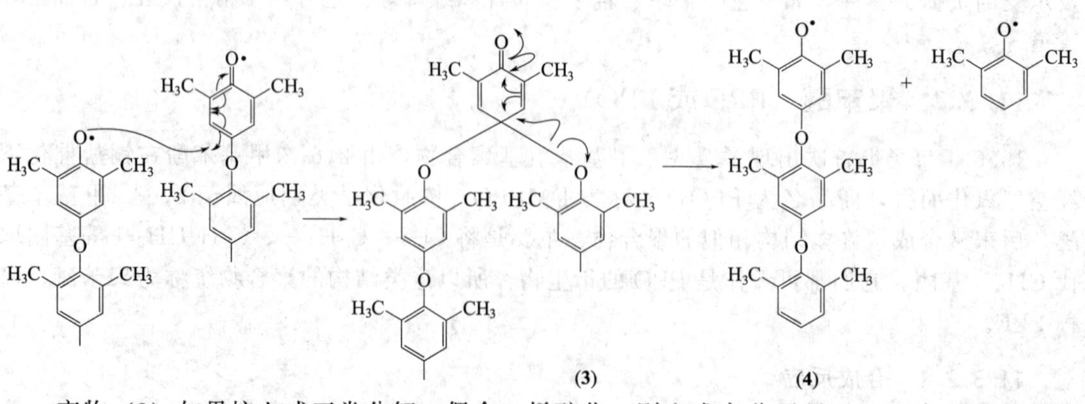

(3)　　　　　　　　**(4)**

产物（**3**）如果按上式正常分解、偶合、烯醇化，则生成高分子量 PPO，如果按下式反应则生成酚衍生物：

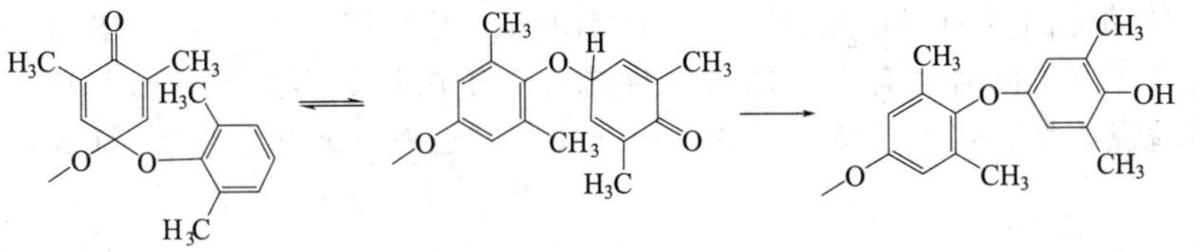

该反应在较低温度即可进行，因为酮中间体不能分解为自由基而转变为酚。酚衍生物作为大分子终端而中止聚合反应。

（3）卤素取代反应

聚苯醚还可由 4-卤代-2,6-二取代苯酚经脱卤取代而制得，反应如下：

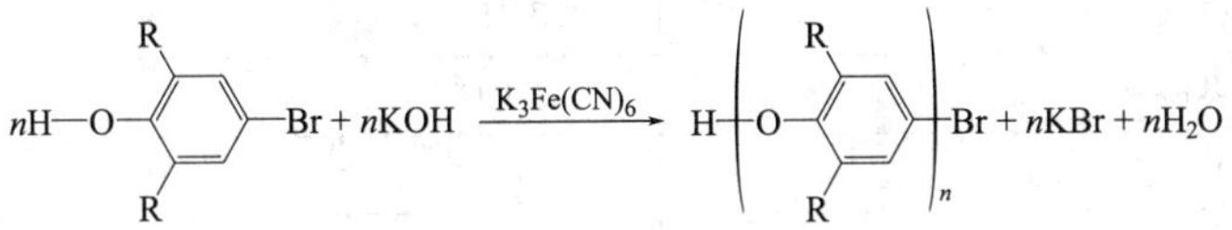

少量的氧化剂和自由基即可引发此取代反应，在室温条件下可获得高收率的高分子量产品。此反应适合于 2,3,5-三取代或 2,3,5,6-四取代-4-卤代苯酚的取代反应。如果卤素处于 3,4-位或 3,4,5-位，则仅有 4-位卤素被取代。如果为 3,4-二溴-2,6-二甲基苯酚或 3,4,5-三溴-2,6-二甲基苯酚，经取代反应后得到无序共聚物；此两种单体在烃类溶液中分别进行均聚取代反应时，仅可得到低分子量沉淀物；二种单体等当量反应，则得到可溶于烃类溶剂的高分子量共聚物。

11.3.2.2　共聚物与共混物

在氧化偶合过程中，如以 2,6-二取代苯酚与 2,6-二甲基苯酚混合物为原料，可制得无序共聚物；如利用 PPO 的端基苯酚与其他聚合物进行化学接枝，可制得嵌段共聚物；低分子量 PPO 与乙烯基单体反应合成大单体的反应如下：

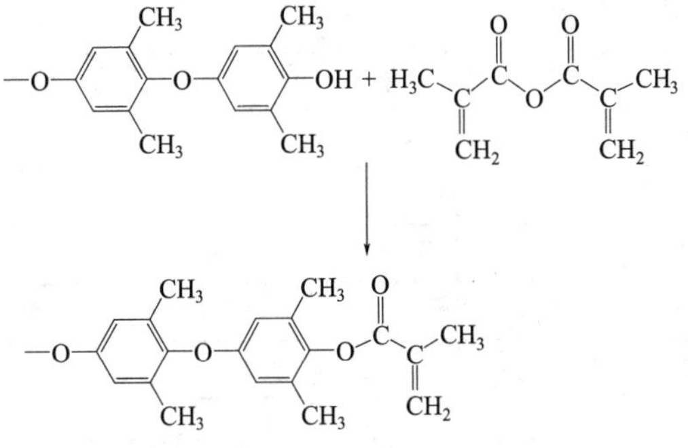

大单体的进一步反应见"高聚物改性工艺"一章。

纯粹的 PPO 熔点高，300～350℃时熔融物黏度仍很高，难以注塑或挤塑成型，解决此问题的方法是制备共混聚合物。可以共混的聚合物包括聚苯乙烯（PS）、聚酰胺、聚苯硫醚（PPS）等，其中以 PPO/PS 共混物最为主要，商品 Noryl 即为此类共混物。PPE 与溴代聚苯乙烯共混时，PPE 用量可达 75%。

11.3.2.3　性能与用途

（1）性能

最早工业化生产的聚苯醚产品为聚 2,6-二甲基苯醚（DMPPO），后来又开发了一系列甲基被取代的聚 1,4-苯醚，统称为 PPE。PPE 全部为具有 1,4-苯醚结构的聚合物，基本上是无定形聚合物，但有些品种可被某些液体诱导结晶，例如 DMPPO 可被 α-蒎烯、甲苯诱导结晶。

　　PPE 的玻璃化温度和熔点见表 11-8。DMPPO、二氯 PPO、二苯基 PPO 等具有较高的玻璃化温度和熔点，同时具有较好的力学性能，适于用作工程塑料。PPE 的工业产品主要有玻璃纤维增强产品、聚苯乙烯共混物、PPE/PS/聚酰胺三元共混物等。DMPPO 的力学性能见表 11-9。

表 11-8　PPE 的玻璃化温度和熔点

PPE 名称	R₁	R₂	玻璃化温度/℃	熔点/℃
聚(1,4-苯醚)	H	H	82	298
聚(2,6-二甲基-1,4-苯醚)	CH₃	CH₃	211	268
聚(2-甲基-6-苯基-1,4-苯醚)	CH₃	C₆H₅	169	
聚(2,6-二甲氧基-1,4-苯醚)	CH₃O	CH₃O	167	
聚(2,6-二氯-1,4-苯醚)	Cl	Cl	228	269
聚(2,6-二苯基-1,4-苯醚)	C₆H₅	C₆H₅	230	480
聚(2-m-甲苯基-6-苯基-1,4-苯醚)	m-CH₃C₆H₄	C₆H₅	219	
聚(2-p-甲苯基-6-苯基-1,4-苯醚)	p-CH₃C₆H₄	C₆H₅	218	
聚(2-叔丁苯基-6-苯基-1,4-醚)	t-C₄H₉-C₆H₅	C₆H₅	240	
聚(2-萘基-6-苯基-1,4-苯醚)	C₁₀H₇	C₆H₅	234	

表 11-9　DMPPO 与 DMPPO/PS 合金的性能

性　能	DMPPO 数据	DMPPO/PS 合金数据
密度/(g/cm³)	1.06	1.04～1.1
熔点/℃	211	100～112
吸水性(湿度 50%,24h 达到平衡)/%	—	0.06～0.1
热扭变温度(1.82MPa)/℃	—	110
拉伸屈服强度/MPa	80	45～54
拉伸模量(23℃)/MPa	2690	—
弯曲模量(23℃)/MPa	2590	2243～2760
Izod 切口抗冲强度/(J/m)	64～96	—
洛氏硬度,R 级	—	115～116
介电常数,60Hz	2.54	—
介电强度/(V/mm)	20000	
/(V/mil)		400～665

　　（2）用途

　　PPE 具有优良的力学性能，抗冲性能接近金属，而且质轻，可用作汽车零部件、家用电器部件、办公用品等。PPE 与聚苯乙烯或 HIPS 共混物，称为改性 PPO（MPPO）。其耐火焰性降低。PPE 另一重要用途是用作制膜材料，可制造低压反渗透膜、纳米过滤膜、气体分离膜、蒸气分离膜以及电析膜等。

11.3.3　聚对苯二甲酸乙二酯（PET）与聚对苯二甲酸丁二酯（PBT）

　　聚对苯二甲酸乙二酯（PET）和聚对苯二甲酸丁二酯（PBT）树脂不仅是纤维原料，也是工程塑料的重要品种。PET 塑料薄膜、PET 饮用水和饮料瓶等在日常生活中得到广泛使用。

$$\begin{bmatrix} & \overset{O}{\underset{\|}{C}} - - \overset{O}{\underset{\|}{C}} - O - (CH_2)_2 - O \end{bmatrix}_n \quad \text{简称 PET}$$

$$\begin{bmatrix} & \overset{O}{\underset{\|}{C}} - - \overset{O}{\underset{\|}{C}} - O - (CH_2)_4 - O \end{bmatrix}_n \quad \text{简称 PBT}$$

PET 与 PBT 的合成反应和生产工艺与涤纶树脂相同，只是产品的分子量和成型方法不同。对苯二甲酸二甲醇与乙二醇进行的酯交换反应是逐步缩聚过程，经常处于平衡反应状态，反应最后为高黏度流体，即使高真空也难以完全脱除小分子原料、副产物与杂质等，必要时最后还要添加固相聚合反应工序。

11.3.3.1 PET 性能与用途

(1) 性能

用作塑料的 PET 树脂平均分子量要求在 $12000 \sim 50000$ 之间。熔融缩聚法生产的 PET 树脂中约含有 $1.4\% \sim 1.8\%$ 的环状低聚物，基本上都是环状三聚体。低聚体虽可用适当溶剂萃取除去，但放置后由于平衡反应仍可继续产生低聚物。低聚物的危害性很低，但有些情况下会渗出至制品表面产生影响。PET 热降解会产生来源于乙二醇的乙醛，它虽易挥发，但可使瓶装水产生异味，PET 饮料瓶的乙醛含量应低于 3×10^{-6}。

PET 熔融物凝固初期为无定形状态，放置退火以后会逐渐结晶，转变为结晶态。生产制品时应注意退火温度与时间，使其充分结晶化。PET 的玻璃化温度为 $74℃$，达到 $95℃$ 会发生黏结现象，$125℃$ 以下结晶速度很慢，它的结晶温度应当在 $150 \sim 190℃$ 之间。PET 玻璃纤维增强模塑件的性能见表 11-10。

表 11-10 PET 玻璃纤维增强模塑件性能

性　　能	玻璃纤维含量			无机粉状填料
	30%	35%	45%	
相对密度	1.58	1.60	1.70	1/60
拉伸强度/MPa	166	97	197	103
断裂伸长率/%	2.0	2.2	2.0	2.1
弯曲强度(5%)/MPa	245	148	310	152
弯曲模量/GPa	9.66	9.66	14.5	9.66
Izod 切口抗冲强度/(J/m)	80.1	58.7	107	58.7
热扭变温度(1.82MPa)/℃	224	202	229	216
介电强度($25\mu m$)/V	904	550	631	575
体积电阻($23℃$,50%相对湿度)/$\Omega \cdot cm$	3.0×10^{15}	1.0×10^{15}	—	1.0×10^{15}
介电常数 ε	3.2	3.8	3.5	3.8

(2) 用途

PET 树脂的重要用途是制造双向拉伸薄膜，可用作照相底片，影视底片，记录用薄膜等。PET 另一用途是制造饮用水、饮料、化妆品用瓶以及医药器材和包装材料等。利用 PET 机械强度高和刚性大的特点，可用吹塑拉伸技术制造较大型的薄壁塑料瓶。

PET 熔融黏度高，不适合注塑成型制造模塑制品。用玻璃短纤维（长约 $3 \sim 4mm$）或云母粉等填料，可使其熔融黏度降低，然后通过注塑成型，制造汽车零部件和电器设备绝缘部件等。

11.3.3.2 PBT 性能与用途

（1）性能

PBT 树脂虽然也可生产纤维，但主要用作工程塑料原料。PBT 的生产方法与 PET 基本相同，最终所得树脂中含有 1.4%～1.8% 的低聚物，主要是环状二聚体与四聚体的混合物，还可能存在分子量更高的低聚物。副产物为丁二醇脱水形成的四氢呋喃。四氢呋喃易挥发，容易造成空气污染。

PBT 中由四碳二元醇取代了 PET 中的二碳二元醇，所以柔韧性增大，但机械强度和玻璃化温度等性能比 PET 低。

PBT 的特点是结晶速度快，流动性好。除生产无填料的工程塑料制品外，还可添加长度为 3mm 的短玻璃纤维或其他无机填料增强。PBT 物理机械性能见表 11-11。

表 11-11　PBT 物理机械性能

性　　能	无填料 工业品	玻璃纤维增强		
		通用型	阻燃型	高抗冲型
相对密度	1.31	1.54	1.66	1.53
拉伸强度/MPa	57	135	135	97
拉伸模量/GPa	2.5	9.7	11.7	8.3
断裂伸长率/%	5	2	1.5	3.1
弯曲模量/GPa	2.5	8.3	10.3	6.9
Izod 切口抗冲强度/(J/m)	37.4	90.7	69.4	160
无切口/(J/m^2)	1228	240	214	641
热扭变温度(1.82MPa)/℃	51	206	208	191
介电强度(25μm)/V	420	560	490	500
体积电阻(23℃,50%相对湿度)/Ω·cm	10^{15}	10^{15}	5×10^{15}	4×10^{14}
介电常数 ε	3.2	3.7	3.9	4.3

（2）用途

PBT 最大的用途是用作汽车和运输车辆的零部件，其次可用于电器工业、电子工业以及机器制造业等。

11.3.4　聚萘酸乙二酯（PEN）

聚萘酸乙二酯是一种热塑性聚酯，分子通式为：

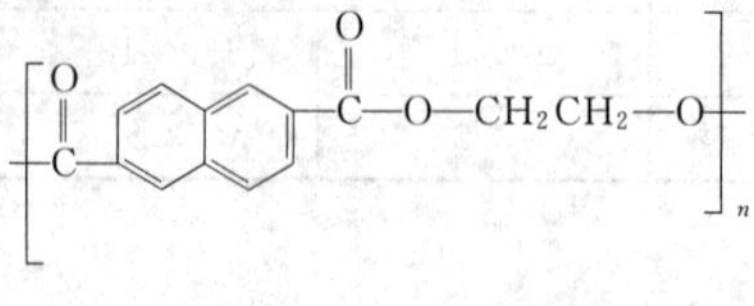

11.3.4.1　合成反应与聚合工艺

（1）合成反应

PEN 的合成与一般聚酯合成路线相似，可由 2,6-二萘酸与乙二醇直接缩合聚合，也可由 2,6-二萘酸二甲酯与乙二醇进行酯交换反应。酯交换法所用的二甲酯原料易于精制提纯，成本经济合理，所以 PEN 的合成以酯交换法为主。

（2）聚合工艺

工业上主要采用酯交换法，连续聚合生产 PEN。催化剂与操作条件和酯交换法生产 PET 相同。由于 PEN 熔点高，熔融黏度高，反应条件比生产 PET 时更为苛刻，反应流程见图 11-2。前四个反应釜为酯交换釜，第一个反应釜加热至 170℃以上，最后一个反应釜温度达到 250℃；后三个釜为预聚釜，最高温度为 280℃；最后的缩聚釜温度为 280～290℃。

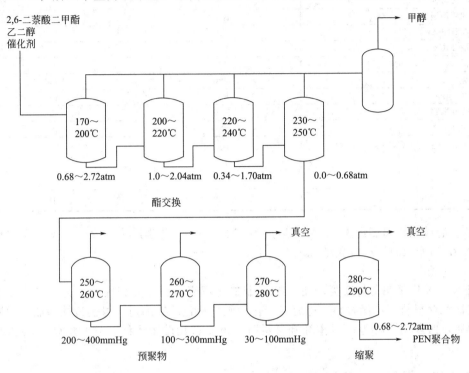

图 11-2　PEN 生产流程

（1atm＝1×10⁵Pa，1mmHg＝133.322Pa）

酯交换完成后得到的低聚物，经计量后送入第一个附有搅拌器的预聚釜中，温度从 250℃逐步升至 280℃。聚合反应完成后，通过真空减压脱除过剩的乙二醇，制得的 PEN 特性黏数为 0.4～0.6。

酯交换反应催化剂为 Mn、Zn、Ca、Ti 盐；缩聚反应催化剂为锑盐。为了提高热稳定性，最终产品中应当加入热稳定剂磷化合物。熔融的 PEN 凝固初期为无定形态，成为固态后可逐渐转变为结晶状态。

PEN 用作容器和包装材料时，须经过结晶/固态化聚合处理。PEN 熔融物黏度很高，对气体的屏蔽性好，通常需经脱挥发物工序，或在较高温度下结晶等。否则，有些挥发物如水、乙二醇、乙醛等在造粒时被包埋在无定形的树脂颗粒内，在结晶/固态化时可能会突然膨胀。

11.3.4.2　性能与用途

（1）性能

早在 1980 年即出现了合成 PEN 的报道，直到 1990 年才有工业产品上市。目前，除 PEN 均聚物外，还有萘酸丁二酯聚合物（PBN）、萘酸乙二酯、对苯二甲酸乙二酯的共缩聚物以及 PEN 与 PBN、PET 的共混物等。

PEN 与 PBN 主链中含有萘基双环，提高了主链的稳定性，与具有单环主链的 PET、PBT 相比，它们的热性能、机械强度、耐化学性、气体屏蔽性等都有所提高；尤其是 PEN 的最高连续使用温度可达 160℃，而 PET 的仅为 105℃。PEN 与 PET 性能比较见表 11-12。

表 11-12　PEN 与 PET 性能比较

性能	PEN	PET
玻璃化温度/℃	122	80
收缩率/%		
干燥状态,150℃	0.6	1.3
潮湿状态,100℃	1	5
机械连续使用温度/℃	160	105
UV-吸收率(360nm)/%	17	1
抗辐射性/MGy	11	2
韧性保留率(100℃,40min)/%	99	45
杨氏模量/MPa	5200	3900
拉伸强度/MPa	60	45
萃取出的低聚物/(mg/m²)	0.8	20
耐水解性/h	200	50
透气性/[mol·m·d/(m²·s·GPa)]		
CO_2	12	61
O_2	3	12
透水汽性/[mol·m/(m²·s)]	0.129	0.452

PEN 的玻璃化温度约为 122℃，熔点为 270℃，结晶化温度为 180～220℃。无定形状态的 PEN 在 140～150℃产生黏结现象。

（2）用途

PEN 主要用于制造薄膜类产品。PEN 制造的薄膜可用作照相底片、记录带、显示用器材、记忆贮存材料、绝缘材料、电容等；作为硬塑料包装制品时，可制造饮料瓶、酒瓶，化妆品用瓶，医药用器材等；用作纤维材料时，可制造轮胎帘子线、软管增强材料和制作帆布等。

11.3.5　聚芳酯（PAR）

聚芳酯（polyacrylates，PAR）是由二元芳酸与二元酚类化合物经缩聚反应得到的一系列聚合物的统称。聚芳酯树脂是一类具有优良柔韧性、紫外线稳定性、弯曲恢复性、尺寸稳定性、电性能等的耐热热塑性塑料，T_g 高达 198℃。

改变二元芳酸与二元酚的化学组成进行共缩聚或与其他聚合物共混，可以改变聚芳酯的性能与用途。液晶聚合物中，有一类以羟基芳酸为原料制得的聚芳酯。聚芳酯基本上都是无定形聚合物。

11.3.5.1　聚芳酯的合成

商品聚芳酯所含的二元酚主要是双酚 A，二元芳酸主要是对苯二甲酸与间苯二甲酸的混合物。二元酚活性不足，与二元芳酸反应只得到低聚物。为了得到高分子量聚芳酯和促进反应活性，可将二元酸转变为二元酰氯，用它的有机溶液与二元酚碱金属盐水溶液进行界面缩聚反应；也可用二元酚醋酸酯与二元芳酸、二元酚与二元芳酸苯酯在金属盐催化下进行熔融缩聚反应。混合苯二甲酸苯酯与双酚 A 合成聚芳酯的反应如下：

11.3.5.2 性能与用途

（1）性能

聚芳酯外观透明，具有淡黄至琥珀色，为无定形聚合物，有很高的耐热性，它们的热扭变温度在 1.82MPa 负荷下达到 $154\sim174℃$，热膨胀系数很低，在 $60\sim130℃$ 范围内仅为 $(5.0\sim6.2)\times10^{-6}mm/(mm\cdot℃)$，具有优良的屏蔽紫外线功能，耐气候性优良，在较大温度范围内具有良好的回弹性。聚芳酯树脂难燃，氧指数高，燃烧后火焰小。聚芳酯的缺点是容易产生环绕应力破裂。

（2）用途

利用聚芳酯的耐热性、耐紫外线以及力学性能优良的特点，可以用注塑、挤塑、复合和热加工等成型方法制造汽车零部件、消防用头盔和盾牌、阻燃材料、绝缘材料等，还可作为室外用防护板、广告板、复合板等。聚芳酯制作的涂料或薄板可保护其他工程塑料免受紫外线的破坏。聚芳酯的主要性能见表 11-13，可通过与其他聚合物共混来调整其力学性能。

表 11-13　聚芳酯的主要性能

性能	数据	性能	数据
密度/(g/cm³)	1.21	弯曲模量/GPa	2.1
吸湿性（平衡时）/%	0.26	弯曲强度/MPa	75
拉伸强度/MPa	70	Izod 切口抗冲强度(3.2mm)/(J/cm)	205
断裂伸长率/%	60	热导率/[W/(m·K)]	0.21
弹性模量/GPa	2.1	热扭变温度(1.82MPa)/℃	174

11.3.6　聚碳酸酯（PC）

聚碳酸酯（polycarbonate，PC）是大分子链中含有碳酸酯（—O—R—O—CO—）重复单元的线型高聚物，其中 R 可为脂肪族、脂环族、芳香族或混合型的基团，聚碳酸酯可分为脂肪族、芳香族等各种类型的聚碳酸酯。

双酚 A 型的芳香族聚碳酸酯最有实用价值，1958 年开始工业生产，20 世纪 60 年代发展成为热塑性工程塑料，当前已成为最重要的工程塑料之一。

11.3.6.1 聚碳酸酯的合成与生产工艺

聚碳酸酯的合成有界面缩聚法和酯交换法两类。

（1）界面缩聚法

将双酚 A 制成二氯甲烷与水混合物的溶液或浆状液，溶液中加有1%～5%终止剂如苯酚、对-叔丁基苯酚或对异丙基苯酚等，以少量（0.1%～3%）叔胺为催化剂，通入光气，同时加入 NaOH 溶液使反应物 pH 值保持在 $10\sim12$ 范围内。均匀搅拌，使反应体系保持四相（双酚 A 固相、光气气相、溶有聚合物的二氯甲烷有机液相和溶有副产物 NaCl 的水相），通光气至反应物料中无苯酚检出为止。光气过量生成碳酸钠。静止分层后，将二氯甲烷溶液层用酸洗涤，脱除残存的碱与叔胺，然后水洗。反应如下：

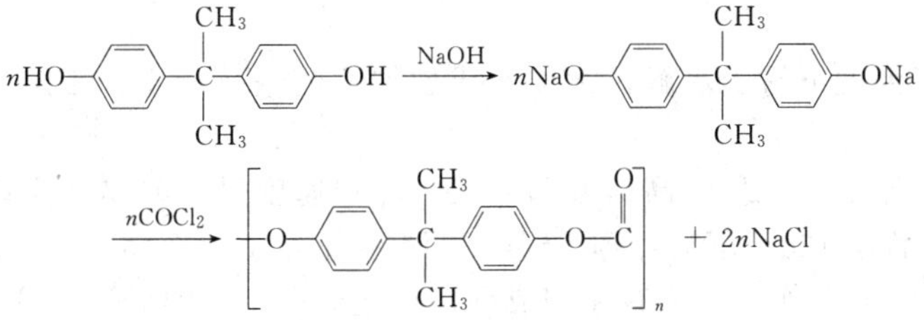

光气是剧毒气体，必须防止泄漏。二氯甲烷溶液中加入非溶剂后，聚碳酸酯沉淀析出；脱除溶剂后充分干燥，添加必要的助剂如稳定剂和着色剂后，造粒得到商品。

（2）酯交换法

原料双酚 A 与碳酸二苯酯在高温、高真空条件下进行熔融缩聚，反应如下：

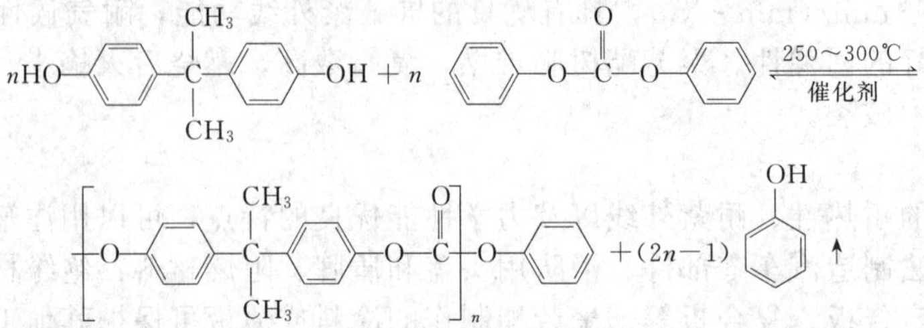

反应分两阶段进行，首先在少量〔通常＜0.01％（摩尔分数）〕碱性催化剂如 Na、K、Li 或四烷铵、四烷基磷的氢氧化物或它们的碳酸盐存在下，在酯化釜中进行酯交换反应。酯交换反应处于平衡状态，脱除生成的苯酚可使反应向右进行。通过此阶段反应后，提高温度进行第二阶段真空熔融缩聚反应，物料黏度随着反应深入而提高，应在特殊设备如薄膜反应器、螺旋反应器、真空排气螺杆挤出机中脱除苯酚，这些设备可以及时更新物料表面或减少苯酚穿越的距离，有利于脱除苯酚使缩聚反应进一步进行。

11.3.6.2 聚碳酸酯的性能、成型加工及用途

（1）聚碳酸酯的性能

商品聚碳酸酯都是聚双酚 A 碳酸酯，它的分子量通常以特性黏数表示。注塑用树脂的特性黏数为 0.50～0.56dL/g，M_w＝35000～70000，用 GPC 法测定的数均分子量为15000～24000，用光散射法测定的数均分子量为 18000～30000，分子量分布为 2.3～2.7。特性黏数超过 0.60 时黏度过高，仅用于特殊场合。

双酚 A 型聚碳酸酯是无臭、无味、无毒、透明（或呈微黄色）、刚硬而坚韧的固体，具有优良的综合性能，抗冲击性能优异，抗冲击强度与其分子量有关。聚碳酸酯的尺寸稳定性很好，耐蠕变性优于尼龙及聚甲醛，成型收缩率恒定为 0.5％～0.7％。聚碳酸酯为工程塑料中抗冲击性能最佳和最坚韧透明的材料，其密度为铝的 44％，为钢的 1/6，成型较金属简便，适合代替金属，制造尺寸精度和稳定性较高的机械零件。

聚碳酸酯的 T_g 为 149℃，长期使用温度为 115℃，脆化温度为－100℃，有较好的耐寒性。聚碳酸酯在较宽的温度范围内有良好的电绝缘性和耐电晕性，耐电弧性中等。聚碳酸酯的透光率可达 90％，折射率也高，为 1.5869，可用作光学照明器材。

聚碳酸酯在卤代烃中可溶解，在多数有机溶剂中可产生应力破裂现象。聚碳酸酯有吸水性，可水解，成型之前应充分干燥。两个牌号的聚碳酸酯商品性能见表 11-14。

（2）聚碳酸酯的成型加工

聚碳酸酯的成型加工性能优良，其加工工艺的特性如下。

① 聚碳酸酯的大分子链刚性很大，黏流状态时黏度较大，它的流变性接近于牛顿型，黏度随温度的变化较大，由剪切速率变化引起的黏度变化较小，故成型时常用温度来调节其流动特性。

② 在成型加工温度下易于水解，必须在成型加工前进行干燥，必须控制加工物料的含水量低于 0.02％。

③ 聚碳酸酯黏流状态的黏度高，流动性低，冷却速度过快时易产生内应力使产品应力开裂，通常需将产品在 120℃下后处理 1～2h 以消除内应力。

常见的聚碳酸酯成型加工方法有注塑成型、挤塑成型、吹塑成型、流延和粘接、冷加工

表 11-14 两个牌号的聚碳酸酯商品性能比较

性能	Lexan 141	Lexan 3414
密度/(g/cm³)	1.52	1.60
吸水性/%(23℃,24h)	0.15	0.12
平衡时	0.35	0.23
熔融流动性(300℃,1.2kg)/(g/10min)	10.5	
制件收缩率(3.2mm制件)/%	0.1～0.2	0.5～0.7
拉伸屈服强度/MPa	60	
拉伸断裂强度/MPa	70	160
断裂伸长率/%	130	3.0
弯曲模量/GPa	2.3	9.6
弯曲强度/MPa	97	190
切变强度/MPa	41	75
洛氏硬度(R级)	118	119
Izod 切口抗冲强度/(J/cm)	80.1	133
无切口/(J/m²)	不断	1300
热导率/[W/(m·K)]	0.19	0.22
连续使用温度/℃	121	
热扭变温度(1.82MPa)/℃	134	146
Vicat 软化温度/℃	154	166
脆折温度/℃	−129	
介电常数,60Hz	3.17	3.53
介质损耗,60Hz	0.0009	0.0012
1MHz	2.96	3.48
氧指数/%	26	30

（冲压、辊压等）等，也可进行焊接。注塑成型的温度为 275～325℃，模内压力为 69～138MPa；挤塑成型温度为 295～315℃。

（3）聚碳酸酯的用途

聚碳酸酯具有优良的综合性能和尺寸稳定性，可用于制造小负荷的零部件如齿轮、轴、曲轴、杠杆等，也可用于制造受力不大、转速不高的耐磨件如螺钉、螺帽及设备的框架等。聚碳酸酯非常适合制造尺寸精度和稳定性较高的零部件。聚碳酸酯也是优良的绝缘材料，可用作绝缘接插件、套管、电话机壳等。

聚碳酸酯的透光率高达 90%，在光学照明方面可制造大型灯罩、信号灯罩、窗玻璃、汽车防护玻璃及航空工业上的透明材料等。聚碳酸酯经吹塑成型可制造饮用水瓶、牛奶瓶等。

11.3.6.3 聚碳酸酯的改性与新合成路线

（1）聚碳酸酯的改性

为了提高聚碳酸酯的性能和扩展其应用范围，可以对聚碳酸酯进行各种改性。

① 增强聚碳酸酯 在聚碳酸酯中加入玻璃纤维、石棉纤维、碳纤维及硼纤维等增强材料，可提高其耐疲劳性能，改进受应力开裂的缺点。改性后，聚碳酸酯的拉伸强度、弯曲强度、压缩强度、弹性模量以及热变形温度等力学性能均有较大的提高。

玻璃纤维增强的聚碳酸酯改性品种最为实用，通常采用经有机硅处理过的无碱玻璃纤维（含碱量 5% 以下，电工级）增强，含量在 20%～40% 之间效果最佳，可使成型收缩率由 0.5%～0.7% 下降至 0.2%（特指 30% 长玻璃纤维增强的效果），但增强后失去透明性，抗冲击强度也下降。

②共聚改性 最早生产的改性聚碳酸酯是用四溴双酚 A 取代部分双酚 A 制得的阻燃型共聚聚碳酸酯,后来又发展了用含氯二元酚双(4-羟基苯基)-1,1-二氯乙烯为原料合成的阻燃型聚碳酸酯。含卤原料用量不多时,对聚碳酸酯的性能影响不明显。为了改进聚碳酸酯的性能,目前已开发了很多共聚聚碳酸酯品种,主要是通过保留双(4-羟基苯基)和改变中间连接基团的化学结构得到新产品,或与双酚 A 共缩聚得到改性的聚碳酸酯。例如,为了降低聚碳酸酯的双折射率来制作激光刻录盘,引入了含螺旋状双二氢化茚中间基团的双(4-羟基苯基)单体。重要的共聚聚碳酸酯有如下几种。

a. 聚酯碳酸酯 聚酯碳酸酯可分为两类。

Ⅰ. 二元脂肪酸、双酚 A 混合物与光气反应得到的含脂肪酸酯的聚碳酸酯,光气首先与脂肪酸反应生成了酰氯,反应如下:

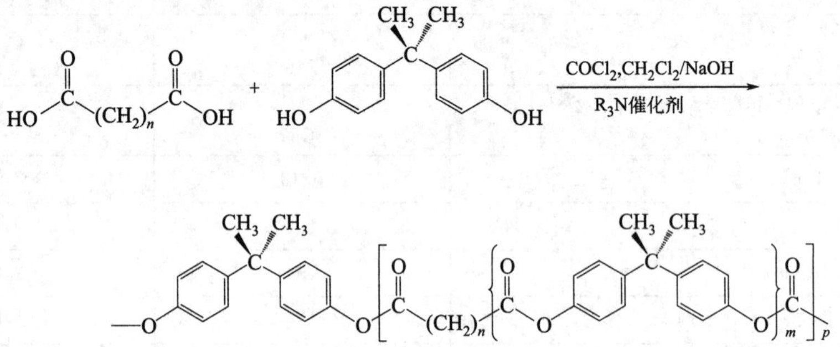

Ⅱ. 二元芳酰胺对苯二甲酰氯或间苯二甲酰氯与双酚 A 的混合物与光气反应得到含芳酸酯的聚碳酸酯,其反应如下:

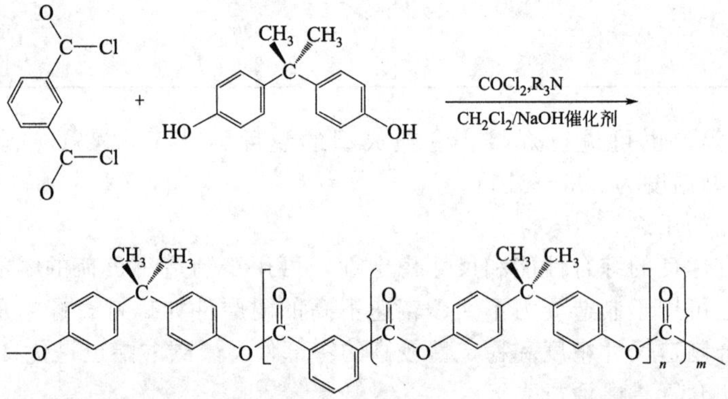

主链中引入脂肪酸后增高了弹性,改进了熔融黏度,可使熔融流动性提高近一倍,对柔韧性影响很小,但玻璃化温度有所降低。

聚芳酯是结晶性聚合物,但结合入聚碳酸酯后形成的共聚物则为无定形聚合物,抗冲强度与双酚 A 聚碳酸酯相似,但玻璃化温度可提高到 190℃。此共聚物具有聚碳酸酯优异的抗冲击强度,又具有聚芳酯的耐热特性。聚芳酯链节的含量越高,其耐热性也越好。聚芳酯链节的含量为 0、30%、50% 及 80% 时,相应的维卡软化温度分别为 150℃、159℃、170℃ 和 182℃。

b. 有机硅-聚碳酸酯 过量的双酚 A 与 ω-二氯代聚二甲基硅氧烷在氯苯-吡啶溶液中反应,产物再与光气反应可制得"有机硅-聚碳酸酯嵌段共聚物",其反应如下:

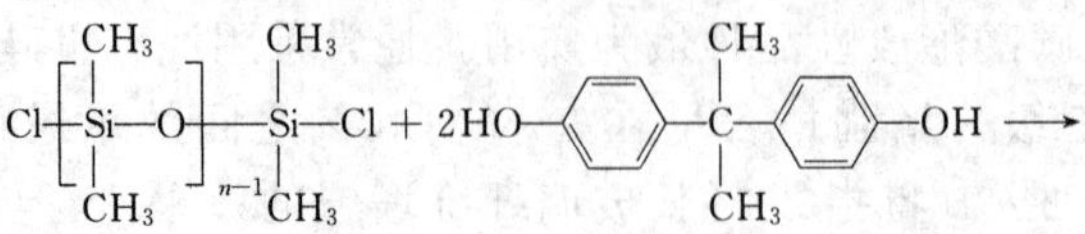

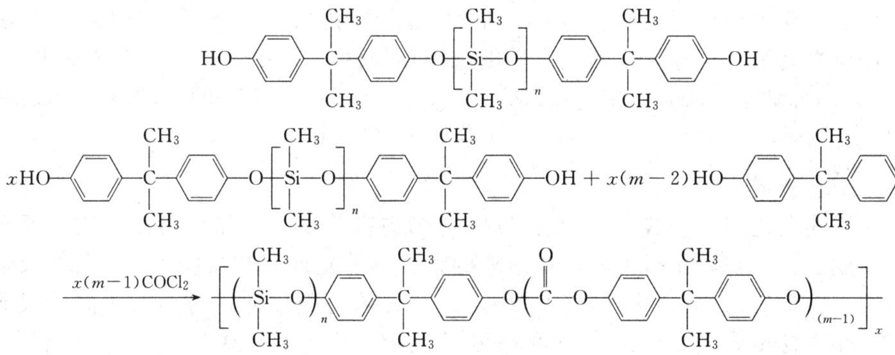

聚碳酸酯主链中嵌入有机硅链段后，制得的嵌段共聚物玻璃化温度降至 $-123℃$，在低温下是透明、坚韧的弹性体，伸长率、耐热性和耐气候性大为提高。有机硅含量为 $10\%\sim20\%$ 时，制得的薄膜可保持原有的物理机械性能，弹性也较好，机械强度稍有下降；有机硅含量为 53% 时，拉伸强度下降较大，但伸长率可高达 360%，耐热性在空气中可达 $350℃$，在氮气中高达 $400℃$。

此类嵌段共聚物可用来制造光学透明薄膜和选择性渗透膜，后者对氧的渗透能力比非有机硅渗透膜大 10 倍。

聚碳酸酯的嵌段共聚物种类很多，有聚酯-b-聚碳酸酯、聚（甲基丙烯酸甲酯)-b-聚碳酸酯及芳族-芳族聚碳酸酯-b-聚碳酸酯等。

c. 共混改性　优良的聚碳酸酯共混物具有聚碳酸酯的高力学性能和高抗冲性能，同时也改善了容易应力开裂、耐磨性差、成型加工时流动性较差的缺点。当前已工业生产的主要品种有 PC-ABS、PC-PBT、PC-PET 等共混物；也有聚碳酸酯与 PU、PEI、ASA、AES 和 MSA 等的共混物。主要采用熔融共混的方法进行共混改性。

Ⅰ. PC-ABS 共混物　ABS 与聚碳酸酯共混后，明显地降低了聚碳酸酯的熔融黏度，用 20% 的 ABS 可使熔融黏度降低一半以上。协同效应使共混物在 $-20\sim0℃$ 的低温条件下抗冲强度高于聚碳酸酯 $4\sim5$ 倍。此共混物主要用于汽车仪表板、电脑、打印机等办公用设备。

Ⅱ. PC-PET（PBT）共混物　聚碳酸酯与工程塑料热塑性 PET 或 PBT 共混后，既保留了聚碳酸酯的坚韧性与高抗冲性，也保留了 PET 和 PBT 的结晶性与耐化学溶剂性，同时还降低了熔融黏度，便于成型加工。此共混物主要用作汽车外用板和仪表板等。

（2）聚碳酸酯（PC）的新合成路线

生产 PC 的原料光气是剧毒气体。它由有毒气体 CO 与 Cl_2 合成，为了避免使用这些有毒原料，发展了非光气法合成 PC 的新路线。美国 GE 公司率先用甲醇、CO、O_2 生产碳酸二甲酯，然后与醋酸苯酯进行酯交换生成碳酸二苯酯；此法已进行工业生产。

日本旭化成公司用二氧化碳和环氧乙烷（EO）反应生成碳酸乙烯酯（EC），EC 与甲醇反应转化成碳酸二甲酯（DMC）及单乙二醇（MEG），再经双塔反应精馏工艺，使 DMC 与苯酚进行酯交换反应生成碳酸二苯酯（DPC）和甲醇，这些方法使合成聚碳酸酯时，不再用光气为原料。

Komiya 研究开发了在固态熔融的状态下，采用双酚 A 和碳酸二甲酯聚合生产聚碳酸酯的新技术。此反应在熔融状态下进行，因而避免使用有可疑致癌作用的氯甲烷类溶剂。

11.3.7　脂肪族聚酮（PK）

钯催化剂活性很高，可制得高收率、高分子量的 CO/C_2H_4 交替共聚物，商品名"PK-E 聚合物"。这类催化剂不仅可使 CO 与乙烯共聚，还可与其他烯烃共聚，甚至发生 CO 三元共聚反应。产物都含有酮基和脂肪族基团，所以这一类共聚物统称为"脂肪族聚酮"，它们是半结晶聚合物，其中以 CO、乙烯、丙烯三元共聚物（PK-EP）最重要。

脂肪族聚酮三元共聚物表示方法为 PK-M_1M_2-n，其中 M_1M_2 分别代表 CO 以外的两种单体，用烯烃英文名第一字母代表，癸烯以上则用前两位字母代表，苯乙烯则用 S 代表。n 为 M_2 单体摩尔分数 $n=100\times[M_2]/([M_1]+[M_2])$。例如，PK-EP-6 为 CO 与乙烯、丙烯三元共聚酮，丙烯含量为 6%，共聚物组成为 100：94：6。

11.3.7.1 合成反应

最早有人用镍催化剂 $K_2Ni(CN)_4$ 使 CO 与乙烯进行共聚，产品仅为低聚物，而且收率很低。后来发现 $PdCl_2$ 与氢化磷单配位体组成的络合物催化剂可在缓和条件下催化反应，但收率提高不大。后来仍以 Pd^{2+} 化合物为基础，以二元膦为配位体，另加弱阴离子或非配位阴离子（X）如磺酸酯等，可得到高收率高分子量 PK-E［反应温度 90℃，反应压力 4～6MPA，收率为 6000g PK-E/(g Pd·h)］。当前认为有效催化剂应当是 Pd^{2+} 和 Ni^{2+} 的配位化合物，配位体应为中性或阴离子双配位螯合剂和弱配位阴离子 X，如 OTs^-、OTf^-、BF_4^- 以及芳基硼酸四盐（酯）。

除乙烯以外，可与 CO 产生共聚反应的烯烃单体包括丙烯和脂肪族高级 α-烯烃、含有功能团—CH_2OH、—CH_2CN、—CH_2Cl、—COOH、—COOR 以及环氧基团的 α-烯烃单体。但是这些功能团必须与 α-双键相距一个—CH_2—以上，可以是苯乙烯和含有功能团的苯乙烯、α，ω-以及 1,2-二烯单体。以下三种 Pd 配位催化剂对于 CO 三元聚合有较好的效果。

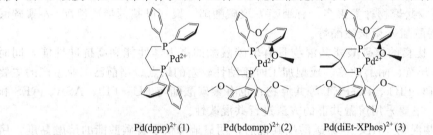

Pd(dppp)²⁺(1)   Pd(bdompp)²⁺(2)   Pd(diEt-XPhos)²⁺(3)

11.3.7.2 聚合反应机理

（1）链增长

以 Pd 阳离子催化剂 L_2PdR^+ 为例，此活性种 L 为双配位体，R 为增长的聚合物活性链，产生交替共聚物时，CO 首先插入 Pd-R 键之间，此反应可逆，然后乙烯以不可逆状态继续插入，随后第二个单体 CO 或乙烯继续插入。CO 插入时，它与 Pd^{2+} 结合力超过与乙烯的结合力。单体再继续插入时，热力学只允许乙烯插入，随后 CO 再插入，如此反复进行，得到交替共聚物。

（2）链转移与终止

在甲醇溶液中用 Pd(dppb)$_2$ 催化制得的 PK-E 聚合物，可有三种不同的端基：

$$CH_3CH_2[C(O)CH_2CH_2]_nC(O)CH_3 \qquad n\geqslant 0$$
Keto-ester(KE)

$$CH_3O[C(O)CH_2CH_2]_nC(O)OCH_3 \qquad n\geqslant 1$$
Diester(EE)

$$CH_3CH_2[C(O)CH_2CH_2]_nH \qquad n\geqslant 1$$
Diketone(KK)

在低于 85℃的温度条件，产物大部分是 KE 结构，仅有很少量 KK 和 EE。在更高的温度条件下，三种产物 KK：EE：KE 的比例为 2：1：1。链终止反应是增长链质子化解离与甲醇解离两种反应竞争的结果。反应如下：

$$Pd^{2+}—CH_2—CH_2CO\sim\sim\ \ +H^+ \longrightarrow HCH_2—CH_2—CO\sim\sim\ +Pd^{2+}—OCH_3$$

产生酮端基的同时，产生了以 CH_3O—为端基的新共聚物。

$$Pd^{2+}—CO\sim\sim\sim+HOCH_3 \longrightarrow CH_3OCO\sim\sim\sim+Pd^{+2}—H$$

产生酯端基的同时，产生了以 H—CH₂—CH₂—CO—为端基的新共聚物。

11.3.7.3 生产工艺

将甲醇溶剂加入反应釜后，通入 CO 排除空气，至压力为 40~60bar 时为止。排出 CO 至常压，重复上述步骤二次以上，使反应系统充分脱除空气。加热至 70~90℃后通入压力为 19bar 的丙烯、压力为 11bar 的乙烯，最后再通入压力为 30bar 的 CO，随后加入已配制的 Pd 催化剂丙酮溶液。聚合反应中应通入乙烯与丙烯配比为 1:1 的混合气，保持釜内压力不变，必要时还要补充 CO。反应结束以后，冷却至室温并减压，过滤脱除甲醇后，经惰性气体干燥得到产品 PK-EP（一氧化碳、乙烯、丙烯三元聚酮）。

催化剂 Pd 用量约为 $5×10^{-6}$，收率为 8~10kg/（g Pd·h），反应时间约 8h。生产 PK-EP-6 时，共聚物不溶于甲醇，形成浆状物白色颗粒沉淀。干燥后的 PK-EP-6 颗粒平均粒径为 200~600μm，密度为 300~500kg/m³，熔点为 220℃，$M_n=37000~52000$，Pd 残存量为 $10×10^{-6}$。

产品的分子量由反应温度、总压力、单体的分压等因素进行控制，添加少量水（2%体积）可控制甲醇参与反应后形成的酮缩甲醇结合入主键的机会，还可事先加入 4%~10% 产物颗粒作为种子或加大催化剂中酸的用量，使新生颗粒迅速凝聚扩大，防止产生粘壁锅垢。

11.3.7.4 性能与用途

（1）性能

脂肪族聚酮是一氧化碳与 α-烯烃共聚物的总称，这一类共聚物与 α-烯烃均聚物相比，不仅含有羰基，而且按摩尔计羰基占了一半，所以它们之间性能差别很大。例如，PK-E 的熔点为 257℃，强极性基团 CO 的存在使其比聚乙烯熔点高 125℃。PK-E 主链上的强极性基团和柔性基团使其为半结晶聚合物，密度达 1.24g/cm³，玻璃化温度近 15℃。

脂肪族聚酮二元共聚物引入第三单体 α-烯烃后，由于 α-烯烃的碳原子数都大于乙烯，所以三元共聚物的 T_g 与 T_m（熔点）都有所降低。例如，PK-EP-6 的 T_m 由 PK-E 的 257℃降为 220℃；引入 4%（摩尔分数）癸烯后，聚酮 PK-Edo-4 的 T_m 降为 230℃。

脂肪族聚酮作为半结晶聚合物，可耐一般溶剂的作用，可溶于强极性酸。多种 PK 具有工程塑料的力学性能，如高抗冲强度、高热扭变温度、高模量、高回弹性、高耐磨性等。共聚的 α-烯烃类别和用量不同，所得 PK 性能可能有较大差别；高分子量与低分子量聚酮的差别也较大，脂肪族聚酮的耐油老化性明显高于 HDPE 和 POM。

（2）用途

无填料的脂肪族聚酮可用一般热塑性塑料成型方法制造各种制品，不需事先干燥，而且黏度不高，冷却结晶快，可用来制造纤维。与粉状无机填料熔融混合后，可用玻璃纤维增强以提高其力学性能。不同品种的 PK 树脂分子式、主要性质和主要用途见表 11-15。

表 11-15　不同品种的 PK 树脂分子式、主要性质和主要用途

聚酮名称	分子式	性质	用途
PK-E	CO/C₂⁼	半结晶型，$T_m=257℃$	工程塑料
PK-EP①<10	CO/C₂⁼/C₃⁼，C₃⁼<10%（摩尔分数）	半结晶型，$T_m=180~250℃$ 低分子量，高黏度流体	工程塑料,性能优良 热固性树脂
PK-EP->20	CO/C₂⁼/C₃⁼，C₃⁼>20%（摩尔分数）	高分子量，$M_w>10^5$，弹性体	薄膜、黏合剂
PK-EDo①-<10	CO/C₂⁼/C$_n^{2-}$[C₃⁼<10%（摩尔分数）]	半结晶型，$T_m=180~250℃$	工程塑料
PK-P	CO/C₃⁼	无规低聚物,高黏度流体 $M_w>10^5$，弹性体 等同型:半结晶型	热固性树脂 薄膜、黏合剂 —
PK-S	CO/苯乙烯	间同型:半结晶型，$T_m=280℃$ 无规型:无定形，$T_g=100℃$ 等同型:半结晶型	— — —

聚酮名称	分子式	性质	用途
PK-ES	$CO/$苯乙烯$/C_2^=$	半结晶或无定形聚合物	—
PK-Hd[②]	$CO/C_{16}^=$	$M_n \approx (5 \sim 8) \times 10^3$，高黏度流体 $T_m = 13℃$	石蜡结晶改性剂以降低原油和汽油的流动温度
PK-POd[③]	$CO/C_3^=/C_n^=$（$n=18,20$）	弹性物	弹性体

① Do 为十二烯（dodecene）。
② Hd 为十六烯（hexadecene）。
③ Od 为十八烯（octadecene）。
④ 例如 PK-EP-6 树脂为高黏度流体，可用二元胺固化。根据固化剂的数量可形成热塑性树脂体系或热固性涂料。

11.3.8 聚甲基丙烯酸甲酯

聚甲基丙烯酸甲酯作为"有机玻璃"用品和牙科材料已超过半个多世纪，虽然它的机械强度比一般工程塑料低，但在透光性、装饰性方面有独特之处，已作为一种工程塑料品种广泛用于工业和交通运输业等方面。聚甲基丙烯酸甲酯的合成工艺及性能见"通用塑料"一章。

11.4 含氮聚合物

用作工程塑料的含氮聚合物包括 ABS、SAN、SMA、聚酰胺系列等，前三种聚合物已在通用塑料一章介绍，其他聚合物如 PI、PEI 将在第 12 章"高性能聚合物与特种聚合物"一章内介绍，现仅介绍聚酰胺系列聚合物。

聚酰胺（polyamide）是大分子主链中含有许多酰胺重复基团（—CO—NH—）的聚合物，在工业或日常生活中常称为尼龙（Nylon），英文名称为 polyamide。

聚酰胺是世界上最早投入工业生产的合成纤维，也是工程塑料中发展最早的一个品种。目前，它在工程塑料中的产量居于首位，是最重要的工程塑料。

11.4.1 聚酰胺系列聚合物概述

（1）聚酰胺的种类

聚酰胺具有下列两大类结构，即

二元胺、二元酸型（AABB 型）：

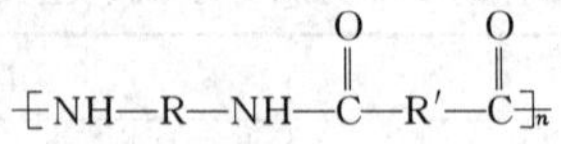

$$\text{+NH-R-NH-}\overset{O}{\overset{\|}{C}}\text{-R'-}\overset{O}{\overset{\|}{C}}\text{+}_n$$

内酰胺型（AB 型）：

$$\text{+R-}\overset{O}{\overset{\|}{C}}\text{-NH+}_n$$

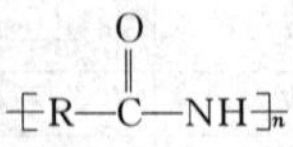

工业生产中，通常通过下列反应合成聚酰胺：

a. 二元胺和二元酸缩聚制备聚酰胺，所得聚酰胺称为 AABB 型；

b. ω-氨基酸的缩聚；

c. 环状内酰胺的开环聚合，产品结构与上一反应所得相同，所得聚酰胺统称为 AB 型。

由于起始原料单体的结构不同，可合成很多品种的聚酰胺。

（2）聚酰胺的命名

聚酰胺的品种很多，目前广泛采用碳原子分类命名法对聚酰胺命名，其方法如下。

a. 在由二元胺和二元酸缩聚制得的聚酰胺名字下添加两个数字，第一数字表示二元胺中的碳原子数，后一个数字表示二元酸中的碳原子数。例如，己二胺和己二酸合成的聚酰胺称为聚酰胺66，商品名为尼龙66。

$$n\mathrm{H_2N(CH_2)_6NH_2} + n\mathrm{HOOC(CH_2)_4COOH} \longrightarrow \mathrm{H\!-\![NH\!-\!(CH_2)_6\!-\!NH\!-\!CO\!-\!(CH_2)_4\!-\!CO]_n\!-\!OH} + (2n-1)\mathrm{H_2O}$$
$$\text{聚酰胺66或尼龙66}$$

同理还有尼龙610和尼龙1010等。

b. 由氨基酸或相应的内酰胺制得的聚酰胺用一个数字表示，此数字代表氨基酸或内酰胺分子中的碳原子数目。例如，尼龙6（—[NH—$(CH_2)_5$—CO]—）、尼龙4及尼龙9等。

c. 在多种二元胺、二元酸或内酰胺等制得的混合聚酰胺共缩聚物数字后面列一个括号，括号中注明各组分质量比的数字。如尼龙66/6（60：40）表示由60%的66盐和40%的己内酰胺所制得；尼龙66/610（50：50）表示由等质量的66盐和610盐所得。

d. 由含芳环结构单体分子制得的聚酰胺，采用一个英文字母来表示该含芳环化合物。如己二胺和对苯二甲酸反应所得的聚酰胺，称为尼龙6T（Polyhexmethylene terephthalamide），其中英文字母"T"为对苯二甲酸英文名称的第一个字母。

对于无法用上述方法命名的复杂聚合物或共聚物，只得单独取名或选较为方便的符号。国际理论与化学联合会（IUPAC）提倡采用"Chemical Abstracts"刊物的"化学名称索引"命名法，按化学结构命名各种聚酰胺。

（3）用作工程塑料的聚酰胺品种

聚酰胺是一类即可制造合成纤维又可制成工程塑料的热塑性塑料，工业上重要的品种有聚酰胺46、聚酰胺66、聚酰胺610、聚酰胺612、聚酰胺46、聚酰胺6、聚酰胺11、聚酰胺1010、聚酰胺12、聚酰胺1212以及聚芳酰胺等。聚酰胺类合成纤维中，聚酰胺66与聚酰胺6两品种占98%，其他品种几乎全部用于工程塑料。聚酰胺66和聚酰胺6也可用作工程塑料。AABB型聚酰胺合成原料与方法见表11-16；AB型聚酰胺合成原料与方法见表11-17。

表 11-16　AABB 型聚酰胺合成原料与方法

聚酰胺名称	原料与合成方法
聚酰胺46	α,ω-丁二胺与己二酸经缩聚反应合成
聚酰胺66	己二胺与己二酸经缩聚反应合成
聚酰胺610、聚酰胺612	己二胺分别与癸二酸、十二碳二元酸经缩聚反应合成
聚酰胺1010	由蓖麻油热裂解得到的 α,ω-癸二酸为原料，经以上反应路线合成癸二胺；然后制成癸二酸癸二盐，最后经缩聚反应合成
聚酰胺1212	我国自主开发用轻油发酵制取的十二碳二元酸为原料，经以上反应路线合成十二碳二元胺；再制成1212盐，最后经缩聚反应合成

表 11-17　AB 型聚酰胺合成用原料与方法

聚酰胺名称	原料与合成方法
聚酰胺6	己内酰胺经催化开环聚合制得
聚酰胺11	由蓖麻油热裂解得到的 α,ω-十一碳二元酸为原料，合成11-氨基十一酸，然后用磷酸作催化剂，于200℃经缩聚反应合成
聚酰胺12	丁二烯为原料合成十二内酰胺，然后经催化开环聚合制得

11.4.2　合成化学反应

由二元羧酸与二元胺经缩聚反应合成 AABB 型聚酰胺是最主要的合成方法，所用原料碳原子数目应当与要合成的单元链节的碳原子数目相同。多数情况以二元酸为起始原料，第一步合成二元胺，第二步将精制的二元酸与二元胺反应生成盐，然后经熔融缩聚得到 AABB 聚酰胺。化学反应如下。

第一步合成二元胺：

$$-COOH \xrightarrow[]{+NH_3} -COONH_4 \xrightarrow[-2H_2O]{+催化剂} -CN \xrightarrow[+[H]]{+催化剂} -CH_2NH_2$$

第二步熔融缩聚：

$$-COOH \xrightarrow{精制} -COOH \xrightarrow{+-CH_2NH_2} -COOH-H_2NCH_2- \xrightarrow{熔融缩聚} 聚酰胺 AABB$$

$$\text{（精品）} \qquad\qquad \text{（尼龙盐）} \qquad\qquad \text{（尼龙 AABB）}$$

11.4.3 合成工艺

我国自主开发了以石油发酵法生产的 α,ω-十二碳二元酸为原料，合成聚酰胺 1212 的工艺。制备聚酰胺 1212 时，将固体十二碳二元酸加热熔化后通入氨气，在磺酸等催化剂存在下进行加热和脱水，脱水 6～8h 后温度达到 300～315℃，保温约 2h 后反应进行完全。反应结束后，进行蒸馏分离，得到精制的 α,ω-十二碳二腈。然后在乙醇溶液中用骨架镍催化加氢，反应时釜内氢气压力为 2～3MPa，反应温度控制在 80～130℃范围，压力下降后应补加氢气。反应约 1h 后，冷却至 30～50℃，排除过剩的氢气；分离除去固体催化剂后，分馏脱除乙醇，然后减压蒸馏。当压力为 0.006～0.002MPa 时，收集塔顶 140～180℃的馏分，得到 α,ω-十二碳二元胺。

将 α,ω-十二碳二元酸溶于乙醇中，用活性炭处理，经超滤膜过滤得到精制的 α,ω-十二碳二元酸溶液。在 70～78℃下逐渐加入 α,ω-十二碳二元胺乙醇溶液至反应物料的 pH 值为 7.0～7.2 为止，然后闪蒸脱除乙醇，冷却、分离后制得聚酰胺 1212 盐。

将聚酰胺 1212 盐、稳定剂、分子量调节剂按 100：（0.1～0.3）：（0.5～5）的比例加入缩聚釜中，在 0.05～0.1MPa CO_2 气氛中逐渐升温至 200～250℃。当釜内压力达到 1.0～1.5MPa 时，保压 0.3～2h，然后在 3h 内逐渐减至常压，继续反应 0.5～2h，熔融状态下出料，冷却切粒后得到商品聚酰胺 1212。

聚酰胺缩聚反应通常在高温熔融状态中进行，为了避免高温下空气中氧的作用，反应必须在惰性气体和减压条件下进行，并不断排水。以聚酰胺盐为原料进行缩聚反应时，应加入分子量调节剂以制得分子量合适的产品。为了得到端基热稳定的树脂，二元酸应稍微过量或加入适量一元羧酸，避免—NH_2 成为聚酰胺的端基，同时又可达到调节分子量的作用。

11.4.4 聚酰胺工程塑料成型前的预处理

聚酰胺熔融缩聚过程过长，将引起树脂热降解，熔融的高黏度流体使生成的水分子难以充分扩散，因此产品的分子量受到限制，达不到工程塑料的要求。贮存过程中，由于强极性基团—CONH—的存在，吸湿性较高。聚酰胺注塑或挤塑成型时，要经受高温和高压条件，微量湿气会造成分子量降解，影响产品性能。因此，应对聚酰胺进行预处理，尤其是对含 4～6 个短碳原子脂肪链的聚酰胺树脂。

聚酰胺树脂的预处理方法是在成型前进行固相缩聚反应，此反应可在真空、惰性气体或蒸气气氛下进行。例如，聚酰胺 66 固相缩聚温度为 150～240℃，低于熔点，此情况下延长反应时间产生的水解反应可忽略不计，热降解速度也降低。固相缩聚时，可间歇或连续地将粒料加入转鼓式加热器中，在惰性气氛或真空下处理。

（1）聚酰胺工程塑料的添加剂

多数情况下，用作工程塑料的聚酰胺中要加入多种添加剂，添加剂用量有时甚至超过 50%，常用的添加剂有以下几种。

① 润滑剂 常用的润滑剂为高分子量硅油，可改进熔融流动性、提高螺杆送料速度和

易于脱模。

② 成核剂　聚酰胺是结晶速度较快的半结晶聚合物，成型时制品可以较快的脱模，生产能力较高。聚酰胺 6 的结晶速度比聚酰胺 66 慢，必要时须加成核剂。成核剂是有结晶能力的细微颗粒。成核剂加入聚酰胺后，先于聚酰胺结晶，在熔融的聚酰胺中形成了结晶种子而诱发聚酰胺结晶。常用的成核剂有高分散性二氧化硅、滑石粉等，它们可使聚酰胺形成微小球状结晶。结晶作用提高了制品的拉伸强度和刚性，但使脆性增加，降低了收缩率。

③ 稳定剂　稳定剂分为热稳定剂、氧化老化稳定剂和光稳定剂。热稳定剂主要是具有抗氧化作用的酚类、胺类化合物、过氧化物分解剂和金属盐如卤化铜等，在超过 120℃ 时使用更有效。热稳定剂可分解自由基，使制品颜色加深，适于用作玻璃纤维增强的聚酰胺 66 的热稳定剂。紫外线稳定剂分为紫外线吸收剂和位阻胺类光稳定剂。苯并三唑与位阻胺类光稳定剂混合物对抑制紫外线反应产生的自由基很有效。

此外，根据生产的聚酰胺性能还可添加阻燃剂、抗冲改性剂和玻璃纤维等。

（2）混炼

用量较少、不受温度影响的稳定剂、润滑剂、着色剂等可在聚合过程中加入，用量较大的阻燃剂、抗冲改性剂、无机粉状填料和玻纤维增强填料等则必须与聚酰胺熔融混炼，混炼通常在螺杆式挤出机中进行，添加玻璃纤维时应当在专用设备中与熔融聚酰胺树脂混炼。

11.4.5　聚酰胺的性能

聚酰胺类工程塑料又称为尼龙类工程塑料，外观上呈现为角质、韧性、表层光亮、为白色或微黄色的透明或半透明固体，相对密度稍大于 1。

聚酰胺大分子中存在许多强极性—CONH—基团，容易在大分子之间形成氢键。碳原子较少的聚酰胺 46、聚酰胺 66、聚酰胺 6 等酰胺基团密度高，氢键的作用更强。如果数个大分子的链段平行形成氢键束，就会形成结晶段；不能有序排列的链段则无定形，此类结晶聚合物称为半结晶聚合物。结晶链段的存在使半结晶聚合物呈现较高的刚性、强度、耐化学腐蚀、冷流性、电性能和耐热性；无定形链段则对抗冲性和柔韧性的提高有帮助。碳原子数增大则结晶度降低。

结晶的存在使聚酰胺有明确的熔点，碳原子数较低者熔点较高，熔点还受分子结构的影响。例如，两种原料形成的聚酰胺 66 和聚酰胺 610 的熔点分别是 255℃ 和 212℃，而一种原料形成的聚酰胺 6 熔点仅为 215℃，比结构相近的聚酰胺 66 低约 40℃。这是因为聚酰胺 66 两种原料单体的碳原子都是偶数，同时还有一个对称中心；聚酰胺 6 的原料单体碳原子虽是偶数，但无对称中心。聚酰胺 66 大分子呈线形排列时，无论倒、顺方向的酰胺基团都易生成氢键；聚酰胺 6 分子中，只有当另一大分子反向排列酰胺基团时才易生成氢键，影响到结晶程度，所以熔点低。

聚酰胺的耐热性良好，熔融状态长时间受热会降解。含有己二酸原料的聚酰胺 66 可分解生成环状物并放出 CO_2 气体。

聚酰胺中位于—NH—基 α 位的碳原子易被氧化生成自由基，进一步反应则转化为过氧化自由基，使主链断裂，制品变黄。熔融的聚酰胺在空气中冷却至 60℃ 仍然变黄，所以应当避免熔融的聚酰胺与空气接触。聚酰胺易受紫外线作用产生氧化自由基，因此需要添加紫外线稳定剂。

聚酰胺耐烃类油剂作用优良，但强极性酸、酚类和醇类可使其溶胀甚至溶解。聚酰胺吸水性较大，在成型前要预干燥，吸水量随酰胺基团密度变小而减少。

聚酰胺另一优点是摩擦系数远低于金属，适于制作耐磨制件如齿轮、轴承等。

AB 型聚酰胺的单体为环状内酰胺时，可将熔融的单体直接浇入模型中，在碱性催化剂与助催化剂的作用下经开环聚合直接制得尼龙制品，这是己内酰胺主要的成型方法，特别适合制造大型齿轮、涡轮等。用作工程塑料的聚酰胺（尼龙）性能见表 11-18。

表 11-18 用作工程塑料的聚酰胺（尼龙）主要性能

性能	尼龙46	尼龙66	尼龙6	尼龙610	尼龙612	尼龙1010	尼龙69	尼龙11	尼龙12	尼龙1212
密度/(g/cm³)		1.14	1.13	1.09	1.07	1.05	1.09	1.04	1.02	1.02
熔点/℃	295	255	215	213	212	200~210	205	194	179	184
成型收缩率/%	—	0.8~1.5	0.6~1.6	1.2	1.1	1.0~1.5	—	1.2	0.3~1.5	—
吸水性/%(质量)		1.2	1.6						0.25	
24h	2.0	2.5	2.7	0.3	0.25		0.3	0.3	0.7	0.3
湿度50%,平衡	3.4	8.5	9.5		1.4		1.8	0.8	1.5	1.6
饱和	13.0	83	81		3.0		4.5	1.9	5.5	—
拉伸极限强度/MPa	95	60~62	50~150	60		55	55	55	200	55
伸长率/%	50	2800	2800	200	150	250	125	200	1100	270
弯曲模量/MPa	3100	53~64	55~65	2000	2000	1300	2000	1200	95	1330
冲击强度(缺口)/(J/m)	110	121	119	56	53	40~50	58	40~68	107	—
洛氏硬度				116	114	95	111	108	150	105
热扭变温度/℃		235	185						55	
负荷0.5MPa	—	90	75	—	180	80①	150	150		150
1.8MPa	160				90		55	55	18	52
介电强度/(kV/mm)		24	17						16	
短时		11	15		16		24	16.7		
步进							20		4.2	
介电常数		4.0	3.8						3.8	
60Hz		3.9	3.7		40		3.7	3.7	3.1	
10³Hz		3.6	3.4		40		3.6	3.7		
10⁶Hz					35		3.3	3.1		

① 连续使用温度。

表 11-19 玻璃纤维（30%）增强后聚酰胺6与纯聚酰胺6性能比较

性能	聚酰胺6	玻璃纤维(30%)增强聚酰胺6
拉伸强度/MPa	74	160
断裂伸长率/%	200	5
弯曲强度/MPa	125	240
弯曲模量/MPa	2600	7500
缺口冲击强度/(J/m)	56	110

表 11-20 尼龙增强与未增强品种性能比较

项目	尼龙6				尼龙66		
	未增强	30%粉状玻纤增强	30%短玻纤增强	30%长玻纤增强	未增强	30%短玻纤增强	30%长玻纤增强
密度/(g/cm³)	1.13	1.36	1.37	1.37	1.14	1.38	1.37
拉伸强度/MPa	79	90	110	158	83	189	151
伸长率/%	70	4	3	2	60	3	1.5
弯曲强度/MPa	120	175	210	161	130	262	167
冲击强度/(J/m)	33	52	76	155	39	102	135
热变形温度/℃	66	100	190	216	60	248	259

项目	尼龙610		尼龙11		尼龙12	
	未增强	30%长玻纤增强	未增强	30%短玻纤增强	未增强	30%短玻纤增强
密度/(g/cm³)	1.08	1.32	1.04	1.24	1.01	1.23
拉伸强度/MPa	60	143	50	98	59	122
伸长率/%	85	1.9	230	3~4	280	3~4
弯曲强度/MPa	95	161	50	140	62	158
冲击强度/(J/m)	55	180	50	120	—	160
热变形温度/℃	54	216	55	168	50	174

11.4.6　重要的聚酰胺类工程塑料介绍

聚酰胺类（尼龙类）工程塑料中，聚酰胺 66 和聚酰胺 6 最为重要，将在"合成纤维"一章介绍，其他重要的聚酰胺类工程塑料如下所述。

（1）玻璃纤维增强聚酰胺

各品种的聚酰胺都可用玻璃纤维增强，玻璃纤维的用量多数为 30%。玻璃纤维增强后，聚酰胺的脆性降低，但不如机械强度增加的幅度。玻璃纤维（30%）增强后的聚酰胺 6 与纯聚酰胺 6 性能比较见表 11-19 和表 11-20。除玻璃纤维外，碳纤维、石棉纤维、钛金属以及抗冲改性剂都可用来增强聚酰胺工程塑料。

（2）单体浇铸聚酰胺（Monomer Casting Polyamide，又称为 MC 聚酰胺、MC 尼龙）

MC 聚酰胺是单体己内酰胺在浇模内聚合成型后，直接制得的尼龙 6 工程塑料制品。环状的己内酰胺在强碱催化下能开环聚合，而且聚合速度很快；若加入乙酰基己内酰胺为助催化剂（又称加速剂），反应可更快地进行。己内酰胺是按阴离子机理进行聚合的。

工业上常用的催化剂是氢氧化钠，助催化剂为 N-酰基己内酰胺：

$$(CH_2)_5 \underset{N-COR}{\overset{C=O}{\big|}}$$

R 为乙基、丁基、甲苯二异氰酸酯、碳酸二苯酯等。

MC 尼龙的特点如下：

a. 一般的尼龙 6 分子量仅为 2 万～3 万，MC 尼龙 6 分子量可高达 3.5 万～7 万，所以 MC 尼龙的物理机械性能较为优良。

b. 工艺、设备和模具都较简单，易于掌握，可浇铸各种型材，省去了单体先聚合再成型加工等复杂的生产过程。

c. 可铸造质量达上百公斤的大型机械部件，如大型齿轮、蜗轮和导轨等。

d. 吸水率为一般尼龙的一半，长期使用温度为 100℃。

（3）聚酰胺 46

聚酰胺 46 由丁二胺与己二酸缩聚而得，是聚酰胺类工程塑料的新品种，其分子结构具有高度对称性，是脂肪族聚酰胺中酰氨基浓度最高的产品。聚酰胺 46 是结晶度高达 70% 以上的半结晶聚合物，熔点高达 290℃，长期连续使用温度为 163℃（5000h 以上），在较高温度下耐油及耐油脂性极佳，是耐热性能优良的工程塑料之一。聚酰胺 46 的无润滑摩擦系数为 0.1～0.3，耐腐蚀性优于聚酰胺 66，抗氧化性好，使用安全，可用玻璃纤维增强，抗蠕变性优良，是汽车工业中用于生产齿轮、轴承等的优选材料，还可作为绝缘用零部件用于电子电器工业。

（4）半芳族聚酰胺

AABB 型聚酰胺的两种原料有一种为芳族化合物时，即可称该聚酰胺为半芳基聚酰胺。重要的半芳基聚酰胺有 MXD6、聚酰胺 6T、聚酰胺 6I、聚酰胺 9T、聚酰胺 MST 等。MXD 是间苯二甲二胺（m-Xylylenediamine）[m-C$_6$H$_4$(CH$_2$NH$_2$)] 的简称，T 为对苯二甲酸（terephthalic acid）的简称，I 是间苯二甲酸（isophthalic acid）的简称，MS 是 2-甲基-1,5-二甲基-戊二胺的简称。以上各种半芳基聚酰胺均由相应的二元胺与二元酸或二元酸酯缩聚而得。

与全脂肪族聚酰胺相比，半芳基聚酰胺的熔点高、耐化学腐蚀性高，刚性与强度增加，吸水性降低。

聚酰胺 MXD6 是半芳基聚酰胺中最重要的品种，结晶度高，机械强度高、熔点高，成型收缩率小，吸水性低，对氧、二氧化碳等气体的屏蔽性优良，适于制造精密零部件和碳酸饮料瓶。改变其组成可以得到无定形全透明制品。其他半芳族聚酰胺如聚酰胺 6T、聚酰胺 6I 等也都是性能优良的工程塑料。

（5）共聚与共混聚酰胺

不同品种的聚酰胺共混后，性能变化不大。共聚聚酰胺是由不同的原料经共缩聚反应制得到的，结晶性受到影响，从而对产品的物理机械性能影响较大；组成不恰当时，其性能低于两种纯聚酰胺的性能。

11.4.7　聚酰胺类工程塑料用途

聚酰胺具有优良的力学性能和耐摩擦性、有较高的熔点和使用温度，在工程塑料领域主要用途有以下几方面。

（1）注塑制品

聚酰胺总用量的 60％用于制造机器零部件，其中一半以上用于汽车制造业。

（2）单体浇铸制品

用于制造齿轮、轴承等，特别适合生产大型制件如 100kg 以上的重型制品等，具有操作简便，制造成本低等优点，小型制品可用反应注射成型设备制造。

（3）挤塑制品

用于生产管、棒和绝缘包层、薄膜等。

（4）吹塑制品

用于生产饮料瓶、包装材料等。

此外，聚酰胺还可用来制造粉末涂料和玻璃纤维、碳纤维等的增强塑料。

第12章

高性能聚合物与特种聚合物

高性能聚合物与工程塑料不同之处在于原料与合成条件严格、应用面较小、价格昂贵等。含氟聚合物和有机硅聚合物不仅含有氟、硅等特殊元素，而且在合成方法、性能和用途方面都有特别之处，所以作为特种聚合物予以介绍。重要的高性能聚合物见表11-1。

12.1 重要的高性能聚合物

12.1.1 聚对二甲苯（PPX）

聚对二甲苯是熔点高达 420℃ 的烃类聚合物，分子通式为 $\{CH_2\!-\!C_6H_4\!-\!CH_2\}_n$ 或 $\{C_6H_4\!-\!CH_2\!-\!CH_2\}_n$，已生产出苯环上有—Cl、—F、—NH$_2$ 等多种取代基的聚对二甲苯衍生物。此类聚合物商品名为"Parylene"。

12.1.1.1 合成反应

最早合成聚对二甲苯的方法是将对二甲苯加热到 $800\sim1000℃$ 进行裂解，分解出来的气体在低于大气压条件下冷却至聚合温度，热裂生成的自由基聚合沉积在材料表面上形成致密的薄膜。目前，先进的合成方法是制取环状单体后，聚合得到聚对二甲苯。采用对二甲苯衍生物单体可聚合制得相应的聚合物。

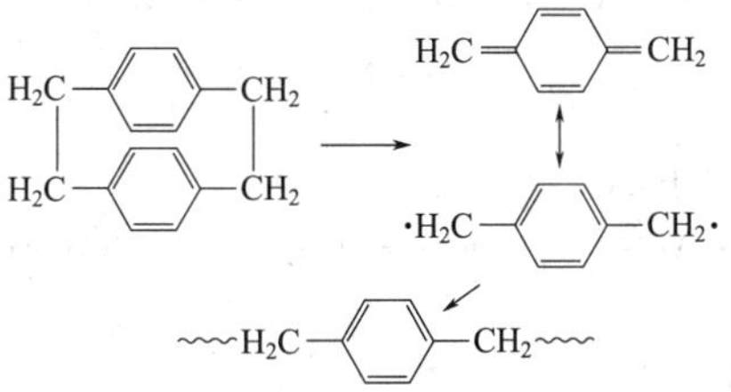

12.1.1.2 性能与用途

聚对二甲苯可溶于二氯甲烷、氯仿以及甲苯中，介电性能优良，不受交流电频率影响，介质损耗系数低，耐紫外线性能较差，不宜室外使用。聚对二甲苯的主要物理机械性能见表12-1。

表 12-1 聚对二甲苯性能

性能	数据	性能	数据
密度/(g/cm³)	1.11	伸长断裂率/%	140
熔点/℃	420	洛氏硬度	85
吸水性(24h)/%	0.1	表面电阻/Ω	1.0×10^{13}
摩擦系数/%	0.25	体积电阻/Ω·cm	1.4×10^{17}
拉伸屈服强度/MPa	42.1	介电强度/(kV/mm)	276
拉伸断裂强度/MPa	58.6		

聚对二甲苯主要用作涂料与医药材料。聚对二甲苯涂料与一般液体涂料不同，为气体沉积涂料，涂层薄而均匀，无微孔，可隔湿气，绝缘性优良；引入氟、氯等取代基的产品耐化学腐蚀性优良，涂料可作为电子元件、宇航、医用材料的保护涂料。聚对二甲苯还可用于药物释放、血管内支架涂层等。

12.1.2　聚芳醚酮（PAEK）

聚芳醚酮包括一系列主链为醚键（—O—）和酮键（—CO—）所连接的高性能芳环聚合物，不同聚芳醚酮的化学结构与名称如下。

PEK（聚醚酮）：

$$\text{—}\!\!\begin{matrix}\text{Ar—O—Ar—C—}\\\quad\quad\quad\quad\ \|\\\quad\quad\quad\quad\ \text{O}\end{matrix}\!\!\text{—}_{\overline{n}}$$

PEEK（聚醚醚酮）：

$$\text{—}\!\!\begin{matrix}\text{Ar—O—Ar—O—Ar—C—}\\\quad\quad\quad\quad\quad\quad\quad\quad\ \|\\\quad\quad\quad\quad\quad\quad\quad\quad\ \text{O}\end{matrix}\!\!\text{—}_{\overline{n}}$$

聚（聚醚）酮 Poly［poly（ether）ketone］：

$$\text{—}\!\!\begin{matrix}\text{(Ar—O—)}_m\text{—Ar—C—}\\\quad\quad\quad\quad\quad\quad\ \|\\\quad\quad\quad\quad\quad\quad\ \text{O}\end{matrix}\!\!\text{—}_{\overline{n}}$$

PEKEKK（聚醚酮醚酮酮）：

$$\text{—}\!\!\begin{matrix}\text{Ar—O—Ar—C—Ar—O—Ar—C—Ar—C—}\\\quad\quad\quad\quad\ \|\quad\quad\quad\quad\quad\quad\ \|\quad\quad\ \|\\\quad\quad\quad\quad\ \text{O}\quad\quad\quad\quad\quad\quad\ \text{O}\quad\quad\ \text{O}\end{matrix}\!\!\text{—}_{\overline{n}}$$

最主要的聚芳醚酮产品是聚醚醚酮（Polyetheretherketone，简称 PEEK）。如果单体中含有酯基团，即可制得含有醚基、酮基和酯基的芳族聚合物。

12.1.2.1　聚醚酮的合成与制备

二元酚（酚钠、钾）与 4,4′-二氟二芳酮反应，改变原料结构可制得不同类型的聚醚酮。

（1）化学反应

① 聚醚醚酮（PEEK）的合成反应：

$$n\text{Na—O—Ar—ONa} + n\text{F—Ar—C—Ar—F} \longrightarrow \text{—}\!\!\text{Ar—O—Ar—O—Ar—C—}\!\!\text{—}_{\overline{n}}$$
PEEK

② 聚醚酮（PEK）的合成反应：

$$n\text{NaO} \sim \text{Ar} \sim \text{Ar—ONa} + n\text{F—Ar—C—Ar—F} \longrightarrow \text{—}\!\!\text{Ar—O—Ar—C—}\!\!\text{—}_{\overline{n}}$$
PEK

③ 聚醚酮醚酮酮（PEKEKK）的合成反应：

$$n\text{NaO—Ar} \sim \text{Ar—ONa} + n\text{F—Ar—C—Ar—O—Ae—C—Ar—C—Ar—F} \longrightarrow$$
$$\text{—}\!\!\text{Ar—O—Ar—C—Ar—O—Ae—C—Ar—C—}\!\!\text{—}_{\overline{n}}$$
PEKEKK

（2）聚醚醚酮的制备

聚醚醚酮由 4,4′-二氟二苯酮（或二氯化合物）与对苯二酚钾盐（或钠盐）在二苯砜溶剂中进行溶液缩聚而得，其反应如下：

$$n\text{F—⬡—C—⬡—F} + n\text{KO—⬡—OK} \xrightarrow{\text{二苯砜}} \left[\text{O—⬡—O—⬡—C—⬡}\right]_n + 2n\text{KF}$$

反应在 320～350℃和无水条件下进行溶液缩聚。反应结束后得到的聚合物溶液倾入甲醇中，使聚合物沉淀析出，再次溶解、沉淀后进行净化处理，水洗后在80℃的真空条件下干燥数小时得到高分子量 PEEK。PEEK 特性黏数为 0.8~1.4dL/g，熔点 335~350℃。

（3）粉末料聚醚酮的制备

用酮亚胺（ketimine）基团代替酮基合成聚醚酮（亚胺），此聚合物可溶于 N-甲基-吡咯烷酮中。用稀酸水溶液将酮亚胺基团水解恢复为酮基，聚醚酮呈粉末状沉淀析出，粒径为 0.5~5μm。

（4）含酯基或与液晶聚合物嵌段聚醚酮的制备

反应物料中预先加入可参与缩聚反应的酯如 4-羟苯甲酸-4′羟苯酯等，可获得含酯基的聚醚酮。反应物物料中预先加入已合成的液晶聚合物链段，使它参与聚醚酮的合成反应，则可获得含有液晶聚合物链段的嵌段聚醚酮。

12.1.2.2 聚芳醚酮的性能

聚芳醚酮聚合物中以 PEEK 最为重要。未加填料的 PEEK 树脂为淡棕色半结晶聚合物，熔点高达 340℃，长期使用温度超过 250~260℃，即使接触热水和蒸汽仍无妨害。PEEK 力学性能突出，拉伸强度高达 85MPa；其耐化学腐蚀性也很优良，与氟塑料相似。PEEK 板经紫外线照射后会交联而变脆。

PEEK 可以用玻璃纤维、碳纤维和聚酰胺纤维增强。用纳米级粉状填料（15~30nm）的硅胶或铝胶粉末填充后，机械强度可提高 20%~50%。PEEK 的物理机械性能见表 12-2。

表 12-2 PEEK 的物理机械性能

性 能	数据	性 能	数据
密度/(g/cm³)	1.3	切变强度/MPa	53
熔点/℃	340	Izod 切口抗冲强度/(J/cm)	0.63
吸湿性(平衡时)/%	0.5	热导率/[W/(m·K)]	0.25
拉伸屈服强度/MPa	97	空气中最高使用温度/℃	315
断裂伸长率/%	>60	热扭变温度(1.82MPa)/℃	180
弹性模量/GPa	3.5	脆折温度/℃	-85
弯曲模量/GPa	4.1	玻璃化温度/℃	143
弯曲屈服强度/MPa	170		

12.1.2.3 聚芳醚酮的用途

以 PEEK 为代表的聚芳醚酮可用作：

① 密封与滑动材料　用于制造阀门密封、高真空密封等。

② 涂料　用于烹调锅盘的耐热防粘涂料、泵体表面耐磨涂料等。

③ 电子电器绝缘材料　可制作电缆包层、束线带、充电电池等。

④ 医用材料　各种导管材料、假肢材料、骨骼材料等。

此外，PEEK 还可用来制作微孔渗透膜、烧结涂料等。

12.1.3　液晶聚合物

12.1.3.1　液晶的基本概念

大多数结晶受热超过熔点后，直接转变为各向同性的液体相，或在溶剂中溶解后转变为各向同性的液体相。少数晶体（包括小分子结晶物和聚合结晶物）在受热或溶液中虽为可流动的液态，但用偏极光照射时发现还存在各向异性的固态结晶相，即存在中间相，这种结晶体称之为液晶，存在于固相和液相的中间相（mesophase）状态称为液晶态。

12.1.3.2　液晶的分类

液晶分为两大类，受热后呈现液晶态的称为热致液晶；溶解后呈现液晶态的称为溶致液晶。液晶态是一种中间状态，所以热致液晶仅存在于一定温度范围之内；溶致液晶仅存在于一定的溶液浓度和一定温度范围之内。

热致液晶的晶体分子排列存在三种形式：向列型（相）、近晶型（相）和胆甾型（相），它们的形象示意见图 12-1。

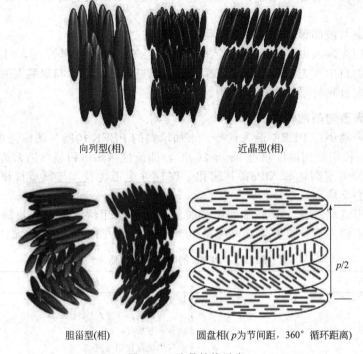

向列型(相)　　　　　　　　近晶型(相)

胆甾型(相)　　　　　圆盘相(p 为节间距，360° 循环距离)

图 12-1　液晶结构示意

（1）向列型（相）（Nematic phase）

向列型晶体中，棒状分子沿长轴方向呈线状排列，排列的方向大致与长轴平行，但不是全部有序。这样的分子像液体一样可以自由流动，受到外力如磁场或电场的作用后很容易排列为一线，是非常有用的显示材料。

（2）近晶型（相）（Smectic phase）

近晶型晶体中，分子的排列与结晶体中的结构最为相近，故而得名。分子相互排列成层，层内分子与长轴平行，与层面垂直；分子可在本层内前后滑动，但不能在上下各层间移动，可保持其二维特性。这类液晶有高度的有序性，黏度较高，经常出现在熔点以上的温度区域内。

（3）胆甾型（相）（Cholesteric phase）［又称为手性向列型（相）（chiral nematic phase）］

这种液晶分子呈手性，分层排列为圆盘状（又称圆盘相），层内各个分子又排列成向列型，分子的长轴平行于层的平面。在相邻两层间，各层中分子长轴的取向逐渐规则地偏转一定角度，层层依次累加形成螺旋面结构。这类液晶物质多数是胆甾醇的衍生物，故又名为胆甾型液晶。

12.1.3.3　液晶聚合物

能够产生液晶相的聚合物统称为液晶聚合物（Liquid Crystal Polymers，简称 LCP）或液晶高分子。液晶聚合物具有优良的力学性能和耐热性，对于它的开发研究十分活跃，当前已有许多热塑性工业化产品上市。同时，利用活性低聚物合成热固性液晶聚合物的技术也得到了开发与应用。

按 1956 年 Flory 提出的论点，液晶聚合物的结构中必须含有一定长径比的长棒状结构单元，长短轴比在 6.42 以上的聚合物有足够的刚性。相邻分子之间的作用力也很重要。液晶聚合物纵向的极化能力比横向强。

液晶聚合物通常含有三种单元：

① 棒状结构单元又称致介单元（mesogenic unit） 如 —⟨benzene⟩— ，—⟨biphenyl⟩— ，

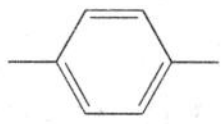

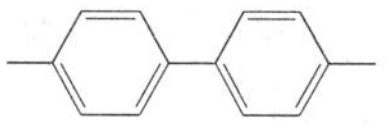

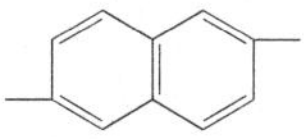

—⟨naphthalene⟩— 等。

② 连接单元 如—COO—，—O—COO—，—COO—CO—，—N＝N—，—C≡C—，—CONH—等。

③ 间隔单元 如—（CH₂）ₙ—，—（CH₂O）ₙ—，—O—等。

纯由环状结构连接起来的是全刚性主链高分子。利用一些极性基团如酯基、酰胺基和甲亚胺基等将环状结构连接起来的聚合物为液晶聚合物，仍可保持线性结构和刚性。

少数情况下，当两个相同的刚性棒状结构单元被柔性间隔单元分开，或棒状结构单元与活性反应基团之间存在柔性间隔单元时，也可得到液晶聚合物。柔性间隔单元（Flexible spacer）多数是比极性基团链段更长的非极性基团，如—（CH₂）ₓ—、—（CH₂）ₓO—、—（CH₂CH₂O）ₓ—等，后一种情况可能得到出现液晶相的支链单体，它既不是非手性向列型也不是近晶型，而是手性近晶型或圆盘型构造的液晶。

12.1.3.4 液晶聚合物的类别

液晶聚合物没有严格的分类，可大致分为以下两类。

(1) 热塑性液晶聚合物

热塑性液晶聚合物为线型液晶高聚物，其棒状结构单元可存在于主链中，也可存在于侧链中。

① 主链型液晶聚合物 主链型液晶聚合物的主链由刚性的棒状结构单元和功能团构成，如芳香族聚酰胺、芳香族聚酯（包括共聚酯）等，作为材料应用的高分子液晶一般皆为刚性长链。

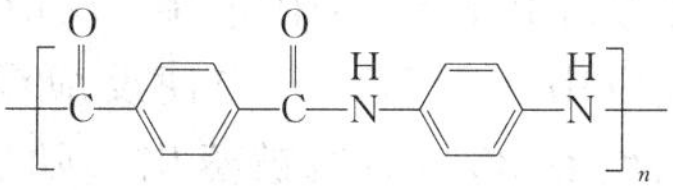

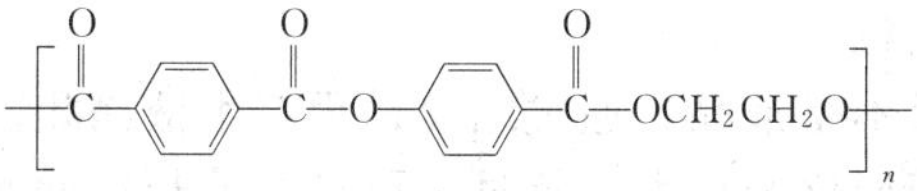

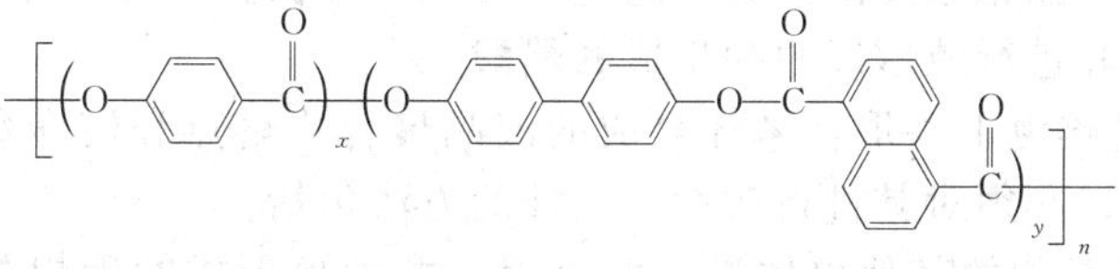

② 侧链型液晶聚合物 侧链型液晶高分子的主链是柔性的大分子链，在其侧链上含有刚性的棒状结构单元。例如下列两个化合物：

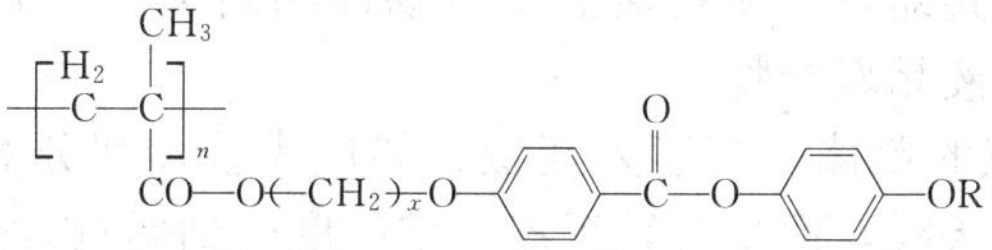

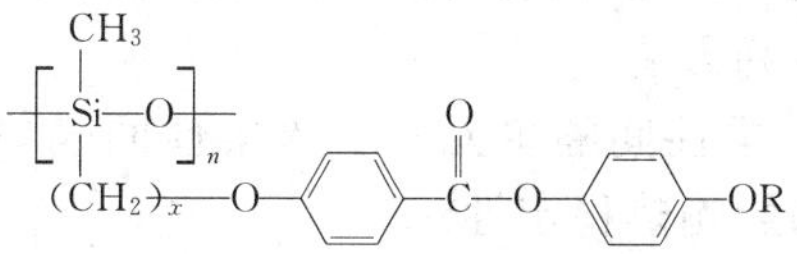

侧链型高分子液晶是由柔性的主链、刚性的侧链（棒状结构单元）和连接主链及侧链的柔性间隔单元三部分所组成。有的侧链型液晶高分子中，每一个主链链节中可以连接两个平行的刚性侧链，如：

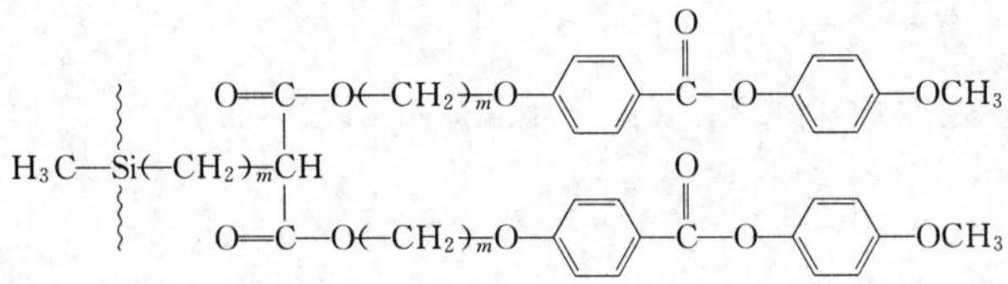

也有一些液晶高分子的主链和侧链都含有刚性的棒状结构单元。

（2）热固性液晶聚合物

含有多功能官能团的单体或低聚物，在官能团受热、受化学试剂或辐射等作用下固化而转变为高熔点体型结构聚合物时，如果出现液晶相，则称为热固性液晶单体（或低聚物）。这一类单体（或低聚物）兼具体型结构与液晶的特点，黏度低、易于成型加工、尺才稳定性好、玻璃化温度高、热稳定性好、机械强度高、有自取向能力和良好的屏蔽性。

工业上难以利用溶致性液晶特性制取高聚物，实际应用的主要是存在热致性液晶特性的高聚物。液晶聚合物不仅可用作高性能材料，利用液晶的取向性（溶致液晶）还可制得高强度、高模量的合成纤维。

12.1.3.5 液晶聚合物的合成

（1）热塑性液晶聚合物的合成

能够产生液晶相的聚芳酯与作为工程塑料的聚芳酯不同之处在于它们是半结晶聚合物，纯度高、不含催化剂和杂质，可采用无催化剂的熔融缩聚法制得热塑性液晶聚合物。

① 单体　所用单体与一般聚芳酯基本无差别，主要是二元芳羟基化合物如 1,4-苯二酚、1,4'-二羟基联苯、2,6-二羟基萘等；二元芳酸为对苯二甲酸、间苯二甲酸、2,6-二羧基萘等；羟基芳酸为对羟基苯甲酸、2-羟基-6-萘酸、4-羟基肉桂酸等。

② 生产工艺　为了避免副反应，单体原料中的羟基都要转化为醋酸酯，可在使用时合成。为了防止氧化作用，反应必须在惰性气体中进行，反应温度要超过单体的熔点。两种单体送入聚合反应釜后，在氮气氛围中，于 75min 内使反应温度从 130℃升至 270℃，然后在 195min 内升至 325℃左右，此时约有 85％醋酸被蒸出。随后将釜内压力降为 15mmHg，脱除残存的醋酸后，造粒得到粒料。

许多原料是结晶体，但不是液晶，通过缩聚过程产生液晶相。缩聚反应生成的低聚物发生浑浊时说明生成的液晶相域逐渐扩大，超过了可见光波长。此时熔融反应物黏度很高，应采用高效搅拌装置，并进行减压以脱除生成的醋酸。

③ 性能改进　纯粹由 1,4-取代苯环合成的液晶聚合物熔点和熔融黏度过高，难以用普通设备进行成型加工，必须对其进行改性。改性的方法包括：

a. 引进可产生液晶相的其他单体进行共缩聚　共缩聚形成的无规共聚物可能接入主链中，干扰主链的规整性，因而降低了熔点和黏度。例如，乙酰氧基苯甲酸与 2,6-乙酰氧基萘酸以摩尔比 73/27 进行共缩聚，所得液晶聚合物商品名为"Vetra A"，其熔点为 280℃，低于两种单体分别合成的液晶聚合物。

b. 引进可产生转折点的单体　可引入间位、邻位代替一部分对位取代单体，此时合成的聚合物主链不完全是一条线，而是有转折点，结晶度受到影响，熔点降低。但这种方法可能对液晶度和热稳定性产生不利影响。

c. 棒状结构单元之间引入柔性间隔单元　引入柔性间隔单元如 $\text{-}(CH_2)_n\text{-}$ 可明显降低熔点，但缺点是可干扰液晶度和影响热稳定性。

d. 液晶聚合物的主链上进行接枝　接枝物不能影响主链生成液晶相的能力，以含有多元环的短支链为佳。

　　（2）聚酯-酰胺液晶聚合物的合成

　　合成液晶的聚酯原料单体中加入对羟基苯胺取代二元酚，经相似于聚酯的合成工艺，可获得聚酯-酰胺液晶聚合物。

　　（3）热固性液晶聚合物的合成

　　① 单体　用于合成热固性液晶聚合物的单体，应当存在棒状结构单元和活性反应基团两种基团，是否需有柔性间隔基团则视情况而定。处于端基的活性反应基团通常为：

　　$-N=C=O$ ；$-O-C\equiv N$ ；$-O-(CH_2)_6-O-CH=CH_2$ ；$-O-(CH_2)_n-OCOC(R)=CH_2(n=3,4,6,11)$ ；$-O-CH_2-CH-CH_2$ 。
　　　　　　　　　　　　　　　　　　　　　　　　　　　　　　　$\backslash_{O}/$

　　② 固化　单体须经固化反应转化为热固性体型结构高聚物。固化反应机理因反应基团的性质而不同，存在双键的聚合物要经过双键加成反应固化；环氧端基须经开环聚合反应而固化。多数情况下须使用固化剂固化。

　　含有棒状结构单元的单体固化后，不论是交联反应还是固化剂对棒状结构单元基本无影响，即固化后的聚合物仍为液晶相，并且类型基本不变。但有时固化前后液晶类型会发生变化，某些向列型的液晶相单体生成的交联聚合物可呈现近晶型液晶相。

12.1.3.6　工业生产的液晶聚合物组成

　　当前，工业生产的液晶聚合物牌号已达 15 种以上。由于技术保密，对于其组成仅可作一般了解。

　　Vetra 系列为 4-羟基苯甲酸和 2-羟基-6-萘酸的共聚物，有的品种是以 4-羟基苯胺为原料合成的聚酯-酰胺液晶聚合物。引入酰胺基团可以使大分子之间产生氢键，提高熔点。

　　Xydar 系列是由 4-羟基苯甲酸、$4,4'$-二羟基联苯与对苯二甲酸经缩聚得的聚芳酯液晶聚合物。纯对苯二甲酸乙二酯不是液晶聚合物，但引入对羟基苯甲酸后则为液晶聚合物。乙烯基发挥了间隔单元的作用，降低了向列型液晶的熔点。

　　X7G 和 Rodrun 两类商品是对羟基苯甲酸改性对苯二甲酸乙二酯的液晶聚合物；Ekonol 系列是对羟基苯甲酸经缩聚反应得到的液晶聚合物；OptomerR AL1254 是聚酰亚胺液晶聚合物。

12.1.3.7　液晶聚合物的性能与用途

　　（1）性能

　　液晶聚合物主链由刚性棒状单元组成，具有高机械强度、高熔点、尺寸稳定性优良、抗蠕变性强等优点，液晶聚合物的高温性优异，连续使用温度可达 240℃，可耐浓酸、碱和烃类溶剂的作用，有优异的抗疲劳性能和很好的介电强度。液晶聚合物有自聚倾向。熔融、拉伸制作纤维时，可以得到高度取向、高强度的合成纤维。

　　液晶聚合物的缺点是它们的化学组成为聚酯或聚酰胺，在成型之前和使用过程中都需要干燥；柔韧性低，与木材相似，但可用纤维材料如玻璃纤维等增强。液晶聚合物及其玻璃纤维增强材料的性能见表 12-3。

　　（2）用途

　　液晶聚合物的重要用途是制作纤维，具体将在"合成纤维"一章中介绍。

　　作为高性能材料，液晶聚合物在军事工业中可制作头盔、防弹材料、宇航用支架等。液晶聚合物的棒材、板材以及复合材料在机械、电子电器工业以及化学工业中都得到应用与开发，可用作机械与汽车高级零部件、绝缘器材、防腐蚀材料等；还可用作记录用光盘、信息储存材料、固体电介质、手术内窥镜材料、光电显示材料等。

表 12-3　液晶聚合物及其玻璃纤维增强材料性能

性能	液晶聚合物数据		
	无填料	30%无机填料	30%玻璃纤维
密度/(g/cm³)	1.35～1.84	1.63	1.6～1.67
熔点/℃	280～421	—	280～680
饱和吸水性/%	0～0.1		0.05
成型加工温度/℃	283～410	349～366	291～410
线型收缩率/(cm/cm)	0.001～0.006		0.001～0.09
热扭变温度/℃	180～355	235	205～277
弹性模量/GPa	9.66～19.32	4.07	4.83～20.7
弯曲模量/GPa	2.76～6.21	9.66	11.45～14.49
拉伸强度/MPa	110～187	111	117～207
抗压断裂强度/MPa	43～132		69～145
洛氏硬度(R级)	76	—	77～87

12.1.4　聚苯硫醚

聚苯硫醚是由对位的亚苯基与二价硫原子交替连接而成的高聚物，其结构式为：

$\left[\begin{array}{c} \end{array}\hspace{-0.5em}\text{—}\hspace{-0.5em}\bigcirc\hspace{-0.5em}\text{—}S\right]_n$ ，英文名称为 poly-p-phenyl sulfide，简称 PPS。聚苯硫醚是半结晶聚合物，有良好的力学性能、优良的介电性和耐化学腐蚀性，是一种耐热性能优良的高性能塑料。

12.1.4.1　聚苯硫醚的合成

聚苯硫醚化学结构简单，有多种合成路线。由于苯环与硫原子都有亲电子性，不易深度反应，所得产物分子量低。Phillips 石油公司以对二氯苯和硫化钠为原料，在极性溶剂中加压加热，成功地合成了可用作涂料的聚苯硫醚，但其分子量较低，仅有中等机械强度，成型为制品时必须熟（固）化，反应如下：

$$Cl\text{—}\bigcirc\text{—}Cl + Na_2S \longrightarrow \left(\bigcirc\text{—}S\right)_{\overline{n}} + 2NaCl$$

聚苯硫醚的成功合成与使用 N-甲基-2-吡咯烷酮（NMP）为溶剂有关，反应生成的线型低分子量 PPS 还要经熟化（cure）以提高分子量，流程见图 12-2。

上述生产流程得到的 PPS 重均分子量为 18000 左右。如对上述流程改进，在 Na₂S 与 NMP 进料后脱水，然后加入对二氯苯与无水 Na₂S 进行低温预聚合，预聚结束后加水进行高温聚合，反应结束后回收聚合物，这种方法制得的产品重均分子量可达 50000～55000。

12.1.4.2　聚苯硫醚的性能

聚苯硫醚分子仅由对位苯环与硫原子组成，是半结晶聚合物，难燃，具有优良的耐热性和耐化学腐蚀性，熔点为 285℃，连续使用温度达 230℃，200℃以下不溶于任何溶剂。如果生产的 PPS 分子量较低，可经加热熟化提高分子量。"熟化"与固化不同，熟化前后的聚合物都是线型结构，熟化仅提高了分子量。在生产中，用羧酸酯（盐）改性可得到高分子量的 PPS 树脂。PPS 树脂不溶解，难以测定其分子量，工业上主要用其熔融液的流动速度表示相对分子量。PPS 树脂熔融液流动速度与用途的关系见表 12-4，PPS 物理机械性能见表 12-5。

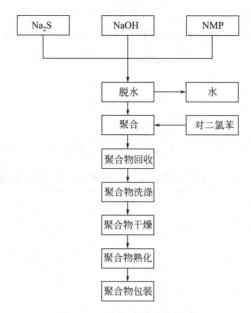

图 12-2　聚苯硫醚生产流程

表 12-4　PPS 树脂熔融液流动速度与用途的关系

PPS 树脂	流动速度/(g/10min)	PPS 树脂	流动速度/(g/10min)
未熟化 PPS	3000～8000	专用于玻璃纤维增强的 PPS	60～150
用作粉末涂料的 PPS	1000	模压成型用 PPS	0
用于无机填料和玻纤增强的 PPS	600		

表 12-5　PPS 物理机械性能

性能	无填料	30％玻璃纤维增强	30％长玻璃纤维增强
密度/(g/cm³)	1.35	1.38～1.58	1.52～1.62
熔点/℃	285～290	275～285	310
饱和吸水性/%	0.01～0.07	0.01～0.03	—
成型加工温度/℃	310～338	310～338	305～327
线型收缩率/(cm/cm)	0.006～0.014	0.003～0.005	0.001～0.007
热扭变温度/℃	199	279	255
弹性模量(含水 0.2%)/GPa	3.31	—	12.42
弯曲模量/GPa	3.80～4.14	11.73	11.73
拉伸断裂强度/MPa	49～87	152	145
抗压断裂强度/MPa	111	—	124
洛氏硬度(R 级)	123～125	103	—
介电强度/(V/mil)	380～450	—	—

12.1.5　聚砜类

聚砜类聚合物包括聚砜（PSF）、聚醚砜（PES）和聚苯砜（PPSF）。

最初的聚砜是由双酚 A 与 4,4′-二氯苯砜合成的含有重复基团—SO_2—的聚合物，后来又开发了一些结构不同的聚砜。目前，"聚砜"已是一类聚合物的总称。脂肪族聚砜无使用价值，所以聚砜通常只是指芳香族聚砜。芳香族聚砜是无定形聚合物，具有玻璃化温度高、机械强度高、刚性强、热稳定性和抗氧化性优异等特点，这一类聚合物主链都存在一部分对苯基砜形成的重复单元：

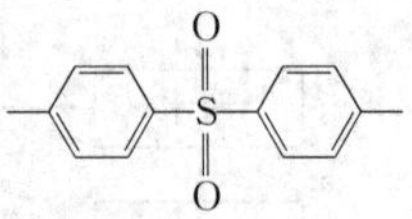

此外，还有由芳基、醚键等形成的重复单元。

聚砜的名称、缩写、重复单元、玻璃化温度与主要用途见表 12-6。

表 12-6　聚砜名称、缩写、重复单元与玻璃化温度

聚砜		重复单元	玻璃化温度/℃	主要用途
名称	缩写			
聚砜	PSF	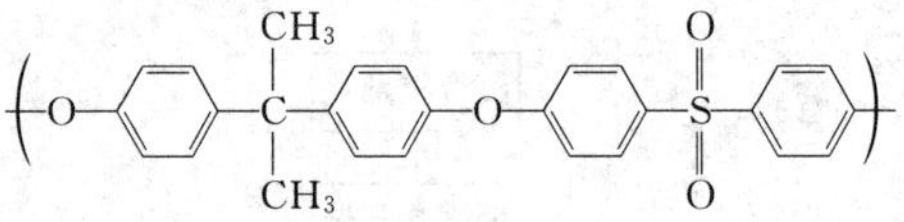	185	工程塑料
聚醚砜	PES	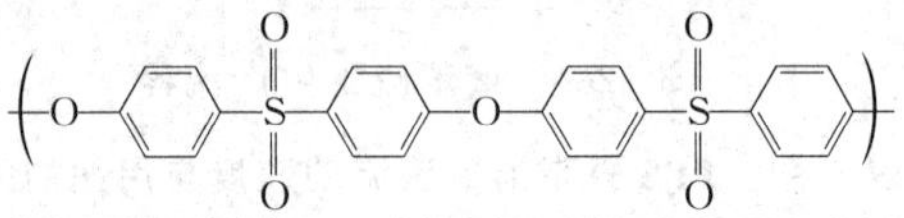	220	高性能聚合物
聚苯砜	PPSF	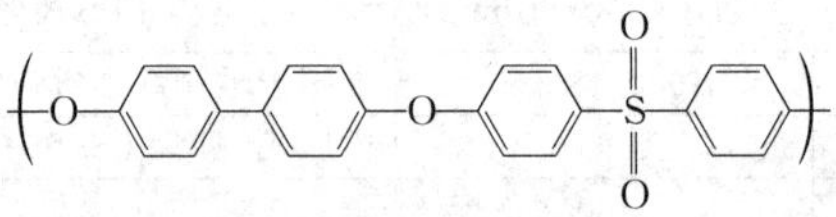	220	高性能聚合物

12.1.5.1　合成方法

合成聚砜所用的原料为二元酚和二元氯苯砜，反应在具有偶极的非质子性溶剂如 N-甲基-2-吡咯烷酮、二甲基甲酰胺、二甲亚砜等溶剂中进行，在 NaOH 存在下，经亲核取代反应路线合成。

例如，合成 PSF 的第一步是双酚 A 与 NaOH 反应生成双酚 A 钠盐，然后与 $4,4'$-二氯二苯砜经亲核取代反应合成 PSF，反应如下：

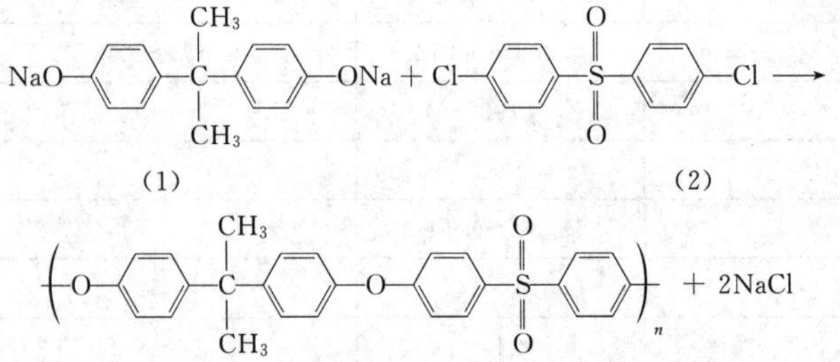

反应速度取决于双酚 A 盐的碱性高低和磺基吸电子能力的高低。如果二氯二苯砜单体的一个氯原子不处于 4-位而处于 2-位，则不能生成聚合物，只能成为封链的端基；与砜基连接的苯环上不能存在其他供电子基团，否则将使 Cl—转化为—ONa 基。

工业生产中，常采用二甲亚砜为溶剂，在 $130 \sim 160$℃ 进行反应。反应温度低于 130℃时，双酚 A 钠盐不溶解，反应难以进行。使用高沸点溶剂时，可共沸脱水，有利于反应的进行。合成过程中，加入二氯二苯砜之前必须将双酚 A 与 NaOH 反应生成的 H_2O 充分脱除，以免砜单体上的 Cl—水解生成—ONa；如果有 0.5% 被水解，就不可能得到分子量足够高的聚砜。

控制产品分子量的方法是加入一元封链剂，如氯甲烷、一元酚；或使 4,4'-二氯二苯砜稍微过量。

PES、PPSF 的合成方法与 PSF 基本相同，需用碱金属碳酸盐作为活化剂，反应温度为 $210 \sim 300℃$，反应时间约 15h。具体反应如下。

PES 的合成反应：

$$(2) + HO-\!\!\!\!\!\!\boxed{}\!\!-\!\!\overset{\overset{O}{\parallel}}{\underset{\underset{O}{\parallel}}{S}}\!\!-\!\!\boxed{}\!\!-\!\!OH \xrightarrow{K_2CO_3}$$

$$\left(\!\!-O-\!\!\boxed{}\!\!-\!\!\overset{O}{\underset{O}{S}}\!\!-\!\!\boxed{}\!\!-O-\!\!\boxed{}\!\!-\!\!\overset{O}{\underset{O}{S}}\!\!-\!\!\boxed{}\!\!-\right)_n + 2KCl$$

PPSF 的合成反应：

$$(2) + HO-\!\!\boxed{}\!\!-\!\!\boxed{}\!\!-OH \xrightarrow{K_2CO_3}$$

$$\left(\!\!-O-\!\!\boxed{}\!\!-\!\!\boxed{}\!\!-O-\!\!\boxed{}\!\!-\!\!\overset{O}{\underset{O}{S}}\!\!-\!\!\boxed{}\!\!-\right)_n + 2KCl$$

12.1.5.2 聚砜的性能

聚砜树脂中，芳环与硫原子的共振，使硫原子处于高氧化状态，所以它们的耐热性与耐氧化性优良，可在 $150 \sim 190℃$ 长期使用。主链中的醚键（—O—）增加了柔韧性和熔体的流动性。由于醚键和砜基的化学性质稳定，不易水解，所以聚砜的耐酸、耐碱和耐化学性都很高。

聚砜类主链基本由苯环组成，不利于大分子链的自由转动，所以它们的玻璃化温度较高。PSF、PES 和 PPSF 的玻璃化温度分别为 $185℃$、$220℃$ 和 $220℃$。各种聚砜易于共混，但聚砜难与其他种类的聚合物共混。PSF、PES、PPSF 性能比较见表 12-7。

表 12-7 PSF、PES、PPSF 性能比较

性能	PSF		PES		PPSF	
	无填料	30%玻璃纤维	无填料	30%玻璃纤维	无填料	30%玻璃纤维
颜色	淡黄色		淡琥珀色		淡琥珀色	
透光性/%	80		70		70	
密度/(g/cm³)	1.24	1.49	1.37	1.58	1.29	1.53
玻璃化温度/℃	185		220		220	
热扭变温度/℃	174	181	204	216	207	210
长期使用温度/℃	160		180		180	
吸水性,24h/%	0.22		0.61		0.37	
平衡时/%	0.62		2.1		1.1	
模塑件收缩率/(cm/cm)	0.005	0.002	0.006	0.003	0.006	0.003
断裂伸长率/%	75		40		90	
弯曲模量/GPa	2.69	7.58	2.90	8.1	2.40	8.0
弯曲强度/MPa	106	154	111	179	105	173
拉伸断裂强度/MPa	70.3	108	83.0	126	70.0	120
拉伸模量/GPa	2.48	7.38	2.60	8.6	2.30	9.2
Izod 切口冲击强度/(J/m)	69	74	85	75	694	75
无切口/(J/m²)	不断		不断		不断	
压缩强度/MPa	96		100		99	

性能	PSF		PES		PPSF	
	无填料	30%玻纤	无填料	30%玻纤	无填料	30%玻纤
洛氏硬度	M69		M88		M86	
热失重[①](失重10%)/℃						
在空气中	507		515		541	
在氮气中	512		547		550	
介电强度(3.2mm)/(kV/mm)	16.6		15.5		14.6	
体积电阻/Ω·cm	7×10^{16}		9×10^{16}		9×10^{15}	
介电常数(60Hz)	3.18		3.65		3.44	

① 用热失重分析法（TGA）：在空气或氮气中，气体流速为每分钟20mL，加热速度为每分钟10℃时测得的样品失重。

12.1.5.3　聚砜的用途

利用聚砜耐水解、耐酸、耐碱和耐热性高、使用温度高等优点，可作为工程塑料和高性能塑料用于汽车工业、电子电器工业、高科技等行业。PSF价格较低，用途较广，但PES和PPSF的耐热与长期使用温度为PSF所不及。

聚砜类聚合物可用一般热塑性塑料成型加工设备进行注塑、挤塑和吹塑制造注塑品、挤塑品、管、板以及薄膜等。制造薄膜时，树脂的含水量应低于0.5%以防止产生气泡缺陷，PSF通常在135~165℃干燥3~4h，PES和PPSF则可将干燥温度提高到180℃以缩短干燥时间。

PPSF和PES可耐高温消毒，适于制作医疗器材如内窥镜导管、外科手术器材附件、齿科器材等；在电子电器方面可用作连接器、光纤连接等；在化工行业可用作泵体、管道、管件等。此外，聚砜还可用作渗透膜和宇航器材等。

12.1.6　聚芳酰胺

二元芳胺与二元芳酸缩聚可制得聚芳酰胺（Polyaramide）。聚芳酰胺的品种很多，但仅有均聚物聚间苯二甲酸间苯二甲酰胺（简称MPDI）、聚对苯二甲酸对苯二甲酰胺（简称PPTA）、对苯二甲酸与对苯二胺和4,4′-二氨基二苯醚混合缩聚得到的共缩聚物（简称ODA/PPTA）三种聚芳酰胺得到重视和发展。三种聚芳酰胺的分子通式为：

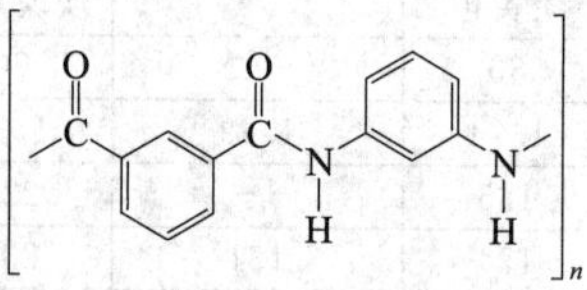

聚间苯二甲酸间苯二甲酰胺　MPDI

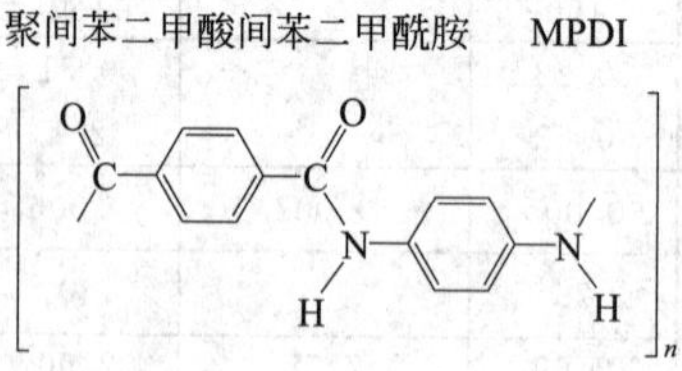

聚对苯二甲酸对苯二甲酰胺　PPTA

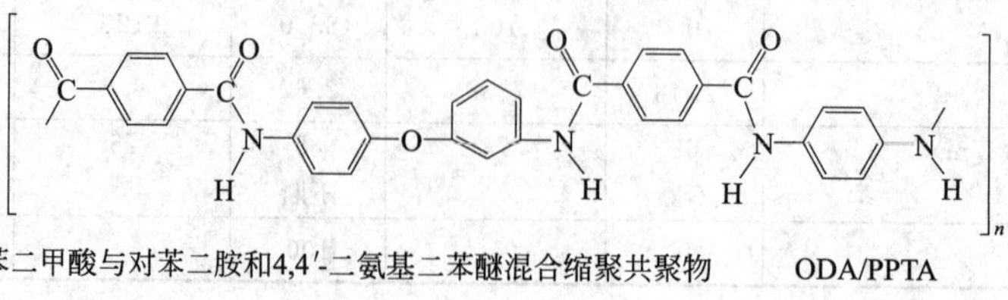

对苯二甲酸与对苯二胺和4,4′-二氨基二苯醚混合缩聚共聚物　ODA/PPTA

12.1.6.1 合成工艺

脂肪族聚酰胺主要用来大规模生产合成纤维，产量大成本低，主要采用熔融缩聚法进行生产。聚芳酰胺产量少，单体的熔点高，成品价格高，为了使反应进行顺利，需将二元芳酸原料改为二元芳酰氯，以便于低温下进行溶液缩聚生产。

（1）聚间苯二甲酸间苯二甲酰胺（MPDI）的合成

首先将对苯二胺溶解于二甲基乙酰胺溶剂中，制成浓度为 9.3％ 的溶液。将此溶液冷却至 -15℃，与间苯二甲酸制成的二元酰氯熔融液体加热到 60℃ 进行混合，继续加热至 70℃ 使反应加快。反应结束后加入 Ca(OH)$_2$ 浆液，中和反应生成的 HCl。过滤除去不溶物后，加非溶剂使聚合物析出，经过滤、洗涤、干燥后得到聚芳酰胺 MPDI 树脂。

（2）PPDA 的合成

用二元酰氯与二元胺进行溶液缩聚可制得 PPDA，生产流程见图 12-3。

（3）ODA/PPTA 共聚物的合成

将二元胺原料对苯二胺与 4,4'-二氨基二苯醚溶解于 N-甲基-2-吡咯烷酮中，与对苯二甲酰氯反应。反应结束后，加入 Ca(OH)$_2$ 进行中和，经分离、洗涤、干燥后得到 ODA/PPTA 共聚树脂。对苯二胺与 4,4'-二氨基二苯醚的配比通常为 1:1。

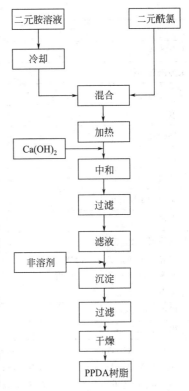

图 12-3　PPDA 生产流程示意

12.1.6.2 聚芳酰胺的性能

聚芳酰胺是半结晶聚合物，玻璃化温度高达 85℃，是非常刚硬的材料；弯曲强度达 400MPa，抗蠕变性好，在 50MPa 负荷下受压 1000h 后的变形低于 1％；表面光洁性优良，加工容易。

聚芳酰胺可制作高性能合成纤维。MPDI 和 PPTA 可作为树脂与短纤维供应市场。树脂主要用作其他工程塑料的增强剂和抗摩擦助剂；短纤维则作为涂料、密封材料、塑料、橡胶和复合材料的触变剂或增强剂。聚芳酰胺制作的薄膜强度高于涤纶膜 3～4 倍。聚芳酰胺薄膜与纸的性能见表 12-8。

12.1.6.3 聚芳酰胺的用途

聚芳酰胺具有高熔点、高强度和近 200℃ 的长期使用温度，除用作高性能合成纤维外，可代替金属零件，在汽车运输业中制造耐热灯罩、反射屏、油泵、制动器、摩擦片等；在电子电器以及信息工业中可作为耐热绝缘、连接装置、光盘运转装置、光纤等；在医疗器材方面可用作高温消毒卫生器材、包装材料等。聚芳酰胺制成的薄膜、纸张可用作耐消毒温度的包装材料和绝缘材料等。

12.1.7　聚苯二甲酸酰胺（PPA）

聚苯二甲酸酰胺树脂是间苯二甲酸或对苯二甲酸与二元伯胺合成的聚酰胺，如果伯胺为芳胺，合成的聚酰胺实际上为聚芳酰胺，若伯胺为脂肪胺则制得半聚芳酰胺。

聚苯二甲酸酰胺既有芳族的刚性与耐热性特点，又有脂肪族的柔韧性特点，产品易于成

表 12-8 聚芳酰胺薄膜与纸的性能

性　　能	薄膜[#]1①	薄膜[#]2②	纸[#]1③	纸[#]2④
产品类别	薄膜	薄膜	纸	纸
聚芳酰胺品种	PPTA	PPTA	MPDI	PPTA
厚度/μm	25	25	127	97
密度/(g/cm³)	1.50	1.40	0.87	0.64
拉伸强度/GPa	0.5	0.5	0.1	0.2
伸长率/%	60	15	16	1.5
拉伸模量/GPa	13	19		5.4
初始撕裂强度/kg	—	25	3.3	—
熔点/℃	不熔	不熔	不熔	不熔
长期使用温度/℃	180	约200	约200	约200
室温下相对湿度75%时吸湿性/%	1.5	2.8		
室温下相对湿度55%时吸湿性/%				1.6
介电强度(1kHz)	—	4.0	2.4	3.9
介质损耗(1kHz)	—	0.02	0.006	0.02
体积电阻/Ω·cm	5×10^{17}	10^{16}	5×10^{16}	—

① 薄膜[#]1：Toray 公司生产的"Mictron"。
② 薄膜[#]2：Asahi 公司生产的"Aramica"。
③ 纸[#]1：DuPont 公司生产的"Nomex"。
④ 纸[#]2：DuPont 公司生产的名"Thermount"。

型加工，为半结晶性热塑性聚合物。调整脂肪族伯胺与芳香族伯胺的用量，可制得不同性能的 PPA。例如，含 60%芳族伯胺的聚苯二甲酸酰胺，玻璃化温度达 290℃。

　　聚苯二甲酸酰胺的添加剂主要为抗氧剂多元酚和卤化铜、紫外线吸收剂间苯二酚和水杨酸酯、抗冲改性剂橡胶，以及脱模剂和着色剂等，必要时可用玻璃纤维增强。聚苯二甲酸酰胺主要用作耐热的绝缘材料、汽车零件、热封胶、涂料和泡沫塑料等。无填料与用 45%玻璃纤维增强的 PPA 性能见表 12-9。

表 12-9 无填料与用 45%玻璃纤维增强的 PPA 性能

性能	PPA 无填料	45%玻纤增强
密度/(g/cm³)	1.15	1.56~1.6
熔点/℃	310	310
热扭变温度/℃	118	275~288
吸水性(饱和)/%	0.68	0.12
模塑件收缩率/(cm/cm)	0.015~0.02	0.002~0.006
弹性模量/GPa	2.42	17.3
弯曲模量/GPa	2.54	14.49
拉伸断裂强度/MPa	73	263~272
洛氏硬度(R级)	120	125
加工温度/℃	302~349	302~349
模内压/MPa	35~104	35~104
热膨胀系数/(10⁻⁶/℃)	—	8
介电强度(3.2mm)/(kV/mil)		560

12.1.8 聚酰亚胺（PI）

聚酰亚胺是一系列主链含有酰亚胺重复单元的聚合物总称，分为热塑性聚酰亚胺和热固性聚酰亚胺两大类。热塑性聚酰亚胺具有实用价值，热固性聚酰亚胺由含有酰亚胺基团的低聚物（如双马来酰亚胺）经固化得到含酰亚胺的交联结构聚合物，脆性大，改性后可用作耐油绝缘涂料。

如果热塑性聚酰亚胺的酰亚胺重复单元结构为双酰亚胺，则可通过四元羧酸或其酸酐与二元伯胺合成；

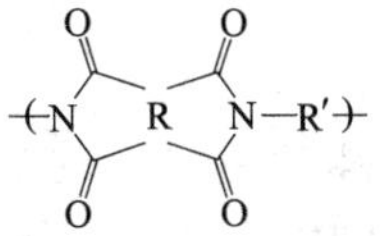

如果酰亚胺重复单元为单酰亚胺，则由含有二元羧酸的脂肪族分子和一元伯胺分子合成；

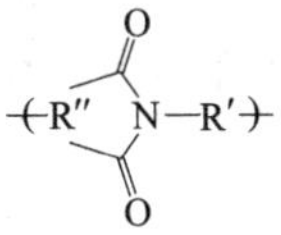

如果酰亚胺重复单元为芳环单酰亚胺，则由芳香族含一元伯胺和二元羧酸两种基团的分子经本分子缩聚，或由有间隔的二元芳族羧酸与二元伯胺合成；

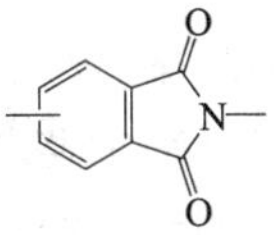

如果酰亚胺重复单元为芳香族萘环单酰亚胺，则由含有一元伯胺与二元羧酸萘分子或具有间隔的二元萘甲酸与二元伯胺合成。

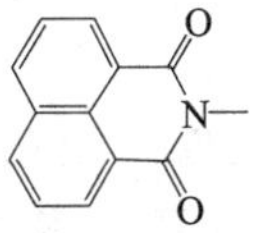

这一类聚合物的耐热性、机械强度、耐化学腐蚀性与介电性非常优良。其中以

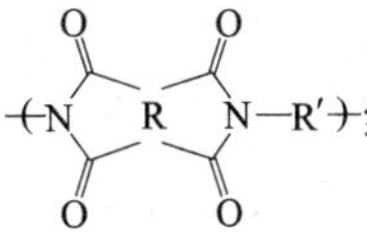

结构的聚酰亚胺最重要，它是由苯均双甲酸酐与二元伯胺合成的聚酰亚胺。

12.1.8.1 聚酰亚胺的合成

最重要的聚酰亚胺是由苯均双甲酸酐与 4,4′-二氨基二苯醚合成制得的。苯均双甲酸酐还包括由桥键连接的双苯甲酸酐，桥键包括—O—、—CO—、—C(CH$_3$)$_2$—等；二元芳伯胺也有多种。改变聚芳酰亚胺原料单体的化学结构，可以得到不同的聚芳酰亚胺。以苯均双甲酸酐与 4,4′-二氨基二苯醚为单体合成聚酰亚胺的过程如下所述。

（1）化学反应

① 苯均双甲酸酐与 4,4′-二氨基二苯醚反应生成酰胺酸：

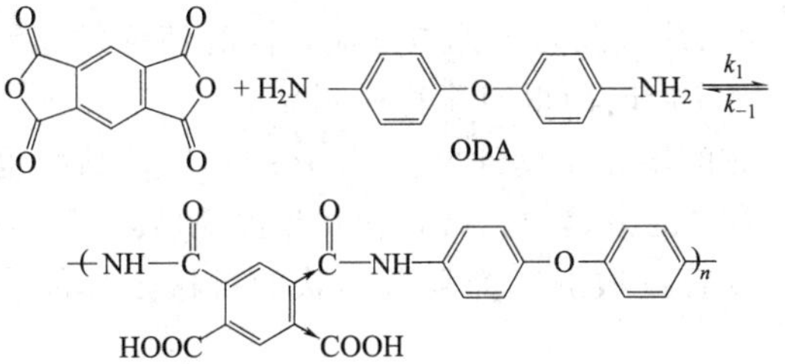

② 酰胺酸脱水生成聚酰亚胺：

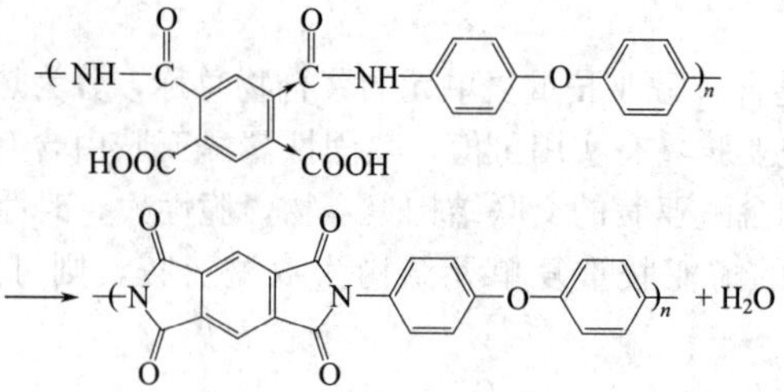

（2）合成工艺

① 酰胺酸的合成　苯双甲酸酐原料可用相应的二元酯二元酸、二元酯二元酰氯取代，反应通常在溶液中进行，溶剂为偶极非质子溶剂如 N,N-二甲基乙酰胺、N-甲基吡咯烷酮等。第一步生成酰胺酸的反应在室温条件下（$10\sim50℃$）即可顺利进行，两种单体的用量应为等当量。最终产品聚酰亚胺不溶于一般溶剂中，而且不易熔化，难以加工，必须在完成第一步反应后将生成的酰胺酸进行成型加工。

如果二元伯胺原料中加有一部分 $3',4'$-二氨基二苯醚，则生成 $3',4'$-、$4,4'$-异构体二苯醚二酰亚胺，会对纯 $4,4'$-二氨基二苯醚制得的聚酰亚胺结晶性产生影响，使熔点降低。

生成酰胺酸的反应是平衡反应。四羧酸酐为中性，二元氨基单体为弱碱性时易生成酸性较强的酰胺酸，易于发生脱水反应而得到高分子产品。溶剂对此反应的影响较大，使用碱性较强的酰胺溶剂如 N-二甲基乙酰胺和 N-甲基吡咯烷酮（NMP）较为合适。产品的平均分子量不仅受原料配比的影响，还受到反应物料的浓度、单体活性、溶剂性质等因素的影响。此外，副反应的影响也不能忽视。反应得到的聚酰胺酸溶液经沉淀、后处理后制得具有可塑性的粉状聚酰胺酸树脂，可利用其在溶液中的可溶性进行成型加工，或经下述处理制得聚酰亚胺绝缘涂层、纤维、薄膜等。

② 聚酰亚胺的合成　聚酰胺酸脱水生成聚酰亚胺的反应又称为酰亚胺化反应，脱水方式可为受热脱水、共沸脱水或化学脱水。受热脱水是将物料加热到 $250℃$ 脱水；共沸脱水是加入甲苯或二甲苯与水共沸脱水；化学脱水是加入一元酸酐如乙酸酐等，在 $100℃$ 与水反应，若加入催化剂三乙胺则脱水反应更为顺利，但脱水结束后要脱除催化剂等杂质。生成酰亚胺环时脱出的 H_2O 要及时排除。

上法制得的聚酰亚胺虽为热塑性线型大分子，但熔点过高，难以用注塑成型等一般方法制备制品，因此发展了其他易于加工的新品种聚酰亚胺。

③ 聚酰亚胺的成型加工

a. 利用中间体聚酰胺酸的可溶性制成薄膜、纤维、绝缘导线和防腐蚀涂层　上述合成过程中，第一步合成的酰胺酸溶液经流延制得薄膜、湿法纺为纤维或用作绝缘涂料浸渍导电器材后，加热蒸去溶剂，在 $300\sim350℃$ 的高温下脱除反应生成的 H_2O，即制得聚酰亚胺材料制成的薄膜、纤维、绝缘导线和防腐蚀涂层等。

b. 合成聚酰亚胺泡沫塑料　将单体 $3,3',4,4'$-二苯酮四羧酸酯与二元伯胺混合，同时加入 9% 液体挥发物，加热使四羧酸酯与二元胺反应，同时使挥发物受热气化，在形成的聚合物中发泡，待聚酰亚胺反应完成时即得泡沫塑料制品。

c. 模塑成型　聚酰亚胺的熔化温度通常为 $250\sim350℃$，黏度也很高，不能用注塑成型方法生产制品。但在形状简单的模具中，可将粉状聚酰亚胺经高压成型和高温烧结，制得形状简单的聚酰亚胺制品，然后机械加工为复杂形状的机械零部件；还可加入填料，混合后模压。

12.1.8.2 聚酰亚胺的性能与用途

(1) 性能

聚酰亚胺具有高玻璃化温度和高熔点，耐热氧化性好；机械强度、介电性能、耐化学腐蚀性都很优良，还可抗辐射，是优良的耐高温高性能材料。虽然较难成型，但现在已开发了一些新型聚酰亚胺树脂对此进行改进。例如，下述两粉状商品可在超过玻璃化温度条件下熔融成型，具体性能见表12-10。

表 12-10　热塑性聚酰亚胺商品性能

性　能	PI-1 号[①]	PI-2 号[②]
拉伸强度/MPa	110	136
拉伸模量/GPa	4.13(弯曲)	3.72
伸长率/%	6	4.8
Izod 切口抗冲性能/(J/m)	42	—
玻璃化温度/℃	370	250
热膨胀系数/($\times 10^6$/℃)	5.6	—
介电常数(100kHz)	2.7	—
密度/(g/cm³)	1.43	1.33

① 商品"Avimid N"，由4,4′-六氟异丙基双膦苯二甲酸酐与间苯二胺（MPD)-对苯二胺（PPD）混合物合成的聚酰亚胺，DuPont出品。

② 商品"LARC TPI"，由BTDA（二苯酮-3,3′4,4′-双甲酸酐）与2,3′-二氨基二苯酮合成的聚酰亚胺。

(2) 用途

聚酰亚胺综合性能优良，在高科技领域如宇航工业、大规模集成电路、信息材料工业等方面都得到很好的应用。除生产高性能合成纤维外，还可用作高性能绝缘薄膜、绝缘涂层、抗腐蚀材料、渗透膜、高温黏合剂、耐高温泡沫塑料等。三种不同原料生产的聚酰亚胺薄膜性能见表12-11。

表 12-11　三种不同原料生产的聚酰亚胺薄膜性能

性能	PI-薄膜 1 号[①]	PI-薄膜 2 号[②]	PI-薄膜 3 号[③]
拉伸强度/MPa	172	241	393
拉伸模量/GPa	3.0	4.7	8.8
伸长率/%	70	130	30
玻璃化温度/℃	~390	285	>500
氧指数/%	37	55	66
热膨胀系数/($\times 10^6$/℃)	2	1.5	0.8
吸水性 23.5℃/%	1.3	1.1	0.9
50℃/%	—		
密度/(g/cm³)	1.42	1.39	1.47
介电常数(1kHz)	3.5	3.5	3.5
介质损耗(1kHz)	0.003	0.0014	0.0013

① 商品名："Kapton H"，由PMDA（苯均四甲酸酐）与ODA（4,4′-二氨基二苯醚合成的聚酰亚胺）。

② 商品名："Upilex R"，由BPTA（3,3′,4,4′-联苯四甲酸酐）与ODA（4,4′-二氨基二苯醚合成的聚酰亚胺）。

③ 商品名："Upilex S"，由BPTA（3,3′,4,4′-联苯四甲酸酐）与PPA（对二氨基苯合成的聚酰亚胺）。

12.1.8.3　热固性聚酰亚胺

热固性聚酰亚胺是具有聚合反应活性的低聚物，分子中含有酰亚胺基团，通常为低黏度流体，易浸渍粉状与纤维状填料，可模压成型固化为聚酰亚胺制品。当前应用较广的有两类树脂。

① 端基为顺丁烯二酰亚胺基团的低聚物，如：

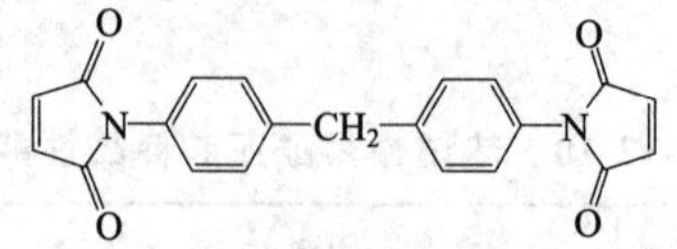

上式中，二苯甲烷基团可被其他单体的酰亚胺环基团所取代。这一类树脂通过端基双键发生的加聚反应而固化，与其他单体共聚时无小分子析出，固化温度为 150～250℃。

② 端基为具有取代乙炔基、含酰亚胺基团的低聚物，如：

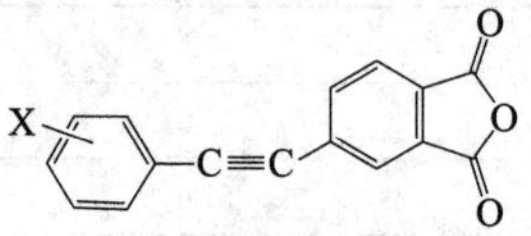

上式低聚物加上芳四甲羧二酐、二元芳胺后进行粉碎，然后加热至 232℃ 保温约 1h 后，得到高温可熔的低聚物。再经粉碎后，将粉料进行转移模塑（transfer moulding），成型后在 370℃ 加热 2h 继续固化，得到热固化的聚酰亚胺制品。

12.1.9　聚酰胺-酰亚胺（PAI）与聚醚-酰亚胺（PEI）

12.1.9.1　聚酰胺-酰亚胺（PAI）

偏苯三甲酸酐与二元芳伯胺可合成既含有酰胺基团又含有酰亚胺环的聚酰胺-酰亚胺。由于可用的二元芳伯胺种类很多，所以聚酰胺-酰亚胺也是一类聚合物的统称。

偏苯三甲酸酐：

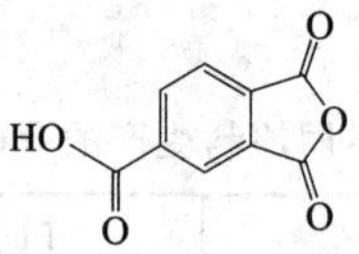

聚酰胺-酰亚胺：

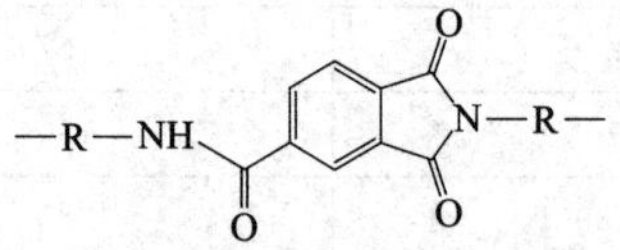

聚酰胺-酰亚胺的合成方法与聚酰亚胺相似，可以用酰氯、酯等衍生物取代酸和酸酐，不同的是合成聚酰亚胺的芳四甲酸酐种类很多，而合成聚酰胺-酰亚胺所用的酸酐原料基本只有偏苯三甲酸酐一种。

12.1.9.2　聚酰胺-酰亚胺的性能与用途

多数 PAI 是可注塑成型的无定形热塑性聚合物，在 260℃ 仍具有较高的机械强度、抗蠕变性和耐磨损性，适于制造轴承、轴瓦等，可用于车辆与运输工业等。PAI 与 PEI 商品的性能见表 12-12。

12.1.9.3　聚醚-酰亚胺（PEI）

聚醚-酰亚胺实际上是聚酰亚胺的一个品种，由含醚键的双酸酐与二元芳伯胺合成，柔韧性优良，具有聚酰亚胺的高温特性。可用一般的模塑和挤塑方法制造片材，也可用注塑法和热加工方法制造商品。商品"Utem 1000"由双酚 A 双邻苯二甲酐与间苯二胺合成，它的 T_g 为 216℃，主键存在柔性醚键，熔融黏度低，可以采用注塑成型制造产品；其特点是耐高温、高强度、难燃，可以作为无氯阻燃材料用于飞机制造和电器绝缘材料等。聚醚-酰亚胺商品性能见表 12-12。

表 12-12 PAI 与 PEI 典型商品性能

性　能	PAI[①] 数据	PEI[②] 数据
密度/(g/cm³)	1.46	1.27
拉伸强度/MPa	163	105
伸长率/%	7	60
拉伸模量/GPa	6.83	3.0
弯曲模量/GPa	6.89	3.3
弯曲强度(23℃)/MPa	215	150
Izod 切口抗冲强度/(J/m)	64.1	50
无切口抗冲强度/(J/m)	406	1300
热扭变温度(1.82MPa,6.4mm)/℃	—	200
氧指数/%		47
热膨胀系数/($\times 10^6$℃$^{-1}$)		5.6
吸水性(24h)/%	0.28	—
介电常数(1kHz,相对湿度50%)	—	3.15
介质损耗(1kHz,相对湿度50%)	—	0.0013
表面电阻/Ω	8.0×10^{17}	—
体积电阻/Ω·cm	8.0×10^{15}	—

① PAI 商品"Torlon 4301"的性能。

② PEI 商品"Utem 1000"的性能。

12.2 特种聚合物

特种聚合物包括氟塑料和有机硅聚合物。氟塑料为有机氟聚合物，主链全部由碳原子组成，但它的合成方法和性能另具特色；有机硅聚合物主链由硅氧原子组成，有别于碳链聚合物。

12.2.1 氟塑料

氟塑料（Fluoroplastics）是各种含有氟原子塑料的总称，它们各由相应的含氟单体均聚或共聚而成，聚合反应通式为：

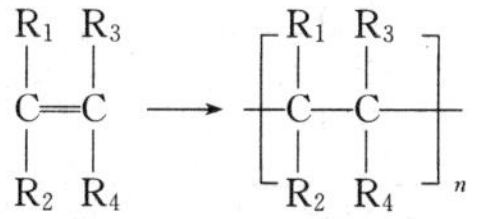

式中 R_1、R_2、R_3 及 R_4 可为 H、F、CF_3 或其他含氟的基团，但至少有一个是氟原子。

含氟聚合物以 C—C 链为主链，在侧链或支链上连接一个或一个以上的氟原子，英文名称为 Fluoropolymers，可用作塑料、橡胶、涂料及纤维等，其中以氟塑料的用途最为广泛。

当前，得到生产和应用的含氟聚合物产品有聚四氟乙烯、乙烯-四氟乙烯共聚物（ETFE）、四氟乙烯-全氟烷基乙烯基醚共聚物（PFA）、四氟乙烯-六氟丙烯共聚物（又称聚全氟乙丙烯，FEP）、四氟乙烯-PDD 共聚物（Teflon AF）、聚三氟氯乙烯（PCTFE）、聚偏氟乙烯（PVDF）、乙烯-三氟氯乙烯共聚物（ECTFE）、聚氟乙烯（PVE）等 10 余种约一百多个牌号。

最重要的含氟聚合物是聚四氟乙烯，又称"特氟龙（Teflon）"。现已发展了一系列四氟乙烯改性聚合物或共聚物，统称为 Teflon。聚四氟乙烯在氟塑料中的产量最大，用途最广，占全部氟塑料的 60% 以上。本节将以聚四氟乙烯为代表说明其合成、性能、结构以及应用。其他重要聚合物品种仅作简略说明。

12.2.1.1 聚四氟乙烯的合成

（1）四氟乙烯单体的生产

四氟乙烯的合成方法很多，但最适合工业生产的是在高温下热裂解二氟一氯甲烷的方法，反应如下：

$$2CHClF_2 \rightleftharpoons CF_2=CF_2 + 2HCl$$

这是个可逆反应，在 600℃ 以上才呈现出适当的反应速率，热裂解时副产物极为复杂。实际生产中，将二氟一氯甲烷气体快速通过一个由防腐蚀材料铂、银或镍-铬合金制成的金属空管，在 590～900℃ 反应 0.2～0.5s，裂解产物经低温精馏制得四氟乙烯。裂解法转化率为 1/3，收率可高达 95%。

（2）四氟乙烯的聚合

四氟乙烯单体必须精制提纯，它很易进行自由基聚合，储存过程中要加阻聚剂萜烯或右旋柠檬烯等。聚四氟乙烯树脂商品有颗粒状、粉末状与水分散液三种形式，工业上通常采用与悬浮法和乳液法相似的方法生产聚四氟乙烯树脂商品。

① 四氟乙烯颗粒聚合法　此聚合法与典型的悬浮聚合法稍有不同，基本上不存在分散剂，产品是不规则的颗粒。工业生产中，四氟乙烯单体在无分散剂或很少分散剂存在下，以气相状态逐步压入反应釜后，在水中分散。然后，在强力搅拌下进行聚合，所得的聚四氟乙烯以颗粒状悬浮于水中，由于聚合物不溶于水和单体，所以不可能结为大块。

四氟乙烯聚合反应在不锈钢聚合釜中进行。先在聚合釜中加入去离子水及引发剂过硫酸铵，然后将气相单体四氟乙烯压入釜内，反应釜压力保持在 $5 \times 10^5 \sim 7 \times 10^5$ Pa 范围内，加入活化剂盐酸调节水相的 pH 值。聚合开始后，釜内压力下降，可不断压入气相单体进行补充，但压力仍须维持在上述范围内。聚合温度不能超过 50℃。反应结束后，聚合物经分离、捣碎、洗涤、研磨和干燥，即得到不同颗粒大小和不同用途的聚四氟乙烯树脂粉状产品，具体见流程图 12-4。

该方法反应压力较低，设备简单，可通过调节气相单体压入的速度和数量来控制聚合速

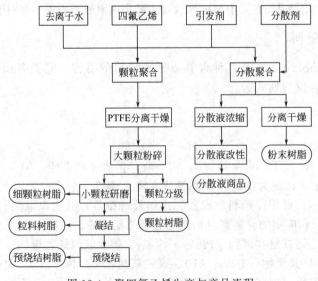

图 12-4　聚四氟乙烯生产与产品流程

率，容易防止爆炸事故，是主要的工业生产方法。四氟乙烯的临界温度为33.3℃，临界压力为39.7×10⁵Pa，如以液相四氟乙烯进行悬浮聚合，则反应釜内压力较高。

② 分散聚合法　分散聚合过程与颗粒聚合法相似，主要用来生产初级粒子粒径为0.2μm、含固量为60%～65%的分散液商品。聚合所用分散剂为非离子或阴离子表面活性剂，反应搅拌速度温和以免凝结。聚合结束后，用电沉析法或蒸发提浓将分散液浓度提高到60%～65%，必要时可进行共混或用其他方法进行改性处理。

③ 乳液聚合法　乳液聚合与一般乙烯烃类单体的乳液聚合法有所不同，乳化剂的用量低于临界胶束浓度，所用乳化剂为含碳数＞8的过氟酸盐，如过氟辛酸铵等，此外还加有高级烃石蜡作为稳定剂。

引发剂采用氧化还原体系；反应温度取决于引发剂和产品分子量，可在0～100℃范围内。乳化剂过氟酸盐用量仅为水用量的（1000～5000）×10⁻⁶，稳定剂用量为水用量的0.1%～12%。反应时间70～150min；反应釜内压力为25～40kgf/cm²。反应结束后，所得的初级粒子粒径为0.15～0.30μm。冷却至室温后除去已凝固的石蜡，将反应液稀释至15%后加入碳酸铵，在高速搅拌下使聚四氟乙烯析出。过滤、洗涤后在150～160℃进行干燥，即得粉状分散树脂；也可将所得胶乳经初步凝聚并增稠至适当浓度后直接用作商品。

12.2.1.2　聚四氟乙烯树脂种类

根据聚合方法及成型加工方法的不同，聚四氟乙烯树脂有三种不同的物理状态。

(1) 颗粒状树脂

颗粒状树脂又称为悬浮树脂，由颗粒聚合法制得。颗粒尺寸为30～660μm，是一种松散的白色粉末。它的微粒具有纤维状结构，表观密度为200～800g/L，比表面积为2～4m²/g。

(2) 细粉树脂

细粉树脂是由分散聚合法制得的分散液经凝聚得到的白色松散粉料，此集合体粒子（次级粒子）直径为300～700μm，易粉碎为粒径更小的细粉树脂。表观密度为350～600g/L，比表面积10～12m²/g。

(3) 分散乳液和分散液

在乳液聚合所得的聚四氟乙烯乳液（含树脂量约为20%）中，加入适量的碳酸铵及浓缩剂聚氧化乙烯辛烷基酚醚，搅拌加热到65～70℃，浓缩后即得聚合物含量为60%（质量）的白色浓缩乳液，称为分散乳液，也可由分散聚合法得到的分散液提浓后制得。

12.2.1.3　聚四氟乙烯的结构与特性

聚四氟乙烯的化学组成及分子结构使其具有下列优异的特性。

(1) 化学结构与耐热性

氟原子的电负性高达4，是所有原子中最高的，因此C—F键的极性很大，键能可达431～515kJ/mol。聚四氟乙烯分子中只有C—C键（键能为360kJ/mol）及C—F键，键能较高，受热时不易断裂和分解，所以聚四氟乙烯的热化学稳定性很高。在200℃下加热1个月，分解量小于百万分之二，升温至400℃以上才有微量失重。聚四氟乙烯工作温度的范围为−250～+260℃。

聚四氟乙烯分子主链由—C—C—键组成，侧键上的氢原子全部被氟原子取代，不能被氧化，耐热性大为提高。带负电荷的氟原子环绕在主链周围，对碳原子形成的主链起了屏蔽作用，保护了主链，但也造成了分子间力大为降低，表现为粉料无黏性，摩擦系数较低。

由于无任何溶剂可溶解聚四氟乙烯，所以无法测定其分子量，只好借助引发剂引入放射性元素后间接估算分子量。聚四氟乙烯分子量可高达三千万，是分子量最大的品种之一。

（2）结晶与熔化

氟原子半径较小，为 0.066nm，不及 C—C 键长（0.154nm）的 1/2，所以氟原子能紧密地排列在碳原子的周围。聚四氟乙烯分子与聚乙烯分子一样，简单而有规则，极易结晶，结晶度可达 93%～97%，熔点高达 327℃。

从分子结构来看，聚四氟乙烯是直链型的热塑性聚合物，但加热到熔点 327℃ 以上后只形成凝胶状态，加热到 380℃ 以上才呈现熔融状态，其熔体黏度高达 1010Pa·s，难以流动，不能用一般的热塑性树脂的方法加工成型。

（3）聚四氟乙烯特性与缺点

聚四氟乙烯的化学组成与分子结构使其具有其他聚合物不具备的一些特性。聚四氟乙烯有优异的耐老化性能和抗辐射性能，潮湿状态下不受微生物侵袭，对各种射线辐射具有极好的防护能力。聚四氟乙烯化学稳定性优异，不为强酸、强碱、强氧化剂、还原剂和各种有机溶剂所作用。

聚四氟乙烯吸水率非常低，仅为 0.001%～0.005%，对各种气体的屏蔽性优良。聚四氟乙烯的耐热性优良，可在 -250～+180℃ 温度范围内长期使用。聚四氟乙烯具有不燃性，介电性能优良，自润滑性优良，摩擦系数非常低，静摩擦系数仅 0.04，是工程材料中最低的。

聚四氟乙烯的力学性能和承载能力较差。聚四氟乙烯的机械强度仅为 14～25MPa，无回弹性，硬度较低，但断裂延伸率较大；长期的负荷作用下，蠕变较大，易发生冷流现象。

聚四氟乙烯耐磨性差，硬度低，磨耗较大。当负荷（P）和滑动速度（V）超过一定条件时，其磨耗会变得很大，因此在应用中对 PV 值有一定限制。另外，聚四氟乙烯难与其他材料黏结。无填料、石墨填料以及玻璃纤维增强的聚四氟乙烯性能见表 12-13。

表 12-13　无填料、石墨填料以玻璃纤维增强的聚四氟乙烯性能

性能		聚四氟乙烯类别		
		无填料	15% 石墨	15% 玻璃纤维
密度/(g/cm³)		2.18	2.16	2.21
拉伸强度/MPa		28	21	25
伸长率/%		350	250	200
伸长率 10% 的应力/MPa		11	11	8.5
邵氏硬度（D 级）		51	61	54
Izod 抗冲强度/(J/m²)		152	—	146
径向磨损(0.13mm,1000h,PV 值[①]无润滑)/[(kPa·m)/s]		0.7	52	106
磨损因数/(1/Pa)		5×10^{-14}	100×10^{-17}	28×10^{-17}
摩擦系数	静态,负荷 3.4MPa	0.08	0.10	0.13
	动态,当 PV 以 kPa·m/s 表示时	—	0.15	0.15～0.24

① PV＝压力×速度。

12.2.1.4　聚四氟乙烯的成型方法

颗粒料、细粉（粉末）料与分散液（分散乳液）三种聚四氟乙烯可归纳为分散性固态料与分散性液态料两种形态，聚四氟乙烯的成型方法如下。

（1）分散性固态料成型方法

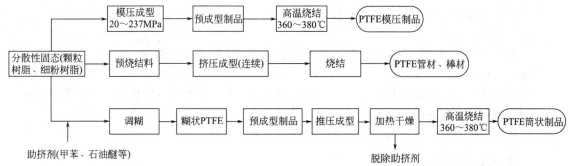

助挤剂(甲苯、石油醚等)   脱除助挤剂

聚四氟乙烯分散性固体成型过程有模压、挤压和推压三种不同方法，但其原理基本相同。首先选用粒径合适的粒料，可稍加烧结；其次是在强力下使粉料压制为简单形状的预制件；第三步是将已有模具形状的预制件在烧结电炉中用高温（360～380℃）烧结，得到聚四氟乙烯制品。

（2）分散性液态料成型方法

分散性液态料成型时，首先用液态料浸渍短纤维、长纤维、织物或多孔金属材料；然后干燥脱水；第三步高温烧结。用作密封料或填充料时，则须密封或填充后再烧结。

（3）喷涂成型方法

采用等离子高温直接喷涂法，可将高分散性聚四氟乙烯细粉树脂涂覆在金属表面或管道、设备内部作为衬里。分散性液态料可经电泳喷涂、电场喷涂，干燥成膜后，再高温烧结为聚四氟乙烯保护层。

（4）二次加工制造聚四氟乙烯薄膜

聚四氟乙烯圆柱形坯料经车床切削制成膜，再经压延可制得聚四氟乙烯薄膜。由于压延过程中有自动拉伸作用，制得的薄膜称为半定向膜。聚四氟乙烯薄膜有多种用途，主要用于绝缘彩色标志膜、多孔膜、渗透膜等。

制作过程中，柱形坯料切削后得到不定向膜，其厚度一般为数十微米，然后将不定向膜在一定温度下进行压延。压延温度与厚度有关，厚度为 $5\mu m$ 时，压延温度为 $(110\pm5)℃$；厚度 $30\mu m$ 时，压延温度 $(130\pm10)℃$。压延倍数通常为 2.5～3.0。

12.2.1.5　聚四氟乙烯的用途

聚四氟乙烯具有优异的耐化学腐蚀性、耐热性、介电性能等，用途十分广泛，主要用于以下几个方面。

（1）防腐蚀材料

在化工设备中，聚四氟乙烯可制造各种防腐蚀零部件，如管道、阀门、泵及管件接头等；也可制作反应器、蒸馏塔及防腐设备的衬里和涂层；还可用作过滤材料。聚四氟乙烯膜经过纵横双向拉伸后与其他织物复合，可制成烟尘固相防腐过滤袋，具有良好的防水透气和防风保暖的雨具、运动服、防寒服、特种防护服和轻便帐篷等；还可用于各种溶剂的无菌过滤及高纯气体的过滤。

（2）密封材料

聚四氟乙烯可用作轴、活塞杆、阀门、涡轮泵内密封件等；也可与橡胶一起制得复合密封环、带波纹管可伸缩的机械密封等。

（3）受负荷器材

用无机粉料填充的聚四氟乙烯可制成轴承。用多孔铜浸渍氟塑料制造的金属轴承可在高温、高压、干摩擦或真空条件下正常使用。

（4）医疗用器材

聚四氟乙烯可用于生产人造血管、心脏瓣膜、导管、内窥镜导管等。

（5）绝缘材料

聚四氟乙烯可用作电线电缆的 C 级绝缘材料，也可用于高频、超高频通信设备和雷达的微波绝缘材料；还可作为印刷线路基板及马达、变压器的绝缘材料等。

此外，聚四氟乙烯还作为不粘锅涂层，微波炉耐热材料等。

12.2.1.6　聚四氟乙烯改性

为了改善聚四氟乙烯的刚性和硬度，提高其导热性和耐磨耗性，减小蠕变等性能，可加入不同的填料对其进行改性。在保持其原有优点的基础上，利用复合效应改善其综合性能。填充聚四氟乙烯的性能与填充剂的性能、含量及工艺有密切关系，选择填充剂的基本原则为：

① 能经受聚四氟乙烯的烧结温度；

② 能改善聚四氟乙烯的耐磨性、机械强度或提高导热性、降低线膨胀系数等；

③ 在使用时不会与聚四氟乙烯或其他接触的金属或流体发生作用；

④ 填料粒度小于 $150\mu m$；

⑤ 填料不会吸潮；

⑥ 在烧结条件下，填料自身不会凝集。

目前，常用的填充剂可分为金属粉及金属氧化物、无机材料、有机材料三大类。

金属粉填料有青铜、铅、铁、铝及银粉等；金属氧化物包括氧化铝粉、氧化铁粉等；这类填料可改善聚四氟乙烯的力学性能和导热性能，但其电性能和化学性能会有所下降。

无机材料包括玻璃纤维、碳纤维、石墨及二硫化钼（MoS_2）等。用玻璃纤维填充可提高聚四氟乙烯的耐磨、耐酸、耐氧化及力学性能，但不耐碱；聚四氟乙烯中添加 MoS_2 能明显改善摩擦磨损性能及尺寸稳定性，并可增加表面硬度。

有机材料包括聚酰亚胺、聚苯酯、液晶聚合物及聚苯硫醚等，它们在聚四氟乙烯烧结温度会熔化或降解，因此应用较少；但可通过共混进行改性。

12.2.1.7　聚四氟乙烯共聚改性及其他含氟塑料

聚四氟乙烯是最重要的氟塑料，一般均以它为主进行改性。除上述填充改性外，还开发了很多种共聚物，主要的产品如下。

（1）四氟乙烯-全氟丙烯共聚物（Teflon FEP）

分子通式：

$$\begin{array}{c} \ \ \ \ F_2\ F_2\ \ \ \ F_2\ F \\ {+}{\left[{(C{-}C)_x\ (C{-}\ \ C)_y}\right]}_n \\ \ \ \ \ \ \ \ \ \ \ \ \ \ \ \ \ \ \ | \\ \ \ \ \ \ \ \ \ \ \ \ \ \ \ \ \ CF_3 \end{array}$$

四氟乙烯与全氟丙烯通常以过氧化双三氯乙酰为引发剂，经自由基共聚而得。全氟甲基（F_3—C）取代了聚四氟乙烯分子中部分的氟原子，所以性能与聚四氟乙烯相近。全氟丙烯结合入主链后为无规排列，结晶度降低；熔点下降 $20\sim45℃$，可降至 $260℃$，但可保持连续使用温度达到 $200℃$。它的熔融黏度较低，可以用挤塑方法制造高级绝缘材料，包覆金属导线或制造绝缘用管材与板材等，改善了聚四氟乙烯难以用一般热塑性塑料方法成型的缺点。

（2）四氟乙烯与乙烯共聚物（Teflon ETFE）

分子通式：

$$\begin{array}{c} \ \ \ \ F_2\ F_2\ \ \ H_2\ H_2 \\ {+}{\left[{(C{-}C)_x\ (C{-}C)_y}\right]}_n \end{array}$$

该共聚物通常以水为反应介质，采用与聚四氟乙烯相似的自由基共聚反应方法生产。产品可为粉状、珠状或经熔融切粒为粒状商品，也可直接生产分散液。此共聚物有很高的工业价值，抗伸强度良好，中等刚性，弯曲疲劳寿命长，抗冲性能与耐磨性优良。介电性能优良，耐化学腐蚀性良好，其性能与四氟乙烯（TFE）的含量有关。共聚物中 TFE 质量百分数为 $40\%\sim90\%$，软化温度为 $200\sim300℃$。由于 TFE 分子量远高于乙烯，四氟乙烯在单体配比中 $>75\%$、摩尔比约为 $1:1$ 时易生成交替共聚物。

由于熔融黏度低，此类共聚物可用一般的注塑、转移模塑、挤塑等方法成型，主要用作耐热绝缘材料如电缆包覆层，绝缘电器零件等。

（3）四氟乙烯与全氟烷基乙烯醚共聚物

全氟烷基主要是全氟丙基（$CF_3—CF_2—CF_2—$），四氟乙烯与全氟丙基乙烯醚共聚物（Teflon PFA）的分子通式为：

$$\left[(\underset{\underset{F}{|}}{\overset{\overset{F_2}{|}}{C}}-\underset{\underset{F}{|}}{\overset{\overset{F_2}{|}}{C}})_x (\underset{\underset{\underset{CF_2CF_2CF_3}{|}}{\overset{\overset{F}{|}}{O}}}{\overset{\overset{F_2}{|}}{C}}-\underset{\underset{F}{|}}{\overset{\overset{F}{|}}{C}})_y \right]_n$$

共聚单体主要以水为应介质，用水溶性引发剂，经自由基分散聚合或乳液聚合制得共聚物。反应在 $15\sim95℃$、$0.45\sim3.55MPa$ 下进行，用全氟脂肪酸盐为乳化剂，加有链转移剂控制分子量与分子量分布，具体反应条件取决于产品要求。

共聚物结晶度一般为 $65\%\sim75\%$，因结晶条件的不同而变化。Teflon PFA 的熔点为 $305℃$，使用温度可达 $260℃$，在 $-195℃$ 仍具有可观的机械强度。Teflon PFA 的耐化学腐蚀性优良，可作为高性能材料用于化学工业，也可作为高级绝缘材料用于电子电器工业。

（4）Teflon AF

Teflon AF 由四氟乙烯与全氟-2,2-二甲基-1,3-二噁茂（PDD）共聚而得，反应式如下：

$$mCF_2\!=\!CF_2 + n \underset{PDD-单体}{\left[\underset{\underset{F_3C}{}\ \underset{CF_3}{}}{\overset{\overset{F}{\underset{O}{|}}\ \overset{F}{\underset{O}{|}}}{}}\right]} \longrightarrow \left(\underset{\underset{F}{|}}{\overset{\overset{F_2}{|}}{C}}-\underset{\underset{F}{|}}{\overset{\overset{F_2}{|}}{C}} \right)_m \left[\underset{\underset{F_3C\ \ CF_3}{}}{\overset{\overset{F\ \ F}{O\ \ O}}{}} \right]_n$$

四氟乙烯与 PDD 两种单体可在水中或非水介质中经自由基聚合得到共聚物，两种单体可以任何比例进行共聚。PDD 用量少于 20%（摩尔分数）时，所得聚合物有部分结晶倾向，PDD 用量提高后，所得共聚物为透光性优良的无定形聚合物。

这一类共聚物具有优良的耐化学腐蚀性，很高的耐热性能和介电性等，还具有无定形聚合物的高透光性和室温下溶于一些氟类溶剂的性能。由于 PDD 价格昂贵，Teflon AF 的使用受到一定影响。Teflon AF 与 Teflon PFA 性能比较见表 12-14。

表 12-14　Teflon AF 与 Teflon PFA 性能比较

性　　能	Teflon AF	Teflon PFA
形态	无定形聚合物	半结晶聚合物
光学透明性	透光率 $>95\%$	半透明至不透明
使用温度上限/℃	285	260
热稳定温度上限/℃	360	380
热膨胀系数(线性)/($\times10^{-6}$/℃)	80	150
吸水性	不	不
耐气候性	优	优

性　　能	Teflon AF	Teflon PFA
抗火焰性（氧指数）	95	95
拉伸模量/MPa	950～2150	271～338
抗蠕变性	良	差
溶解性	溶于选择的溶剂	无溶剂
耐化学腐蚀性	优	优

Teflon AF 主要有 AF 1600 和 AF 2400 两个牌号。AF 1600 的 T_g 为 160℃；AF 2400 的 T_g 为 240℃，可用一般成型方法进行注塑、模塑和挤塑成型，不需烧结；也可制成涂料，涂刷以后溶剂蒸发成膜，同样不需要烧结。

（5）聚三氟氯乙烯（PCTFE）

聚三氟氯乙烯是由单体三氟氯乙烯经自由基聚合反应得到的均聚物。与聚四氟乙烯化学结构相比，每一单体链段中的一个氟原子被氯原子取代，虽然氯原子与氟原子同属一族，性质相近，但所得聚合物性质有明显差别。聚四氟乙烯结晶度可达 98％，难以成型；而聚三氟氯乙烯结晶度仅为 45％～65％，可用通用成型方法生产制品。

聚三氟氯乙烯可用本体、悬浮、溶液和乳液四种聚合方法制备，聚合反应可用自由基引发剂、紫外线或高能射线引发。乳液聚合与悬浮聚合反应压力为 0.34～1.03MPa，反应温度为 21～53℃，产品的热稳定性高于本体聚合产品，具体反应条件取决于产品的平均分子量。

聚三氟氯乙烯是半结晶聚合物，高分子量产品熔化温度为 211～216℃，玻璃化温度为 71～99℃，热稳定温度 250℃，使用温度范围为 −240～200℃；超过 130℃易产生结晶，160～200℃时结晶速度加快，材料的脆性增加，可能会影响使用效果。聚三氟氯乙烯的耐低温性能优良，在 −200℃ 仍有良好的机械强度。

聚三氟氯乙烯主要作为防腐蚀涂料用于化工防腐蚀设备、设备衬里等；也可作为绝缘材料用于电缆包覆层。利用聚三氟氯乙烯优良的水汽屏蔽性，可制成薄膜用于药品、食品的包装。此外，还用作低温材料。

12.2.2　有机硅聚合物

12.2.2.1　概述

有机硅聚合物（Silicone polymers）是一种元素有机聚合物（或称半无机高分子化合物），其组成单元有下列四种。

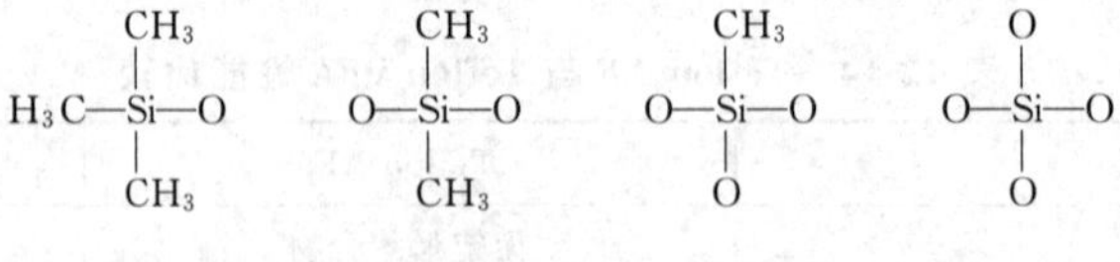

Ⅰ 为封链端基；Ⅱ 为主体链段；Ⅲ 为产生支链的单元；Ⅳ 为产生"十"字支链的单元；主链为硅氧键（—Si—O—）。这些单元组成了线型低聚物、线型高聚物和具有反应活性支链的低聚物，形成了具有各种用途的有机硅聚合物。线型低聚物结构通式为：

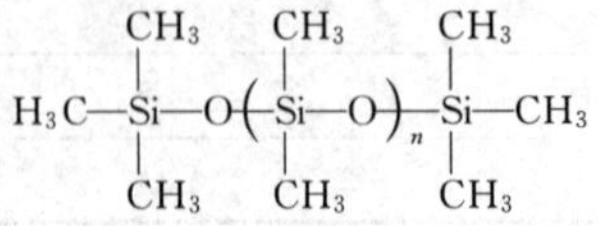

线型低聚物由 Ⅰ、Ⅱ 组成。线型高聚物则几乎全部由 Ⅱ 组成。具有反应活性支链的低聚物则含有 Ⅰ、Ⅱ、Ⅲ 三种结构单元，有时还有 Ⅳ 存在，同时还存在若干未封链的、可进一步发生缩聚反应的硅醇（—SiOH）基团。

Ⅰ～Ⅳ 四种单元原料为相应的氯硅烷或乙氧基硅，它们水解后生成相应的硅醇，硅醇较活泼，易进一步脱水缩合生成—Si—O—Si—键。

Si—O 键的键能较高，达到 368kJ/mol。与含 Si—O 键的耐高温石英相似，以 Si—O 为主链的有机硅聚合物具有较高的热稳定性。

在 Si—O 长链中，氧原子周围没有其他原子和基团，不产生阻碍，Si—O—Si 的键角比 C—C—C 及 C—O—C 的都要大，所以 Si—O 键更易于旋转。在侧基极性相同的条件下，有机硅聚合物的大分子链更为柔顺，T_g 值也更低，使这类聚合物有更好的耐寒性。

有机硅聚合物的结构特点使其具有极好的耐高温和耐低温性能、优良的电绝缘性和化学稳定性、突出的表面活性、憎水防潮和生理惰性等；但是有机硅聚合物大分子链之间的相互作用力较弱，最大的缺点是它的物理机械性能较差。

有机硅聚合物可分为硅油、硅树脂及硅橡胶三大类。本节将介绍有机硅聚合物的合成原理及硅油、硅树脂的性能。硅橡胶的内容将在"合成橡胶"章节中讨论。

12.2.2.2 有机硅聚合物的合成原理

单体烷基（或芳基）氯硅烷与水反应，可生成不稳定的水解产物硅醇，硅醇脱水缩合后可制得下列聚合物。

（1）线型低聚物

硅油和硅脂的化学结构为三甲基硅氧烷封链的线型有机硅低聚物，由一官能单体与二官能单体共同反应合成。一官能单体用于封链，因而其用量越少，分子量越高。它的合成过程分两步。

① 以甲基硅油生产为例，首先将两种单体分别水解、提纯。一氯三甲基硅烷单体水解、精制得到封链剂六甲基二硅醚，反应为：

$$2H_3C-\overset{\overset{\displaystyle CH_3}{|}}{\underset{\underset{\displaystyle CH_3}{|}}{Si}}-Cl + H_2O \longrightarrow H_3C-\overset{\overset{\displaystyle CH_3}{|}}{\underset{\underset{\displaystyle CH_3}{|}}{Si}}-O-\overset{\overset{\displaystyle CH_3}{|}}{\underset{\underset{\displaystyle CH_3}{|}}{Si}}-CH_3 + 2HCl$$

二氯二甲基硅烷单体水解、精制得到环状单体八甲基环四硅氧烷，反应为：

$$4H_3C-\overset{\overset{\displaystyle CH_3}{|}}{\underset{\underset{\displaystyle CH_3}{|}}{Si}}-Cl + H_2O \longrightarrow \left(\!\!\overset{\overset{\displaystyle CH_3}{|}}{\underset{\underset{\displaystyle CH_3}{|}}{Si}}-O-\overset{\overset{\displaystyle CH_3}{|}}{\underset{\underset{\displaystyle CH_3}{|}}{Si}}-O\!\!\right)_{\!4} + 4HCl$$

② 将以上两种产物精制后，按要求的产品分子量计算得到的配比进行投料，封链剂可适当过量以加快反应速率，产品达到要求后，将未反应的封链剂蒸出。

碱法聚合反应以 0.01% 氢氧化四甲铵为催化剂，升温速度为每小时 80～90℃，最后达到 200℃。反应结束后，减压脱除低聚物，得到两端为三甲基硅氧烷封链的聚二甲基硅氧烷。此反应也可在酸性催化剂作用下进行，产品为低黏度油状液体硅油。加入少量三官能单体可使它产生封链的支链，改善黏度。在硅油中加入填料活性二氧化硅则制得难以流动的硅脂。

（2）线型高聚物硅橡胶的生产

纯线型有机硅聚合物的分子量达三万以上后出现的黏弹性状态称为硅橡胶，它主要由八甲基四环硅氧烷经催化开环聚合而得，具体内容将在"合成橡胶"一章介绍。

（3）活性低聚物硅树脂的生产

硅树脂主要用作绝缘涂料、防水材料、模压塑料和层压塑料等。在涂覆或成型之前为具有反应活性的支链低聚物；成膜或成型后，经催化固化转变为体型结构的高聚物；活性基团主要是硅醇（Si—OH），固化反应主要为脱水缩合反应。

合成硅树脂的单体主要为封端基用的一氯三甲基硅烷、产生支链的三氯一甲基硅烷和产生主体结构的二氯二甲基硅烷三种单体，必要时还加有四氯硅烷进一步产生支链。将三种单体按要求配比混合后，送入甲苯与水的混合液中水解，反应温度控制在 35～40℃。水解完成后，将溶有硅醇的甲苯层与水层分离，经清洗得到甲苯溶液。缩合反应时，首先将甲苯溶液减压浓缩至含固量为 55%～65%，然后加催化剂辛酸锌；加热脱除剩余的甲苯后，升温至 165～175℃进行缩合反应。当测定的凝胶化时间达到要求后停止反应。降温后用二甲苯稀释至含固量为 60% 后即可包装为商品。

合成中，部分单体的甲基可为其他基团如苯基、乙烯基、H—、F—等，不同取代基的单体可制得不同性能的有机硅聚合物。引入苯基可提高耐热性；引入乙烯基、H—可改良固化或硅橡胶的硫化条件；引入 F—则可提高其耐化学腐蚀性与耐热性等。

12.2.2.3 单体官能度与聚合物结构的关系

在单体氯硅烷生成聚合物的反应中，氯原子相当于反应的官能团，所以一氯硅烷、二氯硅烷、三氯硅烷及四氯化硅即相当于官能度（f）=1、2 、3 及 4 的单体。根据缩聚反应的基本原理，单官能度的单体（$f=1$）一氯硅烷水解缩合时只能生成二聚体（六甲基二硅氧烷），$f=2$ 的二氯硅烷可生成线型聚合物，$f=3$ 的单体参加反应时可生成体型结构聚合物。所以，$f=1$ 的单体可用作链终止剂或分子量调节剂。如由 $f=1$、$f=2$、$f=3$ 及 $f=4$ 的单体混合物作原料，则可制备具有反应活性的支链低聚物，固化后可得到不同交联密度的体型结构高聚物。

在有机硅聚合物合成中，常用单体中有机基团与硅原子的比值 R/Si 来表示。因为硅为四价，与硅连接的基团总数应为四，即 $f+R=4$。所以，单官能团单体 $f=1$，R/Si=3；二官能团单体 $f=2$，R/Si=2；而三官能团单体 $f=3$，R/Si=1。合成有机硅聚合物硅油、硅漆、硅树脂时，需用两种或三种有机硅单体混合水解、聚合，因此以 R/Si 的比值来控制聚合物的交联程度。制取清漆树脂时 R/Si=1.4～1.6；制备塑料时 R/Si=1.1～1.3；制取分子量很大的线型聚合物硅橡胶时，要求 R/Si=2。

12.2.2.4 有机硅聚合物的性能及应用

（1）硅油的性能和应用

硅油是一类低分子量线型有机硅聚合物，少数有支链，一般为无色或浅黄色透明液体，常见的硅油品种如下。

二甲基硅油

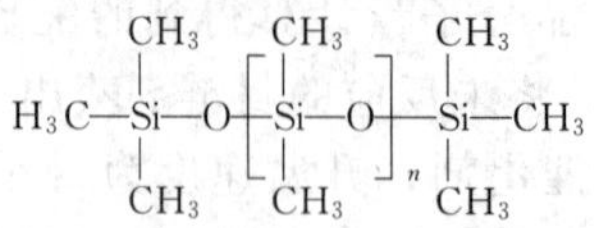

长期使用温度 −50～200℃

二乙基硅油

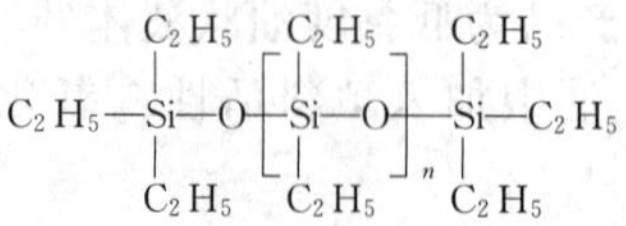

长期使用温度 −70～150℃

苯甲基硅油

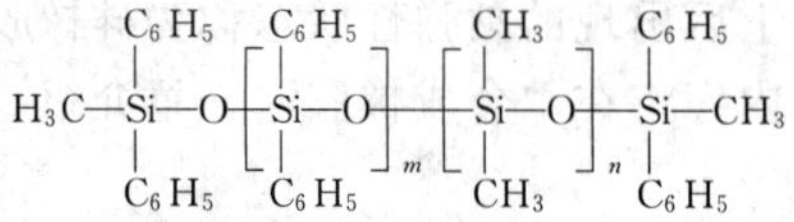

250℃ 下长期使用，350℃ 下短期使用

硅油的特点是其黏度受温度的影响很小，如温度从 380℃ 降至 −18℃ 时，一般矿物油的黏度增加 110 倍，而硅油仅增加 2.5 倍。另外，硅油中有机基团的变换对其性能影响很大，如部分甲基被苯基取代后得到的苯甲基硅油，长期使用温度可高达 250℃。硅油具有优异的耐寒性和耐热性、优良的电性能、极好的防潮和防水性、耐化学药品、不腐蚀金属和非金属材料、生理惰性（特别是二甲基硅油）好、无毒等特点。

硅油可在较广的温度范围内工作，常用作润滑油、液压油及脱模剂等。苯甲基硅油耐温性好，可用作高真空扩散泵油、高效喷气引擎的润滑剂等。由于硅油的表面张力小，也可用作消泡剂。二甲基硅油还广泛用作高级化妆品的添加剂。

另外，β-氰乙基甲基硅油 $H_3C-\underset{\underset{CH_3}{|}}{\overset{\overset{CH_3}{|}}{Si}}-O-\left[\underset{\underset{CH_3}{|}}{\overset{\overset{CH_3}{|}}{Si}}-O\right]_m\left[\underset{\underset{CH_2CH_2CN}{|}}{\overset{\overset{CH_3}{|}}{Si}}-O\right]_n\underset{\underset{CH_3}{|}}{\overset{\overset{CH_3}{|}}{Si}}-CH_3$ 含有极性的氰乙基，其抗静电性及介电常数很高，达 3～19.6，可用作无线电及电子工业的介电液体和织物的抗静电处理剂。

甲基（或乙基）含氢硅油 $H_3C-\underset{\underset{CH_3}{|}}{\overset{\overset{CH_3}{|}}{Si}}-O-\left[\underset{\underset{H}{|}}{\overset{\overset{CH_3}{|}}{Si}}-O\right]_n\underset{\underset{CH_3}{|}}{\overset{\overset{CH_3}{|}}{Si}}-CH_3$ 分子中含有 Si—H 键，此氢原子很活泼，可在较低温度下反应而交联，具有很好的憎水防潮和防黏性，可在各种基材的表面形成防水膜，大量用于纺织、纸张、皮革和建筑等领域。

（2）有机硅树脂的性能与应用

有机硅树脂由一官能、二官能和三官能单体共同合成，三官能单体约占总量的 5%～95%。商品形态主要为有机溶液，使用时应添加固化剂，要在固化前脱除溶剂。

有机硅树脂作为绝缘涂料时，特别适宜做高温、高湿条件下使用的电子器件的绝缘涂层，如高频线圈的涂层、线圈清漆等。在有机硅模塑料中添加适量的填料和固化剂，混炼成模压混合料后，经成型固化可加工成具有优异的耐电弧、电绝缘及耐高温特性的塑料制品。有机硅树脂浸渍纤维填料如碳纤维以及玻璃布后，经加压固化得到的层压塑料可制成在 250℃ 下长期使用的层压塑料制品。此外，有机硅树脂还可制造密封胶、防水涂料等。

12.2.3 有机氟硅聚合物

氟聚合物和有机硅聚合物具有耐热、耐化学腐蚀和易成型加工等特点，为此发展了氟-硅聚合物，重要的产品有如下几种。

（1）氟-有机硅橡胶

此产品以 ω-三氟丙基二甲基二氯硅烷为起始单体，经水解、提纯得到六环单体，反应如下：

$$CF_3CH_2CH_2Si(CH_3)Cl_2 \longrightarrow 水解 \longrightarrow$$

水解产物经水洗脱除酸性物后，加 NaOH 或 KOH 进行减压蒸馏。六环单体沸点最低，首先馏出；未蒸出的线型聚合物等在碱性催化下环合为六环单体不断蒸出，产品的收率很高。反应所得六环为张力环，在催化剂碱金属的碱性化合物催化下易开环。由于产品可用作涂料、密封剂和液体橡胶，应加入封链剂对产品的分子量加以控制。聚合用溶剂通常为非质子性溶剂如四氢呋喃、乙腈、二甲基甲酰胺等。

高分子量氟-有机硅橡胶产品为生橡胶状，聚合度约为5000。为了易于硫化，聚合时加入0.1％～0.6％的乙烯单体进行共聚。

氟-有机硅橡胶主链柔性高，易用一般橡胶成型方法制造产品。成型时，可加入1％～10％的硅油作为软化剂，用1％～50％的活性二氧化硅作填料，用过氧化物作为硫化剂，经自由基聚合反应生成松散交联的熟橡胶。

氟-有机硅熟橡胶具有优良的耐油、耐化学腐蚀性，适于用作燃料容器或衬里，长期使用温度可达200℃，短时间使用温度可达260℃，介电性能与有机硅聚合物相似。

(2) 氟硅树脂

氟硅树脂商品具有优异的耐温性、抗黏性、耐化学腐蚀性、防污性和装饰性。与有机硅树脂相比，氟硅树脂的附着力、透光性、防污性大大提高；高温下可自交联，漆膜硬度高，耐温性好。不加催化剂时可在200℃高温固化，固化后漆膜的硬度可达到2～3H，最高可耐温400℃，长期耐温300℃。

氟硅树脂产品外观为淡黄色透明液体，活性物含量50％，相对密度（25℃）为0.98～1.00，pH值4～6，可溶于醋酸酯类和苯类，可与有机硅树脂及环氧树脂并用以达到出色的涂膜性能。可用于建筑外墙、钢架结构的防污和防雨蚀，还可用于防粘涂料和密封材料。氟硅树脂固化温度低、时间短，适用于光泽要求高的场合。在环氧树脂中添加氟硅树脂固化后，可使密封材料的防污性、防溶解性、耐温性大大提高。

12.2.4　有机硅氮（氨）聚合物

有机硅氮（氨）聚合物或称为聚硅氮（氨）烷，Polysilazane，该化合物的化学结构与有机硅氧烷相似，只是氧原子被氮原子所置换。由于氮原子为三价，氧原子为二价，所以形成—Si—N—主链的N原子上存在取代原子或基团如H—、C_6H_5—等。

聚硅氮（氨）烷的合成是以甲基氯硅烷为原料进行氨解反应，然后缩合成环，分离精制后得到六环或四环硅氮烷，再经催化开环得到线型结构的聚硅氮（氨）烷。催化剂主要是碱金属的烷基、萘基化合物，聚合过程为阴离子聚合反应。产品主要是分子量不很高的含活性基团的聚合物，经固化反应后转变为体型高聚物。固化反应根据聚硅氮（氨）烷的化学组成进行选择，存在乙烯基时用自由基引发剂过氧化物引发聚合，存在硅醇时则催化缩水或高温脱水，无活性基团时可用过氧化物夺取烷基中的H—而交联。

聚硅氮（氨）烷商品"Ceraset Polysilazane 20"的分子组成如下：

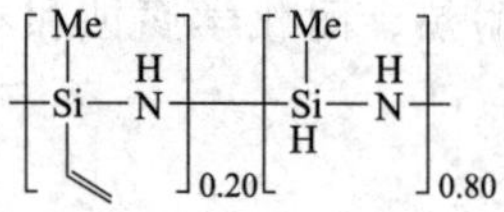

此外还有聚脲改性商品"Ceraset Polyureasilazane"，其分子组成为：

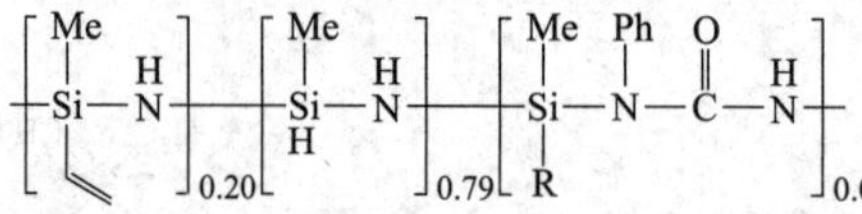

另外，还有聚氨酯改性的商品。

目前，聚硅氮（氨）烷商品主要是液态低聚物，可用作耐高温涂料、抗氧化以及防腐蚀涂料。近来开发了用聚硅氮（氨）烷商品生产耐热、高绝缘薄膜的技术。聚硅氮（氨）烷可与陶瓷原料调制成糊状物，成型固化后高温烧结生产硅-碳-氮材料，还可用相似方法生产耐高温纤维。

第13章

生物基高聚物与生物降解高聚物

当前，约 95% 以上的高聚物原料来源于石油、天然气和煤炭，但石油、天然气和煤炭的有限储藏量会影响高聚物工业的原料来源。只有着眼于可持续增长的生物界原料，才能保持高聚物工业的不断发展。以生物产品为原料制成的高聚物通称为生物基高聚物。有些生物基高聚物可以生物降解，有些则不能生物降解。例如，玉米经发酵可转化为乙醇，乙醇脱水可制得乙烯，乙烯聚合生成聚乙烯，由此路线得到的聚乙烯应为生物基高聚物，但聚乙烯不属于生物降解高聚物。所以，生物基高聚物不等同于生物降解高聚物。

13.1 生物基高聚物

13.1.1 生物产品的加工

生物产品中，棉花是高纯度纤维素，蚕丝和羊毛是纯度很高的蛋白质。由于它们是纺织品原料，通常不将这些产品用作高聚物原料。生物产品必须进行机械、化学加工、提纯使其成为高纯度化学品后，才能用作高聚物原料。自然产品经机械和化学处理制取生物基高聚物原料的过程见图 13-1。

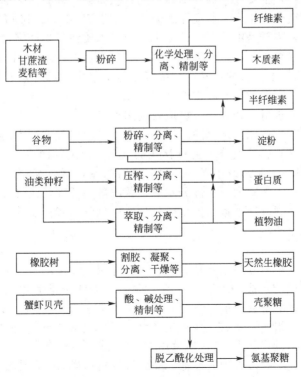

图 13-1　从自然界产品中制取生物基高聚物原料过程示意

13.1.2 生物基原料

从木材与农作物废弃物中制取的高聚物原料主要为纤维素、半纤维素和木质素。

13.1.2.1 纤维素衍生物

纤维素是自然界产量最大、最重要的高聚物，它是由葡萄糖形成的吡喃环（重复单元）经 β-(1,4) 位连接而成的大分子，相邻的两个呋喃环相互成 180°交叉，形成结构单元。重复的结构单元数目可高达 10000 以上。纤维素大分子的结构式见图 13-2。

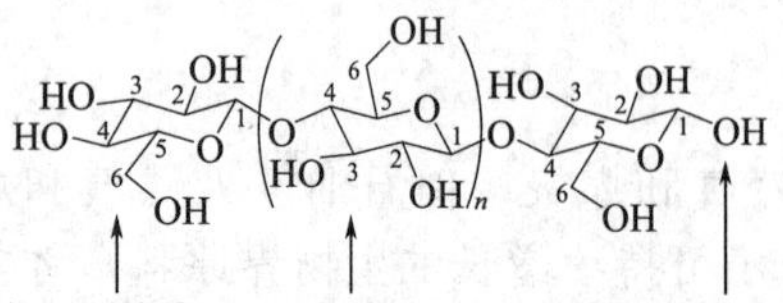

图 13-2　纤维素大分子的结构式

纤维素大分子的主链周围存在大量游离的羟基，它们之间形成了氢键。纤维素大分子无支链，部分链段可形成结晶。纤维素的聚集态既存在结晶段也存在无定形段，所以纤维素不溶于水，也不溶于一般有机溶剂中；受热不熔化，受强热则分解脱水而碳化。用适当化学试剂渗透入大分子之间，使大分子中部分—OH键中的 H—原子被 R—基或 RCO—取代，可解除部分氢键对大分子之间产生的亲和力而使其转变为可溶于水的状态，此方法也可制得纤维素的衍生物纤维素醚和纤维素酯，此外还可进行交联或接枝共聚反应。工业上用这些产品生产人造纤维（黏胶人造棉）、玻璃纸、热塑性塑料、涂料、表面处理剂、分散剂、黏合剂等。随着人类环保意识的提高，开发纤维素共混物和共聚物的发展得到越来越多的重视。

纤维素大分子基本单位是由葡萄糖形成的吡喃环，每个链段含有三个—OH 基团，它们可全部或部分发生醚化、酯化或其他化学反应，产生化学反应的羟基数目称为取代度（D. S）。

纤维素经酸液处理，可使无定形部分水解而保留结晶部分，得到微晶纤维素。微晶纤维素是微米级的白色粉末，主要用作药物的赋形剂、填充料、食品添加剂等；现在也可用作高聚物填料和共混物的组分。作为工业商品的微晶纤维素有 $50\mu m$、$100\mu m$ 等级别。

工业用纤维素原料主要是纸浆，它是由木材脱除木质素、半纤维素等胶质物后得到的短纤维产品，主要用作造纸原材料，所以称为"纸浆"；其次为棉籽上的短纤维，又称"棉短绒"。由于原料来源和加工方法的不同，纤维素原料纸浆中的纤维素含量也不相同。用来生产纤维素时，应选用高纯度的纸浆和棉短绒。

13.1.2.1.1 纤维素衍生物的合成反应与利用途径

要充分利用纤维素，首先必须解除纤维素大分子之间因氢键产生的亲和力，使之成为水溶性再生纤维素；二是利用沿大分子主链存在的 HO—游离基团中 H 原子的可取代性，进行烷基取代（醚化反应），制造纤维素醚，也可进行酰基取代（酯化反应）制得纤维素酯或进行接枝共聚反应等；三是使大分子部分水解，获取微晶纤维素或符合共混要求的分子量适当的纤维素。由纤维素制取纤维素衍生物的化学反应见图 13-3。

13.1.2.1.2 工业产品

（1）再生纤维素

工业生产再生纤维素的方法主要是黏胶法。首先用氢氧化钠处理纸浆，使纤维素转变为碱纤维素，再与 CS_2 反应生成纤维素黄酸钠，溶于 NaOH 溶液后生成黏胶液。黏胶液经过滤、脱气以后，在压力下于沉析浴中（由 7%～12% H_2SO_4，16%～23%Na_2SO_4 和 1%～6%Zn-Mg-NH_4 硫酸盐组成）纺成丝状再生纤维素，称为黏胶丝。将黏胶丝洗涤除去酸后，用热 Na_2S、NaOH 除去所产生的硫，然后用 NaOCl 或 H_2O_2 漂白、干燥，所得长纤维产品称为人造丝；经卷曲、切断则称为人造棉。黏胶液经宽形模口挤出流延到沉析浴中则形成薄膜，经洗涤、脱硫、漂白等处理后，于潮湿状态下经过甘油溶液进行增塑处理，再经干燥可

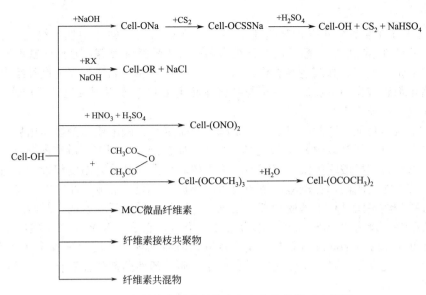

图 13-3　由纤维素制取纤维素衍生物的化学反应简图

得到再生纤维素薄膜，俗称玻璃纸。

再生纤维素的主要用途是用来生产黏胶纤维、提高黏胶纤维的机械强度和制造舒适性良好的服饰等。

（2）纤维素醚与纤维素酯

纤维素醚与纤维素酯是两类最重要的纤维素衍生物。醋酸纤维素在 19 世纪已得到工业生产与应用。近年来，由于对可持续发展资源的重视，纤维素塑料重新得到了人们的重视。

纤维素经化学处理，得到的纤维素衍生物性能与以下因素有关：

a. 纤维素原料大分子的平均分子量和所得产品的平均分子量；

b. 取代基团的碳链长度和性质；

c. 取代度等。

① 纤维素醚（Cell-OR）　纤维素醚由碱纤维素与卤烷或环氧化合物反应而得。重要的纤维素醚有甲基纤维素、乙基纤维素、羟乙基纤维素、羟丙基甲基纤维素、氰乙基纤维素、苄基氰乙基纤维素、羧甲基纤维素、羧甲基羟乙基纤维素等。

纤维素醚平均分子量和 R—基团的性质对其溶解性有重要影响。甲基纤维素和含有亲水基团—OH、—COOH 的羟乙基纤维素、羟丙基甲基纤维素、羧甲基羟乙基纤维素等可溶于水，是重要的工业商品，按分子量的大小（通常用水溶液的黏度衡量）和取代度的不同而有不同牌号的商品。纤维素醚主要用作纺织物表面处理剂、分散剂、保水剂、食品添加剂、增稠剂和黏合剂等。不溶于水的乙基纤维素可用作塑料原料。

② 纤维素酯（Cell-OCOR）　纤维素酯可分为无机酸酯与有机酸酯两类。

a. 无机酸纤维素酯　重要的无机酸纤维素酯有硝酸纤维素和纤维素黄酸钠，其次为硫酸纤维素。以高纯度纤维素、棉短绒或棉花为原料与硝酸和硫酸形成的混酸反应可制得硝酸纤维素。反应体系为非均相，反应后应充分洗涤以脱除杂质，产品仍为原来的纤维状，所以又称为硝化棉。

硝酸纤维素的取代度为 3 时，其理论含氮量为 14.14%，不同含氮量和不同聚合度的硝酸纤维素有着不同的溶解度和用途。硝酸纤维素是极易燃烧和爆炸的危险品，生产过程中要充分注意安全，彻底清除酸性杂质，产品要保持湿润状态。

硝酸纤维素主要用于生产乒乓球，也可用来生产透析膜和生物医学用的特异性转移介质等。

b. 有机酸纤维素酯　纤维素塑料是近年来人们最为关注的热塑性"绿色塑料"品种，主要包括醋酸纤维素（CA）、醋酸丙酸纤维素和醋酸丁酸纤维素等。它们的基本原料是废旧棉花、回收纸张、纸浆、甘蔗渣和农作物秸秆等。用这些原料制成的高纯度纤维素与无水酸和酸酐在催化剂硫酸作用下反应，也可与酰卤在胺类催化剂作用下反应；反应产物经过滤、洗涤和干燥后得到纤维素酯。

醋酸纤维素酯是最主要的有机酸纤维素酯。纤维素与乙酸酐或乙酰氯作用后，首先生成三醋酸纤维素，原料纤维素中92％以上的—OH基团被酯化，即三个游离的—OH基近于全部酯化，所以称为三醋酸纤维素。三醋酸纤维素的软化点与其分解温度相近，不适于热成型加工，而且其性能较刚硬，在潮湿环境中会水解释放出醋酸，形成"醋味"环境。为了克服其缺点，将醋酸酯基团进行水解脱除部分乙酰基，制得二醋酸纤维素或一醋酸纤维素。工业产品中的乙酰基含量为53％～56％，称为醋酸纤维素，它是一醋酸与二醋酸纤维素的混合物。取代度低于2.2的醋酸纤维素易于生物降解，醋酸纤维素的用途远大于三醋酸纤维素，主要用作涂料、光学用薄膜、半渗透膜、分离用介质、活性药剂的控制释放用材料、复合材料以及热塑性塑料等。

醋酸纤维素用作塑料时需加入增塑剂、热稳定剂、润滑剂、紫外线吸收剂等添加剂。常用的增塑剂为邻苯二甲酸酯，但该增塑剂与食物接触会产生不良影响，所以近来开发了柠檬酸三乙酯（TEC）等柠檬酸酯系列增塑剂。

纤维素塑料的特点是性能均衡，柔软性、强度、表面光洁性、清晰透明性、耐化学品性等都较好，易热塑成型。醋酸纤维素塑料可做各类工具手柄、计算机的字母数字键、电话机壳、汽车方向盘、纺织器材零件、收音机开关及绝缘件、笔杆、眼镜架及镜片、玩具、日用杂品等，也可做海水淡化膜。三醋酸纤维素熔点高，只能配成溶液后加工，可用作X光片基、绝缘薄膜、录音带、透明容器、银锌电池中的隔膜等。

废弃的醋酸纤维素塑料掩埋后可被微生物厌氧菌分解，它是一种生物降解塑料。

13.1.2.2　半纤维素与木质素的利用

（1）半纤维素

半纤维素是低分子量多糖类聚合物，聚合度为70～200，秸秆的聚合度最低。半纤维素与纤维素的直链结构不同，它是含有若干支链的聚合物。构成半纤维素的多糖由几种单糖所组成，化学成分复杂，不仅分子量不等，而且组成它们的单糖种类、含量等都有所不同，所以半纤维素不是单一组成的聚合物，而是一类聚合物的统称。

农副产品秸秆所含半纤维素的主要成分是木聚糖，木聚糖水解可制得木糖。木糖为醛基糖，经加氢将醛基还原后制成木糖醇，它是不被人体消化的甜味剂。木糖酸可作胶黏剂原料，聚木糖硫酸酯可作抗凝血剂，这些都是半纤维素的应用实例。

（2）木质素

木质素是植物中另一重要组成，主要存在于植物细胞壁中，在木材重量中占15％～40％，具体比例取决于木材种类、生长年月和取材部位。

木质素是比半纤维素化学结构更为复杂的高分子化合物，其化学结构单元主要有反式-对羟基苯基烯丙醇、反式-4-羟基-3-甲氧基苯基烯丙醇（愈创木基丙醇）和反式-4-羟基-3,5-二甲氧基苯基烯丙醇（紫丁香基丙醇）三种，具体见图13-4。

这些结构单元在酶素的作用下，经脱甲醇和脱水反应可形成"芳基-芳基"键、"烷基-芳基"键和易水解的"芳基-醚烷基"键而生成网状结构十分复杂的木质素大分子，详见图13-5。

当前对于木质素的利用途径很有限。由于木质素大分子中含有—OH、—OMe和部分双

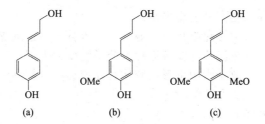

图 13-4 木质素化学结构单元

（a）反式-对羟基苯基烯丙醇；（b）反式-4-羟基-3-甲氧基苯基烯丙醇（愈创木基丙醇）；
（c）反式-4-羟基-3,5-二甲氧基苯基烯丙醇

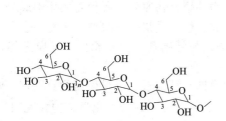

图 13-5 "芳基-芳基"、"烷基-芳基"与"芳基-醚烷基"键示意

键，与酚醛树脂、环氧树脂、聚氨酯以及不饱和聚酯树脂等聚合物共混时，它们之间可能发生缩合反应与加成反应，还可发生接枝共聚反应而得到相应的木质素接枝共聚物。但木质素大分子中多个酚羟基有明显的阻聚作用，因此接枝物不易进一步发生加聚反应，难与乙烯基单体发生共聚接枝反应。

13.1.2.3 淀粉类原料

13.1.2.3.1 淀粉形态与化学结构

淀粉在自然界是以珠状结晶体形态存在的，主要存在于粮食作物之中。各种来源的淀粉都呈颗粒状，但其大小、形状和结构与其来源有关。例如，土豆淀粉颗粒直径为 $10\sim100\mu m$，其形状有圆球形、长方形、贝壳形以及不规则形等多种形状。

淀粉的化学组成单元与纤维素相同，也是 D-葡萄糖，不同的是淀粉大分子中结构单元与重复单元相同还含有支链结构。淀粉主要由两种成分组成，一种为线形结构大分子直链淀粉（Amylose），另一种为大分子中含有支链的支链淀粉（Amylopectin），其化学结构见图 13-6 和图 13-7。

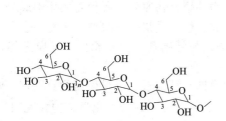

图 13-6 直链淀粉分子结构

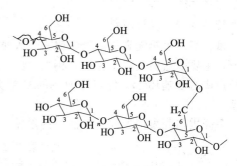

图 13-7 支链淀粉分子结构

大部分淀粉为支链淀粉，直链淀粉含量仅为 $20\%\sim35\%$。直链淀粉的分子量约为 20 万至 200 万；支链淀粉的分子量可达 1 亿至 4 亿。直链淀粉大分子通常形成螺旋状结构，含有大量憎水的 C—H 键，易与脂肪酸、某些醇和碘等形成络合物。淀粉与纤维素相似，一部分端基为醛基，所以具有还原性；另一部分端基则不具备此性质。由于醛基在淀粉大分子中所

占比例很小，所以还原性未能充分表现出来。

淀粉具有强吸湿性，为中性化学物质。遇水后，水分子渗透到支链大分子中膨胀，原来在淀粉颗粒中有序排列的直链淀粉与支链淀粉大分子转变为无序。在水中长时间受热时会破坏淀粉颗粒。淀粉大分子分散于水中可形成胶体悬浮液，浓度较高时则形成糊状物，如果浓度很低则形成水溶液。

13.1.2.3.2 淀粉原料的利用

淀粉是价廉易得的天然高聚物之一。目前，高聚物工业利用淀粉的途径主要有如下几种。

（1）作为高聚物的填充料

淀粉可作为聚烯烃填料，用于生物降解塑料的制造。生产生物降解塑料时，需添加光与热氧化降解催化剂以及其他加工助剂。成型加工以前，应先将淀粉与添加剂混炼制成母料，然后与高聚物混炼、成型。热成型加工过程中温度不可超过 230℃，否则将导致淀粉分解，同时要防止母料吸收空气中的水分。

（2）热塑性淀粉

淀粉受热至 250℃后分解碳化，不具备热塑性。在挤出机中受压力剪切和高温双重作用，淀粉会胶化而转变为热塑性淀粉，在水、乙二醇、甘油、不饱和植物油以及尿素等增塑剂的存在下，淀粉结晶与颗粒被破坏，可与增塑剂形成均匀分散体系而转变为热塑性淀粉。热塑性淀粉的黏度高低、水溶性大小以及吸水性等性能与淀粉的原始含水量、挤出机中受热温度以及压力高低有关。此外，淀粉中直链淀粉与支链淀粉的比例也有影响。

（3）淀粉基聚合物

淀粉基聚合物是近年来得到重大发展的生物降解聚合物。淀粉基聚合物的商品基本上都采用热塑性淀粉为原料，具体内容将在"生物降解聚合物"一节内介绍。

（4）淀粉发酵水解制取单体、聚合物和化工原料

淀粉发酵制取单体和聚合物主要用来生产生物降解聚合物，将在"生物降解聚合物"一节内介绍。

淀粉发酵生产酒精是石油路线合成酒精以前唯一生产酒精的方法。酒精催化脱水可生产乙烯、丁二烯等重要单体和化工原料。当石油化工路线的原料匮乏时，纤维素与淀粉发酵生产酒精将是最佳原料路线。

13.1.2.4 壳类原料

蟹、虾、贝等无脊椎动物的壳是一种重要的生物基聚合物原料。各种壳的化学成分大同小异，主要由蛋白质、甲壳质、钙质、无机物等组成。甲壳质是一种线型高聚物，它是以葡萄糖形成的吡喃环 1,4 位连接而成的多糖类聚合物，与纤维素、淀粉相似，同属天然产的聚糖。

甲壳质与壳聚糖虽同属天然产的聚糖，但此类聚糖与纤维素、淀粉聚糖的差别在于吡喃环上存在着乙酰胺基（$CH_3CONH—$），化学结构式见图13-8。它的脱乙酰产品称为壳聚糖（Chitosan）。

无脊椎动物的壳经清洗、除杂质、粉碎后，用稀盐酸（3%～5%）于室温下浸泡 24h 除去无机盐，然后用稀 NaOH 溶液在温热条件下脱除蛋白质，剩余物则为甲壳质。甲壳质大分子之间存在强的分子间力，所以存在 α、β、γ 三种结晶体，以前二者为主。甲壳质不溶于水，乙酰化程度可达 92%，

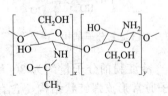

图 13-8　甲壳质与壳聚糖
化学结构式

分子量一般在 100 万以上。当脱乙酰程度达到 50％、平均分子量较低时，可溶于水，称之为水溶性甲壳质。

在 100℃以上，用浓碱溶液脱除甲壳质中 60％以上的乙酰基后得到的产品称为壳聚糖或脱乙酰甲壳质。此过程中部分主链水解，所以其平均分子量低于原料甲壳质。壳聚糖含有大量氨基，可在稀酸中溶解形成阳离子，是一种阳离子聚合物，也是唯一的天然产阳离子聚合物。壳聚糖大分子含有许多—NH_2、—CONH—、—OH 基团，所以具有很强的吸附能力和化学活性。壳聚糖无毒、生物相容性好、可生物降解和被人体消化吸收，可溶于稀酸、醇和某些盐溶液中，但溶解性受脱乙酰程度和平均分子量制约。壳聚糖可用于医药、食品保鲜剂、可食用薄膜、化妆品、美容美发、保湿剂、人造血管、手术缝线等，还可用作水处理剂。

13.1.2.5 蛋白质原料

蛋白质分为动物蛋白质与植物蛋白质两大类。羊毛和蚕丝直接产自动物，是纯度最高的天然动物蛋白质；骨胶、明胶等则是从动物皮、骨等熬制出的动物蛋白质。在石油资源减少的情况下，以植物蛋白质为原料的生物基高聚物工业得到了重视与发展，大豆蛋白质是最重要的植物蛋白质原料。

（1）蛋白质形态与化学结构

蛋白质是存在于生物体内、结构复杂的一类天然高聚物，其化学组成单元是 α-氨基酸，化学结构式如下：

$$\underset{R_2}{\overset{R_1\ O}{H_2N-C-C}}-NH\underset{R_4}{\overset{R_3\ O}{-C-C}}-NH\underset{R_6}{\overset{R_5\ O}{-C-C}}-OH$$

上式中 $R_1\sim R_6$ 代表 H—、烷基、含 N、含 S 以及含有较复杂结构的基团。蛋白质大分子结构复杂，不能用 N 数来表示大分子重复单元结构，仅可理解为其酰胺键（蛋白质中名为"肽键"）是重复的，而 α 位 C—原子所连接的原子或基团几乎各不相同，其端基为游离的—NH_2 和—COOH 基团。

大豆蛋白质大分子之间存在肽键—CONH—、—NH_2、—SH 键和—COOH 键等，受次价力的作用而相互缠绕，形成了螺旋结构形态，还可进一步形成三级与四级更为复杂的结构。大豆蛋白质根据其溶解性可分为水溶性白蛋白（Albumin）和盐溶性球蛋白（Globulin），而球蛋白占多数，其中 25％为酸性氨基酸，20％为碱性氨基酸，20％为憎水性氨基酸。

（2）大豆蛋白质原料的利用

大豆蛋白质是以脱除大豆油后的豆柏为原料制取的。大豆蛋白质实际上是不同分子量的多肽混合物，可用高速离心机分离。

豆柏大约含有 50％的蛋白质，30％～35％多糖以及 1％的脂质（lipid）。将豆柏粉分散在水中，用 NaOH 调节 pH 值到 8.5 使蛋白质溶解；与不溶物分离后用盐酸调整 pH 到 4.5～4.8，因为大豆蛋白质的等电点为 4.5，此时蛋白质析出。经离心分离、干燥得到蛋白质含量 90％以上的大豆蛋白质，称为大豆提纯蛋白粉（质）（Soy Protein Isolate，SPI）；蛋白质含量为 70％左右的产品称为大豆浓缩蛋白质。

蛋白质特性之一是在热、紫外线、X 射线作用下、pH 值变化、洗涤剂、尿素等试剂存在下会发生不可逆的"变性"。例如，生鸡蛋液为液态，但煮熟后转变为固态，发生了相态变化；蛋白质结构与构型虽发生了改变，但组成蛋白质的氨基酸序列未变化，可是却丧失了它的生理活性。大豆蛋白质也具有此特性。大豆蛋白质主要是球蛋白，用作生物基聚合物原料时，需将球蛋白展开。

生产大豆蛋白质塑料时，原料大豆蛋白质应当变性，还要添加增塑剂、成型助剂和交联剂等。常用的增塑剂为甘油、乙二醇、丙二醇、丁二醇、聚乙二醇、山梨醇等多元醇，也可用尿素或水。增塑剂可降低变性温度，影响塑料制品的机械强度，所以用量要适当。沿蛋白质主链分布的若干活性基团如 HO—、NH—、NH$_2$—、HOOC—、HS—等，可与交联剂反应生成相应的交联结构。常用的交联剂为硫酸锌、甲醛、乙酸酐、乙二醛、丁二醛以及多磷酸盐（酯）等。蛋白质大分子活性基团分布密度低，大部分交联以后的蛋白质仍具热塑性，它们不仅可提高大豆蛋白质塑料的力学性能，还可提高大豆蛋白质塑料的耐水性。

目前，除已生产了热固性大豆蛋白质酚醛塑料外，还合成了黏合剂。穿着舒适的大豆蛋白质纤维已经上市。热塑性大豆蛋白质塑料可为塑性体或弹性体，可为耐水性材料也可制成水膨胀性材料；其薄膜具有高透水汽性，但可屏蔽氧气、二氧化碳和油脂。大豆蛋白质塑料的原料来源于植物，可生物降解，价廉；缺点是抗张强度较低，但可通过与其他聚合物改性来解决。大豆蛋白质在高聚物应用方面有着广阔的前景。

13.1.2.6 油脂原料

油脂分为动物油脂和植物油脂，它们的化学成分都是甘油脂肪酸酯，差别在于动物油脂中饱和脂肪酸所占比例高，而植物油脂中不饱和脂肪酸的比例高。动物油脂主要用作食物，而且饱和脂肪酸不适合用作高聚物原料。高聚物工业中，以不饱和脂肪酸或其甘油酯为原料制得的生物基高聚物得到了实际应用与发展。

植物油脂中的桐油、亚麻仁油和蓖麻油等是不能食用的。蓖麻油中的蓖麻酸含有活性羟基和双键，是重要的生物基聚合物原料和化工原料。亚麻仁油主要用作油漆、油墨等化工原料。现以大豆油作为甘油不饱和脂肪酸酯的代表，介绍植物油脂在高聚物工业中的应用。

13.1.2.6.1 大豆油的化学组成

数种植物油所含的脂肪酸组成见表 13-1。由表 13-1 可知，所列六种植物油既含有不饱和脂肪酸又含有饱和脂肪酸，而且含量不等。蓖麻酸中除含有双键外还含有羟基。在植物油中，它们以甘油三酯的形式存在。因此，任何一种植物油都不具有单一的化学结构式。

表 13-1 数种植物油所含的脂肪酸组成

脂肪酸组成			大豆油	亚麻仁油	棉籽油	玉米油	菜籽油	蓖麻油
类别	碳数	双键数						
棕榈酸	16	0	11.0	5.5	21.6	10.9	3.0	—
硬脂酸	18	0	4.0	3.5	2.6	2.0	1.0	0.5～3.0
油酸	18	1[①]	23.4	19.5	18.6	25.4	13.2	3～9
亚油酸	18	2[①]	53.2	15.3	54.4	59.6	13.2	2.0～3.5
亚麻酸	18	3[①]	7.8	56.6	0.7	1.2	9.0	
花生酸	20	0	0.3	0.0	0.3	0.4	0.5	—
芥酸	22	1[①]	0	0	0	0	49.2	—
蓖麻酸	18	1,羟1						82～88
硬脂酸-2	18	羟2						0.6～2.0
其他			0.3	0	1.7	1.0	11.7	

① 双键位置：油酸，第 9-C 原子；亚油酸，第 9，12-C 原子；亚麻酸，第 9，12，15-C 原子；芥酸，第 13-C 原子；蓖麻酸，第 9-C 原子；羟基，第 12-C 原子。

13.1.2.6.2　大豆油的利用途径

甘油三酯的化学活性点是含有双键、—C ＝C—CH$_2$—基团、酯基、羧基 α-CH$_2$—，其中以双键最为重要。

（1）双键反应

植物油中的双键可适度氧化生成环氧基团，得到环氧化植物油如环氧大豆油等，不仅可进一步生产生物基聚合物，还可直接用作增塑剂。

（2）烯丙基活性-H 加成反应

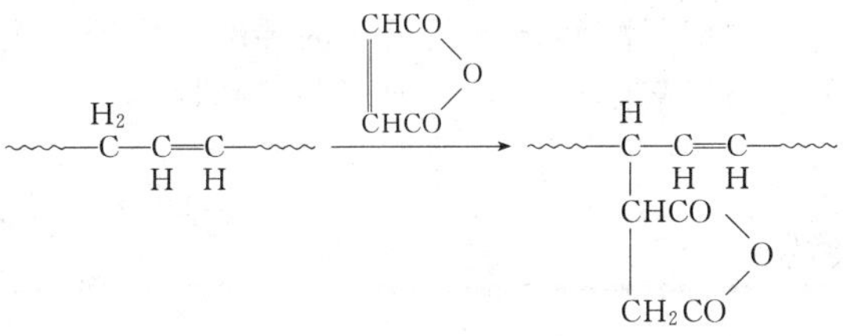

$\longrightarrow$ 开环聚合或与多元醇缩聚反应$\longrightarrow$不饱和聚酯树脂

（3）酯基团醇解、氨解或酯交换反应

反应生成相应的不饱和脂肪酸或不饱和脂肪酸衍生物。

醇解反应过程中，所用试剂为甘油，产品是端基为两个或一个羟基的甘油单不饱和脂肪酸酯或甘油二不饱和脂肪酸酯的混合物。

氨解反应中，由于所用氨解剂的不同，所得产品在不饱和脂肪酸端基引入了两个活性羟基或两个活性伯胺基，上述反应仅是酯基发生了反应，不影响双键的活性。

利用以上反应得到的不饱和脂肪酸羟端基、伯胺端基衍生物，可进一步反应制得生物基聚合物单体或其他原料如丙烯酸酯、顺丁烯二酸酯等。这些单体与苯乙烯等制成溶液后，可进行自由基共聚反应。用上述方法制得的产品主要有丙烯酸不饱和脂肪酸酯、顺丁烯二酸不饱和脂肪酸酯等，它们可作为涂料和印染原料。

13.1.2.6.3　蓖麻油的利用

蓖麻油是一种非食用油，它的产量居非食用油首位，是油性涂料的主要原料，也是生物基聚合物重要原料之一。

蓖麻油的主要成分是蓖麻酸，除含有双键外，还存在羟基，所以蓖麻油可直接用作高聚物工业原料，可与多元异氰酸酯反应制造聚氨酯涂料等。蓖麻油还可与甘油、季戊四醇、邻苯二甲酸酐等合成醇酸树脂。蓖麻油可发生与大豆油相似的醇解反应，其产品可与环氧树脂反应，得到性能优良的涂膜。

蓖麻酸中的羟基以及二羟硬脂酸的羟基经真空脱水处理后，可生成共轭与非共轭双键，转变为室温固化体系，所以用脱水蓖麻油制成的涂料具有室温固化成膜的特点。

13.1.2.7　植物油基生物基聚合物

植物油中的不饱和脂肪酸甘油酯具有多个化学活性点，可以用多种途径合成不同形态、性能以及应用的生物基聚合物，目前已得到实际应用的产品如下。

（1）涂料

除较古老的油性涂料外，以丙烯酸环氧大豆油脂或其他类似单体为主要原料的新型涂料得到了应用与发展。

（2）塑料

以植物油为原料得到的多元羟基衍生物，与多元异氰酸酯反应可制取聚氨酯泡沫塑料；以植物油为原料得到可交联的树脂，用玻璃纤维增强后可制成复合材料制品；在可交联的植物油树脂中加入粉状填料，特别是近来开发的纳米级填料如纳米陶土等，经模压成型，可制得热固性塑料制品。

（3）黏合剂

植物油与甲醇反应可制得不饱和脂肪酸甲酯，将其中的双键环氧化后与丙烯酸反应，可制得黏度高的丙烯酸单体。丙烯酸单体经乳液聚合后，将乳液涂布于纸张或薄膜上，经干燥脱水可得到黏性优良的压敏黏合带。

（4）弹性体

以植物油为原料合成含有双键的线型聚合物后，可用适当交联剂交联制得弹性体。例如，植物油经甲醇醇解制得油酸甲酯经环氧化后与丙烯酸反应得到丙烯酸酯单体，此单体与适量交联剂如乙二醇二甲基丙烯酸酯交联后，即可获得弹性体。

13.2　生物降解聚合物

13.2.1　生物降解定义

近年来，人们开始关注废弃的塑料包装材料等高聚物对环境的污染。为了生产环保的高聚物产品，生物降解聚合物得到了很大发展。

生物降解聚合物是能够被细菌、真菌、藻类等微生物分解破坏的高聚物。堆肥化过程是使生物降解的材料在需氧菌和嗜温菌的作用下分解，形成近似腐殖质的"堆肥"（compost），此过程是生物氧化过程，释放出二氧化碳、水、无机物和稳定的有机物堆肥，产物应当无毒，可用作植物肥料。

目前，对于高聚物分解还缺乏统一标准，美国的 ASTM D6400 规定 180 天降解量应超过 60%；欧盟标准 13432 则规定 180 天降解量应达到 90%。

13.2.1.1　中国标准

中国制定了针对包装制品的标准 HJ/T 209—2005，2006 年通过了国家标准 GB/T 20197，对降解塑料的定义、分类、标志和降解性能作了规定，对规范和促进我国生物降解聚合物的生产和研究起了积极的作用。

（1）定义

降解塑料：在特定环境条件下，其化学结构发生明显变化，并用标准的测试方法能测定其物质性能变化的塑料。

光降解型塑料包装制品：在天然日光作用下，作为塑料主体的聚合物可有序地进行分子链断裂而导致其破碎和分解的包装制品。

光-生物降解塑料包装制品：人工合成高分子材料由于添加光敏剂或生物氧化促进剂作用，使之既能被天然日光作用而引起化学结构变化（分子量下降），材料强度降低，出现裂损、破碎，又可被自然界中的微生物分解而引起霉变、腐烂的包装制品。

（2）GB/T 20197 对可降解塑料的降解性能要求

① 生物分解塑料

a. 单一聚合物：生物分解率应≥60%。

b. 混合物：如果材料是混合物，有机成分应≥51%，生物分解率应≥60%，且材料组分中≥1%的有机成分的生物分解率应≥60%。

② 可堆肥塑料

a. 单一聚合物：堆肥化生物分解率≥60%，崩解程度应≥90%。

b. 混合物：如果材料是混合物，有机成分应≥51%，堆肥化生物分解率应≥60%，崩解程度应≥90％，且材料组分中≥1％的有机成分的生物分解率应≥60％。

13.2.1.2 生物降解过程
生物降解过程区分为：

① 水解生物降解（Hydro-biodegradable）：水解可生物降解的材料后，产生可被微生物作用的残片，然后被微生物消化、代谢。

② 光-生物降解（Photo-biodegradable）：聚合物经日光中的紫外线照射后，结构发生变化而被微生物顺利消化、代谢。

③ 氧化生物降解（Oxo-biodegradable）：聚烯烃中促进氧化添加剂使主链氧化断裂，产生的残留物被细菌消化吸收、分解。

由于涉及生物的新陈代谢，生物降解过程十分复杂。微生物种类虽然繁多，但基本上可分为需氧菌与厌氧菌两大类，它们的分解产物有所不同。在有氧环境中，需氧菌将聚合物生物降解为 CO_2、H_2O 和固体物生物质与残渣。在无氧环境中，厌氧菌将聚合物生物降解为以上四种产物和甲烷气体。

生物降解聚合物主要应用于"一次性"使用材料，如餐具、医用消耗材料、包装袋、包装用薄膜以及农用覆盖膜等。

近年来，生物降解聚合物已商品化生产，产量的年增长率很快，世界上消耗的生物降解聚合物数量见表13-2。

表 13-2　世界生物降解聚合物消耗量　　　　　　　　　　单位：kt

聚合物类别	2000 年	2005 年	2010 年(估)
淀粉类	15.5	44.8	89.2
PLA	8.7	35.8	89.5
PHA	0	0.2	2.9
合成聚合物	3.9	14.0	32.8
合计	28.1	94.8	214.4

我国生物降解塑料 2003 年产量约为 1.5 万吨，其中无淀粉填料的产品约有 1000t；2007 年产量约为 9 万吨；2010 年的产量估计可达 25 万吨。

13.2.2　生物降解聚合物种类

生物降解聚合物涉及的范围广泛，可按化学组成、来源、制品形式、应用范围等进行分类。为了便于理解原料来源的重要性，可分为自然界原料来源与石油原料来源两大类。

13.2.2.1　自然界原料来源
自然界原料来源丰富，经过化学加工或改性后得到的高聚物绝大多数是生物降解聚合物。另外，还可通过微生物发酵合成聚合物，或经发酵制得单体后，聚合生成生物降解聚合物。

（1）自然界原料经过化学加工或改性后制得的生物降解聚合物

以自然界生物原料聚糖（包括纤维素、淀粉、甲壳质等）、蛋白质、油脂等为原料，经化学加工、改性以及共混等方法制得的高聚物绝大多数可生物降解，而且种类很多，是当前生物降解聚合物的发展方向。

（2）微生物发酵直接合成聚合物

这一类聚合物主要是聚羟基烷酸（PHA），用特定的细菌经培养以后，它们可以合成羟基烷酸作为能量储存于体内，储存量最高可达细菌干重量的 80%。培养液主要成分为葡萄糖、蔗糖、甘油、乳清、蛋白胨、油脂等，并含有多种无机元素。

（3）微生物发酵合成单体

目前用发酵法合成的单体主要是乳酸，学名为 2-羟基丙酸，是以淀粉为原料，经淀粉酶、糖化酶作用转化为葡萄糖后，再经乳酸菌发酵而得。

13.2.2.2 石油原料来源

石油路线合成的高聚物中，只有极少数可以生物降解，主要有：

① 聚酯，包括某些脂肪族聚酯和某些芳香族聚酯。

② 聚乙烯醇，它是乙烯基聚合物中唯一可生物降解的品种。

③ 加有光-生物降解或氧化-生物降解添加剂的聚烯烃塑料。

13.2.3　工业生产的生物降解聚合物

13.2.3.1　淀粉基生物降解聚合物

天然的淀粉没有可塑性，但在受热受压条件下，结晶结构会被破坏而转变为热塑性淀粉，即可成型加工为各种制品。目前市场上的各种淀粉塑料制品都是以热塑性淀粉为原料生产的，产品大致可分为以下几种。

（1）纯热塑性淀粉制品

可用各种淀粉为原料生产注塑制品，常用的增塑剂为甘油和水。不同甘油用量对产品力学性能的影响见表 13-3。无增塑剂时产品脆性增加。淀粉吸湿性较强，热塑性淀粉制品在相对湿度较高的环境中久置后结晶度可能提高，造成断裂伸长率下降。

表 13-3　甘油用量对制品力学性能的影响

力学性能	1 号样品	2 号样品
断裂强度/MPa	3.6	1.4
抗张模量/MPa	87.0	12.0
断裂伸长率/%	124	60

注：样品组成为 1 号，小麦淀粉 70%，甘油 18%，水 12%；2 号，小麦淀粉 65%，甘油 35%。

这类产品的主要用途是生产泡沫塑料，可用作空隙填充料、模型材料等。其注塑制品包括一次性餐具、一次性医用辅助料、宠物玩具等。产品可以承受微波作用，它们的废弃物可作堆肥。为了改进其吸湿性高的缺点，可将一部分羟基进行酰化反应，与某些酸酐反应生成适量酯基基团，或与适量憎水性聚合物进行共混。

（2）淀粉共混物制品

市场上已出现多种淀粉基生物降解聚合物商品，重要的有如下几种。

① 热塑性淀粉与纤维素、可降解聚酯或聚乙烯醇等的共混物（Mater-Bi）　此类产品主要用来生产地膜、商品包装袋、酸奶瓶、尿布、卫生巾等。

② 淀粉与可降解聚酯的共混产品　由丁二酸、己二酸混合物与 1,4-丁二醇经缩聚反应制得的脂肪族聚酯（PBSA）具有生物降解性，它可与高达 50% 的热塑性淀粉共混，制得的产品可通过挤塑或吹塑生产薄膜。在热塑性淀粉中加入增塑剂可提高共混物的柔韧性。

③ 淀粉与聚己内酯（PCL）共混制品　ε-己内酯单体在挤出机中可直接开环聚合为聚己内酯，与加有增塑剂的热塑性淀粉混炼、造粒后，可用吹塑法或挤塑法制得薄膜。薄膜的强度优于聚己内酯薄膜，主要用作生产垃圾袋、废物袋、地膜等。

④ 淀粉与醋酸纤维素的共混制品　淀粉与醋酸纤维素的共混制品主要用于生产薄膜，其特点是耐油脂性优良、表面易印刷，可挤塑成型制造片材和薄膜。主要用于生产短期使用

材料、食品包装袋，垃圾袋、包装纸代用品等，降解产物可用作堆肥。

⑤ 淀粉与聚乳酸共混物　淀粉与 10%～20%聚乳酸（PLA）形成的混合物可作为降解聚合物的添加剂。

13.2.3.2　纤维素基与木质素基生物降解聚合物

（1）纤维素基生物降解聚合物

纤维素是很重要的生物基聚合物来源，纤维素制得的醋酸纤维素塑料，生物降解性能良好，适合用作薄膜和包装材料。例如，50%～99%醋酸纤维素与 1%～50%醋酸淀粉制得的共混物，可生产塑料制品、纤维、织物等。

纤维素大分子与甲壳质/壳聚糖大分子具有相同的主链，都是 1,4-吡喃环连接而成的主链，差别仅在于甲壳质/壳聚糖的吡喃环上存在乙酰胺基/伯胺基团，所以它们的相容性良好，可溶于 N,N-二甲基甲酰胺-LiCl（5%，质量分数）溶液中，形成共混物溶液，经湿法纺丝可制得共混纤维。所得共混纤维的强度远高于两种纯纤维的强度。用适当溶剂如氢氧化钠溶液和尿素水溶液可制备再生纤维素与甲壳质的共混薄膜。

（2）木质素基生物降解聚合物

木质素是造纸用木浆副产物"黑液"的主要成分，它的开发利用对减少造纸工业对环境的污染有重大意义，主要的利用途径有：

① 黑液浓缩后与苯酚反应制取热塑性酚醛树脂；

② 将回收得到的木质素作为其他聚合物的填料，改进聚合物的生物降解性；

③ 木质素与亚麻和大麻短纤维混合后，加入可固化的合成树脂，可模塑成型制得产品；商品尺寸稳定性良好，可用来生产汽车用仪表盘、电脑和电视机外壳等；

④ 木质素与单体苯乙烯或甲基丙烯酸甲酯接枝共聚，得到的共聚物可以生物降解。

13.2.3.3　发酵法生产的聚酯类生物降解聚合物

聚羟基烷酸类（PHAs）是最早发现的一类在细菌体内合成的聚合物，其目的是在体内储存碳和能量。能够合成聚羟基烷酸（PHAs）的细菌种类很多，因菌种、培养基质与培养条件等的不同，所得聚羟基烷酸（PHAs）的碳原子数和取代基团（R）的类型都会有所不同。由细菌合成的聚羟基烷酸（PHAs）通式为：

由于 R 与 m 值的不同而得到不同的聚羟基烷酸，根据单体碳链长度可分为三种类型：

① 短碳链型 scl-PHA，单体碳链由 3～5 个碳原子组成。

② 中碳链型 mcl-PHA，单体碳链由 6～14 个碳原子组成。

③ 长碳链型 lcl-PHA，单体碳链由>14 个碳原子组成。

目前已发现有九大类细菌可合成 PHAs，已探明结构的单体超过 150 种，包括脂肪族、芳香族、饱和与不饱和、具有各种取代基团的 PHAs 等，它们的熔点范围为 40～180℃，平均分子量范围为 $1 \times 10^4 \sim 5 \times 10^6$。

取代基 R 可为 H—、烷基—（碳原子数可达 13）或其他基团，m 为 1～3。R 与 m 的变化将影响 PHAs 的憎水性、玻璃化温度（T_g）、熔点（T_m）以及结晶度等性能。结晶度可从很低到 70%，所以其形态可为弹性体或刚性体。不同的取代基和 m 值可生产出不同性能的产品。例如，一种 T_g 低于 0℃的 PHAs 水分散液，涂布后干燥可得到半结晶薄膜，此薄膜性能柔韧、耐擦洗、耐磨损、制膜方法简便。

生产 PHAs，在葡萄糖、蔗糖、甘油、乳清、蛋白胨等制成的营养液中培养某些细菌，必要时添加某些无机盐溶液以补充无机元素 P、Mg、K、Ca、N 等，培养完成后，加热或用化学试剂杀死细菌，然后用三氯甲烷、己烷等适当溶剂进行萃取。脱除溶剂后，经过精制、干燥即得产品。

细菌合成的聚羟基烷酸种类很多，但目前生产的只有几种，规模仅为数千吨，主要有：

① 聚（3-羟基丁酸-co-3-羟基戊酸酯）（PHBV）；

② Metabolix's PHA。

此类产品包括 PHB 均聚物和 PHBH ［商品名 Nodax，聚（3-羟基丁酸-co-己酸酯）］。我国已建成年产 5000t PHB 的工厂，还有一些生产 PHA 的中试装置正在运行中。某些 PHA 性能与聚丙烯（PP）、高密度聚乙烯（HDPE）的比较见表 13-4。

表 13-4　某些 PHA 性能与聚丙烯（PP）、高密度聚乙烯（HDPE）比较

聚合物样品	T_g/℃	T_m/℃	抗张强度 /MPa	断裂伸长率 /%
P[3HB]	4	180	43	5
P[3HB]①	4	185	62	58
P[3HB-co-20% 3HV]	−1	145	20	50
P[3HB-co-16% 4HB]	−7	150	26	444
P[3HB-co-10% 3HHx]	−1	127	21	400
P[3HB-co-6% 3HD]	−8	130	17	680
PP	0	176	38	400
HDPE	−30	110	10	620

① 超高分子量（＞3000000）。

注：3HB 为 3-羟基丁酸；4HB 为 4-羟基丁酸；3HHx 为 3-羟基己酸；3HD 为 3-羟基癸酸。

PHAs 塑料虽属生物降解高聚物，但只有作为废弃物，置于垃圾堆场中与降解微生物接触后才会被破坏降解，所以它也可以作为耐用制品。由于目前价格远高于 PP、PE，其发展受到价格的制约。

PHAs 的开发研究重点在于菌种筛选和改良，以及生产工艺的改进等。可采用转基因技术改良菌种，甚至使用转基因植物使土豆和油类植物的种子直接合成 PHAs。

PHAs 可用于生产一次性使用材料、医用材料、医药控制释放材料、包装材料、家用制品、农业用材料、电气绝缘材料和汽车零件等。

13.2.3.4　由发酵法生产的单体乳酸合成生物降解高聚物——聚乳酸

（1）乳酸

乳酸学名为 2-羟基丙酸，是以淀粉为原料，经淀粉酶、糖化酶发酵转变为葡萄糖后，再经乳酸菌发酵而得。

乳酸为手性化合物，有 D，L 两种对映异构体，发酵仅可生产一种 L-乳酸或 D-乳酸。当前发酵工业生产的全部是 L-乳酸。通过改变菌种和培养条件，可以生产 D-乳酸。化学合成的乳酸和 D，L 异构体各半，无旋光性的称为（D，L）乳酸。二分子乳酸脱水生成的二聚体环状结构物称为丙交酯。乳酸的结构式为：

L-乳酸　　　　　　　　D-乳酸

因为乳酸有 D，L 两种对映异构体，所以丙交酯有（L，L）、（D，D）和（D，L）三种异构体：

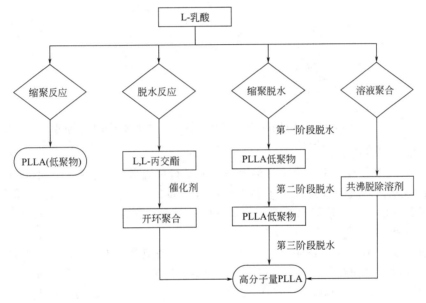

L,L-丙交酯　　　　　D,D-丙交酯　　　　　D,L-丙交酯

（2）聚乳酸（PLLA）均聚物

聚乳酸具有非常好的生物相容性，而且乳酸是人体组织代谢产物之一。聚乳酸制作的手术缝线、骨钉、支架以及药物输送和控制释放材料对人体无害，可结合于人体组织中，不需要进行第二次取出手术。垃圾堆场中的废弃聚乳酸制品可生物降解为水与二氧化碳，无残留物，是优良的降解材料。近年来，由于原料成本降低和生产工艺的改进，聚乳酸产品在价格方面已可与石油路线产品竞争，世界范围内聚乳酸产量发展迅速。据估计，2010 年产量可达 89.5 万吨。

L-乳酸难以直接缩聚得到高分子量 PLLA，而且反应能耗高，所以工业上不采用此方法。工业生产中，通常精制提纯 L-乳酸脱水得到的环状单体 L,L-丙交酯，然后通过开环聚合制得高分子量 PLLA，聚乳酸生产过程简介见图 13-9。

图 13-9　高分子量 PLLA 生产流程简图

① L,L-丙交酯开环聚合　因催化剂不同，L,L-丙交酯开环聚合可为阴离子、阳离子或配位聚合机理，所用催化剂/助引发剂主要是路易斯酸，包括 Al、Sn、Ti、Zn 和稀土金属等的盐类、烷氧基碱金属盐和某些超分子络合物等，其中以 2-乙基己酸亚锡〔Sn（Ⅱ）Octanoate〕的使用较为普遍，反应速率快，可溶于熔融的丙交酯中，而且产品的分子量高。

以 2-乙基己酸亚锡为催化剂的 L,L-丙交酯开环聚合反应是配位聚合机理。2-乙基己酸亚锡首先与少量醇（或水）反应，生成活性催化剂，然后再与 L,L-丙交酯发生配位反应，使 L,L-丙交酯开环，生成活性 Sn—O—键。L,L-丙交酯随后迅速嵌入 Sn—O 键中，进入链增长阶段。链终止反应主要是链转移；一是与反应体系中的杂质水分子反应生成聚合终止的 PLLA，另一可能是向单体（L,L-丙交酯）进行链转移，L,L-丙交酯配位聚合反应过程见图 13-10。

工业生产中，2-乙基己酸亚锡催化剂用量为（100～1000）×10^{-6}，反应温度为 140～180℃，反应时间为 2～5h，PLLA 产品的分子量可达 10^6。其缺点是存在于大分子端基的锡有毒，而且分子量分布较宽，可达 1.5～2.0，其原因在于锡催化剂可能与反应体系中的杂

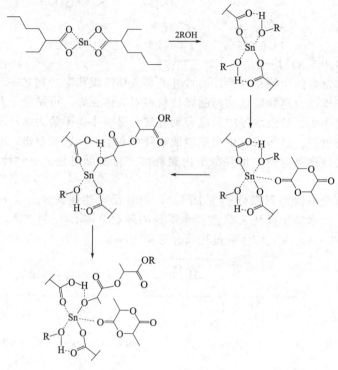

图 13-10　2-乙基己酸亚锡为催化剂的 L,L-丙交酯配位聚合机理

质反应产生新的引发中心。

② 乳酸合成聚乳酸　工业上由乳酸合成高分子量聚乳酸的方法有以下不同途径。

a. 共沸脱水法　乳酸直接脱水不易得到高分子量的 PLLA，所以采用二苯醚等高沸点溶剂，在高温下使反应生成的水共沸而脱离反应区，获得高分子量的 PLLA。缺点是溶剂可能造成环境污染。

b. 分阶段真空脱水法　在锡化物催化剂存在下，将乳酸加热至 150℃，生成聚合度<8 的低聚物。将低聚物加热至 180℃，减压至 1666Pa 后脱水 5h，获得分子量 100000 的 PLLA；然后固态脱水，在 150℃ 下减压至 66Pa，经过 10～15h 处理，可制得分子量高达 600000 的 PLLA。

c. 通过中间体丙交酯合成聚乳酸　此生产方法与分阶段真空脱水法相似，分阶段完成。第一阶段生产 $\overline{M}_n$ 约 5000 的预聚物；第二阶段将预聚物在锡化物催化下加热转化为丙交酯后，经蒸馏纯化丙交酯；第三阶段将纯化丙交酯在催化剂锡化物的作用下，开环聚合得到高分子量的 PLLA。通常在釜式反应器中用间歇式本体聚合法生产聚乳酸。

近年来，聚乳酸的生产又取得了新的进展。例如，在双螺杆挤出机中，使丙交酯在高效催化剂作用下开环聚合，连续生产高分子量聚乳酸；即采用反应挤出法由丙交酯直接生产聚乳酸薄膜、片材、吹塑制品等，此方法单独用辛酸锡催化剂时，反应速率达不到要求，需加入助催化剂三苯基磷。另外，可用超临界二氧化碳作为反应介质，因为二氧化碳不燃、无毒，易分离，而且易于达到临界条件（临界温度 310℃，临界压力 73.8bar）。如果采用不含金属原子的有机化合物为催化剂，可消除聚乳酸作为体内材料时金属原子带来的毒性。

③ 乳酸共聚物　环状单体丙交酯可与环状酯、醚和环状酸酐等许多环状化合物进行开环共聚反应，可制得相应的共聚物，其中以乙交酯、己内酯、1,4-二氧六环、三亚甲基碳酸

酯等最为重要。丙交酯与乙交酯的共聚物 PGLA 是最早用于手术缝合线和骨钉的乳酸共聚物。

己内酯是石油路线中以苯为原料合成的环状单体，其均聚物软化点低、憎水性能好，与丙交酯共聚后得到的共聚物 PLA/CL 柔韧性良好，可以弥补 PLLA 太脆的缺点，又提高了 PLA 的憎水性，在性能上发挥了互补作用。改变两种单体的配比，可以调整所得共聚物的性能。以有机锡为催化剂的开环聚合是活性配位聚合反应，按先后次序加入单体则可得到 PLLA 与 PCL 的嵌段共聚物。

以多元羟基化合物为起始剂进行 L-丙交酯开环聚合，可制得星形结构的聚乳酸；与适量的马来酸酐、富马酸酐等不饱和酸酐共聚则引入了可交联的双键，交联后可以降低聚乳酸或其共聚物的生物降解速度，而且降解以后的机械强度损失较小，适合用作体内植入材料。

此外，可在端基上引入甲基丙烯酸基团，利用端基存在的羟基进一步合成聚氨酯等。

13.2.3.5 聚乳酸及其共聚物的性能与用途

（1）聚乳酸和共聚物的性能

乳酸有 D 和 L 两种光学异构体。由乙烯合成乙醛后，再与 HCN 加成、水解生产的乳酸，D,L 含量各半，分别聚合后可获得 PLLA（聚左旋乳酸）、PDLA（聚右旋乳酸）和 PDLLA（聚混旋乳酸）三种聚乳酸。PLLA 与 PDLA 除旋光性相反以外，其他物理性能完全相同。发酵乳酸合成的聚乳酸物理性质与光学纯度有关。PLLA 光学纯度与物理性质关系见表 13-5，光学纯度 96％的 PLA 与其他热塑性塑料力学性能比较见表 13-6。

表 13-5 PLLA 光学纯度与物理性质关系

聚乳酸 L 型含量/％	玻璃化温度(T_g)/℃	熔点(T_m)/℃	密度/(g/cm³)
100	60	184	
98	61.5	176.2	1.2577
92.2	60.3	158.5	1.2601
87.5	58	无定形	
80	57.5	无定形	1.2614
45	48.2	无定形	1.2651

表 13-6 光学纯度 96％的 PLA 与其他热塑性塑料力学性能比较

塑料品种	抗张模量/MPa	Izod 切口抗冲/(J/m)	柔韧模量/MPa	断裂伸长率/％
PLA	3834	24.6	3689	4
PS	3400	27.8	3303	2
iPP	1400	80.1	1503	400
HDPE	1000	128.16	800	600

D 型与 L 型乳酸共聚合成的 PDLLA 结晶度与熔点均低于均聚物，50/50 的共聚物为无定形产品。PLLA 与 PDLA 的嵌段共聚物除了克服 PLLA 的脆性外，其他性能均次于 PLLA。利用共沉淀结晶的方法，可以获得 PLLA/PDLA 立体络合结晶物。将两种均聚物溶于二氯甲烷中，在搅拌下加入甲醇，使两种聚乳酸沉淀析出，此时获得的聚乳酸熔点高达 230℃，比 PLLA 高出近 50℃，这是因为 PLLA 与 PDLA 形成了 1/1 的立体络合结晶（stereocomplex crystallite），其机械强度也高于 PLLA；缺点是受制备方法的限制，工业化生产

尚有困难。

PLA 具有良好的透水汽性和耐油脂性。用作食品包装材料时，可保持食品香味；80℃以上即可热封；废弃物可回收也可用作燃料，生物降解最终产品仅为二氧化碳和水。

市场上有些聚乳酸商品含有共聚物，由于共聚单体价格高于乳酸或丙交酯，用量所占份额较少。某些生物降解脂肪族聚酯的物理性能见表 13-7。

表 13-7　某些生物降解脂肪族聚酯的物理性能

性　　能	聚合物				
	PLLA	PLA stereoco.	PCL	R-PHB	PGA
T_m/℃	170~190	220~230	60	180	225~230
T_g/℃	50~65	65~72	-60	5	40
密度/(g/cm³)	1.25~1.29	—	1.06~1.13	1.177~1.260	1.50~1.69
α_{589}^{25} ①	-155±1		0	+44	
透水汽率②	82~172	—	177	13③	
抗张强度④/GPa	0.12~2.3	0.92	0.1~0.8	0.18~0.20	0.08~1
弹性模量④/GPa	7~10	8.6	—	5~6	4~14
断裂伸长率④/%	12~26	30	20~120	50~70	30~40

① 三氯甲烷溶液（25℃）[deg/(dm·g·cm³)]。

② 单位为 g·m²/d。

③ P（HB-HV）(94/6)。

④ 为拉伸纤维数据。

（2）聚乳酸及其共聚物的用途

聚乳酸及其共聚物可生物降解，原料来源于可再生资源，所以近年来发展迅速。其应用范围已不限于一次性包装材料，已发展为耐用、阻燃等新型材料。近年来发展了以氢氧化铝为添加剂的阻燃高强度材料，其强度与 ABS 相当。

聚乳酸及其共聚物制成的薄膜可用来制作标签膜、包装袋、窗用贴膜等；通过注射吹塑，可制成瓶、桶等容器；还可制成医用材料和医药控制释放材料等。

此外，聚乳酸纤维也得到了很大的发展。2005 年世界上 70% 的聚乳酸类高聚物用于包装，23% 用于纤维，另外 7% 用于其他用途。

13.2.3.6　合成的生物降解聚合物

根据高聚物主链原子的异同，可分为均链和杂链聚合物两大类。烯烃单体和乙烯基单体合成的聚合物主链由—C—C—组成，为均链型；合成的聚酯、聚酰胺、聚醚、聚氨酯等因主链含有相应的功能基团，所以为杂链型。

长期以来，科学家在如何延长高聚物材料使用寿命的研究方面做了大量工作。在废弃高聚物造成环境污染的问题得到关注以后，如何使废弃的高聚物材料加速降解则成了新的研究课题。现在分别从杂链型与均链型高聚物的角度考虑其生物降解性。

（1）可生物降解的杂链型高聚物

一些杂链型高聚物含有酯基、酰胺基或氨基甲酸基，它们可被化学试剂或某些微生物所催化而水解，水解会使主链断裂，生成的低分子量产物、残片或单体有可能透过细胞膜被微生物消化、分解。聚酰胺和芳香族聚酯具有优良的物理机械性能，虽然在适当条件下可以水解，但不属于生物降解聚合物，为了使其具有生物降解性能，需进行共缩聚改性。重要的生物降解杂链型聚合物如下所示。

① 脂肪族聚酯　包括由乙二醇、1,4-丁二醇与丁二酸、己二酸合成的聚酯及其共聚物；聚己内酯（PCL）易水解，水解产物可被微生物分解，所以它们属于可生物降解聚合物。

② 脂肪族-芳香族共聚聚酯　对苯二甲酸乙二酯（PET）、对苯二甲酸丁二酯（PBT）是工业上重要的芳香族聚酯，但不易水解，而且不被微生物作用，所以不属于可生物降解聚合物。为了使其具有生物降解性，在它的大分子中需要引入脂肪族聚酯链段，即合成脂肪族-芳香族共聚聚酯。工业上主要在 PET、PBT 生产过程中加入适当的脂肪族二元酸与二元醇进行共缩聚，加入的二元酸、二元醇包括：

a. PET 生产中可加入的二元酸包括丁二酸、己二酸、癸二酸、L-乳酸、1,12-十二烷二酸等；可加入的二元醇包括二缩乙二醇、二缩丁二醇等。

b. PBT 生产中可加入的二元酸包括丁二酸、己二酸、草酸、羟乙酸等；可加入的二元醇为 1,4-环己烷二甲醇。

此外，还可加入己内酯与 PET、PBT 合成相应的 PCL 共聚物。

③ 聚酯与淀粉共混物　聚酯与淀粉共混物已在"淀粉"一节中介绍。

④ 聚酯-酰胺　聚酰胺是一类性能优良的聚合物，但不易生物降解，与脂肪族聚酯共聚合成的聚酯-酰胺（Polyester-amides）则既保留了聚酰胺的优良性能又可生物降解。

聚酯-酰胺可以通过数种单体经缩聚反应合成，单体包括二元酯-二元胺、二元酰胺-二元酸、二元酰胺-二元酯或它们的低聚物。

为了合成成本低廉、生产工艺安全可靠、既有良好的物理机械性能又能够生物降解的聚酯-酰胺，必须进行分子设计以合成合适的新型单体。

a. 单体合成　聚酰胺的单体一般不能生物降解，所以必须合成新型单体。

ⓐ 二元胺的合成反应：

$$2H_2N-\overset{\underset{|}{R_1}}{C}H-COOH + HO-A-OH \longrightarrow H_2N-\overset{\underset{|}{R_1}}{C}H-COO-A-OOC-\overset{\underset{|}{R_1}}{C}H-NH_2$$

$R_1 = -H, -CH_3(D, L, DL), -CH_2C_6H_5, -CH(CH_3)_2, -CH_2CH(CH_3)_2,$
$-CH(CH_3)CH_2CH_3, -(CH_2)_3CH_3, -(CH_2)_3CH_3, -(CH_2)SCH_3$

$A = -(CH_2)_{2\sim12}, PEG$

$$H_2N-(CH_2)_x-OH + HOOC-\overset{\underset{|}{R_2}}{C}H-\overset{\underset{|}{R_2}}{C}H-COOH \longrightarrow H_2N-(CH_2)_x-OOC-\overset{\underset{|}{R_2}}{C}H\overset{\underset{|}{R_2}}{C}H-COO-(CH_2)_x-NH_2$$

$R_2 = -H, -OCH_3$
$x = 2\sim6$

ⓑ 二元醇的合成反应：

$$H_2N-(CH_2)_x-NH_2 + 2HO-(CH)_y-COOH \text{或} 2O-(CH)_y-C=O \longrightarrow$$
$$\overset{\underset{|}{R_1}}{} \qquad \overset{\underset{|}{R_1}}{}$$

$$HO-(CH)_y-CONH-(CH_2)_x-HNOC-(CH)_y-OH$$
$$\overset{\underset{|}{R_1}}{} \qquad\qquad\qquad\qquad \overset{\underset{|}{R_1}}{}$$

$x = 2\sim16, y = 1\sim5$

ⓒ 二元酯的合成反应：

$$ClOC-(CH_2)_y-COCl + 2H_2N-(CH_2)COOCH_3 \longrightarrow$$
$$H_3COOC-(CH_2)-HNOC-(CH_2)_y-CONH-(CH_2)-COOCH_3$$
$$y = 2\sim10$$

$$ClOC-(CH_2)_4-COCl + 2H_2N-(CH_2)_4-COOCH_3 \longrightarrow$$
$$H_3COOC-(CH_2)_4-HNOC-(CH_2)_4-CONH-(CH_2)_4-COOCH_3$$

b. 聚酯-酰胺合成

ⓐ 二元胺与二元酰氯反应合成聚酯-酰胺：

$$n\mathrm{H_2N-CH-OCO-A-OCO-CH-NH_2} + 2n\mathrm{XOC-(CH_2)_y-COX} \xrightarrow{\text{溶液/界面聚合}}$$

$$\underset{R_1}{|} \qquad\qquad \underset{R_1}{|}$$

$$\left[\mathrm{CH-OCO-A-OCO-CH-NHOC-(CH_2)_y-CONH}\right]_n + 2n\mathrm{HX}$$

$$\underset{R_1}{|} \qquad\qquad \underset{R_1}{|}$$

$\mathrm{R_1 = -H}$, $\mathrm{-CH_3(D,L,DL)}$, $\mathrm{-CH_2C_6H_5}$, $\mathrm{-CH_2(CH_3)_2}$, $\mathrm{-CH_2CH(CH_3)_2}$,

$\mathrm{-CH(CH_3)CH_2CH_3}$, $\mathrm{-(CH_2)_3CH_3}$, $\mathrm{-(CH_2)_2SCH_3}$

$\mathrm{X = -Cl}$, $\mathrm{-C_6H_4NO_2}$

$\mathrm{A = -(CH_2)_{2\sim12}}$, PEG

$y = 2\sim10$

ⓑ 二元酯-酰胺与二元醇经酯交换反应合成聚酯-酰胺：

$$n\mathrm{H_3COOC-(CH_2)_z-HNOC-(CH_2)_y-CONH-(CH_2)_z-COOCH_3} + n\mathrm{HO-(CH_2)_p-OH} \longrightarrow$$

$$\left[\mathrm{OC-(CH_2)_z-HNOC-(CH_2)_y-CONH-(CH_2)_z-COO-(CH_2)_p-O}\right]_n + n\mathrm{CH_3OH}$$

$$y=2\sim10, \quad p=2\sim12, \quad z=1\sim5$$

ⓒ 经界面缩聚反应合成嵌段和无序聚酯-酰胺：

$$\mathrm{ClOC-(CH_2)_y-COCl} + \mathrm{HO-(CH_2)_z-OH} \xrightarrow{\text{熔融}}$$

（过量）

$$\mathrm{ClOC-(CH_2)_y-COO-(CH_2)_z-OOC-(CH_2)_y-COCl} + \mathrm{H_2N-(CH_2)_p-NH_2} \xrightarrow[\text{界面缩聚}]{+\mathrm{ClOC-(CH_2)_y-COCl}}$$

$$\left[\mathrm{OC-(CH_2)_y-COO-(CH_2)_z-OOC(CH_2)O}\right]_n \big/ \left[\mathrm{OC-(CH_2)_y-COHN-(CH_2)_p-NH}\right]_n$$

以上仅介绍三条合成路线，还可通过其他方法合成聚酯-酰胺。

聚酯-酰胺的生物降解起始于水解反应，它们的酯基基团易于水解，含量即使低达 10%（摩尔分数）也可发生水解反应；无定形链段较结晶链段易水解；共缩聚物中，无序排列的链段较有序排列的链段易水解；按先后顺序加料合成的聚酯-酰胺较无序加料的稳定。

（2）可生物降解均链型高聚物

碳-碳主链形式的均链型高聚物包括烯烃聚合物和乙烯基聚合物等，种类较多，但只有聚乙烯醇可生物降解。聚烯烃必须经光或氧化催化以后，才可能发生生物降解。

聚乙烯醇由聚醋酸乙烯酯水解制得。由于原料聚醋酸乙烯酯分子量和水解程度的不同，聚乙烯醇有冷水溶解、热水溶解、冷热水均溶解或均不溶解等多种品牌，但它们都可生物降解。

聚乙烯醇降解过程中，聚乙烯醇首先在自然界存在的酵素作用下，与空气中的氧反应，将羟基氧化为酮基，氧则转化为过氧化氢。当相邻的羟基都转变为酮基以后，发生水解反应，使主链断裂生成端羧基与端醛基，以上反应反复进行直到聚乙烯醇全部分解。聚乙烯醇衍生物聚乙烯醇醚也可发生上述降解反应。聚乙烯醇降解化学反应见下式：

聚乙烯、聚丙烯、聚苯乙烯都是以—C—C—为主链的均链型高聚物，是以石油为原料制得的通用型塑料，应用范围非常广泛。这些聚合物商品的分子量超过 250000 时，不能被微生物消化、分解，是造成塑料污染的主要原因。如果分子量在 5000～10000，则可作为微生物的碳原料被消化、分解。

在生产一次性或短期使用的 PE/PP/PS 塑料制品时，如果在原料配方中加入适当的降解催化剂，使产品在使用后断裂为分子量在 5000～10000 的低聚物，即可使原本不能生物降解的聚合物被微生物消化、分解。催化降解的助剂分为两类。

① 光-生物降解添加剂 太阳光含有紫外线、可见光和红外线，PE/PP/PS 塑料经太阳光照射后，可发生光降解，但降解速度太慢。为了加速光降解和随后的生物降解，可使用促进光-生物降解的添加剂，如颗粒状光-生物降解母料（Photo-Biodegradable masterbatch）或粉状光-生物降解促进剂（Photo-Biodegradable accelerant）等，它们的用量分别为 6% 和 0.1%～3.0%，它们还具有促进氧化降解的作用。

② 氧化-生物降解添加剂 在无光线的垃圾堆场中，光催化剂不能发挥作用，因此需要使用具有促进降解作用的氧化-生物降解剂，主要有"d2w"和"TDPA"等添加剂。

d2w 用量仅为 1%，在生产塑料制品时加入配方中，成型加工以后在设定的安全使用期内力学性能无明显变化。超过此期限后，塑料制品开始发生氧化-生物降解作用，此过程可发生在阳光下、黑暗中、受热、受冷、陆地或海洋，最终转变为水和二氧化碳，对环境不会造成二次污染。可以根据使用情况设定使用期限，例如大型垃圾收集袋丧失强度的期限可定为 18 个月，而面包袋可定为数周等。

以上降解催化剂的成分尚属于技术机密，未见公开报道，可能含有金属化合物。

第14章

固态离子(型)聚合物

14.1　概述

含有离子基团的聚合物统称为离子聚合物。离子聚合物包括不同化学类别、不同电性能和溶解性能的聚合物。按照离子聚合物的性能、形态和溶解性可将其分为下列三种类型。

(1) 聚电解质

聚合物在水等强极性溶剂中形成的溶液或溶胀物中，产生的静电力作用超过其分子尺寸时，它们基本上都具有水溶性，其化学结构的特点是沿大分子主链存在众多的可电离的离子基团，此类聚合物称为聚电解质（Polyelectrolyte）。

(2) 含离子键聚合物

此类聚合物的主链存在少量离子基团［通常＜15％（摩尔分数）］，但它们会自动聚集，形成若干孤立的离子聚集体，这些孤立的离子聚集体对此类聚合物性能产生重大影响，从而形成了一类新型聚合物，称为"含离子键聚合物"（Ionomer）。Ionomer 也译为"离聚体"、"离子交联聚合物"和"离子聚合物"等。这一类型聚合物在常温下为不溶解的固体物，主要作为塑料使用。

(3) 玻璃粉-离子聚合物混凝物

第三类聚合物是以丙烯酸为主体合成的聚丙烯酸离子聚合物和玻璃粉组成的混凝物，称为"玻璃粉-离子聚合物混凝物"（Glass Ionomer Cement）。

聚电解质基本上为水溶性离子聚合物，其性质与应用范围和后两类有较大差异，将在第15章"水溶性聚合物"章节内介绍。本章仅涉及含离子键聚合物和玻璃粉-离子聚合物混凝物。

14.2　含离子键聚合物

14.2.1　含离子键聚合物的类型

含离子键聚合物有不同的分类方法，它们在电中性的高聚物聚集态中，存在若干离子基团聚集的微域，离子基团对其性能的影响很大，具体可从以下四方面说明。

(1) 玻璃化温度（T_g）

有的离子键聚合物在未中和其离子之前，玻璃化温度仅为 $-10℃$，用 Ca^{2+} 中和以后，玻璃化温度上升至 $520℃$。

(2) 力学性能

以苯乙烯与甲基丙烯酸钠盐共聚物模量变化为例，当甲基丙烯酸钠盐含量为 5.4％（摩尔分数），受热至 200℃时，共聚物模量约为 400MPa，但是不含离子基团的聚苯乙烯在此温度下却仅为黏稠流体。

（3）导电性能

（固态）离子聚合物可在绝缘体-导体之间转换。例如，甲基丙烯酸甲酯与甲基丙烯酸钠盐共聚物形成的（固态）离子聚合物中，当离子含量为 5%（摩尔分数）时，其电导率为 $10^{-2}\Omega^{-1}\cdot cm^{-1}$，与半导体相当。

（4）熔融黏度

某种聚苯乙烯均聚物在 220℃时，熔融黏度为 $4\times10^3 Pa$。但相同分子量的聚苯乙烯在含有 3%（摩尔分数）羧酸盐离子基团时，其熔融黏度高达 $7\times10^5 Pa$；如果离子基团为磺酸盐，其熔融黏度则高达 $9\times10^8 Pa$，升高了 5 个数量级。离子浓度越高则相应的熔融黏度越高。

根据两种单体在共聚物中的位置，可分为无序（规）共聚物、交替共聚物、接枝共聚物、遥爪共聚物、嵌段共聚物等。嵌段共聚物又可区分为单遥爪、双遥爪、三臂星型、多臂星型等多种共聚物。含离子键聚合物在大分子结构和性能上有共同的特点，从化学组成来看，是电中性单体与离子性单体的共聚物。由于含离子键聚合物中离子性单体所占比重小，而且离子性基团易于聚集，所以含离子键聚合物主要局限为无序排列型和嵌段型两大类，嵌段型又包括遥爪型、三臂星型和多臂星型三种。

用 X 射线散射技术和其他方法研究含离子键聚合物中离子基团聚集形态后，先后出现了硬球型、核壳型以及多元-集束型等多种理论来解释此类聚合物性能特殊的原因。

14.2.2 含离子键聚合物的合成工艺

含离子键聚合物由电中性重复单元和离子性重复单元两部分组成，电中性组分占总量 80%（摩尔分数）以上，为连续相；分散相为离子基团。理论上可分为阴离子或阳离子含离子键聚合物，但商品含离子键聚合物主要是质子酸或 Li^+、Na^+、Zn^{2+} 等金属离子的羧酸盐或磺酸盐，它们以小型聚集态形成了分散相，因此是阴离子型含离子键聚合物。由于引入离子基团的方法不同，含离子键聚合物合成可分为下列两种情况。

14.2.2.1 电中性单体与含质子酸单体共聚合成固态离子聚合物

两种单体共聚可产生无序、交替、接枝、嵌段等多种形式的共聚物。固态含离子聚合物中，离子性单体所占比重少，而且要求便于聚集，所以两种单体合成的固态含离子聚合物大分子中，两种单体存在的形式主要为无序共聚物和嵌段共聚物两大类，而嵌段共聚物又包括遥爪型（Ⅰ）、三臂星型（Ⅱ）和多臂星型（Ⅲ）等多种形式，详见图 14-1。

由两种单体经共聚反应合成含离子键聚合物的过程分为两阶段。第一阶段与一般的共聚反应相同，但由于含羧酸或磺酸的单体极性强，不易与电中性单体相容形成均相体系，所以共聚反应中离子性单体经常采用含羧酸或磺酸的衍生物，如酯或其他酰基化物的单体。产品为含有少量羧酸基团衍生物的共聚物，或者为磺酸基团衍生物的共聚物。第二阶段是将共聚物中的质子酸或酸性基团衍生物离子化后，得到含离子键聚合物。

第一阶段合成的共聚物不溶于极性溶剂中，必须将纯化处理后的共聚物溶解于可发生中和反应的溶剂中，再与碱性溶液（如 NaOH 甲醇溶液）反应，或与金属氧化物反应以生成离子聚合物，脱除溶剂后得到含离子键聚合物。

以过氟磺酸盐（固态）离子聚合物的合成过程为例，电中性单体四氟乙烯首先与含有极性基团磺酰氟的单体（Ⅰ）进行共聚，合成含有磺酰氟基团的无序共聚物（Ⅱ）。磺酰氟基团不是离子性基团，所以要进行第二阶段化学转换反应，将磺酰氟基团转变为离子基团磺酸

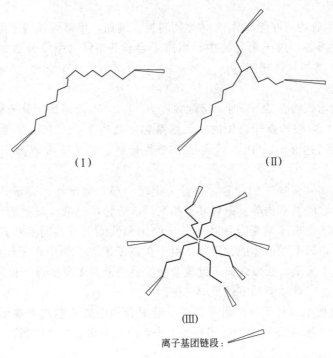

（Ⅰ）　　　　　　　　　　　　（Ⅱ）

（Ⅲ）

离子基团链段：

图 14-1　含离子键聚合物嵌段大分子简图

盐和磺酸，反应如下：

$$
\begin{CD} F_2C=CF_2 + F_2C=CF \end{CD}
$$

$$
F_2C{=}CF_2 \quad + \quad \underset{\substack{| \\ OCF_2-CF_2O-\overset{F_2}{\underset{}{C}}-\overset{F_2}{\underset{}{C}}-SO_2F}}{F_2C{=}CF} \qquad \xrightarrow{\text{共聚反应}}
$$

（Ⅰ）

$$
\begin{array}{c} \cdots\!\!+\!\!\overset{F_2}{\underset{}{C}}-\overset{F_2}{\underset{}{C}}\!\!\cdots\!\!\overset{F_2}{\underset{}{C}}-\overset{F}{\underset{|}{C}}\!\!+\!\!\cdots \\ OCF_2-CF_2O-\overset{F_2}{\underset{}{C}}-\overset{F_2}{\underset{}{C}}-SO_2F \end{array}
$$

（Ⅱ）

$$
\xrightarrow{\text{转换反应}} \quad \begin{array}{c} \cdots\!\!+\!\!\overset{F_2}{\underset{}{C}}-\overset{F_2}{\underset{}{C}}\!\!\cdots\!\!\overset{F_2}{\underset{}{C}}-\overset{F}{\underset{|}{C}}\!\!+\!\!\cdots \\ OCF_2-CF_2O-\overset{F_2}{\underset{}{C}}-\overset{F_2}{\underset{}{C}}-SO_3^-X^+ \end{array}
$$

（Ⅲ）

$X=Na^+, Li^+, Zn^{2+}, H^+$ 等

　　第一阶段的共聚反应中，氟单体经自由基本体聚合或乳液聚合制得无序共聚物，提纯、干燥后进行第二阶段转换反应，在压力下加热使无序共聚物溶解于 50/50 的乙醇/水溶液中，发生磺酰氟基团水解反应，转换得到磺酸基团，最后用定量的 NaOH 醇溶液中和得到以 Na^+ 为主、含有少量 H^+ 的离子聚合物。过滤除去不溶物后，干燥脱除溶剂得到含离子键聚合物。

　　为了精确控制水解程度与反应速率，不直接用水进行水解，而是采用水合物如水合甲苯磺酸（$CH_3C_6H_4SO_3H \cdot H_2O$）等进行水解。

　　共聚合成含离子键聚合物时应注意下列事项：

① 两种单体配比 $m/n>5$，只有少数情况例外；

② 共聚物所含的羧酸或磺酸基团，都要精确测定其含量；

③ 应根据最终产品（固态）离子聚合物的性能要求，精确确定中和酸性基团所需的金属离子用量。有些牌号的商品需保留一部分 H^+；

④ 金属离子的不同种类和含量对制得的固态离子聚合物性能影响也不相同，因此会得到不同牌号与型号的商品。

各种嵌段共聚物的合成方法见"高聚物改性工艺"一章。

14.2.2.2　由均聚物合成含离子键聚合物

含有磺酸基团或其衍生物的单体与电中性单体的相容性差，也可能因竞聚率相差太大而不能用共聚的方法合成含离子键聚合物，但可采用均聚物磺酸化的方法予以合成。

在聚合物碳原子上引入磺酸基团（$—SO_3H$）的反应叫做磺化反应，磺化试剂可为浓硫酸、乙酰硫酸、三氧化硫或氯磺酸等。含有磺酸的含离子键聚合物主要是四氟乙烯与含有磺酸基团的氟乙烯醚单体的共聚物，它们的商品名为"Hafion"，其次是含有磺酸基团的聚苯乙烯含离子键聚合物。

含磺酸基团的聚苯乙烯含离子键聚合物的合成中，首先将平均分子量适当的聚苯乙烯树脂溶解于适当溶剂（二氯甲烷）中，然后用磺化剂乙酰硫酸进行磺化。乙酰硫酸的制备与聚苯乙烯磺化反应如下所示：

$(CH_3CO)_2O + H_2SO_4 \longrightarrow CH_3CO—SO_3H + CH_3COOH$

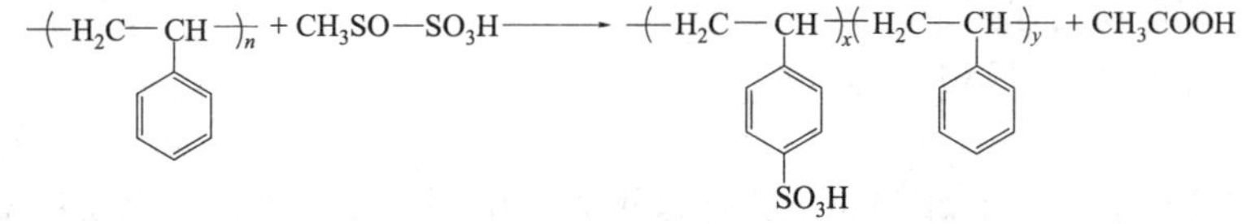

$\cdots$

醋酸酐溶解于二氯甲烷中，冷却至 0℃ 与 95％～97％ 的浓硫酸反应。醋酸酐应当过量，可与反应体系中的水分反应。聚苯乙烯同样溶解于二氯甲烷中，在 N_2 氛围中，在 40℃ 与新制备的乙酰硫酸溶液反应。反应结束后加入丙醇，使过剩的乙酰硫酸分解。最后将反应液逐渐倾入沸水中，使产品聚苯乙烯磺酸含离子键聚合物沉淀析出，洗涤、干燥后得到产品。

采用乙酰硫酸作为磺化剂的优点是反应缓和、容易控制，并可在溶剂二氯甲烷中形成均相体系，易于反应。产品含离子键聚合物的磺酸含量应精确测定，以便于确定金属离子的用量。

14.2.3　含离子键聚合物的性能与应用

14.2.3.1　含离子键聚合物的形态

含离子键聚合物是在电中性大分子中引入了少量离子基团，这些离子基团形成的聚集体分布于电中性基质中，改变了母体电中性大分子聚集体的形态，导致含离子键聚合物性能与原始基质大分子性能的重大改变。

含离子键聚合物中的离子基团可认为是由共价键组成的主链悬挂基团，离子基团中正负离子相互作用而聚集，形成了相似于交联聚合物中的交联点，与之不同的是离子聚集点是通过次价键相结合的。由若干个离子基团组成的聚集体受热后会解离，因而呈现热塑性。

含离子键聚合物的离子聚集体中存在正负两种离子。一般的含离子键聚合物含有一价的羧酸负离子或磺酸负离子，伴生的正子多数为金属离子，金属离子的浓度和种类对含离子键聚合物的性能会产生不同的影响。

含离子键聚合物的形态及其理论解释还在发展之中。初始聚集体仅由数个离子对组成，可称之为离子束。离子束的大小受多种因素的影响。金属离子浓度增加，含离子键聚合物的玻璃化温度升高；金属离子的体积增加（表现为原子序数增大），对含离子键聚合物的玻璃化温度的影响程度加大。如果中和负离子，含离子键聚合物的正离子季铵盐带有一个烷基，该烷基链的长短对含离子键聚合物的玻璃化温度也会产生影响，玻璃化温度随碳链长度的增加而降低。另外，聚合物的介电常数、离子基团与主链的距离、离子的含量等因素都会对含离子键聚合物的形态产生影响。当离子含量增高、离子束数目增加时，可形成"簇"，其活动范围会受影响和限制。

含离子键聚合物中，聚集体的尺寸一般约为 $5\sim10$Å（1Å＝0.1nm，余同），它可在限定的范围内移动，但不会超出大分子的长度。以聚苯乙烯-甲基丙烯酸钠制得的含离子键聚合物为例，其聚集体的直径约为 6Å，限定的活动范围不超过 26Å。

14.2.3.2　含离子键聚合物的性能

含离子键聚合物性能的主要特点是透明性优良，柔韧性良好，耐油和耐溶剂性优良。

含离子键聚合物是一系列化学组成不同、大分子结构不同、离子基团也可能不同的高聚物，其性能不能用单一的聚合物作为代表。重要的含离子键聚合物有乙烯类（包括高密度聚乙烯、低密度聚乙烯、聚丙烯）、苯乙烯类、全氟烃等类型。离子基团有羧酸型或磺酸型。根据离子基团的位置可分为无序型、遥爪型、双嵌段、三嵌段以及星型等多种形式。上述因素都将影响含离子键聚合物的性能。此外，离子基团的含量、金属离子的种类和含量也是影响含离子键聚合物性能的重要因素。

14.2.3.3　含离子键聚合物的应用

含离子键聚合物的应用主要有以下几方面。

（1）渗透膜

含离子键聚合物的主要用途之一是作为超选择性渗透膜。由四氟乙烯与含有端基磺酸的过氟单体共聚合成的过氟类含离子键聚合物，制成渗透膜后可以通过水分子，而且可快速通过阳离子，与阳离子伴生的阴离子因与聚合物共价结合而不能转移。这一类含离子键聚合物具有耐热性高、尺寸稳定性好和耐化学腐蚀性优良的特点，用于氯碱工业既降低了电耗又提高了烧碱的质量。

此外，过氟类含离子键聚合物在燃料电池方面的应用也得到越来越多的重视。

（2）塑料

含离子键聚合物具有优良的柔韧性和模塑成型加工性，可用来制造汽车保险杠、高尔夫球外壳、滑雪靴部件以及汽车部件等。此外，作为包装材料可制造透明膜、复合膜以及泡沫塑料等。

（3）钻井流体助剂

磺化聚苯乙烯含离子键聚合物与磺化乙丙橡胶含离子键聚合物可用作钻井流体助剂，含离子键聚合物能够承受较苛刻的条件，可在高剪切、高温下工作，同时还可改进其他助剂的分散状态。

（4）催化剂或催化剂载体

含离子键聚合物的离子束可以用作微型反应器。某些活性离子或金属在此聚集体内可以发挥催化剂的作用，此时的含离子键聚合物形同催化剂载体。如果含离子键聚合物的阳离子参与催化反应（如某些气体经含离子键聚合物的阳离子催化可生成胺、羟基或羰基等化合物），则含离子键聚合物直接发挥了催化剂的作用。

（5）控制释放剂

含离子键聚合物已用作尿素的缓释剂。含离子键聚合物溶解于适当溶剂后，喷涂于尿素颗粒表面，溶剂蒸发后形成的薄膜包围了尿素颗粒表面。施肥后，水分可渗透入尿素颗粒中而对薄膜产生压力，当超过薄膜的承受能力后，薄膜破裂，尿素进入环境中。根据尿素颗粒大小，改变含离子键聚合物中离子基团的种类、含量以及薄膜厚度等因素可控制尿素的释放速度，并可达到缓释目的。

此外，含离子键聚合物还可用作热塑性弹性体。由于含离子键聚合物具有自修复能力，今后在利用此性能方面可能会有所发展。

14.3 玻璃粉-含离子键聚合物混凝物

14.3.1 概述

玻璃粉-含离子键聚合物混凝物（Glass-Ionomer Cements）广泛用作牙科和骨科材料。此混凝物由两部分组成，一部分为固体的玻璃粉；另一部分为液态物，主要成分是聚合羧酸或其水溶液。使用时将两者按适当比例混合形成半固体物，固化成型后得到坚硬的材料。它可填充、修补牙齿缺陷，又可与存在的牙齿产生化学结合键，因此十分牢固。

14.3.2 化学组成

（1）玻璃粉

玻璃粉由二氧化硅、氧化铝、氟化钙、磷酸铝、氟化铝、氟化钠等无机物烧结而成。玻璃粉原料在 1100~1500℃ 煅烧约 2h 后，将熔融物倾入水中使其冷却并破碎，经研磨、过筛分级制得产品。颗粒大小与使用范围有关，密封材料要求玻璃粉颗粒为 $20\mu m$ 级；补牙用则为 $50\mu m$ 级；要求修复黏结力强时应选用 $13~19\mu m$ 产品。

玻璃粉中氟化物的含量约为 $10\%~23\%$，氟化物主要来自氟化钙、氟化钠以及氟化铝等，还可用锶化合物取代钙化合物。

（2）液态物

液态物主要由不饱和羧酸共聚物与水组成，不饱和羧酸以丙烯酸为主，其次为甲基丙烯酸、衣康酸、马来酸等。这些含有双键的羧酸经自由基共聚反应合成共聚物聚合羧酸，然后配制成适当浓度的水溶液。有些商品中还添加了甲基丙烯酸羟乙酯、酒石酸等，水溶液的浓度取决于商品种类，多数为 $40\%~50\%$。

添加上述各种羧酸对于改进玻璃粉-含离子键聚合物混凝物的性能与操作都有重要作用。

衣康酸可以提高玻璃粉与聚合羧酸之间的反应活性，还可防止产生凝胶。凝胶的产生原因是由于两个羧酸主链支链之间氢键作用所致。

聚马来酸或共聚产生的聚马来酸链段的酸性强于聚丙烯酸，可提高固化物的硬度并降低对湿度的敏感性。马来酸的羧基较丙烯酸的羧基易于产生交联。而且固化产品质量较好。

酒石酸不参与共聚反应，但经常存在于液态物中，它是控制固化反应的添加剂，可适当延长凝胶化时间，改善操作条件。酒石酸还可较快地从玻璃粉中萃取需要的离子形成络合物，缩短固化周期，可提高固化产品的强度与硬度。可将冰冻干燥得到的聚合羧酸粉与玻璃粉混合置于同一容器中，使用时用水或酒石酸水溶液调和即可。此为单包装玻璃粉-含离子键聚合物混凝物，其储存有效期较长。酒石酸是玻璃粉-含离子键聚合物混凝物的重要成分。

14.3.3 化学类别

玻璃粉-含离子键聚合物混凝物分为一般玻璃粉-含离子键聚合物混凝物、树脂改性玻璃粉-含离子键聚合物混凝物（添加甲基丙烯酸羟乙酯）、杂化玻璃粉-含离子键聚合物混凝物、三固化玻璃粉-含离子键聚合物混凝物、金属增强-玻璃粉-含离子键聚合物混凝物等品种。

（1）一般玻璃粉-含离子键聚合物混凝物

该混凝物使用的配方较老，玻璃粉与液态物分别包装，即双包装。使用时按规定比例混合，必须在时间很短的活性有效期内使用，最后固化为坚硬的材料，可作为密封或填充使用。

（2）树脂改性玻璃粉-含离子键聚合物混凝物（添加甲基丙烯酸羟乙酯）

在一般玻璃粉-含离子键聚合物混凝物的液态物中，加入甲基丙烯酸羟乙酯单体和适量光敏自由基聚合引发剂后，在牙科固化灯照射时可引发甲基丙烯酸羟乙酯聚合。固化后生成少量聚甲基丙烯酸羟乙酯树脂，所以称为树脂改性玻璃粉-含离子键聚合物混凝物。甲基丙烯酸羟乙酯在固化前是非极性单体，在聚丙烯酸存在下溶于水中，固化后生成的聚合物则不溶于水，生成的微域存在于不同材料形成的固化体系中，因而提高了医疗效果。

（3）杂化玻璃粉-含离子键聚合物混凝物

在（2）的配方中添加自固化剂如胺-过氧化物引发剂，可制得杂化玻璃粉-含离子键聚合物混凝物，又称为双固化玻璃粉-含离子键聚合物混凝物。其特点是可以使用较多种类的单体或预聚物，使低黏度的液态物转变为糊状物，便于牙科修复手术使用。

（4）三固化-玻璃粉-含离子键聚合物混凝物

在（3）的配方中添加第三种固化剂如叔胺与过氧化物组成的氧化-还原引发剂，可制得三固化-玻璃粉-含离子键聚合物混凝物。其特点是各种固化剂的用量可以调整，从而减少影响补牙色泽的固化剂用量，修补物固化后强度高。

实际上，（2）～（4）都是树脂改性物，在液态物中加有可产生自由基聚合的单体或预聚物［如甲基丙烯酸羟乙酯（HEMA）］，因此必须加入引发剂（固化剂）。因为牙齿修补在口腔内进行，所以必须选用常温下反应的引发剂，因此（2）使用光敏引发剂；（3）增加了自固化引发剂；（4）则进一步增加了室温条件下反应的氧化-还原引发剂。（2）所用的光敏引发剂需适当波长的灯光照射，引发剂可加于液态物中。（3）、（4）使用的引发剂都是双组分，必须分开包装，在使用时临时混合。

（5）金属增强-玻璃粉-含离子键聚合物混凝物

在一般玻璃粉-含离子键聚合物混凝物中可加入银汞合金粉。当汞挥发以后，银微粒子即与玻璃紧密结合，提高了固化材料的机械强度，并且会对电磁波产生屏蔽作用。

14.3.4　固化反应

将玻璃粉-含离子键聚合物混凝物中的玻璃粉与液态物混合后，数十秒时间即发生初步固化，继续固化则形成坚硬固体。此化学反应较为复杂，液体物中的水作为反应介质发挥了重要作用。碱性玻璃粉首先和聚丙烯酸发生反应，形成了作为基质的盐水凝胶，水还与羧酸金属盐形成了水合物。

固化反应在不同的反应相中进行，聚丙烯酸的羧酸基首先在水相中解离为羧酸负离子（—COO⁻）和氢正离子（H⁺）。H⁺与玻璃粉表面作用，生成了 Al^{3+} 与 Ca^{2+}，在水相中释放后产生了金属盐水凝胶，开始初步固化。金属离子随后与聚丙烯酸中的羧基络合，此步骤中 Ca^{2+} 占主要地位。金属离子在水溶液中很活泼，所以玻璃粉平时要严格隔离湿气。使用时不可缺少水分，否则固化程度受到限制。反应继续进行时，质子不断地与玻璃粉反应，分解析出 Al^{3+}，当 Al^{3+} 积累以后，固化开始进入第二阶段。在已存在的基质中，Al^{3+} 与 Ca^{2+} 形成了不溶于水、三维结构的聚丙烯酸铝钙盐凝胶，此时如果水分流失，将不会产生影响。

许多化学和物理因素影响聚丙烯酸水溶液与玻璃粉之间的固化反应。固化反应虽可简单地看作酸-碱反应，但事实上很复杂，既有钙离子、铝离子的释放与沉淀，又有凝胶的产生。

最重要的化学影响因素是氟化物与酒石酸。氟化物可与金属离子生成络合物，因而延缓了 Al^{3+} 和 Ca^{2+} 正离子与聚丙烯酸负离子之间的反应，延缓了凝胶化进程，为操作提供了足够的工作时间。固化反应初期，酒石酸与溶解出来的金属形成络合物，使金属离子不能与聚丙烯酸反应生成交联物，但此反应是可逆的。在后来的固化阶段，已络合的金属离子可以再发生交联反应，因此操作时间得以延长，而交联固化时间却缩短。

14.3.5 商品组成

生产玻璃粉-含离子键聚合物混凝物的公司较多，市场上有较多品种供应，但其组成大同小异，主要差别在于各种化学成分的用量、添加剂以及包装有所不同。根据固化过程所加液态物的种类，产品可分为水固化型、非水固化型和水-非水混合固化型。

（1）水固化型

将聚丙烯酸、聚马来酸等经真空干燥或冷冻干燥制成固体粉料，与玻璃粉混合包装，使用时加入规定量的蒸馏水调和即可。其特点是使用保存期限较长，不会产生凝胶化现象，易于操作。有的商品在蒸馏水中加有酒石酸。

（2）非水固化型

商品的液态物含有聚丙烯酸、聚马来酸、衣康酸和酒石酸时，液态物呈黏稠状，不可进行冷冻，以免黏度过高而影响操作。由于羧酸基团之间氢键的作用可能产生凝胶，所以存放期不应超过六周。

（3）水-非水混合固化型

这类商品的粉状物中含有少部分脱水的聚丙烯酸，液态物中则含有大部分的聚丙烯酸和酒石酸等，它的黏度与活性期介于以上两者之间，便于操作。

第15章

水溶性聚合物

15.1 概述

聚合物通常都具有耐水性，绝大多数聚合物和聚合物制成的产品不溶于水。水溶性聚合物包括不同化学类别的聚合物，在溶解性能上与一般聚合物明显不同，具有水溶性。水溶性聚合物在溶液性质以及应用方面有许多共同点，可广泛用作絮凝剂、增稠剂、织物整理剂、纸张处理剂、油水分离剂、消泡剂、土壤改良剂、缓冲剂、石油钻探用剂等。

具有下述两条件之一的聚合物具有水溶性：

① 主链上含有亲水性优良的醚键短链或仲胺键，聚合物为无定形化合物，如聚氧乙烯、聚乙烯胺等。

② 主链为 C—C 键，但沿 C—C 主链分布众多的亲水基团，如—SO_3H、—COOH、—$CONH_2$、—OH、—OCH_3、—NH_2、 —$\overset{\mid}{\underset{\mid}{N}}\!\!\overset{+}{-}CH_3$ 等。

根据聚合物来源，水溶性聚合物分为：

① 天然水溶性聚合物，包括从天然物质淀粉、蛋白质、海藻等提取出的水溶性聚合物；

② 半合成水溶性聚合物；

③ 天然高分子经化学改性得到的水溶性聚合物，如羧甲基纤维素、甲基纤维素等；

④ 合成水溶性聚合物，如聚丙烯酸、聚丙烯酰胺、聚乙烯醇等。

根据水溶性聚合物带有的离子及其电荷种类可分为离子型水溶性聚合物和非离子型水溶性聚合物两大类。离子型水溶性聚合物又叫做聚电解质（Polyelectrolyte），分为阳离子聚合物（Polycation）、阴离子聚合物（Polyanion）以及两性聚合物（Amphoteric Polymers）。

水溶性聚合物分子中如含有少量憎水长碳链（$C_6 \sim C_{18}$）构成的单体链段，就会具有憎水缔合现象，表现出与一般水溶性聚合物的不同的溶液性质，称为憎水缔合聚合物。

交联结构的水溶性聚合物不溶于水，但可吸收适量水分而在水中溶胀，统称为吸水性树脂。吸水量为干树脂百分之数十者称为水凝胶；吸水量达数 10 倍、数百倍以至于 3000 倍者称之为高吸水性树脂。

15.1.1 水溶性聚合物分子结构与溶液性能

15.1.1.1 分子结构

水溶性聚合物与一般聚合物相似，可以是均聚物或共聚物。共聚物可为无规共聚物、交替共聚物、嵌段共聚物以及接枝共聚物，其大分子可为线型、具有长支链线型以及树枝状的多支链型。

当聚合物分子结构中含有下列基团时可能具有水溶性，但溶解程度则取决于这些基团的数目、位置以及其出现频率等因素，可表现为完全溶解、部分溶解或仅溶胀：

$-NH_2$
$-NHR$
$-OH$
$-SH$
$-O-$
$-N<$

$-COOH$

$$\begin{array}{c}O\\ \|\\ -NH-C-NH_2\end{array}$$

$$\begin{array}{c}-NH-C-NH_2\\ \|\\ NH\end{array}$$

$$-HN-\overset{N}{\underset{N}{\triangle}}-NH_2$$
（三嗪环，连 NH_2）
$$\begin{array}{c}NH_2\\ |\\ C=O\\ |\\ -C-NH_2\end{array}$$

$-COO^-M^+$
$-SO_3^-M^+$
$-PO_3^{2-}M^{2+}$
$-\overset{+}{N}H_3X^-$
$-\overset{+}{N}HR_3HX^-$
$-\overset{+}{N}H_2R_3X^-$
$-\overset{+}{P}H_2R_3X^-$
$$-HC=\overset{+}{\underset{O^-}{N}}\overset{O}{}$$

$$\begin{array}{c}R\\ |\\ -\overset{+}{N}-R\\ |\\ (CH_2)_n\\ |\\ SO_3^-\end{array}$$

$$\begin{array}{c}R\\ |\\ -\overset{+}{N}-R\\ |\\ (CH_2)_n\\ |\\ COO^-\end{array}$$

聚合物在水溶液中能够电离生成阴离子与阳离子者统称为离子聚合物。在此意义上离子交换树脂也是离子聚合物，但由于其分子结构为体型、不溶于水，因而离子交换树脂的使用不属于水溶性离子聚合物范畴。

由于阳离子、阴离子总是伴生共存的，根据与聚合物直接相连接的离子性质可分为阳离子聚合物或阴离子聚合物，例如：

阳离子聚合物

$$\begin{array}{cc}\sim H_2C-CH\sim & \sim H_2C-CH-O\sim\\ & |\\ (吡啶环) & H_2C\\ & |\\ \overset{+}{N}X^- & H_3C-\overset{+}{N}-CH_3X^-\\ H & |\\ & CH_3\end{array}$$

阴离子聚合物

$$\begin{array}{cc}\sim H_2C-CH\sim & \sim H_2C-CH\sim\\ & |\\ (苯环) & COO^-Na^+\\ SO_3^-Na^+ & \end{array}$$

离子聚合物与小分子电解质相似，在水溶液中电离为正、负两种离子。不同的是离子聚合物电离后除了生成小离子之外，还生成大分子聚阳离子或聚阴离子，其性质与小离子有所不同。

同一个大分子上既带有酸性基团又带有碱性基团的称为两性聚合物，其水溶液在低 pH 值范围带正电荷，在高 pH 范围则带负电荷，pH 为等电点时呈中性，即正负电荷的数量相等。带有可电离基团的聚合物在水溶液中未产生电离时不能称为离子聚合物，因为其性质表现不同于聚电解质。例如，聚丙烯酸钠是离子聚合物，而聚丙烯酸不是离子聚合物。

阳离子聚合物与阴离子聚合物相互作用生成的盐，称为聚合盐或聚电解质络合物。如果正、负电荷相等则为中性盐，否则根据过剩的电荷表现出阳离子或阴离子性质，但只有一种电荷过剩的聚合盐才可溶于水。

15.1.1.2　流体力学体积

由于高分子键的溶剂化作用，高分子溶解于溶剂时所占有的体积大于分子本身的体积，此体积称为流体力学体积。用光散射法可以测定流体力学体积和分子形状。

水溶性聚合物溶解于水后，溶剂化作用很明显。具有可电离基团的聚电解质电离后的离子相互作用（相斥或相吸），对流体力学体积产生很大影响。

要提高水溶性聚合物流体力学体积，可使含有水溶性基团的单体聚合为高分子量聚合物，或在主链中引入刚性链段以增高有效链长度。引入刚性链段的方法包括在主链中引入共价键环（如多糖）、引入部分水解的聚丙烯酰胺以使相邻基团具有缔合作用、引入聚电解质使电荷相斥、引入蛋白质和核酸使主链呈螺旋状等。溶剂化分子的形状取决于沿主链存在的带电荷基团、憎水基团、氢键、手性中心和环状基团的位置。

水溶性聚合物溶解于水后，其分子排列可由无规线团状到微观分相的高分子微泡等多种形状，具体见图 15-1。

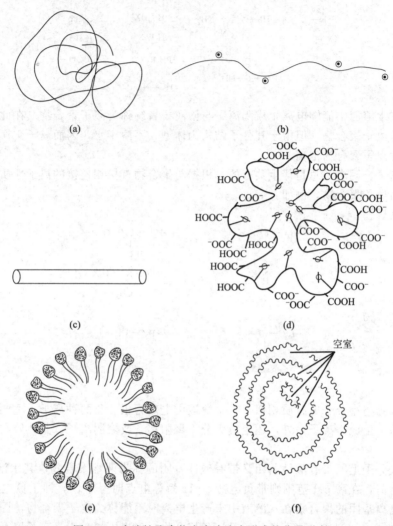

图 15-1　水溶性聚合物在水溶液中形成的分子形态
（a）无规线团状；（b）伸展的线状；（c）棒状分子；（d）超线团状；（e）高分子胶束；（f）高分子微泡

水溶性聚合物溶解于水后，形成不同的分子形态，其溶液行为差别也很大。杂乱线团和伸展线状在各种应用中，主要控制流体的流变行为；在水溶液中，呈棒状的纤维素衍生物水溶液呈现溶致液晶行为。既具有阴离子又具有阳离子分子特征的超线团分子、高分子胶束以及高分子微泡则可用于药物输送和用作相转移催化剂等。

15.1.1.3　高分子表面活性剂与高分子微泡

具有亲水、亲油基团的小分子表面活性剂在水溶液中的浓度超过临界胶束浓度后，可形成由 50～200 个分子组成的胶束。如果降低含有两个烷基的表面活性剂所带电荷基团之间的相斥力，则将形成双分子层组成的平面或封闭体系，此体系称作"微泡"（Vesicle）。如果表面活性剂所含的烷基为不饱和烃，在形成胶束或微泡之后，用自由基引发剂引发或辐照引发聚合，可形成高分子胶束或高分子微泡，如图 15-1（e）、（f）所示。高分子胶束由单分子层组成，高分子微泡则由双分子层组成。高分子胶束实际上是封闭的单层高分子膜，而高分子微泡则是封闭的高分子双层膜。高分子微泡可为单室或多室，其中含有水相。高分子微泡具有良好的化学和胶体稳定性，可用于特殊用途，近年来得到人们的重视与发展。

15.1.1.4 溶液性能

（1）水的溶剂化作用与相分离

水溶性聚合物溶于水后，水分子与其发生强烈的溶剂化作用，这些作用包括离子键、极性键和氢键等亲水键与水分子的作用，沿大分子链的周围可能较紧密地吸附了若干水分子。如果水溶性聚合物是含亲水、亲油两种基团的两性聚合物，则情况更为复杂，亲油基团周围的水分子排列较亲水基团周围的水分子排列更为有序，会形成超级线团结构、高分子胶束和高分子微泡。

某些水溶性聚合物如聚丙烯酸、聚丙烯酰胺在水溶液中冷却后，会沉淀析出。但有些水溶性聚合物如聚氧乙烯、聚甲基丙烯酸以及聚 N-异丙基丙烯酰胺具有反常的溶解行为，在水溶液中受热时沉淀析出，即产生分相。测定一定浓度下的"浊点"温度即可得到相分离温度。水溶性聚合物极性键与离子键强度的变化、分子量变化、是否加有助溶剂以及结构的变化都会对相图曲线产生影响。

有些水溶性非离子（型）聚合物，例如聚氧乙烯、聚甲基丙烯酸、聚 N-异丙基丙烯酰胺、聚二甲氧苯乙烯等具有临界会溶温度（lower critical solution temperature，LCST），低于此温度时溶解，高于此温度则分相。这是因为这类水溶性聚合物大分子由极性与非极性两部分组成，极性基团通过与水分子的氢键作用使聚合物溶解于水，非极性部分则产生憎水作用。温度升高时破坏了水分子与非极性聚合物之间的氢键作用，提高了憎水基团的憎水作用，因而聚合物溶液产生了聚合物、溶剂分相现象。聚 N-异丙基丙烯酰胺的临界会溶温度（LCST）为 31～35℃，而且合成比较容易，此特点使其在实际应用方面得到很大的重视。

（2）黏度

非离子水溶性聚合物溶解于水后，所得水溶液性质基本上与一般聚合物的有机溶液性质相似。测定稀溶液黏度后，外推可得到特性黏数 $[\eta]$ 值，低分子量聚合物的 $[\eta]$ 与分子量的关系不遵从 Mark Houwink 关系式，而中等分子量和高分子量范围的聚合物则符合方程式：

$$[\eta]=KM^\alpha$$

测定特性黏数时，水溶液中的小分子无机盐或尿素会对于多数水溶性非离子聚合物的特性黏数发生影响，但聚丙烯酰胺的特性黏数不受影响。

聚电解质溶于水后，其离子基团产生解离作用。以盐的形式存在的聚电解质水溶液很容易解离为带许多电荷的高分子离子和对应的小分子离子，以聚丙烯酸钠为例：

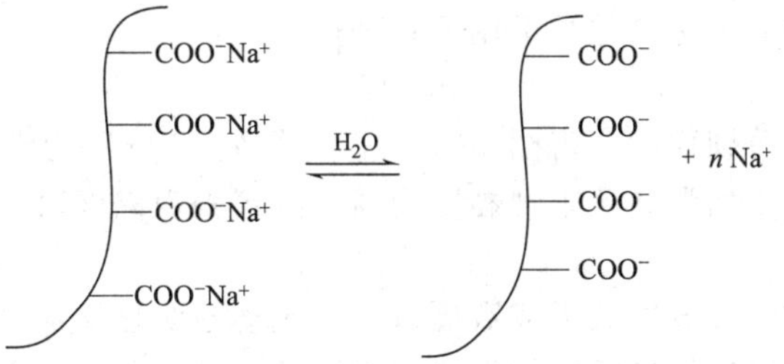

解离后的高分子离子带有相同电荷而相斥，从而使大分子链更为伸展。浓度越稀，其解离程度越大，大分子链越伸展，所以聚电解质水溶液的浓度降低，其黏度则会提高。此情况下 Mark Houwink 方程式不再适用，特性黏数与比浓黏度和浓度的关系如下式所示：

$$\frac{\eta_{sp}}{c}=[\eta](1+B\sqrt{c})$$

如果聚电解质水溶液中加入足够量的无机小分子电解质，使聚电解质离解度降低，克服其电荷对分子链的影响，则得如下关系式：

$$\frac{\eta_{sp}}{c} = [\eta] + kc$$

上两式中 c 为聚合物水溶液浓度，B、k 分别为常数。水溶性聚合物水溶液黏度与浓度的关系见图 15-2。聚乙烯吡啶溴盐水溶液黏度、比浓黏度与所加 NaCl 浓度的关系见图 15-3。

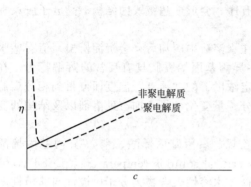

图 15-2 水溶性聚合物水溶液黏度与浓度的关系

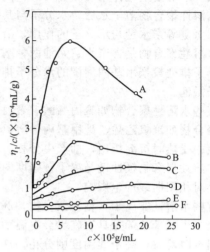

图 15-3 聚乙烯吡啶溴盐水溶液黏度（60.8%）、
比浓黏度与所加 NaCl 浓度的关系

A—水溶液；B—$c_{NaCl}=2\times10^5\,mol/L$；C—$c_{NaCl}=10^5\,mol/L$；
D—$c_{NaCl}=2.5\times10^6\,mol/L$；E—$c_{NaCl}=6\times10^5\,mol/L$；
F—$c_{NaCl}=10^6\,mol/L$

由图 15-2 可知，非离子水溶性聚合物的水溶液黏度与其浓度呈直线关系。聚电解质在较高浓度时，黏度与浓度呈直线关系；低于临界值以后，在稀溶液中浓度越低，黏度越高。

由图 15-3 可知，在加入的小分子电解质浓度远大于聚电解质浓度时，聚乙烯吡啶溴盐水溶液的比浓黏度稀释后呈直线，外推至 0 得到特性黏数 $[\eta]$ 值，c 值增加比浓黏度增加，达到最高值后开始下降，不呈直线关系，在纯水情况下这种现象更为突出。因此用黏度法测定聚电解质分子量时，必须在规定浓度的小分子电解质水溶液中进行。

非离子型水溶性聚合物的浓溶液及中等浓度溶液的表观黏度随分子量的增高而逐渐增高，达到临界值以后黏度上升迅速，出现转折点。当浓度增加时，其表观黏度出现同样现象。表观黏度与浓度和分子量的关系可用下式表达：

$$\eta \propto c^b M^d$$

以 $\ln[\eta]$ 对 $\ln c$ 和 $\ln M$ 分别作图可得图 15-4，上式中 b、d 分别为常数。当浓度高于临界值以后，大分子链之间作用加强导致表观黏度增高。测定表观黏度时应在一定的剪切速度、温度和溶剂中进行。

水溶性聚合物的水溶液放置数天或数周以后，流动性明显增加，即表观黏度经一段时间的老化后会自动降低。以聚丙烯酰胺均聚物的水溶液为例，50℃ 以下时，老化后聚合物分子链构型发生变化，导致流体力学体积缩小，因而表观黏度降低但分子量不变；温度高于75℃ 时，老化后黏度和分子量都有所降低。含有环状或螺旋状刚性链段的聚合物溶解后，分子间氢键稳定，这些刚性链段有利于增大流体力学体积，但经老化放置以后，氢键逐渐解离、重组，由于熵的变化，生成更柔性的小线团而使黏度降低。

水溶性聚合物在溶液中受到高剪切应力作用时，分子量会降低，即产生分子降解作用而

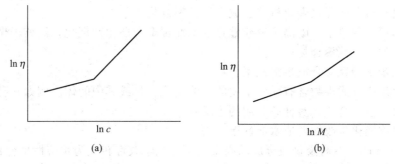

图 15-4 非离子型水溶性聚合物水溶液表观黏度与浓度和分子量的关系

(a) 分子量一定时，浓度与表观黏度的关系；(b) 浓度一定时，表观黏度与分子量的关系

使黏度降低。超高分子量的聚合物在水溶液中受到强力搅拌或超声波作用时，都会发生降解，固态聚合物在研磨过程中也会使大分子降解。

（3）流变性

水溶性聚合物的水溶液可直接用作增稠剂、纸张处理剂、水处理剂等。流体受到剪切应力作用时，如果表观黏度随剪切应力的提高而增高，则为膨胀型流体（dilatant fluid）；随剪切应力提高表观黏度降低的流体称为假塑型流体（pseudoplastic fluid）；表观黏度不随剪切应力变化的流体称为牛顿型流体（Newtonian fluid）。如果剪切应力不变，流体表观黏度随应力作用时间的延长而降低，流体则具有触变性（thixotropic）；如果表观黏度增高则具有震凝性（rheopectic），上述流变特性曲线见图 15-5。

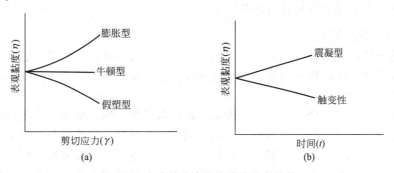

图 15-5 水溶性聚合物水溶液流变性能

水溶性聚合物水溶液的流变特性与分子结构、溶剂化强弱、大分子链之间与大分子链内作用力的大小有关。不同化学类别的水溶性聚合物，由于极性键与离子强度、pH 值、剪切速率或剪切应力、温度、时间以及聚合物浓度等参数的不同而有不同的流变特性。

15.1.2 水溶性聚合物的合成方法

15.1.2.1 反应机理

（1）经自由基聚合机理合成水溶性聚合物

① 含有不饱和键的乙烯基非离子型、阳离子型、阴离子型单体都可经自由基引发剂引发聚合，制得相应的水溶性聚合物。

② 含有双烯丙基的单体可经自由基引发剂引发，经环合聚合，合成相应的离子型水溶性聚合物，例如：

（2）经离子聚合或配位聚合机理合成水溶性聚合物

环氧单体可经阴离子、阳离子聚合催化剂或配位聚合催化剂催化，经离子聚合或配位聚合，合成相应的水溶性聚合物。

（3）经逐步聚合反应合成水溶性聚合物

可经缩聚反应合成少数含有酰胺基团的水溶性聚合物或其中间体。例如，己二酸和二乙烯三胺经缩聚反应，合成含有仲胺基团的聚酰胺。

（4）高聚物经化学改性合成水溶性聚合物

① 不溶于水的天然高聚物或合成的高聚物可经化学改性转变为水溶性聚合物，例如：

$$\left[H_2C-CH\right]_n \xrightarrow{H_2SO_4} \left[H_2C-CH\right]_n$$

② 非离子型水溶性聚合物经化学改性转变为离子型水溶性聚合物，例如：

$$\left[H_2C-CH\right]_n + HCHO + HNR_2 \longrightarrow \left[H_2C-CH\right]_n$$

聚丙烯酰胺   阳离子型聚丙烯酰胺

水溶性聚合物的溶解性能和使用范围与其分子量高低、亲水和憎水链段的比例有关。离子聚合物的离子密度对其使用范围也有很大影响。水溶性聚合物生产中，常采用两种或两种以上单体共聚以获得综合性能优良的共聚物。

15.1.2.2 合成方法

水溶性聚合物的化学类别很多，但它们具有溶于水的共同性。合成方法可归纳为有机溶剂中的悬浮聚合法、水溶液聚合法、反相乳液聚合法、反相微乳液聚合法、溶液缩聚法以及聚合物化学改性法等。

在有机溶剂悬浮聚合中，有些水溶性聚合物可溶于醇、酮、酯等极性溶剂中，所以应当选择与其不相溶的低沸点烷烃作为分散介质。例如，由环氧乙烷单体合成分子量为 10^5 以上的聚氧乙烯时，采用碱土金属碳酸盐为催化剂，用己烷或异辛烷为分散介质进行聚合。生成的聚氧乙烯粉状物沉淀析出，经过滤、干燥得到产品，其反应机理为阳离子聚合。

常温下为固体而且不适于熔融的单体（如丙烯酰胺），必须制成水溶液后进行反相悬浮聚合，在有机相中必须加入油溶性分散剂，必要时进行复配以防止聚合过程中颗粒黏结，丙烯酰胺聚合过程为自由基聚合。

水溶液聚合法是应用最为广泛的水溶液聚合物生产方法，不仅可应用于乙烯基单体、烯丙基单体的自由基聚合反应，还可应用于某些杂环单体的离子催化开环聚合反应。氮丙烷（ $\begin{smallmatrix}CH_2-CH_2\\ N\\ H\end{smallmatrix}$ ）在水溶液中经硫酸催化开环，聚合生成聚乙烯亚胺 $\left[CH_2-CH_2-NH\right]_n$ 就是一个典型的例子。

丙烯酰胺与二烯丙基二甲基氯化铵等乙烯基单体和烯丙基单体在水溶液中进行自由基聚合时，反应介质水不参加聚合反应，所得聚合物水溶液可直接应用，所以水溶液聚合法是工业上最常采用的生产方法。高转化率条件下的水溶液聚合产品为高黏度流体，如果产品的分子量很高时，会形成不流动的凝胶状物（未发生交联的凝胶）。聚合物中残存的单体如丙烯酰胺、氮丙烷等毒性很大，因此降低水溶性聚合物中残留单体含量是生产中很重要的环节。

水溶液聚合生产中，有时要将含有 $60\%\sim90\%$ 水分的胶体物或凝胶状物料经干燥转变为固体粉状物以便于运输。工业上采用的干燥方法有以下几种。

（1）挤出干燥法

将凝胶块送入专用挤出机中，经挤出切割得到凝胶小颗粒，烘干后粉碎为粉状物；或挤出为细条状，平摊于输送带上，通过高温氮气进行短时间干燥，再在低温下干燥 2h，然后研磨粉碎。

（2）捏和干燥法

将高黏度流体或凝胶块送入可加热的捏和机中进行加热和强力捏和，同时可加入必要的助剂，捏和干燥后经粉碎得到粉状物。

（3）转鼓或转筒干燥法

产品造粒后送入转筒内进行干燥，然后粉碎。

（4）热滚筒干燥法

此法适用于流动性较好、分子量较低的产品的干燥。

干燥过程能够降低残留单体含量，但干燥时的剪切应力会使水溶性聚合物发生降解和交联而难溶于水，所以应注意控制干燥条件，防止发生降解与交联反应，同时还可加入必要的助剂改进其性能。

反相乳液聚合是生产水溶液聚合物的另一种生产方法。反应中，以水溶性单体的高浓度水溶液作为分散相，芳烃或饱和脂肪烃作为连续相。油溶性乳化剂溶解于连续相中，使用水溶性自由基引发剂引发单体进行反相乳液聚合。其优点是生产的水溶性聚合物乳液可以不经干燥直接用于油田开发等行业，反应易于操作，溶解过程迅速。聚合前水相中加入适量无机盐 Na_2SO_4 或螯合剂以降低结块的危险。反应物料中单体浓度可达 40%。使用氧化-还原引发剂体系时，可在 40℃ 以下聚合以提高产品分子量。

水溶性聚酯或水溶性聚酰胺多采用溶液缩聚法进行生产，主要用作合成高分子量产品的中间体，所以其分子量仅为数百至数千，端基为亲水基团羧基、氨基或醇基。

化学改性法是将非水溶性聚合物转变为水溶性聚合物的重要方法。在水溶性纤维素醚的合成中，将短纤维状的纤维素分散在水相中或有机相中，与 NaOH 作用生成碱纤维，再与醚化剂 $ClCH_2COOH$、CH_3Cl、环氧乙烷、环氧丙烷等反应，也可与两种醚化剂如氯甲烷与环氧丙烷共同反应，得到甲基羟丙基纤维素（醚）。合成过程中，纤维素主链可能降解而使分子量降低。工业生产中必须控制羟基的取代度和产品的分子量，以获得综合性能良好的水溶性纤维素衍生物。另外，聚醋酸乙烯水解生产聚乙烯醇、聚苯乙烯聚合物生产阳离子或阴离子聚电解质等也是化学改性的重要例子。

15.2 重要的水溶性聚合物

水溶性聚合物的范围很广，重要的水溶性聚合物有天然高分子纤维素改性的水溶性纤维素衍生物、合成的非离子型水溶性聚合物如聚乙烯醇、聚氧乙烷、聚丙烯酰胺等，合成的离子型聚合物包括聚阳离子、聚阴离子、两性水溶性聚合物以及高吸水性树脂等。

15.2.1 半合成水溶性聚合物

（1）羧甲基纤维素

羧甲基纤维素（Carboxymethyl cellulose）简称为 CMC，合成反应如下：

$$Cell(OH)_3 + NaOH + ClCH_2COONa \longrightarrow Cell(OCH_2-COONa)_x(OH)_{3-x} + NaCl + H_2O$$

生产中得到的实际是羧甲基纤维素钠盐，它是水溶性线型阴离子聚合物，取代度通常为 0.4～1.4，常用商品的取代度为 0.7～0.8。商品根据黏度与取代度不同可分为不同牌号，分子量范围为 40000～100000。质量优良的羧甲基纤维素为白色至浅黄色粉末，无臭、无味，质量较差的则可能含有反应副产物 NaCl 而呈淡棕色。

羧甲基纤维素所含羧基的酸性强度与醋酸相似。当 pH＝7 时，取代度为 0.8 的产品稀溶液中，羧基 99％以上以钠盐形式存在。羧甲基纤维素与碱金属和铵离子形成可溶性盐，降低羧甲基纤维素的黏度可生成雾状分散液。重金属离子可使羧甲基纤维素从溶液中沉淀析出。Al^{3+}、Co^{3+} 或 Fe^{3+} 在螯合剂柠檬酸存在下，可形成更为黏稠的溶液、软凝胶或非常硬的凝胶，此时多价离子起到了交联剂的作用。

羧甲基纤维素在水溶液中可被盐析出。但由于它是亲水性很强的聚合物，耐碱金属盐的能力优于其他水溶性聚合物。在相同浓度条件下，NaCl 溶解于羧甲基纤维素水溶液中与羧甲基纤维素溶解于 NaCl 水溶液中所表现的黏度变化情况不同，前一种情况所得溶液黏度高于后者。高分子量低取代度羧甲基纤维素水溶液为触变性流体。

水溶性纤维素衍生物都可被微生物作用而降解。固体纤维素衍生物耐微生物作用高于水溶液。水溶液被作用后黏度逐渐降低，以至变为无黏性的溶液，其作用速度与存在的污染物、温度、pH 值以及氧浓度等因素有关。

羧甲基纤维素是重要的水溶性聚合物之一，在食品、纺织、造纸、石油、涂料、医药、化妆品以及洗涤剂等工业领域得到广泛的应用。

食品工业中，利用羧甲基纤维素无毒、增稠效果显著、可阻止生成冰晶并可改善口感等特点，广泛用于冷饮、饮料和糖果等食品中。羧甲基纤维素还有保留水分的作用，可用于烘焙食品面包和糕点制作。羧甲基纤维素在人体内不参加新陈代谢，不产生热量，可用于低热值食品的生产。用于食品工业的羧甲基纤维素的纯度必须达到 99.5％。

纺织工业中，羧甲基纤维素可代替面粉作为浆料，具有用量少、退浆后废水处理时化学耗氧量低等特点。造纸工业中，利用羧甲基纤维素成膜性与耐油性的特点，用作表面上浆、上色以及纸浆配料等。石油开采工业中，钻探泥浆中加入羧甲基纤维素作为增黏剂和降滤失剂阻止水分流失。涂料工业中，乳胶涂料常加有 1％～3％的羧甲基纤维素以控制其流变性和黏度。化妆品工业中，各种洗面乳和洗发精产品中都加有羧甲基纤维素以控制黏度，使固体物均匀分散或成膜；牙膏中加入羧甲基纤维素使物料均匀分散并保持良好的口感。在医药用品中加入纤维素衍生物，可使物料均匀分散并保持水分。

在合成洗涤剂中，吸附在棉织物上的羧甲基纤维素带有的负电荷与污垢的负电荷相斥，因而纤维素衍生物具有防止污垢在织物上再沉积的作用，可保持衣物的白度。白色的棉织物在羧甲基纤维素作用下，经多次洗涤后白度不发生变化。洗涤剂中羧甲基纤维素的用量为 0.2％～2.0％，

(2) 甲基纤维素

甲基纤维素（methylcellulose，MC），甲基羟丙基纤维素（hydroxypropyl methylcellulose，HPMC）和甲基羟乙基纤维素（hydroxyethylmethylcellulose，HEMC）都是水溶性纤维素醚。合成甲基羟丙基纤维素时，采用氯甲烷与环氧丙烷混合物为烷基化剂；合成甲基羟乙基纤维素时则用氯甲烷与环氧乙烷混合物为烷基化剂。控制单位质量纤维素所用的 NaOH 质量、烷基化剂用量以及烷基化剂中两种化合物的比例，可制得不同取代度和不同烷基比的纤维素醚衍生物。

甲基纤维素和甲基羟丙基纤维素是重要的工业产品。商品甲基纤维素的取代度为 1.5～2.0，甲基羟丙基纤维素的甲基取代度为 0.9～1.8，羟丙基的取代度为 0.1～1.0。根据取代度和分子量（黏度指标）的不同而分为不同牌号。高纯度产品为白色粉末，易溶于冷水中，可制成强度较高的透明水溶性薄膜，耐有机溶剂。分子中保留的羟基经多元酸、氨基树脂等交联后，可转变为不溶于水的产品。高取代度的甲基羟丙基纤维素具有热塑性，可进行注

塑、挤出或模压成型制得产品。

甲基纤维素和甲基羟丙基纤维素具有降低水溶液表面张力和界面张力的作用，可作为中等强度的乳化剂使用，用量通常为 0.001%～1.0%。

甲基纤维素和甲基羟丙基纤维素溶解于水后，具有黏稠性和表面活性，受热后会产生凝胶，可用作黏合剂、乳化剂、分散剂、保护胶等。用作黏合剂时，一般聚合物溶液受热后变稀薄，而甲基纤维素和甲基羟丙基纤维素会产生凝胶而降低黏合剂在多孔材料中的渗透流失；加入喷洒的农药中，可以起黏结作用而使农药不易流失。甲基纤维素和甲基羟丙基纤维素无毒，可用于食品工业、化妆品和医药生产；还可用于配制油漆脱除剂，与适量甲苯、石蜡烃、甲醇和溶剂油等配制后喷涂于油漆膜表面，数分钟后即可用水将漆膜冲洗脱除。

(3) 羟乙基纤维素与羟丙基纤维素

羟乙基纤维素与羟丙基纤维素的合成方法相似，由碱纤维素与环氧乙烷或环氧丙烷反应而得。由于生成的羟乙基或羟丙基可继续与环氧乙烷或环氧丙烷反应，纤维素葡萄糖链节中的一个烃基可能与两个或更多个环氧化合物反应而得到二聚或多聚物支链。根据取代度和分子量的不同可得到不同牌号的产品。

① 羟乙基纤维素　取代度为 0.2～0.3 的羟乙基纤维素仅溶于稀碱溶液，取代度大于 0.65 以上才可溶于水。工业商品的取代度多数为 0.85～1.35，高者可达 1.8～3.5，即一个羟基可能与 1.8～3.5 个环氧乙烷反应。羟乙基纤维素为非离子型水溶性聚合物，不与正、负离子作用，其水溶液对于溶解在其中的无机盐不灵敏。高分子量的羟乙基纤维素浓溶液为假塑性流体。

羟乙基纤维素溶液在低浓度条件下增稠效果明显，可控制流体呈假塑性状态流动，使分散系统稳定；也可形成中等强度耐油脂的薄膜，具有良好的黏结性、上光性、控制渗透性和保湿性；易溶于热水和冷水中，可与盐溶液、表面活性剂溶液混合；在高剪切条件下不易降解；具有中等表面活性、起泡沫性低；无毒、对皮肤无刺激性等特点。羟乙基纤维素可用于涂料、化妆品、医药、油田钻探、造纸、农药、喷发胶、絮凝剂、水泥等工业领域。

② 羟丙基纤维素　羟丙基纤维素的取代度为 3～4.5，即一个被取代的羟基平均与 3～4.5 个环氧丙烷反应。其憎水性高于羟乙基纤维素，它既溶于水又溶于许多极性有机溶剂中，低于 40℃时可与水以任何比例混溶，但超过 45℃后沉淀析出。水溶液在高剪切速率下表现为假塑性，但不会降解；其浓溶液表现出溶致型液晶行为。在室温或较高温度下，完全溶解于极性溶剂中，低分子量的羟丙基纤维素更容易溶解于极性溶剂中。

羟丙基纤维素的应用范围比羟乙基纤维素更为广泛，可用于气雾剂、黏合剂、清洗剂、涂料、化妆品以及食品、医药、造纸、纺织等工业。此外，用作热塑性塑料时具有水溶性和生物降解性。

15.2.2　非离子型水溶性聚合物

重要的非离子型水溶性聚合物有聚丙烯酰胺、聚氧乙烯和聚乙烯醇等。

15.2.2.1　聚丙烯酰胺

聚丙烯酰胺是工业上最为重要的合成水溶性聚合物，它由单体丙烯酰胺经自由基聚合而得，均聚物为非离子型。在聚合过程中，少部分—$CONH_2$ 基团可能水解为—COOH，所以工业生产的聚丙烯酰胺商品大多数含有不同数量的羧基，属于阴离子型聚合物。丙烯酰胺可与含有阴离子或阳离子基团的单体共聚，得到阴离子型或阳离子型聚丙烯酰胺。工业上也可将聚丙烯酰胺与甲醛、二甲胺经曼尼希反应合成阳离子聚丙烯酰胺。工业生产的聚丙烯酰胺聚合度为 20000～300000，平均分子量在 $1×10^5$～$2×10^7$ 左右。根据分子量范围和离子基团的含量可分为不同牌号的非离子型、阴离子型以及阳离子型聚丙烯酰胺。

（1）单体

丙烯酰胺（$CH_2\!\!=\!\!CHCONH_2$）为白色结晶固体物，主要物理性能见表 15-1。丙烯酰胺具有良好的热稳定性。避光条件下在 80℃受热 24h 后仅生成少量聚合物，加热到熔点以上则逐渐聚合。

表 15-1　丙烯酰胺物理性能

性　能	数　值	性　能	数　值
分子量	71.08	密度(30℃)/(g/mL)	1.122
熔点/℃	84.5±0.3	折射指数	1.550±0.003
蒸汽压		溶解度(30℃)/(g/100mL)	
固体/Pa		丙酮	63.1
25℃	0.9	苯	0.346
50℃	9.3	氯仿	2.66
液体/kPa		二甲基甲酰胺	119
103℃	0.67	乙醇	86.2
136℃	3.3	水	215.5

丙烯酰胺的商品为固体物或 50%的水溶液。空气中的氧对水溶液中的丙烯酰胺有明显的阻聚作用，可加入 $2.5\times10^{-5}\sim3\times10^{-5}$ 的三价铜离子、三价铁离子、亚硝基离子、乙二胺四乙酸等作为稳定剂。

丙烯酰胺由丙烯腈催化水解而得：

$$H_2C\!\!=\!\!CHCN + H_2O \xrightarrow{Cu} H_2C\!\!=\!\!CHCONH_2$$

工业生产中，以骨架铜为催化剂，将丙烯腈与适量水混合后，从底部送入装有骨架铜的催化水合塔中，在温度为 70～105℃、压力为 0.29～0.39MPa 下反应。反应结束后物料进入闪蒸器，脱除未反应的丙烯腈，再经提浓使丙烯酰胺达到要求的浓度（通常不超过 30%）。提浓过程中应使丙烯酰胺充分接触空气以阻止发生聚合反应。由于单体丙烯酰胺常温下为结晶体，熔融后易聚合，所以仅可用重结晶的办法进行精制。

丙烯酰胺分子含有双键与酰胺基团双重活性中心，易发生聚合反应，也易于发生酰胺基团水解、络合、加成等反应。重要的丙烯酰胺化学反应如下。

丙烯酰胺水解反应：

$$H_2C\!\!=\!\!CHCONH_2 + H_2O \xrightarrow[\text{或 OH}^-]{H^+} H_2C\!\!=\!\!CHCOOH + NH_3$$

丙烯酰胺与甲醛在碱性条件下反应，生成 N-羟甲基丙烯酰胺：

$$H_2C\!\!=\!\!CHCONH_2 + HCHO \xrightarrow{\text{碱}} H_2C\!\!=\!\!CHCONHCH_2OH$$

二分子丙烯酰胺与一分子甲醛在酸性催化剂存在下，生成 N,N-次甲基双丙烯酰胺，它可用作交联剂：

$$2H_2C\!\!=\!\!CHCONH_2 + HCHO \xrightarrow{\text{酸}} H_2C\!\!=\!\!CHCONH\!-\!CH_2\!-\!NHCOCH\!\!=\!\!CH_2$$

丙烯酰胺还可与过渡金属离子形成络合物。丙烯酰胺单体可毒害人们的神经，对中枢神经和局部神经系统都可产生危害。使用时，应防止皮肤接触或呼吸道吸入丙烯酰胺粉尘或其蒸气，接触丙烯酰胺的人员应穿戴防护用具。

（2）聚合工艺

① 理论基础　丙烯酰胺在自由基引发剂作用下，经自由基聚合生成聚丙烯酰胺：

$$H_2C\!\!=\!\!CHCONH_2 \xrightarrow{\text{引发剂}} \underset{\overset{|}{CONH_2}}{\text{─}\!\!\left[H_2C\!\!-\!\!CH\right]\!\!_n}$$

丙烯酰胺在醇或吡啶溶液中，在强碱催化剂烷氧基钠的作用下，经阴离子聚合反应生成聚 β-丙酰胺，即 3-聚酰胺：

$$H_2C=CHCONH_2 \xrightarrow[\text{阴离子聚合}]{\text{引发剂}} \text{─}[H_2C-CH_2CONH]_n\text{─}$$

工业生产中，通常采用自由基聚合反应制得聚丙烯酰胺，所用的自由基引发剂种类很多，包括过氧化物、过硫酸盐、氧化-还原引发体系、偶氮化合物、超声波、紫外线、离子气体、等离子体、高能辐照等。工业生产中以溶液聚合为主，也可用反相乳液聚合或 γ 射线辐照引发固相聚合。

丙烯酰胺水溶液的聚合热为 82.8kJ/mol，放出的热量较大，如果聚合热不及时排出，即使在 10℃ 引发单体浓度为 25%～30% 的水溶液，反应温度会很快自动上升到 100℃ 而生成大量不溶物。因此聚合时要及时排出聚合热，同时还要降低残余单体含量，以免丙烯酰胺的毒性造成危害。

丙烯酰胺在 25℃、pH＝1 时链增长速率常数 k_p 与链终止速率常数 k_t 分别为 $(1.72\pm0.3)\times10^4\,L/(mol\cdot s)$ 和 $(16.3\pm0.7)\times10^6\,L/(mol\cdot s)$，与动力学链长成正比的 $k_p/k_t^{1/2}=4.2\pm0.2$，此数值较高，所以在无链转移剂时，聚丙烯酰胺的平均分子量可超过 2×10^7。

丙烯酰胺在水溶液中进行自由基聚合时，可能产生交联而生成不溶解的聚合物，聚合反应温度较高时此现象更为严重。这是因为歧化终止生成的聚合物端基双键参与聚合反应或发生向聚合物进行链转移所致。此外，引发剂过硫酸盐与聚丙烯酰胺加热时也会导致凝胶的产生。

研究发现聚丙烯酰胺的含氮量低于理论值，这是由于分子内脱 NH_3 生成酰亚胺基团所致：

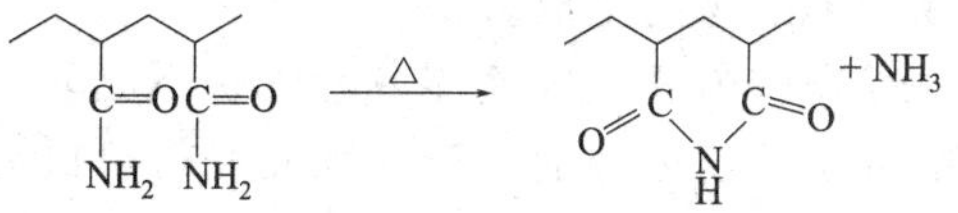

由于酰亚胺基团的存在，聚合物链的刚性增大，并产生了酸性基团，影响了与其他分子的混溶，所以呈现出不溶性。

高纯度丙烯酰胺易聚合为超高分子量的聚丙烯酰胺，为了使产品在要求的分子量范围内，必须加链转移剂。丙烯酰胺水溶液的链转移常数见表 15-2。

表 15-2　丙烯酰胺水溶液聚合时链转移常数

链转移剂	温度/℃	链转移常数/$\times10^4$	链转移剂	温度/℃	链转移常数/$\times10^4$
单体	25	0.0786±0.0107	$K_2S_2O_8$	25	4.12±2.38
单体	40	0.120±0.0328	$K_2S_2O_8$	40	26.3±7.08
聚丙烯酰胺	＜50	可忽略	HSO_3	75	1700
H_2O	25	近于零	CH_3OH	30	0.13
H_2O_2	25	5	$(CH_3)_2CHOH$	50	19

由表 15-2 可知，低于 50℃ 时，向聚合物和水的链转移常数非常小，而向引发剂链转移则比较明显，也易于向醇特别是异丙醇发生链转移，因此工业上多采用异丙醇为链转移剂以控制产品分子量。

水溶液中微量的金属离子如 Fe^{3+}、Cu^{2+} 可加速氧化-还原引发体系的反应速率，但过多则产生不良影响，因为聚丙烯酰胺增长链自由基会向金属离子转移一个电子而发生链终止反应。

② 生产方法　工业上生产聚丙烯酰胺主要有下列几种方法。

a. 水溶液聚合方法　　工业生产中主要采用水溶液聚合法制备聚丙烯酰胺。配方中的单体溶液须经离子交换提纯，反应介质为去离子水，引发剂采用过硫酸盐与亚硫酸盐组成的氧化-还原引发剂体系以降低反应引发温度。此外，还需加有链转移剂异丙醇。为了消除可能存在的金属离子影响，必要时需加入螯合剂乙二胺四乙酸（EDTA）。为了便于控制反应温度，单体浓度通常低于 25%。

　　通常在釜式反应器间歇操作或数釜串联连续生产低分子量聚丙烯酰胺产品，通过夹套冷却保持反应温度在 20～25℃ 之间，转化率达到 95%～99% 时结束反应。生产高分子量产品时，产品为冻胶状，不能进行搅拌；为了及时排出反应热，在反应釜中将配方中的物料混合均匀后，立即送入聚乙烯小袋，在水槽中冷却反应。由于氧有明显的阻聚作用，配制与加料必须在氮气保护下进行。使用过硫酸盐-亚硫酸盐引发剂体系时，引发温度通常为 40℃；如果要求生产超高分子量产品时，引发温度应低于 20℃。

　　由于单体不挥发，反应后不能除去，所以未反应的单体会残存于聚丙烯酰胺中。延长反应时间和提高反应温度虽可降低残存单体量，但会降低生产能力和增加不溶物含量。为了降低残余单体量，可采用由氧化-还原引发剂与水溶性偶氮引发剂组成的复合引发体系。低温条件下由氧化-还原引发剂发挥作用，当反应后期物料温度升高后，偶氮引发剂进一步发挥作用。此法生产的聚丙烯酰胺残余单体量可低至 0.02%（气相色谱法测定）。水溶性偶氮引发剂为 4,4′-偶氮双-4-氰基戊酸、2,2-偶氮双-4-甲基丁腈硫酸钠以及 2,2′-偶氮双-2-脒基戊烷二盐酸盐等。

　　测定残存丙烯酰胺的方法主要用溴化法，但该方法灵敏度较差。微量单体可用火焰离子谱或高效液相色谱进行测定。

　　为了生产含有少量羧基的聚丙烯酰胺，可在聚合配方中加入适量碳酸钠，使少量的酰胺基团水解为羧基，同时可减少不溶物的生成。

　　按上述方法合成的聚丙烯酰胺为高黏度流体或凝胶状不流动产品，可以直接作为商品供应距生产工厂较近的使用单位。长途运输前，产品须先经挤出机造粒、干燥、粉碎制得粉状固体。

　　b. 反相乳液聚合法　　反相乳液聚合中，分散相为丙烯酰胺单体浓度为 30%～60% 的水溶液，其中加有少量二乙胺四乙酸、Na_2SO_4、氧化-还原引发剂和适量水溶性表面活性剂，HLB 值应较低；连续相为油溶性表面活性剂的芳烃或饱和脂肪烃如脱水山梨醇油酸酯等，HLB 值应较高。分散相与连续相的比例通常为 3∶7。Na_2SO_4 具有防止胶乳粒子黏结的作用。聚合所得分散相胶乳粒子直径为 0.1～10μm，其大小与表面活性剂用量有关。反应温度一般为 40℃，6h 后转化率可达 98%。此法的优点是反应热容易排出，物料体系黏度低，便于操作，产品可不经干燥直接应用。缺点是使用有机溶剂、易燃、生产能力低于溶液聚合法。

　　（3）聚丙烯酰胺的性能

　　固体聚丙烯酰胺为白色粉状物，23℃ 时的密度为 1.302g/cm³，玻璃化温度为 195℃，软化温度近于 210℃，可以任何比例溶解于水中，还可溶于甲酰胺、肼、乙二醇、吗啉等溶剂中。工业上通常以聚丙烯酰胺水溶液形式进行应用。

　　在非常稀薄的水溶液中，聚丙烯酰胺分子以独立的未缠绕线团形式存在；浓度稍高，达到 6×10^{-4}g/cm³、分子量达到 10^6 时，分子线团会发生相互渗透现象；浓度较高时，由于大分子相互缠绕而影响黏度；浓度为百分之几至十分之几时，由于大分子的机械缠绕或氢键的存在而形成网络结构；高浓度情况下则形成凝胶。高分子量的稀溶液内有时形成纤维状聚集体，聚集状态随分子量和羧基含量的增加而增加，但加入盐后则降低。

　　聚丙烯酰胺均聚物溶液的黏度与 pH 值无关，部分水解的水溶液在中性范围出现最大值。均聚物溶液中加入盐类后不会产生沉淀。低水解度的聚丙烯酰胺水溶液中加入盐类后，黏度达到一最低值后再上升；高水解度水溶液黏度则迅速下降而产生沉淀。测定聚丙烯酰胺溶液性质时，可加入少量无机盐以防止其离子基团产生聚电解质效应。

当聚丙烯酰胺分子量$>1.5\times10^6$、水溶液浓度为 $0.001\%\sim5\%$ 时，溶液的黏度随放置时间的延长（称为老化）而降低，即溶液黏度不稳定。因为在水分子氢键的作用下，聚丙烯酰胺大分子的溶液结构发生变化。调整 pH 值或加入氢醌、$NaNO_2$、Na_2SO_3 都不能提高溶液的稳定性，但加入 2%异丙醇可使溶液黏度稳定不发生变化。用过硫酸盐引发合成的聚丙烯酰胺，其水溶液黏度老化现象更为严重。

聚丙烯酰胺水溶液在很低的剪切速率作用下，黏度不发生变化，但剪切速率增高后黏度明显下降，即变稀薄。当温度一定时，随分子量和浓度的提高，黏度下降所要求的最低剪切速率降低。

聚丙烯酰胺水溶液在高剪切应力作用下，会发生大分子链降解和黏度降低的现象。超高分子量聚丙烯酰胺在高速搅拌时即可发生降解，超声波具有同样作用。固体聚丙烯酰胺在研磨粉碎过程中同样会发生降解反应。降解过程中生成的自由基可与存在的共聚单体生成嵌段共聚物。

聚丙烯酰胺共聚物水溶液经放置老化后，黏度可能变化但分子量不变，这是因为酰胺基团水解后羧基含量增高的缘故，阳离子基存在时影响更为明显。

（4）应用

聚丙烯酰胺是工业上最为重要的合成水溶性聚合物，用途非常广泛，主要用于造纸、水质处理、采矿、石油回收与开采、纺织、涂料、食品等工业。

① 絮凝作用　聚丙烯酰胺大分子溶于水后，对于悬浮于水中的各种微粒具有絮凝沉降作用。由于它是非离子型聚合物，所以它是以大分子吸附于微粒上产生架桥、凝聚作用因而使微粒聚集成絮花从水中沉降。具有阳离子或阴离子基团的聚丙烯酰胺，首先产生电中和作用，然后架桥、凝聚而沉降。絮凝作用主要用于低浓度胶体微粒悬浮液的沉降处理，所以使用的聚丙烯酰胺为低浓度稀溶液。

聚丙烯酰胺在水处理领域可用于悬浮物脱除；在采矿工业则可用于固体物回收；在造纸工业作为助留剂和助滤剂，回收短纤维和颜料，增加过滤速度。

② 黏结作用　高分子量聚丙烯酰胺水溶液具有高黏性，可用作黏合剂，在造纸工业中可用于提高纸张的强度，在建筑工业中可用作墙板黏合剂。此外，还可用作纸类标签黏合剂等。

③ 流变性控制剂　聚丙烯酰胺加于水中可明显降低阻力，同时还可以改变水的流动流变性。此性能使其在石油开采工业得到应用。油田采油时，为了将岩石缝隙中残存的石油开采出来，通常是用高压水将油赶出进行二次采集。但水的黏度低，而油为黏稠流体，所以效果较差。如果在采油用水中加入 0.05%的水解聚丙烯酰胺，可减少石油的旁路流失而提高二次采油效率。钻探用泥浆中加入聚丙烯酰胺后，可以防止泥浆沉降，提高钻头使用寿命。

为了发挥聚丙烯酰胺的减阻作用，消防救火用水、灌溉用泵以及石油、煤炭工业的工业用水输送管道中可加入少量聚丙烯酰胺，以减少阻力和输送动力。

④ 增稠剂　聚丙烯酰胺水溶液黏性高，具有增稠作用，在涂料工业中可用作乳胶涂料的增稠剂，也可用作炸药硝化甘油、TNT（三硝基甲苯）等危险物品的凝胶化剂等。

此外，聚丙烯酰胺还可用作土壤改性剂。在土壤中打入聚丙烯酰胺与交联剂溶液使其共聚后，可提高土壤对建筑物的负荷能力和堵漏能力，在农业上可防止水土流失，提高农作物产量。

15.2.2.2 聚氧乙烯 [$-CH_2-CH_2-O-_n$]

环氧乙烷在酸、碱以及配位催化剂的作用下可以经阳离子、阴离子或配位聚合反应，发生开环聚合。分子量在 200～20000 范围的称之为聚乙二醇，主要作为润滑剂或用于陶瓷、化妆品、金属加工、医药、聚氨酯与橡胶、电子等工业；分子量在 10^5～$5×10^6$ 范围的称之为聚氧乙烯（PEO），主要用作絮凝剂、包装薄膜、清洗剂、润滑剂、减阻剂等。

环氧乙烯还可与环氧丙烷共聚，得到不同比例的共聚物或支链共聚物，主要用作生产聚氨酯的原料聚醚多元醇。

（1）单体

环氧乙烷是石油化工生产的主要产品之一，在载体银催化剂存在下，乙烯用氧气直接氧化生成环氧乙烷：

$$H_2C=CH_2 + 1/2\ O_2 \xrightarrow{Ag} H_2C\overset{\displaystyle}{\underset{O}{\text{——}}}CH_2$$

环氧乙烷常温下为气体，沸点 10.4℃，凝固点 −112.5℃，临界压力 7.19MPa，临界温度 195.8℃，与空气混合后爆炸极限上限为 100%，下限为 3.0%（体积）。

（2）聚合方法

聚合方法通常有以下几种。

① 聚乙二醇　通常用乙二醇或二乙二醇作为起始剂，烧碱水溶液为催化剂，在热压釜中用氮气排除空气后，投加一定数量的环氧乙烷加热进行反应。反应温度为 150～180℃，压力为 0.3～0.6MPa，具体压力根据产品要求而定。环氧乙烷与空气混合后，爆炸极限范围很宽，所以聚合釜中的空气应当用氮气充分排除，反应过程中要保持釜内不渗入空气。在反应过程中分次或连续补加环氧乙烷以保持压力稳定，提高产品分子量。当分子量达到要求时，停止加料。待压力下降后，加酸中和碱性催化剂或经离子交换脱除无机离子。趁热过滤，冷却后包装为商品。如果分子量较高，冷却后常温下为固体，则需经粉碎后再包装。

② 聚氧乙烯　分子量超过 $1×10^5$ 的聚氧乙烯由环氧乙烷经非均相催化，在低沸点的脂肪烃如己烷或异辛烷中开环聚合而得。聚合反应温度为 70～110℃。所用非均相催化剂主要是碱土金属碳酸盐如碳酸锶等。干燥的碳酸锶活性很低，若加有 0.1%～0.4% 水分则可使之活化；微量的硝酸盐、氯酸盐、硫代硫酸盐、四硼酸盐等会破坏其活性。聚合反应热高达 84J/mol，应当及时排出反应热，保持反应稳定进行。

氨基钙或烷氧基氨基钙的催化活性更高，反应温度低于聚合物熔融温度，可采用与聚氧乙烯不相溶的溶剂作为反应介质进行沉淀聚合。根据反应温度和压力条件，反应中不断添加环氧乙烷直至反应结束，过滤后直接得到产品。由于催化剂效率高，用量少，可免除脱催化剂工序。这一类催化剂属于配位催化剂，催化剂的亲电子基团与醚氧基团结合而使环氧基团活化。

（3）性能及应用

① 聚乙二醇　商品聚乙二醇平均分子量在 200～20000 之间，根据分子量大小分为若干牌号。分子量在 200～600 的产品常温下为液体，高于此范围则为固体。聚乙二醇凝固点与熔融温度随分子量的增加而提高。分子量 20000 的聚乙二醇熔融温度为 56～64℃，易溶于水。随分子量的提高，醚键的影响越来越显著。降低水溶液温度后，聚乙二醇将析出，析出温度则随分子量降低而降低。水溶液黏度随分子量提高而增加。

聚乙二醇可溶于醇、醚醇、乙二醇、酯、酮、芳烃等极性有机溶剂中，不溶于脂肪烃、环脂烃以及一些低极性溶剂。聚乙二醇的吸湿和保湿性能随分子量的升高而降低。聚乙二醇为长链二元醇，端基为伯醇基，可发生酯化反应生成氨基甲酸酯等。

聚乙二醇具有水溶性、吸湿性、润滑性、低毒、化学稳定、不易挥发等特点，可用于纺织、造纸、涂料、金属浇铸成型、黏合剂、食品、医药、化妆品、包装、皮革、橡胶等工业，也可作为中间体用来制造表面活性剂、分散剂、合成树脂等。

② 聚氧乙烯　商品聚氧乙烯平均分子量在 $1\times10^5\sim5\times10^6$ 范围内，根据不同分子量范围又分为不同牌号。商品为白色粉状物，熔点为 65℃，高于熔点则形成高度结晶聚合物。玻璃化温度为 $-45\sim-55℃$，随分子量的升高而稍有降低。受热超过结晶熔点则转变为热塑性材料，可用热塑性塑料成型方法进行成型加工；但其熔融黏度较高，成型时须加入增塑剂。聚氧乙烯可与其他热塑性塑料进行共混，获得具有综合性能的共混聚合物。

聚氧乙烯易溶于水和氯代烃，受热时溶于醇，酮、酯、醚醇等溶剂中。聚氧乙烯水溶液加热到 95℃时，树脂沉淀析出。碳酸盐、磷酸盐、硫酸盐等无机盐对聚氧乙烯在水中的溶解度影响很大，氯盐、碘盐的影响较小。

聚氧乙烯分子量较高，端基所占比例较小，可视为无端基活性的聚醚。用 X 射线照射或用乙烯基单体与过氧引发剂进行化学交联，会生成交联结构的水凝胶，其吸水量可高达质量的 50 倍。高分子量水溶液具有明显的减小阻力的作用。

聚氧乙烯树脂加热到 100～150℃进行热塑性成型加工时，容易快速氧化降解，因此必须添加抗氧剂吩噻嗪、硫脲、1-乙酰基-2-硫脲等，用量为树脂量的 0.05%～0.5%。在水溶液中，高分子量聚氧乙烯会产生严重的自氧化降解，使水溶液的黏度大为降低，其原因是生成过氧化氢化合物导致主链断裂。降解速度因热、紫外线、强酸或某些过渡金属离子如 Fe^{3+}、Cr^{3+} 和 Ni^{2+} 的存在而加快。乙醇、异丁醇、丙烯醇、乙二醇以及 Mn^{2+} 可使聚氧乙烯水溶液稳定，醇或乙二醇用量为溶液的 5%～10%（质量），Mn^{2+}（通常为二氯化锰）的用量为 $1\times10^{-5}\sim1\times10^{-3}mol/L$。稳定化处理后的水溶液在 pH 2～12 范围内十分稳定。

聚氧乙烯具有广泛的用途，可作为洗煤、湿法冶金、造纸工业的助留剂、净水剂等；也可作为分散剂用于医药、化学工业等；作为增稠剂可用于乳胶涂料、清洗剂、石油工业、建筑工业等；作为减阻剂可用于灭火、流体输送等；作为热塑性塑料可用作水溶性包装材料、染料、农药包装和抗静电剂等；此外还可用于洗涤剂、洗手皂、润滑剂等方面。

15.2.2.3　聚乙烯醇

乙烯醇（$CH_2{=}CH{-}OH$）不稳定，不能由此单体直接聚合得到聚乙烯醇。通常由聚醋酸乙烯水解或醇解进行生产，反应如下：

聚乙烯醇的化学结构通式为 $\{H_2C{-}CH\}_n$（侧基 OH），按用途和性能分为不同水解度和不同聚合度的产品，主要有高水解度（98%～99%）、中等水解度（87%～89%）和低水解度（79%～83%）三类商品；平均聚合度则主要分为 500～600、1400～1800、2400～2500 等几类。

（1）生产工艺

生产聚乙烯醇的原料实际是醋酸乙烯，其生产方法有以乙炔为原料的乙炔路线和以乙烯为原料的乙烯路线两种，反应如下：

$$HC{\equiv}CH + CH_3COOH \longrightarrow H_2C{=}\underset{H}{C}{-}OCOCH_3$$

$$H_2C{=}CH_2 + CH_3COOH + 1/2\ O_2 \longrightarrow H_2C{=}CHOCOCH_3 + H_2O$$

石化工业多采用乙烯路线。生产中，用气相法将乙烯通过醋酸蒸气饱和后，经氧气混合器与氧气混合，添加喷成雾状的助催化剂醋酸钾后，进入载有钯、金催化剂的固定床反应器，在 $160\sim185℃$、$0.8MPa$ 下反应生成醋酸乙烯。

聚醋酸乙烯用作涂料或黏合剂时，可采用自由基乳液聚合方法进行生产；用于生产聚乙烯醇时则采用自由基溶液聚合方法进行生产。

(2) 性能

① 物理性能　聚乙烯醇为白色至淡黄色粉状物或颗粒状物，在水中的溶解性能与其水解度和分子量有关。高水解度产品仅溶于热水至沸水中；中等水解度产品则在室温下可溶于水；低水解度产品仅在 $10\sim40℃$ 范围内溶于水，超过 $40℃$ 则得混浊水溶液，聚乙烯醇会沉淀析出。水解度为 70% 的产品仅溶于 $C_2H_5OH-H_2O$ 溶液中。聚乙烯醇在水中溶解性能的变化在于高水解度产品沿分子主链存在许多羟基，分子间氢键作用较强，只有在较高的温度下水分子才可以渗透入聚乙烯醇分子间使之溶解；当存在一部分酯基时，氢键作用变弱，所以易溶于水；当酰基过多时在水中的溶解性能又变差。此外，平均分子量对其溶解性能也有影响，分子量低则易溶解。聚乙烯醇除溶于水外，还可溶于强极性溶剂如二甲亚砜、乙酰胺、乙二醇和二甲基甲酰胺等。

聚乙烯醇水溶液的黏度与其分子量、浓度、水解度和温度有关。高水解度的聚乙烯醇水溶液放置后黏度上升，甚至产生凝胶；部分水解的聚乙烯醇则稳定。水溶液中加入少量低级醇、脲或硫氰酸盐可使溶液黏度稳定。

聚乙烯醇无明确的熔点，全部水解的聚乙烯醇在 $220\sim267℃$ 之间熔化，但超过 $100℃$ 则分解放出 H_2O，达到 $160℃$ 时分解速度加快，逐渐变黄色，继续升高温度则变红棕色。全水解的聚乙烯醇玻璃化温度为 $85℃$，水解度为 $87\%\sim89\%$ 的聚乙烯醇玻璃化温度为 $58℃$。

聚乙烯醇的物理机械性能不仅与其水解度有关，而且还受分子量的影响，具体见图 15-6。

柔韧性、水溶性、
溶解性等性能增加　　　　　　　　黏度、抗黏着性、耐溶剂性、
拉伸强度、耐水性、黏结强
度、分散能力等性能提高

降低　←——————　分子量　——————→　升高

　　　　　　　　　　　水解度

柔韧性、分散能力、
对憎水表面的黏结
性等性能增加　　　　　　　　　拉伸强度、耐水性、抗黏着
性、耐溶剂性、对亲水表面
的黏着力等性能提高

图 15-6　聚乙烯醇性能

空气中湿度的高低对聚乙烯醇的力学性能、气体屏蔽性能等产生显著影响，相对湿度增高则机械强度和屏蔽氧气的性能明显下降。

② 化学性能　聚乙烯醇分子主链上结合许多仲羟基基团，它可以发生下列化学反应。

a. 与醛反应生成缩醛　最重要的是与甲醛反应生成缩甲醛，它是维尼纶纤维的原料；其次为缩丁醛，主要用作安全玻璃的夹层，例如：

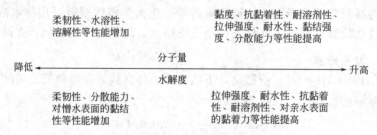

除此之外，还可进行分子间缩醛化反应。

b. 酯化反应　聚乙烯醇可与有机酸、无机酸发生酯化反应，与硼酸或硼砂生成环状酯；当 pH 值超过 4.5～5.0 时则生成不溶于水的凝胶。此外，还可与氯甲酸酯反应生成碳酸酯：

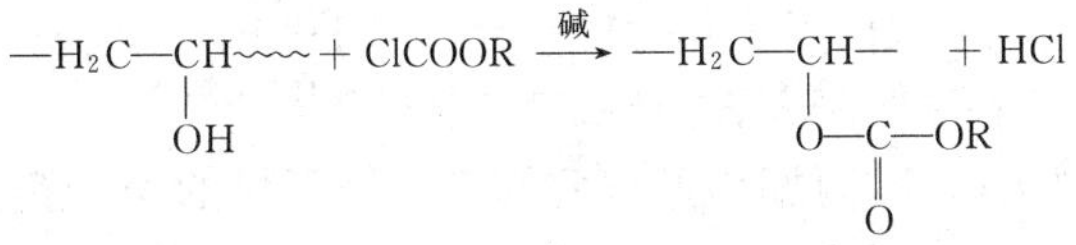

$$—H_2C—CH \sim\!\!\sim\!\!\sim + ClCOOR \xrightarrow{\text{碱}} —H_2C—CH— + HCl$$

与脲反应生成氨基甲酸酯：

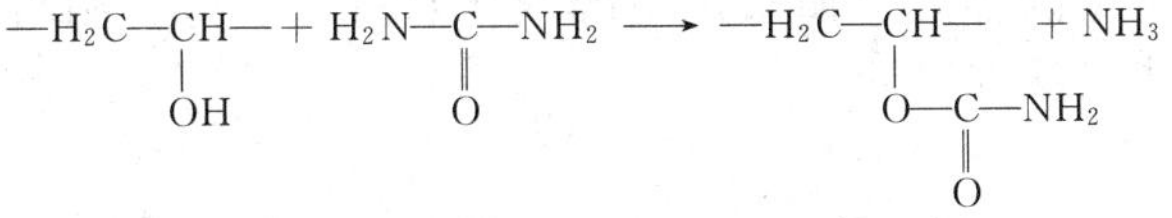

$$—H_2C—CH + H_2N—C—NH_2 \longrightarrow —H_2C—CH— + NH_3$$

与异氰酸酯反应则生成氮原子具有取代基团的氨基甲酸酯。

c. 醚化反应　聚乙烯醇分子中的仲羟基易于发生醚化反应，在强酸或碱的作用下，脱水发生分子间醚化反应生成不溶物。聚乙烯醇与环氧乙烷反应则生成可溶于水的醚类衍生物。

d. 其他反应　聚乙烯醇可与铜离子在中性或微碱性溶液中生成络合物，与氢氧化钠或氢氧化钾反应则生成分子间络合物而产生凝胶。

（3）应用

聚乙烯醇主要的用途是用来生产维尼纶纤维，其次可用作纺织浆料、黏合剂、涂料和分散剂等。

聚乙烯醇具有优良的黏结性、柔韧性、成膜性和良好的机械强度，适于用作纺织用浆料。改变其水解度可以改变其亲水或憎水性能，既适用于憎水性聚酯纤维又适用于亲水性的棉纤维。水解度低的聚乙烯醇适用于聚酯纤维上浆，水解度高的则适用于棉纤维上浆。聚乙烯醇还在造纸工业中作为上光剂，增加纸张强度和耐油脂性能。

作为黏合剂的聚乙烯醇水溶液用于多孔性材料的黏结时，应添加陶土或淀粉作为填料，避免黏合剂过多的渗透到孔隙中，还可添加少量硼酸以增加黏合剂的黏性。作黏合剂使用时，应保持 pH 值在 4.6～4.9，避免呈碱性而产生凝胶。

建筑水泥中添加 1‰～5‰的中等水解度聚乙烯醇，可以提高强度，改进保水性，增加结合力。内墙涂料可用聚乙烯醇或其缩醛作为主要成膜物质。

聚乙烯醇薄膜可用挤出法或溶液浇铸法生产，用于包装农药、漂白粉等物品时可直接溶于水中而不必回收。

中等水解度的聚乙烯醇适合作为悬浮聚合的分散剂，特别适用于氯乙烯悬浮聚合；还可用作醋酸乙烯乳液聚合的乳化剂。在化妆品工业中，聚乙烯醇可用作乳化剂、增稠剂以及成膜物质。

15.2.3　阴离子型水溶性聚合物

线型结构的阴离子型聚电解质可溶于水，又称为阴离子型水溶性聚合物，重要的有聚羧酸及其盐、聚磺酸及其盐等。

15.2.3.1　聚羧酸及其盐

聚丙烯酸和聚甲基丙烯酸在水溶液中解离度很低，所以通常作为非离子型聚合物；但其盐的解离度高，属于阴离子型聚合物。为了调节阴离子基团的含量，工业上时常采用与非离子型单体共聚的方法，生产适当阴离子度与适当分子量的产品。

（1）丙烯酸和甲基丙烯酸单体

生产丙烯酸的方法主要有丙烯路线和乙炔路线。丙烯路线以丙烯为原料，采用高活性和高选择性催化剂经两步氧化法合成丙烯酸。第一步氧化得丙烯醛，第二步氧化得到丙烯酸，总收率约 80%，反应如下：

$$H_3C{=}CH_2 + O_2 \longrightarrow H_2C{=}CHCHO + H_2O$$

$$H_2C{=}CHCHO + 1/2\,O_2 \longrightarrow H_2C{=}CHCOOH$$

生产甲基丙烯酸的方法有以丙酮为原料和以 C_4 为原料的两种生产路线。丙酮路线以丙酮和氰化钠为原料，首先合成丙酮氰醇，然后与过量的浓硫酸反应生成聚甲基丙烯酰胺硫酸盐，再进行水解得到甲基丙烯酸。如果用甲醇取代水进行反应，则得到生产有机玻璃的单体——甲基丙烯酸甲酯，反应如下。

氰化反应：

$$2NaCN + H_2SO_4 \longrightarrow 2HCN + Na_2SO_4$$

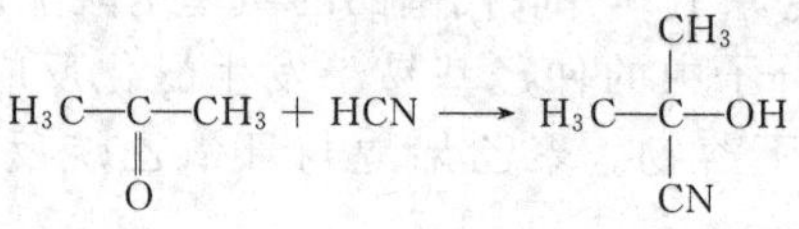

酰胺化反应：

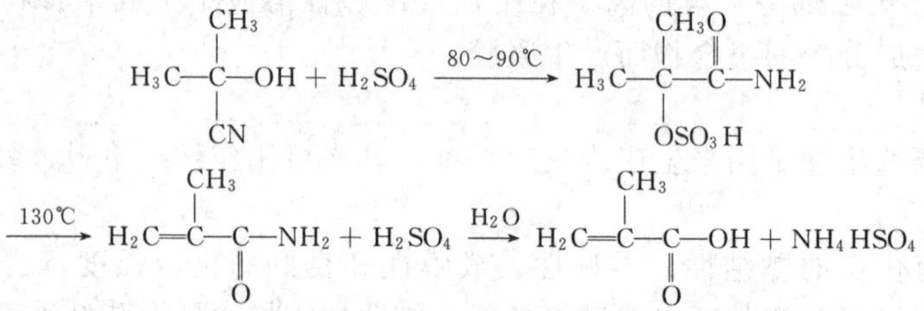

C_4 路线是以异丁烯或叔丁醇为原料，经氧化生成甲基丙烯酸。以异丁烯为原料时，第一步氧化生成甲基丙烯醛；第二步氧化得到甲基丙烯酸，总收率 60%～70%，副产物为乙酸。反应如下：

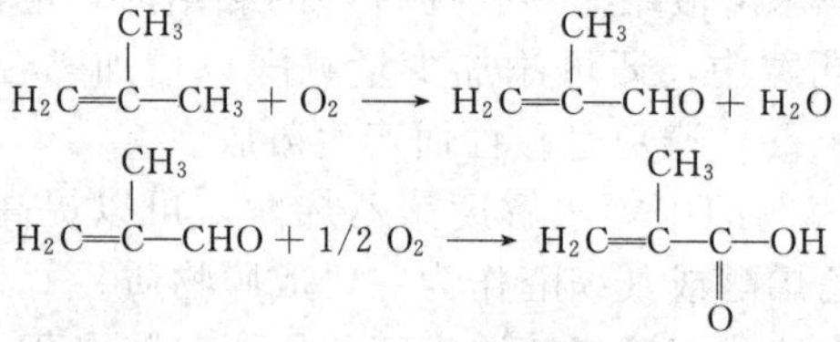

（2）聚合物制备方法

通常用相应的单体经自由基聚合或由相应的酯类聚合物水解两种方法制备聚丙烯酸、聚甲基丙烯酸及其盐。

聚合方法主要采用水溶液聚合。引发剂分为热分解引发剂和氧化-还原引发剂体系两类。热分解引发剂包括过硫酸盐、过磷酸盐、过氧化氢等，聚合时温度高（在 50～100℃）。使用氧化-还原引发剂的聚合温度在 50℃ 以下。单体在水溶液中的浓度低于 20%～30% 时易于控制反应，可以得到易溶于水的聚合物。单体浓度高时，反应放热激烈而不易控制，容易生成交联结构聚合物，甚至形成爆米花状聚合物。纯丙烯酸进行聚合时，反应热可使温度升高，导致丙烯酸分解而产生爆炸的危险。为了调节产品的分子量，聚合时须加入链转移剂，常用的链转移剂为亚磷酸酯（盐）。

浓度为 10% 的丙烯酸或甲基丙烯酸稀溶液可用引发剂过硫酸铵进行热分解引发聚合，过硫酸铵用量为单体量的 0.1%～0.2%，反应温度为 90～100℃。采用过硫酸盐-还原剂形成的氧化还原引发体系时，加入金属盐可使反应温度降低，微量的 Fe^{2+} 可使反应在 10℃ 顺利进行。反应时，引发剂和水先加入反应器中，然后逐渐加入单体丙烯酸。这种加料方式易于控制反应，但产品的分子量通常不超过 100000，否则不经济。生产高分子量产品时应采用悬浮聚合法或产生冻胶的聚合方法。

制备聚丙烯酸干粉时，应当采用高浓度水溶液聚合，制得冻胶状产品，经挤出切粒后干燥粉碎；也可预聚合后在螺杆挤出机中进一步聚合，造粒、干燥后再经粉碎而得粉状产品。

丙烯酸盐和甲基丙烯酸盐同样可用水溶液聚合法合成相应的聚合物。聚合和干燥可在同一步骤中完成。丙烯酸盐、水、引发剂混合后喷入加热到150℃的热空气中，即可得到粉状聚丙烯酸盐；还可将高浓度丙烯酸盐与碳酸盐混合成浆状物后引发聚合，制得易于粉碎的聚合物块状物。

还可采用在非水介质如苯中进行沉淀聚合，或通过反相乳液聚合、反相悬浮聚合制备聚丙烯酸或聚甲基丙烯酸以及共聚物。生产共聚物时，如果可溶于水的丙烯酸或甲基丙烯酸用量较少，可以采用乳液聚合法生产胶乳，它可直接用作黏合剂、涂料、分散剂等。

（3）性能与应用

① 性能　聚丙烯酸、聚甲基丙烯酸及其盐的固体物为坚硬、透明、脆性的材料，其盐的玻璃化温度高于相应的酸。例如，聚丙烯酸玻璃化温度为104℃，而聚丙烯酸钠的玻璃化温度为251℃。聚丙烯酸、聚甲基丙烯酸与多价金属形成的盐无玻璃化温度，加热到300℃时分解。分子量在1000～30000之间的商品应用最广，商品最高分子量可超过100000以上。

聚丙烯酸的酸性高于聚甲基丙烯酸，但两者的酸性都低于相应的单体。聚丙烯酸和聚甲基丙烯酸除溶于水外，还可溶于甲醇、乙醇、二氧六环、乙二醇、二甲基甲酰胺等极性溶剂；但不溶于丙酮、乙醚、脂肪烃、芳烃等非极性溶剂；其一价金属盐和铵盐可溶于水。聚丙烯酸和聚甲基丙烯酸在水中的溶解度与其浓度、温度、分子量和中和度等因素有关。聚丙烯酸在水中的溶解度随温度的降低而降低，若溶液中存在无机盐或酸时则沉淀析出。聚甲基丙烯酸温度升高时溶解度降低，其临界会溶温度约为50℃。

聚丙烯酸和聚甲基丙烯酸在不能解离的溶剂中可溶解形成稀溶液，其比浓黏度与浓度呈线性关系；溶解于可解离的溶剂如水中时，比浓黏度随浓度的稀释而有所上升，达最大值后随浓度的进一步稀释而下降；用碱中和后，由于分子伸展而使黏度明显增加。

② 应用　聚丙烯酸、聚甲基丙烯酸及其盐的水溶液在低浓度时有一定黏度，为触变性流体，可通过改变与其结合的离子种类而改变其性能。另外，还可与其他中性或憎水单体共聚以调整离子含量与亲水/憎水比值，使其使用性能达到平衡。聚丙烯酸、聚甲基丙烯酸及其盐在采矿、纺织、化妆品、造纸、石油钻探、二次采油、土壤改良、水质净化、污水处理、抗蚀剂等工业领域得到广泛应用，作为增稠剂可用于二次采油以及火箭燃料的增稠；作为分散剂或悬浮剂可提高石油钻井淤浆的稳定性和润滑钻头；在涂料中可用作颜料的分散剂等。

15.2.3.2　其他阴离子型聚合物

（1）阴离子型聚丙烯酰胺

阴离子型聚丙烯酰胺是重要的阴离子聚合物，可通过不同途径进行工业生产。在丙烯酰胺水溶液聚合时加入适量氢氧化钠、碳酸钠等碱性物质使其进行部分水解，可制得阴离子含量低的聚丙烯酰胺；阴离子含量高的聚丙烯酰胺可通过丙烯酰胺与适量丙烯酸进行共聚制得，还可由腈纶（聚丙烯腈）废丝进行水解而得。

（2）聚磺酸及其盐

含有磺酸或磺酸盐基团的单体，经自由基聚合可得到相应的聚磺酸或其盐。它们是强电解质，在水中可全部离解为离子。工业上重要的聚磺酸及其盐有以下几种。

① 聚乙烯磺酸及其盐

$$\text{--}\!\!\left(\text{CH}_2\text{CH}\right)_{\!n}\text{--}$$
$$\underset{\text{SO}_3^-\text{M}^+}{|}$$

聚乙烯磺酸及其盐由乙烯磺酸或其盐经水溶液聚合而制得。其钠盐水溶液用甲醇或二氧六环沉淀，可得钠盐固体物。聚乙烯磺酸钠盐或铵盐可溶于水，但不溶于有机溶剂，钙盐则不溶于水。

② 聚苯乙烯磺酸及其盐

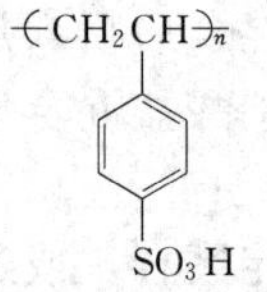

$$\begin{matrix} \{CH_2CH\}_n \\ \\ \\ SO_3H \end{matrix}$$

聚苯乙烯磺酸及其盐由苯乙烯磺酸或其盐经水溶液聚合或由聚苯乙烯磺化制得，它们溶于水、甲醇和乙醇，但不溶于烃类溶剂。

此外，还发展了以甲基丙烯酸酯或丙烯酰胺为母体的磺酸盐单体，它们经自由基聚合可得到相应的磺酸盐聚合物。

③ 其他重要的磺酸盐聚合物

2-甲基丙烯酰氧基乙磺酸盐（SEM）：

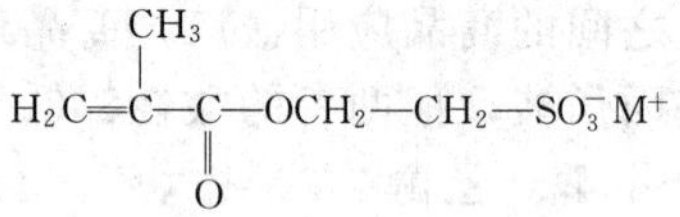

$$H_2C = \overset{CH_3}{\underset{}{C}} - \overset{}{\underset{O}{C}} - OCH_2 - CH_2 - SO_3^- M^+$$

3-甲基丙烯酰氧基-2-羟基丙磺酸盐：

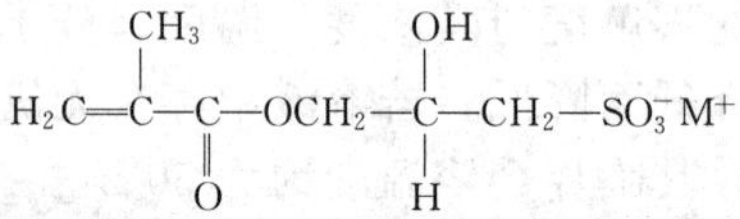

$$H_2C = \overset{CH_3}{\underset{}{C}} - \overset{}{\underset{O}{C}} - OCH_2 - \overset{OH}{\underset{H}{C}} - CH_2 - SO_3^- M^+$$

2-丙烯酰胺基-2-甲基丙磺酸盐（AMPS）：

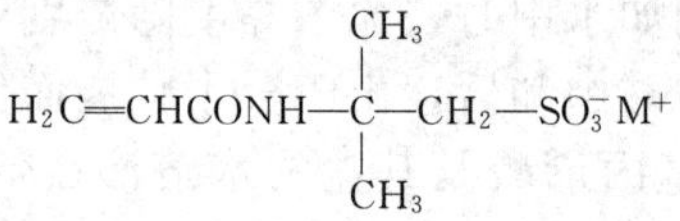

$$H_2C = CHCONH - \overset{CH_3}{\underset{CH_3}{C}} - CH_2 - SO_3^- M^+$$

前两种单体的聚合物含有酯基基团，易水解。AMPS 由 SO_3 与异丁烯反应后，再与丙烯腈反应而得，此聚合物对于水解反应十分稳定。

以上单体可均聚也可与其他单体共聚。它们合成的聚合物以 AMPS 最为重要，它可用作乳液稳定剂、絮凝剂、锅炉处理剂等，并可提高纸张强度。AMPS 与丙烯酰胺的共聚物和与阳离子型单体合成的两性聚合物可用于采油工业。

15.2.4 阳离子型水溶性聚合物

线型结构的阳离子型聚电解质可溶于水，又称为阳离子型水溶性聚合物，根据带正电荷的基团种类可分为三大类。

铵盐类：

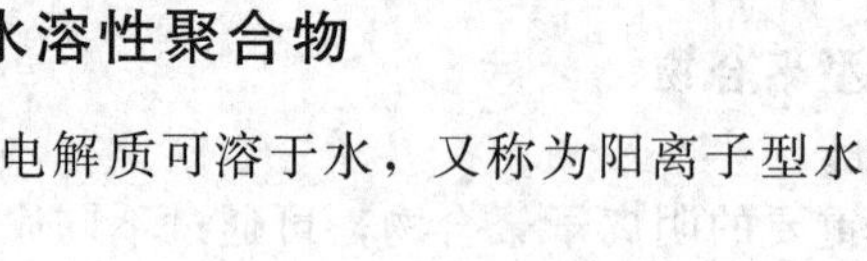

$$\begin{matrix} H & & H & & H & & R \\ | & & | & & | & & | \\ -N^+ -H & , & -N^+ -R & , & -N^+ -R & , & -N^+ -R \\ | & & | & & | & & | \\ H & & H & & R & & R \end{matrix}$$

硫盐类：

$$-\overset{R}{\underset{R}{S^+}}$$

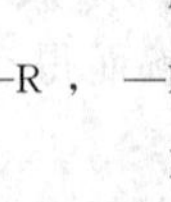

磷盐类：

铵盐类是最重要的阳离子型水溶性聚合物，在工业上应用最为广泛。已开发的铵类阳离子聚合物种类很多，按照氮原子基团的结构分为伯胺、仲胺、叔胺与季铵四种类型。含季铵基团的聚合物为强阳离子聚合物，含其他胺类基团者为弱阳离子聚合物。

15.2.4.1　聚合物的反应类型

（1）聚合型

双键加成聚合所得聚合物是—C—C—主链，阳离子基团存在于支链上。

（2）开环聚合型

由含氮或氧的杂环单体开环聚合，所得聚合物主链由 C—N 或 C—O 杂链构成，阳离子基团可存在于主链或支链上。

（3）缩聚型

缩聚型聚合物的种类很多，主要有两种原料。一种是胺类，包括二元伯胺、仲胺或两端为伯胺的多胺化合物，二元羟胺等；另一种原料是二元卤代物、环氧氯丙烷、二元羧酸等。所得聚合物主链由—C—N—、含氨基的聚酯、含氨基的聚酰胺等构成，阳离子基团多数存在于主链上。

（4）高分子化学改性型

这一类阳离子聚合物多数情况下是以非离子型聚合物为原料，经化学改性引入阳离子基团而制得。例如，含有—Cl、—COOR、—CONH，—OH 等功能基团的乙烯基类聚合物可借助化学改性，使带有阳离子基团的化合物与上述活性基团反应而得到阳离子型聚合物，也可使弱阳离子伯胺、仲胺或叔胺进一步发生烷基化反应，最后转变为强阳离子季铵基团。

15.2.4.2　重要的阳离子型水溶性聚合物

（1）聚合型阳离子聚合物

聚合型阳离子水溶性聚合物产量最大，应用最为广泛。为了调节大分子中所含阳离子百分数（又称之为阳离子度），工业生产的主要是非离子单体与阳离子单体的共聚物。根据两者的比例可制得不同阳离子度的产品。根据分子量的不同可将产品分为不同的牌号。完全由阳离子单体聚合制得的产品，阳离子度为 100%，但用途不如共聚体广泛。为了获得水溶性良好的阳离子聚合物，主要用非离子单体丙烯酰胺进行共聚。

阳离子单体种类很多，以季铵盐型阳离子单体最为重要，主要有二烯丙基季铵盐、甲基丙烯酸酯或其酰胺的季铵盐衍生物、叔胺衍生物以及乙烯基吡啶等，它们的分子式如下。

二烯丙基二甲基氯化铵（DADMAC）：

$$(CH_3)_2N^+(CH_2CH{=}CH_2)_2Cl^-$$

二烯丙基二乙基氯化铵（DADEAC）：

$$(C_2H_5)_2N^+(CH_2CH{=}CH_2)_2Cl^-$$

甲基丙烯酰氧乙基二乙基氯化铵（DEAEMA）：

$$\underset{O}{H_2C{=}C{-}C{-}OCH_2{-}CH_2{-}N^+(C_2H_5)_2Cl^-}$$

$$\overset{CH_3}{|}$$

甲基丙烯酰氧乙基二甲基氯化铵（DMAEMA）：

$$H_2C{=}C{-}C{-}OCH_2{-}CH_2{-}N^+(CH_3)_2Cl^-$$

甲基丙烯酰氧乙基三甲基硫酸铵（METEM）：

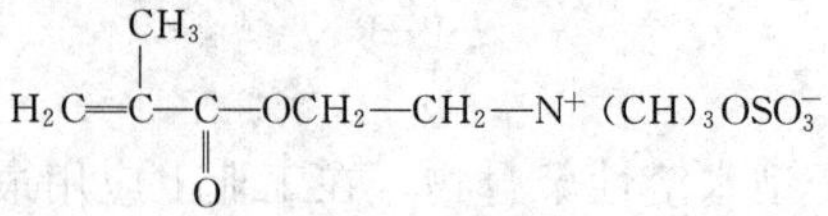

$$H_2C=\underset{\underset{O}{|}}{\overset{\overset{CH_3}{|}}{C}}-OCH_2-CH_2-N^+(CH)_3OSO_3^-$$

甲基丙烯酰氧乙基三甲基氯化铵（METAC）：

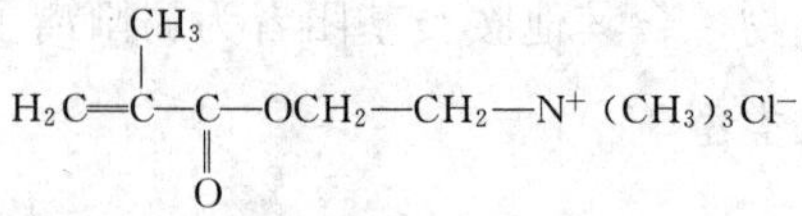

$$H_2C=\underset{\underset{O}{|}}{\overset{\overset{CH_3}{|}}{C}}-OCH_2-CH_2-N^+(CH_3)_3Cl^-$$

3-甲基丙烯酰胺基丙基三甲基氯化铵（MAPTAC）：

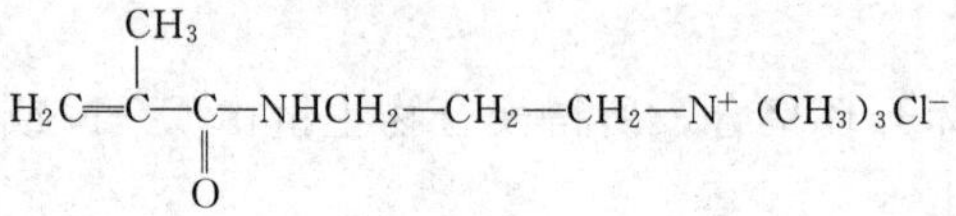

$$H_2C=\underset{\underset{O}{|}}{\overset{\overset{CH_3}{|}}{C}}-NHCH_2-CH_2-CH_2-N^+(CH_3)_3Cl^-$$

2-乙烯吡啶：

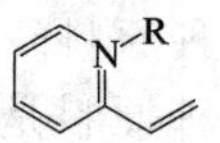

4-乙烯吡啶：

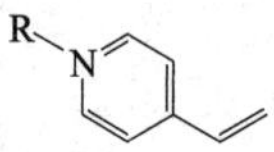

二烯丙基二烷基季铵盐单体由二甲胺或二乙胺与烯丙基氯反应而得：

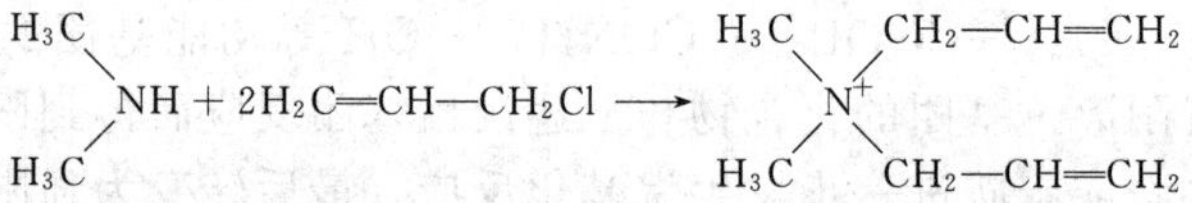

$$\underset{H_3C}{\overset{H_3C}{>}}NH+2H_2C=CH-CH_2Cl \longrightarrow \underset{H_3C}{\overset{H_3C}{>}}N^+\underset{CH_2-CH=CH_2}{\overset{CH_2-CH=CH_2}{<}} \quad Cl^-$$

甲基丙烯酸酯衍生物可由乙醇胺或乙醇甲胺与甲基丙烯酸甲酯进行酯交换，或与甲基丙烯酸进行酯化反应后，再经烷基化反应得到叔胺或季铵盐，例如：

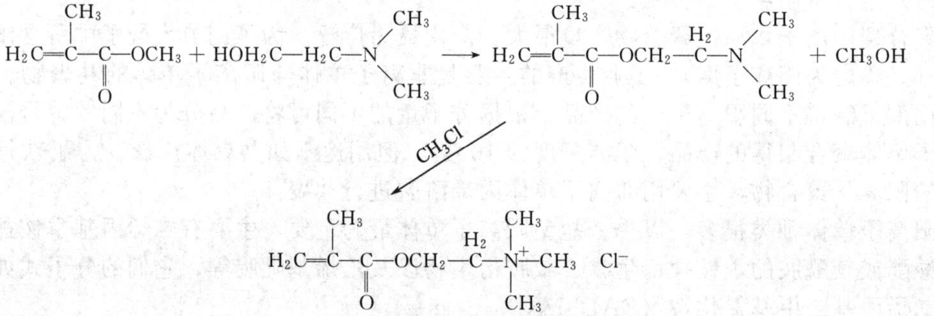

$$H_2C=\underset{\underset{O}{|}}{\overset{\overset{CH_3}{|}}{C}}-OCH_3+HOH_2C-H_2C-N\underset{CH_3}{\overset{CH_3}{<}} \longrightarrow H_2C=\underset{\underset{O}{|}}{\overset{\overset{CH_3}{|}}{C}}-OCH_2-\overset{H_2}{C}-N\underset{CH_3}{\overset{CH_3}{<}} + CH_3OH$$

$$\xrightarrow{CH_3Cl}$$

$$H_2C=\underset{\underset{O}{|}}{\overset{\overset{CH_3}{|}}{C}}-OCH_2-\overset{H_2}{C}-N^+\underset{CH_3}{\overset{CH_3}{<}}CH_3 \quad Cl^-$$

二烯丙基二烷基季铵盐经自由基成环聚合，生成五环链段：

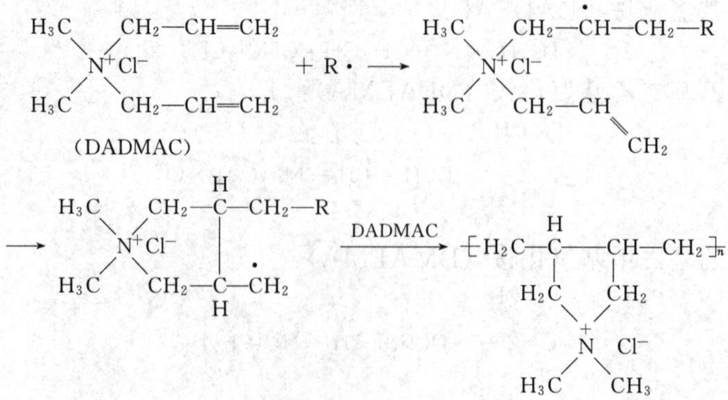

（DADMAC）

$$\xrightarrow{DADMAC}$$

此外，有 2%～3% 左右的单体仅有一个烯丙基参加聚合反应，形成含有不饱和双键的支链，并且存在着向单体进行链转移的反应，所以此单体均聚或共聚时，不易获得分子量非常高的聚合物。

甲基丙烯酸酯季铵盐衍生物活性较大，易于进行自由基聚合反应，与丙烯酰胺共聚可获得高分子量共聚物。

阳离子聚丙酰胺的生产方法与非离子聚丙烯酰胺相似，主要用自由基引发剂体系在水溶液中聚合，也可采用反相乳液聚合或反相悬浮聚合法进行生产。在水溶液聚合中，采用过硫酸盐、氧化-还原引发剂以及水溶性偶氮化合物作为引发剂，产品分子量靠引发剂用量、反应温度以及单体浓度进行控制，必要时加入链转移剂。生产分子量较低、分子量分布狭窄的产品时，可用混合溶剂水与叔丁酮等，此情况下生成的聚合物可沉淀析出。

水溶液聚合时，单体浓度通常为 20%～40%，反应温度为 40～60℃。为了提高转化率，反应后期温度可提高到 80℃ 以上。二烯丙基二甲基氯化铵均聚物生产条件基本与上述条件相同。生产聚合物干粉时，须将聚合物水溶液胶体物干燥、粉碎制得干粉产品。

阳离子聚丙烯酰胺还可用聚丙烯酰胺经化学改性引入阳离子基团进行生产，反应如下。

① 曼尼希（Mannich）反应

$$\begin{array}{c}\overset{}{\text{H}_2\text{C}-\text{CH}}\\|\\\text{CONH}_2\end{array}_n + \text{HCHO} + \text{HNR}_2 \xrightarrow{\text{NaOH}} \begin{array}{c}\overset{}{\text{CH}_2-\text{CH}}\\|\\\text{CO}\\|\\\text{NHCH}_2-\text{NR}_2\end{array}_n$$

通常将 1% 的聚丙烯酰胺与适量甲醛和仲胺二甲胺反应，在碱性溶液中得到具有二甲基胺支链的阳离子聚合物，可进一步烷基化使之转变为季铵型强阳离子。

② 霍夫曼（Hoffmann）反应

$$\begin{array}{c}\overset{}{\text{H}_2\text{C}-\text{CH}}\\|\\\text{CONH}_2\end{array}_n \xrightarrow{\text{NaOCl}} \begin{array}{c}\overset{}{\text{H}_2\text{C}-\text{CH}}\\|\\\text{NH}_2\end{array}_n$$

聚丙烯酰胺与次氯酸钠通过霍夫曼降解和脱除二氧化碳，生成含有一部分氨基的阳离子聚丙烯胺。

③ 聚丙烯酰胺与多元胺脱氮反应

$$\begin{array}{c}\overset{}{\text{H}_2\text{C}-\text{CH}}\\|\\\text{CONH}_2\end{array}_n + \text{H}_2\text{N}-\text{R}'-\text{NH}-\text{R} \longrightarrow \begin{array}{c}\overset{}{\text{H}_2\text{C}-\text{CH}}\\|\\\text{CONH}-\text{R}'-\text{NHR}\end{array}_n + \text{NH}_3$$

此法不如前两种方法应用广泛。

阳离子聚合物的阳离子度可为百分之几至 100%，分子量范围可为十多万至数十万甚至百万以上，但低于非离子型聚丙烯酰胺。阳离子度 100% 者为阳离子单体的均聚物，主要是二烯丙基二甲基氯化铵的均聚物，其次是甲基丙烯酸酯的阳离子衍生物单体的均聚物。阳离子度低于 100% 的阳离子聚合物基本上都是丙烯酰胺与各种阳离子单体的共聚物，共聚物的分子量高于均聚物，应用效果可能优于阳离子度为 100% 的均聚物，所以共聚物的需求量高于均聚物。

聚丙烯酰胺用曼尼希改性得到的阳离子聚合物在工业上也有生产，但由于其浓度仅为 1%，而且存在未反应的二甲胺臭味，使用范围受到了限制。霍夫曼降解得到的阳离子聚丙烯酰胺浓度可达 10%，但阳离子不易控制且为弱阳离子型，其应用范围也受到限制。阳离子聚合物水溶液具有聚阳离子特性，基本性能与聚阴离子相似，但电荷性质相反；易与悬浮于水中带负电荷的微粒产生电中和作用，可降低微粒的动电位而使其凝聚，也可吸附大分子产生架桥作用，生成絮花而沉降。

地表水中的有机悬浮物、石油废水中的油珠、工业废水中以及生活废水中的悬浮物多数带有负电荷，因此可用阳离子聚合物使之絮凝沉降，达到净化和分离的目的。阳离子水溶性聚合物在饮用水净化、造纸工业、石油开采以及石油废水、采矿废水、生活污水、污泥脱水等废水处理中应用广泛，比非离子型聚合物用量少，使用 $10^{-5} \sim 10^{-4}$ 即可达到目的。如果与氯化铝、氯化铁等无机絮凝剂配合使用，使用 10^{-6} 以下阳离子聚合物即可明显减少无机絮凝剂用量。

（2）开环聚合以及缩合聚合型阳离子聚合物

① 聚乙烯亚胺　环状乙烯亚胺、丙烯亚胺以及 N-烷基化、N-酰化衍生物经催化开环聚合，都可得到一系列相应的线型聚合物，其中以乙烯亚胺开环聚合生成的支链结构聚乙烯亚胺（branched polyethyleneimine）最为重要。常用的催化剂为质子酸、路易斯酸、羧酸以及强酸的酯等。

环状乙烯亚胺及其 N-取代衍生物的合成反应如下：

$$Cl-CH_2-CH_2-Cl + NH_3 + CaO \longrightarrow \triangleright NH + CaCl_2 + H_2O$$

$$\triangleright NH + \triangle O \longrightarrow \triangleright N-CH_2CH_2OH$$

$$\triangleright NH + CH_2=CH-R' \longrightarrow \triangleright N-CH_2CH_2R' \quad R'=-CN, -C_6H_5$$

$$\triangleright NH + RX \xrightarrow{\text{碱}} \triangleright N-R + HX$$

乙烯亚胺为沸点 $57℃$ 的液体，有氨味，可溶于水、醇等极性溶剂中而呈强碱性，不溶于烃和浓 NaOH 溶液中，毒性较大，操作时应注意安全。

由于生成的大分子链中，仲胺基团比单体的碱性更大，所以容易发生链转移反应而生成支链。支链聚乙烯亚胺为无定形聚合物，易溶于水、甲醇、乙醇和丙酮中，部分溶于苯、四氢呋喃和醋酸乙酯中，不溶于正丁烷与浓碱溶液中。聚乙烯亚胺 $25℃$ 时的相对密度为 $1.04 \sim 1.05$；5%水溶液 pH 值为 $10 \sim 12$，吸水性强，并可以吸收空气中的 CO_2，有微毒，单体则为剧毒。由于聚合物为强碱，操作时应注意安全。产品分子量约为 $300 \sim 60000$ 以上，按分子量的不同而分为不同牌号。

② 聚胺（polyamine）和聚酰胺多胺（polyamidoamine）　聚胺类阳离子聚合物由胺类化合物与二元卤代烷烃或环氧氯丙烷反应而得。重要的有二甲胺与环氧氯丙烷反应得到的线型聚胺，反应的摩尔比不超过 1.0，反应温度约 $50℃$。如果用 5%（摩尔分数）乙二胺取代二甲胺则得到支链聚合物，经季铵化后得到强阳离子聚合物。

聚酰胺多胺由二元酸与多乙烯多胺反应而得，如用二乙醇胺取代多乙烯多胺则得到聚酯多胺。

③ 性能与应用　这一类阳离子聚合物具有典型的聚电解质性质，溶液的黏度取决于聚合物分子在溶液中的构象、pH 值和是否存在无机盐等因素。比浓黏度随水溶液浓度的降低而明显增加，在盐溶液中黏度则急剧下降。

此类聚合物主要在造纸工业中用作湿强添加剂和助留剂。支链聚乙烯亚胺用途更为广泛，可在纺织工业中用作抗静电剂、软化剂；在石油工业中用于采油和净化；还可用作絮凝剂、消泡剂、缓蚀剂等。

15.2.5　两性水溶性聚合物

两性水溶性聚合物大分子中既含有阳离子基团又含有阴离子基团，可分为下列三类：

① 聚内铵盐，阳离子基团与阴离子基团存在于同一悬挂基团上；

② 聚两性电解质，阳离子基团与阴离子基团存在于同一主链上；

③ 聚合盐（或称为聚合物络合物），由阳离子聚合物与阴离子聚合物络合而成。

这三类聚合物结构形式与举例见表 15-3。

表 15-3　两性水溶性聚合物

聚合物类型	类别	例子
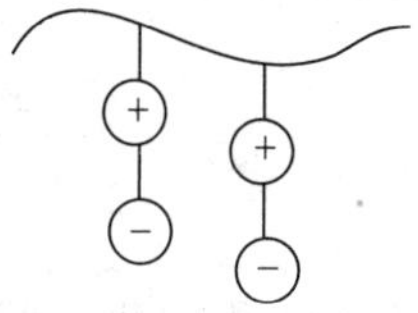	聚内铵盐	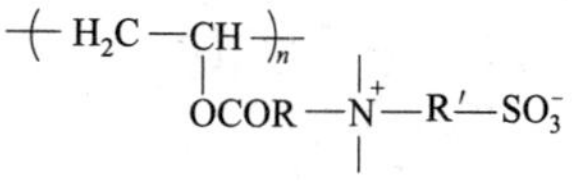 $\left[H_2C-CH\right]_n$　$OCOR-N^+-R'-SO_3^-$
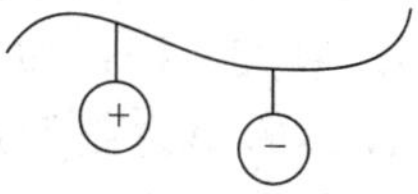	聚两性电解质	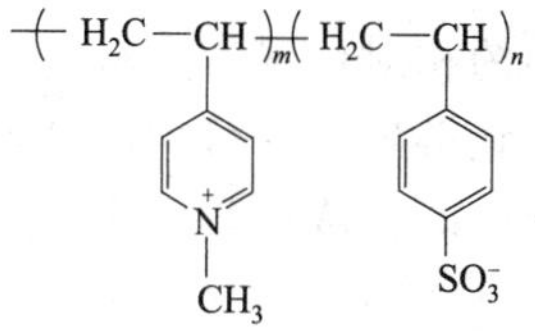 $\left[H_2C-CH\right]_m\left[H_2C-CH\right]_n$（吡啶鎓 $N-CH_3$；苯环 SO_3^-）
	聚合盐	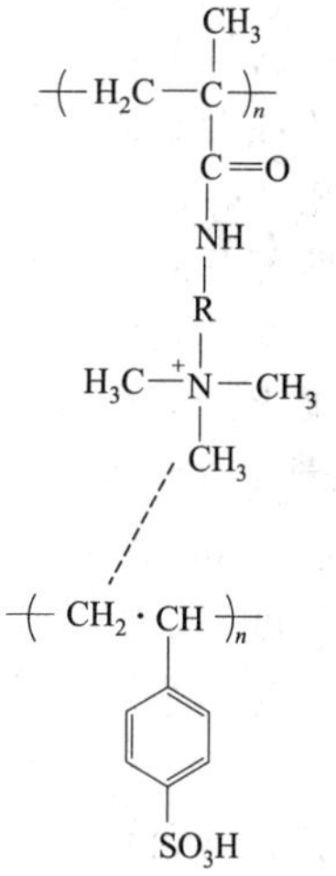 $\left[H_2C-C(CH_3)\right]_n$　$C=O$　NH　R　$H_3C-N^+(CH_3)-CH_3$ ⋯ $\left[CH_2\cdot CH\right]_n$（苯环 SO_3H）

聚内铵盐的阳离子基团数与阴离子基团数恰好平衡。聚两性电解质的两种基团数可以平衡相等也可以不相等。聚合盐的两种基团数必须不相等方可溶于水。

聚内铵盐由羧酸铵盐或磺酸铵盐单体经自由基聚合反应合成，可以是均聚物，也可以是与其他水溶性单体如丙烯酰胺的共聚物。聚两性电解质由阴离子单体与阳离子单体经自由基聚合而得，由于两种单体可能形成两性单体对而易于聚合；也可与水溶性单体进行三元共聚。聚合盐由水溶性阳离子聚合物与水溶性阴离子聚合物相互作用而成，反应时两者配比不能完全等当量，否则将形成不溶于水的聚合盐。

聚内铵盐与聚两性电解质的溶液性质与一般的聚电解质不完全相同，它们在盐溶液中易溶解，而且在溶液中的黏度高于水溶液。这是由于小分子盐渗透入大分子形成的离子交联中而使大分子溶解。聚合物水溶液的特性黏度随盐浓度的提高而增加。处于非平衡状态的聚两性电解质比浓黏度随 pH 值变化，随离子强度的增高而加大。处于非平衡状态的聚合盐溶液性能与非平衡状态的聚两性电解质相似。

两性水溶性聚合物的大分子主链既有阳离子基团又有阴离子基团，可用作絮凝剂、络合剂、高分子催化剂、药物长效载体、半渗透膜等。

15.2.6　憎水缔合聚合物

亲水的水溶性聚合物大分子链段中引入少量憎水基团后，可形成憎水缔合聚合物（Hydrophobicity Associating Polymers，又称疏水缔合聚合物），它可分为分子内缔合与分子间缔合两类。憎水与缔合作用使它们表现出一些独特的溶液性质。例如，丙烯酰胺与烷基取代丙烯酰胺的共聚物：

$$\left[H_2C{-}CH \right]_x \left[CH_2{-}CH \right]_y$$

$$\begin{array}{cc} CO & CO \\ | & | \\ NHR & NH_2 \end{array}$$

R=C_6～C_{18}烷基

分子内缔合还是分子间缔合取决于憎水基团摩尔分数、取代基的摩尔体积、化学组成、憎水基团的相对位置、亲水链段的长度和水缔合情况、分子量大小等。悬挂在柔性亲水链段上的烷基碳链较长、浓度高则通常形成分子间缔合，就像表面活性剂形成胶束一样；如果长碳链的物质的量浓度在 $0.1\%\sim2\%$，则易形成分子内缔合。应根据聚合物的用途制订最佳共聚物配方。

合成憎水缔合聚合物的路线有两种：一是通过化学改性使聚合物具有亲水与憎水两种链段；另一种是由水溶性单体与憎水性单体进行共聚。憎水缔合聚合物主要用来控制以水为基础的流体流变性能。由于聚合物-聚合物分子之间以及聚合物-溶剂分子之间的作用，溶液可能存在微分相状态而不是真溶液，其溶解性取决于憎水基团中的碳链长度、浓度以及聚合物分子中水溶性部分的性质等因素。如果水溶性部分为非离子性质的聚丙烯酰胺链段或羟乙基纤维素等，则憎水基团的浓度很有限，过多则水溶性降低。憎水基团的含量随碳链长度增高应降低。如果水溶性部分带电荷，则憎水基团的含量可适当提高。

当溶液浓度超过临界浓度以后，聚合物中憎水基团将对溶液黏度产生强烈影响。例如，聚丙烯酰胺中 N-正辛基丙烯酰胺的含量由 1.0%（摩尔分数）提高到 1.25%（摩尔分数）后，其溶液黏度将提高一个数量级。

剪切速率对憎水聚合物水溶液黏度的影响取决于憎水单体的含量和聚合物浓度。例如，聚丙烯酰胺中 N-正辛基丙烯酰胺超过临界值达到 1.25%（摩尔分数）时，剪切速率在 $1\sim10\text{s}^{-1}$ 范围内时，溶液表现为膨胀型流体；而在 1.0%（摩尔分数）时则表现为微假塑性，而且溶液中存在的无机盐对黏度的影响较小。

由于憎水缔合聚合物具有独特的溶液性质和耐盐特性，适于用作二次与三次采油助剂。此外，还可用作乳胶涂料的增稠剂和流变性控制剂、生物材料的控制释放剂、水性流体的减阻剂、高分子表面活性剂以及相转移催化剂等。

15.2.7 吸水性树脂

由亲水性单体或水溶性单体合成的交联结构高分子不溶于水，但在水中溶胀，这类化合物可统称为吸水性树脂。吸水量达到平衡时，以干粉为基准的吸水倍率取决于单体性质、交联密度、水质情况、是否含有无机盐以及无机盐浓度等因素。根据吸水量与用途的不同，大致可分为水凝胶和高吸水性树脂两大类。

水凝胶吸水量仅为干树脂量的百分之数十，吸水后具有一定的机械强度，如果大分子中含有离子基团，则其吸水性将与 pH 有关。水凝胶可用作隐形眼镜、医用修复材料、渗透膜等。

高吸水性树脂吸水量可高达干树脂的数十倍甚至3000倍，吸水量高低与其化学组成、交联密度有关。非电解质聚合物如交联聚氧乙烯、交联聚乙烯醇、交联纤维素醚等的吸水量约为干树脂的50倍；而电解质分子形成的交联聚丙烯酸、交联聚苯乙烯磺酸、交联羧甲基纤维素等在交联度适当时，吸水量可达干树脂的3000倍（蒸馏水中的吸水量）。如果水中含有无机盐（即存在电解质），则高吸水树脂的吸水量将大幅度下降，这是因为高吸水性树脂基本上都是轻度交联的有机酸盐如聚丙烯酸钠盐等，它们在水中解离使聚合物链带负电荷而相斥，使大分子链扩展和溶胀；如果有金属离子存在，扩展的大分子链收缩，因此溶胀倍数下降。吸收碱金属盐而导致吸水倍数降低的高吸水性树脂，经多次水洗可将碱金属盐洗除，恢复吸水倍率。如吸水树脂与多价金属盐作用则吸水倍率不可逆，因为多价金属离子不能洗除。利用此特性可以合成在海水中、地下含盐水中具有长期稳定性的吸水性树脂，为高吸水性树脂开拓了新的应用前景。

高吸水性树脂除了具有较高的吸水性和保水性外，还有耐盐性产品。其用途除常见的尿布、卫生巾以外，已扩展到农业、园艺、建筑工业、医疗卫生、矿物处理、包装材料等许多工业领域。吸水树脂与橡胶混炼可以制成性能优良的防漏、防水材料；添加于混凝土中可节省工时，缩短工期，减少剩水量；还可用作药物缓释基料和水溶胀密封材料等。聚 N-异丙基丙烯酰胺与丙烯酰胺或丙烯酸交联共聚，得到的交联树脂吸水后具有温敏和酸敏特性，可在较低温度下进行凝胶萃取，分离高分子量蛋白质等水溶性物质。

吸水性树脂合成方法主要有两条途径，一是由亲水性单体、水溶性单体与交联剂共聚，必要时加入含有长碳链的憎水单体以提高其机械强度，调整单体的比例和交联剂用量可以获得不同吸水率的产品。这一类单体通常是经自由基聚合反应制得的交联结构聚合物。如需制成一定形状的产品，则可采用浇铸聚合法生产。制备吸水材料时，可用反相悬浮聚合法和反相乳液聚合法进行生产。制备水凝胶时多采用甲基丙烯酸酯类单体：

甲基丙烯酸羟乙酯

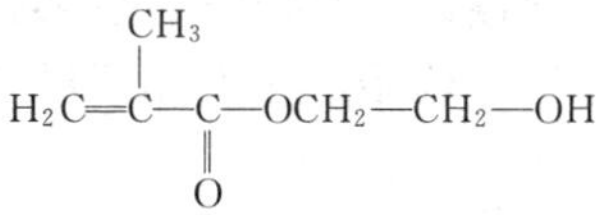

$$H_2C=C-C-OCH_2-CH_2-OH$$

（CH$_3$ 于顶部，O 于底部）

甲基丙烯酸-1-羟丙酯

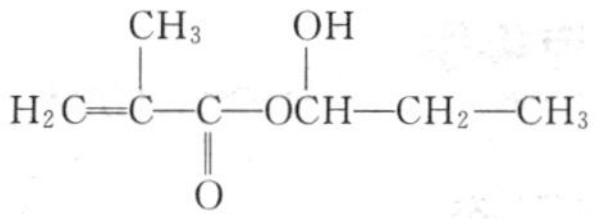

$$H_2C=C-C-OCH-CH_2-CH_3$$

（CH$_3$、OH 于顶部，O 于底部）

甲基丙烯酸-2-羟丙酯

$$H_2C=C-C-OCH_2-CH-CH_3$$

（CH$_3$、OH 于顶部，O 于底部）

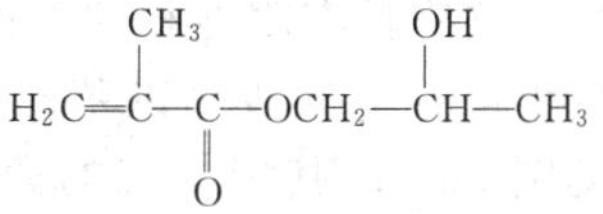

加入二聚乙二醇或三聚乙二醇的甲基丙烯酸酯可以提高亲水性。所用的交联剂多为二元醇的二甲基丙烯酸酯或三元羟基化合物的三甲基丙烯酸酯等。

制备高吸水性树脂时，单体多采用丙烯酰胺、甲基丙烯酰胺以及离子型单体如丙烯酸、乙烯基吡啶、二烯丙基二甲基氯化铵等，交联剂则用亚甲基双丙烯酰胺或三元的 1,3,5-三乙烯酰基六氢三嗪等。

以 N-异丙基丙烯酰胺为主要成分的水凝胶和吸水性树脂的临界会溶温度仅为 30～35℃，具有温敏特性，与丙烯酸共聚得到的水凝胶具有酸敏特性。

第二种合成途径是将已合成的水溶性高分子进行化学交联使之转变为交联结构，得到的聚合物不溶于水仅溶胀。例如，将聚乙烯醇与二元酸进行酰化或二元酮反应，或将水溶性羟乙基纤维素进行交联等。

第16章

热塑性橡胶

16.1　概述

热塑性橡胶又称为热塑性弹性体（Thermoplastic Elastomer，简称 TPE），常温下呈现硫化橡胶所具有的柔软性、韧性、延伸性和回弹性等性能，但其热成型条件则与热塑性塑料相似，因此称之为热塑性橡胶或热塑性弹性体。

热塑性橡胶是 1960 年以后出现的橡胶品种，合成过程简单，可用一般的热塑性树脂成型加工机械成型加工，不需要硫化加工，产品可回收反复成型使用。

热塑性橡胶的抗压缩性、耐溶剂性以及高温下抗变形性等性能低于一般的硫化橡胶，因而影响其应用领域，不能用来制造汽车轮胎；主要用于鞋类、绝缘材料、黏合材料以及聚合物共混等领域。

16.2　热塑性橡胶的相形态与类别

16.2.1　热塑性橡胶的相形态

热塑性橡胶的微观相形态或微观结构具有塑性相和弹性相，常温下是弹性体，高温下是熔融体。塑性相又称为硬段，弹性相可称为软段。以苯乙烯与丁二烯共聚合成的 SBS 热塑性橡胶为例，其单分子微观结构见图 16-1；其聚集态的微观结构见图 16-2。热塑性橡胶的塑性段在大分子中相似于热固性大分子中的交联点或一般橡胶的硫化交联点，不同的是热塑性橡胶的塑性段靠可逆的化学键如氢键、金属离子络合键、分子间作用键等范德瓦耳斯力聚集而成，弹性段产生了增强的作用。

硬段 ━━━━━　　　软段 ∿∿∿∿

图 16-1　SBS 热塑性橡胶分子微观结构

热塑性橡胶可由两种单体共聚或由两种聚合物共混制成。无论采用何种合成方法，所得产品都应当是"嵌段共聚物"或"嵌段共混物"，微观结构的成因可能有所不同。例如，塑性段可由嵌段共聚引入，也可由聚合物链段部分结晶而形成，详情见图 16-3。

16.2.2　热塑性橡胶的类别

按化学类别可将热塑性橡胶分为苯乙烯嵌段共聚物、聚烯烃共混物、弹性体合金、热塑性聚氨酯、热塑性聚酯和热塑性聚酰胺六大类。随着高分子材料科学的发展，某些离子型聚合物（Ionomer）也具有热塑性橡胶的性能，现在还发展了聚烯烃共聚热塑性橡胶等。

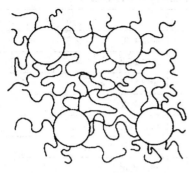

图 16-2 SBS 热塑性橡胶微观结构

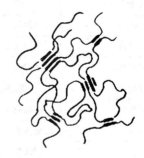

图 16-3 嵌段共聚物的结晶段

从微观结构考虑，热塑性橡胶的塑性段形成了"硬质相"（Hard Phase），弹性段形成了"弹性体相"（Elastomer Phase）。如果硬质相的成分逐渐增加，热塑性橡胶的性能由非常软逐渐变为比较软的弹性体，进一步转变为皮革状态，最后转变为坚实但仍具有柔软性的热塑性树脂。

硬质相主要由聚苯乙烯、聚丙烯、聚甲基丙烯酸甲酯等组成，它们应当是短链聚合物，此外还可用含有可结晶基团的聚合物链段如—NHCOO—、—CONH—、—COO—、—SO$_2$—等。

弹性体相主要由各种合成橡胶链段，如丁二烯橡胶、异戊二烯橡胶、乙丙二烯三元橡胶、丁基橡胶、丁腈橡胶以及具有弹性体性质的乙烯-丙烯共聚物、乙烯-丁烯共聚物、聚醚、聚二甲基硅氧烷等组成。含有二烯结构的橡胶链段易被氧化，热稳定性差，因此发展了含二烯嵌段的热塑性橡胶，进一步加氢后可使其转变为乙烯、丁烯以提高产品的耐氧化性与耐热性能。某些嵌段共聚合成的热塑性橡胶硬性段与软性段见表 16-1，由刚硬聚合物与弹性体共混所得热塑性橡胶硬性段与软性段见表 16-2。

表 16-1 嵌段共聚合成的热塑性橡胶

塑性段 A	弹性段 B	结 构
聚苯乙烯	聚丁二烯和聚异戊二烯	三嵌段 A-B-A 形;有支链的二嵌段
聚苯乙烯	聚(乙烯-co-丁烯)和聚(乙烯-co-丙烯)	三嵌段 A-B-A 形
聚(α-甲基苯乙烯)	聚丁二烯,聚异戊二烯	三嵌段 A-B-A 形
聚苯乙烯	聚(二甲基硅氧烷)	三嵌段 A-B-A 形,多嵌段 A-B-A-B
聚氨酯	聚酯和聚醚	多嵌段 A-B-A-B 形
聚酯	聚醚	多嵌段 A-B-A-B 形
聚(β-羟基烷酸酯)	聚(β-羟基烷酸酯)	多嵌段 A-B-A-B 形
聚酰胺	聚酯和聚醚	多嵌段 A-B-A-B 形
聚碳酸酯	聚醚	多嵌段 A-B-A-B 形
聚甲基丙烯酸甲酯	聚丙烯酸烷基酯	三嵌段 A-B-A 形;有支链的二嵌段
聚乙烯	聚(α-烯烃)	
聚乙烯	聚(乙烯-co-丁烯)和聚(乙烯-co-丙烯)	三嵌段 A-B-A 形
聚丙烯(等同立构)	聚(α-烯烃)	混合结构,包括多嵌段
聚丙烯(等同立构)	聚丙烯(无规立构)	混合结构,包括多嵌段

表 16-2　由刚硬聚合物与弹性体共混所得热塑性橡胶

刚硬聚合物	弹性体	结　构
聚丙烯	乙丙橡胶或乙丙二烯三元橡胶	简单共混
聚丙烯	乙丙二烯三元橡胶	动态硫化
聚丙烯	聚（丙烯/1-己烯）	简单共混
聚丙烯	聚（乙烯/醋酸乙烯酯）	简单共混
聚丙烯	丁基橡胶	动态硫化
聚丙烯	天然橡胶	动态硫化
尼龙	丁腈橡胶	动态硫化
聚丙烯	丁腈橡胶	动态硫化
PVC	丁腈橡胶＋邻苯二甲酸二辛酯	简单共混,动态硫化
聚酯	乙丙二烯三元橡胶	简单共混,动态硫化
聚苯乙烯	S-B-S＋高级脂肪烃	简单共混
聚丙烯	S-EB-S[①]＋高级脂肪烃	简单共混

① 由 S-B-S 氢化而得，此时存在的双键加氢生成乙烯与丁烯（EB）链段。

16.3　热塑性橡胶的合成反应

　　热塑性橡胶的合成方法主要分为嵌段共聚和刚性聚合物与弹性体聚合物的共混。常温条件下，硬段与软段不相容，因而产生相分离，即产生结晶区。如果在合成反应发生之前调整原料中产生软段与产生硬段成分的比例，即可合成相应的聚氨酯、聚酯或聚酰胺热塑性橡胶。

16.3.1　嵌段共聚合成热塑性橡胶

16.3.1.1　利用活性阴离子聚合反应合成热塑性橡胶

16.3.1.1.1　A-B-A 三嵌段共聚物的合成反应

　　苯乙烯、二烯烃等单体在烷基锂催化剂作用下，在干燥的惰性溶剂中进行的阴离子聚合反应不会自行终止，称为"苯乙烯活性阴离子聚合反应"。苯乙烯完全消耗后，继续加入定量的丁二烯，反应完成后再次加入要求量的苯乙烯，苯乙烯消耗后加入适量的终止剂，即得苯乙烯-丁二烯-苯乙烯（SBS）三嵌段共聚物，其反应为：

（1）引发反应

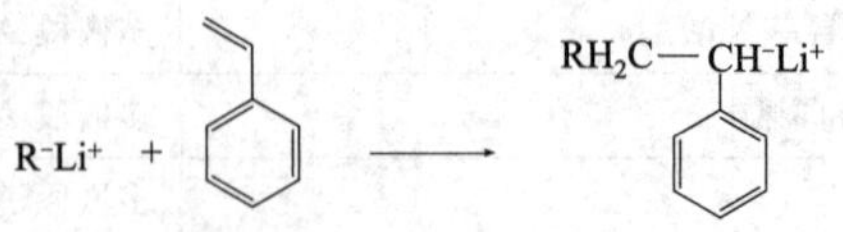

反应产物作为引发剂，进一步引发聚合反应。

（2）聚合反应

① 苯乙烯活性阴离子聚合

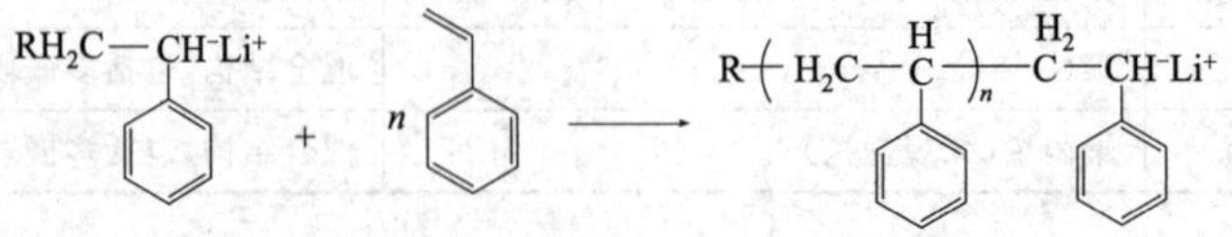

② 丁二烯活性阴离子聚合

$$RH_2C\!-\!\overset{\displaystyle |}{\underset{\displaystyle |}{C}}H^-Li^+$$

（苯环）$+\ n\,CH_2\!=\!CH\!-\!CH\!=\!CH_2\ \longrightarrow$

$$R\{H_2C\!-\!\overset{\displaystyle |}{\underset{\displaystyle |}{C}}H\}_m\{CH_2\!-\!CH\!=\!CH\!-\!CH_2\}_{n-1}\!-\!CH_2\!-\!CH\!=\!CH\!-\!CH_2Li^+$$

形成了 S-B⁻ Li⁺ 活性阴离子。

③ 继续与苯乙烯单体反应

$$S\text{-}B^-Li^+ + n\ (苯乙烯) \longrightarrow S\text{-}B\text{-}S^-Li^+$$

形成了 S-B-S⁻ Li⁺ 活性阴离子。

（3）终止反应活性

得到产物 SBS，常用的终止剂为醇类，反应如下：

$$S\text{-}B\text{-}S^-\ Li^+ + ROH \longrightarrow SBS + LiOR$$

16.3.1.1.2　多嵌段与复杂结构的嵌段共聚物的合成反应

（1）多嵌段共聚物的合成反应

如果不终止上述活性阴离子聚合而反复加入单体丁二烯、苯乙烯等，反应终止则获得多嵌段产品：

$$S\text{-}B\text{-}S\text{-}B\text{-}S\text{-}B\text{-}\cdots\cdots$$

只有少数几种单体如苯乙烯、α-甲基苯乙烯、丁二烯和异戊二烯可以进行阴离子聚合反应，此反应常用来合成含有丁二烯和异戊二烯弹性段的热塑性橡胶。但是这一类热塑性橡胶含有许多双键，耐热性与耐氧化性较差。为了改进此缺点，可进行加氢处理，消除 1,4-或 1,2-加成产生的双键，将产物转变为乙烯和丁烯加成物，反应如下：

$$\mathrm{-H_2C\!-\!CH\!=\!CH\!-\!CH_2\!-\!CH_2\!-\!\underset{\displaystyle CH=CH_2}{\overset{\displaystyle |}{C}}H\!-}\ \xrightarrow{\ H_2\ }\ \mathrm{-H_2C\!-\!CH_2\!-\!CH_2\!-\!CH_2\!-\!CH_2\!-\!\underset{\displaystyle CH_2\!-\!CH_3}{\overset{\displaystyle |}{C}}H\!-}$$

加氢产物的耐热性与耐氧化性都得到提高。

（2）偶合反应

如果尚未终止的活性阴离子与适当的偶合剂反应，则产生偶合反应，产物的分子量为未终止的活性阴离子的两倍（偶合剂的分子量勿略不计）。例如：

$$2\,S\text{-}B^-\ Li^+ + ClCH_2\!-\!(苯环)\!-\!CH_2Cl \longrightarrow S\text{-}B\text{-}CH_2\!-\!(苯环)\!-\!CH_2\text{-}B\text{-}S$$

氯硅氧烷和二乙烯苯等都可用作偶合剂。

如果使用三元或多元偶联剂、三元以上的终止剂，则得到三元或结构更为复杂的热塑性橡胶。

（3）采用二元引发剂进行双向引发聚合反应

采用聚异丁烯二醇钾（分别位于聚异丁烯两端）作为双向阴离子引发剂，引发丙交酯进行阴离子开环聚合，可以获得聚氧丙酰-聚异丁烯-聚氧丙酰三嵌段弹性体，它可部分进行生物降解。

16.3.1.2　利用可控活性自由基聚合反应合成热塑性橡胶

应用二元自由基引发剂或两端基都有自由基引发剂引发基团的低聚物，可进一步引发另一种单体进行可控自由基聚合反应，同样可获得三嵌段弹性体，同样原理也可合成结构复杂的嵌段共聚物或弹性体。

此方法与阴离子聚合反应不同，对反应条件要求不严格，反应可在空气中用 H_2O 作为反应介质，可用于此反应的单体品种繁多。缺点是使用的引发剂和催化剂系统较为复杂。

用 α,ω-二溴代聚丙烯酸正丁酯为引发剂，$NiBr_2(PPh_3)_2$ 为配位体，引发甲基丙烯酸甲酯单体进行原子转移自由基聚合（ATRP），可获得 M-nB-M 三嵌段热塑性橡胶。

16.3.1.3 利用特殊催化剂直接合成嵌段共聚型热塑性橡胶

用 Ziegler-Natta 催化剂可成功地使乙烯与丙烯共聚，得到乙丙橡胶。乙丙橡胶是合成橡胶，不属于热塑性橡胶范畴。近来出现了用金属茂络合物为催化剂，将乙烯与丁烯或辛烯等混合物直接合成聚烯烃嵌段共聚型热塑性橡胶（TPO），其生产流程见图 16-4。

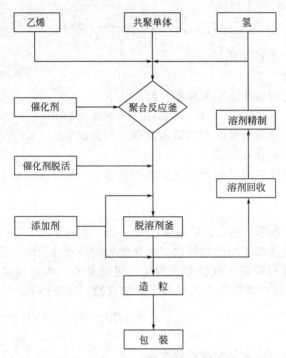

图 16-4　乙烯与丁烯或辛烯等直接合成热塑性橡胶（TPO）生产流程

金属茂络合催化剂能够使乙烯与共聚单体进行选择性聚合。当分子量较高的共聚单体在大分子中的含量增加后，产品表现出弹性，并且破坏了聚乙烯的结晶性。催化剂中的金属局限于过渡元素中 Ti、Zr 或 Hf，它们存在于两个或多个茂环形成的夹心结构中间，产生了空间位阻聚合活性点。这种特殊的催化剂产生了单一聚合活性中心，而不像一般催化剂那样可提供多个聚合活性中心，可以较准确地制得所需乙烯共聚物的结构。

金属茂络合催化剂可用于溶液、浆状和气相聚合生产工艺。首先将催化剂与助催化剂混合以显著提高催化效果。根据乙烯与共聚单体进料量，将预先确定的催化剂混合液按比例送入反应釜中，共聚物的分子量不断地在催化剂活性点增加，直至催化剂失去活性或聚合增长链与反应釜中的氢发生链终止为止。聚合过程中释放的反应热量大，应及时排除。

16.3.2　利用缩合反应合成热塑性橡胶

聚酰胺、聚酯、聚氨酯等热塑性橡胶主要借助于缩合反应或加成聚合反应制得。反应通常分为两阶段。首先经离子聚合、缩合聚合或加成聚合制得两端具有可发生缩合反应或加成反应活性的低聚物，此低聚物有硬段类和软段类两类；第二步反应使已合成的低聚物发生缩合或加成反应。例如：

$$n\text{HOOC-聚酯-COOH} + n\text{HO-聚醚-OH} \xrightarrow{-\text{H}_2\text{O}}$$

（低聚物，硬段）　　（低聚物，软段）　　　　　　　　　　　热塑性橡胶

以上反应可以合成各种缩聚型热塑性橡胶。

16.4　热塑性橡胶性能和应用

16.4.1　热塑性橡胶性能和应用

目前，全世界热塑性橡胶的年消耗量已接近 500 万吨，年均增长率达 6％，在橡胶类别中居首位。热塑性橡胶有许多优点，具有硫化橡胶的物理机械性能和热塑性树脂的成型加工性，材料可以无色甚至透明，可加工为任何颜色的橡胶制品，配合剂的用量远少于硫化橡胶，并且可回收重复成型，消除了成型过程中产生的边角废料，扩大了再生资源的利用途径。与硫化橡胶相比，缩短了成型时间，减少了能源消耗。热塑性橡胶的硬度范围较硫化橡胶宽广。

热塑性橡胶比硫化橡胶的耐热性差，特别是随受热温度的升高，性能下降幅度较大。此外，回弹性、压缩变形性与耐久性都较差，所以其应用领域受到影响，不能用来制造汽车轮胎；主要用作各种鞋类生产原材料，可用来制造胶管、胶带、汽车零件、生活用品、绝缘材料和高速公路路面沥青改性剂等。

16.4.2　热塑性橡胶主要商品类别

热塑性橡胶种类繁多，主要有如下种类。

（1）苯乙烯类

苯乙烯与丁二烯或异戊二烯嵌段共聚物热塑性橡胶是最早工业生产的热塑性橡胶，目前仍占热塑性橡胶总产量的一半，其中以苯乙烯与丁二烯嵌段共聚物（SBS）最重要，大量用于制鞋业、聚苯乙烯（PS）和沥青材料的改性等。二烯加成聚合后产生许多双键，其耐热氧化性较差，可加氢消除双键以提高产品的性能。

苯乙烯与异戊二烯嵌段共聚物（SIS）黏合性优良，主要用作黏合材料热熔胶等。

（2）聚烯烃类（TPO）

此类产品由聚乙烯或聚丙烯与乙丙橡胶或乙丙二烯三元橡胶共混制成。其耐热性优于SBS，可达 100℃，其生产和应用发展非常迅速。为了提高耐热氧化性，发展了共混过程中的动态硫化工艺。在共混时加入适量交联剂，在熔融共混时产生橡胶交联微粒子，这种交联微粒子充分分散在聚乙烯或聚丙烯中，大大提高了产品的耐热性、耐氧化性，产品简称为热塑性硫化胶（TPV），耐热温度可达 120℃。

TPO、TPV 聚烯烃类热塑性橡胶主要用来制造汽车保险杠、装饰板、密封条、护套、衬垫等。

（3）聚氨酯类

利用异氰酸基团易与羟基发生加成反应生成氨酯基团的特点，将分子两端各为异氰酸基团的硬段（低聚物，含有刚性链段，可能由多个芳环或杂环所组成，主要通过缩合或加成反应而连接）与分子两端各为羟基基团的软段（低聚物，主要为脂肪族聚酯或聚醚）发生加成聚合反应，合成的热塑性橡胶简称 TPU，即热塑性聚氨酯弹性体橡胶。TPU 具有优良的机械性能、耐磨性、耐油性以及耐屈挠性优异，而以耐磨性最为突出；缺点是耐水性较差，特别是耐沸水性更差。软段组成的化学成分直接影响其耐水性和耐化学品等性能。为了改进其性能，发展了交联 TPU。TPU 主要用来制造耐摩擦鞋类、耐油器材、运动器材等。

以上仅讨论了三种重要的热塑性橡胶，其他各类热塑性橡胶可参阅专著。

第17章
高分子材料在控制释放技术中的应用

17.1　概述

使活性药剂在适当的地点以适当的速度进行释放的技术，称为控制释放技术。活性药剂的范围广泛，包括医药、农药、兽药、化妆品、食品添加剂和肥料等。控制释放的原理在于采用适当材料和措施，将活性药剂掩盖或包埋，降低或控制其向周围环境溶解或扩散的速度。高分子材料既可合成呈酸性的产品，又可合成呈碱性的产品；既可加工为块状，又可加工为薄膜状、粒状、泡沫状和纤维状等不同形状。高分子材料性能和加工性的多样化，使其成为控制释放技术首选的材料。

控制释放技术在同等功效条件下，可显著减少活性药剂的用量，不仅降低了成本，还降低了对环境的污染和危害。本章仅涉及医药和农用肥料的控制释放技术。

17.2　控制释放技术在医药上的应用

药物制成控制释放剂型后称为缓释药，缓释药体系又称为医药可控输送体系，是比传统方法更为有效的医药输送体系。

17.2.1　药物控制释放技术的功效

（1）减少用药量、延长有效时间

一般的药物被吸收后，在血液中的浓度应处于最低有效治疗浓度与最低致毒浓度之间，药物浓度随时间的推移而逐渐衰减。为了达到治疗目的，必须间隔一定时间后再次服药，即在治疗过程中须多次服药。缓释药一次服用后，可在较长的时间内缓慢释放有效药物成分，在血液中保持一定范围的药效浓度。缓释药的用药量明显低于一般药物，一般药物多次服药与缓释药一次服用效能见图 17-1。

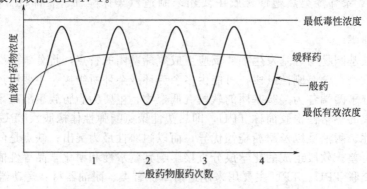

图 17-1　血液中药物浓度变化（多次给药）

（2）在特定的环境条件下释放医药

含有羧基的单体以及含有碱性基团（例如胺、季铵基团）的单体聚合后，分别得到不同酸性或碱性的聚合物，或与中性单体共聚后可合成不同酸、碱度的聚合物。这些聚合物可作为药物的控制释放材料，使药物在特定的环境条件下释放。例如，酸性基团聚合物包埋的医药不为胃液所作用；进入呈碱性的肠道后，聚合物受碱性作用而溶解，将药物释放在肠道中发挥医疗作用，这就是肠溶片的作用原理。

（3）向特定病灶释放，发挥靶向药物的作用

靶向药物是目前最先进的癌症治疗药物，它定向与癌症、肿瘤细胞作用，阻止癌细胞的生长。利用靶向药物治疗疾病的方法称为靶向药物治疗。目前，靶向治疗肿瘤的药物包括化疗药物（如缓释化疗药、脂质体化疗药等）、化学消融药（如无水乙醇、冰醋酸、盐酸、硫酸等蛋白凝固剂）、基因及分子靶向药、中药等。将治癌药物接枝到聚合物大分子上使之具有靶向作用或制成靶向胶束是发展高分子材料的重要途径之一。

17.2.2 缓释药选用聚合物原则

药物分子通常是含有多个功能团、化学结构复杂的分子，但它们都含有极性基团，可看作是极性分子。因此，可根据下列原则选择用于缓释药的聚合物：

① 应当选用具有极性链节或基团的极性聚合物。非极性聚合物会对极性药物分子造成屏障，使其不能及时释放。制造具渗透性的薄膜时，可采用非极性聚合物，并在其中加入可溶性盐或水溶性聚合物，形成具有微孔的薄膜。

② 应对人体无毒和无副作用。

③ 应脱除聚合物中可能存在的单体，减少毒性。

④ 与辅料不发生化学反应。

⑤ 经济成本合适。

总之，所选的聚合物必须与人体组织和体液相容。可生物降解或天然聚合物通常是良好的缓释药，所以纤维素衍生物、甲壳素、蛋白质等天然聚合物或其衍生物是首选的聚合物。合格的合成聚合物主要是含羟基的聚甲基丙烯酸羟乙酯、羟丙酯，聚乙烯醇以及可生物降解的聚内酯、聚酯、聚酸酐、聚氨基酸等。

包埋药物的聚合物可采用乙基纤维素、甲基丙烯酸酯等不溶于水的憎水性聚合物；或不溶于水却具有亲水性的甲基羟丙基纤维素、高分子量聚氧乙烯、羟丙基纤维素、羟乙基纤维素、海藻酸钠、聚丙烯酸等聚合物。

使用不溶于水的憎水性聚合物作为缓释药载体时，可加适量可溶物，以便溶解后形成细微的通道。当缓释药在体内崩解后，聚合物在体液中形成不溶于水的薄膜包埋药物，药物必须通过聚合物屏障扩散入体液中，此时的扩散速度取决于聚合物形成的薄膜厚度以及是否存在有孔隙通道。孔隙通道的直径与密度明显影响药物的扩散速度，配方中聚合物用量决定所形成的薄膜厚度。

缓释药所用聚合物为亲水性聚合物时，聚合物在体液中形成了水凝胶。缓释药在体内崩解后，接触药物的内层为较坚实的水凝胶膜，最外层为密度最小的水凝胶，中间为密度中等的水凝胶，药物要经过不同密度的水凝胶扩散到体液中，此时的扩散阻力仍低于憎水性聚合物形成的薄膜。

如用渗透膜包埋缓释药，首先须将药物与辅料等造粒制成颗粒。颗粒形状是多样的，多数为球粒或细小珠丸，其粒径范围经过筛分确定。用聚合物溶液、分散液或乳液喷涂于颗粒表面，经干燥得到表面为聚合物涂层的薄膜包埋缓释药。为了释放包埋在薄膜中的药物，薄膜应当含有微孔渗透膜，制造方法是在聚合物中加入适量可溶性盐或可溶性聚合物，与体液

接触后溶解而生成孔隙。

17.2.3　缓释药的剂型和制造方法

利用高分子材料容易加工为多种制品的特点，缓释药可制成基质型、仓储型、分散型、包埋型、胶囊型以及导向药物接枝聚合物等多种剂型。

（1）基质型

药物均匀分散于辅料与聚合物形成的基质中，最主要的剂型是药片和颗粒状药剂。药片的制造过程见图 17-2。

（2）仓储型

在已制成的药物颗粒或药片表面涂饰一层聚合物渗透膜，相当于将药物储存于聚合物仓库中。聚合物薄膜控制储存药物的释放速度，其制造流程见图 17-3。

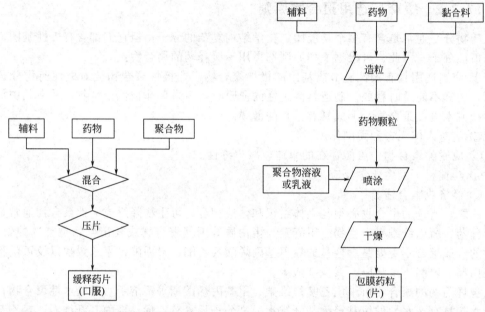

图 17-2　缓释药片剂制造流程　　　　图 17-3　缓释包膜药粒（片）制造流程

（3）高分散微粒型

有些药物以细小的粉状喷入病人的肺部或通过皮下注射进行治疗，这就要求生产缓释型高分散微粒药物。一般的高分散微粒粒径应低于 $1000\mu m$，医药用微粒粒径甚至小于 $50\mu m$，用作肺部吸入固体微粒药物的粒径一般小于 $10\mu m$，最佳的为 $3\sim5\mu m$，还可能达到纳米级。

高分散微粒缓释药可分为胶囊型与固体微粒吸附两种剂型。包埋药物的微粒称为胶囊。

① 缓释药胶囊的生产　可通过下列途径生产高分散微粒缓释药胶囊。

a. 凝结法　首先将聚合物溶解于非水溶剂中，然后将水溶性药物分散于聚合物溶液中，制成高分散性液体。加入使聚合物析出的盐或聚合物，使溶解的聚合物进行相分离后，凝结析出并包埋药物，制得微胶囊，制造流程见图 17-4。

b. 乳液凝聚法　凝聚法的缺点是要先制成药物的高分散性液体。水溶性药物可通过乳液凝聚法制成微胶囊，方法是将聚合物与药物分别制成有机溶液与水溶液，然后在乳化剂存在下制成水/油或油/水乳液，经过盐析、改变 pH 等措施使聚合物析出并包埋药物，从而形成微胶囊，具体制造流程见图 17-5。

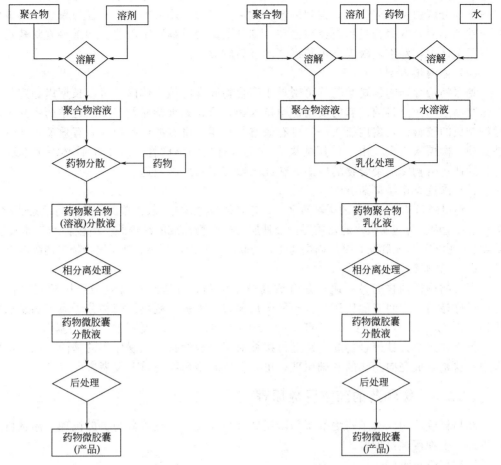

图 17-4　凝结法制造缓释药微胶囊流程　　　图 17-5　乳液凝聚法制造缓释药微胶囊流程

c. 乳液溶剂蒸发法　油溶性药物可溶解或分散于聚合物溶液中，在表面活性剂的存在下可制成水/油型乳液。此外，还可用低温蒸发溶剂、真空脱除溶剂的方法，制得聚合物包埋的缓释药微胶囊。

d. 乳液喷雾干燥法　按图 17-5 流程制得的乳化液经过喷雾干燥，可使水和溶剂随热气流排出，药物与聚合物则形成干燥的微粒。这种微粒由初级粒子聚集而成，存在孔隙，平均粒径为数十微米。为避免形成空气与溶剂的易爆混合物，应在封闭系统中用氮气循环加热。

凝结法和乳液凝聚法适用于水溶性药物，乳液溶剂蒸发法和乳液喷雾干燥法适用于油溶性药物。后处理主要是固（微胶囊）液分离与干燥过程，后处理时应防止微胶囊凝结。

② 缓释药微粒制造方法　首先将聚合物制成微粒（其粒径以 μm 为单位）或超细微粒（其粒径以 nm 为单位），粒子内不含药物。药物通过沉淀法、物理吸附或化学吸附附着于聚合物微粒表面，得到缓释药微粒。

③ 超细微胶囊缓释药　超细微粒粒径小于 10nm 时，微粒可自由通过细胞膜。利用聚合物超细微粒输送药物是新型的药物输送途径之一。在制造纳米级聚合物微粒时，加入适当药物即可得到包埋药物的超细微胶囊缓释药。

细乳液聚合法是将单体、乳化剂（用量低于形成胶束用量）、助稳定剂和引发剂等置于水中，乳化剂与助稳定剂的作用是防止单体液滴在聚合前后产生凝聚结块现象。在超声波或均化器的高剪切力作用下，单体与引发剂形成纳米级液滴。然后将反应物加热到聚合温度，使引发剂分解引发单体聚合，得到纳米级微粒。聚合前形成的液滴粒径与聚合后形成的微粒粒径差别不大，其聚合过程与原理已在"细乳液聚合过程"中叙述。如果事先将药物分散或溶解于单体中，经细乳液聚合可获得纳米级微胶囊。

（4）体内植入型

糖尿病治疗药物、避孕药等可密封于聚合物胶囊内植入体内，可以长期以稳定的速度释放药物而达到医疗目的。有的女用避孕植入药，形状如火柴棒，将女用避孕药密封于聚合物材料制成的胶囊内，皮内植入一支可有效避孕三年，也有的产品植入后有效期可达五年，但是必须一次植入六支。由于使用的聚合物不具有生物降解性，若干年后必须手术取出聚合物。因此，生物降解聚合物的应用，在此领域有很大发展前途。

（5）渗透泵型缓释药

这种缓释药是已商品化的缓释药之一，有多种结构形式。较简单的结构是将液态药物封闭于明胶软胶囊内，外包易吸水的物质层，最外层为聚合物构成的渗透膜。当缓释药与体液接触后，易吸水的物质层吸水膨胀，挤压内层药物，使软胶囊破裂，药物经外层聚合物渗透膜渗出释放。

（6）药物接枝聚合物

聚合物输送药物的另一途径是合成高分子医药。方法是将有效药物接枝到聚合物主链上，最好是通过中间基团使药物分子易于从聚合物主链上脱离。药物分子应当靠易水解的基团如—COO—、—CONH—、—O—、—NHCOO—、—S—等接枝到中间基团上。

如果在药物接枝聚合物的主链上再接枝对某些病灶具有敏感作用的基团，则可产生导向作用，这是合成靶向药物的基础原理，也是合成新型药物的重要发展方向。

17.2.4 缓释药的药物释放原理

药物释放原理取决于药物剂型和所用聚合物性质，大致可分为扩散机理、渗透机理、微泵机理与生物侵蚀机理等。

（1）扩散机理

基质型缓释药中，药物溶解或分散包埋在惰性聚合物中，药物的释放速度取决于聚合物类别与药物在此聚合物中的扩散系数等因素，释放过程如图 17-6 所示。

（2）渗透机理

仓储型缓释药包括渗透膜型、胶囊、微胶囊、植入型和空心纤维型等缓释药。这一类缓释药物的释放速度取决于聚合物类别、外层聚合物厚度以及孔隙率、孔隙径等因素。释放过程示意见图 17-7。渗透泵型缓释药虽有多种结构形式，但药物释放原理仍为渗透机理。

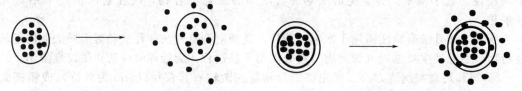

图 17-6　缓释药扩散释放过程示意　　　　图 17-7　缓释药渗透释放过程示意

（3）生物侵蚀机理

在与人体内体液接触、pH 变化或酶的作用下，将不溶性的聚合物逐渐溶解的过程称为生物侵蚀。在此过程中，表面层聚合物首先被侵蚀分解，在此区域的药物被释放逸出。按此原理释放药物的方法称为生物侵蚀机理，其示意见图 17-8。化学接枝缓释药的药物释放原理也属于生物侵蚀机理。

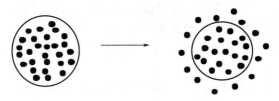

图 17-8　缓释药生物侵蚀释放过程示意

17.3　控制释放技术在肥料上的应用

肥料是农作物的"粮食"，对提高农产品的产量和质量具有十分重要的意义。采用控制释放技术，可以减少肥料的流失、提高肥料的效率。根据农作物生长需要设计肥料释放速度，可以减少劳动力，降低生产成本，减少肥料对水和大气的污染。肥料的控制释放技术主要依靠高分子材料来实现，肥料行业称这种肥料为"控释肥料"（controlled release fertilizer，CRF）。

最早的减缓肥料流失方法是在肥料颗粒的表面涂一层硫黄膜，但涂布不均匀，而且硫黄膜不耐摩擦，易脱落。长期使用硫黄会使土壤的酸性增高。颗粒肥料表面涂布硫黄膜后，可以延缓肥料释放速度，但不能控制释放时间，所以用硫黄涂膜的肥料被称为"缓释肥料"（slow release fertilizer，SRF）。为了改进硫黄膜不耐摩擦和易脱落的缺点，在肥料颗粒表面先涂一层硫黄膜后，再涂一层聚合物膜。用高分子材料包埋肥料颗粒，可进一步达到控制释放时间的目的。

控释肥料的释放时间取决于控制释放材料的组成、薄膜的厚度、土壤环境等因素。性能优良的控释肥料释放时间可事先确定，从 30 天至 420 天不等。我国已利用自行研发的合成聚合物涂膜技术用来生产控释肥料。此技术在合成聚合物与涂膜过程中无溶剂排放，聚合物还可生物降解，年产量已达十万吨。

17.3.1　生产控释肥料所用的高分子材料

理论上，各种可以成膜的聚合物都可用于控释肥料的生产。但是要考虑聚合物成本、涂布工艺的可行性与成本、是否会对土壤造成不良影响以及对肥料释放速度的影响等因素。通常优先选用可生物降解的聚合物。另外，聚合物涂布前应为液态，包括液态低聚物、低聚物水溶液、高聚物水乳液、水分散液、有机溶液、液态单体等。实际应用的聚合物有以下几种。

（1）脲醛树脂

在塑料工业中，脲醛树脂用来生产"电玉"塑料，原料为尿素与甲醛。尿素是重要的氮肥，所以尿素与醛类化合物（主要是甲醛）反应，生成的脲醛树脂可以直接用作控释肥料。其合成条件基本与氨基塑料相同，甲醛与尿素的分子比为 1：（1.2～1.9）；首先经碱性催化，得到低聚物（包括加成物）次甲基醇、一缩、二缩、三缩等低级缩聚物等，可分为冷水溶解、热水溶解和不溶解三级成分，含氮量为 37%～40%。涂布于肥料颗粒表面后，在酸性催化剂作用下受热固化形成薄膜。这种控释肥料是化学结合产物，不同于物理控释产物。其释放原理主要是依赖微生物的作用，受土壤活性、pH、外界条件（如温度、湿度）等影响。这一类缓释肥料的释放机理不同于一般控释肥料，属于"缓释肥料"。

除甲醛以外，用来生产缓释肥料的醛类化合物还有乙醛、异丁醛等。

（2）醇酸树脂

醇酸树脂以植物油、甘油和邻苯二甲酸酐等为原料，通过缩聚反应制得，有些品种也可通过共聚反应制得。醇酸树脂是品种繁多的一类聚酯，原料中含有三元单体，属于热固性树脂。分子中同时还含有长链脂肪酸，所以具有良好的成膜性，主要用作醇酸类涂料的成膜材料。

醇酸树脂涂布于肥料颗粒表面，可形成柔韧的薄膜而制得控释肥料。这种控释肥接触水分以后，水经过薄膜上的微孔渗透到肥料颗粒中，使颗粒膨胀而拉伸薄膜，薄膜则生成更多的微孔，溶解的肥料即可经微孔释放到土壤中供给农作物。肥料释放速度取决于醇酸树脂成分和形成的薄膜厚度，前者影响微孔的大小与数目，后者则影响肥料分子的扩散距离。

最早的醇酸树脂控释肥料是用二环戊二烯与甘油不饱和脂肪酸酯（如亚麻仁油）共聚合成的醇酸树脂作为控释膜。为了保证肥料颗粒表面充分涂有控释膜，有的商品涂布 $1 \sim 5$ 次，还可以改变涂膜的组成。这一类薄膜的用量约为肥料质量的 $0.25\% \sim 10\%$。

利用植物油生产控释膜是有重要意义的生物材料利用途径之一。

（3）聚氨酯类树脂

异氰酸酯基团很容易与含有活性氢的基团如—OH、—NH_2、—COOH 等反应，生成相应的 H—转移加成化合物；与—OH、—NH_2 基团反应时，不产生任何副产物。利用此特点，可用二元或三元异氰酸酯和多元羟基或多元氨基化合物为原料，合成聚氨酯或聚脲控释膜。选用生物降解原料可使生产过程中无副产物、无溶剂、无污染，产物具有生物降解性。聚氨酯涂膜的用量约为肥料质量的 $1.5\% \sim 15\%$。

如果肥料为尿素，合成控释膜的多元异氰酸酯原料可能与肥料颗粒表面的尿素反应，生成聚脲结构基团，可利用表面反应合成尿素颗粒的控释膜。

用聚氨酯作为控释膜的控释肥料，释放速度主要与薄膜的组成、厚度以及环境温度有关。

（4）热塑性聚合物控释膜

脲醛树脂、醇酸树脂与聚氨酯都是热固性聚合物，涂布时多不需要溶剂，形成的薄膜耐磨耗。为了改进肥料的释放速度，提高可控性，发展了用某些热塑性聚合物制造控释膜的生产工艺。

① 聚烯烃　主要产品是聚乙烯膜，缺点是必须制成溶液才可喷涂制膜。可通过加蜡、加透水性好的乙烯-醋酸乙烯酯共聚物或表面活性剂改进聚乙烯膜透水性差的缺点，也加入一些无机粉状物如滑石粉等，所用溶剂主要是较易挥发的氯代烃。

② 胶乳　聚合物在水中分散形成的胶体乳液称为胶乳。胶乳容易涂布于肥料颗粒表面。由于多数肥料易溶于水，涂布时应将肥料加热至适当温度，并通风排除水汽。工业中采用的胶乳主要是乙丙三元橡胶胶乳。

③ 聚合物分散液　偏二氯乙烯在水中经分散聚合，得到的聚偏二氯乙烯分散液可直接喷涂于肥料颗粒表面。与胶乳的处理相同，也应及时脱除水分。它们优点是不使用有机溶剂，不会对环境造成污染。

17.3.2　聚合物涂布工艺

聚合物涂布于肥料颗粒表面的工艺可分为热固性低聚物涂布法、有机溶液涂布法、水乳液或水分散液涂布法以及就地聚合（原位聚合）法。核心设备是涂布机，主要分为转鼓（转盘）式或流化床式涂布机。

热固性低聚物包括脲醛树脂、醇酸树脂等，聚合物溶液、胶乳、分散液等的涂布多采用转鼓式涂布机，少数采用流化床式涂布机。热固性树脂涂布后须经适当时间固化，要求采用间歇操作，转鼓式涂布机较适合，具体生产流程见图 17-9。如果采用的原料中含有有机溶剂，涂布机排出的气体应当送入回收装置回收有机溶剂。

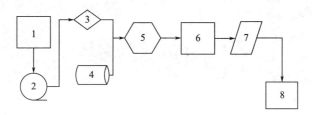

图 17-9　肥料转鼓式涂布控释膜生产工艺简图
1—肥料颗粒贮槽；2—送料装置；3—预热器；4—液态聚合物送料器；
5—转鼓式涂布机；6—冷却器；7—筛分机；8—控释肥贮槽

聚氨酯、聚脲等加成聚合产品适合用流化床涂布机进行涂布。将预热到约 80℃ 的肥料颗粒连续送入流化床涂布机，聚氨酯原料多元异氰酸酯与多元醇分别作为单体 A 和 B 先后喷涂于肥料颗粒上，两种单体立即反应生成薄膜。有的商品在单体 B 中加入适量染料，对肥料颗粒进行标识和美化。此生产工艺可以连续操作，其涂布生产流程见图 17-10。

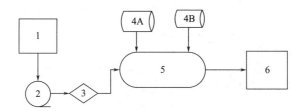

图 17-10　肥料流化床式涂布控释膜生产工艺简图
1—肥料颗粒贮槽；2—送料装置；3—预热器；4A，4B—单体 A、B 送料器；
5—流化床涂布机；6—控释肥贮槽

17.3.3　释放原理

控释肥与缓释药不同，仅有薄膜包埋一种形式。但是薄膜的组成与微观结构可以选择，薄膜大致分为两类，一类是半渗透膜，例如脲醛树脂薄膜、聚氨酯薄膜等；另一类是具有微孔的非渗透膜，例如有微孔的聚乙烯膜；其释放原理只有渗透扩散与薄膜破裂释放两种情况。

半渗透膜作为肥料的包膜时，柔韧不易破裂，周围环境或土壤中的水分可以透过包膜渗透入肥料颗粒中。有微孔的非渗透膜例如聚乙烯膜作为肥料的包膜时，水分通过微孔进入肥料颗粒中，溶解的肥料则渗透扩散入环境的土壤中，这种控释肥的释放时间基本上可以预先设定。

如果肥料的包膜性能不够坚韧，水分进入肥料颗粒中后会使肥料颗粒产生膨胀，导致包膜破裂，肥料则扩散入土壤中。这种控释肥的释放时间受颗粒大小、包膜厚度等因素的影响。

第18章

合成纤维

18.1 概述

18.1.1 合成纤维的分类

合成纤维是从 20 世纪 30 年代开始发展的。从 1939～1940 年工业化生产第一种合成纤维尼龙 66 以来，世界上已生产了几十种合成纤维，其品种及分类见图 18-1。

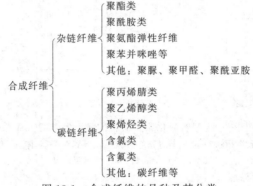

图 18-1 合成纤维的品种及其分类

上述各类还可进一步分为多个小类。如聚酰胺类纤维中有脂肪族、脂环族及芳香族三小类；每小类还可分成很多个品种。重要的合成纤维有聚酯、聚酰胺及聚丙烯腈三大类，其次是聚乙烯醇、聚烯烃及含氯类纤维。聚酰亚胺及聚四氟乙烯纤维具有耐高温特性，在航天、航空等高科技领域中占有特殊地位。随着科技的发展，碳纤维的发展和应用也越来越广，碳纤维质轻，强度高，在航天航空、设备器材、军事工业等方面的使用前景十分广阔。最新的波音 787 飞机就是使用碳纤维制造，极大地降低了机身的自重，减少了油耗。世界上合成纤维年产量在 2009 年已达 3777 万吨，中国 2010 年产量为 2853 万吨，已居各国的首位。

18.1.2 合成纤维的用途

（1）民用纤维

民用纤维主要用来制作服装、床上用品等生活用品，与人们的生活密切相关。主要产品有聚酯纤维、聚酰胺纤维、聚丙烯腈纤维、维纶纤维、聚氨酯弹力纤维等。

（2）工业纤维和高端纤维

工业纤维和高端纤维主要用于特殊的工业要求和高端技术要求，如高绝缘、耐腐蚀过滤用布、难燃的消防服装和器材、潜水服装、宇航服装等，主要有芳香族聚酰胺纤维、芳族酰亚胺纤维、聚芳酯纤维、聚四氟乙烯纤维以及一些杂环纤维等。

聚酯与聚酰胺纤维既可民用又可工业用。

18.1.3 成纤聚合物的结构与特性

能用来制造合成纤维的聚合物必须有下列特性。

① 聚合物长链必须是线型的，支链尽可能少，无交联。因为线型大分子能沿纤维纵轴方向有序地排列，可以获得强度较高的纤维。

② 聚合物应具有适当高的分子量，分子量分布要窄。若分子量太低，不能成纤；分子量太高，会造成纺丝和加工的困难。

③ 聚合物分子结构要规整，易于结晶，最好能形成部分结晶的结构。晶态部分可使聚合物分子的取向态较为稳定，而晶体的复杂结构和缺陷部分以及无定形区域可使聚合物纺成的纤维具有一定的弹性和较好的染色性等。

④ 聚合物中含有的极性基团可增加分子间的作用力，提高纤维的物理机械性能。

⑤ 结晶性聚合物的熔点和软化点应比允许的使用温度高很多，非结晶性的聚合物玻璃化温度应比使用温度高。

⑥ 聚合物要有一定的热稳定性，易于加工成纤维，并具有实用价值。

18.2 聚酯纤维

1941 年，用对苯二甲酸与乙二醇缩聚制得的聚对苯二甲酸乙二醇酯（PET）进行熔融纺丝，制得了性能优良的纤维。PET 纤维在 1953 年获得了工业化生产。由于 PET 独特的性能和特性，发展极快，到 1972 年其产量已占合成纤维的首位。PET 是最主要的聚酯纤维，在我国的商品名称为"涤纶"。

18.2.1 PET 的结构与性能

18.2.1.1 PET 大分子的线型结构与特征

对苯二甲酸与乙二醇经缩聚反应，生成的 PET 大分子可用下式表示：

$$H-[OCH_2CH_2O-\overset{O}{\underset{\parallel}{C}}-\langle\ \rangle-\overset{O}{\underset{\parallel}{C}}]_n-OCH_2CH_2OH$$

若原料中不含有官能度 $f=3$ 的杂质或合成时不发生副反应而支化，得到的 PET 是具有对称性芳环结构的大分子。

如果不存在任何诱导结晶因素，PET 冷冻之后为透明、玻璃状固体，相对密度为 1.33。PET 大分子链像面条一样相互无规则缠绕，大分子之间靠范德瓦耳斯力相互作用。受热后可克服范德瓦耳斯力，使大分子产生振动和分子键转动，导致一些相互平行的链段形成结晶区，仍然杂乱的链段则形成无定形区。X 光衍射证明 PET 结晶单元是三斜晶，尺寸为 $a=0.456nm$；$b=0.594nm$；$c=1.075nm$。每一结晶区内的聚合物长链在被其他大分子缠绕之前，反复折叠约 20 次以上，结晶区大分子单元链段得到充分伸展，结晶单元长度为 1.075nm，与理论长度 1.090nm 非常接近，与脂肪链段相连接的反式芳环互相平行排列，其平面与纵轴垂直，所以能紧密敛集而易于结晶（见图 18-2）。当纤维受到强力拉伸时，其结晶速度比未取向的熔体快千倍以上。PET 纤维的性能见表 18-1。

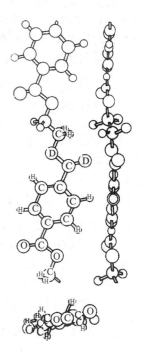

图 18-2 PET 晶体中的分子链构象（反式）

表 18-1　PET 纤维性能

性　　能	数　　据	性　　能	数　　据
直径/μm	10～50	玻璃化温度/℃	
断裂强度/MPa		无定形	67
织物纤维	450～750	结晶型	125
工业纤维	850～1050	熔点/℃	265～275
伸长率/%	10～50	热容量/[J/(kg·K)]	
起始模量/MPa		在 25℃	63
织物纤维	≤6000	在 200℃	105
工业纤维	≤14500	熔融热/(kJ/kg)	120～140
收缩率(在 160℃)/%		吸湿性/%	
织物纤维	5～15	相对湿度(65%)	0.6
工业纤维	2～5	全浸	0.8
相对密度		介电常数	
熔体	1.21	60Hz	3.3
无定形	1.33	电阻率/Ω·cm	
结晶型	1.44	干燥	10^{18}

18.2.1.2　PET 的熔点

PET 的熔点高达 258～265℃，符合成纤聚合物的要求。PET 熔点较高的原因是因为 PET 分子长链具有高度的立构规整性，主链上含有刚性基团，其中苯环又是对称的对亚苯基。引入第二单体进行共聚时，其熔点将发生变化，但可以按下列公式进行估算：

$$\frac{1}{T_m} - \frac{1}{T_m^o} = \frac{R}{\Delta H_m} \ln M$$

式中，T_m 为共聚物熔点；T_m^o 为纯 PET 的熔点；R 为理想气体常数；ΔH_m 为 PET 熔融热；M 为 PET 摩尔分数。PET 熔融热为 24kJ/mol，与聚合物的结晶度有关。多数 PET 共聚物的熔点随共聚单体用量的增加而降低，而与共聚单体的化学组成无关。通常每增加百分之一摩尔的共聚单体，PET 共聚物熔点下降 2.5～3.5℃。

18.2.1.3　PET 分子量的大小

聚合物分子量的大小直接影响到成纤性能和纤维的质量。当 PET 分子的平均链长达 100nm 以上，数均分子量达到 20000 左右时才能获得性能良好的纤维。实验测得 PET 的分子量在 15000 以上才有较好的可纺性，而民用 PET 纤维的 $\overline{M}_n$＝16000～20000，链节重复单元分子量为 192，结晶态重复周期至少为 1.075nm，按此可计算出相应 PET 大分子的平均链长为 90～112nm。由于不同聚酯的分子结构、分子间作用力及结晶性能等皆不相同，分子链长 100nm 这个限值可作为聚酯类聚合物用作纤维时的参考值。

18.2.1.4　PET 的降解反应

PET 主链中含有大量的酯基，在常温下较为稳定，但在高温下易发生水解。缩聚过程中反应温度较高，可发生热氧化裂解、热裂解等副反应。这些降解反应可使大分子链断裂，产生羧基、羟基和烯烃双键，从而引起 PET 的熔点下降及变色等现象，使纤维的性能变差。因此，在合成与加工过程中，必须控制水解、氧化及热降解等副反应。

18.2.2　PET 的合成原理

18.2.2.1　PET 的合成路线

PET 可由单体对苯二甲酸（TPA）和乙二醇（EG）经缩聚反应制得，其合成路线可分为下列两种。

（1）直缩法

TPA 与 EG 直接酯化，生成对苯二甲酸二乙二醇酯（BHET），再由 BHET 经均缩聚反应制得 PET，其反应如下：

$$2\ HOCH_2CH_2OH + HO-\underset{\substack{\parallel \\ O}}{C}-\!\!\bigcirc\!\!-\underset{\substack{\parallel \\ O}}{C}-OH \longrightarrow HOCH_2CH_2O-\underset{\substack{\parallel \\ O}}{C}-\!\!\bigcirc\!\!-\underset{\substack{\parallel \\ O}}{C}-OCH_2CH_2OH + 2\ H_2O$$

（BHET）

$$nHOCH_2CH_2O-\underset{\substack{\parallel \\ O}}{C}-\!\!\bigcirc\!\!-\underset{\substack{\parallel \\ O}}{C}-OCH_2CH_2OH \longrightarrow$$

$$H \underset{n}{\left[OCH_2CH_2O-\underset{\substack{\parallel \\ O}}{C}-\!\!\bigcirc\!\!-\underset{\substack{\parallel \\ O}}{C}-\right]}OCH_2CH_2OH + (n-1)HOCH_2CH_2OH$$

（PET）

此法是先直接酯化再缩聚，故称为直缩法。

（2）酯交换法

早期生产所用 TPA 单体的纯度不高，又不易提纯，不能由直缩法制得质量合格的 PET。因而将纯度不高的 TPA 先与甲醇反应，生成对苯二甲酸二甲酯（DMT），然后提纯。再由高纯度的 DMT（>99.9%）与 EG 进行酯交换反应生成 BHET，随后缩聚成 PET，其反应如下：

$$2CH_3OH + HO-\underset{\substack{\parallel \\ O}}{C}-\!\!\bigcirc\!\!-\underset{\substack{\parallel \\ O}}{C}-OH \longrightarrow H_3CO-\underset{\substack{\parallel \\ O}}{C}-\!\!\bigcirc\!\!-\underset{\substack{\parallel \\ O}}{C}-OCH_3 + 2H_2O$$

（DMT）

$$H_3CO-\underset{\substack{\parallel \\ O}}{C}-\!\!\bigcirc\!\!-\underset{\substack{\parallel \\ O}}{C}-OCH_3 + 2HOCH_2CH_2OH \longrightarrow BHET + 2CH_3OH$$

（DMT）

$$BHET \longrightarrow PET$$

合成过程中必须经过酯交换反应，故称为酯交换法。

18.2.2.2　TPA 的合成方法

TPA 的合成有多种不同的方法。最为重要的合成方法是以对二甲苯为原料，通过高温氧化法、低温氧化法及氧化酯化法制备 TPA。

高温氧化法流程简单，反应快，易于大型化生产，是采用最多的方法。但氧化法制得的粗 TPA（C-TPA）中对羧基苯甲醛（4-CBA）高达 0.16%～0.3%，会影响缩聚反应和 PET 纤维的色泽。对苯二甲酸熔点高（封管中测定为 425℃），常压下升华点为 300℃，加热后易升华和脱羧，在常用溶剂中又难以溶解，精制困难，若从 C-TPA 出发，只能经 DMT 路线合成 BHET。

1965 年，利用加氢方法精制 TPA 获得成功。该法将 TPA 中含有的 4-CBA 先还原成对甲基苯甲酸，水洗后使其含量下降到 0.025% 后得到 P-TPA，这种 P-TPA 可直接用来酯化制得 BHET，不必经过酯交换过程，促进了 PET 的生产。

18.2.2.3　酯交换法合成 BHET

该方法分为合成 DMT 和酯交换法合成 BHET 两步。

（1）DMT 的合成

① 无酸连续法　采用沸腾床甲酯化的方法，将甲醇气体通入沸腾床甲酯化塔，TPA 固体从底部连续加入，以硅胶作为催化剂，反应后的产物 DMT 及未反应的甲醇从塔顶逸出，

分离得到 DMT。

② 氧化酯化法　该方法用对二甲苯作原料，将两步氧化和两步酯化过程合并进行，反应如下：

产物 DMT 结晶分离后再精馏提纯，纯度可大于 99.9%（质量分数）。

（2）DMT 酯交换合成 BHET

DMT 与乙二醇（EG）的酯交换反应可归纳为四个反应：

$$DMT + EG \rightleftharpoons H_3CO-C-\underset{(MHET)}{\underbrace{}}-C-OCH_2CH_2OH + CH_3OH \quad (1)$$

$$MHET + EG \rightleftharpoons BHET + CH_3OH \quad (2)$$

$$DMT + BHET \rightleftharpoons H_3CO-C-\underbrace{}-C-OCH_2CH_2O-C-\underbrace{}-C-OCH_2CH_2OH + CH_3OH \quad (3)$$

$$BHET + BHET \rightleftharpoons H_3CO-C-\underbrace{}-C-OCH_2CH_2O-C-\underbrace{}-C-OCH_2CH_2OH + EG \quad (4)$$

反应式（1）和式（2）是主反应，反应式（3）及式（4）是生成低分子量聚合物的副反应。

为了加速酯交换反应，反应通常加有催化剂。最有效的催化剂是 Mn、Zn、Pb、Co 和 Ca 的醋酸盐，它们能加速主反应，不会促进后阶段缩聚反应中 PET 的热降解。催化剂不分离，一直存留在聚合物中。

酯化反应是平衡可逆反应，须加入过量的 EG，通常控制 EG/DMT 摩尔比值为（2～2.5）：1，并不断从反应体系中排除产物甲醇。

18.2.2.4　BHET 直接酯化法合成

TPA 与 EG 直接酯化制取 BHET 的方法在工业上开发较晚。直接酯化法在 20 世纪 60 年代获得成功。直接酯化法比酯交换法优越，原料费用低，可省去回收甲醇等工序，使 PET 的成本下降。现在，TPA 直接酯化法已超过了 DMT 酯交换法。

18.2.2.5　PET 的合成

由 BHET 经熔融缩聚合成 PET 是应用最广的方法，其流程简单，操作方便。采用连续生产工艺时，可将 PET 熔体直接纺丝。固相缩聚法仅在特殊情况下使用。如需制取分子量特别高的 PET（用作轮胎帘子线时要求分子量为 3 万左右）时，可由分子量较低的 PET 粉末或粒料在低于熔点温度 10～20℃的条件下通过固相缩聚制得。BHET 熔融缩聚反应特点如下。

（1）反应的平衡常数较小

BHET 缩聚反应是一可逆平衡反应，反应的平衡常数较小。为了获得高分子量 PET，必须将体系中的 EG 尽量排除。工业生产中采用大型的抽真空设备（如蒸汽喷射泵）使缩聚反应在高真空条件下进行。

（2）熔融缩聚反应的温度较高

BHET 熔融缩聚合成 PET 时，反应温度较高，一般在 260～280℃之间，表 18-2 列出了 PET 的聚合度、熔点及熔体黏度间的关系。一般民用纤维的聚合度可达 110，熔点为 265℃，280℃下其熔体黏度高达 300Pa·s。在反应中为了使 EG 尽量扩散逸出，反应后期的温度必须在 265℃以上。当反应温度由 240℃升至 280℃时，反应速率可提高 10 倍。

表 18-2 PET 的聚合度、熔点及熔体黏度间的关系

聚合度(重复单元)	5	20	110
熔点/℃	225～235	260	265
熔体黏度/Pa·s	0.05(240℃)	1.0(265℃)	300(280℃)

(3) 熔融缩聚生产 PET 的副反应

高温反应时，会发生许多副反应，例如：

① 热降解反应　PET 的热降解反应十分复杂，这些反应产生端羧基、不饱和双键、二甘醇醚键及醛类等化合物，使 PET 的分子量和熔点下降、产品有色、性能变差。

② 热氧化降解反应　在氧存在下，加热 PET 可使其按自由基机理发生热氧化降解，降解程度比单纯的热降解更为严重，甚至可能产生交联物。若 PET 中含有易氧化的二乙二醇结构的醚键，可加剧热氧化降解。

③ 环化反应　PET 合成时会生成一些低分子量的环状物，它们是热力学平衡产物。用溶剂萃取法将它们除去后，在 285℃下将 PET 加热 1h 后仍会产生低分子量的环状物。PET 树脂进行纺丝加工时，环状物会引起气泡，降低纤维的强度，使纤维着色，还会阻塞喷丝孔等。

④ 生成醚键的反应　TPA 与 EG 相互反应，可在 PET 大分子链中引入 DEG 链节（热降解反应中也会产生），这些醚键对 PET 性能的影响很大，所以在 PET 合成过程中应尽量避免。动力学研究测出醚键结构的生成量与 [OH] 成正比，抑制醚化的方法是限制加料中 EG/TPA 的比值，其摩尔比最好在 (1.3～1.8)∶1，甚至低于 1.3∶1，也可在反应中添加某些金属盐类以抑制醚化反应。

18.2.3 PET 生产工艺流程及其控制

18.2.3.1 PET 生产工艺流程

PET 生产的工艺流程可分为间歇法、连续法和半连续法。间歇法比较简单，主要是由一个酯化或酯交换反应器及一个缩聚反应器组成。连续法由多个反应器串联而成，最终产品 PET 可连续不断地送去切拉或直接纺丝。半连续法在酯化和缩聚两过程之间设一个中间储存槽，酯化后得到的 BHET 可存放于此槽中，定时定量送入间歇缩聚反应器中进行缩聚，一个中间槽可配几个缩聚反应器，故此法适于生产多品种的 PET。PET 树脂粒料与纤维生产流程见图 18-3。

18.2.3.2 PET 生产的工艺条件

(1) 催化剂

为了加速 BHET 缩聚反应，常需加入催化剂。催化剂应有较强的催化作用，不催化副反应和 PET 的热降解反应，能很好地溶解于 PET 中，并不使 PET 着色。

Sb_2O_3 是较好的催化剂。动力学研究测知，Sb_2O_3 的催化活性与反应中烃基的浓度成反比。缩聚反应的后期，PET 分子量上升，羟基浓度下降，Sb_2O_3 的催化活性更为有效，Sb_2O_3 的用量一般为 TPA 质量的 0.03% 或 DMT 质量的 0.03%～0.04%。Sb_2O_3 的溶解性稍差，也可采用溶解性好的醋酸锑或热降解作用小的锗化合物或钛化合物等。

TPA 与 EG 直接酯化或酯交换中所使用催化剂如醋酸钴、醋酸钙、醋酸锌等对 BHT 的缩聚反应也有催化作用，但它们在高温下能使 PET 加速热降解，自身又能被产生的羧基抑

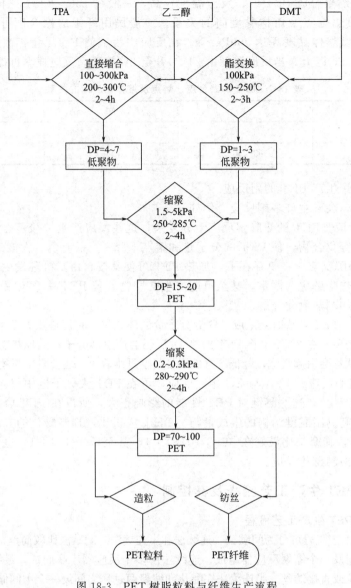

图 18-3　PET 树脂粒料与纤维生产流程

制而"中毒"，失去催化作用。

（2）稳定剂

为了防止 PET 在合成过程和后加工熔融纺丝时发生热降解（包括热氧降解），通常需加入一些稳定剂。工业上最常用的稳定剂有磷酸三甲酯（TMP）、磷酸三苯酯（TPP）和亚磷酸三苯酯，尤其是后者效果更佳，因为它还具有抗氧化作用。

稳定剂的作用有两种：一种是封锁端基以防止 PET 降解；另一种作用是与酯交换或直接酯化过程中的催化剂金属醋酸盐相互结合，抑制醋酸盐对 PET 热降解反应的催化作用。

稳定剂用量越高，即 PET 中含磷量越高，其热稳定性也就越好，但是稳定剂可使缩聚反应的速度下降，使所得的 PET 分子量较低，工业生产中必须考虑这一副作用。稳定剂用量一般为 TPA 质量的 1.25％或 DMT 质量的 1.5％～3％。

（3）缩聚反应的温度与时间

缩聚时，产物 PET 的分子量与反应温度及时间的关系见图 18-4。每一个反应温度下，分子量值都出现一个高峰，说明缩聚时既有使分子链增长的反应，也存在使分子链断裂的降解反应。反应开始时，低聚物缩聚成较大分子的反应为主。PET分子增大后，裂解反应起了主要作用。反应温度较高时，反应速率较快，故分子量到达极大值的时间较短，但高温下热降解严重，此极大值较低。生产中，必须根据具体的工艺条件和要求的黏度值来确定最合适的缩聚温度与反应时间。黏度达到极大值后应尽快出料，避免因出料时间延长而引起分子量下降。

（4）缩聚反应的压力

BHET缩聚反应是一个平衡常数很小的可逆反应，为了使反应向生成产物PET的方向移动，必须尽量除去EG，也就是说反应需要在高真空下进行。图18-5为不同压力下PET的分子量与反应时间的关系。缩聚反应的后阶段要求反应压力低达0.1kPa，工业上常用蒸气喷射泵或乙二醇喷射泵来达到这个要求。

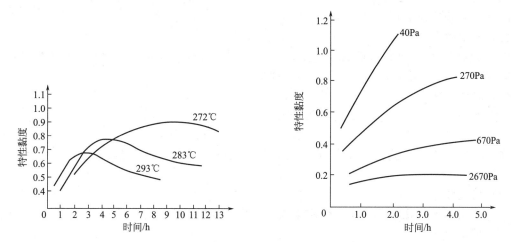

图18-4　PET的分子量与反应温度及时间的关系　图18-5　不同压力下PET的分子量与反应时间的关系

（5）搅拌的影响

PET合成时，必须采用激烈的搅拌使熔体的汽液界面不断更新，使EG逸出。在同样反应条件下，搅拌速率越快，获得的PET分子量越高。在连续缩聚法中，反应初期常采用塔式设备，黏度不太大的熔体可在塔内的垂直管中自上而下作薄层运动以提高EG蒸发的表面积；当缩聚反应进行至中、后期时，熔体黏度较大，可采用卧式熔融缩聚釜。熔融缩聚釜装有横卧式的中心轴，轴上安装有多层螺旋片，可推动物料前进，另外，还有数层网片插在螺旋片间以增加EG蒸发表面积。网片旋转时，网片上的网孔将粘附有薄膜状的物料暴露于缩聚釜上半部的空间中，不断形成新表面，有助于EG的排除。

不论采用何种搅拌形式，其作用是增加EG蒸发扩散的表面积或减少扩散液层的厚度，从而达到加速缩聚反应的目的。

（6）其他添加剂

① 扩链剂　缩聚后期EG不易排除，可加入二元酸二苯酯（如草酸二苯酯）作为扩链剂，反应如下：

生成的苯酚易于逸出，有利于大分子链增长。

② 消光剂　常用平均粒度 <0.5μm 的 TiO_2 作为消光剂，它可使全反射光变为无规则的漫射光，故称为消光剂。消光剂可以改进产品的反光色调，并具有增白作用，其用量常为 PET 的 0.5%。

③ 着色剂　有时可把色料和缩聚原料一起加入反应釜中反应，得到颜色较为均匀的有色 PET 树脂，这种方法称为原液着色。由于缩聚反应温度较高，必须采用耐温型的着色剂如炭黑及和原艳紫等。

18.2.4　PET 纤维的性能与应用

18.2.4.1　PET 纤维的性能

PET 纤维具有下列的优良性能。

(1) 强度高

PET 短纤维为 3～5.5CN/dtex，长丝为 4～6CN/dtex，高强力丝达 6～9.5CN/dtex，在湿态下强度不变，耐冲击强度比聚酰胺高四倍。

(2) 耐热性高

熔点为 255～265℃，软化温度为 230～240℃。

(3) 弹性好

弹性和耐皱性超过其他一切纤维，织物不易折皱、不易变形，制成的服装挺括、少褶皱。

(4) 耐光性好

PET 耐光性在民用合成纤维中仅次于聚丙烯腈，居第二位。

(5) 耐腐蚀性好

可耐漂白剂、氧化剂、醇、石油产品和稀碱，不会霉蛀。

(6) 耐磨性好

民用纤维中耐磨性仅次于聚酰胺，优于其他天然纤维及合成纤维。

(7) 吸水性低

在标准温湿度 (20℃，65% 相对湿度) 下，吸湿性仅为 0.4～0.5。

PET 纤维的物理性能见表 18-1。

18.2.4.2　PET 纤维的应用

PET 外观似羊毛，弹性好，织物耐穿，保形性好，易洗易干，耐光不易变色，洗后又不易折皱，所以是理想的纺织材料。可用作纯织物，或与羊毛、棉花等纤维混纺，大量用于衣着织物的制造。工业上可作电绝缘材料和轮胎帘子线等；农业上可用作绳索、渔网等。

18.2.5　PET 纤维的改性与新型聚酯纤维

18.2.5.1　PET 纤维的改性

PET 大分子链较为规整，排列紧密，结晶度高，所以 PET 纤维也呈现出染色性差、易起球、吸水性太低 (供日常生活衣着时) 及手感柔软性差等缺点。为了克服上述缺点，可采用下列方法进行改进。

① 改变化学结构，降低大分子的规整性和结晶性，以 TPA/EG 或 DMT 为基本原料进行共聚改性或合成新单体，制备新型的聚酯纤维。

② 从加工方面进行改进，如与其他聚合物共熔纺丝，改变拉伸工艺、异形纺丝和复合纺丝等。

18.2.5.2　新型聚酯纤维

近年来，为了满足市场需求和改进 PET 的性能，发展了新品种聚酯。为了改进难染色、起毛、静电等问题，可在 PET 聚酯中引入适当第三单体进行改性。

（1）聚酯新品种

近来开发的聚苯二甲酸三次甲基酯（PTT）、聚苯二甲酸四次甲基酯（PBT）是用 1,3-丙二醇与 1,4-丁二醇取代乙二醇得到的聚酯。因为分别比乙二醇多了一个和两个亚甲基，脂肪族性质表现更强一些，制成的纤维刚性稍弱，但弹性增高，它们的结晶性比 PET 低，分子链的舒展度仅为 75％和 87％，相应的熔点与 T_g 都有所降低。PTT 与 PET 可制复合纤维、弹性纤维。

PTT 大分子通式：

$$\left[OCH_2CH_2CH_2O-\overset{O}{\overset{\|}{C}}-\!\!\bigcirc\!\!-\overset{O}{\overset{\|}{C}}\right]_n$$

PBT 大分子通式：

$$\left[OCH_2CH_2CH_2CH_2O-\overset{O}{\overset{\|}{C}}-\!\!\bigcirc\!\!-\overset{O}{\overset{\|}{C}}\right]_n$$

此外，还开发了对环己烷二甲醇与对苯二甲酸合成的聚酯（PCT），由它制作的纤维耐热性与 PET 相当，弹性则优于 PET。PCT 大分子通式为：

$$\left[CH_2C-\!\!\bigcirc\!\!-CH_2O-\overset{O}{\overset{\|}{C}}-\!\!\bigcirc\!\!-\overset{O}{\overset{\|}{C}}\right]_n$$

（2）改进 PET 纤维的染色性

PET 纤维不含可与染料进行化学反应的基团，结晶度高，染料难以扩散至纤维内部，因而染色困难。为了解决此难题，目前工业上主要采取两种措施，一是在 PET 树脂中结合少量可降低纤维结晶度的单体，如用少量己二酸取代一部分 TPA［见分子式（a）］；另一种措施是引入含离子功能团的单体如—SO_3Na，使之与染料结合［见分子式（b）］：

$$\left[OCH_2CH_2O-\overset{O}{\overset{\|}{C}}-\!\!\bigcirc\!\!-\overset{O}{\overset{\|}{C}}\right]_n \left[OCH_2CH_2O-\overset{O}{\overset{\|}{C}}-(CH_2)_4-\overset{O}{\overset{\|}{C}}\right]_m$$

(a)

$$\left[OCH_2CH_2O-\overset{O}{\overset{\|}{C}}-\!\!\bigcirc\!\!-\overset{O}{\overset{\|}{C}}\right]_n \left[OCH_2CH_2O-\overset{O}{\overset{\|}{C}}-\!\!\bigcirc\!\!(SO_3Na^+)-\overset{O}{\overset{\|}{C}}\right]_m$$

(b)

（3）改进 PET 纤维的防静电性与抗污性

PET 分子为非极性，而且憎水亲油，容易积累静电荷。虽然可加入导电的润滑剂和防静电剂，但它们主要附着在纤维表面，易于流失，而且只在纺丝与后加工过程中发生作用。要从根本上解决防静电与易吸污的问题，须使 PET 与适当单体进行共聚，提高纤维的吸湿性，增加传导电荷的能力，避免积累静电。有效的方法是用聚乙二醇取代一部分乙二醇制取共聚物，使聚醚链段结合入主链，增加 PET 的吸湿性，并可传递电荷，防止静电积累。这些链段同时还具有亲洗涤剂性能，易于使纤维洗涤后去污；还可防止与其他单体共聚时，产生无序排列而影响 PET 纤维的热稳定性。

PET 与聚乙二醇共聚物的分子通式：

$$\begin{array}{c} O \qquad\qquad O \\ \| \qquad\qquad \| \\ \text{-}OCH_2CH_2O\text{-}C\text{-}\bigcirc\text{-}C\text{-} \end{array}\bigg]_n \begin{array}{c} O \qquad\qquad O \\ \| \qquad\qquad \| \\ O\text{-}(CH_2CH_2O)_x\text{-}C\text{-}\bigcirc\text{-}C\text{-} \end{array}\bigg]_m$$

（4）改进 PET 纤维的起毛性

PET 纤维加工过程中的高速摩擦会使长纤维表面产生起毛结球现象。为了改进此问题，可在树脂生产过程中加入很少量的交联剂季戊四醇，但这会使纤维的脆性有所增加。交联点的结构如下：

$$\begin{array}{c} PET\text{-}O \qquad\qquad O\text{-}PET \\ \diagdown \qquad\qquad \diagup \\ C \\ \diagup \qquad\qquad \diagdown \\ PET\text{-}O \qquad\qquad O\text{-}PET \end{array}$$

18.3　聚酰胺纤维

聚酰胺纤维是世界上最早工业化生产的合成纤维，性能优良。工业生产的聚酰胺的品种颇多，在"工程塑料"章节内已有所介绍。民用的聚酰胺合成纤维主要有聚酰胺 66（尼龙 66）和聚酰胺 6（尼龙 6）两种，前者是 AABB 型聚酰胺，后者是 AB 型聚酰胺，此类纤维在我国的商品名称为"锦纶"或"尼龙"。近来还发展了其他品种的聚酰胺纤维。

18.3.1　聚酰胺的结构与成纤性能

18.3.1.1　聚酰胺的结构

聚酰胺是半结晶性聚合物，其结构通式可分为两大类。

AB 型：由 ω-氨基酸缩聚或内酯胺开环而成

$$\begin{array}{c} O \qquad\qquad H \\ \| \qquad\qquad | \\ \text{-}C\text{-}(CH_2)_x\text{-}N\text{-} \end{array}\bigg]_n$$

AABB 型：由二元胺和二元酸缩聚而成

$$\begin{array}{c} O \qquad\qquad O \qquad H \qquad\qquad H \\ \| \qquad\qquad \| \qquad | \qquad\qquad | \\ \text{-}C\text{-}(CH_2)_x\text{-}C\text{-}N\text{-}(CH_2)_y\text{-}N\text{-} \end{array}\bigg]_n$$

由 $\begin{array}{c} O\ \ H \\ \|\ \ | \\ \text{-}C\text{-}N\text{-} \end{array}$ 链连接起来的线型长链分子间可形成氢键，可用来生产强度高、耐磨和坚韧的纤维。如果 $\begin{array}{c} H \\ | \\ \text{-}N\text{-} \end{array}$ 上的氢原子被其他原子或集团取代，则破坏了氢键结构，使它们的熔点下降并丧失成纤能力。

要制得适用的纤维，聚酰胺必须有足够的分子量。用作纤维的尼龙 6 数均分子量通常为 1.4 万～2 万，尼龙 66 则为 2 万～3 万，相应的分子量分散指数 $\overline{M}_w/\overline{M}_n$ 分别为 2 和 1.85。

18.3.1.2　聚酰胺的晶态结构与熔点

聚酰胺大分子之间受到较弱的范德瓦耳斯力作用和分子间酰胺基团强烈的氢键作用，因此易于结晶，结晶度一般在 50% 以下，为半结晶聚合物。

尼龙 66 与尼龙 6 是异构体，具有相同的实验式 $C_6H_{11}NO$，相同的密度 $1.13g/cm^3$ 和相同的折射率 $n_D=1.530$。但它们的熔点却相差 40℃，这是因为大分子链的线型排列程度与结晶度不同所致。

AABB 系列与 AB 系列聚酰胺的熔点与酰胺基团在大分子中的密度有关。酰胺基团之间碳原子数目增加，则熔点下降。AABB 系列的对称性高于 AB 系列，导致大分子链的线型排列程度与结晶度较高，因而 AABB 系列的熔点高于 AB 系列，详见图 18-6。

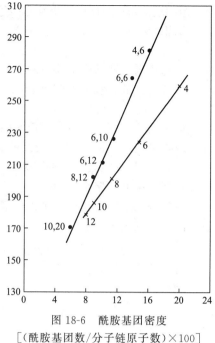

聚酰胺熔点/℃

图 18-6　酰胺基团密度
［（酰胺基团数/分子链原子数）×100］
（•）AABB 型；（x）AB 型

18.3.2　尼龙 6 的合成

18.3.2.1　己内酰胺的聚合工艺

尼龙 6 由己内酰胺开环聚合而得，故又称聚己内酰胺。纯己内酰胺不易开环聚合，通常须在催化剂和一定的反应条件下才可发生开环反应。根据催化剂的不同，它可按阳离子、阴离子及水解聚合三类不同的反应进行聚合。

己内酰胺在水、醇、酸的存在下可发生开环聚合反应。在水存在下，要经历水解、加成、缩聚等步骤，因此称为水解聚合。工业生产一般用水引发 ε-己内酰胺开环聚合，生产聚己内酰胺。生产方式可为间歇法也可为连续法。间歇法生产尼龙 6 的规模较小，主要用来生产特殊牌号的产品或有色母料。生产民用尼龙 6 纤维主要采用连续法。

（1）间歇法

间歇法是将纯化的单体加 5%～10% 的水，在 250～280℃ 加热 12h 以上，有时甚至超过 24h。己内酰胺的水解聚合反应较复杂，首先是单体发生水解反应，然后经阴离子开环聚合，最后再经缩合聚合反应生成尼龙 6。这些反应经常处于平衡状，总的聚合平衡反应如下：

$$(H_2C)_5 \underset{NH}{\overset{C=O}{|}} + H_2O \rightleftharpoons H_2N\text{—}(CH_2)_5COOH \rightleftharpoons HO\text{—}[\overset{O}{\overset{||}{C}}\text{—}(CH_2)_5\overset{H}{\overset{|}{N}}]_n H + H_2O$$

聚合产物是由水、单体、环状低聚物及不同聚合度的线型聚合物所组成的平衡体系，单体含量约为 8%，低聚物约为 2%。为了控制产品的分子量，时常用一元酸作为分子量调节剂和催化剂。

反应产物用于纺丝时，须将熔融物挤出造粒，得到粒料，然后用水萃取粒料中的单体和低聚物。具体方法是将粒料置于热压釜中与水加热至 105～120℃，萃取 8～20h，大多数单体与低聚物随水汽蒸出或溶于水中，干燥后即可纺丝。处理后的粒料中低聚物含量可降至 <0.2%，含水量可降至 <0.05%。

放置过一段时间的尼龙 6 粒料进一步加工时要重新熔化，如果使用已萃取过的粒料时，则要建立新的平衡关系。为避免影响产物的性能与质量，粒料中必须含有少量的低聚物。

（2）连续法

连续法生产尼龙 6 时同样利用水解聚合反应。加有适量水的己内酰胺单体熔融物连续送入聚合反应釜中，聚合反应釜可为数釜串联，也可为长管形连续反应器。无论反应器形式如何，都须完成富水状态下的水解开环偶合反应、贫水状态下的缩合平衡、缩聚为分子量达标的产品三阶段反应。为了脱除未反应的单体和低聚物，连续法要在聚合物熔融状态下进行真空减压剥离操作，然后将熔融的尼龙 6 直接纺丝或进行切片生产粒料。如果不进行真空减压剥离操作而直接切片生产粒料，则应按照间歇法萃取处理。为了排除氧的不良影响，间歇法与连续法过程都要在氮气氛围下进行。不同用途的尼龙 6 产品分子量不同，数均分子量通常在 18000～30000 之间。

18.3.2.2　影响聚合及工艺控制的各种因素

（1）原料纯度

己内酰胺环状分子中，相应于有一个—COOH基和一个—NH$_2$基，所以不必考虑官能团等物质的量问题。由于副反应或提纯不净等原因，工业生产的己内酰胺可能残留有酸性或碱性杂质，也可能残留有还原性和氧化性杂质，这些杂质都会影响聚合反应，所以己内酰胺必须提纯。

（2）引发剂

己内酰胺水解聚合所用的引发剂是水。反应初期，水越多聚合速度越快。反应后期，由于水解平衡，过量的水会引起聚合物水解而使分子量下降，水的用量一般为己内酰胺量的5%～10%，或更少（1%～3%）。

此外，也可用醇来代替水，但无明显优点。用ω-氨基己酸或尼龙66盐来代替水，可使聚合速度明显加快。加入1%～2%的ω-氨基己酸或尼龙66盐，可使聚合周期缩短1/4左右。但尼龙66盐不能太多，否则会形成尼龙6及尼龙66的共聚物，使熔点降低。

（3）聚合温度与聚合时间

己内酰胺水解聚合是一个平衡反应，不同聚合温度下平衡物中所含的单体及环状低聚物数量不同，详见表18-3。

表18-3　不同聚合温度下聚己内酰胺平衡物中单体及低聚物的含量

温度/℃	单体/%	环状低聚物/%	水溶性低分子物总量/%
230	6.0	2.0	8.0
257	6.9	2.2	9.1
280	8.3	2.3	10.6
295	8.9	2.4	11.3
310	10.5	2.5	13.0

由表18-3可知，聚合温度上升，平衡向生成低分子物的方向移动。升高聚合温度，显然会提高己内酰胺的聚合速度。通常每升高10℃，聚合速度提高一倍。图18-7为不同聚合温度下，聚合时间与聚合物含量及聚合物相对黏度η_r的关系。聚合温度高，起始时聚合速度快，η_r值上升得也快。当反应达到平衡时，温度越高，聚合物生成量及η_r越低，而低分子物含量上升。温度低时，有利于减少低分子物含量。生产中，起始温度为250℃，在较低温度下使反应达到平衡，同时降低低聚物的含量；最后升至280℃，有利于缩短反应时间。

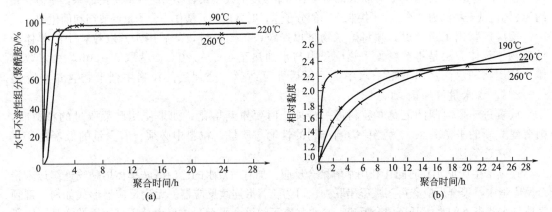

图18-7　聚合时间、尼龙6生成量、η_r值的关系

（a）常压及不同温度下，聚合时间与尼龙6生成量的关系；（b）在不同聚合温度及时间下尼龙6的η_r值

（4）分子量调节剂

常用的分子量调节剂有脂肪族或芳香族的一元酸或二元酸，也可用胺类化合物。工业上最常使用的是醋酸或己二酸。分子量调节剂的加入量可用下式估算：

$$W = \frac{M_c}{M_n} \times 100\%$$

式中　W——调节剂加入量和己内酰胺加入量的质量比，%；

　　　　M_c——分子量调节剂的分子量；

　　　　$\overline{M_n}$——所要求尼龙 6 的平均数均分子量。

若使用双官能团化合物作为分子量调节剂时，则差一个系数 2。

由于反应体系中有残留的水分和其他副反应，分子量调节剂的实际加入量比理论计算量要少得多。例如，用己二酸调节分子量时，加入量一般为单体己内酰胺质量的 0.15%～0.4%。

（5）尼龙 6 树脂中单体及低聚物含量问题

尼龙 6 中所含单体及环状低聚物的含量与聚合温度有关，为 8%～10%。这些水溶性低分子化合物的存在，会影响纺丝过程及成品纤维的强度等性能。如果聚合后直接纺丝制取纤维，除可将熔体减压脱除单体和低聚物外，也可将纤维在压力下用热水洗涤，使纤维中低分子化合物含量降至 1% 以下。如果聚合后将熔体挤出切片得到粒状树脂，则可水洗粒料，使低分子含量降至 0.5%～1.5%。水洗的切片经纺丝后，低分子含量又可回升至 1.5%～4%。

18.3.3　尼龙 66 的合成

18.3.3.1　尼龙 66 的合成反应

在质子催化剂催化下，己二酸和己二胺反应，合成尼龙 66；也可先制得尼龙 6 盐后再聚合，反应如下：

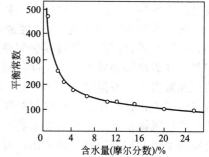

平衡常数为：

$$K = \frac{[-CONH-][H_2O]}{[-COOH][-NH_2]} = \beta e^{\frac{\Delta Ha}{RT}}$$

这是一个放热反应，ΔH_a 为 $-25.2 \sim -29.4$ kJ/mol。从平衡常数可知，反应温度上升，K 值下降。在 221.5℃和 254℃时，K 值相当大，分别为 365 和 300，有利于尼龙 66 的生成。工业生产中，在水溶液中的缩聚反应是吸热反应，反应后再在熔融条件下缩聚。水溶液中缩聚的 K 值、反应热和尼龙 66 的生成速率皆与反应体系的含水量有关，详见图 18-8、表 18-4 和表 18-5。

图 18-8　生成尼龙 66 缩聚反应的平衡常数随含水量变化

表 18-4　尼龙 66 盐水溶液缩聚的反应热

含水量（摩尔分数）/%	ΔH/（kJ/mol）
1.00	9.54
3.05	22.3
6.23	26.1

表 18-5　尼龙 66 盐缩聚速率与水量的关系　　　　单位：g·mol/h

含水量（摩尔分数）/%	温度/℃		
	200	210	220
0.50	1000	1920	2670
1.00	825	1260	2200
3.05	392	520	1070
6.25	197	323	510
10.00	135	188	393

从上述图表可知，尼龙 66 盐在水存在下的缩聚反应具有独特之处。在生产中，随反应的进行，水被逐步蒸出，含水量减少。反应温度上升，其平衡常数为正值，反应热和缩聚速率也逐步变化。

18.3.3.2　尼龙 66 盐水溶液缩聚工艺路线的选择

尼龙 66 的生产多采用尼龙 66 盐在水溶液中进行缩聚的工艺路线，其原因有两个。

① 在 aAa+bBb 制得 a-(AB)$_n$-b 型的反应中，若要获得高分子量产物，反应时两种单体必须是等物质的量的。利用己二酸和己二胺生成的尼龙 66 盐作为缩聚的原料，可以满足这个要求。

② 工业生产条件下，尼龙 66 盐先在加压的水溶液中反应，可防止己二胺挥发而损失，不影响单体量等摩尔比；待缩聚进行一段时间，生成酰胺键的低聚物后，再升温及真空脱水进行后缩聚，可获得高分子量产物。

18.3.3.3　尼龙 66 的生产流程

尼龙 66 的生产方法有间歇缩聚和连续缩聚两种。前者较成熟，设备简单，可小批量生产，但操作麻烦，生产效率低，产品质量差，成本较高，现已逐渐被连续法所替代。

连续法生产中，首先在中和釜中将稍过量的己二酸加入己二胺水溶液中反应，生成尼龙 66 盐，制得浓度约为 50% 的尼龙 66 盐水溶液。然后用 N_2 将物料转移至第二个中和釜中，加入己二胺调整二者浓度至计算量；pH 值达到 7～7.5 时为反应终点。必要时用活性炭脱除有色物和杂质。成盐反应与稀释的放热量约为 110kJ/mol。

将含量为 50% 的尼龙 66 盐溶液送入浓缩蒸发器中，加热到 150～160℃，浓缩至浓度为 80%～85% 后，送入具有搅拌装置的热压釜中，釜内压力控制在 1.75MPa。向釜内注入稳定剂、抗氧剂和必要的助剂，同时将釜内温度调节到 210～270℃，排除反应生成的水但不使二元胺损失。当温度升至 275℃、预聚物的分子量达到 4000 时注入消光剂 TiO_2。逐渐降低釜内压力，保持脱水状态以提高聚合度。降到常压以后，聚合反应达到平衡状态，釜内继续减压以脱除未反应单体与低聚物，但要防止空气进入而使熔融聚合物变色。最后将熔融聚合物自釜底专用阀门以带状流出，经水槽冷却、切粒得到粒料成品。

生产民用服装使用的尼龙 66 时，分子量控制在 12000～15000 范围；生产用于制造帘子线或工业用尼龙 66 时，分子量应大于 20000。连续法操作简便，缺点是不能像间歇法那样方便的改变产品牌号。

18.3.3.4　影响尼龙 66 生产的因素和控制条件

（1）两单体等摩尔比

利用成盐反应，使己二酸和己二胺以等物质的量反应生成尼龙 66 盐，其反应式如下：

$$H_2N(CH_2)_6NH_2 + HOOC(CH_2)_4COOH \rightleftharpoons H_3\overset{+}{N}\text{—}(CH_2)_6NH_2 \cdot HOOC(CH_2)_4COO^-$$

当两者达到等物质的量中和时，可用 pH 值来控制反应终点。

（2）反应的可逆平衡特性及温度、压力的控制

尼龙 66 盐在水溶液中的缩聚反应是一个吸热和可逆平衡反应。溶剂水和反应生成的水使反应中总水量很大，必须不断除去。在反应初期，需提供热量以保证水分及时蒸发。反应开始时要加热、加压。反应后期，为了排除水分，提高熔融状态下缩聚产物的分子量，必须在真空下进行后缩聚反应。

（3）分子量稳定剂

合成尼龙 66 时常加入醋酸、己二酸或己内酰胺作为分子量稳定剂，其用量为尼龙 66 盐的 2% 左右，具体用量取决于产品的分子量。用己内酰胺作为分子量稳定剂时，生成了尼龙 66 与尼龙 6 的共聚物，少量己内酰胺可使尼龙 66 熔点稍微下降，但可提高产品拉伸强度，增加纤维的柔韧性。

（4）尼龙66熔体的热稳定性

在熔融缩聚过程中，尼龙66比尼龙6更易于热分解，并能产生交联物。大分子末端的—NH$_2$基可与链上的己二胺链节生成吡咯结构，使聚合物变黄，所以在缩聚和纺丝过程中都必须注意和防止热分解。

（5）尼龙66中低分子物的含量

尼龙66盐不易环化，反应产物中低分子化合物的含量一般小于1%，尼龙66合成后不需要进行水洗和萃取来脱除低分子产物。

18.3.3.5　固相聚合生产高分子量尼龙

经缩聚反应合成的线型聚合物，基本上都可再经固相缩聚反应进一步提高分子量，此过程称为"固相聚合"。除反应物为固体外，反应温度通常选在该聚合物熔点以下和玻璃化温度以上的区间，此情况下大分子已可以活动，但尚未液化，有利于大分子端基的活动和参与缩聚反应。用尼龙66、尼龙6和其他聚酰胺树脂制作高性能纤维如轮胎帘子线时，必须经固相聚合提高其分子量。

尼龙66固相聚合可采用间歇法或连续法操作。间歇法生产在小型转筒式干燥器中进行，加热到反应温度后，常压下通入干燥的热氮气。氮气既是热载体又可带出反应生成的水。连续法操作则将尼龙66粒料置于小型预热器中，在氮气中加热至100℃，脱除可能吸附的氧和过量的水分。然后送入大型直立的反应器中，粒料自上而下作柱塞式流动。热氮气则从反应器底部进入，反应温度为150～200℃，反应时间为6～24h，视产品分子量而定。达到要求分子量的粒料冷却后包装为商品，也可熔融后直接纺丝。氮气可重新加热循环使用。

尼龙6粒料可用相同的方法进行固相聚合，由于它的熔点比尼龙66低约40℃，其固相聚合温度为140～170℃。缺点是残存的液化己内酰胺单体会附着于粒料表面和反应器壁上，使粒料黏结而不能正常流动，可挥发的低聚物也易于被带入循环氮气中。

18.3.4　聚酰胺纤维的性能与应用

18.3.4.1　聚酰胺纤维的性能

聚酰胺纤维性能十分优良，原料资源广泛、易得，因而在开发后迅速工业化。主要品种有尼龙6、尼龙66、尼龙610、尼龙1010、尼龙11以及一些芳族聚酰胺特种纤维等。尼龙6与尼龙66长丝纱线物理性能见表18-6。

表18-6　尼龙6与尼龙66[①]长丝纱线物理性能

性　　能	尼龙6		尼龙66	
	正常型	高强型	正常型	高强型
断裂强度/(N/tex)				
标准	0.35～0.64	0.57～0.79	0.20～0.53	0.52～0.86
潮湿	0.33～0.55	0.51～0.72	0.18～0.48	0.45～0.71
拉伸强度/MPa	503～690	703～862	275～731	593～924
断裂伸长率/%				
标准	17～45	16～20	25～65	15～28
潮湿	20～47	19～33	30～70	18～32
平均模量（刚性）/(N/tex)	1.6～2.0	2.6～4.2	0.44～2.1	1.9～5.1
平均韧性/(N/tex)	0.06～0.08	0.06～0.8	0.07～0.11	0.07～0.11
回弹性/%	在1%～10%时,98～100	在2%～8%时,99～100	在3%时,88	在3%时,89
回潮率(21℃)/%				
相对湿度,65%	2.8～5.0	2.8～5.0	4.0～4.5	4.0～4.5
相对湿度,95%	3.5～8.5	3.5～8.5	6.1～8.0	6.1～8.0

① 测试条件为21℃，相对湿度为65%。

聚酰胺纤维的主要特性如下：

① 强度高，耐冲击性好；

② 弹性好，耐疲劳性好，可经得住数万次的双挠曲；

③ 耐磨性特别好，优于其他一切纤维；

④ 耐腐蚀性能优良，不霉，不怕蛀，有耐碱的能力；

⑤ 染色性良好；

⑥ 相对密度小，仅为 1.04～1.14，除聚烯烃纤维外，是纤维中最轻的。

缺点有下列几项：

① 弹性模数小，容易变形，用作纺织品时尺寸不稳定，褶裥不持久；

② 耐热性差，尼龙 66 和尼龙 6 的安全使用温度分别为 130℃ 和 90℃ 左右，不耐高冲击所产生的高热（如飞机轮胎帘子线）；

③ 耐光性差，长时间日光和紫外线照射会使强度下降，颜色变黄；

④ 不耐酸和氧化剂；

⑤ 吸湿性差，吸湿性低于天然纤维和人造再生纤维，穿着不舒服。

18.3.4.2 聚酰胺纤维的用途

聚酰胺纤维的用途可分为民用和工业用两个方面。

（1）民用

纯纤维或混纺纤维可用作衣物及家用织物，可制成袜子、内衣、衬衣及地毯等。利用其单丝、复丝和弹力丝织成的袜子，特别耐磨，也可用作室外织物、家具用布等。纺得的鬃丝可制牙刷及衣刷等。

（2）工业用

主要用作工业布、绳索、渔网、帐篷、传动带及常用织物等，提高其耐热性后可用作飞机和载重汽车轮胎中的帘子线。

18.3.5 聚酰胺纤维的改性

针对聚酯胺纤维的缺点做了大量的改性工作。改性方法分为物理法和化学法。通过改变物理法中的纺丝工艺及纤维形状，可纺制复合纤维、异形纤维等，改善了纤维的伸缩性和光泽等性能。化学法包括共聚、接枝等方法，可以改善纤维的吸湿性、耐光和耐热性等。另一常采用的方法是添加某些化合物，利用其特性或化学作用来改善聚酰胺纤维的性能。例如，可在聚酰胺纤维中添加锰盐、铝、铅、镁的硅酸盐作为光稳定剂；加入碘苯甲酸、铜盐（醋酸铜、氯化铜）、卤化物、磷化合物等作为热稳定剂；使用聚醚、N-烷基聚酰胺等吸湿性化合物作为抗静电剂等。在尼龙 6 中添加少量（2%～4%）氯化锂后再纺丝、拉伸和热处理，可使最终纤维的模量提高 4 倍以上。

18.4 聚丙烯腈纤维

聚丙烯腈纤维在我国的商品名为腈纶，是由丙烯腈的均聚物或共聚物经纺丝加工制得的纤维，商品分为丙烯腈含量占 85% 以上的聚丙烯腈纤维（Polyacrylic Fiber）和丙烯腈含量为 35%～85% 的变（改）性聚丙烯腈纤维（Modcrylic Fiber）两大类。

聚丙烯腈纤维的主要特点是它的柔软性和保暖性与羊毛十分相似，可大量用作"仿羊毛"纤维替代羊毛，它的发展很快，产量仅次于涤纶与尼龙。

18.4.1 聚丙烯腈的结构与特性

18.4.1.1 聚丙烯腈的结构

聚丙烯腈由单体丙烯腈经自由基聚合反应而得，大分子链中的丙烯腈单元是按头-尾方式相连的。

$$H_2C{=}CH \longrightarrow {-}[\overset{H_2}{C}{-}\overset{H}{C}]{-}_n$$
$$\qquad | \qquad\qquad\qquad\quad |$$
$$\quad CN \qquad\qquad\qquad CN$$

丙烯腈是 α 位上有取代基的乙烯烃，具有手性碳原子，应存在有多种立体异构体，但至今尚未获得有规立构的聚丙烯腈。由 X 射线衍射测知，经自由基机理聚合的聚丙烯腈大分子中，（全同＋间同）：无规＝50：50，由此可知聚丙烯腈不易结晶或是结晶度很低的聚合物。

由于大分子主链上强极性侧基—CN 的相互作用，同一大分子上的氰基因极性相同而排斥，相邻大分子间的氰基因极性相反而吸引，导致聚丙烯腈产生不很规则的螺旋结构，在局部发生曲折和扭转，无法整齐地堆砌成较为完整的晶棒。一般认为丙烯腈大分子有非晶相的低序区、非晶相的中序区及准晶相的高序区三种不同的聚集区域，已测知前两个区域的 T_g 值各为 $T_{g1}=80\sim100℃$ 和 $T_{g2}=140\sim150℃$。利用快速升温差示热分析数据测知准晶相的熔点为 327℃。

18.4.1.2　聚丙烯腈的特性

聚丙烯腈独特的物理结构与化学结构使它具有下列特性。

（1）热弹性

热弹性本质上为高弹形变。聚丙烯腈经二次拉伸所纺得的纤维中，非晶区中弯曲的大分子链已伸展。骤冷后，链段冻结。当温度再次升至 T_g 以上，链段运动受热而加强，大分子链恢复卷曲状态，纤维长度可大幅度回缩，这就是聚丙烯腈纤维所呈现的热弹性。

涤纶和尼龙等纤维中具有微晶结构，阻碍了链段的大幅度热运动，所以不呈现热弹性。聚丙烯腈中的准晶相结构不是真正的结晶，不能阻止链段运动，所以聚丙烯腈纤维能发生热弹性回缩。利用这个特性可生产腈纶膨体纱。

（2）化学特性

聚丙烯腈大分子主链上带有—CN 侧基，在酸、碱作用下易发生一系列化学反应。水解反应示意如下：

$$\overset{H_2}{C}{-}\overset{H}{C} + H_2O \xrightarrow{酸或碱} \overset{H_2}{C}{-}\overset{H}{C} + H_2O \xrightarrow{碱} \overset{H_2}{C}{-}\overset{H}{C} + NH_3\uparrow$$
$$| \qquad\qquad\qquad\qquad | \qquad\qquad\qquad\qquad |$$
$$CN \qquad\qquad\qquad CONH_2 \qquad\qquad\qquad COOH$$

反应释放出的氨能与未水解的—CN 基反应生成黄色的脒基。

（3）热性能

聚丙烯腈具有较高的热稳定性。制备纤维的聚丙烯腈加热至 $170\sim180℃$ 颜色也不会变化，若有杂质则会加速分解而变色。将聚丙烯腈在空气中慢慢加热至 $200\sim300℃$ 可发生分子内的环化反应，进一步处理可获得含碳量高达 95% 以上的碳纤维。

（4）耐溶剂性与耐光性

由于含有极性很强的氰基，聚丙烯腈不溶于常见的醇、醚、酯及油类等溶剂，但溶于强极性的有机溶剂如二甲基甲酰胺、二甲基亚砜、乙腈及碳酸乙烯酯等。可溶解聚丙烯腈的无机溶剂有 NaSCN 或 $ZnCl_2$ 的浓水溶液、硝酸及硫酸等。

氰基上碳和氮原子之间是一个 σ 键和两个 π 键，这种结构可吸收紫外光光能，并将其转变为热能，从而保护大分子主链不发生降解，所以聚丙烯腈纤维的耐光性和耐气候性是所有天然纤维和合成纤维中（除含氟纤维外）最好的一种。

18.4.2　聚丙烯腈合成工艺

18.4.2.1　聚丙烯腈的合成

聚丙烯腈通常由丙烯腈经自由基引发剂引发聚合而得。在工业生产中，主要采用溶液聚合法合成聚丙烯腈。根据所用溶剂的不同溶解性能，可分为均相溶液聚合和非均相溶液聚合两种方法。

均相溶液聚合时，采用既能溶解单体又能溶解聚合物的溶剂如 NaSCN 水溶液、氯化锌水溶液及二甲基亚砜等。反应完毕后，聚合物溶液可直接纺丝，这种生产方法称为"一步法"。

非均相溶液聚合时，采用的溶剂能溶解或部分溶解单体，但不能溶解聚合物。聚合生成的聚合物以絮状沉淀不断地析出。若要制成纤维，必须将絮状的聚丙烯腈分离、溶解制得纺丝原液后才可纺制纤维，所以这种方法称为"二步法"。若非均相聚合时采用的溶剂是水，则称为"水相沉淀聚合法"。由于非均相溶液聚合时出现了聚合物沉淀，反应较为复杂。

常见的聚丙烯腈（腈纶）纤维中丙烯腈含量＞85％，其余为 1~2 种中性单体，如丙烯醚甲酯、醋酸乙烯酯等，目的是提高聚丙烯腈在纺丝液中的溶解性、改变聚丙烯腈纤维的形态使染料容易渗透和染色。为了使染料与纤维发生化学反应而紧密结合，还可与酸类单体如对乙烯基苯磺酸钠、甲基烯丙基磺酸钠等共聚。为了提高聚丙烯腈纤维的阻燃性，可与含氯单体偏二氯乙烯、氯乙烯等共聚。

18.4.2.2 聚丙烯腈均相溶液聚合工艺

以 NaSCN 水溶液作为溶剂的均相溶液聚合工艺流程见图 18-9。整个流程分为配料、聚合、脱除单体及原液准备四个工序。"原液准备"过程由下列四个设备来完成。

（1）原液混合槽

若前面工序所得的产物不稳定，原液混合槽庞大的体积可起混合及仓储的作用。

（2）脱泡桶

真空下脱除原液中的气泡，有利于纺丝。

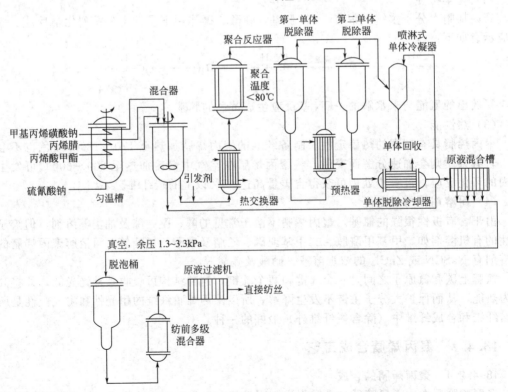

图 18-9　聚丙烯腈均相聚合工艺（连续法）流程

（3）纺前多级混合器

用以混合消光剂等添加剂。

（4）原液过滤机

用以除去原液中的机械杂质，可避免堵塞纺丝孔而产生断头和毛丝等问题。

18.4.2.3 均相溶液聚合工艺中的主要控制因素

（1）单体配比及其总浓度

聚丙烯腈纤维通常由三种单体共聚而得，与丙烯腈共聚的第二、第三单体见表18-7。

表 18-7 与丙烯腈共聚的第二、第三单体

单体	含量	种 类	作 用
第二单体	3%~12%	丙烯酸甲酯（最常用）、醋酸乙烯酯、丙烯酸、甲基丙烯酸及甲基丙烯酸甲酯等	破坏大分子链的规整性，降低大分子链的敛集密度，改善纤维的染色性，增加弹性
第三单体	1%~3%	衣康酸、甲基丙烯磺酸钠、丙烯磺酸钠、乙烯基吡啶及其衍生物等	引入亲染料的基团如磺酸类酸性基团或吡啶等碱性基团

三种单体的质量配比一般是 $AN(M_1):M_2:M_3=(94.5\sim88):(5\sim10):(0.5\sim2.0)$。用 NaSCN 水溶液均相聚合时，反应所得的聚合物溶液可直接作为纺丝原液去纺丝。根据产品纤维及纺丝工艺的要求，聚合物分子量控制在 5 万~8 万，原液中聚合物含量为 2%~13.5%，NaSCN 含量为 44%~45%。聚合配料液中单体总含量应控制在 17%~21%，聚合转化率要求为 55%~70%。

（2）聚合温度

单体的沸点较低（AN 为 77.3℃，MA 为 80℃），反应温度太高会使蒸汽压过高而使反应器内产生压力，为此反应温度应控制在 76℃。

（3）原料中杂质的影响

单体中常含有氢氰酸、乙醛、乙腈及酮类杂质，它们会影响反应速率和降低聚合物分子量。NaSCN 中若含有甲酸钠、$Na_2S_2O_8$ 等杂质，会使纺得的纤维变黄，并降低聚合速率及分子量。所以必须控制各种原料的纯度。

（4）聚合时间及转化率

通过调整引发剂等因素可使聚合反应在 1.5~2h 内达到 50%~75% 的聚合转化率。

（5）反应介质的 pH 值

pH<4 时，NaSCN 易分解，生成的硫化物有阻聚和链转移作用，还会使聚合物溶液发黄，一般把 pH 值控制在 4.8~5.2。

（6）引发剂与分子量调节剂

常用的引发剂为偶氮二异丁腈，常用的分子量调节剂为异丙醇。根据聚合温度、转化率、反应时间及产品分子量的要求，这两者的用量分别为 0.2%~0.8% 及 0~3%（以总单体量计）。

（7）浅色剂二氧化硫脲

二氧化硫脲的加入量为 0.5%~1.2%（以总单体量计），可改善聚合物的色泽。它在加热下能产生尿素及亚硫酸，后者可消除 $Na_2S_2O_8$ 水解所引起 pH 值的升高，也可防止空气中的氧、其他氧化物、NaSCN 的氧化作用，使聚合物不易变色。

18.4.2.4 聚丙烯腈水相沉淀聚合工艺

水相沉淀聚合制得的聚丙烯腈必须溶解后才能纺丝，聚合和再溶解纺丝两步法的缺点是增加了"溶解"工序，但此方法也有下列优点：

① 采用水溶性的氧化-还原引发体系可在较低的温度下（一般在35～55℃之间）引发聚合，得到的聚合物色泽较白；

② 反应热容易控制，产物的分子量分布较窄；

③ 聚合速度快，转化率高；

④ 聚合物为固体粒子，可溶解后纺丝，也可转送其他化纤厂纺丝。

图18-10为聚丙烯腈水相沉淀聚合工艺流程（连续式）的一个例子。

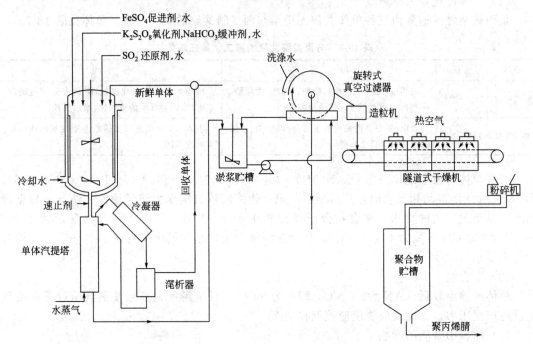

图18-10　聚丙烯腈水相沉淀聚合工艺流程（连续式）

水相沉淀聚合与均相聚合不同的影响因素有以下几点。

① 引发剂体系　水相沉淀聚合中常采用水溶性氧化-还原引发体系，如 $NaClO_3$-Na_2SO_3、$K_2S_2O_8$-SO_2、$K_2S_2O_8$-$NaHSO_3$ 及 $NaClO_3$-$NaHSO_3$ 等。有时还加入少量的亚铁盐如 $FeSO_4$ 等作为活化剂，提高反应速率，最常采用的引发体系是 $NaClO_3$-Na_2SO_3 体系。

水溶性氧化-还原引发体系对 pH 值十分敏感。常用的 $NaClO_3$-Na_2SO_3 体系在 pH＜4.5 时才能引发聚合，pH＝1.9～2.2 时最为合适。反应结束时，可在聚合产物（即聚合物粒子与水介质组成的淤浆）中加入草酸或乙二胺四乙酸（称为速止剂）来终止聚合反应。

② 聚合时间与温度　聚合时间的长短和聚合温度会影响聚合转化率和聚合物分子量及其分布。例如，聚合反应在25℃进行时，引发速率太慢；超过60℃时，产物聚丙烯腈纤维的颜色太深，所以须按情况设定聚合时间和温度。通常聚合时间为1～2h，聚合温度控制在35～55℃的范围内。

③ 添加剂及杂质的影响　反应中若加入少量十二烷基磺酸钠等阴离子表面活性剂，会提高聚合反应的初速度。用 AIBN 引发丙烯腈聚合时，Fe^{2+} 会使聚合速率减慢，而 $NaClO_3$-Na_2SO_3 引发体系中加入 Fe^{2+} 时可加速聚合。

氧对丙烯腈的聚合反应有阻聚作用。在水相沉淀聚合时，物料中溶解的微量氧气或很少量空气所带入的氧气对聚合反应影响不大，大量空气则会降低聚合速率和提高产品分子量。

④ 聚合物粒子的大小和"结疤"问题　水相沉淀聚合时，聚合物粒子的大小和聚集状态是一个重要的控制指标。另外，搅拌速率对聚合物粒子的大小和粒径分布也有较大的影

响。这些因素将会影响到聚合物淤浆的过滤性能。水相沉淀聚合中，聚合物会黏附在聚合釜的釜壁上引起"结疤"，在工业生产中要避免或克服"结疤"现象。

18.4.3　聚丙烯腈纤维的性能和应用

18.4.3.1　聚丙烯腈纤维的性能

典型的聚丙烯腈数均分子量为 40000～60000，大致由 1000 个单体链节组成；重均分子量为 90000～140000，分散指数为 1.5～3.0。

聚丙烯腈纤维（丙烯腈含量＞85％）有下列特性：

① 近似于羊毛，蓬松、卷曲和柔软；密度（1.14～1.18g/cm³）比羊毛小（1.30～1.32g/cm³），强度比羊毛高 1～2.5 倍，保暖性好，常用来代替羊毛。

② 利用其热弹性制得的膨体纱弹性好，可替代羊毛绒线。

③ 除含氟纤维外，是合成纤维中耐光、耐气候性最好的材料；耐热性也好，在 150℃高温熨烫下仍能保持白度。

④ 能耐酸（如 35％盐酸、65％硫酸或 45％硝酸），耐碱性较差，不溶于一般化学溶剂，能溶于极性大的有机溶剂如二甲基甲酰胺、二甲基亚砜等。

⑤ 均聚的聚丙烯腈染色性较差，利用共聚方法引入带不同类型亲染料基团的第三单体，可改善染色性能，并扩大染料品种和类别。用分散染料、阳离子染料、碱性染料及酸性染料等，可以制得色谱齐全、色彩鲜艳、水洗和日晒牢度较好的纤维。

聚丙烯腈纤维的强度、起始弹性模量等皆属中等水平，其回弹性和卷曲性不如羊毛。

18.4.3.2　聚丙烯腈纤维的应用

聚丙烯腈纤维的特性使其广泛应用于纺织品工业，可制成各种呢料、针织品及长绒织物；可与棉、毛或黏胶纤维混纺以改进其吸湿性能；也可制成膨体纱来代替羊毛，或制成在室外用的织物如帆布、炮衣、窗帘和旗帜等。

18.4.4　聚丙烯腈纤维的改性

18.4.4.1　改性聚丙烯腈的生产工艺

为了改进聚丙烯腈的溶解性、阻燃性、纤维的柔软性和降低生产成本，开发了改性聚丙烯腈树脂。

工业上主要用乳液聚合法生产氯乙烯-丙烯腈共聚改性聚丙烯腈树脂。因为难以找到不影响共聚物组成的溶剂，所以采用乳液聚合法。在 60℃时，丙烯腈的竞聚率为 3.7，氯乙烯仅为 0.074，相差很大。为了生产氯乙烯含量为 60％的共聚物，氯乙烯在初始物料中的比例远高于丙烯腈。反应过程中陆续添加丙烯腈以保证产品组成不发生变化。氯乙烯常压下为气体，所以聚合反应在热压釜中进行。

乳液聚合法生产中，氯乙烯与丙烯腈的初始物料比为 92∶8，单体与水量比为(1∶1)～(1∶3)，浓度过稀会增加回收聚合物的难度。乳化剂主要为十二醇磺酸钠、磺化琥珀酸二己酯钠等，引发剂主要为过硫酸盐热分解引发剂和氧化-还原体系，转化率与引发剂用量与聚合温度有关。用过硫酸钾为引发剂时，其用量为单体量的 1％，反应温度为 45℃，每小时单体转化率为 2.0％。反应温度 50℃时转化率为 2.9％。为了保持釜内单体比例稳定，每小时应补加 1.43 份丙烯腈。反应结束后，共聚物的收率约为 65％～70％，含固量约 20％。排出未反应的单体后，反应物料加等量丙酮和约为树脂量 0.5％的 CaCl₂ 溶液，使共聚物沉淀析出，过滤后水洗、干燥得到氯乙烯含量约 60％、丙烯腈含量约 40％，可溶于丙酮的改性聚丙烯腈树脂。

18.4.4.2 改性聚丙烯腈纤维

丙烯腈含量在35%和85%之间的称为改性聚丙烯腈树脂，由其制得的纤维称为"改性聚丙烯腈纤维"。

改性聚丙烯腈纤维主要包括下列几个品种：

① 与氯乙烯单体共聚的"氯腈纶"中有一个品种的氯乙烯含量为60%、丙烯腈含量为40%，主要用来制作不燃织物。

② 与偏二氯乙烯共聚制得的"偏氯腈纶"。

③ 与蛋白质接枝共聚，将蛋白质溶解于聚丙烯腈溶液中，加入丙烯腈单体和引发剂进行接枝共聚，得到性质与天然丝相近的蛋白质接枝的聚丙烯腈纤维。此外，在纺丝过程中还可制取复合纤维以改善其性能。

18.4.4.3 丙烯腈复合纤维

聚丙烯腈纤维虽然与羊毛相似，但在回弹性和卷曲性这两方面不及羊毛。现在可利用特殊的纺丝技术，将两种或两种以上不同的纺丝原液制成复合纤维，即纤维的截面上有两种以上不同成分的纤维组成，详见图18-11。

并列式　　　　　　　　　皮芯式　　　　　　　海岛式

图 18-11　复合纤维示意

用共聚物组成不同的两种聚丙烯腈（丙烯腈∶丙烯酸甲酯∶甲基丙烯磺酸钠各为93.5∶5∶1.5及90.1∶9∶0.9的共聚物）纺成复合纤维，因其组成不同，它们的收缩性也各不相同，可使复合纤维产生永久的螺旋状卷曲，获得与羊毛相近的回弹性和卷曲性。

18.5　聚乙烯醇缩甲醛纤维

聚乙烯醇缩甲醛纤维的商品名为维纶或维尼纶，它也是合成纤维领域中的一个重要品种。早在1924年就合成了聚乙烯醇，因纺得的纤维具有水溶性，仅可用作外科手术的缝合线。1939年，日本科学家采用热处理与缩甲醛化使聚乙烯醇纤维可耐115℃的热水，解决了用其作为纺织纤维的技术难题，1950年开始了工业化生产。

18.5.1　聚乙烯醇（PVA）的合成、结构和性质

18.5.1.1　聚乙烯醇的合成

聚乙烯醇的化学结构为 $\begin{array}{c}H_2\ H\\+C-C+\\|\\OH\end{array}$ ，相应的单体为 $\begin{array}{c}H_2C=CH\\|\\OH\end{array}$ ，因—OH与带有双键的碳原子相连，很不稳定，会自行重排生成乙醛：

$$\begin{array}{c}H_2C=CH\\|\\OH\end{array} \Longrightarrow \begin{array}{c}H_3C\\\diagdown\\\quad O\end{array}$$

游离态的乙烯醇是不可能存在的。工业中主要用醋酸乙烯酯聚合制成聚乙酸乙烯酯，再经醇解（或水解）制得聚乙烯醇。

$$n\,H_2C=CH \longrightarrow \left[\begin{array}{c}H_2 \quad H \\ C-C \\ \quad OCOCH_3\end{array}\right]_n \xrightarrow{CH_3OH} \left[\begin{array}{c}H_2 \quad H \\ C-C \\ \quad OH\end{array}\right]_n + CH_3COOCH_3$$

纤维级的聚乙烯醇平均聚合度为 1750 ± 50，残留的乙酸基在 $0.2\%\sim1\%$（摩尔分数）以下，即其水解度达 99% 以上。醋酸乙烯酯聚合制成聚乙酸乙烯酯流程见图 18-12。

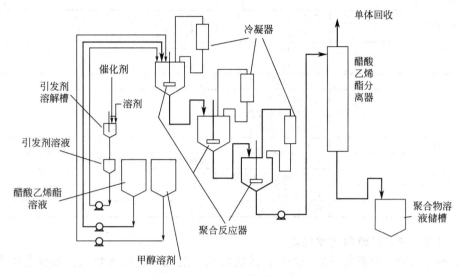

图 18-12　聚醋酸乙烯酯合成流程

18.5.1.2　聚乙烯醇的结构与物理性质

聚乙烯醇大分子长链中的结构单元为 $\left.\begin{array}{c}H\\-H_2C-C-\\\quad OH\end{array}\right.$ ，主要是按头-尾形式（即羟基处于 1,3 位）连接；头-头形式连接的量很少，其含量与聚合温度有关。当聚合温度为 $-30℃$、$10℃$ 及 $60℃$ 时，1,2-乙二醇结构（即头-头连接）的含量（摩尔分数）分别占 0.60%、1.14% 及 1.71%。

$$\sim\sim H_2C-\underset{OH}{\overset{H}{C}}-\underset{}{\overset{H_2}{C}}-\underset{OH}{\overset{H}{C}}-\underset{}{\overset{H_2}{C}}-\underset{OH}{\overset{H}{C}}\sim\sim \qquad 头\text{-}尾连接（—OH 在 1,3 位）$$

$$\sim\sim\sim H_2C-\underset{OHOH}{\overset{H}{C}}-\underset{}{\overset{H}{C}}-\underset{OH}{\overset{H_2}{C}}-\underset{}{\overset{H_2}{C}}-CH\sim\sim \qquad 头\text{-}头连接（—OH 在 1,2 位）$$

聚乙烯醇可有无规、间规及等规三种结构的聚合物。自由基机理聚合生成的是无规立构聚合物，因羟基的体积很小，且羟基间极易形成氢键，所以无规立构的聚乙烯醇很容易结晶。一般供应的聚乙烯醇结晶度约为 30%，其结晶度高低对聚乙烯醇的物理性能（如对水的溶解性、拉伸强度、对氧气的屏蔽性以及热塑性等）产生重要影响。聚乙烯醇物理性能见表 18-8。

表 18-8　聚乙烯醇物理性能

性　能	数　值	附　　注
外观	白至象牙白粉粒	
相对密度	$1.27\sim1.31$	随结晶度升高而增加
拉伸强度（水解度 $98\%\sim99\%$）/MPa	$67\sim110$	随结晶度和分子量升高而增加,随湿度的升高而降低
拉伸强度（水解度 $87\%\sim89\%$）/MPa	$24\sim79$	随分子量升高而增加,随湿度的升高而降低

性　　能	数　　值	附　　注
伸长率/%	0～300	随湿度的升高而增加
热膨胀系数/℃	7～12×10⁻⁵	
比热容/[J/(g·K)]	1.67	
热导率/[W/(m·K)]	0.2	
玻璃化温度/K(℃)	358(85)	水解度98%～99%
	331(58)	水解度87%～89%
熔点/K(℃)	503(230)	水解度98%～99%
	453(180)	水解度87%～89%
电阻率/Ω·cm	(3.1～3.8)×10⁷	
热稳定性	>100℃逐渐变色	
	>150℃迅速变黑	
	>200℃迅速分解	
折射率 n_D(20℃)	1.55	
结晶度	0～0.54	随热处理与水解度而升高
固体储存稳定性	与湿气隔绝可无限期	
耐火焰性	燃烧如纸张	
日光稳定性	优异	

18.5.1.3　聚乙烯醇的化学性质

聚乙烯醇大分子含有大量的仲羟基，故能酯化和醚化，也能和醛类、氢氧化钠等反应。最重要的反应是聚乙烯醇与醛发生的缩醛化反应。

聚乙烯醇同低分子醇相似，在酸性条件下能与醛发生缩合反应。与一元醛反应时，反应主要发生在分子内部和分子间；与二元醛反应时，主要在分子间进行反应生成交联结构，反应如下。

（1）一元醇分子内反应

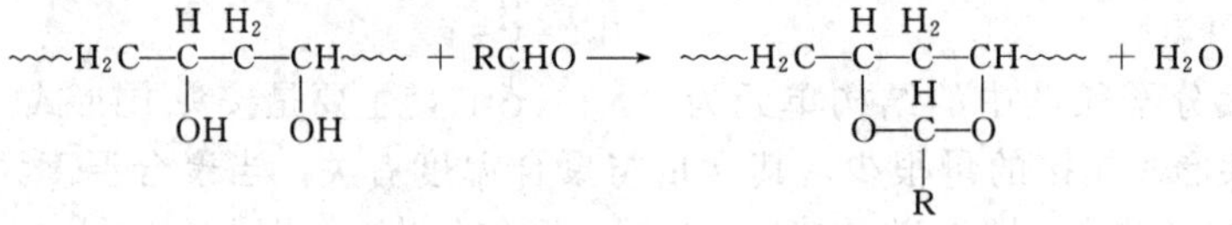

（2）一元醛分子间反应

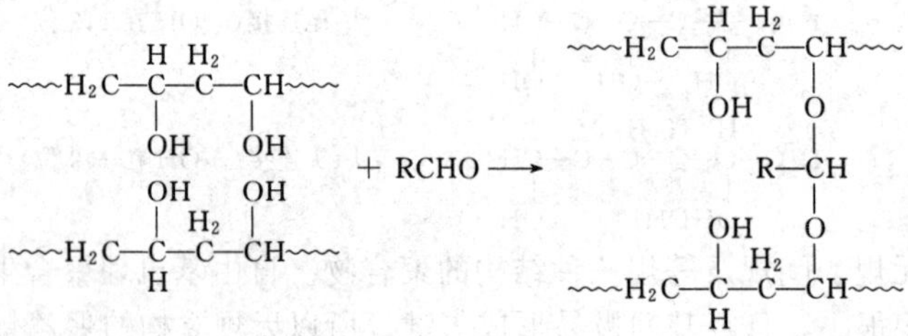

（3）二元醛分子间反应

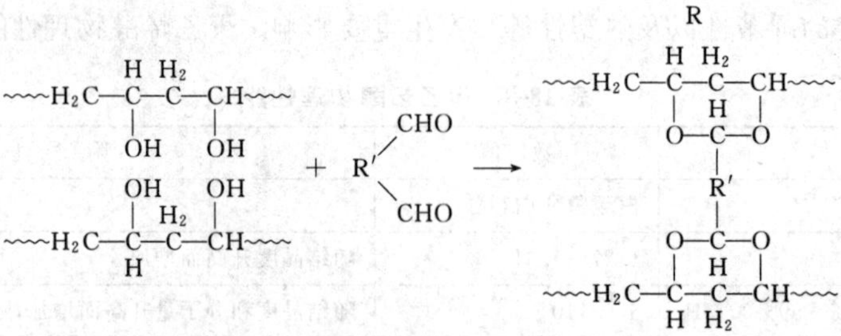

最常用的醛类化合物是甲醛，与 PVA 纤维反应得到"维纶"纤维。丁醛与 PVA 反应，

可制得用作安全玻璃黏合剂的聚乙烯醇缩丁醛，反应中缩醛化的程度常用缩醛度来表示：

$$缩醛度 = \frac{参与缩醛化反应的-OH 数}{大分子中原有的-OH 数} \times 100\%$$

上述缩醛化反应若在均相条件下进行，缩醛基团是均匀分布的，所得缩醛化物的弹性、强度及耐热性都会下降。若在非均相条件下进行，缩醛反应主要是在非晶区部分的羧基处发生（缩醛化基团分布也不均匀），对生成物的强度没有影响，耐热性却可提高。

另外，聚乙烯醇中的羟基还可与硼酸或硼砂、铜盐和铁盐等反应，这些反应在改性聚乙烯醇纤维的制造过程中非常有用。

18.5.2 聚乙烯醇缩甲醛纤维的生产工艺

18.5.2.1 聚乙烯醇缩甲醛纤维生产工艺和流程

聚乙烯醇缩甲醛纤维的生产过程较为复杂，合成聚醋酸乙烯酯后水解为水解度>99%的聚乙烯醇，然后进行湿法纺丝、缩甲醛化等工序得到维纶纤维，详见图18-13。

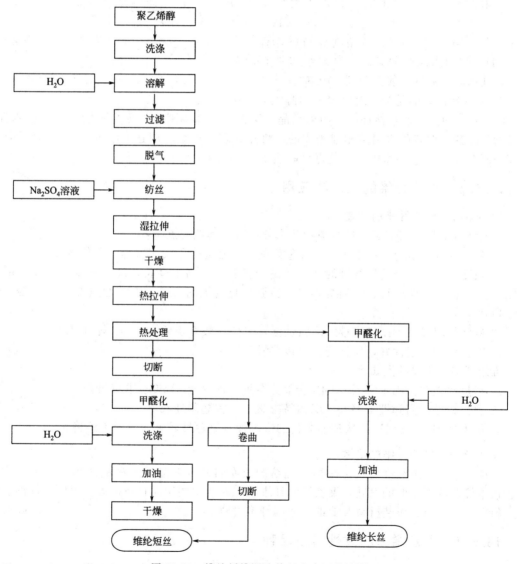

图 18-13 维纶纤维湿法纺丝生产工艺流程

18.5.2.2　控制维纶纤维性能的主要工艺因素

① 溶液聚合时，转化率须控制在 $50\%\sim60\%$，过高的转化率可使大分子的支化度增加，分子量分布变宽，使最终得到纤维性能（如强度、耐热水性等）下降。

② 醇解时，生成的聚乙烯醇分子中乙酸基的残留量必须小于 0.2%（摩尔分数）。

③ 分子量分布对纤维的结构、性能影响很大。聚乙烯醇湿法纺丝时，常用 Na_2SO_4 溶液作为凝固剂。当聚乙烯醇水溶液纺丝原液以细流状进入 Na_2SO_4 溶液时，无机离子的水合能力使大分子相互靠近而凝出，直至凝固成纤维。高分子量部分凝固快，首先形成表皮薄层；低分子量部分则随溶剂水的渗出在外部形成表皮组织，表皮薄层内的大分子随 Na_2SO_4 渗入和水分渗出，形成疏松的芯层，纤维发生收缩，其断面可形成如图 18-14 所示的弯曲扁平状。不同结构的断面会使产品性能变化。纤维的断面趋圆，纤维的结构均一，最终所得纤维的性能较好。

④ 热处理也是一个重要的环节。热处理后，提高了聚乙烯醇纤维结晶度，也就提高了聚乙烯醇半成品（未缩醛化）在水中的软化点。当结晶度为 19%、29.6% 及 60.6% 时，它们在水中的软化点分别为 $30℃$、$40℃$ 和 $90℃$。结晶度提高后，有较多的—OH 基被纳入晶格而束缚，其耐热水性相应提高，热处理后结晶度一般上升到 60% 左右。

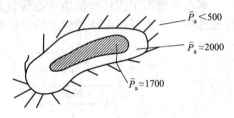

图 18-14　聚乙烯醇纤维断面结构

⑤ 缩醛化的目的是为了封闭聚乙烯醇大分子中的—OH 基，使其耐热水性提高。如果结晶度不高，单靠缩醛度的提高不能改善其耐水性。结晶度与缩醛化两者的作用是相辅相成的，将热处理后，结晶达 60% 的聚乙烯醇纤维缩醛度控制在 30%，它在水中的软化点可高达 $110\sim115℃$。

18.5.3　维纶纤维的性能和应用

18.5.3.1　维纶纤维的性能

维纶纤维的最大特点是其性能与棉花十分接近，其他特点有：

① 吸湿性好，是合成纤维中吸湿性最好的，非常适合于民用服饰，可代替棉花。

② 强度高，普通维纶短纤维的强度稍高于棉花，而高强度长丝纤维强度与聚酯或聚酯胺相当。若用 50% 维纶与 50% 棉花混纺，其强度比纯棉高 60%，耐磨性比棉花高 4 倍，耐用性提高 $50\%\sim100\%$。

③ 良好的耐腐蚀和耐日光性，耐碱性强，可耐一般有机酸、醇等，不怕霉蛀和海水。

④ 柔软性和保暖性好，比棉花轻，传热慢。

维纶纤维的主要缺点如下：

① 耐热水性差，沸水中煮 $3\sim4h$ 会部分溶解，加热至 $115℃$ 会收缩变形。

② 弹性较差，回弹性不够好，织物易折皱，不宜缝制外衣。

③ 染色性差，"皮层"结构和缩醛化的影响使其染色性较差，色泽不鲜艳。

18.5.3.2　维纶纤维的用途

维纶纤维纺成短纤维后，可与棉花混纺制成布料及针织品等各种混纺织物，也可作内衣、被单等。随着工业的发展，聚乙烯醇纤维在工农业中的用途日益扩大，可制造渔网、缆绳、帆布、过滤布、包装材料及造纸工业的纤维材料等。

18.5.4　聚乙烯醇的改性与新品种

随着维纶纤维生产的发展及其物理和电学方面改性的成功，合成和发展了一些聚乙烯醇新品种。

18.5.4.1 维纶纤维的改性

(1) 共聚改性

20 世纪 60 年代，试制成功了聚乙烯醇与聚氯乙烯的接枝共聚纤维，称为"维氯纶"。它是由含有聚氯乙烯和氯乙烯-聚乙烯醇接枝共聚物的乳液与聚乙烯醇浓水溶液混合纺丝后，再经热处理及缩醛化等过程制成的成品纤维。

维氯纶既具有维纶的高强度、耐热、吸湿性等优点，又具有聚氯乙烯纤维的热塑性和弹性好的优点，它的成本比维纶要低，因此在工业及民用上有着广泛的用途。

(2) 利用其他醛类化合物进行缩醛化改性

聚乙烯醇纤维经甲醛缩醛化后，虽可提高耐热水性，但弹性下降。利用其他醛类缩醛化改性的效果见表 18-9。

表 18-9 其他醛类对聚乙烯醇纤维的效果

醛	改性效果
壬醛	弹性有改进,但耐热水性及强度下降
乙二醛	产生交联,可提高耐热水性及耐热性,弹性不佳
苯甲醛	改善弹性和耐热水性,强度下降不大,对酸的稳定性差
对苯二甲醛	易产生交联,缩醛度必须控制在 5%～10%,弹性及弹性回复性改善,结节强度不佳

(3) 湿法高模量聚乙烯醇长丝

对聚乙烯醇晶态力学性能的研究发现，聚乙烯醇晶相的弹性模量比纤维素、聚酯和聚酰胺的晶态弹性模量都要高。20 世纪 60 年代，开发了新型的聚乙烯醇纤维——FWB 纤维。

FWB 的弹性模量很高，20℃时为尼龙的 6 倍，涤纶的 2.4 倍；120℃时可高达尼龙的 7.8 倍，涤纶的 2.7 倍；其强度也呈现这种趋向。FWB 的延伸度比尼龙、涤纶要小得多。FWB 已被用作高速汽车和载重汽车用的轮胎帘子线。

18.5.4.2 维纶纤维的新用途与新品种

除以上各种方法改进聚乙烯醇缩甲醛纤维的性能外，还可利用铁、铜等金属盐与纤维发生聚合作用，提高其耐热水性。通过缩醛化反应引入含氮基团后，可以提高染色性能。另外，改变聚乙烯醇纤维组成与结构可提高其水溶性，可制造高水溶性的纤维以满足军事及医疗方面的需要。

重要的发展主要是提高维纶纤维的强度并开发维纶纤维的新用途。重要的成就有：

① 生产牵切丝。在纺丝过程中，利用牵引力强行拉断丝束，此方法生产的丝束叫做"牵切丝"，强度比正常用切刀切断所得相同支数丝束的强度高约一倍，明显提高了维纶纤维的性能。可以用来生产渔网、海水养殖用网等。

② 利用维纶纤维前体——聚乙烯醇纤维的水溶性作为辅材，生产高质量合成纤维制品。水溶性纤维因其性能独特，作为功能性材料，日益得到人们的重视与发展。在纺织工业中，用途之一是与其他纤维（包括合成的或天然的）进行混纺。制成织物后，用水将水溶性纤维溶解脱除。这种方法在纺织工业得到许多应用，例如与较粗的羊毛混纺经上述处理后，可以得到细羊毛高档纺织品；与超细涤纶纤维、锦纶纤维等混纺加工过程中，可防止超细纤维断裂，经以上处理后，可以得到高档超细纤维织物。

③ 利用维纶纤维作为水泥的增强材料生产耐压管道和板材等。

18.6 其他合成纤维

随着高分子科技的发展，合成纤维的新品种不断涌现，现在已有聚烯烃、含氯、含氟、聚芳酰胺、芳杂环系列纤维等。这些合成纤维可分为两大类：一类是民用纤维，用于民用衣着和一般工农业使用；另一类是特种纤维，用于宇航、军工等高科技领域，或作为耐高温、耐辐射和高强度等特种用途的材料。

18.6.1 民用合成纤维

18.6.1.1 含氯纤维

以氯乙烯为主要组分的合成纤维称为含氯纤维，其中最重要的是聚氯乙烯纤维，其次为偏氯乙烯（共聚物）纤维等。

（1）聚氯乙烯纤维

这种合成纤维的商品名为氯纶，由单体氯乙烯在自由基引发剂引发下，经悬浮聚合法合成。成纤用的聚氯乙烯聚合度在 1000～1500 之间，平均分子量为 62500～93800，可用干法或湿法纺丝，产品以短纤维为主，也可用挤压纺丝法制得鬃丝。

聚氯乙烯纤维的特点是保暖性优于棉花及羊毛，耐无机试剂，难燃，吸湿性小，电绝缘性强。缺点是耐热性差，耐有机溶剂差，染色性差。

聚氯乙烯短纤维可用作针织内衣、毯子及毛绒等；制得的鬃丝可用作窗纱、绳子、渔网及日常生活用品，还可制成滤布、工作服及绝缘布等用于工业领域。

（2）偏氯乙烯纤维

以偏氯乙烯为主要组分的共聚物纺成的纤维称为偏氯纶。纯偏氯乙烯的均聚物热稳定性和溶解性差，无实用价值。早期使用的是偏氯乙烯-氯乙烯二元共聚物。现在生产的是偏氯乙烯-氯乙烯-丙烯腈三元共聚物（组成为 0.85：0.13：0.2），共聚物的分子量为 20000 左右。

偏氯乙烯纤维密度大，坚实，耐酸碱及耐气候性良好，不燃、不霉、不虫蛀，耐热性比聚氯乙烯纤维好。但此纤维不宜作衣料，一般用来生产鬃丝，可作渔网、滤布、防火帘、窗纱及刷子等。

另外，还有经聚氯乙烯氯化使含氯量达 63%～65% 的过氯乙烯纤维，氯乙烯-醋酸乙烯共聚物（氯醋纶）和低温聚合（−30℃）聚氯乙烯纤维等。

18.6.1.2 聚烯烃纤维

聚烯烃纤维是聚丙烯纤维和聚乙烯纤维的总称，由于原料价廉易得，聚合和纺丝工艺简单，制得的纤维价格低廉又具有一定的特性，它们的生产量日益增长。

（1）聚丙烯纤维

用作纤维用的聚丙烯是等规结构，具有较高的结晶度。聚丙烯纤维的成纤方法有熔体纺丝法和膜裂纺丝法两种。

① 熔体纺丝法　将聚丙烯熔化后纺成长丝纤维或短纤维，此法和聚酯纤维、聚酰胺纤维制造的方法相同。

② 膜裂纺丝法　将聚丙烯利用挤出或吹塑方法得到薄膜，再经割裂和拉伸，制得细度为 500～1000D 的扁丝；或者将薄膜先拉伸再撕裂，得到一定网状结构的纤维网状物或连续长丝。膜裂纺丝法是一种特殊的成纤方法。

聚丙烯纤维的最大特点是质轻、强度高，耐腐蚀性和耐磨性好，绝缘性和保暖性也较好。缺点是耐光性差，染色性、耐热性和吸湿性较差。

聚丙烯纤维可与棉、毛或其他合或纤维混纺做成衣料，主要用于绳索、滤布、工作服及工业用填充材料。

聚丙烯膜裂纤维是采用工序简单、消耗定额低、产量高的膜裂纺丝法制得，性能与熔体纺丝法得到的纤维差异很小，但纤维较粗，用途仅限于包装缝线、绳索、过滤布及包装袋等。

（2）聚乙烯纤维

高压法聚乙烯用作纤维时，其强度、耐热性和耐磨性较差，不能用作纺织纤维，仅可用来生产鬃丝。低压法聚乙烯具有线型结构，密度和结晶度均较高，可以制成强度较高的纤维。

聚乙烯纤维主要用于生产鬃丝。高压法聚乙烯纤维可制造工业用薄膜、电绝缘材料和耐酸、耐碱的织物。低压法聚乙烯纤维的耐寒性好，在−100℃也不发脆，耐热性为80℃左右，常用于工业耐酸碱织物、绳索及寒冷地区的装备。一些民用纤维性能比较见表18-10。

表18-10　民用纤维性能比较

性能	腈纶	改性腈纶	尼龙66	涤纶	聚烯烃	棉花	羊毛
相对密度	1.14~1.19	1.28~1.37	1.14	1.38	0.90~2.0	1.54	1.28~1.32
拉伸强度/（N/tex）							
干燥	0.09~0.33	0.13~0.25	0.26~0.64	0.31~0.53	0.31~0.40	0.18~0.44	0.09~0.15
潮湿	0.14~0.24	0.11~0.23	0.22~0.54	0.31~0.53	0.31~0.40	0.21~0.53	0.07~0.14
断裂伸长率/%							
干燥	35~55	45~60	16~75	18~60	30~150	<10	25~35
潮湿	40~60	45~65	18~78	15~60	30~150	24~50	无数据
平均模量/（N/tex）							
干燥	0.44~0.62	0.34	0.88~0.40	0.62~2.75	1.8~2.65	无数据	无数据
回弹性/%							
2%拉伸	99	99~100	无数据	67~86	无数据	74	99
10%拉伸	无数据	95	99	57~74	96	无数据	无数据
20%拉伸	无数据	无数据	无数据	无数据	无数据	无数据	65
电阻率	高	高	很高	高	高	低	低
形成静电	中等	中等	很高	高	高	低	低
火焰	中等	低	自熄	中等	中等	360℃燃	自熄
氧指数	0.18	0.27	0.20	0.21		0.18	0.25
碳化/熔融	熔融	熔融	熔融滴落	熔融滴落	熔融	碳化	碳化
耐日光性	优异	优异	差,加稳定剂	良	差,加稳定剂	中等,降解	中等,降解
耐化学腐蚀性	优异	优异	良	良	优异	不耐酸	不耐碱、氧化剂、还原剂
耐摩擦性	中等	中等	很好	很好	优异	中等	中等
折射指数	0.1	无数据	0.6	0.16	无数据	无数据	0.01
标准回潮率/%	1.4~2.5	1.5~3.5	4~5	0.1~0.2	0	7~8	13~15

18.6.2　弹性纤维

弹性纤维是受力作用后具有高伸长率、低模量、良好的拉伸恢复能力的纤维。这一类纤维可由天然橡胶或合成橡胶加工制得。现在还发展了由无弹性的合成纤维经机械加工或复合制得的弹性纤维。

18.6.2.1　氨纶纤维

另一种生产弹性纤维的方法是用分子量较高的端基为二元醇的聚醚或聚酯与二元异氰酸酯直接合成可加工为弹性纤维的聚氨酯，此纤维工业上称为"氨纶"，国外商品多称为"莱卡"。

制造氨纶纤维的聚氨酯由较长的柔性链段和较短的硬性链段组成。柔性链段是分子量为1000～4000的聚醚或聚酯，也可为己内酯开环得到的聚羟基己酯，但它们的两个端基应为羟基。羟基与二元异氰酸酯反应，HO—与O—C—N—基团数之比为1∶(1.4～2.5)，反应后生成端基为O—C—N—的预聚物，然后与作为扩链剂的二元醇或二元胺反应制得聚氨酯，为了控制产品的分子量，可加入适量一元醇或一元胺。反应生成的氨基甲酸酯基团之间链段呈刚性，组成了聚氨酯大分子刚性链段，这些链段之间相互作用力强，聚集形成交汇点。当较长的柔段与硬段配合恰当时，所得纤维表现为弹性纤维。它们的化学反应已在"逐步加成聚合物生产工艺"章节内介绍。如果扩链反应在溶液中进行，可直接进行湿法纺丝，或经溶液干法纺丝制取纤维。氨纶弹性纤维生产流程见图18-15。

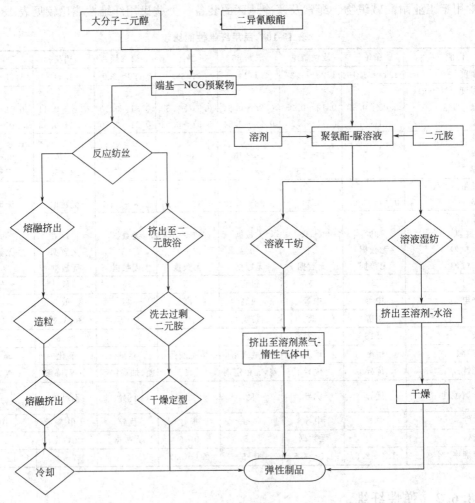

图 18-15 氨纶纤维生产流程

18.6.2.2 氨纶弹性纤维性能与用途

氨纶纤维熔点一般为 250℃，玻璃化温度为 190℃，具有高弹性，伸长率达 600%～700%，弹性与耐老化性优于橡胶类弹性纤维，回复性略差。主要用来织造松紧带、紧身内衣、游泳衣和服装面料等。

18.6.3 特种合成纤维

由于科技的飞速发展，大量的耐高温及高强度的纤维材料开始用于宇航、航空及军工等方面。特种合成纤维有无机纤维（如氮化硼纤维）和新型的耐高温纤维，如氟纤维、聚芳酰胺纤维、聚苯并咪唑等芳杂环结构的纤维。

表 18-11 中列出一些特种合成纤维的典型品种。另有一些未列入表中的特种纤维如碳纤维、聚芳酯纤维、超高分子量聚乙烯纤维和陶瓷纤维等。碳纤维是一种高模量的无机纤维，在 20 世纪 60 年代中期开始工业化生产，它由聚丙烯腈纤维或黏胶纤维经过特殊的方法碳化而成，这种纤维在隔绝氧气下能在 $1500\sim2000℃$ 的高温中使用（空气中为 $360℃$ 以下），拉伸强度可达 2.9×10^3 MPa，弹性模量达 4×10^5 MPa，常和其他树脂、金属或陶瓷等构成复合材料，用作航天航空、导弹、火箭的组成材料。

表 18-11　几种典型的特种纤维

类型		聚合物		商品名	拉伸强度 /(cN/dtex)	拉伸模量 /(cN/dtex)	T_m 或 T_d /℃
高强度高模量纤维	刚性链	聚芳酰胺 1414		Kevlar	19~23.5	400~830	570
				Twaron	19~23.5	400~830	570
				Technora	24.5	520	500
		聚芳酰胺 1313		Nomex	3.05~5.4	92.5~102	300
		共缩聚聚芳酯		Ekonol	4.1GPa	134GPa	380
				VectranHT	238	529	300
		芳杂环聚合物	PBO[①]	ZylonAS	37	1150	650
				Zylon HM	37	1765	650
				MS	23	1941	530
			PBI[②]	—	2.7	40	538
	柔性链	聚乙烯		DyneemaSK60	26~35	883~1236	145~155
				DyneemaSK71	35~40	1060~1473	
				Spectra 900	22~27	633~812	
				Spectra 1000	30~33.5	515~1289	145~155
				Spectra 2000	33~36	1165~1280	
民用纤维参考		涤纶纤维		—	8	106	265
		尼龙 6 纤维		—	8	35	223

① PBO 为英文名的 poly-*p*-phenylene benzobisoxazole 的缩写，化学名为聚亚苯基苯并二噁唑。

② PBI 为英文名的 polybenzimidazole 的缩写，化学名为聚苯并咪唑。

表 18-11 中，具有刚性链的合成纤维在适当条件下表现出液晶态行为，因而拉伸强度与模量很高。

18.6.3.1　液晶纤维概述

液晶区分为热致性液晶与溶致性液晶两大类。构成工程塑料的聚合物都有一定的强度，能承受热成型温度，常温下为固体，所以用作工程塑料的液晶聚合物都是热致性液晶。

用聚合物制造合成纤维时，要经过熔融纺丝或溶液纺丝过程。热致性液晶聚合物通常要在很高的温度下熔融，而且熔融黏度很高，不易纺丝，所以热致性液晶聚合物大多不适合生产合成纤维。只有熔融黏度或分子量较低的热致性液晶聚合物才可用干法纺丝来生产合成纤维，商品化的液晶纤维"Vectran"即属此类。溶致性液晶聚合物在适当溶剂中形成溶液后，在适当温度下可产生液晶态，可利用此特点进行湿法纺丝生产纤维，因此大多数溶致性液晶聚合物可生产合成纤维，属于此类的液晶纤维有商品"Kevlar"和"Nomex"等。

（1）液晶纤维类别

大分子结构符合形成液晶条件，而且可以纺制成纤维的重要聚合物有如下几种。

① 芳族聚酯　属于此类的液晶纤维商品有美国 Celanese 公司生产的"Vectran"，它是由对羟基苯甲酸与 5-羟基-1-萘酸缩聚而得。

② 芳族聚酰胺　属于此类的液晶纤维商品有"诺曼克斯"（Nomex），化学名称为"聚酰胺 1313"或"芳纶 1313"，主要由间苯二胺与间苯二酸经缩聚合成；商品"凯芙拉（Kevlar）纤维"的化学名称为"聚酰胺 1414"或"芳纶 1414"，主要由对苯二胺与对苯二酸经缩聚合成。

③ 芳杂环聚合物　近年来开发了多种可以纺丝的芳杂环类液晶聚合物，例如聚酰亚胺（PI）、聚苯并咪唑（polybenzimidazole，简称 PBI）、聚-对-亚苯基苯并二噁唑（poly-*p*-phenylene benzobisoxazole，简称 PBO）和聚双苯并咪唑并菲啰啉（BBP）等。

（2）重要的液晶纤维生产工艺

① 芳族聚酯与芳族聚酰胺　此两类液晶聚合物的合成方法已在有关章节内介绍。

② 芳杂环聚合物　此类聚合物种类较多，PBO 与 PBI 的合成反应如下。

a. PBO 的合成反应　1,2,3-三氯苯经硝化反应制得 4,6-二硝基-1,2,3-三氯苯，经水解、加氢、脱氯等反应后制得 1,3-二羟基-4,6-二氨基苯，与对苯二甲酸在低于 95℃ 的多聚磷酸中进行第一步缩聚反应，制得 PBO 低聚物，加热至 180℃ 进行第二阶段缩聚反应，即得 PBO 产品。

b. PBI 合成反应　以芳族四胺（均苯四胺、两个二氨基苯直接相连或通过简单基团-X-连接形成的四胺单体）与二元芳酸（或酯）在高温下进行熔融缩聚反应，生成可熔可溶的聚氨基酰胺。此时可进行溶液纺丝、涂布等加工操作，然后通过脱水环化反应生成咪唑环聚合物。在 400℃ 高温下完全固化后，聚合物不溶不熔。典型的聚合物由 3,3′-二氨基联苯和间苯二甲酸二苯酯缩合而成，其纤维称为 PBI 纤维。

（3）纺丝及后处理

熔融黏度较低的液晶聚合物可以用干法纺丝。离开喷丝口的熔丝在空气中虽被冷却，但达不到拉伸取向要求，因此必须送入适当的凝固液体中。熔丝在空气中被拉伸，使液晶相部分取向，然后在凝固液中进一步冷却，同时受外力拉伸，使液晶取向定形。液晶聚合物不溶于烃类、卤代烃以及芳烃等溶剂，必须使用浓硫酸、多聚磷酸等强酸和强极性溶剂。充分清洗纤维，干燥后即得商品纤维。具体描绘见图 18-16。

（4）液晶纤维性能与用途

① 性能　生产纤维的液晶聚合物多数是溶致型液晶，少数是热致型液晶。由于液晶纤维的大分子在轴向高度紧密排列（见图 18-17），强度和模量很高。全芳香族结构的液晶纤维还表现出高熔点和高分解温度。

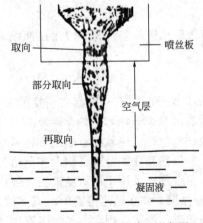

图 18-16　液晶聚合物纺丝形象图

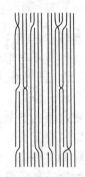

图 18-17　液晶纤维空间排列示意
（以聚酰胺 1414 为代表）

② 用途　液晶纤维具有优异的耐高温性，强度高，绝缘性优异，主要用于宇航、航空以及电子计算机等高技术领域。作为耐高温难燃材料，可用于航天器材、消防服装和器材等；作为耐高温绝缘材料可用于绝缘器材和制作复合材料等。

18.6.3.2　芳族聚酰胺液晶纤维

芳族聚酰胺液晶纤维主要有三类：

① 由1,4-二元氨基苯与对苯二甲酸（酯）缩聚得到的聚芳酰胺1414；

② 由1,3-二元氨基苯与间苯二甲酸（酯）缩聚得到的聚芳酰胺1313；

③ 为了改进聚芳酰胺，特别是聚芳酰胺1414黏度过高的缺点，在合成原料中加入适量的二苯醚衍生物、1,3-苯二胺或1,3-苯二甲酸，使合成的大分子轴线有所偏转，如下所示。

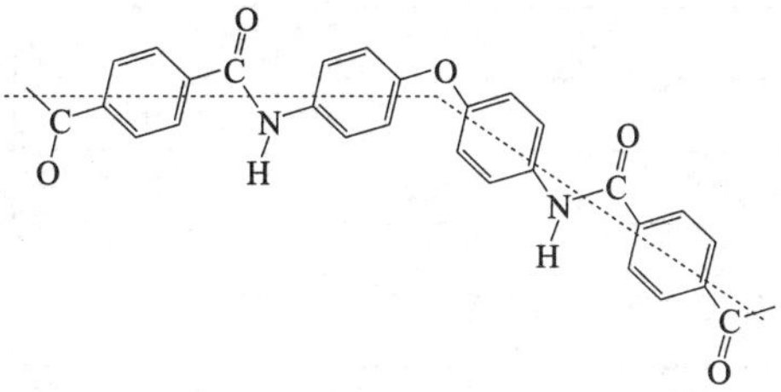

新型共缩聚的聚芳酰胺产品有以下几种。

（1）Kevlar 纤维

Kevlar 纤维由聚酰胺1414制得，密度仅为钢材的1/5，比强度却为钢材的5倍。Kevlar 纤维制品能在196～204℃范围内长期正常使用，性能稳定，不会熔化和燃烧，500℃开始碳化。聚酰胺1414结构式如下：

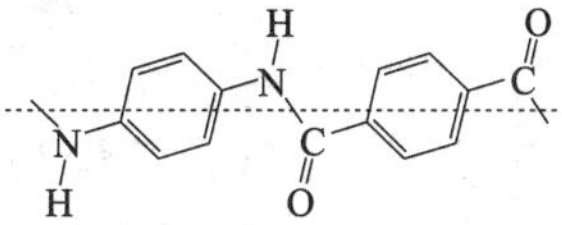

它的力学性能见表18-12。由表18-12可知，两种牌号的 Kevlar 纤维的坚韧性和模量远高于尼龙与涤纶纤维。

表18-12　Kevlar 纤维的力学性能

种类	密度/(g/cm³)	拉伸强度/GPa	拉伸模量/GPa	伸长率/%	LOI
Kevlar29	1.44	2.9	71.8	3.6	29
Kevlar49	1.45	2.8	199	2.4	29
Kevlar119	1.44	3.1	54.7	4.4	29
Kevlar129	1.44	3.4	96.6	3.3	29
Kevlar149	1.47	2.3	144	1.5	29
Twaron 标准型	1.44	2.8	80	3.3	29
Twaron 高模量型	1.45	2.8	125	2.0	29
Technora	1.39	3.4	72	4.6	25

注：Twaron 和 Technora 为其他工厂出品的与 Kevlar 化学组成相同的合成纤维。

（2）Nomex 纤维

Nomex 纤维的耐热性能优良，比 Kevlar 容易纺丝，可用干法纺丝、湿法纺丝或干湿法纺丝。产品在200℃以下使用2000h后，强度仍保持90%以上。Nomex 纤维耐辐射性优良，遇火时不燃烧、不熔滴，有优异的防火效果。在900～1500℃高温闪燃下，聚酰胺1313布面会迅速碳化并增厚，形成独特的绝热屏障，保护穿着者逃生。Nomex 广泛用于石化企业的防火工作服。Nomex 高温下强度保持率见表18-13。Nomex 的力学性能见表18-14。

表 18-13　Nomex 长时间暴露于高温下强度保持率

温度/℃	177	218	260	260	300	304
暴露时间/h	3000	2900	1000	2200	1000	280
断裂强度保持率/%	90	70	65	45	60	50

表 18-14　Nomex 纤维的力学性能

产品型号	430		450	455/462	N301
纤度/den	1200/600	1600/600	1.5dpf	1.5dpf	1.5dpf
密度/(g/cm³)	1.38	1.38	1.37		
回潮率/%	4.0	4.0	8.2	8.3	8.3
强力/(cN/dtex)	5.4	5.3	3.15	2.83	3.05
断裂伸长/%	30.5	31.0	22	21	19
初始模量/(cN/dtex)	102	92.5	—	—	—
勾结强度/(cN/dtex)	4.46	4.25			

　　芳香族聚酰胺纤维除均聚物聚酰胺 1414 和聚酰胺 1313 外，还有许多改性共缩聚物，主要作为耐高温材料用于耐高温不燃防护服，耐高温绝缘材料如绝缘纸和蜂窝材料的夹层、面板等；也可用于耐高温过滤材料、耐高温增强材料等。将芳香族聚酰胺纺丝制得的纤维切断后，可一步加工为絮状纤维浆粕，也可经溶液沉析法制成浆粕。纤维浆粕可用来制造耐高温绝缘用纸、耐高温绝热填充料或石棉代用品等。

18.6.3.3　聚芳酯液晶纤维

　　可合成纤维的液晶聚芳酯中，对羟基苯甲酸自缩聚物的分子结构最为简单。除芳环外，大分子链上只有酯基，极性低于酰胺基，所以聚芳酯的刚性低于聚芳酰胺，但熔点仍高达600℃以上，同时又不溶于强酸等强极性溶剂，难以进行纺丝，只能像陶瓷一样进行烧结成型，耐热性能虽好，但难以推广应用。

　　为了顺利地进行熔融纺丝，聚合物的熔点与分解温度须有较大的差距。要得到高质量的产品，熔融黏度不能过高，否则造成纤维内部产生空隙，降低聚芳酯熔点可以降低其熔融黏度。降低聚芳酯熔点主要通过降低大分子之间形成结晶段的能力，可用较大的萘环取代主链上的一部分苯环，或在主链上引入间位二元酸（或酚）或二苯醚衍生物以破坏大分子的纯直线性，也可采用苯环上有适当取代基团的单体等。

　　聚芳酯的主要特点是熔融后形成向列型液晶态，属于热致性液晶。表 18-15 列出能够形成液晶性聚芳酯的单体。

表 18-15　形成液晶性聚芳酯的单体

芳香族二元酚	芳香族二羧酸	芳香族羟基羧酸

芳香族二元酚 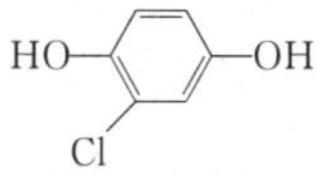 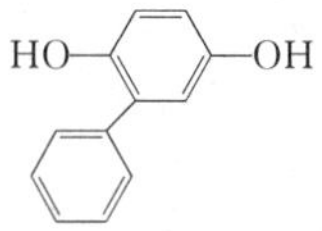 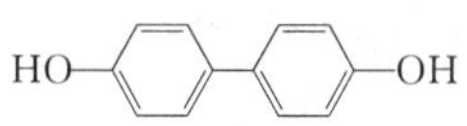 	芳香族二羧酸 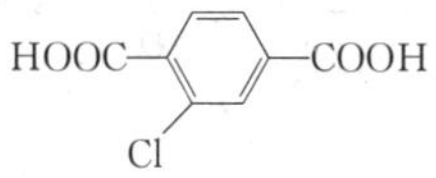 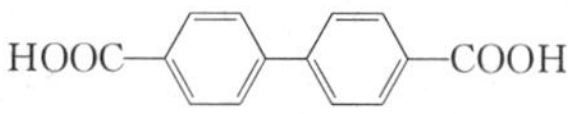 	芳香族羟基羧酸

由表 18-15 可知，可生成液晶态的聚芳酯品种很多，重要的液晶聚芳酯品种有以下几种。

（1）聚对羟基苯甲酸（PHBA）

PHBA 是结构最简单的聚芳酯，由对乙酰氧基苯甲酸（ABA）熔融缩聚制得。PHBA 熔点高，在 610℃ 左右，高于热分解温度。PHBA 分子结构刚性太强，不溶于强酸之类的溶剂，难以纺丝，作为纤维没有使用价值。但 PHBA 在一定的条件下，可通过缩聚形成晶须状的结晶体：

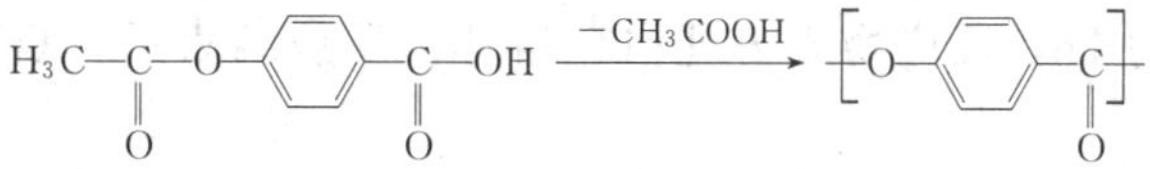

（2）X-7G

X-7G 是由低分子量涤纶树脂与乙酰氧基苯甲酸缩聚得到的嵌段聚芳酯，反应如下：

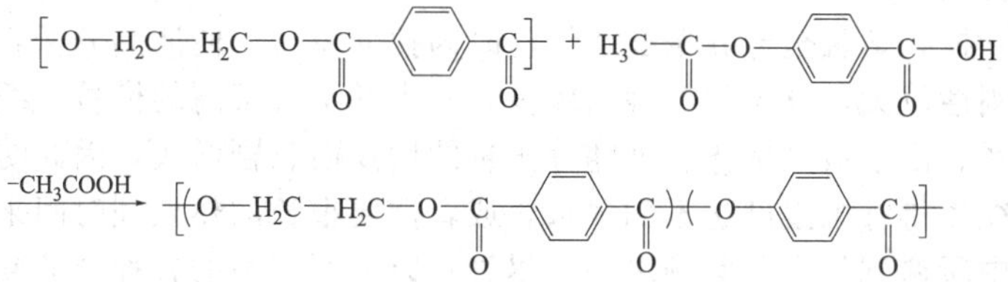

（3）Ekonol

用对羟基苯甲酸（ABA）、联苯二酚（ABP）、对苯二甲酸（TA）、间苯二甲酸（IA）进行四元共缩聚，得到的共聚物商品名称为 Ekonol，其组成比 ABA：ABP：TA：IA 为 10：5：4：1。少量的间苯二甲酸能够改进共缩聚聚酯的加工性能。

Ekonol 纤维是高性能的全芳香族聚酯纤维，具有高强度、高模量、耐蠕变、尺寸稳定性好、极低的吸湿率和耐化学腐蚀性。在 200℃ 干热和 100℃ 的湿热条件下，收缩率为 0。

Ekonol 纤维有长丝、短纤维及湿法无纺布等品种，可作为增强纤维材料，在光缆、特种电线中起支撑保护作用；可与橡胶复合，制造耐高压软管、传送带、耐磨密封件及汽车用橡胶部件等；也可与树脂复合，作为超薄型印刷电路的基板。

（4）PHQT

美国杜邦公司采用 2-苯基-1,4-二乙酰氧基苯与对苯二甲酸共聚，生成带有侧基的共聚酯 PHQT：

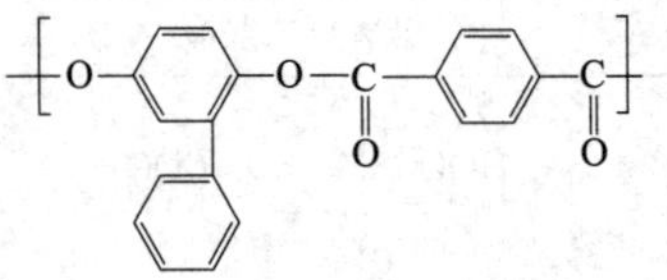

也可用萘二甲酸代替对苯二甲酸进行共聚，得到：

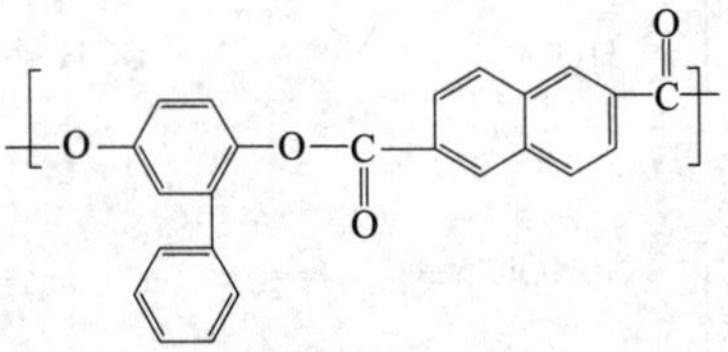

主链上引入取代苯基或萘基等大体积的侧基后，熔点有较大程度的下降，得到的纤维性能良好。

（5）Vectran

Vectran 为赫斯特-赛拉尼斯公司开发的聚芳酯。通过在主链上引入萘基，降低聚合物分子的致密程度，从而使熔点下降。含萘单体为 6-烃基-2-萘酸（HNA）。聚芳酯的熔点取决于分子链上对羟基苯甲酸（HBA）与 HNA 的摩尔比，通常为 70/30。

在 Vectran 的合成中，先将两种原料单体分子中的烃基用乙酸乙酰化，分别得到乙酰基苯甲酸 ABA 和 6-乙酰基-9-萘甲酸 ANA。ABA 及 ANA 在酯交换催化剂醋酸钾存在下，于 200～250℃进行反应，反应物为略带颜色的透明溶液，然后在惰性气体保护下升温至 250～280℃，快速搅拌以蒸发反应所生成的醋酸。随着反应的进行，反应物逐渐成为浑浊的聚合物悬浮液，即产生了液晶相。升温到 320～340℃后，逐步减压进行缩聚。最终在 13.3～26.6kPa 压力下保压约 1h，反应物成为乳白色熔体。反应结束后，挤出、切粒即得到可用于纺丝的粒料。

聚芳酯的缩聚可用路易斯酸作为催化剂，也可用锡酸二丁酯或钛酸正丁酯等 Sn 系或 Ti 系催化剂。固相缩聚可进一步增大 Vectran 的分子量。

（6）液晶聚芳酯的纺丝

和聚芳酰胺一样，熔融全芳族聚酯在纺丝时因拉伸流动，使液晶分子容易沿纤维轴向取向。聚芳酯分子刚性较大，分子间的缠结较少，初生纤维有很高的模量。纤维强度与聚合物分子量有很大关系。由于液晶熔体黏度随分子量的增高而急剧增大，因此纺丝时分子量不能太高，但这样往往使得纤维强度达不到要求，或者需要很长的热处理时间来提高强度，这是熔融型液晶纺丝中所遇到的主要问题之一。尽管对以上所列举的各种全芳族聚酯都进行过纺丝研究，但只有赫斯特-赛拉尼斯生产的 Vectran 获得商业化成功。

熔融液晶的纺丝过程与普通 PET 熔融纺丝无大差别。聚合好的共聚酯熔体可以直接进入纺丝机，也可制成切片，经过处理后再熔融挤出纺丝。一般纺丝速度在 100～2000m/min，喷丝头拉伸倍数大于 10，有较大的流动伸长变形。挤出过程中，熔体温度比熔点稍高一些，但低于分解温度，以避免聚合物受热分解。大多数芳香族聚酯的纺丝温度控制在 275～375℃，此时熔体为热致性液晶结构。通过喷丝孔时，受到剪切应力作用，大分子很容易沿着纤维轴向取向。在热松弛前，纺丝细流就冷却固化成形，分子取向几乎完全保持，使得初生纤维有较高的力学性能。

用分子量较低的聚合物进行熔体纺丝时，工艺条件容易控制，但初生纤维强度较低，要经过长时间的高温热处理，以达到类似于固相缩聚反应的效果，使纤维的分子量进一步提高，从而提高强度。

用分子量较高的聚合物进行熔体纺丝时，熔体黏度在高温和高剪切速率下仍在熔融纺丝的范围内纺丝，所得初生纤维的强度为 9～18cN/dtex，可用比较短的热处理时间，达到提高纤维强度和模量的目的。

据报道，高分子量共聚酯的结晶熔融热 ΔH 在 10J/g 以下时，也可在纺丝温度稍低于熔点而略微高于凝固点的范围里进行过冷纺丝。在比较低的纺丝速度下卷绕，可避免拉伸共振现象的发生，使纺丝稳定。这样聚合物仅产生轻微的热分解，所得初生纤维强度可高达 13.2cN/dtex 以上，若经短时间的热处理，强度可上升到 26.5cN/dtex 左右。

一般情况下，芳香族聚酯纺丝成形后，不需要延伸工序，这点与 PET 纺丝不同。由于初生纤维的线密度就是最终成品纤维的线密度，为了得到线密度小的纤维，要用细小的喷丝孔径和大的纺丝剪切速率。在大的剪切速率下，熔融黏度较低，有利于纺丝成形。和 PET 纤维相比，芳香族聚酯 HBA/HNA 纤维在喷丝口下 10cm 左右处，急剧变细固化直至卷绕。纤维的大分子取向和结构的形成都在这 10cm 内完成。

热处理是芳香族聚酯纤维成形的关键工序。热处理时，要控制升温速率和丝束的张力，在惰性气氛或减压下，将纤维加热到接近熔点的温度，连续除去生成的小分子副产物，从而增加纤维的分子量和提高纤维的强度。芳香族聚酯纤维经过热处理后，强度有大幅度的提高。热处理提供了分子末端运动的机会，进一步发生固相缩聚，同时使纤维的结晶更加完善，提高了纤维的强度。Vectran 热处理前后纤维的性能比较见表 18-16。

表 18-16　Vectran 热处理前后纤维的性能比较

HBA/HNA	初生纤维		热处理条件		热处理纤维	
	拉伸强度 /(dN/tex)	拉伸模量 /GPa	温度/℃	时间/h	拉伸强度 /(dN/tex)	拉伸模量 /GPa
60：40	2.1	72.4	250	90	2.9	67.3
70：30	1.5	68.7	250	90	2.5	69.9
73：27	—	—	270	0.5	3.7	—

芳香族聚酯纤维制成的织物耐切割性好，是防护服、手套等安全用品的好材料，也是优秀的耐高温、耐腐蚀过滤布。芳香族聚酯纤维具有强度大、不怕潮湿、使用寿命长、质量轻等特点，特别适合编织渔网、养殖业围网、船用绳索等。在体育领域，芳香族聚酯纤维可作为增强材料用于网球拍、头盔、雪橇等器材。

(7) 聚芳酯与 PET 的熔体行为比较

芳香族聚酯是向列型液晶性质，大分子稍受外力就沿着力场取向，所以共聚酯的熔体黏度受剪切力影响比 PET 大得多，黏度受剪切速率的增加而下降，有利于高黏度聚合物的熔融纺丝，分子量越高，纺出的纤维强度越大。但是聚合物的分子量不能太高，否则熔融黏度会急剧上升，使纺丝发生困难，强度反而降低。纤维熔体黏度与剪切速率的关系见图 18-18。PET 纤维与 Vectran 纤维纺丝时，纤维直径与喷丝口距离关系见图 18-19。

18.6.3.4　芳香族杂环纤维

这一类液晶纤维具有以下特点：

① 可以制成芳香族杂环纤维的原料组合很多；

② 目前比较成功的是 PBO 和 PBI 两种芳香族杂环纤维；

③ 这类聚合物具有梯形的分子结构，合成比较复杂；

④ 分子非常僵硬，化学性能稳定。

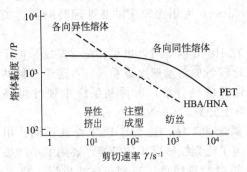

图 18-18 纤维熔体黏度与剪切速率的关系
($1P = 10^{-1} Pa \cdot s$)

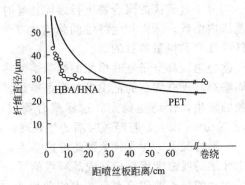

图 18-19 PET 纤维与 Vectran 纤维纺丝时
纤维直径与喷丝口距离关系

（1）PBO 纤维

PBO 的化学名称是聚-对-亚苯基苯并二噁唑（poly-p-phenylene benzobisoxazole），商品名为"Zylon"，分子式结构单元为：

Zylon 纤维性能见表 18-17。Zylon 纤维与钢纤维、Kevlar、Nomex 等纤维性能比较见表 18-18。由表 18-18 可知，Zylon 纤维的拉伸强度超过钢纤维和碳纤维等。PBO 纤维的主要性能与其他纤维性能的比较见图 18-20～图 18-26。PBO 纤维具有优异的性能，是高性能纤维和高性能高分子材料中非常重要的品种。

表 18-17 Zylon 纤维性能

性能	Zylon AS	Zylon HM	性能	Zylon AS	Zylon HM
纤度/den	1.5	1.5	回潮率/%	2.0	0.6
密度/(g/cm³)	1.54	1.56	分解温度/℃	650	650
拉伸强度/(g/d)	42	42	阻燃指数	68	68
/GPa	5.8	5.8	热膨胀系数		-6×10^{-6}
拉伸模量/GPa	180	280	介电常数(100kHz)		3
断裂伸长率/%	3.5	2.5	损耗因数		0.001

表 18-18 Zylon 与钢纤维、Kevlar、Nomex 等纤维性能比较

纤维种类	拉伸强度/GPa	拉伸模量/GPa	伸长率/%	密度/(g/cm³)	回潮率/%	氧指数	耐热性/℃
Zylon	5.8	280	2.5	1.56	0.6	68	650
Kevlar 43	2.8	109	2.4	1.45	4.5	29	550
Nomex	0.65	17	22	1.38	4.5	29	400
钢纤维	2.8	200	1.4	7.8	0	—	—
碳纤维	3.5	230	1.5	1.76	—	—	—
高强度聚乙烯	3.5	110	3.5	0.97	0	16.5	150
PBI-纤维	0.4	5.6	30	1.4	15	41	550
涤纶纤维	1.1	15	25	1.38	0.4	17	260

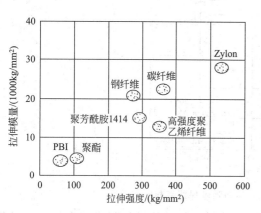

图 18-20　各种纤维拉伸强度与
模量比较（单位：kg/mm²）

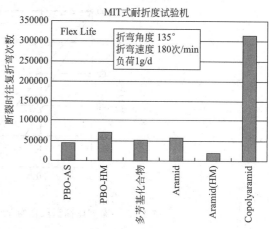

图 18-21　揉曲断裂试验结果

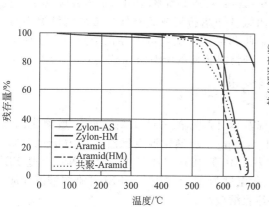

图 18-22　某些耐高温聚合物热失重（在空气中）

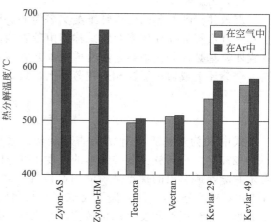

图 18-23　某些耐高温聚合物热分解温度

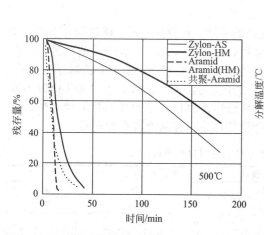

图 18-24　某些耐高温聚合物 500℃受热残存量

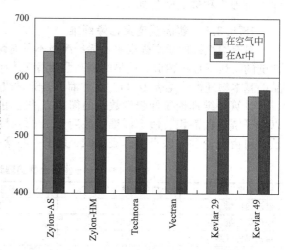

图 18-25　某些耐高温聚合物分解温度

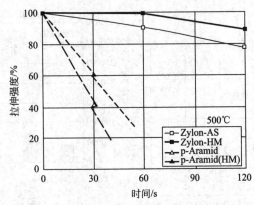

图 18-26　某些耐高温聚合物 500℃拉伸强度保留率与时间关系

PBO 不仅用来生产合成纤维，还可生产高性能薄膜、与其他材料制成复合材料。可用于弹道导弹和高端军用复合材料的增强材料、光纤与光缆保护用膜材料、高档绝缘器材、耐高温防护材料、耐高温过滤材料等。

（2）PBI 纤维

聚苯并咪唑纺制的合成纤维英文名为 polybenzimidazole，简称 PBI。聚苯并咪唑是一类主链含有重复咪唑环的聚合物总称，由芳香族四氨基和脂肪族或芳香族二羧酸酯缩聚而得。芳族四氨基必须分为两组才能合成聚苯并咪唑，此两组二元氨基可以存在于同一个苯环上、同一个萘环上或通过短链相连在芳环上，最后一种情况合成的 PBI 分子式为：

式中 R 为烷基链，Ar 为芳香环结构。聚烷基苯并咪唑的密度 $1.2g/cm^3$，玻璃化温度 234～275℃；全芳族聚苯并咪唑的密度 $1.3～1.4g/cm^3$，玻璃化温度比前者高 100～250℃。聚苯并咪唑最突出的优点是瞬间耐高温性，烷基 PBI 在 465～475℃才完全分解，芳基 PBI 在 538℃尚不分解，900℃失重仅 30%，长期使用温度为 300～370℃。PBI 纤维耐酸碱介质、耐火焰、有自灭性和良好的机械和电绝缘性，热收缩极小。

PBI 纤维能耐 850℃高温，寿命比石棉长 2～9 倍，可用于航天航空和危险工种的防护服装，可用于太空窗密封和制造石墨纤维。PBI 树脂具有良好的黏结与密封能力，可用于金属件密封加工和玻璃密封加工。

18.6.3.5　超高强度聚乙烯纤维

具有柔性链的超高强度聚乙烯纤维虽不具有耐高温特性，但拉伸强度、模量却与上述有刚性链的耐热聚合物相似。最早的超高强度聚乙烯商品名为"Dyneema"，此牌号的两种纤维商品的基本物理性能见表 18-11。这种商品是通过改进纺丝工艺得到的超高强度聚乙烯纤维。

计算纤维理论拉伸强度数值的简单方法是用大分子主链中 C—C 原子之间的共价键力除以分子链横截面积。假定纤维结晶度为 100%时的结晶弹性模量即是弹性模量的最大值，此数值可由理论和实验求出。表 18-19 列出一些聚合物的理论拉伸强度与弹性模量。

表 18-19　一些聚合物的理论拉伸强度与弹性模量

聚合物	理论拉伸强度/GPa	结晶弹性模量/GPa	结晶密度/(g/cm³)	熔点/℃
聚乙烯纤维	32	240	101	141
聚丙烯纤维	18	34	0.94	176
聚乙烯醇纤维	27	255	1.35	244
尼龙 6 纤维	32	142	1.23	220
涤纶纤维	28	125	1.52	265

由表 18-19 可知，聚乙烯理论强度为 32GPa。由表 18-18 可知，高强聚乙烯当前最高值仅 3.5GPa，已比一般聚乙烯纤维大为提高。一般合成纤维的实际强度远低于理论值，原因在于绝大部分大分子链绕曲成团，即使有部分伸展，也难成直线。在纺丝过程中使大分子链尽可能伸展，是提高聚乙烯合成纤维强度的关键。生产超高强度聚乙烯纤维时，要使聚乙烯具有足够的分子量，通常应当超过 80 万，最好超过 100 万；同时必须采用特殊的纺丝设备与纺丝工艺。纺丝时，将分子量 80 万以上的聚乙烯树脂熔融物从喷丝孔挤出后，在惰性气体中稍加冷却后进入冷却浴中使熔融物凝胶化，同时进行张力拉伸，拉伸后进入烘炉中进行干燥、缠绕，得到超高强聚乙烯纤维。

超高强聚乙烯纤维的耐磨性与耐弯曲疲劳性和尼龙相仿，耐摩擦性优良，耐光性优良，碳弧光照射 1500h 后强度仍保留 80% 以上；相同条件下，PBO 纤维仅保留 30%。超高强聚乙烯纤维的缺点是耐热性较低，150℃ 以上会熔化。

超高强聚乙烯纤质轻，强度高，用作船舶缆绳可降低燃油用量，可用作海洋捕鱼船用钓鱼线，捕鱼网、水产养殖网以及体育用网、绳等。超高强聚乙烯纤维耐切割性好，可耐化学腐蚀，耐摩擦，制作的防护用制品如防护手套和摩托车防护头盔的弹性好、防冲击性优良；制得的运动鞋重量轻、强度高、舒适；用它的短纤维增强水泥，可大为提高混凝土制件的强度。由于此纤维有负增长的特性，选材适当时可以用作超导线圈支架。超高强聚乙烯纤维的原料价廉、充沛，是非常有发展前景的一种合成纤维。

第三篇

合 成 橡 胶

第 19 章

合成橡胶概论

19.1　合成橡胶与天然橡胶概况

橡胶又称弹性体（Elastomer），受拉力后可延伸至原有长度两倍以上，去除外力后即可迅速复原到原有长度。这两个典型特性是与它们的大分子结构密切相关的。橡胶分天然橡胶与合成橡胶两类，是关系到经济和军事工业的重要物资。

19.1.1　全球天然橡胶与合成橡胶供需现状

天然橡胶主要由巴西橡胶树所割取的橡胶浆加工而得。巴西橡胶树原产于巴西，但现已广泛分布于菲律宾、越南、泰国以及我国海南、广西、云南等地。由于天然橡胶的生产受自然环境和地域条件的限制，20 世纪中期发展了合成橡胶工业。

全球工业的发展，特别是汽车和运输业的迅速增长，极大地促进了橡胶工业的发展。近年来，天然橡胶与合成橡胶的全球产量都稳步增长，详见表19-1。2010 年全世界通用合成橡胶消耗相对量见图19-1。我国已开发了处于世界先进水平的镍系聚丁二烯橡胶（Ni-BR）、丁苯热塑性弹性体（SBS）、溶聚丁苯橡胶（SSBR）等生产技术。

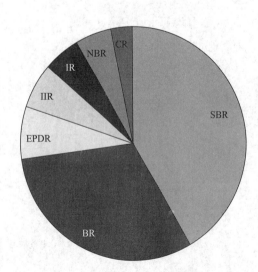

图 19-1　2010 年全世界通用合成橡胶相对消耗量

表 19-1　全世界橡胶近年产量与预测产量　　　　　　　　　　　　　　单位：万吨

项目	2003年	占比/%	2008年	占比/%	2013年(估值)	占比/%	2018年(预测)	占比/%
橡胶总产量	18935	100	21950	100	26900	100	32050	100
天然橡胶产量	8100	42.8	10100	46.0	12450	46.3	14900	46.5
合成橡胶产量	10835	57.2	11850	54.0	13450	53.7	17150	53.5

19.1.2　合成橡胶的命名与分类

19.1.2.1　合成橡胶的命名

合成橡胶一词泛指化学合成的所有具有橡胶特性的物质，品种很多。为了统一命名，我国在"橡胶"名词之前，加上原料单体的简名或其化学类别名称。例如丁二烯与苯乙烯共聚得到的合成橡胶称为"丁苯橡胶"，含硅元素的合成橡胶称为"硅橡胶"。为了化繁为简，国际上还通行用英文缩写，重要的合成橡胶英文缩写、我国名称、原料（包括单体或化学类别）、分子式等见表 19-2。

表 19-2　合成橡胶的分类

类别	合成橡胶名称	通用缩写	结构式
通用橡胶	天然橡胶	NR	$\left(CH_2-C=CH-CH_2\right)_n$，支链 CH_3
	异戊橡胶	IR	$\left(CH_2-C=CH-CH_2\right)_n$，支链 CH_3
	聚丁二烯橡胶（丁钠、顺丁等）	BR	$\left(CH_2-CH=CH-CH_2\right)_n$
	丁苯橡胶	SBR	$\left(H_2C-CH=CH-CH_2\right)_m\left(CH_2-CH\right)_n$，苯环
	丁基橡胶	IIR	$\left(H_2C-\underset{CH_3}{\overset{CH_3}{C}}\right)_m\left(CH_2-C=CH-CH_2\right)_n$
	氯丁橡胶	CR	$\left(CH_2-\overset{Cl}{C}=CH-CH_2\right)_n$
	乙丙橡胶	EPR	$\left(\overset{H_2}{C}-\overset{H_2}{C}\right)_m\left(CH_2-\underset{H}{\overset{CH_3}{C}}\right)_n$
	乙丙三元橡胶	EPDM	乙烯-丙烯-非轭二烯三元共聚物，如 $\left(\overset{H_2}{C}-\overset{H_2}{C}\right)_m\left(CH_2-\underset{H}{\overset{CH_3}{C}}\right)_n(\ldots)_o$，$C-CH_3$

类别	合成橡胶名称	通用缩写	结构式
特种橡胶	丁腈橡胶	NBR	$\left(H_2C{-}CH{=}CH{-}CH_2\right)_m\left(CH_2{-}CH\right)_n$，其中含 $C{\equiv}N$
	硅橡胶		$\left(\!\begin{array}{c}CH_3\\Si{-}O\\CH_3\end{array}\!\right)_n$
	氟橡胶	氟橡胶(例如 23 型氟橡胶)	$\left(\!\begin{array}{c}H_2\ F_2\\C{-}C\end{array}\!\right)_m\left(\!\begin{array}{c}F\\CH_2{-}C\\Cl\end{array}\!\right)_n$
	聚硫橡胶		$\left(\!\begin{array}{c}S\ S\\R{-}S{-}S\end{array}\!\right)_n$，R 为亚乙基或其衍生物
	聚氨酯橡胶	AU 聚酯型聚氨酯橡胶;EU 聚醚型聚氨酯橡胶	聚酯或聚醚与异氰酸酯反应而成
	丙烯酸酯橡胶	AR	$\left(\!\begin{array}{c}CH_2{-}CH\\COOR\end{array}\!\right)_n$
	聚氯醇橡胶	CHR	$\left(\!\begin{array}{c}CH_2{-}CH{-}O\\CH_2Cl\end{array}\!\right)_n$

19.1.2.2 合成橡胶的分类

合成橡胶的品种很多。若按合成橡胶大分子主链的化学组成可分为碳链和杂链两大类。若按原料单体的名称来分，则有丁苯、丁腈、聚硫和聚异戊二烯等。最常见的是按合成橡胶的性能与用途分为下列两大类。

（1）通用橡胶

凡是性能与天然橡胶相近，物理机械性能与加工性能较好，能广泛用作轮胎和其他一般橡胶制品的统称为通用橡胶，如丁苯橡胶、顺丁橡胶及氯丁橡胶等。

（2）特种橡胶

凡是具有特殊性能，专门用作耐热、耐寒、耐溶剂、耐辐射、耐化学腐蚀等特殊用途的橡胶制品统称为特种橡胶，如丙烯酸酯橡胶、硅橡胶及氟橡胶等。

表 19-2 中列入一些合成橡胶的名称、通用缩写与结构式。但通用橡胶与特种橡胶分类范围是相对的，随着合成橡胶工业的发展和科技的发展，在一定条件下某一种合成橡胶的归属是可以转换的。氯丁橡胶、丁基橡胶等在橡胶发展初期是特种橡胶，现在则属于通用橡胶。

19.1.3 合成橡胶的主要品种

合成橡胶的品种很多，应用领域很广。从产量来看，通用橡胶占绝对优势，但特种橡胶在其应用领域也有不可取代的地位。硅橡胶、聚硫橡胶在日常生活中可用作常温固化密封材料，也可和氟橡胶等一起用于高科技领域。

当前产量最大的通用橡胶是丁苯橡胶，其次为聚丁二烯橡胶、乙丙橡胶、丁基橡胶、异戊二烯橡胶、丁腈橡胶与氯丁橡胶，具体见图 19-1。此外，SBS 热塑性弹性体（苯乙烯-丁二烯嵌段共聚物）作为后起之秀，产量增长十分迅速，由于它属于新兴的热塑性橡胶，未统计在内。

19.2 合成橡胶生产工艺特点

合成橡胶与合成树脂都是高聚物，它们的合成方法与工艺条件基本相同。合成橡胶生产中，最常采用的聚合方法是乳液聚合，其次是溶液聚合（包括淤浆聚合），本体聚合不适宜用于合成橡胶的生产（除了丁钠橡胶），所以很少采用。

合成橡胶典型的工艺过程可分为单体准备与精制、反应介质和辅助剂等的准备、聚合、单体和溶剂的回收、橡胶的分离、洗胶、脱水和干燥、成型和包装等步骤。现就合成橡胶乳液聚合法与溶液聚合法予以介绍。

19.2.1 合成橡胶生产简述

丁苯橡胶与氯丁橡胶主要采用乳液聚合法进行生产。丁苯橡胶又区分为冷聚合法与热聚合法两种。丁苯橡胶与氯丁橡胶乳液聚合法配方及聚合工艺见表 19-3。BR、EPDM、IIR、IR、NBR 主要采用溶液聚合法。除丁基橡胶为阳离子聚合外，其他品种皆为配位聚合，用多釜串联连续操作生产，差别主要在于单体种类与配位催化剂的不同。

表 19-3 乳液聚合法生产合成橡胶

	项目	丁苯橡胶		氯丁橡胶
		冷聚合法	热聚合法	
配方	单体			
	苯乙烯	30	25	
	丁二烯	70	75	
	2-氯丁二烯			100
	水(反应介质)	200	180	150
	乳化剂	5	5	3～5
	NaOH	—	—	0.6～0.8
	分散剂	—	—	0.7～0.9
	引发剂体系			
	蓋烷过氧化氢	0.08		
	$FeSO_4$	0.05		
	雕白粉	0.15	0.01	
	EDTA	0.35		
	$Na_2P_2O_7 \cdot 10H_2O$	0.08		
	过硫酸钾		0.3	0.2～1.0
	分子量调节剂			
	叔十烷基硫醇	0.2		0.5～0.7
	十二烷基硫醇		0.8	
聚合工艺	主要聚合方式	多釜连续式	多釜连续式	单釜间歇式
	聚合温度/℃	5	50	40～42
	单体转化率/%	60	70	89～90
	聚合时间/h	7～12	数小时	2～2.5
后处理	包括加入终止剂和助剂、凝聚、剩余单体脱除及回收、挤压脱水、干燥、称重、包装等工序			

顺丁橡胶是用溶液聚合进行生产的，居橡胶产量第二位。丁二烯在某些催化剂作用下，经离子聚合或配位聚合机理合成聚丁二烯。聚丁二烯有多种立体异构体，大分子的每一个单体链节发生 1,4-加成时会生成一个双链，因此产生顺式-1,4 和反式-1,4 几何异构体；如果单体发生 1,2-加成，则产生主链为单键、侧链有双键的结构，相当于 α-取代基的大分子，

因而可产生全同、间同和无规三种聚 1,2-丁二烯。聚丁二烯的异构体具有不同的物理和力学性能。丁二烯聚合所用的催化剂种类与组成，决定了聚丁二烯异构体的组成和含量。因此催化剂的种类选择、配比、陈化时间等因素对产品性能将产生决定性影响。生产最多的是高顺式 1,4-聚丁二烯橡胶，简称"顺丁橡胶"。以镍系催化剂为例，生产顺丁橡胶的配方与聚合条件见表 19-4。

表 19-4   镍系催化剂生产顺丁橡胶工艺

配方	单体	丁二烯
	单体浓度	$12 \sim 15 g/mL$
	溶剂	溶剂油（或甲苯、苯、己烷等）
	催化剂	镍/丁 $\leqslant 2.0 \times 10^{-5}$
		硼/丁 $\leqslant 2.0 \times 10^{-4}$
		铝/硼 > 0.25
	助催化剂/主催化剂	醇/铝 6
		铝/镍 $3 \sim 8$
聚合工艺	聚合温度	首釜<95℃，末釜<100℃
	聚合压力	$<0.45 MPa$
	转化率	$>85\%$
	收率	$>95\%$
	每吨胶消耗丁二烯	1.045t
后处理工艺	包括加入终止剂和助剂、凝聚、脱除并回收剩余单体、挤压脱水、干燥、称重、包装等工序	

19.2.2   单体及其他原料的准备与精制

生产合成橡胶所需的单体主要是丁二烯、异戊二烯等共轭二烯烃化合物以及乙烯、苯乙烯等乙烯类化合物。它们多数是由石油、煤及天然气加工后得到的产品。聚合前必须将单体精制以除去杂质，常见的杂质有炔类、二烯烃、环烯烃、醛、醇、含硫化合物及过氧化物等。这些杂质的允许含量取决于工艺方法，一般为 1×10^{-6} 级或更低。凡使催化剂中毒、易产生链转移和链终止反应而影响大分子链增长的杂质，都必须减少到允许含量范围以内。

离子聚合时，原料（包括溶剂、单体等）和设备都必须脱氧和水分，因为氧和水都能与相应的引发剂反应而降低甚至破坏其活性。在合成橡胶生产中，对原料纯度的要求较高。

19.2.3   合成橡胶聚合过程特点

合成橡胶与合成树脂虽同样由单体聚合合成，但合成橡胶的生产过程有不同于合成树脂之处。在合成橡胶聚合反应及后处理过程中，要求做到以下几点：

① 严格控制聚合转化率；

② 合成橡胶在常温下有自动结团的倾向，所以在聚合和后处理过程中要防止物料黏结；

③ 聚合催化剂尤其是配位聚合催化剂的种类、配比以及陈化条件等因素对产品构型、性能等产生重要影响，因此聚合催化剂的选择与配制十分重要。

19.2.3.1   聚合转化率控制

随着聚合转化率的上升，聚合物浓度增加，剩余单体的浓度降低，可发生以下副作用：

① 随着聚合转化率的上升，剩余单体的浓度降低。如果是两种单体共聚，其成分比例会明显不同于聚合初期，继续反应会改变生成的聚合物组成。因而，在达到要求的转化率以后，必须立即投入终止剂以破坏剩余的引发剂，这点对于自由基聚合反应尤为重要。

② 随着聚合转化率上升，聚合物链转移反应的可能性也会上升。支化和交联会产生凝胶，在合成橡胶生产过程中会形成挂胶附着于反应釜壁，影响传热效率；如果附着于搅拌器上，则增加搅拌器功率，甚至堵塞管道等，会影响产品的性能。

③ 转化率越高，剩余单体及引发剂的浓度越低，聚合速度也越来越慢，从而降低了设备的生产能力。

综合上述因素，必须严格控制聚合转化率，对自由基聚合更为重要。用自由基乳液聚合方法生产丁苯橡胶（即乳液聚丁苯橡胶，ESBR）时，转化率控制在 60% 左右；用硫醇调节分子量，自由基乳液聚合方法生产氯丁橡胶（CR）时，转化率控制在 65%～70%；自由基乳液聚合方法生产丁腈橡胶（NBR）时，转化率则为 70%～75%。

采用离子型（包括配位聚合）聚合原理生产合成橡胶时，引发剂有控制大分子结构的能力，所以对聚合转化率无特殊限制。但要防止生成过多支链和交联而产生凝胶，所以要加入分子量调节剂。

19.2.3.2　聚合催化剂的选择

(1) 乳液聚合法

聚合温度的变化不仅影响聚合速度，还影响生成的大分子结构。反应温度升高，支化度也高，从而影响产品性能与质量。聚合温度对 ESBR 的影响十分显著，所以乳液聚合法生产 ESBR 时采用 50℃ 与 5℃ 两种温度，50℃ 聚合称热聚合法，产品称热聚丁苯橡胶；5℃ 聚合称冷聚合法，产品称冷聚丁苯橡胶；目的是获得性能稍有不同的产品以适应各种用途的需要。不同的自由基聚合温度应选用分解温度与半衰期适当的引发剂。热聚合法采用过硫酸钾引发剂；而冷聚合法则采用氧化-还原引发剂体系。

(2) 溶液聚合法

溶液聚合法生产合成橡胶时，催化剂的选择非常重要。配位聚合时不仅有主催化剂，还要有助催化剂，必要时还要添加活化剂。催化剂配制方法、陈化时间等对其活性、效率等都有重要影响。催化剂对二烯烃 1,4-加成聚合物异构体的组成、含量以及产品的性能和质量等都将产生重大影响。催化剂效率还关系到是否要在后处理中将其从聚合物中脱除等，对工艺处理和生产成本都有影响。

1,3-丁二烯经阴离子或配位聚合后，可以得到异构体含量不同的聚丁二烯橡胶。所用催化剂可分为 Ti 系、Co 系、Ni 系、Li 系以及稀土元素的 Nd（钕）系等。丁二烯橡胶顺式异构体含量在 96%～98% 的称为高顺丁橡胶，即工业生产的"顺丁橡胶"；顺式含量在 35%～40% 的称为低顺丁橡胶。Li 系催化剂通过阴离子聚合过程引发丁二烯聚合，所得橡胶微观结构以反式-1,4 为主，顺式-1,4 含量仅为 35%，是低顺丁橡胶。其他四种催化剂主要用来生产高顺式结构的顺丁橡胶。

Ti 系、Co 系、Ni 系、Li 系四种催化剂体系与所得聚丁二烯橡胶异构体组成及产品基本性能见表 19-5。催化剂的金属离子和卤素负离子对聚丁二烯橡胶异构体的影响见表 19-6。

表 19-5　催化剂体系与所得聚丁二烯橡胶异构体组成及产品基本性能

项目	体系	Ti 系	Co 系	Ni 系	Li 系
催化剂	具体催化剂	三烷基铝-四碘化钛-氯化钛	倍半烷基氯化铝-二氯化钴	三异丁基铝-环烷酸镍-三氟化硼-乙醚络合物	丁基锂
微观结构	微观结构含量/%				
	顺式-1,4	94	98	97	35
	反式-1,4	3	1	1	57.5
	1,2-	4	1	2	7.5

项目	体系	Ti 系	Co 系	Ni 系	Li 系
物理性能	T_g/℃	−105	−105	−105	−93
	凝胶含量/%	1~2	1	1	1
	特性黏度	3.0	2.7	2.7	2.6~2.9
	重均分子量×10³	39	37	39	28~35
	分子量分布	窄	较窄	较窄	很窄
	支化	少	较多	较小	很少
	灰分/%	0.17~0.2	0.15	0.10	<0.1
	冷流性	中-大	很小	很小	中~很大
加工性能（辊筒）	包辊性	差	一般	一般	差
	成片性	一般	中等	一般	中等
	自黏性	优良	优良	优良	差

表 19-6　过渡金属卤化物对聚丁二烯橡胶 *cis*-1,4-结构含量的影响　　单位：%

过渡元素	卤素负离子			
	I⁻	Br⁻	Cl⁻	F⁻
钛系	93	87	76	35
钴系	50	91	98	93
镍系	10	80	85	98
钕系	97	97	98	96

由表 19-5 和表 19-6 可知，聚丁二烯橡胶生产过程中，催化剂对产品的性能影响很大。工业上高顺式顺丁橡胶与低顺丁橡胶都各有用途，不能相互取代，因此以丁基锂为催化剂的低顺丁橡胶仍在生产。稀土元素钕催化剂生产的聚丁二烯橡胶中，顺式-1,4 含量高达 98%、反式-1,4 与 1,2-乙烯基异构体各为 1%。

19.2.4　合成橡胶生产的后处理

合成橡胶与合成树脂的差异是合成橡胶的 T_g 低于常温，因此常温下可黏结。无论用乳液聚合还是溶液聚合，合成橡胶与合成树脂的后处理工艺有显著的差别。

合成橡胶的后处理工艺过程包括添加终止剂、回收剩余单体、加入必要的助剂、充油、凝聚、分离、挤压脱水、干燥、称重、包装等工序。

19.2.4.1　添加终止剂

为了保证橡胶产品质量，聚合反应常需中途终止，造成反应物料中有相当多的单体和尚未分解的引发剂。为了防止在回收单体过程中进一步聚合，必须在聚合反应达到要求后立即添加终止剂。常用胺类、醛类、酚类等化合物终止自由基引发聚合；离子型或配位聚合则用醇类作为终止剂。

19.2.4.2　回收剩余单体、添加助剂和充油

（1）乳液聚合法

合成橡胶乳液聚合结束后，通常加入适量终止剂以破坏残留的引发剂，然后进行回收剩余单体的操作。合成橡胶原料单体多为气体或沸点不高的液体，为了防止单体受热时间过长或温度过高而聚合，单体必须迅速回收，多数情况下采用闪蒸法脱除单体气体；沸点高的单体则采用与水共沸或在减压条件下共沸进行脱除。脱除单体后的胶乳中残留的单体浓度通常要求小于 0.1%。

脱除单体后，可向胶乳中添加必要的助剂如防老剂等；必要时进行充油，生产充油橡胶。胶乳中添加的物料必须事先制成乳状分散液，以便充分混合。

（2）溶液聚合法

溶液聚合法生产合成橡胶时，也要加入适量终止剂以破坏残留的催化剂。如果聚合转化率较高，剩余的单体量较少，可减压回收气体单体；高沸点单体则应与溶剂一起回收后，再进行分馏回收。

脱除单体后的合成橡胶溶液中含有大量溶剂，较好的溶剂分离方法是与水共沸，蒸出的溶剂经水油分离器分去水后，进一步精制后可重复使用。

共沸法脱除溶剂的容器应具有强力搅拌装置，并加有适量水，使脱除溶剂后的橡胶呈小颗粒状分散在水中，然后添加助剂、充油。

生产规模较小时，可以采用直接干燥法将聚合物溶液中的溶剂及未反应单体用热能直接脱除。例如，将聚丁二烯橡胶溶液送入滚筒干燥机，胶粒可黏附在被蒸气加热的滚筒表面上蒸出溶剂，当滚筒转至一定角度后，干燥的橡胶结皮被刮刀剥离后即得产品。由于单体与溶剂都是易燃、易爆危险物品，此法必须在封闭系统内实施。

合成橡胶生产中，门尼黏度是测试橡胶质量的重要考查指标之一。如果产品的门尼黏度接近但未达到要求时，可将不同门尼黏度的胶液进行混合，制得到合格产品。

19.2.4.3 凝聚、脱水、干燥与包装

合成橡胶商品中必须加入防老剂防止老化，有时还用高沸点环烷烃或芳烃作为填充剂制造合成橡胶-充油橡胶。为了使添加剂与合成橡胶充分混合，防老剂和填充剂应当制成乳液加入橡胶液中。混合均匀后，在乳液中先加电解质 NaCl 水溶液，破坏乳化状态，进行凝聚使合成橡胶呈胶粒状析出；随后再用酸性溶液使乳化剂析出，使固体颗粒凝聚为合成橡胶胶粒；然后经分离、洗涤、过滤脱水，得到潮湿的胶粒。

脱水分离过程得到的合成橡胶产品，通常是直径为 10～20mm 的多孔性颗粒，易黏结成团，含水量为 40%～50%，不能用气流干燥或沸腾干燥方法进行干燥，只能采用箱式干燥机、塔式多层振动提升干燥塔或挤压膨胀干燥机进行干燥。

箱式干燥机通常长达 10～30m，干燥箱内装有转动的多孔不锈钢钢带，潮湿的合成橡胶胶粒敷设于不锈钢钢带上，通过具有不同温度的热空气加热区而被干燥。为了提高干燥效果，大型干燥箱内安装两条相反方向运动的不锈钢钢带，合成橡胶胶粒被不锈钢钢带输送到上层末端后，被破碎后落到第二层不锈钢钢带上，经充分干燥和冷却后进入压块机压制成 25kg 大块后，包装为商品。

塔式多层振动干燥塔的干燥过程是将潮湿的合成橡胶胶粒撒布于干燥塔进口处的多孔板上，胶粒受振动而缓慢上升，与热空气接触而脱除水分。升至塔顶后送入称重器，经称重、压块、包装出厂。

挤压膨胀干燥机是将潮湿的合成橡胶胶粒送入螺杆式挤压脱水机中脱水到 10%含水量后，送入膨胀干燥机。膨胀干燥机将含水量约 10%的橡胶送入螺旋挤出机中，挤出机的套筒通过蒸气加热，橡胶在螺杆挤压下产生摩擦热使温度升高，在 2～3MPa 压力下经 160℃的多孔膜板挤出呈条状物，受热的橡胶条进入大气后，所含水分迅速蒸发而使橡胶条膨胀为多孔性干燥橡胶，温度也降至 80℃左右，此时橡胶含水 0.5%以下。经提升机提升和冷却后，进入压块机压制成 25kg 大块后，包装为商品。

19.3 合成橡胶的加工

单纯的天然橡胶或合成橡胶做成的产品性能很差，用途也有限，必须在橡胶中加入各种

助剂，再经过加工成型和硫化后才能得到性能优良的橡胶制品。本节将讨论橡胶加工的基本工艺及合成橡胶加工的特点。

19.3.1 橡胶的硫化

"硫化过程"简称"硫化"，是使具有高弹性的线型高聚物转变成交联网状结构的高聚物的过程。橡胶和硫化剂经混炼充分混合后，在模具中密闭受热一段时间后完成硫化过程。

19.3.1.1 硫化的含义与化学反应

橡胶分子间的作用力较小，在室温下受到较大的外力拉伸时会产生很大的应变，使分子链间发生相对的位移，产生永久变形，即存在塑性流动。为了防止这种形变，常用"硫化"使大分子之间相互交联以阻止其流动。

硫化以后，橡胶在施加的外力取消后回缩到原来形状的能力增加，而永久变形能力减小。二烯烃类橡胶主要用硫黄作为硫化剂；饱和结构的橡胶用过氧化物为硫化剂；一些含硫的化合物如二硫化四甲基秋兰姆、亚硝基化合物、双偶氮酯、酚醛树脂及醌类也可用作硫化剂。高能辐射也可使橡胶交联。工业生产中以价廉的硫黄为主要的硫化剂。硫化前的橡胶称为生橡胶或生胶，硫化后称为硫化橡胶或熟橡胶。硫化前后，橡胶大分子结构的改变使它的性能发生很大的变化，具体数据见表19-7。

表 19-7　生胶硫化前后性能的变化趋势

性能	生胶	硫化胶	性能	生胶	硫化胶
拉伸强度	小	大	溶胀程度	大	小
热可塑性	大	小	密度	小	大
回弹性	小	大	透气性	大	小
硬度	小	大	热稳定性	小	大
伸长率	大	小			

硫化过程中，线型高聚物通过硫键（—S—）生成比较稀疏的交联结构而硫化。产生交联的链段通常由数个硫原子通过共价键连接，也可由单个硫原子连接而成。这种链段较短，而且两个交联点之间的橡胶大分子链应有相当长度，即交联点密度应适当，过密则会丧失弹性成为硬橡胶。硫化橡胶交联点在橡胶大分子中的形象描绘见图19-2。

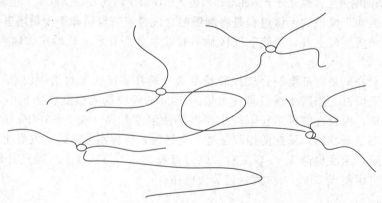

图 19-2　橡胶大分子交联点形象描绘

硫化过程中，含有双键的橡胶分子与硫发生自由基反应和离子反应，反应如下所述。

（1）自由基反应

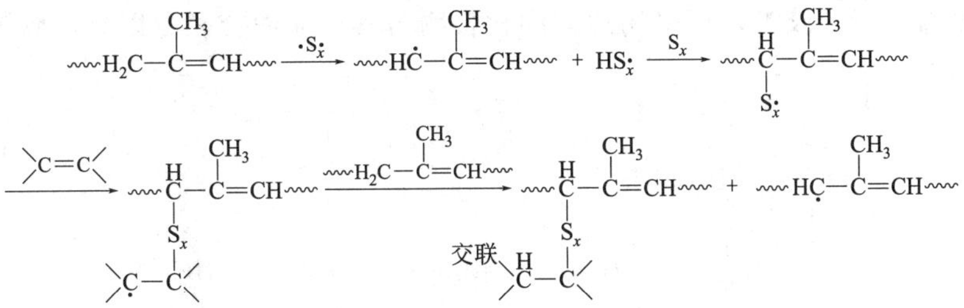

（2）离子反应

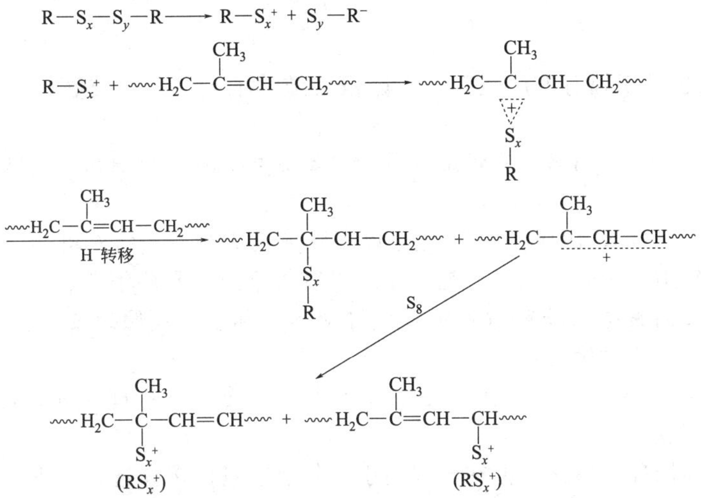

$$R\!-\!S_x\!-\!S_y\!-\!R \longrightarrow R\!-\!S_x^+ + S_y\!-\!R^-$$

以上反应是在未加硫化促进剂的条件下进行的，否则反应更为复杂。

19.3.1.2　硫化的特点

从表 19-2 可知，合成橡胶品种繁多，结构各异，所以它们的硫化过程比较复杂，现分下列几种情况来讨论。

① 大分子链中含有不饱和双键的合成橡胶，如丁苯、丁腈及顺丁橡胶等，皆可用硫黄或其他硫化剂来硫化，用硫黄进行硫化的化学反应如上所述。

② 大分子链中无不饱和双键的合成橡胶，如果主链或侧链上带有氢原子，可用有机过氧化合物交联，其反应如下所述。

有机过氧化合物分解为两个自由基：

$$R\!-\!O\!-\!O\!-\!R \longrightarrow 2RO\cdot$$

自由基夺取橡胶大分子中的氢原子后，生成大分子自由基，然后发生偶合终止反应而交联：

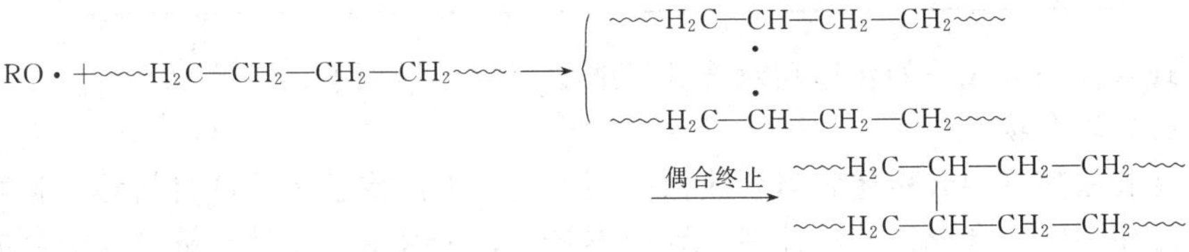

橡胶大分子硫化完成后的结构为：

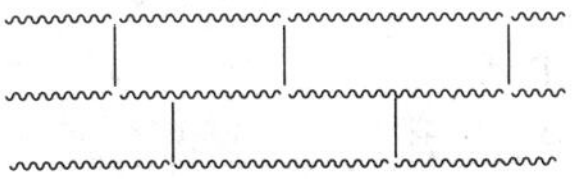

乙丙橡胶、硅橡胶及某些氟橡胶都是通过大分子链自由基偶合终止而生成碳-碳交联键。

③ 合成橡胶大分子链中无不饱和双键，但带有易于反应的原子或基团，如某些氟橡胶、

氯醇橡胶和丙烯酸酯橡胶等，可采用适当的化合物与其反应而交联。以氟橡胶与二元胺交联为例，反应如下：

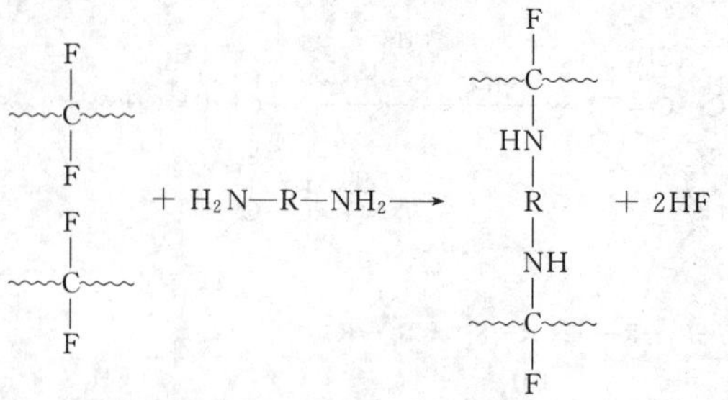

$$\text{（反应式）} + H_2N-R-NH_2 \longrightarrow \text{（产物）} + 2HF$$

④ 合成橡胶也可用辐射方法交联，但因橡胶结构不同，所得交联效果不一。如果聚合物结构式为 $\{H_2C-\overset{X}{\underset{Y}{C}}\}_{\overline{n}}$，当 X、Y 中至少有一个是氢原子时，易用辐射交联；如 X、Y 为碳原子或含—Cl、—F 等基团的侧链时，则以断裂降解反应为主。由此可知，天然橡胶、丁苯和氯丁橡胶等可辐射交联，而聚异丁烯及丁基橡胶等辐射后易降解。不是 C—C 主链的硅橡胶极易辐射交联，而聚硫橡胶辐射后则发生降解。实际上，辐照时交联与裂解是同时存在的，主要是看哪类反应占优势。

⑤ 合成橡胶中的热塑性弹性体，在室温下已自行交联（物理交联，可参见第 16 章），故无需通过硫化交联。

有些橡胶不能用硫黄硫化，但在合成时引入带有双键的单体进行共聚改性后，可采用硫黄进行硫化。乙丙二烯三元乙丙橡胶就是一个很好的乙丙橡胶改性品种。

19.3.2　橡胶配合剂

为了制得具有一定物理力学性能的橡胶制品，在生胶中必须加入各种辅助材料，再经过硫化及加工成型等工序才能得到有实用价值的橡胶。这些辅助材料通常称为配合剂。配合剂的种类很多，作用十分复杂。橡胶的成分可归纳为五类，具体见表 19-8。

表 19-8　橡胶的成分

1. 聚合物	天然橡胶,合成橡胶
2. 填料体系	炭黑、陶土、白炭黑(二氧化硅)、碳酸钙
3. 稳定剂体系	防老剂、抗臭氧剂、蜡类
4. 硫化剂体系	硫黄、硫化促进剂、活化剂
5. 特殊物料	颜料、油类、树脂、加工助剂、短纤维等

现将橡胶各成分的作用和对橡胶性能的影响介绍如下。

（1）聚合物

橡胶原料分为天然橡胶与合成橡胶两大类。天然橡胶无论产自何地，化学结构与微观结构都是相同的。合成橡胶品种多，异构体复杂，SBR 和 BR 是产量最大的合成橡胶，主要用来制造轮胎。橡胶制品的性质对其性能的影响表现为：

① T_g 提高，产品耐磨性直线下降；

② 抗湿滑性随 T_g 的升高而直线上升；

③ 锂系催化剂生产的 BR 中，1,2-聚丁二烯含量高，因而 T_g 高，所以锂系橡胶的抗湿滑性优良，而耐磨性较差；

④ SBR 中的苯乙烯含量增加，产品的摩擦力升高，耐磨性降低。一个苯乙烯分子增加的摩擦力相当于增加两个 1,2-乙烯基的作用；

⑤ 聚异二烯橡胶中，3,4-异戊烯的含量增加则 T_g 升高，制成的轮胎对地面的摩擦力升高，耐磨性降低。

用合成橡胶生产橡胶制品时，应根据用途、经济成本等条件生产适当的品种和牌号。

（2）填料体系

填料通常仅限于粉末状物料，可分为具有增强橡胶力学性能的填料和不具有增强作用的填料两类。粒径过大的粉末用作橡胶填料时无增强作用。粒径小于 $0.1\mu m$ 的炭黑可以增加橡胶的抗张强度与耐磨性能。陶土与活性二氧化硅（白炭黑）也是具有增强作用的填料。相同粒径下，白炭黑的增强效果不及炭黑。

填料用硅烷或适当分散剂处理后，可以增加橡胶与填料间的结合力。此外，经常用作填料的还有价廉的碳酸钙和作为白色填料的钛白粉等。

（3）稳定剂体系

二烯烃类合成橡胶大分子含有许多碳-碳双键，它们易与氧、臭氧发生反应，也容易受热降解；重金属、硫、光线、湿气等会催化橡胶制品发生降解，这种降解现象俗称"老化"。

用过氧化物硫化饱和程度较高的合成橡胶与加有硫化促进剂、用硫量仅为 $0.0\sim 0.3phr$❶ 的橡胶相比，其抗热氧化的能力显著提高。单独一个硫原子形成交联键的硫化橡胶（即硫化用硫量甚少的硫化橡胶）的抗疲劳性低于由多个硫原子形成交联键的硫化橡胶。

当橡胶中多硫交联键转变为单硫交联键后，其抗疲劳性降低，回弹性变差。多数合成橡胶都会发生此变化。天然橡胶会发生大分子主链断裂，使制品变软，抗摩擦力下降。

含有不饱和键的橡胶老化过程是自氧化和自由基连锁反应的过程。稳定剂的作用在于防止产生自由基并与产生的自由基反应而阻断连锁反应。稳定剂包括防老剂、抗臭氧剂、抗紫外线剂、蜡类等。防老剂主要有胺类防老剂、酚类防老剂、苯并噻唑等。抗臭氧剂有对苯二胺衍生物、喹啉衍生物等。蜡类为石油加工过程中分离出来的石蜡和经过进一步加工得的微晶蜡。石蜡的熔点为 $35\sim 75℃$，微晶蜡的熔点为 $55\sim 100℃$。它们加于橡胶制品配方中，经硫化、成型后附着于橡胶制品表面，发挥隔离空气的作用。石蜡在制品贮存时仅有短期保护作用，微晶石蜡可对臭氧的破坏有长期保护作用。

（4）硫化剂体系

硫化剂体系包括硫化剂、硫化促进剂和活化剂三类物质。

① 硫化剂　含有大量碳-碳双键的合成橡胶都用硫黄进行硫化。硫黄单体呈八环结构，但受热或在硫化促进剂的作用下，会开环解离为自由基；有时也可采用有机硫化物如硫化甲基秋兰姆（TMTD）进行硫化，其分子式为：

$$(CH_3)_2N-\underset{\underset{S}{\|}}{C}-S-S-\underset{\underset{S}{\|}}{C}-N(CH_3)_2$$

② 硫化促进剂　用硫黄硫化橡胶时，有时反应非常慢。为了促进硫黄单体开环，需用硫化促进剂。按化学结构可将硫化促进剂分为醛胺类、硫脲类、胍类、噻唑类、次磺酰胺类以及秋兰姆类。

③ 活化剂　氧化锌可与硬脂酸组成活化剂。硬脂酸与氧化锌用量分别为 2phr 和 5phr。锌原子可与硫化中间体生成配位络合物，而硬脂酸可溶于橡胶中，有利于活化反应。氧化锌和硬脂酸能够活化有机硫化促进剂，提高交联密度。

（5）特殊物料

---

❶ phr 表示每百份橡胶或树脂中的份数。

以上四类物料是橡胶加工配方中的主要成分，次要成分包括加工助剂、塑解剂、防焦剂、增塑剂以及颜料等，它们可作为配方中的特殊物料。

加工助剂主要是矿物油，包括芳烃、石脑油、脂肪烃等。矿物油的性质，如黏度、分子量与化学成分等对于其选用非常重要。如果它与橡胶不相容，会迁移至制品表面而使制品性能变差。

塑解剂的作用是防止橡胶在塑炼过程中，受热、氧以及机械力的作用后产生的断链发生自由基偶合终止。塑解剂能够生成稳定硫自由基的化合物，可与橡胶断裂生成的自由基结合，使塑炼过程能有效地降低橡胶大分子的分子量。常用的塑解剂有芳香族硫醇、硫醚、硫醇盐等。

生橡胶在混炼过程中，形成加有硫化剂和各种助剂的胶料。这种胶料会过早的发生硫化反应而"焦烧"，严重时会报废胶料。防焦剂的作用就是防止发生焦烧现象。常用的防焦剂为有机酸类、亚硝基类以及次磺酰胺类。

橡胶用增塑剂主要是芳酯，如邻苯二甲酸二丁酯、二辛酯、松香、脂肪酸酯以及低分子量聚乙烯等，其作用相当于合成树脂中的增塑剂。

烃类合成树脂也可用于改善橡胶的性能。芳族树脂具有增强作用，脂肪族树脂则可增加黏结性。例如，加入苯并呋喃-茚树脂可以提高制品的拉伸强度，改进抗疲劳性能。

短纤维可作为橡胶的填料，聚酯、尼龙、芳纶、纤维素等有机短纤维以及玻璃短纤维都可明显提高合成橡胶的力学性能。

聚合物（天然橡胶、合成橡胶）以外的各种物料，在橡胶工业中统称为"配合剂"或橡胶助剂。除以上介绍的各类助剂以外，还有发泡剂、着色剂、磨蚀剂、阻燃剂等。

19.3.3　橡胶的加工工艺

橡胶制品种类繁多，按其用途可分为三大类，即各种轮胎、工业用橡胶制品及日常生活用橡胶制品。橡胶加工过程基本上可分为生胶塑炼、胶料混炼、混炼胶的加工成型及硫化四个工序。工艺流程见图 19-3。

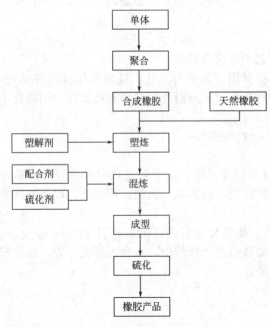

图 19-3　橡胶加工工艺流程

19.3.3.1　生胶的塑炼

"高弹性"是橡胶的特性。但是在生产橡胶制品时，弹性难以使橡胶产生不可逆的塑性流动，因而无法将其压成所需的形状。为此，橡胶加工过程的第一步是使生胶具有可塑性。

通过机械力、氧、热及化学作用使生胶（天然的或合成的橡胶）发生大分子长链断裂和分子量下降、可塑性增加的工艺过程，称为塑炼。

工业中常采用塑炼机（或称炼胶机）对生胶进行机械塑炼。塑炼机有以不同线速度相对旋转的两个辊筒所构成，生胶在辊筒间产生的剧烈拉伸力和挤压力作用下塑炼。塑炼时的强力摩擦使橡胶大分子链断裂，产生热量。在加热和空气中氧的作用下，大分子链的断裂过程加快。为了加速此过程，加入适量化学塑解剂能显著地提高塑炼效果。开放式的炼胶机称为开炼机，密闭式的称为密炼机，这是工业中最常用的两种塑炼机。还有一种螺杆塑炼机，其特点是在高温下可连续塑炼。

天然橡胶中的异戊二烯结构单元带有甲基，能产生超共轭效应，易受机械力及氧的作用而降解。由于天然橡胶平均分子量过高，所以必须进行塑炼。合成橡胶则按其结构不同，必须采用不同的塑炼工艺和方法。如果合成橡胶分子量恰当，可以不经过塑炼。饱和的乙丙橡胶或含不饱和基团很少的丁基橡胶难以氧化裂解。丁基橡胶具有很高的热塑性，在 80～100℃下可很快地塑炼（即热塑炼）。含有丁二烯结构单元的合成橡胶中，生成的二烯类自由基较活泼，会引起支化甚至交联。丁腈橡胶分子中不饱和基团较少，所以对氧、热都很稳定，但在极性基团—CN 的影响下，分子间的作用力较大，故丁腈橡胶难以塑炼。聚硫橡胶不易塑炼，必须加入化学塑解剂。硅橡胶在加工时无需塑炼。

塑炼的温度条件分为 100℃以下的低温塑炼和高于 120℃（甚至高达 160～180℃）的高温塑炼。前者采用开放式炼胶机，后者采用密炼机和螺杆塑炼机。

橡胶经塑炼后，其可塑性的大小通常由门尼黏度值（Mooney Viscosity）来测量（测定方法见 19.4.1.2）。橡胶的可塑性并非越大越好。在满足工艺加工要求的前提下，以具有最小可塑性为宜。一般情况下，生胶的门尼黏度在 60 以下时，可不经塑炼而直接混炼。

19.3.3.2　胶料的混炼

生胶和各种配合剂均匀混合的过程称为混炼，所得到的均匀混合物称为混炼胶或胶料。

由于生胶和各种配合剂的形态不一，生胶和配合剂混合均匀与否对胶料加工及最终产品的质量有决定性的影响。为了加快混炼过程，可事先将一部分配合剂制成母料。硫化剂、硫化促进剂应当最后加入，以免发生焦烧现象。

混炼的温度一般为 40～60℃，混炼时间为 20～30min。混炼过程中，最常见的设备是开炼机和密炼机，也可使用连续混炼机。

19.3.3.3　混炼胶的加工成型

有两种方法将混炼胶加工成尚未硫化的半成品。

（1）压延

压延的目的在于将混炼胶在压延机上制成一定形状和规格的半成品，可用来贴制成一定形状的半成品或贴胶于片状织物上制成运输带半成品。

（2）压型

可用压出机连续挤压，制得空心的胶管、胎面、内胎等半成品，也可将胶料直接装入模具中压制成一定形状的半成品。

19.3.3.4　硫化

根据硫化温度可将硫化过程分为冷硫化、室温硫化以及热硫化。前两种主要用来生产橡胶薄膜制品与小型制品，热硫化主要生产大型橡胶制品，热硫化是大型橡胶制品生产中最后一个环节。混炼胶经压制得到具有一定形状的半成品，在特定的硫化温度与硫化压力下反应一段时间（称为硫化时间）后，胶料中的生胶和配合剂等会发生一系列的化学变化，使原来处于塑性状态的橡胶转变成一定形状的弹性橡胶制品。由于胶料是固体物，传热系数低，所以硫化过程要经过一定时间才可完成。为了得到性能良好的产品，必须正确配制硫化剂和其他配合剂，控制与确定最适宜的硫化温度、硫化压力和硫化时间。压力是橡胶硫化的必要条件之一，可防止制品出现气泡，使胶料流动而充满模具，增加层状制品各层材料之间的黏结力。各种橡胶的硫化温度见表 19-9。使用过氧化物、树脂等非硫体系硫化剂时，硫化温度通常在 170～180℃之间。

表 19-9   各种橡胶的硫化温度

橡胶名称	硫化温度
NR	140～150℃,最高不超过 160℃
SBR、NBR	150～190℃
IR、BR、CR	150～160℃,最高不超过 170℃
IIR、EPDM	160～180℃,最高不超过 200℃
硅橡胶、氟橡胶	二段硫化法,一段温度为 170～180℃,二段温度为 200～230℃

　　用硫作为硫化剂用于软质橡胶制品生产时,用量一般不超过 3%;在半硬质胶中用量一般为 20%左右;在硬质胶中用量可高达 40%以上。

　　在硫化过程中,橡胶的各种性能随硫化时间而变化。将硫化仪测得的橡胶物理性能与硫化时间的关系作图,可得到如图 19-4 表示的硫化历程连续曲线。

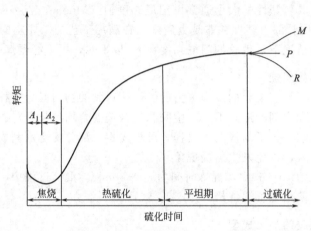

图 19-4   用硫化仪测定的硫化曲线

　　图 19-4 的曲线中,硫化历程分为四个阶段。

　　第一阶段为焦烧阶段,相当于硫化反应中的诱导期,常称作焦烧时间,包括 A_1 和 A_2 两部分。A_1 是橡胶在混炼、压延及压出等工艺操作中因受热先发生硫化反应所占的时间。A_2 是胶料半成品装入模型中,在加热硫化下尚能保持流动性的时间。焦烧时间的长短取决于配方与胶料受热的过程。生产过程中必须控制焦烧时间,以利于制取外观和性能良好的最终制品。

　　第二阶段为热硫化阶段,此阶段是硫化反应中的交联阶段,交联反应以一定速度进行到下一阶段。热硫化阶段的速度与时间取决于橡胶配方与硫化温度。

　　第三阶段为平坦硫化(平坦期)阶段,此时交联反应已趋于完成,反应速度已较为缓和,硫化胶的物理机械性能已达到或接近最佳值,曲线出现平坦区。

　　平坦期的状态称为正硫化状态(又称正硫化),达到此状态的最短时间称为正硫化时间。实际操作中,通常是从制品的某个主要性能指标来选择正硫化时间。一般橡胶制品的工艺正硫化时间取其应力、应变即将达到最高值的时间,通常选用拉伸强度即将达到最大值时的时间。

　　硫化时间、温度和压力是决定硫化质量的主要工艺条件,常称为"硫化三要素"。不同的热硫化温度有不同的正硫化时间,各种橡胶制品应通过实验测定其正硫化时间;也可参考范特霍夫定律,即硫化温度增高 10℃,反应速度增加一倍,硫化时间可缩短一半。

第四阶段为过硫化阶段，是硫化反应中形成交联结构的后期。此时不断发生交联键的重排与裂解，可能会出现下列三种情况。

① 曲线沿 M 点变化，继续交联。用非硫黄硫化丁苯、丁腈、氯丁及乙丙橡胶时会出现这种情况。

② 沿 P 点变化，平坦硫化阶段较长，丁腈、氯丁及乙丙橡胶用硫黄硫化时会出现这种情况。

③ 沿 R 点变化，交联的网结构发生降解，天然橡胶、硅橡胶及硅氟橡胶用非硫黄硫化时会出现这种现象，也叫做"硫化还原"。

19.4　合成橡胶的性能与应用

橡胶具有弹性、气密性、耐油性及电绝缘性优良的特性，是生活中不可缺少的一种材料。在讨论合成橡胶的性能时，对橡胶的基本性能先做一概括的说明。

19.4.1　橡胶的基本性能

橡胶的基本性能可分两个方面讲述。

（1）物理机械性能

物理机械性能是橡胶制品质量好坏的基本指标，若再结合橡胶的化学性能，就决定了该橡胶的使用价值。

（2）工艺性能

工艺性能对橡胶加工成型过程有很大的影响，会影响到最终产品的质量。

19.4.1.1　橡胶的物理机械性能

表 19-10 中列入了一些橡胶的主要物理机械性能。

表 19-10　橡胶样品的物理机械性能

性能	说　明
弹性	受外力发生形变，除去外力后迅速回复其原有尺寸的能力。通常采用回弹性试验测定，即将一摆锤自由落下撞击样品，以打击前后摆锤高度之比值（%）来表示回弹率
拉伸性能	鉴定橡胶制品的强度和形变性能。一般需要测定几个数值，包括拉伸强度、定伸应力、扯断伸长率及永久形变等
滞后损失（内耗）	受外力强迫振动下，大分子相互摩擦而消耗的一部分能量（转变为热量），这部分损失的能量称为滞后损失（以%来表示）
脆化温度 T_g 和 T_b	橡胶试件在低温下受冲击被破坏时的最高温度，称为脆化温度 T_b（或脆点），以℃表示。T_g 和 T_b 都是橡胶耐寒性的指标
硬度	抵抗外界压力发生形变能力，通常采用邵氏硬度计进行测量，即将锥形钝针压入试片，以测定压入的深度来度量橡胶的邵氏硬度值
抗撕裂性	橡胶受拉伸破坏时，常在一小裂口处扩展，直至被撕断。通常以单位厚度的橡胶试样在切口处发生撕裂以至破坏时所受力的大小称为撕裂强度，单位为 N/m
耐磨性	通常需测定试样的摩擦系数和磨耗强度，后者的测定方法是将试样在一定压力和负荷下与标准硬度的砂轮进行摩擦，测定在一定行程下的磨耗量，然后再换算求得
电绝缘性	通常包括体积电阻率、表面电阻率、介电常数、介质损耗角正切、击穿电压强度等

性能	说　明
耐介质性能	所指介质包括有机溶剂、油类、酸、碱和其他化学药品,也可包括黏性物质(凡士林、润滑脂等)、蒸汽(水、油及其他化学药品)和特种介质(腐蚀性特强的介质)。通常是将试样在规定温度下在介质中浸泡一定时间,随后测量体积和质量的变化,若再配合物理机械性能的测定,则更为有效
透气性	一般测定薄膜的气体渗透系数 p,即指单位时间内、单位压力下透过单位厚度和单位试样的气体量(标准状态下),单位为 $m^4/(s \cdot N)$
压缩变形	在压力下橡胶试样所发生的形变。静压缩试验法中,橡胶经多次压缩后高度减少,以压缩后高度的减少量与原来高度的比值(%)可得压缩变形与永久变形。一般硫化橡胶的这种变形量很小,但由此可测定其硫化程度

除以上几项性能外,还有老化性能、导热性、燃烧性及污染性等。

19.4.1.2　橡胶的工艺性能

橡胶的工艺性能就是指橡胶的加工性能。研究橡胶的加工性能,对了解橡胶流变参数与分子结构、配合剂、加工工艺条件、改进产品质量以及预测产品使用性能等都有十分重要的意义。橡胶的工艺性能主要有以下几方面。

(1) 可塑性

为了使橡胶便于加工成型,须通过塑炼提高可塑性。可塑性的测定与表示方法很多,最常用的仪器是门尼黏度计,门尼黏度的测定方法是将生胶试样置于两个能相对转动的模腔和转子之间,在一定温度和转子的旋转力矩所产生的剪切力作用下测定试样变形时所受的扭力,此扭力的大小表示橡胶的可塑性,测出的数值称为门尼黏度,我国采用符号 ML_{1+4}^{100} 表示,其中 M 指门尼黏度,L_{1+4}^{100} 表示用大转子(直径 38.1mm,转速 2r/min)在 100℃下预热 1min,转动 4min 后测出的扭力值。

门尼黏度的大小取决于聚合物的平均分子量、分子量分布及凝胶含量多少等因素,它可反映出橡胶的可塑性和成品特性,是一种综合性的指标。

(2) 焦烧

在 19.3.3.4 "硫化"一节中对焦烧(见图 19-4)已有描述。

(3) 压延效应

胶料经压延后,其纵向和横向的物理机械性能发生了差异,即纵向的强度比横向的大,而纵向的相对伸长率比横向的要小。这是橡胶大分子链及一些片状填料在压延过程中发生取向排列所造成的压延效应。在生产中,应尽量避免压延效应以防止胶料半成品发生变形。

(4) 收缩率

胶料在压延或压出后会逐渐收缩,变短变小。刚压出时与收缩后两者尺寸之比称为收缩率 (%)。收缩是一种松弛过程,是由大分子的黏弹性所引起的。在压延时必须调节压延速度,使胶料的应力与松弛时间相匹配,消除或减少收缩。

19.4.2　合成橡胶的性能与应用

19.4.2.1　合成橡胶的性能

合成橡胶是以石油、煤等为基本原料,用化学合成方法制成的弹性体。合成橡胶不受地理条件的限制,原料来源丰富,成本低廉,品种繁多,性能各异,所以发展极快。

通用橡胶的物理机械性能和加工性能一般不如天然橡胶,但经过一定的加工处理如补强、添加配合剂、改进硫化方法或者多种橡胶混合等方法可使其性能接近或超过天然橡胶。特种橡胶的一些特性如耐高温 (300℃)、耐热油、耐强氧化剂(硝酸、发烟硫酸、臭氧等)、高耐磨性、不燃烧性、液体浇注成型及高度气密性等方面远远超过了天然橡胶。

19.4.2.2 合成橡胶的应用

通用橡胶主要用来制造轮胎，其次为制造鞋类和民用。特种橡胶制品可用于宇航、航空、核工业等领域。我国 2002 年合成橡胶主要品种消费构成情况见表 19-11。

表 19-11　我国 2002 年合成橡胶主要品种消费构成情况　　　单位：万吨

合成橡胶品种	消费项目						
	轮胎	鞋	管带	人力车胎	汽车部件	其他	合计
SBR	29.4	8.0	6.1	5.0	1.4	6.5	56.4
BR	25.4	4.2	2.0	2.4		3.3	37.3
NBR			1.0	0.8	1.7	3.7	7.2
IIR	4.5		0.2	0.2	0.1	1.7	6.7
EPDM	0.5		0.2		2.0	2.6	5.3
CR			0.7		1.6	3.3	5.6
SBS 热塑性弹性体		28				10	38
合计　消费量	59.8	40.2	10.2	8.4	6.8	31.1	156.5
消费构成/%	38.2	25.7	6.5	5.4	4.3	19.9	100

注：数据未含香港、澳门、台湾地区数据。

第20章

通用橡胶、特种橡胶与胶乳

20.1　概述

天然橡胶是目前产量最大、应用最广的橡胶品种，其硫化胶的某些性能已超过合成橡胶。但由于受天然条件制约，天然橡胶的产量与某些性能不能满足当前工业和科技发展的需要，所以合成橡胶的产量与品种得到了迅速发展。

合成橡胶按用途与性能可分为通用橡胶和特种橡胶两种。液态橡胶与合成胶乳有独特的用途和加工方法，本章分为三节予以分别介绍。

通用合成橡胶主要用来代替天然橡胶或与天然橡胶配合，生产轮胎以及一般的橡胶制品。合成橡胶包括丁苯橡胶（SBR）、聚丁二烯橡胶（BR）、三元乙丙橡胶（EPDM）、橡胶（IIR）、异戊二烯橡胶（IR）。作为特种橡胶的丁腈橡胶（NBR）和丁基橡胶（IIR）由于产量大，合成方法与某些通用合成橡胶相似，因此作为通用合成橡胶予以介绍。

特种橡胶具有耐高温、耐低湿、耐化学腐蚀、耐热氧化、耐高能射线等特种性能和特殊用途，主要包括丁腈橡胶（NBR）、氟橡胶、硅橡胶、聚硫橡胶、环氧橡胶和丙烯酸酯橡胶等。

合成胶乳与液体橡胶具有独特的硫化条件和使用领域。

20.2　通用橡胶

20.2.1　丁苯橡胶

20.2.1.1　丁苯橡胶概述

丁苯橡胶（styrene butadiene rubber，SBR）是产量最大的合成橡胶，由单体丁二烯和苯乙烯共聚合成，所占比例见图 19-1。工业生产采用下列两种聚合方法。

（1）乳液聚合法

乳液聚合为自由基反应，产品称为乳液聚丁苯橡胶（ESBR）。主要采用 5℃低温聚合与 50℃高温聚合两种不同的聚合反应温度。高温聚合法俗称热聚合法。两种温度下所得的产品分别称为冷聚丁苯橡胶和热聚丁苯橡胶。

（2）溶液聚合法

溶液聚合主要用烷基锂如丁基锂作为催化剂，芳烃或脂肪烃为溶剂，经活性阴离子反应合成嵌段共聚 SBR 橡胶，称为溶液聚丁苯橡胶，简称 SSBR。该产品为热塑性橡胶，又称为热塑性弹性体。

20.2.1.2　冷聚丁苯橡胶和热聚丁苯橡胶的产品分类

由于冷聚丁苯橡胶的性能优于热聚丁苯橡胶，所以冷聚丁苯橡胶的产量高于热聚丁苯橡胶。工业上还直接生产充油、充炭黑等不同品种的丁苯橡胶。国际合成橡胶商会（IISRP）对有关商品的分类与命名如下：

1000 系列　热聚丁苯橡胶

1100 系列　热聚充炭黑丁苯母炼胶

1500 系列　冷聚丁苯橡胶橡胶

1600 系列　冷聚充炭黑丁苯母炼胶

1700 系列　冷聚充油丁苯

1800 系列　冷聚充油充炭黑丁苯母炼胶

1900 系列　其他丁苯橡胶和高苯乙烯含量丁苯母炼胶

20.2.1.3　冷聚丁苯橡胶和热聚丁苯橡胶的合成过程

乳液法生产丁苯橡胶所需的原材料除去单体和水之外，还需乳化剂、引发剂、分子量调节剂、缓冲剂、链终止剂等。采用间歇法生产时，链终止剂以外的物料全部一次性加于反应釜中。当聚合反应达到要求的转化率后，加入终止剂，停止聚合反应。

现代化大规模乳液法生产丁苯橡胶时，采用多釜串联连续聚合方式。以冷聚合法为例，进料方式分两种。一种是单体丁二烯、苯乙烯和水乳液等经冷却后以稳定的速度加入第一反应釜与引发剂体系混合；另一种是将单体、水乳液以及各种物料经冷却后通过均化器使所有物料乳化，然后加入第一反应釜。两种加料方法中，终止剂都是在反应物料自末釜流出后加入。聚合反应釜容积可达数十立方米。

冷聚合法中，各种物料的作用如下所述。

（1）乳化剂

乳液法生产丁苯橡胶时，主要采用歧化松香酸钾盐或钠盐作为乳化剂。

松香酸（$C_{19}H_{29}COOH$）是一种含有菲环的有机酸，由松香分离而得。由于分子中存在共轭双键而不能直接用作乳化剂，需用 Pd/C 催化剂经高温处理，消除共轭键得到歧化松香酸，再经提纯精制转变为钠盐或钾盐后，才可用作乳化剂。单独使用时，乳液聚合反应速度较慢，如果加入适量脂肪酸盐，可提高反应速度。在保证产品质量的前提下，寻找或合成新型乳化剂，提高聚合反应速度和转化率，降低生产成本，是 ESBR 生产中重要科研课题之一。

（2）引发剂体系

引发剂包括过氧化物、还原剂、活化剂以及螯合剂。冷聚合法使用的氧化-还原引发剂，用 Fe^{2+} 盐作为还原剂时，常用 EDTA 作为螯合剂，使之与产生的 Fe^{3+} 螯合，避免产生有色的铁盐沉淀而污染橡胶产品，还原剂甲醛次硫酸氢钠（雕白粉，SFS）再将 Fe^{3+} 还原为 Fe^{2+}，反应如下：

$$Fe^{2+}\text{-EDTA} + ROOH \longrightarrow Fe^{3+}\text{-EDTA} + RO\cdot + HO\cdot$$
$$Fe^{3+}\text{-EDTA} + SFS \longrightarrow Fe^{2+}\text{-EDTA}$$

反应产生的自由基 $RO\cdot$ 与 $\cdot OH$ 引发单体发生自由基连锁聚合反应。

引发剂体系通常采用异丙苯过氧化氢作为氧化剂。为减少环境污染，也可使用蓋烷过氧化氢。

（3）分子量调节剂

乳液聚合的特点是键增长自由基不容易终止，所以产品的分子量很高。丁苯橡胶冷法生产中，如果产品分子量过高，会引起加工困难和凝胶含量的增加。为了防止发生这一现象，配方中加入硫醇如十二烷基硫醇作为分子量调节剂。反应如下：

$$P\cdot + RSH \longrightarrow PH + RS\cdot$$
$$RS\cdot + M \longrightarrow RSM\cdot \longrightarrow 链增长$$
$$P\cdot 为大分子增长链$$

生产中也可用 2,2,4-三甲基戊-2-硫醇作为分子量调节剂来提高硫化速度,所得的硫化胶特性优良。

（4）终止剂

ESBR 生产过程中,采用异丙基羟胺或其盐作终止剂,也可用二甲基二硫代氨基甲酸钠和二乙基羟胺作为终止剂。

丁苯橡胶大分子存在许多双键,易与氧发生反应,所以反应物料和反应过程中都要与空气中的氧和溶解于水中的氧隔绝,因此反应介质水要加去氧剂除氧。

20.2.1.4 乳液聚丁苯橡胶（ESBR）产品质量与控制

（1）ESBR 产品质量

ESBR 是 1,3-丁二烯与苯乙烯的无定形共聚物,产品的质量与性能取决于共聚物中两种单体的组成比例、微观结构以及共聚物的平均分子量。冷聚丁苯橡胶是低温聚合产品,链转移反应少,大分子支链与凝胶都低于热聚丁苯橡胶。当产品的门尼黏度相同或接近时,冷聚丁苯橡胶的硫化胶性能优于热聚丁苯橡胶,所以当前生产的丁苯橡胶约 80% 为冷聚丁苯橡胶。

冷聚丁苯橡胶 1500 系列和热聚丁苯橡胶 1000 系列（它们未充油或炭黑）的组成基本相同,苯乙烯含量为 23%～24%,但宏观结构与微观结构有些有差别,具体见表 20-1。

表 20-1　典型丁苯橡胶结构

丁苯橡胶类型	大分子结构					微观结构		
	支化情况	交联（凝胶）	$\overline{M}_n$	$\overline{M}_w/\overline{M}_n$	苯乙烯/%	顺式-1,4丁二烯/%	反式-1,4丁二烯/%	1,2-丁二烯/%
冷聚丁苯橡胶（1500 系列）	中等	少量	1×10^5	4.6	23.5	9.5	55	12
热聚丁苯橡胶（1000 系列）	大量	多	1×10^5	7.5	23.4	16.6	46.3	13.7

由表 20-1 可知,两种丁苯橡胶的数均分子量相同,但支化情况、凝胶含量、分子量分布等宏观结构差别明显。它们的化学组成基本相同,冷聚丁苯橡胶丁二烯含量为 76.5%,热聚丁苯橡胶丁二烯含量为 76.6%。丁苯橡胶中,1,3-丁二烯主要以 1,4-加成聚合的方式形成含双键的共聚物,产生顺式-1,4 与反式-1,4 空间异构体;但也存在 1,2-加成（也称为 3,4-加成）,形成悬挂于主链上的 1,2-乙烯基基团。冷聚丁苯橡胶的反式-1,4 结构的含量高。

（2）质量控制

ESBR 的生产配方基本固定,大型生产装置都采用计算机自动控制系统控制产品质量,通过检测单体转化率和产品的门尼黏度来确定聚合反应是否完成。冷聚合法转化率约为 60%,热聚合法转化率约为 70%。随着生产技术的进步,一些生产厂家已突破此限制。转化率关系到共聚物的组成。ESBR 中苯乙烯标准含量为 23.5%,此时产品的 T_g 为 -50℃;苯乙烯含量增加,产品的 T_g 升高,而硫化胶的回弹性与耐磨性则下降。

产品的门尼黏度（ML_{1+4}^{125}）范围要求为 30～120,因产品牌号与用途的不同而有所不同。

（3）凝聚剂的选择

ESBR 生产过程中,脱除未反应的单体后需加入凝聚剂破乳。常用的凝聚剂有硫酸、硫酸/NaCl、树胶/硫酸、硫酸铝以及胺类凝聚助剂。通常根据丁苯橡胶的用途选择凝聚剂,硫酸用于低灰分产品的凝聚;硫酸/NaCl 用于一般产品;树胶/硫酸用于电绝缘和对水作用不敏感的产品;胺类凝聚助剂则有利于提高凝聚效果并减少对环境的污染。ESBR 胶乳生产流程见图 20-1。

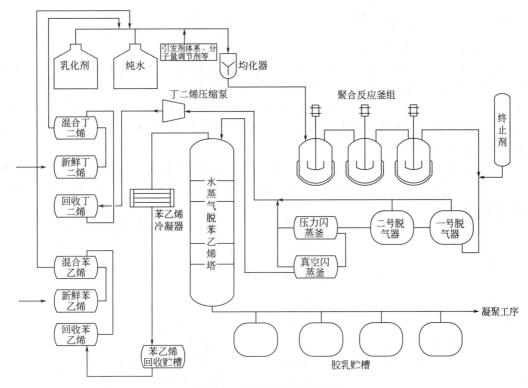

图 20-1 ESBR 胶乳生产流程

20.2.1.5 丁苯橡胶的性能与用途

（1）丁苯橡胶的性能

丁苯橡胶的宏观与微观结构对其性能产生重要影响，硫化胶的性能不仅受原料生胶的影响，还受到配合剂的影响。作为橡胶制品使用的是硫化胶，其性能如下。

① 力学性能　天然橡胶中顺式-1,4 结构的含量高达 100%，当受到拉伸应力作用时，会诱发结晶，产生自增强作用，而 SBR 则无此性质，所以其生胶与硫化胶的抗张强度均低于相应的天然橡胶。SBR 硫化胶用配合剂增强后，其性能可以得到很大改进。纯 SBR 硫化胶拉伸强度仅为 2.8～6.4MPa，用细炭黑增强后的 SBR 硫化胶拉伸强度可达 27.6MPa。

选用适当的配合剂或与其他橡胶共混，可以改善 SBR 硫化胶压缩形变较高的缺点。

凝聚后残存于橡胶中的乳化剂会产生有机酸，对 SBR 的加工性产生影响。歧化松香酸可增加橡胶对织物的黏结性，提高挤出速度；缺点是使硫化速度减慢，热稳定性变差，甚至污染模具使橡胶变色。脂肪酸则相反，会造成橡胶黏结性差，但可加快硫化速度并且提高抗张强度。采用歧化松香酸皂与脂肪酸皂混合乳化剂，可达到互补目的。

② 电性能　SBR 是一种非极性聚合物，其硫化胶是不良导体，但它的电绝缘性能会受凝聚后产生的有机酸或其他杂质的影响。

③ 耐溶剂性　SBR 硫化胶可耐许多极性溶剂以及稀酸、碱类的作用；但在非极性溶剂汽油和脂肪中会膨胀。

④ 硫化　SBR 可以用硫黄、过氧化物以及酚醛树脂进行硫化。可以用双辊混炼机、密炼机以及挤出机进行塑炼和混炼。各种硫化装置，包括蒸汽热压釜、空气加热炉、微波加热炉以及挤出硫化机等都可用于 SBR 的硫化。

（2）丁苯橡胶的用途

丁苯橡胶是产量最大的合成橡胶，主要用来制造汽车轮胎，其他用途与所占比例见表 19-11。

20.2.2 聚丁二烯橡胶

20.2.2.1 聚丁二烯橡胶概述

橡胶是第二次世界大战中的战略物资，德国、美国等国家在此期间大力开展合成橡胶的研究。德国首先用金属钠催化剂，经本体聚合法由 1,3-丁二烯合成了聚丁二烯橡胶（Polybutadiene Rubber, PBR）。后来，美国通过 1,3-丁二烯与苯乙烯共聚，合成了丁苯橡胶。Ziegler-Natta 催化剂体系的开发使二烯烃类合成橡胶得到了迅速发展。聚丁二烯橡胶目前已成为第二大合成橡胶品种。

1,3-丁二烯经加成聚合可以发生 1,4-加成或 1,2-加成（也称为 3,4-加成）聚合，得到顺式-1,4、反式-1,4 和 1,2-乙烯基等异构体。采用不同的催化剂体系可以得到结构不同的聚丁二烯橡胶，主要的品种如下：

① 高顺式聚丁二烯橡胶，俗称"顺丁橡胶"，其中顺式-1,4 含量为 96%～98%，用镍、钴、钕系催化剂合成；

② 低顺式聚丁二烯橡胶，其中顺式-1,4 含量 35%～40%，用锂催化剂合成；

③ 高乙烯基聚丁二烯橡胶，其中 1,2-乙烯基含量达 70%以上；

④ 中乙烯基聚丁二烯橡胶，其中 1,2-乙烯基含量为 35%～55%。

世界范围内，高顺式聚丁二烯橡胶产量与生产厂家占绝对优势，其次为低顺式聚丁二烯橡胶。仅有少数工厂生产高乙烯基与中乙烯基聚丁二烯橡胶。

近年来，新发展的不少聚丁二烯橡胶新品种，包括低顺式-1,4 含量为 90%、反式含量 9%的反式聚丁二烯橡胶；顺式-1,4 含量大于 98%的超高顺式聚丁二烯橡胶；顺式-1,4 含量 95%、反式含量 3%、1,2-乙烯基含量为 2%的支链聚丁二烯橡胶等。

20.2.2.2 聚丁二烯橡胶的生产工艺

各种聚丁二烯橡胶基本上都采用溶液聚合法生产。所用溶剂为低级烷烃、加氢汽油、芳烃、环烷烃、卤代烃等非极性溶剂，聚合催化剂为阴离子型或配位体系。用非极性溶剂进行溶液聚合生产合成橡胶的工艺过程已在上一章介绍。

（1）催化剂体系

聚丁二烯橡胶的微观结构取决于所选用的催化剂体系。各种聚丁二烯橡胶的生产工艺基本相同，但不同的催化剂可以生产不同牌号甚至不同微观结构的聚丁二烯橡胶。生产不同聚丁二烯橡胶所用的催化剂体系见表 20-2。

表 20-2　各种聚丁二烯橡胶所用催化剂体系

催化剂体系		微观结构特征	聚丁二烯橡胶品种
系别	化学组成（例）		
Co 系	$Co(OCOR)_2/AlEt_2Cl/H_2O$	＞96%顺式-1,4	高顺式聚丁二烯橡胶（顺丁橡胶）
Ti 系	$Al(i\text{-}Bu)_3/TiCl_4/I_2$	＞93%顺式-1,4	高顺式聚丁二烯橡胶（顺丁橡胶）
Ni 系	$AlEt_3/Ni(OCOR)_3/BF_3 \cdot (C_2H_5)_2O$	＞96%顺式-1,4	高顺式聚丁二烯橡胶（顺丁橡胶）
Nd 系	$Nd(OCOR)_3/Al(i\text{-}Bu)_2H/Et_3Al_2Cl_3$	＞99%顺式-1,4	高顺式聚丁二烯橡胶（顺丁橡胶）
Li 系	BuLi	35%顺式-1,4	低顺式聚丁二烯橡胶（57.5%反式-1,4）
Co 系	$Co^{2+}/AlR_3/H_2O/(Ph)_3P$	＞70%乙烯基-1,2	高乙烯基聚丁二烯橡胶
Li 系	$n\text{-}BuLi/THF$（四氢呋喃）	35%～55%乙烯基-1,2	中乙烯基聚丁二烯橡胶

可用四种催化剂体系生产顺丁橡胶。它们形成配位络合物后，引发 1,3-丁二烯单体经配位聚合反应生成高顺式聚丁二烯橡胶，即顺丁橡胶。

① 钛系　用钛系催化剂制得的顺丁橡胶线型程度高，聚合反应速度快，收率高，产品相对分子量高，易于大量充油、充炭黑；但相对分子量分布较狭窄，加工较困难，并且需使用较昂贵的碘。

② 钴系和镍系催化剂　这两个体系的共同特点是产品中顺式含量高达 96%～98%，质量均匀，相对分子质量分布较宽，易于加工，冷流倾向小，橡胶物理性能较好。提高单体浓度和聚合温度生产时，镍系催化剂对产品质量无影响；而钴系无此性质，钴系催化剂还有使聚丁二烯支化度提高的缺点。

③ 钕系　钕是稀土元素，所以钕系催化剂又叫做稀土催化剂。所得顺丁橡胶的顺式-1,4结构可达 99%，线型程度高，支链较少。受到拉伸应力作用时，会发生强烈的结晶作用，即"应力结晶"现象。所得顺丁橡胶的自黏性高，硫化胶的抗张强度高，产品耐磨耗性与抗疲劳性优异。此外，所得顺丁橡胶的相对分子量高，相对分子量分布宽。通过对反应的控制，也可以获得相对分子量分布窄的产品。

④ 锂系催化剂　锂系为有机锂，主要是正丁基或异丁基锂的化合物。锂系催化剂可使1,3-丁二烯进行阴离子聚合，合成低顺式聚丁二烯橡胶和中乙烯基聚丁二烯橡胶。

⑤ 离子型与配位型催化剂配制与使用要点

a. 催化剂中的有机金属化合物对于空气中的氧和水分极为敏感，易引起分解与燃烧，操作中应严格注意安全。

b. 配位催化剂中有两种或三种不同组分，可能需要在使用前相互发生反应，因此需进行配制，必要时还要放置适当时间进行"陈化"。

c. 催化剂以及各组分的用量应十分精确。

（2）单体含量

聚合后的胶液黏度不仅与产品的分子量有关，还与单体的含量有关，因此必须控制单体的起始含量。一般情况下，聚合设备允许的胶液黏度为10Pa·s，产品的门尼黏度一般控制在（40～45)±5 之间。例如，门尼黏度为 50 的胶液，允许的胶液含量为 14%，此时对应的单体起始含量为 10%～14%；门尼黏度为 20 的胶液，单体起始含量则为 20%。

（3）溶液黏度的"跃升"

聚合过程中，随着转化率的升高，1,3-丁二烯溶液黏度增加。黏度过高时，会影响反应釜的传质与传热过程。为了缩短反应物料处于高黏度状态的时间，可以采用"黏度跃升"的方法进行处理。当反应进行到适当转化率，溶液黏度达到处理值以后，向反应釜中添加四氯亚甲基甲烷等跃升剂，其作用是与聚合物的双键反应，相似于偶联反应，从而迅速增大分子量而使黏度跃升。当加入跃升剂使胶液黏度达到要求后，应立即加入终止剂甲醇，使催化剂失效并防止黏度进一步升高，化学反应如下：

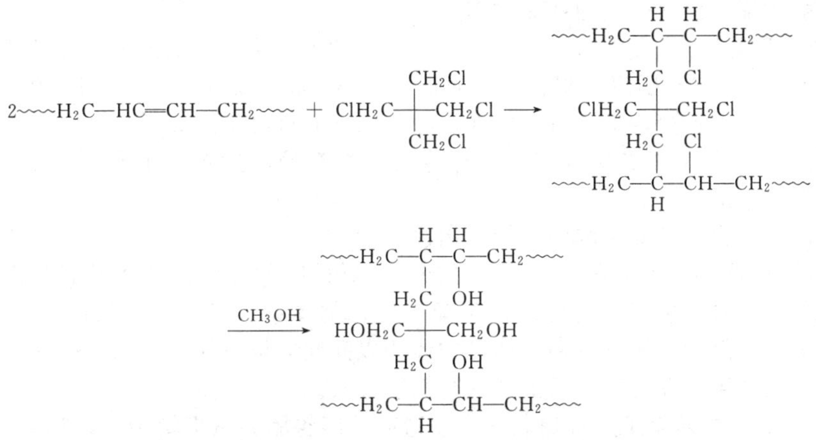

（4）分子量与分子量分布控制

用配位型聚合催化剂生产聚丁二烯橡胶时，调整各组分的配比虽可改变产品的分子量，但是幅度不能过大，否则会影响产品的微观结构。

调整分子量较常用的方法是在配位催化剂中加入第四种组分，如醇、胺、酚及其盐等。它们既可调整分子量又不会影响产品的微观结构。可通过改变催化剂各组分混合、陈化方式等方法调整产品分子量或改变产品分子量分布。

改变所用溶剂的种类和配比、使用混合溶剂都会影响产品的分子量。例如，使用庚烷溶剂时，产品的分子量较高；溶剂为甲苯时产品的分子量则偏低；如果使用适当比例的庚烷-甲苯混合溶剂，可得到平均分子量适当的产品。

(5) 脱氧

氧不仅可与催化剂反应，也可与橡胶分子中存在的双键反应，所以要清除反应设备和反应物料中可能存在的氧，通常要求氧含量低于0.1%。

20.2.2.3 聚丁二烯橡胶的性能与用途

重要的聚丁二烯橡胶有顺丁橡胶、低顺式聚丁二烯橡胶、高乙烯基聚丁二烯橡胶、中乙烯基聚丁二烯橡胶四种。

(1) 顺丁橡胶的性能与用途

顺丁橡胶是高顺式聚丁二烯橡胶的简称。采用镍系和稀土催化剂生产的聚丁二烯橡胶中，顺式-1,4的含量大于96%，因此称为顺丁橡胶。其大分子主链上无取代基团，分子间作用力小，大分子的规整性好，大分子上存在许多可发生内旋转的—C—C—单键，因此分子链"柔软"。同时，主链上还有化学活性较高的—C≡C—双键。顺丁橡胶的T_g低达−105℃。这些微观性质决定了顺丁橡胶具有以下性能和用途。

① 顺丁橡胶的优点　顺丁橡胶是当前所有橡胶中弹性最高的一种橡胶，在−40℃还能保持其弹性。顺丁橡胶低温性能好，滞后损失和生热小，耐磨性能和耐屈挠性优异，混炼时抗破碎能力强，与其他弹性体的相容性好，模内流动性好，吸水性低。

② 顺丁橡胶的缺点　顺丁橡胶的拉伸强度与撕裂强度较低，抗湿滑性不良，在车速高、路面平滑或湿路面上使用时易造成轮胎打滑。用作胎面时，使用至中后期易出现花纹块崩裂现象，加工性能欠佳，黏性较差，较易冷流。

③ 顺丁橡胶的用途　80%以上的顺丁橡胶主要用于制造轮胎的胎面胶和胎侧胶，也可用于自行车外胎、鞋底、输送带、电线绝缘胶料、胶管、体育用品（高尔夫球）、胶布等。各种用途所占比重见表19-11。

稀土顺丁橡胶的顺式-1,4含量高，平均分子量高，分子量分布可调节，性能优于镍系顺丁橡胶，而且链结构规整，线性好。

(2) 低顺式聚丁二烯橡胶的性能与用途

① 性能　顺式-1,4含量为35%～40%的聚丁二烯橡胶称为低顺式聚丁二烯橡胶，由丁基锂催化剂和1,3-丁二烯经阴离子聚合反应而得。这类橡胶低温性能优异，T_g约为−93℃，透明、色泽浅，凝胶含量少，不含有可能促进橡胶老化的过渡金属离子。

② 用途　低顺式聚丁二烯橡胶可用作橡胶和塑料的改性剂，主要用于聚苯乙烯改性，生产高抗冲聚苯乙烯。

(3) 高乙烯基聚丁二烯橡胶的性能与用途

① 性能　乙烯基-1,2含量大于70%的聚丁二烯橡胶称为高乙烯基聚丁二烯橡胶，通常用钴系配位催化剂进行生产，也可用铁系配位催化剂体系。工业生产的乙烯基-1,2聚丁二烯橡胶存在等同、间同、无规三种立体异构体，以间同立构体为主。高乙烯基聚丁二烯橡胶是一种具有低滚动阻力和良好抗湿滑性的高性能橡胶。

② 用途　高乙烯基聚丁二烯橡胶适合制造高性能轮胎如飞机轮胎等，300%定伸强度高于10MPa，拉伸强度高于18MPa，断裂伸长率高于420%。

(4) 中乙烯基聚丁二烯橡胶的性能与用途

① 性能　乙烯基-1,2 含量为 35％～55％的聚丁二烯橡胶称为中乙烯基聚丁二烯橡胶，主要由锂系催化剂合成，可改善轮胎面抗撕裂性能和抗湿滑性能；耐热氧化性好，生热少；但包辊性差，黏合力低，冷流性大。

② 用途　中乙烯基聚丁二烯橡胶可与丁苯橡胶、顺丁橡胶等并用，改善抗湿滑性、耐热氧化性等性能。

20.2.3　异戊橡胶

20.2.3.1　异戊橡胶概述

天然橡胶的化学结构单元是 1,3-异戊二烯，其顺式-1,4 结构的含量超过 99％，所以性能优越。通常用配位催化剂使 1,3-异戊二烯聚合为性能与天然橡胶相似的聚异戊二烯橡胶（Polyisoprene Rubber，PIR）。聚异戊二烯橡胶顺式-1,4 结构的含量达到 92％～98％，结构规整性高，故又称为"合成天然橡胶"。

异戊二烯与聚异戊二烯结构式见图 20-2。式（1）为 1,3-异戊二烯分子式，其加成聚合反应产物有（2）、（3）、（4）和（5）四种异构体。异构体（4）和（5）又各有全同、间同和无规三种立体异构体，因此聚异戊二烯共有八种空间立体异构体。合成橡胶工业生产的异戊橡胶仅为顺式-1,4 与反式-1,4 两种，以顺式-1,4 为主。

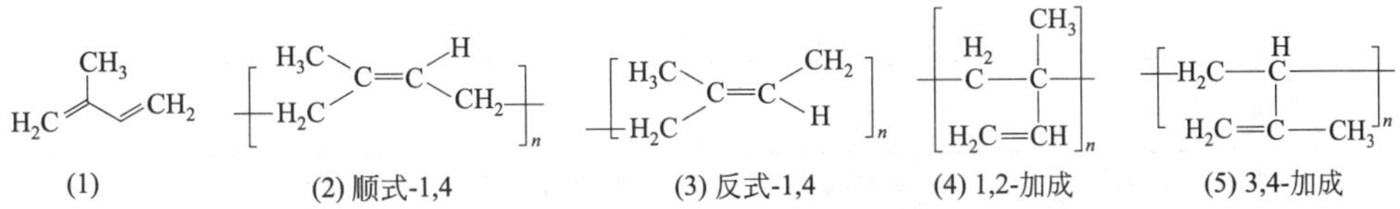

图 20-2　异戊二烯与聚异戊二烯结构式

20.2.3.2　异戊橡胶生产工艺

异戊橡胶（Isoprene Rubber，IR）生产的关键是催化剂的选择。国外生产顺式-1,4-异戊橡胶主要采用钛-铝系催化剂和锂系催化剂，生产工艺流程见图 20-3。我国则采用稀土催化剂体系。

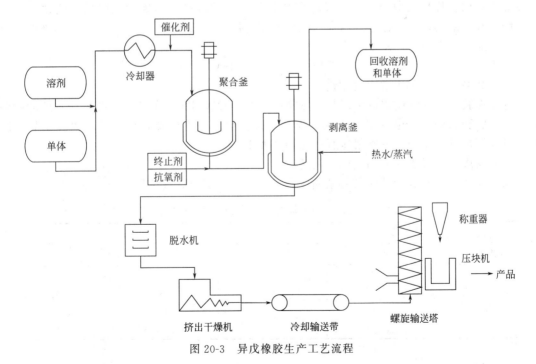

图 20-3　异戊橡胶生产工艺流程

生产异戊橡胶所用催化剂为 $TiCl_4$ 与 $Al(i\text{-}C_4H_9)_3$ 形成的配位催化剂体系，溶剂为甲苯。单体与溶剂先冷却至 $10\sim15℃$，然后用分子筛干燥脱水；再冷却至 $3\sim10℃$，经计量后加入催化剂，送入聚合釜。在第一个聚合釜中，温度控制在 $45\sim50℃$，在下一个聚合釜中，温度控制在 $60℃$ 以下。胶料合格后，在出料的管道中注入终止剂甲醇与抗氧剂后送入剥离系统。在剥离系统的设备中，通入热水与蒸汽使胶液中未反应的单体和溶剂与水共沸蒸出，精制后回收利用。分散悬浮于水中的固体胶粒与水分离后，经洗涤脱除杂质后，送往挤出脱水机。脱去大部分水后，送往挤出干燥机脱除残余水分，压块后得到橡胶产品。

20.2.3.3 异戊橡胶的性能与用途

生产异戊橡胶所用催化剂与产品微观结构的关系见表 20-3。由表 20-3 可知，稀土催化剂生产的异戊橡胶中，顺式-1,4 含量＞96％；Ti/Al 复合催化剂系统生产的异戊橡胶中，反式-1,4 异戊橡胶含量＞90％。

表 20-3　生产异戊橡胶（IR）所用催化剂与产品微观结构的关系

微观结构	橡胶种类与催化剂体系/%				
	NR[①]	Ti-IR	Li-IR	Nd-IR[②]	Ti/Al-IR[③]
顺式-1,4	100	98.5	90.0	96.9	4
反式-1,4	0	1.0	5.0	1.4	91
3,4-加成	0	0.5	5.0	1.7	5
纯度 橡胶含量/%	94	＞99.0	＞99.0	不详	不详

①NR（天然橡胶）参考值；②燕化研究院中试产品数据；③青岛科技大学毕业论文数据。

（1）高顺式-1,4 异戊橡胶的性能

高顺式-1,4 异戊橡胶（即一般异戊橡胶）的化学组成与大分子结构与天然橡胶相似，是一种综合性能很好的通用合成橡胶。异戊橡胶的顺式-1,4 含量不如天然橡胶高，结晶性能低于天然橡胶，相对分子质量低于天然橡胶，并且带部分支链和凝胶，因此其物理机械性能不如天然橡胶优良。但合成的异戊橡胶质量均一，纯度高；塑炼时混炼加工简便，颜色浅，膨胀和收缩小，流动性好。两者的硫化胶在含炭黑量相等时，异戊橡胶的拉伸强度、定伸应力、撕裂强度较低，硬度较小。

钕系稀土异戊橡胶的性能与钛系异戊橡胶基本相同。

（2）高顺式-1,4 异戊橡胶的用途

异戊橡胶可以单独使用也可以与天然橡胶、顺丁橡胶等配合使用。主要用作轮胎的胎面胶、胎体胶和胎侧胶，也可制造胶鞋、胶带、胶黏剂、工艺橡胶制品、浸渍橡胶制品及医疗、食品用橡胶制品等，主要用途所占比例见表 19-11。

（3）反式-1,4 异戊橡胶的性能与用途

反式-1,4 异戊橡胶的性能与其结晶度有关，其结晶度与微观结构见表 20-4。

表 20-4　反式-1,4-聚异戊二烯结晶度与微观结构关系

微观结构			结晶度/%	邵氏硬度
反式-1,4	顺式-1,4	3,4-加成		
100	—	—	35	78
97	—	3	28	73
93	3	4	20	68
91	4	5	—	62

由表 20-4 可知，常温下当反式-1,4-聚异戊二烯含量低于 91％时才表现出弹性体橡胶的特性。其硫化胶的特点是滚动阻力小，生热低，耐疲劳性、耐磨性好；可与天然橡胶、丁苯橡胶、顺丁橡胶等混合硫化使用。但抗湿滑性不良，不适于制造高性能轮胎。

高反式-1,4-聚异戊二烯由于结晶度高，常温下呈树脂状，不适于用作橡胶原料。

20.2.4 乙丙橡胶

20.2.4.1 概述

按照化学组成，乙丙橡胶分为二元乙丙橡胶（Ethylene Propylene Rubber，EPR）和三元乙丙橡胶（Ethylene Propylene Diene Monomer Rubber，EPDM）两类，二元乙丙橡胶是乙烯与丙烯的共聚物，它们的化学结构式可表示如下：

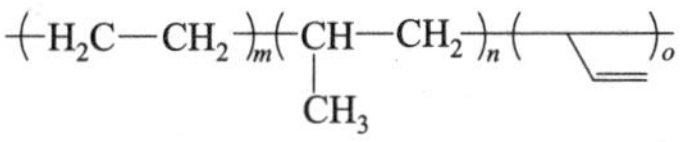

$$\left(H_2C-CH_2\right)_m\left(\underset{\underset{CH_3}{|}}{CH-CH_2}\right)_n\left(\overset{\diagup\diagdown}{}\right)_o$$

上式中，m＝约 1500（约 60％）；n＝约 975（约 39％）；o＝约 25（约 1％）。

二元乙丙橡胶的 o＝0。三元乙丙橡胶中引入的第三单体是双烯烃化合物，但两对双键必须是非共轭的，而且数量很少。这种情况下，二元乙丙橡胶的主链完全由饱和—C—C—组成，不会存在不饱和双键。两种单体沿主链无序分布，是无定形聚合物。所得大分子中不含极性基团，因此 EPR 和 EPDM 具有优异的抗臭氧能力；其次可加大量填料与增塑剂而不影响其加工性。EPR 可用过氧化物经自由基反应进行硫化交联。EPDM 存在悬挂于主链上的双键基团，可以方便地用硫黄硫化。当前乙丙橡胶以 EPDM 为主要产品。

20.2.4.2 乙丙橡胶合成工艺

（1）三元乙丙橡胶（EPDM）第三单体的选择

选择第三单体的原则如下所述。

① 分子中应含有两个处于非对轭位置的双键，其中一个双键易参与共聚反应，并随机均匀地分布于主链中。另一个双键不参与聚合反应，而参与以后发生的硫化反应。

② 第一个双键的聚合反应活性应与两种主要单体相近。

③ 第三单体应当对产品的相对分子量无明显影响，但事实上并非如此，所以应选用高活性的催化剂以进行弥补。

④ 具有适当的挥发性，以便于聚合反应完成后易于脱除。

（2）常用的第三单体

根据第三单体选用原则，经常采用的第三单体主要以下列二烯类化合物为主：

亚乙基降冰片烯（ethylidene norbornene，ENB）：

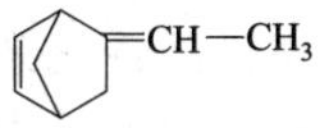

双环戊二烯（DCPD）：

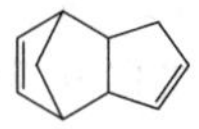

1,4-己二烯（HD）： $CH_3-CH=CH-CH_2-CH=CH_2$

乙烯基降冰片烯（vinyl norbornene，VNB）：

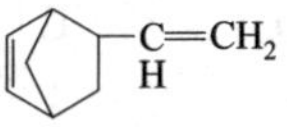

上述单体结合 EPDM 后，形成的悬挂基团形式分别为：

ENB：

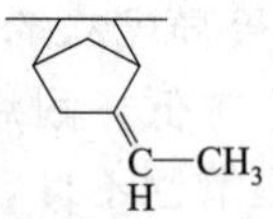

—CH₃ (structure shown)

VNB：

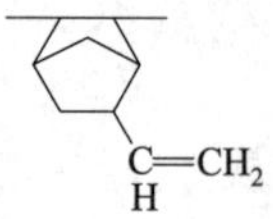

(structure shown) —CH=CH₂

DCPD：

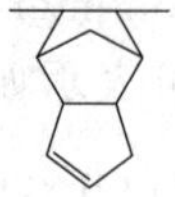

(structure shown)

HD：

$$-H_2C-CH-$$
$$|$$
$$CH_2$$
$$|$$
$$CH$$
$$\|$$
$$CH_3$$

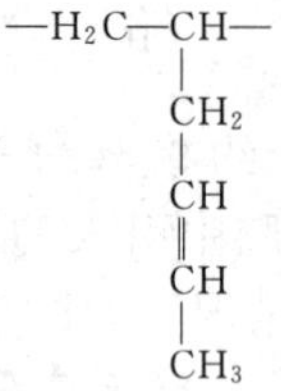

（3）EPDM 生产工艺

① 催化剂　乙烯、丙烯和第三单体的共聚反应是配位聚合，因此需要使用配位催化剂。所用的催化剂由两类化合物组成，一类是过渡金属卤化物，如 $TiCl_4$、VCl_4 和 $VOCl_3$；另一类是烷基氯化铝，如 Et_2AlCl、$EtAlCl_2$、$Al_2Et_3Cl_3$ 和 $Al(i\text{-}C_4H_9)_2Cl$，主要由 $VOCl_3$ 与烷基氯化铝组成，即 V/Al 体系。催化剂又分为均相与非均相两类。

均相催化剂体系由至少含有一个卤原子的烷基铝与钒化物组成的配位络合物组成，是溶于反应介质的催化剂体系，活性高。采用较多的有 $VOCl_3/Al(C_2H_5)_2Cl$、$Al(i\text{-}C_4H_9)_2Cl$、$VOCl_3/Al_2(C_2H_5)_3Cl_3$ 等。在上述催化剂体系中，烷基铝的作用是还原高价态的钒（由 $V^{4+} \rightarrow V^{3+}$），使其具有形成配位络合物的催化活性。

非均相 V/Al 配位络合催化剂不溶于反应介质，最常用的是烷基铝 $Al(C_2H_5)_3$、$Al(i\text{-}C_4H_9)_3$、$Al(C_6H_{13})_3$；常用的钒化物有 VCl_4、$VOCl_3$、$V(OOCCH_3)_3$ 等。

催化剂中，铝的用量过高时，会使 V^{3+} 进一步还原成不能使乙烯之外的单体聚合的 V^{2+} 离子；铝的用量过低时则不能保证 V^{3+} 的浓度为最高；因而铝的用量要适当。事实上在反应器中两种离子并存，但是可以加入适当的促进剂如六氯环戊二烯、过氯巴豆酸丁酯、三氯醋酸酯等，提升 V^{3+}/V^{2+} 比值。

用于乙丙橡胶生产的 V/Al 催化剂的缺点是寿命短、引发效率低。为了克服此缺点，一般采用在催化剂体系中加入促进剂，提高钒的催化效率，降低钒催化剂的用量。如向 $C_5 \sim C_9$ 的混合脂肪酸 V 盐/$Al_2(C_2H_5)_3Cl_3$ 催化体系中加入促进剂三氯醋酸乙酯，在聚合温度为 25℃时，用第三单体双环戊二烯进行三元共聚，$[V]=0.2\times10^{-3}$ mol/m³，每克钒的引发效率可达 $5500 \sim 6000g$ EPDM 胶，是未加促进剂的 $8 \sim 9$ 倍；产量由未加促进剂的 4g/100mL 提高到 $5.5 \sim 6g/100mL$，而钒的用量可降低 80％，$Al_2(C_2H_5)_3Cl_3$ 的用量可降低 50％，产品中钒的含量仅为 0.02％。促进剂可以分批加入，促进剂的使用不仅增加了经济效益，还使产品中钒的含量降低，改善了产品的电性能。另外，促进剂还起到了调节产物分子量的作用，达到了改善橡胶加工性能的目的。在使用促进剂时，要考虑促进剂残渣在后处理和污水处理过程中的问题。

② 溶剂　EPDM 的生产主要采用在非极性溶剂中的溶液聚合，其次为淤浆法。可用的

溶剂包括低级烷烃、环烷烃、芳烃与卤烷等。溶剂中应当不含对催化剂、活化剂和对聚合反应有害的杂质及氧。常用的溶剂为己烷、铂重整溶剂油等。

③ 分子量调节剂　乙丙橡胶合成与其他聚合反应相同，有大量反应热释出。聚合温度通常为35℃，难以使反应恒温来达到分子量分布狭窄的目的，只能用其他方法调节分子量大小与分布。通常通过调整聚合参数和外加分子量调节剂两种方法来调节分子量大小与分布。

聚合过程中能够调节分子量的聚合参数有催化剂浓度、铝化合物的种类、Al/V 比值、溶剂种类、单体丙烯/乙烯比、聚合温度、转化率等。如果反应中使用活化剂，产物的分子量会随活化剂的用量而改变。

外加分子量调节剂主要是氢气，其次为二乙基锌、氢化锂铝等链转移剂。

④ 支链与凝胶　ENB 为第三单体时，结合大分子的 ENB 有阳离子化倾向，能够与另一个结合大分子中的 ENB 作用而形成支链。如果存在路易斯碱，它可与结合大分子中有阳离子化倾向的 ENB 作用，从而降低生成支链的概率。

如果升高聚合反应温度，降低 V^{3+}/V^{2+} 比值，则增高了阳离子副反应概率，会增加长支链的生成，甚至形成凝胶，使 EPDM 的加工性能受到影响。DCPD 为第三单体时，由于它的第二个双键有参与聚合反应的倾向，所以生成的支链少。

⑤ 聚合工艺

a. 溶液聚合法　乙烯、丙烯与第三单体的共聚主要采用连续式溶液聚合法。聚合温度控制在35℃左右，聚合热的排除很重要，方法各不相同。聚合釜满釜操作时，反应热靠釜内外的冷冻剂排除；也可采用釜内气、液相并存，靠单体气化排除反应热。由于溶液黏度影响传质与传热过程，当溶液含固量达 5%～10%，门尼黏度达到要求后 $[ML_{1+4}^{125}=10～90]$，应立即加入终止剂，破坏催化剂。水是常用的终止剂。如果不及时终止反应，可能造成门尼黏度"跃升"。脱溶剂和后处理方式与溶液聚合法生产其他合成橡胶的过程相似。

b. 淤浆法　淤浆法是在压力作用下将丙烯液化，用过量的液体丙烯作为溶剂，由于生成的 EPDM 不溶于液体丙烯而呈淤浆状分散于液体丙烯中。此法的优点是溶液黏度低，聚合转化率可提高至20%～40%，可生产高分子量产品。与溶液法相比，反应釜中的丙烯未被溶剂稀释，浓度高，因此聚合速度快，所用催化剂量就少。淤浆法的催化剂单耗量低于溶液法。淤浆法的缺点是产品中有残存的催化剂存在。在产品贮存过程中，还可能催化产生支链和凝胶，并且使硫化胶催化降解而影响 EPDM 的质量。

c. 气相法　气相法是将乙烯、丙烯、ENB 和催化剂连续送入管式流动床反应器，使单体在反应器中流动、聚合。反应热由循环气体带走。也可使用粉状助剂作为载体，使聚合生成的 EPDM 微粒附着于载体上。例如，可用 16%（质量分数）高分散性炭黑作载体。气相法不使用溶剂，产品与未反应的单体分离后不需要后处理操作，生产成本低，但不能脱除催化剂。为了降低产品中催化剂含量，必须使用金属茂（Metallocene）等高效催化剂。

20.2.4.3 乙丙橡胶的性能与用途

(1) 性能

影响二元乙丙橡胶（EPR）性能的主要因素是两种共聚单体形成大分子链的结构参数，即大分子链的组成、单体在大分子链中的分布情况（有无嵌段）、平均分子量高低以及分子量分布的宽窄等。对于 EPDM 而言，除上述因素外，还要考虑第三单体二烯烃的种类与用量、第三单体在主链中的分布情况以及产生支链的情况等。

为了避免形成乙烯嵌段链段，保证其在乙丙橡胶分子中的无规分布，通常要求乙烯含量在50%～70%之间。超过70%时，会使玻璃化温度和耐寒性能下降，加工性能变差。乙烯含量在60%左右的乙丙橡胶的加工性能和硫化胶的物理机械性能较好。

随乙烯含量增加，硫化胶的拉伸强度提高，常温下的耐磨性能改善。乙丙橡胶中可加入较多的增塑剂、补强剂及填料，其硫化胶的加工性良好。

乙丙橡胶最突出的性能是抗臭氧性、抗光老化性以及耐气候性。

三元乙丙橡胶生胶主要性能：

相对密度	$0.86 \sim 0.87$
T_g①	$-45 \sim -60℃$
重均分子量	$200000 \sim 400000$
门尼黏度 ML_{1+4}^{125}	$10 \sim 90$②

注：① 取决于第三单体含量。

② 如用于充油，生胶门尼黏度应 >100。

三元乙丙橡胶硫化胶主要性能：

邵氏硬度/A	$30 \sim 90A$
拉伸强度/MPa	$7 \sim 21$
伸长率/%	$100 \sim 600$
使用温度/℃	$-50 \sim +160$

（2）用途

乙丙橡胶主要用作轮胎、封条、绝缘材料、防水材料等。各项用途的情况见表19-11。

20.2.5　丁基橡胶

20.2.5.1　概述

异丁烯在三氟化硼和助引发剂水的作用下，室温下可聚合得到低分子量聚合物。反应温度降至 $-75℃$ 以下，则可得到高分子量的聚异丁烯，这是一个阳离子型连锁聚合反应：

$$H_3C \overset{H_3C}{\underset{}{C}}=CH_2 \xrightarrow[\text{低温}]{BF_3 + H_2O} \left[H_2C-\overset{CH_3}{\underset{CH_3}{C}} \right]_n$$

生成的聚异丁烯是饱和的，没有双键可供硫化交联之用，所以这种聚异丁烯与其他未经硫化的橡胶一样，具有严重的缺陷，热塑性、冷流性和热机械强度差，没有实用价值。

1937 年成功地合成了异丁烯-异戊二烯共聚物。这种弹性体称为丁基橡胶（Isobutylene-Isoprene Rubber，简称为 IIR）。丁基橡胶共聚物中含有双键，可以硫化，获得了广泛的应用。丁基橡胶最主要的特点是气密性优于天然橡胶和其他合成橡胶。

聚异丁烯商品应用范围宽广，为了适应各种用途，产品的分子量范围很宽。低分子量聚异丁烯为液态，主要用作黏合剂、涂料、密封材料、润滑剂、增塑剂等；中等分子量的聚异丁烯可用作润滑剂的黏度调整剂；高分子量聚异丁烯则可用作橡胶配合剂和热塑性塑料的抗冲改性剂等。

卤化丁基橡胶的发展开拓了丁基橡胶应用的新范围。氯化与溴化丁基橡胶与其他橡胶如天然橡胶和 SBR 配合混炼后，可提高硫化速度，并用来制造内胎。

20.2.5.2　丁基橡胶的合成工艺

（1）丁基橡胶的合成反应机理

丁基橡胶主要由异丁烯单体和少量辅助二烯烃（如异戊二烯、丁二烯等）单体共聚而得。水和氧对催化剂有害，必须清除。反应对单体和溶剂的纯度要求高，异丁烯的纯度必须大于 99.5%，异戊二烯必须大于 98%，而溶剂氯甲烷必须大于 95%。

异丁烯与异戊二烯的共聚反应过程是阳离子聚合。聚合引发体系由引发剂与助引发剂组成，常用的引发剂包括 HCl、CH_3COOH、H_2O 等布朗斯特酸（Brønsted acids）、

$(CH_3)CCl$、$(C_6H_5)(CH_3)_2CCl$ 等烷基氯化物以及酯、醚、过氧化物、环氧化物等。助引发剂主要是路易斯酸，包括 $AlCl_3$、$(Alkyl)AlCl_2$、BF_3、$SnCl_4$、$TiCl_4$ 等。

引发剂首先与助引发剂反应生成阳离子，阳离子与单体加成生成碳阳离子，然后发生连锁阳离子聚合反应，即链引发、链增长、链转移和链终止，最终得到丁基橡胶大分子。由于链引发、链增长、链转移等过程与一般连锁聚合反应相同，现仅阐述碳阳离子生成过程与链终止反应。以 $AlCl_3$ 为例，生成碳阳离子的过程如下：

$$AlCl_3 + H_2O \longrightarrow (AlCl_3OH)^- + H^+$$
$$(CH_3)_2C\!=\!CH_2 + H^+ \longrightarrow (CH_3)_3C^+$$

阳离子增长链通过碳阳离子对湮灭、碳阳离子脱氢、碳阳离子休眠或形成稳定的烯丙基，或与亲核的醇、胺等反应而终止。多数链终止反应生成了端基为双键的大分子。

聚合时，极易发生链转移反应，但链转移反应活化能远大于链增长反应的活化能，故可降低反应温度以抑制链转移反应的发生。聚合温度在 $-60℃$ 左右可获得聚合度为 103 的共聚物。温度需在 $-98℃$ 左右才能得到聚合度为 104 的共聚物。异戊二烯本身是一种有效的链转移剂，提高异戊二烯的用量，可降低产品的平均分子量。

（2）丁基橡胶大分子结构

异丁烯与异戊二烯共聚合成的丁基橡胶大分子可用下式表示：

异戊二烯在大分子主链中是 1,4-加成，为反式构型。每 100mol 大分子中，不饱和摩尔数为 0.5~2.5。由于异戊二烯含量低，异丁烯竞聚率 r_1 与异戊二烯 r_2 的比值近于 1，所以异戊二烯在主链上的分布是杂乱无序的，即大分子主链上双键的分布是无序的。多数产品的分子量分布 $M_w/M_n = 3~5$。异丁烯与若干单体的竞聚率见表 20-5。

表 20-5　异丁烯（r_1）与若干单体的竞聚率

单体2	引发剂体系	溶剂	温度/℃	r_1	r_2
1,3-丁二烯	$Al(C_2H_5)Cl_2$	CH_3Cl	-100	43	0
	$AlCl_3$	CH_3Cl	-103	115 ± 15	0.01 ± 0.01
环戊二烯	$BF_3(C_2H_5)_2O$	甲苯	-78	0.06 ± 0.15	4.5 ± 0.5
	$SnCl_4$-TCA[①]	甲苯	-78	0.21 ± 0.02	6.3 ± 0.6
异戊二烯	$AlCl_3$	CH_3Cl	-103	2.5 ± 0.5	0.3 ± 0.1
	AlC_2H_5Cl	己烷	-80	0.08	1.28
	AlC_2H_5Cl	己烷(50)			
		$CH_3Cl(50)$	-80	1.90	1.05
苯乙烯	$AlCl_3$	CH_3Cl	-103	3 ± 1	0.6 ± 0.3

① TCA 为三氯醋酸。

（3）聚合工艺

通常采用纯溶液法与淤浆法两种聚合工艺使异丁烯与异戊二烯共聚合成丁基橡胶，主要采用以氯甲烷为溶剂的淤浆法，其生产流程见图 20-4。

丁基橡胶生产的最大特点是要求反应温度低达 $-100℃$ 左右。聚合反应为放热反应，生产 1kg 丁基橡胶放热量为 0.82MJ。生产关键是保证低温下反应温度不发生变化，采取的措施主要有两个。一是所有物料在进入聚合釜之前全部急冷至 $-100℃$ 左右的反应温度；另一方法是采用高传热效率、特殊设计的聚合釜和高效传热介质。低温聚合时反应釜壁易结胶，通常备有两套聚合釜，一套用于生产，另一套清洗后备用。

聚合釜的设计通常为瘦长型。中间装有空心管组装的圆筒，圆筒底部装有将胶液进行内

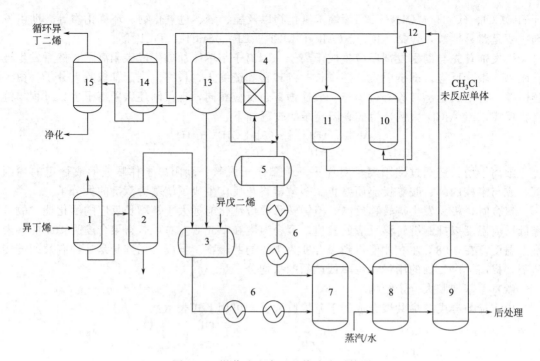

图 20-4　淤浆法生产丁基橡胶流程简图

1—异丁烯干燥塔；2—异丁烯精制塔；3—原料混合器；4—引发剂溶解罐；5—引发剂稀释罐；
6—急冷交换器（四只）；7—聚合反应釜；8—闪蒸器；9—剥离器；10,11—干燥器；
12—循环气体压缩机；13—氯甲烷塔；14—氯甲烷循环塔；15—处理塔

循环的推进器，圆筒空心管和外夹层内通冷却剂。反应釜的材质为能够耐低温的含镍 3.5% 或 9% 的合金钢。

　　反应物料中，单体异丁烯用量为 25%～40%（质量分数），异戊二烯为 0.4%～1.4%，其余为氯甲烷。混合后通过急冷交换器冷却至 −90～−100℃，连续送入聚合反应釜。助引发剂固体无水氯化铝于 30～45℃ 在引发剂溶解器中溶解于氯甲烷，制成浓溶液。加引发剂后，经氯甲烷稀释至要求浓度后急冷至 −90～−100℃，连续送入聚合反应釜。异丁烯聚合转化率控制在 75%～95%，异戊二烯聚合转化率则控制在 45%～85%。从聚合反应釜中流出的胶液含胶量为 25%～35%（质量分数），在反应釜出料管道中通入水与蒸汽以破坏引发剂，然后进入闪蒸器。闪蒸器底部通入的水与蒸汽将胶液中的溶剂和未反应的单体蒸出，析出的丁基橡胶则呈粒状分散于水中，进入剥离器与残存的溶剂和未反应的单体进一步分离后，送往脱水、干燥等后处理工序。蒸出的溶剂和未反应的单体，经压缩液化、精制后回收利用。

20.2.5.3　丁基橡胶的反应

（1）丁基橡胶的硫化

　　丁基橡胶主链中，每 100mol 单体含 0.5～2.5mol 不饱和键，可以用硫黄进行硫化。由于不饱和度低，用硫黄硫化时需加适量促进剂，也可用酚醛树脂进行硫化。卤化丁基橡胶除上述两种硫化剂外，还可用二元胺、氧化锌、过氧化物进行硫化，所以卤化丁基橡胶使用范围更为宽广。丁基橡胶的配合剂与其他橡胶相似，主要是填料、补强剂、加工助剂等。由于补强剂、炭黑主要是与双键作用而补强，用炭黑补强丁基橡胶的作用不十分为明显。丁基橡胶可以与含不饱和键的橡胶混合使用以弥补此缺点。丁基橡胶与氯化丁基橡胶的硫化配方、硫化条件见表 20-6。

表 20-6　丁基橡胶与氯化丁基橡胶的硫化配方、硫化条件（配方中以 100 份橡胶所用为基准）

项目	丁基橡胶		氯化丁基橡胶			
	S/促进剂	树脂	S/促进剂	树脂	二元胺	过氧化物
氧化锌	5	5	5	3		
硬脂酸	2	1			1	1
硫	2		0.5			
MBTS①	0.5		1.5			
TMTD②	1.0		0.25			
Maglite D③			1.0		3	
六亚甲基二胺					1	
酚醛树脂-1				5		
酚醛树脂-2		12				
过氧化物						2
HVA-2④					1	
硫化温度/℃	155	180	160	160	160	155
硫化时间/min	20	80	20	15	15	20

①硫化双苯并噻唑；②二硫化四甲基秋兰姆；③煅烧氧化镁商品名；④间苯双马来酰亚胺。

（2）丁基橡胶的氯化反应

卤化丁基橡胶是最重要的丁基橡胶衍生物，以氯化丁基橡胶的应用最广。氯化丁基橡胶由丁基橡胶溶液氯化而得，氯的用量大约与丁基橡胶中所含的异戊二烯的物质的量相等。氯与大分子链中异戊二烯链段的双键反应，使双键发生位移而得到不同结构的异构物，反应如下：

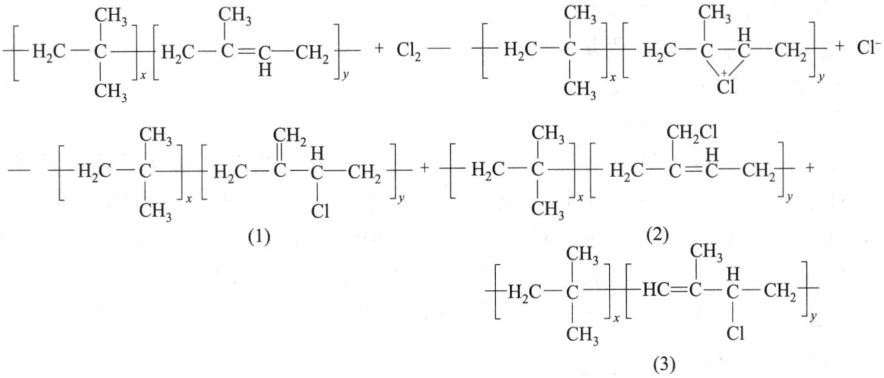

三种反应产物中以（1）为主，占 80％以上。氯原子处于烯丙基的 α-碳原子上，所以较活泼，易与二元胺进行交联（硫化）反应。

20.2.5.4　性能与用途

（1）丁基橡胶的性能

① 硫化后的丁基橡胶气密性优良，透气性是烃类橡胶中最低的，具体数据见表 20-7。

表 20-7　四种橡胶的气密性比较

橡胶	空气	氧	氮	二氧化碳	氢
天然橡胶	100	100	100	100	100
丁苯橡胶	65	73	60	72	84
氯丁橡胶	30	17	24	25	27
丁基橡胶	13	6	11	14	15

② 阻尼性优良，丁基橡胶具有减震、吸能功能好的优点。

③ 耐臭氧性、耐紫外线与耐气候性能优良。丁基橡胶虽具有一般橡胶的交联结构，但非交联的链段是饱和烃长链，不易氧化断链，所以耐臭氧性与耐紫外线性能优良。

④ 耐热性良好。当不饱和度较高、硫化较完全时，丁基橡胶的耐热温度可达150℃。酚

醛树脂硫化胶的耐热温度也较高。

⑤ 电绝缘好，优于一般橡胶。

⑥ 耐酸、耐碱和耐极性溶剂，但不耐浓的氧化酸，吸水性低于一般橡胶，在脂肪烃中会溶胀。

（2）丁基橡胶的用途

丁基橡胶最主要的用途是作为气密性材料，如制造轮胎内胎、气球等。利用其阻尼性优良的特点可用作减震和吸能材料，如汽车保险杠、缓冲器、减震器等，也可作为绝缘材料和其他材料，具体用途见表 19-11。

20.2.6　丁腈橡胶

20.2.6.1　概述

丁腈橡胶（Nitrile Butadiene Rubber，NBR；Nitrile Rubber）由丙烯腈与丁二烯共聚而得，主要采用自由基乳液聚合法进行生产，分子式通式为：

$$\left[\begin{array}{c} H \\ H_2C - C \\ | \\ C \equiv N \end{array}\right]_m \left[CH_2 - \begin{array}{c} H \\ C = CH - CH_2 \\ \end{array}\right]_n$$

由于沿主链有大量—CN 极性基团存在，丁腈橡胶耐油性能优良。根据丙烯腈的含量可将丁腈橡胶分为五种类别。

a. 极高丙烯腈丁腈橡胶：丙烯腈含量 43% 以上。

b. 高丙烯腈丁腈橡胶：丙烯腈含量 36%～42%。

c. 中高丙烯腈丁腈橡胶：丙烯腈含量 31%～35%。

d. 中丙烯腈丁腈橡胶：丙烯腈含量 25%～30%。

e. 低丙烯腈丁腈橡胶：丙烯腈含量 24% 以下。

作为商品用的丁腈橡胶通常为高丙烯腈、中高丙烯腈和低丙烯腈含量的三类品种。

按使用性能和应用范围可将丁腈橡胶分为通用型和特殊型两类。通用型为丁二烯-丙烯腈二元共聚物；特殊型则是引进第三单体的三元共聚物，如羧基丁腈橡胶、部分交联丁腈橡胶、丁腈酯橡胶以及氢化丁腈橡胶、丁腈橡胶与聚氯乙烯的共混物等。

按形态可将丁腈橡胶分为固体（块状、颗粒状）、粉末、液体和胶乳（包括羧基丁腈胶乳）等。

20.2.6.2　丁腈橡胶生产工艺

根据反应温度，可将丙烯腈与丁二烯共聚分为冷法与热法。冷法聚合反应温度为 5℃，热法为 30℃。大型生产装置采用连续法生产；小型生产装置则主要采用间歇法生产。丁腈橡胶生产配方见表 20-8。

表 20-8　丁腈橡胶生产的典型配方

物料	聚合温度	
	冷法（5℃）	热法（30℃）
去离子水	200	200
丁二烯	67	67
丙烯腈	33	33
主乳化剂	2.5	2.5
副乳化剂	0.5	0.5
电解质	0.3	0.3
分子量控制剂	0.4	0.4
螯合铁	0.005	
还原剂	0.03	
过氧化氢	0.04	
过硫酸钾		0.25
氧气捕集剂（如果需要）	0.01	0.01
终止剂（聚合反应结束时加入）	0.2	0.2

工业上多采用冷法生产丁腈橡胶。冷法生产时，采用氧化还原引发体系。生产过程包括原料配制、聚合、单体回收、胶乳贮存及掺混、胶乳凝聚、干燥及压块包装等工序。单体转化率控制在 70%～85% 范围，与乳液法生产丁苯橡胶基本相同。丁腈橡胶易氧化，为了防止存放期间被氧化，在丁腈橡胶胶乳凝聚前，加入适量稳定剂或抗氧剂的乳化液，然后再进行凝聚等后处理工序，这样就可得到含有稳定剂或抗氧剂的丁腈橡胶，即"稳（定）化丁腈橡胶"，也称为"聚稳丁腈橡胶"。

20.2.6.3 丁腈橡胶性能与用途

（1）大分子结构

在 5℃时，丁二烯竞聚率（r_1）与丙烯腈竞聚率（r_2）分别为 $r_1 = 0.28$ 和 $r_2 = 0.02$；50℃时，$r_1 = 0.42$，$r_2 = 0.04$。两种情况下 r_1 与 r_2 的乘积都接近于零，所以两种单体共聚时倾向于交替结构。交替程度与单体配比有关，50/50 时交替程度最高。

在大分子主链中，丁二烯可能存在三种构型，即顺式-1,4（1）、反式-1,4（2）以及 1,2-加成（3）得到的乙烯取代基产物：

丙烯腈含量为 33% 的丁腈橡胶中，丁二烯含量约 90% 为反式，8% 为 1,2 加成，2% 为顺式；丙烯腈含量更高时，顺式结构消失。如果丙烯腈含量降低，则顺式结构增高，但最多为 5%，而 1,2-加成的量保持不变。多数丁腈橡胶商品的丙烯腈含量为 15%～50%，它们的结构虽有所不同，但变化不大。

（2）生胶

生胶商品为无定形聚合物，平均分子量为 250000～600000，大分子具有若干支链甚至交联（凝胶），门尼黏度在 25～100。黏度低的生胶较易塑炼与混炼，高黏度生胶的硫化胶物理机械性能较为优良。生胶的相对密度和玻璃化温度（T_g）与丙烯腈含量的关系见表 20-9。

表 20-9　丁腈橡胶相对密度、T_g 与丙烯腈含量关系

项目	丙烯腈含量							
	15%	20%	22%	30%	35%	40%	45%	50%
相对密度	0.94	0.95	—	—	0.99	—	1.02	1.03
T_g/℃	−49	—	−40	−30	—	−19	—	−9

（3）丁腈橡胶的硫化

丁腈橡胶可用硫黄、含硫化合物、过氧化物、复合物等硫化体系进行硫化，但以硫黄的使用最为普遍。

丁腈橡胶大分子之间作用力较强，比其他合成橡胶难塑炼，特别是热法产品和高门尼黏度丁腈橡胶更难塑炼。丁腈橡胶生胶韧性高，塑炼产生的热量大，不能用密炼机进行混炼，仅可用开炼机混炼。

（4）硫化丁腈橡胶的性能与用途

丁腈硫化胶突出的特点是耐油性优良，仅次于作为特种橡胶的氟橡胶与聚硫橡胶。此外，丁腈硫化胶耐热性良好，耐磨性高和黏结力强。缺点是耐臭氧性差、耐低温性差、弹性稍低、电绝缘性较差。

丁腈硫化胶主要用来制造耐油橡胶制品，如耐油管、胶带、大型油囊、制动用耐油零部件、垫圈、衬里等；不宜用作绝缘材料。

为了改进丁腈橡胶的性能并使之多样化，发展了氢化丁腈橡胶、羧基丁腈橡胶、共混改性丁腈橡胶以及粉末丁腈橡胶等。氢化丁腈橡胶不仅保留了丁腈橡胶的原有特性，还具有优异的耐热、耐氧化和耐化学药品的性能。与热塑性塑料共混改性产品如 NBR-PVC、NBR-PP、NBR-PA 等已工业化生产。由羧基丁腈橡胶与 PVC 共混制得的具有离子交换性能的热塑性弹性体，具有优良的耐油性和良好的回弹性。

20.2.7 氯丁橡胶

20.2.7.1 概述

氯丁橡胶（Chloroprene Rubber，CR；Neoprene，Polychloroprene）由单体 2-氯-1,3-丁二烯经乳液聚合而得。1937 年市场上出现了第一个工业化生产的合成橡胶-氯丁橡胶。氯丁橡胶大分子聚集结构较为规整，为结晶性橡胶。氯丁橡胶有多种分类方法，按用途可分为通用型与专用型；按分子量调节方式可分为硫黄调节型、非硫黄调节型、混合调节型；按结晶速度和程度可分为快速结晶型、中等结晶型和慢结晶型；按门尼黏度可分为高门尼型、中门尼型和低门尼型；按所用防老剂种类可分为污染型和非污染型；按产品形态可分为固体、胶乳和液体三类。

工业上将硫黄调节型氯丁橡胶称为 G 型，非硫黄调节型氯丁橡胶称为 W 型。

氯丁橡胶的物理机械与抗疲劳平衡性能仅次于天然橡胶，耐油、耐化学药品和耐热性优良。

20.2.7.2 氯丁橡胶生产工艺

室温下，纯度高的 2-氯-1,3-丁二烯单体贮存时易发生二聚化和自聚合反应。因为 2-位上存在强负电性氯原子，所以 2-氯-1,3-丁二烯单体的聚合活性高，易被空气中的氧所形成的过氧化物引发聚合。

主要采用乳液聚合法生产氯丁橡胶，可以根据需要生产不同牌号的产品。少数情况下，采用本体聚合或溶液聚合法生产接枝聚合物、黏合剂或液体氯丁橡胶。

氯丁橡胶乳液聚合温度控制在 40~42℃，聚合时间为 2~2.5h，单体转化率为 89%~90%，胶乳相对密度 1.068。其生产过程与其他合成橡胶的乳液聚合法生产基本相同，不作赘述。

氯丁橡胶乳液聚合法特殊之处在于以下方面。

（1）支链与凝胶

单体活性高，容易产生链转移反应而生成长支链，甚至交联物（凝胶）。如果不添加链转移剂，当单体的转化率达到 30% 时，凝胶产生达 90%，影响生胶的加工性。所以氯丁橡胶生产中要防止产生大量支链与凝胶。

（2）分子量控制

① 硫黄调节型　为了防止产生支链与凝胶，聚合中须加入分子量调节剂。最适宜氯丁橡胶的分子量控制剂是硫黄。硫黄的作用不同于一般的链转移剂，硫原子结合入主链中生成共聚物，最后发生主链断裂，得到分子量合适的产品，从而达到控制产品分子量的目的。结合入主链的硫黄链段由 2 个或 8 个硫原子组成，极少有 3~7 个硫原子结合入主链。

② 非硫黄调节型　非硫黄分子量调节剂主要是使用硫醇或其他硫化物来控制氯丁橡胶的分子量。

③ 复合调节型　该方法使用硫黄、硫醇或其他分子量调节剂组成的混合物来调节氯丁橡胶分子量。

20.2.7.3 氯丁橡胶性能与用途

（1）聚氯丁二烯类型

由于1,3-丁二烯的2-位上存在强负电性氯原子，它与共轭二烯键相互影响，所以聚合生成的聚氯丁二烯在性能上不是不饱和型橡胶，它有四种不同类型聚合物：

① α型线型聚合物，结构规整有可塑性，为主要成分；

② β型环状结构的聚合物，主要是氯丁二烯的二聚体；

③ μ型支链聚合物，无可塑性，类似硫化胶；

④ ω型高度网状或交联的体型结构聚合物，为爆米花式的聚合产物，应当注意防止这种副反应的发生。

（2）大分子结构

2-氯-1,3-丁二烯（氯丁二烯）与2-甲基-1,3-丁二烯（异戊二烯）两种单体的化学结构相同，所以它们的均聚物聚氯丁二烯与聚异戊二烯有相似结构和相同数目的异构体，不同之处在于聚氯丁二烯以反式-1,4为主，而且其微观结构的组成取决于聚合温度，详见表20-10。

表 20-10　不同聚合温度下聚氯丁二烯的微观结构组成

聚合温度/℃	1,4-加成			1,2-加成	1,2-异构化	3,4-加成
	反式	相反①	顺式			
+90	85.4	10.3	7.8	2.3	4.1	0.6
+40	90.8	9.2	5.2	1.7	1.4	0.8
+20	92.7	8.0	3.3	1.5	0.9	0.9
0	95.9	5.5	1.8	1.2	0.5	1.0
−20	97.1	4.3	0.8	0.9	0.5	0.6
−40	97.4	4.2	0.7	0.8	0.5	0.6
−150	～100	2.0	<0.2	<0.2	>0.2	<0.2

①一般情况下，2-氯-1,3-丁二烯聚合时，反式-1,4是尾-头相连接；"相反"指不是尾-头连接的。

由表20-10可知，当聚合反应温度为+40℃左右时，聚氯丁二烯的反式-1,4含量为90%左右；当聚合反应温度为0℃左右时，聚氯丁二烯的反式-1,4含量高达96%左右。

（3）生胶性能

① 生胶的基本性质　聚氯丁二烯含有极性氯原子，结构规整性高，分子链柔性差，生胶长时间放置后会逐渐结晶而影响加工性。

聚氯丁二烯生胶相对密度为1.23，平均分子量一般在$2 \times 10^4 \sim 10^6$范围，玻璃化温度为−40～−50℃，受热至230～260℃分解，可溶于苯和氯仿等溶剂中，在脂肪烃和植物油中溶胀而不溶解。在光作用下，易转变为不溶于苯的μ型聚合物，贮存稳定性差。

② G型氯丁橡胶　G型氯丁橡胶为硫黄调节型生胶，通常含有稳定剂秋兰姆。每个大分子主链平均含有80～110个多硫键（2个或8个硫原子）。—C—S—键不稳定，在光线、热和氧的作用下易断裂而重组生成支链产品，甚至产生凝胶，所以贮存稳定性差，但此特点使其易于硫化。

③ W型氯丁橡胶　W型氯丁橡胶为非硫黄调节型生胶，是用十二硫醇为分子量调节剂生产的氯丁橡胶，平均分子量约为20万，分子量分布较窄，支链少，大分子结构规整性高于G型。

20.2.7.4 氯丁硫化橡胶的性能与用途

（1）硫化

由于氯丁生橡胶不饱和性不明显，通常不用硫黄进行硫化，而是采用金属氧化物如氧化锌、氧化镁等作为硫化剂。G 型氯丁生橡胶含有的秋兰姆可作为促进剂。G 型氯丁生橡胶比 W 型氯丁生橡胶的硫化速度快，硫化胶的力学性能良好，黏合性好，但易焦烧，有粘辊现象。W 型氯丁生橡胶硫化速度较慢，硫化胶的耐热性能良好，压缩变形性较低。

（2）硫化橡胶的性能

硫化氯丁橡胶的力学性能与天然橡胶相近，耐臭氧性与耐气候性优良，耐老化性好，具有阻燃性，耐油、耐非极性溶剂，气密性仅次于丁基橡胶，但耐寒性较差，与天然橡胶和丁苯橡胶力学性能比较见表 20-11。

表 20-11　氯丁橡胶与天然橡胶、丁苯橡胶力学性能比较

橡胶品种	纯橡胶		炭黑增强	
	拉伸强度/MPa	断裂伸长率/%	拉伸强度/MPa	断裂伸长率/%
氯丁橡胶	20.6～27.5	800～900	20.6～24	500～600
天然橡胶	17.2～24	780～850	24～30.9	550～650
丁苯橡胶	1.4～2.1	400～600	17.2～24	500～600

（3）用途

硫化氯丁橡胶大量用于制造耐热运输带、耐油及耐化学腐蚀的胶管、印刷胶辊、衬里、垫圈以及某些阻燃制品等，也可用作黏合剂，用途分类占有量见表 19-11。

20.3　特种橡胶

随着科学技术的发展，国防、宇航、航空等领域对合成橡胶的性能提出了更多新要求，要求弹性材料能在高温、低温、辐射、热油、热氧化等极端条件下使用。天然橡胶与通用合成橡胶无法满足这些要求，因而发展了有特殊性能和特殊用途、能适应苛刻条件下使用的特种合成橡胶，简称特种橡胶。特种橡胶包括耐 300℃ 高温、耐强侵蚀、耐臭氧、耐光、耐气候、耐辐射和耐油的氟橡胶；耐 -100℃ 低温和 260℃ 高温、对温度依赖性小、具有低黏流活化能和生理惰性的硅橡胶；耐热、耐溶剂、耐油、电绝缘性好的丙酸酯橡胶；以及聚氨酯橡胶、聚醚橡胶、氯化聚乙烯、氯磺化聚乙烯、环氧丙烷橡胶、聚硫橡胶等。

20.3.1　硅橡胶

20.3.1.1　概述

硅橡胶通常为聚二甲硅氧烷线型聚合物。为了改进硅橡胶的耐热性、耐溶剂性、硫化性等性能，原料二甲基二氯硅烷可用少量带有苯基（C_6H_5—）、氰基（—CN）、乙烯基（CH_2=CH—）或氢原子等基团的二氯硅烷单体取代。

低分子量硅橡胶可直接用单体二氯硅烷水解制得。高分子量硅橡胶先由二氯硅烷单体水解，合成八环单体八甲基四硅氧烷，精制提纯后再催化开环制得。

未硫化的硅橡胶是通式为 —$Si(R)_2$—O— 的线型聚合物，由于分子量的不同，其形态可为液态或胶体状半固态。未硫化的硅橡胶分子量通常不高，需经过硫化处理使线型聚合物转化为交联结构才能得到有一定机械强度的弹性体。硅橡胶最主要的特点是耐高温与耐低温性优异，使用温度范围可达 -100～350℃。硅橡胶的分类如下。

① 按照原料单体种类，可分为甲基硅橡胶、甲基乙烯基硅橡胶、甲基苯基乙烯基硅橡胶、氟硅橡胶和腈硅橡胶等。

② 按照硫化条件，可分为室温硫化型与高温硫化型两类。室温硫化型又分为单组分室温硫化硅橡胶、双组分缩合室温硫化硅橡胶和双组分加成室温硫化硅橡胶三种。

③ 按照用途和性能，可分为通用型、超耐低温型、超耐高温型、高强力型、耐油型、医用型等。

20.3.1.2 硅橡胶化学结构与硫化反应

（1）生胶大分子化学结构

硅橡胶生胶大分子化学结构可分为三部分，即主链、主链的硅原子上连接的基团以及端基。

① 硅橡胶的主链由-硅-氧—Si—O—键构成，为无支链线型，其数目决定大分子链的长短。

② 构成主链的每个硅原子与两个一价基团连接，如—CH_3、—C_6H_5、—$CH=CH_2$、—H、—OH、—OR 等，主要是与—CH_3 基团连接。多于一个碳原子的基团热稳定性差，将影响硅橡胶的耐热性能。引入—$CH=CH_2$、—H、—OH、—OR 等活性基团的目的在于硫化；引入苯基可提高其耐热性；引入—CH_2CH_2CN 基团可提高其耐油性；引入—$CH_2CH_2CF_3$ 基团可提高其耐腐蚀性和耐热性。含有—CN 基团的称为腈硅橡胶，含有—CF_3 基团的称为氟硅橡胶。

③ 端基主要是—OH 和—OR。如果线型分子主链上含有可发生硫化反应的活性基团，则端基可为—CH_3 等惰性基团。

（2）生胶的硫化反应

与碳烃型合成橡胶相同，线型结构的硅橡胶生胶必须经过硫化过程，转变为稀疏交联结构的硫化胶后才有使用价值。硅橡胶生胶的硫化主要是利用已存在的—CH_3、—$CH=CH_2$、—H、—OH、—OR 等基团发生下述各种反应。

① 氧化脱氢反应　常用的硫化剂为过氧化二苯甲酰等酰基过氧化物和过氧化二异丙苯等烷芳基过氧化物，反应示例如下：

$$ArO—OAr \longrightarrow 2ArO\cdot$$

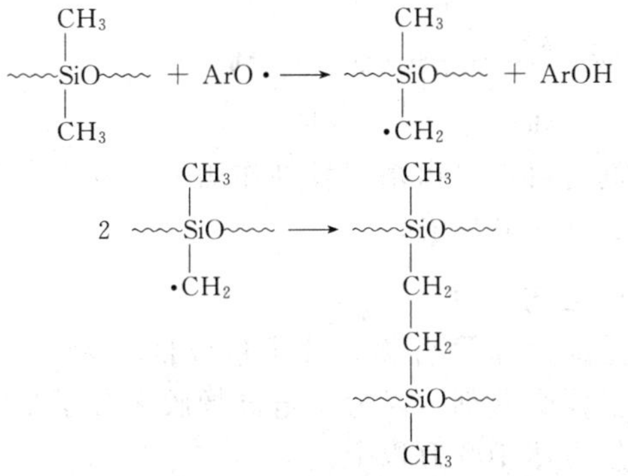

② 缩合反应　缩合反应是硅橡胶硫化过程中重要的反应。硅橡胶生胶是线型低聚物，属于遥爪型结构，聚合物两端具有—OH 或—OR 等活性基团。此类低聚物的端基在硫化过程中与三元活性硫化剂发生缩合反应，形成交联结构。硫化剂是具有活性基团的有机硅化合物，活性基团主要为烷氧基（RO—）、酰氧基（RCOO—）、氢硅基（—SiH）、酮肟基（C=NOH）等。硫化反应如下：

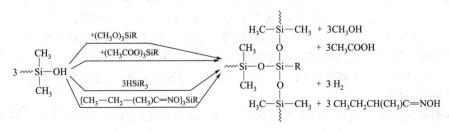

硫化剂的选择取决于所用的硅橡胶。缩合反应所需的催化剂主要为酸、碱以及金属的有机络合物，特别是 Sn^{2+}、Sn^{4+} 与给氧配位体形成的络合物，如月桂酸丁基锡等。

③ 加成反应　与硅原子结合的不饱和基团如乙烯基，可以和 Si—H 键的 H—发生加成反应，此反应在受热条件下由 Pt 催化剂催化反应：

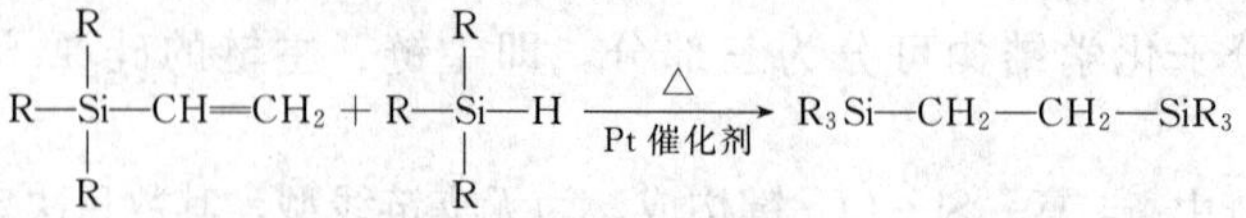

此反应的特点是 H-原子 95% 以上向乙烯基 β-位加成，而不向 α-位加成，因而无副产物，并且物料不收缩。硅橡胶利用此反应进行硫化的反应如下：

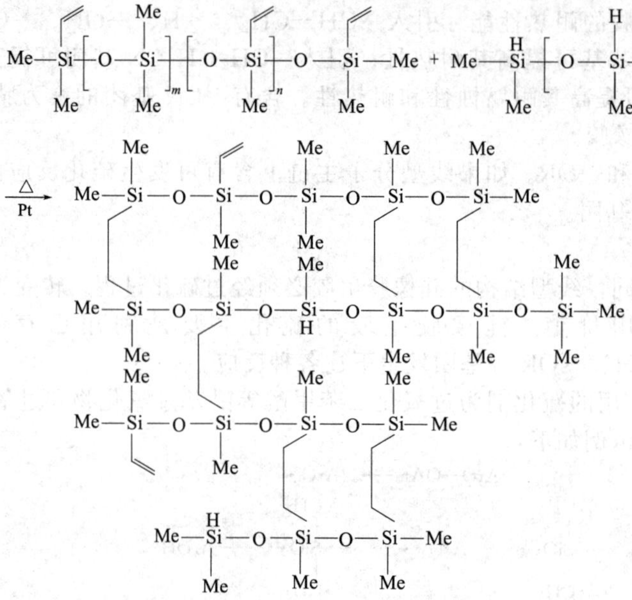

生胶分子含有的乙烯基也可在自由基引发剂作用下，发生自由基聚合反应。但由于乙烯基浓度低，硫化过程中较少利用此反应。

20.3.1.3　硅橡胶硫化工艺

液态的硅橡胶基本上是遥爪型聚合物，分子量较低，为 $50000\sim60000$，活性基团存在于分子两端，硫化时需用多元交联剂。高分子量硅橡胶大分子主链上已存在若干可以进行硫化的活性基团，所以分子量可达 100 万以上。

硅橡胶与其他橡胶相同，必须加入适当配合剂后硫化才能得到性能优良的橡胶制品。

（1）硅橡胶配合剂

① 硫化体系　硅橡胶生胶可以经化学交联、高能辐射交联和光辐射交联转变为硫化胶，但以化学交联的应用最广泛。化学交联所用的硫化体系包括过氧化物、催化剂和必要时加入的交联剂等。

过氧化物硫化剂主要是芳酰类过氧化物，如过氧化二苯甲酰（BPO）等。这一类过氧化物活性高，可用于饱和型硅橡胶的硫化。过氧化二叔丁基（DPBP）、过氧化二异丙苯（DCP）等活性较差，仅可使含有乙烯基的硅橡胶硫化。过氧化物的分解产物有时会对产品造成不良影响，因此应控制过氧化物的用量。每百份二甲基硅橡胶应使用 $4\sim6$ 份过氧化二苯甲酰膏，乙烯基硅橡胶硫化时用量为 $0.5\sim2$ 份。为安全起见，过氧化二苯甲酰用硅油调制为 50% 的硅油膏。

应根据硅橡胶的种类和反应类型选择催化剂。如果硫化过程发生缩合反应，则用有机锡化物如二丁基二月桂酸锡、辛酸锡等，但前一种锡化物有毒性，不能用于医疗用品；也可用钛化物如钛酸酯作催化剂，它还可产生交联剂的作用。硫化过程发生加成反应时，则用铂类催化剂。

液态遥爪型硅橡胶硫化体系中，常用烷氧基钛、烷氧基硅等多元烷氧基化合物以及多元烷氧基硅低聚物等作为交联剂。

② 补强、填充体系　未经补强的硫化硅橡胶机械强度较差，拉伸强度低于1MPa，伸长率为50%～80%；但是经适当补强后，拉伸强度可提高数十倍。

主要用粒径在8～30μm的白炭黑（活性二氧化硅）作为硅橡胶的补强剂，每克白炭黑表面积为150～400m²，每百份硅橡胶的白炭黑用量为40～60份。

硅藻土、沉淀碳酸钙、钛白粉（二氧化钛）等可用作填充剂，但它们也具有一定的补强作用。

为了制造有颜色的硅橡胶制品，必须加入着色剂。着色剂必须具有热稳定性，不与过氧化物反应等性质。主要使用无机颜料作为着色剂。

③ 其他配合剂　为了改进硅橡胶的工艺性能和使用性能，还可加入其他配合剂。例如，为延缓贮存期发生结构变化，可加入结构控制剂；为了减少硅橡胶的永久压缩变形，可加入抗压缩变形的氧化亚汞或氧化镉等。

（2）硫化工艺

按照硫化工艺条件，硅橡胶分为高温硫化（热硫化）和室温硫化两种类型。室温硫化又分为室温缩合硫化和室温加成硫化两类。

高温硫化主要用来生产固定形状的硅橡胶制品。室温硫化硅橡胶主要作为粘接剂、灌封材料或模具制造。热硫化型硅橡胶用量最大。

按照不同商品形式，室温硫化胶又分为单组分包装和双组分包装。单组分室温硫化硅橡胶用于电子器件的密封保护、黏合、涂布等。双组分室温硫化硅橡胶用于精密铸造使用的弹性模具、牙科印模材料、玻璃幕墙黏结密封及航天器耐烧蚀涂料等。

① 高温硫化　高温硫化适用于高分子量二甲基硅橡胶的硫化和乙烯基硅橡胶加成反应硫化。硫化时，将催化剂除外的各种配合剂与胶料置于双辊机中加热混炼，混炼温度取决于硅橡胶产品种类。物料混炼均匀后，必要时适当降温，然后再加入催化剂。经短时间混炼后，将混炼好的胶料送入模具中，加压加热进行第一次硫化。为排除硅橡胶硫化速度慢而产生的有害副产物，必须采用二段硫化法。第一次硫化定型后，打开模具排放气体，厚壁制品应注意排除壁内气泡。然后加热进行第二次硫化，完成高温硫化过程。第一次硫化通常在120～130℃硫化30min。第二次硫化的温度为200～250℃，时间为数小时至24h，具体时间取决于制件的大小。生产工艺流程见图20-5。

② 单组分室温硫化　硫化配方主要由RO—或HO—为端基的液态遥爪型硅橡胶、含多元RO—基团的交联剂、催化剂、必要时添加的配合剂等组成。使用前应密封隔绝水汽，使用时暴露在空气中，使水分将烷氧基水解为羟基，羟基在缩合催化剂作用下，迅速脱水或直接脱醇而使硅橡胶硫化。

③ 双组分室温硫化　配方成分之一是以HO—为端基的液态遥爪型硅橡胶或含有少量可以发生加成反应的含乙烯基团的硅橡胶和惰性配合剂组成的混合物；另一组分主要是催化剂与交联剂混合物。使用时将两组分混合，发生化学反应而使硅橡胶硫化。

如果硅橡胶硫化过程中发生缩合反应，则称为室温缩合型硅橡胶；如果发生加成反应则称为室温加成型硅橡胶。

20.3.1.4　硅橡胶的性能和用途

（1）性能

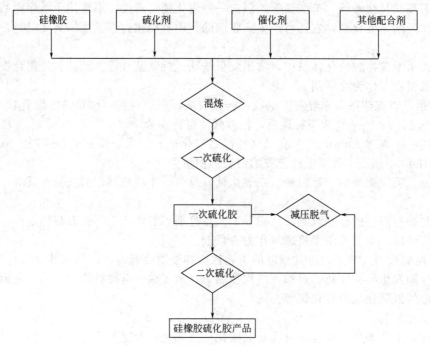

图 20-5　硅橡胶高温硫化生产工艺流程

硅橡胶生胶的主要品种是液态至胶状物半固体的聚二甲基硅氧烷，机械强度较差、无色、无臭、无毒。

硅橡胶的硫化胶有优良的电绝缘性，抗电弧、抗电晕、抗电火花能力强；防水、防潮、抗冲击力、抗震性好；可透气，具有生理惰性，使用温度范围为 $-100 \sim +350℃$。

（2）用途

硅橡胶制品可做成各种形状的密封圈、垫片、管、电缆，也可做人体器官、血管、透气膜、橡胶模具和精密铸造模具等。硅橡胶的用途非常广泛，可作为软模材料大量用于文物、工艺品、玩具、电子电器、机械零件等的复制与制造。硅密封胶已是重要的建筑材料，玻璃幕墙是将玻璃与铝合金框架用硅结构胶粘接而成的。硅密封胶还用于航空航天、核电站、电子、机械、汽车等行业。硅橡胶制品还可作为灌封材料用于电子元器件灌封和作为有机硅模具胶等。

硅橡胶是生理惰性材料，与人体组织的相容性良好，可广泛用来制造人体内外导管、插管、人造血管以及人工关节等。

20.3.2　氟橡胶

20.3.2.1　概述

氟橡胶是在大分子碳-碳主链或侧链上结合大量氟原子的合成高分子弹性体。它们基本上是全氟代烯烃的二元、三元甚至四元单体的共聚物。因为共聚才可能得到无定形弹性体聚合物。氟橡胶具有高度的化学稳定性，是目前所有弹性体中耐油、耐化学介质性能最好的一种产品。

氟橡胶是航天、航空以及一些高科技领域必不可少的弹性材料。氟橡胶有多种不同化学结构。重要的商品有：

① 氟橡胶 23，国内俗称 1 号胶，为偏氟乙烯和三氟氯乙烯共聚物；

② 氟橡胶 26，国内俗称 2 号胶，杜邦牌号为 VITON A，为偏氟乙烯和六氟丙烯共聚物，综合性能优于 1 号胶；

③ 氟橡胶 246，国内俗称 3 号胶，杜邦牌号为 VITON B，为偏氟乙烯、四氟乙烯、六

氟丙烯三元共聚物，氟含量高于 2 号胶，耐溶剂性能优良；

④ 氟橡胶 TP，国内俗称四丙胶，为四氟乙烯和丙烯共聚物，耐水蒸气和耐碱性能优越；

⑤ 偏氟醚橡胶，杜邦牌号为 VITON GLT，为偏氟乙烯、四氟乙烯、全氟甲基乙烯基醚、硫化点单体四元共聚物，低温性能优异；

⑥ 全氟醚橡胶，杜邦牌号为 KALREZ，为四氟乙烯、全氟甲基乙烯基醚与硫化点单体的三元共聚物低温性能优异，氟含量高，耐溶剂性能优异；

⑦ 氟硅橡胶，低温性能优异，具有一定的耐溶剂性能。

20.3.2.2　氟橡胶合成工艺

绝大多数氟橡胶单体是不饱和化合物，主要通过自由基聚合机理和乳液聚合法，用间歇法、半间歇法和连续法生产。多数氟单体常压下为气体，聚合温度通常在 30～125℃，压力在 0.35～10.4MPa；引发剂为过硫酸铵等有机或无机过氧化物；乳化剂则用氟代脂肪酸皂。为了控制产品的分子量，可利用不同的引发剂与单体配比或加入异丙醇、甲醇、丙酮以及十二硫醇等链转移剂。含固量达到 20%～40% 时终止反应。脱单体及后处理方法与其他乳液聚合相似。

20.3.2.3　氟橡胶的配合与硫化

（1）配合剂

氟橡胶与其他橡胶相同，在硫化前要加入若干配合剂。氟橡胶所需配合剂种类较少，典型配方（不包括硫化剂）见表 20-12。

表 20-12　氟橡胶所需配合剂典型配方

物料类别	用量（质量份）
氟橡胶	100
无机碱，氧化镁、氧化钙	6～20
填料（具或不具补强作用）	0～60
硫化促进剂（氟橡胶中如有此成分则不需再加）	0～6
加工助剂	0～2

（2）硫化剂

乳液聚合生产的氟橡胶是生胶，必须经过硫化过程方可得到有应用价值的硫化氟橡胶。氟橡胶是饱和弹性体，不能用硫黄进行硫化，应用易与氟发生反应的二元化合物作为硫化剂。常用的硫化剂有二元胺、二元羟基化合物（双酚-A）/促进剂以及过氧物/活性助剂三种。双酚-A 与碳正离子或磷正离子组成的硫化体系应用最广泛。三种硫化体系对氟橡胶性能的影响见表 20-13。

表 20-13　硫化体系对氟橡胶性能的影响

性能	二元胺	二元羟基化合物/促进剂	过氧化物/活性助剂
硫化速度	慢	优	良
焦烧	差	优	良
压缩永久形变	差	优	中等
耐化学腐蚀性	典型	典型	典型
耐热性	优	优	良
加工性	差	优	差至良

（3）硫化过程

氟橡胶与配合剂和硫化剂可以在开炼机或密炼机中进行混炼。在密炼机中进行混炼的氟橡胶胶料的门尼黏度（ML_{1+10}^{121}）通常为 5～160；温度为 100～125℃；时间为 5～8min。混炼好的胶料置于模具中进行硫化，过程与硅橡胶高温硫化相同，氟橡胶也是分两段硫化。

胶料置于模具中后，加压加热使氟橡胶进行第一段硫化定型，加热温度约为 180~200℃。然后将已定型的氟橡胶制品取出，置于高温硫化炉中继续在 200~260℃加热 16~24h，进行第二段硫化。为了防止氟橡胶硫化过程中 HF 的腐蚀作用，硫化配方中应加入吸酸剂。

20.3.2.4　氟橡胶的性能与用途

（1）性能

氟橡胶的耐化学介质稳定性是各类橡胶中最优异的，其耐高温性也很优良，可耐 200~300℃高温，在 250℃可长期使用，有的品种短期使用温度可达 400℃。氟橡胶的力学性能在常压与真空条件下都很优良，缺点是耐低温性和耐辐射性都较差。

（2）用途

氟橡胶耐高温性优良，可作为耐 250~300℃高温材料和高真空下的密封件，用于宇航和其他高科技领域。氟橡胶制造的胶管可用于高温条件下输油和输送化学介质等。汽车工业的发展和对环境污染的重视，使氟橡胶输油管以及密封圈在汽车业得到广泛应用与发展。

20.3.3　其他特种橡胶

特种橡胶除了硅橡胶、氟橡胶外，还有聚硫橡胶、丙烯酸酯橡胶、聚醚类橡胶、聚氨酯橡胶、氯磺化聚乙烯橡胶等。它们的产量较少，但有各自的特点和用途。

20.3.3.1　聚硫橡胶

聚硫橡胶化学通式为：

$$HS \overline{\ \cdot\ R - S_x\ } _n SH$$

式中 $x > 1$，通常稍小于 2、高至 4；n 则由产品要求的分子量所决定。R 为脂肪基，主要是 $-CH_2-CH_2OCHOCH_2CH_2-$。有些产品还含有由三氯丙烷形成的支链结构，以便于硫化时形成交联。

（1）合成工艺

聚硫橡胶由二氯化物如 $Cl-CH_2CH_2OCHOCH_2CH_2-Cl$、$Cl-CH_2CH_2-Cl$、$Cl-CH_2CH(OH)CH_2-Cl$ 和多硫化钠（Na_2S_x，$x = 2~4$）经缩聚反应而得。

聚硫橡胶原料多硫化钠为水溶性化合物，二元氯化物则不溶于水，所以采用相似于悬浮聚合的生产方法。用当时新反应制备（in situ）的氢氧化镁作为分散剂，在介质水中进行缩聚反应。生成的聚硫橡胶以氢氧化镁为分散剂悬浮于水中，用盐酸或硫酸将氢氧化镁分解后，聚硫橡胶则自行凝聚。

根据聚硫橡胶产品分子量的要求，可以通过改变两种原料配比、反应时间以及加入分子量调节剂等方法得到黏度差别很大的液态或固态聚硫橡胶。聚硫橡胶多数含有三元单体导入的支链键，三元单体用量为 0.5%~2.0%。用量最大的液态聚硫橡胶平均分子量最低约为 1000，最高达 8000。

液态聚硫橡胶平均分子量较低，生产时多硫化钠的用量远多于理论量，因而导致产品中含有多硫键 $-\overset{\|}{\underset{S}{C}}-S-S-\overset{\|}{\underset{S}{C}}-$，这种情况下聚硫橡胶不够稳定，应进行脱硫处理。脱硫处理的方法是用氢氧化钠处理分散液，但得到的聚硫橡胶分子量一般过高，还需用硫氢化钠加热反应，进行降解处理。最后通过酸化，破除氢氧化镁的分散剂作用，使液态聚硫橡胶凝聚析出。液态聚硫橡胶生产过程实际上分为缩聚、脱硫、降解（又称断链）和凝聚四个阶段。

（2）硫化

生产聚硫橡胶生胶时，原料中如无三元单体，产品为线型分子；如加有三元单体，则产品有支链，但端基同为 $-SH$ 基团。与其他生胶相同，聚硫橡胶生胶必须经过硫化转变为硫化胶后才有使用价值。聚硫橡胶大分子中无双键，不能用硫黄进行硫化。硫化过程中，基本上都靠端基—SH 的活性发生化学反应，大致可分为两类情况。

① 扩链反应　纯线型聚硫橡胶大分子的硫化过程中，依靠扩链反应转变为固态的聚硫橡胶大分子。

② 交联反应　具有支链的聚硫橡胶大分子在硫化过程中，端基所有—SH 发生化学反应，形成交联结构而固化。端基—SH 发生的化学反应有：

a. 氧化反应

$$\sim\!\!\sim\!\!SH \xrightarrow{[O]} \sim\!\!\sim\!\!S\!-\!S\!\sim\!\!\sim + H_2O$$

b. 环氧加成反应

$$\sim\!\!\sim\!\!SH + R\!-\!CH\!-\!CH_2 \longrightarrow R\!-\!CH\!-\!CH_2\!-\!S\!\sim\!\!\sim\!S\!-\!CH_2\!-\!CH\!-\!R$$
$$\underset{O}{\quad} \qquad \underset{OH}{\quad} \qquad \qquad \underset{OH}{\quad}$$

c. 与异氰酸酯发生加成反应

$$\sim\!\!\sim\!\!SH + N\!\!=\!\!C\!-\!O\!-\!R\!-\!O\!-\!C\!\!=\!\!N \longrightarrow \sim\!\!\sim\!\!S\!-\!C\!-\!NH\!-\!R\!-\!NH\!-\!C\!-\!S\!\sim\!\!\sim$$
$$\underset{O}{\quad} \qquad \qquad \underset{O}{\quad}$$

d. 与酚醛树脂发生的缩合反应

$$\sim\!\!\sim\!\!SH + HOCH_2\!-\!酚醛树脂\!-\!CH_2OH \longrightarrow \sim\!\!\sim\!\!S\!-\!CH_2\!-\!酚醛树脂\!-\!CH_2\!-\!S\!\sim\!\!\sim + H_2O$$

氧化反应是聚硫橡胶硫化过程中最常见的反应。此外，醛、有机酸以及活性二烯都可与硫醇端基发生反应。主链中的多硫键—S—S—在亲核试剂作用下，可发生断裂反应：

$$R\!-\!S\!-\!S\!-\!R + X^- \longrightarrow RS\!-\!X + RS^-$$

聚硫橡胶生产中的"断链"操作即基于此反应。

（3）配合剂

聚硫橡胶配合剂包括：

① 填料及补强剂，如炭黑、白炭黑、钛白粉、沉淀碳酸钙等；

② 硫化剂（固化剂），如氧化物铬酸钠、铬酸钾；无机过氧化物，如过氧化锌、过氧化钾、过氧化铅、过氧化锰、过氧化铁、过氧化镁、过氧化锡；以及有机过氧化物，如过氧化苯甲酰、过氧二异丙苯、过氧化甲乙酮等。

此外，还有增塑剂、增黏剂、硫化促进剂、硫化延缓剂等。环氧树脂和酚醛树脂可用作增黏剂，它们不仅增加了黏度，还增加了与其他材料的黏结强度。

（4）组成配方

聚硫橡胶最主要的用途是用作密封胶。密封胶多为液态物，工业商品为双组分包装。一组分是聚硫橡胶与配合剂；另一组分为固化剂（硫化剂）以及促进剂或延缓剂等。使用时将两者混合均匀即可。

（5）性能与用途

① 性能　聚硫橡胶高分子主链上含有硫原子，形成饱和的—C—S—、—S—S—键，因此硫化后的聚硫橡胶具有优异的耐油、耐溶剂、耐老化、耐酸碱的特性，并且耐热、耐水、透气率低、弹性好、对金属和非金属都有较高的黏结力。

② 用途　聚硫橡胶最主要的用途是用作密封胶，主要用于中空玻璃的密封、高层建筑屋顶板缝的密封防水以及地铁、隧道、污水处理厂、机场跑道、大型水利工程伸缩缝的密封防水等。

20.3.3.2　丙烯酸酯橡胶

构成丙烯酸酯橡胶（Acrylic Rubber，Acrylic Elastomers，简称 ACM）主链的单体至少含有 99%（摩尔分数）丙烯酸酯弹性体，其余为可发生硫化反应的单体。另有一类合成橡胶是乙烯与丙烯酸酯共聚弹性体，不属于丙烯酸酯橡胶范畴。

参与硫化的单体必须含有可共聚的双键和易发生硫化反应的基团或原子，最理想的是可共聚的双键和发生硫化反应的基团能够相互活化。工业上应用广泛的主要是含活性氯和含环氧基团的两类单体，如氯乙酸乙烯酯和烯丙基缩水甘油醚等。此外，也可采用双烯型、羧酸型和乙酰乙酸烯丙酯等单体。

丙烯酸酯橡胶的耐热、耐老化性和耐油性均优于丁腈橡胶，力学性能和加工性能优于氟橡胶和硅橡胶，是近年来汽车工业着重开发推广的橡胶品种。

（1）合成工艺

主要是通过悬浮聚合法与乳液聚合法使丙烯酸乙酯与少量可硫化单体共聚，制得丙烯酸酯橡胶。

① 单体

a. 丙烯酸酯单体　丙烯酸酯单体主要是丙烯酸乙酯。为了改进 ACM 性能，可适当取代一部分乙酯。单体对丙烯酸酯橡胶性能影响的规律为：

Ⅰ. 增高烷基碳原子数目，可降低 T_g，提高 ACM 的耐寒性，但耐油性降低。

Ⅱ. 在烷基中用氧原子取代一个碳原子，即引入烷氧基单体如丙烯酸 2-甲氧乙酯等，可提高 ACM 的溶解度参数，达到低温耐油的双重目的。这种情况下，ACM 由主单体、耐油耐寒特性单体、硫化单体三类单体组成。

b. 硫化单体　可用于硫化的单体较多，但实际应用的主要是环氧型单体，如：

烯丙基缩水甘油醚

$$CH_2\!=\!CH\!-\!CH_2OCH_2\!-\!CH\!-\!CH_2$$
$$\backslash O /$$

缩水甘油丙烯酸酯

$$CH_2\!=\!CH\!-\!COOCH_2\!-\!CH\!-\!CH_2$$
$$\backslash O /$$

其次是含氯单体，如：

氯醋酸乙烯酯　$CH_2\!=\!CH\!-\!OOCCH_2Cl$

双烯单体　2-氯-1,3-丁二烯（$CH_2\!=\!CCl\!-\!CH\!=\!CH_2$）

羧酸单体　顺丁二酸单酯（$HOOCCH\!=\!CHCOOR$）

衣康酸单酯

$$\begin{array}{c}COOR\\ CH_2\!=\!CCH_2COOH\end{array}$$

② 聚合工艺　主要用乳液聚合生产丙烯酸酯橡胶，聚合温度为 50～100℃，随生产牌号的不同而改变。为控制产品分子量，常用十二硫醇作为分子量调节剂。后处理过程与其他合成橡胶生产相同。

（2）配合剂与硫化

① 配合剂　与其他橡胶相同，丙烯酸酯橡胶硫化前必须添加必要的配合剂以达到硫化与改进橡胶性能的双重目的。丙烯酸酯橡胶硫化配方较简单，典型的配方见表 20-14。

表 20-14　丙烯酸酯橡胶典型硫化配方

组　成	质量份	组　成	质量份
丙烯酸酯橡胶	100	补强剂及填料（炭黑或白炭黑）	20～100
硬脂酸	1～3	增塑剂	0～5
加工助剂	1～3	硫化体系	0.5～8
抗氧剂	1～2		

丙烯酸酯橡胶硫化时不需要氧化锌。硬脂酸锌会影响丙烯酸酯橡胶的耐热性。丙烯酸酯橡胶本身抗氧化性能优良，抗氧剂仅需抗老化所用的无挥发性胺类即可。硬脂酸也可作为加工助剂以防止胶料粘辊。为降低丙烯酸酯橡胶脆折温度，提高其耐寒性能，需加入某些高分子量的聚酯和聚醚类作为增塑剂，但必须使用低挥发性增塑剂。

② 硫化剂　硫化剂应根据主链中引入的硫化单体性质进行选择。硫黄体系硫化剂又称皂-硫黄硫化剂，实际上，皂是硫化剂，硫黄是促进剂。后来发展了用羧酸单体进行含氯型双硫化点硫化的工艺。环氧型/羧酸型硫化剂则以季铵盐体系为主。

③ 混炼　某些高分子量的聚酯和聚醚类品种可以不经塑炼，直接在 $70\sim95℃$ 用开炼机或密炼机进行混炼，但时间不可过长，以免粘辊。

④ 硫化条件　根据硫化单体的活性和硫化体系硫化速度的快慢，可采用一段硫化或二段硫化过程。一段模压硫化一般在 $160\sim180℃$ 下硫化 $10\sim30min$；二段模压硫化通常在 $15MPa$、$150\sim160℃$ 下硫化 $16\sim24h$。

（3）性能与用途

① 性能　丙烯酸酯橡胶主链为饱和碳链，侧基为极性酯基。丙烯酸酯橡胶的特殊结构赋予其许多优异的特点，如耐热、耐老化、耐油、耐臭氧、抗紫外线等。丙烯酸酯橡胶的力学性能和加工性能优于氟橡胶和硅橡胶；其耐热、耐老化性和耐油性优于丁腈橡胶；使用温度比丁腈橡胶高出 $30\sim60℃$，最高使用温度可达 $180℃$，短时间使用温度可达 $200℃$ 左右，在 $150℃$ 热空气中老化数年无明显变化。几种橡胶经 8h 老化，拉伸强度降低 25% 时的温度对比如下。

硅橡胶：　　　　　　279℃

丁苯橡胶：　　　　　134℃

丙烯酸酯橡胶：　　　218℃

天然橡胶：　　　　　102℃

氯丁橡胶：　　　　　155℃

② 用途　丙烯酸酯橡胶广泛用作各种高温、耐油环境中的密封材料，特别是用于汽车的耐高温油封、曲轴、阀杆、汽缸垫、液压输油管等。

20.3.3.3　聚醚橡胶

主链含有大量醚键的弹性体称为聚醚橡胶，可为均聚物或为共聚物。由于主链含有醚键，所以大分子较柔软；有的品种含有 $-CH_2Cl$ 侧链，耐油与耐化学介质性能优良。这一类聚醚基本上都是由环氧化合物开环聚合而得。一般聚合方法只可得到用于聚氨酯生产的低分子量聚醚。聚醚橡胶无论是均聚物还是共聚物，都必须是高分子量聚醚。重要的聚醚橡胶及其组成见表 20-15。

表 20-15　工业重要的聚醚橡胶

名称	组成	简称	ECH 含量 /%	氯含量 /%	EO 含量 /%	相对密度	ML[①]	T_g /℃
1-均聚橡胶	ECH	CO	100	38	0	1.12	30~80	−22
1+2 共聚橡胶	ECH-EO	ECO	68	26	32	1.27	40~130	−40
1+3 共聚橡胶	ECH-AGE	GCO	92	35	0	1.24	60	−25
1+2+3 共聚橡胶	ECH-EO-AGE	GECO	24~29	24~29	20~50	1.27	50~100	−38
1+3+4 共聚橡胶	ECH-PO-AGE	GPCO	15	15	0	1.36	60~80	−48
3+4 共聚橡胶	PO-AGE	GPO	0	0	0	1.01	[②]	−62

① ML 表示在 100℃ 测得的门尼黏度值。

② 用振荡圆盘流变仪测得的黏度值为 21~26。

注：ECH 为环氧氯丙烷；EO 为环氧乙烷；AGE 为烯丙基缩水甘油醚；PO 为环氧丙烷。

（1）合成工艺

合成高分子量聚醚橡胶应当采用阳离子或配位聚合催化剂，如三烷基铝-H_2O、三烷基铝-H_2O-乙酰丙酮催化剂体系，以芳烃、脂肪烃、卤代烃等为溶剂进行溶液或淤浆聚合。ECH 均聚合生产氯醇橡胶时，采用三异丁基铝为催化剂，苯为溶剂进行溶液聚合。ECH 与 EO 或 AGE 进行共聚时，生产方法相似。EO 的竞聚率高于 ECH 约 7 倍；PO、AGE 竞聚率高于 ECH 约 1.5 倍。因此共聚时，合适的原料配比与加料方式，才能获得单体组成一致的共聚橡胶。

（2）配合剂与硫化

① 配合剂 聚醚橡胶与其他橡胶相同，必须添加补强剂（填料）、增塑剂、加工助剂、稳定剂和硫化剂等配合剂，经过硫化才可转变为有用的材料。聚醚橡胶硫化典型配方见表 20-16。

表 20-16 聚醚橡胶硫化典型配方

物料	用量（质量份）	物料	用量（质量份）
聚合物	100	加工助剂	1
炭黑	70	吸酸剂	5
增塑剂	5	硫化剂	1.5
抗氧剂	1		

用开炼机进行混炼时，辊筒温度应加热到 $60\sim80℃$；用密炼机进行混炼时，除硫化剂以外的物料可加热到 $170℃$ 以脱除水分，然后降至 $100℃$ 以下，加入硫化剂硫化。

② 硫化剂 不含 AGE 的 ECH 或 ECH-EO 聚醚橡胶所用硫化剂主要是 2-巯基咪唑啉，也可用 2,5-二巯基-1,3,4-噻二唑、三聚硫氰酸等。硫化时需加入铅化物如二氧化铅、邻苯二甲酸铅等捕酸剂，它们还起了活化剂的作用。铅盐可能损害模具，可用氧化钙、氧化镁等取代。

含 AGE 和 ECH 的聚醚橡胶虽然也可用上述硫化剂硫化，但可能产生悬挂的烯丙基，所以可用硫黄体系与过氧化物体系硫化剂进行硫化。

③ 硫化条件 聚醚橡胶一般在 $160℃$ 下硫化 $30\sim50min$。

（3）性能与用途

① 性能 聚醚橡胶包括四种环氧化合物的均聚物与共聚物，重要的聚醚橡胶有五种，它们的性能大同小异。不含 AGE 的 ECH 均聚聚醚橡胶具有优异的耐臭氧性，很低的透气性（优于丁基橡胶），优良的成型性与黏结性，生热低，可阻燃，耐油和耐化学介质性优良。但室温下回弹性不佳，温度升高有所改善。

ECO-EO 共聚胶较柔软，耐热性好，低温柔韧性可达 $-40℃$，透气性与丁腈橡胶相似，黏结性不及均聚胶。ECH-AGE 共聚胶耐臭氧性优异，耐热老化性良好。

含有 PO 的两种聚醚橡胶 ECH-PO-AGE 和 PO-AGE 具有优异的低温柔韧性和低透气性，耐臭氧性与耐热老化性优良。

② 用途 聚醚橡胶作为综合性能较好的特种橡胶，用途比较广泛。可用作冷冻设备的冷冻剂密封件及胶管、工程机械的各种油封件、变压器隔膜、消声减振材料、油罐衬里；也可用作飞机、汽车、各种机械以及仪器仪表设备和石油矿场机械的耐油胶管、密封元件、橡胶垫片、配件等；也可用作印刷胶辊、各种电缆护套、柔性胶黏剂等。

20.4　合成胶乳与液体橡胶

橡胶树割取的天然橡胶原液是天然橡胶微粒分散在水中的白色乳状胶体液，称天然胶乳

(latex)。它可经凝聚、洗涤、干燥等处理得到固体天然橡胶；也可经浸渍、硫化等工序直接生产橡胶制品，如乳胶手套、橡胶布、泡沫橡胶等，因此胶乳具有广泛的用途。各种合成橡胶理论上都可制成胶乳形态，称之为合成胶乳。

生产某些合成橡胶时，为控制产品的分子量，可生产为液态低聚物，称之为液态橡胶。液态橡胶不包括由固态橡胶溶解于溶剂中制成的橡胶溶液。

20.4.1 合成胶乳

20.4.1.1 合成胶乳种类

合成胶乳是由乳液聚合得到的橡胶单体均聚物或共聚物的胶体分散液。一些合成树脂经乳液聚合也可得到均聚物或共聚物的胶体分散液，但大多数脱水后形成较坚硬的薄膜，只适合用作乳胶漆。所以它们的性质不同于合成胶乳，通常称为"乳液"。

重要的合成胶乳有丁苯胶乳、丁二烯胶乳、丁基胶乳、氯丁胶乳、乙丙胶乳、异戊胶乳、丁腈胶乳、丙烯酸酯胶乳等。这些橡胶虽然多由乳液聚合法生产，但所得胶乳通常不符合使用要求，需进行后处理或用专用配方和特殊聚合条件生产合成。

值得提出的是丁吡胶乳，它是由丁二烯、苯乙烯和2-乙烯基吡啶经乳液聚合制得的胶乳，它与合成纤维的黏合力远高于天然胶乳和其他合成胶乳，其产品仅为胶乳，无固体橡胶。生产用料配比为70.5份丁二烯、15份苯乙烯和14.5份2-乙烯基吡啶。

20.4.1.2 合成胶乳生产工艺

合成胶乳可由相应的单体经乳液聚合生产；也可由固态橡胶的溶液经乳化处理后再脱除溶剂而得。前者使用较广，后一方法仅用于不宜进行乳液聚合的单体。

乳液聚合法生产橡胶所用的胶乳黏度和含固量过低，橡胶微粒粒径不符合要求而不能直接使用，必须进行后处理或用专用配方生产高含固量、符合使用要求的胶乳。

(1) 乳液聚合法生产合成胶乳

合成橡胶的乳液聚合产品一般含固量为 20%～40%；固体微粒粒径通常小于 $1\mu m$；而且黏度低。以苯乙烯与丁二烯共聚为例，作为橡胶原料时，热法乳液聚合生产的胶乳含固量最高为 40%，平均粒径为 20～40nm，黏度为 1000～1500mPa·s，不符合胶乳用途的需要。

胶乳性能最主要的指标是黏度，除剪切应力之外，影响黏度的主要因素是含固量与固体微粒平均粒径大小与分布。此外，少量水溶性单体也会对黏度产生明显影响。平均粒径越小，其黏度越高，增大平均粒径，胶乳的黏度则减小，粒径分布的影响与粒径大小相似。含固量提高到一定程度后，易形成糊状物，通常含固量不应超过 60%。所以提高胶乳微粒平均粒径、增宽胶乳微粒平均粒径分布、在不形成糊状物条件下提高含固量是改进胶乳黏度的重要措施。实现这些措施的方法如下：

① 改变乳液聚合配方与聚合条件

a. 增大粒径的措施

Ⅰ. 配方中加入适量电解质可以防止生成过小的微粒，使之易于聚集，适当提高粒径。但电解质用量要恰当，以防过量电解质使胶乳聚集而发生生产事故。

Ⅱ. 采用种子乳液聚合法来提高平均粒径。种子用量为 3% 时，产品粒径最高可增 3.25 倍。

Ⅲ. 分批加单体使已生成的胶体微粒发挥种子的作用，在其粒径基础上增长，有利于获得双峰或多峰粒径分布的胶乳。

Ⅳ. 用非离子型乳化剂完全或部分取代阴离子乳化剂。非离子型乳化剂在水中形成的胶束大于离子型乳化剂所形成的胶束，所得胶乳微粒也较大，但是非离子型乳化剂的种类很多，应根据其 HLB 值进行选择。

此外，也可分次加入乳化剂或分次加水，其原理是提高早期生成的胶乳微粒粒径，使其作为种子进一步增长。

b. 提高含固量的措施　提高含固量的主要措施是降低乳液聚合配方中反应介质水的用量，提高单体转化率。乳液聚合中，水的用量一般为单体量的 2 倍。为了生产专用胶乳，生产中采用减少水量使其与单体量相当，甚至稍少于单体量，同时把转化率提高到 95% 以上。但此时胶乳液黏度过高，有转变为膏状物的危险，应补加乳化剂或采取其他措施。这种方法可生产含固量达 60% 左右的胶乳。

c. 引进活性基团的措施　为了改进合成胶乳的性能，可以用共聚的方法引入适当活性基团如羧基、2-乙烯基吡啶等。

② 胶乳后处理　乳液聚合得到的胶乳通常需要后处理，使小微粒聚集为大微粒而提高平均粒径。后处理还可用来提高含固量。乳状液提浓的方法有离心脱水、部分凝聚、反渗透浓缩、膏化处理、蒸发浓缩、电渗析等不同途径。提浓后胶乳浓度一般在 60% 以下，浓度过高易导致膏化。具体应用方法如下：

a. 离心脱水法　采用牛奶提浓离心机可提浓胶乳，将其浓缩成膏状物。然后再加适当的乳化剂和水，搅拌后制成稳定的浓胶乳。在脱水浓缩过程中，微粒会发生凝聚而增大平均粒径。

b. 凝聚法　可用冷冻凝聚法或化学絮凝法使微粒凝聚，扩大粒径。但必须注意冷冻温度和时间、絮凝剂种类、浓度、用量等，以免造成不可逆的结团、膏化等现象。

c. 蒸发浓缩法　在减压条件下，采用旋转式蒸发器浓缩胶乳，可将胶乳浓度由 40% 左右提高到 60% 左右。此外，反渗透膜提浓是胶乳后处理的新发展方向。

（2）非水溶剂法生产合成胶乳

许多聚合物，如聚氨酯、聚酰胺、聚酯、环氧树脂、聚丙烯等，都不用乳液聚合法生产，所以不能直接合成胶乳。这些聚合物的胶乳是通过"非水溶剂法"制得的。

生产中首先将聚合物溶于适当溶剂中制成溶液，在乳化剂存在下，在水中通过搅拌、超声波乳化、乳化器乳化等方式进行乳化处理，制得聚合物有机溶液的乳状液。然后进行闪蒸，脱除溶剂，得到聚合物胶乳。也可将固体聚合物与长链脂肪酸共同进行粉碎、研磨，或用胶体磨制成高分散性粉状物以后，用碱水溶液处理，使之形成以碱金属脂肪酸盐为乳化剂的稳定乳状液，即聚合物的胶乳。

20.4.1.3　合成胶乳的性能与用途

（1）性能

合成胶乳是合成弹性体在水中形成的高分散性固/水胶体液。它的分子量与固体橡胶相近，甚至稍高，需经硫化才能得到有用的材料。胶乳的性能取决于胶体性质和聚合物性质。胶体性质包括电荷正负性、稳定性、微粒形态与分布、黏度、含固量以及 pH 值等。聚合物性质包括分子量分布、单体序列分布、玻璃化温度、结晶度、交联度以及残存单体量等。合成胶乳的重要性能有以下几点。

① 稳定性　要求胶乳在温度变化，甚至经过冻结-解冻过程后仍稳定；要求其在高剪切力作用或添加化学溶剂时稳定。

② 流变性　胶乳时常用浸渍、涂刷（涂料）、流延等操作进行加工或成型制作，要求胶乳具有相应的流变特性。

③ 添加配合剂以改进胶乳性能　与固体橡胶相似，合成胶乳也可通过添加配合剂改进其性能。添加剂包括填料、增稠剂、增塑剂、硫化剂、加工助剂等。应根据聚合物性质选择合适的添加剂。合成胶乳含有 40%～50% 水分，适合用吸水性材料作为填料。

（2）用途

合成胶乳是水分散性胶体，容易与其他材料混合或浸渍，用途很广。硫化前必须脱水、干燥。根据加工与使用范围，合成胶乳有下列用途。

① 生产橡胶制品　用浸渍硫化成型法可以将合成胶乳制成乳胶制品，如乳胶手套、气球、橡胶带、防水衣、医疗用品（如避孕装置、胶管）等；也可通过发泡制造泡沫海绵等。硫化前必须脱水、干燥。

② 用作密封材料　添加填料、加工助剂和硫化剂后可将合成胶乳调制成腻子或胶泥，用作密封材料。

③ 用作黏结材料　丁吡胶乳和羧基丁苯胶乳可用于轮胎帘子线与橡胶的黏结材料。

④ 建筑材料的改性剂　合成胶乳可用于水泥、沥青等材料的改性，提高混凝土的抗冲击性与抗应力断裂性。胶乳改性沥青已成为必要的路面用材。

⑤ 其他　合成胶乳还可作为生化检测载体、粉末陶瓷、金属烧结载体、制作导电涂料、电池等。

20.4.2　液体橡胶

20.4.2.1　液体橡胶种类

液体橡胶是室温下为液体状态，具有流动性的弹性体，通常是分子量低于 10000 的低聚物。

液体橡胶大致可分为无活性端基与具有活性端基两大类。

无活性端基的液体橡胶主要是二烯类橡胶与烯烃类橡胶，如液体丁苯橡胶、液体丁二烯橡胶、液体丁腈橡胶、液体乙丙橡胶、液体异戊橡胶、液体丁基橡胶等。

具有活性端基的液体橡胶品种较多，按化学类别分为二烯烃类活性液体橡胶（包括羟端基、羧端基活性橡胶等）、聚硫橡胶、聚氨酯液体橡胶、硅系液体橡胶、氟系液体橡胶等。

固体橡胶须经过强力塑炼与混炼，才能降解到要求的程度与各种配合剂均匀混合。无活性端基的液体橡胶可方便的与各种配合剂均匀混合，然后进行硫化。

具有活性端基的液体橡胶分子量低，可以制成分子两端具有活性基团的遥爪聚合物、星型结构聚合物以及多支链聚合物，还可使这一类聚合物具有特定的端基而进行扩链，得到更高分子量的聚合物；或进行交联反应得到硫化橡胶。

20.4.2.2　液体橡胶合成工艺

（1）由单体直接聚合制得液体橡胶

液体橡胶是低聚物，进行自由基聚合时连锁反应迅速，除非加有较多链转移剂，否则难以得到分子量适当的低聚物。自由基聚合合成液体橡胶时，主要采用溶液聚合法，并且加入适量分子量调节剂。聚合反应结束后，蒸去溶剂即得液体橡胶，此法可生产无活性端基的液体橡胶。

利用离子聚合反应特别是阴离子聚合反应的活性可控性，可以较容易的合成无活性端基或有活性端基的液体橡胶，包括含有活性端基的遥爪型、星型以及多臂型聚合物。

以丁基锂、萘基锂等为催化剂的聚合过程是活性阴离子聚合过程，可根据单体加入量与转化率控制所得聚合物的分子量，如果及时加入生成活性端基的链终止剂，可获得具活性端基的液体橡胶。如果两端活性基团不相同，则可进一步加工为两端活性基团相同的液体橡胶，例如：

$$HO\!\sim\!\!\sim\!\!\sim\!OR + H_2O \longrightarrow HO\!\sim\!\!\sim\!\!\sim\!OH + ROH$$

在活性阴离子聚合过程中加入三元或多元偶联剂，可得到相应的星型和多臂型活性端基液体橡胶。

（2）高分子量橡胶降解

橡胶可以通过热、光、机械力、高能射线、化学介质或生物作用而降解。有些反应自然进行，不为人们所控制。在可控条件下，如加热或施加机械力等，虽可使橡胶降解，但降解为一定分子量范围内的液体橡胶还有困难。

20.4.2.3　液体橡胶的性能与用途

（1）性能

液体橡胶实际上是低聚物，分子量远低于合成胶乳中橡胶的分子量，平均分子量通常不超过 5000，需要进行扩链、交联或硫化方可转变为有使用价值的材料。液体橡胶与合成胶乳虽同为液态，但液体橡胶不含水分，使用时可避免脱水、干燥。

液体橡胶的性能包括黏度、流变性以及有无活性基团等。具有活性端基的液体橡胶，其性能取决于活性端基的化学类别。

（2）用途

① 无活性端基的液体橡胶　很多液体橡胶品种可制成压敏胶黏剂，生产不干胶带等。若在二烯类液体橡胶中配加硫黄、烯烃类液体橡胶中配加过氧化物等硫化剂，即可用作热硫化型胶黏剂或低温硫化型胶黏剂。

② 有活性端基的液体橡胶　有活性端基的液体橡胶主链可以是不同品种的橡胶链段，可为线型、星型、多臂型等，而且端基也可变化。有活性端基的液体橡胶不仅包括通用橡胶品种，还包括了特种橡胶品种，其端基基团的性质如下：

a. 利用活性端基进行扩链、交联或硫化反应。

活性端基基团主要是羟基（—OH）、羧基（—COOH）、异氰酸基（—NCO）等，它们之间可发生化学反应。

b. 利用活性端基参与反应制成黏合剂或密封料，根据需要进行热固化或室温固化。例如，用羟端基液体橡胶与有异氰酸端基的液体聚氨酯混合，可制成室温固化的黏合剂或密封料。

c. 用作建筑材料和道路用材的改性剂和密料。

d. 特种活性端基橡胶可用于宇航、飞机制造、军工等行业。

参 考 文 献

[1] 赵德仁，张慰盛. 高聚物合成工艺学. 第 2 版. 北京：化学工业出版社，1997.

[2] Mark H F，et al. Encyclopedia of Polymer Science and Technology. 3rd Ed. 2005，1～12.

[3] Kirk-Othmer. Encyclopedia of Chemical Technology. 4ed. 1991～1998，1～27.

[4] Richard P. Wool，Xiuzhi Susan Sun. Bio-Based Polymers and Composites. 2005.

[5] David K. Platt. Biodegradable Polymers（Market Report）. 2011.

[6] Long Yu. Biodegradable Polymer Blends and Composites from Renewable Resources. 2009.

[7] Ray Smith. Biodegradable Polymers for Industrial Applications. 2000.

[8] Biodegradable plastics，2006.

[9] A. van Herk. Chemistry and Technology of Emulsion Polymerization. 2005.

[10] Axel H. E. Mueller，Krzysztof Matyjaszewski. Controlled and Living Polymerization. 2009.

[11] Controlled/Living Radical Polymerization：Features，Development and Perspectives W. A. Braunecker，Progr.. Polym. Sci. ，2007，32.

[12] J. E. Pack. Controlled-Release Nitrogen Fertilizer Release：Characterization and Its Effects on Potato Production and Soil Nitrogen Movement in Northeast Florida. 2004.

[13] Xiaoling Li，B. R. Jasti. Design of Controlled Release Drug Deliverry Systems. 2006.

[14] Seigou Kawaguchi，Koichi Ito. Dispersion Polymerization，Adv Polym Sci. 2005，175，299.

[15] C. D. Anderson，et al. Emulsion Polymerization and Application of Latex. 2003.

[16] Mamoru Nomura，Hidetaka Tobita，Kiyoshi Suzuki. Emulsion Polymerization：Kinetic and Mechanistic Aspects. Adv Polym，Sci，2005，175：1.

[17] Stuart C，et al. Emulsion polymerization：State of the art in kinetics and mechanisms. Polymer. 2007，48：6965-6991.

[18] David K Platt. Engineering and High Performance Plastics Market Report. 2003.

[19] S. Fakirov. Handbook of Condensation Thermoplastic Elastomer. 2005.

[20] p. A. Williams. Handbook of Industrial Water Soluble Polymers，2007.

[21] J. Karl Fink. High Performance Polymers. 2008.

[22] M. Chanda；S. K. Roy. Industrial Polymers，Specialty Polymers and Their Applications. 2009.

[23] V. Goodship. Introduction to Plastics Recycling，2ed. 2007.

[24] Z. Guan. Metal Catalysts in Olefin Polymerization. 2009.

[25] M. J. Lakkis. Modified-Release Drug Delivery Technology. 2007.

[26] Pei Yong Chow，Leong Ming Gan. Microemulsion Polymerizations and Reactions. Adv Polym Sci，2005，175，257.

[27] Miniemulsion Polymerization Technology，V. Mittal，2010.

[28] F. Joseph Schork，Yingwu Luo，Wilfred Smulders，James P. Russum，Alessandro Butte，Kevin Fontenot. Mini-emulsion Polymerization. Adv Polym Sci，2005，175：129.

[29] Polyimides and Other High Temperature Polymers：volume 2. K/L/Mittal. 2003.

[30] Koichi Ito，Seigou Kawaguchi. Poly（macromonomers）：Homo-and Copolymerization. Adv. Polym. Sci. ，1999，142.

[31] Amit Bhattacharya，et al. Polymer Grafting and Crosslinking. 2009.

[32] Polymer Synthesis：Theory and Practice. 4ed. 2005.

[33] Principles and Applications of Emulsion Polymerization，C，-S，Chem，2008.

[34] Li Shen，et al. Products Overview and Market Projection of Emerging Bio-Based Plastics. （Pro-BIP 2009）

[35] RAFT Memorabilia：Living radical Polymerization in Homogeneous and Heterogeneous Media，Hans de Brouwer，2001.

[36] J. E. Mark，et al. The Science and Technology of Rubber. 3ed. 2005.

[37] Water Soluble Polymers-Solution Properties and Applications-Z. Amjad. Kluwer. 2002.

[38] E. W. Meijer，et al. Well-defined Thermoplastic Elastomers. 2003.